净水厂、污水处理厂非常规处理技术与工程实例详解系列丛书

污水处理厂深度处理与再生利用技术

甘一萍　白　宇　编著

中国建筑工业出版社

图书在版编目（CIP）数据

污水处理厂深度处理与再生利用技术/甘一萍等编著．—北京：
中国建筑工业出版社，2010
（净水厂、污水处理厂非常规处理技术与工程实例详解系列丛书）
ISBN 978-7-112-11965-3

Ⅰ．污…　Ⅱ．甘…　Ⅲ．①污水处理②废水综合利用　Ⅳ．X703

中国版本图书馆 CIP 数据核字(2010)第 054011 号

　　将污水进行再生并加以利用是解决我国水资源紧缺的重要途径。本书针对污水再生利用发展迅速并受到高度重视的现实情况，在开展大量科研研究并充分结合实际工程的基础上，讨论了污水再生利用的诸多问题。主要包括再生水水质特性及检测方法；再生水利用途径及研究分析；城市污水再生水相关标准解析；再生水处理工艺技术；再生水处理新技术；再生水的安全评价与风险分析；国内外再生水处理工程实例。

　　本书适合我国再生水处理及回用的工程技术人员作为参考书，也可供高等理工院校学生和设计、研究部门作为参考。

＊　　＊　　＊

责任编辑：于　莉
责任设计：张　虹
责任校对：王雪竹

净水厂、污水处理厂非常规处理技术与工程实例详解系列丛书
污水处理厂深度处理与再生利用技术
甘一萍　白　宇　编著

＊

中国建筑工业出版社出版、发行（北京西郊百万庄）
各地新华书店、建筑书店经销
北京红光制版公司制版
世界知识印刷厂印刷

＊

开本：787×1092毫米　1/16　印张：36　字数：876千字
2010年7月第一版　　2010年7月第一次印刷
定价：**88.00**元
ISBN 978-7-112-11965-3
(19236)

前　言

水是人类赖以生存的宝贵资源，是社会可持续发展的重要因素。没有水，就没有生命的存在。同世界其他国家相比，我国属于贫水国家，水资源紧缺形势日益加剧。全国 660 多个城市中有 400 多个存在不同程度的缺水问题，其中有 136 个缺水情况严重，一些城市已经出现水资源危机。仅以北京为例，近 10 年来，北京地区连续干旱，年平均降水量仅为 450 毫米，相当于多年平均降水量的 77%，低于北京地区多年平均降水量 585 毫米，也低于全国其他主要城市年平均降水量。水资源问题已经成为制约我国经济快速发展的突出因素。

一般来说，城市可利用的水资源有地表水、地下水、雨水、远距离调水、海水（苦咸水）、再生水。同其他水源相比，再生水利用比远距离调水费用低，既节约了水资源也可以削减环境污染负荷，同时它还具有水源稳定、水质安全、供水系统可靠等特点。再生水根据用户需要可以利用在农业、工业、景观娱乐、城市杂用及地下回灌等方面。目前世界再生水利用率最高的国家是以色列，其回用率已经高达 78%。我国近几年也在逐年加快再生水利用的步伐。北京市为从根本上解决水环境问题，达到水的可持续利用，提出将北京市区全部污水再生处理后达到地表Ⅳ类水水质标准的水战略，彻底治理北京水污染，为北京提供稳定可靠的新水源。

再生水大范围推广使用，从技术、经济、安全性使用、标准建立等诸多方面有待于更多的尝试和研究。为了更好地解决再生水生产及利用工程中实际遇到的问题，本书在编写过程中注意理论联系实际，充分结合我国再生水发展的国情，并引用国内外大量实际工程案例进行详尽分析，使本书的内容适合不同层次的相关人员阅读，也有助于从事再生水利用工作的参考借鉴读者更好地去创造我国再生水回用的崭新局面。

本书由甘一萍、白宇编著。各章编著分工为：绪论甘一萍；第 1 章陈虎、念东；第 2 章赵颖、王佳伟、白宇、杨健、常江；第 3 章胡俊、白宇、陈虎；第 4 章白宇、卢长松、刘秀红、柏永生、高金华、许燕、李鑫玮、李魁晓、张静慧、卢爱国、刘金瀚、甘一萍、常江、胡俊、周军；第 5 章张辉、杨岸明、张道友、周军；第 6 章李魁晓、周军、陈虎；第 7 章杨岸明、王佳伟、刘秀红、常江、张道友；第 8 章王佳伟、李鑫玮、胡俊。

本书的编写过程中，要特别感谢北京城市排水集团有限责任公司的大力支持，感谢相关技术公司提供的技术资料，感谢所有参与工作的同事和朋友们。

编著者水平有限，书中缺点在所难免，敬请读者批评指正。

目　　录

绪　论

0.1　城市污水再生和利用现状

0.1.1　中国的水资源状况

中国是一个水资源贫乏的国家，2008 年水资源总量约为 24000 亿 m^3，按 2008 年人口 13 亿人计，人均水资源量为 $1850m^3/$年，仅为世界平均水平的 1/4，预测 2030 年人口增至 16 亿人时，人均水资源量将降到 $1760m^3$。按国际一般标准，人均水资源少于 $1700m^3$ 的国家为用水紧张的国家。其次，中国的降水量时空变化较大，水资源分布也不均衡，使可利用的水资源更为有限。另外，中国地表水资源和地下水资源污染非常严重，进一步加剧了水资源的紧缺，中国的水资源形势是非常严峻的，缺水已经成为制约我国国民经济发展和人民生活水平提高的重要因素。

近年来，中国经济总量的迅速增加使水资源总量日渐减少。城市化趋势和区域经济的进一步集中，更加速了水资源区域性的短缺。远距离、跨流域调水工程的大量实施，使中国水资源的局部稀缺进一步扩大为全面稀缺。日益严重的水环境污染，使水资源的紧张局势进一步加剧，水资源问题已经成为中国经济和社会可持续发展的主要瓶颈。

污水回用对解决城市水资源短缺蕴藏着巨大潜力，污水经过适当的再生处理，可以重复利用于河湖景观、工业冷却、绿化灌溉等多种用途，实现水在自然界中的良性循环。城市污水就近可得，易于收集和处理，水量丰富。作为城市第二水源要比海水、雨水更加稳定、可靠，比长距离引水更经济。开辟这种非传统水源，实现污水资源化，对于缓解水资源紧缺的态势，保障城市供水具有重要的战略意义。

根据全国城镇污水处理及再生利用设施"十一五"建设规划，2010 年城市污水集中处理率将达到 70%，这就为污水回用提供了水源基础。在缺水城市，污水处理厂可将污水再次适当处理后回用。"十一五"末期全国污水回用率如果平均达到 15%，则年回用量可达 45 亿 m^3，是正常年份年缺水 60 亿 m^3 的 70%。回用规模和回用潜力巨大，可以缓解大批缺水城市的供水紧张局面。

0.1.2　再生水回用的可行性

近年来，国家部分地区地表水水体污染状况不断恶化，地表水、地下水资源日益缺乏，再生水已经被作为缺水城市的重要水源，大量地被用于城镇景观用水、替代工业冷却用水、市政杂用水等用途，逐步实现城市污水的资源化，为"新"的水源替代已有水源提供了可能，从而成为缓解水资源短缺现状的有力措施。

0.1.2.1　技术可行性

随着国家大部分城镇污水收集系统和二级污水处理厂的不断建设运行，城镇污水得到了集中有效的处理。随着污水处理率的不断提高，污水处理水质标准的日益严格，也为再生水提供了水量充足、水质良好的水源。而作为再生水回用水质保障核心的深度处理技术也在不断扩展和成熟应用，如：强化混凝沉淀技术、强制过滤技术、硝化与反硝化技术、微滤及超滤膜技术、高级氧化技术等。再生水的卫生学保障消毒处理如臭氧、紫外线、二氧化氯等杀菌消毒技术均已比较成熟，并已在国内外得到了广泛的应用。这些技术的发展和应用为再生水作为城镇除饮用水外的各种用途的水质指标要求提供了极大的保障。美国、澳大利亚、新加坡、日本和中国等国家的研究成果表明，通过各种成熟的再生水深度处理技术，如投加混凝剂、膜过滤、深度脱氮、地下回灌等对污水进行再生，再生水的水质质量好，安全稳定。同时，大规模的再生水工程应用实例和技术安全效果评估结果也对再生水的扩大应用提供了有力而可靠的证明。

0.1.2.2 再生利用的可靠性

再生水由于采用城镇污水厂的二级出水为水源，城市污水量大并且集中，而且水量不受季节和气候变化的影响，可以保证每年、每月、每日甚至每时地可靠水源量，再生水的产量自然相当稳定。

再生水供水系统通常按照最高日最高时设计，在较大规模城市可采用环状网和枝状网相结合的供水方式，既可以节省工程投资，又可以保证供水的安全可靠。

在再生水水质方面，在污水处理厂二级出水的基础上再加适当的补充处理，可以满足农业灌溉、河湖景观、工业冷却和市政杂用水水质标准。

0.1.2.3 经济可行性

城市污水资源化是解决城市缺水的可行办法，是节约用水的必然之路。同时，污水再生利用在经济方面也有其优势之处。

再生水的水源为城市污水二级处理后的出水，随着城镇污水二级处理标准的不断提高，再生水的水源水质也越来越好。通常，再生水的处理工艺比自来水处理工艺复杂，但因其所用水源为处理后的污水，水资源费可不计入供水成本。与城市自来水相比，由于目前我国大部分城市可用于饮用目的地表水资源和地下水资源日益短缺，必须开发和利用新的水资源（包括开发和处理水质相对较差的水源，长距离调水工程的建设和海水淡化工程的建设等），才能满足城市建设、经济发展和人民生活的用水量需求的增长。这种新型水资源开发和利用工程的建设不仅由于其高额的投资导致自来水原水水价的大幅度提高，还会引起自来水处理成本的大幅度增加，这种成本的上涨所引起的水价上调因为涉及民生问题，往往严重困扰政府抉择及违背百姓的意愿。而作为再生水水源的城市污水却是就近可以得到，且易于收集，因此不需在水的来源上投入大量的资金。同时各国为了保障饮用水的安全性，对于公共饮用水中的污染物种类限制每年都在增加，并且针对这些污染物的最大污染量限制也越来越严格，从而导致用于饮用和其他目的的饮用水供水费用的增加，而再生水不存在这方面的潜在问题，经济上是可行的。

0.1.2.4 卫生安全性

卫生安全性即人体健康安全方面的保障性是再生水作为城镇杂用水用途所被关注的焦点。从人们传统上对于城市污水的认识方面来看，城市污水是被人们使用过的含有大量污染物质的"脏水"，如果再被回收、处理、利用是不符合卫生要求的，将会对人体健康造成极大危害。但对城市污水水质的专业分析显示，在城市污水中污染物质所占的比例仅为

0.1％左右（比海水中 3.5％的污染物比例还要少得多），其余绝大部分是可以再利用的清水。这些与城市供水量几乎相等的城市污水经过目前已比较成熟的三级污水处理工艺和消毒后所形成的再生水，可以达到清澈、无色、无臭味，使用户和公众首先在感官上就可以接受，同时严格的消毒过程，有效地控制了再生水中总大肠菌群数和粪大肠菌群数等卫生学指标。因此使用再生水在卫生安全性保障方面是可以信赖的。

0.1.2.5　环境可行性

在再生水未用于环境景观生态前，城市污水大多是经过二级处理后就近排放到城市附近的地表水域中，由于水中的氮、磷等营养物质相对偏高，造成河湖的景观生态环境较差，容易在流动性差的水体中引起水华。城市污水经深度处理后的再生水排入河湖，既可使水体的水量增加、循环加大，又可进一步提高水质，有利于环境生态，可以很大程度上缓解地表水水质状况，同时改善地下水源及土壤环境。

城市污水水质相对稳定，它不受气候等自然条件的影响，又不需要长距离引水，只要处理得当，可作为城市可利用的第二水源。随着在污水厂建设的基础上污水回用设施的逐步完善，必将给社会带来更大的经济效益。

0.1.3　国内外再生水的利用现状

为了有效地解决水资源的短缺问题，许多国家已经意识到实施污水再生利用对保障安全供水的重大意义。城市污水处理后作为河道、湖泊观赏用水，早在 20 世纪 30 年代就已开始。1932 年美国在加利福尼亚州的旧金山，建立了世界上第一个污水处理后用于公园湖泊观赏用水的污水处理厂，到 1947 年为公园的湖泊和灌溉供水达 $38000 m^3/d$，占公园园艺总需水量的 1/40。1961 年美国加州桑提镇，利用污水处理厂的再生水，在锡卡莫尔河谷区建造了 5 个人工湖泊，这就是有名的桑提工程。从 1961 年以来，桑提地区污水回用，从用于自然风景的观赏湖泊到野餐划船等娱乐性湖泊；从季节性的游戏式钓鱼，到允许食用的真正钓鱼；直至 1965 年 6 月发展到在湖泊的最上游建立了游泳区。

美国已建有 2 万余座污水厂，英、法、德均近万座，平均每万人即拥有一座污水厂，污水处理率和污水管网的普及率都在 90％以上（二级处理 80％～90％），一些发达国家的污水循环利用率达到 80％以上。如：洛杉矶的 Hiparen Treatment Plant、丹佛市的 Central Treatment Plant 等，原城市污水处理能力都在 $70×10^4 m^3/d$ 以上，目前都在进行后续三级处理的改造，三级处理后的水用于市政绿化、高尔夫球场、洗车、污水处理厂内工艺用水等。美国加利福尼亚州 1999 年的污水处理、回用量达到 $434×10^6 m^3$。以色列几乎所有的污水都经处理后回用，污水回用率达到 80％。日本已建和正在兴建的污水处理系统和污水处理厂达到 2585 座，到 1997 年，日本全国范围内已有 163 座公用污水处理厂和 1475 座小区及独立建筑污水处理、回用系统为 192 个污水回用地区提供 $206×10^6 m^3$ 的再生水。

亚利桑那州帕洛弗迪（PaloVerde）核电站利用经过二级处理后出水再经过补充处理后的菲尼克斯市城市污水用作电厂冷却水；克罗伊登发电厂使用克罗伊登市城市污水经过二级处理，出水经砂滤后用作冷凝器冷却水；南部海湾（South Bay）工业企业利用 LogAngeles Hpyerion 市和 WestBasin 回用厂的污水经过混凝沉淀、过滤、氯消毒后用于绿化、非饮用的城市用水；经过曝气生物滗池后的水回用于工业等。

日本的回用对象主要为景观河道用水、工业用水、冲厕用水。日本大部分地区利用处理后的污水进行"清流复活"，修复和保护水资源。东京市将部分城市污水处理后再输送到河流上游，作为城市河段景观用水。大阪市目前运转的 12 个污水厂中有 5 个主要用于改善污水厂附近居民休闲场所的水环境。其中中滨污水处理厂的深度处理出水用于大阪市护城河的维持用水，并提供了水鸟繁殖的场所；平野污水厂向没有固定水源的市内河流今川、驹川、细江川提供经过深度处理的维持用水。东京都江东地区工业用水道利用三河岛污水处理场、砂町污水处理厂的污水经深度处理混凝、沉淀、砂滤工艺，用于冷却水。

新加坡将再生水利用作为新生水，可使新加坡在供水上自给自足。2003 年初，新生水正式成为新加坡的供水来源之一，从此，新加坡多了一个大的水喉。废水回收、处理、再生，使每一滴水都有超过一次的用途。现有的 4 座新生水厂的产量加起来，已占全国水供需求量的 15% 以上。在这个基础上，当设在樟宜的第 5 座新生水厂投入生产时，新生水总产量将占全国水供总需求量的三成，超越了政府原定在 2010 年新生水产量占全国水供需求量的比例增加到 15% 的目标。新加坡是通过"四大水喉"的策略，即扩大中央集水区、外来水供、生产新生水和淡化海水来确保水供稳定。

2000 年悉尼举办奥运会，将城市污水处理后回用，为悉尼奥林匹克公园的居民区、商业区和运动场地提供再生水，用于灌溉、景观等方面。国外开展的城市景观环境回用过程中，由于对排入景观水体的氮磷指标进行严格的限制，且污水处理厂绝大多数采用了深度处理工艺，部分再生水甚至使用活性炭过滤、臭氧消毒、加氯除氨等工艺，因此较好地控制了水体富营养化现象。

中国城市污水的再生利用研究，早在 1958 年就已列入国家研究课题，20 世纪 60 年代着重于污水灌溉，70 年代中期进行了城市污水回用的深度处理试验，80 年代初，大连、青岛、太原等缺水城市相继开展了污水回用于工业和民用的研究与实践，有些城市修建了小区中水试点工程并取得了成功，不少公共建筑亦建设了污水回用装置。1985 年北京市环保所（现环科院）在办公楼地下室修建了一套污水处理装置，将污水进行二级处理和消毒后，供该所洗车、绿化和冲洗厕所。

北京高碑店污水处理厂再生水利用工程于 2001 年建成运行，该再生水利用工程投资 3.36 亿元，形成输水能力 47 万 m^3/d，近期实现 30 万 m^3/d，其中每天有 20 万 m^3 送往高碑店湖作为补充水，同时供北京市第一热电厂作为冷却用水。此外，每天有 10 万 m^3 送往水源六厂，经深度处理后，作为工业用水、园林绿化和市政杂用水。2004 年以来，酒仙桥再生水厂、清河再生水厂、吴家村再生水厂相继建成投入运行，使北京东部、北部和南部地区逐步实现枝状和环状再生水管网，保证了北京城区河湖景观、工业冷却、城市绿化及市政杂用等大量用水。2008 年北京市再生水回用量达到 6.2 亿 m^3，回用率达到 55%。2008 年北京奥运会期间，大量的再生水用于奥运森林公园和奥运中心区湖泊景观，引起政府和社会的普遍关注。

天津市在"十五"期间对农业灌溉、园林绿化、道路喷洒、市政建筑、河道景观、地下水回灌等方面建设示范工程。2002 年，泰达开发区建成运营，采用双膜法处理城市污水的再生水厂，生产 3 万 m^3/d 的再生水用于工业冷却和城市绿化；纪庄子污水处理厂出水进行深度处理后，为梅江小区中水小区提供 1.2 万 m^3 的生活杂用水，并为陈塘庄热电厂提供冷却用水。

青岛市海泊河污水处理厂建于 1993 年，二级处理工艺为 AB 法即两段活性污泥法，目前日处理污水 8 万 m^3。该厂将二级处理后的出水作为水源生产再生水，再生水工程处理规模为 4 万 m^3/d，再生水主要用于景观环境用水、工业冷却、电厂冲灰和生活杂用，每年可为城市提供 1460 万 m^3 再生水，为海泊河、李村河的综合整治创造了良好的条件，取得了较大的环境效益。

石家庄污水厂再生水工程建于 2000 年，该厂投资 3500 万元改造原有工艺，增加快速混凝沉淀池，强化了污水中的氮和磷去除效果，二级处理出水经过混凝、沉淀、过滤、消毒深度处理后，出水水质达到景观环境用水标准，目前已通过 6km 长的管线重新注入民心河西线和沿线的公园，高峰用水量约 $10×10^4 m^3/d$，该工程的实施起到节约水资源和美化城市环境的作用，同时可以明显减轻水环境的污染程度，为彻底治理海河水系和保护渤海湾创造了有利条件。

合肥市将污水处理厂的二级处理出水进行再利用，除将 5 万 m^3/d 再生水用于合肥钢厂的工业冷却之外，另有约 5 万 m^3/d 的再生水经过混凝、过滤、消毒后作为包河、银河、雨花塘、黑池坝补充水，大大改善了城区河道总体污染状况，增加了城市整体环境效益。此外，唐山、大连、沈阳、太原等大中城市的再生水回用也取得了相当好的效果。

0.2　再生水的回用途径和水质要求

与外流域调水、开源节流相比，城市污水具有不受气候影响、就地可取、稳定可靠、保证率高等优点，在一定范围内，污水再生利用为城市提供了一个经济可靠的新水源，同时还可节约大量的优质饮用水资源。

再生水水量集中，水质稳定，可以用于河湖景观用水、工业冷却用水、城市绿化用水、建筑冲厕用水、道路浇洒及降尘用水、农业灌溉用水和地下回灌等多种途径。

0.2.1　城市河湖景观环境用水

再生水作为景观环境用水，是根据缺水城市对于水环境的需要而发展起来的一种再生水利用的方式。景观水体包括人工湖泊、景观池塘、人工小溪、河流等，或全部由再生水组成，或大部分由其组成，这就意味着它不同于天然景观水体那样只接受少量的污水，污染物本底值很低，水体具有较强的稀释自净能力。

对再生水处理的程度取决于再生水的回用方式。就再生水回用于景观水体而言，要严格考虑再生水中存在污染物和病原体对水体美学价值和人体健康的危害。作为景观水体，首先要求在感观上给人舒适的感觉，要求水体清澈，透明度高，不出现浑浊、黑臭以及富营养化现象。一旦景观水体发生富营养化，使得水体透明度下降，水体浑浊，会使水体的观光价值大减，甚至丧失观赏功能。

其次就是景观水体对人体健康的影响。尤其是娱乐性景观水体，因为水体要与人体有轻微接触，因此水中不能含有对皮肤有害的化学物质。在再生水回用的所有方式中，肠道病原体对景观水体的危害最大。虽然观赏性景观水体与人体非直接接触，但是仍然不可避免地会与人体会有一些接触，如果以再生水作观赏性喷泉，喷泉产生的气溶胶会对吸入者造成细菌、病毒感染的直接危害。

富营养化是再生水作为娱乐性、观赏性人工水体的最大障碍之一。水体富营养化是指大量溶解性营养盐类进入水体，引起藻类和其他浮游生物迅速繁殖，大量消耗水体中的溶解氧，水质变差，鱼类及其他生物大量死亡的现象，严重时会发生水华。由于城市污水处理厂再生水是来自经过一定处理的生活污水或不包含重污染工业废水在内的城市污水，使得再生水的氮磷等营养物本底值相对较高，这是发生富营养化的根本原因，而且水体的稀释自净能力较天然景观水体差。

富营养化的防治过程，实际上就是通过调节诱发富营养化发生的主要控制性条件，抑制富营养化发生。治理再生水回用的景观水体富营养化问题，应该从富营养化发生的机理出发，结合再生水自身污染物本底值高及水体的稀释自净能力较天然水体差，以及景观水体为缓流水体和浅水水域等特点进行考虑。当再生水回用到景观水体后，可以采取一些方法来控制富营养化发生，如增加景观水体流动的水力循环系统、循环过滤净化系统、化学药剂除藻、生物调控法和人工湿地生态系统等。

再生水用于景观水体的主要障碍在于对有机污染、氮磷等营养物污染、色度臭味的控制。因此通过深度处理，一方面要进一步降低有机污染，除去藻类赖以生存的氮、磷营养盐，另一方面要达到良好的脱色除臭、消毒杀菌的效果。

0.2.2 城市绿化用水

再生水作为园林绿化用水也是城市再生水回用的一个有效途径，通常主要考虑再生水灌溉对于植物的生存和生长方面的影响，另一方面，还要考虑再生水灌溉植物后对土壤及地下水的影响。一般而言，含盐量、pH 值、氯化物、氨氮、LAS、余氯这几项水质指标应被加以关注。

pH 值的大小代表着再生水的酸碱程度，酸性过强或碱性过强的再生水均会对植物的生长产生负面的影响，甚至导致植物的死亡。氯化物含量过高的再生水中含盐量也会很高，会破坏土壤的自然成分，从而威胁到植物的生长和生存。氨氮含量的高低代表着再生水中营养物质的多少，营养物质对于植物的生长是有好处的，但长期使用营养物质含量过高的再生水作为园林绿化用水，也会对植物产生有害的影响。阴离子表面活性剂主要是指合成洗涤剂一类的物质，这类物质中含有大量的碱性化合物，因此含量过高也会对植物造成危害。余氯量的大小是反映再生水持续杀菌消毒效果好坏的重要指标，但余氯量过高一方面会改变再生水的 pH 值，另一方面也会增加再生水中氯化物如三氯甲烷等有害物质的含量，从而对植物的生长和生存产生危害。

再生水作为园林绿化用水对于浇灌方面的影响，还应关注再生水中总固体悬浮物 TSS 这项水质指标。如浇灌方式采用喷灌，还应考虑再生水的水质指标有嗅味、细菌总数、总大肠菌群、粪大肠菌群。

TSS 在再生水中含量过高，会产生浇灌过程中喷头的堵塞，从而导致园林绿化过程中维修工作量的大大增加，影响正常的园林绿化用水。浇灌方式如采用喷灌，当再生水的嗅味过重时，会对从事相关浇灌工作的人员和在周围环境中生活、活动的人群产生感官上的不快影响；同时，喷灌时再生水中的细菌会在空气中以飞沫或气溶胶的形式散布到周围环境中。因此细菌总数、总大肠菌群和粪大肠菌群过高，不仅会对园林附近的环境造成污染、不利身体健康，还不利于园林绿化的建设和发展。但如果绿化带为高速公路的隔离带或位于人类活动较少的地区，则可无需严格限制嗅味、总大肠菌群和粪大肠菌群这几项指标。

从使用再生水浇灌的绿化植物是否与人体接触方面考虑，嗅味、色度、细菌总数、总大肠菌群、粪大肠菌群、余氯这几项水质指标应被加以重视。

再生水在城市园林绿地使用过程中要考虑对于植物、人群、土壤、生物圈、生态等方面的安全性保障。再生水对于古树或一些敏感花卉苗木的使用应慎重。再生水在进行城市绿地灌溉过程中，其灌溉系统的设计、材质等应科学、合理。不能引起灌溉系统管道的腐蚀、水垢，堵塞灌溉系统。

0.2.3 工业用水

再生水用于城市工业回用大部分是作为工业冷却用水，在环境水污染并不严重的时期，许多工业企业采用河湖等清洁水体作为工业冷却使用，随着城市水体污染日益严重，水资源日益紧张，以再生水替代自来水或河湖清洁水作为工业用水，已成为城市节水的一个重要方面，也是发展趋势。再生水用于工业回用，可以作为循环冷却水，也可作为锅炉补水、工艺与产品用水、冷却用水、洗涤用水的水源。

许多工业企业水系统采用碳钢或铜质材料，并利用河水作为水源，用再生水替代后，水中各种离子、有机物、氨氮以及细菌等含量相对较高，有可能使工业水系统中出现含盐量增大、pH 值下降、微生物繁殖等现象，从而加速设备的腐蚀、结垢和黏泥的生成，不仅堵塞管道，降低设备的传热效率，增加能耗。因此，应关注再生水水质对原有水处理技术的影响，重点解决再生水用于工业用途的限定条件，保证再生水用于工业冷却用水的安全性。

0.2.4 冲厕及道路浇洒

再生水用于室内冲厕也是目前北方缺水城市一个回用途径，从再生水水质对人的感官系统影响方面考虑，再生水水质的感官指标如嗅味、浊度、色度等应首先被加以关注。

由于使用再生水进行冲厕过程是在卫生间内发生，而大多数的家用卫生间或洗手间的面积较狭小且通风较差，如果再生水的嗅味过重，就会在人的感官上引起不良的感觉，进而导致人对再生水水质的怀疑，影响到再生水的正常使用。

从使用再生水进行冲厕过程中对贮存设备及管路系统的影响方面考虑，TSS、pH 和 DO 这三项水质指标应被纳入监测范围。由于再生水的来水水源一般为城市污水处理厂的二级处理出水，所以再生水的 pH 值会跟随二级出水水质的变化而变化，如果 pH 值过高或过低均将对冲厕用途中的贮存设备及管路系统产生腐蚀作用。同时如果再生水中的总固体悬浮物 TSS 含量过高，会大大的增加冲厕管路系统堵塞的几率。

再生水作为道路清扫用途对于清扫效果的影响方面考虑，浊度、TDS 和 LAS 这三项指标必须被加以关注。浊度和 TDS 是代表再生水清洁度的重要指标，如果这两种指标过高将会影响街道的清洁效果，从而导致人们对使用再生水进行街道清洁的效果产生怀疑，继而影响到再生水在街道清扫用途的正常使用。LAS 有发泡的作用，如果含量过高也会影响到街道的清洁效果。

从使用再生水作为道路清扫用途对于人的感官影响方面考虑，氨氮、嗅味和色度这三项指标也应被加以关注。由于道路的清扫工作大多数在清晨或日间进行，如果所使用的再生水嗅味和色度过高，将会对晨练或日间在街道上行走和工作的人群产生感官上的不快影响，虽然嗅味和色度不会对人体健康造成很大的危害，但也会引起公众对再生水作为街道清扫用水的安全性的怀疑。同时氨氮的存在也会使再生水产生对人体感官系统造成不快感觉的气味，而这种气味还会对人体的健康造成一定程度的危害。因此再生水中的氨氮含量也应被加以控制。

0.2.5 再生水标准的完善

早期城市污水处理后的回用途径主要是农业灌溉，对于水质的要求较低，一般直接利用污水处理厂生物处理后的二级出水。20 世纪 80 年代中期，再生水开始逐步发展并利用，回用对象也不断扩大，首先开始应用于城市杂用。1991 年，国家建设部制定了城镇建设行业推荐标准——《生活杂用水水质标准》CJ/T 48—1991，提出城市污水再生后回用做生活杂用水的水质标准，该标准适用于厕所便器冲洗、城市绿化、洗车、扫除等生活杂用水，也适用于有同样水质要求的其他用途的水。标准对于悬浮固体、浊度、色度、BOD_5、COD_{Cr}、氨氮等提出了比二级出水更高的要求，也推动了再生水处理工艺技术的应用。

2000 年，建设部又颁布了再生水用于景观回用的行业推荐标准：《再生水回用于景观水体的水质标准》CJ/T 95—2000，对污水再生后回用于景观水体的水质提出了要求，但由于考虑当时标准的可实现性，建议的标准值均要求偏低，基本与《污水综合排放标准》GB 8978—1996 的一级标准相近，而对于磷等指标的要求，甚至比 GB 8978—1996 一级标准还低得多。

2002 年，随着再生水利用范围的不断扩大，利用途径的不断拓展，建设部和国家标准化委员会组织编制了城市污水再生利用系列标准，对于再生水用于不同途径的用途进行梳理，系统地制定出针对不同的再生水利用途径下的比较完善的再生水水质标准：

《城市污水再生利用　分类》GB/T 18919—2002
《城市污水再生利用　城市杂用水质》GB/T 18920—2002
《城市污水再生利用　景观环境用水水质》GB/T 18921—2002
《城市污水再生利用　地下水回灌水质》GB/T 19772—2005
《城市污水再生利用　工业用水水质》GB/T 19923—2005
《城市污水再生利用　农田灌溉用水水质》GB/T 20922—2007

0.3　再生水工艺技术的发展

再生水工艺技术是随着再生水回用量的不断增加和回用途径的不断扩展而发展起来的，不同的再生水使用途径，就有不同的水质需求。随着城市水资源紧张趋势的不断加剧，对再生水的水量要求不断加大，再生水的应用范围逐步扩大，用途逐步拓展，水质指标也从原来的单一指标发展为多项指标的严格要求。再生水的水质最初只是感官要求，对于悬浮固体、浊度等提出的要求较低。随着再生水在景观、河湖上的应用不断扩大，对氮、磷等营养物质的去除更加严格。在工业回用和建筑冲厕等利用上，又进一步提出了对某些离子的要求。当再生水的应用越来越广时，人们从安全角度考虑，又扩展了对某些有机物的更高的要求。这些不断发展的需求，也不断推动着再生水技术的发展和应用。

0.3.1　再生水的典型处理工艺

再生水最初开始使用时，主要用途只是作为城市绿化和市政杂用水，比较关注的水质指标是 COD 和悬浮固体，较多采用的典型工艺是化学混凝（沉淀）过滤，可以在原污水二级生物处理的基础上，进一步去除水中 20% 的 COD 和 50% 以上的悬浮固体，改善出水水质。

作为一种水处理方法，化学混凝法源于其在饮用水行业的应用历程，技术发展主要体现在混凝剂的发展与研制，及其与新工艺的集成处理效果。污水生物处理的二级出水中仍含有 COD 和较高的浊度，化学混凝的主要作用是增强后续沉淀或过滤单元对悬浮固体和胶体物质的去除效果，在去除有机污染物和悬浮固体的同时，去除污水中的一些无机成分，如磷酸盐和重金属，并降低浊度和部分色度。

在污水中加入一定量的化学混凝剂，污水中的细微颗粒和胶体就会发生凝聚和絮凝现象，形成粒径明显增大的絮体粒子，可以沉淀或过滤去除，使后续固液分离单元的去除能力明显提高。常用的絮凝剂类型为金属盐（铁盐、铝盐、复合药剂）、石灰和有机聚合物。

在混凝沉淀后，采用石英砂介质对絮体进行过滤，滤层滤料主要通过压力、拦截和物理变形去除絮体颗粒，过滤是保证污水再生处理系统出水水质的关键工艺过程。

混凝（沉淀）过滤工艺在再生水处理技术的发展过程中，单元处理和集成处理也在不断优化和发展，混凝和澄清技术上，出现了微絮凝过滤、高效加速澄清池等工艺技术，与之配套的后续过滤技术也不断发展。近年来，随着对再生水水质稳定性和感官指标要求的增高，过滤技术也在不断发展和应用。滤池出现了许多新的形式，如 V 型滤池、D 型滤池、无阀滤池等，滤料也从单一砂滤池增加到纤维束滤池，彗星滤料、烧结陶粒、塑料颗粒等；新的过滤池型如滤布滤池、V 型滤池、活性砂滤池等，代表了滤池的发展方向。

膜过滤技术的应用和技术成熟度的提高，也带动了大型工程化的应用和推广，微滤膜或超滤膜可作为再生水处理的最后保障。微滤在污水深度处理工艺中和滤池过滤的作用有些相似，同一般过滤介质相比，微滤具有孔径均匀、过滤精度高、孔隙率高、滤速快以及在过滤过程中无介质脱落等优点。它可以作为反渗透和纳滤工艺的预处理单元，也可以作为整个污水深度处理工艺的最后处理单元。

0.3.2　对营养物的深度去除工艺

随着再生水回用于景观水体范围的不断扩大，对氮磷营养物指标的要求也日趋严格。由于城市污水处理厂污水处理后水中的氮磷仍不能完全满足再生水的使用要求，在深度处理过程中进一步进行脱氮除磷也是再生水处理技术的一个重要环节和发展趋势。

曝气生物滤池（BAF）除了具有物理截滤作用外，生物吸附、氧化作用也是其重要的特征之一。二级出水可以通过高级氧化，使可生化性能提高，再经过 BAF 工艺可以使二级出水中的难降解有机物和 NH_4^+-N 等污染物质进一步分解转化。曝气生物滤池具有很强的硝化能力，能够保证当二级出水中 NH_4^+-N 指标较高时，经过硝化作用使出水稳定达标。反硝化滤池与曝气生物滤池有效结合，通过一定的碳源投加，对于硝酸盐氮的降低具有稳定而有效的作用。

曝气生物滤池是生物膜悬浮生长和附着生长两种工艺的结合，填料表面生物膜和填料之间空隙的活性污泥为去除氮提供了条件。生物膜外层好氧微生物含有硝化菌，而内层由于缺氧主要以厌氧或兼性菌为主，其中就有反硝化菌，再加上填料间隙的活性污泥，在曝气生物滤池内可以形成一个好氧、厌氧、缺氧的环境。硝化反应和反硝化反应的进行就得以实现。曝气生物滤池同时存在好氧、兼性和厌氧微生物，可以同时进行硝化和反硝化反应。因此利用单体或多段曝气生物滤池组合脱氮是可行的。反硝化有前置和后置两种。在曝气生物滤池系统中，反硝化以两种方式进行，即在滤池设置缺氧区或单独设一个不曝气的反硝化生物滤池，并根据底物供应情况决定是否投加碳源物质。

对于氮磷等营养物的去除，技术上尽量在污水的二级处理过程解决，但随着指标要求的不断提高，深度处理过程对氮磷的去除技术也不断发展起来。

0.3.3　再生水的安全控制技术

从再生水使用安全的角度出发，应该关注对难降解有机物、卫生学指标的处理效果，随着社会对再生水使用的关注度提高，从感官考虑，还应对浊度、色度、嗅味、澄清度等指标提出一定的要求。

如果再生水的浊度和色度值偏高，仍然是 COD 这一指标较高，在污水处理过程去除后残留的 COD，基本为难生物降解的有机物，而在生物安全性评价体系中，最关注的也是难降解有机物的去除。因此，应进一步强化对 COD 的去除。O_3 氧化工艺可以使二级出水中的难生物降解有机物分解转化成易生物降解有机物，去除微量有毒有机物，使出水的生物毒性基本消除，并且可生化性得到很大的提高，有利于后续生物处理工艺对有机污染物的去除。O_3 对细菌、病毒、芽孢、原虫等病原微生物具有很好的灭活效果，使出水中的卫生学指标（即粪大肠杆菌）满足Ⅲ类水标准的要求。此外，O_3 具有很好的脱色、除臭功能，能极大地改善感官性状指标，易于被公众接受。

反渗透膜与微滤或超滤结合用于再生水深度处理，对于多种物质均有很好的去除效果。经过反渗透系统处理后再生水几乎是无色无味，对于色度、COD_{Cr}、总磷、总氮和氨氮等指标，也都在分析方法的最低检出线以下。对溶解性固体、氯化物、总硬度和电导率，反渗透系统也表现出优良的去除能力。近年来，双膜处理用于再生水对于电厂水回用、精细工业用水等均得到了良好的发展。

第1章 再生水水质及检测方法

1.1 再生水水质

城市污水深度处理后的再生水可以满足工业、农业和城市景观用水的水质需求，作为缓解缺水地区水资源紧张状况的有效途径，再生水回用已经受到人们的广泛关注。目前再生水回用在北京、天津等城市已经开始大范围的应用。再生水回用工程项目也在筹备和建设中，包括政府、企业在内的各种投资主体也开始加大资金投入。

在污水回用处理的技术路线上，关键性的转变是由单项技术的独立应用转变为多种技术集成使用。以往是以达标排放为目的，针对某些污染物去除而设计工艺流程，现在则要调整到以水的综合利用为目的，迫切要求将现有的技术进行综合、集成，以满足既定的水资源化目标。水再生和回用系统应是既能够满足回用水水质标准，同时整体上经济有效的处理工艺组合，废水的最终回用要求将各组合工艺相互有机排列以保证在经济合理的费用下的安全供水。不同的再生水水处理工艺可以达到不同的再生水水质要求。

1.1.1 不同再生水生产工艺下的水质特性

1.1.1.1 常规混凝沉淀＋臭氧工艺的再生水水质
1. 某再生水厂水处理工艺流程（图 1-1）

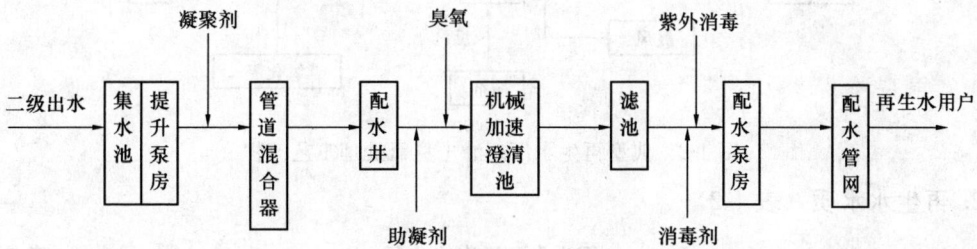

图 1-1 典型再生水常规混凝沉淀＋臭氧处理工艺流程

2. 再生水水质（表 1-1）

再生水厂进出水水质　　　　　　　　　　　　　　　　　表 1-1

项　目	进　水	出　水	项　目	进　水	出　水
COD_{Cr}（mg/L）	20～40	15～30	色度（度）	30～45	5～15
BOD_5（mg/L）	2～6	1～3	TP（mg/L）	0.2～1.0	0.05～1.0
SS（mg/L）	5～10	<5	TN（mg/L）	5～20	5～20
浊度（NTU）	1.0～5.0	0.5～1.0	NH_4^+-N（mg/L）	0.1～4	0.1～4

COD_{Cr}：满足除地下水回灌中井灌外的所有再生水回用标准（目前已颁布的五项城市污水再生水回用标准，下同）。

BOD_5：满足所有再生水回用标准。

SS：满足所有再生水回用标准。

色度：满足所有再生水回用标准。再生水色度的去除很大程度上归功于臭氧的应用，且出水色度的高低与臭氧的投加量呈线性相关。

TN：满足除景观环境用水外的所有再生水回用标准。混凝、沉淀、过滤工艺对 TN 去除有限。应控制再生水处理厂进水中的 TN 值。

NH_4^+-N：满足除地下水回灌和工业用水中敞开式循环冷却水系统补充水（铜质换热器）外的所有再生水回用标准。

TP：满足除湖泊类和水景类的景观环境用水外的所有回用标准。絮凝剂投加量对 TP 的去除影响很大，如果投药量合适，TP 指标可以达到所有回用标准。

传统的混凝、沉淀、过滤工艺出水水质较好且稳定，再加上臭氧的应用对色度的较好去除效果，如果控制好进水的 TN、TP、氨氮指标，前处理絮凝剂投加量合适，且有较好的消毒措施，该工艺出水水质可满除地下水回灌以外的其他再生水回用标准。

1.1.1.2 超滤＋臭氧工艺的再生水水质

1. 某典型再生水厂水处理工艺流程（图 1-2）

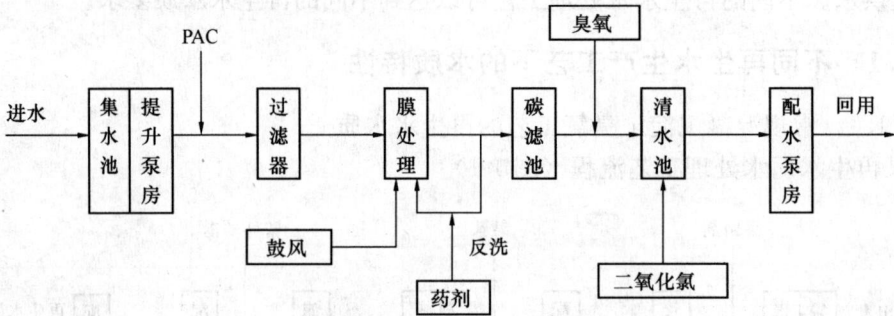

图 1-2 典型再生水厂超滤＋臭氧处理工艺流程

2. 再生水水质（表 1-2）

再生水厂进出水水质 表 1-2

项 目	进 水	出 水
COD_{Cr}（mg/L）	20～35	15～30
BOD_5（mg/L）	2～6	2～4
SS（mg/L）	<5～10	<5
浊度（NTU）	1.0～3.0	0.1～0.5
色度（度）	25～45	5～15
TP（mg/L）	0.1～1.0	0.05～0.5
TN（mg/L）	10～25	10～25
NH_4^+-N（mg/L）	0.1～20（0.5～5 占 60%）	0.1～20（0.5～2 占 60%）

COD_{Cr}：满足除地下水回灌中井灌外的所有再生水回用标准。

BOD$_5$：满足所有再生水回用标准。

SS：满足所有再生水回用标准。

色度：满足所有再生水回用标准。

浊度：满足所有再生水回用标准。

TN：满足除景观环境用水外的所有再生水回用标准。超滤工艺对 TN 去除有限，对TN 的去除主要靠前置污水厂的生物处理技术。

NH$_4^+$-N：出水氨氮不稳定，这主要与超滤前污水厂处理工艺稳定运行有关。

TP：满足除湖泊类和水景类的景观环境用水外的所有再生水回用标准。

超滤工艺能去除来水 95％以上的 SS 和浊度及部分 COD$_{Cr}$，对色度的去除主要归功于臭氧技术。超滤对 TN、NH$_4^+$-N、TP 等的去除效果不明显，这些指标的去除依赖于前置污水处理单元的稳定运行，如果加大前置污水处理单元的运行成本，TN、NH$_4^+$-N、TP指标还是能满足再生水回用要求，但再生水制水成本高，经济性不合理。

1.1.1.3　MBR＋臭氧工艺的再生水水质

1. 某典型再生水厂水处理工艺流程（图 1-3）

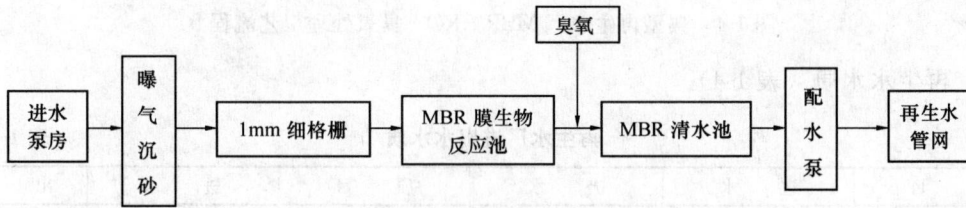

图 1-3　典型再生水厂 MBR＋臭氧处理工艺流程

2. 再生水水质（表 1-3）

再生水厂进出水水质　　　　　　　　　　　　　　表 1-3

项　　　目	进　水	出　水	项　　　目	进　水	出　水
COD$_{Cr}$（mg/L）	300~500	15~30	色度（度）	120~140	5~15
BOD$_5$（mg/L）	100~200	2~4	TP（mg/L）	3~10	0.05~0.5
SS（mg/L）	100~300	<5	TN（mg/L）	40~60	10~25
浊度（NTU）	—	1.0~3.0	NH$_4^+$-N（mg/L）	15~25	0.2~0.5

COD$_{Cr}$：满足除地下水回灌中井灌外的所有再生水回用标准。

BOD$_5$：满足所有再生水回用标准。

SS：满足所有再生水回用标准。

色度：满足所有再生水回用标准。

浊度：满足所有再生水回用标准。

TN：满足除景观环境外的所有再生水回用标准。

NH$_4^+$-N：满足除地下水回灌中井灌外的所有再生水回用标准。

TP：满足所有再生水回用标准。

MBR 对 SS 和浊度有着非常良好的去除效果。对 SS 和浊度的去除率在 90％以上。并且大大降低了生物反应器内的污泥负荷，提高了 MBR 对有机物的去除效率，对生活污水

COD$_{Cr}$和BOD$_5$的平均去除率在95%左右。

同时，由于生物反应器中的水力停留时间（HRT）和污泥停留时间（SRT）是完全分开的，保证了MBR除具有高效降解有机物的作用外，还具有良好的硝化作用。MBR在处理生活污水时，对氨氮的去除率平均在98%左右，出水氨氮浓度低于1mg/L。此外，MBR对细菌和病毒也有着较好的去除效果。另外，在DO浓度较低时，在菌胶团内部存在缺氧或厌氧区，为反硝化创造了条件。仅采用好氧MBR工艺，虽然对TP的去除效率不高，但如果将其与厌氧进行组合，则可大大提高TP的去除率。

1.1.1.4 双膜法（MBR＋RO＋臭氧）工艺的再生水水质

1. 某典型再生水厂水处理工艺流程（图1-4）

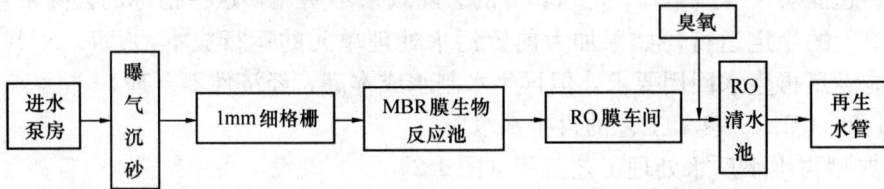

图1-4 典型再生水厂 MBR＋RO＋臭氧处理工艺流程

2. 再生水水质（表1-4）

再生水厂进出水水质 表1-4

项 目	进 水	出 水	项 目	进 水	出 水
COD$_{Cr}$（mg/L）	300～500	<5	色度（度）	120～140	3～6
BOD$_5$（mg/L）	100～200	<2.0	TP（mg/L）	3～10	<0.01～0.015
SS（mg/L）	100～300	<5	TN（mg/L）	40～60	0.8～1.0
浊度（NTU）	—	0.2～0.5	NH$_4^+$-N（mg/L）	15～25	<0.025～0.2

该工艺出水水质良好，其指标接近于纯净水水质，满足所有再生水回用标准。但该工艺运行成本较高。

1.1.2 再生水中重点关注有机物

针对近年来对再生水中重点有机物关注的逐渐升温，编写组开展了北京市再生水中内分泌干扰物类、抗生素类、个人护理品类构成及分布研究。

1.1.2.1 内分泌干扰物在再生水中的分布及含量水平

1. 壬基酚和双酚A

检测的目标物质为壬基酚（nonylphenol，NP）和双酚A（bisphenolA，BPA）。

从表1-5可直观看出，在进行的八个北京地区再生水水样检测分析过程中，对双酚A和壬基酚都有检出，且壬基酚较双酚A具有较高的含量水平。壬基酚在再生水中的含量在100～300ng/L之间，而双酚A在再生水中的含量在0～30ng/L之间。

2. 雌醇类物质

检测的目标物质为雌醇类物质，包括雌酮（estrone，E1）、β-雌二醇（17β-estradiol，E2β）、雌三醇（estriol，E3）和炔雌醇（ethinylestradiol，EE2）。

再生水样品中双酚 A 和壬基酚的检测结果（ng/L）　　　　表 1-5

样品编号	双酚 A	壬基酚	样品编号	双酚 A	壬基酚
001	6.5	97.5	005	ND	207.2
002	28.0	175.9	006	3.0	253.9
003	1.5	267.4	007	15.4	152.5
004	ND	168.6	008	18.1	183.6

注：ND，未检出（<MDL）。

从表 1-6 中可看出，再生水中目标检测物中只有雌酮、β-雌二醇有检出，且含量极低，含量水平在 0~10ng/L 之间。而雌三醇和炔雌醇在再生水中几乎没有检测出。

再生水样品中雌醇类物质的检测结果（ng/L）　　　　表 1-6

样品编号	E1	E2β	E3	EE2
001	0.8	0.5	ND	ND
002	1.1	0.7	0.2	ND
003	1.3	0.9	ND	ND
004	0.2	ND	ND	ND
005	0.3	ND	ND	ND
006	7.7	1.9	ND	ND
007	1.6	1.0	ND	ND
008	1.6	0.8	ND	ND

注：ND，未检出（<MDL）。

1.1.2.2　抗生素类物质在再生水中的分布及含量水平

1. 磺胺类抗生素

5 种磺胺类抗生素检测目标为磺胺吡啶（sulfapyridine，SPD），磺胺嘧啶（sulfadiazine，SDZ），磺胺甲基异恶唑（sulfamethoxazole，SMX），磺胺间二甲基嘧啶（sulfadimidine，SDMD），以及甲氧苄胺嘧啶（trimethoprime，TMP）。

再生水样品中磺胺类抗生素的检测结果（ng/L）　　　　表 1-7

样品编号	SPD	SDZ	TMP	SMX	SDMD
001	13.7	28.5	13.7	27.2	ND
002	19.0	33.9	9.4	22.6	1.2
003	36.5	42.0	53.8	44.3	0.9
004	20.9	40.2	47.4	36.0	ND
005	11.2	16.5	242.6	31.4	ND
006	161.4	339.0	112.2	334.0	4.6
007	237.4	339.8	71.5	323.5	6.2
008	198.6	320.0	45.5	283.6	5.3

注：ND，未检出（<MDL）。

从表 1-7 可看出，5 种磺胺类抗生素目标检测物在北京市再生水中均有检出，其中磺胺吡啶、磺胺嘧啶、磺胺甲基异恶唑、甲氧苄胺嘧啶含量较高，浓度水平在 10~350ng/L 之间，且因再生水厂原水来源的不同及处理工艺间的区别，磺胺类抗生素在各再生水样的含量差异较大，而磺胺间二甲基嘧啶在各再生水样的含量差异较小，浓度水平维持在 0～10ng/L 之间。

2. 大环内酯类抗生素

2 种大环内酯类抗生素目标检测物为：罗红霉素（roxithromycin）和乙酰螺旋霉素（AcetylSpiramycin）。

再生水各样品中大环内酯类抗生素仅罗红霉素有检出，其检测结果见表 1-8。

再生水样品中大环内酯类抗生素的检测结果（ng/L）　　　　　表 1-8

样品编号	罗红霉素	样品编号	罗红霉素
001	6.8	005	27
002	4.8	006	103
003	27	007	113
004	33	008	56

在 8 个再生水样品中，大环内酯类目标检测物仅有罗红霉素检出，且含量水平在 40～120ng/L 之间，而另一目标检测乙酰螺旋霉素则未检出。

3. 四环素类抗生素

4 种四环素类抗生素目标检测物为四环素（tetracycline，TC）、土霉素（oxytetracycline，OTC）、金霉素（chlortetracycline，CTC）、强力霉素（docycline，DXC）。

从表 1-9 可以看出，4 种四环素类抗生素目标检测物只有四环素（TC）和土霉素（OTC）检出，且含量水平极低，在 0～30ng/L 之间，而金霉素（CTC）、强力霉素（DXC）则没有检出，这种情况主要为目前四环素类抗生素在人群中使用已很少，且用量不多，更多的应用在畜牧养殖方面，而北京市区已没有养殖产业，符合目前此类抗生素使用环境。

再生水样品中四环素类抗生素的检测结果（ng/L）　　　　　表 1-9

样品编号	OTC	TC	CTC	DXC
001	ND	0.6	ND	ND
002	2.7	0.6	ND	ND
003	1.4	ND	ND	ND
004	ND	ND	ND	ND
005	ND	ND	ND	ND
006	25.8	4.9	ND	ND
007	8.7	1.8	ND	ND
008	10.4	2.0	ND	ND

注：ND，未检出（<MDL）。

4. 喹诺酮类抗生素

喹诺酮抗生素目标检测物为氧氟沙星（ofloxacin）和诺氟沙星（norfloxacin）。

从表 1-10 可以看出，在再生水样品中，喹诺酮类抗生素目标检测物氧氟沙星（ofloxacin）和诺氟沙星（norfloxacin）均有检出，二者在再生水中的含量水平也很相近，浓度水平在 20～550ng/L 之间，不同的再生水样品中喹诺酮类抗生素含量水平差异较大，原因为再生水来水水质差异及处理工艺不同造成。

编　号	氧氟沙星	诺氟沙星	编号	氧氟沙星	诺氟沙星
001	35	28	005	423	708
002	109	81	006	544	277
003	91	31	007	294	199
004	211	453	008	392	210

注：ND，未检出（<MDL）。

1.1.2.3　个人护理品麝香类物质在再生水中的分布及含量水平

麝香类物质目标检测物为嘉乐麝香（HHCB，1,3,4,6,7,8-Hexahydro-4,6,6,7,8,8-hexamethylcyclopenta［g］-2-benzopyrane）、二甲苯麝香（muskxylene，1-tert-butyl-3,5-dimethyl-2,4,6-trinitrobenzene）、葵子麝香（muskambrette，1-tert-butyl-3,5-dinitro-2-methoxy-4-methylbenzene）、葵子酮麝香（muskketone，4-tertbutyl-3,5-dinitro-2,6-dimethylacetophenone）、西藏麝香（musktibeten，1-tert-butyl-2,6-dinitro-3,4,5，trimethyl-benzene）。

从表1-11数据可以看出，5种麝香类物质目标检测物再生水样品中都有检出，但只有嘉乐麝香和葵子酮麝香在所有的样品中有检出，其中嘉乐麝香含量水平较高，在100～240ng/L之间，而二甲苯麝香、葵子麝香和西藏麝香仅在部分样品中有检出，且含量水平较低。说明在再生水中麝香类物质以嘉乐麝香为主，这一检测结果与环境中此类物质的使用量相符。

样品编号	嘉乐麝香	二甲苯麝香	葵子麝香	葵子酮麝香	西藏麝香
001	197	3.2	<LOD	22	ND
002	125	1.6	<LOD	8.7	ND
003	236	3.0	16	31	ND
004	145	2.2	<LOD	24	2.7
005	213	2.5	<LOD	28	ND
006	164	ND	<LOD	8.7	ND
007	145	ND	<LOD	11	ND
008	100	ND	<LOD	10.2	ND

注：ND，未检出（<MDL）；<LOD，低于定量线。

1.2　再生水水质检测方法

1.2.1　城市污水再生利用系列标准水质指标检测方法

城市污水再生利用系列标准详细规定了用于不同用途的再生水检测方法，其中再生水用于杂用水、再生水用于工业用水只有基本控制指标，而再生水用于景观环境、再生水用于农田灌溉和再生水用于地下水回灌不仅有基本控制指标，而且还规定了选择性控制指标。

1.2.1.1 回用于城市杂用水水质检测方法

再生水回用于城市杂用水水质检测方法按表 1-12 执行。

城市污水再生利用 杂用水水质指标分析方法 表 1-12

序 号	项 目	测定方法	执行标准
1	pH 值（无量纲）	pH 电位法	GB/T 5750
2	色度（度）	铂-钴标准比色法	GB/T 5750
3	嗅	嗅气法	GB/T 5750
4	浊度（NTU）	散射法 目视比色法	GB/T 5750
5	溶解性总固体（mg/L）	重量法	GB/T 5750
6	五日生化需氧量（mg/L）	稀释与接种法	GB/T 7488
7	氨氮（mg/L）	纳氏试剂比色法	GB/T 5750
8	阴离子表面活性剂（mg/L）	亚甲蓝分光光度法	GB/T 7494
9	铁（mg/L）	二氮杂菲分光光度法 原子吸收分光光度法	GB/T 5750
10	锰（mg/L）	过硫酸铵分光光度法 原子吸收分光光度法	GB/T 5750
11	溶解氧（mg/L）	碘量法	GB/T 7489
		电化学探头法	GB/T 11913
12	总余氯（mg/L）	邻联甲苯胺比色法 邻联甲苯胺—亚砷酸盐比色法 N,N-二乙基对苯二胺—硫酸亚铁铵滴定法	GB/T 5750
		N,N-二乙基—1,4-苯二胺分光光度法	GB/T 11898
13	总大肠菌群（个/L）	多管发酵法 滤膜法	GB/T 5750

规范性引用文件：

GB/T 5750 生活饮用水标准检验法

GB/T 7488 水质 五日生化需氧量（BOD₅）的测定稀释与接种法（neq ISO 5815）

GB/T 7489 水质 溶解氧的测定 碘量法（neq ISO 5813—83）

GB/T 7494 水质 阴离子表面活性剂的测定 亚甲蓝分光光度法（neq ISO 7875—1）

GB/T 11898 水质 游离氯和总氯的测定 N,N—二乙基—1,4—苯二胺分光光度法（neq ISO 7393—2）

GB/T 11913 水质 溶解氧的测定 电化学探头法（idt ISO 5814—84）

1.2.1.2 回用于景观环境用水水质检测方法

1. 基本控制指标

景观环境用水基本控制指标检测方法按表 1-13 执行。

城市污水再生利用　景观环境用水基本控制指标分析方法　　　表 1-13

序　号	项　　目	测定方法	执行标准
1	pH 值（无量纲）	玻璃电极法	GB/T 6920
2	五日生化需氧量（mg/L）	稀释与接种法	GB/T 7488
3	悬浮物（mg/L）	重量法	GB/T 11901
4	浊度（NTU）	比浊法	GB/T 13200
5	溶解氧（mg/L）	碘量法	GB/T 7489
		电化学探头法	GB/T 11913
6	总磷（mg/L）	钼酸铵分光光度法	GB/T 11893
7	总氮（mg/L）	碱性过硫酸钾消解紫外分光光度法	GB/T 11894
8	氨氮（mg/L）	蒸馏滴定法	GB/T 7478
9	总大肠菌群（个/L）	多管发酵法　滤膜法	《水和废水监测分析方法》[①]
10	余氯（mg/L）	$N,N-$二乙基$-1,4-$苯二胺分光光度法	GB/T 11898
11	色度（度）	铂钴比色法	GB/T 11903
12	石油类（mg/L）	红外光度法	GB/T 16488
13	阴离子表面活性剂（mg/L）	亚甲蓝分光光度法	GB/T 7494

①暂采用《水和废水监测分析方法》，中国环境科学出版社。待国家方法标准发布后，执行国家标准。

规范性引用文件：

GB/T 6920　水质　pH 值的测定　玻璃电极法

GB/T 7478　水质　铵的测定　蒸馏和滴定法

GB/T 7488　水质　五日生化需氧量（BOD_5）的测定　稀释与接种法（neq ISO 6595）

GB/T 7489　水质　溶解氧的测定　碘量法（eqv ISO 5813）

GB/T 7494　水质　阴离子表面活性剂的测定　亚甲蓝分光光度法（neq ISO 7875－1）

GB/T 11893　水质　总磷的测定　钼酸铵分光光度法

GB/T 11894　水质　总氮的测定　碱性过硫酸钾消解紫外分光光度法

GB/T 11898　水质　游离氯和总氯的测定　N,N-二乙基-1,4-苯二胺分光光度法（nqv ISO 7393－2）

GB/T 11901　水质　悬浮物的测定　重量法

GB/T 11903　水质　色度的测定（neq ISO 7887）

GB/T 11913　水质　溶解氧的测定　电化学探头法（idt ISO 5814）

GB/T 13200　水质　浊度的测定（neq ISO 7027）

GB/T 16488　水质　石油类和动植物油的测定　红外光度法

2. 选择性控制指标

景观环境用水选择性控制指标检测方法按表 1-14 执行。

城市污水再生利用　景观环境用水选择性控制指标检测方法　　　表 1-14

	控制项目	测定方法	执行标准
1	总汞	冷原子吸收光度法	GB/T 7468
2	烷基汞	气相色谱法	GB/T 14204
3	总镉	原子吸收分光光谱法	GB/T 7475

	控制项目	测定方法	执行标准
4	总铬	高锰酸钾氧化-二苯碳酰二肼分光光度法	GB/T 7466
5	六价铬	二苯碳酰二肼分光光度法	GB/T 7467
6	总砷	二乙基二硫代氨基甲酸银分光光度法	GB/T 7485
7	总铅	原子吸收分光光谱法	GB/T 7475
8	总镍	火焰原子吸收分光光度法	GB/T 11912
		丁二酮肟分光光度法	GB/T 11910
9	总铍	活性炭吸附-铬天菁 S 光度法	《水和废水监测分析方法》[①]
10	总银	火焰原子吸收分光光度法	GB/T 11907
11	总铜	原子吸收分光光谱法	GB/T 7475
		二乙基二硫代氨基甲酸钠分光光度法	GB/T 7474
12	总锌	原子吸收分光光谱法	GB/T 7475
		双硫腙分光光度法	GB/T 7472
13	总锰	火焰原子吸收分光光度法	GB/T 11911
		高锰酸钾分光光度法	GB/T 11906
14	总硒	2,3-二氨基萘荧光法	GB/T 11902
15	苯并（a）芘	乙酰化滤纸层析荧光分光光度法	GB/T 11895
16	挥发酚	蒸馏后用 4-氨基安替比林分光光度	GB/T 7490
17	总氰化物	硝酸银滴定法	GB/T 7486
18	硫化物	碘量法（高浓度）	《水和废水监测分析方法》[①]
		对氨基二甲基苯胺光度法（低浓度）	
19	甲醛	乙酰丙酮分光光度法	GB/T 13197
20	苯胺类	N-（1-萘基）乙二胺偶氮分光光度法	GB/T 11889
21	硝基苯类	气相色谱法	GB/T 13194
22	有机磷农药（以 P 计）	气相色谱法	GB/T 13192
23	马拉硫磷	气相色谱法	GB/T 13192
24	乐果	气相色谱法	GB/T 13192
25	对硫磷	气相色谱法	GB/T 13192
26	甲基对硫磷	气相色谱法	GB/T 13192
27	五氯酚	气相色谱法	GB/T 8972
		藏红 T 分光光度法	GB/T 9803
28	三氯甲烷	气相色谱法	《水和废水监测分析方法》[①]
29	四氯化碳	气相色谱法	《水和废水监测分析方法》[①]
30	三氯乙烯	气相色谱法	《水和废水监测分析方法》[①]
31	四氯乙烯	气相色谱法	《水和废水监测分析方法》[①]
32	苯	气相色谱法	GB/T 11890
33	甲苯	气相色谱法	GB/T 11890
34	邻-二甲苯	气相色谱法	GB/T 11890
35	对-二甲苯	气相色谱法	GB/T 11890
36	间-二甲苯	气相色谱法	GB/T 11890
37	乙苯	气相色谱法	GB/T 11890
38	氯苯	气相色谱法	《水和废水监测分析方法》[①]

	控制项目	测定方法	执行标准
39	对二氯苯	气相色谱法	《水和废水监测分析方法》[①]
40	邻二氯苯	气相色谱法	《水和废水监测分析方法》[①]
41	对硝基氯苯	气相色谱法	GB/T 13194
42	2,4-二硝基氯苯	气相色谱法	GB/T 13194
43	苯酚	气相色谱法	《水和废水监测分析方法》[①]
44	间一甲酚	气相色谱法	《水和废水监测分析方法》[①]
45	2,4-二氯酚	气相色谱法	《水和废水监测分析方法》[①]
46	2,4,6-三氯酚	气相色谱法	《水和废水监测分析方法》[①]
47	邻苯二甲酸二丁酯	气相、液相色谱法	《水和废水监测分析方法》[①]
48	邻苯二甲酸二辛酯	气相、液相色谱法	《水和废水监测分析方法》[①]
49	丙烯腈	气相色谱法	《水和废水监测分析方法》[①]
50	可吸附有机卤化物 (AOX)（以 Cl 计）	微库仑法	GB/T 15959

①暂采用《水和废水监测分析方法》，中国环境科学出版社。待国家方法标准发布后，执行国家标准。

规范性引用文件：

GB/T 7466　水质　总铬的测定

GB/T 7467　水质　六价铬的测定　二苯碳酰二肼分光光度法

GB/T 7468　水质　总汞的测定　冷原子吸收分光光度法（eqv ISO 5666－1－3）

GB/T 7472　水质　锌的测定　双硫腙分光光度法

GB/T 7474　水质　铜的测定　二乙基二硫代氨基甲酸钠分光光度法

GB/T 7475　水质　铜、锌、铅、镉的测定　原子吸收分光光谱法

GB/T 7485　水质　总砷的测定　二乙基二硫代氨基甲酸银分光光度法（neq ISO 6595）

GB/T 7486　水质　氰化物的测定　第一部分：总氰化物的测定

GB/T 7490　水质　挥发酚的测定　蒸馏后 4-氨基安替比林分光光度法（eqv ISO 6439）

GB/T 8972　水质　五氯酚的测定　气相色谱法

GB/T 9803　水质　五氯酚的测定　藏红 T 分光光度法

GB/T 11889　水质　苯胺类化合物的测定　N-（1-萘基）乙二胺偶氮分光光度法

GB/T 11890　水质　苯系物的测定　气相色谱法

GB/T 11895　水质　苯并（a）芘的测定　乙酰化滤纸层析荧光分光光度法

GB/T 11902　水质　硒的测定　2,3-二氨基萘荧光法

GB/T 11906　水质　锰的测定　高碘酸钾分光光度法

GB/T 11907　水质　银的测定　火焰原子吸收分光光度法

GB/T 11910　水质　镍的测定　丁二酮肟分光光度法

GB/T 11911　水质　铁、锰的测定　火焰原子吸收分光光度法

GB/T 11912　水质　镍的测定　火焰原子吸收分光光度法

GB/T 13192　水质　有机磷农药的测定　气相色谱法

GB/T 13194　水质　硝基苯、硝基甲苯、硝基氯苯、二硝基甲苯的测定　气相色谱法

GB/T 13197　水质　甲醛的测定　乙酰丙酮分光光度

GB/T 14204　水质　烷基汞的测定　气相色谱法

GB/T 15959　水质　可吸附有机卤素（AOX）的测定　微库仑法

1.2.1.3　回用于工业用水水质检测方法

工业用水水质检测方法按表 1-15 执行。

城市污水再生利用　工业用水水质指标分析方法　　　　表 1-15

序号	项　　目	测定方法	执行标准
1	pH 值（无量纲）	玻璃电极法	GB/T 6920
2	悬浮物（SS）(mg/L)	重量法	GB/T 11901
3	浊度（NTU）	比浊法	GB/T 13200
4	色度（度）	稀释倍数法	GB/T 11903—1989
5	五日生化需氧量（BOD$_5$）(mg/L)	稀释与接种法	GB/T 7488
6	化学需氧量（COD$_{Cr}$）(mg/L)	重铬酸钾法	GB/T 11914
7	铁（mg/L）	火焰原子吸收分光光度法	GB/T 11911
8	锰（mg/L）	火焰原子吸收分光光度法	GB/T 11911
9	氯化物（mg/L）	硝酸银滴定法	GB/T 11896
10	二氧化硅（mg/L）	分光光度法	GB/T 16633—1996
11	总硬度（mg/L）	乙二胺四乙酸二钠滴定法	GB/T 7477—1987
12	总碱度（mg/L）	容量法	GB/T 6276.1—1996
13	硫酸盐（mg/L）	重量法	GB/T 11899
14	氨氮（mg/L）	蒸馏和滴定法	GB/T 7478
15	总磷（mg/L）	钼酸铵分光光度法	GB/T 11893
16	溶解性总固体（mg/L）	重量法	GB/T 5750
17	石油类（mg/L）	红外光度法	GB/T 16488
18	阴离子表面活性剂（mg/L）	亚甲蓝分光光度法	GB/T 7494
19	余氯（mg/L）	邻联甲苯胺比色法	GB/T 5750
20	粪大肠菌群（个/L）	多管发酵法 滤膜法	GB/T 5750

规范性引用文件：

GB/T 5750　生活饮用水标准检验方法

GB/T 6276.1—1996　水质　总碱度的测定　容量法

GB/T 6920　水质　pH 的测定　玻璃电极法

GB/T 7478　水质　铵的测定　蒸馏和滴定法

GB/T 7477—1987　水质　总硬度的测定　乙二胺四乙酸二钠滴定法

GB/T 7488　水质　五日生化需氧量（BOD$_5$）的测定　稀释与接种法

GB/T 7494　水质　阴离子表面活性剂的测定　亚甲蓝分光光度法（neq ISO 5815）

GB/T 11893　水质　总磷的测定　钼酸铵分光光度法

GB/T 11896　水质　氯化物的测定　硝酸银滴定法

GB/T 11899　水质　硫酸盐的测定　重量法

GB/T 11901　水质　悬浮物的测定　重量法

GB/T 11903—1989　水质　色度的测定　稀释倍数法

GB/T 11911　水质　铁、锰的测定　火焰原子吸收分光光度法

GB/T 11914　水质　化学需氧量的测定　重铬酸钾法

GB/T 13200　水质　浊度的测定　比浊法（neq ISO 7027）

GB/T 16633—1996　水质　二氧化硅的测定　分光光度法

GB/T 16488　水质　石油类和动植物油的测定　红外光度法

1.2.1.4　回用于农田灌溉用水水质检测方法

1. 基本控制指标

农田灌溉用水水质基本控制指标检测方法按表 1-16 执行。

城市污水再生利用　农田灌溉用水水质基本控制指标分析方法　　　表 1-16

序号	分析项目	测定方法	执行标准
1	五日生化需氧量（BOD_5）（mg/L）	稀释与接种法	GB/T 7488
2	化学需氧量（COD_{Cr}）（mg/L）	重铬酸盐法	GB/T 11914
3	悬浮物（mg/L）	重量法	GB/T 11901
4	溶解氧（mg/L）	碘量法	GB/T 7489
5	pH 值（无量纲）	玻璃电极法	GB/T 6920
6	溶解性总固体（mg/L）	重量法	GB/T 5750
7	氯化物（mg/L）	硝酸银滴定法	GB/T 11896
8	硫化物（mg/L）	亚甲基蓝分光光度法	GB/T 16489
9	游离余氯（mg/L）	N,N-二乙基对苯二胺（DPD）分光光度法	《生活饮用水卫生规范》[①]
10	石油类（mg/L）	红外光度法	GB/T 16488
11	挥发酚（mg/L）	蒸馏后 4-氨基安替比林分光光度法	GB/T 7490
12	阴离子表面活性剂（mg/L）	亚甲基蓝分光光度法	GB/T 7494
13	汞（mg/L）	冷原子吸收分光光度法	GB/T 7468
14	镉（mg/L）	原子吸收分光光度法	GB/T 7475
15	砷（mg/L）	二乙基二硫代氨基甲酸银分光光度法	GB/T 7485
16	铬（六价）（mg/L）	二苯碳酰二肼分光光度法	GB/T 7467
17	铅（mg/L）	原子吸收分光光度法	GB/T 7475
18	粪大肠菌数（个/100mL）	多管发酵法	GB/T 8538
19	蛔虫卵数（个/L）	沉淀集卵法	《农业环境监测实用手册》[②]

①、② 暂采用这两种方法，待国家标准方法颁布后，执行国家标准。

① 《生活饮用水卫生规范》，中华人民共和国卫生部，2001 年。

② 《农业环境监测实用手册》第三章，中国标准出版社，2001 年 9 月。

规范性引用文件：

GB/T 5750　生活饮用水标准检验方法

GB/T 6920　水质　pH 的测定　玻璃电极法

GB/T 7467　水质　六价铬的测定　二苯碳酰二肼分光光度法

GB/T 7468　水质　总汞的测定　冷原子吸收分光光度法（eqv ISO 5666-1～3）

GB/T 7475　水质　铜、锌、铅、镉的测定　原子吸收分光光度法（neq ISO/DP 8288）

GB/T 7485　水质　总砷的测定　二乙基二硫代氨基甲酸银分光光度法（neq ISO 6595）

GB/T 7488　水质　五日生化需氧量（BOD_5）的测定　稀释与接种法（neq ISO 5815）

GB/T 7489　水质　溶解氧的测定　碘量法（eqv ISO 5813）

GB/T 7490　水质　挥发酚的测定　蒸馏后 4-氨基安替比林分光光度法（eqv ISO 6439）

GB/T 7494　水质　阴离子表面活性剂的测定　亚甲基蓝分光光度法（neq ISO 7875－1）

GB/T 8538　饮用天然矿泉水中粪大肠菌的检验方法

GB/T 11896　水质　氯化物的测定　硝酸银滴定法

GB/T 11901　水质　悬浮物的测定　重量法

GB/T 11914　水质　化学需氧量的测定　重铬酸盐法（eqv ISO 6060）

GB/T 16488　水质　石油类和动植物油的测定　红外光度法

GB/T 16489　水质　硫化物的测定　亚甲基蓝分光光度法

2. 选择性控制指标

农田灌溉用水水质选择性控制指标检测方法按表 1-17 执行。

城市污水再生利用　农田灌溉用水水质选择性控制指标检测方法　　　　　表 1-17

序　号	分析项目	测定方法	执行标准
1	铍	铬菁 R 分光光度法	HJ/T58
		石墨炉原子吸收分光光度法	HJ/T59
2	钴	无火焰原子吸收分光光度法	《生活饮用水卫生规范》[①]
3	铜	原子吸收分光光度法	GB/T 7475
		二乙基二硫代氨基甲酸钠分光光度法	GB/T 7474
4	氟	离子选择电极法	GB/T 7484
5	铁	火焰原子吸收分光光度法	GB/T 11911
			GB/T 5750
6	锰	高锰酸钾分光光度法	GB/T 11906
7	钼	无火焰原子吸收分光光度法	《生活饮用水卫生规范》[①]
8	镍	火焰原子吸收分光光度法	GB/T 11912
		丁二酮肟分光光度法	GB/T 11910
9	硒	2，3-二氨基萘荧光法	GB/T 11902
10	锌	原子吸收分光光度法	GB/T 7475
11	硼	姜黄素分光光度法	HJ/T49
12	钒	钽试剂（BPHA）萃取分光光度法	GB/T 15503
		无火焰原子吸收分光光度法	《生活饮用水卫生规范》[①]

24

序　号	分析项目	测定方法	执行标准
13	氰化物	硝酸银滴定法	GB/T 7486
14	三氯乙醛	吡唑啉酮分光光度法	HJ/T50
15	丙烯醛	气相色谱法	GB/T 11934
16	甲醛	乙酰丙酮分光光度法	GB/T 13197
17	苯	气相色谱法	GB/T 11890
			GB/T 11937

注：暂采用下列方法，待国家标准方法颁布后，执行国家标准。

① 《生活饮用水卫生规范》，中华人民共和国卫生部，2001 年。

规范性引用文件：

GB/T 7475　水质　锌的测定　原子吸收分光光度法

GB/T 7474　水质　铜的测定　二乙基二硫代氨基甲酸钠分光光度法

GB/T 7475　水质　铜、锌、铅、镉的测定　原子吸收分光光度法（neq ISO/DP 8288）

GB/T 7486　水质　氰化物的测定　第一部分：总氰化物的测定（eqv ISO 6703—1～2）

GB/T 11890 水质　苯系物的测定气相色谱法

GB/T 11902　水质　硒的测定　2,3-二氨基萘荧光法

GB/T 11906　水质　锰的测定　高锰酸钾分光光度法

GB/T 11910　水质　镍的测定　丁二铜肟分光光度法

GB/T 11911　水质　铁、锰的测定　火焰原子吸收分光光度法

GB/T 11912　水质　镍的测定　火焰原子吸收分光光度法

GB/T 11934　水源水中乙醛、丙烯醛卫生检验标准方法　气相色谱法

GB/T 11937　水源水中苯系物卫生检验标准方法　气相色谱法

GB/T 11938　水源水中二硝基苯类卫生检验标准方法　气相色谱法

GB/T 13197　水质　甲醛的测定　乙酰丙酮分光光度法

GB/T 15505　水质　硒的测定　石墨炉原子吸收分光光度法

HJ/T 49　水质　硼的测定　姜黄素分光光度法

HJ/T 50　水质　三氯乙醛的测定　吡唑啉酮分光光度法

HJ/T 58　水质　铍的测定　铬菁 R 分光光度法

HJ/T 59　水质　铍的测定　石墨炉原子吸收分光光度法

HJ/T 74　水质　氯苯的测定　气相色谱法

CJ/T 144　城市供水　有机磷农药的测定　气相色谱法

CJ/T 145　城市供水　挥发性有机物的测定

CJ/T 146　城市供水　酚类化合物的测定　液相色谱法

CJ/T 147　城市供水　多环芳烃的测定　液相色谱法

1.2.1.5　回用于地下水回灌用水水质检测方法

1. 基本控制指标

再生水回用于地下水回灌基本控制指标检测方法按表 1-18 执行。

序　号	项　目	分析方法	执行标准
1	色度（度）	铂钴比色法 铂钴比色法	GB/T 11903 GB/T 5750
2	浊度（NTU）	比浊法 目视比浊法	GB/T 13200 GB/T 5750
3	pH（无量纲）	玻璃电极法 玻璃电极法	GB/T 6920 GB/T 5750
4	总硬度（mg/L）	乙二胺四乙酸二钠滴定法	GB/T 5750
5	溶解性总固体（mg/L）	重量法	GB/T 5750
6	硫酸盐（mg/L）	重量法 火焰原子吸收分光光度法 离子色谱法	GB/T 11899 GB/T 13196 HJ/T84
7	氯化物（mg/L）	硝酸银滴定法 硝酸银滴定法，硝酸汞容量法 离子色谱法	GB/T 11896 GB/T 5750 HJ/T84
8	挥发酚类（mg/L）	蒸馏后 4-氨基安替比林分光光度法 4-氨基安替比林萃取光度法	GB/T 7490 GB/T 5750
9	阴离子表面活性剂（mg/L）	亚甲蓝分光光度法	GB/T 7494
10	化学需氧量（mg/L）	重铬酸盐法	GB/T 11914
11	五日生化需氧量（mg/L）	稀释与接种法	GB/T 7488
12	硝酸盐（mg/L）	酚二磺酸分光光度法 酚二磺酸分光光度法 离子色谱法	GB/T 7480 GB/T 5750 HJ/T84
13	亚硝酸盐（mg/L）	重氮化耦合分光光度法 N-（1-萘基)-乙二胺光度法	GB/T 5750 GB/T 7493
14	氨氮（mg/L）	纳氏试剂分光光度法 纳氏试剂比色法 水杨酸分光光度法	GB/T 5750 GB/T 7479 GB/T 7481
15	总磷（mg/L）	钼酸铵分光光度法	GB/T 11893
16	动植物油（mg/L）	红外光度法	GB/T 16488
17	石油类（mg/L）	红外光度法	GB/T 16488
18	氰化物（mg/L）	异烟酸-吡唑啉酮比色法 吡啶-巴比妥酸比色法	GB/T 7487 GB/T 5750
19	硫化物（mg/L）	亚甲基蓝分光光度法 直接显色分光光度法	GB/T 16489 GB/T 17133
20	氟化物（mg/L）	氟试剂分光光度法 离子选择电极法	GB/T 7483 GB/T 7484
21	粪大肠菌群数（个/L）	多管发酵法、滤膜法 多管发酵法、滤膜法	GB/T 5750 GB/T 8538

规范性引用文件：

GB/T 5750　生活饮用水标准检验方法

GB/T 6920　水质　pH 值的测定　玻璃电极法

GB/T 7479　水质　铵的测定　纳氏试剂比色法

GB/T 7480　水质　硝酸盐氮的测定　酚二磺酸分光光度法

GB/T 7481　水质　铵的测定　水杨酸分光光度法（eqv ISO 7150/1）

GB/T 7483　水质　氟化物的测定　氟试剂分光光度法

GB/T 7484　水质　氟化物的测定　离子选择电极法

GB/T 7487　水质　氰化物的测定　第二部分　氰化物的测定

GB/T 7488　水质　五日生化需氧量（BOD$_5$）的测定　稀释与接种法（neq ISO 5815）

GB/T 7490　水质　挥发酚的测定　蒸馏后 4-氨基安替比林分光光度法（eqv ISO 6439）

GB/T 7493　水质　亚硝酸盐氮的测定　分光光度法（eqv ISO 6777）

GB/T 7494　水质　阴离子表面活性剂的测定　亚甲蓝分光光度法

GB/T 8538　饮用天然矿泉水中粪大肠菌的检验方法

GB/T 11896　水质　氯化物的测定　硝酸银滴定法

GB/T 11899　水质　硫酸盐的测定　重量法

GB/T 11903　水质　色度的测定　（neq ISO 7887）

GB/T 11914　水质　化学需氧量的测定　重铬酸盐法

GB/T 13196　水质　硫酸盐的测定　火焰原子吸收分光光度法

GB/T 13200　水质　浊度的测定（neq ISO7027）

GB/T 16488　水质　石油类和动植物油的测定　红外光度法

GB/T 17133　水质　硫化物的测定　直接显色分光光度法

GB/T 16489　水质　硫化物的测定　亚甲基蓝分光光度法

HJ/T 84　水质　无机阴离子的测定　离子色谱法

2. 选择性控制指标

再生水回用于地下水回灌选择性控制指标检测方法按表 1-19 执行。

城市污水再生利用　地下水回灌用水选择性控制指标检测方法　　　　　　表 1-19

序　号	项　　目	分　析　方　法	执行标准
1	总汞	冷原子吸收分光光度法	GB/T 7468
		冷原子荧光法	GB/T 5750
2	烷基汞	气相色谱法	GB/T 14204
3	总镉	原子吸收分光光度法（螯合萃取法）	GB/T 7475
		双硫腙分光光度法	GB/T 7471
		双硫腙分光光度法	GB/T 5750
4	六价铬	二苯碳酰二肼分光光度法	GB/T 7467
		二苯碳酰二肼分光光度法	GB/T 5750
5	总砷	二乙基二硫代氨基甲酸银分光光度法	GB/T 7485
		二乙基二硫代氨基甲酸银分光光度法	GB/T 5750
		冷原子荧光法	生活饮用水有关质量标准[②]

序 号	项 目	分 析 方 法	执行标准
6	总铅	原子吸收分光光度法（螯合萃取法）	GB/T 7475
		双硫腙分光光度法	GB/T 7470
		双硫腙分光光度法	GB/T 5750
7	总镍	火焰原子吸收分光光度法	GB/T 11912
8	总铍	铬菁R分光光度法	HJ/T58
		石墨炉原子吸收分光光度法	HJ/T59
9	总银	镉试剂2B分光光度法	GB/T 11908
		原子吸收分光光度法（高温石墨炉）	GB/T 5750
10	总铜	原子吸收分光光度法	GB/T 7475
		二乙基二硫代氨基甲酸钠分光光度法	GB/T 7474
		2,9-二甲基-1,10-菲啰啉分光光度法	GB/T 7473
		二乙基二硫代氨基甲酸钠分光光度法	GB/T 5750
11	总锌	原子吸收分光光度法	GB/T 7475
		双硫腙分光光度法	GB/T 7472
		双硫腙分光光度法	GB/T 5750
12	总锰	火焰原子吸收分光光度法	GB/T 11911
		火焰原子吸收分光光度法	GB/T 5750
		高碘酸钾分光光度法	GB/T 11906
13	总硒	2,3-二氨基萘荧光法	GB/T 11902
		石墨炉原子吸收分光光度法	GB/T 15505
		二氨基联苯胺比色法，荧光分光光度法	GB/T 5750
14	总铁	火焰原子吸收分光光度法	GB/T 11911
		火焰原子吸收分光光度法	GB/T 5750
15	总钡	无火焰原子吸收分光光度法	生活饮用水有关质量标准[2]
16	苯并（a）芘	高效液相色谱法	GB/T 13198
		乙酰化滤纸层析荧光分光光度法	GB/T 11895
17	甲醛	乙酰丙酮分光光度法	GB/T 13197
18	苯胺	气相色谱法	生活饮用水有关质量标准[2]
19	硝基苯	气相色谱法	GB/T 13194
20	马拉硫磷	气相色谱法	GB/T 13192
21	乐果	气相色谱法	GB/T 13192
22	对硫磷	气相色谱法	GB/T 13192
23	甲基对硫磷	气相色谱法	GB/T 13192
24	五氯酚	气相色谱法	GB/T 8972
		液相色谱法	CJ/T146
25	三氯甲烷	顶空气相色谱法	GB/T 17130
		吹扫捕集与色谱质谱联用法	CJ/T145
26	四氯化碳	顶空气相色谱法	GB/T 17130
		吹扫捕集与色谱质谱联用法	CJ/T145
27	三氯乙烯	顶空气相色谱法	GB/T 17130
		吹扫捕集与色谱质谱联用法	CJ/T145
28	四氯乙烯	顶空气相色谱法	GB/T 17130
		吹扫捕集与色谱质谱联用法	CJ/T145

序 号	项 目	分 析 方 法	执行标准
29	苯	气相色谱法 气相色谱法	GB/T 11890 GB/T 11937
30	甲苯	气相色谱法 吹扫捕集与色谱质谱联用法	GB/T 11890 CJ/T145
31	二甲苯	气相色谱法 吹扫捕集与色谱质谱联用法	GB/T 11890 CJ/T145
32	乙苯	气相色谱法 吹扫捕集与色谱质谱联用法	GB/T 11890 CJ/T145
33	氯苯	气相色谱法 吹扫捕集与色谱质谱联用法	GB/T 11938 CJ/T145
34	1,4-二氯苯	气相色谱法 气相色谱法	GB/T 17131 GB/T 11938
35	1,2-二氯苯	气相色谱法 气相色谱法	GB/T 17131 GB/T 11938
36	硝基氯苯	气相色谱法 气相色谱法	GB/T 13194 GB/T 11939
37	2,4-二硝基氯苯	气相色谱法 气相色谱法	GB/T 13194 GB/T 11939
38	2,4-二氯苯酚	高效液相色谱法 液相色谱法	《水和废水监测分析方法》[①] CJ/T 146
39	2,4,6－三氯苯酚	高效液相色谱法 液相色谱法	《水和废水监测分析方法》[①] CJ/T 146
40	邻苯二甲酸二丁酯	液相色谱法	HJ/T 72
41	邻苯二甲酸二(2-乙基己基)酯	气相色谱法	生活饮用水有关质量标准[②]
42	丙烯腈	气相色谱法	HJ/T 73
43	滴滴涕	气相色谱法	GB/T 7492
44	六六六	气相色谱法	GB/T 7492
45	六氯苯	气相色谱法	GB/T 11938
46	七氯	液液萃取气相色谱法	生活饮用水有关质量标准[②]
47	林丹	气相色谱法	GB/T 7492
48	三氯乙醛	气相色谱法	生活饮用水有关质量标准[②]
49	丙烯醛	气相色谱法	GB/T 11934
50	硼	姜黄素分光光度法 甲亚胺-H 分光光度法	HJ/T 49 生活饮用水有关质量标准[②]
51	总α放射性	物理法 直接测量法	环境监测技术规范（放射部分)[③] GB/T 5750
52	总β放射性	物理法 薄样法	环境监测技术规范（放射部分)[③] GB/T 5750

①暂采用《水和废水监测分析方法》，中国环境科学出版社。待国家方法标准发布后，执行国家标准。

②暂采用生活饮用水有关质量标准规定的分析方法，也可参考相应国际标准分析方法。待国家方法标准发布后，执行国家标准。

③暂采用《环境监测技术规范（放射部分)》，中国环境科学出版社。待国家方法标准发布后，执行国家标准。

规范性引用文件：

GB/T 5750　生活饮用水标准检验方法

GB/T 7467　水质　六价铬的测定　二苯碳酰二肼分光光度法

GB/T 7468　水质　总汞的测定　冷原子吸收分光光度法（eqv ISO 5666/1.3）

GB/T 7470　水质　铅的测定　双硫腙分光光度法

GB/T 7471　水质　镉的测定　双硫腙分光光度法

GB/T 7472　水质　锌的测定　双硫腙分光光度法

GB/T 7473　水质　铜的测定　2,9-二甲基-1,10-菲啰啉分光光度法

GB/T 7474　水质　铜的测定　二乙基二硫代氨基甲酸钠分光光度法

GB/T 7475　水质　铜、锌、铅、镉的测定　原子吸收分光光度法（neq ISO/DP 8288）

GB/T 7483　水质　氟化物的测定　氟试剂分光光度法

GB/T 7484　水质　氟化物的测定　离子选择电极法

GB/T 7485　水质　总砷的测定　二乙基二硫代氨基甲酸银分光光度法（neq ISO 6595）

GB/T 7492　水质　六六六、滴滴涕的测定　气相色谱法

GB/T 8972　水质　五氯酚的测定　气相色谱法

GB/T 11890　水质　苯系物的测定　气相色谱法

GB/T 11893　水质　总磷的测定　钼酸铵分光光度法

GB/T 11895　水质　苯并（a）芘的测定　乙酰化滤纸层析荧光分光光度法

GB/T 11902　水质　硒的测定　2,3-二氨基萘荧光法

GB/T 11906　水质　锰的测定　高碘酸钾分光光度法

GB/T 11908　水质　银的测定　镉试剂 2B 分光光度法

GB/T 11911　水质　铁、锰的测定　火焰原子吸收分光光度法

GB/T 11912　水质　镍的测定　火焰原子吸收分光光度法

GB/T 11934　水源水中乙醛、丙烯醛卫生检验标准方法　气相色谱法

GB/T 11937　水源水中苯系物卫生检验标准方法　气相色谱法

GB/T 11938　水源水中氯苯系化合物卫生检验标准方法　气相色谱法

GB/T 11939　水源水中二硝基苯类和硝基氯苯类卫生检验标准方法　气相色谱法

GB/T 13192　水质　有机磷农药的测定　气相色谱法

GB/T 13194　水质　硝基苯、硝基甲苯、硝基氯苯、二硝基甲苯的测定　气相色谱法

GB/T 13197　水质　甲醛的测定　乙酰丙酮分光光度法

GB/T 13198　水质　六种特定多环芳烃的测定　高效液相色谱法（neq ISO/DIS 7981/2）

GB/T 14204　水质　烷基汞的测定　气相色普法

GB/T 15505　水质　硒的测定　石墨炉原子吸收分光光度法

GB/T 17130　水质　挥发性卤代烃的测定　顶空气相色谱法

GB/T 17131　水质　1,2-二氯苯、1,4-二氯苯、1,2,4-三氯苯的测定　气相色谱法

HJ/T 49　水质　硼的测定　姜黄素分光光度法

HJ/T58 水质 铍的测定 铬菁 R 分光光度法

HJ/T59 水质 铍的测定 石墨炉原子吸收分光光度法

HJ/T72 水质 邻苯二甲酸二甲（二丁、二辛）酯的测定 液相色谱法

HJ/T73 水质 丙烯腈的测定 气相色谱法

CJ/T145 城市供水 挥发性有机物的测定 吹扫捕集与色普质谱联用法

CJ/T146 城市供水 酚类化合物的测定 液相色谱法

1.2.2 未列入标准的常用指标

1.2.2.1 总有机碳

总有机碳（Total Organic Carbon，简称 TOC）是以碳含量表示水体中有机物总量的综合指标，在水体的氧平衡和碳平衡中起了很大的作用。有机化合物是以碳链为骨架的物质，其中碳元素又都处于低价还原状态，在水体中会消耗溶解氧，影响水生生物的生存条件，破坏水生态平衡。因此，测定水体中总有机碳的含量有助于控制水体的有机物污染，可用于评价水体中有机物的污染程度。同时，由于其测定采用高温燃烧法，可以将有机物全部氧化分解，因而该指标比化学需氧量（COD_{Cr}）和五日生化需氧量（BOD_5）更能直接反映出水体受有机物污染的程度，可以作为工业废水、地表水、地下水、海水、饮用水等水质控制的监测手段。

测定 TOC 的第一步是氧化消解，主要有高温氧化法、加热的过硫酸盐氧化法、紫外加过硫酸盐氧化法、紫外线氧化法。检测二氧化碳的方法主要有非分散红外法和薄膜电导法。我国制定的 TOC 分析方法标准为《水质 总有机碳（TOC）的测定 非分散红外线吸收法》GB 13193—91，方法规定可以采用直接法或差减法。直接法是先将水样酸化后曝气，将无机碳酸盐分解生成二氧化碳去除，再注入高温燃烧管中，直接测定 TOC。差减法是先将水样连同净化空气（干燥并除去二氧化碳）分别导入高温燃烧管（900℃）和低温反应管（160℃）中，经高温燃烧管的水样被高温催化氧化分解，使得有机化合物和无机碳酸盐均转化为二氧化碳，而经低温反应管的水样受酸化使得无机碳酸盐分解成二氧化碳，所生成的二氧化碳依次引入非分散红外检测器，由于一定波长的红外线可被二氧化碳选择吸收，在一定范围内二氧化碳对红外的吸收强度与二氧化碳的浓度成正比，故可以对水样的 TC（总碳量）和 IC（无机碳量）进行定量测定再根据差减法就得到总碳与无机碳的差值，即为有机碳（TOC）的量。在此基础上，于 2001 年颁布了行业标准《水质 总有机碳（TOC）的测定 燃烧氧化—非分散红外吸收法》HJ/T 71-2001。

为了适应在线监测的需要，我国于 2003 年颁布了环境保护行业标准《总有机碳（TOC）水质自动分析仪技术要求》HJ/T 104-2003。干法氧化是高温燃烧，在填充铂系、钴系等催化剂的燃烧管保持在 680～1000℃，将由载气导入的试样进行燃烧。湿式氧化是向试样中加入过硫酸钾等氧化剂，采用紫外线照射等方式施加外部能量将试样氧化。干法氧化的特点是检出率较高，氧化能力强，操作简单、快速。湿法氧化的特点是准确度高、进样量大、灵敏度高、安全性能好，但费时。

1.2.2.2 UV$_{254}$

UV$_{254}$ 是指在波长为 254nm 处的单位比色皿光程下的紫外吸光度。是衡量水中有机物指标的一项重要控制参数，在国外经过近二十年的不断研究，已被水处理研究和管理人员

普遍接受和使用。

水中有机物的成分很复杂，其中一些有机物，如腐殖质类的分子量从 $500 \sim 1 \times 10^5$ 变化，它们的化学式至今都尚无定论。我们不可能（其实也没有必要）逐一测出这些物质的浓度。UV_{254} 的测定不需要进行波长扫描，而只反映在 254nm 处的紫外吸收，正是由于 UV_{254} 只是 254nm 一个波长处的紫外吸收，故其所反映的并不是某一种有机物的浓度，而是多种（甚至达几百种）有机物的浓度之和，是一类有机物的共同含量。其在水处理中的最显著的意义为：UV_{254} 可以作为总有机碳（TOC）、溶解性有机碳（DOC），以及三卤甲烷（THMs）的前体物（THMFP）等指标的替代参数。为监控水厂运行效果和测定水质而采用替代参数对于水工业来说已不罕见。例如，浊度就是一种广泛用于控制和监测水处理厂运行中颗粒物去除率的替代参数，而 TOC 本身就是作为总有机物含量的替代参数。现在使用的其他替代参数如色度、大肠菌群数等。

当然，任何替代参数因其都只是替代的测定方法且经常是非确定的，故总有其局限性。但我们使用替代参数是因其与原始参数相比，测定更简单、快捷、便宜，而这对于水处理厂运行效果的监控来说，通常是能够允许的。更重要的是 UV_{254} 与 TOC、DOC 的直接测定方法比较而言（特别是和 TOC 分析仪相比），有着更好的可重复测定性，使得多组数据之间具有可比性，以及能够进行实验室间的质量控制。

UV_{254} 目前尚无国家标准检测方法，具体方法可参照文献。

1.2.2.3 高锰酸盐指数

高锰酸盐指数是反映清洁和较清洁水体中有机和无机可氧化物质污染的常用指标。水中的亚硝酸盐、亚铁盐、硫化物等还原性无机物和在此条件下可被氧化的有机物，均可消耗高锰酸钾，因此高锰酸盐指数常被作为地表水受有机污染物和还原性无机物污染程度的综合指标，该标准采用高锰酸钾氧化水样中的某些有机物及无机可氧化物质，由消耗的高锰酸钾量计算相当的氧量。

高锰酸盐指数测定方法按照国家标准《水质高锰酸盐指数的测定》GB 11892—89 进行。

1.2.2.4 几种有机污染综合指标之间的关系

TOC 因其氧化率高、测定快速、二次污染小等优点，使得其广泛用于工业废水、生活污水及地表水的监测。由于单独的综合指标难免有其局限性，如果将多个有机污染综合指标综合使用，就能够更全面地了解水体的污染状况，从而为水污染治理和水环境管理提供更为系统的信息。

1. TOC 与 COD_{Cr} 的关系

目前应用最为广泛的有机污染综合指标是化学需氧量（Chemical Oxygen Demand，简称 COD_{Cr}）。

一般说来，同一个水样测出的 COD_{Cr}/TOC 的比值应该在 32/12＝2.66 左右，但由于有机化合物种类繁多，有机氮和有机磷以及有机硫化合物中氮、磷、硫的耗氧体现不在 TOC 的结果内，而 COD_{Cr} 却可以体现；又由于 COD_{Cr} 测定氧化效率达不到 100％，因而使得 COD_{Cr}/TOC 的比值会在 2～6 范围内波动，也可以说，COD_{Cr} 与 TOC 的相关回归方程的系数一般应该在 2～6 范围之内，对于生活污水来说，这个比值在 2.0～5.0 的范围内。

2. TOC 与 BOD_5 的关系

一般比较难以分析 TOC 与 BOD₅ 间的相关关系，但生活污水因其特殊性，有研究认为，BOD₅/TOC 的比值可按下式进行理论上的推导：

$$BOD_5/TOC = O_2/C \times K_1 \times K_2 = 32/12 \times 0.9 \times 0.77 = 1.85 \tag{1-1}$$

式中 K_1 表示最终生化需氧量 BOD_u 接近于 90% 的理论需氧量，K2 表示生活污水的五日生化需氧量与 K_1 的比值，$BOD_5/BOD_u = 0.77$。

生活污水和工业废水在经生物好氧处理后，其 COD/TOC 及 BOD₅/TOC 的比值会减小。判断水体的可生化性一般采用 BOD₅/COD 的比值，若此比值大于 0.3 的话，便可认为是可以进行生化处理的，若采用 BOD₅/TOC 的比值的话，则应加以适当的换算。

3. TOC 与 UV₂₅₄ 的关系

将紫外 254nm 波长处的吸收除以吸收池的厚度（以 m 计）得出的光吸收系数（SAC）是紫外吸光度的表示单位。TOC/SAC 可以作为 TOC 与 SAC 的回归线性方程中的斜率的参照，除去特殊的污染物之外，一般 COD/SAC 在 1~6，TOC/SAC 在 0.2~2。

1.2.3 重点关注有机物检测技术

1.2.3.1 重点关注有机物介绍

在城市污水再生利用的过程中，再生水的水质是非常重要的。城市污水不是主要的致病源，但人们很难接受其作为食物生产、灌溉或者一些工业用水甚至间接的饮用水。污水中的可降解有机物、稳定有机物、营养物、重金属、残留氯和悬浮物等化学成分还很有可能进入地下含水层。最近几年，干扰素、药学和治疗用的产品也进入了供水系统。美国和加拿大已经开始对这些化学品的产生、环境影响和危险性、对健康的长期影响和采取各种控制措施后危险的转移进行了研究。

污水再生回用虽然具有很大的潜力，但是回用过程中再生水对环境和人体健康产生的风险还很不明确，人们对回用水的安全性存在比较大的顾虑，阻碍了污水再生利用的顺利进行。回用水对人体健康和环境的影响是人们普遍关心的焦点之一，在北京、广州佛山和山东淄博的居民中对几项影响再生水回用的因素进行了随机抽样调查，结果表明居民对再生水存在较大的顾虑。各种因素的影响程度排列如下：再生水安全性＞可能有异味或导致感观上不舒服＞对污水再生的情况不了解＞再生水成本可能很高＞心理上难以接受。从调查结果可以看出，影响居民使用再生水的障碍主要集中于再生水的健康风险和水质两个方面，调查还发现受教育的程度越高，对再生水的安全性关注程度越高。因此，再生水的健康风险评价是迫切需要解决的问题。

1. 抗生素类有机物

抗生素是由微生物产生的在低浓度下能抑制其他微生物生长的小分子天然有机化合物。自 1929 年 Fleming 发现青霉素并由 Florey 和 Chain 用于临床以来，目前抗生素的种类已达几千种，在临床上常用的亦有几百种，其主要是从微生物的培养液中提取的或者合成、半合成方法制造，主要的抗生素类型包括：

（1）大环内酯类抗生素

临床常用的有红霉素、罗红霉素、乙酰螺旋霉素、麦迪霉素和交沙霉素等。

（2）磺胺类药物

临床常用的有磺胺嘧啶、磺胺甲噁唑和甲氧苄啶等。

（3）四环素类抗生素

临床常用的有四环素、土霉素、金霉素和强力霉素等。

（4）β—内酰胺类抗生素

临床常用的有阿莫西林、安节西林、青霉素和头孢氨苄等。

抗生素对治疗感染性疾病发挥了巨大作用，有效地保障了人类的生命和健康。然而，医药行业不合理使用抗生素，畜牧水产养殖业大量使用抗生素的现象使得抗生素对人类生态环境的负面作用日益增强。有资料显示，我国抗生素的使用量非常大，药物处方中抗生素占70％，与西方国家30％比例相比，反映了我国抗生素滥用情况的严重性。

同多数药物一样，抗生素不能被人和动物机体完全代谢，它们大多以原形和活性代谢产物随粪便排入污水，城市生活污水大多进入二级污水处理厂进行处理，处理工艺以传统的活性污泥法最为常用。研究表明，现行的污水处理技术很难彻底清除医用药物，未被清除的具生物活性的药物会随出厂水渗入地下水或汇入地表水造成污染，这些抗生素作为环境外源性化学物对环境生物及生态产生广泛而深远的影响，并最终可能对人类的健康和生存造成不利的影响。

2. 内分泌干扰物

近几十年来，大量人工合成的化学品释放进入环境。越来越多的证据证实了许多化学物质可以干扰正常激素调节的生理过程，从而对野生动物、实验动物和人类的发育和生殖功能产生不良影响。这些环境污染物可以通过模拟或抑制内源性激素，影响激素受体家族，干扰内源性激素的产生，从而改变内分泌与生殖系统的正常功能。

由于目前所发现的干扰动物及人体内分泌系统的有机化合物绝大多数都具有激素特征，因此通常又将环境激素称作"干扰内分泌化合物"（Endocrine Disrupting Chemicals 或 Endocrine Disrupters）。美国环境保护组织内分泌干扰物筛选测试咨询委员会（Endocrine Disruptor Screening and Testing Advisory Committee，简称 EDSTAC）将这些能通过干扰激素功能，引起个体或人群可逆性或不可逆性生物学效应的环境化合物称为"环境内分泌干扰物"。其定义为能干扰人类或动物内分泌系统诸环节并导致异常效应的物质。

内分泌系统、神经系统和免疫系统是人类机体的三大信息传递系统，在调节机体各种功能、维持内环境相对稳定中起重要作用。内分泌系统在包括胚胎发生、分化和稳态机制在内的许多生理过程中发挥着极其重要的作用。激素是内分泌腺天然产物，血中以低浓度传递，与靶细胞受体结合，发挥对机体功能的调节作用。人类可通过消化道、呼吸道、皮肤接触等途径暴露 EEDs。人工合成的脂溶性化合物大多具有 EEDs 效应，它们能在动物和人体脂肪组织中长期滞留，每人都可能由于以往的暴露或正在摄入而承受一定的 EEDs 负荷。当体内蓄积的 EEDs 在应激（包括某些疾病）、妊娠及营养不良时，就从脂肪组织中释放出来进入血液，并可能引起相应的生物学效应。

3. 农药类有机物

农药是现代农业生产中不可缺少的生产资料，其广泛应用大大提高农作物的产量，但对生态环境、人类生命安全也造成威胁。随着农药的大量和不合理的使用，农药所造成的环境毒性问题，已引起人们的高度重视，尤其是残留农药对人体健康和环境所造成的影响越来越受到各国政府和公众的关注。农药残留量检测是微量或超微量分析，必须采用高灵敏度的检测器才能实现。由于农药品种多、化学结构和性质各异、待测组分复杂，有的还要检测其有毒代谢物、降解物、转化物等。尤其是近几年来，高效农药品种不断出现，在农产品和环境中的残留量很低，国际上对农药最高残留限量要求也越来越严格。

1.2.3.2 重点关注有机物分析检测技术

1. 样品的前处理技术

对于环境中微量有机物进行分析测定前，样品的采集和保存是一个重要的步骤。选择具有代表性的取样点，并且科学地保存、收集和前处理，然后进行测定，获得的样品数据比较可靠。样品的预处理有提取、净化、浓缩等步骤，可以起到富集痕量组分、消除基体干扰、提高灵敏度的作用，因此，样品的前处理也愈来愈成为分析过程中的关键。其方法的选择也将影响到整个检测程序的敏感性和准确性。目前已有的方法有：液液萃取、固相萃取、固相微萃取、基体固相分散萃取、搅拌子吸附萃取、分子印记聚合物法等。

（1）液液萃取（LLE）

液液萃取（Liquid-Liquid Extraction）是传统的前处理方法，它一般应用于液体基质。例如传统环境样品中的烷基酚和甾类化合物使用液液萃取技术作为前处理方法，操作简单，易于实行。但液液萃取一般需要消耗大量的有机溶剂，并且费时，同时大量应用有机溶剂又会导致新的环境污染或增加处理废水的操作和成本，灵敏度低。为了克服这一缺点，目前发展了一些新型微型化的液液萃取技术，这些新技术使得使用的有机溶剂量减小，提高了灵敏度。

（2）固相萃取（SPE）

固相萃取（Solid-Phase Extraction）就是利用固体吸附剂将液体样品中的目标化合物吸附，与样品的基体和干扰化合物分离，然后再用洗脱液洗脱或热解吸附，达到分离和富集目标化合物的目的。固相萃取作为样品前处理技术，在实验室中得到了越来越广泛的应用。它利用分析物在不同介质中被吸附的能力差将标的物提纯，有效地将标的物与干扰组分分离，大大增强对分析物特别是痕量分析物的检出能力，提高了被测样品的回收率。

固相萃取技术具有有机溶剂使用量少、分离效率高、简单快速、重复性好等优点，逐渐取代了传统的方法。SPE 技术自 20 世纪 70 年代后期问世以来，发展迅速，广泛应用于环境、制药、临床医学、食品等领域。

（3）基体固相分散萃取（MSPD）

基体固相分散萃取（Matirx Solid-Phase Dispersion，MSPD）将常规的固相分散技术与反相键合填料相结合，组织匀浆、提取和净化在同一操作中完成，分析环节大为减少、操作简化。这种方法样品用量少、耗时短、且节省溶剂。

（4）固相微萃取（SPME）

固相微萃取技术（Solid-Phase Micro-Extraction，SPME）是一种集萃取、浓缩、解吸、进样于一体的样品前处理技术。该技术以固相萃取为基础，保留了其全部优点，摒弃了需要填充物和使用有机溶剂进行解析的弊病。由于 SPME 法具有样品用量少、对待测物的选择性高、方便、快捷的优点，已成功用于各种不同基体的有机物检测，如：酚类、邻苯二甲酸酯类、三嗪类除草剂、苯脲类除草剂、杀虫剂、雌激素类化合物、含氯苯甲醚类、多氯联苯、多氯二苯并二噁英、多氯二苯并呋喃等。

（5）搅拌子吸附萃取（SBSE）

搅拌子吸附萃取（Stir-Bar Sorptive Extraction，SBSE）是一种新型的样品分离富集技术。原理为在搅拌子的表面涂布较厚高分子薄膜如 PDMS（聚二甲基硅氧烷，polydimethylsiloxane），将磁性搅拌子放于样品溶液中，待测物被吸附在 PDMS 相。浓缩后，分析物通过热脱附，从搅拌子上解析出来，直接进入 GC－MS 测定。较 SPME 相比，这种方法可提高大约 500 倍的富集效率，并且操作简单，已用于食物、水体等基体中有机物的测定。

（6）分子印迹固相萃取（MISPE）

分子印迹（MIPs）也叫分子模板技术，是一种模拟抗体—抗原相互作用的人工生物模板技术。它有三大优点：预定性（predetermination）、识别性（recognition）和实用性（practicability）。由于 MIPs 具有抗恶劣环境的能力，表现出高度的选择性、稳定性和长的使用寿命等优点。近几年来，分子印迹与固相萃取相结合而得到的分子印迹固相萃取法（Molecular Imprinted Solid Phase Extraction，MISPE），已经作为一种很有潜力的样品前处理方法应用于各种不同基体，如环境水和土壤、食物、植物、烟草制品等的样品预处理中。

2. 分析检测技术

当前全球水污染的重点是水中微量有机物质的污染，因此准确检测水中有机物质的含量十分重要。目前普遍采用气相色谱仪、液相色谱仪对水中微量有机物质进行检测。近年来，气相色谱、液相色谱—质谱联用（GC、LC－MS）由于其高灵敏度和定性能力，在有机物质检测研究领域得到了广泛应用。毛细管电泳、超临界流体色谱法是新型分离分析检测技术，随着技术的不断完善，这些分析检测技术将在水质分析中发挥越来越重要的作用。

（1）气相色谱法（GC）

气相色谱法（Gas Chromatography，GC）是一种新型分离分析技术，其分离部分称为色谱柱，色谱柱有填充柱和毛细管柱两种柱型。近些年来，由于毛细管柱的高分离性能，在痕量有机物分析领域几乎取代填充柱；并且高灵敏度和高选择性能的检测器的出现使得检测限量大大降低，有机物检测中最常用的检测器为电子捕获检测器（Electron Capture Detector，ECD）、氮磷检测器（Nitrogen-Phosphorus Detector，NPD）、火焰光度检测器（Flame Photometric Detector，FPD）、质谱检测器（Mass Spectrometry Detector，MSD）等。ECD、NPD、FPD 在 GC 中是最广泛使用的选择性检测器，这方面已有很多报道和综述。质谱检测器与传统检测器相比，在定性和定量方面都有很大的优点，并且可以得到被测物的分子结构信息，而其他检测器只能通过流出物的保留时间来定性，对多残留分析来说既浪费时间又有一定的难度，因此有的研究者用质谱检测器对被测物进行确证。

二维气相色谱是由 Liu 和 Phillips 在 1991 年最先使用的，它是由两根不同性能的色谱柱通过一个调制装置串联，第一根柱子的流出物聚焦后再进入第二根色谱柱，使用计算机程序得到一张二维气相色谱图。由于其突出的分离性能而受到广泛关注，它与质谱的联用技术为更大的二维气相色谱应用提供了广阔的前景。

（2）液相色谱法（LC）

液相色谱（Liquid Chromatography，LC）是痕量有机物检测领域中的又一主要技术。液相色谱常用的检测器为紫外检测器（Ultraniolet Detector，UVD）、二极管阵列检测器

(Diode-Arraydetector，DAD)、荧光检测器（Fluorescence Detector，FD），同样质谱检测器的应用为液相色谱的发展开辟了新天地。LC—MS 主要难点是接口问题，因为 MS 需要在高真空条件下工作，直到最近十几年来才攻克这一技术难题，使得应用越来越广泛。

在液相色谱—质谱联用中接口主要有热喷雾电离（Thermospray Ionization，TSI）、粒子束电离（Particle Beam Ionization，PBI）和大气压电离（Atmosphere Pressure Ionization，API）。其中 API 主要包括电喷电离（Electrospray Ionization，ESI）和大气压化学电离（Atmosphere Pressure Chemical—Ionization，APCI）两种电离方式，而且二者在灵敏度和结构信息方面也很相似。在 ESI 中流动相的喷雾和电离受使用电场的影响，而 APCI 中的电离是由加热的毛细管和光交换共同完成的。由于它们的灵敏度高、离子化稳定，在痕量有机物检测中也是应用最广泛的质谱检测器。使用质谱检测器的另一突出特点是样品被萃取后不经净化直接进 LC—MS 进行检测，都取得很好的回收率和检出限。在 LC—MS—MS 中使用三个四级杆，即使对复杂基质也有很好的灵敏度。

在 LC—MS 中的另一个关键问题是液相色谱的流速，以前接口的主要缺点是必须在低流速下工作，如 ES 接口的流速低于 $20\mu L/min$ 因而应用受到限制。随着接口技术的不断完善，流速在不断的提高已经达到常规分析的要求，现在的 ES 可以在高流速（$300\mu L/min$）条件下工作，其最高流速可达 $500\mu L/min$；另外 APCI 可在流速高达 $2\mu L/min$ 的条件下工作。这就解决 LC—MS 的流速问题，使得其应用越来越广泛。

（3）薄层色谱法（TLC）

薄层色谱法（Thin Layer Chromatography，TLC）实质上是以固体吸附剂（如硅胶、氧化铝等）为担体，水为固定相溶剂，流动相一般为有机溶剂所组合的分配型层析分离分析方法，主要优点是不需要特殊设备和试剂，方法简单、快速、直观、灵活，高效色谱（HPLC）的出现及与其他检测器的联用使得 TLC 的应用前景大为提高。二维薄层色谱大大提高多组分物质的分离效果。

（4）超临界流体色谱（SFC）

超临界流体色谱（Spercritical Fluid Chromatography，SFC）是用超临界流体作流动相，以固体吸附剂（如硅胶）或键合在载体（或毛细管壁）上的有机高分子聚合物作固定相，利用高压流动相输送系统，将高压气体经压缩和热交换变为超临界流体，以一定的压力连续输送到色谱分离系统并进行检测的色谱分析法。常用流动相为超临界状态下的一氧化二氮、氨气、二氧化碳、乙烷、戊烷、二氯二氟甲烷等，其中应用最为广泛的是二氧化碳和戊烷。

从理论上讲，超临界流体色谱既可以像液相色谱一样分析高沸点和难挥发样品，也可像气相色谱一样分析挥发性成分。因此，超临界流体色谱法中和了气相色谱和高压液相色谱的分离特点，还可以与气相色谱和液相色谱的检测器匹配使用，使其在定性、定量检测中极为方便。由于超临界流体色谱需要一定的特殊设备，使目前广泛应用受到限制。由于它具有许多独特的优点，已在多种痕量有机物的分离提取和检测中得到应用，是有机物分析最具有吸引力的技术之一。

（5）毛细管电泳（CE）

电泳亦叫电迁移，是指带电粒子在一定介质中因电场作用而发生定向运动。如氨基酸、蛋白质和核酸，都具有可电离的基团，在溶液中能够形成带电荷的阳离子或阴离子，不同离子在电场中有不同的迁移，由此可以进行分离分析。

毛细管电泳（Capillary Electrophoresis，CE）作为有机物分析的实用性分析技术主要优点是设备简单、分析速度快、经济、溶剂用量少。毛细管电泳（CE）所需样品量极少，一般只需几纳克，灵敏度主要通过更灵敏的检测器或样品预浓缩技术来解决。紫外检测器能检测到几个 pg，但因样品用量只有几个纳升（nL）的体积，故所用浓度被限制在 10^{-6} 级。因此，在使用 UV 检测器测定有机物时样品一般要经过浓缩才能达到要求。

（6）生物监测技术（Biomonitor technique）

利用生物的组分、个体、种群或群落对环境污染或环境变化所产生的反应，从生物学的角度，为环境质量的监测和评价提供依据，称为生物监测。生物监测法，从以前以生物的个体、器官等作为"探针"，发展到今天分子生物学的高新技术将分子水平的"探针"应用到对环境污染物进行测定，表明了监测技术与环境工程迅速的同步发展的趋势。

生物监测技术常用方法为生物传感器（Biosensor）和免疫分析技术，这两种技术多用于分析氨基甲酸酶类农药，其主要优点是选择专一性和分析成本低。正是由于选择专一性，使得一次只能分析一种农药，这就与现代农药的多残留分析有所偏差，而且被测农药的种类也受到限制，但对于那些特定检测的农药其灵敏度还是相当高的。

由于环境中有机物质性质差异较大，如难降解的多氯联苯，有机氯农药等化合物，易分解的氨基甲酸酯类物质等，因此多组分同时分析是待解决的问题。目前各种先进分析仪器如 MS/MS、HRMS 等的出现，使得环境中有机物的多组分同时分析成为可能。另外，随着有机污染物生物检测方法的发展，基于生物学方法的免疫测定技术在内分泌干扰物分析测定中发挥着重要的作用。尤其是基因芯片技术的出现，为环境内分泌干扰物实现高通量检测提供了很好的发展前景。

1.2.3.3　重点关注有机物分析检测方法

再生水中各类有机物检测方法目前还没有国家标准，国内外正处于研究摸索阶段，具体物质可根据国内外相关文献报道，并结合自身仪器设备条件进行综合考虑。

抗生素类有机物检测方法请参见文献资料；

环境内分泌干扰物测定方法请参见文献资料；

农药类物质请参见《生活饮用水标准检验法》GB 5750—2006，其规定了 21 项农药的标准检测方法。21 项农药指标分别为：滴滴涕、六六六、林丹、对硫磷、甲基对硫磷、内吸磷、马拉硫磷、乐果、百菌清、甲萘威、溴氰菊酯、灭草松、2,4-滴、敌敌畏（含敌百虫）、呋喃丹、毒死蜱、莠去津、草甘膦、七氯、六氯苯、五氯酚。

第2章 再生水利用途径及研究

2.1 城 市 杂 用

再生水用于城市杂用领域，在我国统称其为"中水"。中水一词最早起源于日本，用以区别给水（称"上水"）、排水（称"下水"）。最初，中水是把水质较好的洗浴废水经过比较简单的技术处理后，用于洗车、喷洒绿地、冲洗厕所、冷却用水等。随着水资源的日益紧缺和环保意识的增强，城市污水经深度处理再生用于城市杂用水也是中水系统在更大范围内的延伸。

城市杂用水主要是道路冲刷和浇洒绿地用水，其余还有冲洗车辆用水、建筑施工降尘水等。生活杂用水主要包括生活冲厕水，空调冷却水，洗车、消防用水及生活小区内的道路喷洒和绿地灌溉用水。此类用水对水质要求不高。

为了保证回用污水的安全性，我国于2002年12月正式颁布了《城市污水再生利用—城市杂用水水质标准》GB 18920—2002，其中明确规定了回用于洗车、扫除、绿化等的再生水水质标准，现将污水厂二级处理出水、深度处理水与该标准进行比较，如表2-1所示。

通过比较可以看出，污水处理厂二级处理出水部分指标（如BOD_5与总大肠杆菌等）超出标准，需进行一定深度处理，而深度处理水水质完全满足市政生活杂用水水质标准要求。

污水厂二级出水、深度处理水与生活杂用水水质标准比较表 表2-1

项目水质指标	生活杂用水水质标准			
	冲 厕	扫 除	绿 化	洗 车
浊度（度）	5	10	10	5
溶解性固体（mg/L）	1500	1500	1000	1000
色度	30	30	30	30
pH 值	6.5～9.0	6.5～9.0	6.0～9.0	6.0～9.0
BOD_5（mg/L）	10	15	20	10
COD_{Cr}（mg/L）	50	50	50	50
氨氮（mg/L）	10	10	20	10
阴离子合成洗涤剂（mg/L）	1	1	1	0.5
氯化物（mg/L）	350	300	350	300
铁（mg/L）	0.3	0.3	—	0.3
锰（mg/L）	0.1	0.1	—	0.1
游离余氯（mg/L）	≥0.2	≥0.2	≥0.2	≥0.2
总大肠菌数（个/L）	3	3	3	3

2.1.1　城市杂用的历史

在 20 世纪早期，水和废水在物理、化学和生物处理工艺方面的先进技术，导致了"废水再生、循环和回用时代"的到来。水处理系统和新应用的不断试验和实现，促进克服了许多废水回用工程中的技术障碍。整个世界，由于回用系统中处理工艺可靠性、危险评估和公众信任的不断提高以及水需求量和污染控制要求的不断提升，促使将废水回用融入水资源管理战略中。国外目前从水处理技术上讲，任何污水都可以通过不同的工艺技术加以处理，满足任何需要。

美国自 1920 年在亚利桑那州修建第一个分质供水系统用于浇灌绿地、冲厕、洗车、冷却水和建筑等，到 1980 年已有回用工程 586 项，年回用水量约为 9.37 亿 m³。再生水利用工程主要分布于水资源短缺，地下水严重超采的西南部和中南部的加利福尼亚、亚利桑那、德克萨斯和佛罗里达等州，其中以加利福尼亚州的回用成就最为显著。在美国加州建有的 200 座污水回用处理厂中，40 座厂用于绿地灌溉（公园、高尔夫球场、高速干道绿地），占总回收水厂的 1/4，美国佛罗里达州圣彼得堡的城市污水通过净化进入双管布水系统，再生水价格为自来水 40%，供高尔夫球场、城市绿化及建筑冲厕等方面用水。

日本的杂用水利用从 1955 年开始。受 1977 年节能政策调整和 1978 年福冈水荒的影响，国家及地方制定了杂用水利用的指导计划。从 1980 年开始，杂用水利用设施建设数量激增。近年来，平均每年建设 130 处。直至今天，日本以有较多的"中水道"（即中水系统）供生活杂用而著称，即在建筑物内设置双供水系统。室内可用于冲厕，室外则可用于绿化、消防、冲洗马路等多个方面，约占再生水回用总量的 40%。1985~1996 年用再生的污水排放在城市河流中，复活了 150 余条小河，达到修复与保护水资源的目的。到 1993 年，全日本共有 1963 处杂用水利用设施投入使用，杂用水使用量为 2717 万 m³/d，占全国生活用水量的 0.17%。截止 1993 年，使用雨水作杂用水的设施全日本共有 528 处，使用水量为 500 万 m³/d，其中东京的雨水利用设施占全国的 65%，福冈占 7%。

其他发达的欧美国家在污水再生利用方面也均有比较成熟的经验，随着全球性的水资源短缺，发展中国家如阿根廷、巴西、智利、秘鲁、科威特、塞浦路斯、突尼斯等国都开始利用再生水，但主要用于农业灌溉。据报道，印度孟买某商业办公楼采用再生水用于楼内杂用水。

在国内，再生水回用于城市杂用水也越来越受到人们的重视。北京市政府于 1987 年颁布了《北京市中水设施建设管理试行办法》，作出规定：明确要求新建项目建筑面积超过 2 万 m² 的旅馆、饭店、公寓，超过 3 万 m² 的机关、科研单位、大专院校、大型文化体育设施，按规划应配套建设中水设施的住宅小区、集中建筑区等须建设中水设施。中水的水源主要来自于洗浴水，回用于冲厕、洗车和绿化，同时制定了中水水质标准。目前，在北京市清洁车辆厂、劲松宾馆、环保研究院小区、国际贸易中心、方庄社区均已采用再生水作为清洗车辆、绿化、冲厕等生产生活杂用水。在大连经济开发区，再生水被回用于绿化、浇洒马路等；天津市梅江住宅小区，以纪庄子二级出水作水源 6000m³/d 作冲厕用水。

2.1.2　再生水城市杂用的必要性

在城市生活用水量中，有很大一部分都是对水质要求不高的，总需求量几乎可以占到城市生活总用水量的 10% 以上。主要应用方向有：

（1）市政用水，即浇洒、绿化、景观、消防等用水。

（2）杂用水，即冲洗汽车、建筑施工以及公共建筑和居民住宅的冲洗厕所用水等。

而现在城市中一般采用均质供水系统，这样会造成巨大的水资源浪费，为了节约城市有限的水资源，充分利用城市污水这个第二水源，将其处理后重新回用于城市市政杂用以及景观用水。

2.1.2.1　生活冲厕

将中水引入小区和公园内的厕所，实现双路供水是建设节水型城市的重要体现。按照市区、新城 50% 的新建建筑采用再生水冲洗厕所，住宅冲厕用水量标准采用 $0.4 \sim 1.4 L/ (m^2 \cdot d)$；公共建筑冲厕用水量标准为 $1.2 \sim 2.8 L/ (m^2 \cdot d)$ 计算建筑冲厕使用再生水，可节约水资源 2 亿 m^3/年以上。家庭生活人均日用水量见表 2-2。

家庭生活人均日用水量调查统计表（L/d）　　　　　　　　　　　表 2-2

分类	拘谨型	（%）	节约型	（%）	一般型	（%）
冲 厕	30	34.8	35	32.1	40	29.1
淋 浴	21.8	25.3	32.4	29.7	39.6	28.8
洗 衣	7.23	8.4	8.55	7.8	9.32	6.8
厨 用	21.38	24.80	25	23	29.6	21.5
饮 用	1.8	2.1	2	1.8	3	2.2
浇 花	2	2.3	3	2.8	8	5.8
卫 生	2	2.3	3	2.8	8	5.8
其 他						
合计［L/（人·d）］	86.21	100	108.95	100	137.52	100

注：家庭平均人口按 3 人/户计算。

2.1.2.2　城市洗车

对于严重缺水的城市来说，用新鲜水源冲洗车辆已经是一种极度奢侈和严重浪费的行为。若采用再生水洗车可以解决上述矛盾。不仅再生水在水质、水量上能满足要求，并且可以节约水资源，降低成本，节省循环设备的投资，改装先进的洗车设备提高工作效率。汽车冲洗用水量定额见表 2-3。

汽车冲洗用水量定额［L/（辆·次）］　　　　　　　　　　　表 2-3

冲洗方式	软管冲洗	高压水枪冲洗	循环用水冲洗	抹车
轿车	200～300	40～60	20～30	10～15
公共汽车 载重汽车	400～500	80～120	40～60	15～30

随着社会经济的不断发展，人们生活水平的进一步提高，人均汽车保有量会不断的增加，因而导致洗车的用水量相应提高，洗车用水量是不容忽视的，在城市总供水量中占有了一定的份额。

2.1.2.3　道路冲洗及降尘

再生水用于道路冲洗及降尘，是根据城市的不断发展而逐渐开始的。城市道路浇洒包括对路面的冲刷和喷雾压尘两种不同的作业，冲刷和喷雾压尘的用水量标准定额明显不同。因此，城市道路浇洒的用水量标准定额是城市道路冲刷与喷雾压尘用水量标准定额的总和。

以北京为例，其地处北方，气候干燥，春季沙尘暴多，又因奥运工程和城区的拆、改、建，导致北京市空气中含尘量高，污染较严重。因此在治理沙源的同时应加强城市的人工降尘工作。而且，由于北京市机动车发展速度较快，城市道路交通比较繁忙，使道路冲刷与降尘作业受到一定限制。规划城市道路冲刷每天 1 次，用水量标准为 $1.0L/m^2$；城市道路喷雾压尘每天 2 次，用水量标准定额 $0.25L/m^2$，因此城市道路浇洒的用水量标准定额 $1.5L/(m^2 \cdot d)$。如果市区主要道路的冲洗和降尘必须全部采用再生水，为此可节约水资源 0.2 亿 m^3/年以上。

2.1.2.4 城市绿化

园林、绿化部门根据多年公园水表计量的平均数估算绿化用水量为：每天每平方米用水 $0.002m^3$。除古树及特种花卉以外，公园绿地、道路隔离绿化带、运动场、草坪，以及相似地区都可使用符合城市杂用水水质标准的再生水。而目前大部分公园绿化用水仍采用湖水、地下水、自来水。据统计，一个北方大型城市，每年用于绿化建设的采水量就可达到 1.1 亿 m^3 左右，这些用水完全可以采用再生水水源。

从城市回用水的需求量来分析，有必要建立城市污水回用系统，节约城市有限的水资源。而在再生水应用于生活杂用过程中，城市绿化用水量在其中占着比较重的比例，其对于植物的影响相对较为深远，再生水回用于绿化植物的影响将在下一节进行阐述。

2.1.3 再生水回用于城市绿化

自 20 世纪 70 年代，再生水在一些发达国家开始大量用于绿地和高尔夫球场灌溉，相关的试验研究工作也随之开展。研究主要侧重于再生水灌溉对地下水、土壤及植物本身的影响，虽然植物种类、土壤类型及处理水质不一，但在许多方面可以为国内研究所借鉴。

2.1.3.1 再生水中对植物有影响的物质

在再生水回用于农业的研究中，大多是关于对作物的直接伤害而进行的。水体污染物对作物的危害主要表现在两个方面：一是叶片或其他器官表现受害，或导致生育障碍，产量降低，这是最普遍的危害表现；二是植物体内有毒物质积累，使产品品质降低。

1. 重金属：重金属对植物造成危害时，主要会影响植物的养分吸收和利用，引起养分缺乏，重金属在植物体内积累，直接打乱植物体内的代谢平衡，使细胞的生长发育停止，造成生理障碍。

2. 酚氰：再生水中含有少量的酚氰，这些物质累积会抑制光合作用和酶的活性，影响细胞膜的功能，破坏生长素的形成，干涉植物对水分的吸收，导致减产。

3. 氟化物：含有少量氟化物的再生水在长期浇灌农田时，会对作物的发芽、生长发育产生不良影响，或使产品含氟量增高，从而影响其食用或饲用价值。

4. 盐：盐害的发生机制，主要是较高浓度盐水的高渗透压，抑制作物根部对水分的吸收，但盐害是一个很复杂的问题。吸收入植物体内的盐分使植物体内代谢紊乱，叶的同化作用降低，相互干扰诱发多种障碍产生。

5. 酸碱：酸过强，铁铝溶出，在 pH4.5 以下时，大量的活性铝对植物根的生育有抑制作用。在酸性条件下，土壤中磷固定强烈，抑制了磷的吸收，引起磷营养和养分不平衡等一系列问题。受碱性危害时，引起缺锌，对于某些营养元素不足的土壤，导致营养缺乏症状发生。

2.1.3.2 再生水浇灌对灌木植物生长影响

再生水中含有的一些有毒有害物质，对作物会产生一些潜在的危害，高盐度会导致叶水势、气孔导水率和光合作用减少，使生长减弱。叶伤害通常是由直接的喷灌所导致的。Lin 等人（2000）研究 50 种植物耐盐性时发现，在再生水滴灌条件下，没有发现盐分胁迫症状对植物生长的影响，但喷灌条件下，不同景观植物种类间的耐盐性存在较大的差异。众多研究显示，植物在喷灌条件下比滴灌条件下更易受盐分胁迫的影响。再生水浇灌对于植物的影响主要与再生水的品质、灌溉方式及作物的种类有关系。

如 Sawwan J. S. 用再生水浇灌菊花，发现菊花的平均株高及花序数量在浇灌后要显著高于对照；王玉岱等人在研究时也发现在回用水水质符合灌溉用水标准时，园林植物的根、枝、叶、果的生长均属正常；Daves F. S. 等人研究表明，再生水浇灌柑橘可以使其生长提高，产量增加，果实的品质不受影响，但是大量浇灌时会影响其品质；KuTERA J. 等人用再生水浇灌草地，大大提高了草地的产草量，不同的草种处理效应不一致，在鸭茅—雀麦—草地羊茅的草原群落中，鸭茅与雀麦的比例提高而草地羊茅的比例降低。在再生水浇灌对草坪质量及生长影响研究中，国内在这方面做的研究极少，而国外做的研究相对较多。WuLin 在对狗牙根、结缕草、高羊茅、草地早熟禾及多年生黑麦草的再生水浇灌研究中发现，植物对 Ca^{2+}、K^+ 及 Mg^{2+} 的吸收增加不显著，而大量的 Cl^- 被草坪草吸收，最后通过修剪除去，他认为在合理管理下，处理后污水可用于草坪草灌溉。A. R. Hayes 等人研究了再生水对草坪草的影响，主要分析了土壤、淋溶水的质量及再生水对草坪质量的影响，认为在美国西南沙漠地带用再生水浇灌可提高土壤的电导性，NO_3^--N、P、K、Na 及交换 Na 的百分率水平，土壤 pH 值变化不显著，0.61m 深处的淋溶液比用饮用水浇灌下的电导性、Na 含量均要高，城市再生水灌溉能产生高质量的草坪，但是由于水中可溶盐含量较高，从而需要一些特殊的管理措施。李科云通过研究筛选出在南方冶炼厂矿重污区生长较好、抗污能力较强的 4 个草种，即天堂 419、岸杂一号狗牙根、本地狗牙根、结缕草。

不同植物对钠的敏感性差异很大，钠毒害时的叶症状和盐害造成的症状相似，钠离子在细胞壁中的累积会导致脱水、细胞膨压减少和细胞死亡。典型的叶灼伤在叶尖或边缘较为明显，但即使叶伤害不明显，新陈代谢活动也会减少。由于钠置换钙，会导致细胞膜完整性下降，造成渗漏。在受影响的根区，水和养分吸收都会受到明显影响，光合作用减少，呼吸作用增加，碳水化合物合成也可能受到限制，造成生长、活性和功能减少。

氯化物毒性首先可见于老叶边缘的叶灼伤，并向后发展到叶刃。氯化物对草坪的毒害作用不显著，但大多数树和灌木对氯化物浓度 355mg/L 就非常敏感，木本植物对氯化物尤其敏感。但 Reboll 用处理水灌溉柑橘林三个季节后，收集的数据显示，叶组织中的钠、氯化物和硼水平都低于对柑橘的毒害水平，植物生长和果实质量不受处理水中较高水平的钠、氯化物和硼的影响。钠和氯化物对植物的毒害作用也受灌溉方式的影响，两者都能被植物叶直接吸收，最终导致叶灼伤。土壤地面浇灌或地下滴灌可以减轻这个问题。在大量使用喷灌系统的地区，使用林冠下喷灌可以最大限度地减少对木本植物叶的伤害。

再生水中含有植物生长所需要的养分，使用再生水可以减少植物对肥料的需求，其中

N、P、K、S是最有用的营养元素。Parsons等人对再生水灌溉的柑橘林进行监测，发现再生水虽然不能提供完全的营养，但能提供植物所需的全部钙、磷，通过对柑橘林超过10年的土壤和叶矿质元素含量监测，没有显现出任何营养问题；Reboll也发现，再生水灌溉和地下水灌溉的植物没有明显差别，而且在不减少产量或影响叶片氮素水平的情况下，使用肥料量可以显著降低；Fitzpatrick和Brockway均发现二级处理水灌溉能显著增加某些植物的生长；而Gori等人用再生水灌溉三种容器栽培的景观灌木时，发现喷灌再生水对容器培育景观植物产量没有明显的限制，而且通常对植物的生长有积极的影响。

2.1.3.3 再生水浇灌对绿化植物的品质影响

由于再生水与自来水水质上的不同，其对于植物生长品质的影响到也是不同的，反应再生水对绿化植物生长及品质的影响最直接的体现在植物的生理指标中，即叶绿素含量，细胞膜透性，含水量及自由水与束缚水之比。通过这四项重要标准对再生水浇灌的绿化植物进行分析，可以直接反应再生水浇灌对于绿化类植物体系的影响。

1. 细胞膜透性

植物细胞膜透性通常作为植物抗性研究中的一个生理指标，一般用组织外渗液的电导率变化反映其抗性的大小，电解质外渗率高，说明其抗性低，反之则说明其抗性强。图2-1给出了不同处理工艺的再生水浇灌对植物的受损度影响曲线，因此发现再生水有利于植物抗性的提高。

2. 自由水束缚水之比

植物组织中自由水和束缚水的含量及其比值常与植物的生长及抗性相关。自由水较多时，说明植物代谢活动旺盛，生长速度较快，但抗性往往降低；当束缚水较多时，说明植物代谢活动减弱，生长速度也降低，但抗性增强。图2-2给出了不同处理工艺的再生水浇灌对植物体中自由水与束缚水比值影响曲线，二沉池水浇灌综合表现最好，反渗透最差，其他4种水差异性较小。说明二沉池水浇灌有利于植物快速生长。其他几种处理的水对草坪草生长的影响差异较小。

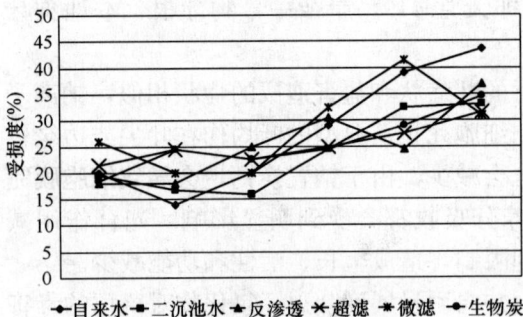

图 2-1　不同处理的再生水灌溉
对草坪草细胞膜透性的影响

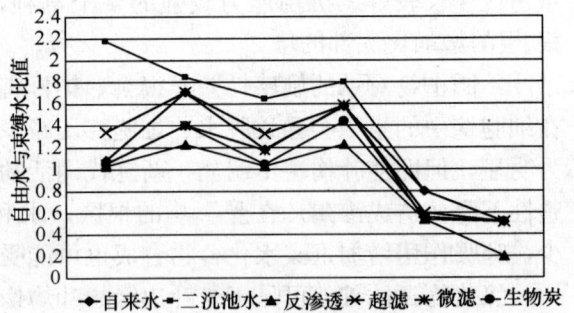

图 2-2　不同处理的再生水灌溉对草坪
草细胞膜透性的影响

3. 叶绿素含量对比分析

叶绿素是植物吸收光能的主要色素，其含量的多少和 a/b 值会直接影响植物的光合效率，还会引起叶片颜色的变化。一般来讲，叶绿素的含量与植物的营养状况有关，如果氮、磷、钾、铁、锰、铜、锌等营养元素供应充足，叶绿素的合成就会比较多。叶绿素含量高，证明植物生长旺盛，a/b 比值大，利于叶片伸长扩大和面积增加；a/b 比值小，说明植物生长停滞，但会使叶片易于挺立，改善受光条件，优化光合质量。

图 2-3 给出不同处理工艺的再生水浇灌对植物体中叶绿素的影响曲线，二沉池水浇灌下的草坪草叶绿素含量较大，其他浇灌水则与自来水差别不大，而再生水浇灌对植物叶绿素含量的影响，对于不同种类的植物其影响程度也是不同的。

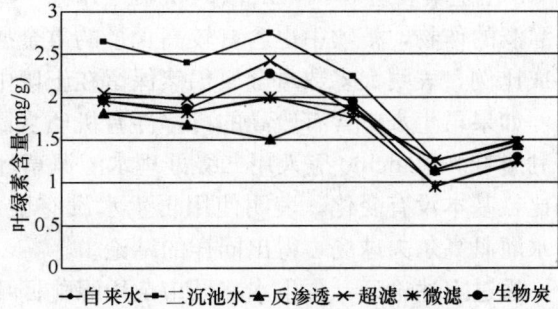

图 2-3　不同处理的再生水灌溉对草坪草叶绿素含量的影响

在绿化灌溉过程中，乔灌木与草坪对于再生水中的物质的反应不尽相同，其生长品质还受季节变化影响制约，但是其中差异性相对较小，再生水作为绿化浇灌用水从植物生长品质分析是可行的。

2.1.3.4　再生水灌溉对绿地土壤的影响

再生水灌溉土壤可能产生的问题是破坏土壤结构，加强土壤盐渍化趋势。有害物质积累过多时影响植物生长，累积的程度和伤害水平取决于它们在再生水中的浓度、每年的供应量、灌溉管理、品种间的遗传变异性、年降雨量和土壤物理化学性质。

土壤中的 pH 值会影响营养元素的可用性，可能会导致某种元素缺乏或过多，影响植物生长。如土壤中高 pH 值会引起植物叶中的铁或镁缺乏，导致萎黄病。使用再生水灌溉乔灌植物发现：经多年灌溉后，再生水灌溉土壤 pH 值均有所增加，但和清水灌溉土壤相比，差异并不显著。

再生水灌溉的土壤一般电导率（EC）或全盐量升高，产生盐化趋势。如果再生水中的钠含量高，用于灌溉时会改变土壤结构，导致土壤渗透性减弱。常用钠吸附比（SAR）表示土壤的相对渗透性，一般超过 9 就可能有渗透问题。

加拿大 Moose Jaw Site 再生水灌溉地的监测发现：在大多数监测的土壤中，随着时间的迁移，平均盐度显著增加，电导率（EC）水平从 0.75dS/m 增加到 1.60dS/m，土壤表层的增加比底部的增加更为明显。由于排水良好，土壤没有发生渗透性问题，表明钠吸附比（SAR）不足以造成伤害。另一处再生水灌溉地监测数据表明，土壤中的盐度变化较小，增加主要在钠、氯化物和硫酸盐。

应用再生水持续灌溉高尔夫球场时，会导致渗流层顶层土壤中钠和氯化物水平显著增长，从而影响植物的生长，从长远来看，会增加含水层的盐度。再生水中高水平的碳酸氢盐能增加土壤 pH 值，导致土壤碱化，并改变土壤结构，通过蒸散，从土壤水或土壤溶液中沉淀钙镁离子，使其中钠的含量过高，影响土壤的渗透性。碳酸氢盐的危害要用残余碳酸钠（RSC）表示，计算公式如下：

$$RSC = (HCO_3^- + CO_3^{2-}) - (Ca^{2+} + Mg^{2+}) \qquad (2-1)$$

如果再生水中的 RSC 值超过 2.5meq/L，灌溉绿地即易产生问题。

重金属在土壤中累积到一定浓度后会产生毒害。虽然大部分再生水中的重金属含量符合国家规定的标准，但可能会在土壤中积累，因此需要长期监测。Adhikari 等人在调查印度 Bhopal 城周围用城市污水灌溉的土壤时发现，重金属会在土壤中累积。虽然污水中的重金属浓度在安全范围内，但持续的灌溉会导致 Pb、Cd、Ni、Co、Cr、Fe、Mn、Zn

和 Cu 在土壤表层 0~15cm 以内积累，并且一些重金属在不同作物的根区浓度要远高于井水灌溉的作物，植物中也含有较高含量的重金属，但植物中的累积和土壤中的累积水平并不成比例，表明大多数重金属仍然保留在土壤中。

如果再生水中含有较高的可溶性有机质（DOC），则会对土壤导水率或渗透系数产生不利影响。Mancino 等人用二级处理水灌溉草坪，发现土壤中总需氧菌数和饮用水灌溉的相比，基本没有变化，表明使用再生水没有增加或减少这些微生物。Fabregat 等人用再生水灌溉高尔夫球场，得出同样的结论。

通过上述论证，再生水在城市杂用绿化回用过程中，对于土壤的影响是不能忽视的。再生水中的 pH、总盐度、重金属含量和 DOC 等主要指标均对浇灌地的土壤有不同的影响，因此，再生水回用于绿化灌溉要根据当地的不同绿化植物、不同的土壤土质来选则再生水回用的不同控制指标。

2.1.3.5　再生水灌溉对地下水的影响

研究发现，使用再生水灌溉绿地时，在两次灌溉之间土壤表面变干时，大肠杆菌会很快死亡，超过 90% 的大肠杆菌会保留在土壤表层的 2.5cm 之内，决不会渗透到 30cm 以下深度。因此，地下水的污染不应成为问题。

Ernst 等人研究生活污水和工业废水对土壤和水的影响，发现由于土壤起着过滤的作用，对地下水影响很小。但同时也发现和土质有关，在排水迅速的地带，地下水中通常发现硝酸盐态氮，同时有溶解氧存在。

美国 Amy Swancar 考察用二级处理水灌溉 4 年半的 9 个高尔夫球场，结果表明：地下水的溶解物含量增加，地下水电导度上升，溶解氧含量下降，溶解有机碳含量则对地下水质没有影响，重碳酸盐则几乎没有，亚甲蓝活性物质（MBAS）低于监测范围。浅层地下水经过二级处理水浇灌后有较高含量的钠和硝酸盐，氯化物几乎增加了两倍，钙和重碳酸盐含量却较低，pH 值下降。

加拿大 T. J. Hogg 调查二级处理水灌溉的绿地，从调查点 *Moose Jaw Site*（其再生水浇灌历史为 15 年）的数据看，二级处理水灌溉对地下水质影响不大。钠、氯化物、硝酸盐、硫化物和重碳酸盐有所增加，其中钠和氯化物（增加了近 5 倍）增加幅度较大，但仍未超出饮水安全范围。调查点 *Swift Current Site*（其再生水浇灌历史为 18 年）的数据显示和调查点 *Moose Jaw Site* 的结论几乎一样，但氯化物含量已经超标，形成了污染。

埃及 EL-Arabi 和 N. E. Rashed 调查早期应用初级处理水，具有 70 年再生水灌溉历史的灌区，研究表明：地下水受到大肠菌和硼的影响，但重金属对地下水没有影响。污染物质只在浅层径流输流。三级处理水在用于地下回灌和食用蔬菜灌溉时，均未发现对地下水质造成污染。因此，再生水灌溉对于地下水的影响由于土壤层的净化和拦截作用，变得极其微弱，而且随着再生水水质的提高，影响是逐渐减小的。

2.1.3.6　再生水灌溉关键水质指标

由于再生水的灌溉会对绿化植物产生不同的生理生化影响，因此再生水应用于绿化过程中除了要满足相应的回用标准，还要根据不同的植物特征对再生水的 pH、固体悬浮物、生化需氧量、全盐量、有毒重金属、微量元素、钠离子、氯离子、营养元素、余氯、总大肠杆菌等水质指标进行不同的控制，以保障植物的健康成长。

1. pH

pH 值是表示水体酸碱度的指标，清洁天然水的 pH 值为 6.5～8.5，pH 值异常，表示水体受到酸碱性的污染。灌溉再生水的酸碱性通过影响金属的可溶性和土壤的碱度对植物造成间接的影响。酸过强，铁铝溶出，在 pH 值 4.5 以下时，大量的活性铝对植物根的生育有抑制作用。在酸性条件下，土壤中磷固定强烈，抑制了根对磷的吸收，引起磷营养和养分不平衡等系列问题。受碱性危害时，引起缺锌，对于某些营养元素不足的土壤，导致植物营养缺乏症状发生。美国环保署推荐的限制性地区的灌溉水质的 pH 值标准是 6～9，我国《生活杂用水水质标准》规定 pH 值在 6.5～9.0 之间，我国台湾地区的《中水道二元供水系统建议水质标准》规定浇灌用水 pH 值在 5.8～8.6 之间，世界卫生组织的标准中对此未做规定。

2. 固体悬浮物 SS

固体悬浮物是指水样通过孔径为 $0.45\mu m$ 的滤膜，截留在滤膜上并于 103～105℃烘干至恒重的物质。地面上的大量泥沙及各种污染物被雨水冲刷后进入水体，造纸、制革、选矿、喷淋除尘等工业操作产生的大量含无机、有机悬浮物的污水排入水体，都能使水中悬浮物大量增加。Kretschmer. N 等人指出灌溉再生水中的悬浮固体过多会造成土壤板结，使土壤呈厌气态，导致幼小植株和幼苗死亡，还会造成灌溉系统堵塞和磨损，从而降低灌溉效率。他们通过深入的调查研究给出灌溉再生水中悬浮固体适宜的含量是 SS≤（1～30）mg/L。美国环保署推荐的限制性区域的悬浮固体标准正是 30mg/L，以色列的标准与美国标准接近，它规定花园、足球场和高尔夫球场等 SS≤30mg/L，开放式绿地 SS≤15mg/L。在我国的《生活杂用水水质标准》中规定绿化用水 SS≤10mg/L，这一标准对于限制性区域而言要求过高，它更适合开放式绿地。

3. 生化需氧量（BOD）

生化需氧量是表示水中有机污染物含量的一个综合指标。当水中所含的有机污染物与空气接触时，由于需氧微生物的作用而分解，使之无机化或气体化时所需消耗的氧量，即为生化需氧量，以 mg/L 表示，再生水中含有过多的有机物会引起喷头的堵塞和磨损，过量的有机物还会导致土壤的渗透能力变差，高浓度时会抑制光合作用和酶的活性，影响细胞膜的功能，破坏生长素的形成，干涉植物对水分的吸收，导致植物的生长受阻。Kretschmer. N 等人通过研究给出了绿地植物和土壤大致能忍受的范围是 BOD≤（10～30）mg/L。美国环保署对此作出的规定是限制性地区灌溉水质 BOD≤30mg/L，开放式绿地区域 BOD≤10mg/L。以色列的再生水灌溉标准规定灌溉限制性地区绿地 BOD≤35mg/L。我国《生活杂用水水质标准》规定绿化用水的 BOD≤10mg/L，由于对绿地类型未作划分，标准中对水质要求高，在灌溉限制性区域时，有优水低用之嫌。

4. 全盐量

全盐量是指水体中含有盐分的多少，有溶解性总固体（TDS）和电导率（EC）两种表示方法。一般植物对盐分极为敏感，当盐分稍一过量时，植物就会出现发芽延迟，生长受阻，枝叶变褐变黄，叶缘枯焦，根、茎腐坏等症状。当土壤含盐较多时，土壤的结构还会发生改变，渗透性变差，也会影响地上植物的生长。国外的有关标准中对再生水的盐分都有规定：美国环保署推荐的限制是溶解性总固体（TDS）不超过 2000mg/L，加拿大的标准是 TDS≤2000mg/L 或电导率 3dS/m。对于园林植物的耐盐性，美国犹他州立大学的 Jankotuby，Amacher 研究表明：草坪草而言，草地早熟禾和一年生早熟禾耐受性稍差，要求电导率小于 3dS/m，而结缕草甚至在电导率 6～9dS/m 依然长势良好。而木本植物相对于草坪草耐盐性就要低，某些树种如挪威云杉、美国菩提树、小叶黄杨耐盐性在电导率小于 2dS/m，多数树种都能忍受电导率在 3～4dS/m，少数树种如欧洲落叶松，毛白杨在电导率大于 3 到 4dS/m 时仍能生长良好。就花卉而言，目前的研究相对少一些，Jankotuby，Amacher 给出的数据是：栀子、杜鹃花、唐菖蒲、天竺葵的耐受性在 2dS/m 以下，石竹、菊花和猩猩木在 2～3dS/m 之间，月季在 3～4dS/m 之间。美国的高尔夫协会专门研究了草坪草的耐盐性：在 TDS（溶解性总固体）小于 450mg/L 草坪草未受影响，450～2000mg/L 轻度或中度影响，大于 450～2000mg/L 重度影响。

5. 有毒重金属

铅、砷、铬和镉等重金属是再生水中常常含有的，极容易造成土壤和地下水污染的有毒元素，在土壤中累积会对植物造成伤害，主要表现在两个方面：一是影响植物的养分吸收和利用引起养分缺乏；二是由于重金属在植物体内积累，直接打乱植物体内的代谢平衡，使细胞的生长发育停止，造成生理障碍。美国环保署推荐的再生水中重金属含量最高限值：镉 0.01mg/L、铬 0.1mg/L、砷 0.1mg/L。斯里兰卡的相关部门（The Board of Investment of Srilanka）也对此作出了规定：铅 1mg/L、铬 0.5mg/L、砷 0.2mg/L。加拿大环保部门（Canadian Coucil of Ministers of the Environment）的标准是镉 0.01mg/L、铬 0.1mg/L、砷 0.1mg/L、铅 0.01mg/L。多数二级出水都能达到这些标准。

6. 微量元素

硼、锌、铜、锰、铁等是植物生长所需要的微量元素，少量施用对植物生长是有利的，若在土壤中过量富集就会对植物造成毒害。Butterwick 试验发现当植物发生硼害时生长受阻，叶片呈畸形萎蔫，褪绿泛黄甚至霉变。根据美国环保署推荐的标准，灌溉绿地的再生水中微量元素的含量最高限值为：硼 0.75mg/L、铁 5mg/L、铜 0.2mg/L、锰 0.2mg/L、锌 2mg/L，加拿大环保部门给出的标准是：硼 0.5mg/L、铁 5mg/L、铜 0.2mg/L、锰 0.2mg/L、锌 2mg/L。我国的二级出水水质基本能满足这些标准，在制定相关的标准时可以参照这些规定。

7. 钠离子、氯离子

对于大多数植物来说，钠的需求是非常有限的，钠通过影响土壤的渗透性间接影响植物的生长，并引起植物营养障碍。如果土壤交换络合物被钠饱和，钙就会从植物根部组织去除，结果因为缺钙而引起死亡，钠中毒还可引起叶灼伤。当土壤吸附的钠离子量超过土壤上阳离子总量的 10%～15% 时，土壤渗透性较差，渗透性减小的典型征兆包括：水堵塞、慢渗透、结壳、压紧、不良通风、野草入侵、疾病出没。相对渗透性经常用钠吸附比（SAR）表示，当这个值>6，表明出现渗透性问题。对于根吸收的植物不造成影响的值<3，造成中度影响的 3～9，高度影响>9，对于叶吸收的植物没有影响的值<3，造成中度影响以上的>3。

氯离子对植物造成伤害的主要症状是叶变黄，叶类灼烧和生长速度降低。对于草皮氯没有显著的毒性，但是大多数树木和灌木对氯浓度 355mg/L 相当敏感。对于根吸收的植物，氯浓度<70mg/L 没有影响，70～355mg/L 中度影响，>355mg/L 重度影响。对于叶吸收的植物，<100mg/L 没有影响，>100mg/L 中度影响以上。

8. 营养元素

氮、磷、钾是植物生长所必需的大量元素，缺乏时会造成植物的生长发育受阻，当施用量过多时，则容易滋生病害，影响植物的开花授粉等，过量下渗还会造成地下水的污染。Mike Schnelle 等人研究指出：对大多数园林植物而言，氮的最适使用浓度是 65～85mg/L；磷的最适浓度是 8～12mg/L；钾是 20～50mg/L。再生水中的氮常以 $NO_3^- - N$ 或 $NH_4^+ - N$ 的形式存在并被植物吸收，磷是以 $PO_4^{3+} - P$ 形式存在，钾是以 K^+ 形式存在。美国高尔夫球协会研究认为：$NO_3^- - N$ 的浓度在 5～50mg/L 时适宜植物生长，高于 50mg/L 则会对植物造成伤害。在加拿大 H. G. . Peterso 研究给出了在灌溉绿地再生水中所允许的含量：$NO_3^- - N \leqslant 10mg/L$、$NH_4^+ - N \leqslant 5mg/L$、$PO_4^{3+} - P \leqslant 2mg/L$、$K^+ \leqslant 2mg/L$。虽然美国和世界卫生组织的标准中对此都未作规定，但氮、磷、钾在污水中较为常见，有必要规定一个允许值，在处理工艺当中根据允许值对这些营养元素作适当保留，也可避免因深度处理而造成水处理成本过高。

9. 余氯

余氯就是加氯消毒，接触一定时间后，水中剩余的氯量。余氯对人体健康的危害作用，20 世纪 70 年代由日本专家首先发现，后被世界卫生（WHO）确认。原因是氯在水中杀死细菌的同时，会生成潜在的致癌物质——三氯甲烷。并且研究表明，用氯消毒的时候，水中的有机质或悬浮物会被破坏分解，产生一些挥发酚，散发异臭。因此，如果水质中含有较多的余氯的话，余氯的这些性质可能会消减土壤有机质和土壤细菌，并产生一些有毒有机物，进而影响土壤性质和植物生长。一般再生水中的余氯不能超过 1.0mg/L。

10. 对人体健康安全性构成威胁的水质指标（总大肠杆菌群）

再生水灌溉的健康安全性是人们关注的焦点，病原体是再生水灌溉的主要风险。再生水中病原体可以分为三类：细菌、病毒、原生动物。目前国际病原体通用的指标微生物为大肠杆菌，包括总大肠菌、粪便大肠菌和耐热大肠杆菌。尽管到目前为止，国际上还没有因为再生水灌溉城市绿地造成病菌传播或者染病的报道，但是威胁是潜在的，研究人员已经在污水中发现了多种不同的肠道病毒和其他病原体。经过再生水浇灌的绿地，水中的病原体常会附着在树木和草坪上，人体接触就有可能被感染，而且目前大多数城市绿地采用喷灌方式，雾化程度高，易形成气溶胶。带有病原体的气溶胶通过呼吸途径进入人体有可能造成呼吸系统的感染，因此在制定限值时，需要考虑和健康风险有关的流行病学和微生物风险评价研究结果。美国环保署规定，在灌溉开放性绿地的再生水中大肠杆菌限值 0CFU/100mL，限制性地区的限值是 200CFU/100mL；加州标准是封闭绿地 23CFU/100mL，开放区域 2.2CFU/100mL；以色列的再生水灌溉标准规定灌溉花园、足球场和高尔夫球场为 250CFU/100mL，公园及公共绿地 2.2～12CFU/100mL；世界卫生组织推荐的公园灌溉标准是粪便大肠杆菌 1000CFU/100mL，大肠线虫的限制是 1 个/L；法国的规定同世界卫生组织是一样的。世界卫生组织推荐的标准要较美国、以色列等国家或地区标准宽松得多，是基于多数发展中国家的经济社会发展情况考虑的。

2.2 工 业 回 用

2.2.1 再生水工业回用的历史

在城市的发展过程中，工业相对于其他行业来说，对水的需求量最大。发电、冶金、石油化工等大型企业大量用水，导致了很多城市整体供水不足。据统计，从 1975 年至 1985 年，我国工业用水量从 526000m³/d 提高到 1461000m³/d，增长了近两倍。在工业用水总量中，工业冷却水所占的比重较大，如日本为 67.4%，美国为 67%，荷兰为 89%，我国为 84%。长期以来，我国大部分工业企业均采用饮用水作为工业冷却水源，这种方式进一步恶化了整个城市的供水系统状况，致使生活用水不足。如能将大量的城市污水再生利用于工业冷却系统，则不仅可以满足工业用水需求，还可以大大改善城市的水资源整体状况。

目前，国外发达国家如美国、日本在城市污水再生利用于工业冷却方面发展较早。在美国，电厂冷却水是仅次于农业的主要用水者。据统计，早在 20 世纪 30 年代美国就开始将城市污水经再生回用作为工业循环冷却水，美国 357 个城市污水回用总量中的 40.5% 是回用于工业的。伯利恒钢厂几十年来一直利用城市污水作为工业用水，在沙漠中兴建的赌城拉斯维加斯两个电厂克拉拉电厂和森路士电厂的冷却水均使用的是拉斯维加斯市污水厂出水，其出水水质完全满足电厂冷却水质要求，污水的回用解决了沙漠城市的供水问题。而新西兰州公共服务电气公司的 Bergen 电站采用附近城市的二级处理出水经再生作为冷却水使用。到目前为止此类实例已达 30 多个。

原苏联有 36 个工厂利用处理后的城市污水，每天回用量达 5515 万 m³。日本东京三河岛污水处理厂日处理污水 1318 万 m³，其中 11 万 m³/d 的出水供应 340 个工厂的工业用水。名古屋市的污水经混凝、沉淀、过滤后供给 12 家工厂再用。

我国原有工业水回用的效率较低，1999 年全国工业用水重复利用率约 53%，远远低于发达国家工业用水重复利用率 75% 的水平，仅相当于美国 20 世纪 60 年代初和日本 70 年代初的水平。国外部分城市污水回用于工业情况见表 2-4。

国外部分城市污水回用于工业情况　　　　　　　　　　　　　　　　　　　　　　表 2-4

回用来源	再利用对象	特点说明
亚利桑那州菲尼克斯市城市污水（美国）	帕洛弗迪（PaloVerde）核电站	城市污水经过二级处理后出水，在经过补充处理后用作电厂冷却水
俄克拉荷马州，劳顿市城市污水（美国）	俄克拉荷马公共服务公司，科曼特热电厂	城市污水二级处理后，如冷却塔作冷却水
加利福尼亚州，伯班克市污水厂（美国）	伯班克发电厂	用作冷却水
巴尔的摩市污水处理厂的二级出水（美国）	伯利恒钢铁厂	混凝沉淀，钢铁厂工艺用水、冷却水
克罗伊登市城市污水（美国）	克罗伊登发电厂	用作冷凝器冷却水，水量：227000m³/d，二级处理出水经过砂滤后再生利用

回用来源	再利用对象	特点说明
得克萨斯州（美国）	得克萨斯石油公司	回用水量 6400m³/d，深度处理工艺为：加氯、稳定贮存、化学软化、沸石处理、用于冷却水和锅炉水等
得克萨斯州，污水处理厂	天然气公司	回用水量 9400m³/d，采用投氯、稳定池、软化、混凝沉淀、过滤、沸石处理
三河岛污水处理，砂町污水处理厂（日本）	东京都江东地区工业用水道	1964 年开始供水，深度处理为混凝、沉淀、砂滤工艺，用于冷却水
入江崎污水处理厂（日本）	川崎市工业用水道	1962 年开始供水，采用加氯处理，用于冷却水等
千年污水处理厂（日本）	名古屋市工业用水道	1965 年，混凝、沉淀、砂滤、加氯处理，用于冷却水等
江崎（日本）	江崎市工业区	采用加氯杀菌，工业用水
名古屋（日本）	名古屋工业区	采用混凝、沉淀、砂滤、加氯杀菌，用于工业用水

城市污水回用于工业，需要进行更深程度的处理，需要更多的建设费用和运行费用；但是对水资源短缺的地区，它在许多方案中仍是比较经济合理的一种。我国从 20 世纪 80 年代也开始将城市污水回用于火电厂、化工厂、钢铁厂作为循环冷却水使用。虽然我国在这方面与发达国家尚有不少差距，但这方面的工作已经取得相当的进展。实践证明，污水处理厂二级出水适用于对附近用水量大的工厂进行较集中的供水，不宜对过多用户分散供水，这会导致供水管道系统太长且投资太大。

1992 年，我国第一个污水回用示范工程大连市春柳河水质净化厂正式投产运行，将城市污水经常规二级处理再经澄清、过滤、杀菌回用于工业冷却水。处理规模为 1 万 m³/d，几年来的运行结果表明，经深度处理后的出水用作循环冷却补充水，在浓缩倍数为 2，投加一定量的水质稳定剂情况下，循环冷却系统运转正常。我国太原北郊污水厂将其出水回用作太钢补充冷却水也已有多年。国内部分城市污水回用于工业的示范工程情况见表 2-5。

国内部分城市污水回用于工业的示范工程情况　　　　表 2-5

城市	污水处理厂	回用水量（万 m³/d）	工　艺	用　途
青岛	青岛海泊河	4.0	絮凝、沉淀、过滤＋二氧化氯脱色工艺	工业冷却水、锅炉补水、电厂冲灰、市区景观及生活杂用水
大连	春柳河	1.0	絮凝、沉淀、过滤	工业区回用
长春	西郊污水处理厂	一期 5.0 二期 5.0	澄清池、滤池工艺	第一汽车厂、热电厂工业循环冷却水
西安	北石桥污水厂	一期 5.0 二期 5.0	混凝沉淀澄清工艺	工业冷却水、绿化等
太原	杨家堡污水处理厂	0.2	二级生化出水后纤维球过滤、颗粒填料生物接触氧化法、混凝沉淀过滤	化工循环冷却水、市政杂用
天津	纪庄子污水厂	0.2	A/A/O＋过滤＋消毒	市政杂用、工艺用水
北京	高碑店	30.0	絮凝、沉淀、过滤	冷却水、市政杂用水、绿化用水及开发区内工业冷却、冲灰用水
山东	枣庄污水回用厂	5.0	生物陶粒滤池、高效压力过滤和消毒	电厂、化肥厂及橡胶厂的冷却水

2.2.2 再生水回用于工业的必要性

在我国城市水资源总消耗中，工业用水大约占 50%～80%，在节水方面有很大潜力。目前我国工业上的污水回用包括城市污水处理厂的工业回用以及企业内部污水的处理与回用两个方面。面对清水日缺、水价上涨的严峻现实，工业企业除了尽力将本厂废水循环利用、循序再用以提高水的重复利用率外，对城市污水回用于工业也日渐重视。废水的资源化是工业节水的重点领域之一。据预测，在中等发展情景下，预计全国 2010 年工业需水量将达到 1500 亿 m³，2030 年预计略超过 1900 亿 m³，2050 年我国工业总需水量将达到 2000 亿 m³。根据工业节水规划，在 2010 年工业用水重复率达到 60% 时，重复用水量将达 2250 亿 m³；2030 年工业用水重复率达 70% 时，重复用水量超过 4433 亿 m³。这部分水量大多需要通过工业废水循环利用和城市生活污水的工业回用来提供。可见工业生产领域的废水再生利用具有很大的潜力。

根据中国工程院重大咨询项目《中国可持续发展水资源战略研究》的有关研究，在合理假设的基础上，对我国工业生产领域的污水再生利用进行初步的预测（图 2-4），再生水的工业回用已经成为我国工业水资源开发利用的重要组成部分，尤其以北方重要工业城市为主，最多可以达到总用水量的 30% 左右。

2.2.2.1 钢铁冶金行业

钢铁工业是资源型工业，能耗物耗大，环境污染比较严重。我国同世界上先进国家的水平相比，存在着相当大的差距。我国钢铁生产的用水量相对较大，行业平均为吨钢耗新水 34m³，而先进国家的吨钢新水耗量在 10m³ 以内。我国只有极少数企业，采用新型的工艺处理技术，吨钢耗新水可以达到 10m³ 左右。而日本、韩国钢铁公司的吨钢耗新水只有 2.4～3.0m³。我国钢铁工业用水重复利用率 84%，外排废水约占全国的 14%，仅次于化工，排在第二位。钢铁工业用水重复利用率、吨钢耗新水和废水处理状况见表 2-6。

我国钢铁工业用水情况   表 2-6

序　号	名　　称	国内行业情况	日　本
1	工业用水重复利用率（%）	83.97	96.0
2	废水处理率（%）	97.08	—
3	外排废水达标率（%）	83.11	100.0
4	吨钢耗新水（m³/t 钢）	34.17	3.0
5	吨钢排废水（m³/t 钢）	24.31	2.0

钢铁企业 70% 的废水来源于冷却用水，一般污染程度较轻，废水的污染物主要是悬浮物，经过简单净化基本上可以作为直接冷却水或湿式除尘洗涤水使用。因此冶金行业的工业用水重复利用率较高，进一步降低用水的重点应是：采用不用水的工艺技术，扩大使用再生水水源，以保障生产工艺的稳定运行。

2.2.2.2 石油化工业

化工行业是公认的耗水大户，从国家环保总局发布的 1998 年环境统计年报可以看出，工业废水排放总量，化工废水占全国工业废水排放总量的 19%，位居第一位。

造成化学工业污染状况严重的原因很多，客观上说，化学工业在我国是一个比较老的工业部门，又加上产品种类繁多，大多为中小型化工企业，工艺落后，设备陈旧，排放污

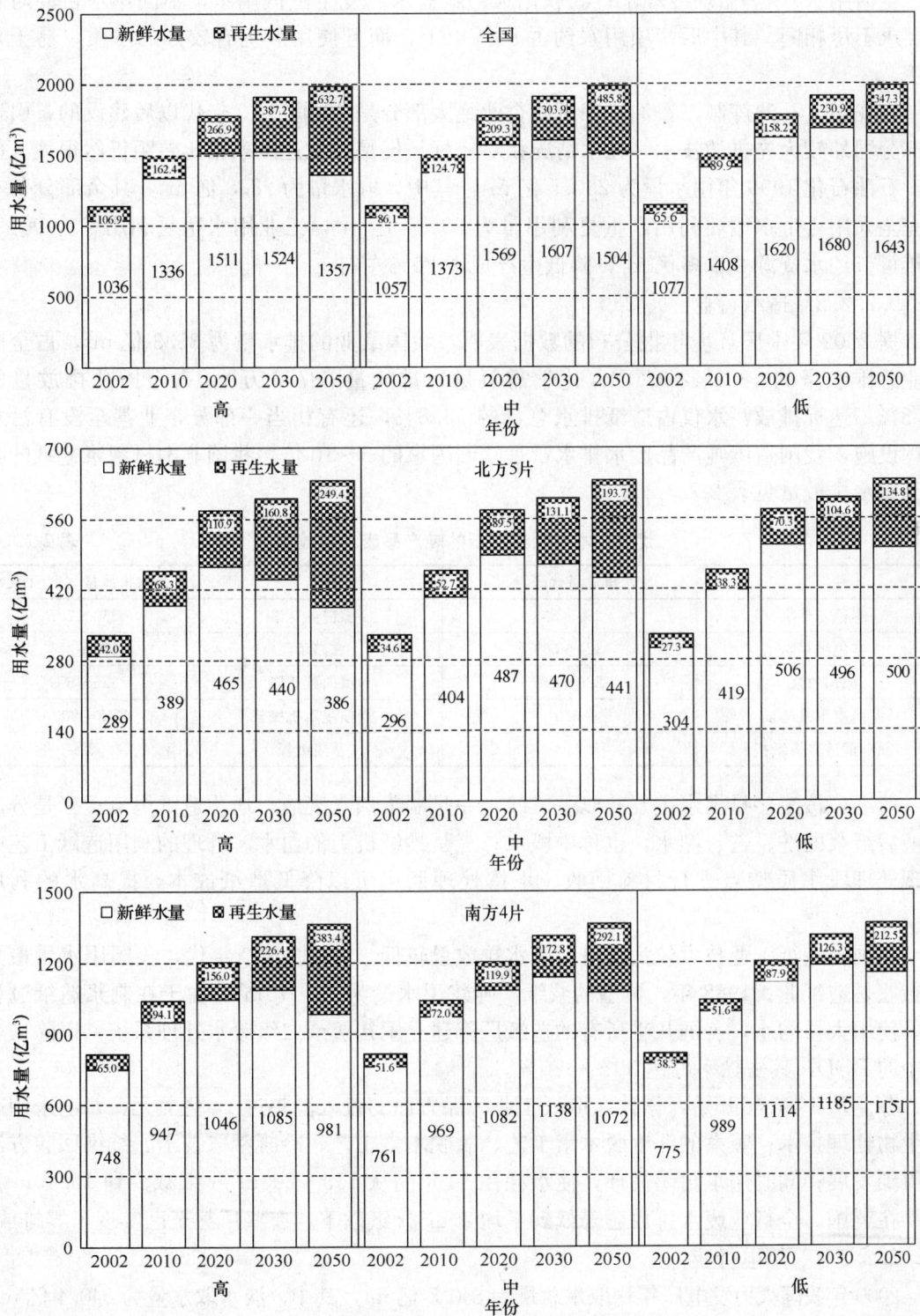

图 2-4 工业领域污水处理资源化与再利用发展预测

染物成分复杂，难以治理等。石油化工生产用水主要可分为：①生产装置用水（含公共设施、生活用水）；②循环冷却水；③软化水、除盐水、发生蒸汽用水，不同用水目的对水质要求不尽相同。其中后两项用水约占80%以上，而且使用后仍有较好的水质，易于再利用。

在我国，石油炼制、石油化工所属企业绝大部分是20世纪70年代以后建设的，引进了部分国外较为先进的技术，耗水情况相对较好，但是与发达国家相比差距仍然很大。例如：石油石化1999年用水量为230.5亿 m^3，其中，取水量为28.8亿 m^3，其余部分基本上完全采用再生水循环利用，重复利用量为201.7亿 m^3，工业用水重复利用率为90%，每年可节约水资源200多亿 m^3，降低生产成本20%左右。

2.2.2.3 造纸行业

据2002年中国环境年报公布的数据表明，我国纸业的排水量为35.3亿 m^3，占全国工业总排水量的18.2%；COD（化学需氧量）排放量287.7万 t，占全国总排放量的40.8%。达标排放污水仅占造纸排水总量的53.8%，还有相当一部分企业甚至没有污水处理设施，我国造纸吨产品废水排水量是欧洲国家的5~10倍。我国非木材制浆造纸的吨产品废水排放量见表2-7。

我国非木材制浆造纸的吨产品废水排放量 　　　　　　表2-7

种　类	废水排放量（ m^3/t浆）	种　类	废水排放量（ m^3/t浆）
本色麦草浆	260~585	漂白麦草浆	150~297
本色稻草浆	521~609	漂白苇浆	112~396
漂白竹浆	226~460	漂白蔗渣浆	225~679
漂白麦草浆造纸	650	漂白麦草机械浆	48~200
漂白蔗渣浆机纸板	193	草浆纸板	229

造纸厂按工序排出水主要有以下三股：一是制浆蒸煮废液，通称造纸黑液；二是分离黑液后纸浆的洗、选、漂水，也称中段水；三是抄纸机上的白水。合理的利用造纸工艺中不现处理段水质特点进行材料回收、水体处理回用可以降低造纸成本，提高水的利用效率。

在国外造纸工业技术较为先进，废水排放量较低。20世纪70年代，美国用水量最大的行业是造纸业。1988年，典型的浆纸厂吨浆用水量为72~78 m^3。由于在制浆造纸过程中要使用大量的水，美国几乎所有的造纸厂都建立了初级或二级废水处理系统，以除去废水中的BOD，其去除率可达30%~70%。

芬兰从1985年开始，累计在造纸工业环保方面的投入已超过14亿美元，普遍采用废水生物处理技术；蒸煮的深度脱木素工艺、氧脱木素工艺、冷凝萃取技术、纤维回收方法也得到发展；同时用水封闭循环，使水耗在30年间从150~200 m^3/t纸减少到16.40 m^3/t纸。在英国，全行业废水排放已降低到平均20 m^3/t纸以下，有些厂甚至已实现了零排放。

2.2.2.4 热电行业

2000年我国火力发电厂年均取水总量为840.5亿 m^3，其中，淡水取水量为540.4亿 m^3，工业用水重复利用率为55%，其中循环冷却电厂重复利用率为95%。我国采用循环冷却系统的火力发电厂装机耗水率为1.32 m^3/sGW，而国外为0.7~1.0 m^3/sGW。

火力发电厂的用水一般分为两类：一类是生产用水，包括热力系统用水，冷却系统用水，水力除灰排渣系统用水和烟气脱硫系统用水。另一类是生活用水，包括绿化、消防用水。

火电厂的循环水是最大耗水项目，因此，节水技术措施主要是加强循环水处理工艺水平，提高浓缩倍率，其次是加大再生水回用力度。

循环水处理的目的是防止结垢和腐蚀，一般需要向循环水投加稳定剂、阻垢剂、缓蚀剂、杀菌剂等药剂进行化学处理，循环水浓缩倍率可达到2～3倍。循环水的深度处理，一般是指对循环水的补充水进行软化（石灰处理、离子交换处理）或采用微滤、超滤、反渗透技术处理，以减少循环水中的钙、镁及其他金属离子和氯离子。采用深度处理，循环水的浓缩倍率可以达到4～6倍。根据水源水质合理选择循环水处理工艺，是火力发电厂节水的重要措施。水力除灰系统对水质要求不高，除灰废水只需经沉淀处理，去除悬浮物，作为冲灰水使用。火电厂用水最佳分布见表2-8。

火电厂用水最佳分布   表2-8

名　称	水　源	名　称	水　源
化学除盐用水	净水源	主厂房冲洗用水	再生水
生活用水	净水源	空气预热器冲洗用水	再生水
循环水	再生水加部分净水源	油库用水	再生水
冲灰水	少量再生水与冷却水混合	输煤系统用水	再生水
消防用水	再生水	炉底灰系统用水	再生水
空气压缩机系统用水	再生水	其他用水	再生水
全场绿化用水	再生水		

电厂用水系统优化，将水质要求相近的再生水系统、除渣除灰补水系统、燃料喷雾和冲洗的补水系统进行连接，将生活水系统与其他水系统彻底隔离，将没必要供生活水的地方改供再生水，可以有效地降低电厂的年均用水量，并加大水的循环利用效率。

2.2.3 再生水工业回用的方式

工业用水以城市污水再生水为水源，根据不同的工业生产工艺，主要包括以下应用范围：冷却用水（包括直流式、循环式补充水）；洗涤用水（包括冲渣、冲灰、消烟除尘、清洗等）；锅炉用水（包括低压、中压锅炉补给水）；工艺用水（包括溶料、蒸煮、漂洗、水力开采、水力输送、增湿、稀释、搅拌、选矿、油田回注等）；产品用水（包括浆料、化工制剂、涂料等）。

再生水的工业回用主要有两种方式，原位回用与异位回用，也可称为水污染原位控制和水污染异位控制。水污染原位控制是指采用合理的工艺方法，从生产的起始，从各个环节，最大限度减少水污染的产生，以及对已被污染的水体进行就地治理（修复），就地再使用的技术理念，其中包括清洁生产技术，清洁生产控制理论和传统废水治理及回用技术等。相对的，水污染的异位控制，则是根据不同工业生产工艺的特点，利用其不同水质特征来进行适当的净化处理后，有效的回用到相应适合的工业领域中。例如：印染废水含有大量有色物质，而且通常呈碱性，用此废水作为锅炉除尘脱硫使用，既可以中和烟气的酸性，防止设备腐蚀，又有利于有色物质的分解。

从经济及生产成本考虑，理想的工业回用对象是用水量要求较大且对水质要求不高的部门；如工艺间接冷却用水，工艺中用于洗涤、冲灰、除尘等的用水，再生水完全可以满足这一要求。而在工业用水中，循环冷却水要占到总用水量的 $60\%\sim80\%$。因此，集中式供应再生水用于工业循环冷却水可以为企业提供更加廉价、可靠且安全的水源，有效降低工业企业的用水成本。同时，对提升企业的可持续发展能力意义重大。

目前，影响再生水回用于工业的主要因素是水质、水量和费用。再生水的水质要求各不相同，用于食品加工业的水质要达到饮用水的标准，用于电子工业的水质要达到高纯度的标准，用于皮革制造的水质标准则很低。有些工业生产中，各个步骤对水质的要求各不相同，水质标准就更加复杂。尽管确定水质标准有一定的困难，但这使得再生水直接回用和再生水循环使用迈上了一个新的台阶。

我国城市污水年排放量已经达到 414 亿 m^3，目前，已建污水处理设施 400 余座，城市污水处理率达到 30%，二级处理率达到 15%。根据"十五"计划纲要要求，2005 年城市污水集中处理率将达到 45%，这就给污水回用于工业冷却系统创造了基本条件。通过这种方式的污水回用，可以解决全国城市相当一部分的缺水情况，回用潜力、回用规模很大，完全可以缓解一大批缺水城市的供水紧张问题。所以，应该大力研究和推广污水再生回用于工业冷却的工艺技术及其应用。

2.2.4 再生水工业利用的示范工程

在众多的城市污水深度处理技术中，石灰作为一种多功能水处理剂，以其价格低廉，使用简便，絮凝性能好等优点，在 20 世纪 60 年代开始就应用于城市污水处理厂二沉池出水的处理，目前石灰混凝仍然是一种重要的污水深度处理技术。其主要作用如下：

1. 除磷。由于羟基磷灰石 $Ca_5OH(PO_4)_3$ 是热力学上稳定的固体，Ca^{2+} 与污水中的 PO_4^{3-} 和均可形成 $Ca_5OH(PO_4)_3$ 沉淀。

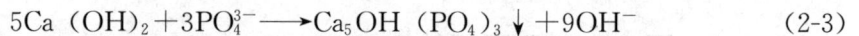

$$5Ca^{2+}+4OH^-+HPO_4^{2-}\longrightarrow Ca_5OH(PO_4)_3\downarrow+3H_2O \tag{2-2}$$

$$5Ca(OH)_2+3PO_3^{3-}\longrightarrow Ca_5OH(PO_4)_3\downarrow+9OH^- \tag{2-3}$$

2. 提高水体的感官指标。包括去除色度、臭味、提高水体澄清度等。

3. 杀菌，能降低细菌和病毒含量。由于投加石灰之后，水中的 pH 可以高达 $10.5\sim11.5$，因此对大肠杆菌等菌类以及病毒都有很强的杀灭效果，从而可以降低后续消毒工艺的加氯量，节约了成本。石灰通过改变所加入水体的 pH 值对大肠杆菌等菌类产生杀灭效果。

4. 去除有机物，石灰利用其混凝作用以及 $Ca(OH)_2$ 与污水中的 HCO_3^- 结合生成 $CaCO_3$ 的絮凝作用，降低出水的 SS、BOD、COD、色度、浊度等指标。去除悬浮的有机物和无机物。石灰利用其混凝作用以及 $Ca(OH)_2$ 与污水中的 HCO_3^- 结合形成的絮凝作用，可去除 $1\mu m$ 以上的颗粒，进而也降低了由这些颗粒（主要是生物处理流失的生物絮体碎片、游离细菌等）形成的 SS、BOD、COD、色度、浊度等指标。

5. 用石灰可去除一些钙、镁、硅石及氟化物。

$$Ca^{2+}+2F^-\longrightarrow CaF_2\downarrow \tag{2-4}$$

6. 可去除某些金属及非金属离子，包括 Cu^{2+}、Zn^{2+}、Ni^{2+}、Mn^{2+}、Al^{3+}、Ag^+、CrO_4^-、Pb^{2+}、MoO_4^{2-}、$B_4O_7^{2-}$ 等。$Ca_5OH(PO_4)_3$ 在 AsO_4^{3-} 存在的条件下可转化为 $Ca_4(OH)_2(AsO_4)_2$、$Ca_5(AsO_4)_3OH$ 和 $Ca_3(AsO_4)_2$[41]。

$$Ni^{2+} + 2OH^- \rightarrow Ni(OH)_2 \qquad (2-5)$$
$$Ca^{2+} + MoO_4^{2-} \rightarrow CaMoO_4 \qquad (2-6)$$

20000m^3/d 的污水再生利用示范工程已于 2001 年底以前在华能北京热电厂建成并稳定运行。生产性试验在华能北京热电厂内完成,主要研究在生产规模条件下多种工艺参数的优化。

2.2.4.1 生产性试验的条件

1. 系统流程

华能北京热电厂目前使用的循环冷却水补充水水源是高碑店污水厂的二沉池出水。循环冷却水系统处理能力 2000m^3/h。二沉池出水经水泵提升后进入两座机械搅拌加速澄清池,石灰乳及聚合硫酸铁投加到澄清池的第一反应室内,经混凝反应后,出水流入推流式氯接触池,该池内加入硫酸、氯气之后出水分别进入 6 个重力式变孔隙滤池,滤后的清水进入推流式氯接触池再次加氯。加氯后的出水流入两座反洗水池及两座过滤水池,过滤池中的清水经由循环补水泵打至循环水系统,反洗水池中的清水经由反洗水泵打至滤池的反洗系统。滤池的反洗排水回到两座回收水池中,经由回收水泵打至澄清池入口母管内。图 2-5 给出了热电厂循环冷却水补充水处理工艺流程。一般冷却水均采用的石灰法深度处理技术,最主要的设备是机械加速澄清池和重力式变空隙度滤池。

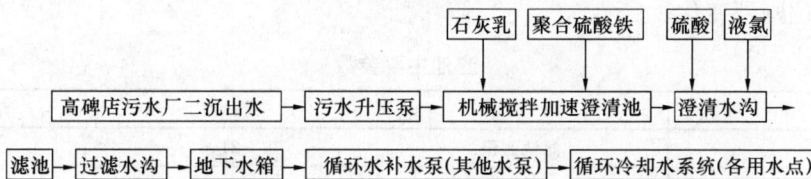

图 2-5 华能北京热电厂循环冷却水补充水处理流程图

2. 机械加速澄清池

(1) 工作原理

该池属泥渣循环型机械加速澄清池,利用机械搅拌的提升作用来完成泥渣回流和接触反应。加石灰乳和聚合硫酸铁后,原水在第一反应室中被迅速混合并反应,进入第二反应室,絮状物和石灰形成的沉淀一起被吸附在循环泥渣颗粒上,形成水力和物理化学特性良好的沉淀物,在分离室内泥渣颗粒和清水分离,从而完成了澄清过程。

机械加速澄清池仿造于英国 PWT 公司的机械加速澄清池装置,主要由第一反应室、第二反应室、分离室、搅拌机、刮泥机、集水槽、排泥装置及取样装置等组成。

(2) 主要参数

1) 正常设计流量 1100m^3/h,最大流量 1410m^3/h,最小流量 560m^3/h。

2) 总容积 2650m^3,设备总高度 7.2m,池径 23170mm(内径)。

3) 停留时间 1.9h,第一、二反应室停留时间合计 28.6min。

4) 分离室设计上升流速 1.0mm/s,回流比 300%～500%。

5) 刮泥机电机功率 $N=0.37kW$,速比 $i=29646$,输出轴转速 0.047r/min。

6) 搅拌机电机功率 $N=11kW$,速比 $i=60.8$,输出转速 60～1200r/min,搅拌机轴调速范围 4～18r/min。

3. 重力式变空隙度滤池

该滤池采用英国 PWT 公司重力式变空隙度滤池，主要由集水装置、进气装置、承托层、滤料和进、排水堰室组成。其中集水装置采用中阻力排水系统，集水小孔流速 0.84m/s。集水干管 $\phi410\times25$，支管 $\phi57\times5$。承托层采用五种级配的天然石英砾石（表 2-9）。

承托层的装料方式　　　　　　　　　　　　　　　　表 2-9

序　号	粒　径	装料高度
1	1～6mm	75mm
2	6～10mm	75mm
3	10～18mm	75mm
4	18～24mm	100mm
5	24～40mm	115mm

滤池所装的滤料有两种，其中粒径 1.2～2.8mm 的天然粗砂（天然石英矿砂）装填量为 $32m^3$/座（滤池），占滤料量的 97%，粒径 0.5～1.0mm 的天然粗砂（天然石英矿砂）装填量为 $0.96m^3$/座（滤池），占滤料量的 3%。

滤池主要参数见表 2-10，进、排水堰室的尺寸为长×宽×高＝5100×1280×3825（mm），其作用是将进水大致均匀地分配至各滤池，并防止一台滤池开始或停止运行时其余滤池的水位剧烈变化。

滤池主要参数　　　　　　　　　　　　　　　　表 2-10

序　号	项　目	设计值	单　位
1	滤池面积	21	m^2
2	滤池最大流量	455	m^3/h
3	滤池额定流量	380	m^3/h
4	水反冲洗强度	15.9	$L/(s \cdot m^2)$
5	空气反冲洗强度	52.4	$m^3/(m^2 \cdot h)$
6	冲洗历时	20	min

2.2.4.2 石灰投药量对出水水质影响的研究

通过改变石灰计量称的开启度，用地秤称量计量称出口石灰的出料量，绘制出石灰给料量与计量称开启度关系曲线。根据绘制出的关系曲线和石灰的纯度，调节石灰计量称的开启度，使 Ca（OH）$_2$ 投量在 200～800mg/L 之间变化，保证其他条件不变，分别取澄清池进出水测定 TP、碱度、硬度等指标。

1. Ca（OH）$_2$ 投量对 pH 的影响

图 2-6 说明，随 Ca(OH)$_2$ 投量由 250mg/L 升至 600mg/L，溶液 pH 值由 9.48 升至 11.21，说明 Ca(OH)$_2$ 投量与 pH 正相关。但是仔细分析就会发现一个有趣的现象，pH 值与 Ca (OH)$_2$ 投量的关系曲线近乎一条直线，pH 值与 Ca（OH）$_2$ 投量呈正比关系。我们知道 pH 值每

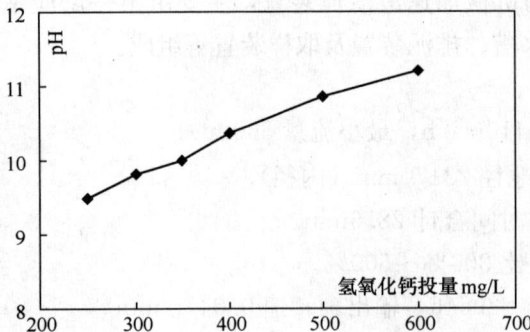

图 2-6　Ca(OH)$_2$ 投量对 pH 的影响

升高 1 个单位，$[OH^-]$ 增大 10 倍。pH 值与 $Ca(OH)_2$ 投量呈正比则说明，随 $Ca(OH)_2$ 投量的增大，溶液中 $[OH^-]$ 的增速越来越快。其中原因值得分析。

一般认为 $Ca(OH)_2$ 与 $Ca(HCO_3)_2$ 发生如下反应：

$$Ca(OH)_2 + Ca(HCO_3)_2 \rightarrow 2CaCO_3 \downarrow + 2H_2O \qquad (2-7)$$

但从试验结果 1～4 号可以看出，HCO_3^- 的转化可能分为两步完成：

$$OH^- + HCO_3^- \rightarrow CO_3^{2-} + H_2O \qquad (2-8)$$

$$Ca(OH)_2 + HCO_3^- \rightarrow CaCO_3 + OH^- + H_2O \qquad (2-9)$$

1～4 号样品仅发生了第一步反应，没有产生 OH^-，5～12 号样品发生了第二步反应，产生 OH^-。这说明 HCO_3^- 的转化并非像人们以前认识的那样简单。

在 1～4 号样品，HCO_3^- 与 CO_3^{2-} 大量存在，形成了缓冲溶液，可能对 pH 值与 $Ca(OH)_2$ 投量关系产生影响。以下计算 HCO_3^-/CO_3^{2-} 缓冲溶液对 pH 的影响。

（1）2 号样品理论 pH 的计算

对于 HCO_3^-/CO_3^{2-} 缓冲溶液 pH 的计算公式为：

$$pH = pK_a + \log \frac{[CO_3^{2-}]}{[HCO_3^-]} \qquad (2-10)$$

HCO_3^-/CO_3^{2-} 缓冲溶液 $pK_a = 10.25$，HCO_3^- 和 CO_3^{2-} 采用相同单位，均为 $mgCaCO_3/L$，得：

$$pH = 10.25 + \log \frac{38.8}{230} = 9.48 \qquad (2-11)$$

（2）4 号样品理论 pH 的计算

$$pH = 10.25 + \log \frac{37.5}{126} = 9.72 \qquad (2-12)$$

2 号和 4 号的理论 pH 值与实际值很接近。

如果 HCO_3^-/CO_3^{2-} 缓冲溶液不存在，2 号和 4 号的理论 pH 值计算如下：

（3）2 号样品理论 pH 的计算

$Ca(OH)_2$ 投量 250mg/L：

$$[OH^-] = 250 \times \frac{34}{74} = 114.9mg/L = 6.76 \times 10^{-3}mol/L \quad pH = 11.83$$

（4）4 号样品理论 pH 的计算：

$Ca(OH)_2$ 投量 300mg/L：

$$[OH^-] = 300 \times \frac{34}{74} = 137.8mg/L = 8.11 \times 10^{-3}mol/L \quad pH = 11.91$$

通过计算可以看出，2 号与 4 号，考虑 HCO_3^-/CO_3^{2-} 缓冲溶液条件下理论 pH 分别为 9.48 和 9.72，不考虑 HCO_3^-/CO_3^{2-} 缓冲溶液条件下理论 pH 分别为 11.83 和 11.91。前者与实际值很接近，说明 pH 缓冲作用完全是由于 HCO_3^-/CO_3^{2-} 缓冲溶液引起。这一结果彻底解释了 pH 值与 $Ca(OH)_2$ 投量呈正比的原因。在 pH 值较低时（小于 10），溶液 pH 值受 HCO_3^-/CO_3^{2-} 缓冲溶液控制，溶液 pH 值随 $Ca(OH)_2$ 投量增大上升较慢。在 pH 值较高时，由于 HCO_3^- 被转化为 CO_3^{2-} 和 $Ca(OH)_2$，HCO_3^-/CO_3^{2-} 缓冲溶液被彻底破坏，溶液 pH 值受游离 $[OH^-]$ 控制，溶液 pH 值随 $Ca(OH)_2$ 投量增大上升速度大大加快。两种条件的共同作用，导致 pH 值与 $Ca(OH)_2$ 投量基本呈正比。

2. $Ca(OH)_2$ 投量对 P 去除率的影响

图 2-7 说明 $Ca(OH)_2$ 投量为 350mg/L，溶液 pH 值升至 10.01，出水 TP<0.5mg/L。一般认为，要达到稳定除磷的效果，即 TP<0.5mg/L，pH 值必须保证在 10.0 以上：

$$5Ca^{2+}+4OH^-+HPO_4^{2-}\rightarrow Ca_5OH(PO_4)_3\downarrow+3H_2O \qquad (2-13)$$

这里深入分析除磷反应 pH 值必须保证在 10.0 以上的原因：$Ca_5OH(PO_4)_3$ 的生成受 pH 的控制，其根本原因是 OH^- 参与以上除磷反应。根据以上得出的结论，HCO_3^- 的转化分为两步，第一步反应不生成 OH^-。因此本文认为，只有当 HCO_3^-/CO_3^{2-} 缓冲溶液被破坏后才产生大量的 OH^-。缓冲溶液被破坏时的临界点很难在试验中监测，因此本文将 $[HCO_3^-]=[CO_3^{2-}]$ 作为 HCO_3^-/CO_3^{2-} 缓冲溶液被破坏时的临界条件。根据 HCO_3^-/CO_3^{2-} 缓冲溶液 pH 值计算公式，水体 $pH=pK_a=10.25$。这说明 $pH\geqslant10.25$，HCO_3^-/CO_3^{2-} 缓冲溶液被破坏，产生大量的 OH^-。这就解释了达到稳定除磷的效果 pH 值必须保证在 10.0 以上的真正原因。

3. $Ca(OH)_2$ 投量对总碱度的影响

图 2-8 说明投加 $Ca(OH)_2$ 对原水总碱度有两方面的影响，一方面加入的 Ca^{2+} 降低了原水的碳酸盐和重碳酸盐碱度，另一方面加入的 OH^- 增加了 OH^- 碱度。$Ca(OH)_2$ 投量为 400mg/L 以下时，原水中加入 $Ca(OH)_2$ 后总碱度降低，400mg/L 以上时总碱度升高。

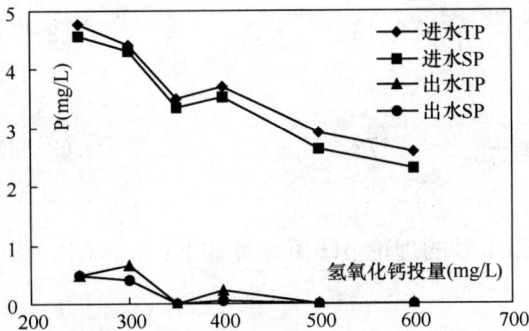

图 2-7　$Ca(OH)_2$ 投量对 P 去除率的影响

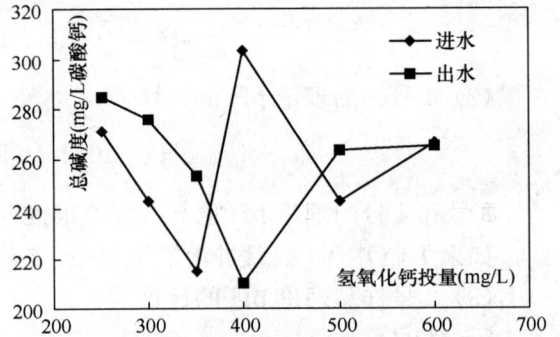

图 2-8　$Ca(OH)_2$ 投量对总碱度的影响

4. $Ca(OH)_2$ 投量对浊度的影响

图 2-9 给出了 $Ca(OH)_2$ 投量与浊度的关系曲线，进出水曲线不是特别明显。$Ca(OH)_2$ 投量高时出水浊度不一定高，出水浊度不仅受 $Ca(OH)_2$ 投量影响同时受进水浊度控制。

综合图 2-7、图 2-9 的数据，出水的浊度越高，出水 SP/TP 的比值越小。加入 $Ca(OH)_2$ 后，PO_4^{3-} 与 Ca^{2+} 结合很快生成 $Ca_3(PO_4)_2$ 或 $Ca_5(OH)(PO_4)_3$ 等不溶物。当絮体沉淀状况不好，絮体夹带着 $Ca_5(OH)(PO_4)_3$ 随澄清池出水流出，这时出水中的非溶解性磷增高，导致出水 SP/TP 的值很低。出水浊度可在一定程度上反映 $Ca_5(OH)(PO_4)_3$ 的沉降程度，间接反映除磷效果。

5. $Ca(OH)_2$ 投量对氟离子的影响

石灰法的除氟作用主要通过生成 CaF_2、$Ca_5(PO_4)_3F$ 来实现。图 2-10 显示污水处理厂二沉出水的 F⁻ 含量很低，仅为 0.5mg/L 左右，Ca（OH）₂ 投量为 250～600mg/L，出水 F⁻ 基本保持在 0.3～0.4mg/L，去除率保持在 20%～30%。

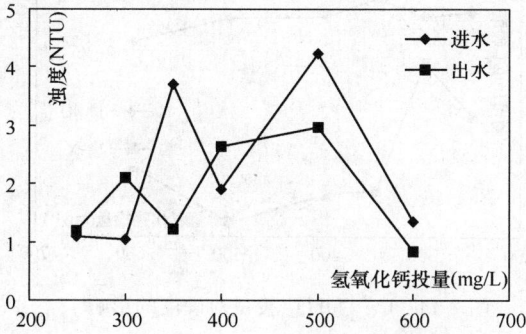

图 2-9　Ca（OH）₂ 投量对浊度的影响

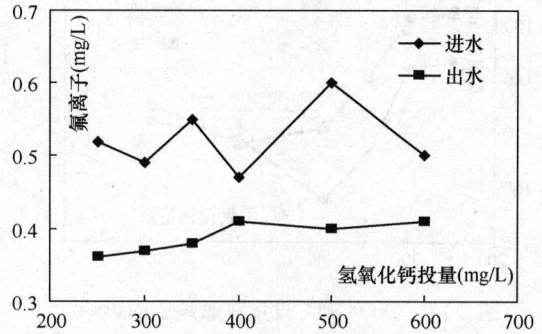

图 2-10　Ca（OH）₂ 投量对氟离子的影响

6. Ca（OH）₂ 投量对硫酸根离子的影响

图 2-11 给出了 Ca（OH）₂ 对 $SO_4{}^{2-}$ 的影响变化曲线图，表示 Ca（OH）₂ 对 $SO_4{}^{2-}$ 有明显的去除作用，去除率为 20%～30%，去除量在 20mg/L 左右。$SO_4{}^{2-}$ 的去除率不随 Ca（OH）₂ 投量增大而变化的主要原因是 $CaSO_4$ 沉淀受 pH 变化影响很小。

7. Ca（OH）₂ 投量对氨氮和氯离子的影响

图 2-12、图 2-13 给出了 Ca（OH）₂ 投量对 NH_3-N 和 Cl⁻ 的影响。

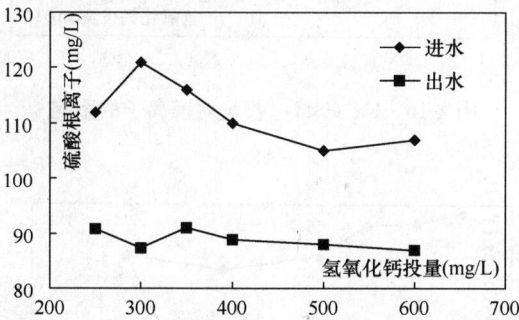

图 2-11　Ca（OH）₂ 投量对硫酸根离子的影响

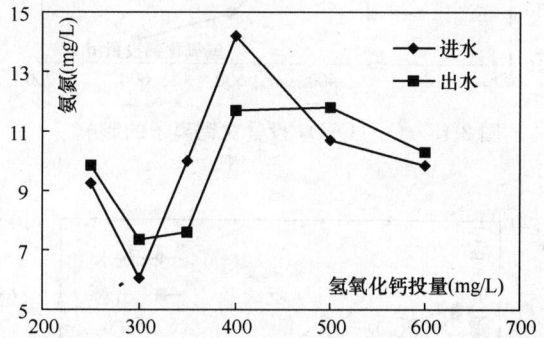

图 2-12　Ca（OH）₂ 投量对氨氮的影响

8. Ca（OH）₂ 投量对硬度的影响

图 2-14、图 2-15、图 2-16 分别给出了 Ca（OH）₂ 对硬度、钙离子和镁离子的影响。Ca（OH）₂ 对总硬度及 Ca^{2+}、Mg^{2+} 有显著的去除作用，Ca（OH）₂ 对 Ca^{2+} 比 Mg^{2+} 的去除量稍大。Ca（OH）₂ 投量 400mg/L 时，出水 Ca^{2+} 出现极大值。这是由于发生了如下反应，如式（2-14）所示：

$$Ca（OH）_2 + Mg^{2+} \longrightarrow Mg（OH）_2 + Ca^{2+} \tag{2-14}$$

9. Ca（OH）₂ 投量对二氧化硅的影响

石灰法去除 SiO_2 作用主要通过生成 $CaSiO_3$ 来实现。图 2-17 显示二沉出水的 SiO_2 的含量很低，仅为 15～20mg/L 左右，大大低于循环冷却水的水质标准规定的 175mg/L。Ca（OH）₂ 投量为 600mg/L 时对 SiO_2 有明显的去除效果，去除率为 30%，去除量 4mg/L

左右。

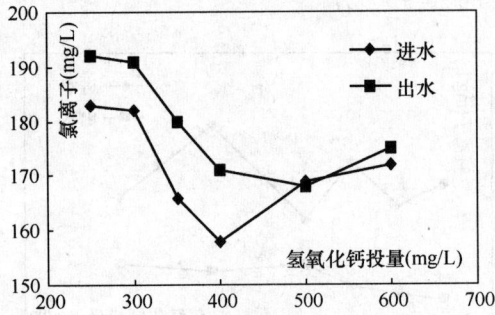

图2-13 Ca(OH)₂投量对氯离子的影响

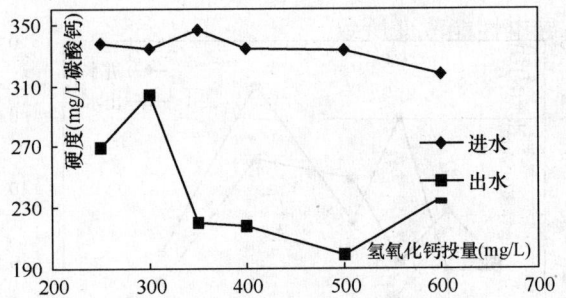

图2-14 Ca(OH)₂投量对硬度的影响

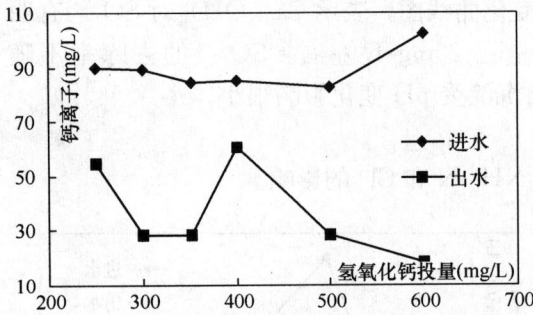

图2-15 Ca(OH)₂投量对钙离子的影响

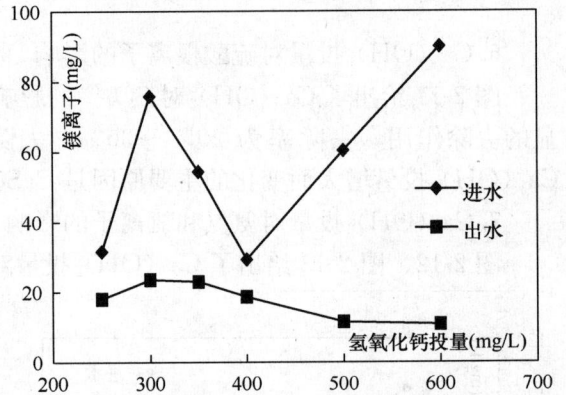

图2-16 Ca(OH)₂投量对镁离子的影响

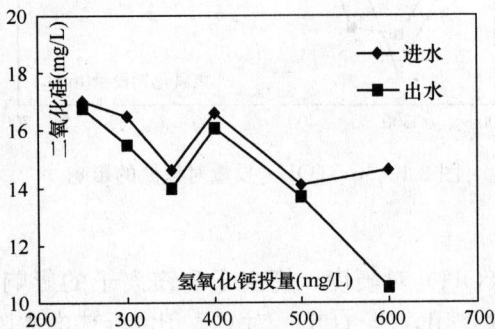

图2-17 Ca(OH)₂投量对二氧化硅的影响

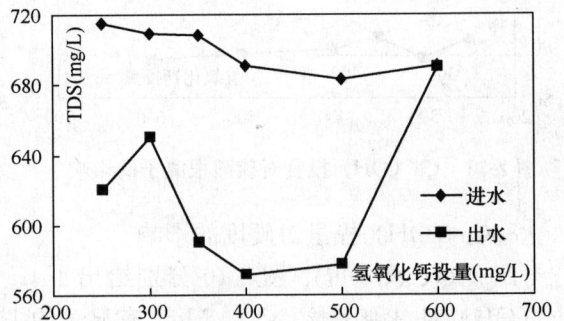

图2-18 Ca(OH)₂投量对TDS的影响

10. Ca(OH)₂投量对TDS和电导率的影响

图2-18、图2-19给出了Ca(OH)₂投量对TDS和电导率的影响曲线。电导率和TDS的进出水变化曲线非常相似,说明在生产中这两种指标可以相互代替。随着Ca(OH)₂投量由250mg/L升至600mg/L,电导率和TDS的出水呈"U"形变化,这是因为随Ca(OH)₂投量的增大,Ca^{2+}、Mg^{2+}、SO_4^{2-}含量变化的综合结果。Ca(OH)₂投量为

600mg/L 时，电导率和 TDS 达到最大值这是由于系统引入大量 OH^- 的结果。$Ca(OH)_2$ 投量 300mg/L 时电导率和 TDS 出现极大值，这可能是因为 HCO_3^- 转化为 CO_3^{2-} 导致水体导电性能改变所致。

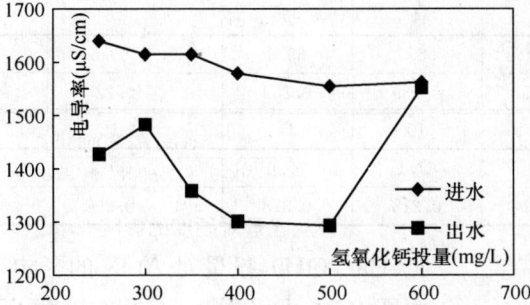

图 2-19　$Ca(OH)_2$ 投量对电导率的影响

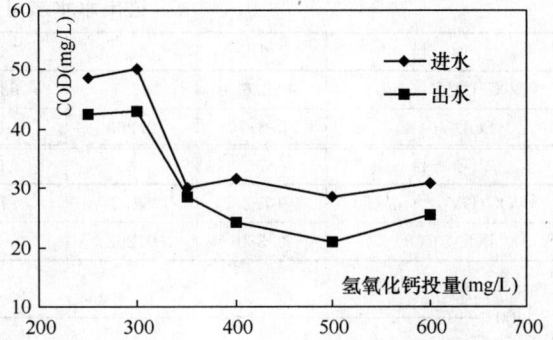

图 2-20　$Ca(OH)_2$ 投量对 COD_{Cr} 的影响

11. $Ca(OH)_2$ 投量对有机污染物的影响

图 2-20、图 2-21、图 2-22 分别给出，随着 $Ca(OH)_2$ 投量由 250mg/L 升至 600mg/L，有机物去除率变化不规律。出水 COD_{Cr} 保持在 20～30mg/L，BOD_5 保持在 4～10mg/L，DOC 保持在 10mg/L 左右。DOC 的去除率约为 20%～40%。

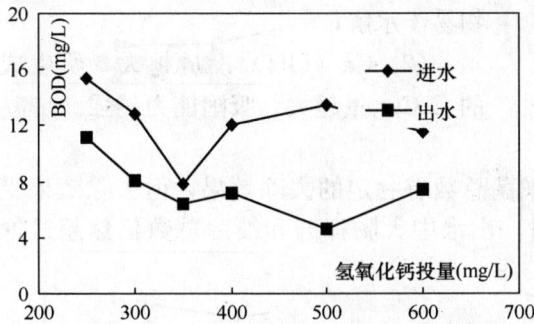

图 2-21　$Ca(OH)_2$ 投量对 BOD_5 的影响

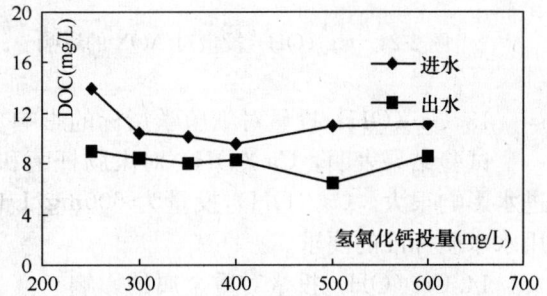

图 2-22　$Ca(OH)_2$ 投量对 DOC 的影响

图 2-23 说明，随着 $Ca(OH)_2$ 投量由 250mg/L 升至 600mg/L，出水透光率逐渐增大。随着 $Ca(OH)_2$ 投量由 250mg/L 升至 600mg/L，出水透光率由 70% 增加至 80%。

UV_{254} 表示水中生物难降解的芳香族有机物的含量，DOC 表示水中溶解性有机物的含量，UV_{254}/DOC 表示水中难降解芳香族有机物所占总溶解性有机物的含量，它的倒数形式 DOC/UV_{254} 也可以表示水质可生化性的变化。通常采用 BOD_5/COD_{Cr} 来衡量

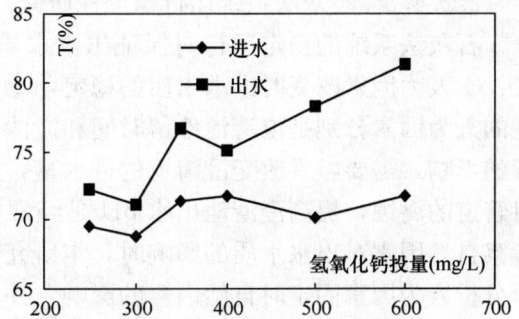

图 2-23　$Ca(OH)_2$ 投量对透光率的影响

水质可生化性的变化。分别采用两种方法计算水质可生化性的变化，结果见表 2-11。从表 2-11 的结果可以看出，采用 BOD_5/COD_{Cr} 和 DOC/UV_{254} 得出基本相同的结论：二沉出水投加石灰后，出水的可生化性降低。

进出水水质可生化性的变化   表 2-11

项 目	1	2	3	4	5	6
DOC/UV_{254} （mg/L）	88.6	66.1	63.9	56.3	69.9	69.6
BOD_5/COD_{Cr}	0.317	0.263	0.255	0.189	0.259	0.225
项 目	7	8	9	10	11	12
DOC/UV_{254} （mg/L）	67.2	67.2	71.9	61.1	77.6	95.9
BOD_5/COD_{Cr}	0.380	0.298	0.472	0.218	0.378	0.290

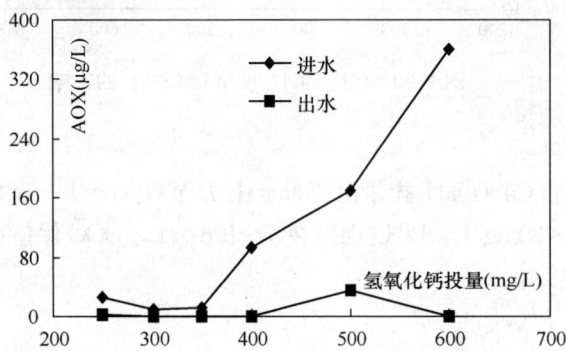

图 2-24 Ca（OH）$_2$ 投量对 AOX 的影响

12. Ca（OH）$_2$ 投量对 AOX 的影响

由图 2-24 可以看出，原水中 AOX（可吸附有机卤化物）的量在每升几十到几百微克的范围内变化，很不稳定。投加 Ca（OH）$_2$ 可有效控制水体中的 AOX，Ca（OH）$_2$ 投量越大 AOX 的去除率越高。其原因可能有两方面：

（1）在碱性条件下可吸附有机卤化物易于水解；

（2）Ca（OH）$_2$ 投量越大，所生成的 $CaCO_3$ 量越大，吸附能力越强。

13. Ca（OH）$_2$ 投量对细菌学指标的影响

试验结果表明，Ca（OH）$_2$ 对大肠杆菌和细菌总数有一定的去除效果，但去除效果受进水影响很大。Ca（OH）$_2$ 投量为 600mg/L 时，出水中大肠杆菌和细菌总数仍然超过饮用水水质标准的要求。

14. Ca（OH）$_2$ 投量对重金属的影响

试验结果表明，Ca（OH）$_2$ 投量为 $250\sim600$mg/L 时，原水中 Cu、Zn 的去除率逐渐升高。其中 Zn 的去除率约为 $30\%\sim40\%$，Cu 的去除率约为 $10\%\sim20\%$。

2.2.4.3 石灰法系统运行稳定性研究

石灰法系统的稳定运行对保证出水水质的稳定有重要意义。稳定运行有两方面的含义：①人为因素改变时出水水质的稳定，②自然因素改变时出水水质的稳定。本研究所讨论的人为因素分别是澄清池停留时间和澄清池出水 pH。由于受设备检修状况或气温等因素的影响，需要经常改变澄清池的进水量，这导致澄清池停留时间的变化。为控制循环水对管道的腐蚀，提高澄清池出水 pH 是经常采用的方法。因此这两个因素被重点分析。在考察自然因素对出水水质的影响时，本研究长时间地监测了澄清池进出水水质的变化，从而分析人为因素固定时自然因素的影响，并分析各指标的变化规律。自然因素影响主要考察了以下三个方面：

（1）调节阀门的开启度，改变澄清池的进水量，调节石灰计量称的开启度，使 Ca（OH）$_2$ 投量在 250mg/L，分别取澄清池进出水测定浊度、电导率等指标。

（2）调节硫酸计量泵的开启度，使澄清池出水的 pH 由 8.0 升至 10.0，记录滤池开始运行至反冲洗前的运行时间。

（3）保证澄清池的进水量、石灰计量称的开启度、硫酸计量泵的开启度不变的条件下监测澄清池进出水水质的变化。

1. 澄清池停留时间对出水水质的影响

表 2-12 给出澄清池停留时间以出水水质的影响，当澄清池停留时间由 2.2h 增至 4.4h，出水电导率、TDS、浊度等各项结果保持稳定。尤其是澄清池停留时间分别为 3.3h 和 4.4h 时，出水浊度保持在 0.5NTU 以下。说明保证较长的停留时间有利于得到更好的出水水质。

澄清池停留时间对出水水质的影响　　　　　　　　　　　表 2-12

日　　期		2002.7.27		2002.7.30		2002.7.31		2002.8.1	
水样类型		进水	出水	进水	出水	进水	出水	进水	出水
流量（m³/h）		800		600		1000		1200	
停留时间（h）		3.3		4.4		2.6		2.2	
pH		7.14	9.65	7.6	10.43	7.23	9.41	7.32	10.1
电导率（μS/cm）		1412	810	1375	1112	1123	880	1423	1197
UV₂₅₄	A	0.176	0.141	0.135	0.122	0.172	0.147	0.139	0.127
	T	67.5	72.2	73.1	75.5	67.1	71.3	72.5	74.8
TDS（mg/L）		610	541	622	510	742	656	627	528
浊度（NTU）		1.69	0	0.8	0.25	2.43	2.54	2.95	4.01
ORP（mV）		137.2	51.7	127.2	80.9	88.8	18	127.1	−16.7

2. 澄清池出水 pH 对滤池运行时间的影响

表 2-13 的结果说明：澄清池出水 pH 在 10.0 以下时，对滤池的运行时间无明显影响。说明在 pH 在 10.0 以下时滤池结垢的影响并不严重。而 pH 达到 10.5 时，滤池的运行周期低于最高值 50% 以下，滤池结垢的影响变得非常显著，所以，保证滤池运行稳定的 pH 的最高值为 10.0。

澄清池出水 pH 对滤池运行时间的影响　　　　　　　　　　　表 2-13

日　　期	滤池总进水流量（m³/h）	滤池运行个数（个）	澄清池出水 pH	滤池运行时间（h）
2002.12.18	850	3	8.0	28
2002.12.19	850	3	8.5	25
2002.12.20	850	3	9.0	30
2002.12.21	850	3	9.5	27
2002.12.22	850	3	10.0	26
2002.12.23	850	3	10.5	12

3. 自然因素对澄清池进出水水质的影响

表 2-14 显示在保持投药量在 200～250mg/L 和其他运行参数不变的条件下，进出水水质受自然因素的影响。我们可以简单地将进出水指标分成 4 类，分别讨论其变化规律。我们定义：某一项目的最高值为最低值的两倍以上则该项目变化不稳定，分析结果见表 2-15。

自然因素对澄清池进出水水质的影响

表 2-14

日期	水样类型	2002.10.29 进水	2002.10.29 出水	2002.10.30 进水	2002.10.30 出水	2002.11.05 进水	2002.11.05 出水	2002.11.06 进水	2002.11.06 出水	2002.11.08 进水	2002.11.08 出水	2002.11.12 进水	2002.11.12 出水	2002.11.13 进水	2002.11.13 出水	2002.11.15 进水	2002.11.15 出水	2002.11.19 进水	2002.11.19 出水	2002.11.20 进水	2002.11.20 出水	2002.11.22 进水	2002.11.22 出水	2002.11.28 进水	2002.11.28 出水
水温/℃		12.1	15.5	12.3	15.7	11.6	15.6	12.7	15.8	12.1	15.8	13.9	16.7	12.3	15.8	12.4	15.7	10.3	14.7	9.3	14.9	10.1	14.5	4.5	12.4
pH		7.53	9.65	7.35	9.78	7.45	9.86	7.55	9.49	7.44	9.58	7.37	9.97	7.29	10.09	7.45	10.09	7.35	10.04	7.30	10.07	7.08	9.83	7.85	9.93
UV_{254} A		0.131	0.126	0.140	0.128	0.129	0.124	0.183	0.148	0.122	0.125	0.126	0.154	0.143	0.132	0.195	0.16	0.195	0.128	0.127	0.182	0.129	0.197	0.144	0.143
UV_{254} T		66.6	74.0	72.6	74.9	74.1	75.3	65.6	70.9	73.4	75.5	74.8	50.4	72.0	73.8	68.3	69.2	63.7	74.3	74.6	65.6	74	63.2	71.8	72.0
TDS (mg/L)		732	644	698	655	685	611	602	530	647	535	644	533	637	545	647	501	631	530	645	512	637	529	571	369
TP (mg/L)		0.666	0.653	1.75	0.660	0.677	0.649	0.832	0.632	0.776	0.344	0.510	0.443	0.663	0.643	0.432	0.348	0.558	0.385	0.772	0.483	0.927	0.575	0.330	0.022
COD_{Cr} (mg/L)		28.6	24.1	27.1	25.6	28.6	22.6	30.1	27.1	40.6	37.6	33.1	28.6	29.6	22.6	28.6	24.1	30.1	27.1	28.6	27.1	28.6	25.6	37.6	22.6
DOC (mg/L)		14.1	14.0	10.4	9.40	11.8	6.71	9.91	7.66	15.0	12.0	16.5	12.0	15.4	12.2	17.8	14.2	19.3	17.5	16.8	12.1	14.4	10.9	13.7	11.4
SO_4^{2-} (mg/L)		100	82.1	108	83.6	120	85.8	121	89.6	117	82.5	113	77.1	122	78.7	134	75.4	132	84.2	118	83.8	143	80.3	237	150
F^- (mg/L)		0.38	0.34	0.40	0.25	0.35	0.31	0.42	0.27	0.50	0.37	0.32	0.26	0.43	0.30	0.48	0.34	0.33	0.32	0.45	0.33	0.42	0.33	0.34	0.33
浊度 (NTU)		3.75	3.49	2.53	1.98	5.61	4.02	3.83	1.85	3.69	0.06	3.48	1.27	1.55	3.12	3.25	1.11	1.13	2.27	1.05	4.29	1.11	3.32	1.21	5.42
ORP (mV)		5.5	-10.1	45.8	-7.9	47.8	-10.1	57.9	13.5	50.5	-11.5	49.5	-1.5	80.1	15.0	20.5	-27.7	44.1	-7.9	25.5	-27.1	21.9	-15.5	86.7	70.8
SiO_2 (mg/L)		9.5	9.3	10.7	10.2	9.9	8.2	9.1	8.2	12.3	8.4	10.3	9.7	9.5	9.2	9.6	8.1	8.5	7.6	9.3	7.9	9.9	8.3	5.6	3.1
OH^-碱度 (mmol/L)		0	0	0	0.2	0	0.3	0	0	0	1.35	0	0	0	0.08	0	0.34	0	0.18	0	0.3	0	0	0	0
CO_3^{2-}碱度 (mgCaCO₃/L)		0	97.9	0	58.7	0	125.5	0	93.2	0	58.2	0	123.7	0	115.9	0	106.8	0	128.5	0	133.9	0	143.5	45.3	86.4
HCO_3^-碱度 (mgCaCO₃/L)		162.2	91.9	164.8	45.3	178.3	0	174.8	140.4	171.8	0	166.3	6.6	160.3	0	141.7	0	139.1	0	134.5	0	134.5	4.2	101.7	12.5
总碱度 (mgCaCO₃/L)		184	287.7	185.8	196.7	178.3	270.3	174.8	326.8	171.8	184.4	166.3	254.1	160.3	235.8	141.7	230.5	141.7	266.1	139.1	282.9	134.5	291.3	192.5	183.0
总硬度 (mgCaCO₃/L)		296	214	276	205	251	197	269	222	264	172	253	220	263	215	267	187	263	205	268	212	204	259	205.6	185.5
Ca^{2+} (mg/L)		112.7	90.2	97.5	80.6	86.2	62.3	90.9	84.1	129.6	57.3	80.8	67.3	74.1	67.3	107.7	94.2	85.5	74.1	70.7	57.2	79.4	60.3	86.3	71.5
Mg^{2+} (mg/L)		17.6	11.7	20.5	15.5	20.4	16.3	24.5	21.4	24.5	13.3	27.6	14.3	27.5	16.3	26.5	14.2	30.4	20.1	23.4	12.3	28.7	15.5	31.4	20.5

变化规律	进水稳定 出水稳定	进水不稳定 出水稳定	进水稳定 出水不稳定	进水不稳定 出水不稳定
指 标	水温、pH、F^-、TDS、UV_{254}、总硬度、Ca^{2+}、Mg^{2+}、总碱度、COD_{Cr}、DOC	SO_4^{2-}	OH^-碱度、HCO_3^-碱度	CO_3^{2-}碱度、TP、浊度、SiO_2、ORP
指标数量	11	1	2	5

4. 系统脱氮性能研究

循环冷却水系统是一个大的硝化脱氨系统。尤其是冷却塔中易于生长生物膜，可将氨氮迅速氧化为硝酸盐。循环冷却水系统如图 2-25 所示：

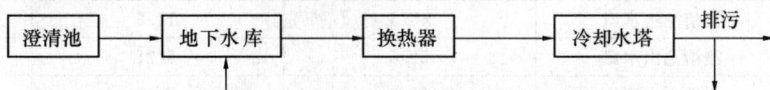

图 2-25 循环冷却水系统图

对于硝化系统而言，较为重要的三个控制因素是：pH、碱度和 BOD_5/TKN（凯式氮，即水中有机氮与氨氮之和）。硝化的反应式见式（2-15）：

$$NH_4^+ + 1.86O_2 + 1.98HCO_3^- \rightarrow 0.020C_5H_7NO_2 + 0.98NO_3^- + 1.88H_2CO_3 + 1.04H_2O \qquad (2-15)$$

计算出每氧化 $1mg/L NH_4^+$-N 需要消耗 HCO_3^- 碱度 $7.14mgCaCO_3/L$。循环水系统的 HCO_3^- 碱度一般为 $300mgCaCO_3/L$ 左右，可硝化 NH_4^+-N 为 28mg/L。实际条件下，NH_4^+-N 超过 25mg/L，硝化效果就无法保证。BOD_5/TKN 对硝化过程的影响也很大。一般认为为了保证硝化效果，BOD_5/TKN 值最佳范围为 2～3。但我们认为，这个比值对二沉出水的硝化过程而言可能太高。

根据实际监测的结果，当氨氮进水 20mg/L 以下，在循环水系统中氨氮可一直保持在 1.0mg/L 以下。但在冬季某些条件下，污水处理厂如果生物处理系统控制不当，二沉出水 NH_3-N 有可能升至 30mg/L 以上，这时我们采取了两条措施：

（1）对澄清池出水减少加酸量，使滤池出水 pH 保持在 9.5 左右。为减少滤池结垢堵塞的概率，一周有两天使滤池出水 pH 保持在 7.0～7.5 左右。

（2）二沉出水 NH_3-N 在 30mg/L 以上时，调整污水处理厂生物处理系统，使二沉出水 COD_{Cr} 有 25～30mg/L 升至 45～50mg/L，以保证硝化过程所需碳源。

从 10 月底发现二沉出水 NH_3-N 较高，在 30mg/L 左右，在 11 月 1 日采取以上两条措施。但冷却水塔 NH_3-N 一直较高，最高值达到 15mg/L 左右。11 月 20 日后污水厂二沉出水 COD_{Cr} 基本保持在 45～50mg/L。12 月 1 日起调整起到了效果，冷却水塔 NH_3-N 开始逐步降低，逐步降至 1mg/L。实践中认为 COD_{Cr}/NH_3-N 这个参数更加实用，这个比值约为 1.5～2。实际运行结果见表 2-16。

循环冷却水系统脱氨结果 表 2-16

日 期	取样位置	TN（mg/L）	NO_3^--N（mg/L）	NH_3-N（mg/L）
02.10.29	澄清池进水口	48.8	13.2	29.9
	澄清池出水口	42.0	19.6	24.2
	地下水库	40.6	19.7	23.6
	冷却水塔	40.8	35.9	1.08

日　期	取样位置	TN（mg/L）	NO$_3^-$-N（mg/L）	NH$_3$-N（mg/L）
02.10.30	澄清池进水口	36.8	10.6	20.6
	澄清池出水口	34.9	9.2	23.6
	地下水库	33.2	9.6	22.8
	冷却水塔	32.0	28.1	0.60
02.11.5	澄清池进水口	28.2	10.6	11.9
	澄清池出水口	33.8	14.75	14.8
	地下水库	31.8	15.26	22.8
	冷却水塔	43.8	38.8	1.2
02.11.6	澄清池进水口	48.6	11.8	32.5
	澄清池出水口	52.6	5.21	40.8
	地下水库	57.2	7.45	46.2
	冷却水塔	51.2	48.4	5.8
02.11.8	澄清池进水口	40.9	11.5	33.6
	澄清池出水口	36.2	6.19	25.3
	地下水库	36.4	6.93	27.3
	冷却水塔	53.9	49.8	7.2
02.11.12	澄清池进水口	40.2	9.0	30.8
	澄清池出水口	37.4	5.3	29.3
	地下水库	33.7	5.9	25.6
	冷却水塔	56.2	42.5	9.7
02.11.13	澄清池进水口	29.9	9.7	21.9
	澄清池出水口	37.2	5.0	20.5
	地下水库	34.1	5.4	26.8
	冷却水塔	56.3	43.0	8.6
02.11.15	澄清池进水口	45.2	6.9	38.1
	澄清池出水口	47.3	5.3	39.3
	地下水库	63.5	5.9	45.6
	冷却水塔	56.2	42.5	15.7
02.11.18	澄清池进水口	39.2	8.7	30.3
	澄清池出水口	37.3	9.3	29.3
	地下水库	43.7	9.8	35.6
	冷却水塔	56.2	39.5	10.7
02.11.22	澄清池进水口	41.2	6.6	35.3
	澄清池出水口	42.8	7.3	33.3
	地下水库	48.7	7.8	36.6
	冷却水塔	56.2	39.5	13.5
02.11.27	澄清池进水口	51.2	9.5	44.1
	澄清池出水口	52.8	10.2	43.3
	地下水库	48.8	11.8	46.6
	冷却水塔	66.3	37.3	16.5

日 期	取样位置	TN (mg/L)	NO$_3^-$-N (mg/L)	NH$_3$-N (mg/L)
02.12.1	澄清池进水口	40.8	8.5	32.1
	澄清池出水口	42.1	9.9	33.0
	地下水库	49.7	13.5	36.9
	冷却水塔	64.2	37.3	10.1
02.12.5	澄清池进水口	36.8	8.8	25.5
	澄清池出水口	42.1	9.3	23.1
	地下水库	48.2	7.7	26.7
	冷却水塔	39.2	33.3	5.1
02.12.10	澄清池进水口	28.9	8.5	22.1
	澄清池出水口	30.1	11.9	23.0
	地下水库	38.7	13.5	27.9
	冷却水塔	36.2	27.3	1.3
02.12.15	澄清池进水口	31.7	7.7	20.7
	澄清池出水口	30.3	6.9	22.2
	地下水库	37.8	10.4	22.8
	冷却水塔	39.9	37.3	0.83
02.12.21	澄清池进水口	35.6	4.8	25.7
	澄清池出水口	38.8	6.9	27.6
	地下水库	35.2	11.4	22.2
	冷却水塔	42.1	40.1	0.55
02.12.27	澄清池进水口	33.5	7.6	24.4
	澄清池出水口	30.2	3.3	22.9
	地下水库	37.9	8.6	31.5
	冷却水塔	41.7	38.8	0.60
03.1.28	澄清池进水口	35.0	5.2	26.7
	澄清池出水口	38.9	6.6	27.0
	地下水库	37.1	7.3	26.7
	冷却水塔	38.0	34.6	0.21

2.2.4 小结

由于 HCO$_3^-$/CO$_3^{2-}$ 缓冲溶液的存在,导致 pH 值与 Ca(OH)$_2$ 投量呈近似正比关系。HCO$_3^-$ 的转化分为两步,并非通常所认为的一步完成。达到稳定除磷的效果 pH 值必须保证在 10.0 以上,原因是只有破坏 HCO$_3^-$/CO$_3^{2-}$ 缓冲溶液,产生大量的 OH$^-$,才能保证反应顺利进行。Ca(OH)$_2$ 对 SO$_4^{2-}$ 有明显的去除作用,去除率为 20%~30%,去除量在 20mg/L 左右。SO$_4^{2-}$ 的去除率不随 Ca(OH)$_2$ 投量增大而变化的主要原因是 CaSO$_4$ 沉淀受 pH 变化影响很小。Ca(OH)$_2$ 对总硬度及 Ca^{2+}、Mg^{2+} 有显著的去除作用,Ca(OH)$_2$ 对 Ca^{2+} 比 Mg^{2+} 的去除量稍大。电导率和 TDS 的进出水变化规律非常相似,说明在生产中这两种指标可以相互代替。采用 BOD$_5$/COD$_{Cr}$ 和 DOC/UV$_{254}$ 得出基本相同的结论:二沉出水投加石灰后,出水的可生化性降低。投加 Ca(OH)$_2$ 可有效控制水体中的 AOX,

Ca（OH）$_2$投量越大 AOX 的去除率越高。

澄清池停留时间由 2.2h 增至 4.4h，出水电导率、TDS、浊度等各项结果保持稳定。保证滤池运行稳定的 pH 的最高值为 10.0。研究中将进出水指标进行分类，其中进水稳定，出水稳定有 11 项；进水不稳定，出水稳定有 1 项；进水稳定，出水不稳定有 2 项；进水不稳定，出水不稳定有 5 项。石灰法具有很高的运行稳定性。对澄清池出水减少加酸量，使滤池出水 pH 保持在 9.5 左右。使污水处理厂二沉出水 COD$_{Cr}$保持在 45～50mg/L，可使 30mg/LNH$_3$-N 完全硝化。

2.3 农 业 回 用

2.3.1 再生水农业回用的历史

世界上许多发达国家的污水灌溉技术及管理法规已基本成熟，在污水循环利用中严格执行"先处理后利用"的原则，有效地利用了废污水，同时又避免了农村水环境的恶化，因此，积累了许多污水循环利用的经验。实践表明，污水再生的农业利用应该根据地区的特点制定适宜的指导方针。

2.3.1.1 美国

美国再生水利用模式的突出特点是污水集中处理，多领域回用，其中以农业灌溉和景观回用为主，大约 60％以上的再生水用于各种灌溉和景观。

美国的城镇废水处理设施已经非常完善，城市二级污水处理厂已得到 100％普及，城镇废水回用已进入生产应用阶段，尤其是在气候干旱的中西部地区。美国的加利福尼亚州根据其农业发达、用水量大的特点，提出污水再生利用的基本方式是"灌溉回用"，其于 1918 年制定出美国第一部水回用法规，并随着应用的广度和深度不断得到修改和扩充。该州现行的《加利福尼亚州污水回收准则》是 1978 年颁布由健康服务部（DHS）通过，1994 年进行了修改完善。准则明确指出如果利用再生水地表灌溉食用作物（可食部分不与再生水接触），微生物指标的要求较其他灌溉饲料、纤维和种子作物，果园和葡萄园等需加工的食品作物的更高，总大肠杆菌连续 7d 的平均值需要低于 2.2 个/100mL，处理水平要求至少是二级和消毒；如果是利用再生水直接喷灌农产品的食用部分（包括根部可食部分），则规定必须采用深度回用水处理技术，包括二级、絮凝、澄清、过滤和消毒等。2000 年，加利福尼亚州的废水回用量 8.64 亿 m^3，占废水处理总量的 10％，占平水年全州城镇年用水总量的 7％左右，其中 32％用于农业灌溉，是最主要的回用方式。

美国的佛罗里达州 1989 年采纳了《再生水的回用和土地应用》管理规范，并于 1990 年由佛罗里达环境法规部修改。在农业的再生水回用方面，只有当作物在消费前需经脱壳、去皮、烹调或加热处理时才允许采用再生水灌溉，并要求污水经过二级、过滤和消毒处理，其中粪便大肠杆菌要求是在 100mL 中检测不到，TSS 小于 5mg/L，BOD 小于 20mg/L。对于经高度消毒且不能检测出粪类大肠菌的灌溉用再生水，佛罗里达州要求灌溉区域距饮用水井的逆流距离最小为 23m（75ft），但距地表水或发达区域没有逆流距离要求。除了对废水处理和水质要求外，佛罗里达法规还包括设计和使用区域要求，包括任何灌溉系统的最小规模为 380m^3/d，运行中要包括连续的浊度和氯监测；如果没有备用系统，则应有至少 3 天的储备系统；禁止与饮用水系统交叉连接；采用区域控制，包括地下水监测、表面径流控制、公众通知和逆流距离等。目前法规也处于修改中，一方面是因为对水回用重要性认识的不断提高，另一方面是帮助满足本州水处理的要求和水质标准。

2.3.1.2 日本

日本农业灌溉用再生水所占比例较少，这主要是因为日本大面积种植水稻，而水稻种植对水质要求较高，需要限制灌溉水中的氮（主要是氨氮）的含量等。虽然日本农业再生水回用量比例很小，但其运行管理模式却值得学习和借鉴。

日本很少直接利用处理过的污水作为灌溉水源，而是将其排入河流或灌排系统，进行淡化处理后再度用于水稻灌溉。通常日本农村污水处理协会负责设计、推广一些体积小、成本低，操作运行简单的污水处理装置，用于农村的污水处理。一般每 1000 农村人口建立一个污水处理厂，最大的厂可处理 1 万人左右的污水。处理后的污水多是引入农田进行灌溉水稻或果园，也可以将处理后的污水排入灌溉渠道，稀释后再灌溉农作物。从污水中分离出来的污泥经脱水、浓缩和改良后，运至农田以作肥料。

利用污水灌溉水稻，对水质的要求必须不伤害作物和土壤，因此日本在乡镇建有许多小型污水处理厂，利用处理过的生活污水进行灌溉，农业灌溉回用水一般直接采用二级处理后的水或者在二级处理的基础上再增加过滤处理，经济且实用。为了改进农村生活环境和水源水质，日本从 1977 年开始实行农村污水处理计划，并把污水灌溉作为一件重要的大事。日本采用的小型污水处理系统从广义上讲，基本可以分成生物膜处理和生物处理两种类型。生物膜处理就是利用微生物氧化分解有机物并将其转化为无机物的功能，利用人工措施来创造更有利于微生物生长和繁殖的环境，使其大量繁殖，从而提高对污水中有机物氧化降解效率，达到净化污水的作用。生物处理就是通过漂浮在污水中的微生物氧化作用，净化污水。日本从 1977 年实行农村污水处理计划以来，已建成约 2000 个污水处理厂。通过 JARUS 模式装置处理的污水，各项指标都达到污水处理水质标准。

2.3.1.3 捷克

捷克共和国小城镇中的居民区比较多，从这些地区排出的生活污水稍作处理后用于农业灌溉。污水处理技术有两大类，第一类是物理净化方法，经处理后的污水储存于蓄水池中，正常情况下只在作物生长期进行直接的灌溉使用。另一类是用生化方法处理，对于非作物生长季的物理净化后的污水或其他污水，则将其引入渗漏田、生化池或类似的设施中进行生化处理，然后用于全年灌溉或排至河流中。2000 年，在一些气候温暖的捷克小城镇，居民成功的采用机械处理和生化曝气池相结合的方法处理污水，然后再用于灌溉。但对于总人口在 0.5 万～2.0 万人以上的城镇，则采用配置机械和生化处理设施的方法。由于污水灌溉也可能导致空气、地表水、土壤、蔬菜的污染，因此捷克规定机械处理后的污水只能用于灌溉，并要注意选择适宜的灌溉方法保护好环境。

2.3.1.4 以色列

以色列地处干旱和半干旱地区，人均淡水资源量低于 $300m^3/$年，属于严重缺水国家。自 20 世纪 70 年代以来，以色列农业生产有了很大的发展，但农业灌溉对淡水的消耗量非但没有增加，还在逐渐减少，这除了得益于先进的节水灌溉技术外，利用处理过的污水进行灌溉，是其维持农业持续发展的成功做法之一。

由于农业灌溉对再生水水质要求较低，以色列把再生水优先回用于农业灌溉，用量占全国城市污水的 70%（包括间接回用）。以色列在再生水农业回用方面非常具有特色，其做法是首先制定一个全局性的周密的规划，然后在国家中部安装排污管道，将污水引向南部沙漠，沿途建立各种形式的污水处理厂，将水净化至可以用于灌溉的程度，并在沙漠地带修建大型水库，在雨季可以蓄水，也储存经过处理的污水，将其保存到最需要的旱季。农业回用有就地回用和集中回用两种形式。对一些数万人口的村镇污水利用氧化塘处理后就近回用于农业灌溉；对城市污水，经集中处理后，或单独回用，或汇入国家供水管道远距离输送到南部沙漠地区。其中最具代表性的项目是 Shafdan 工程，用于处理特拉维夫市及其相邻地区污水，日均处理污水占全国污水处理量的三分之一左右。这一工程将经过二级处理后的污水采用土体净化法进一步处理，将其注入面积达几百公顷的入渗池，入渗过程中利用土壤的净化作用处理污水。入渗的污水平均在土体中保存 400 余天，然后通过分布于入渗池 300～1500m 距离的回收井将入渗的处理水抽出，利用专门的管道输送到南部缺水的 Negev 地区，每年可为这一地区供应 1 亿 m^3 的灌溉水。处理后的污水 BOD 含量小于 0.5mg/L，达到正常灌溉水的标准，适应于各种作物的灌溉（陈竹君等人，2001）。为保证人群健康，以色列对农作物、蔬菜和果树的灌溉水质制定了较严格的水质标准并进行卫生监测，一般经一级、二级处理的废水用于工业作物，如棉花等的灌溉，经高级处理（三级）的用于各种农作物灌溉。作物的灌溉标准分为四类：A 类，工业作物如棉花；B类，硬壳作物；C 类，工业蔬菜（可制成熟食）、高尔夫球场等；D 类，直接生吃的蔬菜。以色列的节水技术十分先进，即使是用再生水进行的农业灌溉，也采用喷灌和滴灌等技术。

2.3.1.5 突尼斯

在地中海地区（从西班牙到叙利亚），利用污水对农田进行灌溉已经成为一种广泛的污水利用方式，只要污水能改善干旱的土地，原污水或处理过的污水就会被直接或间接回用。这种污水的利用有时是有计划的，但更多是无计划的，只有非常少的几个地中海国家精心制定了国家污水回用规程，突尼斯就是其中之一。

突尼斯是地中海发展废水回用较好的国家之一，污水回用成为国家水资源战略的一个重点。突尼斯 1975 年的《水法》规定，不得用未经处理的废水灌溉可以生吃的农作物。目前，突尼斯每天约有 24.6 万 m^3 的再生水用于果园、饲料作物、棉花、谷物、草地等的灌溉，面积达到 4500 多公顷，仅突尼斯城周围就有大约 70% 的农田利用再生水灌溉。突尼斯进行的大量研究表明，与利用地下水灌溉相比较，采用回用水灌溉的作物产量更高，同时对土壤、作物和地下水没有明显的影响。

虽然突尼斯水资源与需水量总体基本可被满足，但某些地区依然存在缺水和蓄水层被过度开采等现象，而且，水源经常存在相当程度的盐碱化。随着新的水资源开采费用的不断提高，缺水现象将变得更加严重，因此，1991 年突尼斯政府将废水回用作为水资源管理一个组成部分，其中的 Cebela 灌溉系统的建设最具代表性。

2.3.2 再生水农业回用的必要性

20 世纪 90 年代以来，在我国一些地区水资源供需矛盾突出，缺水范围大、程度加剧，全国平均每年因旱受灾的耕地面积约为 4 亿亩，正常年份全国灌溉区每年缺水 300 亿 m^3。据不完全统计，1990 年前后，全国总用水量已增至 5192 亿 m^3。农业、工业及生活用水，分别增加到 4160 亿 m³（80%），908 亿 m³（17.5%）、124 亿 m³（2.5%）。据水利部门预测，2000 年总用水量将增至 7096 亿 m³，这个数字还将随着我国人口的不断增长而增长。而从粮食安全看，我国北方产粮区水资源条件是不富余的，2050 年前国家需要增加 1.4 亿 t 粮食的需求，这必将导致北方水资源短缺形势更加严峻。

城市污水再生并回用于农业已成为解决这种矛盾的行之有效的途径之一。虽然废污水中含有有毒有害物质，但也含有作物需要的氮、磷、钾等营养元素，已有大量实践证明，经过适当处理的生活污水和有机工业废水灌溉农田，可以变废水为农用水资源。农业回用存在许多十分明显的优点，例如城市污水具有不受气候影响，不与邻近地区争水，稳定可靠，保证率高；其次，农用水质远低于市政、工业用水的要求，需要的投资和运行费也较低，不必去除污水中氮、磷、钙、镁等污染物，并且具有使作物增产的效果；再者，农业回用需水量大，能够形成规模效益，而且农业回用可以实现废水资源化，节省大量优质水用于工业生产和城市生活。因此，许多缺水国家和地区正在致力于污水回用农业的灌溉，主要的利用方式包括作物灌溉、水栽法种植用水、牧草和林地等。

2.3.3 再生水农业回用的关键问题

我国在 1979 年、1985 年和 1992 年先后 3 次颁布《农田灌溉水质标准》，在 1992 年的标准中增补有关有机物指标，但目前还没有专门适用于再生水灌溉的标准或指南。因此，农业灌溉用再生水的安全性不具有普遍推广价值，对具体地区和作物而言，必须就个例进行具体研究。对于再生水农业应用的主要问题，可能更集中在环境风险和食用安全方面。

2.3.3.1 环境安全性

再生水中可能存在微生物致病菌，长期污灌对土壤结构、土壤中金属和毒物积累等也有影响。污水灌溉使浅层甚至深层地下水受到污染，其恢复需十分漫长的过程。美国在灌溉水水质标准中，明确规定了利用期为 20 年和长期利用的不同标准，这说明污水灌溉不能只顾眼前的经济利益，而要考虑长期的经济效益。

农业用水量基本占到区域用水量的 50% 以上，但对水质的要求相对于工业和生活要低，因此处理污水回用于农业，可以大大缓解水资源紧缺局面。一般来说，经过二级生物处理后的水可以应用于农田灌溉，其对灌溉作物的危害及其随后生态链危害会大大降低，而且还可以提供相对较为丰富的氮、磷、钾等营养成分。二级污水农业回用的关键是如何处理好二级污水中杂质离子带来的问题，例如腐蚀性离子：如 Cl^-（高达 120～250mg/L），SO_4^{2-}（高达 70～90mg/L），PO_4^{3-}（高达 10～12mg/L），含盐量（高达 800～1000mg/L）等。目前北京市对于再生水灌溉利用的可行性正在进行安全监测，根据部分污灌区的调查发现，污水灌溉 30 年后的土壤没有显著变化，但重金属含量出现累积现象；北京西南城近郊的一些试验区则由于长期污灌，导致土壤发生硬化。再生水灌溉对地下水的污染不能一概而论，可将其应用分为适宜灌溉区、控制灌溉区与禁止灌溉区三部分。以北京为例，密云、官厅水库和一些河流等地下水源保护区，以及应急水源工程所在地禁止再生水灌溉，而大兴、通州可以作为适宜灌溉区。

2.3.3.2 食用安全性

污水回用于农业，必须考虑对食用安全和品质的影响。污水处理后的再生水不可避免地仍然会存在一些有害因子，包括微生物致病菌和有毒有害化学物质。在适合再生水灌溉的区域，也并非所有农作物都可以进行污灌，研究表明棉花、芦苇、玉米等饲料类植物等推荐为"优先灌溉作物"；果蔬等根茎类植物是"不推荐或者不宜灌溉类作物"。如表2-17所示，部分国家针对再生水的农业回用，为了保障生产作物的食用安全性，制定了相关的再生水农业回用标准。

部分国家、组织、地区将废水回用于人类消费性作物时的标准比较（最大限值）表 2-17

参数	加利福尼亚① T-22 (1978)	U.S. EPA (1992)	WHO (1989)	以色列 (1978)	突尼斯 (1975)	塞浦路斯 (1997)	法国 (1991)	意大利 (1977)
法规类型	法律	指南	指南	法律	法律	临时标准	指南	法律
最低处理要求	深度处理	深度处理	稳定塘②	二级处理③	稳定塘	三级处理		二级处理
总 BOD_5 (mg/L)		10		15	30	10	—	
溶解性 BOD_5 (mg/L)				10				
悬浮固体 (mg/L)		5④		15	30	10		
浊度 (NTU)	2	2	—					
pH					6.5～8.5		同 WHO	
传导率					7.0			
溶解氧 (mg/L)	存在 (present)			0.5				
总大肠菌 (MPN/100mL)	2.2 (50%)⑤	0⑤		2.2 (50%) 12 (80%)				2
粪类大肠菌 (MPN/100mL)			1000			50		
寄生虫 (虫卵个数/100mL)g	—	—	1		<1	0		
余氯 (mg/L)	存在 (present)	1.0		0.5				
盐度								SAR<10⑥
金属								
主要处理工艺	氧化、澄清、过滤和消毒	过滤、消毒	稳定塘或相当工艺	长期储存、消毒	稳定塘或相当工艺	过滤、消毒		

①喷灌。②具有适当停留时间的串联稳定塘。③季节性储存可能与三级处理相当。④如果悬浮固体用来代替浊度。⑤任何时候都不能超过 14 个/100mL。⑥SAR＝Na/ [（Ca＋Mg）/2]$^{1/2}$。

2.3.4　农业回用水对于农作物的影响

由于不同的农业利用方式，再生水对人体健康、生态环境的影响途径和程度不同，因而对再生水水质和污水再生技术的要求各有侧重。对于农业灌溉而言，容易产生的问题主要是地表水和地下水污染；土壤堵塞、板结，生产力性能下降；农产品质量下降，危害人体安全健康，因此污水回用技术的基本要求是有效控制含盐量、重金属离子、氮、pH 值等；对于牧场灌溉而言，对污水回用技术的要求是需要有效去除污水中的结核病菌、绦虫卵等病原微生物，降低对人体和牲畜健康的危害；而对渔业生产而言，对污水回用技术的要求是有效控制氨氮、病原体（如血吸虫）、含盐量、重金属、有毒有害有机物（如农药）、溶解氧、pH 值等，防止有毒物质的积累，避免对水生生物和人体健康的危害。因此，不同的农业应用领域对于再生水的处理水质要求是不同的，而作为应用最为广泛的农业灌溉，再生水对于作物的品质和理化生化指标的变化是需要进一步研究的。

我国的再生水农业灌溉利用研究起步晚，多数试验是针对灌溉后给作物及环境带来的影响研究。围绕再生水在农业中的应用，从作物生产安全和品质安全的角度出发，分析评价再生水农业利用的可行性。由于北方城市缺水情况严重，宜采用再生水作为灌溉用水，因此选取北方较为常见的作物品种（冬小麦、玉米、大豆等）进行应用再生水灌溉的研究，如表 2-18 所给出的对灌溉用水进行了初步的评价，同时主要从再生水农用对于农作物的品质、产量及土壤环境的影响方面进行分析。

灌溉用水的基本状况分析   表 2-18

化学成分 （mg/L）	BOD₅	COD	SS	NO₂⁻-N	NH₄⁺-N	TN	TP	磷酸盐	pH	Cl⁻	铅	铜	镉	锌
清水（F） Fresh water	—	2	—	—	—	—	—	—	6.0~8.5	100	—	—	—	—
三级水（T） Tertiary effluent	5.85	23.8	5.55	—	20	—	—	0.11	7.5~8.4	143	—	—	—	—
二级水（S） Secondary effluent	9.25	38.1	12.2	9.42	35.1	41.8	1.95	1.83	7.8~8.2	133	0.01	0.01	0.01	0.13

根据再生水的水质特点，采用农用节水措施，设七种浇灌处理方法，分别为清水灌溉处理（F）、三级水灌溉处理（T）、二级水灌溉处理（S）、三级水和清水混合（各取50%混合）灌溉处理（TFM）、二级水和清水混合灌溉处理（SFM）、三级水和清水轮流（浇一次后轮换）灌溉处理（TFR）、二级水和清水轮流灌溉处理（SFR），以保障在一定范围内降低再生水对于作物品质的影响。

2.3.4.1 再生水灌溉对作物生长与产量影响

1. 冬小麦

表 2-19 所给出的再生水灌溉对于冬小麦产量的影响。再生水灌溉对小麦的株高，叶面积有一定的促进作用，而且在生育后期表现更明显一些。小麦拔节期后，随着需水量增加，再生水灌溉的促进作用逐渐显现，抽穗期、开花期、成熟期，二级水和三级水处理的小麦株高较清水处理分别提高了 2.2%～6.1%，且三级水的促进作用大于二级水，灌浆期叶面积高出了清水 20% 左右。

盆栽试验冬小麦产量构成因素的影响   表 2-19

处理 Treatments	主茎穗长（cm）	穗重（g）	单株穗数 （穗/株）	有效穗粒数 （粒/穗）	千粒重（g）
F	7.93±0.38ᵃᵇ	2.26±0.46ᵇ	3.50±0.91ᵃ	39.20±5.87ᵃ	43.61±0.38ᵈ
S	7.51±0.64ᶜ	1.75±0.40ᶜ	3.25±0.74ᵃ	34.47±6.02ᵇ	45.25±0.22ᶜ
T	7.76±0.36ᵃᵇᶜ	2.54±0.36ᵃᵇ	3.43±0.84ᵃ	39.73±4.38ᵃ	45.60±0.52ᶜ
SFM	7.67±0.47ᵇᶜ	2.52±0.30ᵃᵇ	3.13±0.73ᵃ	39.20±4.31ᵃ	46.49±0.14ᵇ
TFM	7.98±0.44ᵃᵇ	2.61±0.31ᵃ	3.23±0.72ᵃ	40.93±4.11ᵃ	47.29±0.19ᵃ
SFR	8.10±0.46ᵃ	2.53±0.35ᵃᵇ	3.31±0.88ᵃ	40.00±3.96ᵃ	45.82±0.35ᶜ
TFR	7.75±0.59ᵃᵇᶜ	2.38±0.52ᵃᵇ	3.41±0.78ᵃ	38.27±6.12ᵃ	47.68±0.40ᵃ

注：表中数据由平均值±标准差表示，通过 SAS 统计软件分析，做 LSD 测验，a、b、c 字母代表对不同样地同一种灌溉方式下的相同指标间的差异，不同字母表示差异显著（P<0.05），字母相同代表在 5% 显著水平下无差异。

再生水灌溉在一定程度上能够促进冬小麦产量提高。结果表明，三级水对小麦产量相对清水处理两年分别提高了 8.94% 和 4.12%，增产效果相对明显；二级再生水灌溉的冬小麦增产效果不显著，第一年较清水灌溉处理的产量提高 4.79%，第二年产量基本和清水一致。分析表明，再生水灌溉的增产效果虽然没有达到统计分析的显著水平，但在一定程度上，还是促进了小麦产量的提高，或保持和清水相同的产量水平，且三级水的增产效果优于二级水。

干物质生产是以光合作用产生有机物为基础，去除植物体中的水分而净生产干物质的过程。干物质主要由多种有机物组成的，无机物所占的比例一般很少。干物质生产的主要意义在于一旦所生产的物质转变为植物体的新器官，便具有与再生产过程相关的物质再生产的特征。另外干物质生产的量不以鲜物质代替而用干物质，是因为植物体的干物质量的变化很少，而含水量却容易发生很大的变化。表 2-20 给出再生水灌溉对于冬小麦地面物质干重的影响。

冬小麦地面物质干重的影响   表 2-20

处 理		生育期				
		拔节期	孕穗期	抽穗期	灌浆期	成熟期
茎（g/株）	F	0.87	1.81	2.29	5.17	3.48
	S	0.89	1.56	2.32	4.64	3.64
	T	0.68	1.64	2.00	5.23	3.81
	SFM	0.78	1.73	2.15	5.27	3.98
	TFM	0.85	1.78	2.38	5.16	3.43
	SFR	0.88	1.66	2.29	4.99	3.28
	TFR	0.91	1.64	2.26	5.01	3.59
叶（g/株）	F	1.03	1.43	1.50	1.54	0.86
	S	1.09	1.73	1.61	1.70	1.22
	T	0.94	1.60	1.77	1.78	0.90
	SFM	1.00	1.56	1.64	1.67	0.96
	TFM	1.10	1.56	1.67	1.72	1.03
	SFR	1.14	1.63	1.47	1.64	1.18
	TFR	1.14	1.63	1.57	1.67	1.26
穗（g/穗）	F	—	0.20	0.43	0.83	1.77
	S	—	0.17	0.48	0.95	1.76
	T	—	0.21	0.44	0.97	1.83
	SFM	—	0.19	0.44	0.92	2.04
	TFM	—	0.22	0.45	0.86	1.86
	SFR	—	0.19	0.47	1.07	1.98
	TFR	—	0.22	0.49	0.88	1.74

由表 2-20 分析，处理间茎干重拔节期平均为 0.84g/株；孕穗期平均为 1.69g/株；抽穗期平均为 2.24g/株；灌浆期平均为 5.07g/株；成熟期平均为 3.60g/株。不同时期干物质积累递增的幅度表现为，孕穗期较拔节期提高了 101.71%，抽穗期较孕穗期提高了 32.74%，灌浆期较抽穗期提高了 126.07%，成熟期较灌浆期降低了 28.93%。处理间没

有表现出较大的差异。

叶片干重拔节期平均为 1.06g/株；孕穗期平均为 1.59g/株；抽穗期平均为 1.60g/株；灌浆期平均为 1.67g/株；成熟期平均为 1.06g/株。孕穗期较拔节期提高了 49.73%，抽穗期较孕穗期提高了 0.81%，灌浆期较抽穗期提高了 4.36%，成熟期较灌浆期降低了 36.77%。不同生育期叶片干重的递增速率缓慢，成熟期的干物质量降低，降低部分转移到小麦穗中。穗干重不同时期的递增速率较快，几乎以成倍的速率增长。抽穗期较孕穗期提高了 128.57%，灌浆期较抽穗期提高了 102.50%，成熟期较灌浆期提高了 100.31%。相同时期，不同的再生水组合方式处理间没有表现出显著差异。

2. 玉米和大豆

二级再生水、三级再生水灌溉的玉米产量（104.25～115.38g/株）与清水处理（109.52g/株）无显著性差异；各类再生水灌溉大豆增产明显（20.8%～29.8%）；玉米和大豆应用不同水质再生水灌溉都能促进其生长。可以认为：二级再生水、三级再生水纯灌方式，或者与清水进行混灌或者轮灌方式，都能保持玉米产量，并能显著促进大豆增产。二级再生水在玉米苗期采用与清水进行混灌或者轮灌方式更有利于玉米的生产安全。

2.3.4.2　再生水灌溉对作物品质的影响

作物增产是人们普遍关心的问题之一，以往对污水灌溉研究表明，污水灌溉在一定程度上有利于作物产量的提高，原因在于污水能为作物提供一定的可供吸收的养分。以盆栽定位方法研究了城市污水灌溉对作物产量和土壤质量的影响，结果表明污水灌溉小麦增产明显。也有研究指出，污水灌溉对冬小麦茎叶的生长发育有一定的促进作用，并能提高小麦产量，同时指出对冬小麦适量施用氮肥仍然很有必要。通过在北京东郊所进行的清、污水灌溉田间试验，探讨污水灌溉条件下不同灌水水平和施肥量对夏玉米生长和产量的影响，试验结果表明，与清水灌溉相比，污水灌溉对夏玉米的生长发育具有一定的抑制作用，对夏玉米的产量和干物质量的影响较大，对株高和叶面积指数的影响较小。相比之下，再生水含有营养物质要比污水少，再生水能否促进增产还需通过试验进一步研究。

作物品质一般指所含的营养成分，通常用蛋白质、氨基酸、维生素、纤维素和还原糖等含量的多少来表示。污水灌溉对作物品质的影响，目前得出的结论有差异，有人认为污水灌溉会降低籽粒中蛋白质含量，而且随着污水灌溉年限的增加，品质逐年下降；也有人认为污水灌溉后粮食内蛋白质是增加的，只有在田间管理不当或污水水质极差的情况下才可能引起粮食内蛋白质下降。作物的种类及品种对污水灌溉的反应也有差别，对太原市南郊 4 种不同水质灌溉的 14 种蔬菜中 N、Fe、Zn 和 Mn 的含量进行了测定，探讨污水灌溉对以上几种营养成分含量的影响，结果表明水质对蔬菜 N 含量有明显影响，Fe、Zn 和 Mn 的含量则主要取决于蔬菜品种。研究在温室盆栽条件下，将生活污水处理后用于蔬菜灌溉试验，测定大白菜和菠菜中的粗蛋白、VC 等营养品质，结果表明生活污水对两种蔬菜的生长、品质以及养分吸收没有明显的负面影响，经过一定处理后的生活污水具有农用的可能性。

决定作物品质有其常规指标、重金属敏感指标。常规指标包括作物籽粒的蛋白质、淀粉、灰分和碳、氮含量，微量元素等含量；敏感指标主要是重金属含量。

1. 冬小麦

再生水灌溉增加了小麦籽粒中蛋白质和面筋的含量，这就有利于提高小麦的营养价值和改善小麦的加工品质。同时，再生水灌溉对小麦粉的形成时间和稳定时间有一定的提高作用，这也从另外一个侧面佐证了小麦品质中蛋白质和面筋含量的提高，但再生水灌溉的小麦在容重和出粉率上相对清水处理降低，这在一定程度上降低了小麦磨制面粉的量。研究认为，再生水在一定程度上有利小麦品质改善，且二级水灌溉对小麦品质改善的效果要好于三级水灌溉。

光合作用和蒸腾作用是植物最基本的生理现象，光合作用是指在有光条件下，以 CO_2 和 H_2O 为原料合成有机物的酶促反应过程，是把无机物变为有机物的重要途径。影响植物光合作用的因素主要有光照、温度、CO_2 的浓度、水分及矿质元素。蒸腾作用是水分从活的植物体表面（主要是叶子）以水蒸气状态散失到大气中的过程，是植物吸收和运输水分的主要动力，能降低植物体和叶片表面的温度，避免高温灼伤，蒸腾引起的上升液流有助于矿质元素和根系中合成的有机物运输，气孔开放有助于呼吸和光合作用。蒸腾速率是计量蒸腾作用强弱的一项重要指标，其强弱因植物种类的不同而不同，并受外界因素如光照、温度、湿度等影响。

2. 玉米和大豆

常规组分中，淀粉是玉米的主要组分和热量的主要来源，脂肪酸和粗蛋白是大豆的主要成分；粗灰分是玉米和大豆无机物总称；微量元素（铁、锰、锌、钙和镁）在一定浓度对作物生长和人体是有益元素。分析表明，二级再生水和三级再生水灌溉对玉米籽粒常规品质指标（淀粉、脂肪酸和粗蛋白）含量影响不明显；三级再生水灌溉玉米还有利于品质提高，主要表现玉米籽粒锌、锰等微量元素显著高于对照（增加 51.9% 和 43.6%）。再生水灌溉下大豆籽粒常规品质指标（淀粉、脂肪酸和粗蛋白）、微量元素和重金属含量与对照均无明显区别，而粗灰分含量明显比清水对照增加 9.0%、6.2%。

2.3.4.3 再生水灌溉作物生理、生化指标的影响

作物生理指标、生化指标的测定能够较好地反映出作物在生长过程中的状况，在不同环境中，作物受各种因素的影响，表现出一定的生理生态特征。例如在生长过程中，植物组织中通过各种途径产生超氧化物阴离子自由基等多种活性氧（activeoxygen），将破坏生物功能分子。植物体内的超氧物歧化酶（SOD）能够消除这些活性氧，通过过氧化物酶（POD）等酶的共同作用，清除有害的自由基，达到防御和保护的作用。再生水灌溉下，迫使土壤环境受到灌溉水的影响，有可能致使冬小麦生长处于各种不利因素下，研究冬小麦的 SOD、POD 的动态变化，可以用植物生理角度揭示再生水灌溉对作物生长的影响。

抗氧化酶系统是植物对外界污染物效应的生物化学水平敏感反应指标，是早期预警污染物影响植物生长和品质的重要指标。过氧化物酶（POD）具有清除植物体内活性氧、维持膜稳定性，与呼吸、光合作用等生理关系密切；超氧化物歧化酶（SOD）是清除超氧阴离子自由基的一种诱导酶；丙二醛（MDA）是植物在逆境或衰老时膜脂过氧化的产物。SOD、POD、CAT 及其他酶类相互协调，有效地清除代谢过程产生的活性氧，维持生物体内活性氧平衡，防止活性氧引起膜脂过氧化及其他伤害。

再生水灌溉下对冬小麦抗氧化酶系统的影响主要体现在幼苗阶段，越冬期再生水处理的叶片 SOD 活性较对照提高了大约 15% 左右。此时的 POD 活性处理间差异不显著。整个生长季越冬期的 SOD、POD 活性较其他时期含量较高。待小麦返青以后，再生水灌溉对叶片的抗氧化酶系统的酶活性没有明显的影响。

两年试验结果表明：与清水对照相比，二级再生水灌溉对玉米苗期抗氧化酶系统有一定影响，玉米苗期再生水灌溉 MDA（$0.911 \sim 0.50 \mu mol/L$）显著高于清水对照（$0.1668 \mu mol/L$），SOD、POD 含量各处理间无异；对玉米后期抗氧化酶系统的影响较小；三级再生水灌溉对玉米抗氧化酶系统影响不显著。再生水灌溉对大豆苗期和收获期抗氧化酶系统影响较小，但对其花期生长产生较强的氧化胁迫。

再生水灌溉提高了小麦拔～抽穗期叶片叶绿素含量，这有利于光合效率的提高，开花期以后处理间无显著差异。玉米和大豆的试验结果证明，除原污水外，再生水灌溉对玉米和大豆的蒸腾生理有一定影响，但对光合和气孔生理无明显影响，植物生理整体自身能够调节。

2.3.4.4 再生水中微量元素在作物体内中吸收与迁移

虽然经过处理，再生水中仍然含有少量的有机物和重金属，而这些有机物和重金属通常也是主要的污染物。目前的研究主要侧重于重金属在土壤—植物系统的迁移和分配规律、土壤重金属污染的修复技术、重金属在作物体内的残留等方面，研究表明多数重金属在土壤中不被生物所分解，能够被作物吸收，并在作物体内积累和转化。

通过对污水灌溉区的小麦、玉米、水稻等粮食作物的研究发现，重金属在作物的不同组织器官残留累积量不同，通常以根最高，茎叶居中，籽粒中含量较少。已有研究结果表明，在同等浓度下，作物种类不同，其所吸收重金属的量也有差异。例如小麦、大豆易吸收土壤中的重金属，并向地上部迁移，其籽实中重金属含量明显比其他作物体内的含量多。玉米茎叶吸收重金属的能力较强，重金属向作物籽实的迁移能力较弱。水稻吸收重金属大部分累积在根部。蔬菜中的重金属污染物含量依次为叶菜类＞根茎类＞瓜果类，这说明植物的生理特性及遗传差异是导致其吸收重金属差异的主要原因。

不同重金属在土壤中各深度的分布不同，多数重金属元素在土壤 $20 \sim 40cm$ 层相对含量较高，但各处理间同一重金属元素在相同土层的分布量差异不大，研究表明再生水灌溉下没有导致土壤中的 Cr、Pb、Cd、Cu、Zn 五种元素累积升高的现象。重金属对作物生长也会带来一定的影响，主要表现在某些生理、生化指标的异常。赵殊等人研究了重金属 Cd，Zn 单一及复合污染对小麦叶绿素含量的影响。单一重金属 Cd 处理使叶绿素含量降低，加入 Zn 后叶绿素含量下降的趋势更明显，可见 Zn 加剧了 Cd 对叶绿素的破坏作用。

1. 铬在冬小麦体内的积累

铬在植物体内主要积累于根部，对人体它是一种主要的皮肤变态反应原，可引起过敏性皮炎或湿疹，病程长，久而不愈。

铬在冬小麦根部的积累量处理间平均为 $35.21mg/kg$，F 处理与 SFM 处理无显著差异，均高于其他处理；茎的积累量处理间平均 $21.18mg/kg$，以 F 处理值最高，F 处理于 S 处理无显著差异，但均显著高于其他处理；冬小麦叶片中铬的积累量处理间平均 $54.41mg/kg$，其中 F 处理要显著高于 S 处理和 T 处理；铬在籽粒的积累量处理间平均 $0.82mg/kg$，各处理均没有超过《食品中铬限量卫生标准》GB 14961—94，方差分析 T 处理要显著高于 TFR 处理。铬的积累量依次为叶＞根＞茎＞籽粒。

冬小麦在受到铬胁迫时表现为生长发育受抑制，严重时表现为叶鞘出现褐斑，叶片上有缺绿斑点或铁锈黄斑，整个叶片呈黄绿色，根部变细，呈黄褐色，严重时甚至导致植株枯萎致死。如表 2-21 给出了再生水灌溉对于冬小麦的形态分析，以及试验过程中的现象观察结果，没有发现冬小麦受到铬胁迫的迹象，数据分析也可得知，再生水处理没有导致铬在冬小麦体内的显著积累。

铬在冬小麦体内的积累（mg/kg） 　　　　　　　　　　　　　　　　　　表 2-21

处理 Treatments	冬小麦生理器官 winter wheat Physiological organ			
	根	茎	叶	籽粒
F	51.06 ± 1.61^a	28.66 ± 2.38^a	59.23 ± 8.87^{ab}	0.81 ± 0.13^{ab}
S	33.13 ± 8.85^b	26.44 ± 1.21^a	43.54 ± 4.90^c	0.88 ± 0.23^{ab}
T	18.72 ± 4.99^c	17.49 ± 3.05^b	44.52 ± 5.10^c	0.97 ± 0.22^a
SFM	47.35 ± 2.53^a	20.44 ± 2.09^b	53.61 ± 3.45^{bc}	0.87 ± 0.19^{ab}
TFM	34.54 ± 9.15^b	20.76 ± 3.19^b	50.85 ± 9.38^{bc}	0.71 ± 0.19^{ab}
SFR	30.30 ± 3.55^b	16.02 ± 3.14^b	69.74 ± 0.58^a	0.89 ± 0.14^{ab}
TFR	31.36 ± 1.75^b	18.45 ± 1.82^b	59.35 ± 10.22^{ab}	0.65 ± 0.12^b

注：表中数据由平均值±标准差表示，三次重复，经 SAS 统计分析，做 LSD 测验，字母相同代表在 5% 显著水平下无差异。

2. 铅在冬小麦体内的积累

铅是一种对作物有积累性危害的重金属污染物，研究表明，低浓度时对作物危害的症状不明显，当土壤含铅量大于 1000mg/kg 时，秧苗叶面出现条状褐斑，苗矮小，分蘖减少，根系短而少，当土壤含铅量为 4000mg/kg 时，秧苗的叶尖及叶缘均呈褐色斑块，最后枯萎致死。土壤中低浓度的镉含量对植物生长略有刺激作用，浓度过高时对作物的毒害表现在叶片失绿，叶尖干枯，叶片出现褐色斑点与条纹的现象。

铅在根部的积累量处理间平均 2.89mg/kg，S 处理最高，S 处理与 F 处理无显著差异，而 F 处理要显著高于 T 处理，SFM 处理最低；铅在茎的积累量处理间平均 0.55mg/kg，其中 S 处理要显著高于其他处理，F 处理和 T 处理，SFR 处理间无显著差异；铅在叶片的积累量处理间平均 5.94mg/kg，SFR 处理与 TFR 处理间无显著差异，但均要显著高于其他处理；铅在籽粒的积累量范围处理间平均 0.31mg/kg，处理间无显著差异。冬小麦体内铅的积累量依次为叶＞根＞茎＞籽粒。我国的《食品中铅限量卫生标准》GB 14935—94 规定粮食作物中铅的含量不超过 0.4mg/kg，试验中各处理均未超标，如表 2-22 所示，数据分析表明再生水灌溉没有导致铅在冬小麦体内的显著累积。

铅在冬小麦体内的积累（mg/kg） 　　　　　　　　　　　　　　　　　　表 2-22

处理 Treatments	冬小麦生理器官 winter wheat Physiological organ			
	根	茎	叶	籽粒
F	3.15 ± 0.17^{ab}	0.51 ± 0.03^{cd}	5.72 ± 0.11^b	0.34 ± 0.09^a
S	3.32 ± 0.07^a	0.69 ± 0.03^a	5.22 ± 0.13^b	0.26 ± 0.07^a
T	2.95 ± 0.04^c	0.47 ± 0.04^d	5.85 ± 0.12^b	0.37 ± 0.07^a
SFM	2.50 ± 0.08^d	0.55 ± 0.02^{bc}	5.50 ± 0.17^b	0.30 ± 0.15^a
TFM	3.06 ± 0.12^{bc}	0.54 ± 0.06^{bc}	5.47 ± 0.16^b	0.31 ± 0.02^a
SFR	2.58 ± 0.06^d	0.45 ± 0.01^d	6.85 ± 0.08^a	0.30 ± 0.04^a
TFR	2.65 ± 0.09^d	0.61 ± 0.07^b	6.94 ± 1.45^a	0.30 ± 0.02^a

注：表中数据由平均值±标准差表示，三次重复，经 SAS 统计分析，做 LSD 测验，字母相同代表在 5% 显著水平下无差异。

3. 镉在冬小麦体内的积累

镉的毒性较大，被镉污染的空气和食物对人体危害严重，会对呼吸道产生刺激，长期暴露会造成嗅觉丧失症、牙龈黄斑或渐成黄圈，镉化合物对肾脏损害最为明显，还可导致骨质疏松和软化。

镉在植物根部的积累量范围 0.204~0.423mg/kg，平均 0.345mg/kg，经方差分析，F 处理显著低于其他处理，其中 T 处理最高，显著高于其他处理；镉在茎的积累量范围 0.075~0.184mg/kg，平均 0.129mg/kg，F 处理显著低于其他处理，T 处理显著高于其他处理；镉在叶片的积累量范围 0.170~0.319mg/kg，平均 0.243mg/kg，F 处理显著低于其他处理，T 处理显著高于其他处理；镉在籽粒中的积累量范围 0.038~0.081mg/kg，平均 0.056mg/kg，经方差分析，F 处理显著低于其他处理，T 处理显著高于其他处理。镉的积累量依次为根＞叶＞茎＞籽粒。

冬小麦体内镉的积累量各处理均未超过《食品中镉限量卫生标准》GB 15201—94，但相对清水处理，再生水灌溉冬小麦体内镉有了一定的提高，根、茎、叶器官三级水处理显著高于二级水处理，籽粒中三级水处理与二级水处理差异不显著。如表 2-23 所示，数据分析认为是由于再生水中含有一定量的镉，导致了积累量的显著提高。

镉在冬小麦体内的积累（mg/kg）　　　　表 2-23

处理 Treatments	冬小麦生理器官 winter wheat Physiological organ			
	根	茎	叶	籽粒
F	0.204 ± 0.003^f	0.075 ± 0.007^e	0.170 ± 0.003^b	0.038 ± 0.012^c
S	0.407 ± 0.013^b	0.156 ± 0.002^b	0.218 ± 0.004^b	0.070 ± 0.011^a
T	0.423 ± 0.005^a	0.184 ± 0.003^a	0.319 ± 0.007^a	0.081 ± 0.002^a
SFM	0.313 ± 0.011^e	0.130 ± 0.003^c	0.198 ± 0.004^b	0.053 ± 0.008^b
TFM	0.332 ± 0.005^d	0.112 ± 0.005^d	0.182 ± 0.004^b	0.049 ± 0.010^{bc}
SFR	0.372 ± 0.012^c	0.113 ± 0.001^d	0.303 ± 0.005^a	0.047 ± 0.003^{bc}
TFR	0.362 ± 0.003^c	0.131 ± 0.006^c	0.309 ± 0.082^a	0.053 ± 0.005^b

注：表中数据由平均值±标准差表示，三次重复，经 SAS 统计分析，做 LSD 测验，字母相同代表在 5％显著水平下无差异。

4. 铜在冬小麦体内的积累

铜是作物生长的必需元素，作物在缺铜时，表现幼叶均匀地呈淡黄色，可能枯萎和凋谢，然而土壤中的铜过量将毒害根系，抑制根系正常发育，对作物幼苗生长产生不良影响。本试验中对冬小麦生长季的定期观察，各处理冬小麦幼苗均未出现铜缺失或过量症状，而从最终的积累量来看，茎、叶、籽粒中铜的积累量有了一定的提高。

铜在根部的积累量范围 11.96~17.15mg/kg，平均 14.10mg/kg，F 处理要显著高于其他处理；铜在茎的积累量范围 2.05~4.57mg/kg，平均 3.39mg/kg，T 处理最高，F 处理最低，处理间存在显著差异；铜在叶的积累量范围 4.23~6.46mg/kg，平均 4.96mg/kg，SFR 处理显著高于其他处理，F 处理与 S 处理无显著差异，但均显著低于 T 处理；铜在籽粒的积累量范围 5.61~7.21mg/kg，平均 6.36mg/kg，《食品中铜限量卫生标准》GB 15199—94 铜的含量不超过 10mg/kg，各处理均未超标。如表 2-24 所示，经方差分析，F 处理要显著低于其他处理。冬小麦体内铜的积累量依次为根＞籽粒＞叶＞茎。

铜在冬小麦体内的积累（mg/kg）　　　　　　　　表 2-24

处理 Treatments	冬小麦生理器官 winter wheat Physiological organ			
	根	茎	叶	籽粒
F	17.15±0.14[a]	2.05±0.04[e]	4.70±0.21[c]	5.61±0.04[e]
S	14.52±0.19[c]	3.98±0.03[b]	4.46±0.22[cd]	6.53±0.02[b]
T	13.73±0.03[d]	4.57±0.02[a]	5.10±0.20[b]	7.21±0.12[a]
SFM	15.55±0.48[b]	3.79±0.17[b]	4.44±0.18[cd]	6.39±0.13[bc]
TFM	11.96±0.26[e]	2.79±0.13[d]	4.23±0.20[d]	6.51±0.08[b]
SFR	13.27±0.16[d]	3.32±0.15[c]	6.46±0.13[a]	6.02±0.05[d]
TFR	12.49±0.64[e]	3.23±0.30[c]	5.34±0.28[b]	6.23±0.17[c]

注：表中数据由平均值±标准差表示，三次重复，经 SAS 统计分析，做 LSD 测验，字母相同代表在 5%显著水平下无差异。

5. 锌在冬小麦体内的积累

锌是作物生长发育所必需的营养元素之一，对参与作物生长素的代谢，增强作物的根茎抗病能力，提高作物的抗逆性，改善作物的品质，提高作物的产量等有重要意义。如表 2-25 所示，经方差分析，F 处理在冬小麦各部位锌的积累量均要显著低于二级水处理和三级水处理，三级水处理在根、叶等组织部位要显著高于二级水处理，轮灌方式与混灌方式下的再生水处理在不同部位表现各有差异。分析认为这与再生水中含有的锌有关，而轮灌方式与混灌方式这种再生水使用量减半的方法使锌在冬小麦各部位的积累量要比二级水、三级水处理低。

锌在冬小麦体内的积累（mg/kg）　　　　　　　　表 2-25

处理 Treatments	冬小麦生理器官 winter wheat Physiological organ			
	根	茎	叶	籽粒
F	89.24±4.40[f]	7.53±1.34[c]	21.20±0.75[c]	36.50±2.58[e]
S	157.66±1.79[c]	13.98±1.43[ab]	17.02±0.47[d]	55.06±2.70[ab]
T	180.19±2.29[a]	17.14±2.14[a]	22.76±0.88[bc]	61.17±0.66[a]
SFM	171.40±6.64[b]	12.78±1.12[b]	21.58±0.44[c]	49.61±2.03[bcd]
TFM	119.90±4.53[d]	13.72±3.28[b]	19.98±0.50[d]	47.85±1.10[d]
SFR	124.70±2.00[d]	11.24±1.86[b]	34.44±2.31[a]	48.71±3.25[cd]
TFR	112.72±2.11[e]	13.50±0.65[b]	25.63±3.80[b]	54.55±7.51[bc]

注：表中数据由平均值±标准差表示，三次重复，经 SAS 统计分析，做 LSD 测验，字母相同代表在 5%显著水平下无差异。

研究表明，再生水中的铅（Pb）、镉（Cd）、铬（Cr）含量，与清水处理无显著差异。而在小试过程中盆栽试验土，再生水灌溉的土壤铅、镉相对初始用土均有所下降；二级水和三级水灌溉下的大田土壤铅含量显著高于清水对照；盆栽实验各处理土壤的镉含量相对原土增加，二级水灌溉下土壤的镉含量显著高于清水对照。从种植一茬作物的土壤铅、镉含量看，再生水灌溉短期内不会对土壤造成严重危害，但对环境有累积重金属潜势。土柱实验证明，原污水灌溉下模拟第六年土壤（0～90cm）的镉含量明显高于清水对照；随灌溉年限的增加，各种处理的重金属变化规律不明显，土壤重金属铅含量无明显累积现象。

现在，很多地方提出了污水灌溉的合理化建议，如污水经适当处理后结合清污轮灌的方式，分时期进行污水灌溉方式等，目的就在于减少或是降低污水中的重金属浓度和降低农作物对重金属的吸收。因此，再生水的农业利用要考虑重金属对作物生长的影响，以及在作物体内中迁移影响，确保作物生产的安全。

2.3.5 再生水灌溉对农田土壤环境的影响

以往的污水灌溉试验表明，由于土壤自身的平衡系统对灌溉污水中的有机污染物和金属元素具有较强自净作用，在一定限度或痕量范围内不会造成土壤污染。若长期用超标污水进行灌溉，土壤中的有机污染物和重金属含量超过了土壤的自净化能力，必然会造成土壤的污染。

土壤环境安全的指标包括土壤生物多样性、土壤常规养分和理化性能指标，以及土壤重金属等敏感指标。

2.3.5.1 土壤微生物多样性

土壤微生物是评价土壤的一项重要指标，它对改善土壤环境有着重要的影响，在养分运转、有机质分解、土壤结构维持与改善、温室气体产生、环境污染物净化的调节发挥着重要作用。研究表明重金属的污染可使土壤中微生物的总量成倍地降低，阻碍植物的生长和固氮作用。另外，砷、镉和铅等重金属对土壤中酶活性产生影响，使一些淀粉酶和 β-2 葡糖苷酶的合成受到抑制。通过对济南北郊污水灌溉土壤动物群落的调查发现，土壤动物群落的结构和种群分布形式受到土壤污染的影响；土壤动物的群落结构衰退，多样性和均匀度下降，垂直分布出现逆分布型。

对土壤细菌、真菌、放线菌、固氮菌、亚硝化细菌、大肠杆菌六个微生物指标测定可知，再生水灌溉后土壤细菌总数有显著的提高，放线菌数的变化不显著，固氮菌数也有显著提高。真菌数、亚硝化细菌和大肠杆菌数变化不显著。再生水灌溉冬小麦的试验下土壤微生物在数量上有较显著提高的现象，盆栽试验表现在土壤细菌和真菌的显著增多，田间试验表现在固氮菌和亚硝化细菌的显著增多。微生物增多将使土壤微生态系统组成丰富，功能稳定，从而提高了土壤的生物活性和缓冲能力，对土壤的理化性质产生有益影响，在一定意义上是有利于土壤环境的改善。

2.3.5.2 土壤常规养分和理化性

通过对污水灌溉区土壤中不同微生物类群数量的变化研究发现，一定范围的污水灌溉对土壤微生物不会造成太大影响，同时也指出对污水灌溉问题一定要慎重，尤其是含重金属、有毒化合物等的工业污水。污水灌溉对土壤有一定的影响，影响程度取决于灌溉的水质和灌溉时间，在利用城市污水灌溉作物时，除了应控制金属、非金属和有毒有害物质的含量外，还应适量控制有机污染物的浓度，并要避免长期污灌。因此，再生水是否会对农田环境造成不利影响也将是再生水农业利用上所需考虑的主要风险之一。

盆栽和大田试验证明再生水灌溉能够增加土壤的有机质含量，土壤肥力也有一定的增加，但是土壤钠吸附比（SAR）、pH值、电导（EC）均有不同程度增加，表明再生水灌溉对土壤肥力增加、改善土壤理化性质的同时，也带来不同程度的盐度累计；原污水灌溉对土壤重金属和盐度积累明显，不宜应用；二级再生水和三级再生水灌溉对土壤的盐分累积程度很低，短时间内对土壤环境危害不大。

2.4 景观环境回用

2.4.1 再生水景观利用的历史

"水者何也，万物之本质也，诸生之宗室气也"。

水孕育了生命，生命的进化产生了人类。自古以来，人类的文明就与水共存。黄河、恒河、尼罗河、幼发拉底河，这四条伟大的河流造就了世界四大文明古国——中国、印度、埃及、巴比伦；在全世界几乎每一个历史名城都与著名的河流、湖泊相伴，如伦敦与泰晤士河、巴黎与塞纳河、罗马与台伯河、佛罗伦萨与阿诺河等等。

但是随着人类的进步，社会的发展，自然的湖泊、河流已不能满足人们对水景的综合需求，于是人造水体景观不断涌现出来。

水体景观的历史最早可以追溯到中国传统园林中宫苑的理水。汉武帝时，在秦旧苑址上扩建而成的上林苑中，有很多池沼。其中著名的有昆明池，它除了用来训练水军的功能性以外，已经成为用于游憩的人工湖泊。汉朝著名的还有长安西郊的建章宫，是个苑囿性的离宫。隋朝的隋西苑，是一个以大的湖面为中心的苑囿。苑中造山为海，海内有蓬莱、方丈、瀛洲诸山，高百余尺，台观殿阁，分布山上。海北有龙鳞渠，屈曲周绕后入海，沿渠造十六院，各具特色，成为苑中之园。唐朝的曲江池是唐代著名的风景区，因水流曲折得名，可以荡舟。池中种植荷花、菖蒲等水生植物。唐代曲江池作为长安名胜，定期开放，都人均可游玩。北宋的金明池是北宋著名别苑，原供演习水军之用。政和年间，宋徽宗于池内建殿宇，为皇帝春游和观看水戏的地方，每年三月初一至四月初八对百姓开放，让其在此搭台看戏、垂钓、游赏。清朝颐和园在北京的西北郊，是利用昆明湖、万寿山为基础，以杭州西湖风景为蓝本，汲取江南园林的某些设计手法和意境而建成的一座大型天然山水园，也是保存的最完整的一座行宫御苑，其中昆明湖水面约占全园面积的78%，是清代皇家园林中最大的湖泊。明清的北、中、南海位于北京城内故宫和景山的西侧，合成三海。

除了皇城苑园的大面积湖泊水体景观建设，一些具有得天独厚自然山水条件的城市湖泊，具有历史悠久的人文景观，经过历朝历代的建设完善，也为成为闻名遐迩的游览胜地。如：杭州西湖、南京玄武湖、济南大明湖、武汉东湖、嘉兴南湖等等。

2.4.2 再生水景观利用的必要性

景观水体可减弱城市热岛效应和洪涝灾害。水体具有高热容性、流动性以及河道风的流畅性，对城市热岛效应的减弱具有明显的作用，并且城市内的河流、湖泊本身就具有最好的天然防洪、蓄洪和泄洪功能。

景观水体是城市绿地建设的重要基地。例如河渠两岸、河心沙洲、湖塘周围均为城市绿地建设提供了良好的自然条件和社会经济条件。

景观水体是城市景观多样性的组成部分。城市景观多样性对一个城市的稳定、可持续发展以及人类生存适宜度的提高具有明显的促进作用。城市水体景观及其自然特性明显有别于以水泥钢材为主要原料的街道、楼房、立交桥等人为城市景观，其物质特性、形态特性、功能特性的介入将提高城市景观的多样性，为城市的舒适性、可持续性提供一定的基础。

景观水体是城市物种多样性存在的基地。例如许多鸟类可以在城市内河心沙洲或公园湖塘四周生存、繁衍，构成野生环境，体现了人类都市与自然的交融。

景观是城市公众文体娱乐，亲近自然的场所。而且很多水体景观本身就是极具社会经济效应的旅游观光胜地。

总之水体景观作为城市系统中的一种自然要素，其生态建设的功能和意义多种多样，已经和正在被城市建设者所关注，尊重这些水体的自然规律、保证其水质、协调城市建设与城市水体景观的相互关系已成为城市生态建设过程中的基本方法和出发点。

景观水体包括：湖泊、河流、喷泉、瀑布、景观水池等。随着我国经济的不断发展，我国已步入全面建设小康社会阶段。随着生活水平不断提高，人们又想回归大自然，越来越向往"小桥流水，如诗如画"的生活环境；向往"碧波荡漾，鱼鸟成群"的自然美景。这就要求人们的生存环境越来越美，生活质量越来越高。因此在城市绿地、公园建设和大型标志性建筑区中，人工湖泊、人工河道及景观水池不断涌现。

房地产开发中水景住宅也成为一大热点：在北京、上海等许多大都市，水景住宅备受青睐，楼价也"沾水而高"。据调查，上海市依水傍湖的住宅价格比周边住宅平均要高出10%～15%。北京的一些临水住宅每平方米的价格要高出500～1000元。有关人士在国内一些城市做过调查，78%的人认为水景是好住宅的必备条件，在水景和朝向不能兼得的情况下，48%的人放弃朝向而选择水景。

"亲水型建筑"如此受宠，这足以说明水景对人们生活的重要性。水景设置可以提高环境的品质，丰富空间环境，增强居住的舒适感，增加居住环境的湿度，减少浮尘，改善区内小气候，同时可以为人们营造回归自然的氛围，带来精神上的享受。

但是我国许多城市都十分缺水，景观水体的水源从哪里来呢？我国城市景观水体补水水源除少数的湖泊为自然降水以外，其余均来源于城市管网的自来水，将高标准的饮用水用于景观水体补水，这无疑是一种浪费，且多数的水景景观因受到每日耗水量的制约而无法达到预期的效果。特别是在北方地区，饮用水有限，景观用水受到一定程度的限制，因此将污水深度处理后补给景观水体既可以节约水资源，又可以减少对环境的污染，同时还可以实现人们对水景需求的综合效益。

作为我国首都的北京，属于半干旱季风地区，天然水资源量有限，时空分布极不均匀，人均水资源占有量不足 $300m^3$，仅为全国的 $1/8$，是世界平均水平的 $1/30$，远远低于国际人均 $1000m^3$ 的缺水下限，因而北京是严重的缺水城市，近年来，随着北京经济建设的快速发展，城市规模的日益扩大，人口膨胀，人民生活水平的提高，城市用水量日益增长，供需矛盾愈发尖锐，缺水的形势愈发严峻。2008 年北京奥运会期间，"新北京新奥运"的主题对北京的城市水工程体系的建设提出了更高更新的要求。北京市对此提出：保护水资源，保证水安全，建设生态环境和实现水利现代化。

由于水资源的短缺，必须开辟新的水源以缓解水资源的供需矛盾。新水源的开辟途径有：外流域引水、开源节流、污水回用等。但是从外流域引水济京，在短期难成现实；本地开源很有限，而且代价很高，节水工作已经卓有成效，进一步挖掘潜力比较困难。

北京市每天都有大量的污水排出，由于城市污水处理后水质相对稳定可靠，不受气候等自然条件影响、不与邻近地区争水、可以就地取用、而且保证率高，因此城市污水的再生回用可以提供一个经济有效的新水源，并且可以节省优质的饮用水源。北京要建设适宜居住的城市，景观水体的建设是非常重要的内容之一。因此，研究回用于景观水体补水，以及相应的景观水体水质维持技术具有十分重要的现实意义。

2.4.3　再生水景观利用维护方式

对于再生水回用于人工景观水体的水质维护，有关人员首先会考虑到氮、磷等指标控制的问题。氮、磷等植物性营养物质是致使水体富营养化的关键因素。但是，一般认为，水中含氮量大于 $0.2 \sim 0.3mg/L$，含磷量大于 $0.01mg/L$，BOD_5 大于 $10mg/L$，其水体就是富营养化水体，就可能引起富营养化。从这一标准来看，再生水中氮、磷含量大大超标，甚至是标准值的十几倍。所以，再生水回用于景观水体水质维护目标，并非是控制其不发生富营养化，而主要在于防止水华的爆发，即控制藻类的生长，保持水体的清澈、洁净，控制其不发生黑臭腐化现象，具备应有的观赏功能。实际上湖泊富营养化是湖泊自然演变中的一种自然过程，在自然条件下，由于水土流失、蒸发和降水输送等过程会使水体中的营养物质逐渐积累，使一些湖泊从贫营养向富营养化发展，逐渐由湖泊变成沼泽，最后变成旱地。

再生水回用于景观水体的一个主要问题即水华的爆发，水华的控制是水质维护的一个关键问题，水华控制实际上就是通过调节诱发水华发生的主要控制性条件，抑制水华的爆发。治理再生水回用的景观水体的水华问题，应该从水华发生的机理并结合再生水自身污染物本底值高以及水体的稀释自净能力较天然水体差，以及景观水体为缓流水体和浅水水域等特点出发进行考虑。

目前，富营养化景观水体藻类控制及水质维护方法主要有以下几类：

（1）物理方法

景观水体净化的物理方法有机械过滤、疏浚底泥、光调节、水位调节、高压放电、超声波等方法，这些方法效果明显，但不易普及，难以大规模实施。在一定周期内清除湖底沉积物及抑制泥中氮、磷的释放是控制内负荷的有效途径。

定期补水是保持景观水水质的最基本方法之一，其主要机理为稀释作用，是一种物理净化过程，稀释作用并不改变污染物的性质，但可为进一步的净化作用创造条件，如降低有害物质的浓度，使水体其他净化过程尤其是生物净化过程能够恢复正常。

定期补充水的处理方法对于较小水面的景观水体来说是一种行之有效的方法。即使考虑全部换水也不会造成水源的过多浪费，在经济上可行，操作管理也方便，同时可以达到预期的效果。但是，对于较大水面的景观水体等则只能采用定期补水的方法，由于一次性换水会造成水源的大量浪费，在经济上是不可行的。因此，定期补水能起到降低水体由于蒸发渗漏作用而引起的含盐量的增加，以及稀释水体中污染物浓度的作用，但对于防止水体水质变坏及防止水体富营养化的发生只能起到延缓作用，从根本上解决不了水体水质逐渐变坏的问题。

（2）化学方法

缓流景观水体发生富营养化而引起水质变臭时，可以采用直接向水中投加化学药剂的方法杀死藻类，通过自然沉淀后，清除淤泥层即可达到防止水体富营养化的目的。目前常用的药剂有硫酸铜、漂白粉、明矾、聚铝和硫酸亚铁等。一般说，硫酸铜效果较好，药效长，但由于硫酸铜对于鱼类也有毒性，其致命剂量随鱼的种类而异，约自 $0.15 \sim 2.0 mg/L$。这个数字在灭藻所需剂量范围的附近，因此，在景观兼养鱼的塘水中投加杀藻剂杀藻时，应慎重考虑，以免发生水中鱼类死亡现象，而铁盐则会增加水的色度。

（3）水生生物法

以生态学原理为指导，人工养殖抗污染和强净化功能的水生动、植物，利用生物间的相克作用修饰水质，利用食物链关系有效地回收和利用资源，取得水质的净化、资源化和景观效果等综合效益。

1）水生植物法

景观水体中的有机污染物被微生物分解后，除了有机碳转化为 CO_2 从水体中逸出外，有机氮、磷等都转变为无机营养盐类，仍滞留在水体中。这些营养盐若长期积累，就会造成水体的富营养化，导致藻类泛滥。通过种植景观水生植物，利用植物对无机营养盐类的吸收、转化和积累，并经人工定期打捞回收，可以有效去除水体中的氮、磷营养盐，达到净化水质，抑制藻类生长的目的。

2）水生动物法

水生动物包括浮游动物、游泳动物和底栖动物，它们以水体中的游离细菌、浮游藻类、有机碎屑为食，可以有效减少水体中的悬浮物，提高水体的透明度。投放数量合适，物种配比合理的水生动物，对于延长生态系统食物链、提高生物净化效果有明显作用。通过定期对游泳动物和底栖动物进行打捞，可以防止其过量繁殖造成的内源污染，同时也将已转化成生物有机体的有机质和氮磷等营养盐从水体中彻底输出。

（4）微生物法

利用生物反应器，用微生物处理景观水体的有机污染最有效的方法为接触氧化法。其流程短、简单、运行费用低、所产污泥量少、简单实用。另外也可用曝气生物滤池法，它是活性污泥法与生物膜法的有机结合，流程短、处理效率高，再加絮凝过滤即可达深度处理出水。

新近兴起的另一种能有效净化水质的生物处理法是向水体中投加有效微生物。最常投放的微生物有光合细菌（PSB）和高效微生物群（EM）。投放 PSB 这种方法目前在日本、韩国、澳大利亚等国外应用较多。由于光合细菌能利用光能和氧将微污染水或废水中的无机和有机碳源及其他营养物质转化为菌体，从而能起到净化水质的作用。投加 PSB 具有工艺简单，无需单独建处理构筑物，一次性投资少等特点。但投加菌种所需费用较高，处理费用相应会增加。同时由于光合细菌属光能自养菌，不含有硝化及反硝化菌种，因此光合细菌对微污染水或废水中的有机污染物的去除率较高，但对氮、磷等植物营养物只能以 $COD_{Cr}：N：P = 100：5：1$ 的比例去除，去除率相对较低，即光合细菌不具有脱氮除磷的特性。因此，对景观水体采用投加光合细菌的处理方法，从根本上解决不了水体富营养化的发生。

（5）臭氧与超滤工艺

臭氧的分子式为 O_3，是氧的同素异形体，在室温下为无色气体，具有特异的嗅味，能够刺激口、鼻等器官的粘膜。臭氧的氧化能力很强，在天然元素中仅次于氟。采用臭氧氧化技术作用于有机废水、城市生活污水具有以下显著特点：反应速度快；处理设备简单；脱色效果显著；可以处理水溶性高分子等生物难以分解的物质；可以杀菌除臭；产物为水和氧气，没有二次污染。近些年来，随着臭氧生产技术的飞速发展，其成本大大降低，在废水处理、污水深度处理以及饮用水消毒等方面都有着较为广泛的应用。在再生水景观水体维护中，臭氧的主要目的是控制水体色度、嗅味的累积，同时通过自身的强氧化能力杀灭水体中的藻细胞和病原微生物，但臭氧无法有效的去除水中的营养盐物质，因此在控制水华爆发的规律值得进一步去研究。

超滤膜是一种具有超级"筛分"分离功能的多孔膜。它的孔径只有几纳米到几十纳米，在膜的一侧施以适当压力，可以分离分子量大于 500 道尔顿、粒径大于 2～20nm 的颗粒。超滤膜的膜材料主要有纤维素及其衍生物、聚碳酸酯、聚氯乙烯、聚偏氟乙烯、聚砜、聚丙烯腈、聚酰胺、聚砜酰胺、磺化聚砜、交链的聚乙烯醇、改性丙烯酸聚合物等等。超滤膜是最早开发的高分子分离膜之一，在 20 世纪 60 年代超滤装置就实现了工业化。超滤膜的工业应用十分广泛，已成为新型化工操作单元之一，已成为废水处理和超纯水制备中的终端处理装置。在再生水景观水体维护中，利用超滤膜较强的物理截流能力去除水中的藻类和悬浮物，提高水体的表观效果，但是超滤膜在运行过程中受水质变化的影响较为明显，需要较为频繁的化学清洗，因此如何更好地利用超滤工艺来维护景观水体需要进一步去摸索。

2.4.4 再生水景观利用的设计和运行

实施城市再生水回用本身是一项庞大而复杂的系统工程，涉及城市规划、建设、环保、市政、工业、农业、水利、卫生等众多单位与部门，但长期以来，没有一个具体的机构来统一协调、规划及管理城市的再生水回用。从目前北京市已建再生水设施的单位来看，无论是设计还是日常的运行管理都缺乏有效的监督。据 1998 年的调查结果，有大约 20％的再生水设施没有运行，运行单位中相当部分只凭经验进行管理，再生水出水不作水质化验，或只化验少数指标，不认真作再生水运行记录等，结果造成出水水质得不到保证。

根据长期的示范工程试验，再生水景观水体的维护与保障要获得成功需要注意以下几方面：

（1）动手要早。再生水产生水华同自然水体水华不同，爆发周期短，症状性弱，往往在一个晚上就会发生严重水华，水体腥臭。常规认为水华喜光喜热，夏季易爆发。但实际上，在不处理底泥情况下，再生水水华在经过漫长的冬季潜伏后，早春能够给它创造一个适宜的条件，此时最易发生水华，如不及时采取措施，必定产生水华，而水华产生后如再采取措施则难上加难。因此再生水水华控制应将藻类抑制在萌芽阶段。

（2）营养盐去除应和杀藻充分结合。目前将 N、P 降到什么程度可以完全避免水华发生并没有定论。另外，再生水本身就是富含 N、P 的富营养水源，通过单独去除 N、P 实现抑藻经济费用大。因此应该将营养盐去除和杀藻充分结合，双管齐下，更有利于及时地控制藻类生长。

（3）除藻工艺选择应考虑藻种特征。再生水产生的水华优势藻种和自然水体的蓝藻不同，以绿藻中的月牙藻、多芒藻居多。这些藻的密度和水基本相同，因此不像蓝藻那样漂浮在水体表面，而是呈现均匀混合状态。因此除藻工艺的选择应尽量避免采取单独气浮工艺。绿藻的直径多在几微米之间，直接砂滤作用效果有限。

（4）工艺选择应因地制宜，考虑长效。由于再生水景观水体除藻具有季节性及周期性，且受自然条件的影响大。因此抑藻技术的选择具有长远目标，尽量选择污染物负荷较大，脱色除臭功能较强的工艺，同时还要兼顾因地制宜，多功能相结合原则。

示范工程试验表明，再生水景观水体要达到一定的美学效果，除了建立经济有效的维护与保障措施外，补水水源同样非常重要。生产高品质再生水是未来大力推广再生水景观利用的又一重要保障。

2.4.5 再生水景观利用示范工程

2.4.5.1 示范工程背景介绍

传统概念上富营养化、水华、赤潮的定义基本相同，指在人类活动的影响下，生物所需的氮、磷等营养物质大量进入缓流水体，引起藻类及其他浮游生物迅速繁殖，水体溶解氧量下降，水质恶化，鱼类及其他生物大量死亡的现象。这三个概念的区别之处在于受纳水体不同，分别是河、湖、海洋。实际上，以上概念存在一定局限性，是景观水体补水水源为地表水或地下水基础上形成的。当再生水用作景观水体补水水源时有其自身特质，尽管经过了深度处理，但水中氮、磷等营养成分相对较高，本身就是富营养化水源。实践证明，即使再生水水质满足《城市污水再生利用　景观环境用水水质》标准 GB/T 18921—2002，其中仍含有较高浓度的氮、磷等植物营养成分，如不采取有效的技术措施，将会引发景观水体水华爆发，影响景观水体质量，严重时还会出现恶臭现象。但采取适当的维护保障措施后，则可以避免水华爆发。因此当再生水作为景观水体的补水水源后，富营养化不再等同于水华和赤潮，维护及保障技术的作用就是使本身处于富营养化状态下的水体不发生水华或赤潮。

再生水景观维护示范工程利用 DePAT® 技术能够较好的维护景观水体的美学效果。DePAT® 中旁滤系统是广义性概念，是指对景观水体进行旁路循环处理。主要作用是降低水体中的藻类、悬浮物及营养盐浓度。由于最初研究多采用直接过滤对景观水体进行净化，故称之为旁滤系统。实际工程中旁滤可以由单体工艺或不同单体工艺组合构成。系统选择要由景观水体的水质、水量及具体工程背景、环境特点而定。一般来说受占地限制的小区或早期建设公园可采用成熟的单体工艺，如混凝、过滤等；地广而又注重景观效果的公园或高尔夫球场可充分利用土地处理系统，如新型慢滤池（NSBF®）、湿地等。示范工程表明：NSBF® 处理湖水，出水浊度几乎测不出来，色度小于 10 度，BOD_5 小于 5mg/L。这主要是慢滤池的新型填料使处理效果得到了强化。另外，再生水景观水体随着时间的推移，即使完全抑制水华，由于藻种不断发生变化及内外源污染的积累，湖体最终的色度和浊度不断升高，同样会影响景观效果。因此旁滤系统工艺的选择要充分考虑除色除浊功能，如利用臭氧、活性炭工艺等。示范工程中，高碑店污水厂培训中心人工湖旁滤系统采用的强力混凝技术，酒仙桥污水处理厂人工湖选用臭氧＋活性炭技术，都取得令人满意的抑藻效果。

水力改善系统是指人为增强水体流动性的举措。包括水力循环、曝气充氧、推流搅动等不同操作过程。流动的水体可以改变藻类的运动状态，控制藻类生长。同时通过流动向水中供氧避免产生死水区，破坏水体观赏效果。目前，一些研究结论认为在景观水中增加曝气是解决藻类大量生长的重要手段。但是多年试验结果及运行经验表明：是否采取曝气则要根据效果调控。这是因为通常城市景观水体属于浅层水体，并不易发生缺氧状态；另外由于再生水是深度处理后的城市污水，难免会残留发泡物质，因此曝气的同时会引起水体大量气泡产生，再加上夏季藻类分泌黏性物质，会形成气泡连成片的景象，严重破坏了景观效果。水力改善系统是利用数学模拟寻找最佳的循环点及循环量。试验证明水力改善系统对抑藻起着重要作用，同时它对水体美学效果的影响也非常大。一般水力循环点多设置在水体死区，能够营造出浅层水体微波荡漾的宜人景象。

生态强化系统主要通过人工筛选培养特定动植物增强水体的自净能力，并起到美化环境的功效。水生植物的选择原则主要以植物吸收营养盐能力及遮光效果为主。前者以千屈菜为佳，后者以睡莲、荷花为首选。试验中挺水植物生命力强、对土壤的要求不高，适于北方景观水体栽培。目前由于受水量及水质的限制，大部分景观水体采用了防渗，防渗系统减少了水体的自净能力，增加了治水成本。

2.4.5.2 示范工程效果

通过 DePAT® 系统的维护保障，再生水景观湖平均水质情况见表 2-26。

再生水景观湖平均水质 表 2-26

名　称	数值范围	平均值	名　称	数值范围	平均值
TN（mg/L）	2.27~34.10	18.60	藻类计数（个/L）	2.26×10^7~9.03×10^7	4.76×10^7
TP（mg/L）	0.05~5.04	1.87	叶绿素（mg/m³）	68.4~416	180.33
BOD（mg/L）	3.28~12.20	6.00	pH 值	7.52~10.5	9.07
浊度（NTU）	2.41~11.40	7.93	DO（mg/L）	6.00~19.20	13.4
色度（度）	14~35	23.41	细菌总数（个/mL）	4.60×10^6~2.80×10^7	6.38×10^6

DePAT® 系统旁路处理采用的是臭氧技术。上表数据表明湖水中氮磷含量较高，TN＝18.60mg/L，TP＝1.87mg/L，高于普通的地表水体，远远超过了"水华"爆发所需的营养盐浓度底限，因此景观湖为富营养化水体。但在系统的作用下，藻密度控制在 10^8 个/L 以下；叶绿素平均值为 180.33mg/m³；溶解氧含量高，水中生物生长良好；平均色度值 25.59 度，主要是臭氧对色度有较好的去除能力，色度无明显累积现象。

在藻类的生长代谢过程中，光照和温度是重要的影响因素，在一天 24h 之内，白天和黑夜藻类的生长活性以及代谢方式完全不同，白天藻类代谢为光合作用，产生氧气，消耗二氧化碳，水中 pH 升高；夜间藻类代谢为呼吸作用，消耗氧气，产生二氧化碳，水中 pH 降低。通常在"水华"爆发时，一天之中 pH 和 DO 的变化剧烈，这种剧烈的变化可以使水体中生态系统被彻底破坏，水质进一步恶化。

24h 中，湖水的 DO 和 pH 的变化规律与水温、气温变化规律完全相同。图 2-26 夏季景观湖 24h 温度和溶解氧变化规律。从上午 9：30 开始测定，呈现出先上升，后下降再上升的规律。在下午 13：30 时溶解氧达到最高值 16mg/L，在第二天上午 5：30 时溶解氧最低 7mg/L。

图 2-27 是夏季景观湖 24hΔpH 和 pH 变化规律。pH 与 ΔpH 变化规律相似，pH 可以反映藻类生长状态，降低时说明藻类生长呼吸作用为主，升高时则以光合作用为主，通常高 pH 有利于藻类的生长，容易爆发水华，再生水 pH 通常为碱性；ΔpH 可以反映出藻类

数量与活性，一般可利用其预测水华爆发，ΔpH 变化越大说明藻类活性增强，水体有爆发水华的潜势，从数据中我们发现上午 7：30 至 11：30，ΔpH 升高最明显也就是说在这个时段是藻类光合作用变化最强的阶段，只要发现水体中在这一时段 ΔpH 无明显突升，藻类就没有过度的生长。

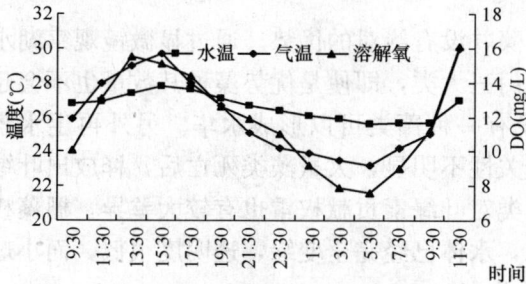

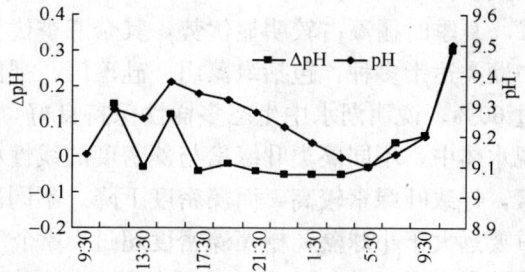

图 2-26　夏季景观湖 24h 温度和溶解氧变化规律　　图 2-27　夏季景观湖 24hΔpH 和 pH 变化规律

2.4.5.3　再生水景观湖藻类特征

水华爆发主要是水体中营养盐含量过高，引起藻类过量生长造成的。再生水景观水体中藻类的数量和种类变化，对于维护保障工艺来说是至关重要的，因此对水体中藻类分析是研究水华变化规律的关键。表 2-27 是再生水景观湖中四季藻类种类和数量的变化规律表。

景观湖中四季藻类种类和数量的变化规律表　　表 2-27

	春	夏	秋	冬
藻密度（个/L）	10^7	8×10^7	5×10^7	$10^6 \sim 10^7$
叶绿素（mg/m³）	60～120	120～300	120～250	60
优势藻种	硅藻、栅藻	栅藻	栅藻、多芒藻	硅藻
其他	小球藻、衣藻	多芒藻、小球藻、衣藻	小球藻、栅藻、衣藻	栅藻、小球藻、衣藻
优势藻照片				

在春季优势藻首先为硅藻，随着气温和水温的升高，优势藻变成栅藻，并存在一定数量的小球藻和少量的衣藻，水中叶绿素含量较低为 60～120mg/m³，藻密度在 10^7 个/L 左右；夏季优势藻始终为栅藻，说明水温在 20℃ 以上时，富营养化的再生水最适宜栅藻的生长，在控制再生水景观水体"水华"时，主要控制栅藻的过度生长，水体中仍生长多芒藻、小球藻和衣藻等其他藻种，夏季叶绿素含量较高，最高达到 300mg/m³ 以上，平均藻密度在 8×10^7 个/L；进入秋季优势藻初期为栅藻，随着时间的推移，多芒藻逐渐转变为优势藻，水体内栅藻可利用的营养物质及适宜的温度发生了改变，多芒藻获得了优势的生态位，小球藻、衣藻等藻种依然占据一定数量，叶绿素 250mg/m³ 以下，平均藻密度 5×10^7 个/L；冬季由于温度降低，水温在 10℃ 以下，藻类无法大量生长，硅藻此时成为优势藻，硅藻与绿藻相比适应低温能力较强，在水温较低的情况下，绿藻门各藻属无法正常进

行新陈代谢，硅藻获得优势生态位，藻密度和叶绿素含量也很低，但也存在一些小球藻、栅藻、衣藻等绿藻属。

优势藻种始终没有出现蓝藻，说明再生水景观水体与地表水景观水体的优势藻种完全不相同，这可能由于再生水与地表水水质差异所造成的。图 2-28 是景观湖一年四季不同藻类所占比例。

夏季时栅藻占较明显优势，其余三季优势藻并没有绝对的优势。通过显微镜观察湖水中藻类达十多种，包括绿藻门、硅藻门、裸藻门三大类，即使是优势藻种其数量也不会超过 60%，说明湖水中生态多样性保持良好，没有一种藻类可以形成水华。另外再生水景观水体中，不同藻类叶绿素与藻密度的线性相关性不明显，大量藻类死亡后，释放出叶绿素，导致叶绿素较高，而藻密度下降。不同藻类对叶绿素贡献权重也有较大差异，栅藻权重要远大于小球藻，栅藻藻密度超过 10^8 个/L，水体已经完全变绿，透明度很低，而小球藻藻密度在 10^8 个/L 时，水质仍然处于较好的状态。

图 2-29 是四季藻类变化。分析四季水体中藻类种类的变化可以发现，优势藻种转化的规律为从硅藻到绿藻再回到硅藻这样一个循环，产生这种变化的根本原因是由于温度的变化所引起的，得出这个规律更加有利于我们在不同的情况下，对再生水景观水体的维护和管理。由于冬季和春季气温较低，藻类生长缓慢，无法产生"水华"现象，因此在冬、春两季系统只是根据需要间歇运行即可。

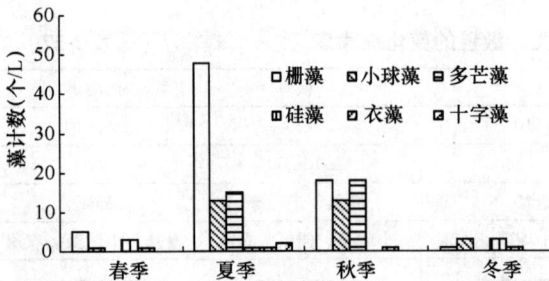

图 2-28　景观湖一年四季不同藻类所占比例

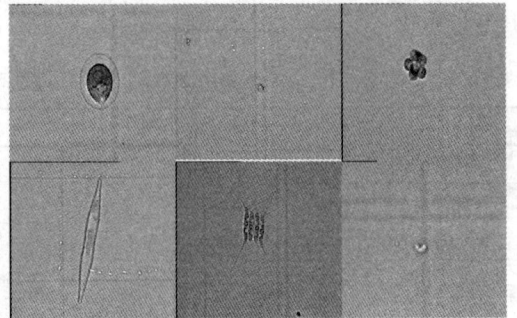

图 2-29　四季藻类变化

图 2-30　再生水景观湖治理后现状

如图 2-30 所示，示范工程证明经过系统循环处理后，再生水景观湖水质良好，景色优美。

2.4.5.4　影响再生水景观水体爆发的因素

1. 不同原水水质

以再生水作为补水的景观水体和以其他水源作为补水的景观水体相比较，由于水质的特点差异，水体水质变化规律、藻类生长规律均有所不同。

图 2-31 为不同原水水质藻类生长藻

密度变化规律，各种水质中藻密度均高于 10^7 个/L，随着试验延长，藻密度呈震荡上升趋势。再生水、地表水、自来水和蒸馏水作为景观水原水时，都是可以生长藻类的。蒸馏水、蒸馏水投加氮、磷两种水样，藻密度含量相近。蒸馏水优势藻为铜绿微囊藻，投加营养盐并没有引起藻类过快的生长，说明藻类生长不仅取决于氮、磷的浓度，水中的微量元素缺乏，也会抑制藻类生长。蒸馏水中合成细胞的微量元素缺乏，导致即使投加营养盐，也不会对藻类生长产生明显的刺激效应。自来水和自来水投加氮、磷相比较，发现投加营养盐后藻类生长受到明显的促进作用，没投加时藻密度为 10^8 个/L，投加后藻密度为 10^{10} 个/L，但优势藻中均为铜绿微囊藻。自来水是地表水经过处理后的水质，含有一定量的微量元素，当营养盐充足的时候，可以使藻类过快生长，因此以自来水作为景观水原水，仍然面临"水华"的问题。再生水中藻密度成周期波动 $5 \times 10^7 \sim 10^9$ 个/L，优势藻种不断变化，开始时为小球藻，然后是栅藻，最后是绿球藻和蓝藻。试验初期水体 pH 适应小球藻生长，小球藻对氮、磷浓度利用速度快，生长周期短，首先生长。随着 pH 上升藻种逐渐变为栅藻，最终对氮、磷浓度下降绿球藻和蓝藻成为优势藻。地表水藻密度始终在 10^8 个/L 以下，优势藻为铜绿微囊藻，藻类生长不旺盛，水库水没有受到污染，水质良好。

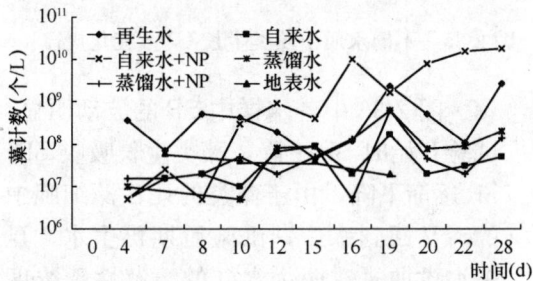

图 2-31　不同原水水质中藻类生长藻密度变化规律

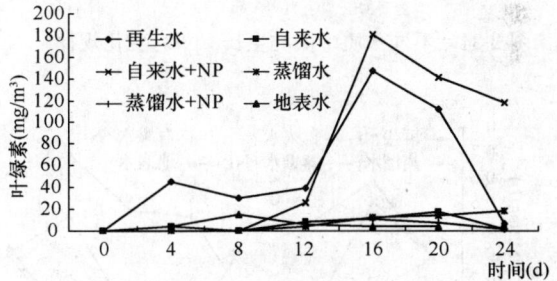

图 2-32　不同原水水质中藻类生长叶绿素变化规律

图 2-32 为叶绿素变化规律。从叶绿素变化规律发现，再生水 4d 内就升高到 50mg/m³，藻类生长最快，叶绿素呈周期波动最高时达到 140mg/m³；试验开始 15d 后，投加氮、磷的自来水水样叶绿素含量迅速升高达到 180mg/m³，其他各水样由于藻类生长缓慢且含量较少，叶绿素含量维持在 20mg/m³ 以下。

pH 变化与藻类的生长有着很好相关性，如图 2-33 所示。再生水 pH 上升速度最快，6d 内 pH 就上升到 10 以上，说明再生水藻类生长最快，15d 后 pH 下降至 9.5 左右；蒸馏水投加营养盐水样 pH 出现降低，pH 下降为 6 左右，说明藻类生长并不一定 pH 上升，由于蒸馏水中微量元素匮乏，一些藻类

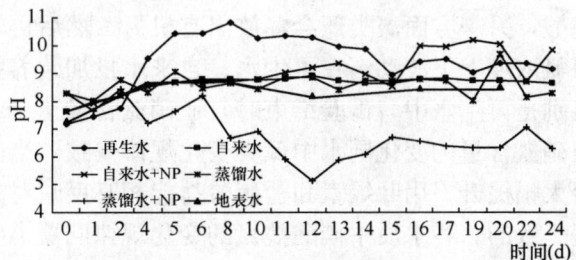

图 2-33　不同原水水质藻类生长后水质 pH 变化趋势

为了竞争营养物质代谢酸性物质，抑制其他藻类生长，使自身成为优势藻，这种藻类在不同起始 pH 值试验中 pH＝2 水样就曾出现，是变种小球藻，可以在酸性条件下正常生长；蒸馏水和自来水 pH 变化稳定为 8.8 左右；15d 时自来水水样 pH 出现升高，从 8.8 升至 10 左右。地表水 pH 稳定在 8 左右，藻类生长不旺盛，水质良好。

图 2-34 和图 2-35 分别为不同水质中 COD_{Cr} 和 UV_{254} 的变化规律，各水样的 COD_{Cr} 均呈上升状态，主要是由于藻类的固碳作用，使游离态的无机碳转化为有机物。再生水、自来水投加营养盐水样中的 COD_{Cr} 在试验后期迅速增加，这主要是由藻类的快速生长所引起的，其他水质 COD_{Cr} 波动较小；由于再生水自身的特点 UV_{254} 高于其他水质；地表水含有腐殖酸大分子有机物对 UV_{254} 有较强的吸收能力为 $0.06\sim0.08cm^{-1}$；所有水质的 UV_{254} 在试验初期比较稳定，试验后期呈上升状态，这主要是由于藻类的死亡后胞内物质释放，引起紫外吸收值的升高；自来水投加营养盐水样 UV_{254} 上升幅度仅次于再生水和地表水。

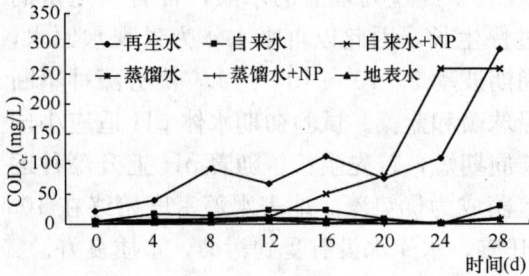

图 2-34　不同水质中藻类生长 COD_{Cr} 变化规律　　　图 2-35　不同水质中藻类生长 UV_{254} 变化规律

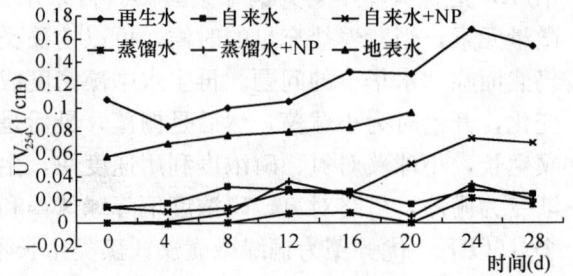

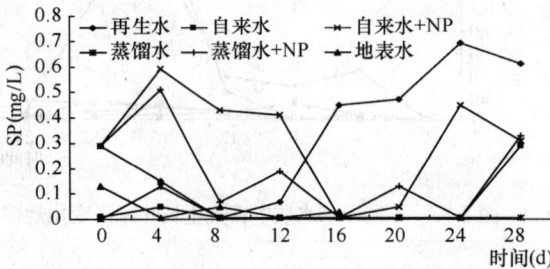

图 2-36　不同原水水质中藻类生长 SP 变化规律

图 2-36 中各水样中 SP 的波动明显，试验开始时 SP 下降，藻类生长吸收 SP，SP 逐渐下降，由于藻类的死亡藻细胞中的磷又回到水中，试验后期再生水、自来水投加氮磷两个水样的溶解性磷浓度高于初始时 SP 浓度，这可能是因为藻类密度过高，测量时对分光光度计产生影响。地表水中 SP 浓度低，且稳定在 0.1mg/L 以下。

图 2-37 为不同水质中藻类生长三氮变化规律。六个水样中氨氮明显波动，藻类在生长过程中首先将硝酸盐氮转化为亚硝酸盐氮再转化为氨氮后，才能被藻类直接利用合成氨基酸，另一方面藻类还会释放出有机氮，然后再转化为氨氮，这一过程是很复杂的，因此氨氮浓度上下波动。在再生水、自来水投加营养盐水样中亚硝酸盐氮出现大幅度的提升，特别是再生水中，试验结束时，亚硝氮含量达 2mg/L，对水体生态产生一定的毒害效应，亚硝氮含量的变化同水中藻类变化规律一致。当藻类大量生长时，水中亚硝酸盐氮浓度就会大幅提升，用叶绿素和盐硝酸盐能相互反映对方变化情况，这与前面试验所得到的结论是一致的。各水质中硝酸盐氮的变化规律同藻类生长规律也相同，藻类可以吸收水中的硝氮，为自身生长提供营养盐；再生水中硝氮的降幅比较大，从 35mg/L 降至 19mg/L，藻类生长旺盛。

2. 不同维护工艺影响

臭氧工艺目前已广泛应用于饮用水深度处理，在污水深度处理中也具有良好的前景，臭氧氧化能力强，可以杀藻除菌，控制水体色度与嗅味累积，并且进入水体后分解为氧气，不会产生二次污染。混凝沉淀是目前再生水处理最常用的工艺，它具有工艺成熟、管

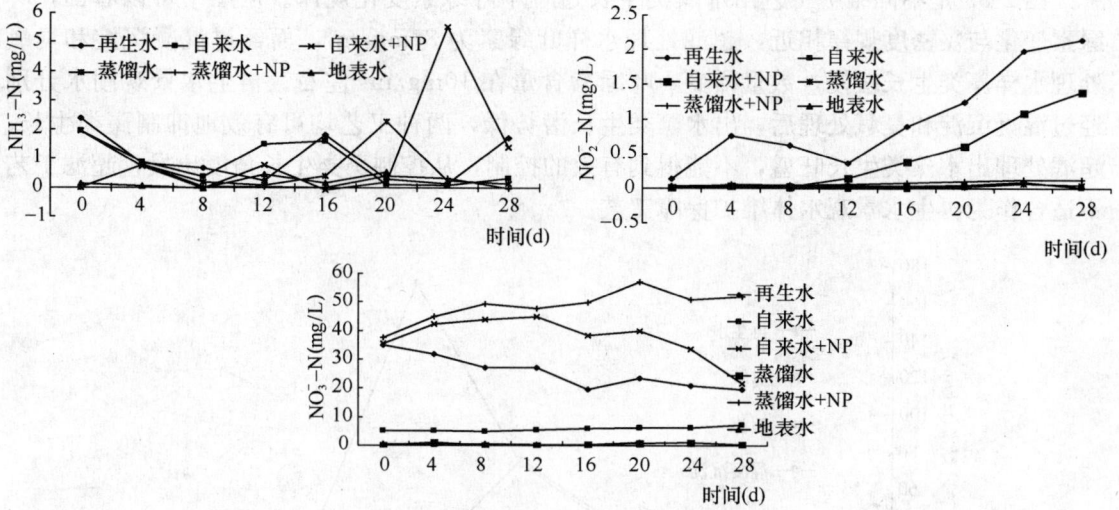

图 2-37　不同水质中藻类生长三氮变化规律

理简单、成本低廉等特点，对水中磷的去除效果明显，但是由于投加药剂会对水质产生危害，并且混凝沉淀过程对高藻水体的处理效果不好，絮体不能很好的沉降，不同的混凝剂对处理效果也有较大的影响。超滤是一种先进的过滤处理工艺，它是通过机械截留作用将水体中的细菌及悬浮性污染物质以大分子有机物去除，出水浊度低，可达到会用标准，但是超滤无法去除溶解性小分子物质，另外超滤膜容易受污染，造成处理效果降低。膜是决定超滤工艺处理效果的决定因素，高性能膜是未来超滤工艺研究的主要方向。

　　比较这三种处理工艺循环处理景观水出水藻类生长，分析出哪一种工艺对再生水景观水体保障维护效果更有效。

　　图 2-38 是不同维护工艺出水藻类生长过程中水质藻密度变化规律。四个水样中藻密度逐渐上升，第 9 天后藻密度趋于稳定。经过混凝沉淀和臭氧处理后，水中藻密度较低，保持在 10^8 个/L 以下，两水样藻密度近似。超滤处理水样藻类生长规律与再生水特性相似，景观水经过超滤处理后，虽然悬浮性物质被去除（悬浮颗粒及藻类），但是水质本身没有产生变化，特别是藻类生长所需营养物质没有减少，因此超滤处理水样藻类可以短时间内达到 10^9 个/L。

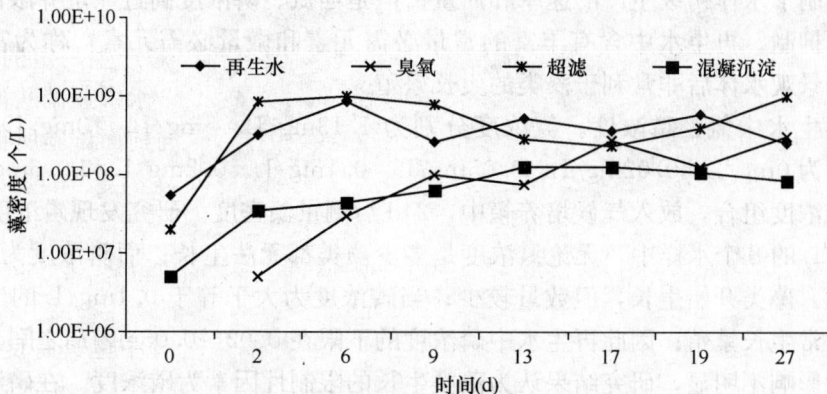

图 2-38　不同维护工艺出水藻类生长过程中水质藻密度变化规律

95

图 2-39 是不同维护工艺出水藻类生长过程中叶绿素变化规律。从图中可以看出，叶绿素变化与藻密度规律相近，超滤处理水样叶绿素为 80mg/m³，而经过混凝沉淀和臭氧处理水样藻类生长缓慢，数量稀少，叶绿素含量在 10mg/m³ 左右。再生水景观湖水分别经过混凝沉淀和臭氧处理后，出水藻类生长潜势低，两种工艺均可有效地抑制藻类生长；超滤处理出水藻类生长旺盛，不能得到有效的控制，从控制藻类生长角度出发，超滤工艺不适合作为再生水景观水体维护保障工艺。

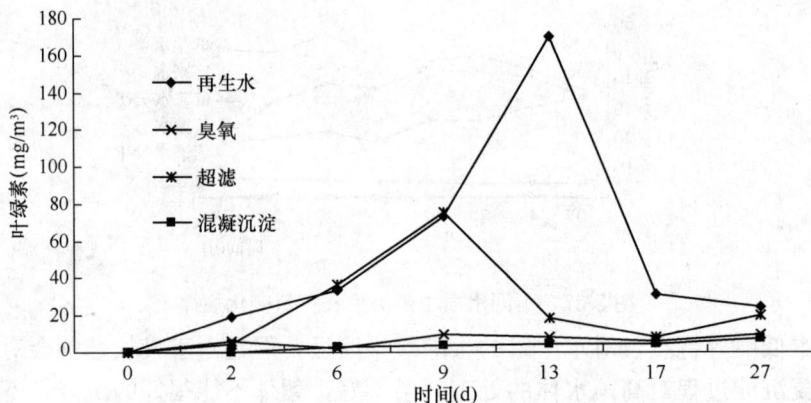

图 2-39　不同维护工艺出水藻类生长过程中叶绿素变化规律

　　比较三种维护工艺处理水藻类生长情况和水质变化规律，超滤工艺不适合作为再生水景观水体维护保障工艺。湖水经过混凝沉淀工艺和臭氧工艺处理后不易于藻类生长，臭氧处理水经过一定时间氮磷浓度会出现下降，而混凝沉淀水氮磷不会变化，但混凝沉淀水 pH 始终维持在 8.5 左右略偏碱性，臭氧处理水 pH 一直较高在 10 左右。混凝沉淀投加化学药剂会对水体产生危害，而臭氧则不会产生二次污染；另外目前臭氧已经被水处理领域广泛应用，其处理成本已经大大降低，为臭氧作为再生水景观水体维护工艺提供了经济上的支持。

　　3. 不同氮、磷浓度影响

　　水中氮、磷元素的可溶性无机化合物在藻类的生长繁殖过程中被吸收利用，成为生物体的重要组成元素。当水体中氮、磷有效形式含量低于吸收临界值以下时，影响藻类的生长繁殖，限制了水体初级生产的速率和产量；但是当氮、磷浓度高过一定界限值时，藻类同样会受到抑制。再生水中含有丰富的常量必需元素和微量必需元素，称为富营养化水质，回用于景观水体后非常利于藻类的生长繁殖。

　　调节再生水中氮、磷浓度。氮浓度分别为 1.13mg/L、5mg/L、10mg/L、20mg/L，磷浓度分别为 0mg/L、0.02mg/L、0.05mg/L、0.1mg/L、0.2mg/L 和 0.5mg/L，共 24 种不同氮磷浓度组合，放入气候培养箱中，24d 后测量藻密度。研究发现磷浓度为 0mg/L 和 0.02mg/L 的 8 个水样中，无论氮浓度是多少藻类都无法生长；而磷浓度为 0.05mg/L 四个水样中，藻类开始生长，但数量较少；当磷浓度为大于等于 0.1mg/L 的 12 个水样，藻类可以正常生长繁殖；因此再生水中磷浓度的下限在 0.02～0.05mg/L 之间。氮浓度变化对藻密度影响不明显，研究结果认为藻类生长的限制性因素为磷浓度。在磷浓度相同时较低氮浓度为 1.12mg/L 水样与其他较高氮浓度水样比较时，藻密度反而要高于后者，这是因为水中含氮较少时，水中藻类以蓝藻为主，蓝藻具有固氮作用，从而克服了氮源不足，蓝藻一般体积较小个数多；氮浓度较高时再生水景观水以绿藻为主，多为小球藻，与蓝藻相比体积较大个数相对少，因此低氮浓度水样藻密度会高于高氮水样如表 2-28 所示。

不同氮、磷浓度再生水回用景观水藻密度（试验 24d）　　　　　表 2-28

TN \ TP	0	0.02	0.05	0.1	0.2	0.5
1.13	0	0	3	13	1	27
5	0	0	0	1	8	1
10	0	0	1	8	2	3
20	0	0	4	2	1	1

在确定再生水中磷浓度在 0.02mg/L 及以下时，藻类不能生长，但是没能确定氮浓度的下限值。再生水中通常含有较高浓度的氮（10～50mg/L），脱氮过程一般利用反硝化细菌将硝酸盐氮和亚硝酸盐氮转化为氮气，在实际工程中生物方法在技术上很难将氮浓度控制在 1mg/L 以下，即使通过深度处理达到 1mg/L 以下，处理成本也非常高，在经济上不可行。所以没有进行更低氮浓度水样的研究，并认为再生水景观水体氮元素不是藻类生长繁殖的限制因素。

调节再生水中磷浓度分别为 0.5mg/L、1mg/L、2mg/L、5mg/L、10mg/L 和 0.5mg/L，不调节氮浓度为 45mg/L，可以确定再生水景观水体藻类生长磷浓度的上限值。

图 2-40 为不同磷浓度再生水回用景观水体藻密度变化规律。从图 2-40 中发现，六种不同磷浓度再生水景观水均生长藻类，磷浓度 2mg/L 和磷浓度 5mg/L 两水样，藻密度最高可达 10^9 个/L 以上；然后是 1mg/L 和 0.5mg/L 水样，当再生水中起始磷浓度大于 10mg/L 时，藻密度反而低于磷浓度相对较低的水样，藻类生长不旺盛，说明当磷浓度大于与 10mg/L 时，会对藻类产生一定的抑制作用。

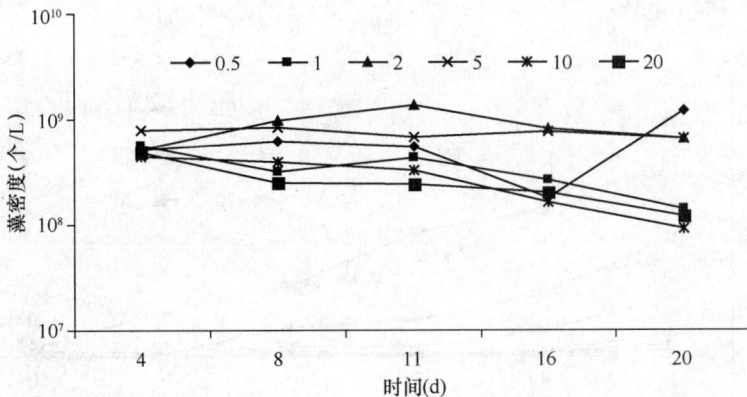

图 2-40　不同磷浓度再生水回用景观水体藻密度变化规律

图 2-41 是不同磷浓度再生水回用景观水叶绿素变化规律。进一步分析水样中叶绿素的变化，发现叶绿素与藻密度的规律完全一致，磷浓度 5mg/L 和 2mg/L 叶绿素含量最高可达 100mg/m³ 以上，而磷浓度大于 10mg/L 以后叶绿素浓度很低在 20mg/m³ 以下。从而可以判断出当再生水磷浓度大于 10mg/L 时藻类生长受到限制，藻类表现为磷元素中毒

现象。引起这种现象可能有三种原因：第一，当水样中磷浓度过高时，藻类大量吸收磷，从而造成细胞内磷的累积，对藻类特定的酶产生了抑制作用，藻类无法正常生长；第二，藻类生长会引起 pH 升高，再生水中含有较多的碱土金属离子容易与溶解态的正磷酸盐产生沉淀，随着水体 pH 不断升高，沉淀物溶度积减小生成沉淀，水中有效态的正磷酸盐浓度下降，藻类生长所需的磷元素反而会因此缺乏，另外藻类也会同磷酸盐沉淀产生共沉作用，沉降至反应器底部；第三，水中生成磷酸盐沉淀后，会遮挡阳光照射，从而间接的控制了藻类光合作用，达到抑藻的效果。试验结果是由这三种原因共同作用造成的。

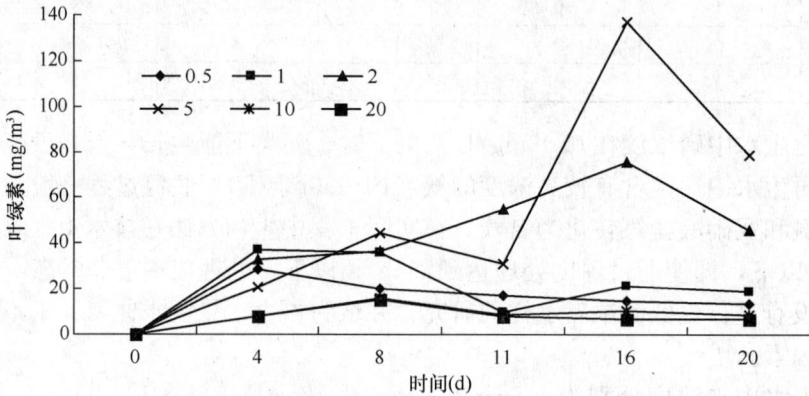

图 2-41　不同磷浓度再生水回用景观水叶绿素变化规律

图 2-42 为不同磷浓度再生水回用于景观水体后 SP 的变化规律。从图中发现，每个水样中 SP 均不断下降，特别是浓度大于 10mg/L 水样，SP 浓度降至 1mg/L 以下。这两个中水样藻类生长不多，所以磷浓度的降低不是由藻类吸收引起的，而是发生了化学反应生成磷酸盐沉淀造成的，观察试验水样也发现高磷浓度水样中出现白色混浊沉淀物。磷浓度 5mg/L 以下再生水回用景观水，试验结束后 SP 接近 0mg/L，说明藻类生长对磷的吸收能力强，藻类生长繁殖旺盛。

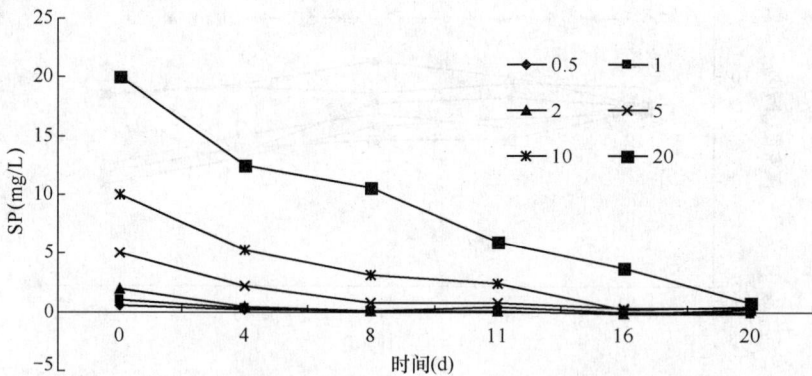

图 2-42　不同磷浓度再生水回用景观水 SP 变化规律

图 2-43 为不同磷浓度再生水回用景观水硝酸盐氮变化规律。为了进一步证明高磷浓度再生水回用景观水 SP 浓度大幅下降不是由藻类生长吸收引起的，试验又研究了主要氮源形态硝酸盐氮的变化规律。由于水中氮源充足，景观水优势藻种是无固氮能力的绿藻，

藻类生长会同时吸收氮磷，氮磷吸收比例约为 1∶6。磷浓度 20mg/L 再生水景观水硝酸盐氮由 45mg/L 降至 35mg/L，藻类吸收利用 10mg/L 左右，相对应的吸收磷浓度为 2mg/L，而实际过程中，磷浓度下降了约 19mg/L，因此大部分的磷是以化学沉淀形式从水中去除。磷浓度 2mg/L 和 5mg/L 水样硝酸盐氮降幅最大，藻类吸收氮量最多，同藻密度和叶绿素规律一致。综上可以认为回用景观水体的再生水磷浓度在 2～5mg/L 之间最有利于藻类的生长繁殖。

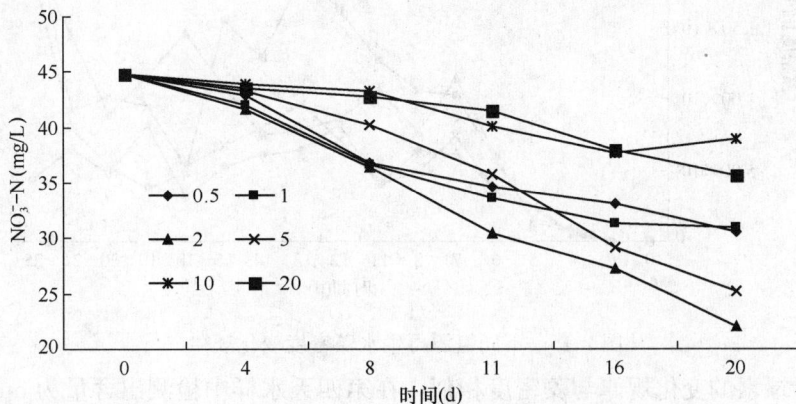

图 2-43　不同磷浓度再生水回用景观水硝酸盐氮变化规律

回用景观水体的再生水 SP 浓度与藻类产量之间的关系曲线如图 2-44。该图确定藻类生长 SP 的上下限值，为通过控制 SP 浓度，防止"水华爆发"提供理论基础。

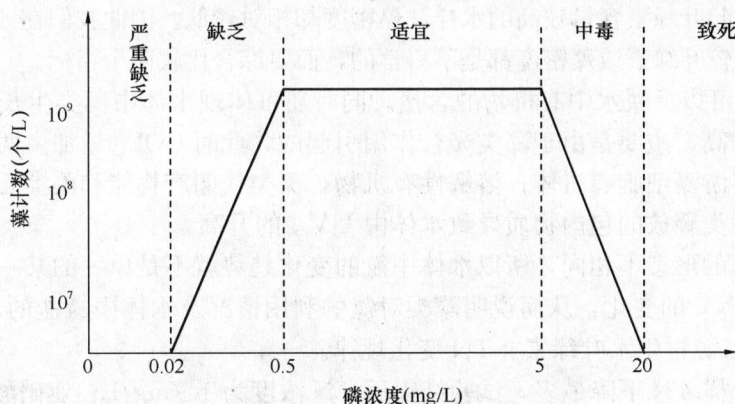

图 2-44　不同磷浓度与藻类生长的关系

4. 不同氮源的影响

不同污水厂污水深度处理工艺一般不同，再生水因处理工艺不同含氮形态也会有差别。再生水中含有的氮形态主要有三种：硝酸盐氮、亚硝酸盐氮和氨氮，含有不同氮形态的再生水藻类生长特点也会不同。试验通过处理再生水样中总氮浓度相同，氮形态分别硝酸盐氮、亚硝酸盐氮、氨氮和硝酸盐氮与氨氮混合（1∶1），研究不同氮源中再生水"水华"爆发的规律。

图 2-45 为不同氮源水样藻密度的变化趋势，各水样藻类在第四天左右开始生长，然

后不断升高，在第 8 天左右达到较平稳状态。亚硝酸盐氮水样中藻密度最高，其次是氨氮水样，硝氮水样藻密度最低。四个水样试验过程中藻密度均高于 5×10^8 个/L，水体藻类生长旺盛，说明任何一种氮形态都可以作为藻类生长所需氮源。

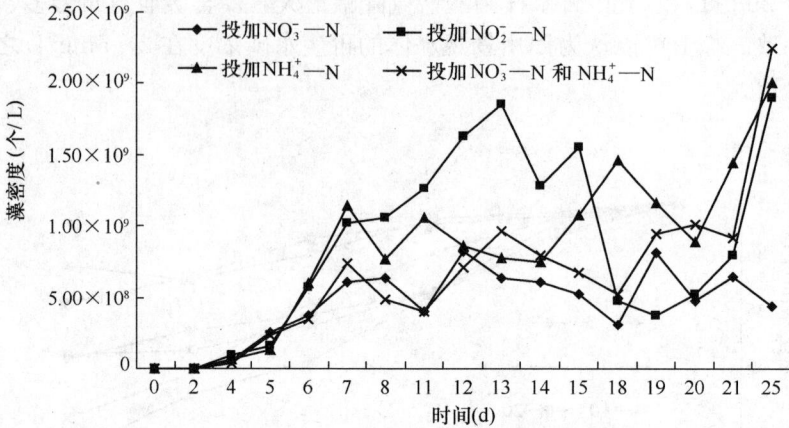

图 2-45　不同氮源再生水藻密度变化规律

水样中叶绿素的变化规律与藻密度相似，在第四天水样中检测出含量为 5mg/m³ 左右，随后叶绿素逐渐上升。与藻密度相反，硝酸盐氮水样叶绿素含量最高，达到 200mg/m³；氨氮和混合氮水样叶绿含量较低保持在 100mg/m³ 以下。叶绿素规律与藻密度产生内矛盾，这是因为硝氮水样中优势藻变成体积较大的栅藻和多芒藻，单个藻细胞所含叶绿素含量高，对叶绿素权重高，对藻密度权重低；而氨氮水样中优势藻为体积较小的小球藻，藻类权重与前者相反，从而引起叶绿素含量较高的水样，藻密度却相对较低。因此我们在评价水体藻类含量时，单独的比较叶绿素或藻密度都是不科学的，而要综合比较两个指标。

COD_{Cr} 不仅可以反映水中有机物的含量，同时还可体现水体中藻类生长情况。水体中有机物含量的升高，主要是由于藻类光合作用引起的，此时 COD_{Cr} 增加由两部分组成：悬浮性 COD_{Cr}，浮游藻细胞有机体；溶解性有机物，藻类代谢产物能和藻类死亡后释放的胞内物质。其中藻类释放的包内物质导致水体中 UV_{254} 的升高。

由于水中氮的形态不相同，所以水体中氮的变化趋势就不是单一的某一种氮形态，应当考虑总氮（TN）的变化，从而说明藻类对氮的利用情况及水体中氮盐的规律。图 2-46、图 2-47 为不同氮源再生水叶绿素、TN 变化规律。

硝酸盐氮水样 TN 下降最多，试验结束后 TN 浓度为 1.7mg/L；亚硝酸盐氮水样 TN 浓度降至 4.9mg/L；两水样 TN 下降明显，说明藻类对氮的利用较多。而氨氮水样和混合氮水样 TN 仅略有下降，分别为 19.7mg/L 和 16.7mg/L，藻类对氮的利用较少，氨氮水样中氨氮浓度较高，N 下降最少。硝酸盐氮水样藻类较氨氮水样藻类吸收氮的能力较强，可能是因为其藻类数量较多、活性强，也可能是由于硝酸盐氮比氨氮容易被藻类吸收并利用。图 2-48 分析了藻类生长所需重要营养物质磷元素的变化规律。

硝酸盐氮水样和亚硝酸盐氮水样 SP 下降迅速，最低为 0.03mg/L，与水样中 TN 的变化规律一致，而氨氮水样和混合氮水样 SP 虽然没有硝酸盐氮水样下降迅速，但是最低浓度也仅为 0.1mg/L，出现大幅度降低，这与 TN 变化规律并不相同。引起这种现象可能是下面的几个原因：①氨氮水样中生长具有固氮能力的藻类，因此不利用水中氮源，但

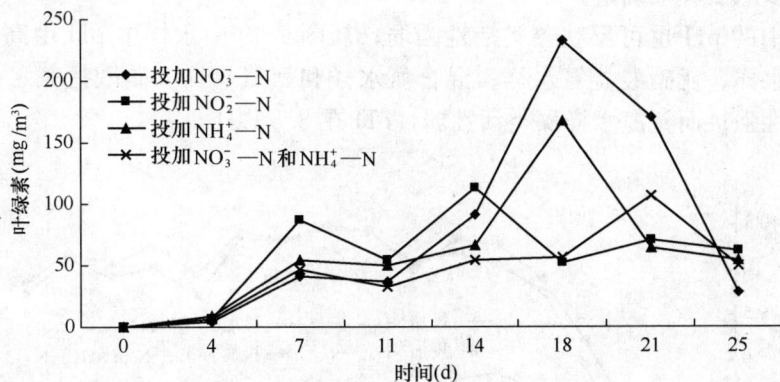

图 2-46 不同氮源再生水叶绿素变化规律

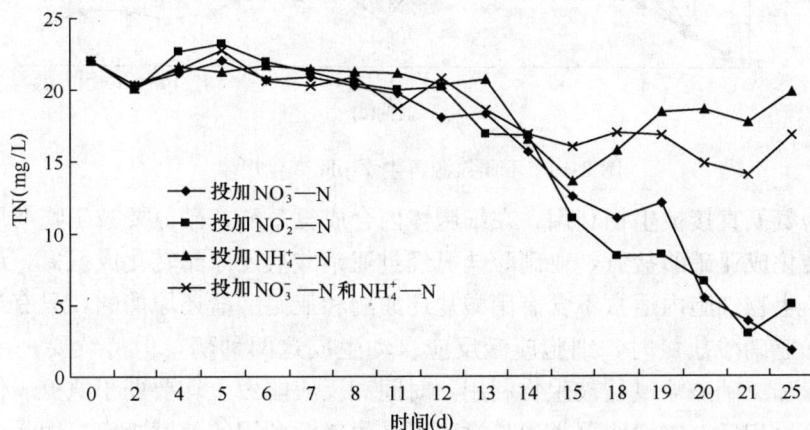

图 2-47 不同氮源再生水 TN 的变化规律

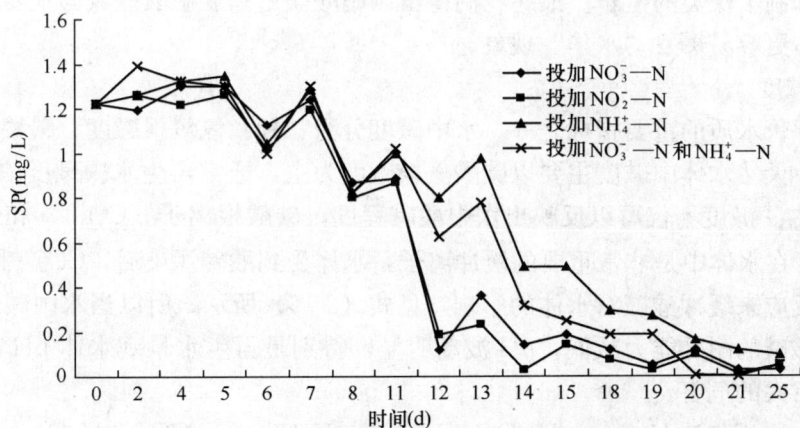

图 2-48 不同氮源再生水 SP 浓度变化规律

是 SP 被利用浓度下降；②氨氮水样中可能生长为微生物吸收溶解性磷，但这些微生物对氮需求量少，硝酸盐氮水样由于藻类大量生长，抑制了其他微生物的生长；③游离氨氮容易促进溶解性磷的沉积，从而使得 SP 降低。氨氮水样中 SP 降低而总氮不降低的准确原因，需要进一步的试验来确定。

分析水体中的 pH 也可反映藻类活性强弱，从图 2-49 中水样中 pH 由高到低的顺序为，硝酸盐氮水样、亚硝酸盐氮水样、混合氮水样和氨氮水样。硝酸盐氮水样 pH 在 10 以上，藻类活性强；而氨氮水样藻类活性弱，pH 在 8.5 以下。

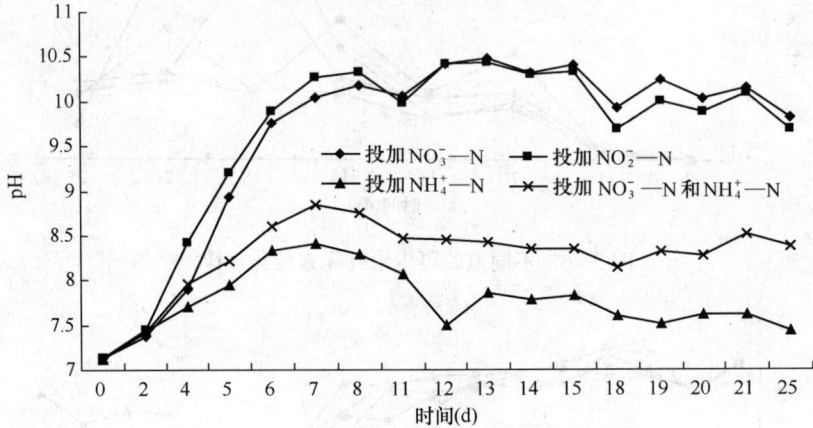

图 2-49 不同氮源再生水 pH 变化规律

理论认为氨氮直接被生物利用，在细胞体内合成氨基酸；硝氮要被生物利用首先要硝酸盐还原酶转化成亚硝酸盐氮，亚硝酸盐氮经过亚硝酸盐还原酶转化成氨氮，最终才可以被生物利用。生物细胞内通常不含有硝酸盐还原酶和亚硝酸盐还原酶的，只有当环境中存在硝酸盐氮和亚硝酸盐氮时，细胞应激反应自动生成这两种酶，但持续要一定的适应过程。硝酸盐氮和亚硝酸盐氮是被生物利用，时间和反应能力上均要弱于氨氮。但是在实际试验现象中恰恰相反，这说明藻类生长过程不是由氮源利用的速度决定，而是由其他因素决定的。氨氮浓度较高时，在藻类的生长过程中可能会抑制藻类光合作用过程中某种酶的功能，因此抑制了藻类的生长。最终我们得出以硝酸盐氮和亚硝酸盐氮为主要氮形态的再生水景观水体更容易爆发"水华"现象。

5. 不同碱度

碱度是评价水质的重要指标之一，水中碱度分为三种：氢氧根碱度、碳酸根碱度和碳酸氢根碱度，天然水体中碱度主要以碳酸氢根碱度为主，通常再生水中碱度浓度在 150～300mg/L 左右。碱度不仅可以反映出水中酸碱程度，碳酸根离子（CO_3^{2-}）和碳酸氢根离子（HCO_3^-）在水体中是非常重要的缓冲离子，水体受到酸碱污染后，CO_3^{2-} 和 HCO_3^- 可以发生化学反应来缓冲酸碱对水体的影响，见式（2-16）所示，所以当水中碱度含量过低时，水体对酸碱的耐受能力减低，pH 波动明显，特别是再生水景观水体 pH 较大波动会对生态造成巨大的危害。

$$CO_3^{2-} + H^+ \longleftrightarrow HCO_3^- + H^+ \longleftrightarrow H_2CO_3 \longleftrightarrow CO_2 + H_2O \qquad (2-16)$$

再生水景观水体爆发"水华"产生大量的藻类，藻类生长过程利用光合作用将游离的二氧化碳转化为自身有机体，许多研究表明水体中生长大量藻类后 pH 会大幅度升高至 10 以上，此时水中游离的二氧化碳含量就非常的少，无机碳主要以碳酸根离子和碳酸氢根离子存在，因此藻类光合作用主要是以这两种碱度作为主要碳源。水体呈碱性同时也有利于空气中的二氧化碳进入水体中形成新的碳酸根离子和碳酸氢根离子以补充碳源。但是当藻类利用碱度的速度大于水体吸收二氧化碳的速度时，水中碱度就会出现明显降低，酸碱容量下降，水环境遭到破坏。

通过建立五种情况碱度为 0mg/L、210mg/L、600mg/L、0mg/L（密封）、210mg/L（密封），能够考察低碱度、正常条件、高碱度以及排除空气中二氧化碳影响后与水体富营养化之间的相关规律。

图 2-50 为不同碱度体系中 COD_{Cr} 的变化情况，水中 COD_{Cr} 的变化主要是由藻类固碳造成的，因此 COD_{Cr} 的变化不仅可以说明水中有机物的含量，而且可以间接反映藻类的含量。实验开始时 COD_{Cr} 为 30mg/L 左右，逐渐地五个水样 COD_{Cr} 均升高。实验第 14d 后，密封的两个水样 COD_{Cr} 出现下降并最终降至 30mg/L，这是由于水样密封后，瓶内空间含有的二氧化碳作为藻类生长的碳源，随着这部分二氧化碳被固定后，水中无法补充到更多的碳源，藻类生长受到抑制，藻类死亡沉降后，新一代藻类无法生长，COD_{Cr} 逐渐下降。其他三个水样中 COD_{Cr} 一直升高，实验后期 COD_{Cr} 升高平缓，碱度 600mg/L 水样 COD_{Cr} 最高达到 90mg/L，高于其他水样，其次是碱度 210mg/L 水样。说明碱度在一定范围内高有利于藻类生长，符合碱度是藻类生长所需碳源的理论。

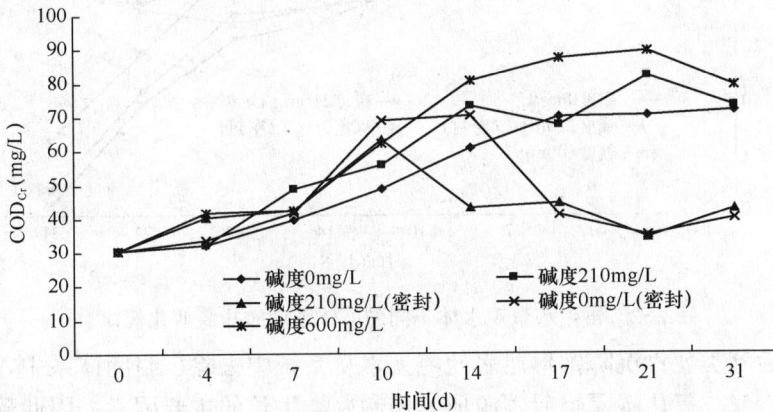

图 2-50　再生水景观水不同碱度体系 COD_{Cr} 变化规律

图 2-51 为再生水景观水体不同碱度体系 UV_{254} 变化规律。藻类在生长和死亡的过程中，自身会产生一些大分子有机物，这些物质多数含有不饱和化学键，通过测量 UV_{254} 可以反映出这部分有机物的含量，进一步评价水体安全性。水样 UV_{254} 开始阶段均无明显变化为 $0.13cm^{-1}$，在 10d 后，碱度 600mg/L 和碱度 210mg/L 出现明显升高，其他三个水样也略有增加，藻类在生长过程中很少代谢出不饱和有机物或者可能代谢出后又会被吸收利用，试验中后期 UV_{254} 升高，主要是因为死亡藻类胞内物质释放所引起的。碱度最高的水样 UV_{254} 升高最多，说明死亡藻类多，释放的大分子不饱和有机物也就多。

图 2-52 为再生水景观水体不同碱度体系硝酸盐氮变化规律。一般来说再生水中氮的形态主要以硝酸盐氮为主，藻类生长主要利用硝酸盐氮，因此在实验过程中研究分析不同碱度系统中 NO_3^- 的变化情况。敞开体系中，不同碱度水样硝酸盐氮变化规律相同，均为逐渐下降特别是在实验 14d 后，硝态氮浓度下降明显，碱度 600mg/L 水样浓度降到最低为 0.89mg/L。碱度较高有利于藻类生长，将硝酸盐氮转化为有机氮从而使水体中硝态氮

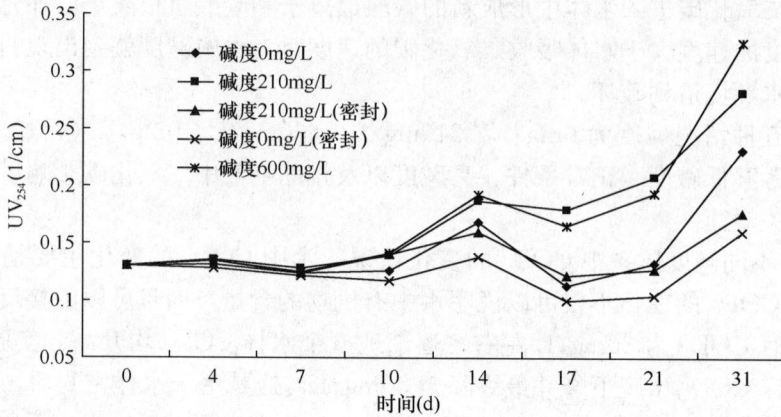

图 2-51　再生水景观水体不同碱度体系 UV_{254} 变化规律

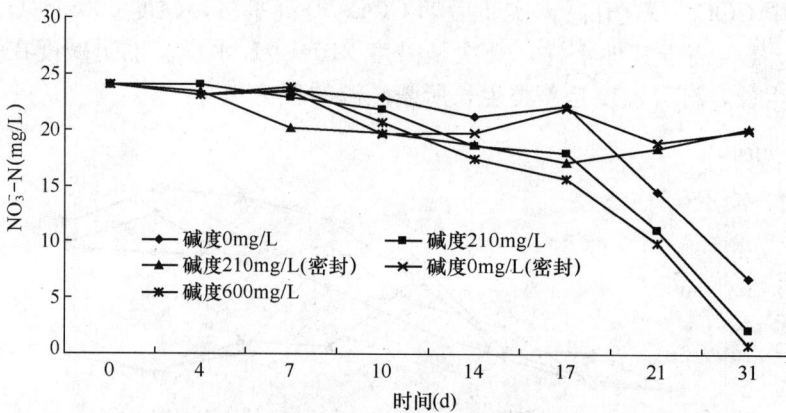

图 2-52　再生水景观水体不同碱度体系硝酸盐氮变化规律

浓度降低,最后藻类死亡沉降锥形瓶底使氮元素从系统中去除。封闭体系中,硝酸盐氮降低不明显,与空气二氧化碳隔绝后碳源成为控制藻类生长的主要因素,因此藻类无法大量的吸收硝态氮,氮元素不能充分被利用。一定范围内水样中碱度越高,硝酸盐氮降低越明显,如果从脱氮角度出发,水体中碱度高有利于脱氮。

藻类生长的另一个重要营养物质溶解性磷(SP)见图 2-53。各水样溶解性磷含量的变化相似,均逐渐降低并最终降至 0.5mg/L 以下。但是敞开体系中 SP 下降得更快,10d左右浓度达到 0.5mg/L,而封闭体系中 SP 在 21d 以后才达到此浓度,说明封闭体系中碳源抑制了藻类的生长,对溶解性磷的利用慢于敞开体系。碱度的高低对水体中的 SP 浓度变化无明显影响,再生水中藻类容易吸收磷,试验结束时磷浓度比较低,因此再生水景观水体中 SP 通常会成为藻类生长的限制因素。

通过测定不同碱度体系中藻密度和叶绿素可以直接反映出各种情况下藻类的生长规律(图 2-54、图 2-55)。碱度 0mg/L 和碱度 0mg/L(密封)两个水样中藻密度最高,前者藻密度在第 9 天最高 10^9 个/L 以上,然后因缺乏碳源大幅度下降,后者藻密度一直在升高,试验结束时藻密度达到 10^9 个/L;但是两水样的叶绿素含量却相差较大,前者在 50mg/m³ 以下,后者最高超过 120mg/m³ 以上,这说明二者之间的藻种不同,密封后碱度 0mg/L 水

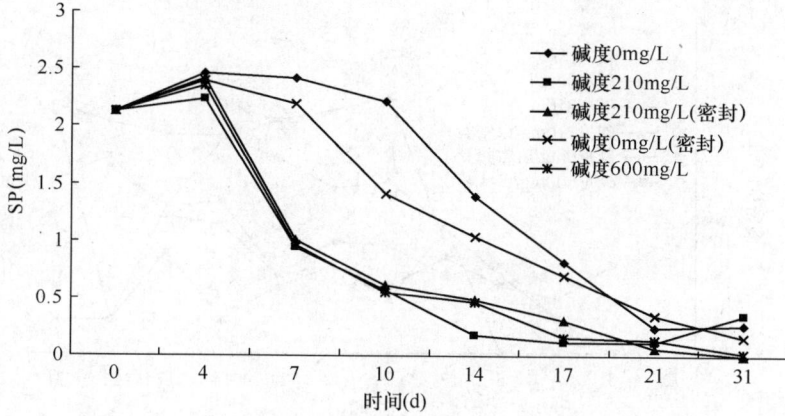

图 2-53 再生水景观水体不同碱度体系 SP 变化规律

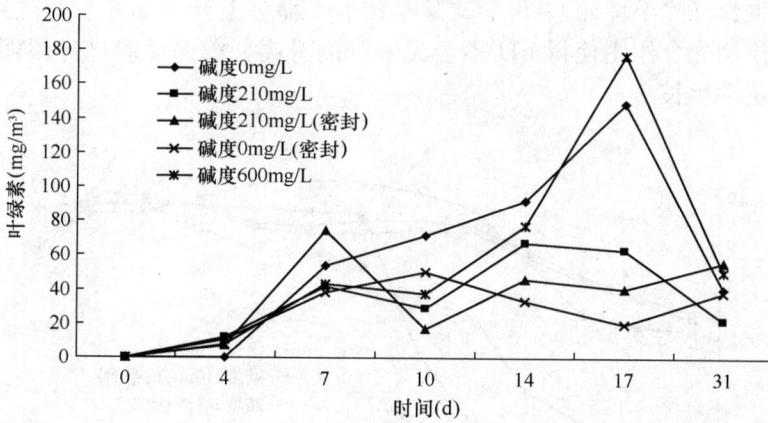

图 2-54 再生水景观水体不同碱度体系叶绿素变化规律

样优势藻始终是小球藻，随着藻类生长 pH 升高，生长环境不适合小球藻，藻类死亡，由于缺乏碳源其他藻类无法生长，小球藻体积小，对藻密度权重大，对叶绿素权重小，因此藻密度高而叶绿素含量低；而敞开体系碱度为 0mg/L 水样，起始时水体中小球藻生长，随着 pH 升高及碱度的补充，其他绿藻（栅藻、绿球藻等）开始生长，最终藻密度高，叶绿素含量也高。

碱度 600mg/L 水样和碱度 210mg/L 水样呈波动上升状态，前者叶绿素含量是所有水样中最高的为 $180mg/m^3$，两水样藻种相同均为开始阶段为小球藻，后期转变成栅藻和绿球藻。

封闭体系中两水样叶绿素含量均较低，说明水样中光合作用受到抑制。一般情况再生水景观水体中藻密度和叶绿素的相关性并不好，因此为了比较好的评价"水华"现象，需要综合分析两个指标。不论敞开还是封闭体系，碱度为 0mg/L 时藻类生长比较缓慢，在第 5d 才出现，远低于正常藻类生长情况 2～3d，因为调节碱度为 0mg/L 后，水中 pH 较低藻类生长以及使其上升需要一个过程。通过此试验也可说明以控制再生水景观水体中碱度浓度来控制藻类生长在理论上是不可行的。

通过图 2-56 所示，pH 的变化分析，进一步证明碱度为 0mg/L 水样 pH 上升需要一个过程，而 pH 上升是由于藻类生长光合作用所导致的，在第 7、8d 时 pH 才大于 8 并成

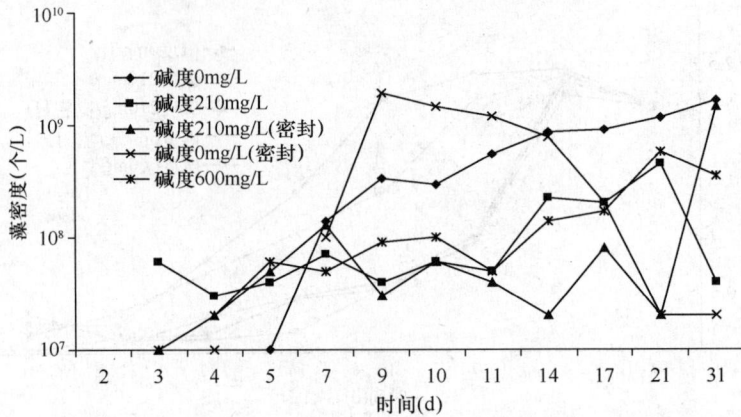

图 2-55 再生水景观水体不同碱度体系藻类生长规律

碱性适于藻类生长（除小球藻）。5 个试验水样 pH 都会上升至 9.8 左右达到平衡，说明藻类可以自身控制光合作用使得 pH 不会无限制的升高，前面试验已经说明 pH 在 11 左右，藻类无法正常生长。

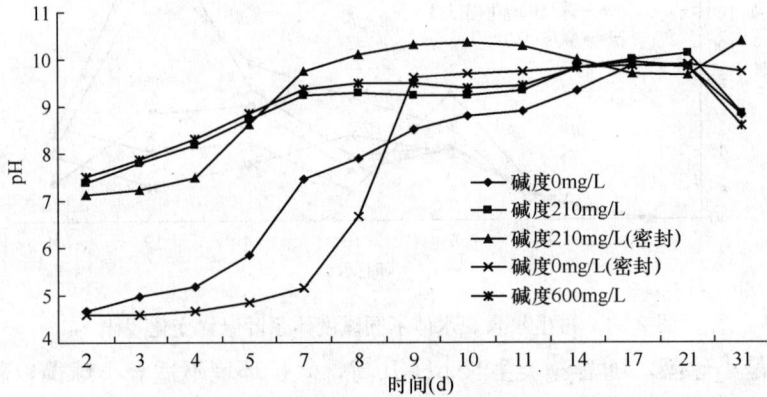

图 2-56 再生水景观水体不同碱度体系 pH 变化规律

通过对 pH 稳定阶段（试验末期）碱度含量及种类的分析，更明确的得出再生水景观水体 pH 升高的直接原因见表 2-29 所示。

再生水景观水体不同碱度体系碱度含量及种类 表 2-29

水样名称	试验开始				试验结束			
	氢氧根碱度	碳酸根碱度	碳酸氢根碱度	总碱度	氢氧根碱度	碳酸根碱度	碳酸氢根碱度	总碱度
0mg/L	0	0	0	0	0	10	40	50
0mg/L（密封）	0	0	0	0	5	30	0	35
210mg/L	0	0	210	210	0	20	50	70
210mg/L（密封）	0	0	210	210	10	30	0	40
600mg/L	0	0	600	600	0	10	100	110

注：表中数值单位均为 mg/L。

敞开体系中水体中含有碳酸根碱度和碳酸氢根碱度，即使碱度 0mg/L 水样，由于 pH 升高和空气中二氧化碳的进入使得水体中出现这两种碱度。最终水样的总碱度远低于试验开始时的碱度，直接反映了藻类生长会利用水中的碳酸根离子和碳酸氢根离子，碱度 600mg/L 水样总碱度为 110mg/L 大于碱度 210mg/L 水样，说明其酸碱容量高，对水体的抗外源污染能力强。封闭体系中，水样为氢氧根碱度和碳酸根碱度，碱度含量也低于敞开体系水样，由于体系封闭没有二氧化碳进入水体，因此水中的氢氧根碱度无法被中和，得出再生水景观水体藻类生长 pH 上升的根本原因就是藻类光合作用过程中会产生氢氧根离子，敞开体系中因为二氧化碳的不断进入使氢氧根离子被中和，生成碳酸氢根离子，这也是敞开体系中含有较多的碳酸氢根离子的原因，见化学反应式（2-17）。

$$CO_2 + OH^- \longleftrightarrow HCO_3^- + OH^- \longleftrightarrow CO_3^{2-} + H_2O \qquad (2-17)$$

根据国内外研究推测氢氧根离子的产生主要是由于光合作用过程中需要消耗氢离子，合成 ATP、各种酶的活性转化也离不开氢离子，所以藻细胞会将水中的质子分离出来，从而将剩余氢氧根离子排放出来，另外还有一部分氢离子可能来源于碳酸氢根离子。敞开体系中碳酸氢根离子浓度要远高于碳酸根离子浓度，说明藻类在利用碱度的过程优先利用碳酸根离子。

2.4.5.5　再生水景观湖水力循环及水生植物的作用

1. 水力改善措施

富营养化发生最主要的影响因素有以下三方面：①总氮、总磷等营养盐相对比较充足；②缓慢的水流流态；③适宜的温度条件。只有当这三方面条件都比较适宜的情况下，才会出现某些藻类的疯长，发生富营养化。可见水流流态也是发生富营养化非常重要的一个影响因素，它是产生富营养化的载体，不同水生生物受水力条件影响不同，水流生态环境分类及每一生态类型在不同弗洛德数数值段内出现的频率比较好地反映了水流流态对水生生态的影响程度。当水流速度过小，水体的交换作用减弱，就会有大量的浮游植物能够生长。所以调控水流流态，使其朝着有利于富营养化水体修复与重建良好生态系统，对于富营养化地控制起到至关重要的作用。

俗话说"流水不腐"，流动的河流不易产生"水华"；静止的湖泊通常是藻类生长的繁殖温床。如深圳某居住小区有一条长约 200m，平均宽度 2.5m，平均水深 0.3m 的景观溪流，整个溪流按垂直高度分为五段，每段高差 0.3m，总高差为 1.2m，以宽顶堰溢流形式溢水，并在溪流中设置了一些喷泉小品，自建成运行后溪流一直清澈自然。20 世纪 90 年代汉江发生三次"水华"，三次发生"水华"平均流速的最大值为 0.2m/s，而在 1993 年，水体中的总氮、总磷浓度也很高，达到富营养化发生的标准，甚至要高于发生"水华"时水体中的氮、磷含量，但这一年汉江的平均流速为 0.583m/s，温度较低，这样就限制了水华的产生，这一现象很好地说明了水流流态的重要性。

水力改善系统在景观水体水质维护中主要有以下作用：

（1）由于水体中植物营养物质氮、磷的过度积累，引起藻类的大量繁殖，水体溶解氧被大量消耗，导致水体缺氧并滋生出大量的厌氧微生物，造成水体发黑发臭。通过水力改善系统，一方面可以缓解这一现象；另一方面，通过打循环水，提高对整个湖面的搅动程度，水面的波动和跳跃卷吸空气中的氧气，从而可提高水体中溶解氧浓度，维持了水体较高的自净能力。

（2）更重要的是水力改善系统，使得藻类无法在同一地点、同一状态下较长停留，破坏了藻类生长所需要的稳定的水环境，可以有效抑制藻类的生长。

（3）再生水是深度处理后的城市污水，难免会残留发泡物质，再加上藻类呼吸作用产生的微气泡，会形成气泡连成片的景象，极大地影响了景观水体的美观效果。在增加水力改善系统的处理后，就很好地避免了水面泡沫的产生；同时改善水利条件可避免产生死水区，一点水质恶化，整个景观水体受污染。

（4）通过打循环水，造成了水体流动的状态，流淌的潺潺流水可以使环境呈现出活跃的气氛和充满生机的景象，整个湖面看上去，微波粼粼，碧波荡漾，增加了景观水体的美学效果，提高了可观赏性。

（5）水力改善系统可以降低维持湖面干净的劳动强度，因为在没有水力改善系统的情况下，漂浮物分散在整个湖面上，打捞处理湖面漂浮物需耗费大量人力，而在水力改善系统的维护下，漂浮物聚集在几处，清理这些漂浮物变得相对简单易行。

2. 生态强化系统

高等水生植物在现代城市园林造景中是必不可少的，因为水生植物不仅具有较高的观赏价值，还可大大增加景观水体的美学效果，同时还是湖泊主要的初级生产者之一，对湖泊生态系统的结构和功能也有重要的作用。水生植物在湖泊营养盐控制方面可以发挥重要的作用，水生植物在生长过程中，需要吸收大量的氮、磷等营养元素，对水体中的重金属也有吸收、富集的作用，当水生植物运移出水生生态系统时，被吸收的营养物质随之从水体中输出，从而达到净化水体的作用；水生植物生长旺盛，根系发达，与水体接触面积大，形成密集的过滤层，悬浮、不溶性颗粒、胶体被其阻隔沉降下来，从而可提高水体透明度；水生植物和浮游藻类在营养物质和光能的利用上是竞争者，水生植物个体大、生命周期长，吸收和储存营养盐的能力强，能很好地抑制浮游藻类的生长；水生植物还能分泌它感物质抑制浮游植物的生长，如某些水生植物能分泌克藻物质，达到抑制藻类生长的作用·

根据水生植物在水环境中的分布特征，以及它们的形态、构造特点，通常以生态类型将水生高等植物分为四大类型，挺水植物、浮叶植物、沉水植物和漂浮植物。

沉水植物，根扎于水下泥土中，全株沉没水底之下，对于本研究不宜采用。因为本研究对象平均水深1m，水下光照不充足，沉水植物生长会受到水下光照的影响，若水下光照严重不充足时，沉水植物会大量死亡。漂浮植物，茎叶或叶状体漂浮于水面，根系悬垂于水中，因其漂浮不定不利于课题的开展研究。

水生植物的选择原则主要以植物吸收营养盐能力及遮光效果为主。挺水植物茎叶伸出水面，根和地下茎埋在泥里，生命力强、对土壤的要求不高，对氮、磷需求较大，适于北方景观水体栽培；浮叶植物根生长在水下泥土之中，叶柄细长，叶片自然漂浮在水面上，遮光效果良好，可以有效抑制藻类生长。

考虑到本研究对象本身水质特点以及北方的气候特征最终确定了9种水生植物作为本次试验的研究对象，分别是：芦苇、荷花、花叶葱、千屈菜、三棱草、菖蒲、鸢尾、睡莲。

芦苇：挺水植物，多年生水生或湿生的高大禾草，对土壤要求不严，过湿过旱都能生长，具有很强吸收氮能力。

荷花：挺水植物，具有很佳的观赏效果的同时亦起到遮光作用。

花叶葱：挺水植物，株高 1～2m，茎秆高大通直、黄绿相间，非常美丽，具很好的观赏效果，耐低温，北方大部分地区可露地越冬，管理方便。

千屈菜：挺水宿根草本植物，较耐寒，可露地越冬，在浅水中栽培长势最好，对土壤要求不严，生命力极强，管理方便。

菖蒲：挺水草本植物，生长迅速，对氮、磷的需求较大，适宜水中生长，对生长环境要求不高。

鸢尾：挺水植物，具根状茎的多年生花卉，高约 80 厘米，花出叶丛，花型大而美丽，具有极佳的观赏效果。

睡莲：浮叶植物，对水质要求不严，既具有观赏功能又可遮光。

在引种植物的生长初期或休眠期，从北京苗圃直接采集研究用试验活体（植株、地下茎芽孢等）。引种时做好保湿处理，一般取完植株后，用周边的其他水草或杂草浸湿后敷根、包裹茎、叶，尽快植于试验区。

植物的含氮量、含磷量测定方法如下。

（1）植物的消解

将称好的植物材料放入凯氏烧瓶中用于测定总氮，取另一个烧瓶不放材料作为对照。在放入植物材料的烧瓶中加入浓硫酸 5mL，浸泡过夜，以减少消化时泡沫产生外溢。然后放在通风柜内进行消化，将烧瓶放在电炉或消化架上加热消化，凯氏烧瓶应倾斜 45°左右，万一有少量样品沾在瓶颈部，可转动烧瓶，利用冷凝之硫酸将样品冲至瓶底。消化物第一次变黑沸腾之后放冷一分钟加 20 滴 40％过氧化氢溶液，再加热微沸几分钟之后放冷加 5 滴过氧化氢，这样消解 5～6h 以上直至消化物溶液颜色清亮呈蓝绿色为止。

开始时，火焰宜小，以防止内熔物上升至瓶颈。首先看到烧瓶内物质碳化变黑，并产生大量泡沫，此时要特别注意，不能让黑色物质上升到烧瓶颈部，否则将严重影响样品的测定结果。当混合物停止冒泡，水蒸气与 SO_2 均匀放出时（即出现白色雾状物时），才逐渐升温，使内熔物达到微沸。

消化过程中，假若瓶颈上发现有黑色颗粒，应小心地将烧瓶倾斜振摇，用消化液将它冲洗下来，并经常转动烧瓶，使全部样品都浸在硫酸里，以保证样品消化完全。在烧瓶中消化液褐色消失，而呈清澈蓝色（清亮的蓝绿色后），再加热 30min，以保证消化反应的彻底进行。若溶液中带有黄色，表示消化不完全。消化不彻底，总氮总磷量会偏低。

在消化过程中，瓶中内容物的颜色会发生以下变化：

$$黑 \longrightarrow 深棕 \longrightarrow 浅棕 \longrightarrow 黄 \longrightarrow 绿$$

停止加热，待烧瓶冷却后，仔细加入 10mL 蒸馏水洗涤瓶壁，再将消化液小心转入 50mL 容量瓶中，以无氨水少量多次冲洗凯氏瓶，洗涤液并入容量瓶．冷却后用无氨水定容至刻度，混匀备用。

（2）含氮量的测定

吸取上述消煮液 5mL 于 50mL 容量瓶，定容。吸此稀释液 5mL 于 50mL 比色管中，加入氢氧化钠溶液 5mL，氧化剂溶液 15mL，加水稀至刻度，摇匀。与标准系列同时放入消毒器，在 120℃下高压氧化 30min，取出冷至室温，在波长 210nm 处，用 1cm 石英比色皿，以无氨水作参比，在紫外分光光度计上进行总氮含量测定。

（3）含磷量的测定

待测液中的磷酸根在 0.4N 酸性溶液中，与钼酸铵生成黄色的磷钼杂多酸络合物，当加入 1，2，4 一氨酸奈酚磺酸还原剂时，磷钼黄被还原为磷钼蓝。蓝颜色的深浅在一定范围内，同待测液中的磷的含量成正比关系。

入冬植物收割后，几种水生植物都取根部以上至少 200g，用于测定植物体内的氮磷含量，取样后剩余部分亦称重。

研究性测定结果如图 2-57 所示：

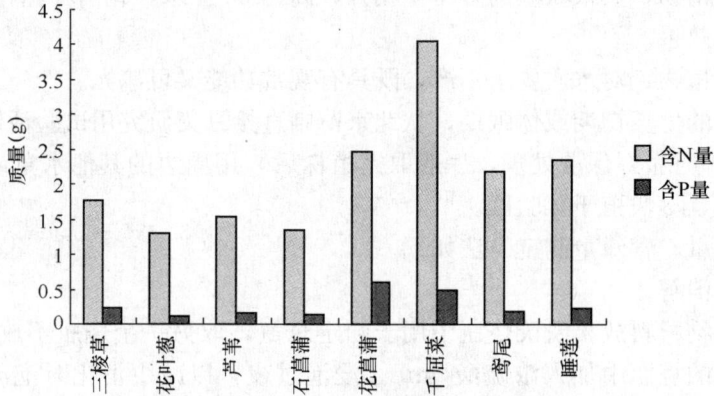

图 2-57　100g 植物干重氮磷含量

从上图可以看出，研究所选的 9 种水生植物对氮、磷都有一定的去除效果，其中千屈菜和花菖蒲无论对氮还是磷都有很好的去除效果，千屈菜除氮能力最强为 4.05％，花菖蒲除磷能力最好为 0.598％。鸢尾、睡莲除氮、磷效果也较好。

根据实践，叶子细窄狭长、株杆高的水生植物吸收氮磷的能力要比叶子宽大、矮小的差一些。

水生植物的生长周期为 4 月中旬至 10 月中旬，在其生长的六个月期间，通过计算分析，水生植物吸收氮、磷情况示于表 2-30。

水生植物对氮、磷吸收情况　　　　　　　　　　　　　　　表 2-30

植物名称	除氮（g）	总磷（g）	植物名称	除氮（g）	总磷（g）
三棱草	1502.82	204.93	花菖蒲	693	167.28
花叶葱	733.02	62.484	千屈菜	215.64	26.2
芦苇	4385.934	498.519	鸢尾	1944.81	172.87
石菖蒲	690.56	67.23	睡莲	390.82	39.08

可见大型水生植物对氮、磷营养盐具有很好的吸收、富集作用，通过水生植物对氮、磷的吸收，使得水体中营养盐浓度下降，从而在一定程度上可防止发生"水华"；水生植物可大大增加景观水体的美学效果，提高了可观赏性；水生植物的合理培养在维持景观水体的生态平衡、改善整个湖体的生态系统方面发挥重要作用。所以水生植物在景观水体的水质维护中是必不可少的。

2.5 再生水地下回灌

人工地下水回灌也称为有计划的回灌，是指将多余的地表水、暴雨径流水或再生污水通过地表渗滤或回灌井注水，或者通过人工系统人为改变天然渗透条件，将水从地面输送到地下含水层中，与地下水一起作为新的水源开发利用。

地下回灌已有数千年历史，人们在第一次用水灌溉农田或者在构筑堤坝蓄水的时候，人工回灌就已经开始了。人们在生活和生产活动中用过的水都或早或迟会进入水圈的循环中，经过自然或人工净化后被再次利用。美国给水协会对155座城市供水的研究结果表明，给水水源每$30m^3$水中就有$1m^3$是从上游城镇污水系统排出的。

我国在面临水资源严重短缺的今天，北方许多城市存在水资源短缺、地下水过度开采、地下水水位下降的问题；污水回用已成为水资源可持续利用的必然选择。将符合水质要求的再生水回灌地下含水层，借助于物理、化学和生物过程进行额外的净化，不仅可以有效地增加地下水资源的存储量，防止地面沉降和海水入侵，并可以较好地利用含水层的储水空间，起到年度和年际的调节作用，为水资源的一体化管理提供极大的灵活性。因此，利用再生水进行地下水回灌是扩大污水回用最有益的一种方式，具有广阔的发展前景。

2.5.1 地下回灌的必要性

地下水的天然补给非常缓慢，长期过量开采地下水会导致地下水位下降，引起地下水资源枯竭；再生水储存于地表水库和河湖也潜在着一定的风险。而实施再生水地下回灌则可以解决这两方面的问题，再生水地下回灌正变得越来越重要。因为，地下水人工回灌可以起到如下作用：

(1) 缓解洪水及其危害；

(2) 改善市容、土地价值和生物多样性；

(3) 减少城市污水排泄量，改善沿海水质；

(4) 在供水区提高环境流场；

(5) 保证并提高水的供应；

(6) 防止含水层咸化，淡化咸水含水层。

另外，地下水人工回灌过程中，还通过灌溉、场地处理处置等方式实现了对市政、工业废水的过滤，可以增加公众对再生水资源回用的信心，主要是由于：（A）地下含水层是一个庞大的自然系统，对人类活动中产生的病原体有较强的去除作用，而这些病原体对人体健康的危害非常大；（B）增加了再循环时间，可以使原本降解非常缓慢的污染物有更长的时间进行微生物分解；（C）被吸附污染物浓度没有超过含水层的吸附能力的条件下，含水层可以通过吸附有效去除水中污染物。

将再生水回灌到地下，利用了含水层输运地下水、去除污染物、不占用地表空间等特点，相比较再生水储存于地表水库、河湖，有以下几个优点：

(1) 不存在因建水库或大坝而造成对环境的影响；

(2) 人工回灌的费用要小于同等规模地表水库的费用；

（3）含水层可以减少用于运输地表水的管线或渠道，不需要修建长距离的输水系统；

（4）储存于地表水库的水，由于藻类和其他溶于水产物的影响，会面临蒸发、味觉和嗅觉问题，造成污染，而土壤含水层处理方法和地下储存则可以避免；再生水回灌进入地下后，蒸发量远比地面水库少；

（5）适合作为地表水库的场地可能并不可行或不被环境接受，将再生水回灌到地下则不存在这些问题；

（6）在废水回用项目中包含地下水回灌，作为再生市政废水向地下水转变的结果，可以克服公众对污水回用的心理障碍。

近年来，用含水层处理再生水越来越受到关注，这种方法已经成为"新"水资源的最可靠来源。在含水层处理系统中，再生水在丰水期注入含水层中，到枯水期再开采出来。再生水地下回灌起到了降低季节性水资源供应的影响，实现水资源供求平衡的作用。再生水含水层处理系统已被证明是一项可靠的水资源管理措施，可以起到以下调节和保护水资源的目的：

（1）季节性和长期的水资源储存；

（2）应急水资源储存；

（3）有助于保证最低的水流和水位；

（4）有助于控制海水入侵；

（5）含水层回灌和输移；

（6）有助于减少水资源管理和设施扩建的费用。

从长远来看，地下含水层可作为季节性或长期的水资源储存库，用于应急和其他水资源管理的需要，这对于资源型缺水的特大城市显得尤其重要。例如，北京连续 5 年的干旱，水库蓄水和地下水源都已是历年最低水平，市区水厂的水源缺口较大，城乡供水安全受到前所未有的挑战。根据北京地区地下水含水层的调节作用及规律，要坚持可持续发展的原则，就必须将地下水消耗率保持在可再生（自然的和人工的）速度限度内，将人类活动对地下水的地质生态环境的干扰程度限制在地下水的地质环境承载能力范围之内。将再生水回灌到地下含水层，增加地下水的储存量，提高含水层的调节能力，以确保城市稳定供水。

在充分考虑到地下水回灌作为水资源管理工具所呈现的诸多优越性的同时，不能忽略其潜在的不足之处。在设计、施工和运营回灌工程时应尽可能使负面影响减至最小：

（1）建设回灌工程的场地、土壤和植被受到扰动，可能会损害周围的生态环境；

（2）回灌水的水质应得到可靠保证，否则会降低含水层的质量；

（3）要有充足的源水供应地下水回灌，若水量太少，地下水回灌有可能在经济上是不可行的；

（4）在没有经济利益刺激、运用法律或法规来维护监测井和取水井时，这些井会失修，难免成为地下水的污染源。

2.5.2 国内外再生水地下回灌发展历史及研究应用情况

利用再生水进行地下水回灌在国外已有较长的历史，并得到了广泛应用。早在 20 世纪 70 年代美国就开始使用再生水补给地下水，以防止海水入侵和地下水位下降。加州橘子县为了防止海水入侵，1972 年兴建了当时世界上最大的深度处理厂（21 世纪水厂），设计处理能力为 56780m³/d，再生水处理工艺为：化学澄清、再碳酸化、活性炭吸附、反渗透及加氯消毒，该工程于 1976 年投入运行。21 世纪水厂的净化水通过 23 座多套管井，81 个分散回灌点将再生水注入四个蓄水层，注水井位于距太平洋约 5.6km 的地方。回注前，再生水与深层蓄水层井水以 2：1 比例混合。该再生水回灌工程至今已成功运行 30 多年。美国 21 世纪水厂出水水质及水质要求见表 2-31。21 世纪水厂实施人工地下水回灌可以扩大地下含水层，为城市提供 50% 的供水，防止海水倒灌，每年减少 1517 万 t 的城市污水排入海洋，减少了对 Colorado 河的依赖。

美国 21 世纪水厂出水水质及水质要求 表 2-31

项 目	进水	反渗透出水	混合池出水	加州饮用水标准
TN（mg/L）	18.3	2.6	3	10
氯离子（mg/L）	237.6	18.4	43.8	250
氟化物（mg/L）	1.0	0.21	0.46	1.4~2.4
硫酸盐（mg/L）	217.5	13.8	34	250
氰化物（μg/L）	14.7	8.1	15.4	200
TDS（mg/L）	935.9	60.2	235.3	500
大肠杆菌（MPN/100mL）	1536981	<1.0	<1.0	<1.0
浊度 NTU	6.2	<0.01	0.27	
色度（度）	34.6	<5	11.1	
硬度（mg/L）	298	4.7	34	180
pH	7.5	6.9	7.2	6.5~8.5
电导率（μs）	1848	150	419	
COD（mg/L）	39	3.0	8.0	30
TOC（mg/L）	10.2	0.72	2.09	
THMs×10^{-9}	6.0	2.7		100
钠（mg/L）	231	21	65	115
硼（mg/L）	0.85	0.52	0.4	0.5
砷（μg/L）	<5	<5	<5	50
钡（μg/L）	93.5	1.1	6.6	1000
镉（μg/L）	9.3	0.07	0.2	100
铬（μg/L）	33	0.82	0.5	50
铜（μg/L）	49.3	3.9	4.9	1000
铁（μg/L）	113.8	2.8	22.2	300
铅（μg/L）	4.7	0.6	0.1	50
锰（μg/L）	56	0.1	2.1	50
汞（μg/L）	0.3	0.3	0.4	2
硒（μg/L）	<5	<5	<5	10
银（μg/L）	1.6	0.1	0.2	50

美国亚利桑那州 Tucson 市坐落于盆地当中，随着人口的增长，Tucson 市对地下水的消耗显著增长，天然或偶然补充地下含水层远远不能满足需求。该市相当一部分地下水位下降超过 60m，地面沉降从 3cm 到 15cm 不等。20 世纪 70 年代末和 80 年代初，该市开始

评价开发利用替代水源的区域性计划，确认城市污水厂二级出水是主要的且其效益未被充分开发的可再生水资源，并建立 Sweetwater 回灌场，逐步开始实施人工地下水回灌计划。

Sweetwater 回灌场建在季节性河流 Santa Cruz 河的河岸上，该回灌场由 8 个回灌池组成，总面积 11ha；回灌池开挖深度 3.6m。再生水经 SAT 后，在包气带 DOC 去除率为 92%，总有机卤素（total organic halogen, TOX）去除率为 80%，表层土壤 3m 内可去除 58% 的总氮，表层土壤 7m 内可去除 99% 的示踪剂病毒 MS-2 和 PRD-1。

德国柏林市位于 Barnim 和 Teltow 高原之间，Warschauer 冰谷之中，有运河和湖泊环绕，在冰川谷断面存在第三纪和第四纪沉积层。该地区砂土土质地层为地下水回灌提供了良好的水文地质条件。柏林 Ruhleben 污水处理厂建有脱氮除磷三级处理，利用 Ruhleben 污水处理厂出水在 Karolinenhoehe 区进行土壤渗滤试验，回灌水经 SAT 处理前后主要的水质变化列于表 2-32，并得到如下主要结论：好氧条件下，弱碱性污水可防止土壤中重金属解吸；氨氮在土壤表层 1～3m 深度可完全转化为硝酸盐氮；硝酸盐氮的反硝化发生在深层土壤（缺氧条件）；20% 的 AOX 可以在 3.5m 深度的土壤含水层中被去除；30%～40% 有机物可以被生物降解；再生水中重金属浓度低，土壤中重金属未发生解吸。

Ruhleben 污水处理厂出水经 SAT 处理后水质变化情况（渗滤速度 6.2～13.3m/年）

表 2-32

参　　数	回灌水 (1987～1990 年)	SAT 处理后（土壤层厚度 3.5m）(1987～1990 年)	SAT 处理后（土壤层厚度 9m）(1994 年)
pH	7.56	6.67	6.70
COD (mg/L)	52	26	
DOC (mg/L)	16.6	10.1	8.4
NH_4^+-N (mg/L)	14.5	0.51	0.1
NO_3^--N (mg/L)	6.15	26.01	20.4
NO_2^--N (mg/L)	0.67	0.10	0.02
PO_4^{3-}-P (mg/L)	0.2	1.9	2.5
AOX (μg/L)	81	67.5	37
Cd (μg/L)	<2	7.5	0.4
Cr (μg/L)	6	<10	1.6
Cu (μg/L)	6.5	36.3	0
Fe (μg/L)	0.61	0.053	0.137
Pb (μg/L)	<20	35	3

德克萨斯州的埃尔派沙（EL Paso），从 1985 年 6 月开始，将弗立德荷凡再生水厂的出水回灌至汉克鲍尔逊地下水蓄水层，供应埃尔派沙需水量的 65%，同时地下水位的下降得到了控制。

以色列是一个半干旱气候国家，缺乏充足的天然水资源。尽管海水咸水脱盐技术的发展能够部分解决水资源的不足，但是未来人口增长和经济发展对水资源有更大的需求，仍然存在着水资源缺乏问题。比较可靠、易于操作和相对廉价的污水回用，目前在以色列已达到 75%，是西方国家中污水回用比例最高的国家（图 2-58）。

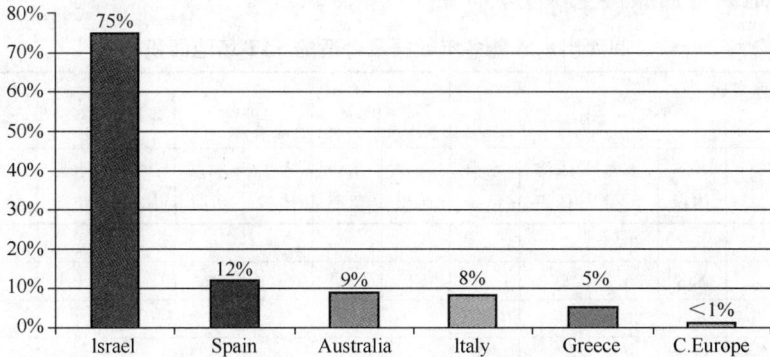

图 2-58　西方国家污水回用比例对比图

在污水回用过程中，土壤含水层处理技术（SAT）是解决水资源短缺问题比较有效的方法之一。通过向农业灌溉提供接近饮用水水质的供水，SAT 系统每年可以节省 1.4 亿 m^3 的淡水资源。

以色列的土壤含水层处理系统历史悠久，早在 1955 年，政府就建立了 SAT 的概念。1970～1973 年建造了深度处理氧化塘；1977 年，在 Soreq 回灌场地，污水经过强化处理塘和石灰镁处理，进行地下回灌；1987 年建造了现代传统活性污泥（conventional activated sludge，CAS）厂的第一阶段；1987 年和 1988 年分别开始了 Yavne 1 和 Yavne 2 入渗场地的运行；1989 年，在氧化塘之后，停止了石灰镁处理工艺；1989 年建造了通往 Negev 的第三条供水线；1996 年建造 CAS 的第二阶段；1996 年开始 Yavne 3 入渗场地的建设；1999 年停止了强化处理氧化塘的运行；2003 年开始 Yavne 4 入渗场地建设；2006 年开始 Soreq 2 入渗场地的建设。这些 SAT 处理场地位于 Shaf Dan，再生水回灌剖面图见图 2-59，整个回灌场地占地 111hm²，水力负荷 0.2～0.5m/d，循环时间（cycle time，CT）由回灌期（1～2d）、排放期（1～2d）和干化期（2～4d）组成，包气带厚度 15～30m，开采井距离回灌盆地 100～1500m，开采井深 70～150m，再生水进入含水层后，在含水层中滞留 3～12 个月，每 15～30d 对回灌池清理一次。从 1977 年到 2006 年，以色列

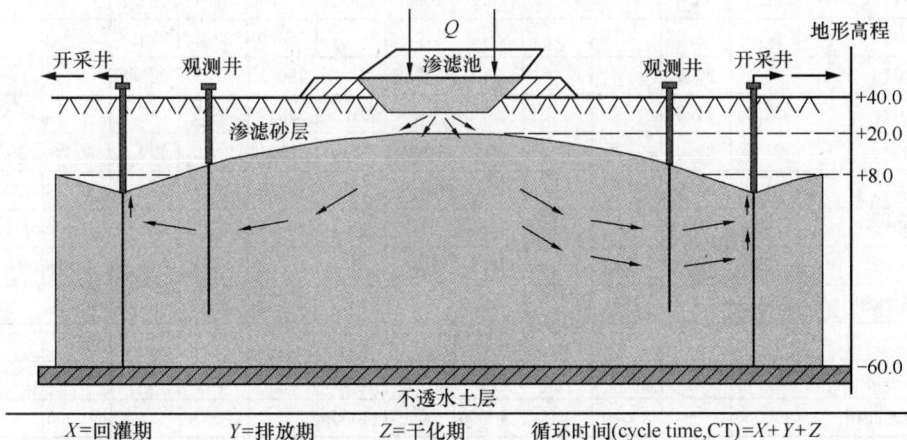

图 2-59　以色列 Shaf Dan 地区 SAT 处理系统剖面示意图

的几个回灌场地累计回灌再生水 19.79 亿 m³（表 2-33）。

回灌出水水量多年数据及合适的 SAT 场地面积 　　　　　　　　　　　　表 2-33

年份 / 场地名称	Soreq 1		Soreq 2		Yavne 1		Yavne2		Yavne 3		Yavne 4		总计
	入渗体积	水力负荷	入渗体积	水力负荷	入渗体积	水力负荷	入渗体积	水力负荷	入渗体积	水力负荷	入渗体积	水力负荷	入渗体积
1977	5.2	20.8											5.2
1978	8.8	35.2											8.8
1979	8.3	35.2											8.3
1980	11.6	46.4											11.6
1981	13.8	55.2											13.8
1982	16.2	64.8											16.2
1983	17.7	70.8											17.7
1984	13.2	52.8					4.0	22.2					17.2
1985	15.5	62.0					1.7	9.4					17.2
1986	15.5	66.4					2.1	11.7					18.7
1987	4.5	18.0			32.0	133.3		0.0					36.5
1988	16.8	67.2			30.0	125.0	21.2	117.8					68.0
1989	16.0	64.0			20.4	85.0	30.7	170.6					67.1
1990	20.9	83.6			22.7	94.6	33.0	183.3					76.6
1991	18.9	75.6			28.0	116.7	31.9	177.2					78.8
1992	19.6	78.4			25.8	107.5	29.8	165.6					75.2
1993	21.2	84.8			25.5	106.3	26.6	147.8					73.3
1994	20.4	81.6			28.1	117.1	30.4	168.9					78.9
1995	15.3	61.2			29.9	124.6	27.5	152.8					72.7
1996	17.5	70.0			24.7	102.9	24.4	135.6	23.0	121.1			89.6
1997	18.4	73.6			23.9	99.6	26.8	148.9	33.7	177.4			102.8
1998	12.2	48.8			29.4	122.5	26.3	146.1	35.4	186.3			103.3
1999	20.2	80.8			26.3	109.6	25.1	139.4	37.1	195.3			108.7
2000	22.1	88.5			28.3	117.5	27.7	154.0	38.0	200.1			116.1
2001	20.1	80.4			29.4	122.5	22.7	126.1	42.9	225.8			115.1
2002	22.9	91.4			23.4	97.5	21.5	119.4	46.2	243.2			114.0
2003	21.0	83.9			26.2	109.4	18.0	100.1	38.0	199.9	2.7	16.0	106.0
2004	21.0	84.1			21.8	90.9	18.9	104.8	30.2	159.0	20.4	120.0	112.3
2005	25.5	102.0			20.7	86.2	19.4	107.8	42.5	223.8	19.0	111.6	127.1
2006	25.3	101.3	1.4	17.4	16.8	70.0	18.6	103.2	43.9	230.9	16.1	94.7	122.1
总入渗体积	506.8		1.4		513.2		188.3		410.9		58.2		1978.8
平均水力负荷	67.6		17.4		106.9		117.9		196.6		85.6		
施工年份	1977		2006		1987		1984		1986		2003		
入渗场地面积	250000		80000		240000		180000		190000		170000		1110000

地下水回灌过程中，通过比较二级出水和 SAT 出水可以发现，SAT 系统对主要污染物都有比较好的去除效果（表 2-34），BOD 从 8mg/L 降至 ＜0.5mg/L，COD 从

40mg/L 降至 10~20mg/L，TN 从 20mg/L 降至 5~10mg/L，大肠杆菌在 SAT 出水中已经检测不到。

Shafdan 地区 SAT 处理系统水质变化表　　　　表 2-34

项　目	单位	生活污水	二级出水	SAT 出水	饮用水标准	Inbar Comm.
BOD	mg/L	430	8	<0.5		10
COD	mg/L	1060	40	10~20		100
TSS	mg/L	380	8	<0.1		10
TN	mg/L	65	20	5~10		25
NH_4	mg/L	35	6	0.1		20
UV_{abs}	$cm^{-1} \times 10^3$	450	212	25		
DOC	mg/L	70	12~18	2-4		
Pt	mg/L	14	1.7	<0.02		5
Det	mg/L	8	<0.2	<0.1	1	2
T. coli	N/100mL	1.1E8	5.6E5	0	3	
F. coli	N/100mL	1.2E7	1.8E4	0	0	10
Mn	$\mu g/L$	50	25	30~500	500	200
Fe	$\mu g/L$	1100	80	10~100	1000	2000

　　随着全球性水资源短缺和水污染的加剧，美、法、德、澳、以色列等发达国家都在推行再生水回灌技术。美国加州现有 200 多个污水回用厂，为 850 多个用户提供再生水，每年回用水量约 3.3 亿 m^3，回用水中约 14% 被回灌至地下水，而且将成为污水回用的主要方向。在法国，有 30~50 座污水处理厂采用土壤渗滤技术进行污水处理，出水或储存于含水层或抽走回用。法国地中海沿岸的 Grau Du Roi 市为减少或避免二级处理出水对附近旅游点海水的污染，出水经过几米厚自然土壤层渗滤后回灌于地下含水层中。2008 年澳大利亚已有 5 个州运行地下水回灌工程，2 个州正在研究。1999 年在南澳大利亚的 Bolivar 采用含水层储存回采工艺进行再生水地下回灌，2008 年 Alice Springs NT 应用土壤含水层处理技术回灌再生水。以色列再生水回灌地下占污水回用的 30% 左右。Dan Region 工程是以色列最大的水回用项目，服务人口 130 万，日处理城市污水 $27 \times 10^5 m^3/d$，负责 Tel－Aviv 地区和邻近地区城市污水的收集、处理、地下回灌和回用，回灌地下后，获得高质量的再生水，可不受限制地用于各种农作物灌溉等多种非饮用用途。

　　在我国北京等大城市，再生水已广泛用于市政杂用、园林绿化、河湖景观和农田灌溉等，但利用再生水进行地下水回灌还处于探索阶段，目前仅有北京排水集团与清华大学合作开展的再生水地下回灌示范工程在进行回灌研究。但是，我国在人工补给地下水方面进行了大量的试验研究和工程实践，早在 1977 年，上海水文地质大队就根据上海、北京、天津、西安、石家庄、杭州等地的地下水人工回灌工作经验，编写了《地下水人工回灌》一书。对污染物在地下水中的迁移去除、地下水硬度和硝酸盐升高等问题的研究积累了丰富的资料，为开展再生水补充地下水研究提供了科学依据。

　　我国人工补给地下水从 20 世纪 50 年代逐渐发展起来。1958 年夏季，由于许多工厂大量抽吸地下水，导致地下水位下降严重，为了增加地下水补给量，抬高地下水位，上海棉纺织厂深井管理工人利用废井（井深 95m，口径 250mm）进行回灌试验，结果恢复了地下水位，增加了附近深井的出水量。后来人们基于季节性供水差别、制冷、开发利用地热资源和改造盐碱地的需要，在北京、西安、石家庄、天津、杭州等城市开展了大量的地下水回灌。为了控制地面沉降，自1963年起在上海市抽用地下水的中心地区进行管井回灌，至1971年通过人工回灌使地下水位平均上升了20.92m，到1974年上海地面沉降得到有效控制。在实际回灌中，总结出了真空回灌与定期回扬相结合的方法，并及时清除回灌井中暂时性堵塞的经验。20世纪70年代起，许多工厂利用含水层中地下水流速缓慢和水温变化缓慢的特点，采取了地下水冬灌夏用和夏灌冬用措施，用回灌方法改变地下水的温度，提高了地下水的冷、热源效率。20世纪80年代起，为了缓解水资源不足，北京、天津、河北、山西、河南、陕西等省市为增补地下水资源作了大量的人工补给地下水的试验研究，并在一些地方得到实际应用。北京市利用平原水库（大宁水库）开展了人工地下回灌，大宁水库位于长辛店东南小清河河谷中，是季节性农业用水的调节水库，该地区第三系半胶结砂砾岩埋藏较浅，第四系含水层厚度不到10m，岩性以砂砾卵石为主，渗透性好。在该地区进行地下回灌是利用大宁水库良好的渗透条件，在非农灌季节，对所引永定河水进行含水层净化过滤，补充地下水。山东省莱州市由于地下水超采，导致全市海水入侵面积在1978年到1999年的20年时间里迅猛扩展至278km²，平均推进速度为每年202m。为了阻止海水入侵，莱州市采用高喷灌浆和震动沉模工艺建造地下防渗墙，同时沿王河主河道和过西引水渠布设大量渗井和人工渗渠，建成地表水向地下补给的王河地下水库，使王河流域的海水入侵面积由建库前的78.69km²减为25.36km²，减少68%。烟台大沽夹河地下水库总库容20520万m³。最大调节库容为6500万m³。地下水库的建成，不仅拦截了地下流入大海的潜流，有效防止海水倒灌，更重要的是涵养了地下水源，有效遏制了因海水入侵和过度开采造成的水环境恶化问题。河北省南宫县利用旧河道拦截雨、洪水补给地下水，保证了旱季的农灌需要，促进了农业生产。

我国利用雨、洪水、水库弃水和空调冷却水等，选择旧河道、平原水库、砂石坑和深井等进行不同形式的回灌，取得了明显的效果，积累了丰富的经验。通过对现有人工回灌运行资料分析可以看出：地层本身有较强的过滤净化能力，特别对细菌、BOD、COD效果更为显著，当回灌水源水质优于当地地下水时，回灌后在其影响范围内，地下水中相应的离子含量就降低，起到淡化和改善地下水水质的作用。COD的变化与回灌水在地层中停留时间呈函数关系。

在北京西郊西黄村回灌站，通过计算发现，回灌水在西黄村砂石坑地层中停留30～50d，COD可全部去除，影响半径为300～350m。含水层对水质的净化主要是由于土壤的物理、化学和生物作用所致。

（1）化学净化机制，包括离子交换作用和吸附作用。离子交换作用指液相与液相或液相与固相之间发生的阴阳离子可逆性交换反应，例如，当回灌水中Ca^{2+}、Mg^{2+}离子进入地层后，易被较活跃的Na^+离子所置换，使水中Na^+离子增加，Ca^{2+}、Mg^{2+}离子含量减少。吸附作用指气体分子、溶解物质或液体由于同固相介质接触而吸附于固相表面，这是多孔介质最重要的净化方式。

（2）生物净化机制，岩层中存在大量的微生物，其分布趋势是：在岩层上部较多，越往深处越少。地下水回灌过程中，微生物对有机物的分解作用尤其突出，主要进行好氧性和厌氧性微生物作用。

2.5.3 地下水回灌方式

选择合适的地下水回灌地点和方法，依赖于当地的水文地质、地形、水文和土地利用情况等条件，对于确定地下水回灌的项目合理性和技术可行性是非常重要的。为了建立一个通用的地下水回灌方式的词汇表，避免进行连续的重新定义，图 2-60 给出了一些主要回灌技术的明确定义。

含水层储存和回采（Aquifer storage and recovery）：将水注入一口井中储存，并从该井回采。这种回灌方式在微咸含水层作用较大，此处储存是首要目标，而水处理则是较小考虑因素［例如南澳大利亚的围场（paddock）］。

含水层储存、运移和回采（Aquifer storage transfer and recovery）：包括将水从一口井注入后储存起来，再从另一口井回采。这种方式在含水层中增加了比单口井更长的停留时间，以实现在含水层中额外的水处理（例如南澳大利亚，Parafield Gardens）。

包气带或'旱'井（Vadose zone or 'dry' wells）：地下水埋深较大区域的典型浅井。这种方式允许高质量源水下渗进入深层潜水含水层（例如美国，菲尼克斯）。

过滤池和补给堰（Percolation tanks and recharge weirs）：拦水坝建在季节性河流上（只有在降雨或融雪

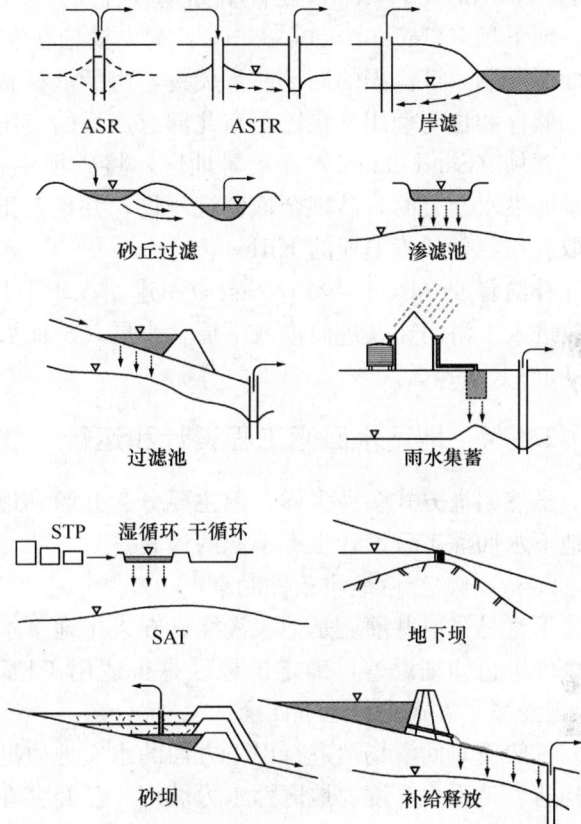

图 2-60 地下水回灌方式

过后才有水的河道）来拦截河水，使之下渗进入河床，增加潜水层的储量。这些水最终从下游河谷取出（例如昆士兰州的 Callide 河谷）。

雨水集蓄（Rainwater harvesting）：将屋面径流汇集到用砂或砾石充填的集水井或深井中，然后水经过过滤到达地下水位。最后用抽水泵从井中抽取利用（例如西澳大利亚，珀斯）。

岸滤（Bank Filtration）：从水井或深井抽出河流或湖泊附近或下部的地下水，从而促进地表水体的入渗。由此使回采水的水质得到提高，并更加稳定（例如德国，柏林）。

渗水廊道（Infiltration galleries）：渗透性土壤中埋设的管道（包括聚乙烯管道或长方形管道），允许水渗滤通过包气带进入潜水含水层（例如西澳大利亚，Floreat Park）。

砂丘过滤（Dune Filtraion）：水从建在砂丘里的池塘渗出，然后从水位较低的井或池塘抽取。这种渗滤方式能够提高水质，并有助于平衡供给和需求（例如荷兰，阿姆斯特丹）。

渗滤池（Infiltration ponds）：包括将地表水转移到河流以外的蓄水池和渠道，而这些蓄水池和渠道能够使水从包气带下渗进入下部潜水含水层（例如昆士兰州，Burdekin Delta）。

土壤含水层处理（Soil aquifer treatment）：处理过的污水经由渗滤池间歇地入渗通过包气带，以促进营养物质和病原体的去除，在潜水含水层储存一段时间后从井中开采出来（例如 Northern Territory 的阿利斯斯普林斯）。

地下坝（Underground dams）：沟渠横挖在季节性河流的河床上，此处水流被高的基准面所限制。该沟渠的底部非常关键，由低渗材料充填，在饱和冲积层能够截留洪水，以用于储存和住宅使用（在巴西东北部有广泛的应用实例）。

砂坝（Sand dams）：在干旱地区，将砂坝建在低渗岩性的季节性河床上。当水流和连续的洪水经过时，砂坝会截留沉积物，并抬升形成"含水层"，在枯水季节可以从井中抽取利用（例如肯尼亚的 Kitui）。

补给释放（Recharge releases）：建立在季节性河流上的大坝可以滞留洪水，并缓慢释放进入下游河床，进而渗入下层含水层，从而大大提高补给量（例如南澳大利亚的 Little Para River）。

2.5.4　地下水回灌工程设计和运行

虽然回灌方式多种多样，但主要分为井灌和地表漫灌两种，地下水回灌方式不同，人工地下水回灌工程设计也有不同的模式。

2.5.4.1　土壤地质条件勘察

不论是采取井灌还是地表漫灌，在人工地下水回灌前，必须对拟选回灌场地的水文地质条件进行详细勘察，确定该地区是否适用于地下回灌，以及适宜于采取"井灌"还是"地表漫灌"方式进行地下回灌。

一般应对回灌场地进行以下方面的水文地质勘察：土壤类型、包气带和含水层岩层剖面构造、地下水深度、地区性水力坡度、已经存在的天然回灌及抽水状况、当地含水层透水参数和产率、含水层中地下水类型等。

在有条件的情况下，应在回灌范围内尽量多打勘察井进行水文地质勘察。一般应在50～100m 的范围内打井一眼进行水文地质勘察。勘察井深度一般应大于 70m。取地下土样及水样进行化验分析，测得地下水水质的背景值以及不同深度土壤层的理化指标，同时根据水文地质勘探资料绘制地下土壤柱状图，对各土壤层的岩性进行描述，确定各含水层深度及其储水情况。

在取得地下土壤层水文地质资料的基础上，还应在拟建回灌场地进行现场渗坑实验。渗坑实验的规模应与工程规模相适应，并应选择在不同土壤组成区域进行渗坑实验。标准渗坑实验可取渗坑尺寸为 3.0m×3.0m×0.9m，四壁做防水处理，并应考虑降水和蒸发对渗坑实验的影响。渗坑实验应当连续进行，一般应至少进行 72h。

一般情况下，回灌水从包气带入渗流入含水层，适用条件包括：地表具有砂土、砂质粉土、砾石、卵石等透水土层；包气带厚度以 10～20m 为宜；若地下不深处有隔水层，则应挖掘浅井或渠道，直至下伏含水层，把水直接补给含水层。当土壤层的渗透系数小于

1×10^{-5} cm/s 时，则认为该土壤层不适宜于自然渗滤。

2.5.4.2 室内实验模拟

如果采用"地表渗滤"方式进行回灌，除进行渗坑实验外，还应对地下土层的实际净化作用进行土壤柱模拟实验。当土壤柱的直径大于 10cm，长度大于 200cm 时，利用其模拟土壤渗滤的运行效果，尤其是在净化效果方面和现场的实际情况基本相当。

为了使实验土壤柱内的土样具有代表性，按照渗滤现场的实际土质勘探的土层结构，采用土的容量相近法进行充填。将现场的土质分段取样，每段 20cm 高，取出后进行编号、风干，根据取土时从地面向下的深度，从下至上，按照每次 1kg 左右填入土柱，稍加压实，使土的容量接近天然状态。

土壤柱可用有机玻璃柱制成，如果一段不够，可由多段组成，但应注意各段间的连接和密封。可在土壤柱的各段设置取样口，以便于取各段水样进行监测分析。为了防止因为光照改变土壤柱的实际环境，应在土壤柱外侧缠遮光布，应尽量模拟地下土壤的实际情况。

2.5.4.3 预处理工艺设计

城市污水地下回灌的来水一般为城市污水处理厂的二级出水。预处理是地下回灌的第一道人工屏障，也是保持土壤含水层处理能力的必要措施。为了避免污水中污染物对地下水的污染，城市污水处理厂的二级出水在回灌入地下以前要进行必要的预处理。尤其是如果采用"井灌"，即将再生水直接注入地下含水层时，对回灌前的预处理要求更为严格。回灌前的预处理采用什么工艺，与城市污水的二级处理工艺以及回灌方式有着直接的关系。预处理的工艺一般采用传统的污水深度处理方法。再生水的处理程度取决于回灌的水量与水质、地下水流域和天然地下水稀释的可能性、土壤类型、地下水埋深、回灌方式、使用前在含水层中的停留时间等。在选择处理工艺时还要特别注意实现回灌前预处理、土壤含水层处理、取水后再处理三者间的合理优化。

表 2-35 中列出了城市污水二级处理及深度处理经常采用的工艺及其典型出水水质。针对"地表漫灌"和"井灌"两种回灌方式对水质的要求不同，选用的预处理工艺也应不同。实际工程中，可以采用表中所列的工艺或者是各种工艺之间的相互组合，以保证回灌水的水质。

城市污水深度处理工艺及其典型出水水质   表 2-35

处 理 工 艺	典型出水水质（除浊度单位为 NTU 外，其余均为 mg/L）							出水适用的回灌方式
	TSS	BOD$_5$	COD	TN	NH$_3$-N	TP	浊度	
活性污泥法＋粒状介质过滤	4～6	<5～10	30～70	15～35	15～25	4～10	0.3～5	——
活性污泥法＋粒状介质过滤＋活性炭吸附＋消毒	<5	<5	5～20	15～30	15～25	4～10	0.3～3	地表漫灌
活性污泥法（含硝化）	10～25	5～15	20～45	20～30	1～5	6～10	5～15	——
活性污泥法（含硝化＋反硝化）	10～25	5～15	20～35	5～10	1～2	6～10	5～15	——
活性污泥法（含硝化＋反硝化）＋化学除磷＋粒状介质过滤＋消毒	≤5～10	≤5～10	20～30	3～5	1～2	≤1	0.3～2	地表漫灌
生物除磷	10～20	5～15	20～35	15～25	5～10	≤2	5～10	——

处理工艺	典型出水水质（除浊度单位为 NTU 外，其余均为 mg/L）							出水适用的回灌方式
	TSS	BOD$_5$	COD	TN	NH$_3$-N	TP	浊度	
生物脱氮＋生物除磷＋粒状介质过滤	≤10	< 5	20～30	≤5	≤2	≤2	0.3～2	——
活性污泥法＋粒状介质过滤＋活性炭吸附＋反渗透	≤1	≤1	5～10	< 2	< 2	≤1	0.01～1	井灌
活性污泥法（含硝化＋反硝化＋除磷）＋粒状介质过滤＋活性炭吸附＋反渗透	≤1	≤1	2～8	≤1	≤0.1	≤0.5	0.01～1	井灌
活性污泥法（含硝化＋反硝化＋除磷）＋微滤＋反渗透	≤1	≤1	2～8	≤0.1	≤0.1	≤0.5	0.01～1	井灌

2.5.4.4 回灌工程设计

回灌形式不同，回灌工程的主要设计要素也有区别，对于地表漫灌，主要设计要素及内容包括以下各项：①回灌场地的选择：禁止在各级地下水饮用水源保护区内及其上游地下水补给区利用城市污水再生水进行地下水回灌，同时禁止在岩石裂隙发育和砂卵砾石裸露或者浅埋地区进行地下水回灌。②确定渗滤速率。③根据处理要求，渗滤速率和运行的投配周期（干期湿期之比）等因素，确定水力负荷。④计算所需回灌池面积。⑤选择水力负荷周期，确定回灌池个数；计算再生水投配速率，核定干期湿期之比。⑥计算地下水水丘对地下回灌的影响。⑦设计和布置回灌监测井：监测井应按照回灌现场地下水的水力坡度布置在回灌池的下游，监测井的间距一般应不大于 30m。监测井的深度应不小于回灌水注入的第一含水层底部距地面的距离。⑧设计和布置取水井：回灌池与取水井之间的距离应尽可能远，根据国外回灌工程的有关资料，一般情况下应至少为 45～106m（即 150～350ft）。⑨水力停留时间：利用城市污水再生水进行地下水回灌，回灌水在被抽取利用前，应在地下停留足够的时间，以进一步杀灭病原微生物，保证抽取水卫生安全。采用地表回灌的方式进行回灌，当表层黏性土厚度≥1.0m，回灌水在被抽取利用前，必须在地下停留 6 个月以上；当表层黏性土厚度<1.0m，回灌水在被抽取利用前，必须在地下停留 12 个月以上。⑩其他内容：在回灌口和取水口要有计量装置。

对于地表漫灌，根据以色列 Hebrew 大学 A. Banin 教授从地球化学过程及环境效应的长期研究中发现（1995～2003 年），回灌水向下渗滤过程中，在土壤最上层几厘米处对细粒悬浮颗粒过滤后，土壤表层会对污染物实施粗过滤；C 和 N 等生命元素的运移，主要发生在土壤层上部 60～90cm 的生物膜区域；在同一土壤层，会截留一些主要的痕量重金属，且该层中方解石和其他碳酸盐溶解比较普遍，并会向下层运移；在整个上层 2～4m 会发生 Mn 氧化物的完全还原溶解和 Fe 氧化物的部分还原溶解，并且这些反应有可能会在更深处发生。另外，有机物在土层顶部（0～30cm）大量富集，这与有机物荷载及其分解间的平衡有关；天然沙丘 80～120cm 之下的土壤中有机物含量没有增加，均衡计算表明，随回灌水增加的有机物，大部分已经分解，只有部分向下入渗（图 2-61）。

对于井灌，回灌工程的主要设计要素及内容包括以下各项：①回灌场地的选择：回灌

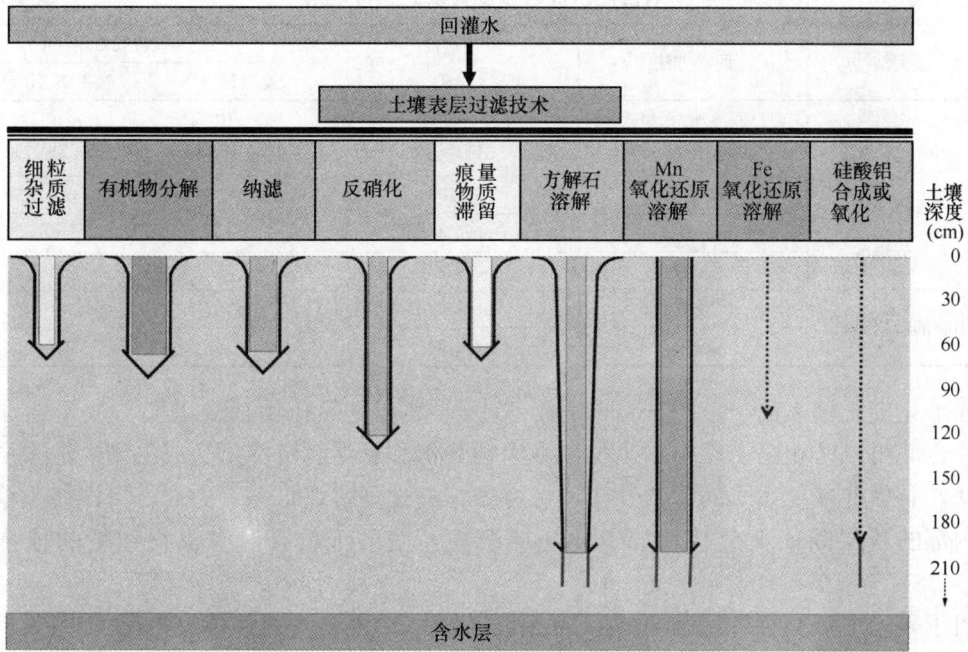

图 2-61　SAT 处理机制概念模型

场地地下含水层的埋深应大于 20m，且回灌目标层含水层深度不应超过 30m；由于水质恶化目前已不作为饮用水取水层的地下含水层不应作为回灌目标。②确定渗滤速率。③选择水力负荷周期，确定回灌井个数；计算再生水投配速率，计算地下水水丘对地下回灌的影响。④设计和布置回灌井。⑤设计和布置回灌监测井：监测井应按照回灌现场地下水的水力坡度布置在回灌池的下游，监测井的间距一般应不大于 30m。监测井的深度应不小于回灌水注入的含水层底部距地面的距离。⑥设计和布置取水井：对于井灌，如回灌后取出的水用作饮用水水源，则回灌运行边界离最近饮用水抽水点的距离应大于 600m。取水井的个数应以取水量不超过回灌量的 50% 来计算。相邻取水井之间的间距应大于取水井影响半径的 2 倍。⑦水力停留时间：对于井灌，回灌水在被抽取利用前，必须在地下停留 12 个月以上。

2.5.4.5　地下水回灌运行

回灌池采用干湿交替方式操作。首先应估计出一年内回用水用户的计划用水量，据此调整回灌水如何运作。一般按月计划用水量进行回灌与取水，在此基础上进行每天的操作。

在湿循环期，回灌水在池内充满至规定深度，使回灌池淹没，操作人员每天检查回灌池，观察水质及回灌池运行情况，记录收集的数据，并用来核对回灌池的运行功能。最大的湿循环期可以通过藻类生长速率确定。藻类（单细胞，丝状聚集体）在较高气温和充足阳光下生长很快，尤其在夏季，单细胞与丝状藻类会堵塞回灌池，使渗透速率大幅度降低，此时结束湿循环，待回灌池放干（或排干），开始干循环。如果浊度过高，则在灌水前以清除杂物的方式降低浊度恢复回灌速率。应参照对回灌水浊度要求的运行规则运行，如表 2-36 所示。

含水层类型	回灌方法	颗粒直径（μm）	最大颗粒物浓度	
			浊度（NTU）	TSS（mg/L）
冲积土层	回灌池/水渠	100～500	5～10	
	回灌井	10～100		0～3
	ASR井	10～100		0～5
水蚀石灰岩地区	井灌	100～500		0～5
	ASR	100～500		0～10
断裂的基岩	井灌	100～300		0～5
	ASR	100～30		0～5

在干化期土壤表面与空气充分接触，经历干燥和复氧作用。进水期与放干期往复循环，一方面可以防止由于藻类的生长、微生物繁殖和悬浮物沉淀所造成的回灌池表层孔隙的堵塞，有效地恢复系统的渗透性能，保持稳定的处理水量；另一方面，可以使土壤处理系统内部的浅层断面上交替形成氧化还原环境，使系统具有对有机物和氮的独特净化效能。

由于采用干湿交替的运行方式，为保证连续稳定地处理再生水，一般设有多个回灌池，以便轮番进水。湿期的进水可用两种方式进行控制：

（1）保持一定流量的进水，通过流量计计量。此方法适用于渗透速率较高的系统，可使进水速度与渗透速度保持相对的稳定

（2）连续进水至回灌池内水深达到一定深度，通常在 0.2～0.5m，然后停止进水，当水位下降到一定深度后，继续进水，进水期间按一定时间间隔记录回灌池的水深及进水流量。

渗滤池的面积没有特殊限制，但必须能够均匀布水，如果受到地形条件的限制，渗滤池的大小也可以不同，但渗滤池的大小差别越大，渗滤池的数目也应较多。

土壤渗滤系统的水力负荷一般用单位土地面积单位时间进水深度来表示。水力负荷的大小取决于土壤渗透速率，水力负荷是土壤渗滤系统的关键参数。水力负荷过高会使再生水中的污染物去除效果下降，因为投配的再生水受到渗透速率的限制，不能及时渗入土壤，而产生过长时间的表面滞水，使干化期不能达到设计要求，同时在高温季节还会带来因藻类繁殖引起的问题。

土壤渗滤的运行过程包括进水时间和放干时间两部分，而反映对再生水中渗透能力的有效指标是水力负荷率，它是指在整个水力负荷周期（包括干湿期）内单位时间中，整个渗滤系统的水通量，用 HL 表示，单位为 m/d，见式（2-18）

$$HL(\text{m/d}) = \frac{Q}{A(T_w + T_d)}(\text{m/d}) \tag{2-18}$$

式中：A 为渗滤池的面积；T_w 为湿期运行时间；T_d 为干期运行时间。

诸多土壤渗滤实际工程的运行资料表明（表 2-37），由于水力负荷的计算包括了放干时间，其数值明显小于水的实际平均入渗速率。同时，考虑到渗滤池表面总要发生堵塞，渗滤池表面的渗透能力将明显减小并在放干期内一般很难恢复到原始状态，因此在进行水力负荷的计算时，对包气带的垂向渗滤速度乘上一个校正系数，一般取 4%～15%。

工程名称	高碑店污水厂	北京昌平	美国凤凰城	美国布尔德市
水力负荷（m/年）	32.85	50.3	125	30.5～48.8

另外，由于人工地下回灌系统的渗透速率较低，冬季运行容易结冰，影响系统的正常运行，因此，应当特别地注意系统的运行方式和运行过程。不同的回灌池在冬季表现出不同特点：①土壤颗粒相对粗大的土质，系统渗透滤高，容易度过冬季运行期。②当来水温度高时，如城市污水厂二级出水连续运行时冬季最低温度在 12～15℃，进入回灌系统后不易结冰。③土壤颗粒细的土质，渗透速率低，放干期残水放干速度太慢，表层孔隙水易产生冰冻，不易融化。④渗滤池中残留有杂草，杂草冻结在冰层之中，下次进水时水的热量不能使冰层融化，也不能导致其上浮，使再生水无法入渗。

因此，在严寒的冬季进行回灌系统的运行应采取以下措施：①以采用连续进水的方式阻止冰层的形成，如不能连续进水，也可采取少量多进的方式，使池表面的冰层不会太厚。②如果覆冰存在时间较长，放干期意义已经不大，可考虑取消干湿交替的操作方式，在几个渗滤池中采用连续进水方式，待到春季再对这些渗滤池进行彻底的放干和维护。③可在渗滤池的表层修建一排排的垄脊和沟槽，浮在水上的冰层在残水放干时可悬架在垄脊上形成冰桥，将水和渗滤池表层与冷空气隔绝，防止表层土壤产生冻结。

除了避免产生冰层，系统的管理也很重要，尤其当来水温度不高或渗透速率较小时，为避免杂草对冰层移动产生的影响，必须在秋季对渗滤池中的杂草进行彻底根除。对于除氮要求较高的系统，在冬季应进行水力负荷周期的调整，减小系统的水力负荷。

2.5.4.6 地下水回灌监测

在回灌系统运行过程中，需定时进行系统的监测，监测的目的是随时掌握和了解回灌系统运行和管理的效果。对于地下水质和水位的预先监测，是回灌前需完成的一个重要步骤。首先，应对回灌含水层的地下水水质进行连续监测，通常可以在每个监测井每天取样一次，监测项目应全面，并完整地记录下来。对每个监测井和取水井进行日常的水位测量，可以预先通过分析抽水水量和地下水位降落值的关系，确定地下水位降落漏斗的影响范围。

（1）水位监测：比较完整的水位监测应测定每个监测井的位置相对坐标、地面标高及固定点的标高。水位监测通常从固定点量起，并将读数换算成从地面算起的水位埋深及水位标高值。水位的监测数值一般以米为单位，监测值记录至小数点后两位，人工监测水位时，应监测两次，间隔时间不少于 1min，取两次水位的平均值，两次监测的允许偏差应小于 1cm。对地下水回灌工程最重要的是测量静水位，它表示含水层的地下水位。在抽水或回灌停止后，要有足够的测量时间使水位达到稳定并使水位下降或水丘效应达到最小。其次，还应测量临近地表或地下设施的水位以便确定回灌形成的水丘形状及其增长速率，核实渗滤池与含水层之间的连续性。

各监测点的监测日期、时间及水位状态（如开、停泵的时间及延续时间）应该统一。监测的频率为：①长期监测井、人工监测水位应每 10d 监测一次；②当气象预报有中雨及以上降雨时，对潜水层的监测从降雨开始应加密监测次数，至雨后 5d 止；③非连续回灌的系统，回灌期间应每天监测一次，停灌后视回灌水丘的消失速率，逐渐改为 10d 监测一次。

（2）水温监测：回灌过程中，水温反映出季节对回灌系统的影响。一般水温监测采用水银温度计或热敏电阻温度计。在监测水温的同时应记录当时环境下的气温值。对于长期监测的监测点，每10d监测一次，可与水位监测同步进行，当发现异常，可每日监测一次并查明原因。水温监测的精度要求，对于长期监测的测点应达到0.5℃。

（3）水量监测：水量的监测对于整个回灌系统来说，应分为预处理进水量、回灌池进水量、地下水出水量的监测。如果水回灌到不同含水层，应对不同的取水井水量进行分别监测和统计。对每一个回灌点均应安装流量计记录回灌量；对渗滤池入渗量的监测，应以池中水位标尺读数近似计算。水量应每2h监测一次，如果现场采用了在线监测仪器，则可连续监测瞬时值和累计值。

（4）水质监测：为了全过程地了解回灌系统的运行效果，首先对预处理进水、预处理出水、含水层和抽取水进行水质监测，确定是否可以回用，不同的检测项目有不同的监测频率。表2-38为回灌系统的监测项目和频率。

回灌系统的监测项目和频率　　　　　　　　　　　　　　表2-38

监测类别	监 测 项 目	监测频率
常规项目	pH、温度、电导率、溶解氧、色度	每日1～2次
阳离子	钙离子、镁离子、钾钠离子	每周1～2次
阴离子	硝酸根、亚硝酸根、硫酸根、氯离子	每周1～2次
重金属	铅、锌、锰、铜、六价铬、汞、银、镉、钴、砷、硒、铁、镍、铝	每周1次
营养物	硝酸盐、亚硝酸盐、总氮、总凯氏氮、总磷、磷酸盐	每周5～7次
有机物	总有机碳、溶解性有机碳、COD、BOD_5	每周5～7次
	有机氯化物、PCBs、THMs等	每年1～2次
细菌类	细菌总数、总大肠菌群	每周2～3次
其他	总溶解固体、浊度或总悬浮固体、总硬度	每周1次

人工地下回灌系统的管理维护比较简单，主要是定期松动渗滤池的表面土壤，定期根除渗滤池表面的杂草。

当渗滤池表面被悬浮物和次生的有机物堵塞以后，单凭放干期表层土壤的干化作用，很难使其渗透性完全恢复。在向渗滤池中进水时，尤其是借助重力流的布水系统，有可能冲蚀土壤表面，使土壤表面的微细颗粒机械悬浮在水中并再次产生沉积，从而堵塞表层孔隙。因此，为恢复土壤的渗透性，渗滤池的表面要定期松土或进行表层砂的置换，置换下来的表层砂可以堆置在现场周围；集中清洗，以便下次利用。

一般情况下，渗滤池的表面需定期清除杂草，以保持环境的清洁和美观，并保证系统在冬季的正常运行。冬季运行时，如果冬季的冰冻期不长，杂草的高度有限，也可任其自行生长和死亡。

人工地下水回灌工程运行与维护对操作人员的技术水平要求与给水处理厂相比不算太高，但是操作人员的高度责任心和孜孜不倦的奉献精神与持之以恒的科学态度是一项回灌工程成功运行的重要组成因素。

2.5.4.7　地下水回灌数值模拟

为了研究污染物在再生水地下回灌中的变化，一般采用模型模拟的方法获取相关参数，研究污染物进入含水层之后的变化规律。这种研究方法根据实际监测资料所提供的部分信息，通过逻辑推理、数理分析或实物模型实验揭示污染物质迁移、转化的本质特征，建立起能代替真实系统的模型，然后用模型进行再生水回灌中污染物变化规律的研究，并预测污染物质在含水层中的迁移、转化。环境模拟可为再生水回灌中污染物迁移转化的理论研究、工程设计、回灌运行提供科学依据，具有重要的理论意义和实际应用价值。

数值模拟方法由于其适用条件广泛，已成为主要的数学环境模拟方法，采用数值方法主要是针对环境介质中污染物质输移边值问题的偏微分方程数值方法，它是数值分析方法的重要组成部分。数值方法从最初的有限差分法（Finite difference method，简称 FDM）和有限元法（Finite element method，简称 FEM），发展到后来的边界元法（Boundary element method，简称 BEM）和有限分析法（Finite analysis method，简称 FAM）等多种方法并存，每一种数值求解方法在解决具体问题的过程中都在不断地发展和完善。主要环境模拟数值方法有有限差分法、有限单元法和边界元法，其中的有限差分法和有限元法更为常用。

再生水地下回灌过程中，再生水进入含水层后，主要包括地下水（包括再生水和天然地下水）渗流和污染物迁移反应问题。如果采用有限差分法进行数值模拟，多种有限差分法计算机程序中，最具有代表性且应用最为广泛的是 MODFLOW。该软件由 Waterloo Hydrogeologic Inc. 发行。它是三维地下水运动有限差分法软件系统，可以模拟一维、二维、三维和二维多含水层越流系统稳定和非稳定运动问题。MODFLOW 的开发者不断推出新的版本，其中 Visual MODFLOW 软件系统还嵌入了污染物迁移模拟的多个软件，如MT3D、MT3DMS、RT3D、MOC、MODFLOW-ACT 等，可以模拟单组分、多组分和多种化学反应类型的复合问题。

有限单元法模拟地下水渗流和污染物迁移问题的计算机程序也很多，例如由 H-J. G. Diersch 等人开发的 FEFLOW，该软件由 WASY Institute for Water Resources Planning and Systems Research Ltd. Berlin，Germany 发行，可以模拟一维、二维、三维水流和污染物迁移问题，包括饱和流和非饱和流、单组分和多组分问题、复合化学反应问题等，该软件具有友好用户界面系统和良好的计算结果图形展示能力。

2.5.5 高碑店再生水地下回灌示范工程介绍

高碑店地下回灌示范工程建于高碑店污水厂内西侧草坪上，如图 2-62 所示，可利用回灌面积为 $400m^2$，设计回灌量 $500m^3/d$。北京城市排水集团和清华大学合作开展了示范工程的地质勘探选址、设计建造与运行研究，地质勘探由北京市地质勘探设计院协助完成，本回灌示范工程采用地表漫灌＋井灌工艺。

2.5.5.1 土壤岩性特征

在回灌示范工程实施前，需对拟定回灌场地的表征参数进行调查，包括土壤类型、包气带和含水层岩层剖面构造、地下水深度、地区性的水力坡度、已有的天然回灌和抽水状况、当地的含水层透水率参数和产率、含

再生水回灌示范基地

图 2-62 高碑店再生水地下回灌示范基地

水层水的类型等。并且要关注地下水污染或潜在的回灌水携带土壤污染物迁移而导致的污染。

高碑店地下水回灌示范工程，在工程建设前期对回灌现场的地下水文地质情况进行了详细的勘察。在回灌场地钻探一眼80米深的地层岩性勘探孔，共取了35个原状土样和14个扰动土样，岩性采取率超过85%。回灌场地土壤岩性见表2-39。高碑店地区包气带厚度为9.6m，表层有1m深的杂填土。包气带主要由粉质黏土和黏质粉土构成，质地比较均匀，在包气带下层有薄层的细砂。包气带土壤基本为褐黄色，表明通气性好，具有良好的氧化环境。9.4m深度处出现灰色，表明该处土壤饱和，处于潜水位变动带。潜水层埋深为地下深度9.6m到17.5m之间，厚度为7.9m，上层4.4m为中细砂，下层3.5m为圆砾石。

示范基地岩性结构   表 2-39

序号	土壤层深度	土壤层厚度	岩性描述	含水层分类
1	0～9.6m	9.6m	表层为黏土，下部为粉质黏土，黏质粉土夹薄层粉砂	包气带
2	9.6～14m	4.4m	细砂、细中砂	含水层Ⅰ
3	14～17.5m	3.5m	圆砾	
4	17.5～24.8m	7.3m	粉质黏土、砂质粉土	隔水层
5	24.8～28m	3.2m	细砂	
6	28～33.2m	5.2m	上部为中粗砂、圆砾下部为卵石	含水层Ⅱ
7	33.2～35m	1.8m	黏土	
8	35～39.4m	4.4m	细砂、中细砂	
9	39.4～45m	5.6m	粉质黏土	隔水层

土壤的主要物理性质包括土壤的构造、结构、颜色、相对密度、孔隙度等，是影响土壤含水层处理的重要因素。表2-40列出了高碑店回灌场地土壤的主要物理性质，取土深度从4m到20m，天然孔隙比均大于0.5，换算后得孔隙度范围为0.36～0.40之间。

示范基地土壤物理性质   表 2-40

深度 (m)	天然含水量 ω（%）	密度 (kg/m³)	相对密度	天然孔隙比 c	饱和度 Sr（%）	液限 ω_L（%）	塑限 ω_F（%）	塑性指数 IF	液性指数 IL
4.4	14.9	1.95	2.70	0.591	68.1	21.5	17.8	3.7	<0
9.4	22.4	2.04	2.72	0.632	96.4	27.1	17.0	10.1	0.53
17.6	24.9	2.01	2.70	0.678	99.2	27.9	22.6	5.3	0.43
20.2	18.1	2.05	2.70	0.555	88.1	23.5	17.7	5.8	0.07

土壤化学性质直接影响到土壤的渗透性与净化能力。主要参数包括pH、阳离子交换容量、交换性阳离子百分比、电导以及有机质含量等。土样取自包气带、潜水层、第二含水层以及两个含水层中间的隔断层，如表2-41所示。

示范基地土壤化学性质 表 2-41

取样位置	包气带	第一含水层	第一隔水层	第二含水层
pH	8.01	7.92	7.53	7.74
电导率（μs/cm）	179.8	147.5	159.4	154.8
灼烧减重（%）	9.45	7.81	10.87	8.44
离子交换容量（cmol/kg）	13.32	8.91	19.54	18.58
代换性钠（cmol/kg）	1.50	0.28	0.89	1.37
代换性钙（cmol/kg）	7.20	5.19	14.62	12.53
代换性镁（cmol/kg）	2.70	1.78	2.07	2.93
代换性钾（cmol/kg）	2.33	1.16	1.46	1.12
有机质（%）	0.315	0.158	0.278	0.274
腐殖酸总量（%）	0.097	0.030	0.063	0.039
总氮（mg/L）	0.048	0.038	0.052	0.047
总磷（mg/L）	0.1162	0.1979	0.2391	0.0161

示范基地土壤重金属含量（单位：mg/kg） 表 2-42

项　目	包气带	第一含水层	第一隔水层	第二含水层	土壤质量标准 I GB 15618—1995
Cu	32.56	27.02	37.64	34.52	35
Zn	157.9	115.3	159.8	155.7	100
Hg	0.012	0.010	0.012	0.009	0.15
As	7.79	10.48	22.05	14.28	15
Cr	22.7	125.8	168.0	163.1	90
Pb	37.38	28.42	58.71	45.13	35
Cd	0.161	0.124	0.082	0.112	0.20

　　表 2-41 表明，包气带中 pH 为 8.0，偏碱性，不会出现土壤酸化而导致重金属污染。盐基饱和，阳离子以交换性 Ca^{2+} 和 Mg^{2+} 为主，Na^+ 含量较低，占离子交换容量的 11.3%，土壤碱化度（ESP）低于 15%，在回灌水的渗滤过程中土壤将保持较好的结构，从而可以保证渗滤速率，并可获得满意的净化效果。另外，从表 2-42 可知，高碑店示范工程土壤中重金属基本符合土壤质量 I 类标准，完全符合 II 类标准，因此基本满足作为集中式饮用水水源地的要求。

2.5.5.2　水文地质特征

　　北京市地下水的流向是西北至东南方向，高碑店污水厂位于下游，据北京地质勘探设计院资料，地下水的水力坡度为 1‰ 左右。在实施再生水地下回灌之前，采集并测定了上层滞水，潜水以及承压水的水样以确定天然地下水水质，用以分析地下回灌系统运行后再生污水对地下水水质的影响。结果如表 2-43 所示。

第一、二含水层水质特征 表 2-43

	第一含水层	第二含水层	地下水标准Ⅲ GB/T 14848—93	饮用水标准 GB 5749—85
TOC（mg/L）	2.4	2.1	—	—
COD_{Cr}（mg/L）	6.5	11.5	—	—
COD_{Mn}（mg/L）	1.6	1.0	<3.0	—
BOD_5（mg/L）	0.0	0.6	—	—
UV_{254}（m^{-1}）	4.85	2.51	—	—
UV_{436}（m^{-1}）	1.95	未检出	—	—
AOX（μg/L）	未检出	未检出	—	—
NH_4^+-N（mg/L）	未检出	未检出	<0.2	—
NO_2-N（mg/L）	0.016	0.002	<0.02	—
NO_3^--N（mg/L）	2.31	1.43	<20	<20
PO_4^{3-}（mg/L）	0.11	0.13	—	—
电导（ms/cm）	1.65	1.80	—	—
SO_4^{2-}（mg/L）	261.4	178.4	<250	<250
TDS（mg/L）	1044	1206	<1000	<1000
浊度（NTU）	2.64	2.53	<3	<3
pH	7.3	7.3	—	6.5～8.5

第一含水层水质较好，溶解性有机物含量较低，未被严重污染，因此确定采用地表回灌方式回灌第一含水层。

结合表 2-43 和表 2-44 可看出，高碑店地下水水质与《地下水质量标准》GB/T 14848—93 中规定的Ⅲ类水体水质相近，完全满足Ⅳ类水体的要求。与《生活饮用水卫生标准》GB 5749—85 相比，硫酸盐和 TDS 超标，其他项目满足饮用水水质要求。根据水质标准的规定，高碑店地区地下水状况满足农业和部分工业用水要求，适当处理后可以用作生活饮用水。

第一、二含水层中无机离子和重金属含量 表 2-44

	第一含水层	第二含水层	地下水标准Ⅲ GB/T 14848—93	饮用水标准 GB 5749—85
Cl^-（mg/L）	251.8	378.6	<250	250
F^-（mg/L）	0.94	0.34	<1.0	1.0
HCO_3^-（mg/L）	460	460		
Ca^{2+}（mgCaCO$_3$/L）	252	326	总硬度<450	总硬度<450
Mg^{2+}（mgCaCO$_3$/L）	255	256		
Mn^{2+}（mg/L）	0.22	未检出	<0.1	0.1
Fe^{2+}（mg/L）	0.01	未检出	<0.3	0.3
Cu^{2+}（mg/L）	<0.001	<0.001	1.0	1.0

注：CO_3^{2-}、重金属 Cd、Pb、Ag、Hg、Cr 未检出。

高碑店地下水中部分离子，包括 Mn^{2+} 和 Mg^{2+} 离子含量较高，超过地下水Ⅲ类水体标准和生活饮用水标准，通过土壤渗滤回灌再生水可以改善水质。

高碑店回灌场地水文地质及气象条件见表2-45，根据回灌现场的水文地质参数可知回灌场的渗透系数约为 10^{-3} cm/s。另外，在回灌现场进行了渗坑试验，渗坑长和宽均为3m，高为0.9m，经过连续72h的渗滤实验，测得回灌场土壤层的渗滤速率为5cm/h，得出回灌场地下土层的渗透速率为 1.39×10^{-3} cm/s。考虑到渗坑试验中水在进入土层后有较强的侧向渗滤作用，故回灌池的设计水力负荷应采用一定的安全系数加以修正。取回灌池设计渗滤速率为 1×10^{-3} cm/s，即回灌池的设计水力负荷为 $0.864 m^3 / (m^2 \cdot d)$。

回灌场地水文地质条件和气象条件   表 2-45

项 目		内 容
水文地质	土壤类型	包气带以粉质黏土和黏质粉土为主
	土壤孔隙度	0.4
	地下水	水质较好，DOC=0.8mg/L
	垂直渗透系数	10^{-3} cm/s
	水平渗透系数	1.29×10^{-3} m/s（含水层）
气象条件	年均降水量	577mm
	年均蒸发量	约2000mm
	气温	年均气温 11.8℃
	冻土层厚度	0.68m

水力学性质是地下回灌系统中决定性的因素，比较重要的有饱和水力传导系数、非饱和水力传导系数、给水度和渗滤速率等。其中渗滤速率是影响回灌工艺的最重要的参数。渗滤速率是指土壤饱和时的导水率，也即饱和水力传导系数 K_f，是指在回灌池布水期间单位时间单位面积内水的通量。

为确定回灌场地的实际回灌能力，应选择较大尺度的渗滤坑进行渗滤试验。已有的经验表明，使用3m直径的渗滤坑可以有效消除测定尺度上的边际效应。为屏蔽池壁渗滤的影响，池四壁用塑料布覆盖，减少侧向渗滤的影响。坑的长、宽 H 均为3m，深度为0.9m。控制渗坑中水深 h 为 $30 \sim 50$cm，用落差法测定渗滤速率：

$$IR = \frac{(H_{t1} - H_{t0})}{(t_1 - t_0)} \tag{2-19}$$

式中　IR 为渗滤速率，H_{t1} 和 H_{t0} 分别为 t_1 和 t_0 时刻渗滤池中水位。

实验用水为示范工程回灌用水，试验期间 DOC 浓度范围为 $6.6 \sim 7.4$mg/L，浊度范围 $0.54 \sim 0.57$NTU。

经过72h连续进水后，渗滤速率下降趋势逐渐变缓，3d 后渗滤速率为5cm/h左右（图2-63）。根据达西定律，近似认为水力坡度为1，则渗坑试验得出的渗透系数为 K_f = 5cm/h = 1.39×10^{-3} cm/s。

现场渗坑试验对消除侧向渗滤影响

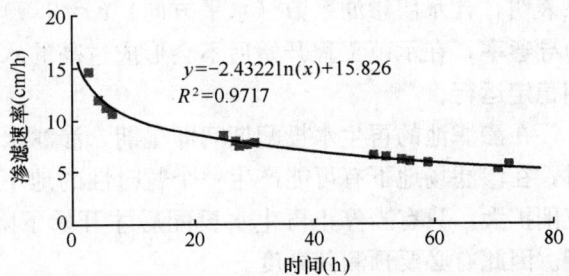

$y = -2.4322\ln(x) + 15.826$
$R^2 = 0.9717$

图 2-63　3m×3m 渗坑实验测定渗滤速率

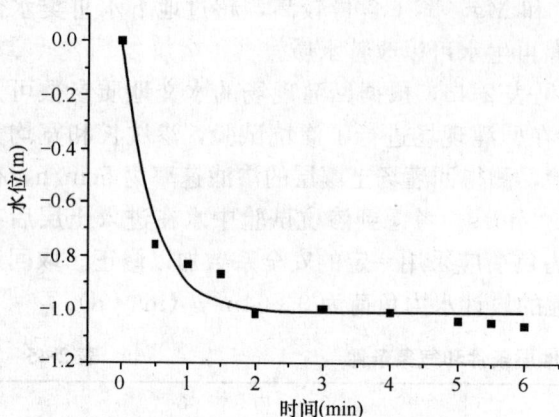

图 2-64　4 号水井水位下降曲线

采取的措施不够严格，也受渗坑尺寸所限，测得的垂向渗滤系数可能偏大些。因此，在设计时应选择合适的安全系数进行修正后再计算示范工程的回灌能力。

经验表明，单孔抽水实验得出的只能是含水层参数的近似值，而多孔试验要更为准确。本实验做法是通过取水井抽取第一含水层中的水，在附近的监测井中观测抽水效果。其目的是求得抽水水量和地下水位降落值的关系，确定抽水时地下水位降落漏斗的影响范围，并计算含水层的渗透系数等水文地质参数。

如图 2-64 所示，流量 $Q=6.7\text{m}^3/\text{h}$，连续抽水 6h 后，$4^\#$ 抽水井水位降落 1.0m 并在此后保持稳定。取水井与各监测井的稳定水位见表 2-46。

抽水试验中各井水位稳定值　　　　　　　　　　表 2-46

井位编号	$6^\#$	$1^\#$	$3^\#$	$4^\#$	$5^\#$
与 $4^\#$ 距离/（m）	70	30	10	0	10
水位下降幅度（m）	0.14	0.29	0.4	1.06	0.51

对于潜水井，两个监测孔的蒂姆公式为：

$$Q = 1.366K(2H_0 - S_1 - S_2)(S_1 - S_2)/\lg\frac{r_2}{r_1} \tag{2-20}$$

式中　Q 为抽水量，K 为含水层水平方向的渗透系数，S_1、S_2 为观测孔 1、2 的降深，r_1、r_2 为观测孔 1、2 到抽水井的水平距离。本研究中，抽取水量 $Q=6.7\text{m}^3/\text{h}$，含水层厚度 H_0 为 8m，6 号与 1 号井的水平距离与降深计算得 $K=0.77\text{m/h}$，取 1 号与 3 号井的相应值计算得 $K=1.02\text{m/h}$，说明该计算方法较为稳定。取两者平均值，得含水层渗滤系数（水平方向）$K=0.90\text{m/h}$。

根据蒂姆关于潜水层抽水影响半径的公式：

$$\lg R = \frac{S_1(2H_0 - S_1)\lg r_2 - S_2(2H_0 - S_1)\lg r_1}{(2H_0 - S_1 - S_2)(S_1 - S_2)} \tag{2-21}$$

选用 6 号与 1 号数据计算影响半径 $R=156.65\text{m}$，与现场观测基本相符。抽水试验结果表明，含水层渗滤系数（水平方向）$K=0.90\text{m/h}$，在回灌池与取水井之间有良好的水力导通率，在示范工程开始后不会形成过高的水丘或过深的漏斗，可以保证示范工程的长期稳定运行。

在渗滤池的再生水投配期间即湿期，渗滤水不断向下移动，到达地下水或遇到隔水层时，在渗滤场地下有可能产生一个暂时性的地下水丘，并随着投配水量的增加不断升高，范围扩大，只有当停止再生水投配后才开始下降。地下水丘过高将影响到回灌的正常进行。因此有必要预测其高度。

高碑店示范工程回灌池接近圆形区域，可以认为其地下水流从回灌区域呈放射状向四周扩散。如图 2-65 所示，回灌区域中心和回灌区域边缘间距离为 R，水位分别为 H_c 和 H_e，距离回灌区域中心距离为 R_n 处水位为 H_n。其中 H_n 为控制水位高度处的水位，H_n 恒定不变，可通过抽水或其他措施来保持水位的稳定，此处解释为抽水井处水位。图 2-65 中 i 为整个回灌区域的平均渗滤速率，T 为整个含水层厚度内的平均水力传导率。在回灌池 R 半径内，假设水流从中心到边缘处水流呈线性增加，从回灌池边缘到距离边缘为 R_n 处横向流速保持恒定。根据 Herman Bouwer 的辐射流理论，

$$H_c - H_n = \frac{iR^2}{4T}(1 + 2\ln\frac{R_n}{R}) \tag{2-22}$$

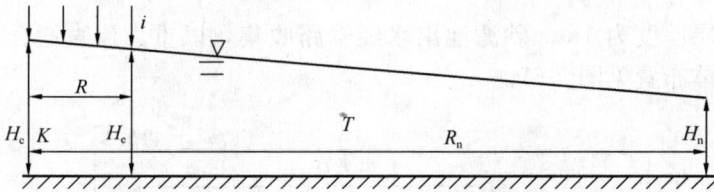

图 2-65　在稳定地下水位上形成放射状水丘示意图

在高碑店示范工程中，4 号抽水井距离回灌池中心位置为 70m，根据示范工程运行结果，回灌池平均渗滤速率为 0.5cm/h，取抽水实验测得含水层中水力传导率 $T=0.90$m/h，等效半径 R 为 20m，则根据公式（2-22），控制区域内形成的长期稳定水丘高度为 $H_c - H_n = 1.95$m。

即稳定运行时，回灌池下部含水层中形成的最高水位高于控制水位 0.38m。该计算结果表明，在长期稳定运行的条件下，累积水丘不会对正常运行产生影响，说明回灌水量和取水井的布置是满足长期回灌要求的。

由于回灌示范工程建在高碑店污水处理厂内，因此不涉及地形和地表径流、暴雨径流等问题。另外，北京市降水集中在 7、8 月份，最大月降水量小于 200mm，平均月蒸发量也小于 200mm，回灌池中渗滤速率在 0.5cm/h 下，月回灌水量约为 3600mm，即使在降水集中月份，最大月降水量与月蒸发量为月回灌水量的 5%，对示范工程的回灌水量、水质影响较小。

第一含水层深度 9.6m 到 17.5m，厚 7.9m，主要由细砂构成。水质分析表明，潜水层地下水除可以作为农业和部分工业用水外，经处理后可作为饮用水源水。包气带土壤层厚度为 9.6m，小于 0.075mm 的黏土颗粒占 80% 以上。现场渗坑试验得出的包气带垂直方向渗滤速率为 5cm/h。

土壤含水层的主要特征为：再生水在到达含水层前的垂直方向迁移距离约为 10m（包气带厚度），到达取水井前在含水层中的横向移动距离为 70m（回灌池中心点与取水井间距离）。

2.5.5.3　快速渗滤取水工程

高碑店地下水回灌示范工程采用快速渗滤取水的地下水回灌方式，一方面充分利用土壤含水层的处理效果，另一方面与传统的地表渗滤或井灌方式相比，可以提高产水效率。

地下水回灌系统由预处理设施、快速砂滤池、回灌竖井、取水井和监测井系统组成。快速砂滤池（回灌池）总面积共为 400m²。设计采用干、湿交替的方式进行回灌，即当回

灌池的一半在进行湿期回灌时，另一半处于干期。共设计三个回灌池，其中回灌池1和回灌池2面积各为100m²，回灌池3面积为200m²。回灌池平面布置示意图见图2-66。

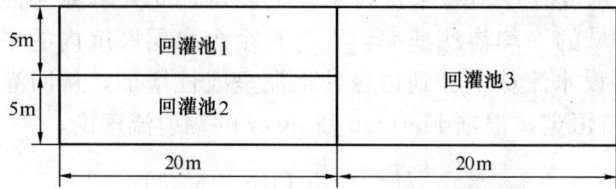

图 2-66　回灌池平面布置图

砂滤池中砂层厚度为1m。砂滤池出水经管路收集，以重力流直通含水层的回灌井。快滤池系统的具体布置见图2-67。

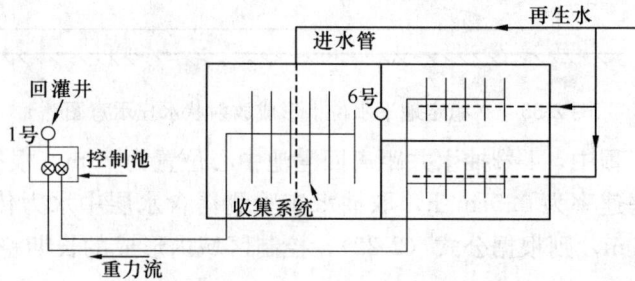

图 2-67　示范工程快速砂滤-竖井回灌系统示意图

回灌所用的预处理工艺流程见图2-68。

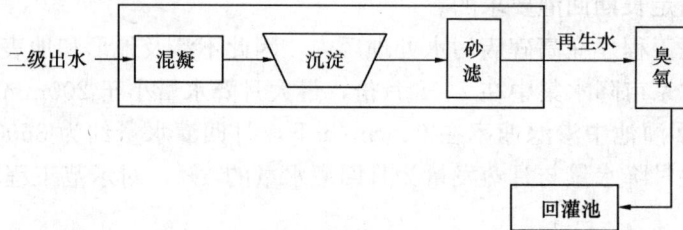

图 2-68　预处理工艺流程图

回灌池沿污水处理厂一侧布置，自北向南，并沿此方向设置5个监测井。其平面布置和纵断面见图2-69。5个监测井分别是1号、2号、3号、5号和6号，其中5号井用作背景值监测。4号井为取水井，6号井为土壤渗滤过程的出水监测，其余监测井监测土壤渗滤后水在地下含水层中迁移过程的水质变化。

2.5.6　再生水地下回灌水质分析

再生水地下回灌过程中，为了全过程地了解回灌系统的运行效果，对再生水、臭氧出水、回灌池砂滤出水（图2-69）和各监测井水进行了水质监测，主要检测指标包括常规的 NH_4^+-N、TP、TN、NO_3^--N、NO_2^--N、TOC 和 UV_{254}，以及溶解性有机物的三维荧光光谱（Three-dimensionalexcitation/emission matrix，3DEEM）。再生水中污染物经过臭氧和砂滤的前处理，并在潜水含水层中运移去除，可以得到以下一些结论。

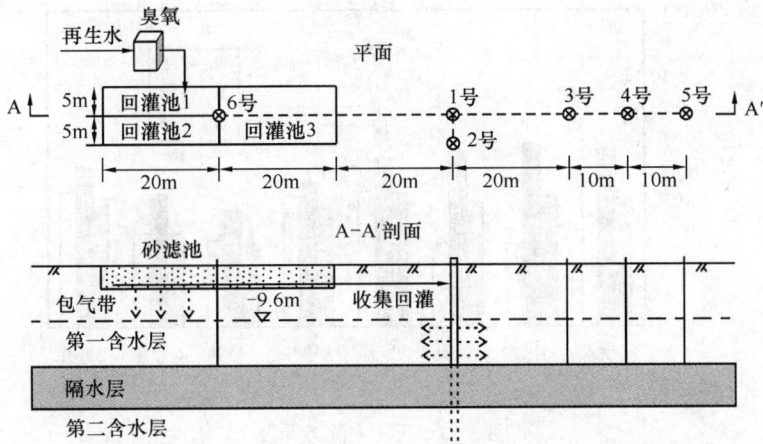

图 2-69 监测井及取水井平面布置图

1. 常规指标

图 2-70 表明，臭氧不能去除再生水中 NH_4^+-N，砂滤则可以降低 0.21mg/L，NH_4^+ 随再生水进入含水层后，运移 20m 可以去除 0.32mg/L，此时约 89% 的 NH_4^+-N 已经被去除，继续前远处运移则变化不大；可能由于包气带土壤物质组成和氧化还原环境不同，6 号井水样中 NH_4^+-N 比 5 号井水样中 NH_4^+-N 要低 39%。

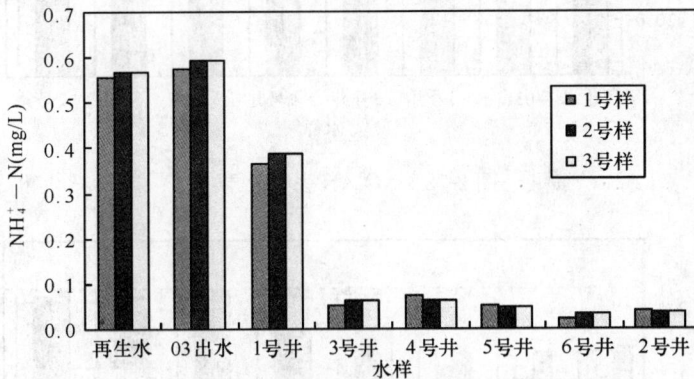

图 2-70 NH_4^+ 去除效果

图 2-71 中 TN 分析结果表明，再生水 TN 为 29～34mg/L，5 号井出水浓度为 26～29mg/L，去除率约为 13.5%。如果停止回灌，1 个月后监测发现，5 号井中 TN 下降至 13～17mg/L，含水层对 TN 有较强的去除能力。

与 TN 的变化规律类似（图 2-72），NO_3^--N 进入含水层后，运移 40m 的去除率为 12%（从 31.7mg/L 下降为 27.8mg/L），停止回灌 1 个月后，5 号井中 NO_3^--N 下降至 14～17mg/L。

NO_2^--N 的变化规律与其他物质完全相反（图 2-73），臭氧和砂滤过程中，再生水中 NO_2^--N 浓度基本不变；当 NO_2^--N 随再生水进入潜水含水层后，各水井中 NO_2^--N 逐渐升高，从 1 号井到 5 号井，NO_2^--N 升高了 0.4mg/L，造成这种情况的主要原因可能是含水层中 NO_2^--N 的本底值较高，停止回灌一个月后，检测发现除了 1 号井，其他井中

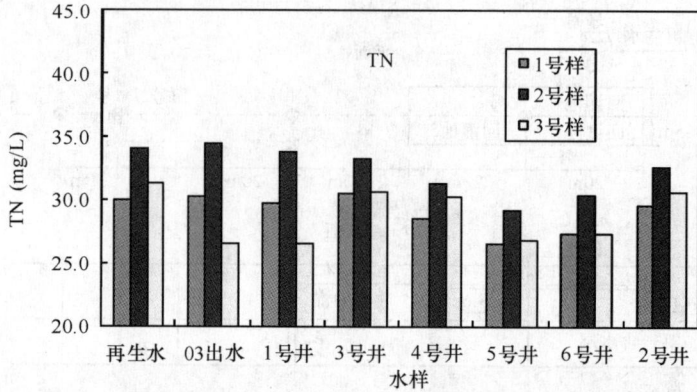

图 2-71　TN 去除效果

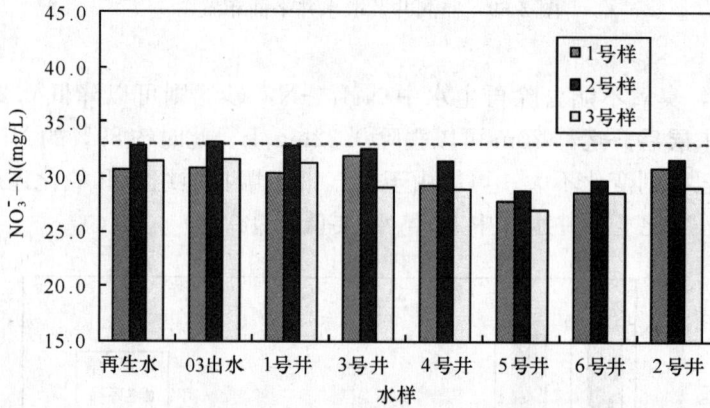

图 2-72　NO_3^--N 去除效果

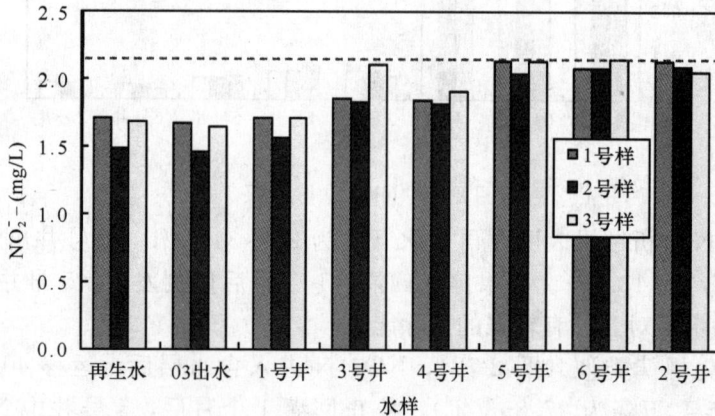

图 2-73　NO_2^--N 变化规律

NO_2^--N 均超过 2.4mg/L，最远的 5 号井浓度甚至高达 3.3mg/L。

　　臭氧和砂滤对再生水中 TP 没有处理效果，而含水层的处理效果则较好，能去除 96.5％的 TP，含水层的处理规律服从 $y=-0.0995x^3+1.1494x^2-4.4192x+5.7365$（$R^2$ =1）的三阶多项式（图 2-74）；由于一部分再生水从砂滤池底部直接下渗进入含水层，而砂滤池底部到地下水面的距离只有 8.6m，会有较多的 TP 进入含水层，导致 6 号井中 TP 与 3 号井中 TP 浓度相当，由此也可以看出，8.6m 的包气带对再生水中 TP 的垂向处理效果与 20m 潜水含水层横向处理效果接近。

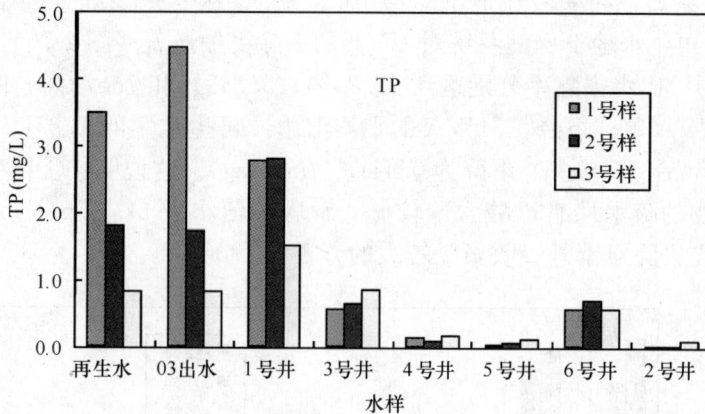

图 2-74　TP 去除效果

再生水地下回灌过程中，通过对常规指标的检测发现，再生水进入地下含水层后，NH_4^+-N 和 TP 的去除效果较好；对 TN 和 NO_3^--N 有一定的去除能力；由于含水层中 NO_2^--N 本底较高，导致再生水进入含水层之后水中 NO_2^--N 浓度升高。

2. 溶解性有机物

再生水地下回灌过程中，溶解性有机物（DOM）一直备受关注，因为其本身就可能对人体健康有害，并且影响金属污染物的迁移转化行为，与氯或臭氧反应生成消毒副产物。因此，近年来 DOM 一直是地下水回灌研究的重点和热点。由于 DOM 是一系列化学反应产物的混合物，传统的检测手段只能反映 DOM 的总量，难以反映再生水回灌过程中各类 DOM 组成和含量的变化，因此选择既简单又有效的表征手段是分析 DOM 组分的关键。

再生水中含有大量的荧光物质，如油脂、蛋白质、表面活性剂、腐殖酸、维生素、酚类等芳香族化合物、药品残余及其代谢产物等，它的荧光光谱因污染物种类和含量不同而各异，具有与水样一一对应的特点，就像人的指纹一样具有唯一性，所以被称为“荧光指纹”。三维荧光光谱（Three-dimensional excitation/emission matrix，3DEEM）是将荧光强度以等高线方式投影在以激发光波长和发射光波长为横纵坐标的平面上获得的谱图，图像直观，所含信息丰富，该技术已广泛用于水体有机物的研究。因此，本研究通过三维荧光光谱分析再生水在回灌前处理和进入含水层过程中 DOM 的变化特征，弄清人工地下回灌对再生水中 DOM 的去除机制，为再生水地下回灌的成功实施提供保障。

再生水地下回灌系统对 DOM 的去除作用较显著。如图 2-75 所示，再生水中 DOC 经臭氧和砂滤后，平均浓度从 9.55mg/L 下降为 8.95mg/L 和 6.91mg/L，去除率为 6.35% 和 27.63%。再生水进入含水层后，对 3 号、4 号和 5 号井水质检测发现，DOC 的去除率分别达到 44.24%、48.71% 和 41.45%。由此可以明显地看出，再生水进入含水层后，距离回灌井 30m 范围内是去除 DOC 的主要区域。这和 Vanderzalm 等人及 Lindroos 等人的研究结果具有一致性。Vanderzalm 等人在 Bolivar 一个 ASR 回灌场进行了实地研究

（1999～2001 年），再生水注入含水层后，地下运移 4m 可去除 14%～18%（0.2～0.3mmol/L）DOC，继续运移过程中，DOC 含量则基本不变。Lindroos 等人在芬兰南部地下水人工回灌过程中，DOC 含量变化与迁移距离服从 $y=-1.1298Ln（x）+9.9574$（$R^2=0.9234$）关系式，回灌液在地下运移 10m，DOC 从 9～12mg/L 下降至 5～7mg/L（$n=57$）。另外，再生水地下回灌系统对 UV_{254} 的去除更加显著（图 2-76），臭氧、砂滤和 20m 含水层（3 号井）出水去除率分别达到 41.20%、55.82% 和 76.72%。回灌过程中，整个回灌系统的 SUVA 单调下降，SUVA 的平均值由"再生水"的 1.33L/（m·mg），在含水层中运移 40m 后（5 号井）下降为 0.41L/（m·mg）。这说明：①再生水中不饱和双键或芳香性有机物的疏水性有机酸含量较低［SUVA 值小于 3L/（m·mg）］；②再生水地下回灌系统优先去除对紫外吸收贡献较大的芳香性 DOC。

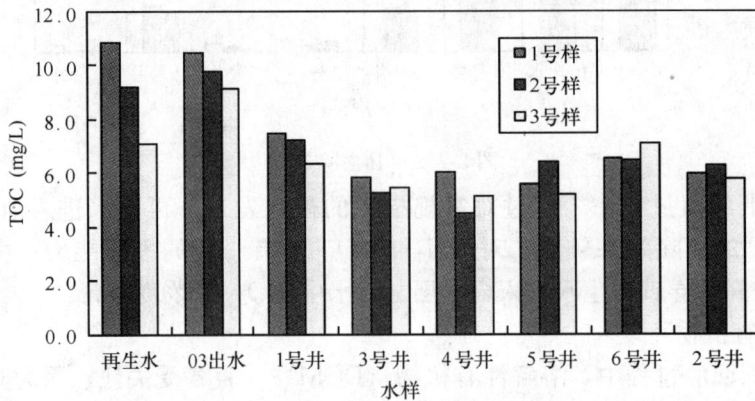

图 2-75　再生水地下回灌系统的 DOC

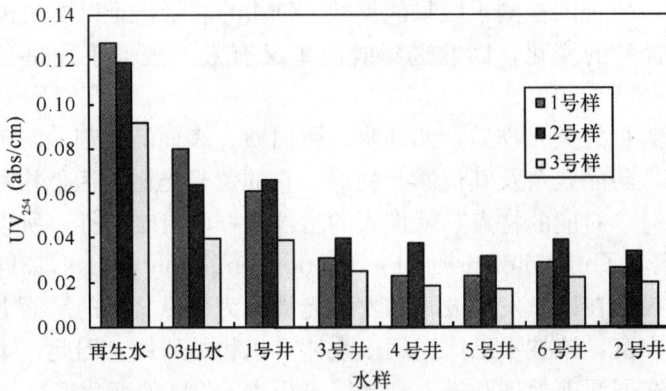

图 2-76　再生水地下回灌系统的 UV_{254}

　　北京市高碑店污水处理厂再生水三维荧光光谱等高线如图 2-77 所示，主要荧光峰有 5 个，Region 1 表示色氨酸类（tryptophan-like）芳香族蛋白质，Region 2 表示溶解性微生物代谢产物（soluble microbial byproduct-like），Region 3 表示芳香族蛋白质或酚类物质，而 Region 4 和 Region 5 表示腐殖酸、富里酸等腐殖质（主要为 visible fulvic-like 和 UV fulvic-like）。通过进一步分析三维荧光光谱的数据矩阵，得到各荧光峰的峰值对应的激发/发射波长（Ex/Em）以及相应的荧光强度（fluorescence intensity，FI）列于表 2-47。

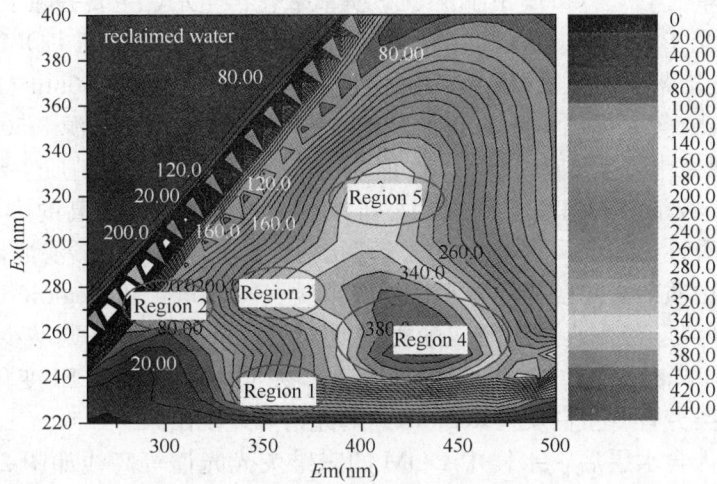

图 2-77　再生水中 DOM 的三维荧光光谱等高线

再生水回灌过程中荧光峰区内峰值位置和强度　　　　　　表 2-47

水样	Region 1		Region 2		Region 3		Region 4		Region 5	
	Ex/Em	FI（nm）	Ex/Em	FI（nm）	Ex/Em	FI（nm）	Ex/Em	FI（nm）	Ex/Em	FI（nm）
再生水	—	—	280/310	—	—	—	250/430	424.3	320/410	347.3
O3	—	—	280/310	114.3	280/350	107.6	250/430	145.1	320/410	110.4
1 号井	230/350	37.95	280/310	111.4	280/350	95.66	250/430	133.2	320/410	103.1
3 号井	—	—	280/310	98.48	280/360	78.03	250/430	85.64	—	—
4 号井	—	—	280/310	109.6	280/360	79.9	250/430	76.75	—	—
5 号井	—	—	280/310	136.4	280/340	122.4	250/430	92.03	320/400	70.79
6 号井	—	—	280/310	91.07	—	—	250/430	96.09	320/410	66.76
2 号井	—	—	280/310	104.5	290/370	96.43	250/430	95.48		

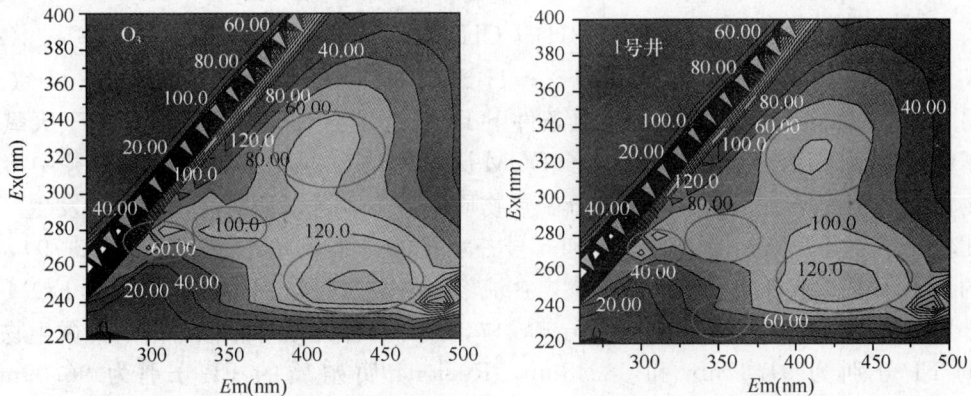

图 2-78　臭氧氧化和砂滤后水样中 DOM 的三维荧光光谱等高线

再生水经臭氧氧化和砂滤，水样中 DOM 的三维荧光光谱等高线如图 2-78 和表 2-47。臭氧氧化后，水样的光谱峰强度显著降低，其中 Region 4（visible fulvic-like）的 FI 下降 65.8%（从 424.3nm 下降至 145.1nm）；Region 5（UV fulvic-like）的 FI 下降 68.2%

（从 347.3nm 下降至 110.4nm）。由此可见，臭氧氧化再生水，主要去除了水中的腐殖质。据报道，利用荧光指数（fluorescence index，f450/f500）可以表征 DOM 中腐殖质的来源。f450/f500 是指激发光波长 $Ex=370$nm 时，荧光发射光谱在 450nm 与 500nm 处的强度比值。McKnight 等人提出，陆源 DOM 和生物来源 DOM 两个端源 f450/f500 值分别为 1.4 和 1.9。本研究中再生水的 f450/f500 值为 2.1，说明其中的腐殖质主要为生物源。另外，荧光指数 f450/f500 与富里酸芳香性之间具有负相关关系，较高的 f450/f500 值揭示了腐殖类物质芳香性比较弱，含有较少的苯环结构。臭氧出水经过砂滤池，砂滤作用对腐殖质和芳香族蛋白质的去除较显著，水样中腐殖质（Region 4 和 Region 5）的 FI 分别减少了 8.2% 和 6.6%，芳香族蛋白质或酚类物质（Region 3）的 FI 则减少了 11.1%（从 107.6nm 下降至 95.66nm），溶解性微生物代谢产物（Region2）的 FI 变化不大，而原先被遮蔽的色氨酸类芳香族蛋白质（Region1）的光谱峰显现出来。

砂滤出水进入含水层后，水样中 DOM 的三维荧光光谱等高线如图 2-79。根据 1 号井、3 号井、4 号井和 5 号井水样的荧光光谱，再生水在含水层中运移过程中，DOM 主要包括溶解性微生物代谢产物、芳香族蛋白质和腐殖质等有机物，其中腐殖质在 0～20m 和 20～40m 范围内经历了先减少后稳定，溶解性微生物代谢产物和芳香族蛋白质则是先减少后增加。结合图 2-79 和图 2-75 可以看出，总体上 DOM 在前 30m 逐渐减少，30m 之后则有所增加。这是由于距离 1 号回灌井较近的范围内（0～30m），含水层处于氧化环境，DOM 流量最高，会支持最高水平的微生物活动，提供微生物新陈代谢和细胞结构所需的能量，O_2 和 NO_3 实现对 DOM 的氧化，土壤介质也会吸附一些大分子量有机物。沿含水层继续流动，O_2 和 NO_3 耗尽后，氧化环境逐渐转化为还原环境，锰、铁等电子受体参与反应。公式（2-23）～式（2-27）是再生水进入含水层后发生的各种氧化还原反应。

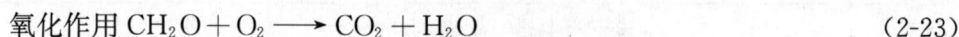

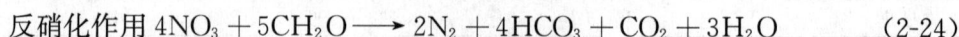

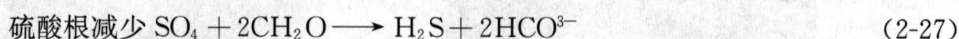

$$氧化作用 \quad CH_2O + O_2 \longrightarrow CO_2 + H_2O \tag{2-23}$$

$$反硝化作用 \quad 4NO_3 + 5CH_2O \longrightarrow 2N_2 + 4HCO_3 + CO_2 + 3H_2O \tag{2-24}$$

$$Mn 减少 \quad 2MnO_2(s) + 4H^+ + CH_2O \longrightarrow 2Mn^{2+} + 3H_2O + CO_2 \tag{2-25}$$

$$Fe 减少 \quad 4Fe(OH)_3(s) + 8H^+ + CH_2O \longrightarrow 4Fe^{2+} + 11H_2O + CO_2 \tag{2-26}$$

$$硫酸根减少 \quad SO_4 + 2CH_2O \longrightarrow H_2S + 2HCO^{3-} \tag{2-27}$$

另外，Wassenaar 等人发现，厌氧条件下 DOC 浓度会有所升高，这是由于厌氧微生物为了维持其新陈代谢活性，将大分子 DOM 厌氧转化为小分子 DOM。5 号井中溶解性微生物代谢产物的增加和腐殖酸等大分子量物质的减少，可以证明这种转化的发生。

比较与回灌井距离相同的 5 号井和 6 号井水样的三维荧光光谱发现（图 2-79），6 号井中的地下水主要来自砂滤出水的下渗，在流经土壤包气带过程中，再生水中 DOM 在好氧条件下被去除，使得 6 号井水样的光谱峰与 3 号井水样光谱峰相似，溶解性微生物代谢产物的 FI 分别为 91.07nm 和 98.48nm，Region4 腐殖质的 FI 分别为 96.09nm 和 85.64nm。分析 2 号井水样的三维荧光光谱发现（图 2-79），相对于砂滤出水（1 号井），溶解性微生物代谢产物（Region 2）和腐殖质（Region 4）的 FI 分别低 6.19% 和 28.32%，芳香族蛋白质或酚类物质（Region 3）的 FI 相当，腐殖质（Region 5）未出现谱峰。2 号井水样荧光光谱图与 4 号井水样荧光光谱图相似，由此可以推测，第一含水层与第二含水层之间存在一定的水力联系，但粉质黏土和砂质粉土隔水层的渗透性比较差，

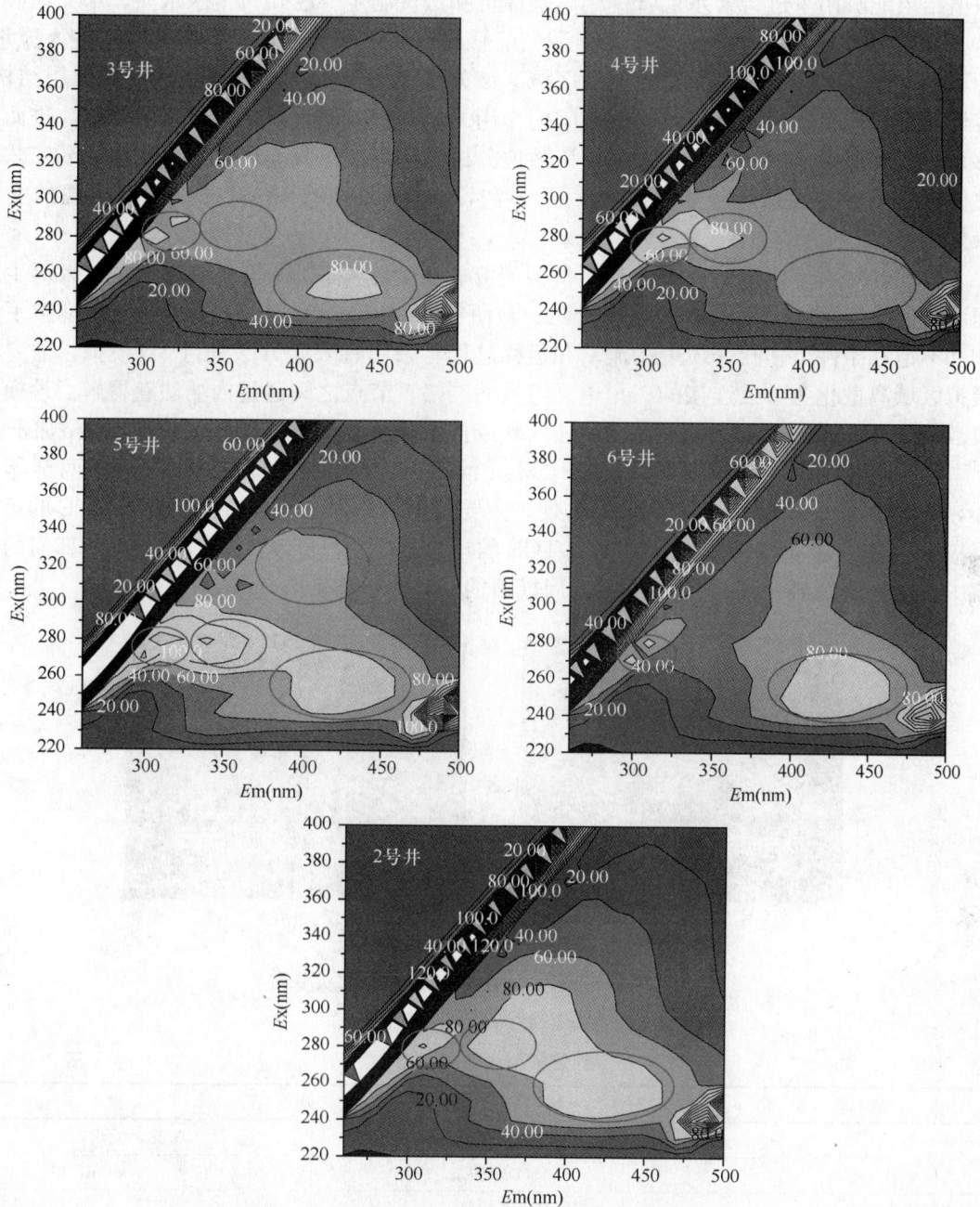

图 2-79　各监测井水样中 DOM 的三维荧光光谱等高线

其垂向渗透率只有第一含水层纵向渗透率的 $1/4 \sim 1/5$；由于距离 1 号井较近，回灌水携带大量的 DOM 和 O_2，在隔水层中的反应属于好氧反应或缺氧反应。

2.5.7　再生水地下回灌数值模拟

采用计算机程序开展再生水地下回灌数值模拟，不考虑污染物的情况下，完成每个模拟运行所需时间较短（大约 $5 \sim 10min$）；即使有污染物风险模拟，也只需要 $1 \sim 2h$。这些数值结果能够用来进行含水层管理的风险评价和法规制定。已知再生水水质、水文地质条件、反应-运移参数，根据模拟结果，我们能够设计出水井的位置、空间分布、注入流量、抽取量、停留时间、污染物自由流动区域。该方法也可反用：当已知含水层中地层结构、客体化学物质、微生物与停留时间之间的作用关系，就能够设计出再生水的水质，进而能够采用最经济有效的污水处理工艺。该数值分析方法有助于我们获得对再生水回灌工艺的整体观，能够实现最经济有效的水回用方法，并保证达到严格健康和环境法规的安全操作。

目前针对再生水地下回灌的数值模拟研究较少，本文以 Li 等人对 Perth 地区再生水回灌数值模拟研究为案例进行具体说明。该研究采用有限元模拟软件 Feflow™ 模拟了饱和和不饱和条件下多孔介质中的流动和运移过程。采用有限元方法进行 3D 模拟，需要将模拟区域离散化为节点连接的三角单元组成的网格。节点之间通过内插法获得解。该模型离散成 20000 多个节点，并且在距离注入孔或抽水孔位置 2m 以内的区域进行网格加密。

如图 2-80 所示，该模型区域位于 Swan 河以北，东至 Gnangara Mound，西至印度洋，北部边界位于 Swan 河以北 35km 处。主要根据当地水文地质参数，模拟 TCE 的运移反应。Perth 地区地下水系统的参数、TCE 的运移反应，已经从文献和当地水利部门的交流中获得。表 2-48 包含了我们用来开展模拟的一些参数值。

(a)   (b)

图 2-80 模拟边界内深层含水层的水头分布
(a) 注水前；(b) 注水后

数值模拟中采用的参数   表 2-48

流 动 参 数		
参数	潜水含水层	深层含水层
水力传导率（m/s）	10^{-4}（Davidson, 1995）	0.2×10^{-4}（Davidson, 1995）
释水系数	0.2（Cargeeg 等人，1987）	—
释水压缩性	—	0.005（Davidson, 1995）
孔隙率	0.2（Davidson, 1995）	0.2（Davidson, 1995）
TCE 的运移参数		
参数		TCE
吸附系数（Henry）		0.12（Benker 等人，1998）
扩散系数（m²/s）		10^{-10}（Johnston, 1983）
纵向弥散度（m）		7.9（Prommer, 2005）

流 动 参 数		
横向弥散度（m）		0.9（Barber 等人，1991）
一阶衰减率（s^{-1}）		8×10^{-9}（Wu 等人，2005）
海水入侵参数（不同尺度）		
水力传导率（m/s）	2×10^{-4}	
孔隙率	0.2	
吸附系数（Henry）	0	
扩散系数（m^2/s）	8×10^{-6}	
纵向弥散度（m）	1	
横向弥散度（m）	1	
一阶衰减率（s^{-1}）	0	
密度比	0.02	

2.5.7.1 水文地质条件

对于深层含水层，7 个深层注入孔在两公里内间隔分布，从深层含水层的顶部，在 500m 的注入区域内注入量为 2500×10^{3}L/d。间隔透水率将近 200m^2/d。图 2-80（a）表示的是深层含水层的稳态（即不注入或抽水）水头。图 2-80（b）表示的是从七个深层注入孔以 17.5mL/d（6.3×10^6/年）流量将处理过的市政废水连续五年抽取后的水头。沿着注入孔沿线增加的最大平均水头不超过 4m。孔周围的水丘保持相对对称，扩展的宽度大约 8～10km。注入的水以注入孔为中心相对称。该对称既反映了砂岩的中低水力传导率，也反映了在深层含水层中的极低流速（即<1m/年）。上述性质的结果在于，将注入孔改为抽水孔，注入水能够很容易地开采出来。

对于 Perth 北部潜水含水层，模拟了由 18 个注水井和 18 个抽水井组成的分布系统。注入井成线状分布于距离海岸 2.6km 的陆地上，相互间隔 1km。开采井也成一条线，在陆地上距离注入井 2.7km。抽水井和注入井的抽水或注入水量是 1000×10^{3}L/d。总抽水和注入量是 18L/d 或 6.6GL/year。图 2-81 表示的是 5 年间稳态模型和抽水/注水模型的

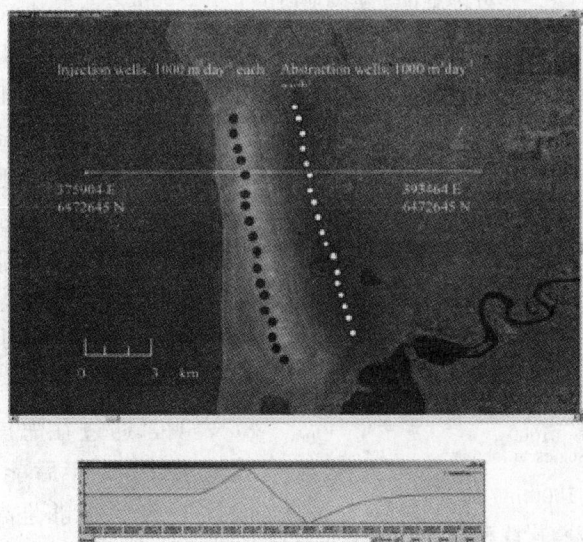

图 2-81 注水和抽水导致潜水含水层水位变化情况

区别。5 年后，我们可以看到，增加的最大平均水位达到将近 3m。水位的小幅升高与潜水含水层的高渗透率有关。图 2-83 是与海岸线垂直的垂向剖面图，表示的是对距离海岸线 1km 的成线状排列井抽水 50 年后盐分分布的模拟。这些模拟井以 1km 间隔分布，抽水量 1000m³/d。

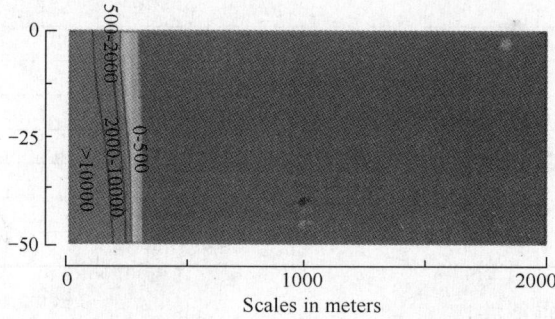

图 2-82　没有注水和抽水条件下垂直于海岸线的典型盐分分布剖面图
（注：图的左轴表示的是潜水含水层到不透水黏土底层的模拟深度，单位 mg/L）

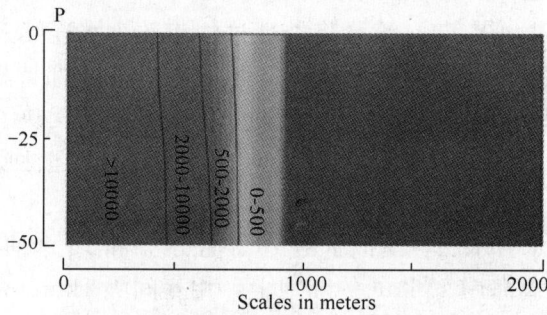

图 2-83　从距离海岸 1000m 水井以 1000m³/d 流量抽水 50 年后含水层盐度分布模拟
（水井筛管位于基准地面以下 40～50m 之间）

对于潜水含水层，所设计的注水和抽水井结构可阻止海水入侵的发生。实际上，该结构被设计用来解决 Perth 已存在的海水入侵问题，如我们用 Feflow 模拟结果在图 2-82～图 2-85 中所展示那样。图 2-82 表示的典型 Perth 沿海地区校准后的盐度分布，即在没有抽水或注入的自然地下水力和分布机制条件下。图的左侧表示的是海岸线处到海平面的深度，底部的尺度表示的是到海岸线的距离。可以看出，海水已经向陆地地下水系统入侵了 1km，这与 Perth 的地下水现状比较类似。图 2-84 和图 2-85 表明，通过在海岸线与抽水井之间设置注水井，1 年后能够有效地降低盐分，而且 10 年后能够是高盐分海水大大回退。另外，对于潜水含水层，所设计的水井

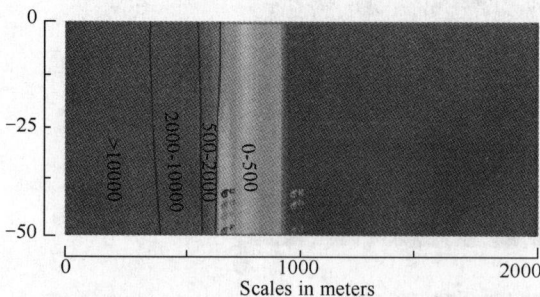

图 2-84　抽水（1000m³/d）50 年后，以 1000m³/d 水量从海岸线和抽水井之间的注水井注入 1 年后的盐度分布图

结构也是管理水位的最有效方法，能够解决洪水或含水层枯竭。ASR 工艺将会成为活动的含水层管理工具，能够平衡 Perth 地区降雨的季节性差异。

2.5.7.2 污染物风险评价

在特定条件范围内，ASR 工艺可以用来净化回灌再生水。但是这也不可避免的会导致含水层污染或水井堵塞。因此，在任何实质资金投入之前，都需要确定含水层注入大体积再生水的水生化和水文地质作用。这通常包括地下水系统的数值模型和模拟。对发生在地下的运移反应进行契合实际的模拟，存在难点在于对准确的参数和算法进行详细说明。这要求对发生在特定含水层中生化降解函数和动力学以及含水层衰减能力演变有透彻的认识。本研究中，我们选择 TCE 来验证有机物和治病污染物在时空上的反应运移。根据公开发表的文献，在表 2-48 中给出了相关参数。

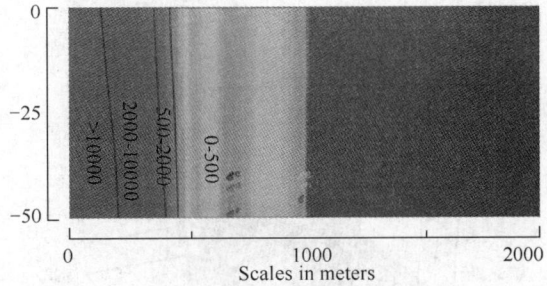

图 2-85　抽水（1000m³/d）50 年后，以 1000m³/d 水量从海岸线和抽水井之间的注水井注入 10 年后的盐度分布图

TCE

TCE 是一种无色液体，经常用作清洁金属零件的溶剂。摄入或吸入高浓度 TCE 会影响神经系统、伤害肝脏和肺，甚至死亡。作为化学品生产、使用和处置的后果，在地下水源和许多地表水中已经发现了 TCE。EPA 已经确定饮用水中 TCE 最高含量为 0.005mg/L。

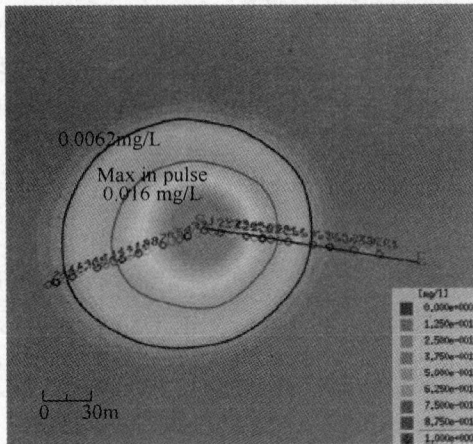

图 2-86　5 年后深层含水层注入井周围 TCE 浓度分布俯视图，彩色充填等值线表示的是持续注入污染物，而线性等值线表示的是脉冲式注入污染物。给出了沿 SE 线的观测点

对深层含水层实施注入（2500×10³L/d·井），如果一口井注入了 TCE 浓度为 1mg/L 的污水，TCE 将会随着注入的水流运移，并被含水层基质吸附和随着时间衰减。图 2-86 表示的是 5 年后该地区 TCE 分布的俯视图：当污水稳定注入时，注入井周围的污染半径大约为 90～135m；当污水脉冲式注入时，TCE 最大浓度（0.016mg/L）出现在距离井大约 60m 出，影响半径大约 110m。当这些污水稳定注入时，以时间和距离作为函数，在图 2-87 给出了其沿着 SE 观测线（见图 2-82）的浓度分布。如果污染物以脉冲式短期注入，则图 2-88 给出了 SE 方向 TCE 浓度分布的模拟结果。

当污染发生在潜水含水层注入过程中，TCE 运移的污染羽就会比较快、也比较远。图 2-89 给出了稳定注入 2 年条件下 SE 线上 TCE 的分布则与深层含水层相似。TCE 从潜水在时空上的分布；而脉冲式注入条件下，TCE 含水层注入井开始运移 2 年，最大运移距离为 320m。

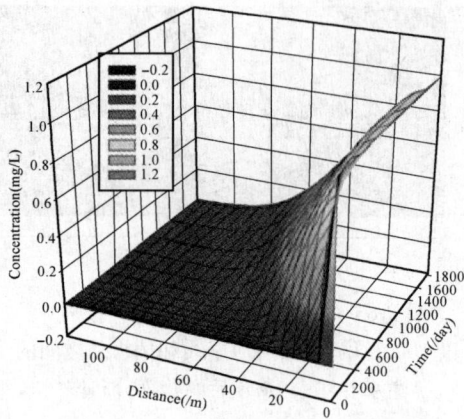

图 2-87 持续注入时沿着 SE 观测线的
深层含水层中 TCE 浓度时空分布

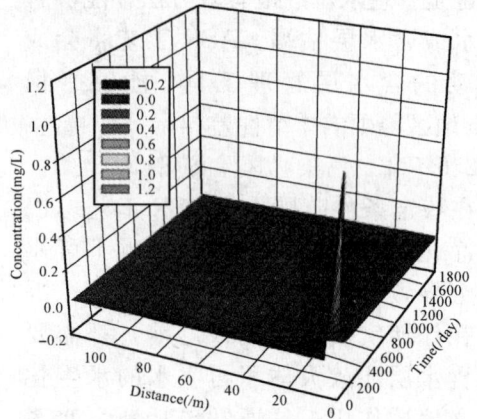

图 2-88 脉冲式注入时沿着 SE 观测线的
深层含水层中 TCE 浓度时空分布

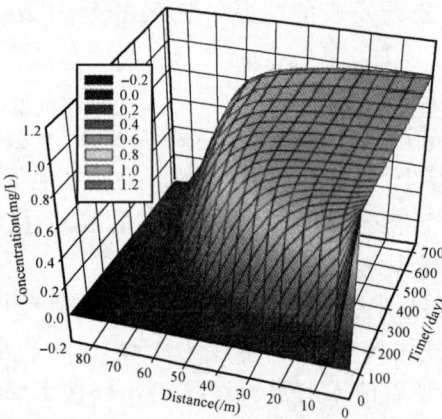

图 2-89 持续注入时沿着 SE 观测线的
潜水含水层中 TCE 浓度时空分布

正如预期的，模拟结果表明，除了地下含水层的自然衰减功能，稳定注入受 TCE 污染水，会引起地下水系统的大范围长时间的污染。这代表了最糟糕的现象，模拟的是一个极端情况，该地区没有再生水地下回灌水质控制方面的适当法规。实际上，更有可能的是由于设备故障或人为失误造成的脉冲式注入事故的发生。但是，通过定义吸附系数、TCE 的一阶衰减率、和特定含水层基质中的水力传导系数，我们能够模拟不同条件下污染羽的运移。根据模拟结果，能够合理地提供水井的位置和空间分布，以及其他相关基础设施的设计。

2.5.7.3 小结

该研究工作是 Perth 地区再生水向海岸含水层回灌的初期可行性研究。采用 FEFLOW 进行数值模拟，研究了深层和潜水含水层中开展人工注入和抽水对水文地质稳定性和污染物风险的作用，以及潜水含水层中防止海水入侵的作用。通过设计再生水分布系统（该系统允许在深层和潜水含水层中同时进行注水和抽水），我们用来：

（1）管理 Perth 含水层的地下水位；

（2）有效实现符合当地含水层地球物理化学性质的污水处理工艺；

（3）积极储存抽取地下水，以缓解由于短期和长期气候变化而导致的水资源供应不稳定；

（4）有选择性地提高地下水水质，特别是沿着海岸和河流地带。

这也表明，化学和生物污染物的时空分布能够通过数值模拟和计算获得，且结果可用于 ASR 工艺设计和污水处理设计。

2.5.8 结论

污水再生、循环与回用的推动力来自于通过人工地下水回灌补给地下水增加供水资源、节省高质量水资源、保护环境和具有经济方面的优越性。首先，城市再生水补给地下水，可以扩大地下水资源存储量；利用土壤层作为天然的水处理单元，深度净化再生水；利用土壤含水层作为天然的储水单元，为解决城市用水高峰期供需矛盾提供支持。其次，使用城市再生水回灌由于提高地表水源安全性的同时又促使污水排放法规不断强化，虽然回灌的经济性随回灌场地不同而变化，但无论如何再生水都是成本最低的补充水源，经济上具有吸引力。

再生水作为一种重要的水资源，回灌过程中对其水质判断还需考虑公众健康、用户要求、灌溉效应、环境的重要性以及美学和现实性等因素。再生水人工地下回灌所关注的主要问题是致病菌和致癌物质（包括消毒副产物）所致的健康风险。根据国外经验，利用可靠的污水处理技术与土壤含水层处理相结合生产的回用水满足饮用水标准一般应是安全可靠的，美国在加州 Montebello Forebay 地区用了 5 年时间（1987～1991 年），耗资 140 万美元完成的健康效应研究结果显示，过去 30 年再生水回灌水平与对照区比较，对健康效应未观测到可察觉的影响。

我国利用城市污水作为源水人工地下回灌的试验研究和示范工程运行历时尚短，经验不足，但只要坚持不懈地试验研究并不断汲取国外经验，人工地下水回灌工程不仅会增加地下水/地表水供水，也将在控制洪水、地表水污染与地面沉降和阻止海水倒灌方面起到积极的作用。

第3章 再生水利用相关标准解析

3.1 景观回用水质标准解析

3.1.1 国外的再生水景观回用标准

再生水用于景观环境水体带来的主要问题是夏季水华、泡沫产生及由此产生的安全问题。一般来说，通过降低再生水的氮、磷含量来控制水体水华和富营养化，同时也降低了出水中悬浮固体浓度。控制泡沫主要通过减少再生水中阴离子表面活性剂的含量。控制细菌数量主要通过消毒措施。

1. 美国

表 3-1 是美国 EPA 污水回用指南中与景观环境用水相关的项目及值。

美国 EPA 污水回用指南中与景观环境用水相关的项目及值①　　　　　　表 3-1

使用类型	处理	再生水水质②	再生水监测	逆流距离③	注　释
娱乐蓄水：允许偶然接触（如钓鱼和划船）或全身接触的再生水	二级④过滤⑤消毒⑥	pH=6～9 ≤10mg/LBOD⑦ ≤2NTU⑧ 检测不到粪类大肠菌/100mL⑨⑩　1mg/LCl₂ 余氯（最小）	pH：每周一次　BOD：每周一次浊度：连续测定大肠菌：每天测定余氯（Cl₂）：连续测定	如果底部没有密封，距饮用水水源井最小距离为 500ft（150m）	为了保护水生植物群和动物群，可能有必要进行脱氯。 再生水应当对皮肤和眼睛无刺激影响。 再生水应当清澈、无色，并且不含有对摄入有害的物质。 为阻止景观蓄水池中的藻类生长，有必要去除再生水中的营养物。 为了满足水质推荐标准，可能还需要在过滤前添加化学药剂（絮凝剂和/或聚合物）。 在再生水中应该检测不到病菌⑫。 为了确保病毒和寄生虫已被破坏或活性丧失，保持较高的余氯和/或较长的接触时间也许是必要的。 蓄水池中的鱼类可被食用
景观蓄水：允许偶然接触（如钓鱼和划船）或全身接触的再生水	二级④消毒⑥	≤30mg/LBOD⑦ ≤30mg/LSS 200 粪类大肠菌/100mL⑨⑬⑭ 1mg/LCl₂ 余氯（最小）⑪	pH：每周一次 SS：每天测定大肠菌：每天测定余氯（Cl₂）：连续测定	如果底部没有密封，距饮用水水源井最小距离为 500ft（150m）	为阻止景观蓄水池中的藻类生长，有必要去除再生水中的营养物。 为了保护水生植物群和动物群，可能有必要进行脱氯

使用类型	处理	再生水水质②	再生水监测	逆流距离③	注　释
环境回用：湿地、沼泽地、野生动物栖息地、河流增扩	根据情况而定 二级④ 消毒⑤（最低）	根据情况而定，但不超过： ≤30mg/LBOD⑦ ≤30mg/LSS 200个粪类大肠菌/100mL⑨,⑬,⑭	BOD：每周一次 SS：每周一次大肠菌：每天测定余氯（Cl₂）：连续测定		为了保护水生植物群和动物群，可能有必要进行脱氯。 应当评估对地下水的可能影响。 接收水质要求可能必须进行附加处理。 再生水温度应当对生态没有负面影响

①这些指南基于美国水再生和回用实践，它们的主旨在于对那些没有编制自己规范或指南的州提供参考。尽管本指南应当在美国之外的许多地区是有用的，但在一些国家中，由于当地条件也许会限制该指南的适用性。

②除非另加说明，建议的水质条件应用于处理设施的排出点处的再生水。

③建议的逆流距离是为了保护饮用水水源不受污染和防止人类由于接触再生水而引发的健康危险。

④二级处理工艺包括活性污泥处理工艺、滴滤池、旋转生物接触器和许多稳定塘系统。二级处理出水的 BOD 和 COD 均不应当超过 30mg/L。

⑤过滤是指使废水通过天然土壤或过滤介质如砂子和/或无烟煤。

⑥消毒是指通过化学、物理或生物方法使病原微生物失去活性和被破坏。消毒可通过以下方法来完成：氯化、臭氧化或其他化学消毒、紫外光线（UV）照射、膜工艺或其他工艺。

⑦5 天的 BOD 值。

⑧在消毒之前应当满足建议的浊度限值。平均浊度是指 24h 的平均值。任何时候浊度都不能超过 5NTU。如果用 SS 来代替浊度，则平均 SS 不能超过 5mg/L。

⑨除非另加说明，建议的大肠菌限值是指完成分析的最近 7d 细菌学结果的平均值。可以使用膜过滤技术或试管发酵技术来进行测定。

⑩在任何一个水样中，粪类大肠菌的数目都不应当超过 14 个/100mL。

⑪在最小接触时间 30min 后的总余氯。

⑫在实施一项回用工程之前，建议对再生水进行微生物质量全分析。

⑬在任何一个水样中，粪类大肠菌的数目不应当超过 800 个/100mL。

⑭一些稳定塘系统可能在不用消毒的情况下满足这一大肠菌限值。

表 3-2 是加利福尼亚州在 2001 年制定的景观用水水质标准。

景观用水水质标准（2001 年，加利福尼亚州）　　　　表 3-2

再利用类型	类别	水 质 要 求
景观水体	消毒二级－2，3再生水	总大肠菌群≤23 个/100mL（平均）
非限制性娱乐蓄水池	消毒三级再生水	总大肠菌群≤2.2 个/100mL（平均）至少有一个样品的浓度不超过 23 个/100mL 单个取样≤240 个/100mL
限制性娱乐蓄水池	消毒二级－2，2再生水	总大肠菌群≤2.2 个/100mL（平均）至少有一个样品的浓度不超过 23 个/100mL
装饰性喷泉	消毒三级再生水	总大肠菌群≤2.2 个/100mL（平均）至少有一个样品的浓度不超过 23 个/100mL 单个取样≤240 个/100mL

2. 日本

表 3-3 是日本建设省在 1990 年制定的再生水水质标准。

表 3-3

日本建设省再生水水质标准（1990 年） 表 3-3

项　　目	用于改善环境景观用水	用于亲水用水
大肠菌群	<1000 个/100mL	<50 个/100mL
BOD_5	<10mg/L	<3mg/L
pH	5.8～8.6	5.8～8.6
浊度	<10NTU	<5NTU
臭气	无不愉快	无不愉快
色度	<40	<10
外观	无不愉快	无不愉快
余氯	—	

注：改善环境用水是指住宅区用于人工建造的水池、喷泉和小溪等的水。亲水用水的定义是人可接触的水。

3. 澳大利亚

表 3-4 是澳大利亚制定的景观用水水质标准。

景观用水水质标准 表 3-4

	水质要求	监测频率要求
非限制公众接触的市政用水	埃希氏大肠菌<10 个/mL 浊度<2NTU BOD<10mg/L SS<5ng/L pH6～9	埃希氏、pH、BOD、SS 每周 浊度和消毒效果　连续 消毒剂　每日
限制公众接触的市政用水	埃希氏大肠菌<1000 个/mL BOD<10mg/L SS<5mg/L pH6～9	埃希氏、pH、BOD、SS　每月 消毒系统　每日

4. 以色列（表 3-5）

再生水回用于半干旱地区的河流恢复时夏季控制指标最大建议值（1999 年） 表 3-5

项　　目	湍急河流（或部分湍急） 坡度>5‰	非湍急河流（或部分非湍急） 坡度<5‰
BOD	10mg/L	5mg/L
TP	0.5mg/L	0.1mg/L
氨氮	3mg/L	1mg/L
粪大肠菌群	200 个/100mL	200 个/100mL
余氯	0.1mg/L	0.1mg/L

3.1.2　国内的再生水景观回用标准

1. 天津（表 3-6）

天津市景观河道水质质量标准（1990 年） 表 3-6

色度（度）	浊度（NTU）	SS（mg/L）	漂浮物	味、嗅	BOD（mg/L）	COD（mg/L）	pH
＜30	＜10	＜30	无	无不快感	＜25	＜65	6.5～8.5
DO（mg/L）	氨氮（mg/L）	总氮（mg/L）	总磷（mg/L）	石油类（mg/L）	挥发酚（mg/L）	总大肠菌群	
＞2	＜10	＜28	＜2.0	＜1.0	＜0.1	＜10000 个/L	

2. 中国工程建设标准化协会（表 3-7）

污水回用于景观水标准（1994 年） 表 3-7

项 目	标 准 值	项 目	标 准 值
pH 值	6.5～9.0	总磷（mg/L）	夏季＜2，非夏季不控制
SS（mg/L）	≤30	铁（mg/L）	≤0.4
臭	无不快感	氯化物（mg/L）	≤350
BOD_5（mg/L）	≤20	总固体（mg/L）	≤1500
COD_{Cr}（mg/L）	≤75	总大肠菌群数（个/L）	≤10000
氨氮（以 N 计 mg/L）	夏季＜10，非夏季＜20		

3. 国家标准

景观环境用水的再生水水质指标见表 3-8，同时，应特别注意满足国家标准城市污水再生利用景观环境用水水质 GB/T 18921—2002 中化学毒理学指标的要求及标准对景观河道水力停留时间等要求。

景观环境用水的再生水水质指标 GB/T 18921—2002 表 3-8

序号	项 目		观赏性景观环境用水			娱乐性景观环境用水		
			河道类	湖泊类	水景类	河道类	湖泊类	水景类
1	基本要求		无漂浮物，无令人不愉快的嗅和味					
2	pH		6～9					
3	生化需氧量（BOD_5）（mg/L）	≤	10	6		6		
4	悬浮物（SS）（mg/L）	≤	20	10		—[a]		
5	浊度（NTU）	≤	—[a]			5		
6	溶解氧（mg/L）	≥	1.5			2		
7	总磷（以 P 计）（mg/L）	≤	1	0.5		1	0.5	
8	总氮（mg/L）	≤	15					
9	氨氮（以 N 计）（mg/L）	≤	5					
10	粪大肠菌群（个/L）	≤	10000	2000		500		不得检出
11	余氯[b]（mg/L）	≥	0.05					
12	色度（度）	≤	30					
13	石油类（mg/L）	≤	1					
14	阴离子表面活性剂（mg/L）	≤	0.5					

注：1. 对于需要通过管道输送再生水的非现场回用情况采用加氯消毒方式；而对于现场回用情况不限制消毒方式。

2. 若使用未经过除磷脱氮的再生水作为景观环境用水，鼓励使用本标准的各方在回用地点积极探索通过人工培养具有观赏价值水生植物的方法，使景观水体的氮、磷满足表中的要求，使再生水中的水生植物有经济合理的出路。

a "—"表示对此项无要求。

b 氯接触时间不应低于 30min 的余氯。对于非加氯消毒方式无此项要求。

4. 北京市污水排放标准（表3-9）

排入地表水体及其汇水范围的水污染物排放限值（单位：mg/L，凡注明者除外）　表3-9

类别	序号	污染物或项目名称	一级限值		二级限值	三级限值
			A	B		
一类	1	总汞	0.001	0.002	0.002	0.002
	2	烷基汞	不得检出	不得检出	不得检出	不得检出
	3	总镉	0.01	0.02	0.02	0.02
	4	总铬	0.1	0.5	1.0	1.5
	5	六价铬	0.05	0.2	0.2	0.2
	6	总砷	0.04	0.1	0.1	0.1
	7	总铅	0.1	0.1	0.1	0.1
	8	总镍	0.05	0.5	0.5	0.5
	9	苯并（a）芘	不得检出	0.00003	0.00003	0.00003
	10	总铍	不得检出	0.005	0.005	0.005
	11	总银	0.1	0.5	0.5	0.5
	12	总α放射性（Bq/L）	0.1	1.0	1.0	1.0
	13	总β放射性（Bq/L）	1.0	10	10	10
二类	14	pH（无量纲）	6.5~8.5	6.5~8.5	6~9	6~9
	15	水温（℃）	30	35	35	35
	16	色度（倍）	10	30	50	80
	17	悬浮物（SS）	10	30	50	80
	18	五日生化需氧量（BOD_5）	5.0	15	20	30
	19	化学需氧量（COD_{Cr}）	15	50	60	100
	20	石油类	0.3	2.0	4.0	8.0
	21	动植物油	1.0	5.0	10	15
	22	挥发酚	0.01	0.2	0.2	0.5
	23	总氰化物	0.05	0.2	0.2	0.5
	24	硫化物	0.01	0.2	0.2	0.5
	25	氨氮	2.0	5.0	10	15
	26	总氮	15	20	—	—
	27	氟化物	1.0	2.0	5.0	5.0
	28	总磷（以P计）（排入封闭性水域）	0.1	0.5	0.5	1.0
	29	甲醛	0.5	0.5	0.5	1.5
	30	甲醇	3.0	3.0	5.0	10
	31	苯胺类	0.1	0.4	0.4	1.0
	32	硝基苯类	0.5	0.5	0.5	1.0
	33	阴离子表面活性剂（LAS）	0.5	3.0	5.0	8.0
	34	总铜	0.1	0.5	0.5	1.0
	35	总锌	1.0	2.0	2.0	3.0
	36	总锰	0.5	1.0	2.0	2.0
	37	彩色显影剂	0.2	1.0	1.0	2.0
	38	显影剂及其氧化物总量	0.6	2.0	3.0	3.0

类别	序号	污染物或项目名称	一级限值		二级限值	三级限值
			A	B		
二类	39	元素磷	不得检出	不得检出	0.1	0.1
	40	有机磷农药（以P计）	不得检出	不得检出	不得检出	0.5
	41	乐果	不得检出	不得检出	不得检出	1.0
	42	对硫磷	不得检出	不得检出	不得检出	1.0
	43	甲基对硫磷	不得检出	不得检出	不得检出	1.0
	44	马拉硫磷	不得检出	不得检出	不得检出	5.0
	45	五氯酚及五氯酚钠（以五氯酚计）	不得检出	不得检出	5.0	8.0
	46	可吸附有机卤化物（AOX）（以Cl计）	不得检出	不得检出	1.0	5.0
	47	三氯甲烷	0.1	0.2	0.3	0.6
	48	四氯化碳	0.01	0.02	0.03	0.06
	49	三氯乙烯	0.05	0.1	0.3	0.6
	50	四氯乙烯	0.05	0.1	0.1	0.2
	51	1,2-二氯乙烷	不得检出	不得检出	0.3	0.6
	52	苯系物总量	1.0	1.2	2.0	2.5
	53	苯	0.05	0.1	0.1	0.2
	54	甲苯	0.1	0.1	0.1	0.2
	55	乙苯	0.1	0.2	0.4	0.6
	56	间-二甲苯	0.1	0.2	0.4	0.6
	57	邻-二甲苯	0.1	0.2	0.4	0.6
	58	对-二甲苯	0.1	0.2	0.4	0.6
	59	氯苯	0.02	0.05	0.05	0.1
	60	邻-二氯苯	不得检出	不得检出	0.4	0.6
	61	对-二氯苯	不得检出	不得检出	0.4	0.6
	62	1,2,4-三氯苯	不得检出	不得检出	0.4	0.6
	63	对-硝基氯苯	不得检出	不得检出	0.5	1.0
	64	2,4-二硝基氯苯	不得检出	不得检出	0.5	1.0
	65	苯酚	0.01	0.01	0.2	0.3
	66	间-甲酚	0.01	0.01	0.1	0.2
	67	2,4-二氯酚	不得检出	不得检出	0.6	0.8
	68	2,4,6-三氯酚	不得检出	不得检出	0.6	0.8
	69	邻苯二甲酸二丁酯	不得检出	0.05	0.2	0.4
	70	邻苯二甲酸二辛酯	不得检出	0.05	0.3	0.6
	71	丙烯腈	不得检出	不得检出	2.0	3.0
	72	总硒	0.05	0.1	0.1	0.2
	73	总有机碳（TOC）	10	20	20	30
	74	可溶性固体总量	1000	1000	2000	2000

3.1.3　标准解析

我国对再生水回用于景观水体的研究在"七五"期间即已开始展开，截至目前已经先后颁布了几部与再生水用于景观水体有关的水质标准，包括地方标准、行业标准和国家标准。在"七五"国家科技攻关研究课题的基础上，制定了《天津市景观河道水质质量标准》，1994 年中国工程建设标准化协会主编了《城市污水回用设计规范》CECS61：94，提出了"再生水用作市区景观河道用水的建议水质标准"，将其作为主要参考依据之一。2000 年建设部发布了城建行业标准《再生水回用于景观水体的水质标准》CJ/T 95—2000，因考虑到国家的经济实力与景观环境回用并不普遍的现实，建议的水质标准要求偏低，基本与《污水综合排放标准》GB 8978—1996 的一级标准相近，对磷的要求更低，甚至还达不到二级标准的要求。我国《城市污水再生利用　景观环境用水水质》GB/T 18921—2002 的水质指标是在《再生水回用于景观水体的水质标准》CJ/T 95—2000 的基础上进行修订完成的。由于人们在娱乐过程中有可能非全身地接触水体，因此该标准对娱乐性景观环境用水水质要求严格，包括美学、物理、化学和生物学指标。在工程设计中，应注意区分水体与人体接触的可能性，并详细分析水体的流动状况。

国内外标准对再生水景观环境用水水质指标分类基本一致，分为五大类，分别为常规指标、营养盐指标、卫生学指标、感官性指标、毒理学指标。

我国的标准对基本指标除 pH 外的漂浮物、嗅和味有明确要求，这与日本的标准相似，其他国家一般未作要求，考虑到与原水水源和处理工艺有关。

常规指标包括 BOD_5、SS、浊度、溶解氧 4 项，其中 BOD_5、SS 与色度、嗅和味直接相关，可用于控制景观水的有机污染，防止黑臭的发生。这两项指标我国标准与其他国家标准大体相当。浊度与 SS 相近，更直接地标志着景观水的澄清程度，有些国家对再生水景观利用水体还采用透明度作为标准值。作为娱乐性景观环境用水，浊度≤5NTU，与日本标准相同，低于美国的≤2～5NTU 和澳大利亚的<2NTU。

水中营养盐指标，包括 TP、TN、氨氮三项。就景观环境用水而言，营养盐的存在是造成水体富营养化的直接原因。澳大利亚未作营养盐规定，以色列未作总氮规定，我国TP 标准与日本相同，都是≤0.5mg/L，总氮比日本严格，为 15mg/L。总体上，地表水源丰富的国家对营养盐的要求不高。对于水质型缺水国家或地区对再生水景观利用的营养盐要求要严格些。即使这样，由于没有地表水进行稀释，再生水景观水体如果没有很好的维护措施或者将营养盐降低到一定程度下，水体还是容易发生水华。

卫生学指标包括粪大肠菌群和余氯 2 项。其中澳大利亚标准最为严格，粪大肠菌群≤1 个/100mL，总大肠菌群≤10 个/100mL。卫生学指标的严格控制有利于再生水景观利用的安全使用。我国对于娱乐水景也要求粪大肠杆菌不得检出。

感官性指标主要指色度、石油类及浊度。有些文献将阴离子表面活性剂也作为感官性指标之一。感官性指标过高会对感官产生不良影响，降低景观水的美学价值。以色列和美国未作规定。澳大利亚标准最为严格，色度≤15TCU；日本为≤40（非直接接触）和≤10（直接接触）；我国统一为 30 度。

3.1.4 标准建议

（1）我国《城市污水再生利用 景观环境用水水质》（GB/T18921－2002）的水质指标及数值的选取及确定，主要从保障再生水使用区域的公众健康的角度出发，充分考虑到由于接触程度的不同对人体产生的健康风险，保证了公众的人身安全。但该标准对于水生动植物的安全及其污染物在土壤中的迁移累积问题未作考虑。对于再生水作为景观用水，尤其是北方缺水地区，稀释比例较小，除了对人体的影响外，水中污染物对整个水系生态影响必然会存在积累并造成相应的不良后果。

（2）《城市污水再生利用 景观环境用水水质》GB/T 18921—2002 标准将景观环境水体分为两种类型：人体非全身接触的娱乐性景观环境用水和人体非直接接触的观赏性景观环境用水。每类又分别分为河道、湖泊、水景类。国外的再生水标准，如美国加州、日本、澳大利亚等的标准一般分为限制性娱乐用水和非限制性娱乐用水，相对而言对人体的接触情况不如国内标准定义明确、易于理解。《城市污水再生利用 景观环境用水水质》GB/T 18921—2002 标准在其他规定内容中明确不应该在含有再生水的景观水体中游泳和洗浴，这一点是十分重要的，即使是南方少量的再生水掺入景观水体也应该严格避免。这是因为以目前国内再生水处理工艺的选择及安全性分析保障手段来看，再生水即使深度净化还存在较大的使用风险。根据目前再生水的现状分析，有必要在建立标准的同时，建立并强化再生水景观利用的使用导则。

（3）《城市污水再生利用 景观环境用水水质》GB/T 18921—2002 标准对再生水回用过程中应采用的措施和使用原则加以规定。但其中部分内容对于北方缺水城市难以实现。如在再生水利用方式中建议完全使用再生水时，景观河道类水体的水力停留时间宜在5d 之内。这一点就很难做到，正因为缺水才全部使用再生水，又如何能达到 5d 的停留时间？一般城市都是一盆死水或是很小的流动。因此往往造成水体流动性差，水质恶化，尤其到了夏季，易爆发水华。再生水景观利用有必要建立良好的景观保障系统，通过循环处理系统维护水体，保证水体质量。因此，在再生水利用方式或导则中应补充水体保障系统建立的相关内容。

（4）《城市污水再生利用 景观环境用水水质》GB/T 18921—2002 标准相对于过去的一些标准，水质指标已有提高。尤其对于磷的限定。但即使这样，该标准中的指标及限制尚有商讨的余地。

（5）《城市污水再生利用 景观环境用水水质》GB/T 18921—2002 标准中增加 TOC。该标准具有快速、准确、安全反应水中有机物的特点，能够更好的表征水中有机污染物总量。大量研究表明，进水水质稳定条件下，COD_{Cr} 与 TOC 有一定的相关性。目前在发达国家 TOC 已作为污水、再生水的指标，尤其是在再生水进行地下回灌或者排入地表水体方面，普遍采用 TOC 作为出水指标。美国佛罗里达州要求再生水排放到地表 I 类水体，TOC 月平均值为 3mg/L，单个样品不能超过 5mg/L。由于该标准具有准确反应水中有机物的特点，故推荐将其加入标准中。结合美国现有标准及水厂出水实际能达到的水平，建议值为 10～12mg/L。

（6）再生水补入地表水体不同于天然景观水体水质，同时受到水力流速限制，往往很难满足《城市污水再生利用 景观环境用水水质》GB/T 18921—2002 标准中水体停留时间宜小于 5d 的建议。因此需要从源头，即补水营养盐方面严格控制，以避免夏季水华的爆发。根据国家"八五"研究成果及排水集团研究示范阶段性成果，考虑水体自净能力，TP<0.5mg/L 可以有效抑制夏季藻类的爆发，有数据证明 TP 在 0.5～1mg/L 区间最容易爆发绿藻水华。尽管氮元素不是淡水水体富营养化的控制因素，但若再生水的最终出路是排放天然水体，依然需要对氮加以控制。再生水工艺示范表明，投加碳源条件下，可以将 TN 降到 2mg/L 以下，但经济成本较高。考虑经济因素，并参考日本及美国相关标准，建议将总氮定为 10mg/L。

（7）水体氨氮过高会对水生微生物造成毒害，并有研究表明，夏季藻类爆发其对数增长期对氨氮的吸收速率最高，因此要严格控制氨氮指标。鉴于目前污水处理厂多以生物硝化为主，硝化细菌对温度变化比较敏感，故在建议稿中分别制定冬夏氨氮值。参考北京市污水排放地方标准：向一、二级保护区范围内排放的污水执行限值 2mg/L；排入其他 II 类水体及其汇水范围的污水执行限值 5mg/L。建议氨氮值冬季夏季分别为 5mg/L 和 3mg/L。

（8）化学毒理学指标是指能在动植物体内或环境中蓄积、对人体健康产生长远不良影响、毒性较大、在城市污水再生利用厂不易去除的污染物，如重金属、有毒有害化学物质和微量有机污染物等。它们主要来源于工业污染源，根据安全性原则，这一类污染物应在源头控制。虽然美国在此方面没做硬性规定，但却根据不同的再生水源水质和回用要求，分别选用了高低处理程度不同的工艺，高级工艺中甚至包括反渗透膜处理工艺。澳大利亚虽没在回用水标准中列出化学毒理学指标的限制，但却规定，要参照环保局对工业废物和重金属的相关要求。日本则认为，在非饮用方面的回用，没有引起人类慢性中毒的事例，而对于有毒物质对水生态的慢性致毒致害情况而言，又太复杂，没有足够的研究支持。至于以色列，在对与人接触的再生水回用中，考虑了再生水水源的限制，即只允许生活污水和食品工业废水作为再生水源，因此不再做化学毒理学方面的考虑。

将再生水回用于地表水体，必须考虑到工业废水中难生物降解的有毒物质会对人体（不同接触程度）和环境生态系统产生不同程度的影响。为保障再生水地表水体的使用安全，应该保留原有标准中需要满足的选择控制项目。

（9）对于普通市民，再生水作为景观用水，主要关注水体的感官性指标及美学效果。美国各州及日本对再生水的非限制性区域利用要求浊度最大值不能超过 5NTU。西班牙和德克萨斯要求再生水浊度最大不能超过 2NTU 和 3NTU。而德国则对水体透明度直接作了要求，该值为 1～2m。再生水景观回用标准中应强化色度，色度值不应高于 20。增加嗅味除了保证水质的感官效果，还能够间接保证有机物的降解。

（10）消毒问题。最近的研究表明，在使人类致病的微生物病原体中，肠道病毒和原生动物类寄生虫（如贾第虫和隐孢子虫）比肠道细菌更为重要。国外的再生水回用的标准中很少涉及这部分内容，只有 1993 年澳大利亚的《NSW 回用准则》和美国的夏威夷州的《再生水用于非限制性城市回用的标准》对此做出过规定。由于再生水厂工艺尾端都采用消毒技术，有研究表明采用消毒工艺时，当粪大肠菌群数满足要求时，可以认为病毒、寄生虫也得到了有效控制。根据原标准项目制定出娱乐性水景外粪大肠杆菌值应该统一定为 500 个/L，这主要是考虑到一般再生水景观用水的分配难以实现多点不同水质的配送。

3.2 市 政 杂 用

用再生水代替传统的给水水源，市政与生活杂用水作为再生水的主要用途之一时，不仅要考虑所需的水量，还需要特别考虑水质问题。在国外市政与生活杂用水系统是指在城镇范围内将再生水用于非饮用的用途，主要包括：浇灌公园、娱乐中心、田径场、学校校园和运动场、公路中间和两边绿化带、风景区周围的公共建筑和设施等处的绿地；单个用户、多个用户的庭院、公共冲洗设施和其他的维护设施的供水；商业单位、办公、工业企事业单位周围的庭院用水；高尔夫场地的浇灌；一些商业应用，如：汽车冲洗、窗户冲洗和混合水用于杀虫剂、除草剂、液体化肥；风景观赏和装饰用水，如：喷泉和瀑布除尘和建筑工程的混凝土制造用水；消防用水；建筑物中的大便器和小便器的冲洗用水。国内《城市污水再生利用 城市杂用水水质》GB/T 18920—2002 标准中杂用水定义为用于冲厕、道路清扫、消防、城市绿化、车辆冲洗、建筑施工的非饮用水。

3.2.1 国外的再生水杂用水质标准

目前世界上许多国家和地区都根据其不同的实际情况制定有不同的再生水作为城镇杂用水水质标准。部分有代表性的再生水作为城镇杂用水的水质标准列举如下：

1. 日本

日本根据再生水在市政与生活杂用水的不同回用用途（如冲厕、绿地浇灌、环境用水等），制定了相应的水质标准和指标，见表 3-10。

日本厚生省再生水作为城镇杂用水水质标准（1981 年）　　　　表 3-10

指　　标	冲厕及消防	城市绿化用水	环境用水
总大肠菌群（CFU/mL）	≤10*	未检出	未检出
余氯（化合的）（mg/L）	≥2.0	≥0.4	—
表观	无不良感官效果	无不良感官效果	无不良感官效果
浊度（NTU）	—	—	≤10
BOD（mg/L）	—	—	≤10
嗅味	无不快感	无不快感	无不快感
pH	5.8~8.6	5.8~8.6	5.8~8.6

* 相当于 1000CFU/100mL。

2. 美国（表 3-11，表 3-12，表 3-13）

美国的污水回用标准非常多，除了美国环保局制定有污水回用建议水质标准（Guidline for Water Reuse，EPA，USA），在许多州也已经制定和实施了有关再生水回用的水质标准和条例。相关的再生水回用水质标准和条例每个州都不尽相同。例如，亚利桑那、加利福尼亚、佛罗里达、德克萨斯、俄勒冈、科罗拉多、内华达和夏威夷等州强烈支持再生水回用作为节省水资源的战略，这些州已建立了综合性的标准和条例，对水质的要求，处理工艺或实施再生水回用的整个范围做出明确的规定，主要目的是为了在不影响环境和人类健康的前提下，充分发挥再生水回用的最大资源效益。在这些标准和指导性文件中关于再生水作为城镇杂用水的回用场所被定义为非限制性城镇回用水场所，即人们活动不受限制的地方，如公园、娱乐场、学校校园和居民区绿地；卫生洁具的冲洗，空气调节，消防水，建筑用水等。其相应的再生水作为城镇杂用水的回用水水质标准被定义为非限制性城镇回用水水质标准。

美国环保局建议标准（1992 年准则） 表 3-11

指 标	冲厕及消防	城市绿化用水	建筑施工	道路清扫及洗车
pH（无量纲）	6～9	6～9	6～9	6～9
浊度（NTU）	月均值≤2 最大值≤5	月均值≤2 最大值≤5		月均值≤2 最大值≤5
SS（mg/L）	月均值≤5 最大值≤30	月均值≤5 最大值≤30	≤30	月均值≤5 最大值≤30
BOD_5（mg/L）	BOD≤30 BOD_5≤10	BOD≤30 BOD_5≤10	≤30	BOD≤30 BOD_5≤10
氨氮（mg/L）	进出水符合各流域二级出水限制值	进出水符合各流域二级出水限制值	进出水符合各流域二级出水限制值	进出水符合各流域二级出水限制值
余氯（mg/L）	接触 30min≥1.0	接触 30min≥1.0		接触 30min≥1.0
总大肠菌群（个/L）	7d50％不得检出；最大≤14 个/100mL（粪大肠菌群）	7d50％不得检出；最大≤14 个/100mL（粪大肠菌群）	7d50％≤200 个/100mL 或≤14（接触较多时）（粪大肠菌群）	7d50％不得检出；最大≤14 个/100mL（粪大肠菌群）

注：1. 这些标准以美国水回收和回用的实践为基础，尤其对那些尚未完善自己的规章或标准的州是有指导性的。同时，标准应该在美国以外的许多地区有用，某些国家当地的条件可能会限制本标准的实施

2. 除另有注明外，建议的水质标准适用于处理设施排出口的回用水。

3. 二级处理后的出水中的 BOD 和 SS 均不能超过 30mg/L。

4. 如 5 天 BOD 测试法所决定的。

5. 在消毒之前应满足建议的浊度标准，平均浊度应以 24h 时间为依据。任何时候浊度不应超过 5NTU，如以 SS 代替浊度，SS 的平均值是 5mg/L。

6. 除另有注明外，建议的大肠菌群标准是前 7d 完成分析的细菌学结果确定的中间值。膜滤法或发酵管法均可采用。

7. 任一水样的粪便大肠菌群均不应超过 14 个/100mL。任一水样的粪便大肠菌群微生物数不应超过 800 个/100mL。

8. 总余氯是至少 30min 的接触时间后。

9. 监控应包括无机和有机化合物种类，它们是已知的或可疑的致癌、致畸、致突变物，且未被包括在饮用水水质标准内。

California 州 2001 年紫皮书表 表 3-12

指 标	冲厕及消防	城市绿化用水	建筑施工	道路清扫	洗车
浊度（NTU）	日均值≤2 95％值≤5 最大值≤10	日均值≤2 95％值≤5 最大值≤10			日均值≤2 95％值≤5 最大值≤10
溶解氧（mg/L）	保有溶解氧	保有溶解氧	≤30	保有溶解氧	保有溶解氧
氨氮（mg/L）	进出水符合各流域二级出水限制值	进出水符合各流域二级出水限制值	进出水符合各流域二级出水限制值	进出水符合各流域二级出水限制值	进出水符合各流域二级出水限制值

指 标	冲厕及消防	城市绿化用水	建筑施工	道路清扫	洗车
余氯 （mg/L）	接触 30min≥1.0	接触 30min 后≥1.0		接触 30min≥1.0	接触 30min≥1.0
总大肠菌群 （MPN/100mL）	30 日 50%≤2.2 最大值≤23	30 日 50%≤2.2 最大值≤23	30 日 50%≤23 最大值≤240	30 日 50%≤23 最大值≤240	30 日 50%≤2.2 最大值≤23

美国部分州非限制性市区回用水水质标准　　　　表 3-13

州	水质指标	标　准
田纳西州	BOD（mg/L）	≤30
	TSS（mg/L）	≤30
	粪便大肠菌数（个/100mL）	≤200
南卡罗来纳州	BOD（mg/L）	≤5（月平均）
	TSS（mg/L）	≤5（月平均）
	粪便大肠菌数（个/100mL）	≤4（月平均）
		≤2.2（7 天平均）
蒙大拿州	粪便大肠菌数（个/100mL）	≤23（单个水样）
	浊度（NTU）	≤2（平均）
		≤5（24 小时期间的 5%）
德克萨斯州	BOD（mg/L）	≤5
	浊度（NTU）	≤3
	粪便大肠菌数（个/100mL）	不超过 75
犹他州	BOD（mg/L）	任何时候≤10
	TSS（mg/L）	任何时候≤5
	总大肠菌数（个/100mL）	任何时候≤3
怀俄明州	BOD（mg/L）	≤10（白天）
		≤30（尘雾—黎明）
	pH	4.5～9.0
	粪便大肠菌数（个/100mL）	≤200
	TDS（mg/L）	≤480
	氯化物（mg/L）	≤213

3. 澳大利亚（表 3-14）

澳大利亚城镇用水水质指标表　　　　表 3-14

指 标	单 位	标　准	指 标	单 位	标　准
总大肠杆菌数	（个/100mL）	≤2	浊度	NTU	≤2
粪便大肠杆菌数	（个/100mL）	≤1	余氯	mg/L	≤1
BOD$_5$	mg/L	≤20	pH	mg/L	6～9

4. 意大利（表 3-15）

意大利阿普利亚区回用水标准

表 3-15

指 标	单 位	标准（MAC）	指 标	单 位	标准（MAC）
pH		6～8.5	氯化物	mg/L	200
TSS	mg/L	10	总磷	mg/L	10
BOD_5	mg/L	10	总氮	mg/L	35
SAR		<10	动植物油	mg/L	10
ECw	mg/L	2	醛	mg/L	0.5
COD	mg/L	50	表面活性剂	mg/L	0.5
硫酸盐	mg/L	500	杀虫剂	mg/L	0.01

5. 以色列再生水作为城镇杂用水水质标准（表 3-16）

以色列再生水作为城镇杂用水水质标准

表 3-16

	水质指标	标准
以色列国家标准 （城市绿化用水）	总大肠菌数	≤12 个/100mL
	TSS（mg/L）	≤15
	DO（mg/L）	≥0.5
	余氯（mg/L）	接触 120min≥0.5
	BOD_5（mg/L）	总 BOD_5≤15 $CBOD_5$≤10

6. 南非（表 3-17）

南非城市杂用水准则

表 3-17

用水类别	处理要求	粪大肠菌数（个/100mL）
限制进入区域的绿化用水	三级处理或稳定塘	<1000
运动场及学校地面清扫	三级处理	0.0
冲厕及压尘	三级处理	0.0
食用作物、苗圃、草坪、娱乐公园	高级处理达到饮用水标准	—

3.2.2 国内再生水杂用标准

1989 年建设部颁布的《生活杂用水水质标准》CJ 25.1—89 是我国有关城市杂用水水质的第一个部颁标准，在该标准颁布 10 年后，更改为《生活杂用水水质标准》CJ/T 43—1999，见表 3-18。该标准规定了厕所便器冲洗、城市绿化、洗车、扫除等生活杂用水水质要求。2002 年中南市政设计研究院主持对该标准进行了修订并上升为国家标准《城市污水再生利用　城市杂用水质》GB/T 18920—2002。将杂用水的适用范围进行了调整，增加了消防和建筑施工用水，见表 3-19。

《生活杂用水水质标准》CJ/T 43—1999

表 3-18

项　　目	厕所便器冲洗、城市绿化	洗车、扫除
浊度（度）	10	5
溶解性固体（mg/L）	1200	1000
悬浮性固体（mg/L）	10	5
色度（度）	30	30
臭	无不快感觉	无不快感觉
pH 值	6.5～9.0	6.5～9.0
BOD_5（mg/L）	10	10
COD_{Cr}（mg/L）	50	50
氨氮（以 N 计）（mg/L）	20	10
总硬度（以 $CaCO_3$ 计）（mg/L）	450	450
氯化物（mg/L）	350	300
阴离子合成洗涤剂（mg/L）	1.0	0.5
铁（mg/L）	0.4	0.4
锰（mg/L）	0.1	0.1
游离余氯（mg/L）	管网末端水不小于 0.2	
总大肠菌群（个/L）	3	3

《城市污水再生利用 城市杂用水质》GB/T 18920—2002

表 3-19

项　　目		冲厕	道路清扫、消防	城市绿化	车辆冲洗	建筑施工
pH		6.0～9.0				
色（度）	≤	30				
嗅		无不快感				
浊度（NTU）	≤	5	10	10	15	20
溶解性总固体（mg/L）	≤	1500	1500	1000	1000	—
五日生化需氧量（BOD_5）（mg/L）	≤	10	15	20	10	15
氨氮（mg/L）	≤	10	10	20	10	20
阴离子表面活性剂（mg/L）	≤	1.0	1.0	1.0	0.5	1.0
铁（mg/L）	≤	0.3	—	—	0.3	—
锰（mg/L）	≤	0.1	—	—	0.1	—
溶解氧（mg/L）	≥	1.0				
总余氯（mg/L）		接触 30min 后≥1.0，管网末端≥0.2				
总大肠菌群/（个/L）	≤	3				

　　我国除了建设部颁布的生活杂用水标准外，北京、深圳、大连等地方政府及以台湾、香港地区也出台了中水水质标准；见表 3-20，表 3-21，表 3-22，表 3-23，表 3-24。

北京市中水水质标准 京政发（1987）60 号

表 3-20

序	项　目	标　准	序	项　目	标　准
1	色度	色度不超过 40 度	6	化学需氧量 COD_{Cr}	不超过 50mg/L
2	嗅	无不快感觉	7	阴离子合成洗涤剂	不超过 2mg/L
3	pH	6.5～9.0	8	细菌总数	1mL 水中不超过 100 个
4	悬浮物 SS	不超过 10mg/L	9	总大肠菌群	1L 水中不超过 3 个
5	生化需氧量 BOD_5	不超过 10mg/L	10	游离余氯	管网末端水不小于 0.2mg/L

　　注：1. 中水其他理化指标，视不同用途，应达到国家的有关水质标准及用水设备本身的要求。

　　　　2. 本表所列标准第 1、2、3、7、8、9、10 项按国家生活饮用水标准检验法检测，其他项目按国家规定的污水检验法检测。

深圳中水回用水质标准

表 3-21

项　目	标　准	项　目	标　准
色度（度）	30	阴离子合成洗涤剂（mg/L）	1.0
嗅	无不快感觉	游离性余氯（mg/L）	管网末端>0.2
pH 值	6.5～9.0	总大肠菌（个/L）	3
BOD_5（20℃）（mg/L）	10	悬浮物（mg/L）	10.0
COD_{Cr}（mg/L）	50	细菌个数（个/L）	100

大连中水回用水质标准

表 3-22

项　目	厕所便器冲洗，城市绿化	洗车，扫除
浊度（NTU）	10	5
溶解性固体（mg/L）	1200	1000
悬浮性固体（mg/L）	10	5
色度（度）	30	30
嗅	无不快感觉	
pH 值	6.5～9.5	6.5～9.5
BOD_5（mg/L）	10	10
COD_{Cr}（mg/L）	50	50
氨氮（以 N 计）（mg/L）	20	10
总硬度（以 $CaCO_3$ 计）（mg/L）	450	450
氯化物（mg/L）	350	300
阴离子合成洗涤剂（mg/L）	1.0	0.5
铁（mg/L）	0.4	0.4
锰（mg/L）	0.1	0.1
游离余氯（mg/L）	管网末端水不小于 0.2	
总大肠菌群（个/L）	3	3

台湾中水道二元供水系统建议的水质标准

表 3-23

项　目	散水用水（洒水及浇灌）	景观用水	厕所冲洗用水
大肠菌群（个/mL）	不得检出	不得检出	≤10
BOD（mg/L）	—	≤10	—
pH	5.8～8.6	5.8～8.6	5.8～8.6
浊度（NTU）	≤10	≤5	—
嗅	无不适	无不适	无不适
外观	无不适	无不适	无不适
色度（度）	≤40	≤10	≤40
余氯（mg/L）	≥0.4	臭氧消毒	保有余氯
说明	不与人体接触为原则	不与人体接触为原则	

162

项　目	指　标	项　目	指　标
色度（度）	<40	溶解氧（mg/L）	>2
浊度（NTU）	<20	BOD₅（mg/L）	<10
嗅阈值	<100	合成洗涤剂（mg/L）	<5
氨氮（mg/L）	<1	大肠菌群（个/100mL）	<5000
悬浮性固体（mg/L）	<20	余氯	保持

3.2.3　国内外再生水杂用标准解析

从以上标准可以看出，美国各州的标准虽然不尽相同，但大多还是依据美国加利福尼亚第 22 号条例（1978）和 EPA1992 指导准则而来。其他国家（如澳大利亚、南非）则采取独自制定自己的标准。而发展中国家很少确立有回用水的水质标准或规范。

我国和美国加州按城市杂用水的用途对标准进行了详细的划分，分为冲厕、道路清扫、城市绿化、车辆冲洗、建筑施工等。其他国家和地区的分类较为简单。

水质指标方面，我国和意大利标准指标最多，甚至包括阴离子表面活性剂。由于是市政杂用水，除意大利外，各国一般不对营养盐指标作具体要求，并且意大利标准对营养盐的要求相当宽松，一般的二级出水即可达到其标准，营养盐并非市政杂用水的主要控制指标。各国多以 BOD₅ 作为衡量有机物浓度的指标，我国标准为≤10mg/L，其他国家为≤10～30mg/L 之间，少数国家对 COD$_{Cr}$ 有规定。

各现存标准中最为常见的指标就是微生物指标。主要集中在一些排泄物指标如总大肠菌群和粪大肠菌群（TC 和 FC）以及寄生虫类方面。其他病原体如病毒和原生动物则很少被定为控制指标。因此需要建立更为全面的再生水标准以反映近年来在这一领域研究所取得的快速进展。但是这些新的标准需要开发新的分析手段（如对病毒和寄生虫类），以及相应的规划和管理措施。需要强调指出的是，如果没有合适的分析手段，再严格的措施都是难以实现的。

3.2.4　标准完善建议

1. 再生水作为园林绿化用水水质指标

BOD₅（mg/L）：国外关于再生水用作园林绿化水水质标准中对于 BOD₅ 的规定值：美国环保局 BOD≤30，BOD₅≤10；美国华盛顿州≤30；以色列总 BOD₅≤15，CBOD₅≤10；意大利阿普利亚区≤10；澳大利亚≤20。国内新标准规定 BOD₅≤20；《生活杂用水水质标准》CJ/T 43—1999 规定 BOD₅≤10。综合考虑 BOD 这项水质指标的表征含义（即再生水中的有机物含量水平）和目前国内污水处理回用的技术水平后，认为当 BOD₅≤15 可以保证再生水作为园林绿化用水用途时再生水中的各种有机物不会对人体健康、绿化植物的生长以及周围环境造成危害，同时目前国内可采用的各种污水再生处理工艺处理后的出水水质（大多或一般）可以达到 BOD₅≤10，因此推荐的再生水作为园林绿化水 BOD₅ 标准值为≤15。

TSS（mg/L）：国外关于再生水用作园林绿化水水质标准中对 TSS 的规定值：意大利阿普利亚区 TSS≤10。《生活杂用水水质标准》CJ/T 43—1999 规定 TSS≤10。综合考虑

TSS 这项水质指标的表征含义（即再生水中的不溶性颗粒的含量水平）和目前国内污水处理回用技术的水平后，认为当 TSS≤5 可以保证再生水作为园林绿化用水用途时再生水中的不溶性颗粒不会对浇灌喷头造成堵塞，同时目前国内可采用的各种污水再生处理工艺处理后的出水水质（大多或一般）可以达到 TSS≤5，因此推荐的再生水作为园林绿化水 TSS 标准值为≤5。

色度（度）：国外关于再生水用作园林绿化水水质标准中均无对于色度的规定值。而我国标准《城市污水再生利用　城市杂用水质》GB/T 18920 及《生活杂用水水质标准》CJ/T 43—1999 均规定色度值≤30。综合考虑色度这项水质指标的表征含义（即再生水对人体感官系统—视觉系统的刺激或者影响程度）和目前国内污水处理回用技术的水平后，认为当色度≤20 可以保证再生水作为园林绿化用水用途（使用）时不会对人体的视觉感官系统产生不快影响，同时目前国内可采用的各种污水再生处理工艺处理后的出水水质（大多或一般）可以达到色度≤20，因此推荐的再生水作为园林绿化水色度标准值≤20。

细菌总数（个/L）：国内外关于再生水用作园林绿化水水质标准中对于细菌总数均无规定值。综合考虑细菌总数这项水质指标的表征含义（即再生水中细菌总的含量水平）和目前国内污水处理回用技术水平（现状）后，认为当细菌总数≤30 可以保证再生水作为园林绿化用水用途（使用）时不会对人体健康和周围环境造成危害，同时目前国内可采用的各种污水再生处理工艺处理后的出水水质（大多或一般）可达到细菌总数≤30，因此推荐的再生水作为园林绿化水细菌总数标准值为≤30。

2. 再生水作为城镇杂用水居民冲厕用途水质

从使用再生水进行冲厕过程中对贮存设备及管路系统的影响方面考虑，TSS 和 DO 水质指标应被纳入监测范围。如果再生水中的总固体悬浮物 TSS 含量过高，会大大的增加冲厕管路系统堵塞的几率。建议再生水作为居民冲厕用水的 TSS 标准值为≤5。

再生水用于城市杂用水的水质标准应该增加了 TOC（mg/L）的标准值，主要考虑到再生水原水来源的复杂性，有些难降解有机物存在水厂的生化处理构筑物并流于再生水厂的出水中，但整体检测值较低，用 COD_{Cr} 难以检测准确。增加总有机碳的标准值，以促进相关部门对此项指标的监测。

从再生水水质对人的感官系统影响方面考虑，再生水水质的感官指标如嗅味，浊度，色度等应首先被加以关注。由于使用再生水进行冲厕过程是在卫生间内发生，而大多数的家用卫生间或洗手间的面积较狭小且通风较差，如果再生水的嗅味过重，就会在人的感官上引起不良的感觉效果或使人产生不快感觉，进而导致人对再生水水质的怀疑，影响到再生水的正常使用。在再生水冲厕过程中，再生水的浊度和色度是人类肉眼可以分辨的指标，尤其是冲厕过程结束后，由于存水弯的作用，会有一部分再生水保留在卫生洁具如大、小便器内，此时如果再生水的浊度和色度过高，也会使人对再生水的水质产生怀疑，从而导致人对于使用再生水安全性信心的降低，因此建议色度标准值为≤20。

DO（mg/L）：国外关于再生水作为居民冲厕用水水质标准中对于溶解氧的规定值：美国华盛顿州保有溶解氧；美国加州保有溶解氧。国内新标准规定溶解氧值≥1.0；香港海水冲厕标准≥2.0。推荐再生水作为居民冲厕用水应增加 DO，其标准值为≥1.5。

细菌总数（个/L）：卫生学指标是再生水用作冲厕用途中应被作为最重点的关注指标，因为人体接触到再生水时，再生水中的微生物也只有部分种类会对人体的健康造成一定程度的危害，而大部分的细菌和所有的病毒，尤其是病毒，将会对人体的健康造成巨大的损害，并有可能通过某个人的个体进行大面积的传染病传播，从而可能导致整个社区、城市甚至全国的传染病疫情爆发。余氯量作为一项卫生学指标可以有效地保证再生水中细菌和微生物的杀灭效果，该指标的合理选择将会对人体健康起到非常关键地保护作用。因此，在使用再生水作为居民冲厕用途时，必须要严格地控制卫生学的相关指标。国内外关于再生水作为居民冲厕用水水质标准中对于细菌总数均无规定值。建议再生水作为居民冲厕水的细菌总数标准值为≤20。

3. 再生水作为城镇杂用水道路清扫用途水质指标

BOD_5（mg/L）：国外关于再生水作为街道清扫用水水质标准中对于 BOD_5 的规定值：美国环保局 BOD≤30，BOD_5≤10；美国华盛顿州≤30；意大利阿普利亚区 10；澳大利亚20。我国《城市污水再生利用　城市杂用水质》GB/T 18920—2002 规定 BOD_5 值为≤15；《生活杂用水水质标准》CJ/T 43—1999 规定为≤10。综合考虑再生水使用的安全性和保障人体健康的要求，根据目前再生水厂出水水质，建议再生水作为街道清扫用水的 BOD_5 标准值为≤10。

色度（度）：由于道路的清扫工作大多数在清晨或日间进行，如果所使用的再生水嗅味和色度过高，将会对晨练或日间在街道上行走和工作的人群产生感官上不快影响，虽然嗅味和色度不会对人体健康造成很大的危害，但也会引起公众对再生水作为街道扫用水的安全性的怀疑。国外关于再生水作为街道清扫用水水质标准中均无对于色度的规定值。国内标准规定色度值为≤30。综合考虑色度对人的感官的影响后，推荐再生水作为街道清扫用水的色度标准值为≤20。

4. 再生水作为城镇杂用水车辆清洗用水水质指标

应增设 TSS 指标。从再生水作为车辆清洗用水对车辆清洁效果方面的影响考虑，浊度、TSS 这两项水质指标应被加以关注。浊度和 TSS 作为再生水中杂质颗粒含量多少的标志性水质指标，在利用再生水进行车辆清洗的过程中，如果这两项指标过高，就会有大量的杂质颗粒附着或残留在车体的表面，导致清洁效果的降低和清洁工作量的增加，引起洗车工作人员及车主对再生水用于车辆清洗效果的怀疑，从而影响到再生水在车辆清洗用途的正常使用。国外关于再生水作为车辆清洗用水水质标准中对于 TSS 无规定标准值。

色度（度）：国外关于再生水作为车辆清洗用水水质标准中均无对于色度的规定值。国内标准规定色度值为≤30。综合考虑色度对人的感官的影响后，推荐再生水作为车辆清洗用水的色度标准值为≤20。

增设细菌总数。国内外关于再生水作为车辆清洗用水水质标准中对于细菌总数均无规定值。推荐增设细菌总数指标。

5. 再生水作为城镇杂用水建筑施工用水水质指标

考虑到再生水的 TSS 含量过高也可能对于建筑材料的性能和配置过程的再生水需求量产生影响，需要考虑此项设立的意义。国外关于再生水作为建筑施工用水水质标准中对于 TSS 无规定标准值，根据目前再生水出水水平，并结合《混凝土拌合用水》JGJ 63—2006，再生水作为建筑施工用水，TSS 能够满足要求，不需要提出更高要求。

增加细菌总数的检测。使用再生水作为建筑施工用水的过程中，再生水中的微生物、细菌、病毒同样可以在再生水使用时通过再生水滴、空气飞沫或气溶胶等途径与人体皮肤或呼吸系统接触，从而可能会对建筑施工人员和在周围环境中活动或居住的人群的身体健康造成危害。因此细菌总数、总大肠菌群和粪大肠菌群这三项作为再生水中细菌、微生物和病毒等含量水平的重要卫生学表征指标，必须被列入重点监测控制的水质指标范围内。同时余氯作为再生水中持续杀菌消毒效果的表征指标，也应被纳入控制和检测的范围内。国内外关于再生水作为建筑施工用水水质标准中对于细菌总数均无规定值。推荐再生水作为建筑施工用水的细菌总数标准值为≤20 个/mL。

6. 再生水作为城镇杂用水消防用水水质指标

强化 BOD_5（mg/L）：国外关于再生水作为消防用水水质标准中对于 BOD_5 的规定值：美国环保局 BOD≤30，BOD_5≤10；美国华盛顿州≤30；意大利阿普利亚区 10；澳大利亚 20。根据目前再生水厂出水水质水平，推荐再生水作为消防用水的 BOD_5 标准值为≤10。

色度（度）：国外关于再生水作为消防用水水质标准中均无对于色度的规定值。国内标准规定色度值为≤30。综合考虑色度对人的感官的影响，推荐再生水作消防用水的色度标准值为≤20。

细菌总数（个/L）。由于使用再生水作为消防用水时，再生水中的细菌、微生物、孢子、病毒等对人体健康可以造成极大危害的物质，可能散布在空气中以飞沫或气溶胶的形式存在，也可能随再生水滴附着或残留在室内地面或家具上，这些有害物质一旦与人体接触后将会对人体的健康造成极大的危害，因此有必要增设此项。国内外关于再生水作为消防用水水质标准中对于细菌总数均无规定值。推荐再生水作为消防用水的细菌总数标准值为≤20。

根据以上分析，再生水生活杂用标准建议如下：

（1）应加强标准中浊度的要求。其理由是浊度不仅是感官上给人的感觉舒适与否的问题，再生水的浊度还隐藏着其他问题，形成水的浊度的胶体颗粒和悬浮颗粒是细菌、病毒的载体和藏身之所，会严重降低消毒工艺中消毒剂对细菌、病毒等微生物的杀灭效果。因此，严格控制浊度是安全供水所必需的。考虑再生水产水工艺的特点，原有的不同用途的再生水浊度标准不同变为基本相同，简化了标准，使标准值更趋于安全。

（2）应加强原城市杂用水的水质标准 BOD_5 要求。目前国内可采用的各种污水再生处理工艺处理后的出水水质（大多或一般）可以达到 BOD_5≤10mg/L，综合考虑 BOD 这项水质指标的表征含义（即再生水中的有机物含量水平）和目前国内污水处理回用的技术水平，建议再生水生活杂用水绿化用水 BOD_5 标准值应有所提高。

（3）再生水用于城市杂用水的水质标准应该增加了 TOC 的标准值，主要考虑到再生水原水来源的复杂性，有些难降解有机物存在水厂的生化处理构筑物并流于再生水厂的出水中，但整体检测值较低，用 COD_{Cr} 难以检测准确。增加总有机碳的标准值，以促进相关部门对此项指标的监测。

（4）考虑到再生水的浊度不能代替总悬浮固体 TSS，总悬浮固体不仅对人的感官产生直接影响，也会对杀菌消毒产生影响，是再生水的一项重要水质指标，应增加 TSS 的标准值。

（5）TDS 的标准值有些建议认为工艺不能实现，可以去掉，但随着人们对环境的重视，工艺不断成熟，技术不断提高，该值应保留。

（6）再生水用于城市杂用水的水质标准中的 LAS 标准值在各项用水途径中都相同，

LAS标准值都是 1.0mg/L，考虑到阴离子表面活性剂对洗车的影响和水处理厂去除阴离子表面活性剂的处理难度，其值应该有提升的空间。

（7）应强化色度。在再生水杂用过程中，再生水的浊度和色度是人类肉眼可以分辨的指标，尤其是冲厕过程结束后，由于存水弯的作用，会有一部分再生水保留在卫生洁具如大、小便器内，此时如果再生水的浊度和色度过高，也会使人对再生水的水质产生怀疑，从而导致人对于使用再生水安全性信心的降低。因此标准中用水水质的色度因该强化。

（8）应有重点放宽《城市污水再生利用　城市杂用水质》GB/T 18920—2002 中的 DO 标准值。在冲厕、洗车、消防用水途径中都相同，DO 标准值可以都是 1.0mg/L，而在园林绿化、道路清扫、建筑施工用水中则不必考虑，是考虑到实际需要的情况。

（9）应该增加对总大肠菌数及细菌总数的检测。为了进一步严格控制传染病的传播，确保安全供水。达到的细菌学水质标准是现行的自来水供水的水质标准。再生水作为未来供水系统的一分子，应该更加严格要求并保证其安全性。卫生学指标是再生水用作冲厕用途中应被作为最重点的关注指标，因为人体接触到再生水时，再生水中的微生物也只有部分种类会对人体的健康造成一定程度的危害，而大部分的细菌和所有的病毒，尤其是病毒，将会对人体的健康造成巨大的损害，并有可能通过某个人的个体进行大面积的传染病传播，从而可能导致整个社区、城市甚至全国的传染病疫情爆发。余氯量作为一项卫生学指标可以有效地保证再生水中细菌和微生物的杀灭效果，该指标的合理选择将会对人体健康起到非常关键地保护作用。因此，在使用再生水作为居民冲厕用途时，必须要严格的控制卫生学的相关指标。在各项用水途径中总大肠菌数标准值都是 3 个/L，细菌总数标准值定位 100 个/mL。

应该强化再生水冲厕过程中氨氮的检测。由于人们经常用于清洗卫生洁具的洗涤液多数为碱性溶液，当再生水中氨氮含量过高时，碱性溶液会使再生水中的氨挥发出来，产生对人的感官系统有刺激性影响的气味，从而影响到人体的健康。污水排放标准一级 A 中，氨氮是 5mg/L（夏季）和 8mg/L（冬季），根据目前国内污水处理水平及未来发展趋势，氨氮应该小于 8mg/L。

3.3　再生水回用于工业水质标准解析

3.3.1　再生水回用于工业相关标准

3.3.1.1　国外相关标准
1. 市政污水回用于冷却水的水质（表 3-25）

市政污水回用于冷却水的水质（美国）（除注释外，单位为 mg/L）　　表 3-25

参　数	EI Paso products company Odessa 奥德萨市	Champlln Refinery Enid 俄克拉荷马州	DOW Chemical Company Midland 密执安州	Texace Inc Amarillo 德克萨斯州
BOD$_5$	8	28	20～30	10
悬浮物	14	28	20～30	10
TDS	—	600	400～500	1400

参　　数	EIPaso products company Odessa 奥德萨市	Champlln Refinery Enid 俄克拉荷马州	DOW Chemical Company Midland 密执安州	Texace Inc Amarillo 德克萨斯州
钠	—	—	—	300
氯化物	570	160	200～300	300
pH	7.6	7.2	7.6	7.7
大肠菌群（个/100mL）	600000	—	<1000	<2
总硬度	240	—	—	300
磷酸盐	26	—	—	25
重金属	—	—	无	—
色度	—	15	—	—
MBAS	—	—	—	—
氨	—	4	—	—
硝酸盐	0.6	—	—	—

2. 市政污水回用于发电厂冷却水的水质（表 3-26）

用于发电厂冷却的城市污水水质（美国）（除注释外，单位为 mg/L）　　　　表 3-26

参　　数	内华达州 Los Vegas 动力公司 曙光站	尼华达州 Las Vedas 克拉克县 卫生管理区	得克萨斯州 邓屯城	得克萨斯州 卢保克西南 公共服务公司	加利福尼亚州 布尔班克城	科罗拉多州 科罗拉多泉城
生化需氧量	21	30	16	15	2	8
悬浮固体	24	30	38	10	2	2
总溶解固体	94	1250～1500	127	1250	500	650
铜	—	—	—	—	88	55
氯化物	—	315	70	345	82	20
pH（无量纲）	7.7	7.5	7.2	7.3	7.0～7.2	6.9
大肠菌群（最大可能数/100mL）	10	—	16000	—	2～62	225
总硬度	—	—	—	250	160	240
磷酸盐	19	—	—	21	20	1
有机氮	1.0	—	—	—	39	1～5
重金属	—	—	少许	少许	少许	少许
色度（度）	—	—	—	—	1	5
亚甲蓝活性物质	—	—	—	—	0.5	0.15
氨	—	—	—	—	6	27
硝酸盐	1.0～3.4	—	—	—	8	0.5

注：不是全部用来冷却，有些是回用于灌溉和其他目的。

3. 若干工业工艺用水的水质要求（表3-27）

若干工业工艺用水的水质要求（美国）　　表 3-27

参数	制浆造纸			化学工业	石油与煤	纺织工业		水泥行业
	机械制浆	化学制浆未漂白	制浆造纸			上浆漂洗	漂染、漂白、印染	
Co					0.05	0.01		
Fe	0.3	1.0	0.1	0.1	0.1	0.3	0.2	2.5
Mn	0.1	0.5	0.05	0.1		0.05	0.01	0.5
Ca		20	20	68	75			
Mg		12	12	19	30			
Cl^-	1000	200	200	500	300			250
HCO_3^-				128				
NO_3^--N				5				
SO_4^{2-}				100				250
SiO_2		50	50	50				35
硬度		100	100	250	350	25	25	
碱度				125				
TDS				1000	1000	100	100	600
TSS		10	10	5	10	5	5	500
色度	30	30	10	20		5	5	
pH	6～10	6～10	6～10	6.2～8.3	6～9			6.5～8.5

资料来源：《污水再生利用系列标准实施指南》，中国标准出版社。

3.3.1.2　国内相关标准

1. 循环冷却水用再生水水质标准 HG/T 3923—2007（表3-28）

循环冷却水用再生水水质标准　　表 3-28

项　　目		要　　求	项　　目		要　　求
pH		6.0～9.0	氨态氮（mg/L）	≤	15
悬浮固体（mg/L）	≤	20	硫化物（mg/L）	≤	0.1
总铁（以 Fe^{2+} 计）（mg/L）	≤	0.3	油含量（mg/L）	≤	0.5
COD_{Cr}（mg/L）	≤	80	总磷（mg/L）	≤	5
BOD_5（mg/L）	≤	5	氯化物（mg/L）	≤	500
浊度（NTU）	≤	10	总溶固（mg/L）	≤	1000
总硬度＋总碱度（以 $CaCO_3$ 计 mg/L）	≤	700	细菌总数（个/mL）	≤	$1.0×10^4$

2. 再生水回用于工业用水水质标准（SL 368—2006，水利部）（表3-29、表3-30）

再生水水质标准（SL 368—2006）**基本标准**　　表 3-29

序号	基本控制指标		标准值
1	色度（度）	≤	30
2	浊度（NTU）	≤	3
3	嗅		无不快感
4	pH 值（无量纲）		6.5～9.0
5	总硬度（以 $CaCO_3$ 计）（mg/L）	≤	450
6	总大肠菌群（个/L）	≤	3

再生水回用于工业用水水质标准（SL 368—2006）选择性标准（单位：mg/L）　表 3-30

序号	基本控制项目	冷却用水		洗涤用水	锅炉用水	工艺与产品用水
		直流	循环			
1	溶解氧	0.1	0.1	0.1	0.1	0.1
2	悬浮物	30	30	30	5	5
3	五日生化需氧量	10	10	30	10	10
4	溶解性总固体	1000	1000	1000	1000	1000
5	氨氮	10.0	10.0①	10.0	5.0	5.0
6	总磷	1.0	1.0	1.0	5.0	5.0
7	铁	0.3	0.3	0.3	0.3	0.3
8	锰	0.2	0.2	0.1	0.1	0.1

①铜材换热器循环水氨氮为 1mg/L。

3.3.1.3　再生水回用于工业用水国家标准

城市污水再生利用工业用水水质标准　　　　　　　表 3-31

序号	控制项目	冷却用水		洗涤用水	锅炉补给水	工艺与产品用水
		直流冷却水	敞开式循环冷却水系统补充水			
1	pH 值	6.5～9.0	6.5～8.5	6.5～9.0	6.5～8.5	6.5～8.5
2	悬浮物（SS）（mg/L）　≤	30	—	30		
3	浊度（NTU）　≤	—	5	—	5	5
4	色度（度）　≤	30	30	30	30	30
5	生化需氧量（BOD₅）（mg/L）　≤	30	10	30	10	10
6	化学需氧量（CODₒᵣ）（mg/L）　≤	—	60	—	60	60
7	铁（mg/L）　≤		0.3	0.3	0.3	0.3
8	锰（mg/L）　≤		0.1	0.1	0.1	0.1
9	氯离子（mg/L）　≤	250	250	250	250	250
10	二氧化硅（SiO₂）　≤	50	50	—	30	30
11	总硬度（以 CaCO₃ 计 mg/L）　≤	450	450	450	450	450
12	总碱度（以 CaCO₃ 计 mg/L）　≤	350	350	350	350	350
13	硫酸盐（mg/L）　≤	600	250	250	250	250
14	氨氮（以 N 计 mg/L）　≤		10①		10	10
15	总磷（以 P 计）（mg/L）　≤	—	1	—	1	1
16	溶解性总固体（mg/L）　≤	1000	1000	1000	1000	1000
17	石油类（mg/L）　≤	—	1	—	1	1
18	阴离子表面活性剂（mg/L）　≤	—	0.5		0.5	0.5
19	余氯②（mg/L）　≥	0.05	0.05	0.05	0.05	0.05
20	粪大肠菌群（个/L）　≤	2000	2000	2000	2000	2000

①当敞开式循环冷却水系统换热器为铜质时，循环冷却系统中循环水的氨氮指标应小于 1mg/L。
②加氯消毒时管末梢值。

3.3.2 工业用水国家标准解析

3.3.2.1 水质指标的选取原则

工业是城市的用水大户，用水量达到城市总用水的 80%，工业用水的水质要求既需要高质量的，也需要一些质量较低的工业冷却用水和工艺低质用水，这些用水就成为再生水回用于工业用水的主要对象。再生水回用于工业的水质标准，分为两大类：一类是冷却用水和洗涤用水，这类水满足水质指标后可以直接使用；另一类是锅炉补给水水源和工艺与产品用水水源，一般需要补充处理才能使用。

冷却用水和洗涤用水占工业用水中的 80% 以上，是再生水利用的主要用途。这部分水水质要求不高，相应的再生处理技术比较成熟，这类再生水水质指标与以新鲜水为水源的水质指标不完全相同。国内外大量实践表明，在现有再生水处理工艺条件下，再生水用于冷却用水和洗涤用水的是可行的。

锅炉用水、工艺与产品用水，这类水有其特殊性，水质要求很高，且品种繁多，水质差异巨大。对这类用水统一建立有意义的水质标准几乎是不可能的。为了给再生水厂与工业用户之间建立一个回用平台，这里参照日本所采用的办法，提出了一个能适应大部分对水质要求不高，且用量较大工业用户用水水质标准，供工业用户选用。

再生水回用于锅炉补给水、工艺与产品用水的水源水质两项指标的制定原则，是为进一步扩大再生水使用领域提供新的发展空间。这类水质指标，水平适宜，通过基本再生处理工艺完全可以达到，工业用户需补充处理时也可接受，如果高于或低于这类水质标准，对于作用再生水会在技术上和经济上不尽合理。

冷却水系统中最常见的问题是管道腐蚀、微生物生长和水垢。由饮用水水质引起的上述问题同样存在于再生水中，但是再生水中某些杂质的浓度可能比在饮用水中更高。

再生水回用于工业用水，重点考虑的因素有：水垢、腐蚀、生物生长、堵塞和泡沫以及工人的健康。因此，再生水回用于工业用水水质标准水质指标共有 20 项。其中的水质基本指标 pH 值 1 项，水质感官指标包括悬浮物、浊度、色度 3 项，水质常规指标生化需氧量（BOD_5）、化学需氧量（COD_{Cr}）、铁、锰、氯离子、二氧化硅、总硬度、总碱度、硫酸盐、氨氮、总磷、溶解性总固体、阴离子表面活性剂、石油类 14 项，水质生物学指标余氯、粪大肠菌群 2 项。其主要选择依据为：

(1) pH 值过高或过低会对再生水管道、设备产生腐蚀；

(2) 色度、浊度、石油类会引起感官的不适，其检验简单、直观；

(3) 生化需氧量、化学需氧量、总磷、总氮是污水水质表征的常用指标，用以衡量水处理效果；

(4) 铁、锰会生成铁、锰化合物沉淀，引起污染。使工艺产品变色，引起着色（黄色或褐色）与斑点。在配水管道和锅炉中生成沉淀物，降低效率；

(5) 氯离子会使水的腐蚀性增加，使水的固形物增加；

(6) 二氧化硅、硫酸盐会形成不溶于水的水垢；

(7) 总碱度，引起炉水产生泡沫，蒸汽中产生 CO_2 引起腐蚀，使水的 pH 值升高；

(8) 总硬度、溶解性总固体控制水中钙、镁离子含量、防止水垢等的形成导致热传导恶化，引起局部过热，损坏设备；

（9）氨氮容易生成可溶性的络盐而使铜和锌的合金腐蚀；

（10）余氯、粪大肠菌群作为生物学指标，保证再生水的使用的卫生安全。

3.3.2.2 水质指标的取值

下面分别叙述几种用途再生水标准值确定依据、再生利用方式和基本再生处理工艺。

1. 冷却用水

冷却用水控制指标在《城市污水回用设计规范》CECS61：94 和《污水再生利用工程设计规范》GB 50335—2002 中曾都有规定。实行 10 年来，未曾提出异议。这期间新建的回用工程基本执行了上述规定。作为再生水回用系列标准之一的工业用水水质，在原有的城市污水回用设计规范基础上，结合近年来污水处理与回用发展形势，对冷却用水指标做一定补充修订。

再生水作为循环冷却系统补充水控制指标中列出了 19 项水质控制指标，用户可根据指标决定循环系统浓缩倍数、水处理药剂和换热设备材质，个别情况给用户以灵活余地，可对某些指标另行处理。

再生水用于工业冷却用水的控制指标能够保证用水设备在常用浓缩倍数情况下不产生腐蚀、结垢和微生物黏泥等障碍。用户可根据水质状况进行循环水系统管理，个别水质要求高的用户，也可针对个别指标作进一步处理后使用或与其他水源进行混合使用。

2. 锅炉补给水水源

锅炉补给水必须是高质量的水。通常以城市自来水作为锅炉补给水的水源，再进入动力厂水处理车间进行软化、除盐、纯水制取等补充处理，以达到不同压力锅炉的供水水质标准。以再生水做锅炉给水的水源，进入锅炉前必须达到国家现行的锅炉水质标准，自来水与再生水二者最终标准是一致的，这一点与再生水用于冷却水不同，需特别提醒注意。不同情况的锅炉，水质要求不同，因此也是再生水作为锅炉补给水水源标准的重点考虑因素。用于不同类型的锅炉补给水水源标准：①进入以热电厂和区域锅炉房为热源的热水热力网，补给水水质应符合《城市热力网设计规范》CJJ 34—2002 中的规定；②油田热采锅炉的给水指标应满足《稠油集输及注蒸汽系统设计规范》SY0027—94 的规定；③低压锅炉给水低压锅炉水质应符合国家标准《低压锅炉水质》GB 1576—2001 的要求；中压、高压锅炉给水中压、高压锅炉水质应符合国家标准《火力发电机组及蒸汽动力设备水汽质量标准》GB 12145—89。

再生水用于锅炉补给水水源的水质指标，参照冷却补充水源水质标准指标而定，采用冷却补充水再生处理技术可以达到锅炉补给水水源的水质指标，一般情况下，这种水处理流程是离子交换系统或膜处理系统处理技术，可以保证后续的稳定运行。

3. 洗涤用水

洗涤用水包括冲渣、消烟除尘、清洗等。在电力工业、矿山工业、冶金工业等部门可以利用再生水。这种用途对再生水没有特殊要求，但考虑对环境影响，污水须经常规二级处理及消毒才可以使用。洗涤用水的基本指标值是参照常规二级污水厂出水指标，其中粪大肠菌指标参照美国 EPA 要求。洗涤用水提倡循环利用，当外排时，尚需满足接纳水体的环保要求。

4. 工艺与产品用水水源

（1）工艺用水：在生产过程中，水用来调制原料或是浸泡制品，水本身不一定进入最终产物，但其所含成分，可能影响产品质量，如轻工业、化学工业、纺织、造纸、染色、人造纤维、有机会成等，工艺过程包括溶料、水溶蒸煮、漂洗、水力开采、水力输送、增湿、稀释、搅拌、选矿、油田回注等。

（2）产品用水：水作为工业产品的原料或原料的一部分，其质量直接影响到产品的质量，如饮料、医药、电解水、制剂、制造、浆料、化工涂料等。

由于工业生产工艺过程和产品种类十分繁多，对水质的要求差异很大，甚至于对某一种特定产品，因为加工工艺不同，水质要求也不同。

各种工业用水水质应该满足生产工艺的需要，以保证产品的质量，并保证在生产过程中不会发生副作用，避免造成生产故障，损害机器设备。每种工业用水不一定有全面的水质指标，一般只是对必须达到的若干指标作出规定，这些规定往往不是国家标准，而只是参考性指标对工业工艺与产品用水特点做一说明。

3.3.3 目前国家标准存在的局限及需注意问题

3.3.3.1 存在问题

工业冷却水是再生水回用中用水量较大、较稳定的用户，根据目前北京、天津、大连等城市已经完成的再生水资源利用规划，工业冷却水的比例最高。

同地表水体相比，再生水具有有机物含量高、氨氮含量高、腐蚀性强、结垢倾向大等特点，个别地区的污水中含盐量很高，而循环水系统防腐防垢是电厂机组安全运行的重要环节。再生水对循环系统可能造成的危害主要是结垢、腐蚀和微生物滋生。

根据目前污水处理厂二级出水的一般水质和采用的再生水处理工艺，再生水回用作循环冷却水的关键指标是氨氮、氯离子、溶解性总固体等指标。

氨氮对循环冷却水的主要影响有几个方面：

（1）消耗一部分有效氯，使杀菌剂的投加量增加；

（2）氨氮在循环水系统内发生硝化反应生成硝酸和亚硝酸，导致循环水系统 pH 下降，使循环水管道的碳钢部件和凉水塔水泥构件发生酸性腐蚀；

（3）由于循环水系统中适宜的温度、充足的氧气，高氨氮浓度会使系统中硝化细菌大量滋生，微生物泥大量增多，可能会带来微生物腐蚀；

（4）氨氮对循环冷却水系统铜合金有严重的腐蚀作用，氨在水中可与铜发生反应。

工业循环冷却水冷却塔对再生水中氨氮的去除效果和规律可在已实施的回用工程中进一步研究和考察。但综合考虑腐蚀、氯耗、微生物控制等因素，目前再生水用于工业水质标准中所规定的氨氮值偏高。

在《城市污水再生利用工业用水水质》标准执行过程中有难度的指标还有溶解性总固体和氯离子，对绝大多数城市而言，这两个指标不成问题，但对于个别沿海城市溶解性总固体和氯离子指标偏高，用于工业冷却水和城市杂用水时需要经过脱盐处理，采用这样的水作为再生水水源，处理成本太高，再生水的竞争优势明显降低。

3.3.3.2 执行中应注意事项

（1）再生水用作冷却用水（包括直流冷却水和敞开式循环冷却水系统补充水）、洗涤用水时，一般达到表 3-31 中所列的控制指标后可以直接使用。必要时也可对再生水进行补充处理或与新鲜水混合使用。

（2）再生水用作锅炉补给水水源时，达到表 3-31 中所列的控制指标后尚不能直接补给锅炉，应根据锅炉工况，对水源水再进行软化、除盐等处理，直至满足相应工况的锅炉水质标准才能使用。

（3）再生水用作工艺与产品用水水源时，达到表 3-31 中所列的控制指标后，尚应根据不同生产工艺或不同产品的具体情况，通过再生水利用试验或者相似经验证明可行时，工业用户方可以直接使用；当表 3-31 中所列水质不能满足生产工艺或产品用水水质指标要求时，而又无再生利用经验可借鉴时，则需要对再生水作补充处理试验，直至达到相关工艺与产品的供水水质指标要求。

（4）当再生水用作工业冷却时，循环冷却水系统监测管理参照《工业循环冷却水处理设计规范》GB 50050 的规定执行。

3.4 再生水用于农业灌溉水质标准解析

3.4.1 再生水回用于农业灌溉相关标准

3.4.1.1 国外相关标准
1. 联合国粮农组织（表 3-32，表 3-33）

联合国粮农组织灌溉水质标准　　　　　　　　　　　　表 3-32

潜在的灌溉问题	单位	问题程度		
		好	中	坏
盐分（影响作物吸收水分） 电导率（ECW） 或	dS/m	<0.7	0.7～3.0	>3.0
TDS（溶解性总固体）	mg/L	<450	450～2000	>2000
渗透性（影响水分渗透的土壤渗透率用电导率和钠吸附率综合评价）	+ECW			
SAR=0～3		>0.7	0.7～0.2	<0.2
3～6		>1.2	1.2～0.3	<0.3
6～12		>2.0	1.9～0.5	<0.5
12～20		>2.9	2.9～1.3	<1.3
>20		>5.0	5.0～2.9	<2.9
特殊离子的毒性 钠（Na）				
地面灌溉	meq/L	<3	3～9	>9
喷灌	meq/L	<3	>3	
氯化物（Cl⁻）				
地面灌溉	meq/L	<4	4～10	>10
喷灌	meq/L	<3	>3	
硼（B）	meq/L	<0.7	0.7～0.3	>3.0
复合效果 氮（硝态氮或氨态氮）	mg/L	<5	5～30	>30
碳酸氢盐（HCO₃⁻）	mg/L	<1.5	1.5～8.5	>8.5
pH		正常范围值 6.5～8.4		

资料来源：《污水再生利用系列标准实施指南》，中国标准出版社。

灌溉水中痕量元素的最大浓度限值　　　　　　　　　　　　　　　表 3-33

元　素	Al	As	Be	Cd	Co	Cr	Cu	F	Fe
最大浓度限值	5.0	0.10	0.10	0.01	0.05	0.10	0.20	1.0	5.0
元　素	Li	Mn	Mo	Ni	Pb	Se	V	Zn	
最大浓度限值	2.5	0.20	0.01	0.20	5.0	0.02	0.10	2.0	

资料来源：《污水再生利用系列标准实施指南》，中国标准出版社。

2. 世界卫生组织（WHO）（表 3-34）

世界卫生组织处理后的污水用于农业的使用指南　　　　　　　　表 3-34

类型	使用条件	暴露对象	肠线虫（算术平均值、每升的卵数）	大肠杆菌（几何平均值/100mL）	污水处理要求
A	可生食作物的灌溉 运动场 公园	工人 消费者 公众	≤1	≤1000	污水厂处理后的水还经一系列稳定池处理后达到规定的微生物指标
B	谷类作物 工业用作物 饲料作物 牧场及树木的灌溉	工人	≤1	无推荐标准	污水处理厂出水在稳定池中存放 8~10d，或用其他方法灭除肠虫和大肠杆菌
C	局部灌溉 B 类中的作物，但对工人和公众不发生暴露（接触）	无			根据灌溉技术要求进处理

资料来源：《污水再生利用系列标准实施指南》，中国标准出版社。

3. 美国（表 3-35，表 3-36）

美国污水回用农业的水质指标　　　　　　　　　　　　　　　　　表 3-35

回用类型	处理要求	回用水水质标准	检测项目	灌溉要求
农业： 需经商业加工的农作物 果园和葡萄园 牧场： 奶牛奶羊牧场 牲畜牧场 造林	二级处理 灭菌	pH＝6~9 BOD_5<30mg/L SS<30mg/L FC<200/100mL Cl_2≤1mg/min	pH（每周） BOD（每周） SS（每日） FC（每日） CL_2（连续）	距饮水井 300ft 距公共场所 100ft
农业： 不需经商业加工的农作物	二级处理 过滤 灭菌	pH＝6~9 BOD_5<30mg/L 浑浊度<1NTU FC<0/100mL Cl_2≤1mg/min	浑浊度（每日） 其他同上	距饮水井 50ft

注：1. 参考《污水再生利用系列标准实施指南》，中国标准出版社。
　　2. FC—粪大肠杆菌数。

德克萨斯州利用再生水灌溉农作物的水质推荐限值（单位：mg/L） 表 3-36

元素	铝 Al	砷 As	铍 Be	硼 B	镉 Cd	铬 Cr	钴 Co	铜 Cu	氟 F
长期灌溉	5.0	0.10	0.10	0.75	0.01	0.1	0.05	0.2	1.0
短期灌溉	20.0	2.0	0.5	2.0	0.05	1.0	5.0	5.0	15.0

元素	铁 Fe	铅 Pb	锂 Li	锰 Mn	钼 Mo	镍 Ni	硒 Se	锌 Zn	
长期灌溉	5.0	5.0	2.5	0.2	0.01	0.2	0.02	2.0	
短期灌溉	20.0	10.0	2.5	10.0	0.05	2.0	0.02	10.0	

资料来源：《污水再生利用系列标准实施指南》，中国标准出版社。

4. 加拿大（表 3-37）

加拿大大不列颠哥伦比亚省回用水用于农业的水质标准 表 3-37

回用类型和要求	处理要求	回用水质要求	监测要求
公众可自由出入的区域： 　水产养殖 　可生吃的农产品 　果园和葡萄园 　牧场 　种子作物	二级处理 混凝 过滤 灭菌	pH＝6～9 BOD₅＜10mg/L 浑浊度＜2NTU FC＜2.2/100mL	每周 每周 连续 每日
公众出入有限制的区域： 　需经商业加工的农产品 　饲料、纤维 　牧场 　造林 　苗圃 　草皮 　果园葡萄园滴灌	二级处理 灭菌	pH＝6～9 BOD₅＜45mg/L TSS＜45mg/L FC＜200/100mL	每周 每日 每周

资料来源：《污水再生利用系列标准实施指南》，中国标准出版社

5. 澳大利亚（表 3-38）

澳大利亚回用水灌溉农业水质标准 表 3-38

痕量元素	控制标准（mg/L）	备　注
铝（Al）	5.0	
砷（As）	0.1	
铍（Be）	0.1	
镉（Ca）	0.01	
铬（Cr）	1.0	
钴（Co）	0.05	

痕量元素	控制标准（mg/L）	备　注
铜（Cu）	0.2	
氟（F）	1.0	
铁（Fe）	1.0	
铅（Pb）	0.2	
锂（Li）	2.5	
锰（Mn）	2.0	
汞（Hg）	0.002	
钼（Mo）	0.01	柑橘：0.075mg/L
镍（Ni）	0.2	0.2mg/L（在酸性土壤中）
硒（Se）	0.02	沙壤：1.0mg/L（pH＜6）
铀（U）	0.01	
钒（V）	0.1	
锌（Zn）	2.0	

注：资料来源：《污水再生利用系列标准实施指南》，中国标准出版社。

6. 以色列（表 3-39）

以色列再生水灌溉标准　　　　　　　　　　　　　　　　表 3-39

项　　目	作物种类/主要作物			
	A	B	C	D
	棉花、糖用甜菜、谷物、干饲料、种子、森林等	青饲料、橄榄、花生、柑橘、香蕉、扁桃、于果等	果树、存储蔬菜、烹调及去皮蔬菜绿化带、足球场、高尔夫球场	任何农作物，包括可生食的蔬菜，公园和草地
常规控制项目：				
总 BOD₅（mg/L）	60	45	35	15
可溶 BOD₅（mg/L）	—	—	20	10
悬浮物（mg/L）	50	40	30	15
溶解氧（mg/L）	0.5	0.5	0.5	0.5
大肠杆菌数（个/100mL）	—	—	250	12（80%）
氯气（mg/L）	—	—	1.5	0.5
处理要求 沙滤				有要求
氯气处理时间（min）			60	120
规定限制				
与居住区距离（m）	300	250	—	—
与铺设道路的距离（m）	30	25	—	—

注：1. 污水厂出水在稳定塘中至少存放 15d 的水质标准另行规定。

　　2. 水果采摘前两周必须停止灌溉，地面上的水果不能捡用。

　　3. 资料来源：《污水再生利用系列标准实施指南》，中国标准出版社。

3.4.1.2　国内相关标准

国内相关标准见表 3-40、表 3-41。

再生水水质标准（SL 368—2006）基本标准 表 3-40

序　号	基本控制指标		标准值
1	色度（稀释倍数）	≤	30
2	浊度（NTU）	≤	3
3	嗅		无不快感
4	pH 值		6.5～9.0
5	总硬度（以 CaCO₃ 计）（mg/L）	≤	450
6	总大肠菌群（个/L）	≤	3

再生水回用于农业用水（SL 368—2006）选择性标准（单位：mg/L） 表 3-41

序号	基本控制项目		农田灌溉	造林育苗	农、牧场	水产养殖
1	溶解氧（DO）	≥	1.0	1.0	1.0	3.0
2	悬浮物（SS）	≤	30	30	30	10
3	五日生化需氧量（BOD₅）	≤	80	150	5	5
4	溶解性总固体	≤	1000	1000	1000	1000
5	氨氮	≤	10.0	20.0	5.0	5.0
6	总磷	≤	1.0	1.0	0.5	0.5
7	汞	≤	0.001	0.001	0.0005	0.0005
8	镉	≤	0.005	0.005	0.005	0.005
9	砷	≤	0.05	0.10	0.05	0.05
10	铬	≤	0.10	0.10	0.10	0.10
11	铅	≤	0.10	0.10	0.05	0.05
12	氰化物	≤	0.05	0.05	0.005	0.005

3.4.1.3　国家标准

国家标准见表 3-42、表 3-43。

再生水用于农田灌溉用水水源的水质标准（基本控制项目）（除注释外，单位 mg/L） 表 3-42

序号	基本控制项目	灌溉作物类型			
		纤维作物	旱地作物	水田谷物	露地蔬菜
1	生化需氧量（BOD₅）	100	80	60	40
2	化学需氧量（COD_Cr）	200	180	150	100
3	悬浮物（SS）	100	90	80	60
4	溶解氧（DO）	—			0.5
5	pH 值（无量纲）	5.5～8.5			
6	溶解性固体（TDS）	非盐碱地地区 1000 盐碱地地区 2000			1000
7	氯化物	350			
8	硫化物	1.0			
9	游离余氯	1.5		1.0	
10	石油类	10		5.0	1.0
11	挥发酚	1.0			

序号	基本控制项目	灌溉作物类型			
		纤维作物	旱地作物	水田谷物	露地蔬菜
12	阴离子表面活性剂	8.0		5.0	
13	汞	0.001			
14	镉	0.01			
15	砷	0.1		0.05	
16	铬（六价）	0.1			
17	铅	0.1			
18	粪大肠菌群数（个/100mL）	4000			2000
19	蛔虫卵数（个/L）	2			

再生水用于农田灌溉用水水源的水质标准（选择控制项目）（单位：mg/L） **表 3-43**

序号	选择控制项目	限值	序号	选择控制项目	限值
1	铍	0.002	10	锌	2.0
2	钴	1.0	11	硼	1.0
3	铜	1.0	12	钒	0.1
4	氟化物	2.0	13	氰化物	0.5
5	铁	1.5	14	三氯乙醛	0.5
6	锰	0.3	15	丙烯醛	0.5
7	钼	0.5	16	甲醛	1.0
8	镍	0.1	17	苯	2.5
9	硒	0.02			

3.4.2 再生水回用于农业灌溉水质国家标准解析

在我国农业是用水大户，其用水量占全国总用水量的 65% 左右，水资源的短缺使得农业用水供需矛盾日益突出，农业生产缺水量达 $300 \times 10^8 m^3$/年，受害面积约 $2 \times 10^4 km^2$，为弥补水源的严重不足，利用污水灌溉的现象在我国极为普遍，尤其在北方地区，城市污水已经成为农业灌溉的一个主要水源。针对再生水回用于灌溉，国外发达国家和地区都出台了相关的水质标准或控制指标。

从 2003 年起，国家标准化委员会陆续制定了《城市污水再生利用》系列标准，其中《城市污水再生利用农田灌溉用水水质》的制定对于缓解我国农业用水紧张、保障农业生态健康和农产品质量安全、促进我国农业生产的可持续发展具有极其重要的意义。

3.4.2.1 城市再生水水质基本控制项目的确定

城市再生水农田灌溉水质基本控制指标的确定主要基于以下原则：

（1）是采用达到该标准要求的城市再生水灌溉农田不会明显影响农作物的正常生长和

产量；

（2）是适时、适量灌溉不会对农产品、土壤肥力性状、理化性质及地下水造成不良影响；

（3）是与国家城镇污水处理厂污染物排放标准和农田灌溉水质标准相衔接，并参考国内外标准中的控制指标；

（4）是需考虑到不同作物对灌溉水质的要求。

再生水的水源主要包括生活污水、部分工业废水和截流的雨水，我国城市污水中生活污水约占51%，而工业废水约占49%，因此再生水中除含有常规污染物、重金属和溶解性盐类外，还含有各种难降解有机物、致病菌、病毒和某些寄生虫卵，如果不加控制地将城市污水随意灌溉，则势必引起农区环境质量恶化、农产品污染。

城市再生水用于农田灌溉的水质控制指标制定主要参考美国、以色列、加拿大、日本、我国台湾等的灌溉水水质标准，并结合我国实际情况。指标包括：BOD_5、COD_{Cr}、SS、DO、pH 值、溶解性总固体、氯化物、硫化物、游离余氯、石油类、挥发酚和阴离子表面活性剂等 12 项一般化学指标；总汞、总镉、总砷、铬（六价）和铅等 5 项毒理学指标；粪大肠菌群数和蛔虫卵数等 2 项卫生学指标。

3.4.2.2　常规指标取值

常规指标的取值依据主要参考国内外相关标准及学术研究成果，同时兼顾与国内标准的配套与衔接，并要适宜当前的国内技术水平和经济条件，确保对农作物和环境不会产生污染，残留量不超过食品卫生标准。主要参考资料有：①我国的污水综合排放标准；②我国农田灌溉水质标准；③美国回用水水质标准；④以色列污水灌溉标准；⑤马来西亚农业用水水质标准；⑥日本农业用水水质标准；⑦前苏联农业灌溉水的化学成分指标推荐值；⑧美国灌溉水质指南；⑨约旦、科威特回用水；⑩联合国粮农组织推荐灌溉水质；⑪加拿大农用水水质标准；⑫欧洲环保局灌溉水标准。

1. 化学需氧量（COD_{Cr}）

COD_{Cr}作为水体有机物含量的综合指标，城市污水含有部分工业废水构成的有机物成分复杂。为此，再生水灌溉农田的 COD_{Cr} 指标应当严格控制。综合国内外已有的研究成果和城市污水的处理水平，确定再生水灌溉农田的 COD_{Cr} 控制指标：纤维作物小于200mg/L、旱地谷物小于 180mg/L 水田谷物小于 150mg/L、非生食蔬菜小于100mg/L。

2. 五日生化需氧量（BOD_5）

BOD_5 代表水体中易于生化降解的有机物耗氧含量的综合指标。由于城市污水中含有部分工业废水，有机物成分复杂，在控制上应比地表水要严，综合国内外的研究成果，确定再生水灌溉农田的 BOD_5 控制指标：纤维作物小于 100mg/L。旱地谷物小于 80mg/L，水田谷物小于 60mg/L。非生食露地蔬菜小于 40mg/L。

3. 悬浮物（SS）

SS 是指水体中悬浮在水中的有机质和矿物质小于 $0.45\sim100\mu m$ 的固体。由于城市污水中含有部分工业废水，SS 成分复杂。为此，综合国内外的研究成果。确定再生水灌溉农田的 SS 控制指标：纤维作物小于 100mg/L，旱地谷物小于 90mg/L，水田谷物小于80mg/L。非生食露地蔬菜小于 60mg/L。

4. 其他一般化学指标

综合国内外的标准，确定再生水水质指标取值：①溶解氧：灌溉水田和露地蔬菜的 DO 指标为大于 0.5mg/L；②pH 值：5.5～8.5（适用于各类作物）；③溶解性总固体（TDS）：纤维作物、旱地谷物和水田谷物非盐碱地区＜1000mg/L，盐碱地区＜2000mg/L 露地蔬菜＜1000mg/L；④氯化物含量＜350mg/L；⑤硫化物含量＜1.0mg/L；⑥余氯（Cl_2）含量：纤维作物、旱地谷物＜1.50mg/L，水田谷物、露地蔬菜＜1.0mg/L；⑦石油类含量：纤维作物、旱地谷物＜10mg/L，水田谷物＜5.0mg/L，露地蔬菜＜1.0mg/L；⑧挥发酚含量：纤维作物、旱地作物、水田谷物、露地非生食蔬菜＜1.0mg/L；⑨阴离子表面活性剂含量，纤维作物和旱地谷物＜8.0mg/L，水田谷物、露地蔬菜＜5.0mg/L。

3.4.2.3　痕量有害物质控制指标的取值依据（Hg、Cd、As、Cr、Pb 等）

综合国内外标准和试验，确定再生水灌溉农田的总汞含量＜0.001mg/L，镉含量＜0.01mg/L，砷的含量为纤维及旱作＜0.1mg/L、水作和蔬菜＜0.05mg/L，铬（六价）的含量＜0.1mg/L，铅（Pb）的含量＜0.2mg/L。

3.4.2.4　卫生学指标的取值依据（粪大肠菌群数和蛔虫卵 2 项）

综合国内外标准，确定再生水灌溉农田中粪大肠菌群数，纤维作物、旱地作物、水田谷物＜4000 个/100mL，熟食和去皮蔬菜＜2000 个/100mL；蛔虫卵的含量：纤维作物、水旱田谷物和熟食蔬菜＜2 个/L。

3.4.2.5　选择性控制项目的取值依据

（1）根据联合国粮农组织，美国得克萨斯州、加拿大、欧洲环保局和南澳大利亚的灌溉水质标准，确定再生水中的重金属及非金属元素的控制项目。

（2）根据我国地表水环境质量标准、地下水标准的农业区用水控制指标和农田灌溉水质标准，确定再生水中的重金属及非金属元素的最大控制限值。国内没有制定的，采用国外的标准值。

3.4.2.6　灌溉水中有机痕量污染物的最大限值

（1）本标准主要参照我国城镇污水处理厂排放标准和地表水环境质量标准中的生活饮用水地表水水源地标准，确定控制项目。

（2）标准限值的确定以农田灌溉水质标准，以及城镇污水处理厂排放标准和地表水环境质量标准中生活饮用水地表水水源地标准，相接近的数值作为本标准的限值。两数值相差较大的不选为本标准的项目，待以后经过试验，再作为本标准的补充。

3.4.3　目前国家标准存在的局限及应注意事项

3.4.3.1　存在问题

检测污水和再生水中所有的病原微生物是不切合实际的。实用和可行的方法是检测既能指示粪便污染又能反映污水处理和消毒效果的微生物。常用的指示微生物是总大肠杆菌和粪大肠杆菌。因为总大肠杆菌在环境中的出现，尤其是粪大肠杆菌的出现，意味着水体受到了动物和人类粪便的污染，也意味着许多相关病原体的存在。肠道致病菌与自然界作用的方式和大肠杆菌相似，所以总大肠菌群数的降低程度可间接反映致病菌相应数量级的减少。

但国内外的研究成果表明：总大肠菌群数并不足以反映病毒、原生动物和寄生虫的存在，许多肠道病毒对化学消毒剂的抵抗力更大。以总大肠菌群数和粪大肠菌群数作为卫生安全控制指标的科学性受到了挑战。不少研究者开始寻找可替代的指示微生物或可直接检测病原微生物的新方法。如免疫学法和分子生物法在环境微生物学中的应用增加了在自然界中（如土壤和水）病原体微生物含量较低的时候被检出的可能性。荧光抗体（Fluorescent Antibody，FA）法可用于个别病原体如贾第鞭毛虫和隐孢子虫的定性和定量的测试。聚合酶链反应（PCR）方法学的应用有助于检测到低含量的病原体微生物。这些灵敏度高的检测方法虽然使得监测更加准确，但一般只有有限的实验室能够具备相应的人员和设备条件，分析时间需要长达4个星期。因此，现有世界各国再生水回用水质标准中，卫生学控制指标仍以总大肠杆菌和粪大肠杆菌为主。

根据以上分析，主要存在问题为：

（1）再生水卫生安全问题已受到广泛的关注，只用大肠菌群或粪大肠菌群作为再生水的生物学指标，尚不能反映再生水中所有病原微生物存在情况。随着检测技术的发展，病毒和病原虫正在成为关注的生物学指标。

（2）我国再生水利用仍处于起步阶段，应继续加强对再生水安全性的基础研究和跟踪研究，提出再生水的生物学指标、标准和检测方法。

3.4.3.2 注意事项

农田灌溉对城市污水的处理要求和规定：

（1）纤维作物和旱地谷物要求城市污水达到一级强化处理。

（2）水田谷物和露地蔬菜要求城市污水达到二级处理。

（3）生食蔬菜由于卫生要求严，污水处理成本高，为此，标准建议不用城市再生水灌溉。

（4）城市再生水在灌溉农田之前，各地应根据当地的气候条件、作物的种植种类及土壤类别进行灌溉试验，确定适合当地的灌溉制度（灌水定额、灌水次数及灌溉方式等）。

（5）城市再生水在输水过程中，主渠道应有防渗措施，防止地下水污染。

（6）农田灌溉时最近的灌溉取水点的水质应符合本标准的规定。

（7）露地蔬菜在采摘前两个星期应改用清水灌溉，避免再生水中的微量污染物进入菜内。

（8）农业用水是季节性用水，而城市再生水每天都会流出，因此必须建有储存塘，其功能一是储存，二是使水质稳定，三是出水水质可达到国家灌溉用水水质标准。

3.5 地 下 回 灌

由于水资源的紧缺，地下水回灌目前已经成为解决水资源危机、补充地下水的最佳途径。由于地下水回灌具有扩大地下水存储量、防止海水入侵、减缓地面沉降等优点，在国外越来越多的国家开始开展地下水回灌的研究及示范工程应用。由德国、意大利、西班牙、英国等14个国家参与的旨在推动再生水地下回灌发展的欧盟第六框架重点项目"Water reclamation technologies for Safe artificial groundwater recharge"，就已经在意大利 Nardo、西班牙 Sabadell、以色列 Shafdan、比利时 Wulpen、澳大利亚 Salisbury 和我国北京高碑店建设了 6 个再生水回灌示范基地。其中我国的高碑店再生水地下回灌示范基地由北京城市排水集团和清华大学合作建设和开展回灌研究。

在我国，城市污水再生水地下回灌也逐渐成为污水资源再利用的一种新途径。我国山东省即墨市的田横岛将生活污水处理后回灌入地下，经土壤含水层处理后作为饮用水源，其各项水质指标均符合我国饮用水标准，解决了岛上水资源严重不足的问题，大大促进了该岛的经济发展。根据调研结果，除了上述工程，目前国内还没有大规模的城市污水再生水地下回灌项目。关于再生水是否能够用来地下回灌、应该采用何种回灌方式、确定何种再生水水质指标来实现利用再生水逐步恢复当前已经严重超采的地下水等问题一直困扰着水务管理者及水工程师。

在国外，尤其是美国和以色列等国家，城市污水再生水地下回灌已经得到了广泛应用，并制定了相应的回灌水质标准及管理规范。1972 年开始运行的美国加州 21 世纪水厂将污水处理厂出水经深度处理后回灌进入含水层以阻止海水入侵。目前，该工程来自地表水和 21 世纪水厂再生水的总回灌水量超过 $1.7 \times 10^5 \mathrm{m}^3 / \mathrm{d}$。在对该厂长达 18 个月的监测中，100 种优先控制的重点污染物中，只有 25 种经常被检出，且其浓度远低于美国饮用水标准所规定的浓度限值。1991 年加州 200 多个污水再生厂共生产了约 $3.3 \times 10^8 \mathrm{m}^3$ 再生水，其中约 14% 被回灌到地下水，到 1995 年，该比例已经增加到 27%，并成为污水回用的主要方向。从 1956 年起，人工地下水回灌就成为以色列国家供水系统的一个重要组成部分。目前，其回灌水量超过 $8 \times 10^7 \mathrm{m}^3 /$年。对重新抽取出来的再生水同世界卫生组织（WHO）和以色列饮用水质标准进行过比较，在以有毒物质为主的 17 项水质指标中，除酚含量略有超标外，其他所有指标均不超过饮用水的浓度限制值。

近年来，我国在个别城市进行了再生水人工地下回灌的示范研究并根据研究成果编制了我国第一个关于再生水地下回灌的国家标准，即《城市污水再生利用地下水回灌水质标准》GB/T 19772—2005。该标准于 2005 年 5 月 25 日发布，于 2005 年 11 月 1 日起实施。该标准的发布实施对指导我国城市污水再生水地下回灌、节约水资源起到了积极作用。

下面分别对国内外地下水回灌标准进行介绍分析。

3.5.1 国外地下水回灌水质标准

以美国为例，各州对地下水回灌水质标准的规定各不相同，针对饮用回用和非饮用回用对地下水回灌水质的规定也各不相同。

1. 针对饮用回用的地下水回灌水质标准

在以间接饮用回用为目的的地下水回灌水质标准中，以加州管理条例第 22 条中对地下水回灌的规定最为严格。该条例不仅对回灌水质指标进行了规定，还对回灌工艺、取水距离、停留时间及取样监测等作出了相应规定，现摘录部分内容如下：

对于饮用回用，污水处理厂二级出水需至少经过过滤、消毒和活性炭吸附（接触时间不小于 30min）等处理后方可回灌地下，过滤后再生水的浊度日平均值不超过 2NTU，5% 以上时间内不应超过 5NTU，并要求在任何时间不超过 10NTU。回灌前水中大肠杆菌数量最好降低到 22 个/L 以下。

回灌的再生水开采前必须在地下停留 6 个月以上，以保证进一步杀灭肠道病菌；包气带至少应有 3m 厚；取水点距回灌点的水平距离至少 500ft（152.4m）。

对于地表漫灌，所有回灌水在被取用作为饮用水以前，必须至少在地下停留 6 个月，并且不得在距回灌点 500ft（152.4m）以内取用。

对于地下注入项目，所有回灌水在被取用作为饮用水以前，必须至少在地下停留 9 个月，并且不得在距回灌点 2000ft（609.6m）以内取用。

对于无机物指标，该条例作了如下限值规定，表 3-44 为项目及限值。

美国加州地下水回灌水质标准（无机物指标）　　　　　　　　表 3-44

项　　目	标准（mg/L）	项　　目	标准（mg/L）
铝	1	氟化物	2.0
锑	0.006	汞	0.002
砷	0.010	镍	0.1
石棉	7MFL*	硝酸盐（以 NO_3^- 计）	45
钡	1.	硝酸盐＋亚硝酸盐（以 N 计）	10
铍	0.004	亚硝酸盐（以 N 计）	1
镉	0.005	高氯酸盐	0.006
铬	0.05	硒	0.05
氰化物	0.15	铊	0.002

* MFL：$\times 10^6$ 根/L。

对氮化合物的控制，该条例特别作了详细规定，氮化合物的控制可按照三种方法之一执行，三种方法的具体规定详见表 3-45。

美国加州地下水回灌水质标准（氮化合物控制）　　　　　　　　表 3-45

	方法 1	方法 2	方法 3
监测点及控制指标	·再生水或者回灌水的任何代表性取样点 ·取样分析总氮指标	·再生水或者回灌水的任何代表性取样点 ·取样分析总氮、硝酸盐、亚硝酸盐、氨氮、有机氮、溶解氧及生物需氧量指标 ·分析一个地下水样品的溶解氧指标	·仅适用于运行 20 年以上的地下水回灌项目 ·回灌区地下水为下降梯度 ·取样分析硝酸盐和亚硝酸盐
标准	·总氮平均值 5mg/L	·总氮 10mg/L，并且工程报告中有对其他成分的限定	硝酸盐和亚硝酸盐按表 3-44 执行
取样频率	每周 2 次	参照加州公共卫生条例和运行计划执行	·参照工程报告及运行计划执行 ·对回灌区和取水井之间的位置需要经常监测
不达标的处理	·如果连续 2 次取样平均值超过 5mg/L，要进行调查、纠正并报告有关部门 ·如果所有取样 4 周平均值大于 5mg/L，应停止再生水地下回灌	·如果连续两个样品总氮指标超过 10mg/L 或者其他指标超过标准值，要进行调查、纠正并报告有关部门 ·暂停再生水地表漫灌或地下回灌，直到所有指标连续 2 次取样的平均值都达标	·如果水质高于表 3-44 规定的最大的污染物含量标准，报告有关部门和地方水质管理委员会 ·暂停再生水地表漫灌或地下回灌，除非证明地下水最大的污染物含量未超标

	方法 1	方法 2	方法 3
依据	方法一依据： 在再生水回用中对总氮作出如此低的限定，那么硝酸盐和亚硝酸盐超过表 3-44 的规定是很少见的	方法二依据： 1. 在再生水回用中对总氮作出如此低的限定，那么硝酸盐和亚硝酸盐超过表 3-44 的规定比较少 2. 对某一地下水回灌项目作出了一系列限定，在其工程报告中对亚硝酸盐、有机氮或者氨氮做了相应的限定，对再生水中的溶解氧和生物需氧量以及地下水中的溶解氧都作了相应的限定	方法三依据： 1. 已有回灌项目的运行历史表明，用氮浓度相同水平的再生水进行回灌未造成任何问题。 2. 证据表明，回灌水可通过流程被追踪和监测。 3. 监测表明地下水中硝酸盐和亚硝酸盐的浓度满足表 3-44 中的相关限值规定

对于有机物指标，该条例作了如表 3-46 的限值规定：

美国加州地下水回灌水质标准（有机物指标）　　　　表 3-46

有 机 化 合 物	限值（mg/L）
（a）挥发性有机化合物（VOCs）	
苯（Benzene）	0.001
四氯化碳（Carbon Tetrachloride）	0.0005
1,2-二氯苯（1,2-Dichlorobenzene）	0.6
1,4-二氯苯（1,4-Dichlorobenzene）	0.005
1,1-二氯乙烷（1,1-Dichloroethane）	0.005
1,2-二氯乙烷（1,2-Dichloroethane）	0.0005
1,1-二氯乙烯（1,1-Dichloroethylene）	0.006
cis-1,2-Dichloroethylene	0.006
trans-1,2-Dichloroethylene	0.01
二氯甲烷（Dichloromethane）	0.005
1,2-二氯丙烷（1,2-Dichloropropane）	0.005
1,3-二氯丙烯（1,3-Dichloropropene）	0.0005
乙苯（Ethylbenzene）	0.3
Methyl-tert-butyl ether	0.013
Monochlorobenzene	0.07
苯乙烯（Styrene）	0.1
1,1,2,2-四氯乙烷（1,1,2,2-Tetrachloroethane）	0.001
四氯乙烯（Tetrachloroethylene）	0.005
甲苯（Toluene）	0.15

有 机 化 合 物	限值（mg/L）
1,2,4-三氯苯（1,2,4-Trichlorobenzene）	0.005
1,1,1-三氯乙烷（1,1,1-Trichloroethane）	0.200
1,1,2-三氯乙烷（1,1,2-Trichloroethane）	0.005
三氯乙烯（Trichloroethylene）	0.005
三氯氟甲烷（Trichlorofluoromethane）	0.15
1,1,2-Trichloro-1,2,2-Trifluoroethane	1.2
氯乙烯（Vinyl Chloride）	0.0005
二甲苯（Xylenes）	1.750*
（b）非挥发合成有机化合物（SOCs）	
Alachlor 草不绿（除草剂）	0.002
Atrazine 阿特拉津（莠去津）	0.001
Bentazon 噻草平	0.018
Benzo（a）pyrene 苯并芘	0.0002
Carbofuran 虫螨威，卡巴呋喃，呋喃丹	0.018
Chlordane 氯丹杀虫剂	0.0001
2,4-D	0.07
Dalapon 茅草枯（除草剂之一种）；得拉本	0.2
Dibromochloropropane（DBCP）二溴氯丙烷	0.0002
Di（2-ethylhexyl）adipate 己二酸二（2-乙基己）酯	0.4
Di（2-ethylhexyl）phthalate 邻苯二甲酸双（2-乙基己基）酯	0.004
Dinoseb 2-（1-甲基-正丙基）-4,6-二硝基苯酚（地乐酚）	0.007
Diquat 敌草快	0.02
Endothall 草藻灭	0.1
Endrin 异狄氏剂（一种杀虫剂）	0.002
Ethylene Dibromide（EDB）	0.00005
Glyphosate 二溴化乙烯	0.7
Heptachlor 七氯（一种杀虫剂）	0.00001
Heptachlor Epoxide 环氧七氯	0.00001
Hexachlorobenzene 六氯苯	0.001
Hexachlorocyclopentadiene 六氯环戊二烯	0.05
Lindane 立氯化苯	0.0002
Methoxychlor 甲氧氯，甲氧滴滴涕（杀虫剂）	0.03
Molinate 草达灭	0.02
Oxamyl 草氨酰	0.05

有 机 化 合 物	限值（mg/L）
Pentachlorophenol 五氯化苯酚	0.001
Picloram 毒莠定（一种内吸性除草剂）	0.5
Polychlorinated Biphenyls 多氯联苯	0.0005
Simazine 西玛津（一种除草剂）	0.004
Thiobencarb 禾草丹	0.07
Toxaphene 毒杀芬，八氯莰烯（用作杀虫剂）	0.003
2,3,7,3-TCDD (Dioxin) 二噁英	3×10^{-8}
2,4,5-TP (Silvex) 三氯苯氧丙酸，2,4,5-涕丙酸（一种植物激素除草剂）	0.05

加州管理条例第 22 条的其他规定：

（1）对经过过滤处理但没有经过后续反渗透处理的回用水，其 TOC 指标应满足如下要求：

1）连续两次以上取样 TOC 不超过 16mg/L，如果 TOC 不能满足该标准，再生水地下回灌厂应延缓回灌回用水直到其 TOC 小于 10mg/L；

2）在开始回灌后一年内，再生水地下回灌厂每周应收集并分析两次 24h 混合样测 TOC；

3）在此以后，有关部门可以允许回灌厂根据对他们第一年运行数据的分析每周取一次 24h 混合样分析监测 TOC；

4）任何新建或已建的回灌项目，其回灌水的 TOC 不得超过有关部门规定的最大平均值以上 0.5mg/L，否则回用水应通过反渗透处理来达到这一要求。对于采用直接注入的回灌项目，所有的回灌水要采用反渗透处理。

（2）每一个回灌项目应按照如下规定布置和建设监测井：

1）在回灌区内地下水移动时间在 3 个月以内的位置，以及在回灌区和下游最近的生活用水供水井之间的位置；

2）在那些回灌水可能到达的，并且水样可以独立地从不同含水层取得的位置。

（3）水质监测应按如下规定执行：

1）每个监测井至少每个季度取一次水样；

2）对每个水样要分析 TOC、总氮、大肠菌等以及其他任何由有关部门制定的水质指标；

3）如果任何一项监测指标超过规定的最大污染浓度值，或有大肠菌存在，回灌单位应在 48h 以内向有关部门报告结果。

2. 针对非饮用回用的地下水回灌水质

对非饮用回用的地下水回灌水质，美国各州的规定也各不相同，大多是根据回灌项目及场地情况而定。本文仅以美国亚立桑那州图森市的再生水回灌项目为例，对其再生水回灌工艺及水质进行说明。

该项目地下回灌及再生水回用处理工艺如图 3-1 所示。

污水厂的二级出水经人工湿地处理后即采用地表漫灌的方式回灌到地下，回灌水在地

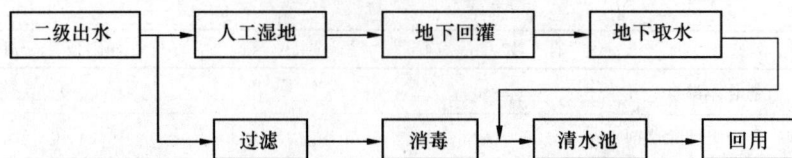

图 3-1　美国亚立桑那州图森市地下水回灌及再生水回用工艺流程图

下停留 6 个月以上的时间后，由取水井取出，与经过过滤和消毒处理后的再生水以不超过 1∶2 的比例混合后回用于市政杂用。

　　由于条件所限，未取得该回灌项目执行的回灌水质标准，下面仅列出图森市回灌项目 2001 年平均水质（表 3-47），需要说明的是，该回灌项目当时已稳定运行数年。

美国亚利桑那州图森市地下水回灌项目 2001 年平均水质指标　　　　表 3-47

参　　数	二级出水	地下水	回用再生水
碱度（mg/L，以 CaCO₃ 计）	242	196	246
砷（mg/L）	0.004	—	0.0049
硼（mg/L）	0.3	0.34	0.29
镉（mg/L）	0	—	<0.004
钙（mg/L）	41.8	61	67
氯化物（mg/L）	88	96	110
铜（mg/L）	0.009	—	<0.02
硬度（mg/L，以 CaCO₃ 计）	—	—	215
镁（mg/L）	6.9	14	11.5
磷酸盐（mg/L，以磷计）	4	0.05	1.6
钠（mg/L）	113	114	135
硫酸盐（mg/L）	91	103	121
氨氮（mg/L）	16.3	0.05	5.5
硝酸盐氮（mg/L）	1.67	8.0	3.9
亚硝酸盐氮（mg/L）	0.99	<0.02	0.51
有机氮（mg/L）	5.3	0	2.3
总氮（mg/L）	24.26	8.05	12.2
浊度（NTU）	36.9	4.2	3.26
粪大肠菌（CFU）	9	<2.0	<2.0
pH	7.5	6.6	7.3
TDS（mg/L）	535	596	662
电导率（S/cm）	975	941	1059
剩余碳酸钠（meq/L）	—	—	0.67
钠吸收比（SAR）（meq/L）	4.3	3.4	4.0

3. 美国各州地下水补给标准（表 3-48）

　　德国目前还没有人工地下水回灌的水质标准，一般要求回灌水应优于当地的地下水水质。在柏林地区，要求污水处理厂三级处理出水再经深度处理和土壤含水层处理后，最终同地下水混合的水的 DOC 应小于 3mg/L，AOX 应小于 30μg/L。

188

州名	再生水水质及处理要求	再生水检测要求	处理设施可靠性	贮存要求
佛罗里达州	对采用快速土地回灌系统 ·二级处理和基本消毒 ·粪大肠杆菌 —200 个/100mL（年平均值） —200 个/100mL（月几何平均值） —400 个/100mL（30d 中至多允许 10% 样品通过） —800 个/100mL（单个样品） ·排入土地利用/分配系统前 10mg/LTSS（单个样品） ·硝酸盐氮 —12mg/L 对地下水回灌的再生水项目按照 EPA62-610.525 采用快速土地利用系统 ·二级处理、过滤和深度消毒 ·化学药剂投加设备 ·TSS5mg/L（单个样品消毒前） ·总氮，10mg/L（年平均值） ·必须达到一级（除石棉和细菌指标外）和二级饮用水标准 ·pH 值达到二级饮用水标准 ·TOC —3mg/L（月平均值） —5mg/L（单个样品） ·总有机卤化物（TOX） —0.2mg/L（月平均值） —0.3mg/L（单个样品） ·若满足一定条件，可适当调整 TOC 和 TOX 限制对灌注 TDS 大于 3000mg/L 的 G-Ⅱ级地 下水标准的再生水回灌系统 ·处理和水质要求同上，但不要求达到上述 TOC、TOX 和二级饮用水的要求 ·注入地下水之前需满足一定限值	·连续在线监测消毒前的浊度 ·连续在线监测剩余氯或其他剩余消毒剂 ·若处理设施的设计要达到充分处理和消毒的要求，每周 7d，每天取样监测 TOC 和总有机卤化物 ·若处理设备要求达到饮用水的细菌学指标，需每天监测大肠杆菌和 TSS ·用作再生水标准的二级饮用水标准中的指标需每季度分析 ·pH 值，每天 ·除大肠杆菌和 pH 值外，一级或二级饮用水标准的指标监测需采集 24h 混合样 ·对于某些项目，非常规有机污染物需每年检测 ·根据项目的类型，贾第鞭毛虫和隐孢子虫需每季度或每两年检测一次 ·检测指标和取样频率由污水处理设备的允许值决定 ·取样和测试的最低进度基于系统的规模	·Ⅰ级可靠性，要求多重或备用处理单元以及备用电源 ·对要求充分处理和消毒的处理设备，未达标污水的贮存能力等于污水处理厂平均日设计流量和回用系统平均日允许流量中较小值的 3 倍 ·对不要求充分处理和消毒的处理设施未达标污水的贮存要求可降低为日流量 ·若有其他回用系统或出水处理系统，符合未达标污水排放要求，则无需贮存设施 ·系统最小规模 0.1×10⁶ gal/d ·员工—对要求充分处理和消毒的系统安排 24h/d，7d/周，对不要求充分处理和消毒的系统，可降至 6h/d，7d/周；员工在场、设备正常运行时才可将再生水切入回用系统以保障可靠性	·无需贮存设施 ·对无需替代回用或其他处置设施的系统，其贮存能力至少为日平均流量的 3 倍 ·水量平衡所需的贮存水量取决于 10 年周期和最短 20 年的气候数据 ·若系统已整合备用系统以保证连续运行则无需贮存设备

州名	再生水水质及处理要求	再生水检测要求	处理设施可靠性	贮存要求
夏威夷州	·由实际情况决定 ·通过地表或地下方式用于地下水回灌的再生水需达到保证人体健康的水质 ·在非饮用性蓄水层之上的再生水回灌项目，若设计月（深度）负荷率（DMRP）大于最大月利用率与 DMRP 之差的 20%，则认为是回灌项目 ·在引用性蓄水层之上的再生水回灌项目，若利用率大于植被蒸发蒸腾率，则认为是回灌项目			
马萨诸塞州	·二级处理 ·过滤（可能） ·消毒 ·pH 值 6~9 ·BOD<10mg/L 或 30mg/L ·浊度<2NTU 或 5NTU ·粪大肠杆菌，连续 7d 的采样周期内，100mL 样品中可测菌落的中位值为零，最大不超过 14 个/100mL 或 200 个/100mL ·TSS5mg/L 或 10mg/L ·总氮<10mg/L ·Ⅰ级地下水许可标准（安全饮用水法的水质标准）			
华盛顿州	非饮用性蓄水层回灌： ·A 级，氧化、混凝、过滤和消毒 ·总大肠杆菌 —2.2 个/100mL（7d 中位值） —23 个/100mL（单个样品） ·BOD 和 TSS 5mg/L（7d 平均值） ·浊度 —2NTU（月平均值） —5NTU（单个样品） ·峰值流量时接触 30min 后最小余氯值 1mg/L ·再生水输送到回灌区的途中余氯保持 0.5mg/L 以上 引用性蓄水层回灌： ·氧化、混凝、过滤、反渗透和消毒 ·总大肠杆菌 —1 个/100mL（7d 中位值） —5 个/100mL（单个样品） ·BOD 和 TSS 5mg/L（7d 平均值） ·浊度 —0.1NTU（月平均值） —0.5NTU（单个样品） ·总硝氮 —10mg/L（年平均） ·TOC 1.0mg/L（月平均） ·水质达到 WAC 173—200 中表所列一类污染物（除硝酸盐外）、二类污染物、放射性和致癌物的要求，其他污染物最大允许值 WAC246—290WAC 的要求 ·峰值流量时接触 30min 后余氯值 1mg/L ·再生水输送到回灌区的途中余氯保持 0.5mg/L ·再生水输送到回灌区的途中余氯保持 0.5mg/L 以上			

美国各州间接性饮用水回用对再生水水质的处理要求见表 3-49。

间接性饮用水回用   表 3-49

州名	再生水水质及处理要求
加利福尼亚州	·由实际情况决定 ·根据各项目的所有相关方面，包括以下因素：处理过程、出水水质和水量、回灌区作业、土壤特征、水文特征、停留时间、与回用抽取井间距离
佛罗里达州	对采用 EPA62-610.525 的快速土地回灌系统： ·二级处理、过滤和深度消毒 ·化学药剂投机设备 ·TSS 5mg/L（消毒前单个样品） ·总氮 10mg/L（最大年平均值） ·达到一级（除石棉和细菌学指标外）和二级饮用水标准 ·pH 值达到二级饮用水标准对灌注 G-Ⅰ级、F-Ⅰ级和 TDS 低于 3000mg/L 的 G-Ⅱ级地下水标准的再生水回灌系统 ·除对总有机卤化物有附加要求外，其余均与排入Ⅰ级地表水的处理和水质要求相同 ·总有机卤化物（TOX） —0.2mg/L（月平均值） —0.3mg/L（单个样品） ·若满足一定条件，可适当调整 TOC 和 TOX 限值对灌注 TDS 大于 3000mg/L 的 G-Ⅱ级地下水的标准的再生水回灌系统 ·除对达到 TOC 和二级饮用水标准不作要求外，其余均与排放到Ⅰ级地表水体的处理和水质要求相同 ·注入地下水或排入地表水前需满足一定限值
夏威夷州	·由实际情况决定 ·通过地表或地下方式用于地下水回灌的再生水需达到保证人体健康的水质 ·在饮用性蓄水层之上的再生水回灌项目，若利用率大于植被蒸发蒸腾率，则认为是回灌项目

3.5.2 国内地下水回灌水质标准

我国《城市污水再生利用 地下水回灌水质》标准 GB/T 19772—2005 具体细节如下：

（1）利用城市污水再生水进行地下水回灌，应根据回灌区水文地质条件确定回灌方式。回灌时，其回灌区入水口的水质控制项目分为基本控制项目和选择控制项目两类。

1）基本控制项目应满足表 3-50 的规定。

2）选择控制项目应满足表 3-51 的规定。

（2）回灌前，应对回灌水源的基本控制项目和选择控制项目进行全面的检测，确定选择控制项目，满足表 3-50、表 3-51 的规定后方可进行回灌。回灌水质发生变化，应重新确定选择控制项目。

（3）回灌水在被抽取利用前，应在地下停留足够的时间，以进一步杀灭病原微生物，保证卫生安全。

1）采用地表回灌的方式进行回灌，回灌水在被抽取利用前，应在地下停留 6 个月以上。

2）采用井灌的方式进行回灌，回灌水在被抽取利用前，应在地下停留 12 个月以上。

城市污水再生水地下水回灌基本控制项目及限值　　　　　　　　表 3-50

序号	基本控制项目	单位	地表回灌①	井灌
1	色度	稀释倍数	30	15
2	浊度	NTU	10	5
3	pH	—	6.5～8.5	6.5～8.5
4	总硬度（以 $CaCO_3$ 计）	mg/L	450	450
5	溶解性总固体	mg/L	1000	1000
6	硫酸盐	mg/L	250	250
7	氯化物	mg/L	250	250
8	挥发酚类（以苯酚计）	mg/L	0.5	0.002
9	阴离子表面活性剂	mg/L	0.3	0.3
10	化学需氧量（COD）	mg/L	40	15
11	五日生化需氧量（BOD_5）	mg/L	10	4
12	硝酸盐（以 N 计）	mg/L	15	15
13	亚硝酸盐（以 N 计）	mg/L	0.02	0.02
14	氨氮（以 N 计）	mg/L	1.0	0.2
15	总磷（以 P 计）	mg/L	1.0	1.0
16	动植物油	mg/L	0.5	0.05
17	石油类	mg/L	0.5	0.05
18	氰化物	mg/L	0.05	0.05
19	硫化物	mg/L	0.2	0.2
20	氟化物	mg/L	1.0	1.0
21	粪大肠菌群数	个/L	1000	3

①表层黏性土厚度不宜小于 1m，若小于 1m 按井灌要求执行。

城市污水再生水地下水回灌选择控制项目及限值　　　　　　　　表 3-51

序号	选择控制项目	限值	序号	选择控制项目	限值
1	总汞	0.001	9	总银	0.05
2	烷基汞	不得检出	10	总铜	1.0
3	总镉	0.01	11	总锌	1.0
4	六价铬	0.05	12	总锰	0.1
5	总砷	0.05	13	总硒	0.01
6	总铅	0.05	14	总铁	0.3
7	总镍	0.05	15	总钡	1.0
8	总铍	0.0002	16	苯并（a）芘	0.00001

序号	选择控制项目	限值	序号	选择控制项目	限值
17	甲醛	0.9	35	1,2-二氯苯	1.0
18	苯胺	0.1	36	硝基氯苯②	0.05
19	硝基苯	0.017	37	2,4-二硝基氯苯	0.5
20	马拉硫磷	0.05	38	2,4-二氯苯酚	0.093
21	乐果	0.08	39	2,4,6-三氯苯酚	0.2
22	对硫磷	0.003	40	邻苯二甲酸二丁酯	0.003
23	甲基对硫磷	0.002	41	邻苯二甲酸二（2-乙基己基）酯	0.008
24	五氯酚	0.009	42	丙烯腈	0.1
25	三氯甲烷	0.06	43	滴滴涕	0.001
26	四氯化碳	0.002	44	六六六	0.005
27	三氯乙烯	0.07	45	六氯苯	0.05
28	四氯乙烯	0.04	46	七氯	0.0004
29	苯	0.01	47	林丹	0.002
30	甲苯	0.7	48	三氯乙醛	0.01
31	二甲苯①	0.5	49	丙烯醛	0.1
32	乙苯	0.3	50	硼	0.5
33	氯苯	0.3	51	总α放射性③	0.1
34	1,4-二氯苯	0.3	52	总β放射性③	1

①二甲苯：指对一二甲苯、间一二甲苯、邻一二甲苯。

②硝基氯苯：指对一硝基氯苯、间一硝基氯苯、邻一硝基氯苯。

③除51、52项的单位是Bq/L外，其他项目的单位均为mg/L。

（4）取样与监测

1）取样要求

水质监测取样点应设在回灌区入水口，入水口应设水量计量装置。在有条件的情况下，应逐步实现再生水比例采样和主要指标在线监测。

2）监测频率

城市污水再生水地下水回灌工程，在运行过程中，回灌区入水口的水质监测频率不应低于以下要求：

①基本控制项目：色度、浊度、pH、化学需氧量、硝酸盐、亚硝酸盐、氨氮每日监测一次；其他项目每周监测一次。

②选择控制项目：半年监测一次。

3）城市污水再生水地下水回灌工程应布设监测井。回灌前应对地下水本底值进行监测；回灌过程中动态监测回灌水水质水量，发现水质异常，应立即停止回灌。

3.5.3 国内外的地下水回灌水质标准解析

从以上国外标准可以看出，目前一些州政府发布了一些污水回用标准，但是美国至今尚无一个统一的地下水回灌标准。美国国家环保局提出了污水非饮用回用的建议性指南，包括对地下水回灌的水质和处理工艺要求。对于以地表渗滤方式进行的地下水回灌，要求污水必须经二级处理和消毒，可根据需要选择是否进行深度处理。回灌水经过包气带渗滤后，必须满足饮用水水质标准，并且不能检出病原菌。包气带至少应有 2m 厚。取水井距离回灌点至少应有 600m。抽取回用前，回灌水应在地下至少停留 1 年。

美国加州提出的地下水回灌标准草案，包括水质标准、处理工艺要求、操作要求、处理可靠性要求等。制定该标准草案的主要目的在于控制有机物进入作为饮用水源的地下含水层，并认为回灌地下水的水质不必达到饮用水水质标准，应认识到回灌水在地下停留对水质的改善。该标准建议的处理要求是将污水处理厂的二级出水经过滤、去除有机物、消毒和活性炭床吸附（接触时间不应少于 30min）处理，在重新抽取出来以前，必须在地下停留 6 个月以上，这是为了保证进一步杀灭和去除肠道病菌。地下水位以上的包气带至少应有 3m 厚。抽水点离回灌点的水平距离至少为 150m。当抽取的水中回灌水超过 20% 时，要求在抽水点 TOC<1mg/L，而在回灌点，要求 TOC<3.0mg/L，COD<5mg/L，NO_3^-<45mg/L，TN<10mg/L。在回灌之前，水中的大肠杆菌数最好降低到 2.2 个/100mL以下。要求每天检测 COD 和 TOC，每季检测的项目包括：苯和四氯化碳等。该草案不断修订，最新的版本是 1993 年的，其要求是更加针对每项地下水回灌工程的具体情况，但是都要求保证从接收回灌水的含水层抽取的水符合饮用水标准，而且对采用注入井回灌的回灌水的 TOC 要求比经地表渗滤回灌入含水层更加严格，因为已经证明后者能使有机物在地下非饱和区和饱和区发生进一步的降解。要求回用水的总氮浓度低于 10mg/L。除非能证明在渗滤过程中，有足够的氮被去除从而可以使水中总氮浓度小于 10mg/L，否则必须先行除氮。同时，抽取出的水中，最多可以有 1mg/L 的 TOC 来自于回灌水，即当回灌水的 TOC 是 5mg/L 时，抽取的水中可有 20% 来自回灌水。如果回灌水的 TOC 是 2mg/L，则抽取的水中可有 50% 是回灌水。

为了保证在地表渗滤系统中去除病原菌和痕量有机物，标准规定了渗滤速度和地下水厚度。标准倾向于通过非饱和带以发展好氧生物处理过程来降解有机物和去除病原菌。其中非饱和带厚度根据不同地方的特点而变化，最小要求为 3~50m。研究发现，如果土壤要想发挥这些作用，那么初始的渗滤速度应小于 0.8cm/min。如果该值小于 0.5cm/min，将会带来额外的净化效果从而可以减少再生水在土壤含水层中的流动距离。

美国其他州的标准有些比加州的更严格，有些不如加州的严格。佛罗里达州的规定是当回灌采用地表渗滤时，水质要求较低，因为回灌水在经过土壤含水层时可发生进一步的净化。当采用井灌时，水质要求较高，至少应达到饮用水标准，而且应采用活性炭吸附以去除有机物，其平均 TOC 和 TOX 浓度应分别低于 5mg/L 和 0.2mg/L，而且至少要进行 2 年的试运行。亚利桑那州规定任何地下水回灌工程必须同时得到该州环境质量部和水资源部的允许，而且应证明回灌不会导致地下水水质的波动。如果含水层的水质已经在波动，应能证明回灌不会使水质进一步恶化。由于该州所有的含水层都被用作饮用水源，因此所有的回灌水都必须处理到符合饮用水标准。

我国地下水回灌标准和我国现行的饮用水标准基本相当，经过选择适当的深度处理工艺是可以达到的。同国外地下水回灌标准相比，我国标准相对较粗，尚需要细化。地下水回灌标准同再生水其他系列标准相比，其最大特点是需要对标准中的项目和限值有着比较严密的规定和解释。这主要是因为接受再生水回灌的第一用户是地下水体，这个实体本身有着自身的特点及动态变化过程，往往有些规律人们还无法掌握。因此需要从实际工程中吸取大量经验来进行标准的制定。我国在这方面的工作还刚刚起步，还需要不断完善。

3.5.4 地下水回灌标准建议

从目前各标准中对有机物限值的分析来看，对于污水中存在的种类广泛的有机物，由于缺乏一种可靠的探测某种有机物是否存在并确定其浓度的技术手段，目前唯一可行的方法是采用某些代用参数，如 TOC 和 AOX（可吸附有机卤化物）。但是需要认识一点，只用集体参数来度量有机污染物的总浓度是不够的，例如 TOC 和 COD 描述的是有机物的属性，代表众多的有机物，其生态意义在很大范围内摆动，只有 BOD_5 直接与生态相关。因此，检测某些毒性化合物（如有机卤化物）的类型与浓度尤为重要，只有将表征有机物总量的集体参数与某些表征威胁性有机物的专项分析结合使用才能全面地反映水质状况。虽然 TOC 和 AOX 值低于一定浓度并不能保证水中有毒有害物质的浓度一定很低，但是几乎每一种降低 TOC 和 AOX 的处理过程都能降低具有潜在毒性有机物的浓度。根据美国 21 水厂的运行经验，TOC 可以作为痕量有机物的一个代用监测指标。但随着水处理检测技术的发展，应该积极提倡更为精确的有机物单体检测技术的开发和应用，从而保证水质的安全使用。

尽管针对再生水中有机物所作的一些试验表明，它们对动物并没有毒害作用，但是因为人们对合成有机物的了解要远少于对传统供水中有机物的了解，所以，其浓度应尽量降低。但是对每一种有机物建立其健康标准，并分别检验其在再生水中的浓度是否低于最高限值是不可行的，因此一般要求地下水回灌中 TOC 应尽可能低。当 TOC 值低于一定值时，可以不需要专门的毒性检测。而当 TOC 值较高时，为了公众的健康，需要较频繁地监测其毒性。然而到底 TOC 值该定为多少，各标准却无法给出一个统一的规定。其中一个重要原因是污水处理厂出水的有机物浓度受饮用水的有机物浓度影响很大。由于污水处理厂三级出水中来自饮用水的 DOC 一般很难被生物降解，将深度处理后的三级出水进行地下水回灌时，将会增加含水层的 DOC。

我国回灌标准中对有机物的控制仍然以化学需氧量（COD）小于 15mg/L 和五日生化需氧量（BOD_5）小于 4mg/L 为监测指标。考虑到检测方法的限制，从目前的经验来看，这两项指标的设立无法准确衡量水质水平。标准中应该增设 TOC 或者 DOC 项目。虽然从目前我国化验实际水平来看，无法实现全面的 TOC 仪器配置。但应该看到，再生水回灌中增加 TOC 检测的必要性和重要性。回灌水中有机物的浓度应尽可能低，但是由于污水处理厂出水中的有机物有相当一部分是来自于饮用水中没有毒性的天然有机物，不同城市的饮用水来源不同，其有机物浓度 TOC 值差别也较大，很难确定回灌水的 TOC 应低于何值。我国目前的饮用水标准中对 TOC 没有明确的限制值。美国加州要求回灌水的 TOC 小于 3mg/L，佛罗里达州则要求 TOC 小于 5mg/L，德国柏林要求 DOC 小于 3mg/L。

在回灌工程中应该遵循的最低原则是回灌水的水质应该优于或相当于回灌点的地下水水质。

第4章 再生水处理工艺技术

4.1 再生水工艺发展历史

追溯再生水发展的历史，日本是起步比较早的国家之一。该国早在1962年开始回用污水，70年代已初见规模。随着回用技术的不断更新和发展，再生成本不断下降、水质不断提高，再生水逐渐成为缓解日本水资源短缺的重要措施之一。90年代初日本在全国范围内进行了废水再生回用的调查研究与工艺设计，在1991年日本的"造水计划"中明确将污水再生回用技术作为最主要的开发研究内容加以资助，开发了很多污水深度处理工艺，在新型脱氮、除磷技术，膜分离技术，膜生物反应器技术等方面取得很大进展的同时，对传统的活性污泥法、生物膜法进行了不同水体的工艺实验，建立起了许多"水再生工厂"。美国作为世界经济强国，在资源的利用方面从来都是不甘落后的。它也是世界上采用污水再生利用最早的国家之一，20世纪60年代末就将膜生物反应器用于废水处理，70年代初开始大规模污水处理，在美国有300余座城市实现了污水处理后再利用。我国中水回用滞后于发达国家，在80年代初开始有大规模的使用。1982年青岛市将中水回用作为市政及其他杂用水，以缓解其面临的淡水危机。北京市在1984年也开始进行中水回用工程示范，中水设施建设得到了较快的发展。再生水工艺发展到今天，一批成熟工艺已经成功应用在再生水工程中并取得了预期效果。

再生水处理技术经历了几十年快速发展，已由最初的单体工艺逐渐发展为目前多工艺段组合运行的各类集成工艺。大致经过了传统物化深度处理、生物脱氮除磷、膜滤技术及复合处理技术等一系列的发展过程。

污水回用的初期，主要是将二级出水经石灰澄清、加氯消毒处理后回用。处理效率低，操作不便且容易形成化学污泥影响系统运行；在早期还出现了污水的湿地处理系统，利用植物根系的吸收和微生物的作用，并经过多层过滤，达到降解污染物、净化水质的目的。但存在应用范围窄，占地面积过大，效率低，有生态安全风险的缺陷。

随着污水回用标准的提高，进一步去除水中SS、胶体、大颗粒有机物和微生物学指标等要求的提出，深度处理工艺转向了"混凝—沉淀—过滤—消毒"的组合形式。其单位水处理成本低于自来水价格，在经济上是可行的。但该传统工艺效率较低，出水只能满足水质要求较低的回用，如绿地浇灌、工业冷却等，且日常投药费用较高。

除此之外，原来只在给水处理中使用的活性炭过滤、臭氧活性炭工艺，也逐渐应用于再生水的处理过程。通过活性炭过滤对污水进行脱色、除臭和除味，并有效地去除污水中的重金属、溶解性有机物、农药及放射性元素等，具有适用范围广、处理效果好、可重复利用等优点。但活性炭成本很高，虽然可以通过再生的方法延长使用寿命，但使用周期仍然较短。

20世纪60年代以来膜制造技术的突破，带动了膜技术在污水回用中的应用，膜分离法是通过用有机高分子材料或无机材料制成的膜，利用物质之间透过性的差别，在浓度差或压差等推动力的作用下进行分离的技术，包括微滤、超滤、反渗透、纳滤和电渗析等。膜过滤不仅可以解决传统工艺的诸多问题，且具有出水水质稳定优良、占地面积小、操作简便、无异味和可间歇运行等优点。膜处理的影响因素较多，温度、压力及膜的清洗方式等都是不可忽视的因素；缺点是运行维护费用高，能耗大，涉及的技术要求也较高。

随着水处理技术及材料科学的不断发展，物化处理与生物处理相结合产生了生物活性炭、各种形式的生物膜工艺，主要为淹没式生物滤池，该工艺充分发挥了生物膜的生物吸附、降解作用，同时结合了滤池的过滤性能，使出水有了较高的水质保证。目前国内较成熟的综合再生工艺除传统处理单元的复合外，膜处理和生物处理的组合工艺——膜生物反应器的研究也较多，多为超滤膜与活性污泥系统的组合，按膜组件和生物反应器的布置形式可分成复合式、分置式膜生物反应器。

由于环境污染日益严重，人们对再生水水质要求进一步提高，对氮、磷指标的要求也越来越严格。为实现再生水的深度脱氮除磷，近年来曝气生物滤池和反硝化生物滤池的研究日益广泛。通过曝气生物滤池内的硝化反应将氨氮氧化，再通过反硝化生物滤池实现对总氮的去除。在生物脱氮的同时，可在曝气生物滤池之前或之后投加除磷药剂以实现化学除磷。另外，生物滤池结合臭氧氧化工艺还可以实现良好的脱色除嗅效果并能提高进水可生化性。

总体来看，目前再生水工艺技术在处理效率、整体造价、运行操作简便等方面协调的基础上，体现出各单元技术综合运用的趋势。在污水再生利用工程中，单元技术一般很难保证出水达到高品质再生水水质要求，常需要多种水处理技术的合理配置。选择再生水处理工艺单元和流程时应主要考虑以下几方面因素：回用对象对再生水水质的要求；单元工艺可行性与整体流程的适应性；工艺的安全可靠性；工程投资与运行成本；运行管理方便程度等。

根据我国目前的发展状况，在探究再生水生产工艺同时，再生水大规模应用中的一些问题已逐渐显现出来。人们开始关注大力开发再生水和推广使用再生水的目标、原则及相关政策的制定问题。在再生水生产及应用方向，只有建立良性的政府导向，社会需求才能够真正得到满足。

4.2 再生水工艺分类

通常人们按照以下方法将再生水工艺进行分类。

一种是按照再生水工艺发展的时间历程分类。

另一种方法是按照再生水净化机理进行分类，分为物理法、化学法、物化法、生物法。物理法是利用物理作用来分离水中的悬浮物和乳浊液，常见的有离心、澄清、过滤等方法。化学法是利用化学反应的作用来去除水中的溶解物质或胶体物质，常见的有中和、沉淀、氧化还原、催化氧化、微电解、电解絮凝等。物化法是利用物理化学作用来去除水中的溶解物质或胶体物质，主要有混凝、吸附、离子交换、膜分离等方法。生物处理法是利用微生物的代谢作用，使水中的有机污染物和无机微生物营养物转化为稳定、无害的物质，主要包括有生物膜法，其中又包括曝气生物滤池、反硝化生物滤池、湿地处理等方法。

第三种方法是按照应用方向分类。一般来说，农业用水对水质要求较低，达到市政排放一级 B 标准即可，常规的二级处理出水再经过混凝沉淀或者强化的二级处理就可满足要求。在一般用途中需要去除的氮磷等污染物，在农业回用中是农作物需要的养分，只要调配得当，可以把污水变为水肥资源。工业用水主要是冷却用水和锅炉用水，前者对水质要求不高，后者往往根据锅炉性质对水质有较高的要求。锅炉用水重点是脱盐，去除硬度碱度和溶解氧，常用的处理工艺是过滤、离子交换、反渗透等。市政杂用水对卫生学指标、色度、浊度、嗅味等要求较高，处理方法有混凝沉淀、臭氧、氯消毒、活性炭、生物滤池等。景观环境用水对营养盐指标、色度、浊度、嗅味等要求较高，对我国南方城市来说，由于降水丰沛，达到一级 A 标准即可，而北方常年缺水，回用于景观补水要求较高，处理工艺主要是超滤、反渗透、硝化滤池、反硝化滤池、臭氧氧化等。

4.3　混凝沉淀工艺

4.3.1　工艺发展沿革

混凝沉淀工艺是目前给水处理、中水处理和部分污水处理的核心工艺，主要包含混合、絮凝、沉淀三个工艺流程，它承担着水处理中 95% 以上的负荷，已有 150 余年的历史。

其中，混凝过程的主要作用是通过投加化学药剂把水中稳定分散的微细污染物转化为不稳定状态并聚集成易于分离的絮凝体或絮团。混凝技术最早就是用于除浊和除色，解决水体的感观问题。在近代水处理技术中，混凝技术广泛用于除臭味、除藻类、除氮磷、除细菌病毒、除天然有机物、除有机有毒物等。在现代水污染日益严重而控制要求日益深化的情况下，对除浊和除色已经赋予更深入的含义。造成水体浑浊的颗粒物和造成色度的腐殖质、藻类，都是各种有机有毒微量物质的载体，混凝去除浊度和色度实际上包含着去除有机有毒物的功能。

混凝过程是包含混合、凝聚、絮凝三种连续作用的综合过程。混凝过程中投加的药剂称为混凝剂或絮凝剂。传统的混凝剂是铝盐和铁盐如三氯化铝、硫酸铁等。20 世纪 60 年代开始出现并流行无机高分子絮凝剂，例如聚合氯化铁、聚合氯化铝及各种复合絮凝剂，因为性价比更好，得到迅速发展，目前已在世界许多地区取代传统混凝剂。近代发展起来的聚丙烯酰胺等有机高分子絮凝剂，品种甚多而效能优良，但因价格较高且不能完全消除毒性，始终不能代替传统混凝剂，主要作为助凝剂使用。

沉淀过程是提供动态的流动空间，使混凝过程形成的絮体在重力作用下沉降，实现固液分离的过程。

沉淀理论是建立在理想沉淀池基础上的，最初的池型是平流沉淀池。浅池理论提出以后，发展了斜板和斜管沉淀池，最新的池型为日本丹宝宪人提出的迷宫沉淀池。近些年沉淀池型式仅限于局部改进，如改变集配水方式和斜板（管）沉淀池的进出水流向等。改进集配水方式，形成了指形集水的平流池。改变斜板、斜管沉淀池的进出水方向，形成了异向流斜板（管）、同向流斜板（管）和侧向流斜板沉淀池型等。

4.3.2 工艺机理

4.3.2.1 混凝机理

水中的污染物，按在水中的存在状态可分为悬浮物、胶体和溶解物三类；按化学特性可分为无机物和有机物。废水处理方法一般分为物理法、化学法和生物法，每种处理方法都有各自的特点和适用条件，根据不同的原水水质和处理后的水质要求，可单独使用，也可几种方法综合使用。

1. 混凝

通过投加混凝剂使水中难以自然沉淀的胶体物质以及细小的悬浮物聚集成较大的颗粒，使之能与水分离的过程称为混凝。

混凝是水处理的重要方法，除能去除浊度和色度外，还对水中的无机和有机污染物有一定的去除效果。

2. 胶体的基本性质

（1）胶体的双电层结构

胶体颗粒的中心是胶核。胶核表面的电位形成离子的静电作用把溶液中带有异号电荷的离子（称为反离子）吸引到胶核的周围，从而形成胶体双电层结构，图 4-1 为胶体双电层结构示意图。

紧靠胶核表面一层的反离子被吸附得比较牢固，该层称为吸附层；吸附层内的反离子浓度大。吸附层外围为扩散层，随着与胶核表面距离的增加，扩散层内反离子的浓度逐渐降低，直到等于溶液中离子的平均浓度。吸附层和扩散

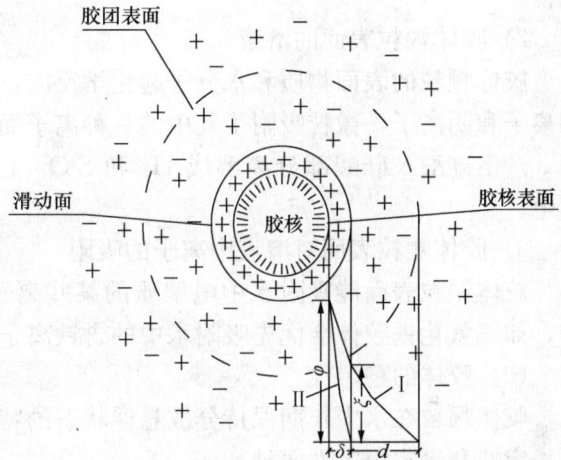

图 4-1　胶体双电层结构示意图

层中反离子的总电荷等于胶核表面电位形成离子的电荷，使得整个胶团为电中性。由于胶核外表面离子对扩散层中的反离子的吸引力较弱，所以由胶核和吸附层组成的微粒在溶液中作布朗运动时，扩散层中的大部分反离子未随胶体微粒一起运动，这就导致运动中的胶粒显示了电性。运动中的胶体微粒与溶液的界面称为滑动面。在胶体化学中常将吸附层表面当作滑动面。

胶核表面上的离子和反离子之间形成的电位称总电位，即 φ 电位；滑动面上的电位称为动电位，即 ζ 电位。总电位无法测试，也没有实用价值，而 ζ 电位可以测定且具有重要意义。

黏土、病毒、藻类和腐殖质等颗粒的 ζ 电位大致在 $-15\sim-40\mathrm{mV}$ 之间，细菌的 ζ 电位一般在 $-30\sim-70\mathrm{mV}$ 范围内，某氢氧化铁胶体溶液的 φ 电位为 $+56\mathrm{mV}$。由于污水成分复杂，存在条件不同，同一胶体在不同污水中所表现的 ζ 电位也往往有所不同。

凡在吸附层中离子直接与胶核接触，水分子不直接接触胶核的胶体称憎水胶体。一般无机物的胶体颗粒，如氢氧化铝、氢氧化铁和二氧化硅等都属这一类。

凡胶体微粒能直接吸附水分子的称为亲水胶体。亲水胶体的颗粒绝大多数都是分子量

很大的高分子化合物或高聚合物。

根据以上所述，憎水胶体具有双电层，亲水胶体则有一层水壳，双电层与水壳都有一定的厚度，这个厚度是决定胶体是否稳定的因素。

(2) 胶体的表面电荷

胶体的表面电荷是产生双电层的根本原因。污水中胶体的表面电荷的主要来源为：

1) 胶体表面分子的电离

胶体颗粒表面分子或具有能电离的基团发生电离，使一部分离子进入溶液，并使其本身带电。例如树脂表面的羧基可以如式（4-1）离解：

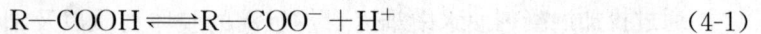

$$R{-}COOH \rightleftharpoons R{-}COO^- + H^+ \tag{4-1}$$

当pH值较高时，反应向右进行，因此树脂表面带负电荷；pH值低时，羧基不离解，树脂表面不带电荷。

又如，蛋白质是两性物质，在酸性和碱性溶液中会由于电离方式不同而带有不同电荷。

2) 胶体颗粒表面的溶解

胶体颗粒的表面物质和水分子起化学反应，产生了新的化合物，这种化合物又电离出阳离子和阴离子，微粒吸附了其中的一种离子而带电。例如，二氧化硅颗粒的表面部分溶解，产生硅酸，硅酸部分离解成 H^+ 和 SiO_3^{2-}，其他部分的 SiO_2 粒子吸附了 SiO_3^{2-} 而带负电。

3) 胶体颗粒表面对溶液中离子的吸附

胶体颗粒表面能吸附水中电解质的某些离子而使其本身带电。这种吸附是有选择性的，如氢氧化铁胶体会优先吸附水中的含铁离子（FeO^+）而带正电。

(3) 胶体的稳定性

胶体颗粒在水中长期保持分散悬浮状态的特性称为胶体的稳定性。胶体稳定性分为动力稳定性和聚集稳定性两种。

微小胶体颗粒因布朗运动而长期悬浮于水中不沉降的特性，称为胶体动力稳定性。

胶体颗粒因其表面同性电荷相斥或者由于水化膜的阻碍作用而使胶粒保持单个分散状态而不凝聚的特性被称为胶体的聚集稳定性。

胶体颗粒的两种稳定性中关键是聚集稳定性。如果聚集稳定性被破坏，胶体就会相互聚集成大的颗粒，则动力稳定性也随之消失。

在水处理中，为使胶体颗粒能通过碰撞而彼此聚集，就需要消除或降低胶体颗粒的稳定因素，这一过程称为胶体的脱稳。

3. 混凝动力学

胶体颗粒之间或者胶体与混凝剂之间发生絮凝的首要条件是颗粒的相互碰撞。碰撞速率和混凝速率问题属于混凝动力学研究范畴。

水中颗粒碰撞的动力来自两方面：颗粒在水中的布朗运动和在水力或机械搅拌下所造成的流体运动。

(1) 异向絮凝

细小颗粒在水分子无规则热运动的撞击下作布朗运动所造成的颗粒间碰撞聚集，称为异向絮凝。

脱稳的颗粒在相互碰撞时就可能发生聚集，使小颗粒变成大颗粒，虽然水中的固体颗粒总质量不变，但其数量浓度（单位体积中颗粒数目）减少。颗粒的凝聚速率取决于碰撞速率。

相关研究成果表明，布朗运动所导致的颗粒碰撞速率与水温成正比，与颗粒数量浓度的平方成正比，而与颗粒的尺寸无关。随着颗粒聚集过程的进行，水中颗粒的粒径增大，当颗粒粒径大于 $1\mu m$ 时，布朗运动对颗粒的聚集基本不起作用，因此要使较大颗粒进一步碰撞聚集，就要靠外界向流体输入能量，推动流体运动来促使颗粒相互碰撞，即进行同向絮凝。

（2）同向絮凝

由外力所造成的流体运动而产生的颗粒撞碰聚集，称为同向絮凝。

外力推动流体运动的方式一般有两种：机械搅拌和水力搅拌。

对胶体颗粒的最终沉淀来说，同向絮凝是很重要的。一般所说的絮凝是指同向絮凝。对于同向絮凝的理论研究仍在进行中，至今尚无完全统一的认识。人们早先在层流条件下推导出的颗粒碰撞同向絮凝公式虽与实际的紊流状态不符（图 4-2），但许多概念至今还在沿用。

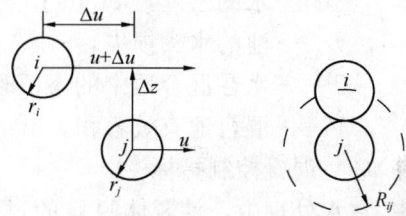

图 4-2　层流条件下颗粒碰撞示意图

同向絮凝反应过程的主要控制参数为搅拌强度和搅拌时间或水力停留时间。搅拌强度常用相邻两个水层中的两个颗粒的速度梯度 G 来表示，见式（4-2）。

$$G = \frac{\mathrm{d}u}{\mathrm{d}z} \tag{4-2}$$

式中　G——速度梯度，s^{-1}；

　　$\mathrm{d}u$——相邻两流层中，颗粒随水流运动的速度差；

　　$\mathrm{d}z$——垂直于水流方向的两流层之间的距离。

假设 i 颗粒和 j 颗粒的粒径分别以 d_i 和 d_j 表示，当 $\Delta z \leqslant \frac{1}{2}(d_i + d_j)$ 时，正是由于速度差 $\mathrm{d}u$ 的存在，才引起相邻水层的两个颗粒的碰撞。速度差越大，速度快的颗粒越易赶上速度慢的颗粒，而两水层的距离越小越易相碰。

结论：G 值越大，单位时间内颗粒碰撞的机会（或次数）越多。

值计算公式的推导：

根据水力学原理，两层水流间的摩擦力 F 和水层接触面积 A 间有关系式（4-3）：

$$F = \mu \cdot \frac{\mathrm{d}u}{\mathrm{d}z} \cdot A \tag{4-3}$$

单位体积液体搅拌所需功率为：

$$p = F \cdot \mathrm{d}u \cdot \frac{1}{A \cdot \mathrm{d}z} \tag{4-4}$$

由式（4-2）、式（4-3）和式（4-4）推导出

$$G = \sqrt{\frac{p}{\mu}} \tag{4-5}$$

式中　p——单位体积水体搅拌功率，W/m^3；

　　　μ——水的动力黏度，$Pa \cdot s$。

采用机械搅拌时，p 就由机械设备提供。

采用水力搅拌时，则 p 为水流本身能量的消耗，即水头损失 h。

$$p = \frac{\rho g Q h}{V} = \frac{\rho g h}{T} \tag{4-6}$$

则

$$G = \sqrt{\frac{\rho g h}{T \mu}} \tag{4-7}$$

式中　Q——流量，m^3/s；

　　　ρ——水的密度，kg/m^3；

　　　h——池的水头损失，m；

　　　T——水在混合池中的停留时间，s，（$T=V/Q$）；

　　　V——混合池有效容积，m^3。

（3）混凝控制指标

在水处理中，使胶体脱稳的过程称为"凝聚"，脱稳胶体相互聚集的过程称为"絮凝"，"混凝"是"凝聚"和"絮凝"的总称。

"凝聚"和"絮凝"两个过程对应的设备分别为混合设备和絮凝设备。混凝工艺过程的控制指标为速度梯度 G 值和水力停留时间 T，有时也可以二者的乘积的形式 GT 表示。

在混合阶段，要使药剂迅速均匀地分散到水中以利于药剂水解，并使颗粒的脱稳及聚合，必须提供对水流的剧烈、快速的搅拌，即应采用较大的 G 值，较小的 T 值；而在絮凝阶段，絮体已经长大，易破碎，所以 G 值比前一阶段要减小，相应 T 则需变大。

混凝过程的控制参数为：

混合池：$G=500\sim1000s^{-1}$

　　　　$T=10\sim60s$（若需要延长搅拌时间，但一般均小于 2min）

　　　　$GT=(1\sim3)\times10^4$

絮凝池：$G=20\sim70s^{-1}$

　　　　$T=15\sim20min$

　　　　$GT=10^4\sim10^5$

4. 混凝工艺

（1）混凝机理

水处理中，混凝的机理随着采用的混凝剂种类和投加量、胶体颗粒的性质、含量以及溶液的 pH 值等环境因素的不同，一般可分为以下几种：

1）电性中和

又分为压缩双电层和吸附电中和两种。

当向水中投加铝盐和铁盐混凝剂后，水中的离子浓度增加，由于浓差扩散和静电斥力，使扩散层的厚度减小，ζ 电位降低，双电层被压缩。扩散层厚度的减小或 ζ 电位的降低将使颗粒之间作用的斥力大为减小，就有可能使颗粒聚集。这种通过投加电解质压缩扩散层以导致胶粒间相互凝聚的作用机理称为压缩双电层作用机理。

高价离子压缩双电层的能力优于低价离子，所以一般选作混凝剂的多为高价电解质，如 Fe^{3+}，Al^{3+}。

铝盐或铁盐混凝剂，当 pH 值较低时，在水中水解产生带正电荷的氢氧化铝和氢氧化铁胶体可以与原水中带负电荷的胶体颗粒起电中和作用。将导致颗粒的相互吸引聚集，图 4-3 为水解产物与胶体聚集示意。

这种由于异号离子，异号胶粒或高分子带异号电荷部位与胶核表面由于静电吸附，中和了胶体原来所带电荷，从而降低了胶体的 ζ 电位而使胶体脱稳的机理，称为吸附电中和作用机理。

2) 吸附架桥

高分子混凝剂具有松散的网状长链式结构，分子量高，分子颗粒粒径大。当向溶液投加高分子物质时，胶体微粒与高分子物质之间产生强烈的吸附作用［这

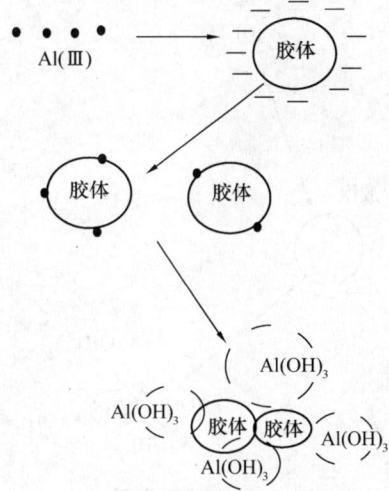

图 4-3　水解产物与胶体聚集示意

种吸附主要由于各种物化过程，如氢键、共价键、范德华力等以及静电作用（异号基团，异号部位）共同产生，与高分子物质本身结构和胶体表面的化学性质特点有关。］当其中某一高分子基团与胶粒表面某一部位互相吸附后，该高分子的其余部位则伸展在溶液中，可以与另一表面有空位的胶粒吸附，这样就形成了一个"胶粒－高分子－胶粒"的连接体，高分子起到了对胶粒进行架桥连接的作用。通过高分子链状结构吸附胶体，微粒可以构成一定形式的聚集物，从而破坏胶体系统的稳定性。

除了长链状有机高分子物质外，无机高分子物质及其胶体微粒，如铝盐、铁盐的水解产物等，也都可产生粘结架桥作用。粘结架桥吸附原水中胶体颗粒如图 4-4 所示。

架桥作用主要利用高分子本身的长链结构来进行对胶粒的连接，而形成"胶粒－高分子－胶粒"的絮状体。如果高分子线性长度不够，不能起架桥作，只能吸附单个胶体，起电性中和用；如果是异性高分子则兼有电中和和架桥作用；同性或中性（非离子型）高分子只能起架桥作用。

高分子物质的过量投加或强烈搅拌都可能破坏粘结架桥作用，反而使溶液产生再稳，如图 4-5 所示。

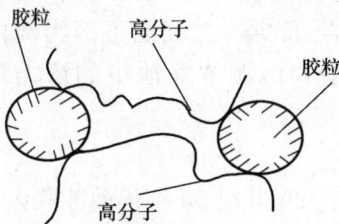

图 4-4　高分子架桥示意图

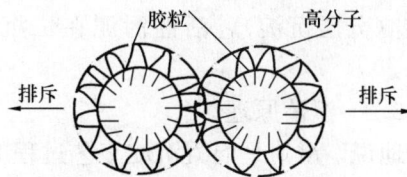

图 4-5　过量投加产生再稳

3) 沉淀物的卷扫（网捕）

以铝盐和铁盐为混凝剂时，所产生的氢氧化铝和氢氧化铁在沉淀过程中，能够以卷扫（网捕）形式，使水中的胶体微粒随其一起下沉，如图 4-6 所示。

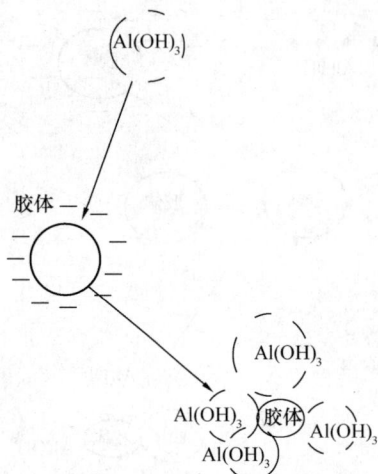

图 4-6　胶体聚集形式

上述这 3 种混凝机理在水处理过程中不是各自孤立的现象，而往往是同时存在的，只不过随不同的药剂种类、投加量和水质条件而发挥作用程度不同，以某一种作用机理为主。对于高分子混凝剂来说，主要以吸附架桥为主；而无机的金属盐混凝剂则同时具有电性中和和粘结架桥作用。

4.3.2.2　沉淀机理

沉淀过程是提供动态的流动空间，使混凝过程形成的絮体在重力作用下沉降，实现固液分离的过程。

1. 沉淀原理和分类

（1）沉淀原理

利用某些悬浮颗粒的密度大于水的特性，将其从水中去除的过程称为沉淀。密度大于水的悬浮颗粒有的是原水中存在的，有的是胶体经混凝生成的矾花。

（2）沉淀分类

颗粒物在水中的沉淀，可根据其浓度和特性，分为以下四种基本类型：

1）自由沉淀

低浓度的离散颗粒在沉淀过程中，互不干扰，其形状、尺寸和质量均不变化，下沉速度不受干扰。

2）絮凝沉淀

絮凝性颗粒在沉淀过程中，由于颗粒之间相互碰撞而凝集，其尺寸和质量均随沉淀深度的增加而变大，沉速亦逐渐增大。

3）拥挤沉淀（分层沉淀）

颗粒在水中的浓度过大时，在下沉过程中颗粒间相互干扰，不同颗粒以相同的速度成层下沉，清水与浑水之间形成明显的交界面，该交界面逐渐下移。

4）压缩沉淀

颗粒在水中浓度增高到颗粒相互接触并部分地受到压缩物支撑，在重力作用下被进一步挤压。

在城市污水处理流程中，在沉砂池中砂粒的沉淀以及低浓度悬浮物在初沉池中的沉淀为自由沉淀，活性污泥在二沉池中的沉淀为絮凝沉淀，二沉池下部污泥的沉淀为拥挤沉淀（分层沉淀），活性污泥在二沉池污泥斗中和污泥浓缩池中的浓缩过程为压缩沉淀。

4.3.2.3　澄清原理

严格地说，澄清是混凝沉淀工艺过程的通称，但自 20 世纪 50 年代前苏联人发明澄清池并传入我国后，澄清工艺特指澄清池。从动力学角度看，澄清池是提供一定的絮凝空间，使投药后形成的絮体进入一个水流上向流动的空间，通过在澄清池运转初期形成的悬浮泥渣层，粒子在悬浮泥渣层中接触碰撞，通过接触絮凝作用完成胶体粒子的去除。为强化接触絮凝过程，通过进水方式、搅拌方式和影响接触絮凝过程形成了水力脉冲澄清池、机械加速澄清池、钟罩式脉冲澄清池等池型。

1. 澄清池原理

澄清池的工艺是利用原水中的颗粒和池中积聚的沉淀泥渣相互碰撞接触、吸附、聚合，然后形成絮粒与水分离，使原水得到澄清的过程。澄清池有机地结合了混凝和固液分离作用，是一个能在一座池内完成混合、絮凝、悬浮物分离等过程的净水构筑物。它简化了工艺，节省了占地面积。

澄清池净水原理是利用高浓度的活性泥渣层的接触絮凝作用，将水中杂质阻留，使水得到澄清。

与沉淀池不同的是，沉淀池池底的沉泥均被排除而未被利用，而澄清池则充分利用了沉淀泥渣的絮凝作用，排除的是只经过反复絮凝的多余泥渣。其排泥量与新形成的泥渣量取得平衡，泥渣层始终处于新陈代谢状态中，因而泥渣层能始终保持着接触絮凝的性能。澄清池由于重复利用了有吸附能力的絮粒来澄清原水，因此可以充分发挥混凝剂的净水效能。

2. 澄清池的类型与特点

澄清池按池中水与泥渣的接触情况，分为循环（回流）泥渣型和悬浮泥渣（泥渣过滤）型两大类。

（1）循环（回流）泥渣型澄清池

循环泥渣型澄清池是利用机械或水力的作用，使部分沉淀泥渣循环回流以增加和水中杂质的接触碰撞和吸附机会，提高混凝的效果。一部分泥渣沉积到泥渣浓缩室，大部分泥渣又被送入絮凝室重新与原水中的杂质碰撞和吸附，如此不断循环。在循环泥渣型澄清池中，加注混凝剂后形成的新生微絮粒和反应室出口呈悬浮状态的高浓度原有大絮粒之间进行接触吸附，也就是新生微絮粒被吸附结合在原有粗大絮粒（即在池内循环的泥渣）之上而形成结实易沉的粗大絮粒。机械搅拌澄清池和水力循环澄清池就属于此种形式。

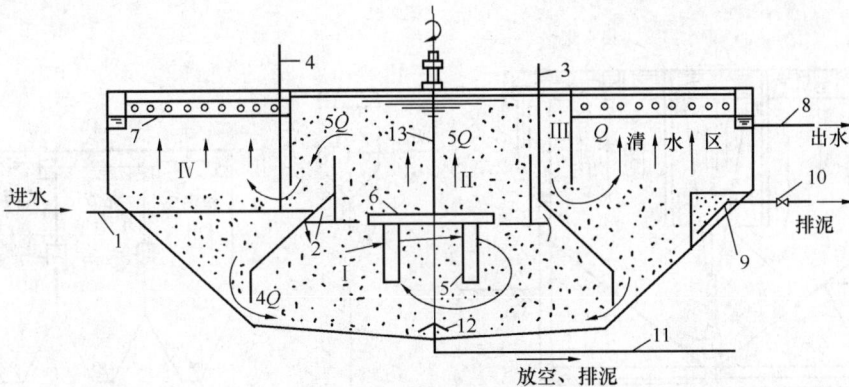

图 4-7　机械搅拌澄清池

1—进水管；2三角配水槽；3—透气管；4—投药管；5—搅拌浆；6—提升叶轮；7—集水槽；
8—出水管；9—泥渣浓缩室；10—排泥阀；11—放空管；12—排泥罩；13—搅拌轴；
Ⅰ—第一絮凝室；Ⅱ第二絮凝室；Ⅲ—导流室；Ⅳ—分离室

1）机械搅拌澄清池

图 4-7 所示为机械搅拌澄清池，机械搅拌澄清池具有处理效率高，运行较稳定，并且对原水浊度、温度和处理水量的变化适应性较强等特点。

它的适用条件：无机械刮泥时，进水浊度一般不超过 500 度（NTU），短时间内不超过 1000 度（NTU）；有机械刮泥时，进水浊度一般为 500～3000 度（NTU），短时间内不超过 5000 度（NTU）；当超过 5000 度（NTU）时，应加设预沉池。

机械搅拌澄清池的单位面积处理量较大，它的出水浊度可以达到较低不大于 10 度（NTU）。它与其他形式的澄清池比较，设备的日常管理和维修工作量较大。一般适用于大的处理规模。

2）水力循环澄清池

图 4-8 所示为水力循环澄清池，水力循环澄清池由于絮凝不够充分，故对水质、水温适应能力较差，一般适用于浊度小于 500 度（NTU），短时间内允许到 2000 度（NTU）。单池的生产能力一般不宜大于 7500m³/d。

虽然水力循环澄清池构造较简单、维修量小，但它要消耗较大的水头，故目前在国内应用较少。水力循环澄清池的单池处理量一般较小，故通常适用于中、小型处理规模。

（2）悬浮泥渣（泥渣过滤）型澄清池

悬浮泥渣型澄清池的工作原理，是使上升水流的流速等于絮粒在静水中靠重力沉降的速度，絮粒处于既不沉淀又不随水流上升的悬浮状态，当絮粒集结到一定厚度时，就构成泥渣悬浮层。原水通过时，水中杂质有充分机会与絮粒碰撞接触，并被悬浮泥渣层的絮粒吸附、过滤而截留下来。由于悬浮泥渣层是处于悬浮状态，所以为了与循环泥渣的接触絮凝相区别，就把这种接触絮凝称作泥渣过滤。脉冲澄清池和悬浮澄清池属于此种类型。

1）悬浮澄清池

图 4-9 所示为悬浮澄清池，悬浮澄清池的结构较简单，造价较低，可建成圆形或方形池子，适用于中、小处理规模。当采用双层式加悬浮层底部开孔，也能处理悬浮物浓度很高的污水。

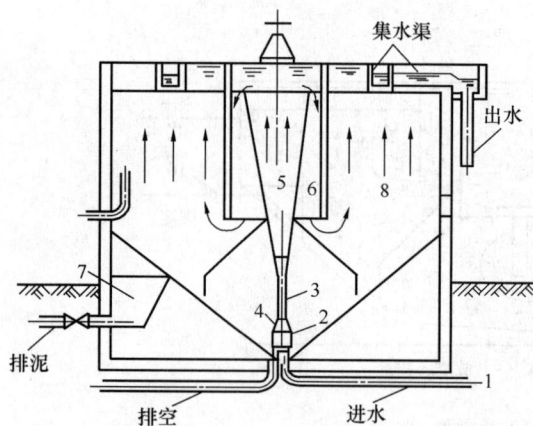

图 4-8　水力循环澄清池

1—进水管；2—喷嘴；3—喉管；4—喇叭口；5—第一絮凝室；6—第二絮凝室；7—泥渣浓缩室；8—分离室

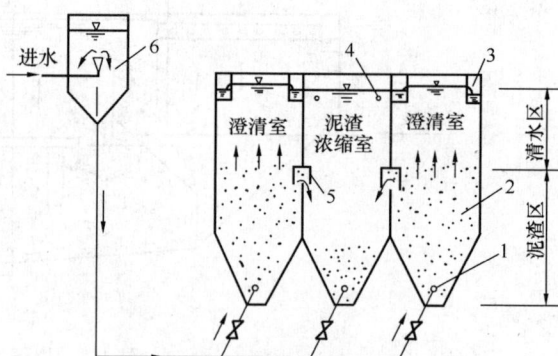

图 4-9　悬浮澄清池

1—穿孔配水管；2—泥渣悬浮层；3—穿孔集水槽；4—强制出水管；5—排泥窗口；6—气水分离器

悬浮澄清池对进水水量、水温及加药量等的变化较为敏感。当澄清池进水量突然增加（每小时改变流量超过 10%）及进水温度高于池内温度或温度每小时变化达±1℃时，悬浮泥渣层将变得不稳定，澄清效果就明显下降。当某一时间停止加药时，出水水质会迅速恶化。

悬浮澄清池一般单层式适用于原水浊度长期低于 3000 度（NTU），双层式可适用于原水浊度超过 3000 度（NTU）。当原水浊度过低或有机物含量较高时，处理效果就较差。

悬浮澄清池单池面积不宜超过 150m²。当为矩形时每格池宽不宜大于 3m。

2）脉冲澄清池

图 4-10 所示为脉冲澄清池，脉冲澄清池的特点是澄清效率高，它具有脉冲的快速混合、缓慢充分的絮凝、大阻力配水系统使得布水较均匀、水流垂直上升池体利用较充分等优点。池型可做成圆形、方形、矩形，便于因地制宜布置，也适用于平流式沉淀池改建。由于水下集水装置、配水装置可采用硬聚氯乙烯制品，腐蚀影响小，维修保养较简单，适用于各种处理规模。

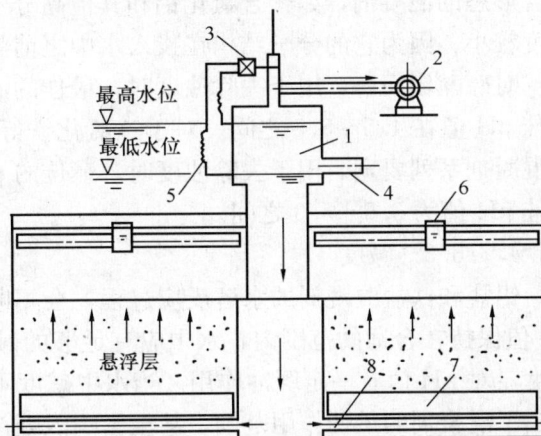

图 4-10 脉冲澄清池
1—进水室；2—真空泵；3—进气阀；4—进水管；5—水位电极；
6—集水槽；7—稳流板；8—配水管

脉冲澄清池多用于处理浊度长期小于 3000 度（NTU）的水，出水浊度可达 10 度（NTU）左右。当原水浊度大于 3000 度（NTU）时需考虑采用预沉措施。

脉冲澄清池清水区的上升流速，应按相似条件下的运行经验确定，一般可采用 0.7～1.0mm/s。

脉冲澄清池对水量、水温适应能力较差，当选用真空式脉冲发生方式时需要一套真空设备，操作管理要求较高。当选用虹吸式脉冲发生方式时水头损失较大，脉冲周期也较难控制。一般脉冲澄清池的脉冲周期可采用 30～40s，充放时间比为 3∶1～4∶1。虹吸式脉冲澄清池的配水总管，应设排气装置。

4.3.3 工艺影响因素

混凝沉淀技术在给水工程、排水工程、中水工程及工业废水处理等领域都有广泛的应用。其中，在给水工程方面应用较早，应用也最为普遍。混凝技术主要用于去除水中的悬浮物和胶体物质，另有除浊和除色的功能。

混凝沉淀工艺的应用受到多方面因素的影响，包括水温、水的化学性质、水中杂质性质和浓度、水力条件等。

4.3.3.1 水温

水温对混凝效果有明显影响。在一定的低水温范围内，即使增加混凝剂的投加量，也难以取得良好的混凝效果。其主要原因是无机盐混凝剂水解需要吸热，低温时混凝剂水解困难。对于硫酸铝，水温降低 10℃，水解速率常数约降低 2～4 倍。当水温在 5℃ 左右时，硫酸铝水解速度极其缓慢。第二，低温水的黏度大，水流剪力也增大，使颗粒碰撞的机会减少并影响絮体的成长。第三，水温低时，胶体颗粒水化膜增厚，妨碍胶体凝聚并影响颗粒之间粘附强度。第四，水温与水的pH值有关。水温低时，水的pH值提高，相应的混凝最佳pH值也将提高。

4.3.3.2 pH值

对于不同的混凝剂，水体pH值对混凝效果的影响程度不同。铝盐和铁盐混凝剂，由于它们的水解产物直接受到水体pH值的影响，所以影响程度较大，尤其是硫酸铝。对于聚合形态的混凝剂，如聚合氯化铝和其他高分子混凝剂，其混凝效果受水体pH值的影响程度较小，因为它的分子结构在投入水中之前就已经形成。

对硫酸铝而言，用于去除浊度时，最佳的pH值在6.5~7.5之间，用于去除色度时，最佳pH值在4.5~5.5之间。对于三氯化铁等三价铁盐混凝剂，适用的pH值范围较铝盐混凝剂系列要宽。用于去除浊度时，最佳的pH值在6.0~8.4之间，用于去除色度时，最佳pH值为3.5~5.0之间。

4.3.3.3 碱度

铝盐和铁盐混凝剂的水解反应过程，会不断产生H^+，从而导致水的pH降低。要使pH值保持在合适的范围内，水中应有足够的碱性物质与H^+中和。原水中都含有一定的碱度，对pH值有一定缓冲作用。当水中碱度不足或混凝剂投量大，pH下降较多，不仅超出了混凝剂的最佳作用范围，甚至影响混凝剂的继续水解，因此，水中碱度高低对混凝效果有重要的影响。

为了保证正常混凝过程所需的碱度，有时就需考虑投加碱性物质。最好投加$NaHCO_3$，出于经济方面的考虑，一般投加石灰，其投加量可按式（4-8）估算：

$$[CaO] = 3[a] - [X] + [\delta] \tag{4-8}$$

式中　　$[CaO]$——纯石灰投量，mmol/L；

$[a]$——混凝剂投量，mmol/L；

$[X]$——原水碱度，CaO mmol/L计；

$[\delta]$——剩余碱度，一般0.25~0.5CaO mmol/L。

石灰的最佳投加量一般通过试验确定，应防止投加过量而导致铝盐混凝效果恶化的现象发生。

4.3.3.4 水中悬浮物浓度

水中存在的高价正离子，对压缩胶体颗粒双电层有利。悬浮物含量很低时，会由于颗粒碰撞几率大大减小而影响混凝效果。如果原水中悬浮物浓度低同时水温也很低，对于这种低温低浊水，混凝更加困难。如果原水悬浮物含量过高，如我国西北、西南等地区的高浊度水源，为使悬浮物达到吸附电中和脱稳作用，所需要的混凝剂将大大增加。同样，杂质颗粒尺寸越单一越小，也越不利于混凝，大小不一的颗粒将有利于混凝。

4.3.3.5 水力条件

混凝过程中的水力条件对絮凝体的形成影响极大。整个混凝过程可以分为两个阶段：混合和反应。水力条件的配合对这两个阶段非常重要。

混合阶段的要求是使药剂迅速均匀地扩散到全部水中以创造良好的水解和聚合条件，使胶体脱稳并借助颗粒的布朗运动和紊动水流进行凝聚。在此阶段并不要求形成大的絮凝体。混合要求快速和剧烈搅拌，在几秒钟或一分钟内完成。对于高分子混凝剂，由于它们在水中的形态不像无机盐混凝剂那样受时间的影响，混合的作用主要是使药剂在水中均匀分散，混合反应可以在很短的时间内完成，而且不宜进行过分剧烈的搅拌。

反应阶段的要求是使混凝剂的微粒通过絮凝形成大的具有良好沉淀性能的絮凝体。反应阶段的搅拌强度或水流速度应随着絮凝体的结大而逐渐降低，以免结大的絮凝体被打碎。如果在化学混凝以后不经沉淀处理而直接进行接触过滤或是进行气浮处理，反应阶段可以省略。

4.3.4 混凝沉淀工艺分类及特点

混凝沉淀工艺自开始用于污水处理方面以来，得到了不断的改进和发展。根据原水水质的不同、出水水质要求的不同，派生出了很多以混凝沉淀工艺为主体的污水深度处理工艺。以下是根据目前调查的实际情况，使用频率比较高、具有代表性的混凝沉淀工艺有以下几类：

4.3.4.1 普通混凝沉淀

普通混凝沉淀工艺应用最为广泛，在给水、中水、污水处理等方面得到大量的应用，具有特点：

（1）技术成熟、使用广泛；

（2）处理效果稳定；

（3）运行管理经验丰富；

（4）可用药剂品种多，效果好。

根据目前该工艺的使用情况，基本有以下几种工艺流程：

1. 原水直接一级强化处理工艺（图 4-11）

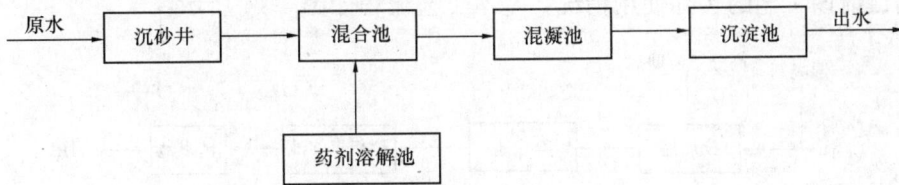

图 4-11 原水直接一级强化工艺流程图

此工艺适用于原水水质指标较高，水量很大，而后续生物处理能力较差，出水水质要求较高的工程。一级强化工艺可以大幅度降低原水的 BOD_5、COD、SS 等指标。

2. 二级出水深度处理工艺（图 4-12）

此工艺为传统的混凝沉淀工艺，是用于水质深度处理最简单、最成熟、最普遍的工艺。无论在污水处理还是在给水处理方面都得到了广泛的应用。

4.3.4.2 石灰工艺

石灰工艺在国外应用已有 30 多年的历史。1975 年加利福尼亚州的橙县水管区（Orange County Water District, OCWD）在加州泉水谷地区建造了一座污水厂，至今已发展为国际著名的"21 世纪水厂"。该水厂使用的就是石灰工艺。此工艺是混凝沉

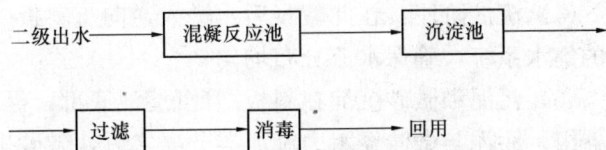

图 4-12 二级出水深度工艺流程图

淀处理工艺的一种，其中的不同之处在于，采用的混凝药剂与其他方法有明显区别，因而导致其后续处理流程也有所区别。石灰净水剂的使用混凝效果明显，出水水质稳定。

根据目前该工艺的实际使用情况，基本工艺流程如图 4-13 所示：

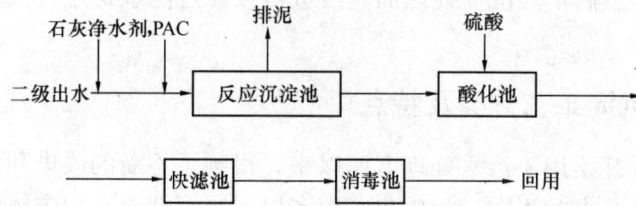

图 4-13 石灰工艺流程图

工艺特点如下：

（1）技术成熟、在国外使用广泛；

（2）除磷效果好；

（3）处理效果稳定，具有除色度、臭味，出水清澈的特点；

（4）可大大降低污水中细菌和病毒数量；

（5）运行管理比较复杂。

4.3.4.3　Actiflo™工艺

Actiflo™是由威立雅水务技术独立开发并享有专利的高效沉淀池工艺，已经有 15 年的运行经验。Actiflo™是一种紧凑工艺，它通过使用微砂（阿克迪砂™）帮助絮团形成。阿克迪砂™提供了加强絮凝所需的接触面积，并利用压载或加重作用来加快沉淀速度。

根据目前该工艺的实际使用情况，基本工艺流程如图 4-14 所示：

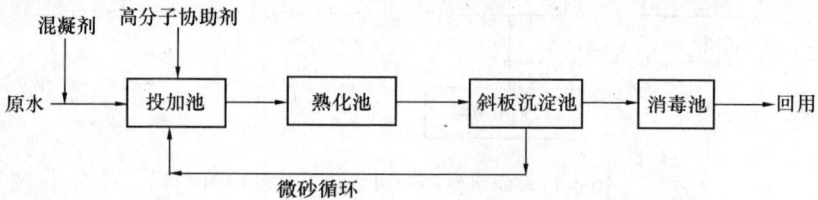

图 4-14　Actiflo™工艺流程图

利用 Actiflo™工艺，原水经初步处理之后，先后经过以下阶段：

（1）混凝阶段：在此投加混凝剂；

（2）絮凝阶段：包括一座投加池和一座熟化池，在投加池中投加高分子聚合物和微砂，以微砂为基础生成絮状物；

（3）在熟化池中形成絮凝物之后，水流进入沉淀池，这两个池都装配有动力搅拌器，以便产生最佳速度梯度；

（4）沉淀阶段：在此絮凝后水进入逆向流斜板/管沉淀池，处理后的水流入斜板/管顶部的集水系统，确保水流分布均匀；

（5）污泥和微砂沉淀在斜板/管沉淀池底部，经刮泥机或污泥斗收集后泵送到水力旋流器组。污泥与微沙经水力旋流器分离之后，微砂进入絮凝阶段继续循环反应；

（6）出水消毒后回用。

工艺特点如下：

（1）占地面积小：Actiflo™工艺上升流速很高，一般在 50～100m/h 之间，是传统平流沉淀池流速的 20 倍以上；

（2）运行适应性强；

（3）启动时间短，小于 10min；

（4）处理后的水质量高，稳定性好：浊度去除率 90％以上，悬浮物、胶体物质、重金属等去除率 90％以上，BOD_5 和 COD 去除率 60％以上；

（5）对温度以及水质变化敏感度低：对于低温低浊水也有很好的处理效果。

4.3.5 典型混凝沉淀工艺

根据大量的调研资料、工程实例分析，目前国内大部分再生水厂采用的中水处理工艺基本为传统的混凝沉淀工艺。根据实际情况，一般工艺流程如图 4-15 所示：

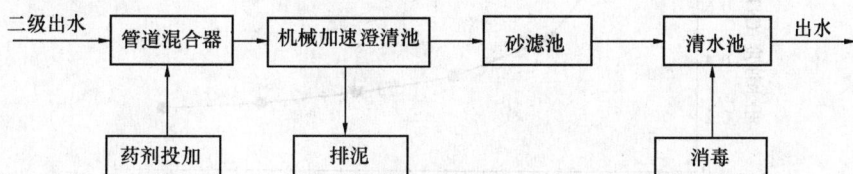

图 4-15 典型混凝土沉淀工艺流程图

二级出水首先由进水泵输送到机械加速澄清池，在进入澄清池之前通过管道混合器加入混凝药剂。经过机械加速澄清池的泥水分离，上清液流入砂滤池过滤后进入清水池并消毒回用。机械加速澄清池中的污泥排入污泥脱水系统脱水。

典型混凝沉淀工艺作为再生水深度处理的工艺，本身具有出水水质稳定、处理效果好、运行费用低等特点。根据该工艺的特点以及《城市污水再生利用城市杂用水水质标准》GB/T 18920—2002 的要求，设计水质如表 4-1 所示。

典型混凝沉淀工艺设计进出水水质　　　　　　　　　　　　　　表 4-1

序 号	项 目	单 位	进水水质	出水水质
1	生化需氧量（BOD_5）	mg/L	20	≤10
2	化学需氧量（COD_{Cr}）	mg/L	60	≤50
3	悬浮物（SS）	mg/L	≤20	≤5
4	氨氮（NH_3-N）	mg/L	≤15	≤10
5	总磷（以 P 计）	mg/L	1	≤1.0
6	浊度	NTU	—	≤5
7	色度	度	—	≤30
8	pH	—	6～9	6～9
9	粪大肠菌群数	个/L	10^4	≤3
10	余氯	mg/L	—	≥0.2
11	溶解氧	mg/L	—	≥1.0

针对此种工艺，我们对其混凝沉淀部分工艺设计的参数方法及运行管理进行剖析。

4.3.5.1 混凝工艺分析与设计

1. 混凝影响因素分析

混凝沉淀工艺中加药混凝过程对处理效果的影响是决定性的，为了更加深入地理解加药混凝过程中哪些因素对处理效果起到更大的作用。我们做了以下试验：药剂投加量、搅拌强度、搅拌时间以及沉淀时间等因素的单因素试验和多因素正交试验。试验结果如下：

（1）单因素试验

1）PAC投加量对浊度去除的影响（图4-16）

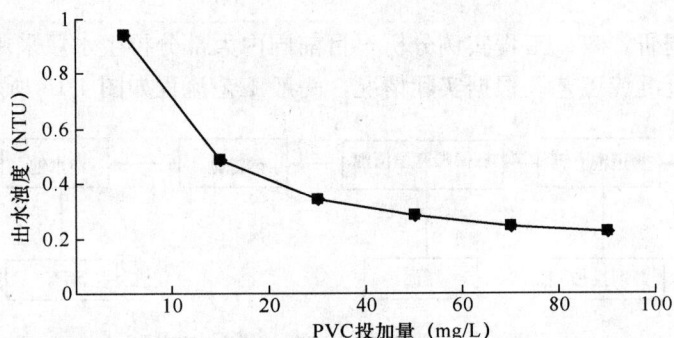

图4-16 PAC投加量对浊度去除的影响

在120r/min搅拌1min、30r/min搅拌20min、沉淀30min，分别投加PAC10、20、40、60、80、100mg/L。

2）搅拌速度对浊度去除的影响（图4-17）

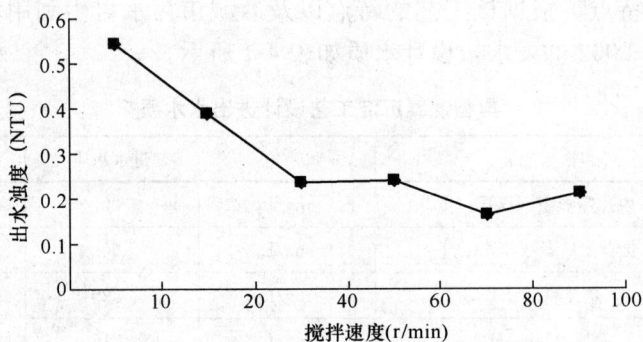

图4-17 搅拌速度对浊度去除的影响

投加40mg/LPAC，在120r/min搅拌1min、分别搅拌20min，速度分别为10、20、40、60、80、100r/min、沉淀30min。

3）搅拌时间对浊度去除的影响（图4-18）

投加40mg/LPAC，在120r/min搅拌1min、速度为40r/min，分别搅拌5、10、15、20、25、30min，沉淀30min。

4）沉淀时间对浊度去除的影响（图4-19）

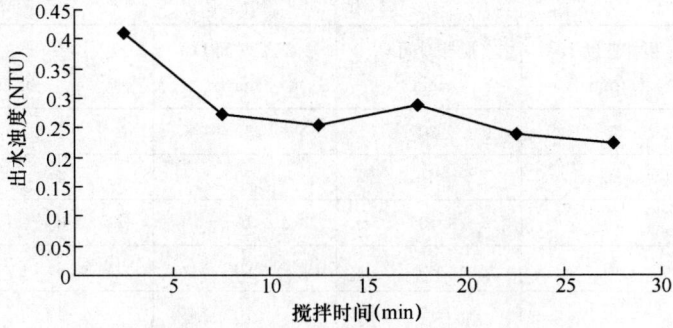

图 4-18　搅拌时间对浊度去除的影响

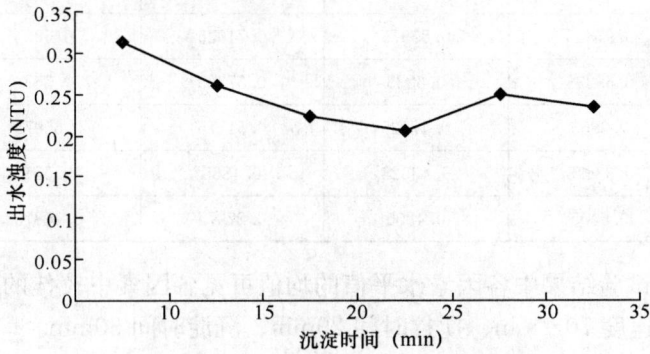

图 4-19　沉淀时间对浊度去除的影响

投加 40mg/LPAC，在 120r/min 搅拌 1min、40r/min 搅拌 25min，分别沉淀 10、15、20、25、30、35min。

（2）正交试验分析

由表 4-2 正交试验结果中级差 R 可见，影响浊度去除率的因素主次顺序依次为：药剂投加量、搅拌速度、搅拌时间、沉淀时间。

正 交 试 验 结 果

表 4-2

絮凝剂投加量 A (mg/L)	搅拌速度 B (r/min)	搅拌时间 C (min)	沉淀时间 D (min)	E	出水浊度 (NTU)
5	10	5	10	1	1.35
5	30	10	20	2	1.05
5	50	15	30	3	0.804
5	70	20	40	4	0.697
20	10	10	30	4	1.13
20	30	5	40	3	0.767
20	50	20	10	2	0.471
20	70	15	20	1	0.401
35	10	15	40	2	0.514

絮凝剂投加量 A (mg/L)	搅拌速度 B (r/min)	搅拌时间 C (min)	沉淀时间 D (min)	E	出水浊度 (NTU)
35	30	20	30	1	0.349
35	50	5	20	4	0.392
35	70	10	10	3	0.287
50	10	20	20	3	0.429
50	30	15	10	4	0.328
50	50	10	40	1	0.226
50	70	5	30	2	0.356
$\overline{K_1}$	0.97525	0.85575	0.71625	0.609	0.5815
$\overline{K_2}$	0.69225	0.6235	0.67325	0.568	0.59775
$\overline{K_3}$	0.3855	0.47325	0.51175	0.65975	0.57175
$\overline{K_4}$	0.33475	0.43525	0.4865	0.551	0.63675
R	0.6405	0.4205	0.22975	0.10875	0.065

由表 4-2 正交试验结果中各因素水平值的均值可见各因素中较佳的水平条件为：投药量 50mg/L、搅拌速度 70r/min、搅拌时间 20min、沉淀时间 30min。

（3）显著性分析

如表 4-3 所示，药剂投加量和搅拌速度对结果影响高度显著，搅拌时间对试验结果影响显著，沉淀时间对结果影响不显著。

显 著 性 检 验 表

表 4-3

方差来源	偏差平方和	自由度	F 比	Fa	显著性
A	1.063	3	108.1	$F_{0.05}(3, 3)=9.2$	＊＊
B	0.437	3	44.4		＊＊
C	0.158	3	16.1	$F_{0.01}(3, 3)=29.5$	＊
D	0.028	3	2.9		
误差	0.01	3	1.0		

试验结果虽然只是对水质中浊度参数的分析，但是同理可知，药剂投加量、搅拌速度、搅拌时间、沉淀时间这些因素，对于水中悬浮物浓度、BOD_5、COD 等的影响强度先后次序也是一样的。因此，在设计混凝加药系统过程中应重视药剂投加量、搅拌速度、搅拌时间、沉淀时间等影响因素的不同影响程度。

2. 混凝剂的配制与投加

（1）混凝剂的配制与投加

凝聚剂的投配方式可采用湿投法或干投法，一般多采用湿式投加。整个系统包括药剂溶解、配制、计量、投加和混合等，如图 4-20 所示。当采用液体混凝剂时可不设溶解池，药剂储存于储液池后直接进入溶液池。

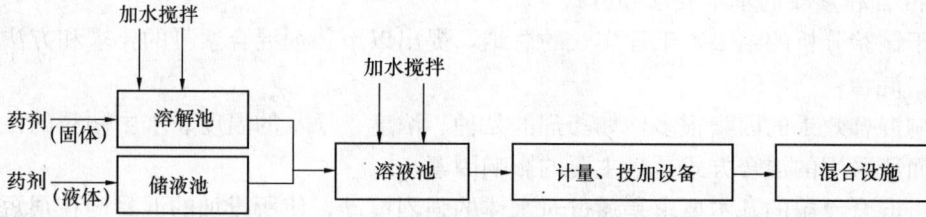

图 4-20　混凝剂投加系统示意图

1）溶解池（储液池）（W_1）

其作用是把固体药剂溶成浓缩液或储存液体药剂原液。一般需加水和适当搅拌，搅拌设备可根据药量、药剂性质采用水力（小药量）、机械（大药量）或压缩空气的方式。当冬季水温低或难溶药，有时需加热或用热水。一般为了便于投药，凝聚剂用量较大时，溶解池多设在地下（半地下），池顶高出地面 0.2m 左右。凝聚剂用量较小时，溶解池可兼作投药池。

溶解池（储液池）的容积 W_1 可按式（4-9）计算：

$$W_1 = (0.2 \sim 0.3)W_2 \tag{4-9}$$

式中　W_2——溶液池容积，m^3。

2）溶液池（W_2）

经溶解池出来的浓药液送入溶液池加水稀释到所需浓度。一般溶液池设两个，交替使用。配制时有时也需适当加水搅拌。湿投凝聚剂时，溶解次数应根据凝聚剂用量和配制条件等因素确定，一般每日不宜超过 3 次。因药剂中有杂质，会沉积在池底，所以，出液管应高出池底 10cm 左右。

溶液池容积见式（4-10）：

$$W_2 = \frac{24 \times 100 \times a \times Q}{1000 \times 1000 \times b \times n} = \frac{aQ}{417bn} \tag{4-10}$$

式中　Q——处理水量，m^3/h；

　　　a——药剂最大投量，mg/L；

　　　b——溶液浓度，可采用 5%～20%（按固体重计算）；

　　　n——每日投配次数，不宜超过 3 次/手工配制。

3）药剂的投加

药剂的投加可以采用重力投加，也可采用压力投加，一般以采用压力投加较多。

重力投加系统需设置高位溶液池，利用重力将药液投入水中。溶液池与投药点水体水位高差应满足克服输液管的水头损失并留有一定的余量。

压力投加可采用水射器和加药泵两种方法。利用水射器投加具有设备简单、使用方便、不受溶液池高程所限等优点，但效率较低，并需另外设置水射器压力水系统。

加药泵投加通常采用计量泵。计量泵同时具有压力输送药液和计量两种功能，与加药自控设备和水质监测仪表配合，可以组成全自动投药系统，达到自动调节药剂投加量的目的。目前常用的计量泵有隔膜泵和柱塞泵。

药剂投加点根据工艺流程选择确定，不同的应用目的，可采用不同的药剂投加点，达到不同的处理效果。

3. 混合和絮凝的基本要求和方式

基于试验分析的结果，工程实践的总结，提出以下药剂混合絮凝的要求和方法。

（1）混合

影响混合效果的因素很多，如药剂的品种、浓度、原水的温度、水中颗粒的性质、大小等，而所采用的混合方式是最主要的影响因素。

对于混合设施的基本要求是通过对水体的强烈搅动，使所投加的混凝剂在很短时间内均匀地扩散到整个水体，即称为快速混合方式。

混合设施与后继处理构筑物的距离越近越好，尽可能采用直接连接的方式，如采用管道连接时，则管内流速可采用 0.8～1.0m/s，管道内停留时间不宜超过 2min。

混合方式还与混凝剂种类有关。当使用高分子絮凝剂时，由于其作用机理主要是絮凝，故只要求使药剂均匀地分散于水体，而不要求采用"快速"和"剧烈"的混合。

混合方式基本上可分为水力混合和机械搅拌混合两大类。水力混合虽设备简单，但难以适应水量、水温等条件的变化；而机械混合可以适应水量、水温等的变化，但相应增加了机械设备。水力混合又可分为水泵混合、管式静态混合、扩散混合器混合、跌水混合和水跃混合等。具体采用何种形式应根据处理工艺布置、水质、水量、药剂品种、数量和维修条件等因素综合确定。

（2）絮凝

为了达到完善的絮凝，必须具备两个主要条件，既具有充分絮凝能力的颗粒和保证颗粒获得适当的碰撞接触而又不致破碎的水力条件。

絮凝池形式，按输入能量方式的不同可分为机械絮凝池和水力絮凝池两类。

无论是机械絮凝还是水力絮凝均可布置成多种形式，还可以将不同形式加以组合，例如隔板絮凝与机械絮凝组合、穿孔旋流絮凝与隔板絮凝组合等等。

在城市污水三级处理中应用混凝单元时，应尽量不采用隔板混合池和隔板、折板及网格栅条絮凝池，以防止因板（条）上滋生生物膜后发生周期性脱落而影响出水水质的情况出现。

4.3.5.2　澄清池工艺分析与设计

在澄清原理一段中，已经对各种类型的澄清池进行了比较详细的描述。这里主要对目前应用最为广泛的机械加速澄清池的设计参数进行分析。

机械加速澄清池为混合、絮凝和分离三种工艺在一个构筑物中的综合工艺设备，各部分相互牵制、相互影响，所以计算工作往往不能一次完成，必须在设计过程中作相应的调整。

主要设计参数和设计内容如下：

（1）清水区上升流速一般采用 0.8～1.1mm/s。

（2）水在澄清池内总停留时间可采用 1.2～1.5h。

（3）叶轮提升流量可为进水流量的 3～5 倍。叶轮直径可为第二絮凝室内径的 70%～80%，并应设调整叶轮转速和开启度的装置。

（4）原水进水管、配水槽

原水进水管的管中流速一般在 1m/s 左右。

进水管进入环形配水槽后向两侧环流配水，故三角配水槽的断面应按照设计流量的一半确定。配水槽和缝隙的流速均采用 0.4m/s 左右。

(5) 絮凝室

目前在设计中，第一絮凝室、第二絮凝室（包括倒流室）和分离室的容积比一般控制在 2：1：7 左右。第二絮凝室和导流室的流速一般为 40~60mm/s。

(6) 集水槽

集水槽用于汇集清水。集水均匀与否，直接影响分离室内清水上升流速的均匀性，从而影响泥渣浓度的均匀性和出水水质。因此，集水槽布置应力求避免产生局部地区上升流速过高或者过低现象。在直径较小的澄清池中，可以沿池壁建造环形槽；当直径较大时，可在分离室内加设辐射形集水槽。辐射槽数大体如下：当澄清池直径小于 6m 时可用 4~6 条，直径大于 6m 时可用 6~8 条。环形槽和辐射槽的槽壁开孔。孔径可为 20~30mm。孔口流速一般为 0.5~0.6m/s。

穿孔集水槽的设计流量应考虑流量增加的余地，超载系数一般取 1.2~1.5。

穿孔集水槽计算方法如下：

1）孔口总面积

根据澄清池计算流量和预定的孔口上的水头，按水力学的孔口出流公式，求出所需孔口总面积：

$$\Sigma f = \frac{\beta Q}{\mu \sqrt{2gh}} \tag{4-11}$$

式中　Σf——孔口总面积，m^2；

　　　β——超载系数；

　　　μ——流量系数，其值因孔眼直径与槽壁厚度的比值不同而异，对薄壁孔口，可采用 0.62；

　　　Q——澄清池总流量，即环形槽和辐射槽穿孔集水流量，m^3/s；

　　　g——重力加速度，m/s^2；

　　　h——孔口上的水头，m。

选定孔口直径，计算一只小孔的面积 f，按下式算出孔口总数 n：

$$n = \frac{\Sigma f}{f} \tag{4-12}$$

或按孔口流速计算孔口面积和孔口上作用水头。

2）穿孔集水槽的宽度和高度

假定穿孔集水槽的起端水流截面为正方形，也即宽度等于水深。可得到穿孔集水槽的宽度为：

$$B = 0.9Q^{0.4} \tag{4-13}$$

式中　Q——穿孔集水槽的流量，m^3/s；

　　　B——穿孔集水槽的宽度，m。

穿孔集水槽的总高度，除了上述起端水深以外，还应加上槽壁孔口出水的自由跌落高度（可取 7~8cm）以及集水槽的槽壁外孔口以上应有的水深和保护高。

(7) 泥渣浓缩室

泥渣浓缩室的容积大小影响排出泥渣的浓度和排泥间隔的时间。根据澄清池的大小，可设浓缩室 1~4 个，其容积约为澄清池容积的 1%~4%。当原水浊度较高时，应选用较大容积。

4.3.5.3 沉淀池工艺分析与设计

虽然目前大部分再生水厂采用的工艺主要为混凝和沉淀一体的机械加速澄清池，但是把加药混凝和絮凝沉淀分开的工程实例也层出不穷。以下是对独立的沉淀池设计的相关分析。

1. 沉淀池的分类

（1）按池内水流方向的不同，可分为平流式沉淀池，辐流式沉淀池和竖流式沉淀池。

（2）按在工艺流程中位置不同，可分为初次沉淀池和二次沉淀池两种。

（3）按截除颗粒沉降距离不同，可分为一般沉淀和浅层沉淀。斜管沉淀池和斜板沉淀池为典型的浅层沉淀。

2. 平流式沉淀池

平流式沉淀池的构造组成包括流入（进水）区、流出（出水）区、沉淀区、缓冲层、污泥区及排泥装置等，见图 4-21。

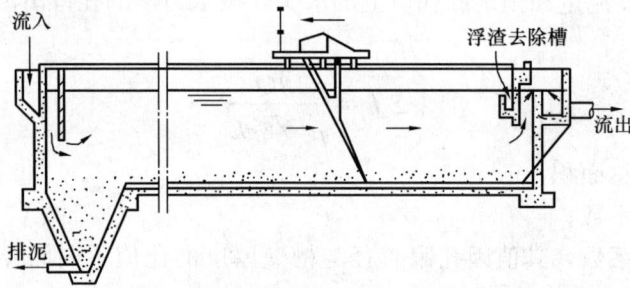

图 4-21 平流式沉淀池

（1）平流式沉淀池的工作原理——理想沉淀池

假定：

1）进出水均匀分布在整个横断面，沉淀池中各过水断面上各点的水平流速相同；

2）悬浮物在沉降过程中以等速下沉；

3）悬浮物在沉淀过程中的水平分速度等于水平流速；

4）悬浮物沉到池底，就算已被除去。

上述沉淀池称为理想沉淀池。

在理想沉淀池中（图 4-22），每个颗粒一面沿水平方向向右流，一面下沉，其运动轨迹是向下倾斜的直线。沉速 $\geqslant u_0$ 的颗粒可全部被除去，沉速 $< u_0$ 的颗粒只能部分被除去。例如沉速 $= u_1$ 的颗粒被除去的比例为 h/H，或 u_1/u_2。因为 $u_0 t_0 = H$，$W = H \cdot A = Q t_0$，所以

$$u_0 = \frac{H}{t_0} = \frac{Q t_0}{A t_0} = \frac{Q}{A}$$

即

$$u_0 = q_0 \tag{4-14}$$

式中　W——沉淀池容积，m^3；

　　　A——池表面积，m^2；

　　　Q——进水流量，m^3/h；

q_0——过流率、或称表面负荷，m³/(m²·h)。

根据静置沉淀试验，可以求得沉速和表面负荷。虽然沉速与表面负荷具有相同的数值，但是二者在物理意义上是完全不同的。

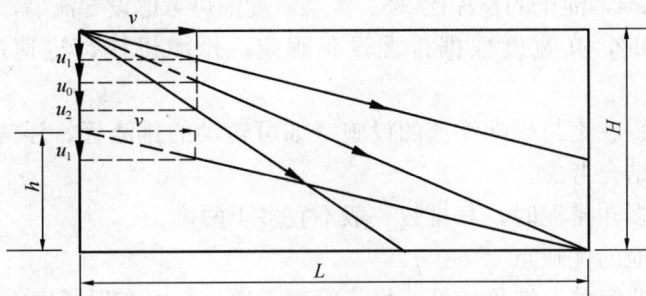

图 4-22　理想沉淀池

实际沉淀池中，断面上各点的流速分布是很不均匀的，图 4-22 理想沉淀池中的 v 只是理论平均流速，水在池中的实际停留时间要比理论停留时间（W/Q）短。由于紊流的影响（池中水流的 Re 值一般大于 500），悬浮颗粒的实际沉速要比理想的小。另外，当进水悬浮物浓度较高，密度比池中水较大，进入池中后，会由于密度差而形成异重流，池中上层水基本上不流动；加上水温温差、风吹等因素的影响，在应用静置沉淀试验结果时，应当加以修正。修正范围与水的性质、悬浮物性质、水池尺寸比例等因素有关。一般可采取：

$$u_{设} = \frac{u_0}{1.25 \sim 1.75}, q_{设} = \frac{q_0}{1.25 \sim 1.75} \tag{4-15}$$

$$t_{设} = (1.5 \sim 2.0)t_0 \tag{4-16}$$

必须指出，式（4-15）中的 u_0 或 q_0，在絮凝沉降过程中沉淀柱水深与设计水深一致时才成立，式（4-16）中理论停留时间 t_0，不论是自由沉降，还是絮凝沉降，只有当沉淀柱水深与设计水深一致时才能采用。

如无静置沉淀试验数据，可按设计手册推荐的沉淀时间及表面负荷来计算沉淀池的长、宽、高。平流式沉淀池的长与宽之比应大于 4，宽度宜参照排泥机械的定型尺寸选定。

污泥区的计算，应根据污泥量及污泥储存时间决定。污泥区容积为：

$$W_{N} = \frac{Q(C_0 - C_1)100}{\gamma(100 - p)} \cdot T \tag{4-17}$$

式中　Q——每日水量，m³/d；

　　　p——污泥含水率，%；

C_0，C_1——进、出水中的悬浮物浓度，kg/m³；

　　　γ——污泥密度，kg/m³，当污泥主要为有机物，且含水率很大时，可近似地取 1000kg/m³；

　　　T——排泥间隔时间，d。

污泥区与澄清区之间应有一个缓冲水层。其深度可取 0.3~0.5m，以减轻水流对存泥的搅动，也为存泥留有余地。

沉淀池的个数宜在两个以上。

（2）设计参数

平流式沉淀池面积一般按表面负荷计算，按水平流速校核。最大水平流速：初沉池为 7mm/s；二沉池为 5mm/s。

池子的长宽比≥4，池子的长深比≥8。大型沉淀池可考虑设导流墙，池底纵坡≥0.01。

采用机械排泥时，其宽度根据排泥设备确定。排泥机械行进速度一般采用 0.6～0.9m/min。

出水堰前应设置收集与排除浮渣的设施（如可转动的排渣管、浮渣槽等）。当采用机械排泥时，可一并结合考虑。

当沉淀池采用多斗排泥时，其排数一般不宜多于两排。

（3）平流沉淀池的优缺点

主要优点是构造简单，造价较低，操作管理方便，平面布置紧凑，施工较简单，沉淀效果稳定，对原水适应性强，机械排泥设施的安装维修较方便，大、中和小型污水处理厂均可采用。主要缺点是占地面积较大。

3. 辐流式沉淀池

辐流式沉淀池呈圆形或正方形。辐流式沉淀池可用作初次沉淀池或二次沉淀池。

（1）构造

工艺构造见图 4-23，为中心进水、周边出水、中心传动排泥的辐流式沉淀池。为了使布水均匀，进水设穿孔挡板导流筒，穿孔率为 10％～20％。出水堰亦采用锯齿堰，作为初沉池用时，堰前一定设挡板，拦截浮渣；作为二沉池用时，挡渣板可设可不设，根据二沉池内污泥的特性确定。

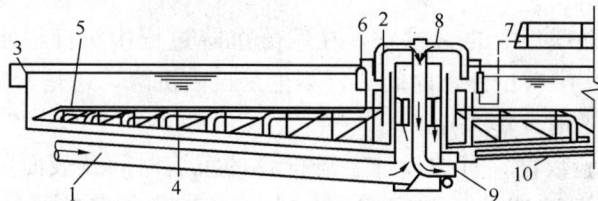

1—进口；2—挡板；3—堰；4—刮板；5—吸泥管；6—冲洗管的空气升液器；7—压缩空气入口；8—排泥虹吸管；9—污泥出口；10—放空管

①带有中央驱动装置的吸泥型辐射式沉淀池

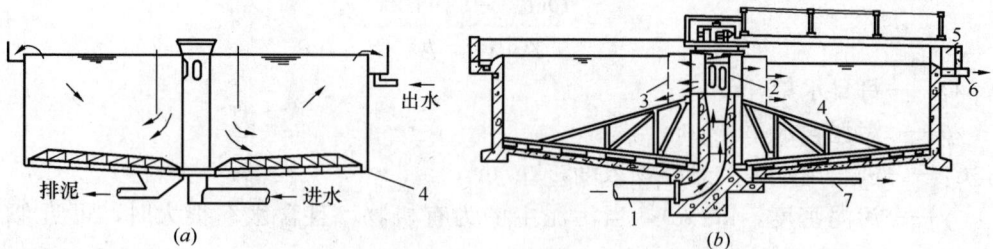

（a）型式Ⅰ；（b）型式Ⅱ

1—进水管；2—中心管；3—穿孔挡板；4—刮泥机；5—出水槽；6—出水管；7—排泥管

②中心进水的辐射式沉淀池

图 4-23　辐流式沉淀池工艺图

（2）辐流式沉淀池的优缺点

优点是多为机械排泥，运行可靠，管理简单；排泥设备已定型；适用于大、中型污水处理厂。

缺点是机械排泥设备复杂，对施工质量要求高。

（3）设计要求和参数选择

1）表面水力负荷、沉淀时间和出水堰口负荷的要求均与平流式沉淀池相同。

2）池径不宜小于 16m。

3）池子直径（或正方形的一边）与有效水深的比值宜为 6～12。

4）池底坡度，一般采用 0.05。

5）沉淀污泥的机械排出方式，有只刮不吸和边刮边吸之分，后者靠静水压或空气提升，将所刮沉淀汇入排泥管。

4. 竖流式沉淀池

对于处理污水量小于 2000m³/d 的工业污水处理站，竖流式沉淀池仍经常被采用。竖流式沉淀池可以是圆形或正方形，污泥斗为截头倒锥体，如图 4-24 所示。

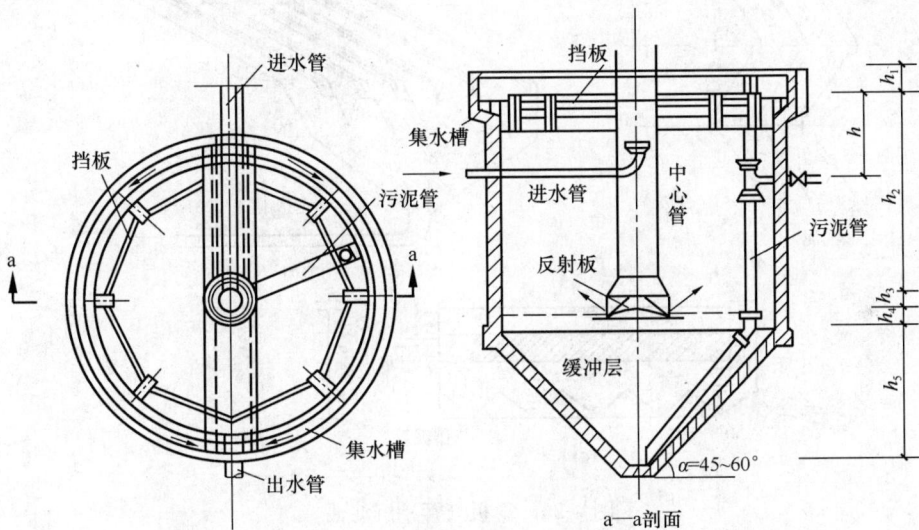

图 4-24 圆形竖流式沉淀池

污水从中心管自上而下流入，经反射板折向上升，澄清水由池四周的锯齿堰送入出水槽。

（1）竖流式沉淀池的优缺点

优点是排泥方便，管理简单，占地面积小。

缺点是池深大，施工困难；对冲击负荷和温度变化适应能力较差；池直径过大时布水不均匀。只适用于小型污水处理厂。

（2）设计要求和参数选择

1）表面水力负荷、沉淀时间以及出水堰口负荷与平流式沉淀池相同。

2）水池直径（或正方形的一边）与有效水深之比不大于 3。池子直径不大于 8m，一般为 4～7m。

3）中心管内流速不大于 30mm/s。

4）中心管下口应设有喇叭口和反射板；喇叭口和反射板的设计要符合有关规定。

5）污泥斗和排泥管均按有关要求设计。

5. 斜板（管）沉淀池

根据"浅层沉淀"理论，在斜板（管）沉淀池中设有斜板（管），以缩短水的停留时间、提高沉淀效果和节省占地面积。

（1）分类

按水流方向与颗粒的沉淀方向之间的相对关系，可分为：

1）侧向流斜板（管）沉淀池，水流方向与颗粒沉淀方向互相垂直，见图 4-25（a）；

2）同向流斜板（管）沉淀池，水流方向与颗粒沉淀方向相同，见图 4-25（b）；

3）逆或异向流斜板（管）沉淀池，水流方向与颗粒沉淀方向相反，见图 4-25（c）。

（2）应用条件

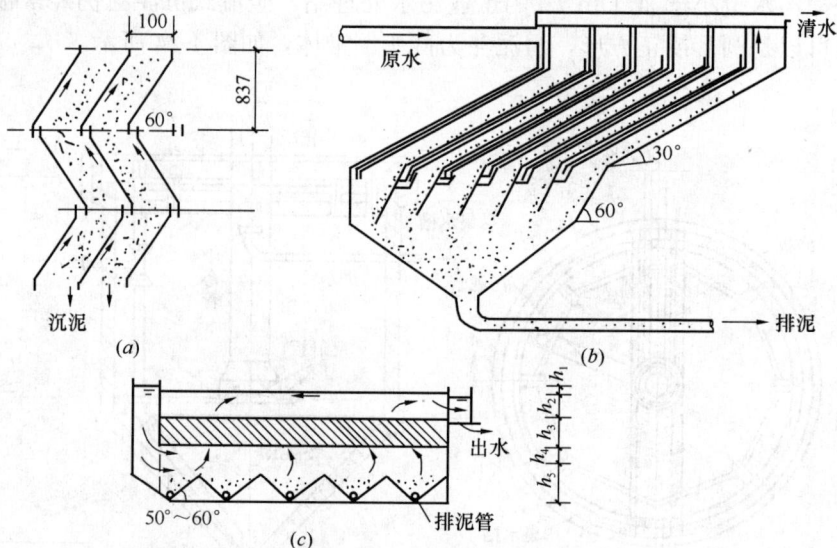

图 4-25　斜板（管）沉淀池

1）受占地面积限制的小型污水处理站，作为初沉池使用。

2）已建污水处理厂挖潜或扩大处理能力时采用。

3）不宜作为二沉池使用，主要原因是活性污泥黏度大，易因污泥的粘附而影响沉淀效果，甚至发生堵塞斜板（管）的现象；若二沉池底部发生厌氧反应，产生的气体上升会干扰或破坏污泥的沉淀。

（3）设计要求和参数选择

1）异向流斜板（管）沉淀池的表面水力负荷一般为普通沉淀池的 2 倍。

2）斜板垂直净距应为 80～100mm，斜管直径应为 50～80mm。

3）斜板（管）长为 1.0～1.2m。

4）斜板（管）的倾角为 60°。

5）斜板（管）底部缓冲层的厚度为 0.5～1.0m。

6）斜板（管）上部水深为 0.5～1.0m。

7）用作初沉池时池内水力停留时间不大于 30min。

8）进（出）水方式及冲洗措施应符合要求。

4.3.5.4 工艺运行与管理

混凝沉淀工艺是目前再生水厂应用最为广泛、最成熟的再生水深度处理工艺，其处理效果好、出水水质稳定。笔者在大量调研工程运行实例的情况下，总结出以下运行管理的经验，希望能对水厂运行管理起到一定的指导作用。

1. 药剂应用

各个再生水厂使用药剂品种不一，但是主要采用两种：一个是混凝剂聚合氯化铝（PAC）或者聚合铝铁等；另一个是助凝剂一般为聚丙烯酰胺（PAM）。

聚合氯化铝（PAC）的投加量因为进出水水质的不同有所区别，一般运行情况下投加量为 50mg/L 左右（以商品计），投药浓度为商品药剂的 15％ 左右。聚丙烯酰胺（PAM）作为助凝剂在一般情况下不用投加，当水质不能正常达标或者需要降低聚合氯化铝（PAC）的投加量时，最大投加量 0.2～1mg/L（以纯品计），投药浓度为 2‰ 左右。

2. 澄清池的运行

当进入冬季时，由于温度的下降，机械加速澄清池中混凝效果不是很好，需采用加大聚合氯化铝投加量的方法来解决问题，同时由于机械加速澄清池的停留时间不能满足加大药量后的混凝反应时间，所以要相应地减小了处理水量，从而使其反应充分，达到出水水质标准。

3. 总磷问题

由于混凝沉淀工艺对于磷的去除是很有限的，需要处理水在进入再生水深度处理工艺之前的二级处理过程中就控制水中的总磷数量，增加化学除磷设施。

4. 运行成本分析

此处所分析的运行成本为混凝、沉淀、过滤工艺全过程成本。

一般再生水厂的运行成本包括如下项目：

（1）能源消耗费：包括水电费、燃煤费、汽油费等；

（2）药剂费；

（3）人工费；

（4）日常检修维护费；

（5）固定资产折旧费；

（6）无形及递延资产摊销费；

（7）大修费；

（8）管理费用。

以 2 万 t/d 的再生水厂为例，一般处理成本 0.60～0.80 元/t。其中人工费、电费、药剂费占其中的 50％ 以上，其他为固定资产折旧、大修费用等。

4.3.6 石灰混凝沉淀工艺

4.3.6.1 工艺发展沿革及概况

石灰法是城市污水再生利用于工业冷却的重要技术。石灰法在污水处理中的主要作用是除磷。目前，国内外很多研究者都采用石灰作为除磷的首选药剂。由于磷的大量消减，藻类失去了赖以生存的营养物质而无法生存，进而可保护水体环境和工业冷却水管道免遭生物腐蚀。Buzell J. C. 等人采用石灰法对城市污水进行直接处理，当石灰投加量致使 pH 值达到 11~12 时，总磷的去除率可以达到 80%~90%，同时可去除 97% 以上的溶解性无机盐，可去除 50%~70% 的 BOD_5，去除 25% 左右的总氮，可以杀死 99.9% 以上的大肠菌群。这样可以大大降低后续处理工艺的负荷，提高最终处理效果。

Tofflemire T. J. 等人采用低剂量石灰法对城市污水进行处理。他们的研究发现，对于低碱度的城市污水，当石灰投加量使得 pH 值达到 10 时，总磷和悬浮物可去除 85%，COD 去除率也可达到 60%。所以对于低碱度的城市污水，采用石灰法处理工艺可以大大降低处理费用，并可实现较高的出水水质。

Marani D. 等人将石灰除磷用于生物处理的预处理阶段，希望找到一个除磷效率最高并使产生的碳酸盐沉淀最少的最佳投药量。他们的研究结果表明，当石灰投加至 pH 为 9 时，即使污水中碱度很高，也可以保证除磷效率最高并使碳酸盐沉淀最少。

Shanableh A. 将石灰与海盐水用于城市污水处理厂工艺当中。由于海盐水中镁离子含量很高，而氢氧化镁是污水处理中一种很好的混凝剂，因此石灰与海盐水结合共同处理污水既提高了处理效果又减少了处理费用。研究结果也证明，二者结合使用可去除 96% 的总磷、98% 的溶解性磷、76% 的 BOD_5、71% 的 COD_{Cr}、99.9% 的大肠杆菌、90% 的浊度、96% 的总固体、85% 的色度和 43% 的总凯氏氮。经过处理后的出水无需再进行消毒就可以直接用于农业灌溉和工业用水，产生的污泥也更稳定、更易于脱水。

Rybicki S. M. 等人分别采用硫酸铝、硫酸铁、石灰、硫酸铝加石灰、硫酸铁加石灰五种方法对 Cracow 市城市污水处理厂二级处理出水进行深度处理，以期达到工业用途。如表 4-4 所示，研究结果表明，硫酸铝可以大幅度降低正磷酸盐的浓度，但容易导致回用水里存在一定量的 CO_2，pH 值有所降低，这对管道的腐蚀性很强，而且硫酸铝价格比较昂贵，不利长期使用。投加硫酸铁也可以实现较高的正磷酸盐去除率，但由于铁离子存在于回用水当中，色度增加，还需增加后续膜过滤装置进行处理。单纯投加石灰混凝剂同样可以实现较好的正磷酸盐去除效果，而且 pH 值的提高可以导致大量细菌死亡，减少后续消毒工艺的强度。

处理效果对比　　　　　　　　　　　　　表 4-4

混凝剂种类	浓度（mg/L）	正磷酸盐去除率（%）	COD_{Cr} 去除率（%）
硫酸铝	80	96.2	31
石　灰	100	90.3	18
硫酸铁	200	93.7	52
硫酸铝＋石灰	60＋20	75.3	33
硫酸铁＋石灰	80＋30	82.2	51.3

Goel P. K. 等人采用石灰法对城市污水进行处理研究，同时利用氧化锰对有机物的良好吸附性能，通过投加硫酸锰提高处理效果。研究结果表明，单纯投加石灰 800mg/L，COD 和浊度去除率只有 33.8% 和 60%~61%；而增加 30mg/L 硫酸锰同时处理，相应去除率可以达到 75%~77% 和 94%~95%，效果非常显著。

由于石灰可将污水 pH 值调至 11 以上，因此可将大部分的有害病菌和病毒杀死，对污水可起到很强的杀菌作用，也可减轻后续消毒工艺的强度，降低了处理费用。Gambrill M. P. 等人采用石灰法对用于农田灌溉的二级出水进行杀菌处理，结果表明，当 pH 值调至 11 以上时，可杀死 99.999％的大肠菌群，可消灭 99％～99.9％的沙门氏杆菌和轮状病毒，可消减 99.9％～100％的寄生虫。同时 COD 和 SS 去除率也可以达到 79％～87％和 97％，处理出水完全达到农田灌溉用水的水质标准。

石灰与常见的絮凝剂 $Al_2(SO_4)_3$ 相比，对二沉出水的色度、COD 去除能力较差，但除磷、除锰的效果优于铝盐，所以一般条件下石灰与铝盐共同投加。也有学者赞成对二沉出水进行深度处理时，以石灰＋$FeSO_4$ 代替 $Al_2(SO_4)_3$，理由是前者比后者更经济，且除 COD、除磷效果与后者相当接近。

加利福尼亚州的橙县水管区著名的"21 世纪水厂"采用深度处理工艺的目的是将二沉出水处理后回灌地下水以防止海水入侵，处理水量 57000m^3/d。采用的工艺流程如图 4-26 所示。

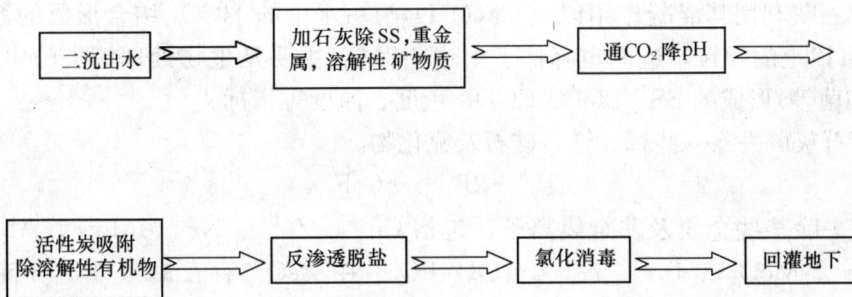

图 4-26　21 世纪水厂二沉出水处理流程图

化学澄清系统石灰投量 550mg/L［以 $Ca(OH)_2$ 计］，阴离子聚合物（DowA-23）投量 0.1mg/L，澄清池出水 pH 在 11.0 以上，主要进水指标及去除率如表 4-5 所示。

石灰投药系统主要进水指标和去除率　　　　　　　　　　　　　表 4-5

项　　目	平均进水浓度	去除率（％）
浊度（NTU）	23	90～95
COD_{Cr}（mg/L）	95	35～40
磷（mg/L）	18	96～99

在污水深度处理中采用石灰法最主要的目的是除磷。针对石灰法除磷的缺陷，当今学者们提出一些新的二沉出水除磷方法；或采用 Al^{3+} 絮凝后直接过滤，或投加粉煤灰，或对二沉出水采用生物除磷工艺处理，但这些方法仍未将石灰法完全取代。

用石灰混凝去除磷和悬浮物需要很大剂量，约在 400～1000mg/L 之间。如此大剂量的石灰投加就产生了大量的污泥，大致来说，产生的石灰污泥体积大约是二级处理有机污泥的 1.3 倍。石灰法产生的大量污泥是限制其广泛应用的重要因素，石灰污泥浓缩效率的高低、脱水性能的好坏也直接影响污泥处理成本的高低。

4.3.6.2　工艺机理

在众多的城市污水深度处理技术中，石灰作为一种多功能水处理剂，以其价格低廉、使用简便、絮凝性能好等优点，在 20 世纪 60 年代开始就应用于城市污水处理厂二沉池出水的处理，目前石灰混凝仍然是一种重要的污水深度处理技术。其主要作用如下：

（1）除磷。由于羟基磷灰石 $Ca_5OH(PO_4)_3$ 是热力学上稳定的固体，Ca^{2+} 与污水中的 PO_4^{3-} 和均可形成 $Ca_5OH(PO_4)_3$ 沉淀。

$$5Ca^{2+}+4OH^-+HPO_4^{2-}\longrightarrow Ca_5OH(PO_4)_3\downarrow+3H_2O \qquad (4-18)$$

$$5Ca(OH)_2+3PO_4^{3-}\longrightarrow Ca_5OH(PO_4)_3\downarrow+9OH^- \qquad (4-19)$$

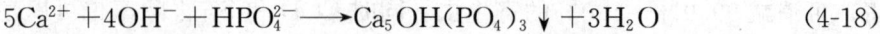

（2）提高水体的感官指标。包括去除色度、臭味、提高水体澄清度等。

（3）杀菌，能降低细菌和病毒含量。由于投加石灰之后，水中的 pH 可以高达10.5～11.5，因此对大肠杆菌等菌类以及病毒都有很强的杀灭效果，从而可以降低后续消毒工艺的加氯量，节约了成本。石灰通过改变所加入水体的 pH 值对大肠杆菌等菌类产生杀灭效果。

（4）去除有机物，石灰利用其混凝作用以及 $Ca(OH)_2$ 与污水中的 HCO_3^- 结合生成 $CaCO_3$ 的絮凝作用，降低出水的 SS、BOD、COD、色度、浊度等指标。去除悬浮的有机物和无机物。石灰利用其混凝作用以及 $Ca(OH)_2$ 与污水中的 HCO_3^- 结合形成的絮凝作用，可去除 $1\mu m$ 以上的颗粒，进而也降低了由这些颗粒（主要是生物处理流失的生物絮体碎片、游离细菌等）形成的 SS、BOD、COD、色度、浊度等指标。

（5）用石灰可去除一些钙、镁、硅石及氟化物。

$$Ca^{2+}+2F^-\longrightarrow CaF_2\downarrow \qquad (4-20)$$

（6）可去除某些金属及非金属离子，包括 Cu^{2+}、Zn^{2+}、Ni^{2+}、Mn^{2+}、Al^{3+}、Ag^+、CrO_4^-、Pb^{2+}、MoO_4^{2-}、$B_4O_7^{2-}$ 等。$Ca_5OH(PO_4)_3$ 在 AsO_4^{3-} 存在的条件下可转化为 $Ca_4(OH)_2(AsO_4)_2$、$Ca_5(AsO_4)_3OH$ 和 $Ca_3(AsO_4)_2$。

$$Ni^{2+}+2OH^-\longrightarrow Ni(OH)_2 \qquad (4-21)$$

$$Ca^{2+}+MoO_4^{2-}\longrightarrow CaMoO_4 \qquad (4-22)$$

4.3.6.3 工艺影响因素分析

石灰法混凝沉淀再生水深度处理工艺主要是以投加 $Ca(OH)_2$ 为主要成分的石灰作为混凝的主要药剂而得名。对于工艺的出水水质影响因素很多，这里主要分析石灰投加量、澄清池停留时间、澄清池出水 pH 值对滤池运行、硫酸中和等几个因素对工艺的影响情况。

1. 石灰投药量对出水水质影响

本试验是向处理水中投加 $250\sim600mg/L$ 的以 $Ca(OH)_2$ 为主的石灰，分析其对水质的影响。试验结果见表 4-6 及表 4-7。

$Ca(OH)_2$投量对出水水质影响结果（一） 表 4-6

序 号	1	2	3	4	5	6
样品性质	进水	出水	进水	出水	进水	出水
$Ca(OH)_2$投量(mg/L)	250		300		350	
pH 值	7.28	9.48	7.25	9.82	7.31	10.01
SP(mg/L)	4.58	0.487	4.32	0.395	3.34	未检出
TP(mg/L)	4.76	0.487	4.41	0.670	3.51	未检出

序 号	1	2	3	4	5	6
样品性质	进水	出水	进水	出水	进水	出水
浊度(NTU)	1.08	1.20	1.05	2.10	3.70	1.22
硬度($mgCaCO_3/L$)	338	269	334	304	347	220
Ca^{2+}(mg/L)	90.0	54.6	89.3	28.6	84.6	28.2
Mg^{2+}(mg/L)	31.5	18.0	75.9	23.5	54.3	22.9
TDS(mg/L)	715	620	709	650	708	590
电导率($\mu S/cm$)	1640	1427	1615	1483	1615	1358
ORP(mV)	135.6	−36.1	93.7	−37.9	137.8	12.8
COD_{Cr}(mg/L)	48.6	42.6	50.2	43.1	30.1	28.6
BOD_5(mg/L)	15.4	11.2	12.8	8.14	7.80	6.43
DOC(mg/L)	14.0	9.06	10.42	8.39	10.2	8.08
UV_{254} T(%)	69.6	72.7	68.8	71.1	71.4	76.6
UV_{254} A	0.158	0.137	0.163	0.149	0.146	0.116
CO_3^{2-}碱度($mgCaCO_3/L$)	0	38.8	0	37.5	0	67.5
HCO_3^-碱度($mgCaCO_3/L$)	271	230	243	126	215	0
OH^-碱度(mmol/L)	0	0	0	0	0	25.0
总碱度($mgCaCO_3/L$)	271	285	243	276	215	253
Cu(mg/L)	0.061	0.050	0.042	0.038	0.042	0.038
Zn(mg/L)	0.090	0.066	0.147	0.086	0.114	0.092
Pb(mg/L)	0.031	—	—	—	0.009	0.008
Hg(mg/L)	—	—	—	—	—	—
Fe(mg/L)	<0.1	<0.1	<0.1	<0.1	<0.1	<0.1
Mn(mg/L)	<0.05	<0.05	<0.05	<0.05	<0.05	<0.05

$Ca(OH)_2$投量对出水水质影响结果(二)　　　　表 4-7

序 号	7	8	9	10	11	12
样品性质	进水	出水	进水	出水	进水	出水
$Ca(OH)_2$投量(mg/L)	400		500		600	
pH 值	7.55	10.37	7.27	10.86	7.35	11.21
SP(mg/L)	3.54	0.039	2.64	未检出	2.30	未检出
TP(mg/L)	3.71	0.235	2.91	未检出	2.59	未检出
浊度(NTU)	1.91	2.64	4.25	2.96	1.35	0.84
硬度($mgCaCO_3/L$)	334	218	333	199	318	236
Ca^{2+}(mg/L)	85.0	60.3	82.6	28.6	102	18.6
Mg^{2+}(mg/L)	29.2	18.6	60.3	11.4	90.0	10.8
TDS(mg/L)	691	572	683	577	691	690
电导率($\mu S/cm$)	1579	1301	1555	1293	1562	1552
ORP(mV)	164.8	16.7	145.9	−15.7	149.0	−42.0
COD_{Cr}(mg/L)	31.6	24.1	28.6	21.0	30.7	25.6
BOD_5(mg/L)	12.0	7.18	13.5	4.57	11.6	7.43

序　号		7	8	9	10	11	12
样品性质		进水	出水	进水	出水	进水	出水
DOC(mg/L)		9.61	8.27	11.0	6.54	11.0	8.63
UV_{254}	T(%)	71.7	75.1	70.2	78.3	71.8	81.3
	A	0.143	0.123	0.153	0.107	0.143	0.090
CO_3^{2-}碱度(mgCaCO₃/L)		0	67.5	0	47.5	0	52.5
HCO_3^-碱度(mgCaCO₃/L)		303	0	243	0	266	0
OH^-/碱度(mol/L)		0	7.5	0	53.8	0	60.6
总碱度(mg/L)		303	210	243	263	266	265
Cu(mg/L)		0.044	0.039	0.035	0.031	0.038	0.035
Zn(mg/L)		0.211	0.148	0.133	0.091	0.121	0.090
Pb(mg/L)		—	—	—	—	—	—
Hg(mg/L)		—	—	—	—	—	—
Fe(mg/L)		<0.1	<0.1	<0.1	<0.1	<0.1	<0.1
Mn(mg/L)		<0.05	<0.05	<0.05	<0.05	<0.05	<0.05

试验结果分析如下：

(1) $Ca(OH)_2$投量对 pH 的影响

图 4-27 说明，随 $Ca(OH)_2$ 投量由 250mg/L 升至 600mg/L，溶液 pH 值由 9.48 升至 11.21，$Ca(OH)_2$ 投量与 pH 值成正相关。pH 值与 $Ca(OH)_2$ 投量的关系曲线近乎一条直线，pH 值与 $Ca(OH)_2$ 投量呈正比关系。$Ca(OH)_2$ 投量是溶液 pH 值的决定因素。

(2) $Ca(OH)_2$投量对 P 去除率的影响

从图 4-28 可以看出，$Ca(OH)_2$ 投量由 250mg/L 升至 600mg/L，出水 TP 保持在 0.5mg/L 以下，$Ca(OH)_2$ 投量超过 500mg/L，出水 TP 保持在 0.15mg/L 左右。一般认为，要达到稳定除磷的效果，即 TP<0.5mg/L，pH 值必须保证在 10.5 以上。本试验的结果是石灰投药量由 400mg/L 升至 500mg/L，出水 pH 由 10.34 升至 11.33，pH 值达到了除磷的要求。因此对于除磷要求，石灰最优投量为 400～500mg/L。

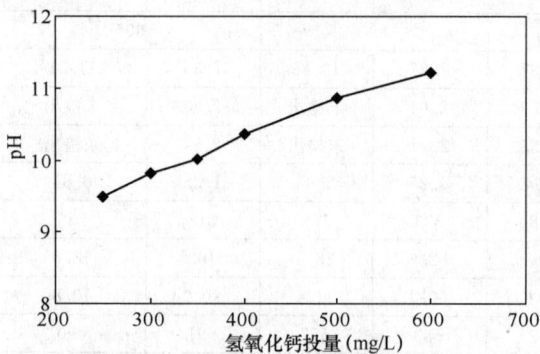

图 4-27　$Ca(OH)_2$投量对 pH 的影响

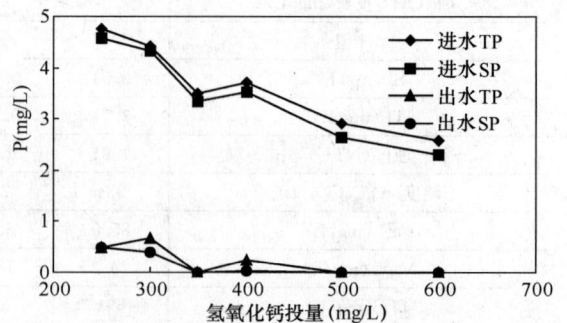

图 4-28　$Ca(OH)_2$投量对 P 去除率的影响

试验数据表明，出水的浊度越高，SP/TP 的比值越小。作者认为加入 $Ca(OH)_2$ 后，PO_4^{3-} 与 Ca^{2+} 结合很快生成 $Ca_3(PO_4)_2$ 或 $Ca_5(OH)(PO_4)_3$ 等不溶物。当絮体沉淀状况不好，絮体夹带着 $Ca_5(OH)(PO_4)_3$ 随澄清池出水流出，这时出水中的非溶解性磷增高，导致出水 SP/TP 的值很低。投药量在 300mg/L 时，SP 已降至 0.06mg/L 左右。这证明除磷最关键的步骤是加药后絮体的沉降，而不是 PO_4^{3-} 与 Ca^{2+} 的反应。

（3）$Ca(OH)_2$ 投量对总碱度的影响

图 4-29 说明，投加 $Ca(OH)_2$ 对原水总碱度有两方面的影响，一方面加入的 Ca^{2+} 降低了原水的碳酸盐和重碳酸盐碱度，另一方面加入的 OH^- 增加了 OH^- 碱度。$Ca(OH)_2$ 投量为 400mg/L 以下时，原水中加入 $Ca(OH)_2$ 后总碱度降低，400mg/L 以上时总碱度升高。

（4）$Ca(OH)_2$ 投量对浊度的影响

试验数据表明，$Ca(OH)_2$ 投量为 250～600mg/L 时，出水浊度有逐步降低的趋势。排除设备运行的问题，说明投药量越高，越利于控制出水浊度。

（5）$Ca(OH)_2$ 投量对硬度的影响

投加 $Ca(OH)_2$ 对原水硬度也有两方面的影响，一方面加入的 Ca^{2+} 降低了原水的碳酸盐硬度，加入的 OH^- 降低了 Mg 的硬度，另一方面加入的 Ca^{2+} 增加了 Ca 的硬度。$Ca(OH)_2$ 投量为 400mg/L 以下时，原水中加入 $Ca(OH)_2$ 后硬度降低，400mg/L 以上时硬度升高。$Ca(OH)_2$ 投量在 400mg/L 以下时，出水硬度均符合饮用水水质标准（$450mgCaCO_3/L$）。

（6）$Ca(OH)_2$ 投量对 TDS 和电导率的影响

从图 4-30、图 4-31 可以看出，电导率和 TDS 的进出水变化曲线非常相似，说明在生产中这两种指标可以相互代替。随 $Ca(OH)_2$ 投量由 250mg/L 升至 600mg/L，电导率和

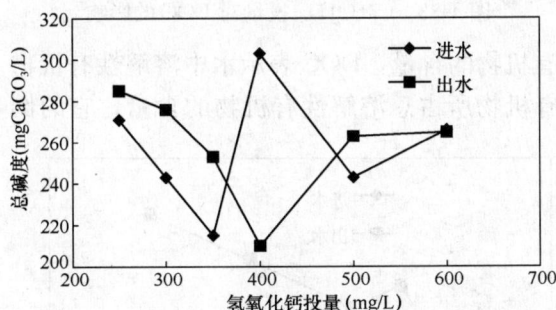

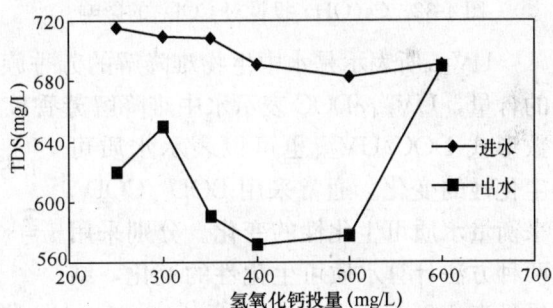

图 4-29　$Ca(OH)_2$ 投量对总碱度的影响　　　　图 4-30　$Ca(OH)_2$ 投量对 TDS 的影响

TDS 的出水呈"U"形变化，这是因为随 $Ca(OH)_2$ 投量的增大，Ca^{2+}、Mg^{2+}、SO_4^{2-} 含量变化的综合结果。$Ca(OH)_2$ 投量为 600mg/L 时，电导率和 TDS 达到最大值这是由于系统引入大量 OH^- 的结果。$Ca(OH)_2$ 投量 300mg/L 时电导率和 TDS 出现极大值，这可能是因为 HCO_3^- 转化为 CO_3^{2-} 导致水体导电性能改变所致。

投加 $Ca(OH)_2$ 对原水 TDS 也有两方面的影响，一方面加入的 $Ca(OH)_2$ 去除了部分胶态和可溶态物质，降低了原水的 TDS；另一方面由于加入 $Ca(OH)_2$ 溶解，导致原水 TDS 升高。两种效应导致原水中加入少量 $Ca(OH)_2$ 后 TDS 降低，随 $Ca(OH)_2$ 投量增加，出水 TDS 逐渐升高。$Ca(OH)_2$ 投量在 400mg/L 以下时，出水 TDS 均符合饮用水水质标准（1000mg/L）。

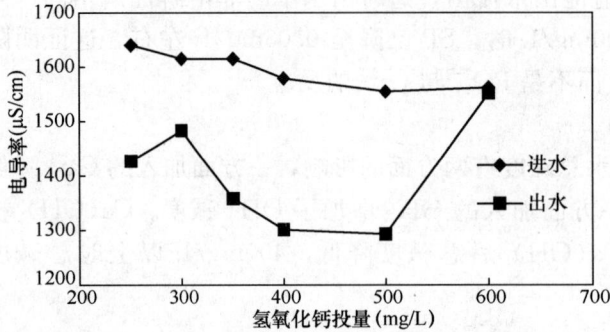

图 4-31 Ca(OH)$_2$ 投量对电导率的影响

(7) Ca(OH)$_2$ 投量对有机污染物

从图 4-32、图 4-33 可以看出，随 Ca(OH)$_2$ 投量由 250mg/L 升至 600mg/L，有机物去除率变化不规律。出水 COD$_{Cr}$ 保持在 20～30mg/L，BOD$_5$ 保持在 4～10mg/L，DOC 保持在 10mg/L 左右。DOC 的去除率约为 20%～40%。

图 4-34 说明，随 Ca(OH)$_2$ 投量由 250mg/L 升至 600mg/L，出水透光率逐渐增大。随 Ca(OH)$_2$ 投量由 250mg/L 升至 600mg/L，出水透光率由 70% 增加至 80%。

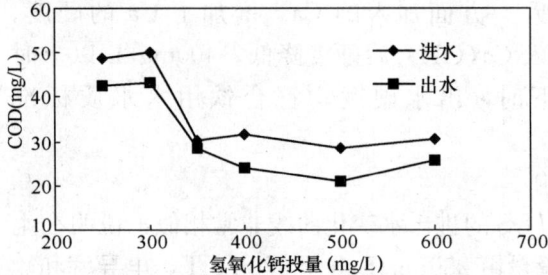

图 4-32 Ca(OH)$_2$ 投量对 COD$_{Cr}$ 的影响

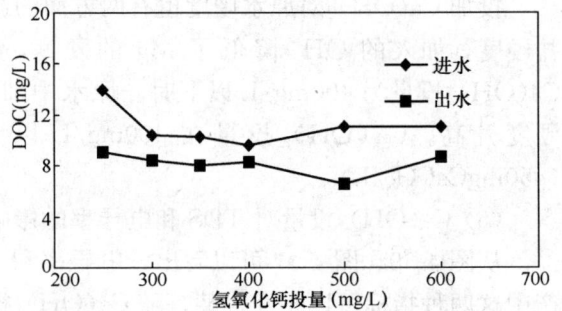

图 4-33 Ca(OH)$_2$ 投量对 DOC 的影响

UV$_{254}$ 所表示是水中生物难降解的芳香族有机物的含量，DOC 表示水中溶解性有机物的含量，UV$_{254}$/DOC 表示水中难降解芳香族有机物所占总溶解性有机物的含量，它的倒数形式 DOC/UV$_{254}$ 也可以表示水质可生化性的变化。通常采用 BOD$_5$/COD$_{Cr}$ 来衡量水质可生化性的变化。分别采用两种方法计算水质可生化性的变化，结果见表 4-8。

从表 4-8 可以看出，采用 BOD$_5$/COD$_{Cr}$ 和 DOC/UV$_{254}$ 得出基本相同的结论：二沉出水投加石灰后，出水的可生化性降低。

(8) Ca(OH)$_2$ 投量对重金属的影响

结果说明 Ca(OH)$_2$ 投量为 250～600mg/L 时，原水中 Cu、Zn 的去除率逐渐升高。其中 Zn 的去除率约为 30%～40%，Cu 的去除率约为 10%～20%。

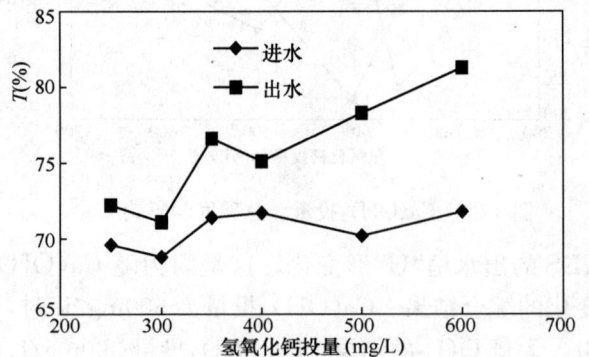

图 4-34 Ca(OH)$_2$ 投量对透光率的影响

2. 反应沉淀池停留时间对出水水质的影响

针对反应沉淀池停留时间对出水水质的影响，试验结果如表 4-9 所示。

进出水水质可生化性的变化   表 4-8

No.	1	2	3	4	5	6	7	8	9	10	11	12
DOC/UV$_{254}$（mg/L）	88.6	66.1	63.9	56.3	69.9	69.6	67.2	67.2	71.9	61.1	77.6	95.9
BOD$_5$/COD$_{Cr}$	0.317	0.263	0.255	0.189	0.259	0.225	0.380	0.298	0.472	0.218	0.378	0.290

反应沉淀池停留时间对出水水质的影响   表 4-9

水样类型		进水	出水	进水	出水	进水	出水	进水	出水
流量（m³/h）		800		600		1000		1200	
停留时间（h）		3.3		4.4		2.6		2.2	
pH		7.14	9.65	7.6	10.43	7.23	9.41	7.32	10.10
电导率（μS/cm）		1412	810	1375	1112	1123	880	1423	1197
UV$_{254}$	A	0.176	0.141	0.135	0.122	0.172	0.147	0.139	0.127
	T	67.5	72.2	73.1	75.5	67.1	71.3	72.5	74.8
TDS（mg/L）		610	541	622	510	742	656	627	528
浊度（NTU）		1.69	0.00	0.80	0.25	2.43	2.54	2.95	4.01
ORP（mV）		137.2	51.7	127.2	80.9	88.8	18.0	127.1	−16.7

由表 4-9 的结果可以看出，反应沉淀池停留时间由 2.2h 增至 4.4h，出水电导率、TDS、浊度等各项结果保持稳定。尤其是反应沉淀池停留时间分别为 3.3h 和 4.4h 时，出水浊度保持在 0.5NTU 以下，说明保证较长的停留时间有利于得到更好的出水水质。

3. 反应沉淀池出水 pH 对滤池运行时间的影响

针对反应沉淀池出水 pH 对滤池运行时间的影响，试验结果如表 4-10 所示。

反应沉淀池出水 pH 对滤池运行时间的影响   表 4-10

日　期	滤池总进水流量（m³/h）	滤池运行个数（个）	反应沉淀池出水 pH	滤池运行时间（h）
2002.12.18	850	3	8.0	28
2002.12.19	850	3	8.5	25
2002.12.20	850	3	9.0	30
2002.12.21	850	3	9.5	27
2002.12.22	850	3	10.0	26
2002.12.23	850	3	10.5	12

表 4-10 说明：反应沉淀池出水 pH 在 10.0 以下时，对滤池的运行时间无明显影响。说明在 pH 在 10.0 以下时滤池结垢的影响并不严重。而 pH 达到 10.5 时，滤池的运行周期低于最高值 50% 以下，滤池结垢的影响变得非常显著。所以，保证滤池运行稳定的 pH 的最高值为 10.0。

4. 硫酸中和对水质的影响

针对硫酸中和对水质的影响，试验结果如表 4-11 所示。

序 号	1	2	3	4	5	6
水量（m³/h）	1.9	1.9	1.9	1.9	1.9	1.9
H_2SO_4 加入量（mL/min）	0	5.5	7.0	10.5	13.0	14.0
pH	11.68	10.94	10.68	9.96	9.19	2.74
TDS（mg/L）	1396	885	852	846	904	1725
浊度（NTU）	8.31	10.2	6.41	5.65	5.11	0.41
电导率（μS/cm）	3240	2040	1958	1938	2070	3840
ORP（mV）	−60.1	−60.7	8.5	34	75.1	430
UV$_{254}$ T（%）	79.5	79.7	79.9	77.7	49.5	78.7
UV$_{254}$ A	0.099	0.097	0.098	0.111	0.304	0.104
DOC（mg/L）	11.6	8.84	7.95	9.96	14.4	9.78
COD$_{Cr}$（mg/L）	22.5	18.5	18.0	19.1	23.5	21.2
SO_4^{2-}（mg/L）	89.6	465	625	704	708	1250
OH^- 碱度（mmol/L）	7.85				0	
CO_3^{2-} 碱度（mgCaCO₃/L）	32.10				5.28	
HCO_3^- 碱度（mgCaCO₃/L）	0				46.32	
总碱度（mgCaCO₃/L）	413	102.5	69.6	52.5	50.6	0

从表 4-11 可知，硫酸对总体水质影响不大，其主要作用是中和由于石灰投加产生的碱度，使得水体 pH 值接近中性。

4.3.6.4 工艺设计及运行管理

1. 工艺设计

（1）石灰混凝沉淀工艺流程

二级出水在管道内加入石灰净水剂和 PAC 等药剂，进入反应沉淀池混凝沉淀。泥水分离的上清液经过酸化池加酸中和后进入快滤池过滤。滤后水进入接触消毒池消毒后回用。另一方面反应沉淀池的化学物理经刮泥系统收集后经过泥泵输送到脱水系统脱水，参见图 4-13。

（2）设计进出水水质

石灰工艺作为再生水深度处理的工艺，本身具有出水水质稳定、感光效果好、除磷效果好的特点。根据石灰工艺的特点以及《城市污水再生利用城市杂用水水质》GB/T 18920—2002 的要求，设计水质如表 4-12 所示。

石灰混凝沉淀工艺设计进出水水质 表 4-12

序 号	项 目	单 位	进水水质	出水水质
1	生化需氧量（BOD₅）	mg/L	20	≤10
2	化学需氧量（COD$_{Cr}$）	mg/L	60	≤50
3	悬浮物（SS）	mg/L	≤20	≤5
4	氨氮（NH₃-N）	mg/L	≤15	≤10
5	总磷（以 P 计）	mg/L	1	≤0.5

序　号	项　　目	单　位	进水水质	出水水质
6	浊度	NTU		≤5
7	色度	度		≤30
8	pH		6～9	6～9
9	粪大肠菌群数	个/L	10^4	≤3
10	余氯	mg/L		≥0.2
11	溶解氧	mg/L	—	≥1.0

（3）混凝药剂

以 Ca(OH)$_2$ 为主要成分的石灰净水剂，一般以固体形式存在，在工程设计过程中需要考虑药剂溶解搅拌投加装置。根据工程实际及试验数据总结，其投加量一般为 300～500mg/L 之间。

为了更好地发挥石灰净水剂的絮凝效果，提高反应速度，一般在投加石灰净水剂的同时投加聚合氯化铝或者聚合氯化铁，前者出水颜色较好。投加量一般为 60～80mg/L。

（4）反应沉淀池

石灰法反应沉淀池包括 2 个单元，一个是絮凝反应池，混凝药剂在此处搅拌混合反应；另一个是沉淀池，加药絮凝的水体在此处静沉后出水。

反应池停留时间根据处理水量和水质情况不同为 0.3～0.6h。沉淀池停留时间一般为 2～3h。

（5）酸化池

经过反应沉淀池处理的水体 pH 值在 10 以上，需要加入硫酸中和，使水体 pH 值降到 7 左右。硫酸加药泵需要具有耐腐蚀性。

（6）其他设施

快滤池、消毒池等设施与普通混凝沉淀工艺设计方法相同，这里不在赘述。

2．运行管理

（1）运行成本

以北京华能热电厂为例，该厂采用石灰法处理技术对高碑店污水处理厂二级出水进行处理用于发电机组的冷却用水。工程投资主要包括构筑物建设投资、设备投资、电力增容费、管网建设等费用，吨水投资额约为 625 元/m³。

其产水成本主要包括系统的用电费、水资源费、石灰等药剂费用、人工费用、设备维护费以及其他费用，合计吨水成本为 1.32 元/m³。

从目前国内外污水再生利用的发展状况来看，石灰法处理技术不仅在处理效果上具有一定的技术优势，同时其投资与制水成本相对较低，具有较强的经济优势。

（2）工程管理

石灰混凝沉淀工艺作为再生水深度处理的工艺之一，具有其自身的特点。因此，运行管理上也存在一些与其他再生水深度处理工艺的区别，在这里特此指出。

1）由于使用的石灰性状为固体粉末，且有易吸水的特性。故存在两方面的问题：一是暴露与空气中容易板结钙化，影响使用效果；另一个是在加药系统处理过程中，粉末容易产生浮尘，覆盖于设备上腐蚀设备，飘浮在空气中污染工作环境。因此，实际运行过程中要加强对储药及加药系统的密封处理，加强日常设备间卫生清理，减轻或避免问题的发生。

2）石灰和PAC在反应沉淀池内的反应区部分混凝形成大的繁花絮体。这时候在生产运行过程中容易出现絮体大量沉积在反应区，在反应区内形成厚厚的石灰板结，影响后续处理效果，减少了反应区的停留时间，增加反应区清理工作量。同时，石灰和PAC在反应沉淀池进水管道内也容易形成沉淀，减小管道过流面积。因此，在反应区要装设一定搅拌强度的水下搅拌器，减少反应区死角，降低絮体沉淀量。在进水管道中尽量提高水体过流速度，减少絮体沉淀可能。

3）反应沉淀池的沉淀区是起泥水分离作用的，石灰污泥属化学污泥，沉淀在池底时间过长容易挤压板结变硬，这样容易损坏刮泥设备。因此，这种工艺多采用刮泥力度均匀、频率高的链条式刮泥机。

4）石灰混凝沉淀工艺因为污泥有这样的特点，因此，排泥系统的排泥周期较短且频繁。维护管理工作量较大，需1年用清水冲洗清理排泥管道中沉积的污泥2次。

5）由于需要中和反应沉淀池出水的碱度。因此硫酸被使用，硫酸具有很强的腐蚀性和危险性。因此运行管理过程中应遵守关于危险品的管理规定。

4.4 生物滤池工艺

4.4.1 曝气生物滤池

4.4.1.1 曝气生物滤池工艺原理及流程

1. 工艺原理

曝气生物滤池是最先在欧美发展起来的一种新型污水生物处理技术，也叫淹没式曝气生物滤池，是在普通生物滤池、高负荷生物滤池、生物滤塔、生物接触氧化法等生物膜法的基础上发展而来的，被称为第三代生物滤池。它充分借鉴了污水处理接触氧化法和给水快滤池的设计思路，即需曝气、高过滤速度、截留悬浮物、需定期反冲洗等特点。具有去除 SS、COD_{Cr}、BOD_5、硝化、脱氮、除磷、去除 AOX（有害物质）的作用，其特点是集生物氧化和截留悬浮固体于一体，节省了后续沉淀池（二沉池）；其容积负荷、水力负荷大，水力停留时间短，所需基建投资少，出水水质好；运行能耗低等特点。图 4-35 为曝气生物滤池剖面图。

其工艺过程为，在滤池中装填一定量粒径较小的粒状滤料，滤料表面生长着高活性的生物膜，滤池内部曝气。污水流经时，利用高比表面积滤料带来的高浓度生物膜的氧化降解能力，对污水进行快速净化，此为生物氧化降解过程；同时，流水经过，滤料成压实状态，利用滤料粒径较小的特点及生物膜的生物絮凝作用，截留污水中的悬浮物，确保脱落的生物膜不会随水漂出，此为截留作用；运行一段时间后，因水头损失的增加，需对滤池进行反冲洗，以释放截留的悬浮物以及更新生物膜，此为反冲洗过程。

2. 工艺流程

工艺流程见图 4-36。

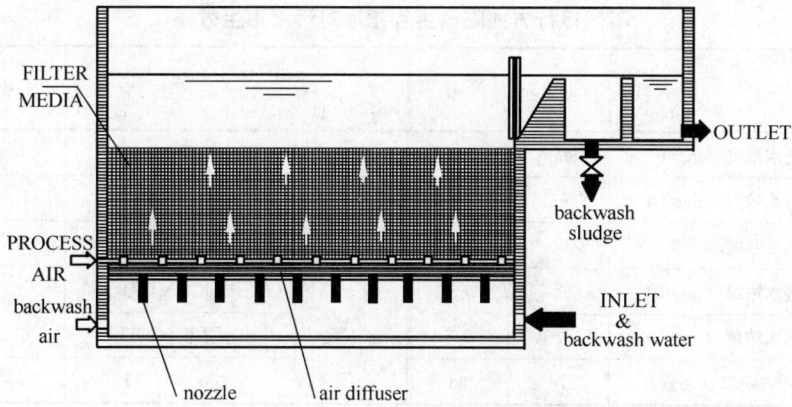

图 4-35　曝气生物滤池剖面图

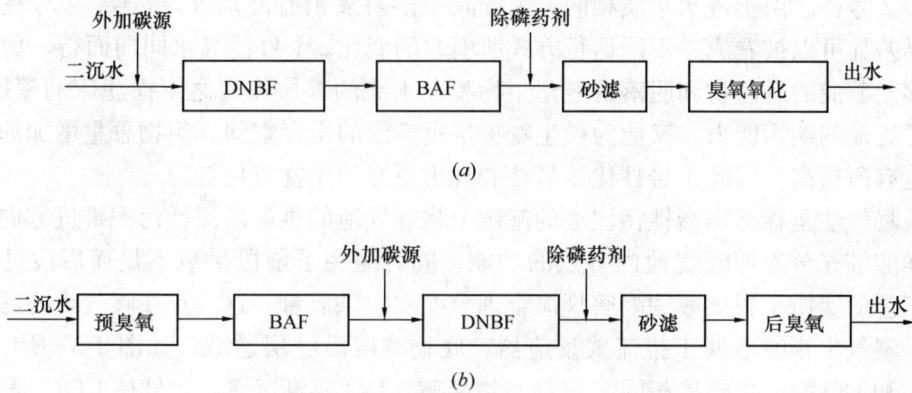

(a)

(b)

图 4-36　曝气生物滤池再生水处理工艺流程图
(a) 前置反硝化；(b) 后置反硝化

4.4.1.2　曝气生物滤池工艺影响因素

曝气生物滤池的净化过程是生物氧化、化学吸附、物理截滤等综合作用结果。在污水再生实际应用之中，存在着许多影响因素，如温度、DO、pH、底物、有毒物质等。对各影响因素进行深入的研究与分析对于曝气生物滤池的应用和推广是十分关键的。在人们的研究中发现，各影响因素之间往往并不单独作用于反应器，彼此之间也是相互影响、相互作用，从而形成一个更加复杂的作用，也就使曝气生物滤池影响因素的深入研究更加困难。

1. 运行方式的影响

目前曝气生物滤池在再生水生产中的运行方式多采用上向流，对下向流运行方式研究较少。表 4-13 为上向流和下向流曝气生物滤柱对污水的再生比较。1 号为上向流滤柱，2 号为下向流滤柱（下文同）。

上向流（1 号）及下向流曝气生物滤池（2 号）运行稳定期对 COD、BOD_5、NH_4^+-N、浊度的去除效果如表 4-13 所示。从表中各指标进出水变化可以看出，曝气生物滤池具有较强生物氧化和机械截滤作用。两滤柱的出水 COD、BOD_5 浓度分别都在 50mg/L、10mg/L 以下，能够满足生活杂用水水质要求。

项　目	滤　柱	1 号	2 号	项　目	滤　柱	1 号	2 号
COD	进水浓度（mg/L）	98.4	98.4	NH_4^+-N	进水浓度（mg/L）	18.3	18.3
	出水浓度（mg/L）	43	48.3		出水浓度（mg/L）	7.5	9.2
	去除率（%）	56	51		去除率（%）	59	50
BOD_5	进水浓度（mg/L）	26.7	26.7	浊　度	进水（NTU）	18.7	18.7
	出水浓度（mg/L）	6.9	8.5		出水浓度（NTU）	6.6	6.1
	去除率（%）	74	68		去除率（%）	65	67

　　稳定期 1 号、2 号柱的运行效果存在一定差距。1 号柱 COD、BOD_5、NH_4^+-N 的去除率要高于 2 号柱。由于进水水质相同，因此除了溶解氧稍有波动外，1 号、2 号柱运行效能的主要差异可以被看成是不同运行方式所引起的变化。1 号柱气水同向而行，剪切力较大，能够使截流的悬浮物和脱落的老化生物膜在水流的裹挟作用之下向滤床的深层扩散，既增加了滤池的纳污能力，又能为微生物提供更广泛的生存空间。生物总量增加的同时生物活性也有所提高。因此 1 号柱比 2 号柱表现出更好的生物氧化能力。

　　渐减曝气法是在标准活性污泥法的基础上将曝气池的供氧沿活性污泥推进方向逐渐减少。这样能够充分发挥曝气池内各点的功能，同时避免了前段供氧不足而后段过剩的缺点。其工艺的实质是根据底物降解规律合理分配水中供氧量。这一点在曝气生物滤池中也很重要。曝气生物滤池属于推流式反应器，底物浓度沿滤层递减。如图 4-37 所示，1 号柱 COD_{Cr} 和 DO 的变化趋势相同，随着底物降解，DO 逐渐降低。2 号柱 COD_{Cr} 和 DO 的变化趋势相反。上部进水段有机物浓度高，净化易受 DO 限制；下段有机物浓度较低，但由于底部曝气，DO 却很高。因此，1 号柱的运行方式不仅在水力条件占有优势，DO 和底物协调合理的分配方式也是使其净化净化效果优于 2 号柱的一个主要方面。

　　另外，由于 1 号柱气体释放区气泡的扰动作用，破坏了悬浮物的沉降，使出水挟带出部分悬浮物及脱落的生物膜。如图 4-38 所示，1 号柱浊度沿滤层降低，但至最后出水取样口，却有所升高。从而导致如表 4-13 所示 1 号柱的浊度去除率低于 2 号柱。

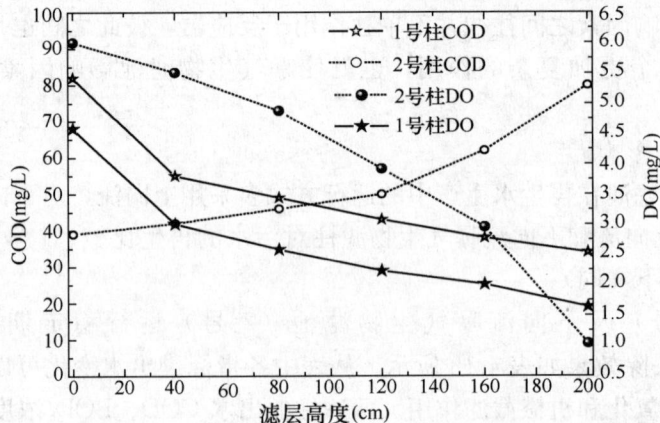

图 4-37　1 号、2 号柱滤层内 COD_{Cr}、DO 分布

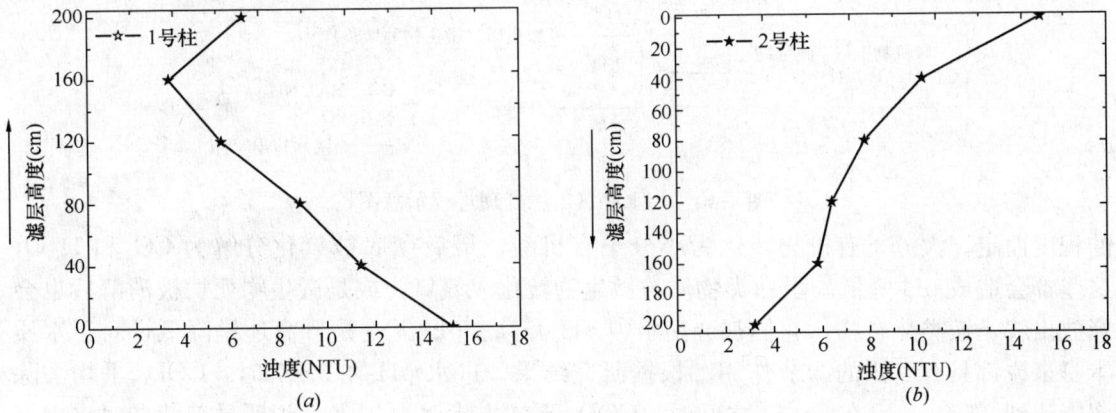

图 4-38　曝气生物滤池浊度沿滤层变化曲线
(a) 上向流；(b) 下向流

从生物过滤柱的启动、运行效果来看，由于气水运行方式的变化，会直接影响反应器内的布水、布气的均匀性。而水力条件又会对柱内生物生存环境产生影响，最终导致其运行效果的差异。

2. pH 的影响

$$CO_2 + H_2O \Longleftrightarrow HCO_3^- + H^+ \Longleftrightarrow CO_3^{2-} + 2H^+ \tag{4-23}$$

pH 的变化对微生物的生命活动影响很大，在曝气生物滤池中主要是对微生物的生物氧化和生物吸附能力产生干扰和影响。如式（4-23），天然水体中的 pH 值主要取决于游离二氧化碳的含量和碳酸平衡。在曝气生物滤池中，当水中 pH 增加时，为保持平衡，载体表面的 H^+ 释放，能够为阳离子（包括 NH_4^+-N）提供更多的吸附点；如果降低 pH，会增加 H^+ 与阳离子对吸附点的竞争，阳离子会从载体上解吸。因此 pH 升高有利于反应器对 NH_4^+-N 的吸附，提高 NH_4^+-N 去除效果。pH 对生物膜的吸附有影响，同时对其生物氧化能力也存在较大影响。

(1) pH 对有机物降解效能的影响

图 4-39 是在不同的 pH 下，1 号曝气生物滤池进水碱度及 COD_{Cr} 去除率的变化。从图中可知，进水碱度与 pH 有一定的正向相关性，随着进水 pH 的增加，碱度逐渐增大。另外，pH 在 5～10 之间变化过程中，COD_{Cr} 去除率波动较小。这主要是由于滤柱内微生物在对水中有机物净化时，降解产物能够起到一定的 pH 调节作用。图 4-40 是污水好氧生物处理过程示意图。

从图 4-39 中可以看出，污水生物处理中，有机物经微生物的作用后，水中 pH 会发生变化，最终变化的程度视有机物的种类及降解转化

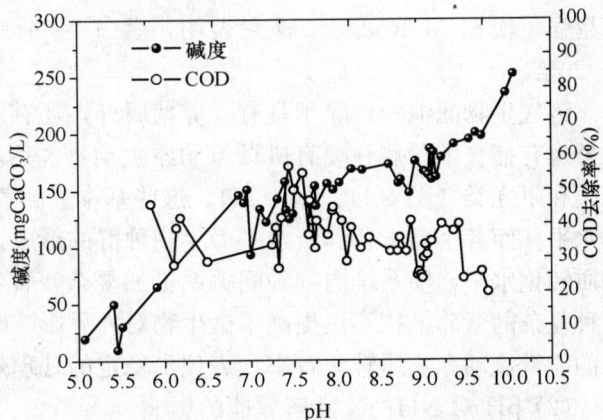

图 4-39　1 号柱在不同 pH 下 COD_{Cr} 去除变化

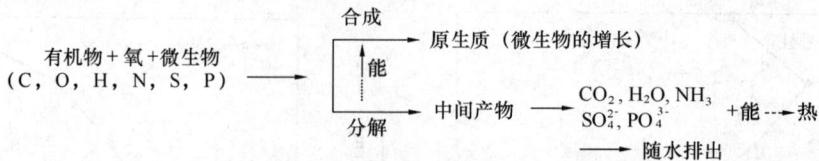

图 4-40 污水好氧生物处理过程示意图

的程度而定。大分子有机物转化为小分子有机酸，最后彻底被氧化分解为 CO_2 和 H_2O，这些都会造成 pH 降低。蛋白类物质被微生物转化成氨氮，或是微生物死亡被消解后也会释放出胺、铵类化合物，它们都会使水中 pH 升高。pH 无论是升高还是降低，对于水质本身来说都具有一定的调节作用。根据研究结果，进水 pH 在 5~7 时，COD_{Cr} 平均去除率能达到 36%。pH 在 8~11 之间时，COD_{Cr} 平均去除率为 31%。说明异养菌在对水中有机物降解时，对低 pH 具有较好的适应性。此时不排除 COD_{Cr} 的降解产物使水中 pH 升高，具有一定的缓冲调节作用。这一点在对滤柱的沿层 pH 变化研究中也会得到证实。图 4-41 是 COD_{Cr}、NH_4^+-N 沿滤层降解时 pH 变化。如图 4-41 所示，原水中 60% 的 COD_{Cr} 降解量是在滤柱进水段 1m 内实现。在滤柱进水段 0~20cm 以内 $\Delta COD/\Delta H$ 最大，此时 pH 呈现一个上升的趋势，由 7.03 上升至 7.2。沿滤层出水方向，随着 COD_{Cr} 的降低，NH_4^+-N 的去除效果得到增强，由于氧化 NH_4^+-N 消耗碱度，

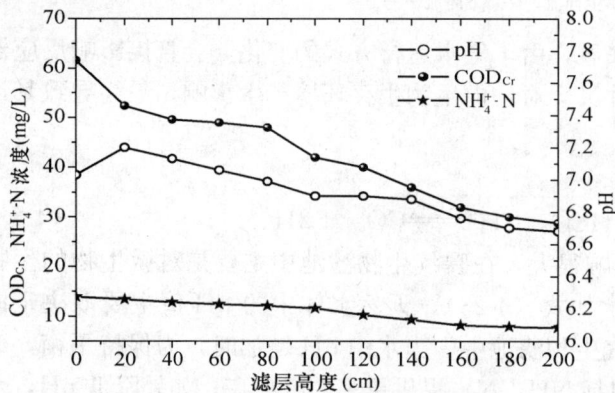

图 4-41 1号曝气生物滤池沿滤层 COD_{Cr}、NH_4^+-N、pH 变化

滤柱的 pH 开始明显下降。至出水段，pH 已降至 6.68。

曝气生物滤池 COD_{Cr} 降解能够在一个较宽的 pH 范围内保持稳定的另一个主要原因是：相对于自养亚硝化菌、硝化菌来说，异养菌增殖速率大，数量多，并且种群丰富。对于一个生态系统来说，生态链越长、生物相越丰富，对环境的适应、对外界的抵抗能力也就越强。根据 M. Rodgers 研究表明，曝气生物滤池单位容积生物量是活性污泥法的 5~20 倍。

曝气生物滤池中，除了具有异养菌属外，还存在大量的真菌、自养细菌降解有机物。此外也有捕食细菌和吞噬有机颗粒的原生动物、后生动物（图 4-42、图 4-43），更高的寡毛类和甲壳类（图 4-44、图 4-45）。这些基本上涵盖了污水生态系统营养结构的各个营养级水平。而各个高端营养级水平微生物种群的形成，有助于提高曝气生物滤池系统的整体物质转化水平，使系统内部种间关系更加复杂，食物链长且交叉，已形成明显网状结构。这种复杂的营养结构不仅提高了微生物对外界影响因素的抗干扰能力，同时使系统具有较高的能量流动和物质转化效率，表现出稳定的处理效率，且污泥产量低等特点。

（2）pH 对 NH_4^+-N 降解效能的影响

硝化作用是在好氧条件下，由亚硝化菌（Nitrosomonas）和硝化菌（Nitrobacter）将

NH_4^+ 氧化为 NO_2^- 和 NO_3^{2-} 的过程，反应式如式（4-24）~式（4-26）：

$$2NH_4^+ + 3O_2 \xrightarrow{\text{亚硝化菌}} 2NO_2^- + 4H^+ + 2H_2O + 352kJ \tag{4-24}$$

$$2NO_2^- + O_2 \xrightarrow{\text{硝化菌}} 2NO_3^{2-} + 75kJ \tag{4-25}$$

$$\text{总反应} \qquad 2NH_4^+ + 4O_2 \longrightarrow 2NO_3^- + 4H^+ + 2H_2O + 427kJ \tag{4-26}$$

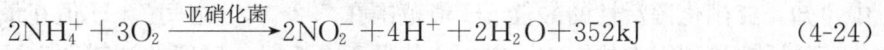

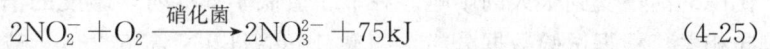

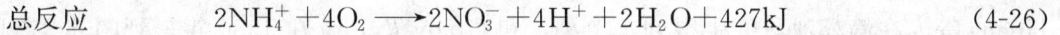

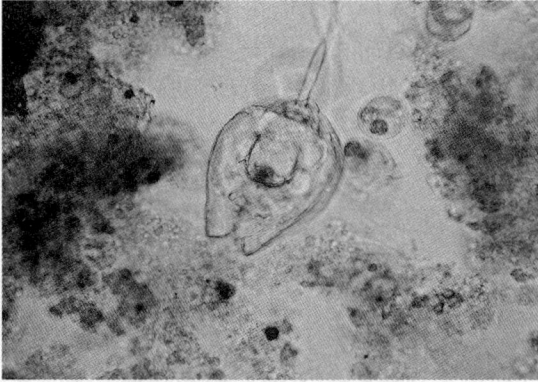

图 4-42 原生动物（钟虫属）

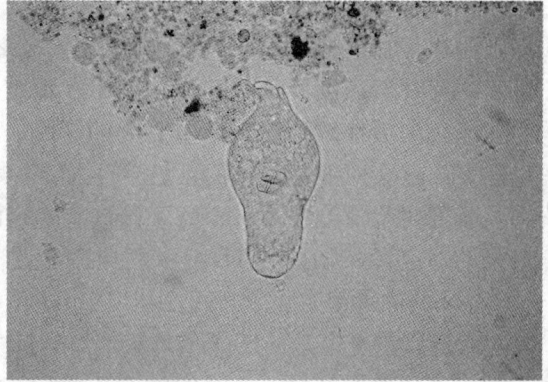

图 4-43 后生动物（轮虫属）

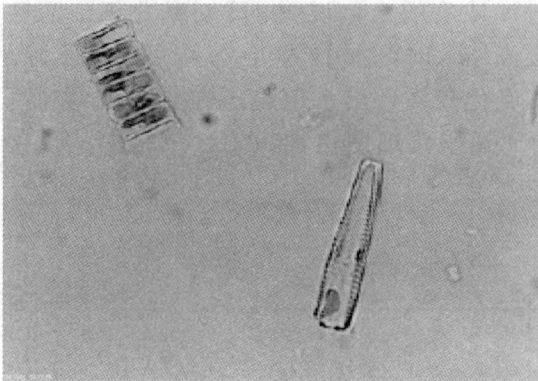

图 4-44 栅藻和粗袋鞭虫

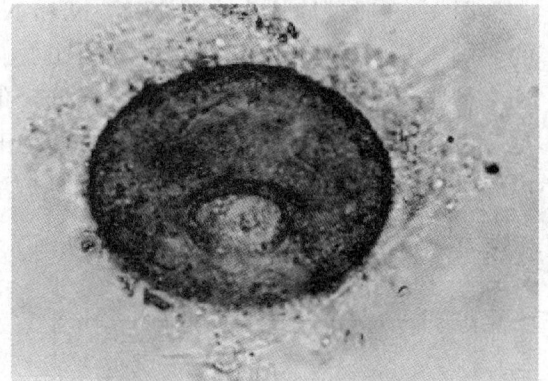

图 4-45 漫游虫

由于硝化作用增加酸度使 pH 值降低，为保证完全硝化，$1gNH_4^+$-N 需 7.15g 碱度。pH 及碱度的变化会对生物反应器中的硝化作用产生一定影响。主要表现在以下三方面：①生物活性的影响；②营养源的影响；③游离氨（FA）、游离亚硝酸（FNA）、重金属的抑制作用。众多研究得出，硝化过程最佳的 pH 值范围在 7~8 之间。亚硝化菌、硝化菌，其最佳的 pH 值不同，分别在 7.9~8.2 和 7.2~7.6 之间。

图 4-46 是试验中不同 pH 值下曝气生物滤池碱度消耗及 NH_4^+-N 去除量变

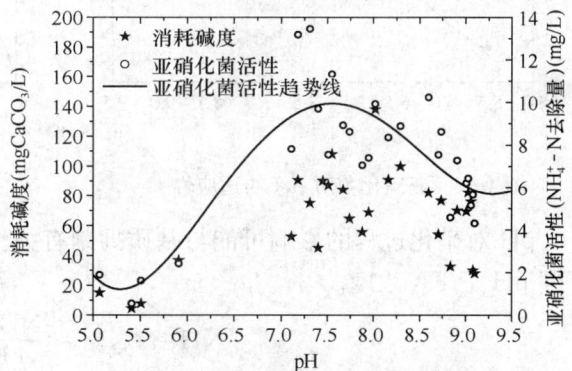

图 4-46 pH 对亚硝化菌活性的影响

化。在进水水质稳定的前提下，NH_4^+-N 去除量变化可以间接反映亚硝化菌的活性。从图中可知，亚硝化菌活性的最佳 pH 值范围在 7.2～8.5 之间。pH 值在最佳范围以外，亚硝化菌的活性受到很大的影响。在 pH 值低于 8.5 时，碱度的消耗和 NH_4^+-N 的去除量呈正向相关。根据试验数据分析，氧化 1mgNH_4^+-N 需 6.28mg 碱度（以 $CaCO_3$ 计）。此值比 Huang 等人在滴滤池研究中得到 7.1 小，和 Grady 及 Lim 在 1980 年得到的 6.2 极为接近。生物膜中有机碳成分的多少决定了氧化 1mgNH_4^+-N 需碱度量的不同。从图 4-46 中可知，同样是在最佳 pH 范围外，pH 小于 7.2 时 NH_4^+-N 的去除效果最差。pH 值低意味着进水中存在着碱度不足的问题，说明在深度处理的曝气生物滤池中，营养的缺少要比 FA 对亚硝化菌活性的抑制会产生更大的影响。另外，低 pH 值条件下，游离亚硝酸（FAN）量增多，也会对亚硝化菌的活性产生抑制（Ford 在 1980 年得出）。

曝气生物滤池在高 pH 值下仍具有一定的硝化能力，说明反应器内微生物对 pH 值有较强的适应性，如图 4-47 所示。亚硝化菌的活性在 pH 值为 7.0 时达到最大值，此时 NH_4^+-N 的去除率达到 80% 以上。当 pH 值逐渐增大时，NH_4^+-N 的去除率开始降低，但其过程起伏变化。当 pH 逐值增大时，NH_4^+-N 的去除率总是先下降，后又有所上升。这说明亚硝化菌在经过一段时间的驯化之后，逐渐适应了环境，能够增加酶的活性，提高去除率。即便如此，从整个变化过程来看，pH 增大还是会降低亚硝化菌的活性。

图 4-48 通过滤柱出水中 NO_2^--N 和 NO_3^--N 浓度的变化说明 pH 对硝化细菌活性的影响。从图中可知，当 pH 在 7～10 之间逐渐增大时，水中 NO_3^--N 浓度逐渐下降。NO_2^--N 浓度先是增加，后也有所降低，但其变化较缓，出水值稳定在 1mg/L 左右。这一变化过程说明硝化细菌对 pH 的变化要比亚硝化细菌更加敏感。试验中其最佳 pH 为 6.8～7.4。

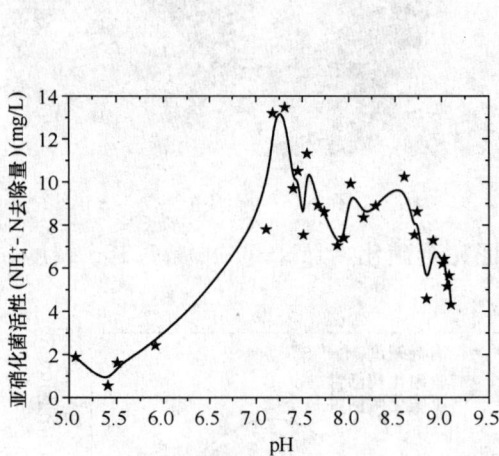

图 4-47　亚硝化菌对 pH 的适应性

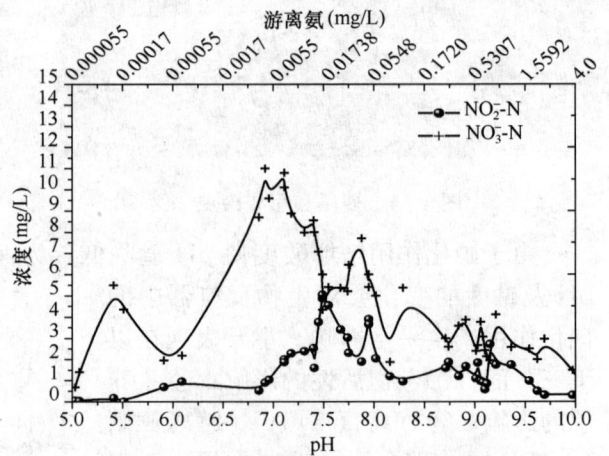

图 4-48　pH 对硝化细菌活性的影响

pH 对硝化过程的影响可能与基质抑制有关。根据公式（4-27）可计算得出不同温度、不同 pH 下 FA 浓度。

$$[NH_3\text{-}N]_{游离} = \frac{[NH_4^+\text{-}N] \cdot 10^{pH}}{\left(\dfrac{K_a}{K_w}\right) + 10^{pH}} \tag{4-27}$$

其中，$\dfrac{K_a}{K_w}=\exp\left[6334/(273+T)\right]$，$K_a$，氨离子水解平衡常数；$K_w$，氢离子水解平衡常数。

当温度为 25℃，pH=7 时，水中 NH_4^+ 所占的比例为 99.4%，pH=8 时，NH_4^+ 所占的比例为 94.6%，当 pH 较高时，水中 FA 比例增加。FA 和游离亚硝酸对亚硝化细菌和硝化细菌都有抑制作用。同时，二者又是硝化细菌的基质。但作为基质组分，当其浓度较高时，也可以成为抑制物。如图 4-48 所示，pH 逐渐增大过程，FA 浓度增加，硝化菌首先受到影响，导致亚硝化率（NO_2^--N/NO_x^--N）增大。但此时 FA 浓度对硝化细菌并未形成完全抑制，亚硝化率仅在 30%～40% 之间，没有形成 NO_2^--N 的积累（未达到 50%）。随着 pH 的继续增加，亚硝化菌的活性受到影响，NO_2^--N 浓度降低，从而减少了硝化过程的底物。因此在 pH 大于 8.5 以后，硝化细菌缺少 NO_2^--N 底物而降低了自身活性也是导致曝气生物滤池硝化速率降低的原因之一。

文献中关于 FA 对硝化作用产生抑制的浓度值并不完全相同，这主要与试验温度、水质、生物状态等因素相关。Anthonisen 在 1976 年对活性污泥中的微生物研究得出，当 FA 在 0.1～1mg 范围内时，会对硝化细菌产生抑制作用，从而影响 $NH_4^+-N\rightarrow NO_2^--N\longrightarrow NO_3^--N$ 转化过程。Turk 在 1989 年利用这一机理成功实现了短程反硝化。而 Abeling 的研究表明，FA 质量浓度为 1～5mg/L 抑制了硝化反应，但没有抑制亚硝化反应，在 pH=8.5，t=20℃时，发生亚硝化反应的最佳 FA 质量浓度为 5mg/L 左右，高于 7mg/L 就会使亚硝化细菌受到抑制。Balmelle 的结果也证实了这一点，当 FA 质量浓度为 2mg/L 时，对硝化反应的抑制率达到 90%，亚硝化细菌可以承受高达 40mg/L 的 FA，也有的学者认为这一值为 10mg/L 左右。目前对亚硝化细菌所能承受的最大 FA 浓度尚无定论，需作进一步研究。

从图 4-48 看出，FA 浓度远小于 0.1mg/L 时，硝化细菌的活性就受到了影响，此值要比文献中介绍的小很多。其中的原因之一就是 pH 对滤柱内亚硝化细菌和硝化细菌的抑制作用并不是通过 FA 实现的。第二点就是因为 FA 的抑制直接作用在每一个细菌上，因此 FA 对亚硝化细菌、硝化细菌的抑制作用和反应器内生物量有直接的关系。用单位生物量的 FA 浓度（FA/生物量）来衡量其抑制作用是更准确的。

由于 pH 的变化，曝气生物滤池内的生物量也发生了改变。图 4-49 是 pH 对曝气生物滤池生物量的影响。从图中可知，由于异养菌对有机物的氧化能够在较宽的 pH 范围内进行，因此 pH 为 6.0、7.35、9.0 时生物量的最大值都发生在滤柱的进水段。曝气生物滤池底物不足是末端生物量都明显降低的主要原因之一。图 4-49 中，进水段在 pH=6.0 时的生物量要大于 pH=9.0 时。这主要是 COD 的降解产物具有一定的酸碱调节作用，有利于异养菌在低 pH 下生长。曝气生物滤池的出水段，主要发生硝化作用，此时生物量在 pH=9.0

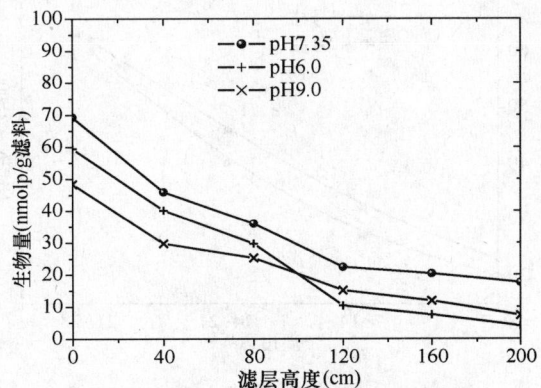

图 4-49 不同 pH 下生物量沿滤层变化

时大于 pH＝6.0 的相应值。这说明 FA 的影响主要是作用在生物活性方面，区别于低 pH 时碱度缺乏而产生的生物量减少。

从图 4-49 中可知，对于曝气生物滤池进行污水再生，底物浓度较低。即使在最佳的 pH 范围内其生物量也要远小于二级曝气生物滤池。特别在出水末端，对于推流式的反应器，随着有机物及营养盐的降解，生物量往往要降低一个数量级。在本试验中较低的硝化细菌数量使得反应器内微生物承受的 FA 浓度也较低。图 4-49 中，pH 大于 7.2 时，硝化菌的活性首先受到影响。此时，对于进水段 FA/生物量值约为 0.00081mgFA/nmolP。

另外，从图 4-48 中 $NO_3^- -N$ 的波动曲线还可以看出，随着时间的延长，硝化细菌对 FA 的抑制作用也有一定的适应性。而且这种适应性是不可逆转的，即便进一步提高 FA 浓度，亚硝化率也不会提高。因此用曝气生物滤池进行污水再生，由于进水 $NH_4^+ -N$ 浓度较低，要想通过 pH 来控制稳定的 $NO_2^- -N$ 的积累，实现短程反硝化在实际操作中并不容易。同时也说明 FA 对亚硝化细菌、硝化细菌的部分抑制不一定意味着硝化程度会减弱，仅仅是该过程较慢。在曝气生物滤池的实际设计中也应该考虑到这一点，因为这种情况表明，要获得与不存在抑制时同样的处理效果，滤池必须设计得大些。

由以上分析可以看出，曝气生物滤池进行污水再生，复杂的营养结构使异养菌对 COD_{Cr} 的降解能够在较宽的 pH 范围内进行。由于 FA 对活性的抑制作用，亚硝化、硝化细菌最佳 pH 为 7.2～8.5，6.8～7.4。FA 的抑制作用与生物量有关，用 FA/生物量作为控制性参数更为准确。

3. 温度的影响

生物膜过滤池主要利用微生物的氧化、吸附和过滤作用进行有机物的净化。当其在低温下运行时，净化效果受到严重影响。温度改变，参与净化的微生物（主要细菌）的种属与活性及生化反应速度、生物量、水头损失变化都随之改变。对于好氧生物膜过滤柱，气体转移速率也将随温度变化而变。如何让生物膜过滤池以良好的状态度过低温期是决定其能否在北方地区广泛应用的关键。

（1）低温运行效能分析

图 4-50～图 4-52 为不同温度下 COD、$NH_4^+ -N$、浊度去除效率变化。由图可知，随着温度的降低，生物膜过滤柱的各项指标的去除效果变差。硝化细菌对温度变化比较敏感，$NH_4^+ -N$ 去除率的变化最为明显。当温度降到 14℃，去除率在 18％ 以下。当温度继续下

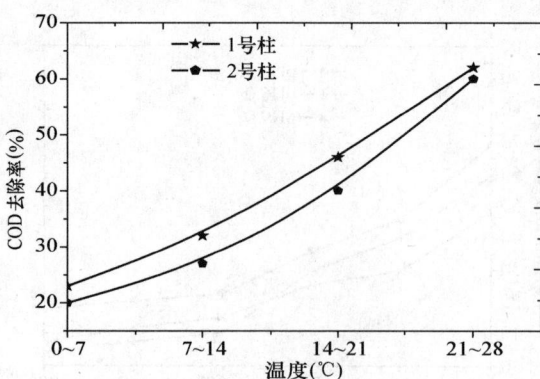

图 4-50 温度对 COD 去除率的影响

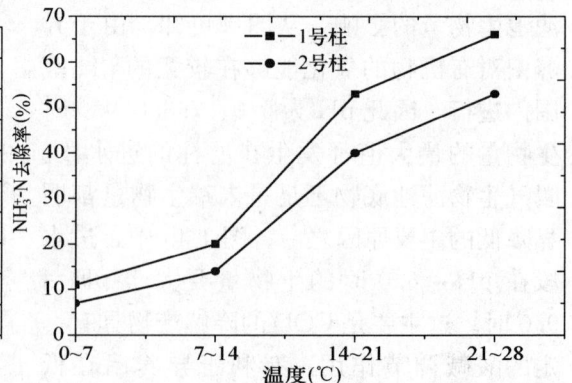

图 4-51 温度对 $NH_4^+ -N$ 去除率的影响

降到 7℃，水中 NH_4^+-N 仅去除 1mg/L。从图中还可以看出，1 号柱对温度变化的适应能力要强于 2 号柱，但这种优势并不明显。

温度降低，微生物的新陈代谢能力下降，生化反应速率降低，生物活性下降，生物量减少。图 4-53 为温度对生物量及生物活性的影响。从图中可知，当温度从 28℃ 降至 14℃，生物量和生物活性下降 30％ 以上。生化反应速率与温度之间的关系式为：

$$r_T = r_{20}\theta^{(t-20)} \tag{4-28}$$

式中　r_T——水温为 t℃时生化反应速度；

　　　r_{20}——水温为 20℃时生化反应速度；

　　　θ——温度系数，对于生物膜过滤池来说，$\theta=1.02\sim1.08$，其典型值为 1.035；

　　　t——温度，℃。

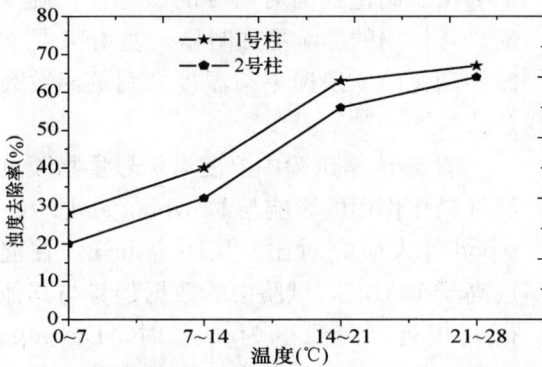

图 4-52　温度对浊度去除率的影响

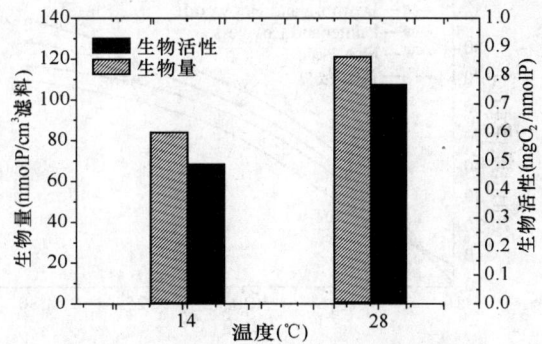

图 4-53　温度对生物量、生物活性的影响

从式（4-28）可以看出，在取 $\theta=1.035$ 时，如果温度由 20℃增加 10℃，生物膜过滤池的反应速率可提高 40％；反之如果温度由 20℃降低 10℃，生物膜过滤池的反应速率就会降低 30％左右。由此可见温度对生化反应速率影响的显著性表 4-14。

生物膜过滤柱夏季和冬季的净化效果比较　　　　　　　　　表 4-14

		COD（mg/L）			BOD₅（mg/L）			NH_4^+-N（mg/L）			浊度（NTU）		
		进水	出水	去除率（%）	进水	出水	去除率（%）	进水	出水	去除率（%）	进水	出水	去除率（%）
夏季	生1	62.7	49.9	20	11.2	2.9	74	4	1.13	67	6.7	2.3	66
	生2	62.7	48.8	22	11.2	2.9	74	4	1.36	66	6.7	3.1	69
	生3	62.7	48.5	23	11.2	2.9	74	4	1.68	58	6.7	2	70
	生4	62.7	47.9	23	11.2	3	73	4	1.67	58	6.7	1.3	81
	普滤	62.7	55.6	11	11.2	6.6	41	4	3.6	10	6.7	3.8	43
冬季	生1	83.3	71.4	16	8	6	25	4.1	2.93	25			
	生2	83.3		16	8	6.7		4.1	3.0	26			
	生3	83.3	68.2	18	8			4.1	3.2	22			
	生4	83.3	72.3	13	8	6.4	20	4.1	3.2	22			
	普滤	83.3	74.3	10	8	6.4	20	4.1	3.4	17			

注：普滤—普通石英砂滤柱；生 1—轻质陶粒滤柱；生 2—重质陶粒滤柱；生 3—无烟煤滤柱；生 4—火山烧结石滤柱。

参考文献作者	增殖速率 μd^{-1}	温度校正系数（℃）
Downing and Hopwood	$(0.18)\,e0.12\,(T-15)$	1.127
US EPA	$(0.47)\,e0.09\,(T-15)$	1.103
Barnard	$(0.33)\,1.27\,(T-15)$	1.127
Painter and Loveless	$(0.18)\,e0.0729\,(T-15)$	1.0756
Biowin Default	$\mu_{max}\,e^{0.0917}\,(T-T_0)$	1.096
Jones	$\mu_{max}\,e^{0.0695}\,(T-T_0)$	1.072
M. A. Head	$\mu_{max}\,e^{0.0844}\,(T-T_0)$	1.088

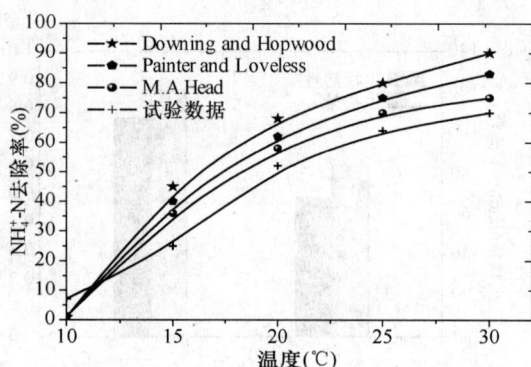

图 4-54　温度对硝化速率的影响

由于硝化细菌对温度的敏感性，温度对硝化作用的影响更加明显。表 4-15 是文献中硝化菌增殖速率与温度之间的函数表达式。

图 4-54 是试验中温度对 1 号生物膜过滤柱硝化作用的影响与 Downing and Hopwood 等人研究对比。从图中可知，在温度高于 15℃ 时，试验中的数据趋势与其他研究相近。在温度为 10℃ 时，Downing and Hopwood 等人研究认为反应器内几乎不发生硝化作用。但生物膜过滤柱在温度 10~12℃ 之间仍可得到 10% 左右的 NH_4^+-N 去除率。分析原因，认为主要是反应器类型不同所致。Downing and Hopwood、Painter and Loveless 在活性污泥系统中得到研究结果，M. A. Head 的反应器则为 SBR。相对于上述反应器内的悬浮态亚硝化、硝化细菌来说，生物膜过滤池中这两类自养菌相当一部分能够吸附在固体填料上，且具有比异养菌还要强的粘附性。反冲洗并不能完全将其冲刷掉，从而保证较长的停留时间，形成生物量的积累并能起到一定的硝化作用。

温度对好氧的生物膜过滤柱的影响还体现在氧向污水转移速率方面，水温上升，水的黏滞性降低，氧的扩散系数提高。式（4-29）表示氧的总传递性的氧总转移系数与温度的关系：

$$k_La_{(T)} = k_La_{(20)}\theta^{(T-20)} \tag{4-29}$$

式中　$k_La_{(T)}$——水温为 T℃时氧总转移系数，s^{-1}；

　　　$k_La_{(20)}$——水温为 20℃时氧总转移系数，s^{-1}；

　　　θ——温度系数，其范围为 1.0015~1.040，典型值为 1.024。

由式（4-29）可以看出，$\theta=1.024$ 时，如果温度由 20℃ 增加到 30℃，氧总转移可提高 27%；反之如果温度由 20℃ 降低到 10℃，氧总转移系数就会减少 22%。水中溶解氧降低，必然降低好氧微生物的呼吸作用，降低生化反应速率，影响生物膜过滤柱在低温下的净化效果。

（2）低温生物膜过滤池堵塞分析

生物膜过滤池中生物膜主要是由微生物细胞和它们所产生的胞外多聚物（EPS）组成。EPS在生物膜中细胞固定以及形成生物膜过程中起着重要作用。在深度处理的生物膜过滤池中，通常认为EPS的来源有两方面：生物膜细胞的新陈代谢、细胞分解产物；二沉池中未能沉降的污泥微絮体。EPS的组成由于进水水质、反应器类型、分析工具、手段的不同差别很大。表4-16是利用不同方法所获得的EPS主要成分。从表4-16中可以看出，EPS中主要成分为蛋白质。

EPS 的主要成分   表 4-16

	蛋白质	腐殖质	糖类	糖醛酸
阳离子交换树脂法	243±7	126±1	48±1	6.1±0.2
NaOH 调 pH（11）	96±4	—	22±2	3.1±0.3
加热（80℃）	121±3	—	8±2	2.2±0.2

EPS是污水中有机物被氧化、吸附的主要场所，同时也是造成水头损失增加、生物膜过滤池堵塞的主要原因。当生物膜过滤池在低温下运行，尤其当冬季和春季到来的时候，大量的融雪水进入城市排水系统，生物滤池的堵塞问题会更严重，运行周期会大大缩短。

（3）温度对水头损失的影响

Visvanathan和Nhien研究表明，在水质稳定的情况下，滤速对生物滤池的堵塞、反冲洗周期有较大影响。较高的滤速导致无机颗粒和脱落的生物膜向滤床的纵深方向发展，从而加快了堵塞。图4-55是试验观察到的滤速和温度对1号生物膜过滤柱水头损失的影响。从图中看出，流速为2、3、5m/h时1号柱水头损失达到0.5m的时间变化不大。这一点可能与进水的水质有关。深度处理进水中悬浮物质较少，有机物浓度低。与Visvanathan进行的污水二级处理相比，流速的变化引起的容积负荷变化不大；同时较高的滤速将无机颗粒和脱落的生物膜向滤床的纵深方向分布，使水头损失沿滤层变化更加合理，有效缓解了1号滤柱的局部堵塞问题。

由图4-55可以看出，温度对生物膜过滤柱堵塞影响要大于滤速的影响。图4-56是不

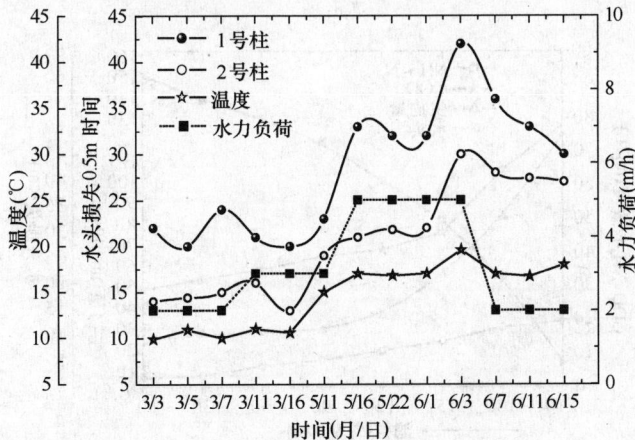

图 4-55 滤速和温度对水头损失的影响

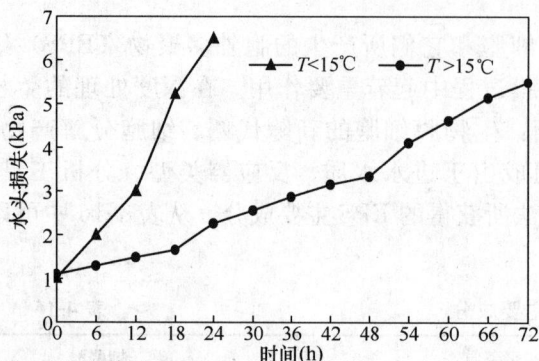

图 4-56　生物膜过滤柱不同温度下水头损失变化

同温度下 1 号柱随着运行时间的延长水头损失的变化。水温 15℃ 以上时，滤柱运行周期大约为 72h，水头损失由 0.11m 升高至 0.55m。而当温度在 15℃ 以下时，1 号柱的堵塞严重，水头损失在 24h 之内由 0.10m 增至 0.65m，从而导致反冲洗频繁且严重影响了氨氮的去除效果。

试验中发现，温度对 2 号柱水头损失的影响要比 1 号柱更加严重。这主要是由不同的运行方式影响所致。图 4-57 是进水温度 15℃ 以上，下向流生物滤柱 COD、NH$_4^+$-N、水头损失和生物量沿层变化情况。进水 60cm 段内，由于污染物相对丰富，从而使物理截滤和生物氧化作用不受底物浓度的影响，65% 的 COD 去除量在此段完成。同二级除碳生物滤池的滤层净化特征不同，深度处理生物滤柱中的硝化作用在滤柱上段有所加强，距滤柱进水 60cm 处，NH$_4^+$-N 的去除率已接近 20%。试验中发现，因原水为二沉池出水，难降解性有机物比例增多，SCOD 在滤柱的下段基本上没有去除。滤柱的下段，有机底物的减少使自养硝化菌占有绝对的优势，能够保证出水 NH$_4^+$-N 浓度低于 5mg/L，满足生活杂用水水质要求。

下向流生物膜过滤柱污染物的降解规律决定了生物量的沿层变化特征。如图 4-57 所示，滤柱上段积累了大量生物量，和下段相比增加了一个数量级。显微镜及电镜观察发现，上段的微生物种群丰富，菌胶团结构致密。下段生物膜中虽也发现有杆菌、球菌，但聚集菌群稀少。生物量的局部积累再加上悬浮物质的截留，使得滤柱在进水段的水头损失增加较快。而 1 号柱气水同向而行，加大了水流剪切力，使无机杂质和脱落的生物膜向滤床的纵深方向分布，有效减缓了局部水头损失的快速增加，能够延长运行时间。另外，试验中观察到，下向流生物膜过滤柱运行中，上升的气体由于能量的抵消，不断滞留在滤柱中，最终导致水头损失急速增加，出水量极低，从而必须进行反冲洗。这种现象在反硝化生物膜过滤池中常有出现，但其主要是由于 N$_2$ 的产生而出现气塞堵塞现象，影响运行效果。

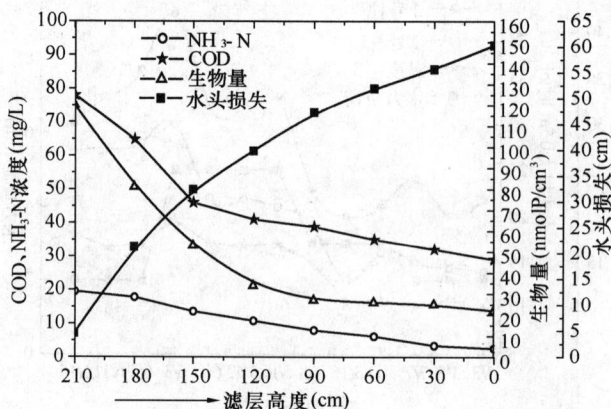

图 4-57　2 号柱滤层污染物降解、生物量及水头损失变化

从微生物自身生长规律分析，温度提高有利于细菌繁殖，但可比低温时形成更多的生物积累。但图4-55的试验结果表明，温度降低时滤柱水头损失增长快、更易发生堵塞。可以从以下几个方面进行解释：①以流体力学视角看，水温越低，水的运动黏滞系数越大，水质流动性也越差，水流前进阻力相对变大，不利于水中悬浮颗粒的吸附，从而加快了生物滤柱的堵塞。②水温的变化也相应带来微环境的变化。温度降低时微生物新陈代谢能力下降，水中氧的溶解度增加，生物滤柱不易产生厌氧区。原生动物、后生动物在低温下的活性减弱也降低了它们"疏通工"的作用。这些都直接减少了生物膜的脱落，使生物滤柱运行中更易发生阻塞。温度升高水中氧的溶解度降低；另一方面，根据微生物的酶促反应原理，有利于增加微生物活性，使其耗氧量变大，因此易在生物膜的内侧形成厌氧的微环境，产生气体和使周围环境酸化的挥发性有机酸，从而有利于生物膜的脱落，能够缓解生物膜滤柱的堵塞。厌氧环境产生的硫化物会破坏污泥絮体的形成，因此可以推测它对生物膜滤柱填料之间类似污泥的悬浮生物量的稳定性也会有一定的影响。③Li还在研究中发现低温条件下细菌会加快胞外聚合物（EPS）的分泌，从而加快滤池的堵塞。温度降低的同时也会引起生物滤池中的生态改变。Deboran M在研究中发现温度降低，为保持细胞膜的流动性，G-细菌、真核细胞生物增多，G+细菌、硫细菌减少。镜检试验发现，水温在15℃以上时，生物相中菌胶团较多，大量细菌、真菌存在。当温度降低时，菌胶团量少而发散，纤毛类的原生动物明显增多，反映了此时滤柱内生物的不平衡状态，同时大量的后生动物附着在滤料上，会加剧滤柱的堵塞。Bihan在其研究中发现低温会导致生物膜过滤池降解纤维二糖的β-葡萄糖肝酶减少，降低了对纤维素的分解，容易引起生物膜过滤池的堵塞。

为了有效缓解温度降低滤池引起的堵塞现象，上向流生物膜过滤池采用短时反冲洗来减缓堵塞的发生，从而延长滤柱的运行周期，增加平均产水率。使氨氮的去除率由原来的10%～15%提高为40%～60%。短时反冲洗的气洗强度63m³/(m²·h)，水洗强度39.6m³/(m²·h)，反冲洗时间为60s，过滤周期72h。根据下向流生物膜过滤池的结构特征，采用局部反冲洗能够缓解堵塞。局部反冲洗通过去除滤柱上段过量的生物量和悬浮物质，使滞留在填料之间或内部的气体同时得到释放，缓解堵塞的同时减小了水流前进的阻力，水中的污染物能够更好的深入至滤层和滤料的孔洞之中，从而提高去除污染物能力。局部反冲洗的参数的确定根据所选滤料的密度，保证滤层膨胀率达15%左右即可。一般来说水洗强度为40m³/(m²·h)，气洗强度为26m³/(m²·h)，冲洗时间为180min。

4. 水力负荷

采用生物膜过滤技术，水力负荷是一个限定因素。水力负荷的增加会造成水头损失的增大，因而会造成更频繁的反冲洗，增加资金的投入。水力负荷的上限应取决于填料的种类、出水浊度和处理程度。水力负荷过低同样会对处理效果产生不利的影响，而水力负荷过低，会造成生物膜过分集中在表层生长，同时被截留的悬浮物也集中在表层，造成表层填料粒径孔隙迅速减少，使得水头损失增加过快，因而反冲周期缩短。有研究表明水力负荷过低会使水利条件变差，表现为容易形成短流。因此水力负荷过低，不仅限制了容积负荷的提高，还降低了生物膜过滤去除污染物的能力。

（1）冬季不同水力负荷对去除效果的影响

冬季污水温度低，对微生物的活性是有影响的，从长期的冬季试验结果来看，净化效果明显低于夏季的效果，夏季各项出水指标的改善率要高于冬季10%～20%，但是在适当的水力负荷下生物膜过滤还是有相当的去除率和改善率的。

如表4-17所示，冬季在水力负荷为3m³/(m²·h)条件下，COD_{Cr}的去除率仍在30%以上，BOD_5的去除率在50%以上。相对于普通石英砂滤柱，COD_{Cr}的改善率在18%以上，BOD_5的改善率在25%以上。但当滤速提高到5m³/(m²·h)时，污染物的去除效果有了大幅度的下降，COD_{Cr}的最高去除率为18%，平均值在15%。BOD_5的去除率最高为25%，平均值为20%。与普通石英砂相比其水质改善率很微弱，BOD_5的改善率几乎为零。

冬季不同水力负荷下的去除效果　　　　　表4-17

项目 水力负荷		BOD_5 (mg/L)				COD_{Cr} (mg/L)			
		原水	出水	去除率 (%)	改善率 (%)	原水	出水	去除率 (%)	改善率 (%)
$V=3$ m³/(m²·h)	砂滤	23.4	10.9	53	—	86.6	70.4	18.7	—
	生物膜过滤		8.14	65	25.3		56.8	34	19
$V=5$ m³/(m²·h)	砂滤	8.0	6.6	18	—	83.3	74.3	10.8	—
	生物膜过滤		6.4	20	3		70.6	15	5

（2）夏季不同水力负荷对去除效果的影响

夏季水力负荷是在3m³/(m²·h)、5m³/(m²·h)和7m³/(m²·h)、10m³/(m²·h)下进行的。如图4-58～图4-61所示，水力负荷对生物膜滤柱的去除效果有一定的影响。随着水力负荷的增加，出水各项指标逐渐升高，去除率逐渐降低。但在水力负荷3m³/(m²·h)和5m³/(m²·h)时，出水效果变化不大，当水力负荷为7m³/(m²·h)时，生物膜滤柱的出水COD_{Cr}浓度平均值为41.6mg/L，BOD_5为4mg/L，浊度为2.8NTU，NH_4^+-N为0.9NTU，出水无明显异味，并且非常清澈，此时的去除效率仍能达到35%以上。

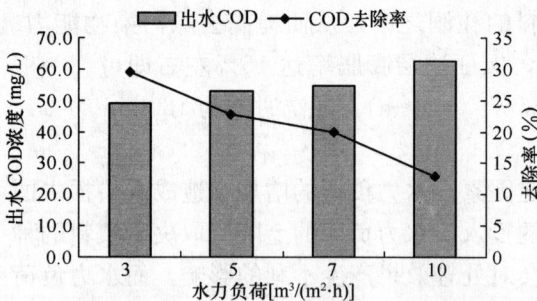

图4-58　不同水力负荷下COD_{Cr}去除效果

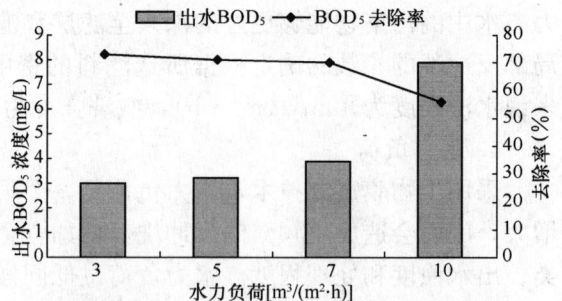

图4-59　不同水力负荷下BOD_5去除效果

这主要是因为在低水力负荷条件下，水中可被微生物利用的有机物沿水流方向不断地被微生物分解、吸收和利用，到达生物滤柱上半部分后，由于营养物质大部分在下半部分被分解氧化，水中的营养满足不了微生物对营养的要求，从而不能形成对有机物有较强降解能力的菌胶团，当水力负荷提高后，在单位时间进入生物膜滤柱的有机物增加，水力停留时间缩短，水中更多的营养物质就能到达上半部分，使上半部分的微生物能在一定程度上增殖，这样生物膜滤柱内的生物量增加，利用率提高。因此尽管水力负荷增加，停留时间缩短，但去除效果并没受到很大的影响，相反却有一定的提高。

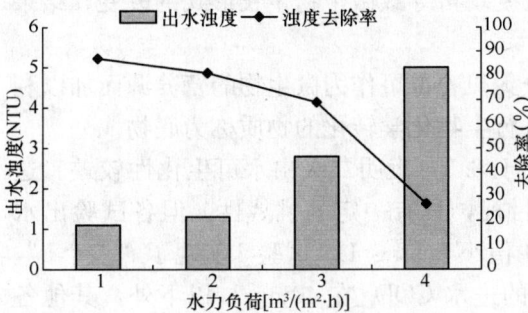

图 4-60　不同水力负荷下浊度去除效果　　　图 4-61　不同水力负荷下 NH_4^+-N 去除效果

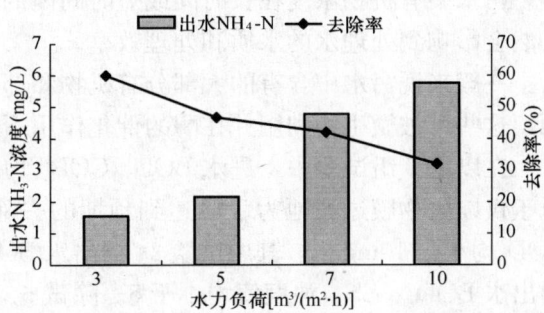

但当水力负荷大于 $7m^3/(m^2 \cdot h)$ 时，生物膜过滤对有机物的去除效果明显下降，这一点从图 4-58～图 4-61 中可以清楚看到，当水力负荷为 $10m^3/(m^2 \cdot h)$，浊度和 NH_4^+-N 的去除率仅为 27% 和 16%，出水 COD_{Cr}、BOD_5 浓度已接近 70mg/L 和 8mg/L，这是由于滤层中的微生物对有机物的去除是有一定的限度的，超过这一限度，如果在短的水力停留时间内，进水容积负荷较高，必然会导致出水水质恶化；另一方面，水力负荷的增加也会增加生物过滤处理系统的不稳定性。冬季微生物的活性减弱，新陈代谢变得缓慢，但在驯化适应之后，其活性减弱是有一定限度的，只要适当降低负荷，可以保持生物膜滤柱的出水水质。冬季水力负荷采用 $3m^3/(m^2 \cdot h)$，夏季水力负荷采用 $7m^3/(m^2 \cdot h)$ 为适宜。

5. 进水污染物负荷（表 4-18）

进水污染物浓度对滤池效果的影响　　　　　　　　　　　　　　　表 4-18

	试验 1		试验 2		试验 3		试验 4		试验 5	
	进水	出水	进水	出水	进水	出水	进水	出水	进水	出水
COD_{Cr}(mg/L)	30～40	25～30	53～75	46.9	80.15	46.55	98.4	43	<100	<50
BOD_5(mg/L)	8	5.2	10	4.93	15.2	7.4	26.7	6.9	<25	<5
SS(mg/L)	7.5	4	20.61	4.91					<20	<5
TP(mg/L)	1.1	1.0	0.7	0.23			2	<1.5		
NH_4^+-N(mg/L)	1.2	0.7	21.5	8	18.6	6.4	17.3	9	32	6.8
TN	29	28	25	21.23						
浊度(NTU)	2.9	1.3			8	2.4	18.7	6.6	<20	<5
色度(度)	42	40			22	14				
臭味(TON)	—	—			50	20				
细菌(个/mL)	—	—	4000	720	63150	4739				
大肠杆菌(个/L)	—	—	1700	45	13690	525				

249

污染物负荷对生物滤池的处理效能有重要的影响，主要表现在进水污染物浓度及对反冲洗周期的影响。在生物滤池处理污水过程中，由于污水中有机物组分是生物膜微生物食物与能源的主要来源，因而污水流量及其中的有机物含量就是影响滤池性能的重要因素之一。污水中有机物浓度在长时间或短时间内的改变均可导致微生物生长形式的改变，结果必然会影响到处理水的水质和处理效率。

一般来说污水中含有的大部分有机物和部分无机物都可作为微生物的营养源而加以利用，这些可被微生物利用并在酶的催化作用下进行生物化学转化的物质称为底物。

在以上 5 组试验中，进水 BOD_5/COD_{Cr} 均小于 0.3，表明二级出水可生化性较差。这对于仅以生物膜过滤池为手段达到预期的去除目标，具有一定的挑战性。但各试验出水 BOD_5 均小于 10mg/L。其中试验 2、5 出水 BOD_5 值小于 5mg/L。试验 5 实现了"三个 5"，即出水 BOD_5、SS、浊度值均小于 5。除试验 1 的进水 COD_{Cr} 在 40mg/L 以下外，其他各试验出水 COD_{Cr} 值都不能降至 40mg/L 以下。这一点符合 Rittmann 的稳态生物膜理论：在稳态条件下，生物膜过滤池出水有机物浓度是不可能无限降低的，存在一个出水最低有机物浓度 Smin。试验中还发现，随着进水有机物负荷的降低，有机物的去除率也随之降低，在由试验 4、试验 5 的超过 50％降至试验 3、2、1 的 41.9％、21.8％、17％。

生物膜过滤池进行污水深度处理的一个重要特征是它可在一个反应器内同时实现有机物的氧化以及营养盐的去除。由于异养菌的最大增殖速率为硝化菌的 3～5 倍，因此在溶解氧、底物、空间竞争方面硝化细菌往往处于劣势，从而影响其活性。试验中，进水为污水厂二级出水，有机底物浓度较低且沿滤层逐渐降低。一旦溶解氧、碱度、NH_4^+-N 充足，亚硝化细菌、硝化细菌即可大量繁殖，并将 NH_4^+-N 氧化为 NO_3^--N。如表 4-18 所示，以上试验出水 NH_4^+-N 浓度都在 10mg/L 以下，平均去除率分别为 41.7％、63％、65.5％、79％、48％。进水 NH_4^+-N 浓度过低是试验 1 中 NH_4^+-N 去除率最低的主要原因，底物浓度过低，硝化细菌难以大量繁殖成为优势菌群，故去除率最低。而年平均气温较低是造成试验 4 中 NH_4^+-N 去除率较低的主要原因。

对卫生学指标，从现有的试验结果来看，生物滤池具有一定的除菌作用，并且可以达到较高的除菌水平，当然这种除菌作用与投氯灭菌、臭氧灭菌有本质的区别，它并非通过化学作用杀灭细菌，而是主要通过生物滤料的过滤截留作用将细菌阻截于滤料上，实现出水菌群数的减少。与有机物的去除规律相似，生物滤池的除菌作用也与进水菌群浓度呈现一定的相关性，随进水浓度升高，除菌率提高。生物滤池出水的微生物指标虽然不能满足多数再生水回用标准，但细菌数量降低了一个数量级以上，去除率达 90％～95％以上，去除效果是可观的。由于生物膜滤柱出水有机物含量、浊度和细菌数量上都有大幅度的降低，使再生水的消毒更为简单，可以应用紫外光等物理化学消毒方法。

4.4.1.3 曝气生物滤池工艺的设计、运行与控制

1. 曝气生物滤池的设计与计算

（1）滤料材质

图 4-62 所示为曝气生物滤池填料。生物滤料作为曝气生物滤池工艺的核心组成部分，影响着该工艺的处理效果和运行控制，故选择合适的滤料对曝气生物滤池工艺的推广和应用影响非常大。目前应用较多的填料主要是以黏土和粉煤灰为主要原料的球形轻质多孔生物陶粒和页岩陶粒。粒径 1.8～6mm，空隙率 0.3～0.4，比表面积 $0.8～4×10^4 cm^2/g$，

密度 1300～2000kg/m³，磨损率小于 3%，盐酸可溶率小于 2%。

（2）滤池池体的设计与计算

1）除碳曝气生物滤池的设计与计算

① 滤料体积的计算（BOD 容积负荷率法）

$$W = Q\Delta S/1000Nw \qquad (4\text{-}30)$$

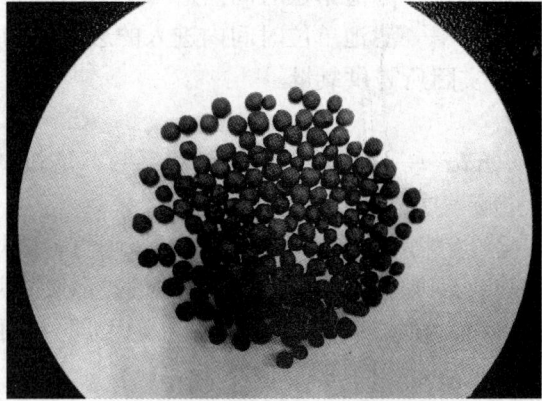

图 4-62　曝气生物滤池填料

式中　W——滤池的总有效体积，m³；

Q——滤池的日平均进水量，m³/d；

ΔS——进出滤池的 BOD_5 差值，mg/L；

Nw——BOD_5 容积负荷率，kgBOD/(m³·d)，一般为 0.12～0.18kgBOD/(m³·d)。

② 滤池有效面积

$$A = W/H \qquad (4\text{-}31)$$

式中　A——曝气生物滤池的总面积，m²；

H——滤料层高度，m。

③ 滤池总高度

$$H_0 = H + h_1 + h_2 + h_3 + h_4 \qquad (4\text{-}32)$$

式中　H_0——曝气生物滤池的总高度，m；

H——滤料层高度，m；

h_1——配水室高度，m；

h_2——承托层高度，m；

h_3——清水区高度，m；

h_4——超高，m。

一般滤池中的滤料层高度 H 为 2.5～4.5m。

④ 曝气生物滤池曝气量的计算

a. 微生物需氧量　包括合成用氧量和内源呼吸用氧量，即

$$R = a'\Delta BOD + b'P \qquad (4\text{-}33)$$

式中　R——微生物膜的需氧量，kg/d；

ΔBOD——滤池单位时间内去除的 BOD 量，kg/d；

P——活性生物膜数量，kg/d；

a'，b'——系数，a' 通常为 1.46 左右，b' 为 0.18。

曝气生物滤池需氧量（OR）也可用下式计算出：

$$OR = 0.82 \times (\Delta BOD/BOD) + 0.32 \times (X_0/BOD) \qquad (4\text{-}34)$$

式中　OR——单位质量的 BOD 所需的氧量，无量纲（kg/kg）；

ΔBOD——滤池单位时间内去除的 BOD 量，kg；

BOD——滤池单位时间内进入的 BOD 量，kg；

X_0——滤池单位时间内进入的悬浮物的量，kg。

b. 实际所需供氧量

$$RS = RKla \tag{4-35}$$

式中　Kla——曝气装置的总转移系数，通过试验测得。

⑤曝气方式

曝气生物滤池的曝气类型为鼓风曝气，鼓风曝气系统由鼓风机、空气扩散装置（曝气器）和一系列连通的管道组成。空气扩散装置常用穿孔管或专用曝气器，穿孔管极易造成布气不均，导致滤料板结，故现在绝大部分工程采用单孔膜空气扩散器等专用扩散装置。

⑥滤池运行周期及反冲洗

曝气生物滤池用于再生水的处理，运行周期与进水的水质关系很大，一般的，一到两周反冲洗一次。采用先单独用气反冲洗（3～5min），再气—水联合反冲（5～8min），最后水冲（3～5min）的方式为宜。滤池截面上的反冲洗水速为15～25m/h，或反冲水强度5～6L/(m² · s)；气速为50～70m/h，或反冲气强度15～20L/(m² · s)。

（3）硝化曝气生物滤池的设计与计算（容积负荷法）

硝化容积负荷计算法是最常用也是比较简便的计算方法。滤池所需滤料体积可按下式计算：

$$W = Q\Delta c\mathrm{NH_4^+}\text{-}\mathrm{N}/1000q'\mathrm{NH_4^+}\text{-}\mathrm{N} \tag{4-36}$$

式中　　　　W——所需滤料的体积，m³；

　　　　　Q——滤池的日平均进水量，m³/d；

$\Delta c\mathrm{NH_4^+}\text{-}\mathrm{N}$——进出滤池的 $\mathrm{NH_4^+}$-N 浓度的差值，mg/L；

$q'\mathrm{NH_4^+}\text{-}\mathrm{N}$——硝化容积负荷，$\mathrm{kgNH_4^+}$-N/(m³滤料 · d)，一般为 0.4～0.8$\mathrm{kgNH_4^+}$-N/(m³滤料 · d)。

已知所需滤料的体积后，曝气生物滤池的池体设计可参照 DC 曝气生物滤池的 BOD 有机负荷计算方法进行。

2. 曝气生物滤池的运行与控制

（1）曝气生物滤池运行控制方法

根据 BAF 工艺的要求，工艺设备的控制一般有三种方式：①现场操作箱硬手动控制；②PLC 自动控制；③中控室电脑键盘远程控制（软手动）。这三种控制方式互相补充。正常运行时是以 PLC 的自动控制为主，在必要的时候以硬手动或软手动控制作为补充，有时可根据特殊需要在 PLC 站通过现场总线设 HMI（人机界面）和连接远程 I/O，以便于现场人机对话。

（2）曝气生物滤池运行控制操作规程

1）正常工作控制

滤池在正常工作时，曝气阀及进水阀开启，其他阀门关闭，曝气风机变频运转，整个滤池自动运行。核心控制参数为滤速（控制水力负荷）、出水溶解氧（DO）水平及运行周期（保证生物活性）。

2）反冲洗控制

当滤池具备反冲洗条件时需停止正常工作，排队进入反冲洗工况（根据提出反冲洗申请的先后顺序)。反冲洗程序为三段式冲洗：气冲洗、气水混合冲洗、水冲洗。其工艺过程为：关进水泵和进水调节阀—关闭曝气鼓风机和鼓风机出口气动阀门—开反冲洗排水闸板—开反冲洗进气阀—启动反冲洗鼓风机—开反冲洗进水阀—开反冲洗水泵—停反冲洗风机—关反冲洗进气阀—开放气阀—关放气阀—关反冲洗进水阀—关反冲洗水泵—关反冲洗排水闸板—开进水阀—开曝气进气阀。

3）备用状态

曝气生物滤池在设计时会参照比较保守的数据，加上污水厂进水量的季节性变化也较大，因此经常会发生有滤池闲置备用的情况。这时控制系统可根据每个滤池和设备闲置时间的多少安排滤池的工作，让每个滤池和设备都能获得大致相同的检修时间。

4）故障状态

曝气生物滤池在运行时若出现故障，应停电检修。单个滤池的检修不应影响其他滤池的正常运行。

4.4.1.4 曝气生物滤池在再生水生产中需要注意的问题

传统的污水再生水处理技术主要是采用絮凝沉淀—过滤—氯消毒的方法，该技术的优点是运行效果稳定，运行费用较低，能够达到一般中水作为杂用水的水质要求。但是这一处理工艺也存在着很多缺点：

（1）出水水质一般，出水中的氮、磷等浓度超标，出水色度较高。

（2）需投加大量化学药品，如聚合硫酸铝、石灰等，造成二次污染。

（3）占地面积大，难以封闭运行。

（4）投资成本高。

从曝气生物滤池的特点可以看出，将其用于城市污水回用方面具有许多别的处理工艺所无法比拟的优势：

（1）由于城市污水在经过二级处理后悬浮物已经降到了一个较低的水平(20~30mg/L)，因此不必担心悬浮物对滤池产生严重堵塞的问题，可以充分发挥曝气生物滤池处理出水水质高、抗冲击负荷能力强等优点。

（2）二级出水的有机物浓度较低，可生化性较差，采用生物膜法深度处理是适宜的。因为活性污泥工艺对微生物的生长不利，而在生物膜法中微生物固着生长在填料上，生物流失量小，有利于微生物的培养。该法不但能将有机物去除，还能同时去除氨氮。外加碳源还可实现反硝化脱氮。

（3）占地面积小、基建投资省，为新建或已建污水处理厂增设回用工艺解决了资金短缺问题，有利于污水回用的开展。

（4）曝气生物滤池的模块化结构设计便于后期回用工程的改建、扩建。

（5）曝气生物滤池易挂膜、启动快。该技术特别适合我国水处理所面临的现状。

但在大量的调研及实验分析基础上，曝气生物滤池在再生水生产中主要要解决的并且该技术运用在污水深度处理中需要注意的几个问题：

（1）预处理工艺

生物滤池具有生物氧化和过滤功能，能够有效去除水中的有机污染物及悬浮物质。但进水中的悬浮物如果太多，会造成微生物的竞争空间减少，而且滤池运行周期缩短，降低泥龄，从而使硝化作用降低。

再生水由于经过了前序处理过程，根据工艺的不同，出水水质变化很大。在强调污水二级处理的今天，部分水厂二级出水达到一级 A 甚至高于一级 A 标准，这种情况下，用生物滤池进行进一步的深度处理，会存在进水中营养底物过低的情况。尤其是前段有化学除磷情况下，难以满足微生物生长对磷的需要。所以要避免磷浓度过低，保证进水 C、N、P 比例合理。

一般来说，污水厂二级出水还需加消毒剂进行消毒，水中可能存在剩余消毒试剂。如果这样，会影响生物的增长。所以利用生物滤池进行深度处理，消毒应该放在滤池后，在不影响滤池挂膜的同时，还能减少加药量，因为生物滤池还可以进一步对细菌及大肠杆菌进行去除。

（2）好氧生物滤池寡营养水挂膜方式

挂膜对于生物滤池用于污水二级处理并不是难事，在夏季很快就能得到需要的生物量，一般一周左右就可以进入正常运行。在冬季也许 20d 左右也能达到预期效果。但在滤池进行深度处理过程中，挂膜显得非常重要并且不是那么容易。夏季估计 20d 左右挂膜成功，冬季一个多月才可以。挂膜前要对进水水质有一个清晰的认识，主要考虑营养底物是否可以满足微生物的需要，进水中是否有有毒有害的元素，是否还有余氯。在确定这些答案后，要选择适宜的挂膜方式。一般来说挂膜有自然挂膜法（逐渐加大流量、设计流速挂膜）、活性污泥闷曝法这两种。根据研究经验，深度处理生物滤池宜采用慢流速自然挂膜法。因为挂膜时间相对延长，活性污泥法容易产生堵塞或者丝状菌滋生。快流速自然挂膜法减少了细菌和底物的停留时间，对于挂膜也是不利的。在挂膜过程中，一般避免反冲洗，即使要进行反冲洗，也要采用瞬时反冲洗，仅仅降低水头阻力即可。要想避免反冲洗，要求进水悬浮物浓度要低，但溶解性物质越高越有利于挂膜。一般来说，挂膜期间要实现全流程的联动调节，增加进水负荷。

（3）填料的选择

生物滤池用于深度处理，应该弱化其过滤作用，强化生物氧化作用。因为一般二级水进水悬浮物浓度不会太高，从而对出水悬浮物有一定的保证。另外如果过滤作用增强，势必会增加反冲洗次数，降低生物的停留时间，影响生物净化作用。所以从这点考虑，选择合适粒径的填料对于生物氧化和过滤作用的寻找平衡点是非常关键的。粒径过小就会导致生物氧化力降低。粒径过大出水浊度也许会不合格。一般来说，用来硝化的滤池其粒径选择 2～4mm 为佳。其比表面积越大越好，内部孔洞直径不要小于 $10\mu m$，否则细菌不易增长。火山岩、陶粒都是最佳的选择，但其硬度参数很关键，选择时候要注意，否则会造成经济成本增加。

4.4.2　反硝化生物滤池工艺

我国一些水体中污染物浓度已经远远超过了水体自身的自净能力和所能够承受的环境容量，目前，在全国重点流域的湖泊区域，要求污水必须达到一级 A 标准后方可排入，即使将污水深度处理后达到地表 IV 类水，水体水质的恢复尚需要几年甚至几十年。许多研究发现地表水体以及地下水均受到了不同程度硝酸盐的污染。地下水源的氮污染物在欧洲以及美国、加拿大都逐渐成为一个较严重的问题。在很多地区地下水的硝酸盐浓度远远超过普通限制水平达到了一个严重的水平，美国环保局规定的是 10.0mg/L，世界卫生组织规定的是 50mg/L，欧盟和一些以前的东欧国家越来越关心硝酸盐浓度的增加带来的对人体健康潜在的威胁。硝酸盐可能会引起婴幼儿患上高铁血红蛋白血症（蓝色婴儿综合症）。硝酸盐转变为亚硝酸盐后，如果进入唾液会形成亚硝胺，就是众所周知的致癌原。同时，湖泊、水库、江河、海湾以及近海水域等缓流水体中较高的硝酸盐可能导致温室性气体 N_2O 的产生。

离子交换、反渗透和生物反硝化均可去除硝酸盐，但离子交换和反渗透等方法在污水深度处理中大规模应用受到限制。离子交换主要受两个方面技术条件的限制。首先，树脂虽然对硝酸盐离子具有高选择性，但由于污水中其他离子的存在，而使树脂对硝酸盐的选择性有所降低。其次，树脂的再生问题，再生后的废水中仍然含有大量的硝酸盐，并没有真正的去除，需要进一步处理。反渗透虽然可去除硝酸盐，但同时也去除了没有必要被去除的矿物质元素。离子和反渗透工艺还由于价格昂贵、处理费用较高等原因未能广泛应用。

生物脱氮工艺为经济有效的污水处理工艺，该工艺利用微生物的硝化和反硝化作用将氨氮或者有机氮首先转化硝酸盐，而后进行反硝化作用转化为氮气从水体中释放。目前国内外普遍采用的污水处理传统生物脱氮工艺，诸如：A/O、UCT、VIP 和 SBR 等，虽具有一定的反硝化能力，但较多城市污水中有机物浓度较低，难于满足反硝化作用对碳源的需求，污水处理厂出水中仍有剩余的 TN 主要是硝酸盐。因此进一步提高污水处理厂的反硝化能力，提高对 TN 尤其是硝酸盐的去除也是迫切需要解决的技术问题。

反硝化滤池已经有多年的应用历史。20 世纪 70 年代，反硝化滤池用于污水二级处理过程中，在生物滤池处理系统中通常有前置反硝化滤池和后置反硝化滤池两种方式，该工艺在欧洲已广泛应用。近年来，为了满足最大日负荷总量（TMDL）的要求，欧美等发达国家在中水回用厂中引入反硝化滤池以提高出水水质。我国部分污水处理厂的升级改造也已采用该工艺。

4.4.2.1　反硝化生物滤池工作原理

反硝化滤池既可用于污水处理，也可用于污水深度脱氮及再生回用。反硝化滤池可与硝化滤池、砂滤池和机械过滤技术等相结合用于再生水的生产。根据污水或城市污水二级生物处理出水的水质特点和再生水水质的要求，反硝化滤池可设于污水处理工艺过程中，也可设于污水二级处理后。

当污水或二级生物处理出水中有大量的可利用碳源，且出水水质对总氮去除要求较高时，宜采用前置反硝化工艺（图 4-63）。

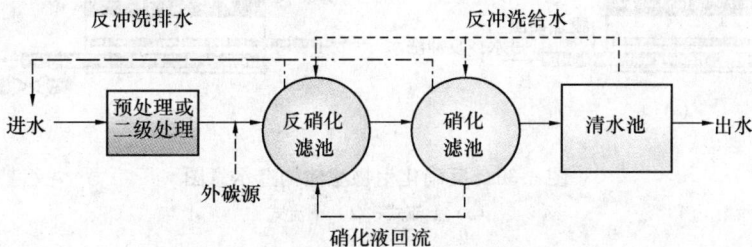

图 4-63　前置反硝化滤池工艺流程图

当进水中总氮，尤其是硝酸盐氮较高，而缺乏或几乎没有可利用有机碳源，且出水对总氮要求较为严格时，多可采用后置反硝化工艺（图 4-64），同时外加碳源。采用后置反硝化工艺需严格控制碳源投加量，通常为防止碳源投加过量等问题，在反硝化滤池后设置快速曝气区，去除溢出的有机物。

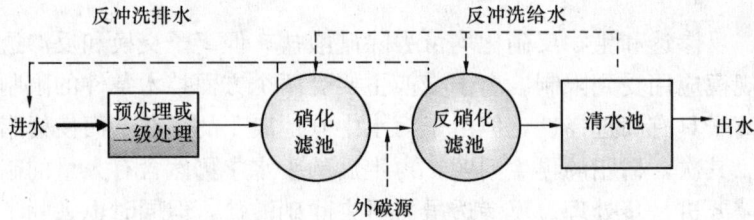

图 4-64　后置反硝化滤池工艺流程图

一般进入反硝化滤池的污水要求进行充分的预处理。进水的悬浮物浓度过高，易造成滤池堵塞，且需要频繁地更新生物滤床和增加反冲洗次数，一般要求生物滤床进水悬浮物（SS）浓度在 50~60mg/L 以下。因此，在污水二级处理中如果把生物滤床作为主要生物处理段，那么采用常规的初沉池处理很难保证生物滤床进水悬浮物浓度在 50mg/L 以下，为了防止堵塞，最好与一级强化处理相结合。在再生水处理过程中，由于二级出水的悬浮物低于 50mg/L，因此，不需要预处理。

图 4-65 为上流式和下流式反硝化生物滤池构造的示意图。在反硝化生物滤池工艺中进水水流可向下或者向上通过滤池，处理水由底部或上部收集于出水渠，进入集水池。由于滤料粒径小，比表面积大，使池中容纳着大量异氧反硝化菌，提高了整个生物滤池的反硝化能力。滤池运行过程中，生物量和滤层中截留杂质不断增加，运行一段时间后，滤池水头损失增大，此时需对滤料进行反冲洗，排出过量生长的微生物，反冲洗废水通过排水管回流到一级处理设施。

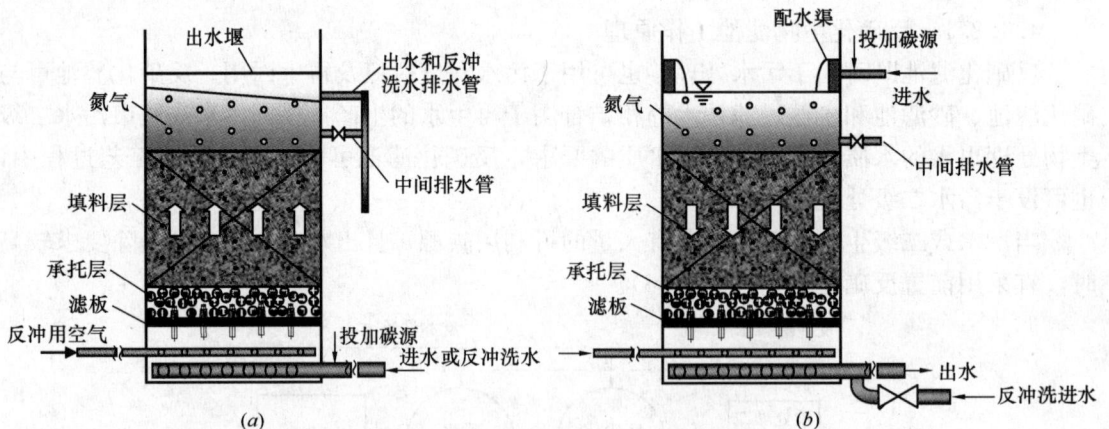

图 4-65　反硝化生物滤池构造示意图
(a) 上流式；(b) 下流式

反硝化生物滤池具有如下优点：

（1）占地面积小，基建投资省。与曝气生物滤池的特点相同，在反硝化生物滤池之后不需设二次沉淀池，可省去二次沉淀池的占地和投资。此外，所采用的滤料粒径较小，比表面积较大，滤层内部的生物量高，通过反冲洗可保持生物膜的高活性，因此，反硝化生物滤池的处理效率较高，所需停留时间较短。反硝化生物滤池水力负荷、容积负荷大大高于传统污水处理工艺和曝气生物滤池工艺，其最短停留时间可达 10min。因此，反硝化生物滤池的占地面积和体积更小，进一步地节约了占地和投资。对于用地紧张或地价昂贵的城市，采用该工艺具有明显的优势。

（2）出水水质较好。由于填料本身截留及表面生物膜的生物絮凝作用，使得出水 SS 和浊度均较低，一般不超过 10mg/L 和 5NTU。

（3）抗冲击负荷能力强，耐低温。国内外运行经验表明，反硝化生物滤池可在正常负荷 2~3 倍的短期冲击负荷下运行，而其出水水质变化很小；同时，反硝化滤池可间歇运行，停止运行 10~20d 后，仍可在 3~5d 内恢复运行，有利于滤池的维护，与传统活性污泥法相比具有明显的优势。

（4）易挂膜，启动快。反硝化生物滤池在水温 20~25℃时，5d 即可完成挂膜过程。

反硝化生物滤池也有一定的缺点：

（1）水头损失较大，水的总提升高度较大；

（2）反硝化滤池的运行在反冲洗操作中，短时间内水力负荷较大，反冲出水直接回流入初沉池会对初沉池造成较大的冲击负荷；

（3）因设计或运行管理不当还会造成滤料随水流失等问题；

（4）部分情况下，尤其是再生水处理过程中，为进一步提高 TN 去除率，需要投加外碳源，增加了处理费用。

1. 生物膜及其形成过程

微生物细胞几乎能在水环境中任何适宜的载体表面牢固地附着，并在其上生长和繁殖，由细胞内向外伸展的胞外多聚物使微生物细胞形成纤维状的缠结结构，便形成了生物膜 [图 4-66 (a)]。因而，生物膜是由有生命的细胞和无生命的无机物所组成的结构。由于生物膜主要是由微生物细胞和它们所产生的胞外多聚物所组成 [图 4-66 (b) 和 (d)]，因而生物膜通常具有孔状结构 [图 4-66 (c)]，并具有很强的吸附性能。

生物膜的累积形成是物理、化学和生物过程综合作用的结果，生物膜的形成可分为三个阶段，水中微生物细胞的附着→细胞增长促进生物膜形成→过度生长的生物膜的脱落。

有机分子从水中向滤料表面运送，其中有些被滤料吸附便形成了被微生物改良的载体表面；水中一些浮游的微生物细胞被传送到改良的载体表面，其中碰撞到滤料表面的细胞被吸附于载体表面，这部分细胞一部分在吸附一定时间后变为不可解吸的细胞，而另一部分会由于水力剪切或者其他物理、化学和生物作用而从滤料表面剥离。

不可解吸的那部分细胞不断地消耗水中的底物与营养物质，数量逐渐增加；同时，产生大量的代谢产物——胞外多聚物，该多聚物将微生物细胞紧紧地包裹在一起，由此，微生物细胞在进行新陈代谢的同时促进了生物膜的形成。

生物膜内部及表面附着生长的微生物生长到一定程度后，部分细胞在增殖时亦可向水中释放游离的细胞，同时由于生物膜的增厚，生物膜的底部会出现厌氧，从而使底部的细菌衰减，破坏了生物膜的附着力，在水力剪切等作用下生物膜逐渐剥离和脱落。

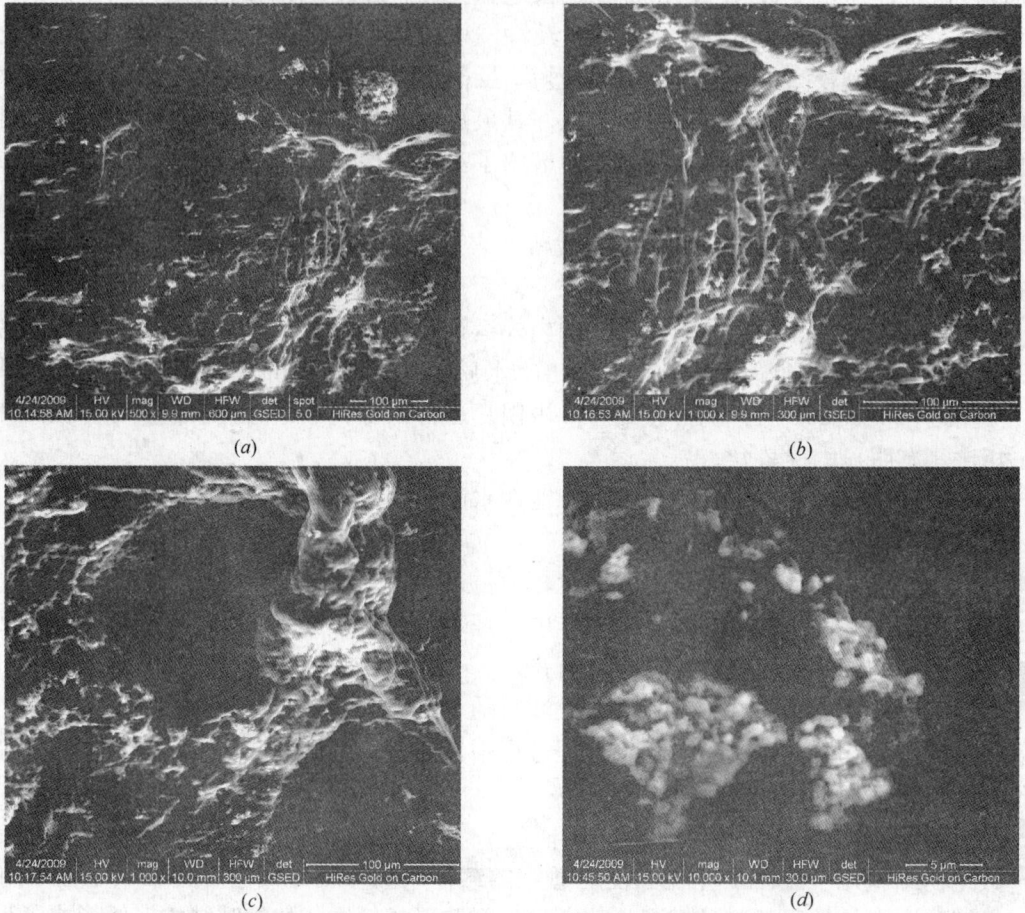

图 4-66 反硝化生物滤池中滤料表面生物膜的生长情况

反硝化滤池中形成的生物膜是在惰性滤料表面形成的，有时均匀地分布在整个表面，而有时却非常不均匀；有时仅由单层的细胞所组成，而有时却相当厚，随着营养底物、时间和空间的改变而发生变化。从技术角度讲，最好在生物膜的增长和脱落之间找到平衡，通过控制水力负荷等条件，在水力剪切作用下，控制生物膜的有效厚度，通过适当的反冲洗控制，促进生物膜的更新，排出死亡和过度生长的微生物。

2. 微生物的反硝化作用过程

在反硝化生物滤池中，生物膜中附着生长的微生物种类繁多，主要有细菌、真菌、藻类、原生动物和后生动物等，其中最主要的是反硝化细菌，该菌主要完成反硝化作用。反硝化生物滤池主要利用微生物的反硝化作用将硝酸盐或者亚硝酸盐还原为 N_2，而最终将含氮化合物从污水中去除，同时反硝化生物滤池内填充的滤料还具有吸附和截留等作用，可将污水中的悬浮物去除，使污水得以深度净化。

在反硝化生物滤池中，污水或者污水厂二级处理出水通过滤头均匀地布水布气，污水一部分被吸附于滤料表面，成为呈薄膜状的附着水层；另一部分则以薄膜的形式渗流过滤料，成为流动水层，最后到达排水系统，流出池外。污水流过滤床时，滤料截留了污水中的悬浮物，同时把污水中的胶体和溶解性物质吸附于表面，其中的有机物和硝酸盐被反硝化菌利用以生长繁殖，这些微生物又可进一步吸附污水中呈悬浮、胶体和溶解状态的物质，逐渐形成生物膜。生物膜成熟后，栖息在生物膜上的微生物即摄取污水中的有机物作为营养，对污水中的硝酸盐进行吸附还原作用，因而污水通过反硝化生物滤池后得到净化。

反硝化作用是在无氧或低氧的条件下，由异氧型兼性厌氧微生物将硝酸盐氮和亚硝酸盐氮还原为氮氧化物或氮气的过程。反硝化过程中 NO_x^--N 的还原是通过反硝化菌的同化作用（合成代谢）和异化作用（分解代谢）来完成的，其中同化作用主要用于合成新微生物细胞，将 NO_x^--N 还原成 NH_3-N，而后加以利用；而异化作用主要文成 NO_x^--N 的还原，去除的氮约占总去除量的 70%～75%。

在分子生物学及细胞生物学的研究中，已经确定异化反硝化过程按照四个阶段进行，如图 4-67 所示，其终产物可能为 NO、N_2O 及 N_2，由于 NO 对生物有剧毒，以 NO 为最终产物的细菌难以生存，通常终产物为 N_2O 和 N_2。催化反硝化过程的酶有 4 种：硝酸还原酶（nitrate reductase，*Nar*）、亚硝酸还原酶（nitritereductase，*Nir*）、一氧化氮还原酶（nitric oxide reductase，*Nor*）和氧化亚氮还原酶（nitrous oxidereductase，*Nos*）。反硝化还原酶的活性及浓度直接决定了反硝化过程的终产物，其活性会受到各阶段反应产物，外界环境条件及许多化学物质的调控和影响，*Nos* 是一种可溶性蛋白质，其活性中心大多数含有铜元素，*Nos* 含有一个 CuA 电子进入位点和一个 CuZ 催化中心，其中 CuZ 中心与 N_2O 还原酶的催化活性密切相关，但活性中心的结构形式多样，其氧化还原性、光谱特性、酶活性等有较大差异。

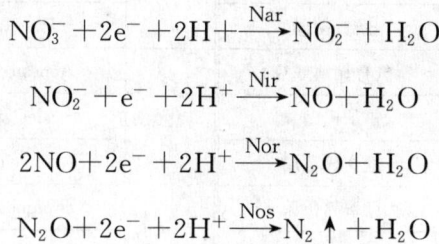

$$NO_3^- + 2e^- + 2H+ \xrightarrow{Nar} NO_2^- + H_2O$$

$$NO_2^- + e^- + 2H^+ \xrightarrow{Nir} NO + H_2O$$

$$2NO + 2e^- + 2H^+ \xrightarrow{Nor} N_2O + H_2O$$

$$N_2O + 2e^- + 2H^+ \xrightarrow{Nos} N_2 \uparrow + H_2O$$

$$NO_3^- + 7e^- + 8H^+ \longrightarrow 0.5N_2 \uparrow + 2H_2O + OH^-$$

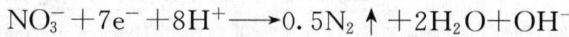

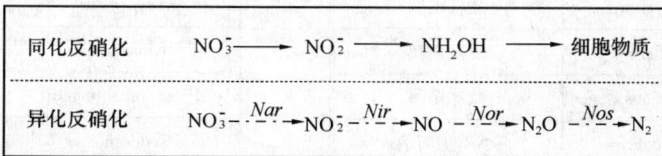

图 4-67　反硝化作用过程简图

反硝化细菌属兼性菌，在自然界中几乎无处不在，污水处理系统中的反硝化细菌有变形杆菌、假单胞杆菌、小球菌等等，反硝化菌种类繁多，且受温度影响较小，大部分异氧菌在缺氧环境下，均可完成反硝化作用。表 4-19 给出了反硝化处理系统中反硝化细菌的主要种属情况，其中类群Ⅰ只能将 NO_3^--N 还原成 NO_2^--N，而类群Ⅱ由于含有反硝化中的全部酶系，能将 NO_3^--N 还原成 N_2。

类型	种 属	名	类型	种 属	名
I	Aehromobaeter	无色杆菌属		Salmonella	沙门氏菌属
	Aetinobaeillus	放线细菌属		Sareina	八叠球菌属
	Aeromonas	气单胞菌属		SeCenomonas	月形单胞菌属
	Agarbaeterium	琼脂杆菌属		Serratia	沙雷氏菌属
	Agrobaeterium	土壤杆菌属		Shigella	志贺氏菌属
	Alginomonas	藻酸单胞菌属		SPirillum	螺菌属
	Arizona	亚里桑那菌属		StaPhyloeoeeus	葡萄球菌属
	ArthrobaCtef	节杆菌属		StrePtomyees	链霉菌属
	Baeillus	芽孢杆菌属	I	Vibrio	弧菌属
	Beneekea	贝内克氏菌属		Xanthomonas	黄单胞菌属
	Brevibaeterium	短杆菌属		ProPionibaeterium	丙酸杆菌属
	CellulomonaS	纤维单胞菌属		ProteuS	变形菌属
	Chromobaeteriunl	色杆菌属		Provideneia	天命菌属
	Cltrobaeter	柠檬酸细菌属		PSeudomonas	假单胞菌属
	Corynebaeterium	棒杆菌属		Rettgerella	雷杰列拉氏菌属
	CytoPhaga	噬纤维菌属		Rhizobium	根瘤菌属
	Enterobaeter	肠杆菌属		Pasteufella	巴斯德氏菌属
	(Aerobaeteror)	(气杆菌属或克)		Aehromobaeter	无色杆菌属
	(Klebsiella)	(雷伯氏菌属)		Alealigenes	产碱杆菌属
	Erwinia	欧文氏菌属		Baeillus	杆菌属
	Eseheriehia	大肠埃希氏菌属		Chromobaeterium	色杆菌属
	Eubaeterium	真杆菌属		Corynebaeterium	棒杆菌属
	Flavobaeterium	黄杆菌属		Halobaeterium	盐杆菌属
	HaemoPhilus	嗜血菌属	II	Hyphomierobium	生丝微菌属
	Halobaeterium	盐杆菌属		Mieroeoeeus	微球菌属
	LePtothrix	纤发菌属		Moraxella	莫拉氏菌属
	Mieroeoeeus	微球菌属		Propionibaeterium	丙酸杆菌属
	MieromonosPora	小单胞菌属		Pseudomonas	假单胞菌属
	Myeobaeterium	分支杆菌属		Spirillum	螺菌属
	Noeardia	诺卡氏菌属		Xanthomonas	黄单胞菌属

4.4.2.2　反硝化生物滤池稳定运行影响因素

反硝化滤池中污水的净化过程较为复杂,包括传质过程、有机物分解、硝酸盐还原和微生物的新陈代谢等各种过程。在这些过程的综合作用下,污水中有机物和硝酸盐的含量大大减少,水质得到了净化。生物反硝化作用是反硝化生物滤池稳定运行的关键因素。反硝化过程的影响因素主要有：溶解氧、碱度和pH、温度、碳源种类、COD/NO$_x^-$-N和有毒物质。反硝化生物滤池的性能同样受滤池构造及运行控制等多种因素的影响，其中主要的因素有：

（1）反硝化过程的影响因素

1）温度

温度对反硝化速率的影响遵循Arrheius方程，可以用下式表示：

$$q_T = q_{20} \times \theta^{(T-20)} \tag{4-37}$$

式中　q_T——温度T℃时的反硝化速率，gNO$_3^-$-N/（gss・d）；

　　　q_{20}——温度20℃时的反硝化速率，gNO$_3^-$-N/（gss・d）；

　　　θ——温度系数，5～25℃时，生物膜处理系统中取值为1.07。

温度对反硝化速率的影响与缺氧反应器类型及硝酸盐负荷有一定关系，与悬浮生长系统相比，温度对反硝化生物滤池处理系统的反硝化速率影响较小。

2）碱度和pH

反硝化过程最适宜的pH值为6.5～8.5，不适宜的pH值影响反硝化菌的增殖和酶的活性。当pH低于6.5或者高于8.5时，反硝化反应受到强烈抑制。

反硝化过程会产生碱度，这有助于把pH维持在所需的范围内，并补充在硝化过程中消耗的一部分碱度。理论上，还原1gNO$_3^-$-N产生3.5g碱度；实际工程中，在附着生长系统中此值为2.95。美国环境保护局推荐工程设计中可以采用3.0gCaCO$_3$/gNO$_3^-$-N。

3）溶解氧

反硝化菌是异养兼性厌氧菌，由于反硝化菌以分子氧为电子受体时，可获取更多的能量，同时，溶解氧对反硝菌完成反硝化作用的关键酶的合成与活性菌具有抑制作用。因此，在分子氧、硝酸盐和有机物同时存在时，反硝化菌优先利用氧作为电子受体去除有机物；只有在无分子氧而同时存在硝酸或亚硝酸离子的条件下，才完成反硝化作用。

在生物滤池处理系统中，由于生物膜对氧传递的阻力较大，可以允许有较高的溶解氧浓度。溶解氧对反硝化生物滤池运行的主要影响是降低反硝化生物滤池的运行效率，增大了碳源投加量。城市污水深度处理过程中通常采用反硝化生物滤池和曝气生物滤池组合工艺，无论采用前置反硝化还是后置反硝化均存在DO浓度对反硝化生物滤池运行的影响。城市污水经二级处理后，出水中带有一定的DO浓度，设计要求好氧段出水DO浓度应高于2mg/L，采用前置反硝化工艺其进水中含有至少2mg/L的DO。前置反硝化生物滤池处理系统中，投加乙酸钠为外碳源，当进水DO浓度为5mg/L时，所投加碳源的5%左右用于消耗进水中的DO。在后置反硝化工艺中，曝气生物滤池出水中仍含有一定DO浓度，曝气生物滤池出水中DO浓度高于二级出水中的DO浓度，且曝气生物滤池中DO浓度难以控制在较低水平，因此，后置反硝化工艺受DO浓度的影响将更大。

4）碳源

反硝化反应是由异养型微生物完成的生化反应，它们在无溶解氧或浓度极低的条件下利用硝酸盐作为电子受体，有机物作为碳源和电子供体。碳源物质不同，反硝化速率也不同。反硝化生物滤池外加碳源可分为三类：①易于生物降解的有机物（如甲醇、乙醇、乙酸等）；②慢速生物降解的有机物（如淀粉、蛋白质等）；③细胞物质，细菌利用细胞成分进行内源反硝化。碳源物质不同，反硝化速率不同。利用易于生物降解的有机物作为反硝化碳源时，反硝化速率最快，可提高反硝化滤池的处理效率，并使反硝化过程稳定可靠，因此，推荐使用易于生物降解的有机物作为碳源。城市污水、啤酒污水、挥发性有机物和糖蜜等，柠檬酸、丙酮也可以作为反硝化的有机碳源物质。20 世纪 60 年代末和 70 年代初曾提出用内源代谢产物作为反硝化碳源，但是其反硝化速率远远低于甲醇等作碳源时的反硝化速率，需要增大反硝化池容积，同时还会由于溶菌作用释放 NH_3-N，降低脱氮率。

向反硝化生物滤池供给适量的有机碳源是保证生物膜正常工作的必要条件，也有利于

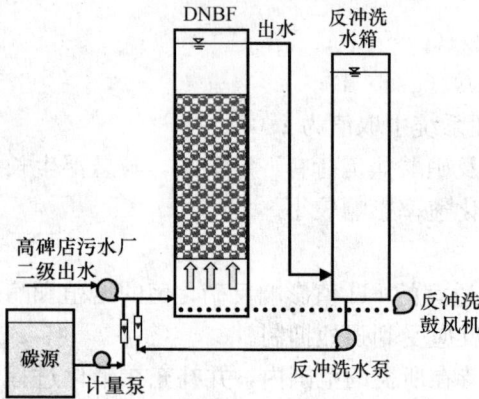

图 4-68　反硝化生物滤池中试验装置示意图

排除代谢产物。当有机物浓度较低时，不能够满足反硝化作用的需求，可导致硝酸盐去除率降低。但当有机物浓度较高时，导致出水中有机物浓度升高。因此，为保证生物滤池的正常工作，需严格控制进水有机物的投加量。

【例】　碳源种类对反硝化滤池运行效果及生物膜组成的影响

试验装置：本试验采用上流式反硝化生物滤池，规模 240t/d，如图 4-68 所示。

所用填料为挪威生产的 filtralite 4～8mm 膨胀黏土填料。

试验工况：试验用水为某城市污水处理厂的实际二级出水，水质情况如表 4-20 所示。试验过程中水力负荷为 $6m^3/(m^2 \cdot h)$；碳源：乙酸钠和甲醇。

城市污水处理厂二级出水水质情况　　　　　　　　　　　　表 4-20

项　目	COD_{Cr} (mg/L)	BOD (mg/L)	NH_4^+-N (mg/L)	NO_2^--N (mg/L)	NO_3^--N (mg/L)	TN (mg/L)	PO_4^{3-}-P (mg/L)
最小/最大值	29.6～46.6	7.42～11.9	0.34～2.72	0～0.23	20.4～24.4	22.4～27.9	0.13～0.795
平均值	34.01	8.92	1.25	0.17	22.64	25.1	0.37

试验过程：本试验首先采用乙酸钠为碳源，进行反硝化滤池的挂膜培养，待滤池运行稳定后，更换甲醇为碳源，由于甲醇对微生物具有的毒性最低，此阶段逐渐增加甲醇投加量，以使以培养的反硝化生物膜逐渐适应以甲醇作为碳源。

试验结果：图 4-69 给出了以乙酸钠为碳源时，反硝化滤池运行过程中 COD_{Cr}，NO_3^--N、SS 和浊度的变化情况。试验结果表明以乙酸钠作为碳源，经过 3d 的培养，COD_{Cr} 和硝酸盐即有明显降低，待培养至第 5 天即获得了较好的脱氮效果，硝酸盐去除率高于 85%，仅在培养前 3 天略微出现了亚硝酸盐的累积。此结果说明以乙酸钠为碳源的反硝化生物膜已经培养成功。此后，虽然系统仍然具有较好的脱氮效果，但是，出水 SS 和浊度均有上升的趋势，该结果说明生物膜上附着的微生物过度生长，部分微生物随出水流出，导致出水 SS 升高，同时，微生物分泌的胞外聚合物增加，导致出水浊度升高，此时滤池需要进行反冲洗。在控制良好的反冲洗效果和水力负荷的基础上，根据出水水质的要求，通过灵活控制乙酸钠投加量，可实现较好的脱氮效果。

图 4-70 给出了以甲醇为碳源时，反硝化滤池运行过程中 COD_{Cr}，NO_3^--N 和 NO_2^--N

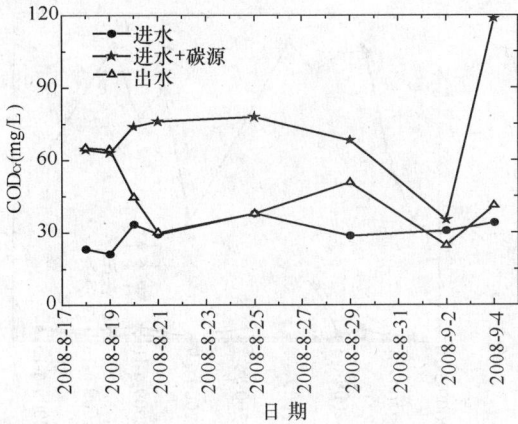

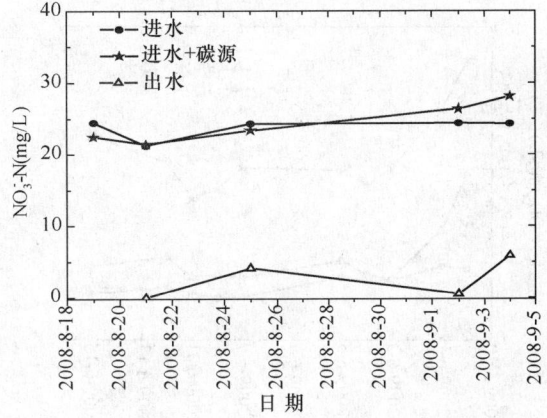

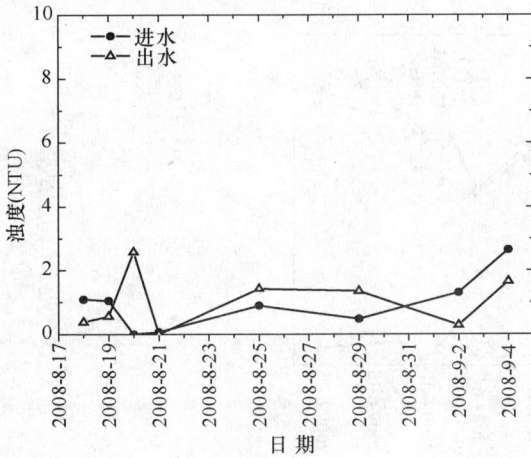

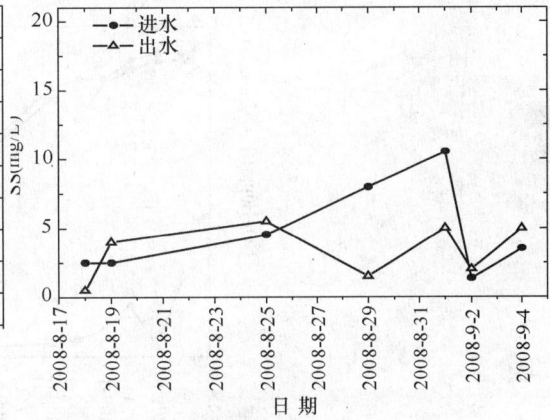

图 4-69 以乙酸钠为碳源反硝化滤池生物膜培养过程中
COD_{Cr}、NO_3^--N、SS 和浊度的变化情况

的变化情况。试验发现以甲作为碳源，生物膜培养初期 COD_{Cr} 和硝酸盐即有明显降低，硝酸盐去除率高于 85%，然而该过程中出现了明显的亚硝酸盐累积，且出水中仍有部分 COD 未被利用。此结果说明不同碳源培养和驯化的反硝化菌菌群存在较大差异，其代谢途径也可能有所不同。进一步的试验证实，采用乙酸钠为碳源的生物膜较厚，含有较多的胞外聚合物，反硝化菌主要以球菌为主（图 4-71）；而以甲醇为碳源的生物膜较薄，胞外聚合物相对较少，反硝化菌以杆菌为主（图 4-72）。乙酸钠为碳源时，反硝化菌的生长速度较快，出水中 SS 和浊度均高于以甲醇为碳源时出水中 SS 和浊度水平。因此，碳源种类对反硝化滤池中反硝化菌的种类和生长速率均具有明显影响，这也将进一步影响反硝化滤池的设计与实际运行。

5）C/N 比

理论上将 1g 硝酸氮还原为氮气需要碳源有机物为 2.86g（以 BOD_5 表示）。一般认为，当 BOD_5/TKN 值大于 4～6 时，碳源充足，可满足反硝化对碳源的需求。表 4-21 给出了采用不同碳源所需的碳源投加量，可以看出，采用甲醇作为碳源，甲醇与 NO_3^--N 的比例

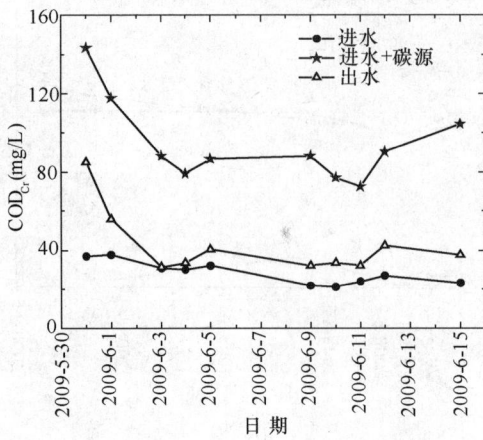

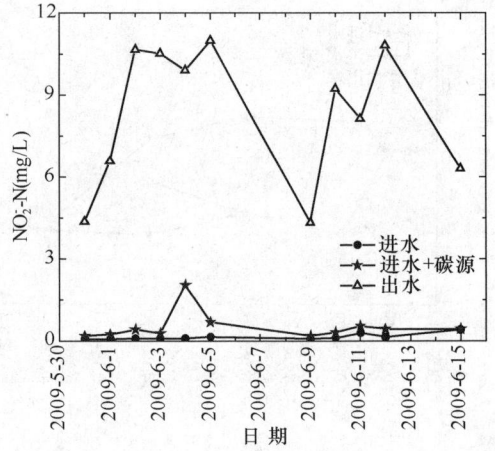

(a)

(b)

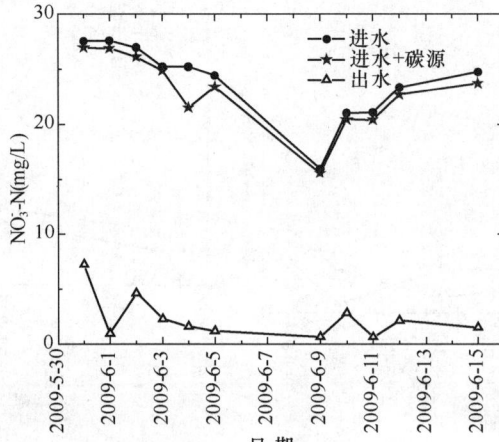

(c)

图 4-70　以甲醇为碳源反硝化滤池生物膜培养过程中 COD_{Cr}、$NO_3^- -N$ 和 $NO_2^- -N$ 的变化情况

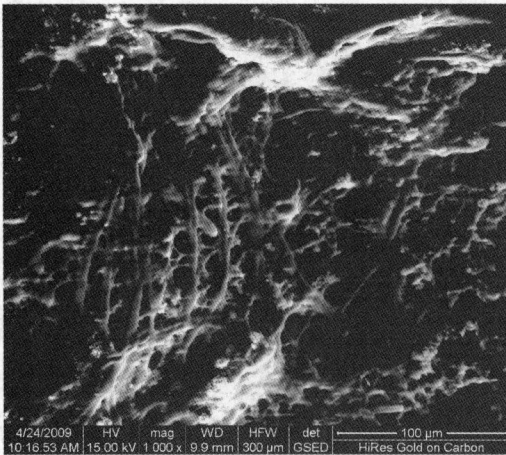

图 4-71　乙酸钠为碳源时滤料表面生物膜情况

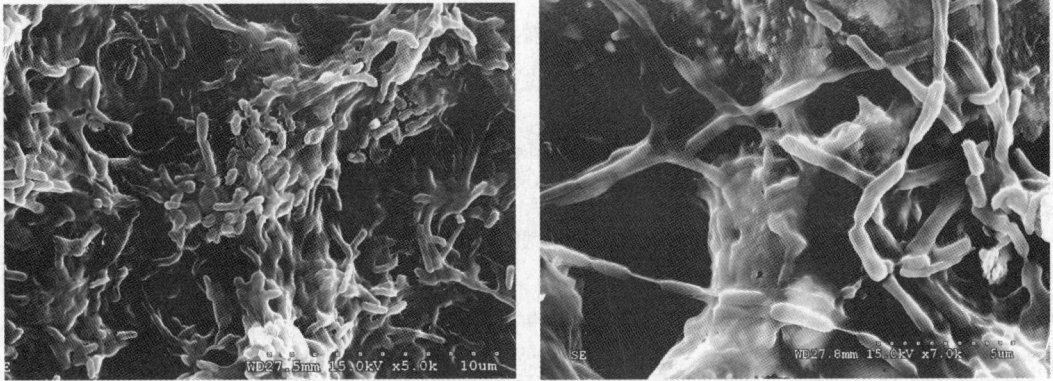

图 4-72　甲醇为碳源时滤料表面生物膜情况

为 $3'$ 可充分反硝化；如果用实际污水作为碳源，因为其中只有一部分快速可生物降解的 BOD 可以作为反硝化的有机碳源，所以 C/N 的需求要高一些，可达 8。同时，由于生物滤池中泥龄较长其内源代谢作用高于悬浮生长系统，因此，与悬浮生长系统相比，生物滤池中所需投加的碳源量略低一些。

不同反硝化碳源反硝化过程计量学关系　　　　　　　　　　　表 4-21

碳　源	COD 当量 (gCOD/g 碳源)	反应方程式	比反硝化速率 (gNO$_3^-$-N/(gss·d^{-1})
甲醇	1.50	$NO_3 + \frac{5}{6}CH_3OH \rightarrow \frac{1}{2}N_2 + \frac{5}{6}CO_2 + \frac{1}{6}OH^-$	0.12～0.9
乙醇	2.09	$NO_3 + \frac{5}{12}CH_3CH_2OH \rightarrow \frac{1}{2}N_2 + \frac{1}{4}HCO_3 + \frac{1}{6}OH^- + \frac{3}{4}H_2O$	0.349～0.415
乙酸	1.08	$NO_3 + \frac{5}{8}CH_3COOH \rightarrow \frac{1}{8}N_2 + HCO_3 + \frac{1}{4}CO_2 + \frac{3}{4}H_2O$	0.603
葡萄糖	1.06	$2.8NO_3 + C_6H_{12}O_6 + 0.5NH_4 + 2.3H^+ \rightarrow$ $0.5C_5H_7NO_2 + 1.4N_2 + 3.5CO_2 + 6.4H_2O$	为甲醇的 3～4 倍
生活污水 有机物	1.99	$4.54NO_3 + 0.61C_{18}H_{19}O_9N + 0.39NH_4 + 4.15H^+ \rightarrow$ $C_5H_7NO_2 + 2.27N_2 + 5.98CO_2 + 5.15H_2O$	0.03～0.11
微生物	1.42*	$4NO_3 + C_5H_7N_2 \rightarrow 2N_2 + 5CO_2 + 4OH^- + NH_3$	0.084

＊指 1gVSS 或 $C_5H_7NO_2$。

6）有毒物质

反硝化菌对有毒物质的敏感性比硝化菌低得多，与一般好氧异养菌相同。在查阅对一般好氧异养菌起抑制或毒害作用的相关物质的文献资料时，应该考虑驯化的影响，通过试验得出反硝化菌对抑制和有毒物质的允许浓度。

（2）滤池构造及稳定运行的影响因素

1）滤池高度

人们早就发现，滤床的上层和下层相比，生物膜量、微生物种类和去除有机物的速率均不相同。滤床上层，污水中有机物浓度较高，微生物繁殖速率高，种属较低级，以细菌为主，生物膜量较多，有机物去除速率较高。随着滤床深度增加，微生物从低级趋向高级，种类逐渐增多，生物膜量从多到少。滤床中的这一递变现象，类似污染河流在自净过程中的生物递变。

2）滤池反冲洗运行

滤池反冲洗主要是去除滤池内过量生长的微生物。滤池反冲洗周期过长，可能导致滤池堵塞，局部水流速度过大，停留时间缩短，导致处理效果降低，出水 NO_x^--N 浓度升高；同时，由于滤料表面过量生长的生物膜和水流的冲刷作用，导致出水中 SS 和浊度均升高。

滤池的反冲洗过程通常分为三个阶段：气冲→气水联合冲→水冲。各阶段反冲洗强度和时间对反冲洗效果具有重要影响，反冲洗强度过大，时间过长，可能导致滤料表面生物膜的过量脱落，影响处理效果；反之，反冲洗强度过小，时间过短，则导致反冲洗周期缩短，同时，由于反冲洗得不够充分彻底，而导致出水中时常夹杂着大量的悬浮物。

3）负荷

生物滤池的负荷是一个集中反映生物滤池工作性能的参数，同滤床的高度一样，负荷直接影响生物滤池的工作，主要有水力负荷和有机负荷两种。

水力负荷即单位面积的滤池或单位体积滤料每日处理的废水量，单位为 m^3（废水）/ $[m^2$（滤池）·d]或 m^3（废水）/ $[m^3$（滤料）·d]，表征滤池的接触时间和水流的冲刷能力。水力负荷太大则流量大，接触时间短，净化效果差；水力负荷太小则滤料不能得到完全利用，冲刷作用小。一般普通生物滤池的水力负荷为 $1\sim4m^3$（废水）/ $[m^2$（滤池）·d]，高负荷生物滤池为 $5\sim28m^3$（废水）/ $[m^2$（滤池）·d]。

4）回流

一般认为下述情况时考虑出水回流：回流多用于前置反硝化生物滤池的运行系统，且进水中氨氮浓度较高；水量很小，无法维持水力负荷在最小经验值以上时；废水中某种有机污染物在高浓度时有可能抑制微生物生长。

4.4.2.3 新型反硝化生物滤池

反硝化生物滤池按照负荷大小可分为低负荷、中负荷和高负荷滤池；按照滤池内水流的流向可分为上流式和下流式反硝化生物滤池；按照滤层厚度可分为普通反硝化生物滤池和深床滤池；按照滤池所用滤料种类可分为单质滤料和复合滤料生物滤池。污水处理新工艺和技术发展推动和促进新型反硝化生物滤池的产生，如具有同步硝化反硝化功能、厌氧氨氧化功能以及自碳源滤料新型反硝化生物滤池等。目前具有同步硝化反硝化功能的生物滤池已经实际应用，而厌氧氨氧化生物滤池和自碳源滤料生物滤池仍处于研究阶段，以下介绍几种典型的有代表性的反硝化滤池。

1. 深床滤池

反硝化深床滤池系统，在完成反硝化的同时，能够有效地去除悬浮物（SS）。该工艺为固定生物膜反应器下向流滤池系统，污水溢流通过滤池沿长度方向两侧的堰槽流入滤池，处理后出水由池底通过堰门流入清水井。滤池在过滤过程中将硝酸盐转化为氮气，并吸附在滤料上，累积的氮气需要定期排除，其运行过程中增设了释氮过程。同时，滤池也需要定期进行气和（或）水反冲洗运行，排出过度生长的生物膜。滤池的进水和反冲类似于常规的快滤池。该滤池既是反硝化滤池又是深床过滤池，与传统反硝化滤池相比可更为

266

有效地去除悬浮物。深床滤池同样可与其他工艺结合使用，实现除磷、脱氮等功能。深床滤池作为二级污水处理后续强化脱氮工艺时，出水总氮可小于 3mg/L，能符合总氮排放限制极为严格的要求。

反硝化滤池的设计，需要考虑污水特性。设计主要考虑因素包括：滤池运行性能，包括进水渠、滤床、滤砖，以及反冲洗工艺及甲醇投加的系统控制等。

深床滤池系统主要由池体、滤料、布水布气系统、自动控制系统等组成。

（1）滤池进水堰槽

滤池池体主要是水泥或钢制结构，圆形或长方形，池深 5.5～6.1m。滤池池底采用无嘴曝气；不锈钢曝气主、支气管；塑胶外壳抗强 5000psi 的"T"形气水分布底盘。

多数重力流反硝化滤池变水位控制，进水瀑流过进水堰槽，此方式会增加进水的 DO，降低了反硝化效果，增加了甲醇的投加量。考虑该不良因素，作出调整，设计成弧形堰，层流式沿滤池壁进水，以降低 DO 影响。Leopold 的 elimi-NITE 滤池，安装弧形不锈钢堰槽解决此问题，另外，Leopold 公司指出，恒定水位操作可降低瀑流，减少 DO 的形成。上流式连续清洗滤池，进水通过淹没在滤床中的布水系统，进水流过进水堰时，很少增加 DO。

（2）滤料

不同供应商，滤料选择思路略有不同。STS 公司深床滤池所用过滤为均质圆形石英砂滤料，有效粒径 2～3mm，规则的圆形结构有利于水流与周围滤料的滚动接触，提高反冲洗效果，促进氮释放，降低反冲水量。滤料层 1.2～1.8m；承托层 45cm，由五种规格的砾石交叉层分布（图 4-73）。

图 4-73　深床滤池的滤料及滤料层情况

（3）布气布水系统

重力流反硝化滤池，最初应用滤头布水布气，存在污垢堵塞、布水布气失效的风险。为解决此问题，很多厂商推出各自特有的滤砖结构。STS 推出适合生化处理的 T 型砖，高密度聚乙烯，中心水泥密实填充；F. B. Leopold 推出 S 型高密度聚乙烯滤砖；Davco 原有滤池采用穿孔管设计，新的滤池系统，将会使用 M 型高密度聚乙烯滤砖；上流连续清洗滤池无需滤砖。

（4）运行与控制

进水流量通过曲形堰板进水分流器和立管出水控制器控制流量分配；由阀门开、关控制水量均匀。滤池的释氮过程和反冲洗过程所用阀门为气动或电动双缸体阀门，包括隔离阀。

反硝化过程中，氮气在滤床中不断累积，污水被迫绕过氮气泡，滤池水头损失增加，氮气必须定期释放到大气中。TETRA 的 Denite 滤池提供 SpeedBump 系统，定期 30s 到 2min 水泵反冲洗滤池，以释放氮气，进水阀不用关闭，减少滤池停运时间；elimi-NITE 和 Davco 滤池的氮气释放，需要关闭进水阀，氮气释放时间，需要考虑进滤池停留时间设计；DynaSand 和 Astrasand 滤池氮气释放方式相同，产生的氮气由底部进入气动提升中心管路排出，不需要增加其他脱氮装置。

反硝化过程中，悬浮物被去除，在滤床中累积，反硝化反应增加的固体颗粒也在滤床中不断累积，增加了滤池的水头损失。清洗滤料，滤床水头损失增加，定期反冲洗被认为是滤池运行的基础。三大滤池供应商，一致提倡气水反冲工艺。Denite、elimi-NITE 和 Davco 滤池控制都包括反冲、空气供应和氮气释放的系统控制。DynaSand 和 Astrasand 滤池滤料连续清洗水量较小。Astrasand 滤池安装工艺控制仪表，测量滤池不同位置的砂循环率。滤池反冲周期及反冲效果跟保持较高脱氮效果之间仍然存在矛盾。为此，Astrasand 引入 Astracontrol 系统确保不同运行条件下滤池的生物活性。该控制系统调节滤料迁移、清洗频率以维持稳定的滤池生物活性。西门子研究显示自动气动装置根据水力负荷优化清洗频率。Parkson 集团指出 DynaSand 滤池可根据不同应用改变滤料回流率，然而，常规应用中不建议调整。

碳源投加系统包括碳源贮罐及全自动加药系统，通常在滤池进水分布前，将碳源投加于进水管路。反硝化系统中，甲醇投加量根据进水流量和进水、出水硝酸盐浓度调整，通过在线仪表控制。有些供应商，习惯于通过进水流量和进水硝酸盐浓度前馈控制甲醇投加量。尽管前馈控制方式能够满足甲醇实际投加量，但是会有过量投加的情况，增加滤池的 BOD 含量，出水中 BOD 与硝基氮控制指标同样重要，碳源投加控制需要进一步优化。

2. 同步硝化反硝化生物滤池

同步硝化反硝化（SND）工艺，就是在同一反应器内，同样的运行操作条件下，同时发生硝化反应和反硝化反应。与传统生物脱氮工艺相比，SND 工艺将省去第二阶段的缺氧反硝化池或减少其体积，这将大大缩短生物脱氮的工艺流程，减少工程造价。目前，对 SND 生物脱氮的机理虽然还有待进一步的了解与认识，但纵观如今的各大观点，可以从生物学和物理学两大方面对 SND 加以解释：①从物理学角度解释 SND 的微环境理论是目前已被普遍接受的观点。该理论认为：由于氧扩散的限制，在微生物絮体内或者生物膜内部产生 DO 梯度，外表面 DO 较高，以好氧菌、硝化菌为主；深入絮体内部，氧传递受阻及外部氧的大量消耗，产生缺氧微区，反硝化菌占优势。由于微生物絮体内缺氧微环境的存在，导致了 SND 的发生。②生物学方面对 SND 的解释突破了传统生物脱氮理论的认识。近年来，好氧反硝化菌和异养硝化菌等的发现，打破了传统理论认为"硝化反应只能由自养菌完成"和"反硝化反应只能在厌氧条件下进行"的认识。许多好氧反硝化菌，如 Pseudomonas Sp 和 Alicaligenes Faecalis 等，同时也是异养硝化菌，因此，能够直接地把

NH_4^+ 转化为最终气态产物而逸出。部分细菌，如 Thiosphaera pantotropha，既能够进行异氧硝化作用，又可进行好氧反硝化作用。

有机底物及 DO 等在生物滤池中培养的生物膜内部存在较好的浓度梯度，SND 更易于发生在生物膜反应器中，如流化床、曝气生物滤池中。Puznava 等人通过适时控制溶解氧浓度在上向流曝气生物滤池中实现了 SND 生物脱氮。由于溶解氧浓度控制在 0.5～3mg/L，使得溶解氧不能完全渗入到生物膜中，由此造成生物膜中一定程度上存在着可以发生反硝化反应的缺氧区。因此，在生物膜的不同深度可以同时发生硝化和反硝化反应。SND 曝气生物滤池比传统硝化反硝化曝气生物滤池节约空气量 50%以上。Collivignarelli 等人在两个实际污水处理厂中应用了 SND 生物脱氮工艺。运行效果显示 SND 的脱氮效率类似于传统工艺中的预反硝化过程，但是它不需要缺氧池，并且运行费用降低，尤其是节约了电能。目前，同步硝化反硝化生物滤池已经成功应用于实际工程中。Veolia 公司采用轻质滤料，通过控制出水氨氮及硝酸盐浓度等方式，实现了一定程度的同时硝化反硝化，但其脱氮效果受进水 COD_{Cr}/TN 的影响较大，同时，实际工程中生物滤池中的 DO 浓度较难控制，该问题需要进一步的研究。

3. 厌氧氨氧化生物滤池

传统生物脱氮过程中氮的去除比较复杂，需要涉及氨化、亚硝化、硝化、反硝化等多个生化过程。一般城市污水的 COD/TN 比较低，碳源缺乏成为反硝化作用的限制性因素，不投加碳源，难于进一步提高 TN 去除率，通过投加外碳源的方式虽然可实现深度脱氮，但是，使污水处理成本升高，同时，导致污水处理过程中 CO_2 排放量进一步增加。

近年来，国外正在研究几种污水脱氮除磷处理的新工艺和新方法，其中最典型的是污水生物处理的短程硝化反硝化工艺和厌氧氨氧化工艺，这两种工艺已经开始用于高氨氮废水处理工程中，并在理论上给予了某些合理的解释。但是，这些新理论、新工艺和新方法还很不完善，且实际应用中存在局限性，各国的环境工程方面的专家学者正在竞相从各个方面展开更深入的研究。

长期以来无论是在废水生物脱氮理论上还是在工程实践中，都一直认为要实现废水生物脱氮就必须使氨态氮（NH_4^+）经历典型的硝化和反硝化过程才能完全地被除去，这条途径称为全程（或完全）硝化反硝化生物脱氮。但从氮的微生物转化过程来看，硝化作用是由两类独立的细菌，氨氧化菌和亚硝酸盐氧化菌完成的两个不同反应，且无论是亚硝酸盐还是硝酸盐均可被反硝化菌利用还原为 N_2，整个生物脱氮过程也可以经 $NH_4^+ \rightarrow NO_2^- \rightarrow N_2$ 这样的途径完成。因而可将硝化过程控制在 NO_2^- 阶段，阻止 NO_2^- 的进一步氧化，而后直接进行反硝化，这一过程称为短程硝化反硝化或亚硝酸型硝化反硝化如图 4-74 所示。

短程生物脱氮过程中以亚硝酸盐作为硝化和反硝化过程的中间产物，根据硝化反应的化学计量学，与全程硝化反硝化相比，短程硝化反硝化具有如下优点：①硝化阶段可减少 25%的需氧量，降低了能耗；②缺氧反硝化阶段可减少 40%的有机碳源，降低了运行费用；③硝化和反硝化反应时间缩短，反应器容积可减少

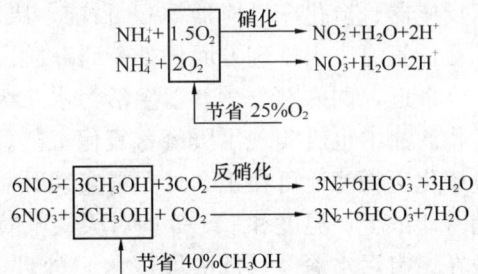

图 4-74　硝化及反硝化过程的化学计量方程

30%～40%左右；④污泥产量降低（硝化过程可减少污泥产量55%）。近年来，很多研究者发现，在曝气生物滤池中也存在一定的短程硝化反硝化，但亚硝酸盐的累积不稳定性，此方面需要进一步的研究。

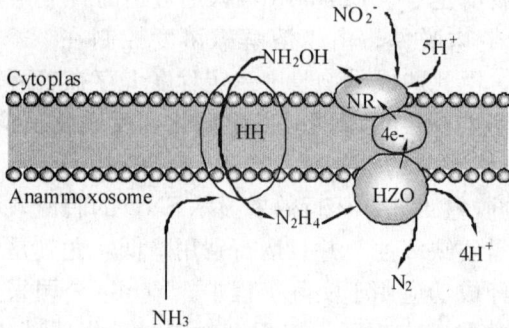

图 4-75　厌氧氨氧化生物脱氮机制

厌氧氨氧化过程是完全自养型的生物氮素转化过程，在缺氧条件下，厌氧氨氧化菌以亚硝酸盐（NO_2^-）为最终的电子受体，将氨氮（NH_4^+）直接氧化为氮气（N_2）的自养代谢过程，图 4-75 给出了厌氧氨氧化过程的反应方程式。厌氧氨氧化生化反应过程中，NO_2^- 和 NH_4^+ 从细菌细胞外进入细胞内部，NH_4^+ 在进入厌氧氨氧化菌体的过程中变成 NH_3，在肼水解酶的作用下，NH_3 与细胞质中的羟胺生成肼，在肼氧化酶的作用下，肼脱掉四个电子生成氮气，这些电子继而被亚硝酸盐还原（图 4-74）。

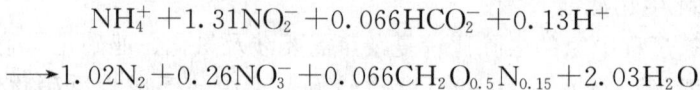

$$NH_4^+ + 1.31NO_2^- + 0.066HCO_2^- + 0.13H^+$$

$$\longrightarrow 1.02N_2 + 0.26NO_3^- + 0.066CH_2O_{0.5}N_{0.15} + 2.03H_2O$$

早在 1977 年，Broda 就从热力学的角度推测自然界可能存在以亚硝酸盐为电子受体的厌氧氨氧化（anaerobic ammonium oxidation，缩写为 Anammox）反应。但直到 20 世纪 90 年代，Mulder 等人才从生物脱氮流化床反应器中发现了这一现象，并于 1999 年成功地实际应用。与传统生物脱氮工艺相比，厌氧氨氧化工艺具有四大优势：①由于厌氧氨氧化反应过程由自养菌完成，因此，无需消耗 COD 即可完成反硝化作用，100%地节省了外加碳源量，同时也降低了污水处理过程中 CO_2 的排放量；②自养菌，生长缓慢，污泥产量可减少 70%～80%；③氨氮不需要彻底转化为亚硝酸盐或者硝酸盐，节省了 60%的供氧量；④厌氧氨氧化工艺的氮素转化速率也较高，反应器和沉淀池的数量和尺寸也较小。厌氧氨氧化技术大大地降低了污废水脱氮的成本。无论从处理效率、基建投资和运行费用上都优于传统硝化—反硝化技术，属于可持续发展的废水处理工艺。

实现厌氧氨氧化菌的累积是成功实现 ANAMMOX 工艺的关键，国内外学者对此方面进行了大量的研究。厌氧氨氧化菌的生长速率较慢，因此，用于实现厌氧氨氧化的反应器需要保证反应器内全部的微生物几乎完全停留在反应系统中，尤其是在反应器的初期启动阶段。目前，成功实现厌氧氨氧化工艺的反应器结构形式主要是生物膜处理系统（固定床反应器、流化床反应器等）。目前，厌氧氨氧化工艺主要应用于处理高氨氮废水，该工艺在低氨氮废水处理方面仍处于研究阶段。

最近，国内部分学者以生活污水二级出水为研究对象，以页岩陶粒为滤料，在下向流生物滤池中也成实现了厌氧氨氧化工艺。自然挂膜的方式难于培养厌氧氨氧化生物膜，通过硝化生物滤池可在 1 个月左右实现厌氧氨氧化，成熟的厌氧氨氧化生物膜为红褐色。亚硝酸盐浓度、温度和 pH 等均对厌氧氨氧化滤池的运行效果产生影响。厌氧氨氧化生物滤池在城市污水深度（低浓度废水）处理时，适宜的容积负荷为 $2.66\text{kgNH}_4^+\text{-N}/(\text{m}^3 \cdot \text{d})$ 和 $3.04\text{kgNO}_2^-\text{-N}/(\text{m}^3 \cdot \text{d})$。该研究成果为短程—厌氧氨氧化生物滤池工艺的进一步应用奠定了基础。目前，该工艺的启动和影响因素的考察过程中均采用人工配水，且为小试研究结果，如何充分发挥短程硝化和厌氧氨氧化两种工艺的优点，实现实际低氨氮废水的短程硝化—厌氧氨氧化工艺还需要进一步深入的研究。

4. 缓释碳源滤料滤池

进一步提高 TN 去除率是目前污水处理厂升级改造所面临的主要问题之一。在原有二级污水处理工艺中，通过投加外碳源的方式，难以稳定地达到出水 TN 的要求，在二级处理工艺后增设反硝化滤池虽可稳定地去除污水中的硝酸盐，达到出水 TN≤10mg/L 的要求，但是需要长期投加外碳源，这使得再生水处理的费用和成本增加，碳系材料有望解决反硝化滤池工艺的投加外碳源问题。

目前，厂商针对自碳源滤料反硝化生物滤池工艺进行了研究与实际工程应用。采用高碳系材料作为缓释碳源和滤料，为微生物提供载体的同时，可提供反硝化所需碳源，无需投加外碳源，其运行费用较低，工艺简图如图 4-76所示。该工艺中缓释碳源的组成较为复杂，为较难利用的有机碳源，因此，反硝化菌的前期培养和驯化需要较长的一段时间，且反硝化菌

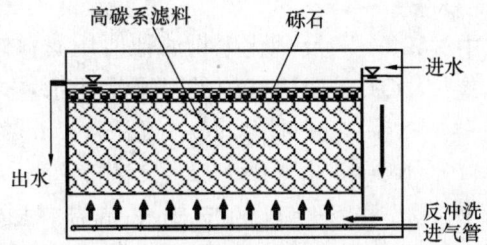

图 4-76　STCC 工艺试验装置示意图

的生长速率较慢，滤池反冲洗频率较低，1.5～3 个月反冲洗一次，其运行较为简单；然而，该碳源在水中也用一定程度的溶解，因而导致出水中的有机物浓度和色度有所增加，需要进一步探索出解决该问题的途径和方法。

利用可生物降解材料（BDPs）进行反硝化也是一种新型的异养生物反硝化工艺。与传统的异养生物反硝化不同的是，BDPs 工艺利用几种特定的非水溶性可生物降解的高分子材料作为微生物的载体，在微生物体内酶的作用下，为微生物提供反硝化所需要的营养物质，即充当反硝化的碳源。BDPs 工艺不需要额外加可溶性营养物质为反硝化菌群的生长繁殖补充营养物质。这些可生物降解聚合物具有无毒、完全生物降解、较好的生物组织相容性等优异的性能，在生物医学材料、环境友好材料等领域内有着极为广阔的应用前景。目前，该材料仅在欧洲发达国家的一些水厂、景观水体维护工程中得到应用。

也有部分国外部分学者采用棉布为反硝化滤池提供碳源，该工艺具有高效和可控的反硝化效果、碳源便宜可更新、维护简单、布置紧凑等优点。在中试反应系统中，碳源源消耗量约为 0.82g 棉布/g 硝态氮。该种棉布不会释放或者残留有机物，与常规反硝化碳源相比具有显著的优势。

4.4.2.4　反硝化生物滤池的设计、运行与控制

1. 反硝化生物滤池的设计

（1）滤池所用滤料的选择原则

反硝化滤池多采用无机滤料，如火山岩、陶粒和膨胀黏土等。反硝化滤池所选滤料应具备的基本要求：有较好的生物膜附着能力，较大的比表面积，孔隙率大，截污能力强；形状规则，尺寸均一，以球形为佳；阻力小，强度大，磨损率低，具有较好的生物和化学稳定性。反硝化滤池滤料的特性要求参见表 4-22。

特 性	范 围	特 性	范 围
外观	球形颗粒，表面光滑	比表面积（cm^2/g）	$(1\sim4)\times10^4$
粒径范围（mm）	$2.5\sim8$	孔隙率（%）	$0.3\sim0.4$
均匀系数	<1.5	磨损率（%）	<3
干堆积密度（kg/m^3）	$700\sim2000$	酸可容率（%）	<1.5

（2）反硝化生物滤池所需滤料的计算

采用式（4-38）计算反硝化滤池所用滤料：

$$V_{DN} = \frac{Q\times(N_0-N_e)}{1000\times q_{DN}} \tag{4-38}$$

式中 V_{DN}——反硝化生物滤池所用滤料体积，m^3；

       Q——进入滤池的日平均污水量，m^3/d；

       N_0——进水中 $NO_X^- \text{-N}$ 浓度，mg/L；

       N_e——出水中 $NO_X^- \text{-N}$ 浓度，mg/L；

     q_{DN}——滤料的反硝化负荷，$kgNO_X^- \text{-N}/(m^3 \text{滤料}\cdot d)$；一般为 $0.8\sim4.0kg$ $NO_X^- \text{-N}/(m^3 \text{滤料}\cdot d)$。

反硝化滤池有效容积也可按照经验方法计算，一般，反硝化生物滤池与硝化滤池的容积比＝1：3。

（3）碳源投加量计算方法

碳源投加量与碳源种类、进出中 $NO_X^- \text{-N}$ 浓度、DO 浓度以及出水 $NO_X^- \text{-N}$ 浓度的要求有关。碳源投加量可按照式 4-39 计算。

$$c_m = 2.86\ ([NO_3^- \text{-N}]_o - [NO_3^- \text{-N}]_e)$$
$$+1.71\ ([NO_2^- \text{-N}]_o - [NO_2^- \text{-N}]_e) + [DO] \tag{4-39}$$

式中 c_m——反硝化所需的有机物量，mg/L；

$[NO_3^- \text{-N}]_o$、$[NO_3^- \text{-N}]_e$——进出水 $NO_3^- \text{-N}$ 浓度，mg/L；

$[NO_2^- \text{-N}]_o$、$[NO_2^- \text{-N}]_e$——进出水 $NO_2^- \text{-N}$ 浓度，mg/L；

      $[DO]$——污水中的 DO 浓度，mg/L。

（4）反硝化生物滤池各部分尺寸的确定

反硝化滤池总有效面积采用式（4-40）计算：

$$A_{DN} = \frac{V_{DN}}{H} \tag{4-40}$$

式中 A_{ND}——反硝化滤池总有效面积，m^2；

       H——滤层高度，m。

反硝化滤池单池有效面积采用式（4-41）计算：

$$a_{DN} = \frac{A_{DN}}{n} \tag{4-41}$$

式中 a_{DN}——单池有效面积，m^2；建议$\leqslant100m^2$；

       n——单座滤池数量，个。

滤池总高度计算：

$$H_0 = H + h_1 + h_2 + h_3 + h_4 \tag{4-42}$$

式中　H_0——滤池总高度，m；

　　　H——滤层高度，m；一般为 2.5～4.5m；

　　　h_1——配水室高度，m；

　　　h_2——承托层高度，m；一般为 0.3m；

　　　h_3——清水区高度，m；一般为 1.0～1.5m；

　　　h_4——超高，m；一般为 0.5m。

2. 反硝化生物滤池的运行与控制

反硝化生物滤池运行主要包括过滤过程的优化控制、反冲洗运行和故障维修，反硝化生物滤池安装的在线仪表主要有硝酸盐测定仪、浊度测定仪、流量计和滤池压差检测仪表等。反硝化生物滤池控制系统为集散型的控制系统，整个系统由多台工控机和现场终端机联接组成。

（1）过滤

为保障再生水对出水 TN 的要求，反硝化生物滤池正常运行时，需开启进水调节阀，并投加外碳源。滤池的核心控制参数为水力负荷、出水硝酸盐水平及运行周期控制。为确保滤池在工艺设计工况下运行，滤池进水水量应控制在适当的范围，最完善的控制方法是在每个滤池的进水支管上均设置自动调节阀门和流量计，根据每个滤池流量控制进水支管上阀门的开启程度，使进水流量与预先设定的流量相同。

碳源投加控制在反硝化滤池的运行中尤为重要，为防止碳源投加过量造成出水中有机物的溢出，需要根据处理水水量、进水硝酸盐浓度、出水硝酸盐浓度等及时地进行调整，在保证反硝化效果和出水 TN 要求的同时，防止因碳源过量投加而导致出水 COD 超标。其控制方法可通过阀门的比例调节或碳源投加泵的变频控制实现。具体工艺过程：开进水调节阀→开碳源投加阀门和碳源投加泵→开出水阀。

（2）反冲洗

由于滤料表面附着生物膜的不断生长和滤料对悬浮物的截留作用，导致滤床逐渐堵塞，为确保生物活性，反硝化生物滤池需要进行定时反冲洗，正常情况下滤池反冲洗周期在 24～36h 比较合适，运行人员也可以根据实际情况及时调整 PLC 中设定的反冲洗周期。反硝化滤池运行周期与所采用的滤料、水力负荷、进出水 NO_x^--N 浓度有关，随水力负荷以及 NO_x^--N 去除率的增加，反冲洗周期逐渐降低。城市污水处理厂二级出水中 NO_x^--N 浓度为 20～30mg/L，控制出水中 NO_x^--N 浓度为 10mg/L 以下，反硝化滤池一般需 8～36h 反冲洗一次。

判断滤池反冲洗的指标主要有：①水头损失：采用压差计来测定滤池压差，当测定值高于设定值时，进行滤池反冲洗。②出水浊度：滤床的堵塞使水流阻力增加，导致微生物在滤料表面的附着能力降低而不断剥落，此时出水浊度不断升高，因此，浊度可以作为判断滤池反冲洗的控制参数。当滤池具备反冲洗条件时需要停止正常工作，进入反冲洗运行状态。反冲洗过程分为三个阶段：气冲洗、气水混合冲洗和水冲洗，反冲洗运行控制的关键是强度和时间。反冲洗具体工艺控制过程：关闭进水调节阀→关闭碳源投加阀门和碳源投加泵→开启反冲洗排水阀→开反冲洗进气阀→启动反冲洗鼓风机→开反冲洗水泵→开反冲洗进水阀→关反冲洗风机→关反冲洗进气阀→开放气阀→关闭放气阀→关反冲洗进水阀

→关反冲洗水泵→关反冲洗排水阀→开进水阀→开碳源投加阀门和碳源投加泵。

反硝化滤池反冲洗过程宜采用降水→气冲→气水冲→水冲的运行方式。反冲洗过程如下：

降水：降低水位至过滤层 10cm 以上；

气冲：气冲强度 50～70m/h，时间 2～5min；

气水冲：气冲强度 50～70m/h，水冲强度 25～40m/h，时间 5～10min；

水冲：水冲强度 25～40m/h，时间 5～10min。

（3）故障维修

反硝化生物滤池在运行中如出现故障，应停电检修。采用集散式控制方式，单个滤池的检修不会影响其他滤池的正常运行。

反硝化生物滤池控制系统的结构与功能如图 4-77 所示。

（4）反硝化生物滤池运行控制操作规程

为加强反硝化生物滤池工艺的设备管理、工艺管理和水质管理，保证再生水处理的安全正常运行，反硝化生物滤池运行控制操作应符合本规程。反硝化生物滤池的运行与控制主要涉及手动控制与自动控制两种情况。手动控制可在现场和中控室完成，而自动控制主要依赖于所建立的自动控制系统。

1）一般要求

运行管理人员及操作人员必须熟悉反硝化生物滤池工艺及相关设备的运行要求与及维

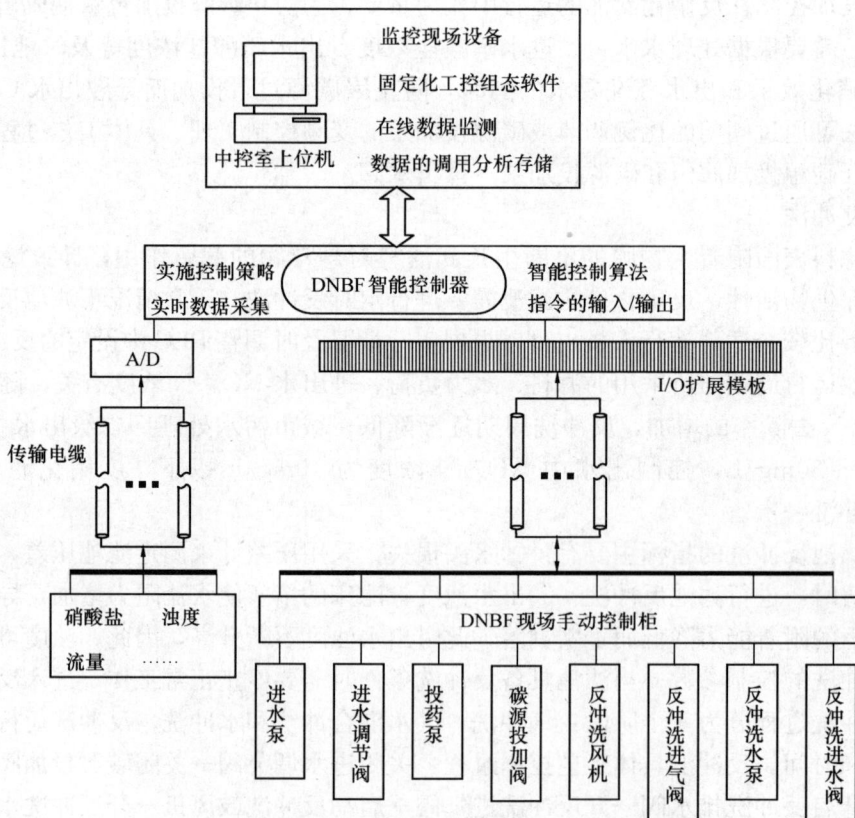

图 4-77 反硝化生物滤池控制系统的结构与功能

修规定。

运行管理人员和操作人员应按要求巡视检查构筑物、设备、电器和仪表的运行情况。

操作人员应按时做好运行记录。数据应准确无误。

操作人员发现运行不正常时，应及时处理或报告管理人员。

各种机械设备应保持清洁，无漏水、漏气等。

反硝化生物滤池堰口、池壁应保持清洁、完好。

根据不同机电设备要求，应定时检查，添加或更换润滑油或润滑脂。

2）手动运行控制操作规程

反硝化生物滤池正常工作运行时，运行管理人员及操作人员应根据具体情况，通过控制各进水阀门，调整进水量，确保滤池在工艺设计工况下运行；根据进水水质和水量的变化及时调整碳源投加量，以保证稳定的出水硝酸盐浓度。

因水温、水质或运行方式的变化而导致出水硝酸盐浓度升高时，应分析原因，并针对具体情况，调整系统运行工况，采取适当措施恢复正常。

为保证滤池的正常运行，应及时对滤池进行反冲洗运行，反冲洗运行时应经常观察反冲洗出水中污泥的颜色、状态、气味等。

3）自动运行控制操作规程

自控系统运行前和运行中均需保证系统中的设备的正常运行。

保证自控系统中设置的参数准确无误，并根据滤池运行情况，对参数的设置进行调整。

滤池在运行中若出现故障，应及时停电检修。故障排除后，首先进行反冲洗运行，而后进入正常运行工作状态。

4.4.3　上向流连续脱氮过滤器

4.4.3.1　结构及原理

上向流连续脱氮过滤器，也称活性砂脱氮过滤器。一个完整的脱氮过滤系统可以分为两部分，硝化过滤器（图 4-78）和反硝化过滤器（图 4-80）。它们的结构稍有不同，反硝化过滤器与上向流连续深床过滤器结构基本相同。硝化过滤器增加了曝气装置和设备高度，从而保证硝化系统需要的溶解氧和反应时间。两部分可根据水质情况单独使用或进行组合。

上向流连续脱氮过滤器的原理是利用水中的有机污染物作为食物，微生物可以在滤料表面生长和拓殖，形成生物膜，在去除悬浮固体的同时，将废水中的有机物、氨氮、硝酸盐氮等污染物去除，从而进一步净化水质。如图 4-80 所示，当气提管连续不断地将滤料从底部提升至波纹管洗砂器（图 4-79）时，滤料处于一种连续而缓慢的向下运动状态。气提管中的絮

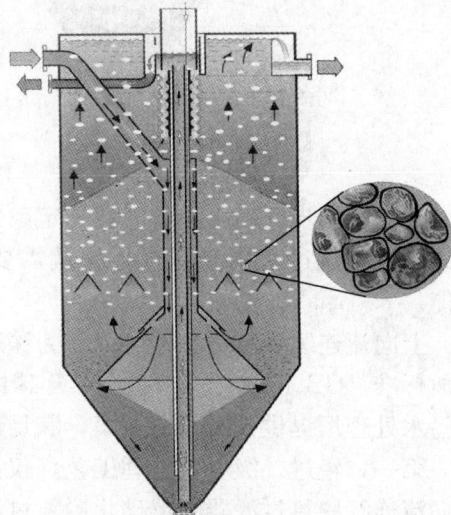

图 4-78　上向流连续硝化过滤器

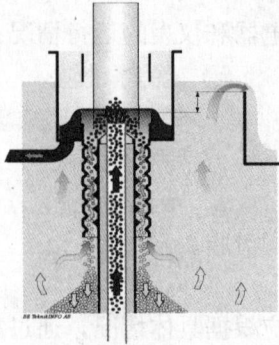

图 4-79　波纹管洗砂

流、气泡擦洗作用可以从滤料上洗脱老化的生物膜。洗脱下来的污物随反洗出水流出过滤器。大部分活性生物膜由于其较强的附壁生长效应，不会从滤料表面洗脱。砂粒经过清洗后重新回落至砂床表面循环使用。因此，整个滤层的滤料均携带微生物并具有生物硝化和反硝化脱氮的能力。

上向流连续脱氮过滤器主要具备以下功能：

第一，生物反硝化。微生物附壁生长的效应使反硝化细菌在滤料表面生长，经过一段时间形成优势种群，达到生物反硝化脱氮的目的。由于整个滤层可作为反硝化细菌的载体，因此与去除悬浮固体功能不同，整个滤层均可作为脱氮的有效滤层。由于二级出水中 COD/N 偏低，如需进行生物脱氮，通常需要外加一定量的碳源。碳源的投加可以消耗一部分水中的溶解氧，从而为反硝化细菌的培养和富集提供了合适的外部条件。反硝化细菌是异养细菌，需要利用碳源将硝酸盐氮还原成氮气，反应如下（碳源以甲醇为例）：

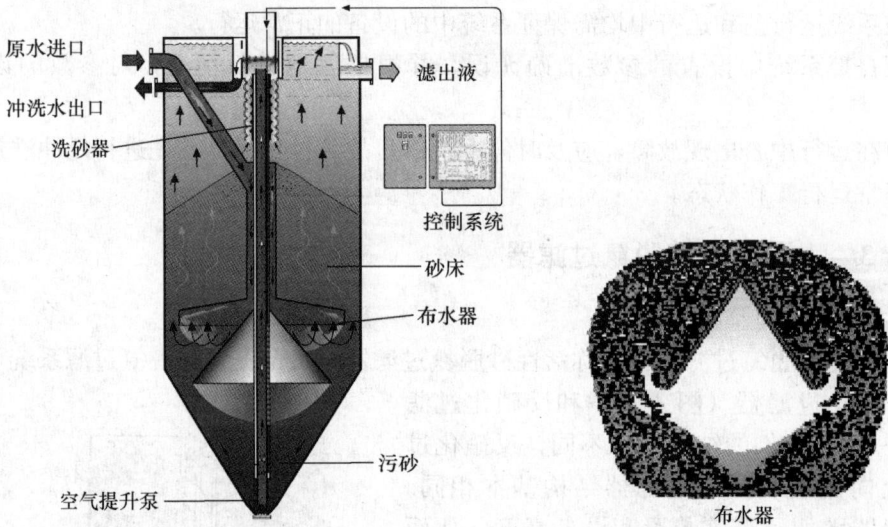

$$5CH_3OH + 6NO_3^- \xrightarrow{\text{反硝化菌}} OH^- + 7H_2O + 3N_2\uparrow + 5HCO_3^- \qquad (4\text{-}43)$$

图 4-80　上向流连续反硝化过滤器

第二，同步反硝化除磷。在一定条件下，在同一活性砂过滤器中可以实现微絮凝过滤除磷和反硝化过程同时完成，这就需要通过设计和运行控制实现短程同步反硝化除磷功能。

上向流连续脱氮过滤器可以作为深度处理工艺，为已经达到《城镇污水处理厂污染物排放标准》GB 18918—2002 中一级 B 标准，需要升级为"一级 A"排放标准（表 4-23）的污水处理厂提供升级改造方案，满足以下使用要求：

第一，经过二级生化处理工艺，仅总氮无法达到一级 A 出水要求的，可以设置一级上向流连续脱氮过滤器（反硝化脱氮过滤器）。在反硝化脱氮过滤器中进行反硝化，最终达到一级 A 的出水要求。

第二，经过二级生化处理工艺，总氮和总磷均无法达到一级 A 出水要求的，可以设置一级上向流连续脱氮过滤器（同步反硝化除磷过滤器）。在反硝化脱氮过滤器中进行反硝化，同时采用化学微絮凝过滤的技术去除水中的总磷，最终达到一级 A 的出水要求。

第三，经过二级生化处理工艺，NH_4^+-N、TN 和 TP 均无法达到一级 A 出水要求的，可以设置两级上向流连续脱氮过滤器（硝化过滤器＋同步反硝化除磷过滤器）。在硝化过滤器中将 NH_4^+-N 氧化为 NO_3^--N；在反硝化脱氮过滤器中进行反硝化，同时采用化学微絮凝过滤的技术去除水中的 TP，最终达到一级 A 的出水要求。工艺流程见图 4-81。

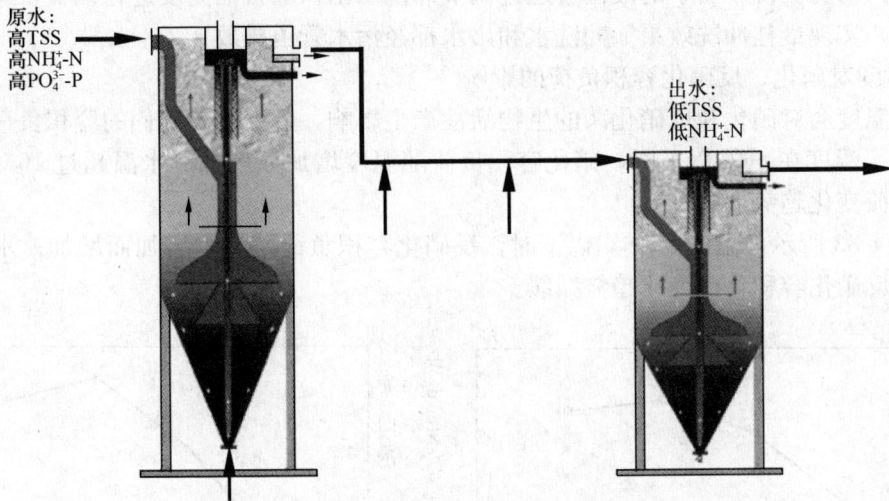

图 4-81　硝化过滤器＋同步反硝化除磷过滤器工艺流程

一级 A 和一级 B 的水质指标　　　　　　　　　　　　表 4-23

项　　目	一级 B/(mg/L)	一级 A/(mg/L)	备　　注
COD_{Cr}	60	50	
BOD_5	20	10	
SS	20	10	
NH_4^+-N	15	8	当水温低于 12℃
NH_4^+-N	8	5	当水温高于 12℃
TN	20	15	
TP	1.5	0.5	2005.12.31 前建设
TP	1	0.5	2006.01.01 后建设

4.4.3.2　影响因素

硝化容积负荷 $[kgNH_4^+$-$N/(m^3 \cdot d)]$ 和反硝化容积负荷 $[kgNO_3^-$-$N/(m^3/d)]$ 即单位滤料体积每天处理 NH_4^+-N 和 NO_3^--N 的质量数，可用于表示滤池硝化和反硝化脱氮的能力，也是硝化和反硝化滤池重要的设计参数。硝化容积负荷和反硝化容积负荷受温度、底物浓度、滤池运行参数、自动化控制程度等众多因素影响。为了初步了解这些影响因素进行了中试试验。

中试试验工艺设置两台上向流连续脱氮过滤器（图 4-80），滤床截面面积均为 $0.7m^2$；滤床厚度分别为 3.5m 和 2m。滤料采用硅石含量 95％以上的天然石英砂，粒径范围0.8～

1.25mm，均匀系数＜1.4，干燥相对密度大于2.5。这种石英砂具有比表面积大、耐磨损等特点，硝化反硝化细菌附壁生长的特性使特定的微生物种群在进水条件适宜的情况下迅速生长形成优势种群。系统设置了两台加药泵，一台用来投加混凝剂（40％$FeCl_3$溶液），另一台用于投加碳源（99％甲醇溶液）。在砂滤进水池设置了溶解氧、pH和温度在线监测系统，连续监测进水水质。在硝化过滤器出水也设置了溶氧仪，监测反硝化砂滤进水的溶解氧值。在反硝化砂滤的出水口设置了pH计、温度计和NO_3^--N在线监测仪表，用来连续监测反硝化砂滤出水水质。在两台砂滤的顶部，均设有砂滤进水水位测量管，实时监测床层阻力情况。洗砂器中的液位可通过调节冲洗水出口堰板的高度进行调节，从而调节冲洗水量，实现最佳冲洗效果。冲洗水和出水都经污水管道排放。

1. 温度对硝化、反硝化容积负荷的影响

进水温度会对硝化和反硝化菌的生物活性产生影响，进而影响它们的容积负荷。如图4-82所示，温度在16℃以下时，硝化容积负荷随温度增加而增加；水温超过16℃时，硝化容积负荷变化趋势减缓。

如图4-83所示，温度在16℃以下时，反硝化容积负荷随温度增加而增加；水温超过16℃时，反硝化容积负荷变化趋势减缓。

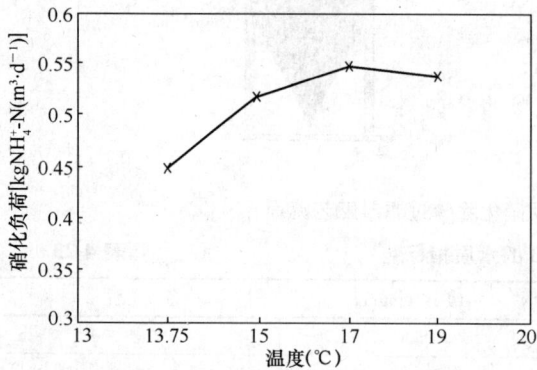

图4-82　不同温度下硝化容积负荷变化　　　　图4-83　不同温度下反硝化容积负荷变化

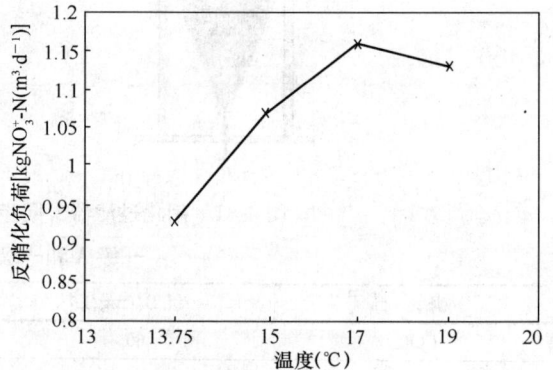

2. 进水底物浓度对硝化、反硝化容积负荷的影响

进水NH_4^+-N和NO_3^--N分别为硝化菌和反硝化菌可利用的底物浓度，较低的底物浓度也会对微生物的活性产生影响。试验期间出水的硝态氮一直保持在较低的浓度、水质良好而稳定，仍有提升反硝化去除能力的空间，但由于反硝化砂滤进水硝酸盐氮浓度最高不超过16mg/L，因此无法获取更高的进水硝酸盐氮负荷，从而无法验证更高的反硝化容积负荷。

反硝化细菌的特征如下：

碳源需求：3～4.0mgCH_3OH/mgNO_3^--N

污泥产率：0.7～1.3mg/mgN去除

3. 控制水平对处理效率的影响

通过调整过滤过程和冲洗频率以及滤床中活性生物的数量，保证在不同进水条件下保持较高的处理效率。

当床层阻力过大时，可以通过减少进水流量或者提高气提泵气量的方式达到减少床层阻力的目的。

对于硝化砂滤，只需向砂滤持续供应空气增加滤床的溶解氧浓度即可；对于反硝化砂滤，需要向水中投加碳源，本中试试验选用的碳源为甲醇（99％液体），在启动初期，碳源保持微过量，随着处理效果的提升，按照（3～4）：1 的投加量逐步优化，以防止最终出水 COD 的升高；对于化学除磷，需要向水中投加一定量的混凝剂，投加量按照 Fe^{3+} 与水中 PO_4^--P 的摩尔比（2～3）：1 进行投加。

4.5 物理过滤技术

4.5.1 深床过滤

4.5.1.1 深床过滤理论及发展

1. 过滤机理

通过滤料介质的表面或滤层去除水体中悬浮固体和其他杂质的工艺称为过滤。城市污水二级处理出水仍含有部分悬浮颗粒及其他污染物，一般需经过混凝、沉淀和过滤工艺进行深度处理。对回用水水质要求较高时，过滤出水还需经活性炭吸附、超滤和反渗透等工艺处理。因此，过滤已成为水的再生与回用处理技术中关键的单元工艺。一般认为，过滤有以下两方面作用：第一是进一步去减少中的悬浮物、有机物、磷、重金属和细菌等污染物；第二是为后续处理工艺创造有利条件，保证后续工艺的稳定、高效、节能地运行。

最早出现的过滤机理为机械筛滤。然而，人们很快发现，过滤显然不是机械筛滤作用的结果。二级出水中的颗粒物质主要为生物絮体碎片及其分泌、代谢产物。它们是有机物，含有的蛋白质是带负电荷的亲水胶体。研究发现，二级出水中的小颗粒粒径介于 $0.8\sim1.2\mu m$ 之间，占悬浮颗粒总质量的 $40\%\sim60\%$，其余则是介于 $5\sim100\mu m$ 之间的大颗粒，具有明显的双峰分布特点。实践证明，如果滤料粒径为 0.8mm，则滤料颗粒之间的孔隙将大于 $100\mu m$，此时悬浮颗粒仍然可以截留在滤层深处。过滤是一个包括多种物理化学作用的复杂过程，主要是悬浮颗粒与滤料之间粘附作用的结果。经过众多学者的研究，悬浮颗粒必须经过迁移和附着两个过程才能被去除，这就是"两阶段理论"。

颗粒迁移过程是悬浮颗粒去除的必要条件。被水挟带的颗粒随水流运动的过程中，悬浮颗粒脱离流线，向滤料表面的迁移。Ives 等人认为颗粒的迁移分为五种情况，包括沉淀、扩散、惯性、阻截和水动力，如图 4-84 所示。O'melia 认为三种物理迁移将悬浮颗粒从流体中迁移至滤料表面：颗粒的布朗运动或分子扩散、流体运动和重力。颗粒迁移的影响因素比较复杂，如滤料性质、水中颗粒性质、水温、滤速等。例如，粒径大于 $10\mu m$，且密度大于水的粒子，主要是沉淀作用；而粒径小于 $1\mu m$ 的粒子，则主要是扩散作用。

颗粒粘附是物理化学作用。当悬浮颗粒迁移到滤料表面时，如果滤料表面和悬浮颗粒表面性质能满足粘附条件，悬浮颗粒就被滤料捕捉。颗粒一般是在范德华力、静电力、化学键和化学吸附等作用下粘附在滤料表面的。研究发现，加药混凝后的颗粒在滤料表面的附着好于未经混凝的颗粒。对于胶体脱稳凝聚的絮体，主要是界面化学作用的结果，粘附效果较好。对于非脱稳凝聚的胶体粒子，则是分子架桥作用的结果，粘附效果较差。

当研究发现滤层的过滤随时间发生变化后，Ives 与 Mints 及他们的支持者以"附着于

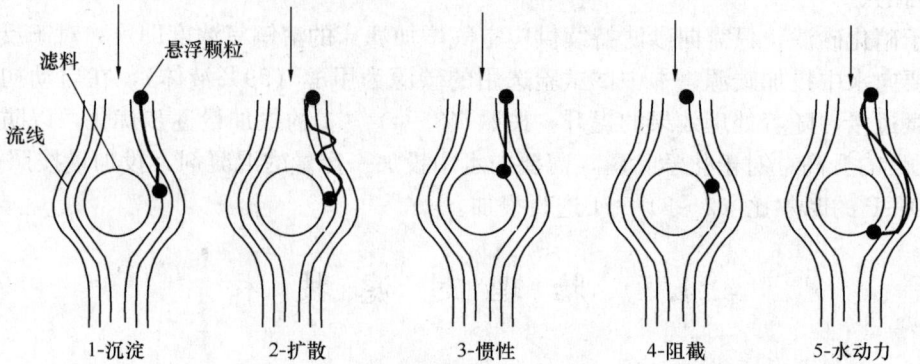

图 4-84　悬浮颗粒迁移过程

滤料之上的悬浮颗粒是否剥离"为中心问题产生了争论。Mints 的其中一个支持者 Moran 通过实验发现了明显颗粒脱附现象，并得到了共识。因此，悬浮颗粒完整的去除过程应包括：颗粒迁移、颗粒粘附、颗粒脱附。

颗粒脱附是在水流剪切力作用下悬浮颗粒从滤料表面脱落的过程。在整个过滤过程中，粘附与脱落共存，颗粒可能会由于水流冲刷力而脱落，但它又会被下层的滤料所粘附，导致颗粒在滤层内重新分布。粘附力与水流剪切力的综合作用决定了颗粒是被粘附还是脱附。滤池冲洗时，剪切力大于粘附力，颗粒由滤料表面脱附，滤层被冲洗干净。

2. 深床过滤理论

深床过滤理论的研究至今已有一百多年的历史。英国 Chelsea 供水公司于 1829 年建造了世界上第一个慢速砂滤池，这是深床过滤技术工程应用的开始。由于慢滤池存在滤速慢、占地面积大等缺点，在混凝技术出现之后，慢滤池被快滤池所取代，并广泛使用。从 20 世纪 30 年代末期开始出现有关快滤池过滤理论的研究论文。这些研究论文可分为两类，一类研究是企图揭示滤料、滤层、控制方式等特性与滤速、工作周期、产水水质、水头损失等参数的关系，以及冲洗方式及冲洗强度等冲洗特性与冲洗效果的关系；另一类研究是企图建立过滤过程和冲洗过程的数学模型。

(1) 滤池特性

滤速也就是滤池负荷，是衡量滤池处理能力的一个指标，即单位时间内，单位滤池面积上的过滤水量，单位为 m/h 或 $m^3/(m^2 \cdot h)$。滤速是滤池设计、运行的关键技术参数。进水水质、环境因素及滤池特性共同决定了特定滤池滤速的大小。当前两者一定时，必须通过滤池特性的优化来提高滤速。滤料和滤层是发挥过滤功能的主要部分，因此，滤料和滤层的研究是深床过滤的核心问题。

在传统的深床过滤中，以石英砂为代表的粒状滤料应用最早。石英砂滤床在反冲洗后会出现从上至下颗粒由细变粗的水力分级现象，从此颗粒大部分被截留在表层，导致表层堵塞加快，而大部分滤床尚未发挥作用时就不得不终止过滤。粒状滤料滤层的水力分级现象促成了"均质滤料"概念的形成。所谓均质滤料，并非指滤料粒径完全相同，而是指沿整个滤层深度方向的任一横断面上，滤料组成和平均粒径均匀一致。基于"均质滤料"概念，在 20 世纪 50 年代出现了双层滤料滤池，即在石英砂滤层上部放置一层粒径大、密度较小的轻质滤料，最早的是无烟煤。双层滤料体现了均质滤料的概念，使在过滤周期内滤层的有效功能得以发挥，水头损失减小，过滤周期延长。随后又出现了三层滤料，即在双层滤料下加一层密度大粒径小的滤料，如石榴石、磁铁矿等。Sembi 和 Ives 用计算机模拟了十层滤料滤层的过滤情况，从理论上推得：滤料层数越多，越符合"均质滤料"的概念，过滤效果越好。实际应用却存在很多问题，如滤料流失、滤料混杂、反冲洗效果差等。因此，大多数情况下仍使用双层和三层滤料。除上述提及的滤料外，陶粒、炉渣、泡沫塑料珠等也被应用在工程上。不管何种颗粒滤料，都必须具备以下三个特点：足够的机械性能、足够的化学稳定性、适当的粒径和级配。

滤池滤料的粒径和级配应适应悬浮颗粒的大小和去除效率要求。如果粒径太小，就会缩短滤池的工作周期，如果粒径过大，则悬浮物颗粒会穿过滤层，降低出水水质。其次，滤料要尽量均匀。如果滤料不均匀，会使冲洗非常困难：当冲洗强度满足大颗粒要求时，则小颗粒可能被冲走；反之，如果冲洗强度仅满足小颗粒的要求，则大颗粒由于膨胀不起来，导致冲洗不彻底。

级配表示不同粒径的颗粒在滤料中的比例，滤料颗粒的级配关系可由筛分试验求得。粒径范围是指滤料中最小颗粒的粒径与最大颗粒的范围，用来表示滤料粒径的大小。不均匀系数是指通过滤料样品重量 80% 的筛孔孔径与通过同一样品重量的 10% 的筛孔孔径之比，用来表示滤料的不均匀程度，常用 K_{80} 表示：

$$K_{80} = \frac{d_{80}}{d_{10}} \tag{4-44}$$

式中　d_{80}——为通过滤料样品重量 80% 的筛子的孔径，m；

　　　d_{10}——为通过滤料样品重量的 10% 的筛子的孔径，m。

实验表明，若滤料的 d_{10} 相等，即使其级配曲线不一样，过滤时所产生的水头损失也相近，因此 d_{10} 也称有效粒径 d_e。生产上也用 $K_{60} = d_{60}/d_{10}$ 表示不均匀系数，d_{60} 为通过滤料样品重量 60% 的筛子的孔径（mm）。K_{80}、K_{60} 越小，滤料越均匀。我国规范采用最大粒径 d_{max}、最小粒径 d_{min} 和不均匀系数 K_{80} 来表示粒径分布和级配。但是，不均匀系数越趋近于 1，则滤料粒径将产生不确定性，可能趋近于 d_{max}，也可能趋近于 d_{min}。它们的效果完全不同。因此，为了采用均粒滤料时准确表示粒径级配，还有必要引进几何平均粒径的概念，使用美国标准筛时，相邻两筛之间截留的滤料几何平均粒径 d_g 可根据下式确定：

$$d_g = \sqrt{d_1 d_2} \tag{4-45}$$

式中　d_1、d_2——为相邻两筛孔径，mm。

当滤料的不均匀系数 $K_{60} < 1.5$ 时，可以用平均粒径 d_m 替代几何平均粒径 d_g。

滤层的含污能力（kg/m^3）是指从过滤开始到结束（一个过滤周期），单位体积滤料的平均含污量。滤池特性与滤料粒径、滤层厚度 L 密切相关。相关研究发现，在滤层厚度相同的情况下，滤料粒径越小，出水浊度越低，但过滤周期越短；滤料粒径越大，滤层含污能力越大、过滤周期越长，但出水浊度也越高。因此，为达到预期的水质要求和过滤周期，应尽量选用合适的滤料粒径和滤层厚度。

从 20 世纪 60 年代起，法国和前苏联就开始了大粒径均质滤料过滤技术研究，其后法国得利满（Degremont）公司开发了 V 型滤池，采用均质滤料，增加滤速和工作周期。活性砂（Dyna Sand®）过滤则是由瑞典 Waterlink 公司于 1979 年开发的一种上向流连续反洗深床过滤工艺，已广泛用于在市政给水、市政污水深度处理及工业水处理等领域。美国早在 20 世纪 80 年代就已经采用有效粒径达 1.5mm，层厚达 1.8m 的无烟煤深床过滤工艺建成了洛杉矶水厂。滤料种类选定的情况下，只有加大滤层厚度才能够抵消由于粒度变大带来的负面影响。目前，滤层厚度 L 与滤料粒径 d 之间的数值关系存在两种理论：

第一种理论是 L/d 理论：该理论从深层过滤机理出发，认为过滤过程中滤料的颗粒表面积越大，对水中悬浮物的吸附能力就越强。为要达到一定的水质要求，单位面积滤层所提供的滤料表面积必须满足一定的要求，即过滤效果取决于滤层厚度和滤料粒径的比值，用 L/d 表示。由于 L/d 值对过滤效果具有关键作用，其选择日益受到重视。综合技术、经济因素，工程中应选择最小 L/d 值，以获得最大产水量和最佳预期水质的双重要求。S. Kawamura 的研究结果表明：对于常规快滤池和双层滤池应使 $L/d_e \geqslant 1000$；对于三层滤料滤池应使 $L/d_e \geqslant 1250$；对 d_e 在 1.2~1.4mm 之间的粗滤料深床滤池应使 $L/d_e \geqslant 1300$；当滤料粒径 $d_e \geqslant 1.5mm$ 时，应使 $L/d_e \geqslant 1500$。Greeley 和 Hansen 通过研究也得出同样的结论。美国《Intergrated Design of Water Treatment Facilities》一书中指出：普通单层砂滤池或双层滤料滤池 $L/d_e \geqslant 1000$，$1.5mm \geqslant d_e \geqslant 1.0mm$ 的单层滤料滤池 $L/d_e \geqslant 1250$。我国《城市供水行业 2000 年技术进步发展规划》中指出：为保证水质，滤层深度与粒径之比应大于 800，在其子课题"改善过滤效能"中指出：运用 $L/d_m \geqslant 800$ 判别式判断分析滤池滤料级配的合理性或比较其优越性。因此，该理论在实际设计中已有所应用，并得到广泛认同。然而，在应用中也出现了一些实际问题。采用相同 L/d_e 设计的滤池效果差别很大。排除悬浮颗粒性质差异的问题，即便是相同的 d_e 和 L/d_e 仍然需要考虑滤料均匀性的微小差别。另外，保持 L/d_e 和滤速不变，d_e 增大到一定数值时，水头损失将会大幅减小，颗粒迁移距离将会增大，此时单独考虑颗粒吸附是不合适的，还必须考虑颗粒迁移对水质的影响。

第二种理论是 L/d^2 理论：该理论从均质过滤过程数学模型出发，通过试验研究滤池出水浊度和水头损失，认为对于同种性质的滤料，当滤池的 L/d_e^2 相同时，其处理效果是近似的，而水头损失只与过滤时间和 L/d_e^2 有关，其水头损失变化规律是相同的。该理论仍然停留在研究阶段，没有得到广泛工程应用，尚缺乏实践数据。

在滤料底部一般铺有一层由大颗粒材料组成的承托层，其作用有二：一是防止滤料进入底部配水系统造成流失；二是保证反冲洗配水均匀。对承托层的材料一般有两个基本要求：一是在最大强度的反冲洗时，不能松动；二是孔隙要尽量均匀，以便配水均匀。常用的承托材料为天然卵石或碎石，有时也用大粒径的粗砂。承托材料的粒径大小取决于滤料的粒径及反冲洗配水形式。

（2）滤池反冲洗

滤池特性确定后，滤速等控制参数连同进水水质、环境条件一起影响过滤周期的长短，进一步决定滤池的出水水质和水量。过滤周期是过滤开始至过滤终点所用时间。滤池工作一段时间之后，滤料截留的污染物质趋于最大容量，此时如仍继续工作，出水水质会逐渐恶化，水头损失逐渐增大，直至滤层穿透。一旦出现出水水质超标和水头损失超过限值两者之一即为过滤终点。一个过滤周期完成，为恢复过滤功能，需要对滤池进行冲洗。常用的滤池反冲洗方法主要有三种：

1) 水反冲洗

反冲洗系指从滤料层底部进水，与工作时的水流逆向对滤料进行冲洗。水反冲洗是冲洗的主要方法。反冲洗水一般采用滤池正常工作时的出水，供水方式有水塔、水箱供水和水泵供水两种。实际常用的为水泵供水，即直接用水泵对滤池进行反冲洗。无论气、水反冲洗如何组合，在控制上都可以实现脉冲冲洗，能够在滤料结块后获得较好的冲洗效果。

冲洗强度是指单位表面积的滤料在单位时间内消耗的冲洗水量，用公式（4-46）计算：

$$q = \frac{Q}{A} \tag{4-46}$$

式中　q——冲洗强度，L/(m^2 · s)；

　　Q——为冲洗水量，L/s；

　　A——为滤料的表面积，m^2。

冲洗时间是指冲洗开始至冲洗完毕所用时间，用 t 表示，单位为 min。工作周期是过滤周期与冲洗时间之和，即过滤开始至冲洗完毕所用时间，用 T 表示，单位为 h。冲洗强度 q 和冲洗历时 t 决定了每次冲洗的用水量。冲洗频率取决于滤池的过滤周期与水质及滤料等因素。当冲洗强度、冲洗历时和冲洗频率确定以后，总冲洗用水量即可确定。美国的回用水厂在运行管理中一般控制在 5％以内。对于污水深度处理来说，反冲洗水量一般占过滤处理水量的 3％～6％，具体取决于水质及滤料等因素。

要保证有效冲洗，就必须有合理的配水系统保证配水均匀。如果配水不均匀，在配水量小的部位冲洗不干净，在配水量大的部位又会扰动承托层，导致滤料流失。常用配水系统有大阻力配水和小阻力配水两类。大阻力配水系统是在滤层底部均匀布置穿孔管，冲洗水自穿孔管的孔口以较高速度流出，喷向滤料。水自孔口喷出的流速一般应保持在 5～6m/s，这样可增大孔口阻力，使承托层和滤料层的阻力占系统总阻力的比例降低，从而减小了承托层和滤料层由于阻力不均匀造成的对配水均匀性的影响。小阻力配水系统是在滤板底部设置布水空间，冲洗水进入该空间之后，得到缓冲，以较低的流速穿过滤板，流向滤料。由于水的流速低，承托层和滤料的阻力也很小，同样也使承托层和滤料层由于阻力不均匀造成的对配水均匀性的影响减至最小。

滤层膨胀率是指反冲洗时，滤层膨胀后所增加的厚度与膨胀前厚度之比，用公式（4-47）计算：

$$e = \frac{L - L_0}{L_0} \times 100\% \tag{4-47}$$

式中　e——滤层膨胀率，％；

　　L_0——为滤层膨胀前的厚度，m；

　　L——为滤层膨胀后的厚度，m。

膨胀率 e 与反冲洗强度及滤料的种类和粒径有关。对于一定种类和粒径的滤料来说，e 与 q 成正比，即冲洗强度越大，膨胀率也越大。在给水处理中，往往要求冲洗时要保证一定的膨胀率。反冲洗强度应随水温升高而增大。

反冲洗效果主要取决于滤料膨胀度。当滤料膨胀以后，滤层中所截留的杂质由滤料表面脱落是水流剪力和滤粒碰撞摩擦共同作用的结果。只有当膨胀度过高时，后者的作用才逐渐消失。碰撞机理认为，滤料在反冲洗时，彼此碰撞而分离滤料颗粒上的杂质，冲洗效果是随着滤料间的碰撞次数的增多而提高。剪切机理认为，滤料在反冲洗时，水流对滤料形成剪切而分离滤料颗粒上的杂质，冲洗效果随着剪切力的增大而提高。很多试验资料证明，在某种条件下，可能是碰撞起主要作用；而在另一条件下，又可能是剪切起主要作用。总之，滤料上杂质的清除，应该是碰撞—剪切共同作用的结果。这种共同作用机理，已被许多学者的试验所证明。李圭白院士针对深层滤床的高效反冲洗问题进行研究后，分别提出颗粒碰撞高效区和水流剪切高效区的概念，并进一步指出，剪切高效区和碰撞高效区的重叠部分应是真正的反冲洗高效区。

2）气水反冲洗

20 世纪 80 年代以前，国内的滤池几乎都是采用单水冲洗方式，仅个别小规模滤池采用了穿孔管气水反冲。80 年代之后，几乎所有引进的滤池都采用气水反冲洗方式，并取得了良好的冲洗效果。

滤池反冲过程中传统的高强度水反冲洗，存在耗水、耗能、冲洗效率低等弊端，已经被证明不能有效地冲洗粗滤料、高滤速、深滤床的滤池，尤其是污水深度处理的滤池；单独气冲洗容易使泥层翻卷到滤床下部，在滤床的底部会聚集淤泥，气冲强度越大，积泥现象越明显。张俊贞等人通过建立滤池气水反冲洗的数学模型，并经过实践证实，空气冲洗一方面能产生较大的速度梯度（G），是单独水反冲所产生 G 值的 1.8 倍；另一方面，气泡在滤层中运动，使颗粒间产生剧烈的相对错动，碰撞摩擦作用得以充分发挥，絮体被击碎，并与滤料分离。因此，气水反冲洗工艺由于强化了对滤料的剪切和碰撞作用，不仅可以节水、节能，而且能够提高出水水质、增大滤层的含污能力、提高滤速和延长过滤周期等，是所有冲洗系统中最有效的方法。因此，近年来采用气辅助冲洗的气水反冲洗迅速得到推广和应用。以上特点也是污水深度过滤必须采用气水反冲洗的主要原因。

在污水深度处理中，较高膨胀率不一定有较好的冲洗效果，此时有机物会牢牢地粘在滤料表面与滤料一起膨胀与下降，起不到冲洗效果。然而，将膨胀率控制在 10% 以下，使滤料处于微膨胀状态，则可使滤料颗粒之间增加相互挤撞摩擦的机会，使其表面粘附的有机物去除。

气水反冲洗有以下 3 种操作方式：①先气冲，然后水反冲；②先气水同时反冲，然后水反冲；③先气冲，然后气水同时反冲，最后水反冲。污水深度处理粗滤料均质滤池宜采用第三种反冲洗方式，其控制过程及反冲洗强度如下：①降低水位约 2min；②气洗 0.5～1min，气冲强度 13～15L/(m² · s)；③气水同时反冲洗 4～5min，气冲强度 13～15L/(m² · s)，水冲强度 2～3L/(m² · s)；④水反冲 3～5min，水冲强度 4～6L/(m² · s)。在冲洗的整个过程中均进行表面扫洗。

3）表面冲洗

在很多情况下，反冲洗不能保证足够的冲洗效果，可辅以表面冲洗。表面冲洗系在滤料上层表面设置喷头，对流池表面进行强制冲洗。按照冲洗水管路的配水形式，表面冲洗有旋转管式表面冲洗和固定式表面冲洗两种。扫洗强度为 2～3L/(m² · s)（固定式）或 0.5～0.75L/(m² · s)（旋转式）。

（3）数学模型的发展

深床过滤的数学模型可用于描述颗粒的去除率、颗粒沉积所导致流动阻力的增加或渗透率的降低。目前，描述深床过滤的数学模型主要分为以下三类：

1）经验模型

经验模型是从滤层微元的物料平衡方程出发而得到的，侧重于描述水中悬浮颗粒被滤料截留后的浓度变化。经典经验模型由 Iwasaki 于 1973 年首先提出。Iwasaki 以试验数据为基础，指出了下列关系，即：

$$\frac{\partial c}{\partial x} = -\lambda c \tag{4-48}$$

$$\frac{\partial c}{\partial x} + \frac{\partial \sigma}{\partial t} = 0 \tag{4-49}$$

$$\lambda = \lambda_0 + b\sigma \tag{4-50}$$

式中　c——滤层深度 x 处的单位时间内的面积微粒浓度；

　　　λ——过滤系数，为滤料粒径、滤速和微粒的函数；

　　　λ_0——清洁滤层的过滤系数；

　　　t——过滤时间；

　　　b——常数，为滤料粒径、滤速和微粒的函数；

　　　σ——比沉积量。

上述三个式子是经验模型的基础，也是过滤工程中应用最广泛的公式之一。其后出现的各种计算形式多数集中在如何对过滤系数的修正上，其中最具代表性的是 Ives 的球管模型，λ 的表达式见公式（4-51）。

$$\lambda = \lambda_0 \left[1 + \frac{\sigma}{1 - \varepsilon_0} \right]^a \left[1 - \frac{\sigma}{1 - \varepsilon_0} \right]^b \left[1 + \frac{\sigma}{1 - \sigma_u} \right]^c \tag{4-51}$$

式中　a、b、c——试验常数；

　　　ε_0——清洁滤料层的孔隙率；

　　　λ_0——清洁滤料层的过滤系数；

　　　σ——比沉积量；

　　　σ_u——最大比沉积量。

经验模型属于宏观分析范畴，侧重于实验数据，其中各个系数均必须经过试验确定。它的优点在于对过滤全过程进行了模型化，基本符合实际情况，易于应用，适用性强；但仍存在一些缺陷，例如没有提供过程机理，某些经验参数没有直接的物理意义，模型中没有考虑悬浮颗粒尺寸分布等。

2）轨迹分析模型

与经验模型不同，轨迹分析模型认为随同液相主体一起运动的悬浮颗粒，虽然受到范德华力和双电层力等力的作用，但只有在其作用的范围内，颗粒才能发生沉降、吸附或脱附作用，即只有以某种轨迹运动的悬浮颗粒才能沉降到滤料表面，一旦该轨迹超出了上述作用力的范围，则不能被捕获。

轨迹分析模型的理论基础是将整个滤层沿过滤水流方向划分成一系列薄层 USE（unite bed elements），USE 内又划分成很多单个收集器，研究 USE 内单个收集器的收集效率，然后集合构成滤层的过滤系数。基本思路是对滤料颗粒表面的水流流场进行分析，结合悬浮颗粒的运动特征，分析悬浮颗粒在滤料表面的迁移规律。

轨迹分析模型侧重于理论分析，它试图抛开试验数据并建立单个微观收集器效率的计算公式，是研究液体深床过滤较严密的连续介质模型。其局限性主要表现在：无法准确预测床层水头损失的变化；边界条件不明确；没有考虑相邻单元对收集器周围流场的影响等。因此，轨迹分析模型的实用性受到了限制。

3）网络模型

网络模型（毛细管分析模型）对过滤机理研究有着重要意义。该模型理论形象地把过滤介质内的通道抽象成有无数条毛细管道组成的管束，把悬浮颗粒的过滤过程看成流体相中的悬浮颗粒与毛细管壁间的相互作用，并在此理论基础上建立数学模型。网络模型用相互连接的网络代表孔隙介质，并考虑孔隙空间结构的影响。就这点而言，网络模型也许是目前较成功的深层过滤数学模型。然而，网络的拓扑结构及取向仍是需要研究的课题。

最早提出网络模型的是 Todd 等人，他们以四方网络代表孔隙介质，其中用相互连接的键代表孔隙介质中的孔颈，用节点代表空腔，用随机游走技术使布朗颗粒通过网络，即颗粒在各个方向上布朗运动的概率相同。Houi 和 Lenormand 建立的网络模型与 Todd 等的模型有些相似，但颗粒的随机走向是滤层深处有颗粒沉积处。如果颗粒接触到固定颗粒也就不再动了。Imdakm 和 Sahimi 改进了网络模型，以相互连接的具有非均匀表面柱状键的四方网络代表孔隙介质，键的半径按孔隙尺寸分布排列。在这一模型中考虑到了深层过滤的一些基本特征，如孔隙空间形态、流场、颗粒尺寸分布、滤料与颗粒间物理力等，模拟计算与实验结果基本吻合。但用圆筒管代替床层的孔隙空间过于简化，颗粒轨迹分析限于二维空间也不合理。Burganos 等人用任意取向的喉管形单位立方网络代表多孔介质，喉管尺寸按特定的尺寸分布。颗粒在喉管中的沉积速率及过滤系数用三维轨迹分析法计算，渗透率的计算用同位网格解法。这一模型在网络结构、轨迹分析及渗透率的计算较前面的模型更合理，但沉积速率的计算量非常大。针对这个问题，Burganos 等人开发的 Monte Carlo 模型计算量大大减少，而过滤系数预测结果同先前轨迹分析结果一致。该网络模型考虑了孔隙空间结构的影响，也许是目前较成功的深层过滤数学模型。然而，其应用仅限于粒状介质，纤维介质则不适用。

研究人员已经对深床过滤的数学模型进行了大量研究。然而，由于过滤过程的复杂性，人们对过滤的认识仍然是有限的。至今尚未建立微观机理与宏观行为的明确表达式，也未能推导出令人满意的数学模型。

3. 直接过滤理论

二级出水直接进入滤池，或加药后直接进入滤池，称作直接过滤。过滤前设置微絮凝反应池，然后直接过滤称作微絮凝—直接过滤。微絮凝直接过滤实际是在对混凝和过滤作用机理及其工艺过程深入研究的基础上，将混凝与过滤过程有机结合而成的水处理技术。微絮凝—深床直接过滤工艺在处理低温、低浊水质方面具有显著的社会经济效益，不仅能明显节省投资费用及占地，而且可显著提高产水率和出水质量，显著节省运行处理费用，因而得到广泛重视。

在一般的混凝工艺中，反应设备的作用是使混合过程中形成的初级微絮体互相碰撞，形成可快速沉降的大絮体。直接过滤也是向水中投加化学药剂，促使水中胶体颗粒脱稳，形成微絮体。然而，滤料是静止的，微絮体是随孔隙水流动的，只要两种粒子间有相对运动，就有相互碰撞的机会。微絮体进入滤层后就会粘附在滤料表面，粘附着微絮体的滤料更容易与悬浮微絮体发生接触絮凝。因此，直接过滤可利用滤料介质提高颗粒碰撞效率，充分发挥深床过滤的接触絮凝作用。

20 世纪 70 年代开始，各国对直接过滤机理、滤料、滤层、絮凝剂、控制参数及处理效果进行了大量的研究。直接过滤技术的理论研究是基于过滤机理的研究而逐渐深入进行的。Yao 和 Habibian 等人指出，直接过滤中颗粒的去除效率主要取决于传输和粘附过程，悬浮颗粒大小是过滤效率和性能的最基本决定因素。Habibian 和 O'Melia 发现过滤中的化学条件及颗粒物脱稳与絮凝最佳条件一致，而且絮凝中有效的化学影响在过滤中也有效。

20 世纪 80 年代，许多学者开始研究原水颗粒数目、粒径、絮体结构和密度等与絮凝剂絮凝形态之间的关系，流体力学、化学条件等对絮凝、过滤过程的影响。

20 世纪 90 年代以来，直接过滤的发展趋势是滤池深度增加、滤料的粒径增大，采用气水反冲洗，而且对混凝剂在直接过滤中的混凝机理有了更为清晰的认识。李三中通过测定直接过滤水中絮体 zeta 电位表明，絮凝体是在 zeta 电位达到最高值时进入滤层的，随 zeta 电位降低，颗粒开始靠近，当 zeta 电位接近 0 时，脱稳颗粒相互絮凝而不断被滤料截留去除。周北海、王占生在试验中使用聚合硫酸铁（PFS）作为混凝剂，滤池高度 0.7m，粒径为 0.5～1.0mm 的天然石英砂滤料，滤速为 10～20m/h，试验结果表明：只依靠中和电荷作用而没有吸附架桥作用时，滤池去除水体中悬浮颗粒的效果不好。

李科、栾兆坤在直接过滤小试试验中，使用聚合氯化铝（PAC）作为混凝剂，用高岭土配制原水，浊度 7～8NTU。滤层高度 2m，无烟煤滤料，粒径 2.0～2.2mm，试验结果表明，PAC 最佳投加量 0.75～0.80mg/L（以 Al_2O_3 计），最佳滤速 16.0m/h，出水浊度＜0.1NTU，运行周期 26h。栾兆坤在后来的中试试验中，使用 PAC 作为混凝剂，取自密云水库的原水蚀度 2～3NTU，滤层高度 2.5m，粒径 3.5～4mm 的无烟煤滤料，试验结果表明，PAC 最佳投加量 2.0mg/L（以 Al_2O_3 计），最佳滤速为 16～24m/h，工作周期为 90～104h，出水浊度＜0.3NTU。

直接过滤在污水处理上的应用开始于 20 世纪 70 年代。L. Josson 在瑞典的 Henriksdal 和 Bromma 污水处理厂的中试研究表明，微絮凝—直接过滤处理工艺可将出水中 PO_4^{3-}-P 浓度降到 0.05mg/L 以下，TP 浓度降到 1mg/L 以下。而李桂平、栾兆坤在小区污水深度处理中采用直径 60mm 滤柱进行试验，滤层高度 2m，粒径 2～3mm 的无烟煤滤料，试验结果表明，用微絮凝—直接过滤工艺能有效去除水中 PO_4^{3-}-P，去除率可达 98.8%，使出水浓度降至 0.1mg/L 以下，采用新型聚合氯化铁（PFC）能有效提高磷的去除率，并延长过滤周期。

4.5.1.2 分类及性能

从发展历史来看，滤池发展经历了由慢滤池向快滤池的演变。快滤池问世至今已有一百多年的历史。为了增加滤池的含污能力，延长运行周期，增加产水量以及提高过滤速度，过滤方式和滤池形式都在不断改进。最近 20 年来，开发了多种新型过滤技术，用于污水二级处理出水的深度处理。

在污水深度处理过滤中使用的过滤器按操作方式可分为半连续式和连续式两类，必须定时进行离线反冲洗操作的过滤器为半连续式过滤器；过滤和反冲洗操作在过滤器内与过滤同时进行的称为连续式过滤器。在这两类过滤器中，根据滤床的深度不同，可分为浅层床、传统床及深床；根据滤料组成和结构不同，可分为单层、双层、多层及混合滤料；根据操作方式不同，可分为下向流、上向流、双向流及轴向流；根据滤速是否变化，可分为等速或减速过滤；根据悬浮固体截留的方法不同，可分为表面或深层过滤。根据以上特点的不同，可分为多种不同形式的过滤器，如普通快滤池（四阀滤池）、双阀滤池、无阀滤池、虹吸滤池、移动冲洗罩滤池等。对于单介质和双介质半连续过滤器，根据推过滤动力不同，可进一步分为重力或压力过滤器。最常见的深床过滤器有五种形式：

（1）下向流传统过滤器

在下向流传统过滤器中，一般可使用单介质、双介质及多介质滤料。在单介质过滤器中，一般以砂或无烟煤为滤料。双介质滤料通常由砂和无烟煤组成，底层为砂，顶层为无烟煤，其他滤料组合有：活性炭和石英砂；树脂和石英砂；树脂和无烟煤。多介质过滤器通常由三种不同滤料组成，底层为石榴石和钛铁矿石，中层为砂，顶层为无烟煤。其他多介质滤料组合一般包括：活性炭、无烟煤和石英砂；重质树脂球、无烟煤和砂；活性炭、砂和石榴石。下向流传统过滤器为半连续式过滤器，采用间歇反洗操作，悬浮固体截留在滤床表面及上层，水头损失增长速度快，需要进行特殊设计。下向流传统过滤器常用的反洗方法一般为水反洗加水表面清洗、水反洗加空气擦洗。普通快滤池是最常见的下向流传统过滤器。

（2）下向流深床过滤器

下向流深床过滤器类似于下向流传统过滤器。滤料粒径大于传统过滤器滤料的粒径。由于滤床深度、滤料粒径均较大，所以水中悬浮固体可以进入滤床深处，滤床内具有更大的含污能力，水头损失增长速率变小，从而延长了过滤周期。下向流深床过滤器为半连续式过滤器，采用间歇反洗操作，悬浮固体截留在滤床内部，水头损失增长速度慢，增加了过滤器的运行时间，需要进行特殊设计。

如前所述，深床过滤器反洗期间滤料并非完全处于流化状态。为了达到有效清洗的目的，一般采用空气擦洗结合水清洗进行反洗。这种过滤器滤料的最大粒径取决于其反洗的能力。V型滤池是最常见的下向流深床过滤器。

（3）上向流连续反洗深床过滤器

上流式连续反洗深床过滤器，也称活性砂过滤器，是由瑞典 Waterlink 公司开发的一种过滤工艺。世界上第一次活性砂过滤中试试验在 1978 年 8 月开始，1979 年正式形成活性砂过滤工艺，同年该工艺被应用在市政污水处理中，至今已有 30 多年的历史。活性砂过滤技术以其效率高、连续过滤、无需反冲洗系统、运行及维护费用低等优势，已广泛用于在市政给水、市政污水深度处理及工业水处理。

活性砂过滤工艺为上向流连续过滤工艺，而砂层则缓慢向下运动，其过滤机理为：原水通过进水管进入过滤器内部，经布水器均匀分配后向上逆流通过滤料层完成过滤，滤液在过滤器上部聚集溢流外排。在此过程中，原水被过滤，水中的污染物含量降低，而石英砂中污染物的含量增加，并且下层滤料层的污染物含量高于上层滤料。位于过滤器中央的空气提升泵在空压机的作用下将底层截留有污染物的石英砂提至过滤器顶部的洗砂器中清洗，清洗后返回滤床，同时将清洗水外排。由于石英砂滤料在过滤器中呈自上而下的运动状态，对原水起搅拌作用，因此接触絮凝作用可在过滤器内完成。由于过滤器内滤料清洁及时，可承受较高的进水污染物浓度。活性砂过滤器特殊的内部结构及其自身特点，可使得混凝、澄清、过滤在同一个池体内可完成。

活性砂过滤器的过滤流程如图 4-85。待处理的原水经进水管，通过位于过滤器底部的布水器 1 进入过滤器水流由下向上逆流通过滤床，经过滤后的过滤液在过滤器顶部聚集，经溢流口溢流出水 2，过滤器底部被污染的滤料 3 通过空气提升泵 4 被提升到过滤器顶部的洗砂器 5，通过曲折管 6 的紊流作用使污染物从活性砂中分离出来，杂质通过清洗水出口 7 排出，清洗后的滤料 8 利用自重返回砂床从而实现连续过滤。

活性砂过滤器池体可以采用钢结构或钢筋混凝土结构。进出水管道、进水布水器，滤砂导向锥斗，以及空气提升泵套管为不锈钢材质，填料一般为单一均质石英砂滤料。

活性砂过滤池的控制系统包括气动控制系统和电动控制系统。气动控制系统控制空气提砂泵空气流量和气压。电动控制系统为活性砂过滤系统提供电源、报警、手动和自动控制，以确保系统的安全运行。

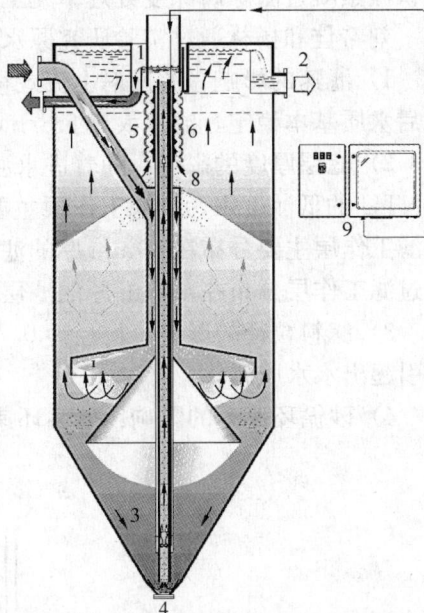

图 4-85　活性砂过滤器结构

1—进水布水器；2—过滤出水；3—污染滤料；
4—空气提升泵；5—洗砂器；6—洗砂器曲折管；
7—洗砂出水；8—清洗后的滤料；9—控制箱

王东等人采用北京市北小河污水处理厂二沉池出水，加药后进入 DynaSand 过滤器的试验研究后指出，活性砂过滤器对市政污水厂二沉池出水有较好的处理效果；该过滤器对进水水质要求宽松，过滤效果好，出水浊度可稳定在 5.0NTU 以下，一次性投资低，且维护和运行费用低。孟玉的研究认为，DynaSand 过滤器集絮凝、沉淀和过滤于一体，与传统快速过滤工艺相比，出水水质稳定、节省占地、能耗低、移动部件少、维护维修工作量少、自动化程度高，非常适用于地表水处理、污水的深度处理和工业污水的处理，是一种成熟的工艺。国外相关文献显示，连续式砂滤器在设备占地方面比传统的化学处理节省 80％以上，在加药量方面则节省了 20％～30％。

综上所述，活性砂过滤器具有如下特点：可实现连续过滤，无需停机反冲洗，不再需要大功率的反冲洗水泵、频繁开启的电动阀门、冲洗控制系统等设备，克服了"水力筛分"和"初滤液"问题，没有阶段冲洗前后砂层变化带来的水质波动；当原水需要混凝工艺时，投药后的原水直接进入活性砂过滤器，使混凝和过滤同步完成，减少了工艺环节，节省了建设投资和占地；耐冲击负荷，而出水稳定；水头损失小，且相对稳定；便于高程布置和向地下深处安放；便于重新定位和改扩建；运行费用经济；移动部件少、维护维修工作量少、自动化程度高。

然而，在处理低浊度水（＜5NTU），同时要求低浊度出水（＜1NTU）的情况下，砂循环清洗的频率要低。尽管活性砂滤也能执行间歇方式洗砂，但不如传统深床过滤器更为经济；连续洗砂水量相对固定，因此在低进水负荷下洗砂水比例相对大；同为深床过滤，纳污能力相同的情况下，在低进水负荷微污染处理时，传统式砂滤反洗周期可以大大延长，优势骤显。因此，活性砂过滤可以为一级 A 排放标准只有 TP 不达标的污水处理厂提供微絮凝过滤除磷深度处理单元工艺。

刘希佳和杨林通过实验研究原水浊度及工作参数对过滤效果的影响，得出如下结论：

1）滤速的影响：滤速对上流式移动床过滤器的出水水质影响较大，滤速小于 8m/h，滤后水质基本稳定，滤速大于 8m/h 时，出水浊度快速上升，水质恶化。

2）滤层厚度的影响：随着进水浊度的增加，有效过滤工作层逐渐增加。对于原水为 20NTU 的低浊度水，过滤工作层主要分布在 40mm 厚的滤层，对于 50NTU 的原水，其过滤工作层主要分布在 50mm 厚的滤层，而对于 100NTU 和 150NTU 的高浊度水，其主要过滤工作层分布在 60mm 厚的滤层。

3）滤料粒径的影响：粒径为 0.7～1.0mm 的滤料比较合适。滤料颗粒过大或过小都会引起出水水质恶化。

4）砂循环速率的影响：砂循环速率在 1.5～3mm/min 时，出水水质较好；砂循环速

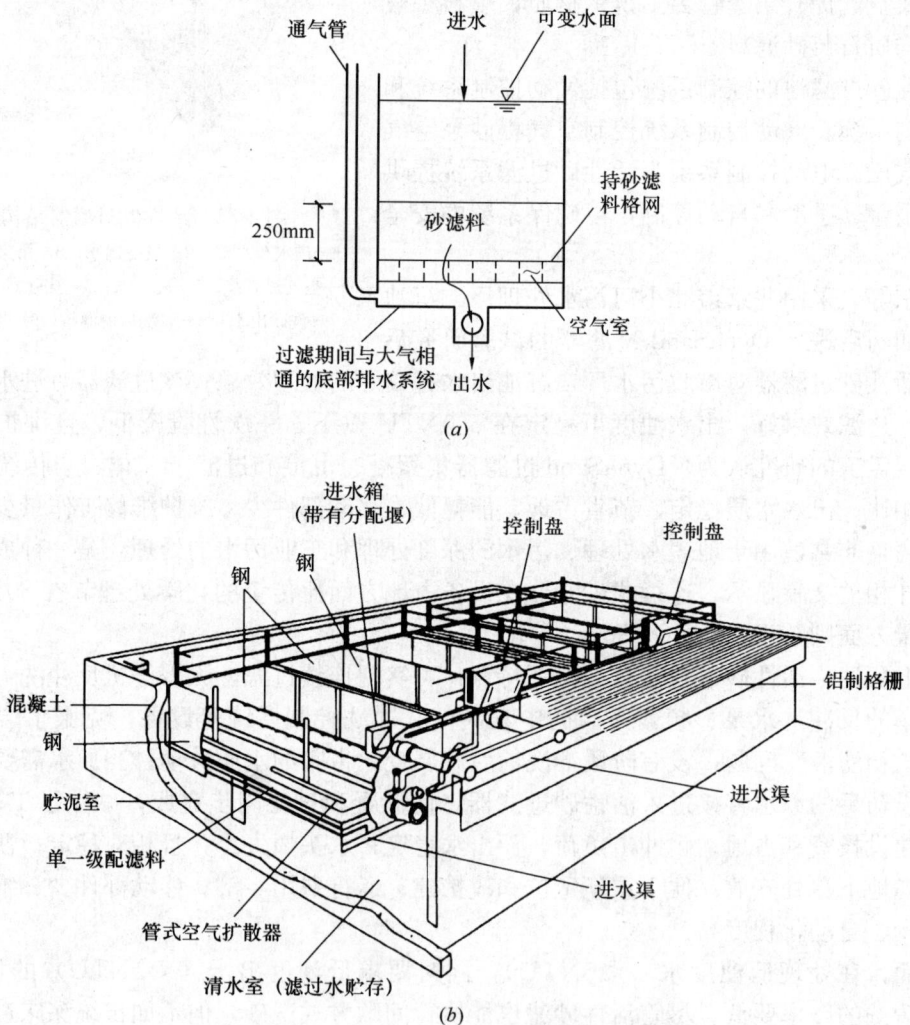

(a)

(b)

图 4-86　脉冲床过滤器

(a) 脉冲床过滤器原理图；(b) 脉冲床过滤器原理图

资料来源：梅特卡夫和埃迪公司. 废水工程处理及回用. 北京：化学工业出版社，2004。

率小于1.5mm/min时，滤后水质逐步恶化，稳定的连续过滤遭破坏；砂循环速率大于3mm/min时，随着砂循环速率的增大，出水水质下降。

5）原水浊度的影响：进水浊度小于200NTU时，出水水质较好；进水浊度大于300NTU时，出水水质恶化，可以适当地增加滤床厚度来提高水质。

陈志强等人通过对连续式过滤器的微絮凝过滤工作参数进行研究，所得到的滤料粒径及滤层厚度的结论与上述研究一致，然而试验认为，滤速应小于12m/h，砂循环速率应为2～4mm/min；滤前的GT值应保证在5000～10000，随进水浊度增加，絮凝反应时间为3～7min。

（4）脉冲床过滤器

脉冲床过滤器（图4-86）是一种下向流重力过滤技术，并拥有专利。其滤料采用不分层的细砂，与其他主要截留污物于砂床表面的浅床过滤器相反，此浅层床内部是可以贮存污物的。脉冲床过滤器的特点是：在正常操作期间，脉冲床过滤器的底部排水系统并不淹没；强制底部排水系统内的一部分空气向上通过浅层滤床，扰动砂床表面的截留物层，使悬浮固体穿透进入砂床内部，砂床表面不断更新。当截留物层受到扰动时，一部分截留物会悬浮起来进入砂床上面的水中，但大部分会进入滤床内。利用间歇式空气脉冲，水头损失增长速度慢，可使过滤器一直运行，直到水头损失达到规定的数值后，采用反洗操作去除砂床内的污物。脉冲床过滤器属于半连续，间歇反洗过滤器。

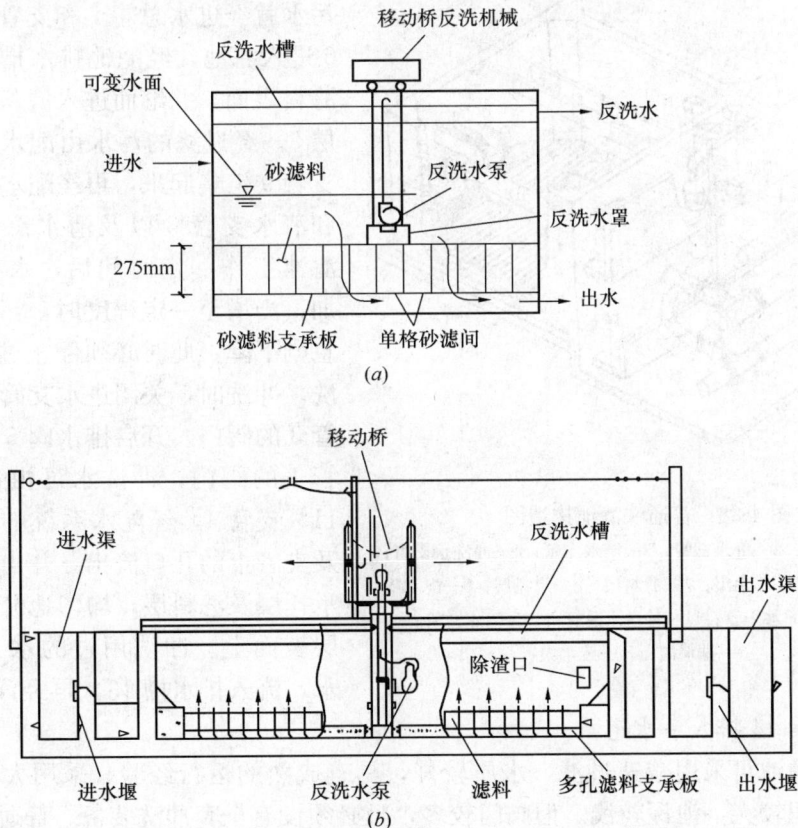

图 4-87 移动桥式过滤器

（a）原理图；（b）横断面图

资料来源：梅特卡夫和埃迪公司．废水工程处理及回用．北京：化学工业出版社，2004。

（5）移动桥式过滤器

移动桥式过滤器（图 4-87）是一种采用颗粒滤料、低水头、连续过滤运行、自动半连续反洗、下流式深床过滤器，是一项拥有专利的过滤技术。在水平方向上划分为若干个独立运行的过滤间，每一隔间的滤料层厚度均为 280mm。废水经二级处理后利用重力流过滤床并经底部多孔聚乙烯排水板进入清水箱。每一过滤间均通过一高位移动桥组件单独进行反洗，在一个隔间反洗时，其他各间均处于运行之中。反洗水用泵直接从清水箱抽取通过滤层贮存于反洗水槽。在反洗循环过程中，废水仍通过未反洗的各个隔间连续进行过滤。这种反洗方法的机理是借助表面清洗泵的作用打碎滤床表面的泥层和滤料内部的"泥球"。由于反洗是根据需要进行操作的，故将这种反洗循环方式称为半连续反洗。

这些滤池在池体结构、工作程序和控制方式上存在一定差别。有些过滤器属于专利技术产品，需要进行专门设计，由制造商以成套设备供货。本节不介绍其他非颗粒滤料过滤器。

4.5.1.3 普通快滤池

1. 结构及原理

普通快滤池的构造如图 4-88 所示。当过滤时，开启进水支管 2 与清水支管 3 的阀门。关闭冲洗水支管 4 的阀门与排水阀 5，污水就经进水总管 1 和支管 2 从浑水渠 6 进入滤池，经滤池排水槽均匀分配到滤料表面，并继而进入滤料层 7 和承托层 8。经过滤的污水由配水系统的配水支管 9 汇集起来，再经配水系统干管 10 和清水支管 3 以及清水总管 12 流出。滤池工作一定时间后，水头损失会增加，当增至一定程度时，污水处理量会急剧下降，此时必须停止过滤，进行冲洗。冲洗时，关闭进水支管 2 与清水支管 3 的阀门。开启排水阀 5 与冲洗水支管 4 的阀门，冲洗水可由冲洗水总管 11，支管 4，经配水系统的干管、支管及支管上的孔口流出，并由下而上穿过承托层及滤料层，均匀地分布于整个滤层表面上。冲洗用过的水为冲洗后废水，流入排水槽 13，再经浑水渠 6、排水管和废水渠 14 排入下水道。

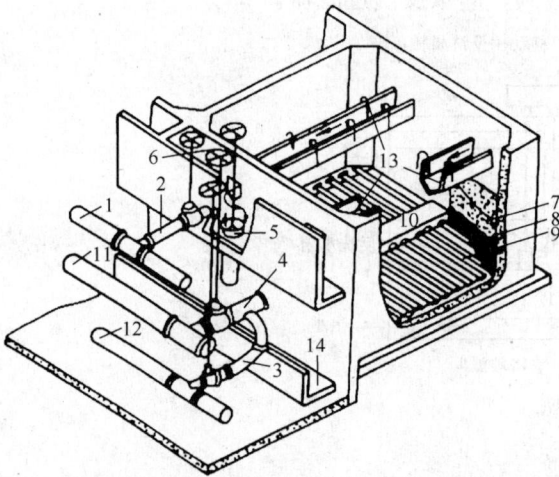

图 4-88 普通快滤池构造图

1—进水总管；2—进水支管；3—清水支管；4—冲洗水支管；5—排水阀；6—浑水渠；7—滤料层；8—承托层；9—配水支管；10—配水干管；11—冲洗水总管；12—清水总管；13—排水槽；14—废水渠

普通快滤池可采用减速过滤，水质较好，具有成熟的运行经验。采用大阻力配水系统，单池面积较大，池深较浅。但阀门较多，且必须设有全套冲洗装备。普通快滤池适用于各种水量的污水处理。单池面积较大，产水率较高。宜采用气水同时反冲洗。

2. 设计参数

在深床过滤工艺中，滤料粒径级配如表 4-24 所示。可根据实际运行予以实践。

292

深床过滤滤料粒径级配和滤速要求[a] 表 4-24

项目	滤料种类	有效粒径（mm）	不均匀系数 K_{60}	厚度（mm）	滤速（m/h）
单层滤料	无烟煤	2～4（2.7）[b]	1.3～1.8（≤1.5）	900～2100（1500）	5～25（12）
	石英砂	2～3（2.5）	1.2～1.6（≤1.5）	900～1800（1200）	5～25（12）
	纤维球	25～30（28）	1.1～1.2（1.1）	600～1080（800）	36～60（48）
双层滤料	无烟煤	0.8～2.0（1.3）	1.3～1.6（≤1.5）	360～900（720）	5～25（12）
	石英砂	0.4～0.8（0.65）	1.2～1.6（≤1.5）	180～360（360）	5～25（12）

a 资料来源：Tchobanoglous（1988）。

b 括号内均为典型值。

设计参数和设计计算方法均参见给水排水设计手册第 3 册中的有关内容。

3. 运行控制

（1）滤速的控制

对于某滤池来说，特定条件下的滤速存在最佳值。当滤速过大时，一方面滤池出水水质会降低，另一方面还会使工作周期缩短，冲洗频率增大，导致总冲洗水量的增加。当滤速过小时，一方面会降低处理水量，影响处理能力；另一方面由于杂质主要集中在表层，使下层滤料起不到过滤作用。当入流污水水质、滤料粒径、级配及滤层深度确定后，其最佳滤速为保证出水要求时的最大滤速。

最佳滤速与进水水质有关系。当进水水质恶化，污染物浓度升高时，为保证滤池的出水水质，必须降低滤速。另外，最佳滤速的大小还取决于滤料的粒径与级配。滤料粒径越大，均匀系数 d_{80} 越小，即滤料越均匀，污染物杂质的穿透深度也就越大。这样可使滤料总的含污能力增大。在保证出水水质的前提下，可使滤速增大。最佳滤速可用模拟试验确定，但实际试运行中确定最佳滤速也不太困难。开始时，先以低滤速运行，此时出水水质可能较好。然后逐渐提高滤速，出水水质也逐渐变差。当出水水质接近或等于要求的水质时，即为最佳滤速。

在实际运行中，有等速过滤和变速过滤两种控制方式，具体取决于滤池的形式。所谓等速过滤系指过滤的流量或者过滤的滤速在过滤过程中始终保持不变的过滤。虹吸滤池和无阀滤池均属于等速过滤的类型。在等速过滤状态下，随着过滤的进行，滤层的阻力也增加，为了克服增加了的阻力，保持滤速不变，就必须提高滤层之上的液位。所谓变速过滤系指过滤的流量或者过滤的滤速在过滤过程中逐渐减小的过滤。移动冲洗罩滤池即为变速过滤的类型，普通快滤池既可以等速过滤也可以变速过滤。变速过滤一般需要在滤层上部维持恒定的液位，因而也称之为恒压过滤。无论从工作周期还是出水水质的角度看，变速过滤均优于等速过滤，因变速过滤更符合滤池的内在变化规律。但变速过滤的运行调度较麻烦，因时刻要在每一滤池的滤水量变化与总进水量之间进行平衡。不管是变速过滤还是等速过滤，都须按前述程序确定出最佳滤速。在滤池试运行或大修之后的运行之前，一般应对滤速进行实际测定，确定出该滤池的实际过水能力，以便于运行调度或作为确定最佳滤速的基础。

在二级出水的深度处理中，滤速一般控制在 5m/h 以上。因不同滤料而各异。当采用大粒径过滤时，最高可达 25m/h。

（2）工作周期的控制

滤池的工作周期是指过滤开始至过滤结束所用时间。在运行控制中，需要对滤池是否需要冲洗做出判断，一般情况下，确定滤池的工作周期有三种方法：一是当水头损失增至最高允许值时；二是当出水水质降至最低允许值时；三是根据经验。在实际运行控制中，一般综合运用以上三种方法。滤池试运行一段时间后，基本已经掌握了合适的工作周期。滤层穿透后，出水水质会急剧恶化。因此，如果水头损失增至最高允许值或出水水质低于最低允许值，即使工作周期末没到，也应进行冲洗。

合理的工作周期取决于滤速的大小和滤料粒径级配。在滤料粒径级配一定的情况下，滤速越大工作周期就越短。在滤速一定的情况下，工作周期受水温的影响较大。水温低时，水的黏度大，水中的杂质不易与水分离，滤层容易穿透。因而冬季工作周期短，夏季工作周期长。当工作周期很短时，冲洗频率升高，冲洗水量增加，此时可适当降低滤速，延长工作周期并降低冲洗频率。深度处理中，滤池的工作周期一般在 10～30h，因工艺、滤料级配、水质及季节等因素而各异。然而，夏季的工作周期可高达 50h 之上，此时应调整工作周期，防止有机物厌氧分解。

（3）冲洗强度及冲洗时间的控制

工作周期完成后，滤池需要进行冲洗。在冲洗过程中，滤料颗粒表面的污物主要是靠冲洗水流的剪力以及颗粒之间的摩擦去除的。要保证冲洗效果，必须合理地控制冲洗强度。在给水处理的过滤中，可以利用一些经验公式或半经验公式计算不同温度和不同滤料粒径所需要的冲洗强度。由于污物杂质性质不同，有些公式无法用于污水深度处理。一般来说，相对密度越大或粒径越大的滤料颗粒，要求的冲洗强度也越大。当水温较高时，由于水的黏度降低，污物不易被冲洗到水中，因而需要较大的冲洗强度。因此，夏季应增大冲洗强度。对于某一确定的滤料来说，存在最佳冲洗强度。冲洗强度过小，滤料膨胀不起来，起不到冲洗效果；冲洗强度过大，会使滤层强制分级或冲走细滤料，并且浪费冲洗水。在最佳冲洗强度下冲洗，冲洗时间也应合理。时间过短，冲洗不彻底；时间过长，浪费冲洗水，缩短工作周期。最佳冲洗强度及时间可由模拟试验确定，但大多都是在试运行期间，通过试验确定的。程序如下：

1）在选择一个低于设计值的冲洗强度，工作周期完成后，按该强度进行冲洗。冲洗过程中连续测定冲洗水的浊度。

2）冲洗开始之后的 2min，如果冲洗水的浊度无明显升高，则说明冲洗强度不足，应逐渐增大强度，直至冲洗开始的 2min 时出现最大浊度，此时的冲洗强度即为最佳强度。

3）按最佳冲洗强度进行冲洗，自冲洗开始至冲洗水的浊度不再降低时的时间，即为合理的冲洗时间。如图 4-89 所示，合理冲洗时间为 8min。

在污水深度处理的过滤工艺中，一般进行气水反冲洗。空气强度和冲洗水强度的试验方法与以上所述相同。

（4）日常维护管理

1）定期放空滤池进行全面检查。例如，滤层表面是否平坦、是否有裂缝、滤层四周是否

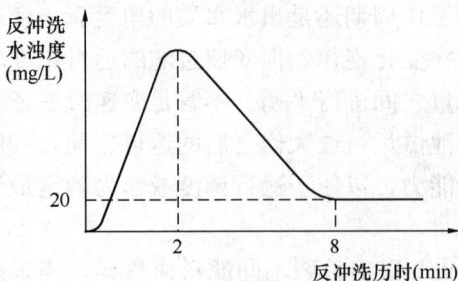

图 4-89　冲洗水浊度随冲洗时间的变化

294

有脱离池壁现象，并应设法检查承托层是否松动。

2）表层滤料应定期进行大强度表面冲洗或更换。

3）各种闸、阀应经常维护，保证开启正常。检查喷头是否堵塞。

4）应时刻保持滤池池壁及排水槽清洁，并及时清除生长的藻类。

（5）大修

出现以下情况时，应进行滤池大修：

1）滤料含泥量增多，泥球过多，通过改善冲洗无法解决；

2）填料层表面裂缝过多，甚至滤层四周脱离池壁；

3）冲洗后填料层表面凹凸不平，滤层厚度逐渐降低，出水中携带大量滤料；

4）配水系统堵塞或管道损坏，造成严重冲洗不匀；

5）连续运行 10 年以上。

滤池大修内容包括：

1）更换部分或全部滤料；重新铺装时应注意的问题：首先，应分层铺装。每铺完一层后，首先检查是否达到要求的高度，然后铺平刮匀，再进行下一层铺装。如有条件，应采用水中撒料的方式装填滤料。装填完毕之后，将水放干，将表层的极细砂或杂物清除刮掉。对于双层滤料，装完底层滤料后，应先进行冲洗，刮除表层的极细颗粒及杂物，再进行上层滤料的装填。对于无烟煤滤料，投入滤池后，应在水中浸泡 24h 以上，再将水排干进行冲洗刮平。滤层实际铺装高度应比设计高度高出 50mm。更换完的滤料，初次进水时，应尽量从底部进水，并浸泡 8h 以上，方可正式投入运行。

2）清洗承托层，取出、更换损坏部分；

3）检查修理管路系统，水下部分作防腐处理。

4）清洗或更换滤料后。

（6）分析测量与记录

1）对滤池的进水和出水，应进行以下项目的分析与检测：

①浊度：每班 1 次，可采用在线连续检测；

②SS：每天 1 次；

③BOD_5：取混合样，每天 1 次；

④COD：取混合样，每天 1 次；

⑤TP：取混合样，每天 1 次。

2）对以下数据应进行记录、测量或计算：

①进水温度；

②进水水量；

③滤速；

④每池的工作周期；

⑤每次冲洗的强度及时间；

⑥冲洗水量占处理水量的比例。

（7）异常问题的分析及排除

1）气阻问题

滤层中存有气体，俗称气阻，表现为反冲洗时有大量气泡涌出。气阻可使滤池水头损失增加过快，缩短工作周期，也可能使滤层产生裂缝，水流短路，降低出水质量，或导致漏砂。

原因及解决对策：一是滤池发生滤干后，又直接进水；对策是加强操作管理，一旦出现滤干现象，应先用清水倒滤，使进入滤层中的空气排出后，再继续进水开始过滤。二是一旦冲洗水塔或高位水箱内存水用完，空气会随水夹带进入滤池。应及时补水。三是产生"负水头"，使水中溶解的气体逸出，应提高工作水位。四是滤池内厌氧分解产生气体，应适当缩短工作周期。

2）泥球问题

滤料中出现泥球，泥球会阻塞砂层，或产生裂缝，并进而使出水水质恶化。

原因及解决对策：一是冲洗强度不足，此时可增大冲洗强度。二是入流污水污物浓度太高，此时应加强前级处理效果。三是冲洗水配水系统不均匀，此时应检查承托层有无松动，配水穿孔管路是否有损坏，并及时修理。

3）喷口问题

滤料表层凹凸不平，出现喷口现象。该种情况会导致过滤不均匀，使出水水质降低。

原因及解决对策：一是滤料凸起时，可能是由于承托层或配水系统堵塞。例如，大阻力配水系统的穿孔管局部堵塞，此时应及时停池检查并予以疏通。二是滤料局部塌陷，可能系由于承托层局部塌陷所致，亦应及时检查并修复。

4）跑砂、漏砂问题

滤池出水中携带砂粒，并由于砂的流失影响正常运行。

原因及解决对策：一是冲洗强度过大，膨胀率过大或滤料级配不当，反冲洗时出现跑砂现象，此时应降低冲洗强度，如滤料级配不当，应更换滤料。二是反冲洗水配水不均匀，使承托层松动，可导致漏砂，此时应检修承托层。三是出现气阻现象，导致漏砂，应消除气阻。

5）水质超标问题

此现象原因复杂，前述现象均可导致出水水质下降。

原因及解决对策：一是进水污染物浓度太高，应加强前级工艺的处理效果。二是滤速太大，应降低滤速。三是滤层内产生裂缝，使污水发生短路，应检修滤池。四是滤料太粗，而滤层太薄，应重新对滤料层进行级配。五是进水的可滤性差，应进行深入研究。

4.5.1.4　V型滤池

1. 结构及原理

V型滤池因两侧进水槽设计成V字型而得名，是由法国德利满公司开发的技术。V型滤池是均质石英砂滤料滤池的一种，具有深床过滤器的特点，采用了气、水冲洗兼表面扫洗技术。由于其截污量大，滤速高，冲洗效果好等显著优势，从20世纪70年代开始广泛使用。20世纪80年中期引入我国，在澳门、南京、西安、重庆等地开始使用，特别是广东省新建的净水厂几乎都采用了V型滤池。

一组V型滤池通常由数只滤池组成。如图4-90所示，每只滤池中间为双层中央渠道，将滤池分成左、右两格。渠道上层6是排水渠供冲洗排污用；下层7是气、水分配渠，过滤时汇集滤后清水，冲洗时分配气和水。渠上部设有一排配气小孔9，下部设有一排配水方孔8。V型槽4底设有一排小孔5，既可作过滤时进水用，冲洗又可供横向扫洗布水用，

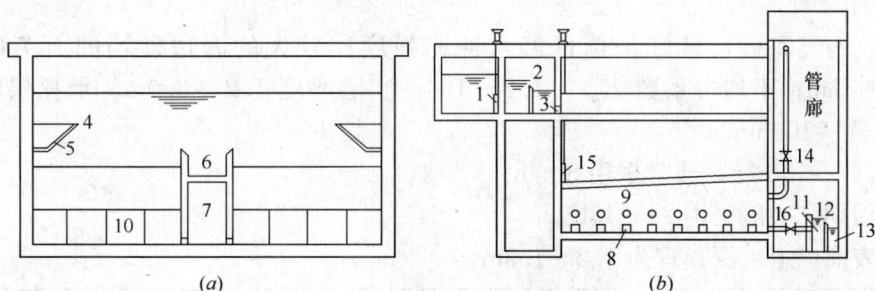

图 4-90　V 型滤池构造示意图

(a) 横断面图；(b) 纵断面图

1—进水气动隔膜阀；2—堰口；3—侧孔；4—V 型槽；5—小孔；6—排水渠；7—气水分配渠；8—配水方孔；9—配气小孔；10—底部空间；11—水封井；12—出水堰；13—清水渠；14—进气阀；15—排水阀；16—出水调节阀

这是 V 型槽底设计的一个特点。滤板上均匀布置长柄滤头。滤板下部是空间 10。

过滤过程：待滤水由进水总渠，经进水阀和方孔后，溢过堰口再经侧孔进入被水淹沿的 V 型槽，分别经槽底均匀的配水孔和 V 型槽的堰口进入滤池。均质滤料滤层的滤过水经长柄滤头流入底部空间，由配水方孔汇入气水分配管渠，再经管廊中的水封井、出水堰、清水渠流入清水池。

冲洗过程：关闭进水阀，但有一部分进水仍从两侧常开的方孔流入滤池，由 V 型槽一侧流向排水渠一侧，形成表面扫洗。而后开启排水阀将池面水从排水槽中排出，直至滤池水面与 V 型槽顶相平。冲洗过程常采用"气冲洗→气水同时冲洗→水冲洗"三步。气冲洗：打开进气阀，开启供气设备，空气经气水分配渠上的配气小孔均匀进入滤池底部空间，由长柄滤头（图 4-91）喷出，将滤料表面杂质擦洗下来并悬浮于水中，被表面扫洗水冲入排水槽。气水同时冲洗：在气冲的同时打开冲洗水阀，启动冲洗水泵，冲洗水也进入气水分配渠，气、水分别经配气小孔和方孔流入滤池底部配水区，经长柄滤头均匀进入滤池，滤料得到进一步冲洗，表面扫洗仍继续进行。水冲洗：停止气冲洗，表面扫洗仍继续，最后将水中杂质全部冲入排水槽。

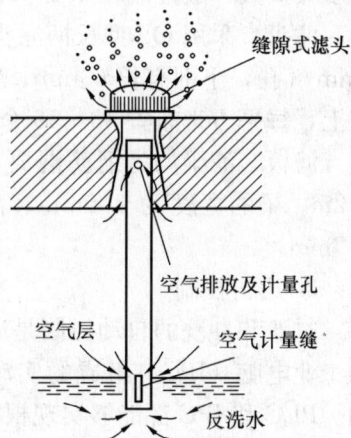

图 4-91　长柄滤头示意图

V 型滤池的 V 型进水槽和排水槽沿池长方向布置，单池面积较大时有利于布水均匀，因此适用于大、中型水厂。与比普通快滤池相比，V 型滤池具有如下特点：滤床含污量大、周期长、滤速高、水质好；具有气水反冲洗和水表面扫洗，冲洗效果好，自动化程度高，可以节水、节能；冲洗时滤层微膨胀可有效防止跑砂；土建较复杂，对施工要求高。

陈宇畅等人的研究认为，V 型滤池对浊度的去除优于普通快滤池，其过滤效果主要受进水浊度和水温的影响。王建等人的研究认为，由于是在滤床不膨胀或微膨胀状态下完成滤池的反冲洗，因此冲洗水量不必随温度变化，避免了季节差异对反冲洗设备能力的浪费。

2. 设计参数

滤料：石英海砂，最好是选择海水冲刷强度比较大的海边砂场的石英砂。粒径 $0.95 \sim 1.35 \text{mm}$；不均匀系数 $K_{80} = 1.2 \sim 1.6$；滤层厚度 $1.2 \sim 2.0 \text{m}$。承托层粒径 $4 \sim 8 \text{mm}$，厚 $50 \sim 100 \text{mm}$。

滤速：$7 \sim 15 \text{m/h}$，通常采用 8m/h。

过滤周期：一般采用 $24 \sim 48 \text{h}$。

滤料表面以上水深：宜为 $1.2 \sim 1.3 \text{m}$。

滤料表面至排水堰顶：单层滤料膨胀滤池宜为 0.5m；双层滤料和其他滤池为 $0.35 \text{m} +$ 滤料膨胀高度，膨胀高度不足 0.15m 的按 0.15m 计。

表面扫洗水配水孔：高于排水槽顶面的垂直距离宜为 $8 \sim 15 \text{mm}$。

结构尺寸：滤池单格面积一般不超过 105m^2，而双格不超过 210m^2。池宽宜为 $3.5 \sim 5 \text{m}$，池长宜为 $8 \sim 21 \text{m}$。单室长宽比为 $(2.7 \sim 4.2):1$（宽度不包括 $0.7 \sim 0.9 \text{m}$ 的气水分配槽）。滤板下的空间净高宜为 $0.85 \sim 0.95 \text{m}$。这个高度足以使空气通过滤头的孔和缝得到充分的混合并均匀分布在整个滤池面积之上，从而保证了滤池的正常滤水工作和滤池的再生效果。

冲洗强度：气冲洗强度宜为 $15 \sim 18 \text{L/(m}^2 \cdot \text{s)}$，水冲洗强度宜为 $4 \sim 5 \text{L/(m}^2 \cdot \text{s)}$，表面扫洗强度宜为 $1.5 \sim 2.2 \text{L/(m}^2 \cdot \text{s)}$。冲洗时间一般 $10 \sim 25 \text{min}$，根据试验确定。冲洗前水头损失一般控制在 $1.5 \sim 2.0 \text{m}$。

滤头：采用 QS 型长柄滤头，滤头长 285mm；滤帽上有缝隙 36 条；滤柄上部有直径 2mm 气孔，下部有长 65mm、宽 1mm 条缝；材质为 ABS 工程塑料。滤头均匀分布在滤板上，每平方米布置 $48 \sim 56$ 个。

滤板、滤梁均为钢筋混凝土预制件。滤板制成矩形或正方形，但边长最好不超过 1.2m。梁的宽度为 100mm，高度和长度根据实际情况决定。滤板水平误差不超过 $\pm 2 \text{mm}$。

3. 运行控制

过滤和冲洗的自动控制是滤池正常生产运行的保障。一般采用可编程控制器（PLC）和工业电脑（IPC）组成的实时多任务集散型控制系统，对滤池的过滤和反冲洗实行控制。PLC 和 IPC 都能够实现根据滤池进水流量对滤池的开启个数进行控制，按"先停先开，先开先停"的原则确定某格滤池的开停。

（1）过滤控制

V 型滤池是一种恒水位等速过滤滤池。恒水位等速过滤是通过调节出水系统来实现。控制方式有虹吸控制和阀门控制两种。虹吸控制系统是控制出水虹吸管空气进入量调节出水量，目前在国内应用较少。阀门控制是通过 PID 或专门的程序控制出水电动阀门来调节出水量，目前国内应用较多。

在滤池的相应部位设置水位传感仪、水头损失传感器，测量滤池的水位和水头损失，将水位、出水蝶阀开启度送至 PLC 控制柜中的 PID 功能模块，该模块可以调整出水电动阀门的开启度，使滤池达到进出水平衡，从而实现恒水位等速过滤。在 PLC 自动控制系统中，超声波水位计实时监测水位的变化，并传送回模拟数据，PLC 利用专门的 PID 回路控制（闭环控制）指令，通过 PID 算法确定出水阀的开启度，以此控制出水阀，使水位保持相对恒定。然而，由于各水厂情况有所不同，对液位控制的要求不十分严格。因此，从节约成本的角度出发，可以采用开、关阀动作时间来调节液位，而不使用 PID 功能块的输出来控制电动阀门的开启度。这种控制方式需要人工编写闭环控制程序，通过阀门动作时产生的反馈信号控制开、关阀门的动作时间，以此控制阀门位置。相应的电气要求是阀门开、关无连锁，开、关动作能随开、关命令的中断而中断。据此设计的控制回路程序逻辑见图 4-92。

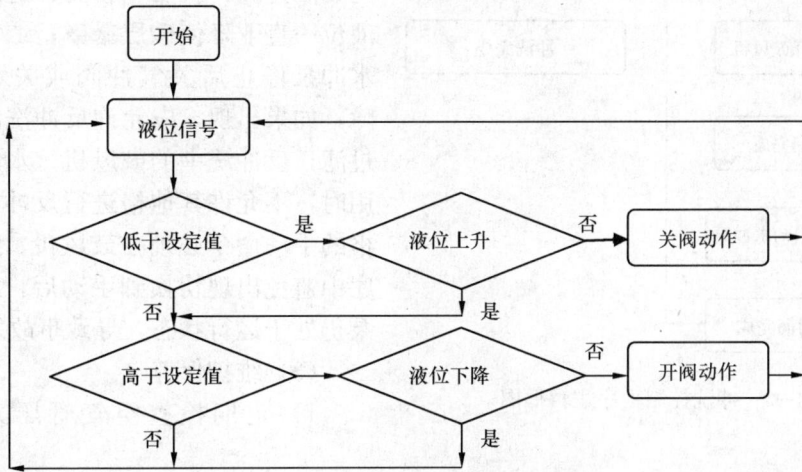

图 4-92　液位控制程序逻辑框图

来自液位计的液位信号作为反馈值与恒定水位的设定值相比较，可以得出水位偏移方向和偏移量，水位信号与设定值的偏差超过范围（如±2cm）时，再进行液位升降判断，决定阀门是否动作。当液位低于设定下限且仍在下降时，给出关阀命令，当液位高于设定上限且仍在上升时，给出开阀命令。其他情况下，阀门不动作。电动阀动作时，其电路产生一个可调的反馈信号，阀门动作停止后，这个反馈信号消失。通过调整反馈信号来控制阀门每次动作的大小，由此恢复并稳定水位到所需的位置。

（2）反冲洗控制

滤池的反冲洗控制可分为两部分：反冲洗启动控制和反冲洗过程控制。反冲洗启动有两种途径，一是由上位机下达强制反冲洗命令；二是当反冲洗条件满足时自动开始反冲洗。进行反冲洗操作的条件，一是过滤周期大于设定值，即当滤池连续过滤一定时间后自动启动反冲洗，也称为定时冲洗；二是水头损失大于设定值，即在液位控制中，如果清水阀已开到最大，就把液位信号与设置的水头损失液位比较，如果超出，再看液位是否上升，如果是，则自动启动反冲洗。上述两个条件可以同时进行监测，只要满足其中之一就启动反冲洗。

滤池的反冲洗同样由 PLC 自动控制。当某个滤池达到水位设定值或过滤周期设定值时，PLC 会收到该滤池请求冲洗的信号。PLC 发出反冲洗指令，实现冲洗的整个过程。在一组滤池中，不允许两个滤池同时进行冲洗。当一个滤池正在反冲洗时，其他滤池请求冲洗的信号则按顺序存入 PLC 中，然后再按优先秩序组成一个冲洗队列，对其他滤池依次进行冲洗。滤池冲洗的 PLC 控制程序如图 4-93 所示。程序中气反冲时间、气水同时反

冲洗开始
↓
关进水阀
↓
关出水阀、开排水阀
↓
开气冲阀、开鼓风机
↓
气反冲时间完成
↓
开水冲阀、启动水冲泵
↓
气水反冲时间完成
→
关鼓风机、关气冲阀
↓
水冲时间完成
↓
停水冲泵、关水冲阀
↓
冲洗完成

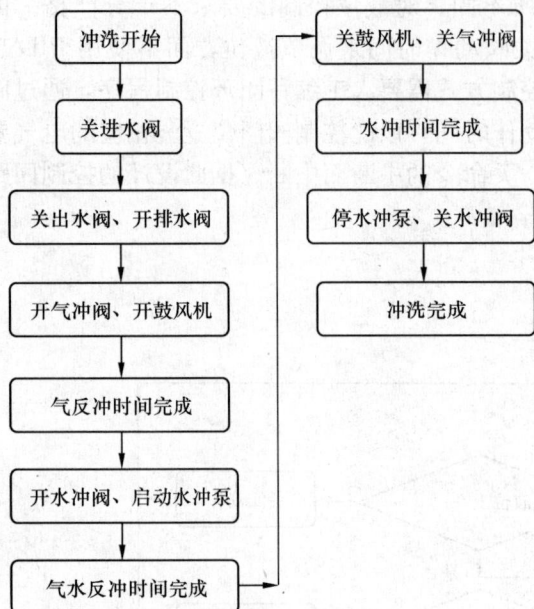

图 4-93　冲洗控制程序逻辑框图

冲洗时间、水反冲漂洗时间均可调整。

在编制自控梯形图时，对开、关阀门的条件必须严格限制，避免错误的开、关阀门命令。阀门故障监控、计时校验等报警必不可少。需要特别处理的报警，一是反冲洗开始时关出水阀故障，如果短时间内无法排除，就要重新打开进水阀，否则液位一直下降使砂层暴露；二是鼓风机或水冲泵停止后关气冲阀或关水冲阀的故障，如果出现，应允许反冲洗结束后进入过滤，反冲洗中的鼓风机、水泵为多格共用时，不允许其他格进行反冲洗。因而单格的手动命令必须在鼓风机、水泵控制程序中避免出现切换到手动后，鼓风机或水泵仍处于运行状态，导致事故发生。

（3）维护保养

1）定期检查空气管压力，清理过滤器；

2）定期检查、更换鼓风机等设备的润滑油；

3）每半年校核仪表、阀门开度的信号输出值；

4）每年检测一次滤池自控软件系统；

5）每年校验一次滤池技术指标，如滤速、滤料筛分曲线、滤料厚度、滤料含泥率、冲洗强度、冲洗时间、冲洗前后滤后水浊度等；

6）每年检测一次滤池配水均匀性；

7）每年检查一次混凝土结构。

（4）滤池大修

1）滤头更换；

2）滤料补充；

3）滤料置换；

4）机械设备大修理检查。

4.5.2　转盘过滤

4.5.2.1　发展历程

转盘过滤器由瑞典海爵（Hydrotech AB）分离技术有限公司研制，从1992年开始在工程中应用，到目前已大批量在世界各国使用，投入运行的工程已超过600多个项目，主要用于市政污水、工业废水深度处理和升级改造方案。

4.5.2.2　转盘过滤工艺机理及工艺介绍

转盘式微过滤器是以聚酯或不锈钢网丝织物为介质的过滤器。一般箱体和转盘框架为304或316不锈钢材料标准化装配。

其构造和工作原理见图 4-94；箱体类型分为箱体型和无箱体型两种，见图 4-95。

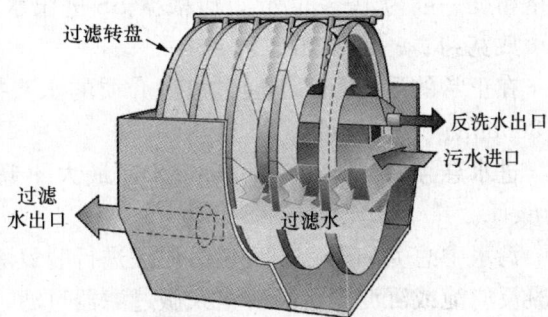

图 4-94　海爵公司 HILLER HYDROTECH 转盘式微过滤器构造和工作原理

设备均按转鼓过滤方式进行工作，由一系列水平安装并可旋转的过滤盘构成，转盘安装在中央管轴之上，最大水浸泡体积可达 65%～70%，每一转盘由各单一不锈钢组件组成，组件表面为网状结构，污水从内向外穿流过滤，然后过滤液体从机械的端部流出。每台设备带一台 PLC 控制柜和一台立式冲洗泵。

过滤期间，转盘开始处于静止状态，在重力作用下固体物质沉积在筛网之上。随着过滤时间延长，网状织物会被截留的固体物质所覆盖。这一现象会导致压力差上升，在到达预先设置的最大压力差时转盘开始慢慢旋转，冲洗泵开始工作。利用过滤后的水对过滤面上的沉积固体物质进行冲洗，冲洗水通过组件之下安装的滤渣收集槽将反冲洗水排出箱体，在清洗过程时，污水过滤过程不会中断。

类型1，箱体型

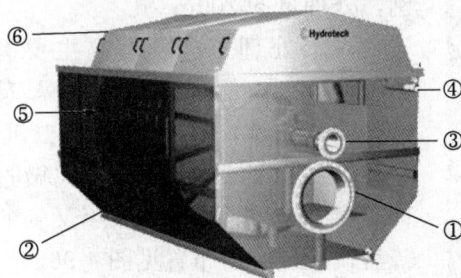

类型2，无箱体型

①进口　　　④冲洗水管
②出口　　　⑤过滤盘
③反冲洗出口　⑥驱动装置

说明：
(1) 箱体型 HYDROTECH 转盘过滤器在过滤器后，有内置的紧急旁通和溢流堰来维持液位。
(2) 无箱体型设计安装在混凝土槽（或池）内。

图 4-95　海爵公司 HILLER HYDROTECH 转盘式微过滤器箱体型和无箱体型

转盘式微过滤器具有以下优点：

（1）转盘式微过滤器设备水头损失小，不需用水泵单独提升，可直接利用水位差进行过滤，运行费用省。

（2）采用网丝作为机械过滤介质，可以有效降低悬浮固体 SS 浓度，同时在转盘前投加铁盐（或铝盐）后也可降低 SS、COD_{Cr}、BOD_5 和总磷的浓度。

（3）转盘过滤面积大、通过流量大、占地小、可以全封闭结构。

（4）过滤后的水直接用于冲洗滤网的悬浮物，可以连续运行，反洗过程通过液位进行自动控制。

（5）可以最优方式安装在混凝土池中或不锈钢箱体内，构造简单。

4.5.2.3　转盘过滤工艺参数

每一组转盘式微过滤器，一般为 20 片，最多为 24 片，过滤总流量为 400～480L/s。

网格精度一般为 $10\sim20\mu m$，应根据 SS 进出水浓度决定。如作为污水的预处理，网格精度可放宽到 $20\sim100\mu m$。

在正常的运行条件下通过过滤介质的水头损失为 $50\sim200mm$，操作允许的水头损失为 300mm。

进水悬浮物 SS 浓度≤25mg/L，最大不超过 30mg/L，出水悬浮物 SS 浓度为 $5\sim10mg/L$。

污水中总氮和磷利用活性污泥法进行脱氮除磷过程，剩余的磷投加铁盐（或铝盐）经絮凝反应池或沉淀池再经转盘式微过滤器过滤，出水总磷可<0.5mg/L。

冲洗水为过滤后的清水，耗水量为总出水量的 $1\%\sim2\%$，利用转盘式微过滤器端头附设的立式冲洗泵，冲洗水量 $29.9m^3/h$，冲洗压力为 7.5bar，电机功率 11kW。

4.5.2.4 转盘过滤应用介绍

转盘式微过滤器主要应用于污水深度处理，工业生产用水、供水处理以及中水回用等工程中，在国外投入生产运行已有 10 余年，在世界上使用的工程已超过 600 多个项目。但在国内还仅仅开始。

图 4-96 转盘式微过滤器布置图

1. 国外工程

以丹麦 Hilleroed 中心污水处理厂为例，处理量 $55200m^3/d$。

污水处理工艺流程：主要有格栅、除砂池、一沉池、活性污泥曝气池（包括去除氮和磷）、二沉池，在二沉池加药除磷，二沉池后面加转盘式微过滤器。1997 年安装 5 台，2003 年又安装 1 台，转盘式微过滤器布置见图 4-96。

（1）转盘式微过滤器规格和网丝精度

1）5 台 HSF2110-3F（DN2100），过滤面积 $225m^2$，网丝精度 $20\mu m$ 不锈钢材料

2）1 台 HSF2212-3F（DN2200），过滤面积 $67m^2$，网丝精度 $10\mu m$ PE 聚酯材料

（2）设计数据

最大进水流量 $2300m^3/h$

进转盘式微过滤器 SS 浓度≤25mg/L

出水 SS 浓度≤5mg/L

（3）处理效果

转盘式微过滤器出水，根据 2000 年 21 个取样点分析达到了预期的效果，详见图 4-97。

2. 国内工程

该项目为江苏省宜兴市建邦环境污水处理厂，峰值设计规模 $60000m^3/d$，主要工艺流程 A^2/O 法，出水已达到一级 B 标准。2007 年根据太湖流域环境治理要求，污水处理厂的出水要求达到一级 A 标准，所以必须进行升级改造处理。

在原有污水处理厂二级处理的基础上进行升级改造处理，加强脱氮除磷设施，增加深

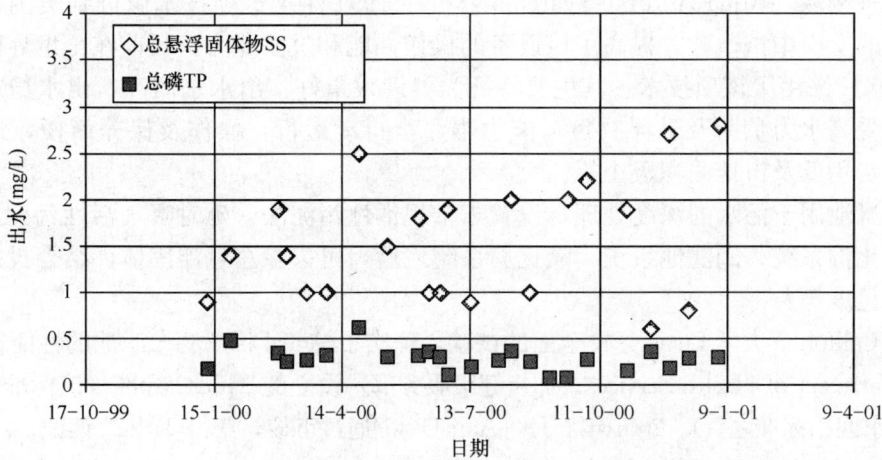

图 4-97　转盘式微过滤器出水效果图

度处理方案。根据污水厂现场条件，由宜兴市建邦环境投资有限公司和德国独资海乐分离
设备工程有限公司通过技术经济比较，共
同研究确定升级改造方案，峰值流量
60000m³/d。主要方案为微絮凝反应池
（由消毒接触池改建）和新建三组转盘式
微过滤器组成，设备型号 3 台 HSF2220-
2F（DN2200），网丝精度为 10μmPE 聚
酯材料，详见图 4-98。

污水处理升级改造处理方案为：原
污水厂二沉池出水首先通过平流式微絮
凝反应池投加药剂，再流入三组新建的
转盘式微过滤器过滤，初步运行效果见
表 4-25。

图 4-98　清源污水厂转盘式微过滤器图

升级改造方案初步运行效果表　　　　　　　　　　　　　　　　　　表 4-25

项　目	原污水厂二沉池出水	转盘式微过滤器出水	项　目	原污水厂二沉池出水	转盘式微过滤器出水
pH	7.0～8.1	7～8.5	TP（mg/L）	0.49～1.02	0.3～0.47
COD$_{Cr}$（mg/L）	32～62	25～50	TN（mg/L）	7～15.34	6.5～15.0
BOD$_5$（mg/L）	7～13	5～7	NH$_4^+$-N（mg/L）	1.34～6.45	1.25～4.9
SS（mg/L）	6～18	3～6			

综合以上初步运行数据分析，采用平流式微絮凝反应池＋转盘式微过滤器＋消毒，可
以达到升级改造方案的如期效果，出水可达到《城镇污水处理污染物排放标准》GB
18918—2002 一级 A 标准。

4.5.3　滤布滤池

4.5.3.1　发展历程

滤布滤池的雏形是由瑞士生产制造的一种滤池，该滤池技术自 1978 年以来已成功地

应用于各种领域。Aqua-Aerobic Systems 公司在 1991 年把这项技术引进到美国，通过多年来不断的全面中试试验，提高了该设备的操作性能和过滤能力。目前在全世界已有超过 600 座污水厂采用了该项技术。其主要特征为处理效果好，出水水质高，出水稳定，连续运行，承受高水力负荷及悬浮物负荷能力强，全自动运行，操作及保养简便，运行费用低，土建费用低及占地面积极小等。

滤布滤池用于污水的深度处理，设置于常规活性污泥法、延时曝气活性污泥法、SBR系统、氧化沟系统、滴滤池系统、氧化塘系统之后，可去除总悬浮固体、结合投加药剂可去除磷、色度等。

通过 California 大学 Davis 分校全面的试验，证实了 AquaDisk® 滤布滤池的性能符合 California Department of Health Services（加州健康服务部）设立的 Title22 标准（该标准是全美最严格的废水回用标准之一）。2001 年 6 月，AquaDisk® 通过审核，获得 Title22 认证。

4.5.3.2 滤布滤池工艺介绍

1. 滤布滤池结构

滤布（图 4-99）是尼龙针状结构，采用聚酯材料作支撑，设计过滤等级为 $10\mu m$（平均）。单套滤布滤池（图 4-100）设备最少可以只安装 1 个碟，最多则可安装 12 个碟。滤布滤池可以安装在混凝土池里也可以安装在不锈钢或碳钢池里。每个碟片由六块独立的滤布片组成。有多种形式的滤布可供选择，以适应了不同性质的污水。

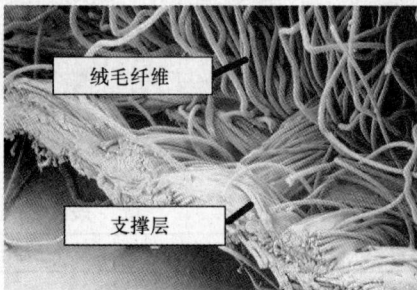

图 4-99 滤布纤维放大图

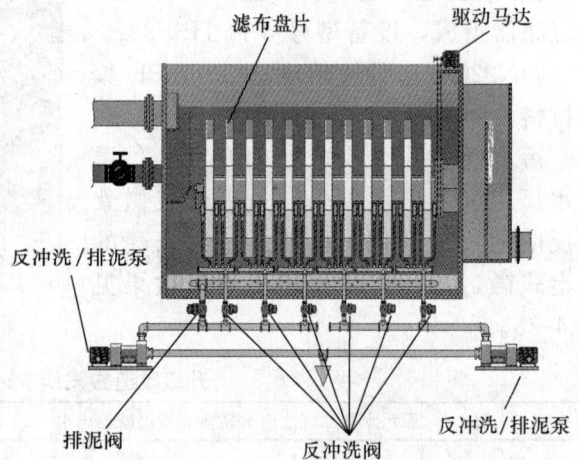

图 4-100 滤布滤池结构示意图

2. 滤布滤池操作运行方式

滤池的操作方式有全自动和手动两种方式。

污水通过重力或是通过水泵进入滤池，池中设有进水堰用来布水。污水经过滤布过滤后，通过中心管收集，重力流通过排水槽排放出去（图 4-101）。悬浮物截留在滤布外侧形成一层污泥层。随着滤布表面悬浮物的不断累积，滤布的过水阻力不断增加，导致滤池中的水位不断地上升。滤池中的液位是由液位计来监视的。当液位达到预设值时 PLC 向驱动电机和反冲洗/排泥泵同时发出启动信号，反冲洗周期启动。

过滤期间，滤盘处于静止状态，且一直浸没在水中。在反冲洗时，浸没在水中的滤盘以约 1r/min 的速度旋转（图 4-102）。滤盘的两侧都装有与反冲洗/排泥泵吸水管相连的反冲洗吸头。在反冲洗的过程中，由于进行反冲洗的滤盘表面积仅占整个滤池滤盘总表面积的 2％不到，滤池的处理能力几乎不会受到影响。

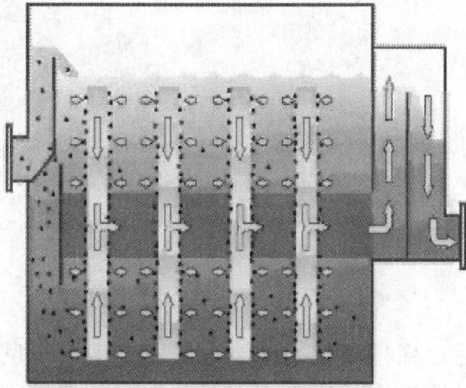

图 4-101　过滤示意图

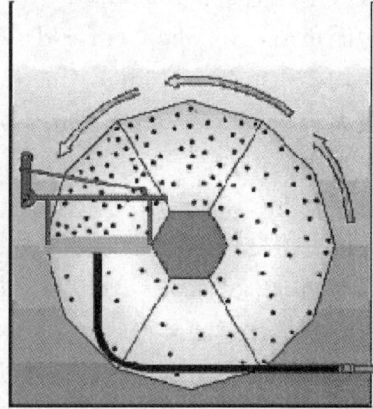

图 4-102　反冲洗示意图

反冲洗/排泥泵通过吸头将收集在中心管内的滤后水吸出来，清除截留在滤布上的固体颗粒，以达到对滤布表面进行清洗的目的（图 4-103）。

每个滤池（成套封装或是混凝土池）的底部都有斜坡，用来收集水池中沉淀下来的相对密度较大的颗粒。

由于部分相对密度较大的固体颗粒沉降到池底，实际吸附在滤布上的固体数量减少，过滤周期相对延长，从而减少反冲洗的时间，减少反冲洗水量的消耗。

当到达预设的排泥时间后，PLC 会发出信号启动反冲洗/排泥泵和排泥阀门，此时的反冲洗泵行使排泥泵的功能，通过与池底的污泥收集管相连，将沉淀的污泥排至污泥处理装置或是回送至澄清池（图 4-104）。

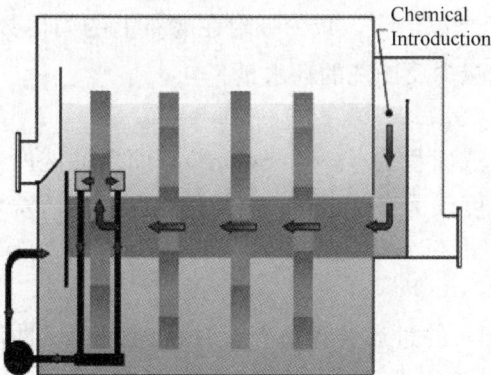

图 4-103　在线清洗示意图

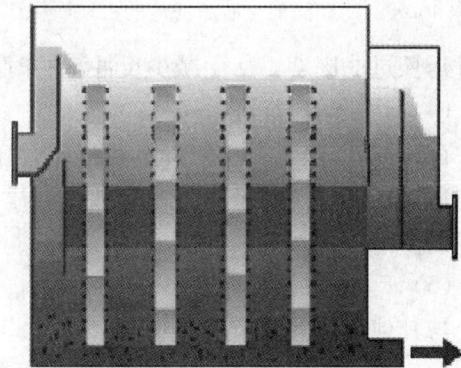

图 4-104　排泥示意图

3. 滤布滤池设计参数

过滤孔径：名义 10μm

单碟有效过滤面积：5m²

平均滤速：8.0m/h

最大滤速：16.0m/h

平均水力通量：10000L/h

最大水力通量：15840L/h

污泥负荷：15.8kg/（m^2·d）（平均）

平均容积负荷＝316m^3/（m^2·d）

最大容积负荷＝500m^3/（m^2·d）

出水水质：

悬浮物 SS≤5mg/L

浊度≤2NTU

4. 滤布滤池的特点

（1）智能化过滤装置

滤池是依靠重力流运行的低水头过滤装置。根据液位差该滤池可以自动进行反冲洗过程，并且在反冲洗过程中对进水进行持续的过滤处理。滤盘仅在反冲洗时才旋转。

图 4-105 滤布滤池与砂滤滤池的占地面积比较

（2）占地面积小

滤池占地面积很小，通常要比传统的过滤装置节约超过 3/4 的安装空间（图 4-105）。这样就大大减少了所需的混凝土材料。当设备安装在室内时，又可以节省大量的房屋建筑成本。同时它也避免了大量的开挖和土建工作。

（3）底部斜坡设计

该项设计可以使得部分固体颗粒沉降到池底，避免它们停留在滤布上。这些沉降固体可以由微处理器控制的水泵定期地予以清除，减少吸附在滤布上的固体数量，相对延长过滤周期，从而减少反冲洗的时间，减少反冲洗的耗水量。

（4）高效的反冲洗

在反冲洗时仍可进行过滤。每个滤盘的过滤面积为 53.8ft^2（5m^2），而反冲洗所占面积约为 155in^2（1000cm^2）。由于滤布介质的厚度仅为 2～3mm，因此透过介质的清洗水流很强劲，清洗的效果很好。

（5）反冲洗的时间短

与其他类型处理量为 10^6gal/d（3785m^3/d）的过滤装置进行反冲洗时间和反冲洗水量上的比较见表 4-26（以 AQUADISK® 为例）：

滤布滤池与其他类型过滤装置反冲洗对比　　　　　　　　　　　表 4-26

	AQUADISK® 滤布滤池	其他类型过滤装置
反冲洗水量	260gal/min（0.98m^3/min）	102gal/min（0.38m^3/min）
反冲洗时间	3min	20min 或更久

（6）自动运行

过滤过程的每个步骤都是由一个微处理单元控制的。由于使用者可以通过该处理单元对反冲洗操作和池底固体颗粒去除操作进行时间和频率上的调节，所以能够确保对系统进行灵活的操作。

（7）优异的表现

通过对比测试发现 AquaDis® 滤池的出水水质要优于其他的滤料滤池，在处理水力负荷和固体颗粒量远大于传统滤料过滤装置设计值的时，AquaDisk® 滤池能够持续保持较高的去除效率。该滤池可以承受很大的水力负荷和固体负荷的变化，还可以进行间断性的操作（例如跟在序批式反应器后面）。

（8）可投加化学剂进行预处理

AquaDisk® 滤布滤池是一套可以持续从进水中去除固体颗粒的完善系统。在某些情况下要对进水进行化学预处理以确保固体颗粒达到可过滤的大小。这时要注意不要添加过量的化学剂以免增加费用并对滤布介质的性能造成影响。

（9）水头损失非常小

该系统的水头损失很小，出水槽水位和进水槽水位的液位差保持在标准的 18″（0.4572m）左右。

（10）安装简便

AquaDisk® 成套滤池可以在完全组装完毕后再装运，这样运到现场后只要连上管道接通电源就可以投入运行了。而滤料介质滤池通常则需要开挖暗渠，现场填装滤料。

4.5.3.3 滤布滤池应用介绍

1. Orange County South Water Reclamation Facility（North Plant），Orlando，FL 美国佛罗里达，奥兰多（图 4-106）

类型：市政/生活用水回用

设计流量：29.75×10⁶ gal/d（112600m³/d）

高峰流量：59.56×10⁶ gal/d（225434m³/d）

使用产品：8 套 AquaDisk® 过滤器（304 不锈钢滤池）（每单元 12 碟）

图 4-106　Orange County South Water Reclamation Facility 滤布滤池设备图

2. 厂名/所在地：PALM BEACH COUNTY SOUTHERN REGION WRF 美国佛罗里达州

类型：市政/民用水

设计流量：22×10⁶ gal/d（83270m³/d）

高峰流量：43×10⁶ gal/d（162755m³/d）

使用产品：6 套 AquaDisk® 过滤器（不锈钢成套滤池，每单元 12 碟）

3. 厂名/所在地：Fountain Hills Sanitary District WWTP/Fountain Hills，Arizona. 美国亚利桑那州（图 4-107）

类型：市政/生活用水

图 4-107 Fountain Hills Sanitary District WWTP/Fountain Hills 滤布滤池设备图

设计流量：3.2×10^6 gal/d（12113m³/d）

高峰流量：8.4×10^6 gal/d（31798m³/d）

使用产品：3 套 AquaDisk® 过滤器（每单元 6 碟），1 个 MixAir® 系统，4 个 Aqua DDM® 搅拌器

处理效果：进水 TSS＝300mg/L（整厂）；出水 TSS≤3.0mg/L，浊度≤1.25NTU（均值）

4. 厂名/所在地：Clear Lake Sanitary District/Clear Lake，IA. 爱荷华州

类型：市政/工业用水回用

设计流量：5.7×10^6 gal/d（21577m³/d）

高峰流量：8.2×10^6 gal/d（31041m³/d）

使用产品：3 套 AquaDisk® 过滤器（每单元 6 碟），AquaSBR® 四池系统

处理效果：进水 TSS＝186mg/L（整厂）；出水 TSS≤3.0mg/L（均值）

5. 厂名/所在地：Little Falls Run WWTF/Stafford，VA. 美国弗吉尼亚，斯塔福德

类型：市政用水

设计流量：6×10^6 gal/d（22713m³/d）

高峰流量：12×10^6 gal/d（45425m³/d）

使用产品：2 套 AquaDiamond® 过滤器

处理效果：出水 TSS≤2.4mg/L（均值）

6. 厂名/所在地：Fox Metro Water Reclamation District/Oswego，IL. 美国伊利诺伊州，奥斯威戈

类型：市政用水

设计流量：42×10^6 gal/d（158988m³/d）

高峰流量：85×10^6 gal/d（321762m³/d）

使用产品：2 套 AquaDiamond® 过滤器

处理效果：进水 NTU＝4～5（滤池进水）；出水浊度≤2.0NTU（均值）

7. 厂名/所在地：Hume Lake Christian Camp WWTP/Hume，CA. 美国加利福尼亚

类型：市政/娱乐场所用水

过滤器设计流量：0.2×10^6 gal/d（757m³/d）

高峰流量：0.2×10^6 gal/d（757m³/d）

产品：1 套 AquaDisk® 过滤器，AquaSBR® 双池系统

8. 厂名/所在地：WATER CAMPUS. AZ 美国亚利桑那州

类型：市政/民用水

设计流量：25×10^6 gal/d（94625m³/d）

高峰流量：50×10^6 gal/d（189250m³/d）

使用产品：10 套 AquaDisk® 过滤器（混凝土滤池，每单元 12 碟）

9. 厂名/所在地：PINE CREEK WWTP，AB，加拿大（图 4-108）

类型：市政/民用水

设计流量：36×10^6 gal/d（136260m³/d）

高峰流量：70×10^6 gal/d（264950m³/d）

使用产品：12套AquaDisk®过滤器（混凝土滤池，每单元12碟）

10. 厂名/所在地：York River Treatment Plant（Hampton Roads Sanitation Dist.）/ YorkRiver，VA. 美国弗吉尼亚，约克河

类型：市政/工业用水回用

设计流量：0.5×10^6 gal/d（1893m³/d）

高峰流量：0.5×10^6 gal/d（1893m³/d）

使用产品：AquaSBR®单池系统，1套4碟AquaDisk®过滤器

图4-108　PINE CREEK WWTP
滤布滤池设备图

处理效果：进水TSS＝93mg/L（整厂）；出水TSS≤1.0mg/L，浊度≤0.6NTU（均值）

11. 厂名/所在地：无锡芦村污水处理厂

设计流量：100000m³/d

高峰流量：130000m³/d

使用产品：8套12碟AquaDisk®过滤器

12. 厂名/所在地：无锡新城污水处理厂

设计流量：90000m³/d

高峰流量：117000m³/d

使用产品：7套12碟AquaDisk®过滤器

13. 厂名/所在地：无锡胡埭污水处理厂

设计流量：15000m³/d

高峰流量：117000m³/d

使用产品：1套12碟AquaDis®过滤器

4.5.4　盘片过滤

4.5.4.1　盘片过滤器结构

盘片过滤器是由具有一定滤水能力的单个过滤头组合而成。每个过滤头内装有上百个盘片，盘片形状是类似光盘的平面圆环，厚约1mm，材质为聚丙烯，两面刻有螺旋状沟槽，螺旋线由内向外辐射。一片盘两面的螺旋方向相反。这些盘片套在一个具有水流通道的中心圆筒上，通过弹簧把盘片压紧固定在一起，相邻两盘片叠加，其相邻面上的沟槽棱边便形成许许多多的交叉点，这些交叉点构成了大量的空腔和不规则的通道，这些通道由外向里是不断缩小的。盘片结构见图4-109。

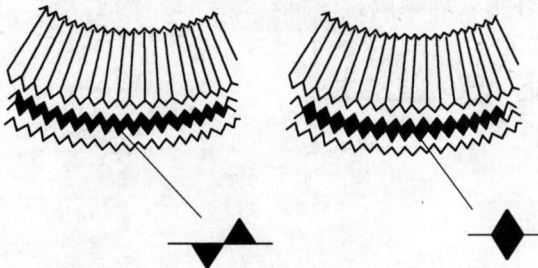

图4-109　盘片结构图

4.5.4.2 工艺机理

盘片过滤器在工作时，水流由外圆向圆心流过。盘片在弹簧力和水力作用下被紧紧压在一起，当含有杂质的水通过时，大的颗粒和粗纤维直接被拦截，称为"表面过滤"；比较小的颗粒与纤维随水流进入盘片间的沟纹孔后进入盘片内部，由于沿程孔隙逐渐减小，从而使细小的颗粒与纤维被分别拦截在各通道的途中，称为"深层过滤"。

运行一段时间后，盘片间充满了大量杂质，过滤阻力升高，即开始反洗。通过交替进、出水水流方向，高压水反向进入盘片中心，靠水的冲力克服弹簧的压力，使盘片松动。盘片在水流的冲刷和水流使盘片产生的高速旋转离心力的作用下得到清洗。清洗完毕后，进、出水水流方向恢复正常，弹簧再次恢复对盘片的压力，恢复过滤过程。盘式过滤器工作原理见图4-110、图4-111。

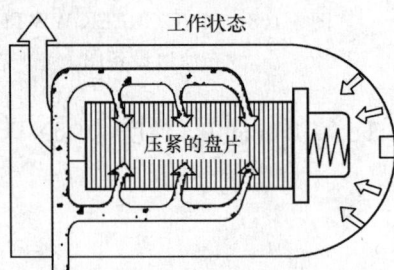

图 4-110　过滤过程原理图　　　　图 4-111　反洗过程原理图

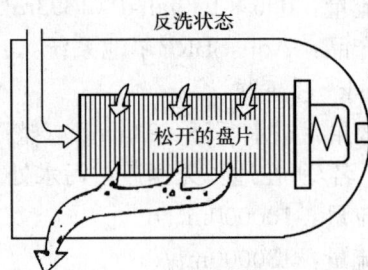

4.5.4.3 工艺特点

(1) 精确过滤。盘片过滤器有 $20\mu m$、$55\mu m$、$100\mu m$、$150\mu m$、$200\mu m$ 等多种规格的盘片，可根据水质要求选择不同精度的过滤器。

(2) 高效反洗。反洗用水量少，时间短。

(3) 全自动化运行。运行过程中可根据水源水的水质情况设定不同的过滤和反洗的时间间隔，可实现自动切换，确保连续出水，水质稳定，系统压损少。

(4) 盘片过滤器体积小，采用模块化设计，根据空间，可以灵活组合，因地制宜。

(5) 运行可靠，维护简单。几乎不需日常维护，不需专用工具，备品备件很少。

(6) 使用寿命长、运行成本低。盘片的化学、机械性能稳定，运行无磨损、无腐蚀，寿命可长达10年以上。

4.5.4.4 盘片过滤应用介绍

盘片过滤器广泛应用于农业灌溉、城市饮用水预处理、工业循环水过滤、离子交换工艺前预处理、苦咸水过滤、膜系统的预过滤等水处理领域。

4.6 膜处理技术

4.6.1 膜分离技术概述

4.6.1.1 膜分离技术简介

膜技术是21世纪优先发展技术之一，已进入全面发展时期。

膜分离是在 20 世纪初出现，20 世纪 60 年代后迅速崛起的一门分离新技术。膜分离过程作为一项高分离、浓缩、提纯及净化技术，广泛应用于各工业领域，年增长率达到 14%～30%。

膜分离技术由于兼有分离、浓缩、纯化和精制的功能，又有高效、节能、环保、分子级过滤及过滤过程简单、易于控制等特征。因此，目前已广泛应用于食品、医药、生物、环保、化工、冶金、能源、石油、水处理、电子、仿生等领域，产生了巨大的经济效益和社会效益，已成为当今分离科学中最重要的手段之一。

膜是具有选择性分离功能的材料。利用膜的选择性，实现料液不同组分的分离、纯化、浓缩的过程称作膜分离。它与传统过滤的不同在于，膜可以在分子范围内进行分离，并且这过程是一种物理过程，不需发生相的变化和添加助剂。膜的孔径一般为微米级，依据其孔径的不同（或称为截留分子量），可将膜分为微滤膜、超滤膜、纳滤膜和反渗透膜；根据材料的不同，可分为无机膜和有机膜，无机膜主要还只有微滤级别的膜，主要是陶瓷膜和金属膜。有机膜是由高分子材料做成的，如醋酸纤维素、芳香族聚酰胺、聚醚砜、聚氟聚合物等等。

4.6.1.2　膜分离技术优点

（1）在常温下进行。有效成分损失极少，特别适用于热敏性物质，如抗生素等医药、果汁、酶、蛋白的分离与浓缩。

（2）无相态变化。保持原有的风味，能耗极低，其费用约为蒸发浓缩或冷冻浓缩的 1/3～1/8。

（3）无化学变化。典型的物理分离过程，不用化学试剂和添加剂，产品不受污染。

（4）选择性好。可在分子级内进行物质分离，具有普遍滤材无法取代的卓越性能。

（5）适应性强。处理规模可大可小，可以连续也可以间隙进行，工艺简单，操作方便，易于自动化。

4.6.1.3　膜分离技术发展史及现状

1. 发展史

膜在大自然中，特别是在生物体内是广泛存在的，但我们人类对它的认识、利用、模拟直至现在人工合成的历史过程却是漫长而曲折的。我国膜科学技术的发展是从 1958 年研究离子交换膜开始的。60 年代进入开创阶段。1965 年着手反渗透的探索，1967 年开始的全国海水淡化会战，大大促进了我国膜科技的发展。70 年代进入开发阶段，这一时期，微滤、电渗析、反渗透和超滤等各种膜和组器件都相继研究开发出来。80 年代跨入了推广应用阶段，又是气体分离和其他新膜开发阶段。

2. 现状

随着我国膜科学技术的发展，相应的学术、技术团体也相继成立，对规范膜行业的标准、促进膜行业的发展起着举足轻重的作用。半个世纪以来，膜分离完成了从实验室到大规模工业应用的转变，成为一项高效节能的新型分离技术。1925 年以来，几乎每十年就有一项新的膜过程在工业上得到应用。

由于膜分离技术本身具有的优越性能，故膜过程现在已经得到世界各国的普遍重视。在能源紧张、资源短缺、生态环境恶化的今天，产业界和科技界把膜过程视为 21 世纪工业技术改造中的一项极为重要的新技术。曾有专家指出：谁掌握了膜技术谁就掌握了化学工业的明天。

目前，这一潜力巨大的新兴行业正在以蓬勃的激情挑战着市场，为众多的企业带来较为显著的经济效益、社会效益和环境效益。

4.6.1.4　膜分离技术在再生水回用领域的发展应用

20世纪末，水资源的紧缺加快了国际上对于污水深度净化技术的研发和应用。在水环境污染治理战略目标与技术路线方面，许多发达国家已经进行了重大调整，水污染治理的战略目标已经由传统意义上的"污水处理、达标排放"转变为以水质再生为核心的"水的循环再用"，由单纯的"污染控制"上升为"水生态修复和恢复"。许多发达国家已不再建设传统意义上的污水处理厂，而代之以"污水再生厂"。

而再生水厂的主流技术的发展主要体现在以下两个方面：一是城市污水处理厂普遍采用以除磷脱氮为重点的强化二级生物处理技术，并增加三级处理流程，包括多种类型的过滤技术和现代消毒技术；二是采用当代高新技术如微滤、反渗透、膜生物生物反应器等，使处理后的再生水达到市政杂用、生活杂用、园林绿化、生态景观、工业冷却、地下水回灌、发电厂锅炉补给水等多种用途要求。

目前，膜技术是国际上环境保护和环境治理的重要产业技术；科学家们也把膜技术作为21世纪的基础技术进行研究开发。早在1987年日本东京国际膜与膜过程会议上与会专家就明确指出："在21世纪多数工业中，膜技术扮演着战略的角色。"

1. 国外的膜分离技术在再生水处理领域的发展

20世纪七八十年代，德国、英国已经成功运用膜技术治理了莱茵河和泰晤士河。

1993～1995年间，在日本千叶县花见川下水处理厂完成了反渗透膜技术的实际运转实验，出水水质达到了自来水标准，反渗透装置实现了自动连续运行。

在澳大利亚新南威尔氏的Coffs港口，采用反渗透技术把再生水用于回灌到地下，以增加地下水层的含水量，并有少部分用于环境喷洒及农业灌溉。

美国的做法更具有代表性，即在污水二级处理后采用微滤膜过滤和反渗透膜处理的方法，这是目前较为成熟并已进入大规模应用阶段的工艺技术。处理后的出水水质可达到饮用水标准，目前多用于补充作为饮用水水源的地面水或地下水。加州橘县的"21世纪水厂"对三级排水进行反渗透处理，处理水回灌地下以防止海水倒灌。1997年又开始了地下水补充计划，采用超滤/微滤＋反渗透＋紫外线消毒工艺的组合，生产的再生水回灌地下以补充地下水。

2000年的悉尼奥运会，是百年奥运史上第一届成功运用再生水作为奥运会补水的盛会，其中水回用主要采用的技术是微滤膜技术。

进入21世纪以来，新加坡所有新建水厂均使用反渗透技术将产生的再生水用于补充饮用水源。

2. 国内的膜分离技术在再生水处理领域的发展

进入21世纪，我国也相继建设了一批应用膜技术的环保示范工程，并取得了良好的效果。

2002年底，天津泰达新水源公司首次建成规模为2.5万m^3/d，"双膜法"（即连续流微滤CMF＋反渗透RO工艺）污水脱盐深度处理工艺，将国内对膜法污水再生利用技术的认识推至一个新高度。

2003年初，天津纪庄子污水处理厂建成规模为5万m^3/d，采用连续微滤膜装置。运行结果表明出水水质稳定，良好、无色无嗅，优于《生活杂用水水质标准》CJ 25.1—89。

2008 年的北京奥运会，北京清河污水处理厂采用 8 万 m^3/d 的超滤处理工艺，保证向奥运公园水面的补水要求。北京北小河污水处理厂采用 6 万 m^3/d 的膜生物反应器工艺与清河厂的再生水共同保证向奥运公园的补水要求，其余出水供奥运地区市政杂用。其中，北小河厂 1 万 m^3/d 的 MBR 出水经过反渗透处理设施进行处理后用于中心区的喷泉瀑布、奥运场馆冲厕用水等。

总之，在污水再生利用的高级处理工艺中，膜技术已经成为替代传统的物理—化学处理的新型、高效的水处理工艺，具有广阔的发展前景。膜工艺，从微滤、超滤到反渗透以及膜生物反应器，随着膜材料成本及其处理费用的不断降低，技术的不断更新完善，显示出越来越强的竞争力，在实际工程中将得到更广泛的应用。

4.6.1.5　膜分离技术的种类

膜分离方法是以天然或人工合成的高分子薄膜，以外界的能量或化学位差为推动力，对双组分或多组分的溶质和溶剂进行分离、分级、提纯和富集的方法。自问世以来得到了广泛的应用，但最初的研究和应用都是在水处理领域。目前常见的膜分离过程主要包括微滤、超滤、纳滤、反渗透等。不同的膜分离有着不同的分离机理和适用范围。表 4-27 列举了膜过程及其性质、特点等。

4.6.1.6　膜分类

不同结构、不同材料以及不同几何形状的膜，具有不同的化学稳定性、热稳定性、机械性能和亲和性能。对于不同的分离体系，利用不同材料制备的具有不同结构的，以及不同形状的膜可以取得相对较好的分离效果。表 4-28 列举了膜按不同形式的分类。

膜过程及其性质、特点　　　　　　　　　　　　　　　表 4-27

膜过程	膜孔径	推动力	分离机理	分离物质	特　点
微滤 （MF）	0.1～0.2 μm	压力差约 100kPa	机械筛分	微粒、亚微粒和细粒 物质	膜孔径均匀，孔隙率高，过滤速 度快，驱动压力低
超滤 （UF）	0.05～1 μm	压力差 0.1～1.0MPa	分子的大小 和形态	大分子物质和胶体	驱动压力低，但不能截留无机离 子，对水中氮、磷的去除率不高
纳滤 （NF）	0.5～10 nm	压力差 0.5～1.0MPa	筛分和一定 性选择	粒径 1nm 左右溶解 组分	对阴离子具有一定选择性，能透 过部分无机离子，适用于给水处理
反渗透 （RO）	＜1nm	静压差 1～10MPa	反渗透膜的 选择透过性	悬浮物、大分子低分 子、离子	透水性好，脱盐率高，对入流水 水质要求高，推动压差大
电渗析 （EDI）	—	电位差	离子交换膜 的选择性	电解质离子	能耗和药耗低，污染少，水利用 率高，不去除有机物，易结垢

膜　分　类　　　　　　　　　　　　　　　表 4-28

按结构	固膜	对称膜	柱状孔膜
			多孔膜
			均质膜
		不对称膜	多孔膜
			具有皮层的多孔膜
			复合膜
	液膜	存在于固体多孔支撑层中的液膜	
		以乳液形势存在的液膜	

		纤维素类	二醋酸纤维素，三醋酸纤维素，醋酸丙酸纤维素，硝酸纤维素等
按化学成分	有机	聚酰胺类	尼龙-66，芳香聚酰胺，芳香聚酰胺酰胼等
		芳香杂环类	聚哌嗪酰胺，聚酰亚胺，聚苯并咪唑，聚苯并咪唑酮等
		聚砜类	聚砜，聚醚砜，碘化聚砜，碘化聚醚砜等
		聚烯烃类	聚乙烯，聚丙烯，聚丙烯腈，聚乙烯醇，聚丙烯酸等
		硅橡胶类	聚二甲基硅氧烷，聚三甲基硅烷丙炔，聚乙烯基三甲基硅烷
		含氟聚合物	聚全氟磺酸，聚偏氟乙烯，聚四氟乙烯等
		其他	聚碳酸酯，聚电解质
	无机材料	陶瓷	氧化铝，氧化硅，氧化锆等
		玻璃	硼酸盐玻璃
		金属	铅、钯、银等
按几何形状	平板式	板框式	—
	圆管式	管式	外型直径大于10mm
		毛细管式	外型直径在0.5～10mm之间
		中空纤维式	外型直径小于0.5mm

4.6.1.7 膜组件

把膜以某种形式组装在一个基本单元设备内，以便使用、安装、维修。这种基本单元设备叫膜组件。膜面积愈大，单位时间透过量愈多。因此，当膜分离技术实际应用时，要求开发在单位体积内具有最大膜面积的组件。表4-29、表4-30分别归纳了各种膜组件的特性及优缺点比较。

各种膜组件特性 表4-29

名称/项目	中空纤维式	毛细管式	螺旋卷式	平板式	圆管式
价格（元/m³）	40～150	150～800	250～800	800～2500	400～1500
冲填密度	高	中	中	低	低
清洗	难	易	中	易	易
压力降	高	中	中	中	低
可否高压操作	可	否	可	较难	较难
膜形式限制	有	有	无	无	无

各种膜组件的优缺点比较 表4-30

类型	优点	缺点	使用状况
板框式	结合简单、紧凑、牢固、能承受高压；可使用强度较高的平板膜；性能稳定，工艺简便	装置成本高，流动状态不良；浓差极化严重；易堵塞，不易清洗，膜的堆积密度小	适宜小容量规模；已商业化
管式	膜容易清洗和更换；原水流动状态好，压力损失较小，耐高压；能处理含有悬浮物的易堵塞流水通道的溶液	装置成本高；管口密封较困难；膜的装填密度小	适合于中、小容量规模；已商业化
螺旋卷式	膜的堆积密度大，结构紧凑；可使用强度好的平板膜；价格低廉	制作工艺和技术较为复杂，密封较困难；易堵塞，不易清洗	适合于大容量规模；已商业化
中空纤维	膜的堆积密度大；不需支撑材料；浓差极化可忽略；价格低廉	制作工艺和技术复杂；易堵塞，不易清洗	适合于大容量规模；已商业化

4.6.1.8 市政污水再生处理领域膜生产供应商

本节列出了主要适用于市政污水再生处理领域的各微滤和超滤以及反渗透膜主要供应商以及主要产品型号。表4-31总结了市政污水再生处理领域的国内外主要膜生产供应商。

市政污水再生处理领域膜生产主要供应商　　　　　　　　表4-31

地区	编号	膜生产厂商	反渗透膜型号	微滤膜型号	超滤膜型号
北美	1	陶氏（Dow Chemical）	FILMTEC 复合卷式膜		
	2	通用（GE）	PRO 系列、E-Series 系列卷式膜		
	3	泽能（ZENON）	ZeeWeed® 系列中空纤维膜	ZeeWeed® 系列中空纤维膜	ZeeWeed® 系列中空纤维膜
	4	科氏（KOCH）	TFC 薄膜-S、ULP、HR、XR、SS、HF 等系列管式、卷式、中空纤维膜		
	5	海德能（HYDRANAU-TICS）	低污染 LFC 系列卷式膜		HYDRAcap™中空膜
欧洲	6	诺芮特（NORIT）			XIGA 系列管式膜
	7	滢格（INGE）			dizzer220/450 多孔纤维膜
	8	美净（USFILTER）		MEMCOR® （CMF-S）纤维膜	
亚洲	9	三菱丽阳		SteraporeSADFTM 系列和 SteraporeSUNTM 系列超细吸管状中空纤维膜（多用于污水处理的 MBR 工艺）	SteraporeSADFTM 系列和 SteraporeSUNTM 系列超细吸管状中空纤维膜（多用于污水处理的 MBR 工艺）
	10	东丽（TORAY）	TMH 系列和 TML 系列等复合膜		
	11	旭化成（Asahi-KASEI）		中空纤维微滤 Mi-crozaMF	中空纤维超滤 Microza-UF
	12	久保田		EK 型和 EW 型平板微滤膜（多用于污水处理的 MBR 工艺）	
	13	凯发集团（HY-FLUXTM）			Kristal 中空纤维超滤膜系列
	14	新加坡美能材料科技有限公司（MEMSTAR）			PVDF 中空纤维超滤膜
	15	韩国（株）世韩集团	CSM 系列反渗透膜		CSM 系列超滤膜
国内	16	天津膜天膜（MOTIMO）		中空纤维柱式微滤膜	中空纤维柱式超滤膜
	17	杭州水处理技术研发中心	卷式复合反渗透膜		中空纤维超滤膜；平板超滤膜
	18	海南立升（LITREE）			PVC 合金毛细管式超滤膜

4.6.2　微滤膜和超滤膜工艺

4.6.2.1　微滤和超滤技术历史、发展及现状

从1907年Bechhold制得系列化多孔火棉胶膜问世算起，微孔滤膜（微滤）至今有近

百年历史。1925 年在德国建立世界上第一家微滤膜公司 Saetorius，从事专门的生产和经销；二战后发展成为 Millipore 公司，开始了微滤技术的推广和应用。目前微滤技术在医药、饮料、饮用水、食品、电子、石油化工、分析检测和环保等领域有较广泛的应用。

早在 1861 年 A. Schmidt 首先发现超过滤现象，使用牛心包膜进行超滤截留试验。1960 年美国加利福尼亚大学的 Loeb-Sourirajan 研制成第一张具有实用价值的、不对称醋酸纤维素膜，超滤才逐渐付诸实际应用。1963 年 Michaels 创建了 Amicon 公司专门生产超滤膜。国内外超滤技术的大规模应用，都是从处理电泳漆为开端。近几年超滤在食品工业、医药工业等领域中开始得到了广泛的应用。

超滤和微滤可截留水中绝大部分的悬浮物、胶体和细菌，可替代传统水处理工艺。世界上已建成了 40 多座采用微滤技术的自来水厂，以欧美和澳洲为主。在我国，近年来由于人口增长，用水量日益增加，超滤技术在水资源重复利用方面得到了迅猛的发展。城市污水是公认的可再生利用的水源之一，用微滤和超滤技术处理后的城市污水，可进一步降低水的浊度、色度及有机物，其出水可作为城市杂用水、工业循环冷却用水、环境景观用水的水源。微滤和超滤亦可作为反渗透、纳滤的前处理手段。

4.6.2.2 微滤膜和超滤膜的工艺原理

1. 微滤膜的工艺原理

微滤主要用来从气相和液相物质中截留微米及亚微米级的细小悬浮物、微生物、微粒、细菌、酵母、红细胞等污染物，以达到净化、分离和浓缩的目的。其操作压差为 $0.01 \sim 0.2$MPa，被分离粒子直径的范围为 $0.8 \sim 10 \mu m$。微滤过滤时，介质不会脱落，没有杂质溶出，无毒，使用和更换方便，使用寿命较长。同时，滤孔分布均匀，可将大于孔径的微粒、细菌、污染物截留在滤膜表面，滤液质量较高。

一般认为微滤膜的分离机理为筛分机理，膜的物理结构起决定性作用，膜表面层截留（机械截留、吸附截留、架桥作用等），膜内部截流。微滤是以静压差为推动力，利用膜的"筛分"作用进行分离的压力驱动型膜过程。微滤膜具有比较整齐、均匀的多孔结构，在静压差的作用下，小于膜孔的粒子通过滤膜，大于膜孔的粒子则被阻拦在膜面上，使大小不同的组分得以分离，其作用相当于"过滤"。由于每平方厘米滤膜中约包含 1000 万至 1 亿个小孔，孔隙率占总体积的 $70\% \sim 80\%$，故阻力很小，过滤速度较快。

2. 超滤膜的工艺原理

超滤主要用于从液相物质中分离大分子化合物（蛋白质、核酸聚合物、淀粉、天然胶、酶等）、胶体分散液（黏土、颜料、矿物料、乳液粒子、微生物）、乳液（润滑脂-洗涤剂及油-水乳液）；或采用先与适合的大分子复合的办法时，也可用超滤分离低分子量溶质，从而达到某些含有各种小分子量可溶性溶质和高分子物质（如蛋白质、酶、病毒）等溶液的浓缩、分离、提纯和净化。超滤对去除水中的微粒、胶体、细菌、热源和各种有机物有较好的效果，但它几乎不能截留无机离子。

超滤属于压力驱动型膜分离技术，其操作静压差一般为 $0.1 \sim 0.5$MPa，被分离组分的直径大约为 $0.01 \sim 0.1 \mu m$，这相当于大于 $500 \sim 1000000$ 的大分子和胶体粒子，这种液体的渗透压很小，可以忽略，常用非对称膜，膜孔径为 $10^{-3} \sim 10^{-1} \mu m$，膜表面的有效截留层厚度较小（$0.1 \sim 10 \mu m$）。

一般认为超滤的分离机理为筛孔分离过程，但膜表面的化学性质也是影响超滤分离的重要因素。超滤过程中溶质的截留有在膜表面的机械截留（筛分）、在孔中滞留而被除去（阻塞）、在膜表面及微孔内的吸附（一次吸附）三种方式。

4.6.2.3 微滤膜和超滤膜工艺设计及计算

1. 典型操作模式

微滤/超滤装置基本操作模式有两种，死端过滤和错流过滤。通常情况下，固含量小于0.1%的进料液通常采用死端过滤；固含量为0.1%～0.5%的进料液要进行预处理；固含量高于0.5%的进料液只能采用错流过滤。

（1）死端过滤

死端过滤也叫全过滤或静态过滤或并流过滤。频繁交换进出水的方向，以防止污堵。图4-112为死端过滤操作下，膜渗透流率、膜污染层厚度随时间变化示意图。

（2）错流过滤

错流过滤也叫动态过滤。这种过滤方式适用于浊度较高的地表水或污水厂的二级排放水回用，循环泵将浓缩液以较快的流速回流，在膜表面形成较快的冲

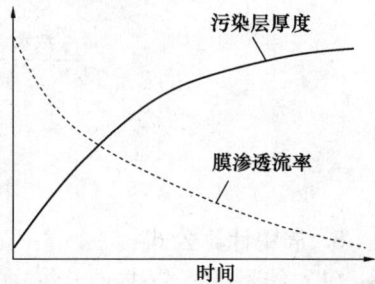

图4-112 死端过滤操作

刷湍流和较大的剪切力。循环回流速度要调整到能够防止在膜上形成覆盖层，根据膜的性能及处理水的水质差异选择合适的流速比（如1:1、1:4）。但要注意的一点是，采用恒流操作比恒压操作更有利于防止污堵，这是因为恒压操作会使污染物非常均匀地覆盖到膜表面，难以剥离；而采用恒流操作污染物会凹凸不平地分布在膜表面，很容易被横向循环水流冲刷带走。图4-113为错流过滤操作下，膜渗透流率、膜污染层厚度随时间变化示意图。

微滤、超滤过程大多采用错流操作，在小水量生产中通常也采用死端过滤操作。错流过滤的优点是可以减少膜污染，缺点是回收率较低。死端过滤的优点是回收率高，缺点是膜污染严重。

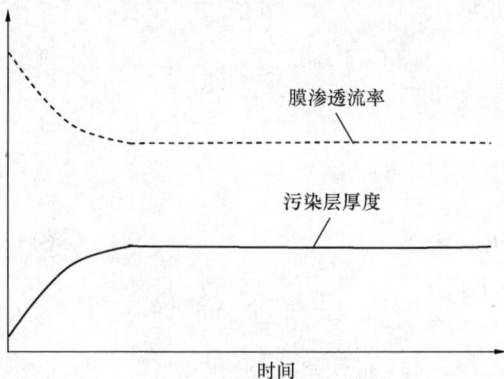

图4-113 错流过滤操作

2. 典型工艺流程

微滤和超滤工艺主要由预处理工段和膜过滤工段两大部分组成。

在微滤和超滤工艺过程中，供水前的预处理工段非常重要。因为水中的悬浮物、胶体、微生物和其他杂质会附在膜表面而使其受到污染。另外，微滤和超滤膜的水通量比较大，被截留杂质在膜表面上的浓度迅速增大而产生浓差极化现象，更为严重的是有一些很细腻的微粒会渗入膜孔而堵塞透水通道。另外，水中的微生物及其新陈代谢生成的黏性液体也会紧紧地粘附在膜表面。上述这些因素都会导致微滤和超滤膜透水量下降或者分离性能衰退。同时，膜对供水温度、pH和浓度等也都有一定的限度要求。因此，对微滤和超滤供水必须进行适当的预处理和水质调整，满足它的供水要求条件，以延长微滤和超滤设备的使用寿命，降低制水成本。

预处理通常采用混凝沉淀或高效过滤。当采用高效过滤为预处理工艺时,可取消盘式过滤器。

以市政污水处理厂深度处理为例,描述微滤或超滤处理典型工艺流程,如图 4-114 所示:

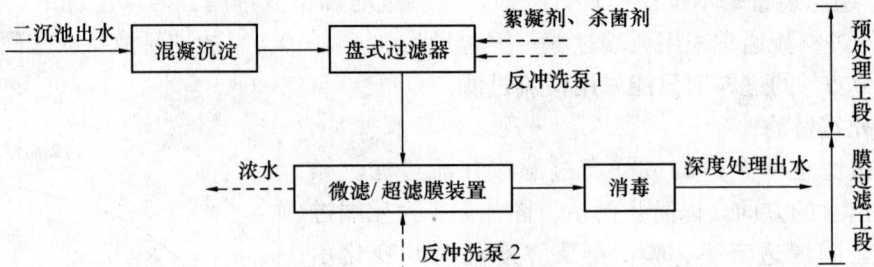

图 4-114　微滤/超滤工艺流程

3. 常用计算公式

(1) 能量计算公式

$$p/m_p = 1/\eta_p \times 1/Y(p_F - p_P) + p_{冲洗}/m_P \tag{4-52}$$

式中　p——压力,MPa;

　　　m_P——渗透液质量流量,kg/s;

　　　η_P——渗透液黏度,kg/(m·s);

　　　Y——回收率,%;

　　　p_F——进水压力,MPa;

　　　p_P——渗透液压力,MPa;

　　$p_{冲洗}$——冲洗压力,MPa。

(2) 透水速率计算公式

1) 孔径大时可用 Fick 定律表示

$$J_s = -D_s(dC_s/dx) \tag{4-53}$$

式中　J_s——组分 s 的透水速度,kmol/(m²·L);

　　　D_s——组分 s 的扩散系数,m²/s;

　　　C_s——组分 s 在膜中的浓度,kmol/m²;

　　　x——延膜厚度的距离,m。

2) 孔径小时

$$J_s = D_s A_s(\Delta C_s/\Delta x) \tag{4-54}$$

式中　J_s——溶质的透水速度,kmol/(m²·L);

　　　D_s——溶质的扩散系数,m²/s;

　　　A_s——修正系数;

　　ΔC_s——膜两侧溶质浓度差,kmol/m²;

　　Δx——膜厚度,m。

(3) 透过速率计算公式

$$v = p_m/\delta(\Delta p - \Delta \pi) \tag{4-55}$$

式中 p_m——膜的比透过性；

δ——膜厚。

Δp——膜的进水和产水侧的压力差，MPa；

$\Delta \pi$——膜的进水和产水侧的渗透压差，MPa。

（4）截留率计算公式

$$R = (c_F - c_P)/c_F \qquad (4\text{-}56)$$

式中 R——截留率；

c_F——进料液浓度，mol/m^3；

c_P——渗透液（产水）浓度，mol/m^3。

4.6.2.4 微滤膜和超滤膜工艺实验及生产运行

1. 微滤膜工艺

（1）X 污水处理厂中水车间微滤膜生产运行

X 中水车间微滤系统采用 CMF-L 微滤过滤器，设计生产规模 $600m^3/d$。作为后续反渗透处理的预处理工艺。微滤膜主要参数如下：

膜材质为 PVDF 中空纤维膜。

1）膜孔径为 $0.2\mu m$。

2）微滤膜柱的直径为 120mm，高度为 1500mm，外径为 $550\mu m$，内径为 $300\mu m$，膜表面积为 $15m^2$。

3）每台产水量为 $10m^3/h$。

4）工作压力范围为 40～200kPa。

表 4-32 为 X 污水厂中水车间微滤膜工艺设计进出水水质。

X 污水厂中水车间微滤膜工艺设计进出水水质

表 4-32

指　　标	二沉池出水	纤维过滤器出水	微滤膜出水
BOD_5（mg/L）	<30	<10	<10
COD_{Cr}（mg/L）	<120	<50	<50
总悬浮固体 SS（mg/L）	<20	<5	<1
浊度（NTU）	—	<5.0	<1.0
大肠杆菌群（个/L）	$10^6 \sim 10^7$	<3	<3
氨氮（mg/L）	<15	<5	<5

CMF 设备是模块式设计，易于增容，膜柱中的子模块和附属子模块可以进行更换、隔离、修补，因此即使膜有损坏，也可及时修补，不会影响系统正常运行。膜的工作状况可进行完整性在线测试，膜纤维的使用寿命大于 5 年。

CMF 设备须配合压缩空气系统和反冲洗系统以进行反洗，一般 30～40min 用压缩空气反冲一次。反冲时，经空压机产生并存储于压缩空气储罐的压缩空气由中空纤维膜内吹向膜外，反冲压力为 600kPa（相当于 $6kg/cm^2$），时间 1～2min，当进水浓度不稳定时，膜污染超过它的设定指标会自动强制冲洗，以保护膜的使用寿命，反冲洗水量（反冲洗水采用原水）为进水量的 8％～12％。CMF 设备须配合化学清洗系统以进行清洗，污水经二级处理后的出水作为连续微滤膜设备系统进水时，连续微滤膜设备系统一般工作7～14d，需碱清洗一次；工作30～60d，需酸清洗一次，这样可去除有机污染物，恢复膜通量。CMF设备自带PLC控制系统连接现场人机界面可自动设定工作和停机时间，也可根据膜通量的下降情况自动停机反冲洗，还可以根据水质的变化造成膜的堵塞自动进行清洗，或当膜前后压力差达到100kPa时需进行化学清洗。

（2）B污水处理厂微滤膜中试实验

该微滤膜中试实验装置是为处理二沉池出水而设计制造。

微滤膜系统的主要参数是：

1）产水量45L/min，浓水1.8L/min，废水回收率大于95％。

2）处理每吨原水NaClO用量1.04g，柠檬酸（CAID）用量1.30g。

3）耗电量0.66kWh。

4）膜柱孔径为0.1μm的聚偏二氟乙烯（PVDF）中空纤维微滤膜柱，PVDF膜耐酸碱腐蚀性强，亲水性好，透水率高，寿命长，特别适用于处理水质变化较大的生活污水。

表4-33为B污水厂微滤膜中试工艺运行6个月的平均进出水水质。

B污水厂微滤膜中试工艺运行6个月的平均进出水水质   表4-33

COD_{Cr} (mg/L)		COD_{Mn} (mg/L)		浊度（NTU）		TP (mg/L)		TN (mg/L)		NH_3-N (mg/L)	
进水	出水	进水	出水	进水	出水	进水	出水	进水	出水	进水	出水
55.38	35.60	13.97	8.84	6.08	0.43	4.23	3.60	29.48	28.67	17.40	16.98

B污水厂微滤膜中试实验表明，微滤对COD的去除有一定的作用，主要去除进水中的非溶解态污染物；去除率极高，浊度的去除率大于99.9％，出水的浊度等污染物指标优于地表水Ⅲ类标准。微滤对总氮、总磷、氨氮的去除作用十分有限，应通过强化生物处理，降低水中的氮、磷指标。

另外，对微滤出水进行的微生物指标检测结果表明，微滤对细菌、大肠杆菌等微生物具有较强的去除能力，可将二沉出水中大肠杆菌及细菌降至饮用水标准（GB 5749—85规定大肠杆菌群饮用水标准为小于3个/L，细菌总数饮用水标准为小于100个/mL）。国内外同类实验长期检测结果也显示，微滤膜系统对细菌、大肠杆菌的去除率大于99.9999％。

表4-34为二级出水经过微滤膜过滤的处理效率和目标水质。

二级出水进行微滤的目标水质与水质标准比较   表4-34

	二沉出水	微滤膜出水	回用于城市杂用水 GB/T 18920—2002	回用于景观水体 GB/T 18921—2002	地表水Ⅲ类 GB 3838—2002
浊度（NTU）	4～10	<0.2	5～20	5	—
SS (mg/L)	15～25	<0.5	—	10～20	—
BOD_5 (mg/L)	10～20	8～12	10～20	6～10	6
COD_{Cr} (mg/L)	40～60	30～45	—	—	30
总氮 (mg/L)	30～40	18～30	—	15	1.5
总磷 (mg/L)	3～6	2～5	—	0.5-1.0	0.3

	二沉出水	微滤膜出水	回用于城市杂用水 GB/T 18920—2002	回用于景观水体 GB/T 18921—2002	地表水 III 类 GB 3838—2002
铁（mg/L）	0.2～0.6	<0.3	0.3	—	0.3
氨氮（mg/L）	20～25	12～22	10～20	5	1.5
色度（度）	20～80	20～25	30	30	—

注：回用水水质标准分项较多，表中只给出分项中最小值和最大值。

综上所述，二级污水经过微滤膜过滤后，除 BOD 和氮、磷相关指标外，出水水质可满足《城市污水再生利用景观环境用水水质》（GB/T 18921—2002）。除氨氮外，出水水质可完全满足《城市污水再生利用城市杂用水水质》（GB/T 18920—2002）。除 BOD、COD 和氮、磷相关指标外，其余水质指标可满足《地表水环境质量标准 III 类》GB 3838—2002。

通常采用预处理的方法可去除部分 SS 和浊度，延长微滤膜的使用寿命，增加膜的产水量，相应满足以上的水质标准。降低出水氮、磷相关指标仍然依靠二级生化处理。这也是最为有效和经济的。降低磷类相关指标还可以利用混凝沉淀作用去除，且比较稳定和高效。

通过对微滤膜中试系统及实际生产工艺运行统计，按产水量 10000m³/d 计算的微滤运行费用，见表 4-35。

按产水量 10000m³/d 计算的微滤运行费用　　　　　表 4-35

项　　目	吨水费用（元/m³）	项　　目	吨水费用（元/m³）
电　耗	0.055～0.138	设备折旧（8 年）	0.2～0.25
药　剂	0.013～0.019	厂房折旧（30 年）	0.008
人工（5 人/班）	0.025	合　　计	0.351～0.390

2. 超滤膜工艺

（1）Q 污水处理厂超滤膜生产运行

Q 污水处理厂二沉池出水通过再生水厂提升泵进入预处理车间内的自清洗过滤器进行过滤，以保证后续膜处理设备的正常使用；在进入自清洗过滤器前投加聚合氯化铝，进一步降低出水磷和悬浮物指标；经过过滤器的出水进入超滤膜处理系统。

1）超滤膜主要设计、运行参数

膜系统设计进水水量≥88000m³/d，净产水量 80000m³/d，回收率 91.3%。

6 个膜列，每列膜池设计安装 9 只 ZW-1000 膜箱。

设计水温：13.1～25.4℃。

表 4-36 为 Q 污水处理厂再生水厂采用的 ZW-1000 型超滤膜主要技术参数。

表 4-37 为 Q 污水处理厂再生水厂设计进出水水质及实际运行的进出水水质。

2）清洗系统

膜系统的化学清洗有两种方式：维护性清洗和恢复性清洗。膜系统反洗过程中或膜清洗之前，膜池的水被快速排放到废水池。由中和化学清洗液产生的废水，水量相对较小，用排放/循环泵排出系统。设计每日最大废水排放量为 7471m³/d，平均 311m³/h。

ZW-1000 膜参数 表 4-36

参 数	数 值	参 数	数 值
材 料	PVDF 聚偏氟乙烯（亲水性）	每个膜列的膜箱数	9
可耐受氯浓度（清洗时）	500mg/L（以 Cl_2）	膜列数	6
耐受最大的氯浓度	1000000mg/（L·h）	每个膜组件的外表面积	46.5m²
标称孔径	0.02μm	透膜压差运行范围	10～80kPa
每个膜箱最多容纳的膜组件数	60	最大透膜压差	80kPa
每个膜箱安装的膜组件数	57		

设计进出水水质及实际运行的进出水水质 表 4-37

	设计水质参数		实际运行年平均水质参数	
	设计进水	设计出水	实际进水	实际出水
BOD_5（mg/L）	20	6	12	2
COD_{Cr}（mg/L）	60	30	40	20.5
SS（mg/L）	20	2	12	<5
浊度（NTU）	—	<0.5	—	<0.2
色度（度）	35	<15	30	13
溶解氧（mg/L）	—	3	—	2
NH_4^+-N（mg/L）	1.5	1.5	1.5	1.5
TP（mg/L）	1	0.3	0.3	0.15
总大肠菌群（个/L）	104	3	104	3

①物理清洗系统

透过液反向冲洗膜的同时，空气擦洗膜丝的外表面，排空膜池中积累在膜丝周围的固体物质，此过程不使用化学药品。多次反洗有利于保持透膜压差且延长清洗周期，降低平均能耗。反冲洗工艺参数如表 4-38 所示。

反洗工艺参数 表 4-38

参 数	数 值	参 数	数 值
反洗水源	来自共同透过排放母液管和反洗池	每列每次反洗持续时间	30s
每列反洗周期	47.25min 的透过液	每列反洗曝气持续时间	75s
每列反洗持续时间	3.25min	每天每列反洗次数	29.5 次

②化学清洗系统

膜化学清洗的分为两种方式：

a. 维护性清洗：持续时间短，较低的化学药品浓度，清洗频率较高。目的：保持膜的透水性和延长恢复性清洗周期。

b. 恢复性清洗：持续时间长，药浓度高，清洗频率低。目的：恢复膜的透水性。恢复性清洗是当产水过程中透膜压差达到最大允许值时启动的。表 4-39、表 4-40 分别列出了该污水处理厂超滤膜清洗参数及年化学药品消耗量。

Q 污水处理厂超滤膜清洗参数　　　　　表 4-39

维护性清洗所用化学药品	浓　　度	清洗频率	清洗持续时间
次氯酸钠	100mg/L 以 Cl$_2$ 计	每日一次	25min（每列）
恢复性清洗所用化学药品	浓　　度	清洗频率	清洗持续时间
柠檬酸	1000mg/L	每年 12 次	6h（每列）
次氯酸钠	500mg/L 以 Cl$_2$ 计	每年 12 次	6h（每列）

年化学药品消耗量　　　　　表 4-40

化学药品	总年消耗量	
	L	kg
次氯酸钠	20215	—
柠檬酸	—	2.284
亚硫酸氢钠	3882	—

3）耗水、电量统计

水量接近满负荷运行时，再生水厂耗电折合在每吨产品水 0.31kWh/m^3 左右。日均耗电量约为 24800kWh/d。

设计回收率大于 90%，三种水流降低系统回收率，其影响大小依次为：反洗水＞维护性清洗废液＞恢复性清洗废液。根据三种水流的设计条件计算回收率，日均耗水量约为 7400m^3/d。

（2）B 污水处理厂超滤膜中试实验

以 B 污水处理厂二沉池出水为原水，超滤系统工艺中试运行情况。装置的每根膜元件是由上万根中空纤维组成的纤维束，每根膜元件长度 60in（约为 1500mm），其膜面积为 46m^2，其截留分子量为（10～15）×10^{4}D，进水是从中空纤维的内部流进，产水是由内壁向外壁透过（称为内压式）收集后从产水管排出，被截留的悬浮物、细菌、大分子有机物、胶体等就堆积在纤维内表面，经运行一段时间后，需进行反冲洗，反冲洗的水为超滤产水。经过长时间运行之后，可能在膜表面粘附着不易冲洗掉的污染物和微生物，此时应采用含有一定浓度的化学药剂的水进行加药反洗或化学清洗，化学药品一般使用盐酸、氢氧化钠或次氯酸钠。

近 6 个月的运行试验，收集了大量的运行数据，见表 4-41。

B 污水处理厂超滤中试工艺运行 6 个月进出水平均值　　　　　表 4-41

COD$_{Cr}$（mg/L）		COD$_{Mn}$（mg/L）		TP（mg/L）		TN（mg/L）		NH$_3$-N（mg/L）		浊度（NTU）	
进水	出水	进水	出水	进水	出水	进水	出水	进水	出水	进水	出水
56.36	35.99	14.27	9.30	4.32	4.01	30.51	29.56	18.28	16.94	6.71	1.40

（3）G 污水处理厂超滤膜中试实验

以 G 污水处理厂二沉池出水为原水，超滤系统中试工艺运行情况。

系统进水通过进水提升泵从中空纤维组件两端进入膜丝内部，而产水则在原水流经膜的过程中逐渐由内壁向外壁透过收集后从两侧产水端排出。被截留的悬浮物、细菌、大分子有机物、胶体等就堆积在纤维内表面，此时 UF 膜的膜前与膜后的压差会逐渐增加，经运行一段时间后，当其压差增加到一定值后，就进行反冲洗，反冲洗水可利用超滤产水，反冲洗排出的水排放。但经多次反冲洗后，可能在膜表面粘附着不易冲洗掉的污染物和微生物，此时就采用含有一定浓度的化学药剂的水进行反冲洗，以增强反洗效果，并起到清洗作用。化学药品一般用盐酸、次氯酸钠、氢氧化钠。

重要工艺参数如下：

1) 膜材料：聚乙烯吡咯酮聚醚砜共混极性膜（PES＋PVP）

2) 膜组件规格：$\phi200mm\times1527.5mm$

3) 膜组件面积：40m^2

4) 运行方式：内压式死端过滤

5) 运行压力：0.1～0.2MPa

6) 运行压差：0.01～0.1MPa

7) 反洗压力：<0.3MPa

8) 水通量：65～90Lmh

9) 制水率：90%～95%

表 4-42 为 G 污水处理厂超滤中试工艺运行 3 个月进出水水质。

G 污水处理厂超滤中试工艺运行 3 个月进出水平均值 表 4-42

COD$_{Cr}$（mg/L）		BOD$_5$（mg/L）		SS（mg/L）		色度（度）	
进水	出水	进水	出水	进水	出水	进水	出水
50.40	41.60	3.54	0.97	8.00	1.18	42.2	23.00

可见，将超滤膜技术用于污水处理厂二沉池水的深度处理，对细菌、病毒和浊度有十分显著的去除效果：细菌和病毒去除率接近 100%；出水 SDI<2，去除率接近 90%。并在一定程度上降低 BOD、COD、总氮和总磷等污染物的浓度。表 4-43 为二级出水经过超滤膜过滤的目标水质与水质标准比较。

二级出水进行超滤的目标水质与水质标准比较 表 4-43

	二沉出水	超滤膜出水	回用于城市杂用水 GB/T 18920—2002	回用于景观水体 GB/T 18921—2002	地表水Ⅲ类 GB 3838—2002
浊度（NTU）	4～10	未检出	5～20	5	—
SS（mg/L）	15～25	0.2～0.3	—	10～20	—
BOD$_5$（mg/L）	10～20	5～10	10～20	6～10	6
COD$_{Cr}$（mg/L）	40～60	25～40	—	—	30
总氮（mg/L）	30～40	15～28	—	15	1.5
总磷（mg/L）	3～6	2～3	—	0.5～1.0	0.3
铁（mg/L）	0.2～0.6	<0.3	0.3	—	0.3
氨氮（mg/L）	20～25	10～20	10～20	5	1.5
色度（度）	20～80	20～23	30	30	—

注：回用水水质标准分项较多，表中只给出分项中最小值和最大值。

二级出水经过超滤膜过滤后，除氮、磷相关指标外，出水水质可满足《城市污水再生利用景观环境用水水质》GB/T 18921—2002。出水水质可完全满足《城市污水再生利用城市杂用水水质》GB/T 18920—2002。除 BOD、COD 和氮、磷相关指标外，其余水质指标可满足《地表水环境质量标准Ⅲ类》GB 3838—2002。

通过对超滤膜中试系统及实际生产工艺运行统计，按产水量 10000m³/d 计算的超滤运行费用见表 4-44。

按产水量 10000m³/d 计算的超滤运行费用　　　　　　　　表 4-44

项　目	吨水费用（元/m³）	项　目	吨水费用（元/m³）
电　耗	0.075	设备折旧（8 年）	0.400
药　剂	0.038	厂房折旧（30 年）	0.01
人工（5 人/班）	0.025	合　计	0.548

4.6.2.5　微滤和超滤工艺运行和维护

1. 常见故障及处理措施

微滤和超滤系统在运行过程中，受人为操作、进水水质、环境温度、机械设备功能以及自控仪表性质等诸多因素的影响，可能会产生非正常运行或者系统停机无法正常运行的情况。所以，通过故障的表观现象及时发现问题，查找到故障原因，采用正确的解决措施至关重要。

以超滤系统为例，总结常见故障及处理措施，见表 4-45。

超滤系统常见故障及处理措施　　　　　　　　表 4-45

故　障　表　现	可　能　原　因	处　理　措　施
供水压力低或供水量不足	水泵方向转动 水泵进水关漏气	重新接电源线 堵塞透气口
压力降增大	流体受阻 流速过快	疏通水道 减少浓水排放量
透水量下降	膜被杂质覆盖 膜被压密	清洗 停机松弛
截流率下降	浓差极化 接头泄漏 膜破损	大流量冲洗 更换密封圈 更换新组件

资料来源：时钧、袁权、高从堦　主编，膜技术手册，化学工业出版社，2001 年 1 月。

2. 膜污染与清洗

膜污染是指在膜表面形成污染物层或膜孔被污染物堵塞等外因而导致的膜性能下降，在膜的应用过程中膜污染很难完全避免。膜污染的最大特点是：它所产生的产水量衰减是不可逆的。

膜表面形成的污染物层主要有水溶性大分子形成的凝胶层、吸附层以及难溶的无机物形成的结构层。

膜孔堵塞是由于水溶性大分子的表面吸附以及难溶性小分子无机物在膜孔中结晶或沉淀所导致。

不同的膜污染具有不同的特征，见表 4-46。

不同膜污染及其特征 表 4-46

污染物种类	原因	盐透过率（SP）	一般特征组件压差（ΔP）	产水量（VP）
金属氧化物	$Mn(OH)_2$、$Fe(OH)_3$ 等沉淀	明显增加	明显增加	明显下降
水垢（$CaCO_3$、$CaSO_4$、$BaSO_4$、$SrSO_4$）	浓差极化、微溶盐沉淀，多在最后一段	适度增加	适度增加	适度降低
胶体	SiO_2、$Al_2(SiO_3)_3$、$Fe_2(SiO_3)_3$ 等	适度增加	增加较为明显，为主要表现	适度降低
生物污染	微生物(细菌)在膜表面生长，发展较缓慢	适度增加	适度增加	明显降低
有机物	有机物附着和吸附	轻微增加	适度增加	明显降低
细菌及其残骸	无药剂保护而存放	明显增加	明显增加	明显降低

资料来源：于丁一、宋澄章、李航宇　编著，膜分离工程及典型设计实例，化学工业出版社，2004 年 11 月。

在膜污染现象发生后，应认真研究工艺运行记录和关键的水质参数，如 SDI 值，分析污染物种类和组成，及时采取有效的反冲洗措施，恢复膜原来的性能。主要的膜清洗方法有物理法和化学法：

（1）物理法、采用反渗透产水冲洗膜表面，或采用空气和水联合反冲洗，将膜面上的沉积物冲走。但是，物理法只能解决膜污染初期受有机污染膜组件的清洗。

（2）化学法：是最有效、应用最广泛的膜清洗方法，几乎在每个膜厂家的技术手册中都有相应的描述。鉴于膜污染是多种污染物一起沉淀在膜表面上，因此清洗剂也是多种药品的组成。表 4-47 列出了常见膜污染的化学清洗液配方。

污染物及清洗液配方 表 4-47

药品配方	污染垢物	清洗方法
柠檬酸（2%） 去拉通 X-100（0.1%） 羧甲基纤维素（0.001%） 用氨水调 pH=3.0	$Fe(OH)_3$	在常温下循环洗 45min，然后用产品水冲洗净
柠檬酸（2%） 用 NH_4OH 调 pH=7.0	$CaSO_4$	循环清洗，然后用清水洗净
EDTA 用 NaOH 调 pH=7.0	$CaSO_4$	循环清洗，然后用清水洗净
三聚磷酸钠 EDTA 四钠盐 用 H_2SO_4 调 pH=10.0	$CaSO_4$	反渗透产品水（无游离氯）循环清洗
三聚磷酸钠（2%） 去拉通 X-100（0.1%） 羧甲基纤维素（0.001%） EDTA（2%） 用 H_2SO_4 调 pH=7.5	钙和镁的盐类	循环清洗，然后用清水洗净

药品配方	污染垢物	清洗方法
三聚磷酸钠（2%） 去拉通 X-100（0.1%） EDTA（2%） 用 HCl 调 pH=7.5	淤泥或有机物	循环清洗
HCl pH=4.0	$CaSO_3$	循环清洗
柠檬酸 pH=4.0	$CaSO_3$	循环清洗
柠檬酸（2%） pH=2.5	Mn、Fe	循环清洗
柠檬酸（2%） 用 NH_4OH 调 pH=4.0	硅酸盐	循环清洗
柠檬酸（2%） Na_2EDTA（2%） 用 NH_4OH 调 pH=4.0	Fe、Ni、Cu、Mn 的氢氧化物	循环清洗
SHMP（六偏磷酸钠）（1%）	硅酸盐	循环洗 30～60min
$Na_2S_2O_4$（连二亚硫酸钠）（2%） pH=3.6	Fe	循环洗 30～60min
NH_4HF_2 氟化氢铵（2%） 柠檬酸（2%） 用 HCl 调 pH=1.5	SiO_2	循环洗 50min，然后用产品水冲洗净
加酶洗涤剂（1%）	蛋白质、油类	50～60℃（最好）或 30～35℃（一般）浸渍一定时间
淡盐水	胶体污染严重	循环清洗
H_2O_2 溶液（如 0.5L30%的 H_2O_2 用 12L 去离子水稀释）	有机污染	循环清洗
三聚磷酸钠 十二烷基苯磺酸钠 用 H_2SO_4 调 pH=10.0	有机沉积物（如微生物黏泥或酶斑）	循环清洗
水溶性乳化液	油及氧化铁	循环洗 30～60min
草酸	金属氧化物	循环清洗

资料来源：于丁一、宋澄章、李航宇　编著，膜分离工程及典型设计实例，化学工业出版社，2004 年 11 月。

3. 膜污染及膜劣化诱因分析及避免措施

除了膜污染，膜劣化也是膜工艺中常见的膜损害现象，膜劣化是一种不可逆转的损害。膜在应用过程中，发生膜污染和劣化的原因基本可以概括为外界因素，无法完全避免。但是，可以根据工程的实际情况采取适当的措施加以延缓或最大限度上防止其发生。

膜污染及劣化的原因及适当的避免措施如表 4-48 所示。

膜污染发生主要原因	膜劣化发生主要原因	适当的避免措施
1. 预处理工段设计不当，系统内缺少必要的工艺环节。 2. 预处理工艺运行不当，对原水的浊度、胶体等的去除能力达不到合理的要求。 3. 预处理系统的设备、管路或基本材质选择不当。 4. 投药系统故障。包括酸/碱、阻垢/分散剂、絮凝/助凝剂等。 5. 原水水质波动较大。 6. 设备或系统在间断运行或长期停止时没有采取合理的保护措施。 7. 不合理的操作和维护。 8. 其他	1. 膜在强氧化剂或高 pH 值条件下发生了化学反应。 2. 膜在长期高压条件下操作导致被压密；以及在长期停用时保管不善造成膜干燥。 3. 长期使用过程中，微生物对膜产生的降解作用。 4. 其他	1. 完善预处理，采用合适的混凝、过滤、吸附、杀菌、调节 pH 值等手段去除大多数对膜有害的物质，保证膜工艺的进水质量。 2. 使用抗污染的膜元件。 3. 有效的化学清洗可以延缓膜的污染速度。膜工艺运行过程中，要保证定期、必要的化学清洗。 4. 提高操作人员素质、优化操作方式使膜工艺始终保持在设计条件下运行。 5. 膜系统在长期停止运行时，要按维护保养手册的要求认真执行。 6. 其他

4.6.2.6 微滤/超滤膜作为反渗透预处理工艺

很多资料显示，采用微滤或超滤作为反渗透的预处理工艺后，出水水质远远优于常规预处理工艺（如混凝沉淀、砂滤、活性炭过滤等）。通常情况下，以微滤或超滤后，允许反渗透系统的运行通量提高 20%～30%，并且可以减少反渗透膜的清洗次数，提高膜的寿命。

微滤或超滤作为反渗透系统的预处理工艺，其出水水质指标可达到表 4-49 所示数值。

作为反渗透膜预处理的微滤或超滤的出水水质　　　　表 4-49

编 号	水质指标	数 值	编 号	水质指标	数 值
1	污泥密度指数	<3	8	铝含量（mg/L）	<0.05
2	浊度（NTU）	<0.5	9	锰含量（mg/L）	检不出
3	铁含量（mg/L）	<0.1	10	洗涤剂、油分、H_2S	检不出
4	游离氯（mg/L）	<0.1	11	硫酸钙溶度积	浓水<1.9×10^{-4}
5	化学需氧量（mg/L）	<3	12	沉淀离子（SiO_2、Ba 等）	浓水不发生沉淀
6	悬浮固体含量（mg/L）	<0.3	13	朗格利尔指数	浓水<0.5
7	铁含量（mg/L）	<0.1			

4.6.3 反渗透

4.6.3.1 反渗透技术的历史、发展及现状

反渗透法的问世最早是在 1953 年，由美国 Reid 研究发明。1961 年，美国 Hevens 公司首先研制出管式反渗透膜组件。20 世纪 70 年代，反渗透技术开始大规模应用海水淡化处理，使其在脱盐领域占有领先地位。目前，反渗透技术在纯水及超纯水制造、中水回用、废水处理、化工分离、食品浓缩等领域都有着广泛的应用。

4.6.3.2 反渗透工艺原理

1. 反渗透的工艺原理

反渗透膜分离技术的原理通过对如下几个专业名词的解释来描述：

(1) 半透膜：只能允许溶剂分子通过，而不允许溶质的分子通过的膜称为理想半透膜。

(2) 渗透：在相同的外压下，当溶液与纯溶剂为半透膜隔开时，纯溶剂会通过半透膜使溶液变稀的现象称为渗透。

(3) 渗透平衡：渗透过程中，单位时间内溶剂分子从两个相反方向穿过半透膜的数目彼此相等，即达到渗透平衡。

(4) 渗透压：当半透膜隔开溶液与纯溶剂时，加在原溶液上使其恰好能阻止纯溶剂进入溶液的额外压力称为渗透压。通常溶液越浓，溶液的渗透压越大。

(5) 反渗透：如果加在溶液上的压力超过了渗透压，则反而使溶液中的溶剂向纯溶剂方向流动，这个过程叫做反渗透。

反渗透是利用反渗透膜选择性地只能透过溶剂（通常是水）而截留离子物质的性质，以膜两侧静压差为推动力，克服溶剂的渗透压，使溶剂通过反渗透膜而实现对液体混合物进行分离的膜过程。它的操作压差一般为 1.5～10.5MPa，截留组分的大小为 1～10Å 的小分子溶质。除此之外，还可以从液体混合物中去除其他全部的悬浮物、溶解物和胶体。

2. 反渗透工艺的技术特点

(1) 在常温不发生相变化的条件下，可以对溶质和水进行分离，适用于对热敏感物质的分离、浓缩，并且与有相变化的分离方法相比，能耗较低。

(2) 杂质去除范围广，不仅可以去除溶解的无机盐类，还可以去除各类有机物杂质。

(3) 较高的除盐率和水的回用率，可截留粒径几纳米以上的溶质。

(4) 由于只是利用压力作为膜分离的推动力，因此分离装置简单，容易操作、自控和维修。

(5) 反渗透装置要求进水达到一定的指标才能正常运行，因此原水在进入反渗透装置之前要采用一定的预处理措施。为了延长膜的使用寿命，还要定期对膜进行清洗，以清除污垢。

4.6.3.3 反渗透工艺设计、计算

1. 典型工艺流程

反渗透系统一般包括三大主要部分：预处理、反渗透装置、后处理。

与微滤和超滤过程类似，良好的预处理对反渗透装置长期稳定运行十分必要。其目的主要为：①去除悬浮固体和胶体，降低浊度；②控制微生物的生长；③抑制与控制微溶盐的沉积；④进水温度和 pH 值的调整；⑤有机物的去除；⑥金属氧化物和硅的沉淀控制；等等。

反渗透的预处理技术主要有：多介质过滤、活性炭过滤、保安过滤、微滤或超滤等。采用微滤或超滤作为预处理系统与其他方法相比更为高效。

反渗透装置本身根据原水的水质确定使用膜元件的类型，并根据对产水量和产水水质的要求，确定膜元件的数量、膜组件的排列方式和反渗透装置的回收率、脱盐率等参数。一般情况下，反渗透系统有分段式，包括一级一段式、一级多段式；有多级式，通常为二级多段式。

以污水处理厂二沉池出水作为原水的反渗透工艺为例描述反渗透工艺流程，如图4-115所示。

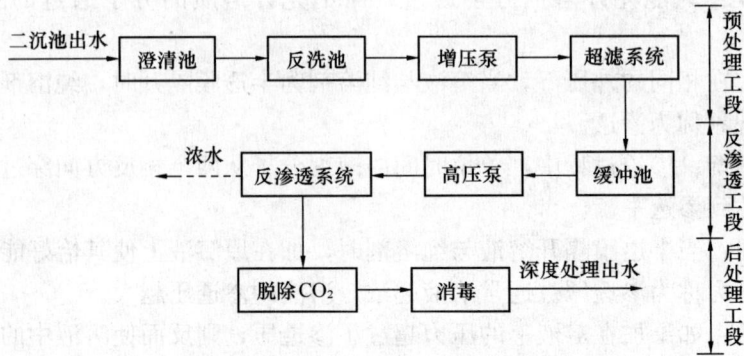

图4-115　污水处理厂反渗透深度处理工艺流程图

2. 常用计算公式

（1）给水、浓缩水和透过水的流量

$$Q_f = Q_b + Q_p \tag{4-57}$$

式中　Q_f——给水（进水）的流量，m^3/h；

　　　Q_b——浓缩水的流量，m^3/h；

　　　Q_p——透过水（产品水）的流量，m^3/h。

（2）盐透过率

$$SP = \frac{c_p}{c_f} \times 100 \tag{4-58}$$

式中　SP——盐透过率，即透过水（产品水）的含盐量与给水（进料水）的含盐量之比，%；

　　　c_p——透过水（产品水）的含盐量，mg/L；

　　　c_f——给水（进料水）的含盐量，mg/L。

（3）脱盐率或截流率

$$R = \left(1 - \frac{c_p}{c_f}\right) \times 100 \tag{4-59}$$

式中　R——脱盐率，或称截流率，%；

　　　c_p——透过水（产品水）的含盐量，mg/L；

　　　c_f——给水（进料水）的含盐量，mg/L。

（4）回收率或浓缩倍数

回收率或浓缩倍数简易计算方法如下：

$$y = \frac{Q_p}{Q_f} \times 100 \tag{4-60}$$

式中　y——透过水（产品水）的流量与给水（进料水）的流量之比（即回收率），%；

　　　Q_p——透过水（产品水）的流量，m^3/h；

Q_f——给水（进料水）的流量，m^3/h。

$$K = \frac{100 - SP \times y}{100 - y} \qquad (4\text{-}61)$$

式中　K——浓缩倍数。

当 SP 较小时，上式可简化为：

$$K = \frac{100}{100 - y} \qquad (4\text{-}62)$$

或近似为：

$$K = \frac{c_b}{c_f} \qquad (4\text{-}63)$$

式中　c_b——浓缩水的含盐量，mg/L；

　　　c_f——给水（进料水）的含盐量，mg/L。

（5）膜元件（组件）的水通量

反渗透膜的水通量是指在单位时间内、恒定压力下，在反渗透膜的单位面积上透过的水量。

膜元件（组件）的水通量 J_w $[m^3/(m^2 \cdot h)]$ 计算公式为：

$$J_w = A(\Delta p - \Delta \pi) \qquad (4\text{-}64)$$

式中　A——膜常数，$m^3/(m^2 \cdot h \cdot MPa)$；

　　　Δp——膜的进水和产水侧的压力差，MPa；

　　　$\Delta \pi$——膜的进水和产水侧的渗透压差，MPa。

产水量计算公式为：

$$Q = J_w S \qquad (4\text{-}65)$$

式中　S——膜面积，m^2。

对于一定的膜元件来说，A 为定值，因此，水通量是有效压力的函数。同时，渗透压又随溶质的种类、溶液浓度和温度而变化。

产水量随温度变化通常按下式计算：

$$Q = Q_0 \times 1.037^{T-25} \qquad (4\text{-}66)$$

式中　T——温度，$℃$，即温度每变化 $1℃$ 使产水量变化 3% 左右；

　　　Q_0——最低产水量，m^3/h。

用压力校正系数计算流量公式：

$$Q_p = Q_{30}(1 + \beta \Delta p) \qquad (4\text{-}67)$$

$$\Delta p = (p - 3.0)MPa \qquad (4\text{-}68)$$

式中　Q_p——压力为 p 时的产水流量，m^3/h；

　　　Q_{30}——标准压力（3.0MPa）时的产水流量，m^3/h；

　　　β——压力校正系数，由实验测得。

（6）按照 ASTM D4516-00 的标准，产水量的标准化

$$Q_{ps} = \frac{\left(p_{fs} - \dfrac{\Delta p_{fbs}}{2} - p_{Ps} - \pi_{fbs} + \pi_{Ps}\right) T_{CFs}}{\left(p_{fa} - \dfrac{\Delta p_{fba}}{2} - p_{Pa} - \pi_{fba} + \pi_{Pa}\right) T_{CFa}} Q_{Pa} \qquad (4\text{-}69)$$

式中　Q_{ps}——标准状态下产水流量，m^3/h；

p_{fs}——标准状态下进水压力，kPa；

$\dfrac{\Delta p_{fbs}}{2}$——标准状态下装置压力降的 $1/2$，kPa；

p_{Ps}——标准状态下产水压力，kPa；

π_{fbs}——标准状态下进水和浓缩的渗透压，kPa；

π_{Ps}——标准状态下产水的渗透压，kPa；

T_{CFs}——标准状态下温度校正系数；

Q_{pa}——实际操作状态下产水流量，m^3/h；

p_{fa}——实际操作状态下进水压力，kPa；

$\dfrac{\Delta p_{fba}}{2}$——实际操作状态下装置压力降的 $1/2$，kPa；

p_{Pa}——实际操作状态下产水压力，kPa；

π_{fba}——实际操作状态下进水和浓缩的渗透压，kPa；

π_{Pa}——实际操作状态下产水的渗透压，kPa；

T_{CFa}——实际操作状态下温度校正系数。

（7）透水量下降斜率

$$m = \log(F_t/F_0)/t \tag{4-70}$$

式中　F_t 和 F_0——分别为运装 t 小时后产水量和初始产水量，m^3/h；

t——时间，h。

m 值应该控制在 $-0.0015 \sim -0.02$ 之间。

4.6.3.4　反渗透工艺实验及生产运行

1. X 污水处理厂中水车间反渗透生产运行

反渗透膜工艺的使用目的是生产高品质回用水。设计有二级反渗透装置：一级反渗透产水达到景观环境用水的再生水水质控制指标（娱乐性景观环境用水），二级反渗透的产品水应达到生活饮用水水质卫生规范。表 4-50、表 4-51 列举了 RO 装置主要参数及产水品质。

RO 装置主要参数　　　　　　表 4-50

序号	项　目	一级 RO 装置主要参数	二级 RO 装置主要参数
1	排列方式	一级二段式，2:1 排列	一级二段式，1:1 排列
2	出　力	12.5m^3/h	10m^3/h
3	回收率	75%	80%
4	系统脱盐率	≥97%（三年）	≥90%（三年）
5	型式	卷式反渗透膜	卷式反渗透膜
6	有效膜面积	400ft^2	440ft^2
7	材料	聚酰胺复合膜	聚酰胺复合膜
8	外形尺寸	ϕ201×1016	ϕ201×1016
9	膜元件总数量	18 支	12 支

二级反渗透系统设计出水水质　　　　　　　　　　　　　　　　表 4-51

项目名称	一级 RO 产品水水质	二级 RO 产品水水质	生活饮用水水质指标
常规指标			
色	≤30 度	≤5 度，无色透明	色度不超过 15 度，并不得呈现其他异色
浊　度（NTU）	≤1	≤0.2	不超过 1
臭和味	—	无	不得有异臭、异味
肉眼可见物	—	无	不得含有
pH	6.5～8.5	6.5～8.5	6.5～8.5
总硬度（mg/L）（以 $CaCO_3$ 计）	—	≤50	450
铝（mg/L）	—	≤0.1	0.2
铁（mg/L）	—	≤0.1	0.3
锰（mg/L）	—	≤0.1	0.1
铜（mg/L）	—	≤0.2	1.0
锌（mg/L）	—	≤0.2	1.0
挥发酚类（mg/L）（以苯酚计）	—	≤0.002	0.002
阴离子合成洗涤剂（mg/L）	—	≤0.2	0.3
硫酸盐（mg/L）	—	≤50	250
氯化物（mg/L）	—	≤50	250
溶解性总固体（mg/L）		RO 总脱盐率大于 98%	1000
耗氧量（mg/L）（以 O_2 计）	2.0 以上	由用户保证	3，特殊情况下≤5
毒理学指标			
砷（mg/L）		≤0.05	0.05
铬（六价）（mg/L）		≤0.05	0.05
氰化物（mg/L）		≤0.05	0.05
氟化物（mg/L）		≤0.5	1.0
铅（mg/L）		≤0.01	0.01
汞（mg/L）		≤0.001	0.001
硝酸盐（mg/L）（以 N 计）	≤15	≤10	20
硒（mg/L）		≤0.01	0.01
四氯化碳（mg/L）		≤0.002	0.002
氯仿（mg/L）		≤0.06	0.06
细菌学指标			
细菌总数（CFU/L）		≤100	100
总大肠菌群		每 100mL 水样中不得检出	每 100mL 水样中不得检出
粪大肠菌群	每 100mL 水样中不得检出	每 100mL 水样中不得检出	每 100mL 水样中不得检出

X污水处理厂中水车间的反渗透系统采用微滤膜过滤器作为预处理。微滤系统（CMF）产水的总水量为500m³/d。由于CMF在工作过程中，会间断地进行反洗，产水并不连续；但反渗透装置需要连续工作，因此需要在CMF之后连接一集水箱。RO集水箱的水位一直保持在正常工作水位之上，以保证RO的连续运行，一级RO的设计处理水量为400m³/d，回收率为75%以上；一级RO出水直接接入二级RO高压泵，二级RO产水量为300m³/d，回收率为80%以上；多余的CMF的产水可以通过水箱溢流入清水池。

二级反渗透的浓水回流到微滤产水箱。一级反渗透浓水、反渗透化学清洗排放水以及反渗透冲洗排放水直接排放至地沟，接入用户的下水道系统。

2. B污水处理厂反渗透中试实验

反渗透中试工艺进水为B污水处理厂二沉池出水，进水采用前端超滤膜作为预处理，反渗透装置采用18支超低压节能型复合膜，此膜长度为1.0m，膜面积为85ft²，单根膜脱盐率为99.5%，安装在9支2m长的压力容器中。B污水处理厂反渗透中试系统进出水水质，见表4-52。

B污水处理厂反渗透中试系统进出水水质　　　　表4-52

	二沉池出水	预处理超滤膜出水	反渗透出水
COD_{Cr}（mg/L）	56.60	34.44	4.50
COD_{Mn}（mg/L）	14.27	9.31	—
NH_4^+-N（mg/L）	16.90	13.88	1.00
TN（mg/L）	30.23	28.22	2.54
TP（mg/L）	4.55	4.11	0.02
NO_3^--N（mg/L）	7.85	1.19	—
浊度（NTU）	7.32	0.11	0.08
TDS（mg/L）	461.21	96.10	18.29
氯化物（mg/L）	94.13	2.86	—

二级出水经过反渗透的目标水质与水质标准比较见表4-53。

二级出水进行反渗透的目标水质与水质标准比较　　　　表4-53

	二沉出水	反渗透膜出水	回用于城市杂用水 GB/T 18920—2002	回用于景观水体 GB/T 18921—2002	地表水Ⅲ类 GB 3838—2002
浊度（NTU）	4~10	未检出	5~20	5	—
SS（mg/L）	15~25	未检出	—	10~20	—
BOD_5（mg/L）	10~20	未检出	10~20	6~10	6
COD_{Cr}（mg/L）	40~60	<10	—	—	30
总氮（mg/L）	30~40	1.5~3	—	15	1.5
总磷（mg/L）	3~6	<0.04	—	0.5~1.0	0.3
铁（mg/L）	0.2~0.6	<0.1	0.3	—	0.3
氨氮（mg/L）	20~25	0.5~1.5	10~20	5	1.5
色度（度）	20~80	<2	30	30	—

注：回用水水质标准分项较多，表中只给出分项中最小值和最大值。

反渗透出水的氮类指标已经成为满足水质标准的控制因素。降低氮类相关指标仍然依靠二级生化处理也是最为有效和经济的。

二级出水经过反渗透膜过滤后，出水水质可完全满足《城市污水再生利用景观环境用水水质标准》GB/T 18921—2002。出水水质可完全满足《城市污水再生利用城市杂用水水质标准》GB/T 18920—2002。除总氮外，其余水质指标可满足《地表水环境质量标准Ⅲ类》GB 3838—2002。

通过对反渗透中试实验及实际生产工艺运行统计，按产水量 10000m³/d 计算的反渗透（采用微滤/超滤作为预处理工艺）运行费用见表 4-54。

反渗透运行费用　　　　　　　　　　　　表 4-54

项　目	吨水费用（元/m³）	项　目	吨水费用（元/m³）
电　耗	0.589	设备折旧（膜5年，其他15年）	1.048
药　剂	0.205	厂房折旧（30年）	0.016
人工（5人/班）	0.025	合　计	1.892

4.6.3.5　反渗透膜工艺运行和维护

1. 常见的故障及处理措施

反渗透系统的故障现象主要有三类：透水量减少、盐透过率增大（脱盐率下降）以及压降增大，但造成这些故障的原因很多，应尽量从这些故障现象中找出问题的实质，从而尽快实施检修和维持等对策。常见的故障分析与解决对策见表 4-55。

故障分析项目与对策　　　　　　　　　　　　表 4-55

可能之原因			现　象			确认项目	对　策
			产水量	盐透过率	压降		
膜元件	膜性能下降		增加	下降	下降	运行时间，进水温度，水质	清洗，更换
	渗漏		增加	下降	下降	振动、背压或冲击	清洗，更换
	O形环泄漏		增加	下降	下降	振动、冲击、变质、老化	O形环更换
	浓水密封圈泄漏		下降	下降	下降	变质老化、容器黏着	更换密封圈、合适尺寸
	中心管损坏		增加	下降	下降	过大的压差、高温	更换膜元件
	变形		下降	下降	增加	过大的压差、高温	更换膜元件
	膜表面污染（悬浊颗粒）		下降	下降	增加	前处理状况、原水水质	化学清洗
	膜表面污染（结垢）		下降	下降	增加	前处理状况、原水水质	化学清洗
	膜表面污染（有机物、油脂）		下降	下降	增加	前处理状况、原水水质	化学清洗
原水及前理	温度变化	高	增加	下降	下降	季节变化、泵效率	调整压力、冷却降温
		低	下降	持平	增加	季节变化、加热器	调整压力、加热器
	压力变化	高	增加	增加	下降	泵、阀门	调整压力
		低	下降	下降	增加	泵、阀门、过滤器	调整压力
	浓水量的变化	过大	持平	持平	增加	进水量、阀门	调整进水量
		过小	下降	下降	下降	进水量、阀门、压差	调整进水量

可能之原因		现象			确认项目	对策
		产水量	盐透过率	压降		
原水及前理	pH 值过高或过低（膜性能下降）	增加	下降	下降	pH 值控制	调整 pH 值
	浓度 高	<u>下降</u>	下降	下降	水质确认	调整压力
	浓度 低	<u>增加</u>	增加	增加	水质确认	调整压力
	过量的难溶性物质	下降	下降	<u>增加</u>	原水水质、回收率、pH 值	调整前处理、然后调整压力、回收率
	氧化剂（如 Cl₂、H₂O₂）的存在	<u>增加</u>	<u>增加</u>	下降	原水水质、化学药剂泵	化学药剂添加条件

注：1. 故障现象的变化过程取决于具体情况；

2. 下横线指出现的主要故障现象。

资料来源：周正立 编著，反渗透水处理应用技术及膜水处理剂，化学工业出版社，2005 年 4 月。

通过分析主要运行参数的变化及变化趋势，可以确定故障引起的原因，表 4-56 列出了从另一个角度看反渗透系统的故障原因及解决方法。

反渗透系统的故障原因及解决办法　　　　　　　　表 4-56

症状			直接原因	间接原因	解决方法
产水流量	盐透过率	压差			
下降	持平	增加	生物污垢	原水被污染；系统（如活性炭过滤器中的微生物）；系统停用；杀菌剂投加量不足	清洗、消毒；对预处理过程做调整；调整杀菌剂的使用频率及投加量
下降	持平	持平	有机污垢	给水中含油；用于预处理的阳离子凝聚	清洗膜元件；调整预处理过程
下降	增加	增加	水垢	超过了无机盐的溶解度；回收率太高；给水水质改变；超过阻垢剂的阻垢能力	垢的鉴别及清洗；加强对水垢的控制，采用阻垢能力高的阻垢剂；降低回收率
下降	增加	增加	胶体污染	原水被污染；预处理不够；混凝剂使用不当	清洗膜元件；检查预处理过程中混凝剂的种类及投加量，调整预处理的工况；加入特效阻垢剂
增加	增加	持平	薄膜氧化（前端膜元件最易受影响）	给水中存在游离氯、臭氧或其他氧化剂（在中性或碱性 pH 值下对膜的伤害最大）	通过对膜元件的解剖与分析确定是否为氧化伤害；更换膜元件

症 状			直接原因	间接原因	解决方法
产水流量	盐透过率	压差			
增加	增加	持平	薄膜渗漏	渗透液背压； 给水中存在金属氧化物或其他颗粒杂质使膜表面磨损	更换损坏的膜元件； 改善前处理，更换保安过滤器滤芯
增加	增加	持平	O形圈泄漏	安装不当； 老化或受损（水锤造成膜元件移动等）	检测具体位置； 更换O形圈
增加	增加	持平	渗透水管损坏（中央折层破裂）	启停操作不当； 水垢或污垢产生的剪切力、应力或磨损； 渗透液背压	检测具体位置； 更换膜元件
下降	下降	持平	薄膜压紧	水锤； 高温、高给水压力	调整运行工况； 更换膜元件

资料来源：周正立 编著，反渗透水处理应用技术及膜水处理剂，化学工业出版社，2005年4月。

2. 膜污染、膜劣化及膜清洗和维护

同4.6.2.5节中的描述。

4.6.4 纳滤

4.6.4.1 纳滤技术的历史、发展及现状

纳滤膜是20世纪80年代初期继典型的反渗透膜（RO）之后开发出来的，最初用于水的软化。纳滤膜的截留分子量介于反渗透膜和超滤膜之间，约为200~2000。因为其表层孔径处于纳米级范围，且在渗透过程中截留率大于90％的最小分子直径约为1nm，因此称为纳滤膜。由于纳滤膜达到同样的渗透通量所施加的压差比用RO膜低0.5~3MPa，故纳滤膜又称疏松RO膜（loose RO）、低压RO膜（low-pressure RO）。国外对纳滤技术的研究和应用较早，技术也较成熟，在脱盐、浓缩、给水排水的处理等方面得到了广泛的应用。国内对纳滤膜分离的机理和应用研究起步于20世纪80年代末，技术力量相对较弱。

目前，纳滤技术主要用于海水、苦咸水的软化脱盐，饮用水中有害物质的脱除，食品、饮料、制药行业的浓缩、脱色过程以及垃圾渗滤液的处理等。在以上领域，纳滤技术在美国、日本等国家已经得到大规模的应用推广，但在我国，将纳滤技术广泛地应用于工程实践的条件还不成熟，尚处于尝试阶段。在市政污水处理及再生水回用的实际工程中，纳滤技术的应用较少，仍处于试验研究阶段。

4.6.4.2 纳滤工艺机理

1. 纳滤工艺的基本原理

纳滤（NF）是一种相对较新的压力驱动膜分离过程，被认为是"一种介于超滤与反渗透之间的过程"。它通过膜的渗透作用，借助外界能量或化学位差的推动，对两组分或多组分液体进行分离、分级、提纯和富集。

纳滤膜的分离作用主要是由于粒径筛分和静电排斥。传统软化纳滤膜对水中无机物和有机物都具有很高的截留率，这类纳滤膜主要是通过较小的孔径来截留和筛分杂质。一些新型的纳滤膜以去除水中的有机物为主要目标，它们由荷电、亲水性较高的原材料制成，具有一定的电荷，此类纳滤膜对有机物的截留机理除了孔径筛分外，还加入了膜与有机物的电性作用，甚至以电性作用为主要的有机物截留机理。这种新型纳滤膜对无机离子的截留率较低，因此特别适用于处理硬度、碱度低而 TOC 浓度高的微污染水源水，产水不需要再矿化或稳定，就能满足优质饮用水的要求。

尽管纳滤膜的应用越来越广泛，但其分离机理及相应的数学模型还需进一步完善。在目前的研究中，适用于描述纳滤膜分离机理的理论模型主要有：溶解—扩散模型、非平衡热力学模型、电荷模型（空间电荷模型和固定电荷模型）、细孔模型、静电位阻模型等。

（1）溶解-扩散模型

溶解-扩散模型假定多孔膜可以当作非多孔的完整膜考虑。渗透物小分子在致密高聚物膜内的传递过程分为三步：渗透物小分子在进料侧膜面溶解（吸附）；在化学位梯度作用下扩散过膜；在透过侧膜面解吸。理论上可以证明，第三步的阻力可以忽略，第一步和第二步是影响传递过程的主要因素。

Wijmans 等人认为当膜的孔径很小时，其传质机理为处于孔流机理和溶解-扩散之间的过渡态，因为孔流和溶解-扩散机理的区别就在于传质通道（孔）存在的持续时间。存在于溶解-扩散膜中的传质通道是随着构成膜的高分子链间的自由体积波动的出现而出现的，渗透物就是通过由此产生的通道而扩散透过膜。在孔流膜中，"自由体积"形成的孔相对固定，位置和通道的大小都不会有大的波动。所以"自由体积"越大（即孔越大），孔所持续的时间越长，膜的性质表现为孔流的特性。将传质通道的位置和大小不会发生改变的叫做永久孔，而膜中的传质通道为非固定的叫暂时孔。超滤膜中的孔是永久性的，而反渗透中的"孔"是暂时性的。初步估计，永久孔与短暂存在孔的过渡态的孔径为 $0.5\sim10nm$，也就是纳滤膜的孔径范围。

（2）非平衡热力学模型

纳滤膜分离过程与微滤、超滤、反渗透等膜分离过程一样，是一个不可逆过程，膜内传递现象可以用非平衡热力学模型来表征。该模型把膜当作一个"黑匣子"，以压力差为驱动力，产生流体及离子流动。推动力和流动之间的关系可用现象论方程式表示。如膜的溶剂透过通量 J_v(m/s) 和溶质透过通量 J_s(mol/m² · s) 可以分别用下列方程式表示：

$$J_v = L_p(\Delta P - \sigma \Delta \pi) \tag{4-71}$$

$$J_s = \bar{c}(1-\sigma)J_v + P(c_m - c_p) \tag{4-72}$$

式中，σ、P(m/s) 及 L_p(m/s · Pa) 都是膜的特征参数，分别被称为膜的反射系数、溶质透过率及纯水透过系数。ΔP(Pa) 和 $\Delta \pi$(Pa) 是膜两侧的操作压力差和溶质渗透压力差；$\bar{c}$(mol/m³) 是溶质在膜两侧的对数平均浓度；c_m(mol/m³) 是浓缩液侧膜表面处的溶质浓度；c_p(mol/m³) 是透过液中溶质的浓度。

将公式（4-72）变形可得：

$$J_s = -P' \frac{dc}{dx} + (1-\sigma)J_v\bar{c} \tag{4-73}$$

其中 P' 是局部溶质渗透率，定义为 $P' = P \cdot \Delta x$。

将上述微分方程沿膜厚方向积分可以得到膜的截留率 R：

$$R = 1 - \frac{c_p}{c_m} = \frac{\sigma(1-F)}{(1-F\sigma)} \tag{4-74}$$

式中，$F = \exp\left[-J_v\left(1-\sigma\right)/P\right]$。从式（4-74）不难推出，膜的反射系数相当于溶剂透过通量无限大时的最大截留率。膜特征参数可以通过实验数据进行关联而求得，比如根据式（4-71）由纯水透过实验数据可以确定膜的纯水透过系数，根据式（4-74）对某组分的膜截留率随膜的溶剂透过通量的实验数据进行关联可以确定膜的反射系数和溶质透过系数。如果已知膜的结构及其特性，上述膜特征参数则可以根据某些数学模型来确定，从而无需进行实验即可表征膜的传递分离机理，这些数学模型有空间电荷模型、固定电荷模型和细孔模型等。

（3）电荷模型

空间电荷模型（SC 模型）是表征膜对电解质及离子的截留性能的理想模型。模型假设膜由孔径均一而且其壁面上电荷均匀分布的微孔组成。该模型的基本方程有描述体积透过通量的 Navier-Stokes 方程、描述离子传递的 Nernst-Plank 方程及描述离子浓度和电位关系的 Poisson-Boltzmann 方程等。

固定电荷模型（TMS 模型）假设膜是均质无孔的，膜中固定电荷的分布是均匀的，不考虑孔径等结构参数，认为离子浓度和电势能在传质方向具有一定的梯度。该模型其实是 SC 模型的简化形式。固定电荷模型可以用于表征离子交换膜、荷电型反渗透膜和超滤膜内的传递现象，描述膜浓差电位、膜的溶剂及电解质渗透速率及其截留特性。当膜的孔径较大时，固定电荷、离子浓度以及电位均匀分布的假设不能成立，因而固定电荷模型的应用受到一定限制。

王晓琳等人根据浓差极化模型和非平衡热力学模型，对几种商品化的纳滤膜在不同浓度电解质溶液体系的透过实验数据进行回归计算，求得膜的反射系数和溶质透过系数，再根据固定电荷模型从膜的反射系数估算这些纳滤膜的有效电荷密度并对其进行了电解质浓度的经验关联。结果表明了固定电荷模型适用于纳滤膜的带电特性评价。

（4）细孔模型

细孔模型（thePoreModel）基于著名的 Stokes-Maxwell 摩擦模型。Pappenheimer 等人在基于膜内扩散过程的溶质通量计算方程中引入立体阻碍影响因素。Renkin 等人认为通过膜的微孔内的溶质传递包含扩散流动和对流流动等两种类型，并相应地建立了经典统计力学方程。后来一些学者在对上述方程进行改进时，考虑了溶质的空间位阻效应和溶质与孔壁之间的相互作用。

王晓琳等人根据浓差极化模型和非平衡热力学模型，对不同品牌的纳滤膜在给定中性溶质体系中的透过实验数据进行回归计算，求得膜的反射系数和溶质透过系数，再根据细孔模型估算纳滤膜的孔结构参数，结果表明了细孔模型适用于纳滤膜的结构评价。

（5）静电位阻模型

在前人的研究基础上，王晓琳等人将细孔模型和固定电荷模型结合起来，建立了静电排斥和立体阻碍模型，又可简称为静电位阻模型。静电位阻模型假定膜分离层由孔径均一、表面电荷分布均匀的微孔构成，其结构参数包括孔径 r_p、开孔率 A_k、孔道长度即膜分离层厚度 Δx，电荷特性参数则表示为膜的体积电荷密度 X（或膜的孔壁表面电荷密度

为 q）。根据上述膜的结构参数和电荷特性参数，对于已知的分离体系，就可以运用静电位阻模型预测各种溶质（中性分子、离子）通过膜的传递分离特性（如膜的特征参数）。为了验证静电位阻模型，王晓琳等人选择几种有机电解质作为示踪剂加入到氯化钠溶液中，进行了数种品牌纳滤膜的透过实验。实验数据结果与模型预测结果比较一致，因此静电位阻模型可以较好地描述纳滤膜的分离机理。

Bowen 等人也提出了一个与上述模型类似的杂化模型（Hybridmodel），后来又被称之为道南-立体细孔模型（Donnan-stericporemodel）。该模型建立在 Nernst-Planck 扩展方程之上，用于表征两组分及三组分的电解质溶液的传递现象。在模型解析中认为膜是均相同质而且无孔的，但是离子在极细微的膜孔隙中的扩散和对流传递过程中会受到空间位阻作用的影响。该模型假定的膜的结构参数和电荷特性参数与王晓琳等提出的静电排斥和立体阻碍模型所假定的模型参数完全相同。该模型用于预测硫酸钠和氯化钠的纳滤过程的分离性能，与实验结果较为吻合，因而可以认为该模型也是了解纳滤膜分离机理的一个途径。

2. 纳滤工艺的技术特点

大多数纳滤膜是聚合物的多层薄膜复合体，且常为不对称结构，含有一个较厚的支撑层（$100 \sim 300 \mu m$），以提供孔状支撑；支撑层上有一层薄的表皮层（$0.05 \sim 0.3 \mu m$）。这层薄表皮层主要起分离作用，也是水流通过的主要阻力层。该表皮层为活性膜层，通常含有荷负电的化学基团。从纳滤膜表皮层的组成可分为以下几类：芳香聚酰胺复合纳滤膜、聚哌嗪酰胺复合纳滤膜、磺化聚（醚）砜复合纳滤膜、混合型复合纳滤膜。纳滤膜在制造过程中常常让其带上电荷，因此根据纳滤膜的荷电情况，又可将其分成 3 类：荷负电膜、荷正电膜、双极膜。其中，荷负电膜应用较为广泛，通常由含有磺酸基（$-SO_3H$）或羧基（$-COOH$）的聚合物材料或在聚合物膜上引入荷负电基团制成，可选择性地分离多价阴离子，对阴离子具有较为理想的截留率。

综上所述，典型的纳滤工艺具有以下两个显著特征：一是对硫酸根（SO_4^{2-}）和磷酸根（PO_4^{3-}）等多价阴离子的截留率几乎达到 100%，对氯化钠（NaCl）的截留率大约在 $0 \sim 70\%$ 之间变化；二是对可溶有机物的截留率可能受到这些物质分子大小、形状、极性、电性等情况的综合影响。

纳滤工艺与反渗透工艺同为压力驱动的膜分离过程，但二者在操作条件和处理效果上有所不同：

（1）纳滤分离膜是选择性透过分离膜，可以部分透过基本无害的氯化钠和碳酸氢根，脱除大部分有机物，同时完全脱除毒性重金属及较为有害的硫酸盐；相比之下，反渗透倾向于脱除水中的全部溶解性物质。

（2）纳滤膜的优点是运行压力低（节能），具有更强的抗污染能力，耐清洗，系统回收率高（浓缩液体积小），运行维护简单且费用低，膜的工作寿命长；缺点是不能完全脱除有机物，产水含盐量较高。

（3）反渗透产水水质更好，缺点是运行压力高、易污染、易结垢、清洗频繁、膜寿命短、回收率低（浓缩液体积大）。

表 4-57 比较了反渗透膜、纳滤膜和超滤膜对几种盐及污染物的截留率。可直观看出，纳滤膜对盐的截留性能主要是由离子与膜之间的静电作用所贡献的，而对中性不带电荷的物质的截留则是根据膜的筛分效应。

反渗透膜、纳滤膜和超滤膜对几种盐及污染物的截留率　　　表 4-57

种类	RO	NF	UF	种类	RO	NF	UF
氯化钠	99%	0～70%	0	盐酸	90%	0～5%	0
硫酸钠	99%	99%	0	腐殖酸	>99%	>99%	30%
氯化钙	99%	0～90%	0	蛋白质	99.99%	99.99%	99%
硫酸镁	>99%	>99%	0	病毒	99.99%	99.99%	99%
硫酸	98%	0～5%	0	细菌	99.99%	99.99%	99%

4.6.4.3　纳滤工艺设计和计算

与反渗透系统类似，采用纳滤工艺进行污水深度处理一般包括三大主要部分：预处理、纳滤装置、后处理。

与反渗透膜的性能评价及测定方法相似，纳滤膜分离性能主要由截留率和透过通量来表征。

截留率 R 反映某种污染物被纳滤膜截留的百分数，由式（4-75）计算：

$$R = \left(1 - \frac{C_p}{C_r}\right) \times 100\% \tag{4-75}$$

式中 C_p 和 C_r 分别为透过液和浓缩液中污染物的浓度，mg/L。

通量 J 定义为单位时间内通过膜单位面积的溶液的量，单位为 kg/（m² · h）或 L/（m² · h）。一般情况下，我们希望用于实际生产的纳滤膜同时具有高的污染物截留率和高的水通量。在达到所需要的截留率之后，膜的透过通量越大越好，因为它将增加膜的处理能力，使运行成本降低。

纳滤膜的截留率和通量可通过透过试验来得到。试验装置如图 4-116 所示。试验过程一般控制在 25℃，高压泵将水

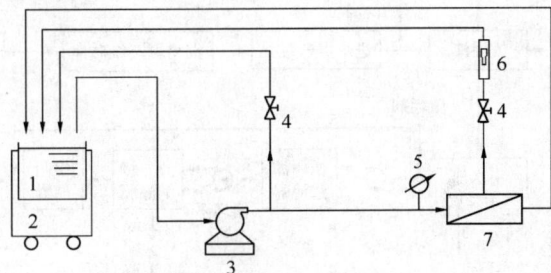

图 4-116　截留率和通量试验装置图
1—料液桶；2—恒温水浴；3—高压泵；4—阀门；5—压力表；
6—转子流量计；7—纳滤膜组件

样输送到纳滤膜组件，纳滤膜的透过液和浓缩液均返回到料液桶以维持水样浓度的恒定，试验压力和流量通过阀门调节。

在试验中测定透过液的体积或质量，就可以得到纯水透过通量或溶液透过通量，计算公式为式（4-76）。

$$J = \frac{V}{At} \tag{4-76}$$

式中　J——膜通量；

　　　V——透过液的体积；

　　　A——膜的有效面积；

　　　t——操作时间。

污染物的截留率可通过分别测定透过液和浓缩液中相应污染物浓度，用式（4-76）计

算得出。

4.6.4.4 纳滤工艺试验及生产运行

厦门某污水处理站采用纳滤膜工艺进行污水处理中试试验，工艺流程见图4-117。

在粗格栅、细格栅、沉砂池、污水提升泵井、气浮池等组成的污水一级处理单元之后，设置1套微滤过滤器作为纳滤膜的保安过滤器，滤网孔径为$10\mu m$，以泵作为推动力，完成污水的过滤过程，此过程为连续过滤。同时根据压力差控制反冲洗，反冲洗则以系统内压力和外界大气压之间的压力差作为驱动力。

纳滤膜工艺采用卷式膜组件。由于纳滤膜对单价离子截留率低，纳滤膜透过液中的氨氮浓度依然较高，故采用斜发沸石床以进一步去除污水中的氨氮。

污水经纳滤膜系统过滤后形成的浓缩液含有污水中的绝大部分污染物质，达到设计浓缩倍数前，浓缩液将返回集水池循环处理，待污水中的COD浓缩至15～20倍，即排入水解池和兼氧池，进行水解、曝气生物处理，尾水达到排放标准后排放。

根据纳滤膜的性能，其去除细菌与病毒的效率在99%～100%之间，因此纳滤工艺出水几乎不含细菌和病毒，但为了防止再生水管道中细菌、病毒的繁殖，应考虑加氯消毒，使其含有0.1～0.2mg/L游离余氯。

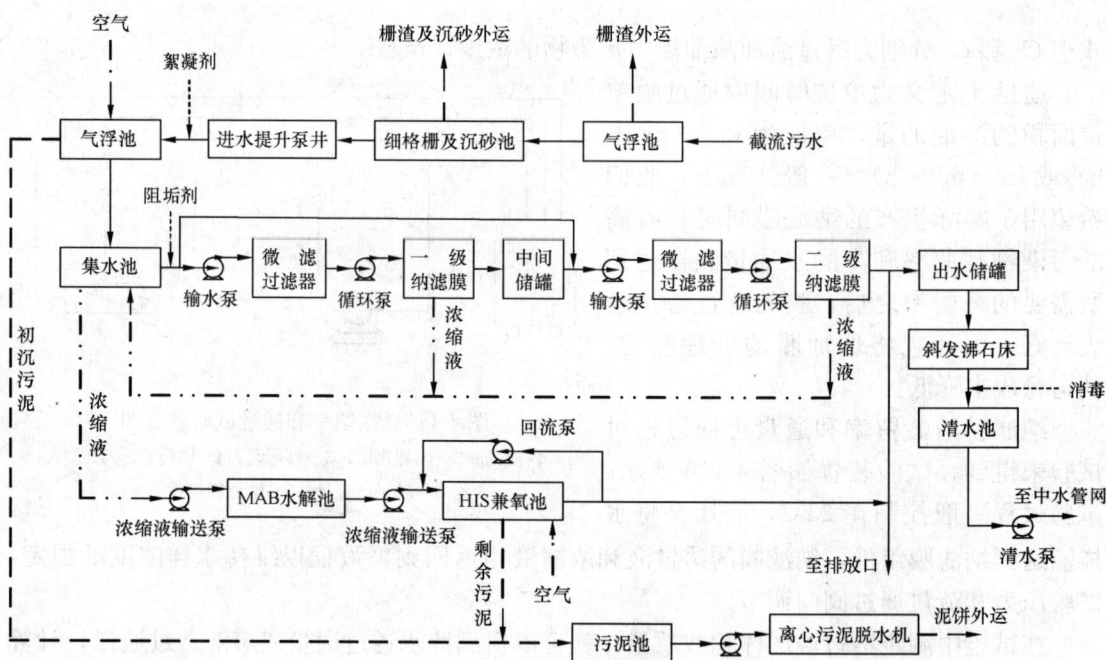

图4-117 厦门某污水处理站工艺流程图

该工程通过中试所取得的各主要设施出水水质指标详见表4-58。

各主要处理设施出水水质指标   表4-58

水质指标	原污水	气浮池后	微滤过滤器后	纳滤膜后	斜发沸石床后
COD（mg/L）	300	187	180	10	10
BOD（mg/L）	150	105	103	3	3

水质指标	原污水	气浮池后	微滤过滤器后	纳滤膜后	斜发沸石床后
SS（mg/L）	200	43	10	1	1
NH₃-N（mg/L）	40	38	35	20	10
TP（mg/L）	3.9	0.56	0.54	0	0
浊度（NTU）	—	—	5	1	1
SDI	—	—	4		

从表 4-58 中可以看出，该工艺出水的关键指标基本可以满足《城市污水再生利用景观环境用水水质》GB/T 18921—2002 和《城市污水再生利用城市杂用水水质》GB/T 18920—2002 的要求。

根据估算，该污水处理站纳滤膜的使用寿命约为 2 年，污水处理站运行成本约 3 元/m³。

目前，在市政污水深度处理回用领域，纳滤工艺还未实现大规模生产应用。这与纳滤膜本身的特点有关。纳滤膜对二价离子、功能性糖、小分子色素、多肽等物质的截留性能高于 98%，而对于一些单价离子、小分子酸、碱、醇等有一定的透过性能。与反渗透工艺相比，纳滤虽然由于操作压力低可节省运行费用，但出水水质不如反渗透膜出水，尤其是 COD、BOD₅ 等有机污染物指标，纳滤膜去除率与反渗透膜去除率相比有较大差距。对于对再生水水质要求很高的场合，如对脱盐要求很高或要求出水水质达到《地表水环境质量标准》GB 3838—2002 中的Ⅳ类甚至Ⅲ类标准时，单纯采用纳滤工艺实现目标较为困难，须结合反渗透工艺加以解决。

4.6.5 膜生物反应器工艺

4.6.5.1 工艺历史发展

1. 膜生物反应器的研究进展

膜生物反应器（Membrane Bioreactor，MBR）工艺是集合了传统污水处理技术与膜过滤技术的新型污水处理工艺，它是利用高效分离膜组件取代二沉池，与生物处理中的生物单元组合形成的一套有机水净化再生技术。

（1）MBR 工艺在国外的研究状况

MBR 工艺的研究始于 20 世纪 60 年代末，距今已经有 40 年的历史。1969 年，Smith 等人第一次报道了把活性污泥法和超滤工艺结合起来，用于处理城市污水。1970 年，Hardt 等人采用终端过滤方式的超滤膜与好氧反应器组合处理人工配制的污水，获得了 COD 去除率达 98% 的处理效果，污泥浓度与传统活性污泥法相比，有大幅度增加。美国的 Dorr-Oliver 公司在 20 世纪 60 年代也开始了 MBR 的研究，开发了污水处理系统 MST（Membrane Sewage Treatment）。这一时期，研究的重点在于开发适合高浓度活性污泥的膜分离装置。但由于受当时的膜生产技术所限，膜的使用寿命短、通量小，加之当时对处理排放出水水质要求不严，使这项技术在相当长一段时间仅停留在实验室研究规模，未能投入实际应用。

20 世纪 70 年代后，日本由于污水再生利用的需要，MBR 的研究工作有了较快的进展，使 MBR 工艺走向了实际应用。进入 80 年代以后，随着制膜技术的发展、膜工艺的完善、膜清洗去除污染方法的改进以及污水处理厂对出水水质要求的提高，MBR 工艺在污水处理行业得到广泛应用。自 1983 年到 1987 年，日本有 13 家公司使用好氧膜—生物反应器处理楼房建筑内的污水，处理后水作为回用水再利用。1985 年日本建设省牵头组织了"水综合再生利用系统 90 年代计划"，其内容涉及新型膜材料的开发、膜分离装置的构造设计和 MBR 系统的研究。通过产、学、研的结合，把 MBR 的研究在处理对象、规模和深度上都大大推进了一步。Kubota 公司作为其中的参与者之一，成功开发了平板式膜组件，应用于浸没式 MBR。三井石化公司用 MBR 工艺处理粪便废水，取得了前所未有的良好处理效果。到 1993 年为止，在日本已经有 39 套外置式 MBR 系统应用于家庭污水处理与回用，以及食品行业等工业领域。

另一方面，加拿大 Zenon 公司推出了分置式 MBR，用于生活污水的好氧处理。从 20 世纪 80 年代后期到 90 年代初，Zenon 公司开发了用于处理工业废水的系统，并获得了成功。Zenon 公司的商业化产品 ZenoGem 于 1982 年投入使用。

在 80 年代初，膜技术与厌氧反应器组合使用也受到了关注。1982 年，Dorr-Oliver 公司开发出了用于处理高浓度有机工业废水的 MARS 工艺（Membrane Anaerobic Reactor System）。同时，在英国也开发了类似的工艺。该工艺在南非进一步发展成为 ADUF 工艺（Anaerobic Digester Ultrafiltration Process）。

20 世纪 80 年代末以后，国际上对 MBR 的研究持续升温，研究内容更加全面，深度和广度不断加强。在传统分置式 MBR 的基础上，提出了运行能耗低、占地更为紧凑的一体式 MBR。1988 年日本东京大学的山本等人进行了一体式中空纤维 MBR 的研究，其能耗低于一般分置式 MBR，在有机负荷为 1.5kg COD/（$m^3 \cdot d$）的条件下，HRT 为 4h，稳定运行 120d 后，其 COD 去除效率大于 95%，60% 的氮可通过间歇曝气去除。该试验使一体式 MBR 的巨大节能特性受到了广泛关注，并且成为一体式 MBR 的应用的开端。

另外，有关 MBR 运行条件的优化和膜污染机理及其控制对策方面的研究也十分活跃。1991 年 S. Chaize 等人研究了 MBR 处理生活污水时，稳态条件下的污泥产量和 MLSS，并探讨了 SRT、HRT 对 MBR 的影响。1992 年，V. L. Pillay 等人对膜过滤凝胶层的形成过程、影响因素等进行了研究。1993 年德国 Kh. Kranch 等人进行了好氧活性污泥法反应器和超滤膜构成的 MBR 的研究，Chiemchaisri 等人研究了中空纤维 MBR 处理生活废水时有机物的稳定化和氮的去除效果。结果表明，在膜装置的分离区安装射流曝气后，膜表面获得了高紊流条件，膜连续抽吸出水运行了 330d，出水平均 COD 在连续和间歇曝气条件下分别为 20.8mg/L 和 16.5mg/L，总氮的去除率在间歇曝气 DO 为 1～2mg/L 时为 80% 以上，出水总氮平均为 4.9mg/L，若 DO 上升到 4～5mg/L，氨氮去除效果可进一步得到提高，总氮的去除率则上升到 90% 以上，并且对膜生物反应器中硝化菌特性进行了研究。1994 年 H. Harada 等人对 MBR 研究后得出，决定膜表面凝胶层的主要因素是溶解性有机物。Boran. Zhang 等人对 MBR 与传统活性污泥工艺在微生物种群、细菌活性的对比方面进行了研究。这些研究都为 MBR 的推广应用奠定了基础。

（2）MBR 工艺在我国的研究状况

我国对 MBR 的研究起步较晚，始于 20 世纪 90 年代初，但发展迅速。最早开始研究的有清华大学、中国科学院生态环境研究中心、天津大学、同济大学等研究机构，详见表 4-59。1991 年，岑运华对 MBR 在日本的应用进行了综述研究，这是我国学者对 MBR 较早的报道。

我国 MBR 研究现状　　　　　　　　　　　　　　　　　　　表 4-59

科研单位	反应器种类	废水类型
清华大学	分离式（无机膜）抽吸淹没式	生活污水，洗浴废水，医院废水
同济大学	分离式	高浓度有机废水
中国科学院生态环境研究中心	分离式	印染废水，石化废水
哈尔滨工业大学	重力淹没式	生活污水
天津大学	重力淹没式	生活污水
其他高校及科研单位	分离式、抽吸淹没式	生活污水，啤酒废水，港口废水等

　　我国对 MBR 的研究大致可分为几个方面：①探索不同生物处理工艺与膜分离单元的组合形式；②影响处理效果与膜污染的因素、机理及数学模型的研究，探求合适的操作条件与工艺参数，尽可能减轻膜污染，提高膜组件的处理能力和运行稳定性；③扩大 MBR 的应用范围，MBR 的研究对象从生活污水扩展到高浓度有机废水（食品废水、啤酒废水）与难降解工业废水（石化废水、印染废水等），但以生活污水的处理为主。

　　从 1993 年开始，我国的多位研究学者都通过试验证明了 MBR 工艺用于处理生活污水并进行回用在技术和经济上都是可行的。1993 年，上海华东理工大学环境工程研究所进行了 MBR 处理人工合成污水和制药废水的可行性研究。同年，清华大学的刘正雄开始了平板式 MBR 的研究。1995 年，樊耀波将 MBR 用于石油化工废水处理的研究，研制出一套实验室规模的好氧分离式 MBR。1996 年，清华大学的汪诚文等人进行了一体式厌氧 MBR 与好氧 MBR 的对比研究，试验中采用孔径为 $0.1\mu m$ 的聚乙烯中空纤维膜组件，好氧 MBR 运行了 3 个多月，生物反应器 MLSS 在 $6\sim13g/L$ 之间，污泥负荷为 0.043kgCOD/（kgMLSS·d），出水 COD 小于 10mg/L，出水氨氮浓度为 1mg/L 以下。在厌氧 MBR 的试验中，除氨氮浓度高于好氧 MBR 外，其余水质指标与好氧 MBR 非常接近，但能耗却低得多。1997～1999 年王宝贞等人进行了 MBR 去除饮用水中硝酸盐氮和处理生活污水的研究。1999 年，顾平等人采用一体式 MBR 对生活污水进行了处理试验，试验采用孔径为 $0.2\mu m$ 的中空纤维膜，膜面积为 $13.9m^2$，实验结果表明，该系统运行稳定，出水中几乎无悬浮物和浊度，对有机物和含氮化合物的去除效率很高。同年，同济大学李红兵等人对中空纤维 MBR 处理生活污水的特性进行了研究，研究结果表明：在 HRT 为 1.5h、COD 容积负荷为 5.76kgCOD/（m^3·d）的条件下，均可实现 90% 以上的 COD 去除率；对 NH_4^+-N 的去除率可稳定在 90% 以上，高 MLSS 浓度（$8\sim10g/L$）提供了内部厌氧环境，使 MBR 的 TN 去除率可达 50%～60%，其生物反应器体积比常规生物处理方法至少可减少一半。李红兵等人利用中空纤维膜对单独净化槽直接进行改造，并对单独净化槽和用中空纤维膜改造后的单独净化槽处理生活污水效果进行了研究。结果表明：单独净化槽对 COD 的去除效率在 80% 左右，对 NH_4^+-N 的去除率大约在 50%～60%。加膜改造后装置对 COD 的去除效果可达 90% 左右或更高，并且可实现 90% 以上的 NH_4^+-N 去除效果。膜对有机颗粒与分子的拦截作用使改造后装置出水 COD 指标不受冲击负荷的影响，但 NH_4^+-N 由于需较长的反应时间且无法被膜拦截，出水 NH_4^+-N 受冲击负荷影响明显。2001 年王锦等人进行了膜的污染及其控制方法的实验研究。2002 年郑祥等人进行了 MBR 处理效果及膜通量的因素的实验研究。1999～2001 年，桂萍等人分析了一体式 MBR 抽、停时间和曝气量等运行条件对膜过滤特性的影响，刘锐、黄霞等人进行了一体式 MBR 水动力学特性、膜污染控制及处理生活污水、洗浴污水的实验研究。

由于 MBR 技术所具有的巨大吸引力和潜在的应用前景，受到了更多研究者的青睐。从国内专业杂志发表的论文篇数来看，1998 年前有关 MBR 的文章很少，只有 9 篇，但从 1999 年开始有关 MBR 的文章数量大幅上升，仅 1999 年至 2001 年这 3 年间就有 100 多篇相关文献报道。许多大学、研究所、环保公司也加入到了此项技术的研究开发中。目前国内从事 MBR 技术开发应用的公司也有十余家。另外，MBR 技术也引起了我国政府的高度重视，1995 年，国家科委资助天津大学进行了膜生物反应器技术的开发研究，2002 年，"膜生物反应器技术研究"课题被列入了我国"863"计划。

2. MBR 工艺的应用现状

目前，全世界投入运行或在建的 MBR 系统已超过 2500 套。应用 MBR 技术的工程在全球正以超过 10% 的年增长率迅猛增加，而在我国的工程应用更是以接近 100% 的速率增加，已投入运行的规模最大的 MBR 污水处理工程是位于我国北京市的北小河污水处理厂（图 4-118），设计平均流量为 $6.0 \times 10^4 \mathrm{m}^3/\mathrm{d}$（峰值流量为 $7.8 \times 10^4 \mathrm{m}^3/\mathrm{d}$），在建规模最大的是阿拉伯迪拜朱美拉（Jumeirah）的 MBR 工程，设计流量为 $22 \times 10^4 \mathrm{m}^3/\mathrm{d}$。截至 2006 年 2 月，全球 MBR 的商业市场已达到 2.166 亿美元，预计到 2010 年，全球 MBR 市场将达到 3.63 亿美元。

图 4-118 北小河污水处理厂 MBR 工程

（1）MBR 在国外的应用现状

在欧洲，2002 年包括工业和城市污水处理的 MBR 市场规模为 3280 万欧元，2004 年则已达到了 5700 万欧元，在未来 7 年中，欧洲的 MBR 市场规模将增长一倍以上。美国和加拿大的 MBR 市场在下一个 10 年里也会持续增长，2004～2006 年间，美国 MBR 市场的发展速度明显高于其他水工业处理系统。MBR 在东亚地区也拥有广阔的市场，截至 2005 年，韩国已经有 1400 多个 MBR 处理装置开始运行。MBR 工艺在国外部分城市污水处理中的应用情况见表 4-60。

MBR 工艺在国外部分城市污水处理中的应用情况（规模＞10000m³/d）　　表 4-60

项目名称	规模（m³/d）	工艺类型	膜供应商	运行时间
英国 Swanage 污水处理厂	12700	浸没式	Kubota	2000 年
美国 Delphos 污水处理厂	23000	浸没式	Kubota	
迪拜 EMAAR 污水处理厂	10000	浸没式	Kubota	2006 年
迪拜 P. Jumeirah 污水处理厂	18000	浸没式	Kubota	2006 年
荷兰 Varsseveld 污水处理厂	18000	浸没式	Zenon	2004 年
德国 Nordkanal 污水处理厂	旱季：24000 雨季：45000	浸没式	Zenon	2004 年

项目名称	规模（m³/d）	工艺类型	膜供应商	运行时间
意大利 Brescia 污水处理厂	42000	浸没式	Zenon	2002 年
德国 Kaarst 污水处理厂	45000	浸没式	Zenon	2004 年
美国 Brightwater 污水处理厂	平均：11700 峰值：14400	浸没式	Zenon	2010 年
美国 Georgia 污水处理厂	56800	浸没式	Zenon	2005 年
美国 Michigan 污水处理厂	64000	浸没式	Zenon	2004 年
美国 Califomia 污水处理厂	14000	浸没式	Zenon	2002 年

1996 年，采用 MBR 工艺处理城市污水在欧洲开始启动。1998 年，英国 Porlock 污水处理厂投入运行，这是欧洲第一座 MBR 城市污水处理厂。1999 年，MBR 工艺开始在德国的生活污水处理中进行应用，相继建成了 6 座大型的 MBR 污水处理工程。2004 年，德国的 Nordkanal 污水处理厂投入运行，成为当时世界上运行的最大的 MBR 污水处理厂，该厂设计平均流量为 $4.5 \times 10^4 \mathrm{m}^3/\mathrm{d}$（峰值流量为 $5.0 \times 10^4 \mathrm{m}^3/\mathrm{d}$）。荷兰在取得处理规模为 $240 \mathrm{m}^3/\mathrm{d}$ 的 MBR 中试后，建造了规模为 $1.8 \times 10^4 \mathrm{m}^3/\mathrm{d}$ 的 Varsseveld 污水处理厂。截至 2006 年，欧洲已经有 100 多座服务人口大于 500 人的 MBR 城市污水处理厂投入运行。

在北美地区，20 世纪 90 年代中后期，浸没式中空纤维膜组件的开发，大大降低了 MBR 工艺的能耗，从而使 MBR 工艺在北美的城市污水处理中迅速地发展起来。截至 2005 年，北美地区已有 219 个 MBR 城市污水处理工程，其中 17 个处理规模大于 $1.0 \times 10^4 \mathrm{m}^3/\mathrm{d}$。目前，位于美国 Washington 地区的 Brightwater 污水处理厂正在建设，处理能力可达 $14.4 \times 10^4 \mathrm{m}^3/\mathrm{d}$，2010 年投入使用。

在日本，自 20 世纪 80 年代以来，开始应用 MBR 工艺处理污水，截至 2003 年，已建成了几百套 MBR 工艺处理设施，占全球 MBR 工程的 66%。另外，日本也是膜材料的重要生产国之一，Kubota 公司的平板浸没式膜系统、MitsubishiRayon 公司的浸没式中空纤维膜系统等都是世界范围内应用广泛的 MBR 系统。欧洲的第一座 MBR 城市污水处理厂——英国 Porlock 污水处理厂采用的就是 Kubota 公司的平板浸没式 MBR 系统。

（2）MBR 在国内的应用现状

我国对 MBR 工艺的应用较其他国家要晚，但发展速度十分迅猛。北京密云污水处理厂再生水厂（$4.5 \times 10^4 \mathrm{m}^3/\mathrm{d}$）、无锡梅村污水处理厂（一期 $3.0 \times 10^4 \mathrm{m}^3/\mathrm{d}$，远期 $10 \times 10^4 \mathrm{m}^3/\mathrm{d}$）、北京北小河污水处理厂二期工程（$6.0 \times 10^4 \mathrm{m}^3/\mathrm{d}$）等大型的 MBR 城市污水处理工程都相继投入运行。特别是北京北小河污水处理厂二期工程，作为目前世界上已经运行的处理城市污水最大的 MBR 工程，是根据"北京市政府在《2008 年奥运会申办报告》中的承诺：北京市到 2008 年的污水回用率将达到 50%"的背景下建设的，承担着保障奥运的任务，自 2008 年 6 月运行以来，运行稳定，出水水质达到《城市污水再生利用城市杂用水水质标准》GB/T 18920—2002。另外，北京市市政府在 2008 年提出了，在两到五年的时间里，对北京市污水处理厂进行全面的升级改造，使处理厂的处理水达到地表水Ⅳ类的标准。根据这一要求，北小河污水处理厂一期改造工程（$4.0 \times 10^4 \mathrm{m}^3/\mathrm{d}$）、清河污水处理厂三期工程（$15 \times 10^4 \mathrm{m}^3/\mathrm{d}$）将采用 MBR 工艺，并相继开工建设。表 4-61 为 MBR

工艺在我国的应用情况介绍。

MBR 工艺在国内部分城市污水处理中的应用情况（规模＞10000m³/d）　　表 4-61

项目名称	规模（m³/d）	工艺类型	膜供应商	运行时间
北京密云污水处理厂	45000	浸没式	Mitsubishi Rayon	2006 年
北京北小河污水处理厂	60000	浸没式	Memcor	2008 年
无锡梅村污水处理厂	30000	浸没式	Zenon	2008 年
北京北小河污水处理厂一期改造工程	40000	浸没式	碧水源	2009 年
无锡城北污水处理厂四期工程	50000	浸没式	碧水源	2009 年
北京清河污水处理厂三期工程	150000	浸没式	碧水源	2010 年

　　根据中国膜工业协会的统计报告显示，2004 年，我国 MBR 技术项目（几乎为中小项目）的市场份额约为 4000 万元人民币；2005 年 MBR 技术项目（个别大型项目，其他几乎为中小项目）的市场份额约为 2.7 亿元人民币；2006 年 MBR 技术项目（大中小项目）的市场份额约为 4.5 亿元人民币；2007 年约为 9 亿元人民币（大项目为主）。可以看出，中国的 MBR 技术市场是世界增长最快的领域和地区之一。图 4-119 为我国 MBR 工艺应用的市场增长情况。

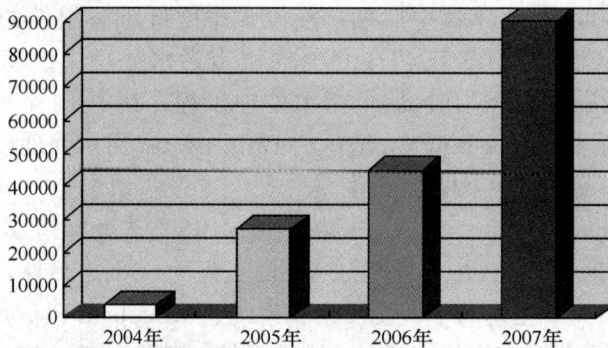

图 4-119　我国 MBR 市场情况

4.6.5.2　MBR 工艺的组成及特点

1. MBR 的组成

MBR 工艺主要由膜分离装置及生物反应器两部分组成。通常提到的 MBR 有三种形式，分别为：①膜—曝气生物反应器（Membrane Aeration Bioreactor，MABR）；②萃取膜生物反应器（Extractive Membrane Bioreactor，EMBR）；③膜分离生物反应器（Biomass Separation Membrane Bioreactor，BSMBR，简称 MBR）。前两种膜生物反应器的类型，目前还处于实验室研究阶段，没有实现工程应用，所以，本书不作具体介绍。膜分离生物反应器是应用最广泛的膜生物反应器，通常所说的 MBR 就是指的该类型反应器，也称为固—液分离膜生物反应器，该类型膜生物反应器是用膜组件来代替传统活性污泥法中的二沉池，进行固液分离。

　　在传统的污水处理工艺中，固液分离是在沉淀池中靠重力作用完成的，其分离效率完全依赖于活性污泥的沉降性能，沉降性越好，泥水分离的效率就越高。污泥的沉降性能除了与水质有关外，还取决于曝气池的运行状况，因此，要改善二沉池沉降性能必须严格控制曝气池的操作条件，这就限制了该工艺的适用范围。另外，由于二沉池固液分离的要求以及二沉池经济因素的制约，曝气池的活性污泥浓度也不能维持较高的浓度，一般在3～5g/L左右，从而限制了污染物的去除率及去除效果。传统活性污泥处理法，在运行中还容易出现污泥膨胀现象，出现污泥膨胀后将严重影响二沉池的固液分离能力，从而造成出水水质变差。

MBR工艺是将膜分离技术与传统的污水生物处理技术有机地结合起来，把所有的悬浮物和胶体都通过膜截留，使出水水质不再受污泥沉降性能好坏的影响，从而也使曝气池中活性污泥的浓度可以大大增加，提高了生物降解的速率，同时也降低了F/M（有机负荷率），减少了剩余污泥的产生量（甚至为零），从而基本上解决了传统活性污泥法工艺存在的问题。

2. MBR 的分类

MBR主要由生物反应器和膜分离装置组成，根据膜组件放置形式的不同分为：外置式和浸没式；根据生物反应器有无供氧可分为：好氧式和厌氧式；根据膜组件的种类又分为：中空纤维式、平板式和管式等多种分类。其中第一种分类方式较常用，厌氧式MBR仅在工业废水处理上有实际应用，在城市污水处理上还未见实例。

外置式 MBR（图 4-120），也称为分体式 MBR，是把生物反应器和膜组件分开进行循环操作的分离系统。生物反应器中的混合液经泵加压后送入膜组件进行固液分离，在压力作用下混合液中的液体透过膜，成为系统产水，固态物质等大分子物质则被膜截留，随浓缩液流回生物反应器。外置式 MBR 的特点是运行稳定，易

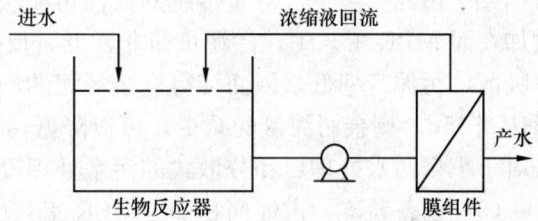

图 4-120 外置式 MBR

于膜清洗、更换及增设；而且膜通量较大。但一般条件下，为了防治膜污染，延长膜的清洗周期，需要在膜表面保持较高的错流流速，因此，水流循环量较大、动力消耗大，而且混合液通过加压泵时，由于泵叶片的剪切作用，会使部分微生物菌体失去活性。

浸没式 MBR（图 4-121），也称为内置式或一体式 MBR。膜组件直接置于生物反应器的活性污泥中，其中大部分污染物被微生物代谢去除，在负压操作下，由膜过滤出水。为减少膜组件污染，延长运行周期，在膜组件下方设置曝气装置送入空气，所形成的向上流动的混合液在膜表面上产生剪切作用力，以除去表面沉淀物。与外置式 MBR 相比，内置式 MBR 的最大特点是运行能耗低，但在运行的稳定性、操作管理及清洗更换的简便性等

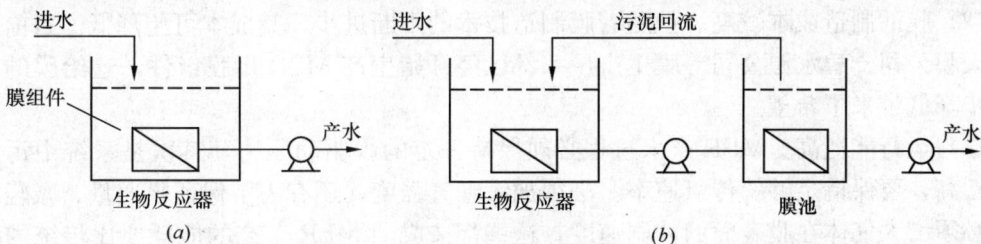

图 4-121 浸没式 MBR

方面不及外置式 MBR。浸没式 MBR 一般有两种形式，一种是膜池与生物反应器的曝气池合建在一起［图 4-121（a）］，一般用于中小型污水处理工程；另一种是膜池与生物反应器分开设置［图 4-121（b）］，一般用于大型污水处理工程。

3. MBR 技术特点

与传统的污水处理生物处理技术相比，MBR 具有以下明显优势：

（1）出水水质好且稳定。由于膜的高效截留作用，将全部的活性污泥都截留在反应器内，使出水中悬浮固体的浓度基本为零，而生物反应器内的污泥浓度可达到较高水平，最高可达 40～50g/L。这样，就大大降低了生物反应器内的污泥负荷，提高了 MBR 对有机物的去除效率，对生活污水 COD 的平均去除率在 94％以上，BOD 的平均去除率在 96％以上。另外，由于膜组件的分离作用，使得生物反应器中的水力停留时间（HRT）和污泥停留时间（SRT）是完全分开的，这样就可以使生长缓慢、世代时间较长的微生物（如硝化细菌）也能在反应器中生存下来，保证了 MBR 除具有高效降解有机物的作用外，还具有良好的硝化作用。研究表明，MBR 在处理生活污水时，对氨氮的去除率平均在 98％以上，出水氨氮浓度低于 1mg/L。因此，MBR 的出水质量高，一般情况下，直接排放进河流等地表水体而不会对环境产生污染，或者可以直接作为再生水回用，用于绿化、景观娱乐用水和工业冷却水等。

（2）污泥产量少。对于传统的活性污泥法，过长的污泥龄将会导致出水中悬浮固体的增加，而 MBR 工艺中，污泥负荷非常低，反应器内营养物质相对缺乏，微生物处在内源呼吸区，污泥产率低，因而使得剩余污泥的产生量很少，泥龄变长，有研究表明，泥龄可以达到 35d。剩余污泥量的减少，可以降低污泥处理费用，简化污水处理工艺操作，特别是对于小型污水处理厂和分散式的污水处理设施，其优越性更为突出。

（3）设备紧凑，占地面积少。MBR 工艺中的污泥浓度、容积负荷都远高于传统活性污泥法，所以 MBR 工艺的占地面积要远小于传统活性污泥法。

（4）对于 MBR 工艺，设备少，易于实现一体化和自动控制，操作管理十分方便；而且水力停留时间（HRT）和污泥停留时间（SRT）可完全分离，运行控制更加灵活、稳定。

（5）MBR 工艺灵活方便，可以满足污水处理厂升级改造的需要。MBR 工艺既可以作为现有污水处理厂再生水处理的工艺，也可以作为污水处理厂新建或规模扩大，且用地受限时的首选工艺。

总之，MBR 工艺具有其他污水处理技术所不能及的一系列优点，具有广阔的应用前景。但是 MBR 工艺也存在一些不足：

（1）在运行过程中，膜易受到污染，产水量降低，给操作管理也带来不便。

（2）膜的制造成本较高。但随着膜制造技术的不断进步，其成本可望降低。目前，国内膜天膜公司、碧水源公司等膜生产厂家都已经开始生产 MBR 用膜组件，这给膜的成本进一步降低带来了希望。

（3）运行能耗高。MBR 产水过程必须保持一定的膜驱动压力，其次是系统中污泥浓度非常高，要保持足够的传氧速率，必须加大曝气强度，还有为了保证膜通量、减轻膜污染，必须增大气体在膜表面的冲刷速度，这些都造成了 MBR 工艺的能耗要比传统的生物处理工艺高。

4.6.5.3 MBR 膜组件

1. 膜组件

所有膜装置的核心部分是膜组件，单位膜元件组装在一起就构成了膜组件。膜组件应满足以下要求：

(1) 适当均匀的湍流流动，无静水区；

(2) 膜元件具有良好的机械稳定性、化学稳定性和热稳定性；

(3) 装填密度大，制造成本低；

(4) 抗污染性好，易于清洗；

(5) 压力损失小。

目前，用于 MBR 工程应用的膜组件包括平板式、管式两种，其中管式膜根据规格的不同大致分为三种：中空纤维膜（直径小于 0.5mm）、毛细管膜（0.5~5mm）和管状膜（直径大于 5mm）。其中，中空纤维膜组件按照膜的装配形式分为帘式和束式。按照膜组件过滤孔径的不同又可分为微滤和超滤两种膜组件。在这些膜组件中，用于 MBR 工艺比较流行的有平板式、中空纤维式、管状膜组件。

(1) 平板式膜组件

平板式膜组件（图 4-122）是 20 世纪六七十年代开发出来的，也是最早的膜应用形式，它是以传统的板框式压滤机为原型设计开发的，也称为板框式膜组件，它是以隔板、膜、支撑板、膜的顺序，多层交替重叠压紧，组装在一起制作而成。应用于 MBR 工艺的平板式膜组件，由于采用的是浸没式布局，整个膜组件浸没于混合液中，每一片平板膜都是独立的工作单元，每片膜按照膜、隔板、支撑板、隔板、膜的顺序构成，在支撑板上有许多沟槽，是透过液的流动通道，透过液通过这些沟槽导流，从统一的出口流出。每片膜被安装在固定的支架上，膜片与膜片之间留有一定的间距，是混合液的流动通道，膜片和支架组合在一起就构成了一组平板式膜组件。

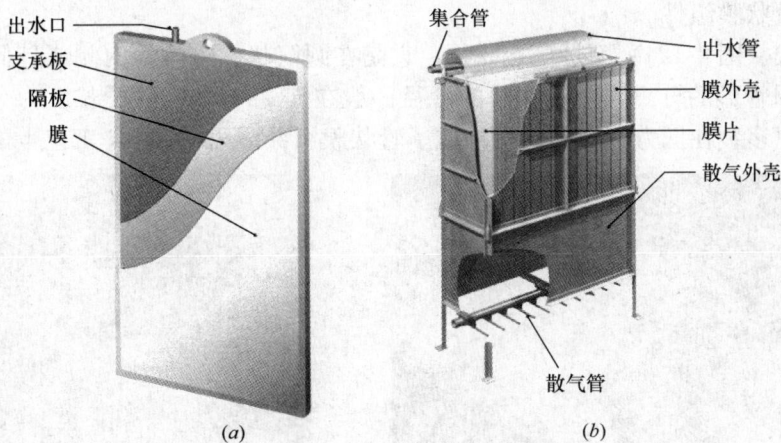

图 4-122　平板式膜组件
(*a*) Kubota 公司单片平板膜结构；(*b*) Kubota 公司平板膜组件单元

平板式膜组件的优点是组装简单，操作比较方便，膜的维护、清洗、更换都比较容易。缺点是制造成本高，当膜面积增大时，对膜的机械强度要求较高。

（2）中空纤维膜组件

中空纤维膜（图 4-123）外形为纤维状，中空并具有自支撑作用，外径为 50～600μm，内径为 25～300μm。把数万根或数十万根中空纤维膜封装在一起就构成了中空纤维膜组件。封装采用环氧树脂把纤维束的一端或两端铸成管板或封头，管板为过滤液的收集通道。在 MBR 工艺中，中空纤维膜组件一般是浸没在混合液中，采用抽吸泵抽吸的方式运行，透过液垂直膜丝的轴向进入膜丝中间的空腔，沿膜丝的轴向流入收集管板。采用抽吸运行方式（即外压式）的好处就是：一旦纤维膜强度不够，膜丝只能被压瘪，将中空内腔堵死，而不会破裂，这样可以避免透过液被原料液污染。

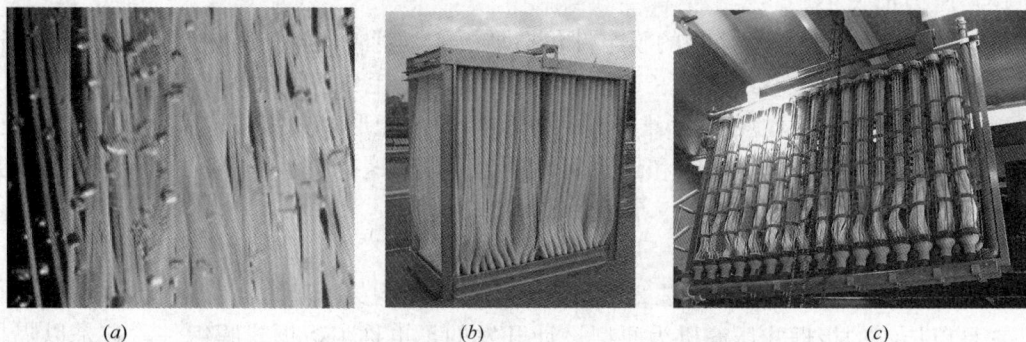

图 4-123　中空纤维膜组件

(a) Zenon 公司 ZeeWeed® 中空纤维膜束；(b) Zenon 公司 ZeeWeed® 500C 帘式膜组件；
(c) 西门子公司 Memcor B10R 束式膜组件

中空纤维膜组件的优点是：装填密度很高，最高可达 $30000m^2/m^3$，单位膜面积的制造费用相对较低，膜与支撑体为一体的自承式，耐压性能高，不需要考虑支撑问题。其缺点是：对堵塞很敏感，压力损失大，清洗困难。

（3）管状膜组件

管状膜（图 4-124）不是自支撑的，它是在圆筒状支撑体的内侧或外侧刮制上半透膜而得到的圆管形的分离膜。管状膜的管径一般在 6～24mm，管子长度为 3～4m，4～100 根膜管或更多装在压力容器内，就构成了管状膜组件。用在 MBR 工艺上的管状膜组件大

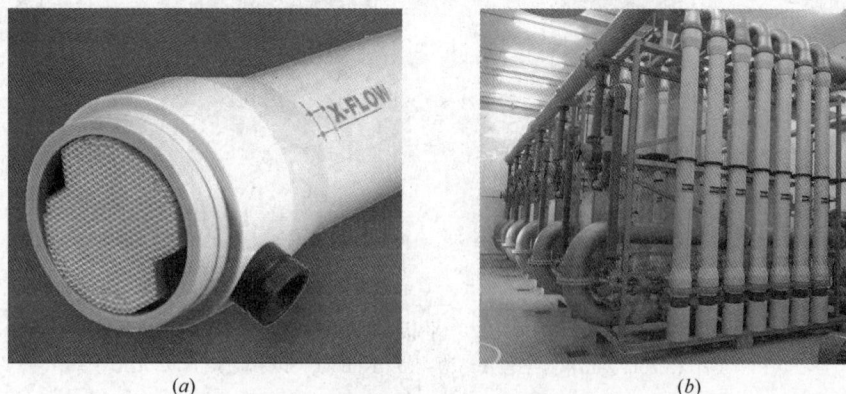

图 4-124　管状膜组件

(a) Norit 公司 X-Flow 管状膜；(b) Norit 公司 Airlift 管状膜组件

多数为内压型的，即把分离膜刮制在支撑管的内侧，使混合液流入管内，渗透液从管外流出。

管状膜组件的优点是：流动状态好，流速易控制。安装、拆卸和膜的更换及维修均较方便，对堵塞不敏感；同时，机械清除杂质也较容易。此外，流体可以保持湍流状态，可以防止浓差极化和污染。缺点是：与平板膜相比较，管状膜的制备条件较难控制，制造成本较高，由于管状膜的管径较大，影响了装填密度（$<100m^2/m^3$），而且单位膜面积的进料体积通量较大。

2. 膜材料

按照不同的分类标准，膜可以分为不同种类。根据膜本身性质的差异，可以分为液相、固相或气相膜，均质的或非均质的，也可以分为带荷电的或电中性的。根据材料的不同，膜可分为有机膜和无机膜。有机膜多由有机高分子聚合物制成，例如：纤维素类、聚砜类、聚酰胺类、聚烯烃类、含氟聚合物等等。无机膜主要指金属膜、陶瓷膜、合金膜等由无机材料制成的膜。广泛应用于 MBR 工艺的膜主要是固相非对称有机高分子聚合物膜，陶瓷膜也开始被用于 MBR 中，但成本较高，目前仍处于实验室研究阶段。表 4-62 为用于 MBR 工艺膜组件的介绍。

部分膜厂商 MBR 用膜组件一览表　表 4-62

厂商名称	产品型号	规格	材质
国 外			
Kubota	510、515 型	平板式	氯化聚乙烯（PE）
Toray Endustries	TPS50150	平板式	聚偏氟乙烯（PVDF）
Brightwater Engineering	MEMBRIGHT	平板式	聚醚砜（PES）
Huber Technology	VRM	平板式	聚醚砜（PES）
Zenon	ZeeWeed® 500 系列	中空纤维	聚偏氟乙烯（PVDF）
Mitsubishi Rayon Engineering	SUR234L、SUR334LA	中空纤维	聚乙烯（PE）
	SADF2590R	中空纤维	聚偏氟乙烯（PVDF）
Memcor	B10R、B30R	中空纤维	聚偏氟乙烯（PVDF）
Koch	PURON	中空纤维	聚醚砜（PES）
Asahi Kasei	MUNC-620A	中空纤维	聚偏氟乙烯（PVDF）
NoritX-Flow	F4385、F5385	管 状	聚偏氟乙烯（PVDF），支撑介质为双层聚醚材料
Berghof	HyPerm-AE、HyperFlux	管 状	聚偏氟乙烯（PVDF）或聚醚砜（PES），支撑介质为聚丙烯（PP）
国 内			
天津膜天膜	FP 系列	中空纤维	聚偏氟乙烯（PVDF）
北京碧水源	BSY 系列	中空纤维	聚偏氟乙烯（PVDF）
海南立升	LJ1A 系列	中空纤维	聚偏氟乙烯（PVDF）
欧美环境工程有限公司(OMEX)	FLEXELL™	中空纤维	聚偏氟乙烯（PVDF）

4.6.5.4 MBR 工艺原理

MBR 对有机物的去除效果主要来自两方面：一方面是生物处理部分对有机污染物的生物降解作用；另一方面是膜对有机大分子物质的截留作用，大分子物质可以被截留在反应器内，提高被微生物消解的时间，提高对有机污染物的去除效率。

1. 生物处理部分原理

典型的污水处理工艺包括四部分：①格栅，去除较大的固体物质；②沉淀池，去除可沉淀的大颗粒固体物质；③生物处理部分，利用微生物的新陈代谢作用，去除有机污染物；④沉淀池，利用重力沉淀原理，使泥水混合物进行沉淀分离。为实现脱氮除磷，生物处理部分可以包括厌氧段、缺氧段和好氧段，实现同步脱碳和脱氮除磷的功效。MBR 工艺中，膜组件仅仅是代替了④工艺段，本质上并没有改变微生物的作用，但由于不用考虑固液重力分离的作用，还有膜对污泥的彻底截留作用，使 MBR 工艺中的污泥浓度（10～20g/L）要远高于传统的污水生物处理工艺，污泥停留时间也足够充分，所以，这种工艺去除有机物的规律和影响因素与传统工艺有很大不同。

（1）温度的影响

温度是微生物生长的重要环境因素。研究表明，活性污泥在 15～20℃时增殖最快，低于 5℃或者高于 20℃时增殖速率相对减少；当温度超过 35℃时，生物絮体开始破坏，沉降性能转差；当水温超过 40℃时，原生动物消失，出水开始混浊；当水温超过 43℃时，分散絮体占优势，沉降性能严重恶化。另外，彭永臻等人通过试验发现，温度对活性污泥反应动力学的四个基本常数都有不同程度的影响，其中对反应速率常数 k 和 K_d 影响较大，对特征常数 K_s 和 Y 的影响较小。

温度对硝化反硝化反应的影响是很大的。据文献记载，在 5～30℃范围内，随着温度上升硝化反应速率增加，温度达到 30℃以上后，硝化反应速率降低，温度低于 15℃时硝化速率急剧降低，温度低于 4℃时，硝化菌的生命活性几乎停止。另据记载，反硝化反应可在 5～27℃进行，反硝化速率随温度升高而加快，适宜的温度为 15～25℃。污水处理厂水温通常在 15～25℃之间，在这个温度范围内，温度越高越有利于硝化反硝化反应进行。

温度对释磷和吸磷反应速率的影响不显著，对磷的去除率影响不大，温度高或低，生物除磷作用都能正常运行。

有机污染物的氧化降解过程是一放热反应，由于 MBR 维持较高的污泥浓度，微生物密度高，生物反应池更容易维持在较高的温度下运行，从而保证了细菌更高的生物活性，保证了微生物生长及硝化反硝化反应的速率，而且也可以保证 MBR 工艺应用于较冷的气候环境下。

（2）曝气的影响

生物处理部分的曝气装置有两个作用，一是给微生物生长提供好氧环境；二是对混合液进行搅拌均匀。曝气方式普遍采用微气泡曝气，也有的小型一体化 MBR 装置采用中气泡或大气泡曝气，但中气泡或大气泡曝气的充氧效率明显低于微孔曝气，但较高的污泥浓度影响了氧的传递，使 DO 值偏低，硝化菌被抑制，而较低的 DO 易造成混合液中有机物累积。

（3）污泥浓度的影响

MBR 工艺中，污泥浓度保持较高的水平，有机物—污泥负荷较低，有利于提高 COD 的去除效率，但是，过低的有机物污泥负荷使得微生物由于营养缺乏而死亡或进行内源呼吸，产生难降解的细胞壁和溶解性微生物产物（Soluble Microbial Product，SMP），使系统内的 COD 浓度升高，虽然由于膜组件的截留作用，保证了系统的最终出水的稳定，但是 SMP 在系统内产生累积，抑制了硝化细菌的活性，从而影响了氨氮的去除效果。另外，污泥浓度的增加，污泥黏度加大，削弱了氧的传质作用，影响了硝化效果。

2. 膜处理单元原理

在 MBR 工艺中使用的膜组件为微滤膜和超滤膜，分离机理主要是筛分截留。膜组件可以把粒径大于膜孔径的有机物完全截留。

In-Soung Chang 等人通过试验发现，膜对溶解性有机物的去除来自三个方面的作用：①通过膜孔本身的截留作用，即膜的筛分作用对活性污泥颗粒的截留，主要是去除大于膜的截留分子量的大分子有机物；②通过膜孔和膜表面的吸附作用对溶解性有机物的去除；③通过在膜表面形成的滤饼层和凝胶层的筛分、吸附作用对溶解性有机物的去除。这三种机理对溶解性有机物的去除贡献各不相同，陈卫文等人运用孔径为 $0.22\mu m$ 的微滤膜 MBR 对不同分子质量有机物的去除规律进行研究时发现，微滤膜本身孔径的截留作用可以将大于 $0.22\mu m$ 的有机物完全去除，占 COD 去除总量的 9.6%；膜表面吸附活性污泥形成的滤饼层和凝胶层去除的 COD 占去除总量的 33.8%，但对有机物的去除主要还是依靠活性污泥中微生物的降解作用，占 COD 去除总量的 56.6%。

4.6.5.5 浓差极化现象和膜污染

浓差极化和膜污染是造成膜通量下降的主要原因，浓差极化和膜污染是有区别的，但彼此不是完全独立的，浓差极化能加剧膜的污染。

1. 浓差极化现象

在反应器内，原液在压力的驱动下向膜表面发生移动，小分子溶质透过膜被滤出液带走，大分子物质被截留在膜表面并逐渐累积，随着过滤过程的进行，膜表面被截留物质的浓度逐渐升高，形成的这种浓度的累积会导致溶质向原液主体的反向扩散流动，经过一段时间达到稳态，在边界层形成如图 4-125 所示的浓度分布，这种现象就是浓差极化现象。浓差极化现象的发生会增加水流通过膜的阻力，降低膜通量。

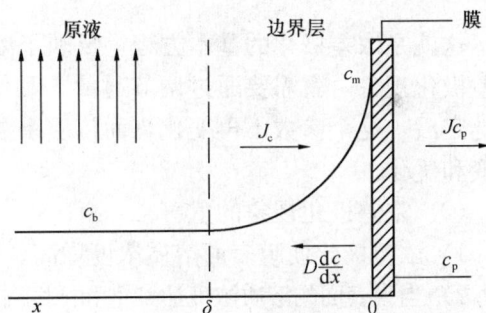

图 4-125 浓差极化引起的膜边界层的浓度分布图

（1）浓差极化现象基本方程

假设原液流动造成了以下结果：在距离膜表面 δ 处，原液仍是完全混合的，浓度为 c_b。而在膜表面形成边界层，溶质浓度逐渐增大，在膜表面处达到最大值 c_m。溶质流向膜的对流通量表示为 J_c。如溶质未被膜完全截留，则存在一个通过膜的溶质通量 Jc_p。膜表面处溶质的累积会产生流向原液主体的扩散通量。当溶质以对流方式传向膜的量等于渗透通量与反向通量之和时则达到稳态。

当达到稳态时：

$$Jc_w + D\frac{\mathrm{d}c}{\mathrm{d}x} = Jc_p \tag{4-77}$$

边界条件为：

$$x = 0, c = c_{\mathrm{m}}$$
$$x = \delta, c = c_{\mathrm{b}} \tag{4-78}$$

将边界条件代入式（4-77），并积分得：

$$\frac{c_{\mathrm{m}} - c_{\mathrm{p}}}{c_{\mathrm{b}} - c_{\mathrm{p}}} = \exp\left(\frac{J\delta}{D}\right) \tag{4-79}$$

扩散系数 D 与边界层厚度 δ 之比称为传质系数，即

$$k = \frac{D}{\delta} \tag{4-80}$$

引入本征截留率方程：

$$R_{\mathrm{int}} = 1 - \frac{c_{\mathrm{p}}}{c_{\mathrm{m}}} \tag{4-81}$$

则式（4-79）变为：

$$\frac{c_{\mathrm{m}}}{c_{\mathrm{b}}} = \frac{\exp\left(\dfrac{J}{k}\right)}{R_{\mathrm{int}} + (1 - R_{\mathrm{int}})\exp\left(\dfrac{J}{k}\right)} \tag{4-82}$$

$c_{\mathrm{m}}/c_{\mathrm{b}}$ 称为浓差极化模数。随着通量 J 增大，截留率 R_{int} 增加，传质系数 k 减小，浓差极化模数增大。

当溶质被膜完全截留时（$R_{\mathrm{int}} = 1$，$c_{\mathrm{p}} = 0$），式（4-82）变为：

$$\frac{c_{\mathrm{m}}}{c_{\mathrm{b}}} = \exp\left(\frac{J}{k}\right) \tag{4-83}$$

这就是浓差极化的基本方程，反映了浓差极化与通量和传质系数有关。那么，要减少浓差极化现象，就需要通过调节通量 J 和传质系数 k 来实现。纯水通量取决于所用的膜，膜选定后，这个参数不再变化，而传质系数明显受体系流体力学状况的影响，该参数可以改变和优化。

（2）浓差极化现象的危害

1）浓差极化使膜表面溶质浓度增高，引起渗透压的增加，从而减小传质驱动力。

2）当膜表面的溶质浓度达到饱和浓度时，在膜表面形成沉积或凝胶层，增加过滤阻力。

3）膜表面沉积层或凝胶层的形成会改变膜的分离特性。

4）当有机溶质在膜表面达到一定浓度时，有可能对膜发生溶胀或溶解恶化膜的性能。

5）严重的浓差极化导致结晶析出，阻塞流道，使运行恶化。

2. MBR 工艺中的膜污染

（1）膜污染的定义及分类

膜污染是指处理物料中的微粒、胶体粒子或溶质分子与膜发生物理化学相互作用或因浓差极化现象使某些溶质在膜表面浓度超过其溶解度及机械作用而引起的在膜表面或膜孔内吸附、沉积造成膜孔径变小或堵塞，使膜产生透过流量与分离特性的不可逆变化现象。膜污染主要表现为膜过滤阻力逐渐增大和膜通量降低，随时间最终导致膜组件的经常性清洗和更换。

根据文献中的划分，膜污染的位置一般划分为三种类型：滤饼层、表面孔的闭塞、支撑层的孔道堵塞。污染物的类型主要分为：无机污染物（钙、铁、镁等的硫酸盐和硅酸盐

的结垢物，最常见的是 $CaCO_3$ 和 $CaSO_4$）、有机污染物（蛋白质、絮凝剂、天然高分子等有机胶体和容易在膜面附着的溶解性有机物）、微生物污染物（微生物及其代谢产物形成的黏泥）三类，其中以有机物污染和微生物污染最为普遍，对膜性能的影响最大。

整个膜污染过程可以分为两个阶段：第一阶段，在过滤开始后的几秒钟或几分钟内，浓差极化、孔堵塞和凝胶层的形成致使膜阻力迅速升高；第二阶段，数小时或数天后，有机物颗粒逐步沉积在膜表面形成污泥滤饼层，过滤阻力平稳缓慢增长。

在 MBR 工艺中，由于膜组件的状况、水力条件以及反应器内混合液的性质的不同，膜污染的过程是有所不同的，但膜污染的具体过程通常有两个阶段：

1) 低污泥浓度运行阶段：在初始运行时，污泥浓度很低，膜表面的污染主要表现为低分子量的溶解性有机物，通过分子扩散、重力沉降、主体对流向膜面的传递、积累，其中一部分进入过滤液中，另一部分被吸附在膜孔内壁而产生膜孔径变小或堵塞，此类污染发展较为缓慢。随着污泥浓度的逐渐增大，污染物在膜表面沉积，膜污染开始表现为混合堵塞污染（膜孔堵塞和滤饼沉积两种污染类型）。

2) 高污泥浓度运行阶段：由于反应器内浓度较高，此时生化效率和污染物去除效率高，上清液中各种溶解性有机物数量明显减少，但悬浮物和胶体更容易在膜表面沉积形成凝胶层（滤饼），此类污染发展迅速，是该阶段膜通量减小的主要原因。

(2) 膜污染影响因素

影响膜污染的因素很多，但主要包括：膜本身的性质、活性污泥特性、膜与活性污泥混合液之间的各种相互作用力（如静电作用、范德华力、溶剂化作用、空间立体作用等），以及膜运行的操作条件（如膜操作压力、运行温度和膜表面的液体流速等）等。

1) 膜本身性质

膜本身的性质指的是膜材料的物理性能，如膜表面的荷电性、亲憎水性、膜孔径大小及表面形态如粗糙度等，它们对膜吸附有机污染物及堵塞有重大影响。

膜表面的荷电性与混合液中带电荷的胶体颗粒、杂质等存在着吸附或排斥的作用，我们可以通过静电排斥作用来选择与混合液中溶质荷电相同的膜材料，改善和缓解膜污染，提高膜通量。

亲水性膜比疏水性膜具有更优良的抗污染性能。由于废水和活性污泥都是有机物质，而亲水性膜可降低膜表面和原水间的界面能，因此选用耐污染的亲水性膜为宜，但亲水性膜抗蛋白质污染的能力较弱。目前，常采用的疏水性膜有聚乙烯、聚砜、聚偏氟乙烯（PVDF）等，亲水性膜有芳香聚酰胺、磺化聚砜、聚丙烯腈、改性 PVDF 等。

膜孔径的影响。从理论上讲，在确保污染物被截留的前提下，选择孔径大的膜可使膜通量提高，但实验证明：在 MBR 工艺中，选用较大孔径的膜，反而加速了膜的污染，水通量下降得更快。一般来说，膜的切割颗粒尺寸（切割分子量）应比要分离的污染物小 1 个数量级。当膜孔径在超滤范围内时，膜孔径或孔隙率越大（特别是膜的表层孔径大、内层孔径小时），更易形成微孔堵塞，膜通量下降得越快；当膜孔径增加至微滤范围时，微孔堵塞更严重，膜通量下降得更快，这主要是细菌在膜孔内滋生及溶解性有机分子会在膜孔隙中沉积而造成不可逆的堵塞所致。

膜表面粗糙度的增加会使其吸附污染物的能力增加，同时也可能增加膜表面的水力搅动程度，阻碍污染物在膜表面的吸附，膜表面的粗糙度对膜通量的影响是两方面作用的综合表现，因而通过改变膜表面的粗糙度同样可以改善膜污染的程度。

一般来说，要选择合适的膜（膜材料与孔径）和组件形式，需要根据被处理的废水性质，通过实验确定。

2）活性污泥特性

活性污泥混合液中的组分随着进水性质和操作条件的变化而变化，不但含有废水中的各种污染物，还含有各种微生物及其代谢产物，其中的各种成分物质都会造成膜污染。DefranceL 等人对活性污泥的三种成分（悬浮固体、胶体、溶质）对膜污染的影响进行了研究发现，这三种物质对膜污染的贡献分别为 65%、30%、5%。BouhabilaEH 等人研究认为这三种成分对膜污染的贡献分别为 24%、50%、26%，并且认为每一种成分对膜污染贡献的阻力之和要大于所测得的总阻力值，因此，各组分引起的膜污染不是简单的加和关系。

①污泥浓度（MLSS）的影响

高 MLSS 是 MBR 工艺的特点之一，但高的 MLSS 被认为是膜污染发生的重要原因之一。王志良等人通过试验发现，MLSS 越高，稳态时的膜通量就越低，当 MLSS 达到 20~30g/L 时，膜的通量很低，最后接近断流，另外，他还发现不同 MLSS 下，膜通量随时间下降的趋势基本一致。当 MLSS 较高时，污泥易在膜表面沉积，形成较厚的污泥层，导致过滤阻力增加，膜通量降低；另一方面，当 MLSS 太低时，污泥对溶解性有机物的吸附和降解能力减弱，使得混合液上清液中的溶解性有机物浓度增加，从而易被膜表面吸附形成凝胶层，导致过滤阻力增加，膜通量降低，一般的 MLSS 低于 3g/L 时不建议膜过滤产水就是这个原因。因此，MBR 工艺中 MLSS 不易过高，应该在合适的范围内，一般控制在 10~20g/L。

②胞外聚合物（Extracellular Polymeric Substance，EPS）的影响

EPS 普遍存在于活性污泥絮体内部及表面，是在一定环境条件下由微生物（主要是细菌）分泌于体外的一些高分子聚合物。主要成分与微生物的胞内成分相似，是一些高分子物质，如多糖、蛋白质和核酸等聚合物。EPS 不但可以在反应器内积累，而且会在膜表面积累，从而引起混合液黏度和膜过滤阻力的增加。膜表面的 EPS 直接改变沉积层的孔隙率和结构，EPS 和细小颗粒都沉积并吸附在膜表面，形成粘结性很强的凝胶层。Huang X 等人研究发现，EPS 浓度每增加 50mg/L，膜通量减小 70%。Chang I S 等人发现 EPS 浓度与膜污染程度之间存在线性关系，减少 40%EPS，可以减少相应程度的泥饼层水力阻力。EPS 浓度过高或过低都会加剧膜污染，存在一个最佳 EPS 浓度，使膜过滤性能最佳。

③SMP 的影响

SMP 是微生物在代谢的过程中排出的或分泌的物质，是腐殖质、多糖、蛋白质、核酸、有机酸、抗生素和硫醇等多种物质的复杂混合体。SMP 的存在不仅对系统出水水质（使有机物浓度升高）和对污泥活性产生影响（多数人认为能抑制微生物的活性），而且更重要的是 SMP 是造成膜污染的主要物质之一。当反应器内的活性污泥受到外力（水力或机械剪切作用）影响时，絮体破碎，大量的 SMP 会释放出来，由于 SMP 的可生物降解性较差，在反应器内产生积累，堵塞膜孔，并沉积在膜表面形成凝胶层，造成膜污染。Wisniewshi 和 Grasmick 通过试验发现，EPS 引起的膜污染几乎构成了 50% 的膜过滤阻力。

④丝状菌的影响

丝状菌在传统工艺中，容易引起污泥膨胀，使污泥的沉降性能变差，导致出水水质SS不达标等危害，虽然在 MBR 工艺中，不存在重力沉降的工序，不会因为丝状菌的存在造成出水 SS 超标，但它的存在却会加剧膜污染的产生。王勇等人通过研究 MBR 工艺中存在的丝状菌发现，在膜表面形成的污染层中，丝状菌粘附于凝胶层表面形成网格状支撑结构，污泥颗粒在网格状支撑结构上沉积附着，丝状菌再以网格状结构在污泥沉积表面覆盖、捆绑，以此重复，最终形成多层丝状菌网相互关联的立体空间网状结构，对膜表面的污染物起到支撑和固定的作用，最终在膜表面形成厚度大、结构致密、粘附牢固的污染层，增加了膜过滤阻力，并使膜清洗效率下降，对膜材料的使用效率和寿命产生不利影响。

⑤水力停留时间（HRT）和污泥龄（SRT）的影响

在 MBR 工艺中，HRT 和 SRT 并非是直接引起膜污染的因素，只是二者的变化会引起反应器中污泥特性的变化，相应导致膜污染状况的改变。

一般 MBR 工艺中采用较短的 HRT，会为微生物提供较多的营养物质，使污泥增长速率较高，MLSS 浓度升高较快，但是，HidekeHarada 等人证明，过短的 HRT 会导致溶解性有机物的积累，吸附在膜表面，造成膜污染；另外，VisvanathanC 等人通过研究 MBR 中 HRT 对于膜污染的影响发现，较长的 HRT 时，膜污染减轻，跨膜压力也没有升高；较短的 HRT 时，膜表面会迅速形成致密的泥饼层。因此，要控制好 HRT，能维持溶解性有机物的平衡，防治膜污染的加重。

MBR 工艺中 SRT 要远远长于传统活性污泥处理法，SRT 的延长会增加 MLSS，使营养物质变得相对匮乏，使微生物处于内源呼吸期，大量微生物死亡，上清液中 SMP 积累，会被生长期产生更多的细胞碎片和 EPS，从而加重了膜污染。

3）膜分离的操作条件

①过滤方式

膜过滤时采取两种过滤方式：恒压过滤和恒通量过滤，但多数情况下采用恒通量过滤的方式。

恒通量过滤是过滤水量不变，随着过滤的进行，由于膜污染的存在，工作压力逐步的升高。在这种过滤方式中，存在一个很重要的概念-临界通量。MBR 临界通量指保持一个恒定的膜通量，低于此值运行时，污泥颗粒不能在膜表面聚集沉积，操作压力保持稳定，没有显著的膜污染产生；而当控制膜通量高于此值运行时，操作压力急剧升高，膜污染随之迅速上升。Defrance L 等人研究 MBR 时发现，当通量低于临界通量时，跨膜压差（TMP）保持稳定，污染是可逆的；相反，超过临界通量时，TMP 增加且不稳定，此时再降低通量，形成的污染是部分不可逆的。因此，准确测定临界通量和保持低于临界通量运行对控制膜污染是十分重要的。

②水力条件

在 MBR 中，曝气的目的除了为微生物生长供氧外，还肩负着控制膜污染的任务。在浸没式中空纤维 MBR 中，通过曝气气泡的上升，使混合液处于紊流状态，冲刷膜表面和抖动膜丝（对于硬框平板膜起到冲刷膜表面的作用），阻止污泥在膜表面的沉积，避免了凝胶层的加厚和堵塞物质的积累，大大延长了膜清洗的周期。Tatsuki Ueda 等人研究认为，膜通量随曝气量的增加而增加，但这只是在一定范围内，当曝气量继续增大时，膜通量将不再增大。过高的曝气量不仅会带来能耗问题，而且会加剧膜污染。Shankararaman等人研究发现，在进水料液粒径分布相同的情况下，当反应器内剪切力增大时，会导致膜表面沉积物的粒径变小。污泥滤饼层中小粒径颗粒的增多会使滤饼的结构更加致密，从而使膜过滤阻力增加。因此，并不是曝气量越大越好。

（3）膜污染防治措施

1）合理的放置膜组件

为了有效防止膜污染的发生，膜组件在布置时应考虑膜组件与膜池墙体之间的距离、膜组件与空气扩散器之间的距离以及膜组件与反应器液面、空气扩散器和膜池底之间的距离，以保证水从池底垂直向上流、膜表面与水流均匀接触，使向下的水流能均匀分布在膜单元周围，减缓膜表面泥饼层的形成，并促进泥饼层的脱落，达到延缓膜污染的目的。

2）操作运行条件的优化

在 MBR 的运行过程中，膜污染的发生是不可避免的，但通过对混合液性质及运行条件、方式的控制，可以尽量减缓膜污染。

①预处理措施的优化

污水中含有的颗粒物、有机或无机的胶体、无机盐等，会增加反应器的污染负荷，加重膜面污染。因此，要加强污水的预处理，例如，采用细格栅可以有效地去除污水中的悬浮物，采用絮凝或混凝沉淀等措施可以去除胶体、无机盐等。

②运行方式的优化

a. 水力条件的优化。造成错流过滤的方式，滤液沿膜表面流动阻止了悬浮颗粒在膜表面的沉积，所产生的流体剪切力和惯性升力能促进膜表面被截留物质向流体主体的反向运动，从而克服浓差极化，减缓膜污染。对于浸没式 MBR，常用的防止膜污染的方式是在膜组件的下方设置空气扩散装置，随时利用气泡带动水流上升对膜表面产生错流剪切力，去除膜表面的污染物。对于外置式 MBR，主要通过加快进料液的回流速度来提高膜表面的错流速度，来达到去除膜污染的目的。

b. 膜过滤方式的优化。MBR 目前的运行一般都采用"过滤+反洗（空曝气）"的间歇运行的方式，当停止过滤的时候，污泥层会因为反洗或曝气作用从膜面脱落，凝胶层会向水中扩散，达到去除污染的目的。因此，合理地缩短过滤时间，延长反洗（空曝气）的时间，适当增加曝气量可以有效控制膜污染。另外，在运行上采用低压、恒流的操作，也是切实可行的措施。刘锐等人通过试验证明，采用低压、恒流过滤方式，在稳定运行的条件下，可以大大延长膜清洗的周期，甚至使整个膜寿命期限（3～5 年）内不采取清洗措施。

③活性污泥性质的优化

如前所述，污泥浓度过高过低都会加重膜污染，因此，污泥浓度要在一个合理的范围内，才会延缓膜污染，对于生活污水，合理的污泥浓度范围为 $10～20g/L$。另外，要合理控制泥龄，泥龄过长，会增加活性污泥的黏度、SMP、EPS 等物质的含量，加重膜污染。要根据所处理的污水的特征和反应器运行状况合理调整污泥龄。

（4）膜清洗

虽然可以采取许多的措施延缓膜污染，但膜污染始终会发生。这时，膜清洗就成为了去除膜污染、恢复膜通量最重要的措施。目前，膜的清洗已经非常系统化，包括：运行间隔的水反洗或空气擦洗，运行数天后的在线化学药剂清洗、运行几个月或1年的化学清洗以及特殊情况下的人工清洗等。归结起来，膜清洗分为：物理清洗和化学清洗两种。

物理清洗采用水反冲、空气擦洗、膜表面高速水流冲洗等方式，主要去除膜表面滤饼层污染。物理清洗一般不会改变污染物的分子结构，也不能大幅度改变膜表面和污染物之间的相互作用。

化学清洗可以弥补物理清洗的局限，化学清洗主要是采用碱、酸、酶、表面活性剂、氧化剂等化学药品对膜进行清洗。由于化学清洗能够破坏污染物的分子结构或改变污染物与膜表面分子间的吸引力，所以适用于吸附性污染的情况。

由于膜污染物的成分比较复杂，采用单一的清洗方法，效果不明显。一般采用多种方法组合的方式。通常采用的方式是：水反洗（空气擦洗）＋碱洗＋酸洗，这样的清洗效果较好。另外，黄霞等人通过试验发现，超声波与化学清洗结合的清洗效果要好于常规化学清洗。

4.6.5.6 MBR 中试试验研究

1. 试验情况介绍

试验采用内置式 MBR 装置，采用孔径为 $0.04\mu m$ 的中空纤维膜组件，工艺流程如图 4-126 所示。整个工艺主要由缺氧池、好氧池和膜池三部分组成。缺氧池尺寸为：直径 1370mm，高 2800mm，体积为 $3.7m^3$；好氧池尺寸：直径 2124mm，高 2800mm，体积为 $8.14m^3$；膜池尺寸为 $1676mm \times 914mm \times 3124mm$，有效体积为 $0.8m^3$。膜组件采用某公司生产的 PVDF 中空纤维超滤膜，膜孔径为 $0.04\mu m$，膜面积为 $67m^2$。在膜组件单元的正下方设有穿孔管曝气，曝气量为 $34m^3/h$。

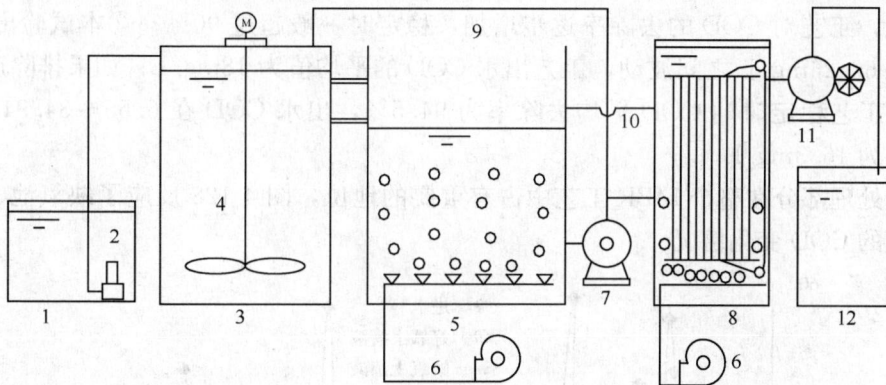

图 4-126　工艺流程图

1—初沉池；2—潜水泵；3—缺氧池；4—搅拌器；5—好氧池；6—风机；7—循环泵；8—膜池；
9—好氧回流；10—膜池溢流；11—抽吸泵；12—出水箱

试验采用北京某污水处理厂初沉池出水作为源水，试验中好氧池水力停留时间 HRT 为 $3\sim6h$，缺氧池水力停留时间 HRT 为 $2\sim3.5h$；污泥龄（SRT）在 $20\sim80d$；好氧池至缺氧池的回流比为 $2.5\sim4$，膜池至好氧池的回流比为 $2.5\sim5$。好氧反应器 MLSS 为 $3.4\sim15g/L$。容积负荷为 $0.81\sim2.22kg~COD/（m^3 \cdot d）$，平均为 $1.27kg~COD/（m^3 \cdot d）$，污泥负荷平均值为 0.155kg COD/（kgMLSS·d），膜通量为 14.10～25.44L/（m² · h）。

2. 试验结果分析

（1）工艺对 COD 的处理效果

图 4-127 表示进水、出水 COD 浓度以及工艺对 COD 总去除率随时间的变化情况。

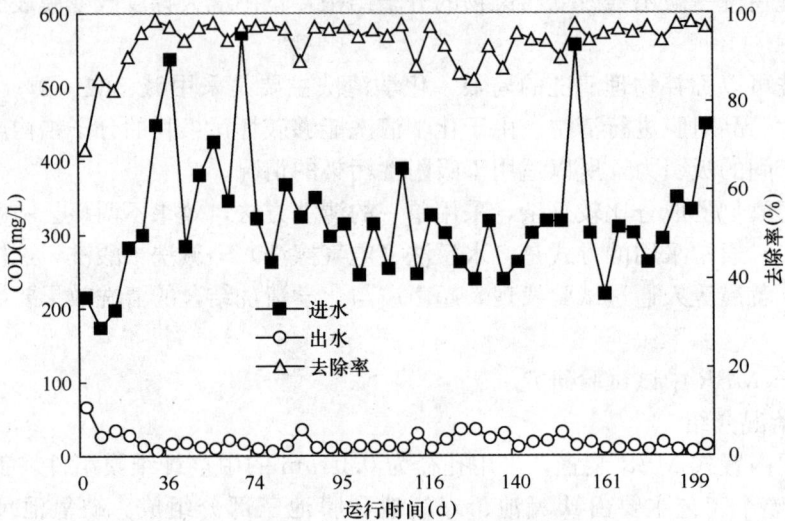

图 4-127　对城市污水中 COD 的去除效果

从图 4-127 中可以看出：①MBR 工艺可以有效去除进水中的有机污染物，使整个工艺保持较高的 COD 去除率。装置启动阶段，在开始运行前 4d，由于微生物尚未充分生长，MLSS 小于 6g/L，工艺对 COD 的去除率较低，在 80% 以下；之后随着微生物的增殖和驯化，工艺对 COD 的去除率逐步增加，稳定时一般超过 90%；②本试验出水 COD 在 6.55～66.26mg/L 之间波动，工艺出水 COD 的平均值为 18mg/L；如果排除启动阶段的数据，工艺稳定时期 COD 平均去除率为 94.5%，出水 COD 在 6.55～34.94mg/L 之间，平均为 16.3mg/L。

生物处理部分在整个 MBR 工艺中占有重要的地位，图 4-128 反应了缺氧池、好氧池中上清液的 COD 变化情况。

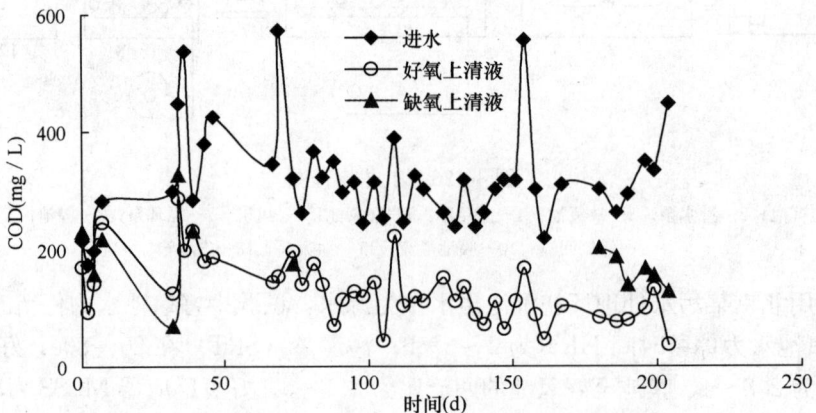

图 4-128　反应器内 COD 的变化情况

MBR工艺中的活性污泥对COD的去除起主要作用，一般可去除进水COD的60%以上，这主要归功于反应器内高浓度的微生物和较长的SRT。膜分离作用弥补了生物处理的不稳定性，保证了工艺良好的出水水质，本试验中膜可进一步去除15%～45%的COD，平均去除率29.9%。

另外，对缺氧池进行了平衡计算，得出其上清液计算值

$$C_t = \frac{R \cdot C_h + C_o}{1 + R} \qquad (4-84)$$

式中　C_o——缺氧池进水浓度；

　　　C_t——缺氧池出水浓度；

　　　C_h——回流液浓度；

　　　R——回流比。

根据完全混合模型，C_t就等于厌氧池上清液计算浓度。

对缺氧池平衡计算后发现（表4-63），缺氧池中COD的计算值有相当一部分较对应缺氧上清液实际值小，这是因为在缺氧池发生了酸化水解作用，使大颗粒的难降解有机物水解成容易降解的小颗粒物质所致。

缺氧池上清液实际 COD 和上清液 COD 计算值对比　　　　　　　　　表 4-63

缺氧池上清液 COD 计算值（mg/L）	缺氧池上清液 COD 实际值（mg/L）	缺氧池上清液 COD 计算值（mg/L）	缺氧池上清液 COD 实际值（mg/L）
192	231	138	203
169	158	122	187
264	218	133	139
171	69	162	167
329	327	182	155
228	175	140	127

（2）对氨氮的处理效果

图4-129表示工艺进水、出水的氨氮浓度以及总去除率随时间的变化情况。

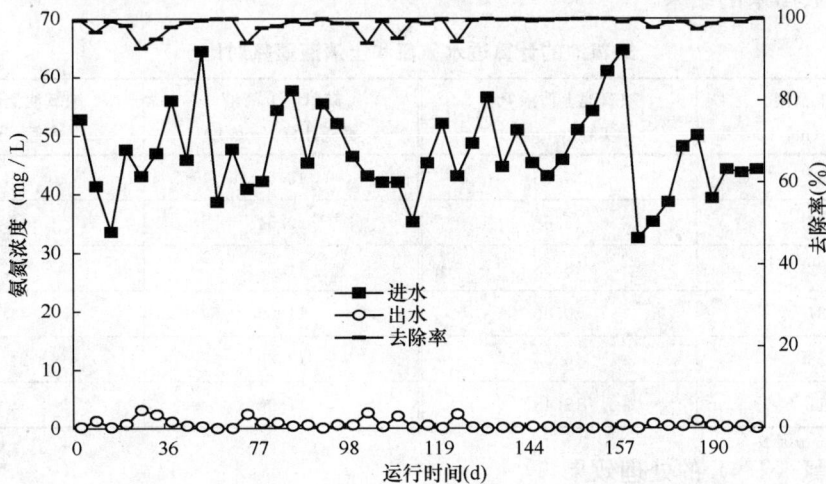

图 4-129　对城市污水中氨氮的去除效果

从图 4-129 可以看出：①一般情况下，由于亚硝化细菌和硝化细菌世代时间较长，接种初期氨氮去除效果不是很好。但本试验中，工艺对其去除效果一直都很好，这可能是因为开始时接种污泥较多，含有的硝化细菌数量多，且监测时已经对污泥驯化了 1 周的缘故。②氨氮的去除率可达 95％以上，平均为 98.6％。出水氨氮则在 0～3.12mg/L 之间波动，一般都低于 1.00mg/L。

图 4-130 反映了缺氧和好氧反应器上清液中氨氮的变化情况。

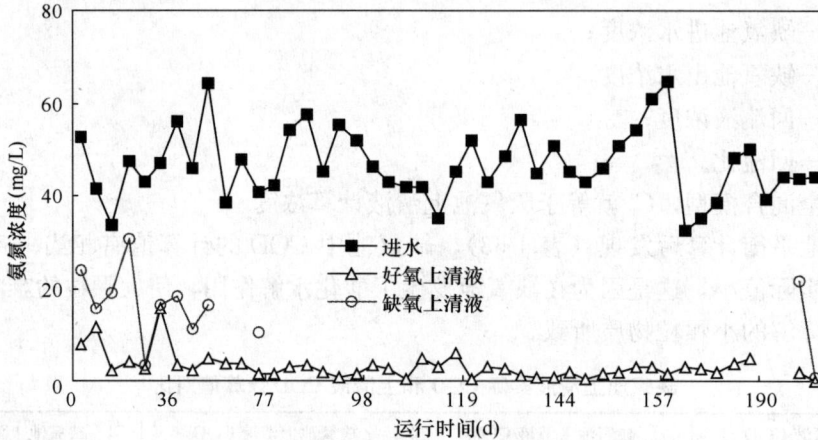

图 4-130　生物反应器中氨氮变化情况

与 COD 的去除不同的是，在整个运行过程中，生物反应池和工艺整体对氨氮去除率基本相等。氨氮的去除主要是靠生物反应池中微生物的降解，膜对小分子的氨氮基本上没有截留作用。另外对氨氮的平衡计算发现，缺氧池上清液中实测氨氮值大部分要高于理论值，这可能是由于在缺氧池中发生了酸化水解，一部分有机氮释放出来的结果。

另外对氨氮的平衡计算发现（表 4-64），大部分数据中，缺氧池上清液氨氮计算值要略高于上清液实测值，推测这一小部分氨氮可能被微生物生长所消耗；另外有些缺氧池上清液氨氮计算值要低于上清液中氨氮值，这可能是由于在缺氧池中发生了酸化水解，一部分有机氮释放出来的结果。

缺氧池的计算进水氨氮和上清液氨氮对比　　　　　　　　　　　表 4-64

缺氧池上清液 氨氮计算（mg/L）	缺氧池上清液氨氮 实际（mg/L）	缺氧池上清液 氨氮计算（mg/L）	缺氧池上清液氨氮 实际（mg/L）
30.32	24.08	13.65	11.20
26.57	15.68	20.54	16.52
17.92	18.98	11.27	10.36
25.87	30.80	11.06	44.24
23.93	16.35	12.39	21.84
17.11	18.48	11.06	0.84

（3）总氮（TN）的处理效果

工艺进水、出水的总氮浓度以及总氮去除率随时间的变化情况见图 4-131。

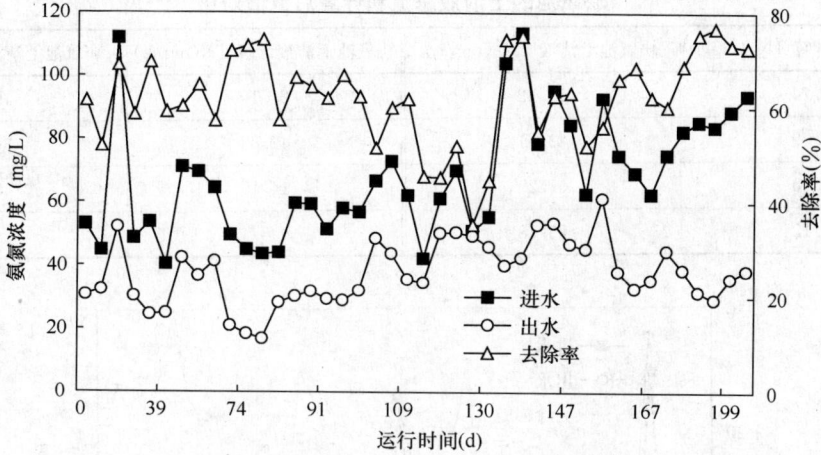

图 4-131　对城市污水中总氮的去除效果

从图 4-131 中可以看出：在启动阶段，TN 的去除效果不好，波动较大，这可能是由于 MLSS 浓度较低，可提供缺氧环境较少，而使得开始运行阶段反应器内的反硝化细菌较少的缘故。45d 之后，随着 MLSS 浓度由约 4g/L，上升到约 7g/L 和 11g/L，反硝化细菌逐步积累，污泥可提供的缺氧环境增多，再加上工艺的污泥龄较长，使得 TN 的去除率开始呈现稳定状态，总氮去除率也有较明显提高。至 102d 时，工艺对总氮的去除率逐渐降低，一直到工艺停止运行进行恢复性清洗，装置重新启动后总氮去除率仍然较低，最低达 35.29%，148d 时更换缺氧池中搅拌器后，加大混合效果，发现缺氧池上覆盖的厚厚的一层污泥层消失，总氮去除率逐渐增加。

图 4-132 给出了反应器上清液中 TN 的变化情况。

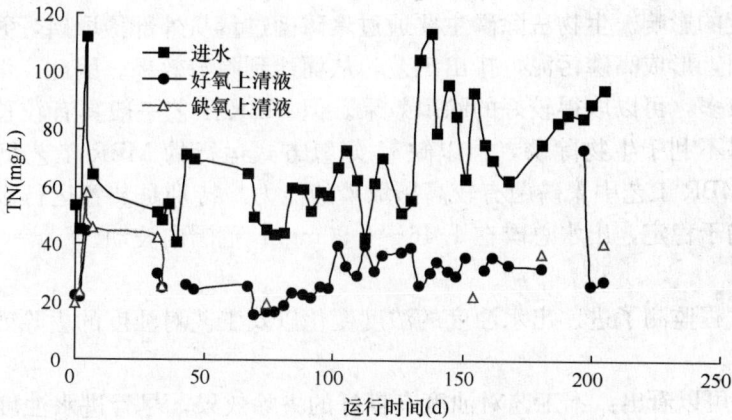

图 4-132　生物反应器内 TN 的变化情况

根据以上数据和 TN 的平衡计算得知（表 4-65），缺氧池对 TN 的去除率不高，这说明膜生物反应器在进行硝化的同时，也发生了反硝化作用。

（4）总磷（TP）的处理效果

工艺进水、出水的总磷浓度以及总磷去除率随时间的变化情况见图 4-133。

缺氧池的上清液总氮和计算总氮值对比 表 4-65

缺氧池上清液计算 TN（mg/L）	缺氧池上清液 TN（mg/L）	缺氧池上清液计算 TN(mg/L)	缺氧池上清液 TN（mg/L）
37.74	19.62	24.10	19.49
33.39	23.51	42.83	36.91
78.18	57.29	44.15	40.47
31.12	25.78		

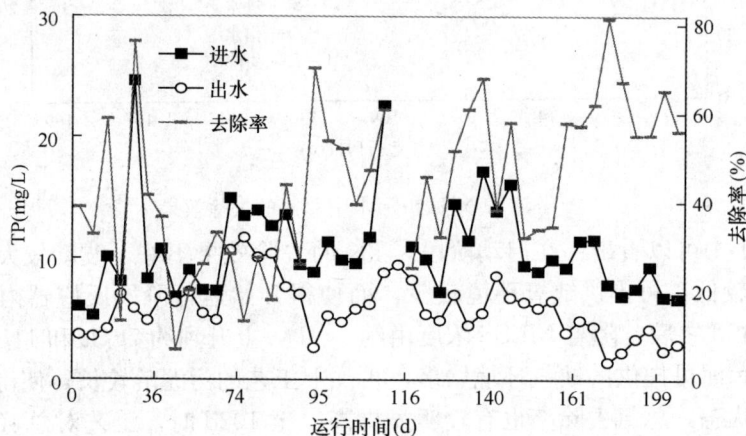

图 4-133　对城市污水中总磷的去除效果

从图 4-133 可以看出：开始阶段，由于工艺不稳定，去除率波动较大。随着装置的稳定运行，处理效果逐渐趋于稳定，工艺对 TP 的去除率可保持在 30%~70% 之间。由于本装置控制污泥浓度，有时为了获得一定的污泥浓度，排泥量减少，因此，此时的除磷效果受到了一定程度的影响。生物法除磷主要通过聚磷菌过量从外部摄取磷，并将其以聚合肽形式储存在体内，形成高磷污泥，排出工艺，从而达到除磷效果。因此，泥龄短的工艺由于剩余污泥量较多，可以取得较好的除磷效果。但 MBR 工艺一般具有较长的泥龄，因此从这个意义上讲不利于生物除磷，但以缺氧-好氧方式运行的 MBR 工艺仍具有较高的除磷效果，说明 MBR 工艺中聚磷菌有较高摄取磷的能力。特别是装置运行后期，工艺去除率有所提高且趋于稳定，出水总磷在 1.46~4.90mg/L 范围内波动。

（5）浊度

本次试验过程监测了进、出水浊度的浓度变化以及工艺对浊度的去除效果，去除效果如图 4-134 所示。

从图 4-134 可以看出：本工艺对浊度有良好的去除效果，尽管进水浊度波动较大，处于 124~1561NTU 的范围之内，但由于膜对其高效的截留作用，使得出水浊度几乎接近于零，在整个运行阶段去除率一直很稳定，保持在 98% 以上。

（6）出水的 pH 值

图 4-135 说明工艺出水的 pH 值一直在很小的范围波动，出水 pH 稳定在 6.2~7.4 范围内。

（7）TDS 变化

工艺对 TDS 有一定的去除，进出水 TDS 变化情况见图 4-136。

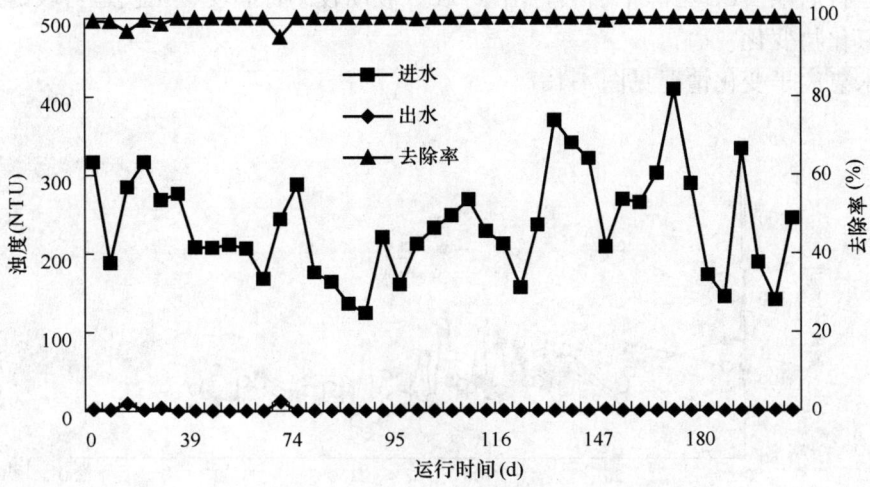

图 4-134　对城市污水中浊度的去除效果

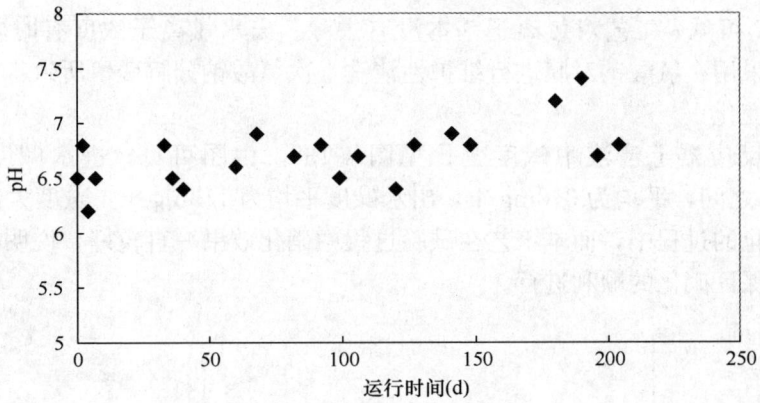

图 4-135　出水 pH 的变化

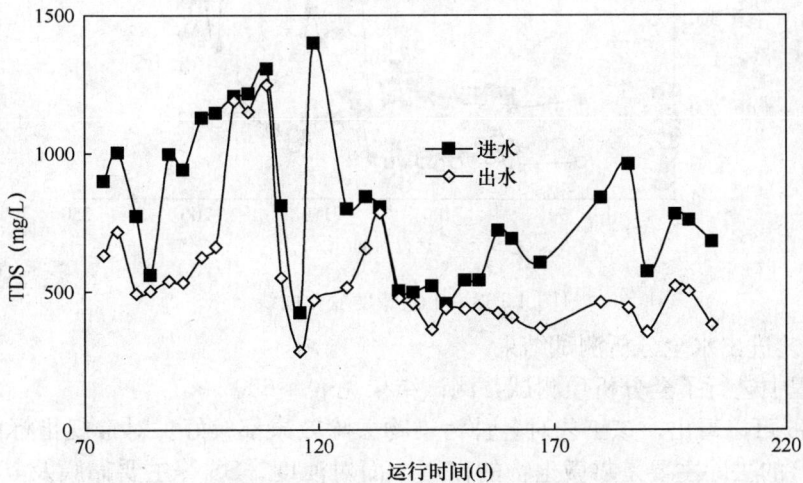

图 4-136　进出水 TDS 的变化情况

工艺运行后期 TDS 去除率加大，出水 TDS 波动较小，表明该工艺运行较稳定。

（8）氯化物变化

进出水氯离子变化情况见图 4-137。

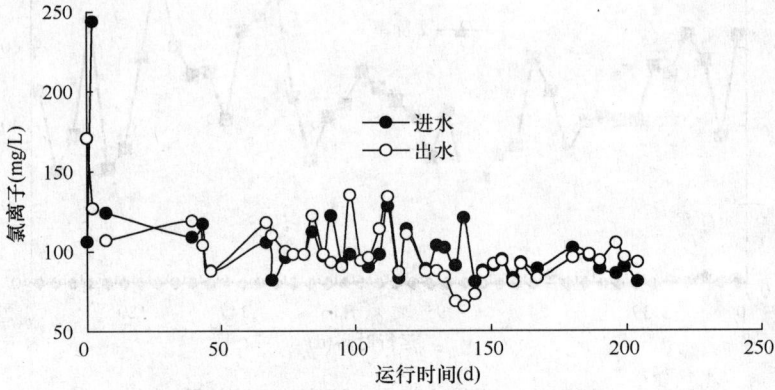

图 4-137　进出水氯离子浓度变化

由图 4-137 可见，工艺对氯离子基本没有去除。出水氯离子浓度有时要高于进水浓度，这主要是采用次氯酸钠对膜进行维护性清洗，次氯酸钠分解残留所致。

（9）碱度变化

进出水及反应器上清液中碱度变化见图 4-138。由图可见，进水碱度大多维持在 200～500mg/L 之间，平均为 310mg/L，出水碱度平均为 113mg/L，碱度大部分都消耗在微生物进行硝化的过程中，而本工艺在试验过程中硝化效果一直较好，说明源水不需要外加碳酸盐就能保证硝化的顺利进行。

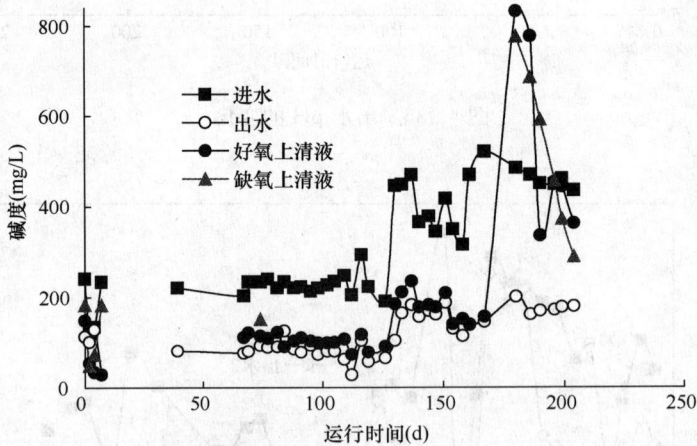

图 4-138　工艺碱度变化曲线

（10）工艺进出水全分析测试结果

试验过程中进行了全分析项测试，测试结果见表 4-66。

由表 4-66 可以看出，该工艺对各种污染物去除效果都较好。对常规指标中 COD、氨氮、TN、TP 的去除主要是靠微生物的作用，而对浊度、SS 等主要靠膜及其表面凝胶层的截留作用；该工艺对氯化物基本没有去除，出水氯化物浓度升高的原因是膜清洗过程中

项目	COD$_{Cr}$ (mg/L)	COD$_{Mn}$ (mg/L)	TP (mg/L)	TN (mg/L)	NH$_4^+$-N (mg/L)	TDS (mg/L)	氯化物 (mg/L)	浊度 (NTU)
进水	246	63	11.37	42.27	35.28	810	128	229
出水	30	10	6.68	23.08	0.19	548	133	0.018

项目	pH	SS (mg/L)	BOD$_5$ (mg/L)	色度 (倍)	总硬度 (mg/L)	余氯 (mg/L)	硝酸盐 (mg/L)	氰化物 (mg/L)
进水	6.5	282	197.6	2000	284.70	未检出	0.81	0.26
出水	6.8	未检出	2.6	100	251.50	未检出	3.0	0.07

项目	硫酸盐 (mg/L)	挥发酚 (mg/L)	溶解氧 (mg/L)	六价铬 (mg/L)	石油类 (mg/L)	LAS (mg/L)	Cu (mg/L)	Zn (mg/L)
进水	126.79	2.80	3.8	0.43	117	4.12	0	2.42
出水	49.95	0.055	4.2	0.35	6.7	0.36	0	0.13

项目	Pb (mg/L)	Fe (mg/L)	Mn (mg/L)	总 Cr (mg/L)	Cd (mg/L)	电导率 (μs/cm)	总碱度 (mg/L)	TOC (mg/L)
进水	0.068	19.7	0.427	0	0	1037	364.92	31.65
出水	0	0.2	0.033	0	0	941	50.83	5.78

残留的氯离子所致；本工艺对难降解的氰化物、石油类、LAS、挥发酚等都有较好的去除效果，这得益于较长的 SRT，使难降解有机物降解菌得以增殖和富集；对 Fe、Mn、Pb、Zn 等金属的去除主要是活性污泥的吸附作用；工艺对硫酸盐也有一定的去除，这可能是由于硫酸盐和一些金属离子形成了难溶物质被吸附在污泥中。

3. 污染物去除效果的影响因素分析

(1) 污泥龄对污染物去除效果的影响

试验过程中，研究了不同污泥龄对 COD 处理效果的影响，图 4-139 为污泥龄分别为 40d、30d、20d 时的工艺进出水的 COD 变化情况。

由图 4-139 可以看出，尽管进水 COD 变化不同，工艺出水 COD 都十分稳定，大多在 10～20mg/L 变化，表明污泥龄在 20～40d 时对 COD 的去除基本没有影响。

图 4-140 为污泥龄分别为 40d、30d、20d 时的工艺进出水的 TP 变化情况。

由图 4-140 可以看出，污泥龄对总磷的去除有很大的影响，生物法除磷主要通过聚磷菌从外部过量摄取磷，并将其以聚合态储藏在体内，形成高磷污泥，排出工艺系统，从而达到除磷效果。因此，泥龄短的工艺由于剩余污泥量较多，可以取得较好的除磷效果。

(2) 水力停留时间对污染物去除效果的影响

图 4-141 是水力停留时间分别为 3h、3.5h、4.5h、6h 时工艺对 COD 的处理效果。

由图 4-141 可见，随着水力停留时间的增加，出水 COD 趋于稳定，去除效果提高；当 HRT 由 3h 增加为 3.5h 时，COD 去除增加比较明显，而继续增加到 4.5h 和 6h，工艺对 COD 处理效果增加不明显，特别是 HRT 达到 6h 时，比较 HRT 为 4.5h 的出水 COD，后期不但没有降低，反而有微小的上升，这说明 HRT 达到 3.5h 时，已经满足要求。

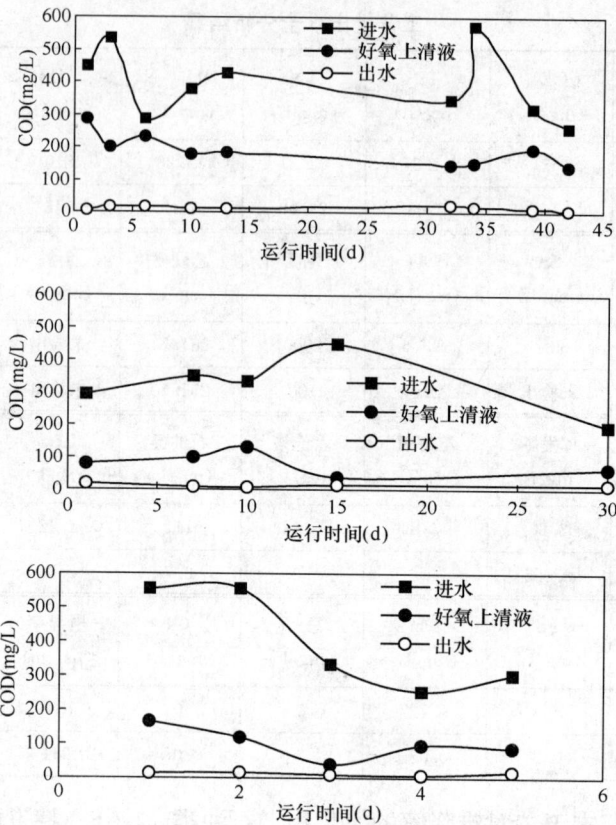

图 4-139 不同 SRT 对 COD 去除效果的影响（SRT 分别为 40d、30d、20d）

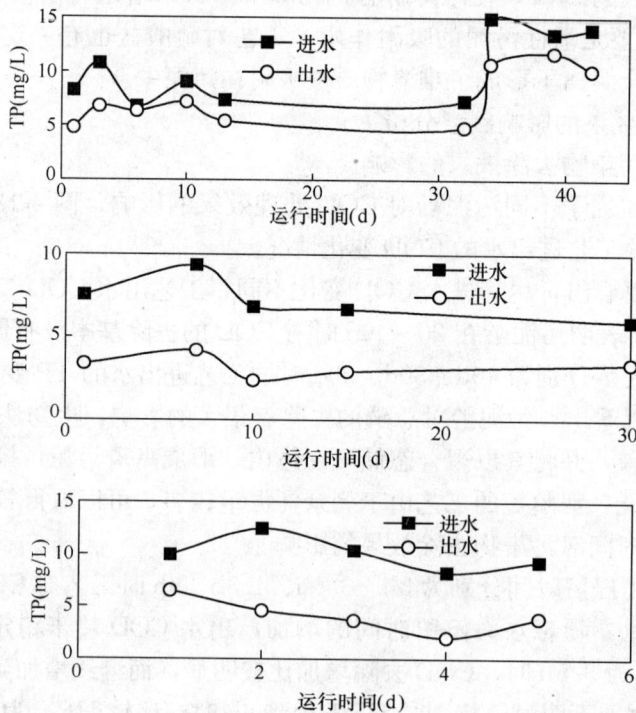

图 4-140 不同 SRT 对 TP 去除效果的影响（SRT 分别为 40d、30d、20d）

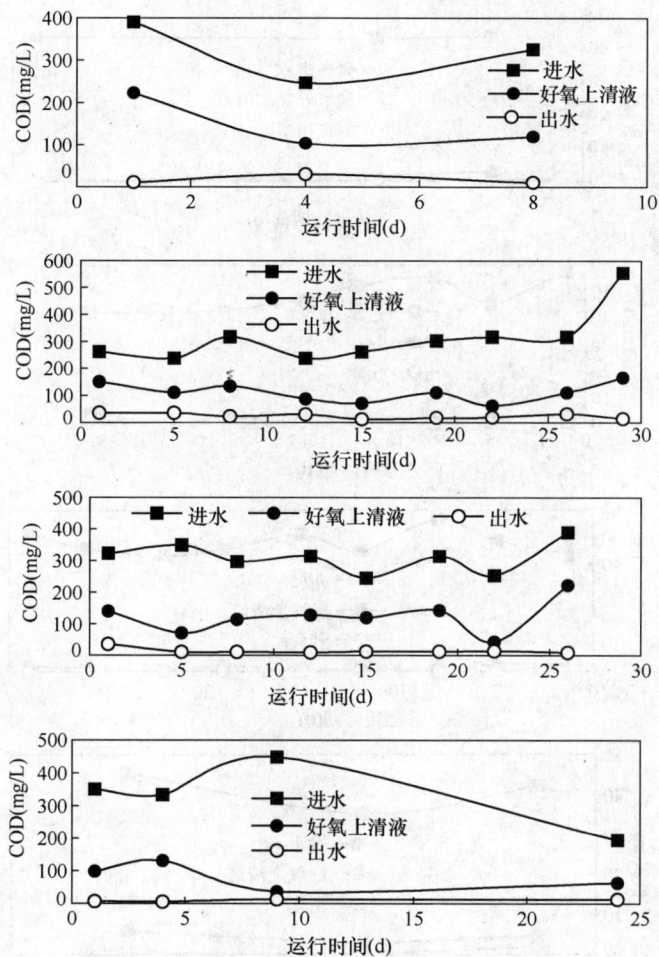

图 4-141 水力停留时间对 COD 去除效果的影响

图 4-142 是水力停留时间分别为 3h、3.5h、4.5h、6h 时工艺对氨氮的处理效果。

由图 4-142 可以看出，水利停留时间为 3h、3.5h、4.5h、6h 时，对氨氮的处理效果基本没有影响。

4. 污泥生长特性分析

(1) 好氧池污泥培养与驯化

先从北小河污水处理厂取好氧污泥 3m³（污泥浓度 MLSS：2.5g/L）投入到好氧池中，然后将污水进入好氧池。当池内液面达到高液位时（设定液位），停止进水。此时投入的污泥进行静态（闷曝）培养，大约 3d 时间（24h 连续曝气），而后观察好氧池内是否出现模糊不清的絮状体（观察方法可用量杯或在池内放入一根填料，经常观察填料上是否有棕黄色菌种出现），如果出现絮状体，说明污泥在此环境下已经开始逐渐繁殖生长，且有了活性。在操作过程中要细心观察污泥沉降性能是否正常。若污泥沉降比不再增加或者有所下降，表明细菌微生物的生长已经进入稳定期。如果当污泥沉降性能差时，需投加适量聚铁促使污泥沉降。这样一直持续到混合液 100mL 的污泥沉降比达到 20%～30%，

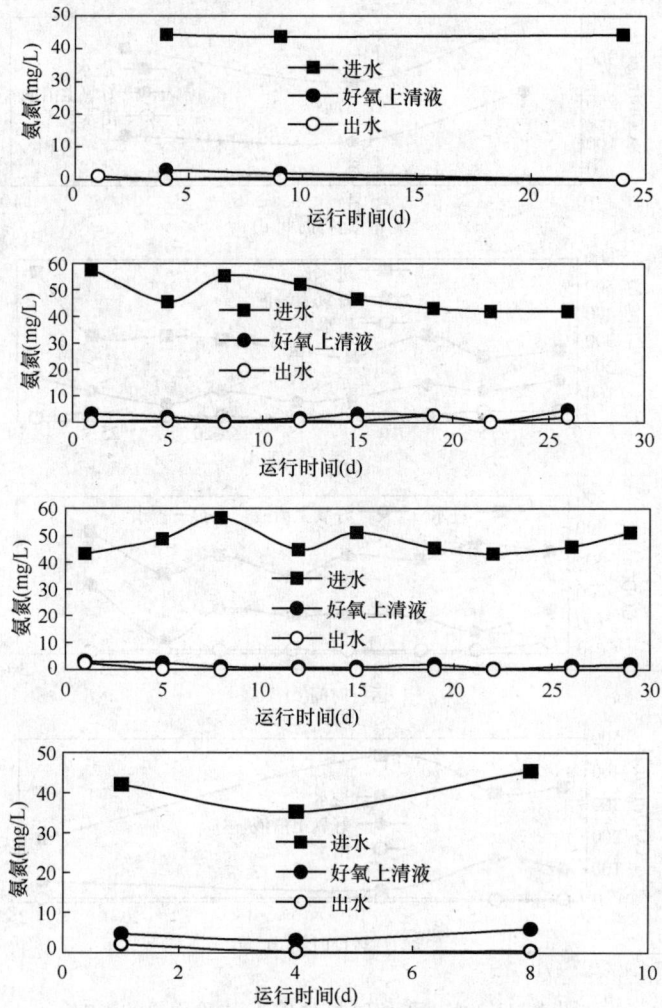

图 4-142　水力停留时间对氨氮去除效果的影响

COD 去除率达到 80%，此时污泥驯化成熟，即开始正常运行。

（2）缺氧污泥的培养与驯化

从污水处理厂取好氧污泥 1m³（污泥浓度 MLSS：2.5g/L），投入到缺氧池中，然后进入污水至高液位（设定液位），开始搅拌进行培养驯化调整 pH 为 7.2～8.9。水温在 25～38℃，好氧细菌逐步转化为兼性厌氧菌，经过一段时间，逐步完成兼性厌氧菌的自然筛选淘汰过程。缺氧池内的厌氧膜开始形成，并生成 1～2mm 厚的棕黄色厌氧细菌。这表明在厌氧污泥已驯化成熟。

（3）污泥生长情况

图 4-143、图 4-144 分别为本工艺缺氧池和好氧池中 MLSS 和 MLVSS 以及 MLSS 与 MLVSS 比值随时间的变化情况。试验中好氧池 HRT 为 3.5～6.3h，缺氧池 HRT 为 2～3.5h；SRT 在 20～80d；好氧池 MLSS 为 3.4～15g/L；进水容积负荷为 0.93～3.81kgCOD/（m³·d），平均为 1.94kgCOD/（m³·d），污泥负荷平均值为

0.155kgCOD/（kgMLSS·d）。

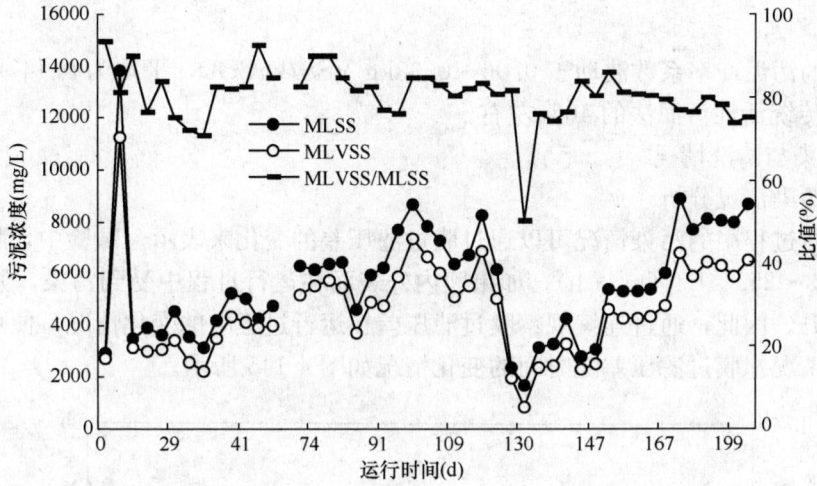

图 4-143　缺氧池污泥浓度变化

本试验运行前 10d，由于工艺处于启动阶段，没有采取排泥措施，反应器中污泥浓度处于上升的状态，当污泥浓度增加到 10g/L 时，采取了排泥措施，由于排泥量较大，反应器中污泥浓度出现下降趋势。第 40d 之后，工艺运行趋于稳定，减少排泥量，每天排泥100L（污泥龄为 50d），污泥浓度表现出明显的上升趋势，之后一直处于稳定状态，直至恢复性清洗后装置重新启动。随后，污泥浓度由 3.6g/L 逐渐增至 7g/L，最后稳定在11g/L 左右。

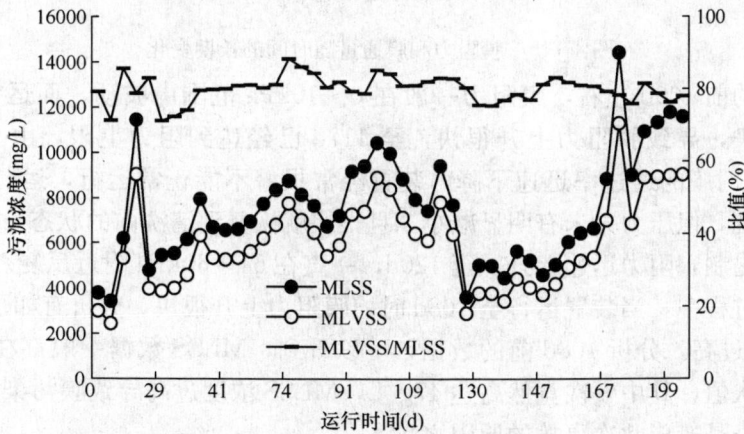

图 4-144　好氧池污泥浓度的变化

生物反应池污泥的 VSS/SS 值在试验期间内无大的变化，稳定于 80% 之间，说明在不排泥条件下连续运行 220 多天生物反应池中的无机物没有出现明显的积累。

试验过程中污泥的沉降性能一直较差，驯化完成后 SV 值随着 MLSS 的升高而增大，由 90% 增到 100%，平均为 99.2%；SVI 平均为 142.5mL/g。在传统的活性污泥工艺中，污泥沉降性能差将直接导致出水水质变差，并影响生化工艺的运行，而本工艺由于是通过膜来实现泥水分离而使工艺运行不受污泥性状的影响，由此说明该工艺的稳定性高。

本工艺的污泥产率系数波动于 $0.06 \sim 0.33$ kg VSS/kgCOD，平均为 0.147 kgVSS/kgCOD，仅为传统活性污泥法的 40% 左右。

5. 膜污染与清洗情况

（1）膜污染情况分析

膜在运行过程中的污染情况可以通过膜过滤压差的变化来表示。试验中，膜通量一直保持在 $12.03 \sim 25.44$ L/（$m^2 \cdot h$），如果膜内外表面在运行过程中受到污染，则会导致膜过滤压差上升。因此，通过连续观察膜过滤压差在运行过程中的变化情况，便可以随时了解膜的污染情况。膜过滤压差随时间的变化情况如图 4-145 所示。

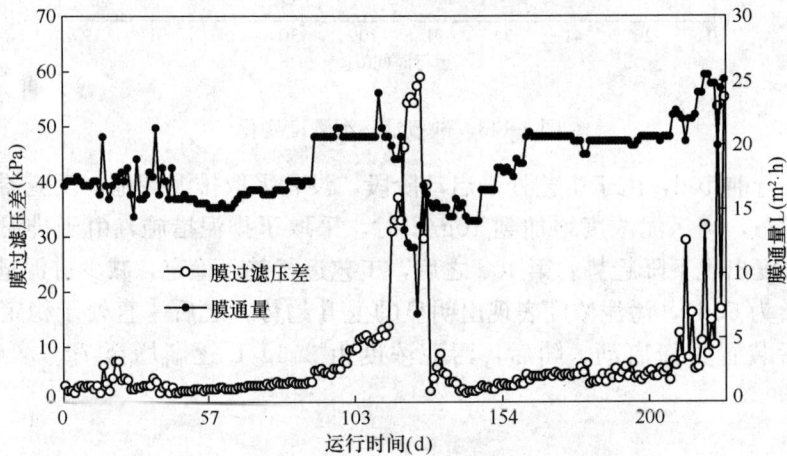

图 4-145　膜阻力和膜通量随时间的长期变化

装置运行的前 100d 左右，膜阻力一般在 $0 \sim 10$ kPa 范围内波动，而运行到 108d 时，由于膜受到污染，导致膜阻力上升很快，至 117d 已经达到阻力上限，由 28kPa 上升到 60kPa，与此同时膜的透过率迅速下降，装置经常报警不能正常运行，运行到 114d 时进行了维护性清洗，但压力并未有明显减小，且很快就恢复到清洗前的状态，阻力上升势头并未得到有效遏制，阻力迅速上升，至 120d，一直在 $54 \sim 60$ kPa 附近反复。

本次试验过程中，当装置运行至 108d 时，膜阻力上升很快，分析有如下几点原因：

1）MLSS 过高。分析 108d 前的数据，可以看到，MLSS 数据一般都在 15g/L 以下，但有两次超过次值，其中一次竟然高达 47g/L，MLSS 浓度过高导致膜污染加剧，特别是其中不可逆污染是造成此次事故的原因之一。

2）DO 浓度过低。装置运行前期 DO 一直维持在 4mg/L 以上，但污染前期 DO 开始下将，有时竟低于 1mg/L。

3）维护性清洗次数不够。本装置的操作手册要求根据实际情况，每周要进行 $1 \sim 3$ 次维护性清洗，其中包括 $1 \sim 2$ 次次氯酸钠清洗和 1 次柠檬酸清洗，而在实际运行时，只是每周进行 1 次常规的维护性清洗。

4）膜通量提高到 20.63 L/（$m^2 \cdot h$）是加剧此次膜污染的直接原因。

（2）膜的清洗与恢复

本次试验所涉及的化学清洗主要包括日常维护性清洗和恢复性清洗。维护性清洗就是定期对膜进行清洗，在膜污染发生的初始阶段所采取的预防膜污染加剧的控制措施，一般每周进行1~3次，采用浓度为200mg/L次氯酸钠洗去微生物、有机物的污染，或用pH为2.5的柠檬酸，洗去碳酸钙和铁盐等污染。恢复性清洗就是在膜污染后期，采用常规措施包括曝气、反冲洗和维护性清洗等已经不能使膜过滤阻力降到较低水平下运行而采取的一种方法。

装置运行的前100d，利用维护性清洗基本能维持膜阻力的稳定，膜阻力一直维持在较低水平，膜阻力在0~10kPa范围内波动；第一次膜污染加剧，维护性清洗已经不能满足稳定膜阻力的要求。恢复性清洗后，装置重新启动，尽管膜通量增加到了20.63L/（m²·h），利用维护性清洗仍然能保持膜阻力在较低水平下运行。当膜通量提高到22.35L/（m²·h），进而增加到25.44L/（m²·h）时，膜阻力增长很快，大约2~3d就要进行一次维护性清洗，清洗后膜阻力能稳定在4~20kPa范围内波动。

120d时停止产水，进行恢复性清洗。首先排掉膜槽中的活性污泥，用清水浸泡，并加大膜槽中的曝气量，浸泡3个小时后，排出清水，发现水中含有大块泥饼，当天下午继续浸泡，排出清水，水中仍有小块泥饼，下午16:30作清水试验，发现膜阻力仍较大，故继续浸泡。第二天下午，膜槽排出的清水中仍有光滑、没有黏性的小块泥饼（图4-146），故采用200mg/L次氯酸钠浸泡。一直到第五天，一直采用次氯酸钠浸泡、排出的方式清洗，期间还将次氯酸钠改为2000mg/L柠檬酸浸泡。第五天下午作了第二次清水试验，两次清水试验见图4-147，从图中可以看出，第二次清水试验较第一次膜通量增加了26.2%。

6. 试验总结

在整个试验过程中，本工艺处理效率高，工艺出水水质稳定，出水COD、氨氮、浊度、细菌等都很低，出水水质已达到或优于《城市生活杂用水水质标准》GB/T 18920—2002，可直接回用：

（1）经工艺去除后，出水COD的浓度绝大部分小于30mg/L，工艺出水COD的平均值为18mg/L；如果排除启动阶段的数据，工艺稳定时期COD平均去除率为94.5%，出水COD平均为14.8mg/L。

（2）工艺对氨氮的去除率可达到95%以上，平均98.6%；出水氨氮浓度大部分低于1.00mg/L。

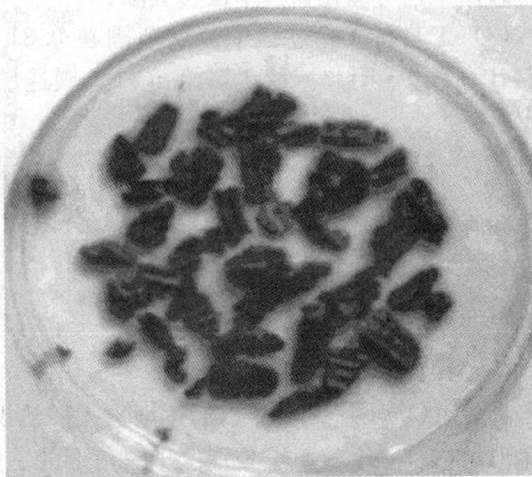

图4-146　浸泡2d后膜箱中排出的泥饼小块

（3）在运行过程中，工艺对TN的去除的效果一般，TN的去除率可保持在50%~80%之间，稳定期间工艺对TN的平均去除率为64.43%，出水TN在11.24~40.92mg/L之间波动，出水TN平均为24.3mg/L。

（4）工艺对TP的去除率可达到6.67%~81.41%，不稳定；后期稳定时期生物除磷

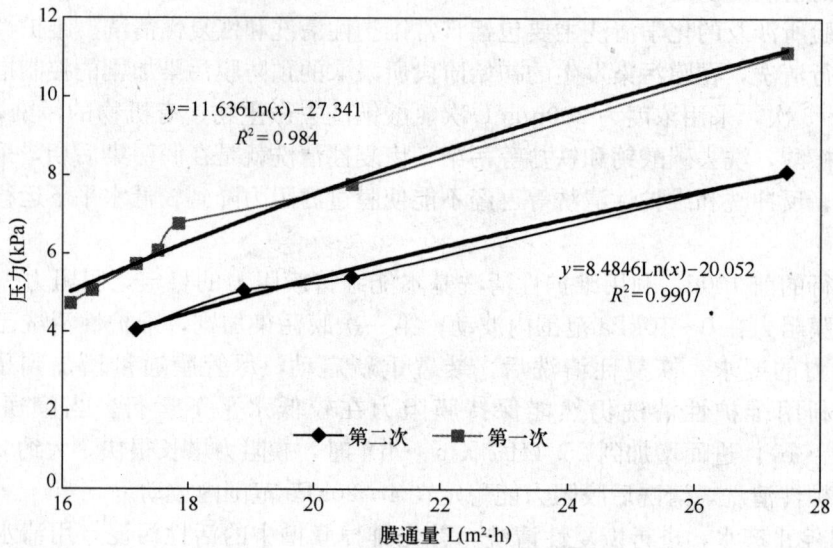

$y=11.636\mathrm{Ln}(x)-27.341$
$R^2=0.984$

$y=8.4846\mathrm{Ln}(x)-20.052$
$R^2=0.9907$

◆ 第二次　■ 第一次

图 4-147　清水试验对比

效果较好，平均可达 61.91%。

（5）工艺对浊度的去除效果一直处于最佳状态，出水浊度几乎接近于零，去除率一直可保持在 98% 以上。

（6）工艺对 TDS 有一定的去除效果，平均去除率为 29.52%，出水 TDS 平均为 562mg/L。

（7）工艺对氯化物基本没有去除。

（8）工艺在试验过程中流量范围在 0.81～1.70m³/h 之间；膜通量范围在 12.03～25.44L/（m²·h）。流量在 1.38m³/h，膜通量在 20.63L/（m²·h）之下可以保持膜阻力稳定。

4.7　臭氧氧化技术

4.7.1　概述

4.7.1.1　臭氧的基本性质

臭氧（O_3）是 1840 年以后逐渐被人们认识的。臭氧是由三个氧原子组成，具有等腰三角形结构。三个氧原子分别位于三角形的三个顶点，顶角为 116.79°（图 4-148），密度约为氧气的 1.5 倍，其沸点和凝固点均高于氧。臭氧液态呈蓝色，固态呈紫色。臭氧是氧气的同素异形体，但它与氧气不同，常温下是一种不稳定的、具有鱼腥味的淡蓝色气体，微量时具有"清新"气味。

自然界中的臭氧，大多分布在距地面 20～50km 的大气中，我们称之为臭氧层。臭氧层中的臭氧主要是紫外线制造出来的。太阳光线中的紫外线分为长波和短波两种，当大气中（含有 21%）的氧气分子受到短波紫外线照射时，氧分子会分解成原子状态。氧原子

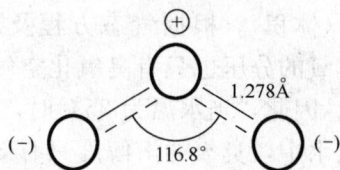

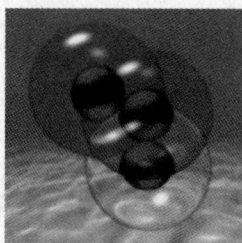

图 4-148　臭氧分子结构

的不稳定性极强，极易与其他物质发生反应，如与氢（H_2）反应生成水（H_2O），与碳（C）反应生成二氧化碳（CO_2）。同样的，与氧分子（O_2）反应时，就形成了臭氧（O_3）。臭氧形成后，由于其相对密度大于氧气，会逐渐地向臭氧层的底层降落，在降落过程中随着温度的变化（上升），臭氧不稳定性愈趋明显，再受到长波紫外线的照射，再度还原为氧。臭氧层就是保持了这种氧气与臭氧相互转换的动态平衡。

在常温常压下，较低浓度的臭氧是无色气体。当浓度达到 15％时，呈现出淡蓝色。臭氧可溶于水，在常温常压下臭氧在水中的溶解度比氧气高约 13 倍，比空气高 25 倍。但臭氧水溶液的稳定性受水中所含杂质的影响较大，特别是有金属离子存在时，臭氧可迅速分解为氧气，在纯水中分解较慢。臭氧的密度是 2.14g/L（0℃，0.1MPa）。沸点是 −111℃，熔点是 −192℃。臭氧分子结构是不稳定的，它在水中比在空气中更容易自行分解。臭氧的主要物理性质列于表 4-67。

臭氧的主要性质　　　　表 4-67

性　　质	单　位	数　值	性　　质	单　位	数　值
相对分子质量	g	48.0	20℃时在水中的溶解度	mg/L	12.07
沸点	℃	−119±0.3	−183℃时的蒸汽压力	kPa	11.0
熔点	℃	−192.5±0.4	0℃及 1atm 时的蒸汽密度与干空气之比	1	1.666
111.9℃时的蒸发潜热	kJ/kg	14.90	0℃及 1atm 时的蒸汽的比容	m³/kg	0.464
−183℃时的液体密度	kg/m³	1574	临界温度	℃	−12.1
0℃及 1atm 时的蒸汽压	g/mL	2.154	临界压力	kPa	5532.3

资料来源 Rice（1996）；USEPA（1996）；White（1999）。

将臭氧通入蒸馏水中，可以测出不同温度、不同压力下臭氧在水中的溶解度。图 4-149 是在压力为 1atm 时，纯臭氧在水中的溶解度和温度的关系曲线。

从图 4-149 可知，当温度为 0℃时，纯臭氧在水中的溶解度可达 1372mg/L。臭氧和其他气体一样，在水中的溶解度符合亨利定律，即在一定温度下，任何气体溶解于已知液体中的质量，与该气体作用在液体上的分压成正比，而亨利常数的大小只是温度的函数，与浓度无关。

由于实际生产中采用的多是臭氧化空气，其臭氧的分压很小，故臭氧的溶解度远远小

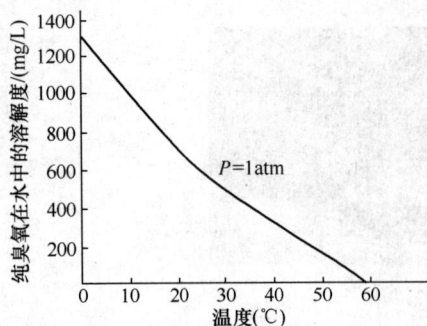

图 4-149　纯臭氧在水中的溶解度

于图 4-149 显示的数据。例如，用空气为原料的臭氧发生器生产的臭氧化空气，臭氧只占 0.6%～1.2%（体积）。根据气态方程及道尔顿分压定律知，臭氧的分压也只有臭氧化空气压力的 0.6%～1.2%。因此，当水温为 25℃时，将这种臭氧化空气加入水中，臭氧的溶解度只有 3～7mg/L。在一般水处理中，臭氧浓度较低，所以在水中的溶解度并不大。在较低浓度下，臭氧在水中的溶解度基本满足亨利定律。臭氧在空气中的含量极低，故分压也极低，那就会迫使水中臭氧从水和空气的界面上逸出，使水中臭氧浓度总是处于不断降低状态。不同含量臭氧在不同温度下的水中溶解度列于表 4-68。

低浓度臭氧在水中的溶解度（mg/L）　　　　　表 4-68

气体质量百分比含量（%）	温　度（℃）						
	0	5	10	15	20	25	30
1	8.31	7.39	6.5	5.6	4.29	3.53	2.7
1.5	12.47	11.09	9.75	8.4	6.43	5.09	4.04
2	16.64	17.79	13	11.19	8.57	7.05	5.39
3	24.92	22.18	19.5	16.79	12.86	10.58	8.09

臭氧反应活性强，极易分解，很不稳定，在常温下会逐渐分解为氧气，其性质比氧活泼，相对密度为一般空气之 1.7 倍。臭氧是一种强氧化剂，在水中有较高的氧化还原电位（$E^0=2.07$），在所有的原子中仅比氟原子（$E^0=3.06$）、氧原子（$E^0=2.42$）、羟基自由基（$E^0=2.80$）低。可见臭氧在处理水中是氧化能力较强的一种。臭氧的氧化作用能导致不饱和的有机分子的破裂，使臭氧分子结合在有机分子的双键上，生成臭氧化物。臭氧化物的自发性分裂产生一个羧基化合物和带有酸性和碱性基的两性离子，后者是不稳定的，可分解成酸和醛。

臭氧可以通过直接和间接两种方式与物质反应。不同的反应途径可以生成不同的氧化产物，而且两种反应方式受不同类型的反应动力学控制。直接反应（即真正的臭氧反应），是臭氧分子直接和其他的化学物质发生式（4-85）所示的反应。根据臭氧的电子结构，在直接反应中主要有以下反应：氧化-还原反应；环加成反应；亲电取代反应。臭氧的间接反应是指利用臭氧分解产生的羟基自由基和化合物的反应。在直接反应中，由于臭氧氧化能力很强，能与许多有机物或官能团发生反应，如 C=C、C≡C、芳香化合物、杂环化合物、N=N、C=N、C—Si、—OH、—SH、—NH$_2$、—CHO 等。碱性条件下臭氧在水体中分解后产生氧化性很强的羟基自由基等中间产物，发生间接氧化反应。

$$O_3+S=SO_x \tag{4-85}$$

$$2O_3+2H_2O \rightarrow 2HO \cdot + O_2 + 2HO_2 \cdot \tag{4-86}$$

羟基自由基是一种氧化性很强，无选择性的氧化剂。在水溶液中能够发生反应通过三种可能的机制：①夺氢反应；②电子转移；③自由基加成。在这个氧化过程产生的次生自由基也能够与臭氧或者其他的化合物反应。

广泛被接受的反应机理称为 Criegee 机理，为德国人 RudolfCriegee 于 1953 年提出。反应机理如下：

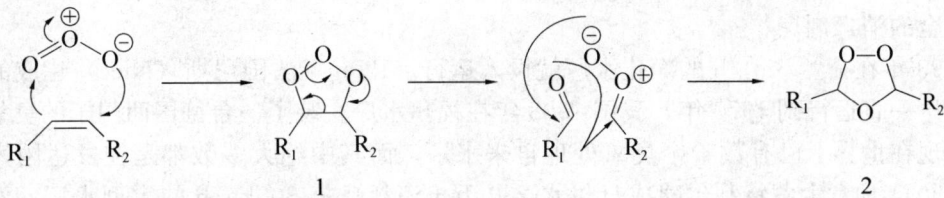

臭氧与烯烃先是发生 1，3-偶极环加成反应生成初级臭氧化物 1，2，3-三氧五环。1，2，3-三氧五环非常不稳定，重排生成相对比较稳定的次级臭氧化物 1，2，4-三氧五环。

臭氧用于杀菌消毒可以达到彻底、永久地消灭其内部所有微生物的程度，原理是臭氧能破坏或者溶解微生物的细胞壁，迅速扩散到细胞内部，氧化破坏细胞内酶导致其死亡。因而早在 1886 年在法国就进行了臭氧杀菌试验。与传统的氯气相比，臭氧的杀菌能力是氯气的 600～3000 倍，在臭氧水中的臭氧一旦达到灭菌的阈值后，消毒、灭菌可以瞬时发生，而 pH 值的变化范围大。臭氧的半衰期短（pH＝7.6 时为 41min，pH＝10 时为 0.5min），容易分解，不会对被处理水体造成污染。

4.7.1.2　臭氧的毒性和腐蚀性

臭氧属于有害气体，浓度为 0.3mg/m³ 时，对眼、鼻、喉有刺激的感觉；浓度 3～30mg/m³ 时，出现头疼及呼吸器官局部麻痹等症，臭氧浓度为 15～60mg/m³ 时，则对人体有危害。其毒性还和接触时间有关，例如长期接触 4ppm 以下的臭氧会引起永久性心脏障碍，但接触 20ppm 以下的臭氧不超过 2h，对人体无永久性危害。因此，臭氧浓度的允许值定为 0.1ppm、8h。由于臭氧的臭味很浓，浓度为 0.1ppm 时人们就能够感觉到，因此，世界上使用臭氧已有一百多年的历史，至今也没有发现一例因臭氧中毒而导致死亡的报道。

臭氧具有很强的氧化性，除了金和铂外，臭氧化空气几乎对所有的金属都有腐蚀作用。铝、锌、铅与臭氧接触会被强烈氧化，但含铬铁合金基本上不受臭氧腐蚀。基于这一点，生产上常使用含 25%Cr 的铬铁合金（不锈钢）来制造臭氧发生设备和加注设备中与臭氧直接接触的部件。

臭氧对非金属材料也有了强烈的腐蚀作用，即使在别处使用得相当稳定的聚氯乙烯塑料滤板等，在臭氧加注设备中使用不久便见疏松、开裂和穿孔。在臭氧发生设备和计量设备中，不能用普通橡胶作密封材料，必须采用耐腐蚀能力强的硅橡胶或耐酸橡胶等。

4.7.2　臭氧氧化技术在再生水处理中的应用

臭氧氧化法在污水深度处理中的应用十分广泛，它在杀菌、消毒、脱色、除臭、氧化难降解有机物与改善絮凝效果等方面有明显的优势。臭氧对于脱除染料废水、印染废水和造纸废水的色度有很好的效果，臭氧能将发色基团大分子降解成小分子，最后有效去除。近年来，随着臭氧放电发生技术的发展，臭氧能耗和运行成本逐步降低，国内外很多污水厂采用臭氧作为深度处理技术。臭氧水处理之所以在世界上得到长足的发展，不仅是由于其有效的去杂与杀菌能力，而且在于经它处理后在水中不产生二次污染（残毒），多余的臭氧也会较快分解为氧气而不似氯剂在水中形成氯氨、氯仿等致癌物质，因而被世界公认为最安全的消毒剂。

1893年在荷兰$3m^3/h$的净化水厂就投入运行。1906年法国尼斯（Nice）建成的臭氧处理水厂一直运行到1970年。我国1908年在福州水厂安装了一台德国西门子的臭氧发生器。到现在世界上已有数千个臭氧处理自来水厂，而其中绝大多数都是在发达国家建设的，1980年加拿大蒙特利尔建成日供水230万t消耗臭氧$300kg/h$的大型水厂，发展中国家只有少量小规模应用。我国自20世纪80年代以来陆续有少量自来水厂采用臭氧法，如北京田村水厂（$15kgO_3/h$），昆明水厂（$33kgO_3/h$），北京北小河污水处理厂采用MBR＋臭氧的处理工艺，臭氧处理单元的主要作用是脱色和消毒。北京清河再生水厂也采用了超滤＋臭氧的再生水处理工艺。还有一些工矿企业内部水厂，如大庆油田、胜利油田、燕山石化等单位的水厂也都有臭氧设备在运行。

臭氧氧化技术在再生水处理工艺中的应用主要包括三个方面：

（1）用作消毒剂或杀菌剂；

（2）用作氧化污染物的氧化剂；

（3）作为提高其他处理单元（包括混凝、絮凝、沉淀、生物氧化、活性炭吸附等）处理效率的预处理或后继处理。

随着应用目的的不同，臭氧处理技术单元在整套工艺中的位置也相应发生了改变。

4.7.2.1　臭氧消毒

1. 臭氧消毒机理

臭氧消毒的原理是臭氧在水中发生氧化还原反应，产生氧化能力极强的单原子氧（O）和羟基（OH），瞬间分解水中的有机物质、细菌和微生物。羟基（OH）是强氧化剂、催化剂，可使有机物发生连锁反应，反应十分迅速。羟基（OH）对各种致病微生物有极强的杀灭作用。单原子氧（O）也具有强氧化能力，对顽强的微生物如病毒、芽孢等有强大的杀伤力。臭氧杀灭细菌和病毒的作用，通常是物理、化学及生物等几个方面的综合作用。其作用机理为：

（1）作用于细胞膜导致细胞膜的通透性增加，细胞内物质外流，使细胞失去活力。

（2）臭氧能与细菌细胞壁脂类双键反应，穿入菌体内部，作用于蛋白和脂多糖，改变细胞的通透性，从而导致细菌死亡。

（3）使细胞活动必须的酶失去活性，这些酶是合成细胞的重要成分。

（4）破坏细胞质内的遗传物质，直接破坏其RNA（核糖核酸）和DNA（脱脂核糖核酸）物质，导致新陈代谢障碍，直至死亡，这一过程是不可逆的反应，是极为迅速的。

（5）臭氧对病毒的作用首先是病毒的衣体壳蛋白的四条多肽链，并使RNA受到损伤，特别是形成它的蛋白质。噬菌体被臭氧氧化后，电镜观察可见其表皮被破碎成许多碎片，从中释放出许多核糖核酸，干扰其吸附到寄存体上。

臭氧水灭菌情况有些不同，其氧化反应有两种，微生物菌体既与溶解水中的臭氧直接反应，又与臭氧分解生成之羟基 OH 的间接反应，由于羟基 OH 为极具氧化性的氧化剂，因此臭氧水的杀菌速度极快。

2. 臭氧化消毒技术特性

臭氧消毒作用是极强的，杀菌力强，菌谱宽，不管对细菌病毒，还是未萌动的孢子都具有杀灭作用。臭氧消毒过程主要有以下特点：

（1）O_3 作为高效的无二次污染的氧化剂，是常用氧化剂中氧化能力最强的（$O_3 >$ $ClO_2 > Cl_2 > NH_2Cl$），其氧化能力是氯的 2 倍，杀菌能力是氯的数百倍，能够氧化分解水中的有机物，氧化去除无机还原物质，能极迅速地杀灭水中的细菌、藻类、病原体等。

（2）O_3 消毒受 pH 值、水温及水中含氨量影响较小，但也有一定的选择性，如绿霉菌、青霉菌等对 O_3 具有抗药性，需较长时间才能杀死。O_3 用于饮用水消毒时，水的浊度、色度对消毒灭菌效果有影响，将有相当一部分 O_3 被用于无机物和有机物的氧化分解上。

（3）O_3 去除微生物、水草、藻类等有机物产生的嗅、味，效果良好，脱色能力比 Cl_2 和 ClO_2 更为有效和迅速。

（4）O_3 消毒效果好，剂量小，作用快，不产生三氯甲烷等有害物质，同时还可使水具有较好的感官指标。O_3 对一些顽强病毒的灭活作用远远高于氯，但水中 O_3 分解速度快，无法维持管网中有一定量的剩余消毒剂水平，故通常在 O_3 消毒后的水中投加少量的氯系消毒剂。

（5）O_3 能将水中不易降解的大分子有机物氧化分解为小分子有机物，并向水中充氧使水中溶解氧增加，为后续处理（特别是生物处理）提供了更好的条件。但从经济上考虑，O_3 投加量不可能太高，所以氧化并不彻底，如果后续工艺处理不当，也会产生三卤甲烷等有害物质。

（6）臭氧消毒作为氯消毒的替代方法，在饮用水处理中被越来越多地被应用。试验表明，臭氧几乎对所有细菌、病毒、真菌及原虫、卵囊都具有明显的灭活效果。

3. 臭氧消毒效果及影响因素探讨

军事医学科学院军队卫生研究所马乂伦教授等人经过对炭疽杆菌、枯草杆菌黑色变种进行臭氧处理试验，总结出杀菌动力学经验公式（4-87）：

$$dN/dt = -KNt^m C^n \qquad (4-87)$$

式中　N——菌数；

　　t——时间；

　　C——水中臭氧浓度；

　m、n——t 与 c 的指数；

　　K——效率常数，也可表示细菌抗力。

由以上公式可以看出单位时间的灭菌量是与水中臭氧浓度及处理时间的若十次方成正比，可见 K 与 N 在不变动的情况下要达到杀菌的目的，必须保证臭氧在水中浓度与一定的接触时间。

臭氧消毒过程除了受上述因素的影响外同时受消毒水质影响，水质组分对臭氧消毒的影响如表 4-69 所示。

废水组分对采用臭氧消毒过程的影响　　　　　　　　　　表 4-69

组　　分	效　　应
BOD、COD、TOC 等	有机物消耗臭氧，消耗量与有机物结构和官能团
腐殖物质	影响臭氧分解速度及需臭氧量
油和脂	有需臭氧
TSS	增加需臭氧量和对裹埋细菌的屏蔽
碱　度	无影响或影响不大
硬　度	无影响或影响不大
氨	无影响或影响不大，在高 pH 时能反应
亚硝酸盐	被臭氧氧化
硝酸盐	能降低臭氧的有效性
铁	被臭氧氧化
锰	被臭氧氧化
pH	影响臭氧的分解速度

臭氧消毒所需剂量可以通过式（4-88）或式（4-89）计算：

$$N/N_0 = 1 \qquad 当 U < q 时 \qquad (4-88)$$

$$N/N_0 = (U/q) - n \quad 当 U > q 时 \qquad (4-89)$$

式中　N——消毒后残余有机体数；

　　　N_0——消毒前存在的有机体数；

　　　U——消耗的臭氧剂量，mg/L；

　　　n——剂量反应曲线斜率；

　　　q——当 $N/N_0 = 1$ 或 $\log N/N_0 = 0$（假定与初始需臭氧量相等）时的 x 截距值。

满足了上式计算出的数值后，所需臭氧剂量取决于废水的组分。表 4-70 为按 15min 接触时间，各种典型水质需要的臭氧剂量。

15min 接触时间，各种废水出水达到各种大肠菌群消毒标准所需典型臭氧剂量　　　表 4-70

废水类型	初始大肠菌数 (MPN/100mL)	臭氧剂量（mg/L）			
		出水标准（MPN/100mL）			
		1000	200	23	＜2.2
原废水	$10^7 \sim 10^9$	15～40			
一级出水	$10^7 \sim 10^9$	10～40			
生物滤池出水	$10^5 \sim 10^6$	4～10			
活性污泥法出水	$10^5 \sim 10^6$	4～10	4～8	16～30	30～40
滤过的活性污泥法出水	$10^4 \sim 10^6$	6～10	4～8	16～25	30～40
硝化出水	$10^4 \sim 10^6$	3～6	4～6	8～20	18～24
滤过的硝化出水	$10^4 \sim 10^6$	3～6	3～5	4～15	15～20
微滤出水	$10^1 \sim 10^3$	2～6	2～6	3～8	4～8

废水类型	初始大肠菌数（MPN/100mL）	臭氧剂量（mg/L）			
		出水标准（MPN/100mL）			
		1000	200	23	<2.2
反渗透出水					1～2
化粪池出水	$10^7 \sim 10^9$	15～40			
间歇砂滤出水	$10^2 \sim 10^4$	4～8	10～15	12～20	16～25

资料来源：White1999。

针对普通城市污水处理厂二沉出水进行了不同臭氧投加量的消毒效果实验，臭氧对细菌总数、大肠杆菌及粪大肠杆菌的灭活效果如图 4-150 所示。

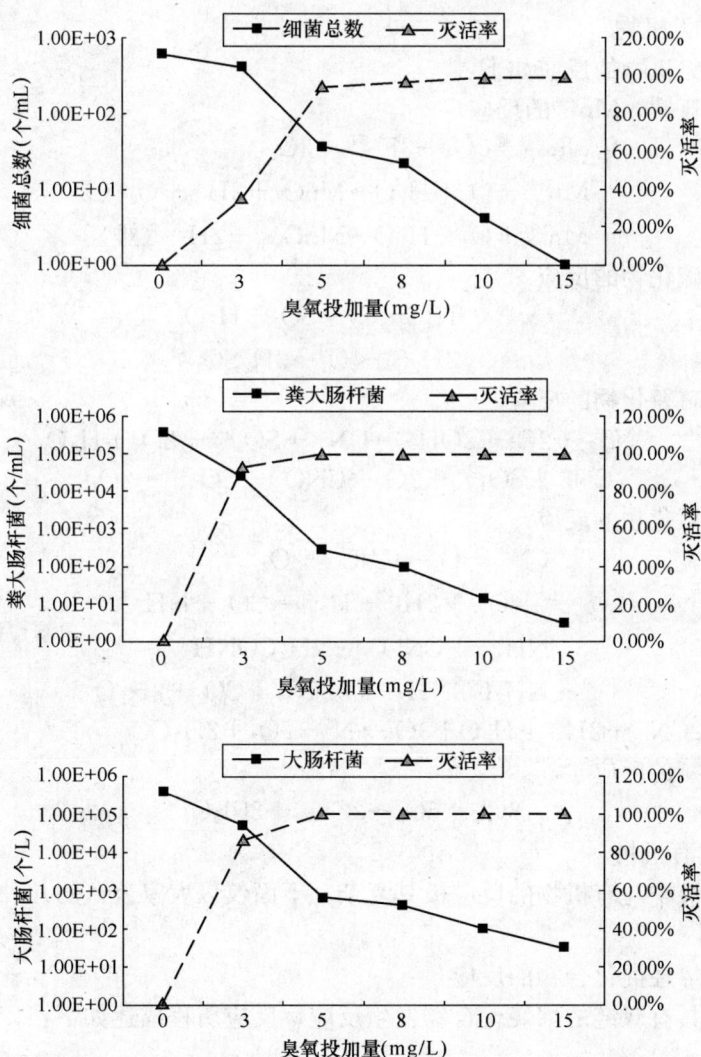

图 4-150　不同臭氧投加量对细菌总数、大肠杆菌及粪大肠杆菌的杀灭效果

细菌总数实际上是指 1mL 水样在营养琼脂培养基中于 37℃培养 24h 所生长细菌菌落总数。此法主要作为判定水污染程度的标志。城市的二级出水细菌总数在 600～700 个/mL 水样中。当臭氧投加量为 5mg/L 时，对细菌总数的灭活率达到 95％。继续加大投加量到 15mg/L 时，每 1mL 水样中的细菌总数无法检出，灭活率达到 100％。说明臭氧化技术对细菌总数的灭活效果是极其显著的，可以作为有效的消毒手段。5mg/L 的臭氧投加量对大肠杆菌的灭活率达到 99％以上。粪大肠菌群是总大肠菌群中的一部分，主要来自粪便。臭氧对粪大肠杆菌的去除效果如图 4-150 所示。当投加量在 5mg/L 时，去除率已经超过 99.9％。当加大到 10mg/L 时，灭活率达到 100％，在每升水样中，无法检出粪大肠杆菌。

4.7.2.2　臭氧直接氧化污染物

臭氧能够与水中很多物质发生反应，臭氧氧化水中的物质可以分为两类：臭氧对无机物的氧化，臭氧对有机物的氧化。

1. 臭氧氧化无机物

臭氧与水中无机物的反应如下：

（1）臭氧与亚铁、Mn^{2+} 的反应

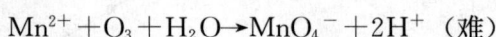

$$3Fe^{2+}+2O_3 \rightarrow 3Fe^{3+}+3O_2$$

$$Mn^{2+}+O_3+H_2O \rightarrow MnO_2+2H^++O_2 \quad （易）$$

$$Mn^{2+}+O_3+H_2O \rightarrow MnO_4^-+2H^+ \quad （难）$$

（2）臭氧与硫化物的反应

$$H_2S+O_3 \rightarrow SO_2+H_2O$$

$$3H_2S+4O_3 \rightarrow 3H_2SO_4$$

（3）臭氧与硫氰化物的反应

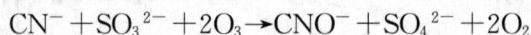

$$CNS^-+2O_3+2OH^- \rightarrow CN^-+SO_3^{2-}+2O_2+H_2O$$

$$CN^-+SO_3^{2-}+2O_3 \rightarrow CNO^-+SO_4^{2-}+2O_2$$

（4）臭氧与氰化物的反应

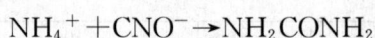

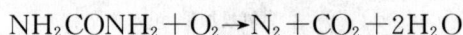

$$CN^-+O_3 \rightarrow CNO^-+O_2$$

$$CNO^-+2H^++H_2O \rightarrow CO_2+NH_4^+$$

$$NH_4^++CNO^- \rightarrow NH_2CONH_2$$

$$NH_2CONH_2+O_2 \rightarrow N_2+CO_2+2H_2O$$

总反应为：$2CN^-+2H^++H_2O+3O_3 \rightarrow N^2+2O_2+2H_2CO_3$

（5）臭氧与氯的反应

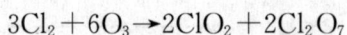

$$3Cl_2+6O_3 \rightarrow 2ClO_2+2Cl_2O_7$$

2. 臭氧氧化有机物

臭氧在水溶液中与有机物的反应极其复杂，下面仅以大家公认的几种反应式列出以供参考。

（1）臭氧与烯烃类化合物的反应

臭氧容易与具有双链的烯烃化合物发生反应，反应历程描述如下：

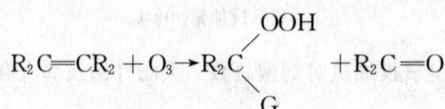

$$R_2C{=}CR_2+O_3 \rightarrow R_2C\begin{smallmatrix} OOH \\ \\ G \end{smallmatrix} \;+R_2C{=}O$$

式中 G 代表 OH、OCH_3、$OCCH_3$ 等基。反应的最终产物可能是单体的、聚合的、或交错的臭氧化物的混合体。

（2）臭氧和芳香族化合物的反应

臭氧和芳香族化合物的反应较慢，在系列苯＜萘＜菲＜嵌二萘＜蒽中，其反应速度常数逐渐增大。

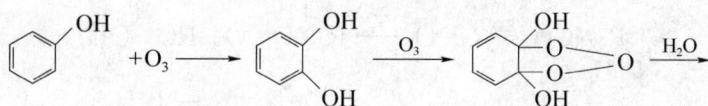

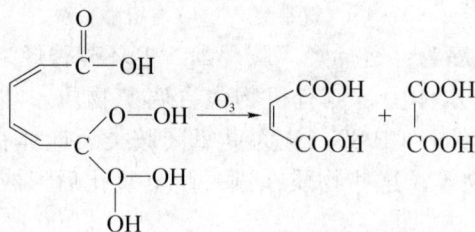

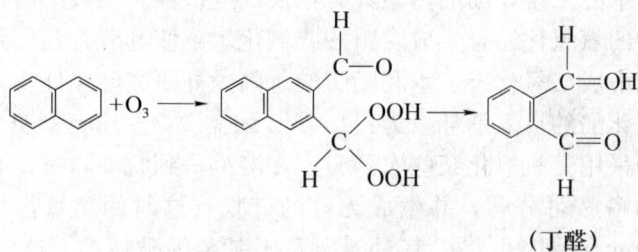

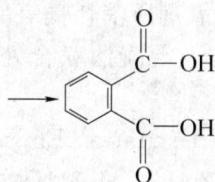

（丁醛）

（3）对核蛋白（氨基酸）系的反应

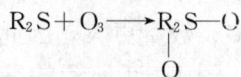

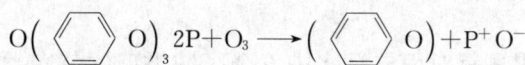

（三苯磷酸盐）

$$R_3N+O_3 \longrightarrow R_3H^+ + O^-$$

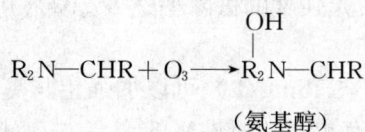

（氨基醇）

（4）对有机氨的氧化

385

$$R-\underset{\underset{H}{|}}{N}-OH \longrightarrow R-N=O \longrightarrow R-\overset{\overset{O}{\|}}{N}-O$$

（羟氨） （硝基化合物）

$$R_2NCH_2-R+O_3 \longrightarrow R_2\overset{\overset{OH}{|}}{N}\overset{\overset{H}{|}}{C}=O + R\overset{\overset{}{C}}{\underset{\underset{O}{\|}}{}}-OH$$

（氨基醇） （氨基醛） （有机酸）

臭氧对下列混合物的氧化顺序为：链烯烃＞胺＞酚＞多环芳香烃＞醇＞醛＞链烷烃。

臭氧同含氮有机物的反应：水体中含氮有机物包含腐殖物质，叶绿素、氨基酸、胺类、硝基化合物、农药等。Laplaich（1982）认为臭氧同胺类反应体在分子内进行重排，形成 N-羟基胺，氮氧配体化合物等，这些物质在进一步臭氧化后形成各种醛、酰胺、酸等物质。

臭氧与酚。对于水源来说，酚的污染具有很大的危害性。在被酚污染的天然水的自净过程中，酚被空气中的氧氧化缩合生成腐殖酸或氧化水解使其芳香核打开后生成一系列氧的化合物，最终可分解成二氧化碳、水和脂肪酸。国内外研究已经证实，臭氧与酚的反应进行得非常迅速，氧化酚的臭氧消耗量为：1mg/L 酚需要 2～4mg/L 臭氧。

臭氧与农药。当采用臭氧氧化某些农药时，在溶液得到脱嗅同时，原来的化合物也被彻底破坏。98％的磷酰胺可分解，并生成无毒的产物（这时的臭氧剂量为 4.6mg/mg），采用臭氧的剂量为 3mg/mg 时可将甲基对硫磷及硝基苯酚破坏掉，这时的反应产物无嗅味。敌敌畏与臭氧反应极为强烈，当臭氧剂所消耗臭氧的数据差别较大，有的油品臭氧消耗量可达 3mg/g，在实践中采用氧化法及混凝法联合处理时，可以从天然水中完全去除石油的剩余含量。

三维荧光光谱（Three-Dimensional Excitation Emission Matrix，3DEEM）技术具有灵敏度高（10^{-9}数量级）、用量少（1～2mL）、不破坏样品结构和操作简单等优点，而广泛用于表征海洋、河流、湖泊、土壤、洞穴滴水等不同来源的荧光类物质（DOM）。目前，3DEEM 技术已经用于饮用水和地表水的物质组成和变化分析中。与饮用水、地表水等相比，生活污水中 DOM 种类更多、数量更大，因此可以采用 3DEEM 技术解析污水中的 DOM 在深度处理过程中的变化。图 4-151 所示的是不同臭氧剂量下水中荧光类物质的变化。

图 4-151 中数据表明臭氧对而二沉水中五个区域类型的荧光类有机物具有很好的降解作用。二级处理出水中腐殖酸类物质和富里酸类物质荧光峰强度分别为 348 和 426。投加量为 2mg/L 时对腐殖酸类物质及富里酸类物质的荧光强度去除率为 57.47％和 54.23％。臭氧投加量增至 6mg/L 时对荧光强度的去除率达 85.92％和 86.62％。

4.7.2.3　臭氧化组合工艺

臭氧在低质量浓度时（0.5～15mg/L）可以加强铝与臭氧氧化的有机物（所有这些产物比未经臭氧处理的化合物具有更高的极性）的亲合力，对有机物起聚合作用，有效地提高它们的分子量，如果接触到铁、铝这类多价阳离子就使氧化后的产物出现絮凝现象。预

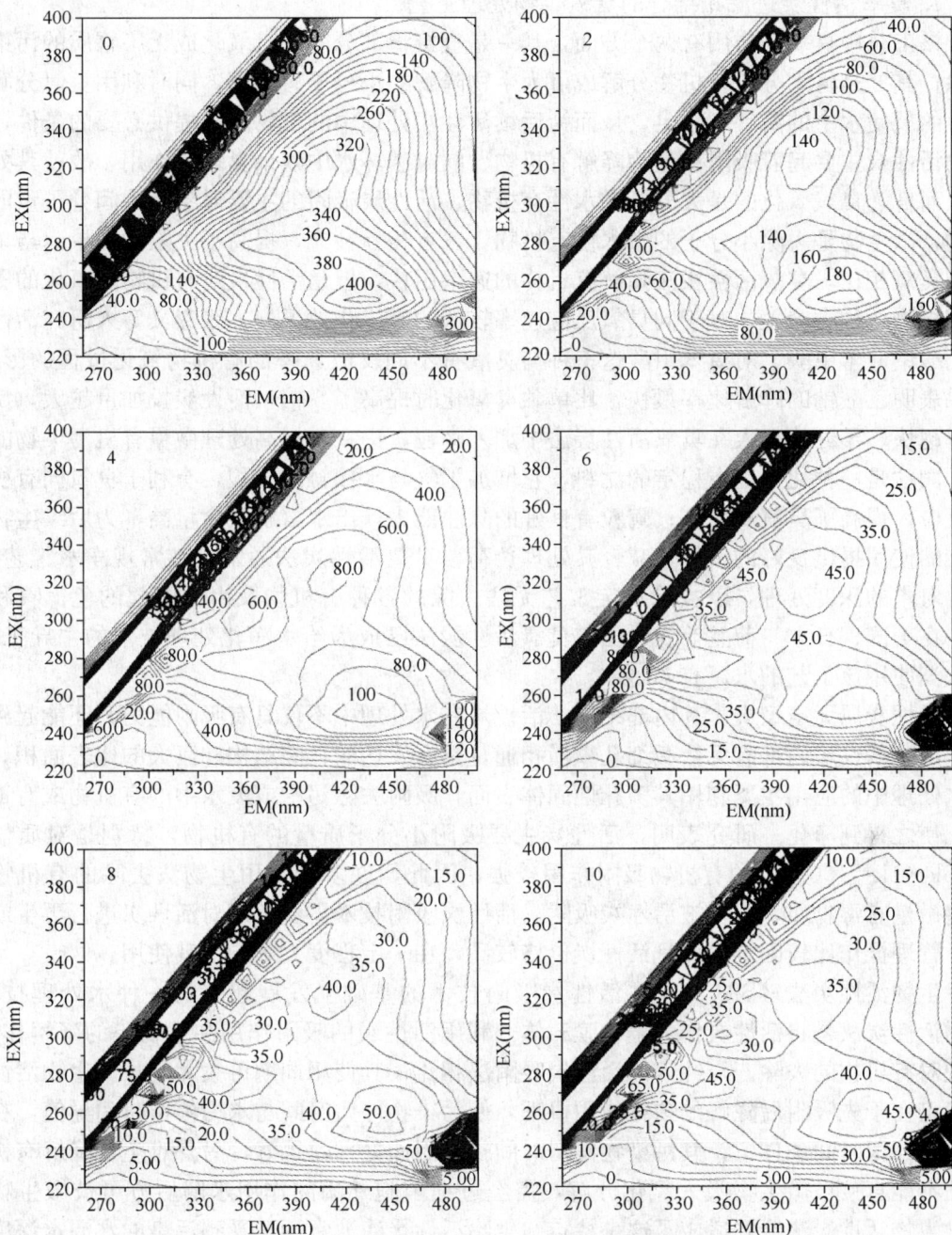

图 4-151　臭氧氧化过程中荧光类有机物的变化

处理中投加臭氧可能对臭氧的氧化能力有利（消毒及消毒副产物、味、嗅的控制）同时还能加强随后的混凝、絮凝以及过滤等工艺。有时可把臭氧看作具微絮凝作用。这种作用有利于降低混凝剂投量、延长过滤周期、提高滤速，并且/或者降低滤后水浊度。投加 O_3 能改变小粒径颗粒表面电荷的性质和大小，使带电的小颗粒聚集；同时 O_3 氧化溶解性有机物的过程中，还存在"微絮凝作用"，对提高混凝效果有一定作用。

1. 臭氧活性炭过滤相结合的臭氧生物处理工艺

该工艺中臭氧的作用有两个方面，其一是直接将部分能被其氧化成无害物质的污染物去除；其二是将大分子有机物分解成可为生物降解的小分子有机物，同时利用臭氧分解后产生的氧使水中的溶解氧充足，从而为后续活性炭处理中的生物降解提供必要的条件，而生物活性炭主要起着吸附和生物降解有机物、同时破坏水中残余臭氧的作用，故就其处理对象而言，臭氧氧化的是大分子憎水性有机物、活性炭吸附的主要对象是中间分子量的有机物，微生物是去除小分子的亲水性有机物，三者相互补充，提高了去除的效果。与单独采用臭氧相比，臭氧活性炭法降解有机物的速率更快，但是活性炭对有机物臭氧化的影响与有机物的种类有关，对于同臭氧反应速率较低的有机物效果好。张彭义等人研究活性炭对乙酸钠、苯甲酸、对氯苯甲酸这三种与臭氧有不同反应速率的有机物氧化过程的影响，结果表明乙酸钠的降解速率最快，比单独臭氧化时提高了 5 倍，活性炭投加量越大，反应速率越快。吴红伟等人在臭氧活性炭法中加入陶粒，进一步提高处理微量有机污染物的效果。陶粒是一种化学性质稳定的滤料，它增加了气与水接触的面积，有利于臭氧同有机物的反应，提高了臭氧利用率；陶粒有良好的除浊能力，出水溶解氧含量高，为后续生物活性炭的使用提供良好的条件，减轻其处理负荷。臭氧活性炭法通常设在常规净水工艺后，作为对水的深度处理，以去除规定工艺无法去除的各种有机物及由此引起的色、嗅和味等。在美国、日本、荷兰等发达国家臭氧活性炭法已成为给水净化处理技术的主导工艺，在欧洲使用该工艺的水厂有 70 多个。

活性炭属无定型炭，其内部结构使活性炭在水处理中不仅具有吸附能力，还能起到催化作用。活性炭内部有无数微细孔纵横相通，具有发达的孔隙结构和巨大的比表面积，在污水处理中的应用主要利用其多孔性固体表面，吸附去除污水或废水中的有机物或有毒物质，使之得到净化。研究表明，活性炭主要吸附小分子质量的有机物，特别是对质量为 $1\sim5k$（$1k=1000\mu$）的有机物吸附作用较强，因此，许多难以用生物法去除的有机物和某些微量有毒物质，都易被活性炭吸附。活性炭吸附技术需要定期对活性炭进行再生或更换，管理操作比较困难，而且活性炭价格较高，在一定程度上影响了其使用。

生物活性炭法（BAC）是在活性炭吸附技术的基础上发展起来的一种水处理技术。生物活性炭法是将活性炭作为生物膜载体，利用活性炭的吸附作用和生物膜的降解作用，实现对有机物的去除。与纯粹的活性炭吸附法相比，其使用周期可大大延长。生物活性炭的优点在于先吸附后降解的独特作用机理，使污染物停留时间与水力停留时间异值，在同等水力停留时间条件下，其污染物停留时间长，因而处理效果好。另外难生物降解有机物往往不能直接被微生物吸入氧化分解，需经过细菌胞外酶的作用水解后方可被微生物利用，生物活性炭法恰好适应了这一特点。生物活性炭滤池常用于受到污染的水源水深度处理的工艺，但水中有不少有机物是不能被生物氧化或者是氧化速度很慢，因此一般在炭池前加臭氧氧化工艺，使难降解的有机物转化成可生物降解的有机物，以提高生物炭滤池处理效率。

臭氧—生物活性炭第一次联合使用是在 1961 年德国 Dusseldorf 市 Amstad 水厂。现在臭氧—生物活性炭技术已被发达国家广泛的应用到污染水源水和城市污水的深度处理。美国加利福尼亚大学的 Eakalak Khan 等人对经过常规处理后的城市污水采用反硝化、混凝、沉淀、石英砂过滤、初级臭氧氧化、生物活性炭、超滤和臭氧杀菌等组合工艺进行深度处理，处理后水回用于生产工艺。加拿大在箭头湖建立了一座 $30m^3/h$ 的深度处理装置，该组合工艺能使处理后城市污水的 TOC 由 20mg/L 降到 1.5mg/L 以下。随着臭氧技术的不断发展，臭氧生物活性炭工艺作为一种经济有效和环境友好的污水深度处理技术在国内具有广泛的应用前景。

2. 案例分析

臭氧氧化对水中有机物可生化性的影响如图 4-152 所示。

二级处理出水经过传统生物处理后 BOD_5 值较低，为 5～7mg/L。大量的研究结果表明，具有饱和构造的有机物（非紫外消光性）容易生化降解，而具有非饱和构造的有机物（紫外消光性）不易生化降解。臭氧氧化优先攻击不饱和键，导致水中具有紫外消光性的物质显著减少，此外臭氧将大分子氧化成结构相对简单的小分子醛类和羧酸类物质，从而提高了出水的可生化性。5mg/L 的臭氧投加量可将二级出水的 BOD_5 由 3mg/L 提高到 5mg/L，相对应 BOD_5/COD 由 0.1 提高到 0.2。继续增大臭氧投加量导致 BOD_5 呈现缓慢下降的趋势，可能由于臭氧氧化过程中产生的易被生物代谢的小分子有机物在过量臭氧存在的条件下被进一步的氧化矿化，导致 BOD_5 出现微弱的下降。

如图 4-153 所示，臭氧氧化对 COD_{Mn} 的去除率约为 $25.8\% \pm 6.3\%$，BAF 对 COD_{Mn} 的去除率约为 $20.9\% \pm 8.7\%$。可知，增加预臭氧工艺之后，可以显著提高有机物的去除率。

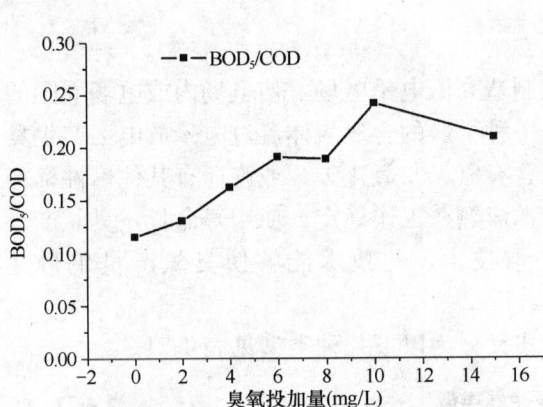

图 4-152　臭氧投加量与污水可生化性的关系

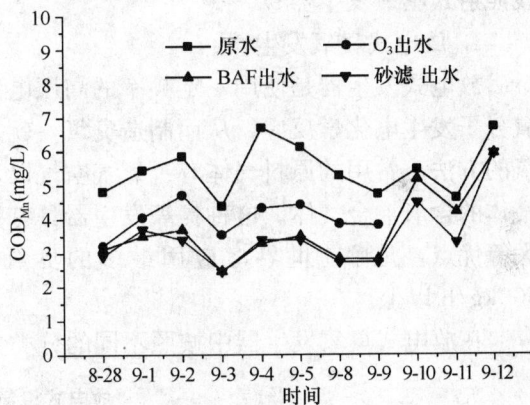

图 4-153　臭氧曝气生物滤池处理
过程 COD_{Mn} 的变化

4.7.2.4　臭氧化副产物

由于经济方面等原因，O_3 投加量不可能大到将大分子有机物全部无机化；另外，即使过量投加 O_3，也会有其他物质出现，也不可能使有机物全部矿化，因为 O_3 氧化大多数有机物产生的不完全氧化产物可能阻碍 O_3 的进一步分解，导致 O_3 不可能将这些中间产物完全氧化，如甘油、乙醇、乙酸等。同时，O_3 不能有效的去除氨氮，对水中有机氯化物无氧化效果。

O_3 处理时与有机物反应生成不饱和醛类、环氧化合物等有毒物质，对人体健康有不良影响。如果水中含有较多的溴离子，O_3 会将其氧化为次溴酸。次溴酸与卤化消毒副产物的前体物反应，会产生溴仿和其他溴化消毒副产物。溴离子还能被进一步氧化为溴酸盐离子，从而导致出水呈致突变阳性。臭氧化后水中可同化有机碳（AOC）上升，可能会造成水中细菌的再度繁殖。为了维持管网中有足量的剩余消毒剂，在臭氧处理后再加氯或氯胺处理会分别生成三氯硝基甲烷和氯化氰，成为新的消毒副产物，其毒性现尚不清楚。对某些农药，O_3 氧化后的产物可能更有害。

但是臭氧氧化含有溴离子的原水时会产生溴酸根。溴酸根已被国际癌症研究机构定为 2B 级潜在致癌物，WHO 建议饮用水的最大溴酸根含量为 $25\mu g/L$，美国环保局（USEPA）饮水标准中规定溴酸根的最高允许浓度为 $10\mu g/L$。臭氧氧化过程中溴酸盐的生成有臭氧氧化和臭氧/氢氧自由基氧化两种途径，控制溴酸盐可以从控制其形成和生成后去除两个方面进行。降低 pH、添加氨气、氯-氨工艺和优化臭氧化条件是控制溴酸盐形成的方法，溴酸盐生成后则可以利用物理、化学和生物方法去除。因此要实现臭氧、致病菌与溴酸盐三者的平衡需进一步探讨臭氧灭菌机理及溴酸盐控制方法。

4.7.3 臭氧制备及氧化反应器

4.7.3.1 臭氧发生器

目前生产臭氧的方法很多，主要差别在于工作原理和气源。按臭氧产生原理不同，目前的臭氧发生器主要有三种：一是放电式臭氧发生器，二是电解式臭氧发生器，三是紫外线照射式臭氧发生器。

1. 放电式臭氧发生器

放电式发生器是使用一定频率的高压电流制造高压电晕电场，使电场内或电场周围的氧分子发生电化学反应，从而制造臭氧，就是一种干燥的含氧气体流过电晕放电区产生臭氧的方法。常用的原料气体有：氧气空气以及含有氮、二氧化碳，或许还有其他惰性稀释气体的含氧混合气体。这种臭氧发生器具有技术成熟、工作稳定、使用寿命长、臭氧产量大等优点，是目前世界上应用最多的臭氧制取技术，此技术能够使臭氧产量单台达 500kg/h 以上。

在放电式臭氧发生器中按照不同的分类方式又分为以下几种类型见表 4-71。

放电式臭氧发生器类型　　　　　　　　　　　　　　　表 4-71

分类依据	发生器的高压电频率	部件结构	介电材料	冷却方式	放电方式	气体原料
臭氧发生器种类	工频（50～60Hz） 中频（400～1000Hz） 高频（>1000Hz）	密闭式 开放式	石英管 陶瓷板 陶瓷管 玻璃管 搪瓷管	水冷型 风冷型	沿面放电 气隙放电	氧气型 空气型

气隙放电是目前实验室研究和实际生产中应用广泛的发生器，根据放电室的几何形状分为板式结构和管式结构两种。结构如图 4-154 所示。

板式结构臭氧发生器以俄罗斯为代表，采用冲压盘式搪瓷技术，放电气隙小，加工精度高，臭氧浓度高，运行较稳定，工业已有规模应用。我国已有企业开始研究此项技术。

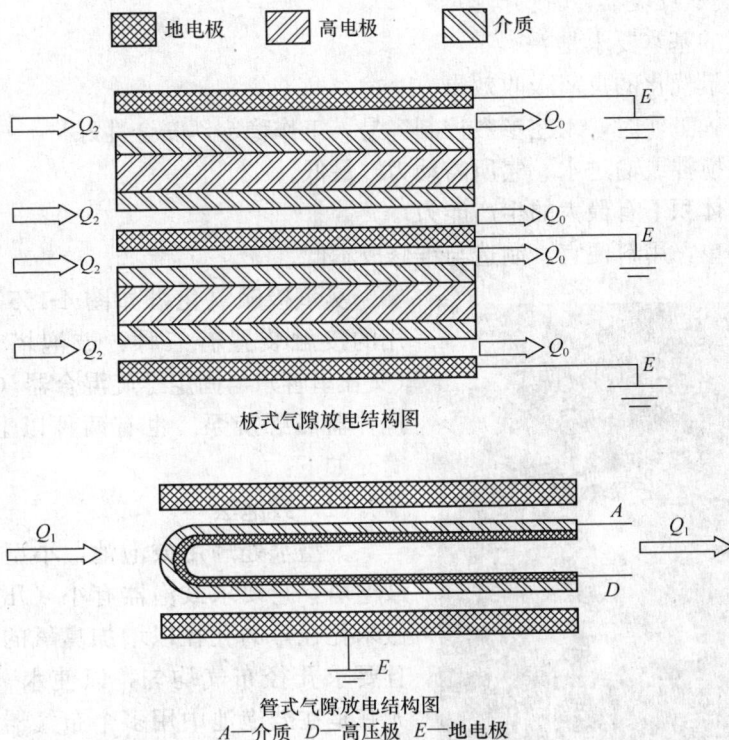

图 4-154 板式结构和管式结构臭氧发生器示意图

板式结构适合中小型臭氧产品，大型臭氧需要多个放电室串联和并联来实现，对系统要求较高。

管式结构臭氧发生器是目前臭氧市场广泛采用、最为成熟的技术，以 OZONIA 和 WEDECO 两公司产品为代表，占据我国大部分大型机臭氧市场，在我国已有单机 45kg/h 产品应用，国际上已有单台臭氧产量 500kg/h 的产品在运行。管式臭氧发生器一般采用玻璃和非玻璃两种介质，电源采用可控硅和 IGBT，频率 800～5000Hz。国内已有企业采用上述技术生产大型臭氧设备单机产量达 20kg/h。

2. 电解式发生器

电解式发生器通常是通过电解纯净水而产生臭氧。在电解池里，水在电极材料的催化作用下被点解成氢气、氧气和臭氧，在阳极产生氧气、臭氧和水，在特殊电解池的阴极产生氢气。这种发生器能制取高浓度的臭氧水，制造成本低，使用和维修简单。但由于有臭氧产量无法做大、电极使用寿命短、臭氧不容易收集等方面的缺点，其用途范围受到限制。目前这种发生器只是在一些特定的小型设备上或某些特定场所内使用，不具备取代高压放电式发生器的条件。

3. 紫外线式臭氧发生器

紫外线式臭氧发生器是使用特定波长（185mm）的紫外线照射氧分子，使氧分子分解而产生臭氧。由于紫外线灯管体积大、臭氧产量低、使用寿命短，所以这种发生器使用范围较窄，常见于消毒碗柜上使用。

4.7.3.2 臭氧反应器

对接触装置的基本要求是：

（1）能保证最优化的臭氧吸收效果。

（2）接触装置工作时，工艺参数控制容易，工作稳定，安全性好。

（3）能耗（搅拌或输送水、气所需动力）最低。

（4）最小的体积下有最大的生产能力。

（5）结构简单，用料便宜，制造与维修成本低。

图 4-155　臭氧接触氧化塔

臭氧接触氧化塔如图 4-155 所示，一般常用的接触装置有三种：鼓泡塔或池，水射器（文丘里管）与固定螺旋混合器（单用或合用），搅拌器或螺旋泵。也有两种以上串联使用的，简介如下：

（1）鼓泡法

大型水处理用鼓泡池，小型水处理则常用鼓泡塔，它要求鼓泡器有小（几个微米到几十微米孔径）的孔径以增加臭氧的比表面积，而且要求孔径布气均匀，以使水、气全面接触，尤其是在鼓泡池中用多个布气器时，同时一般要求从水面到布气器表面，水深不小于 4～5m，以利于气、水充分接触。它的优点是：操作方便，可以很容易改变运行参数而不影响投加效果和工作的稳定，动力消耗少，鼓泡塔结构简单，维修方便。但其体积过于庞大，池式占地面积大，塔式要求较高厂房成本较高。

（2）水射器（文丘里管）

它是利用高速水流在变径管道中流动造成的负压区吸入臭氧气，并形成湍流起到混合效果。而在文丘里管后设置固定螺旋混合器则可进一步起搅拌水、气作用，在较长的距离内保持湍流状态以加强吸收。这种装置由于混合时间很短，所以在其输出管道后常常还需加设贮水罐，以增加水、气接触时间，并使水流速降低以使尾气析出。它的结构比鼓泡塔大大减小，生产成本低，但需加设水泵以保证水的喷射速度，而且工艺参数不易掌握，处理水量不能随意调节，否则将发生气、液两相分离，影响吸收效果。

（3）搅拌法

早期生产的搅拌器类似单缸洗衣机，只是电机上置、外筒做成多角形，利用搅拌造成的涡流使气泡打碎，溶入液体。此类搅拌法效果差，动力消耗大，比鼓泡法体积小但成本并不低，由于有机械运动及臭氧腐蚀，所以机器寿命低，维修费用高。近年有涡轮泵上市，混合效果很好，而且体积小巧，工艺参数操作容易，但结构复杂成本高，动力消耗大，维修复杂，在它的管路后面也需设置贮水罐。

4.8 消 毒 技 术

4.8.1 再生水消毒的指标及标准

再生水在使用过程中，除了与设备、生物和环境直接接触外，与使用者和公众也会不可避免地发生直接或间接地接触。因此，再生水除满足各种使用条件和用途的水质要求外，其卫生学问题关系到社会的公共安全，一直是再生水工程规划、设计、建设和管理等各个部门所关注的焦点。再生水回用于景观环境、娱乐性用途时，由于要与人体接触，因此不能有致病菌，不能检出大肠菌群；回用于农业时，不能有致病菌及寄生虫卵；当再生水用作冷却水时，则要防止对设备的腐蚀及抑制藻类的滋生；再生水回用于清扫道路、汽车清洗时，应避免疾病的传播。消毒过程是再生水生产中的重要环节，如果消毒不充分，致病菌就会对人体健康产生威胁；但如果消毒剂的用量过大，则产生的消毒副产物也会随之增加，并且余氯的过量也会影响再生水在景观、绿化方面的使用。

因此，选取能够恰当地反映再生水消毒效果的卫生学指标是保证再生水安全使用的必要条件。病毒、寄生虫对消毒处理的抵抗力很强，在环境中能存活很长时间且检测相对复杂，周期长且准确度低，因此，病毒和寄生虫不作为水质安全指标。肠道致病菌在水体中的存活时间和对氯的抵抗力与大肠菌群相似，总大肠杆菌尤其是粪大肠杆菌在环境中的出现意味着水体受到了动物和人类粪便的污染，也意味着许多相关病原体的存在，总大肠菌群数和粪大肠菌群数的降低程度可间接反映致病菌相应数量级的减少，因此，通常把它们作为指示粪便污染并且反映污水处理和消毒效果的指示微生物。大肠菌群的检验比较简单，但由于在某些水质条件下，总大肠菌群中的一些细菌能够在水中自行繁殖，其和粪便污染的相关性也受到了质疑，因此，粪大肠菌群对粪便污染的指示作用则更为直接和贴切。

国家环境保护总局和国家质量监督检验检疫总局于 2002 年 12 月 24 日发布的《城镇污水处理厂污染物排放标准》中首次将微生物学指标列为基本控制指标，要求对城市污水必须进行消毒。建设部发布的《城市污水再生利用技术政策》中指出"再生水生产和使用过程应确保公众和操作人员的卫生健康，消除病原体污染和传播的可能性"、"消毒是再生水处理的必备单元"。目前，北京市再生水的卫生学指标执行的是《城市污水再生利用城市杂用水水质》GB/T 18920—2002 中总大肠菌群≤3 个/L（表 4-72）。

我国再生水水质标准中的卫生学指标   表 4-72

相 关 标 准		总大肠菌群	粪大肠菌群
《城市污水再生利用城市杂用水水质》 GB/T 18920—2002		≤3 个/L	—
《城市污水再生利用景观环境用水水质》 GB/T 18921—2002	观赏性景观河道类、湖泊类		≤10000 个/L
	观赏性景观水景类		≤2000 个/L
	娱乐性景观河道类、湖泊类		≤500 个/L
	娱乐性景观水景类		不得检出

相 关 标 准		总大肠菌群	粪大肠菌群
《城市污水再生利用 地下水回灌水质》 GB/T 19772—2005	地表回灌		≤1000 个/L
	井灌		≤3 个/L
《城市污水再生利用 农田灌溉用水水质》 GB 20922—2007	纤维作物、旱地谷物、 油料作物、水田谷物		≤40000 个/L
	露地蔬菜		≤20000 个/L
《城市污水再生利用工业用水水质》 GB/T 19923—2005			≤2000 个/L
《再生水水质标准》 SL 368—2006	地下水回灌		≤3 个/L
	工业用水、牧业、观赏 性景观湖泊类、湿地环境用水		≤2000 个/L
	农业、林业、观赏性景观河道类		≤10000 个/L
	娱乐性景观河道类、湖泊类		≤500 个/L
	城市非饮用水（即城市杂用水）		≤200 个/L

4.8.2 常用的再生水消毒技术

消毒作为再生水处理的最后一个环节，是再生水安全的最后一道屏障，是安全利用再生水的关键。消毒剂的作用包括两个方面：在水进入输送管网前，消除水中病原体的致病作用；在水进入管网起到用水点前，维持水中消毒剂的持续作用，以防止可能出现的病原体危害或再增殖。

消毒是通过消毒剂或其他方法、手段对水中的致病微生物进行灭活，减少对人和生产活动的危害，通常采用化学试剂作消毒剂，但有时也采用物理方法。物理法是采用热、紫外线照射、超声波辐射等方法使蛋白质在物理能的作用下发生变性、凝聚或是破坏微生物的遗传物质，使之不能进行正常的遗传和变异，最终导致个体的死亡或繁殖的停止。化学法则是利用化学药剂使微生物的酶失活，或通过剧烈的氧化反应使细胞质发生破坏性的降解而失去活性使微生物灭活。化学法包括投加液氯、氯化物、臭氧等化学药剂。

4.8.2.1 液氯消毒

液氯具有强氧化性，是我国目前最常用的水处理消毒方法。用于城市水消毒时，氯主要以两种形态使用，以气态元素，或以固态或液态含氯化合物（次氯酸盐）使用。气态氯通常被认为是能在大型设施中使用的氯的最经济形态。次氯酸盐形态主要一直用于小型再生水厂（人数少于 5000 人），或在大型再生水厂中对气态操作安全问题的考虑超过经济考虑时也可采用。

氯气溶解在水中后水解为 HCl 和次氯酸 HOCl，次氯酸再离解为 H^+ 和 OCl^-。消毒主要是 HOCl 的作用。因为它是体积很小的中性分子，能扩散到带有负电荷的细菌表面，具有较强的渗透力，能穿透细胞壁进入细菌内部。氯对细菌的作用是破坏其酶系统，导致细菌死亡。而氯对病毒的作用，主要是对核酸破坏的致死性作用。pH 和温度低时，HOCl 含量高，消毒效果好。pH<6 时，HOCl 含量接近 100%，pH＝7.5 时，HOCl 和 OCl⁻ 大致相等，因此氯的杀菌作用在酸性水中比碱性水中更有效。

　　液氯消毒的优点是工艺成熟、消毒效果稳定可靠、成本低廉，且消毒后的余氯有持续的消毒能力，能防止残余细菌在管道内继续繁殖滋生。然而不足之处是液氯消毒需要较长的接触时间（一般要求不少于 30min），因此需要建造容积较大的接触池。氯气有强氧化性和腐蚀性，对容器和仪器有很强的腐蚀作用，容易发生泄漏事故。存储液氯的容器需要高压容器，对操作人员和周围环境存在威胁，需要为此建造有严格安全规定的氯库和加氯间，并对其位置进行限制。液氯消毒的最大缺陷是能与水中的某些有机物反应生成（三卤甲烷）（THMs）或其他有害的衍生物，产生二次污染，在对水体的水质要求较高时，还要采取措施消除余氯，以减少二次污染。受有机污染的原水中含有氨氮，加氯时会生成一氯胺 NH_2Cl 和二氯胺 $NHCl_2$，此时消毒作用比较缓慢，效果较差，且需要较长的接触时间。污染水源的氨氮和色度偏高，可采用原水折点加氯法。加氯量随水源污染程度而变化。为维持杀灭细菌的效果，管网水中始终要保持余氯的量在 0.5～1mg/L，在管网末端也要保持 0.05～0.1mg/L 的余氯。加氯操作简单，价格较低，且在管网中有持续消毒杀菌作用，除消毒外还起氧化作用。污染的原水采用滤前加氯，称为预氯化。氯和水的接触时间较长，可减轻沉淀池和滤池中的藻类滋长，但氯和有机物反应可生成对健康有害的物质，如三卤甲烷（THMs）和异嗅，除特殊水质条件外不宜采用，原水水质好时，一般为滤后消毒；原水含有机物较多或滋生藻类时，可采用滤前、滤后两次消毒。水和氯应充分混合，接触时间不小于 30min，杀菌作用随氯和水的接触时间增加而增加，接触时间短须增加投氯量。大量加氯使水的 pH 值下降，必须同时加碱，以保持适当的 pH 值。出厂水应脱氯，既保证余氯，又防止自来水有过大的氯味。但是氯在氧化去除或降解有机物的同时，会通过取代反应与有机物结合生成卤代有机物。这些卤代有机物经过动物试验证明是有致突变或致癌活性的。三卤甲烷（THMs）主要是由消毒用的液氯与原水中的腐殖酸等有机物作用而成。氯仿被证实为动物致癌物质。20 世纪 70 年代起，氯消毒在饮用水处理中遇到了三方面的问题：首先是饮用水中不断发现新的病原微生物，其中有一些如隐孢子虫不能被氯杀死。其次，很多研究表明，如果水中含有足够多的可降解有机物，即使维持足够的余氯，细菌仍会在给水管网内再繁殖。只有减少水中的有机营养物，才能抑制细菌的生长。最严重的还是消毒副产物问题。1974 年，科学家首次发现氯消毒时，氯与水中残余的有机物发生化学作用，生成三氯甲烷、溴仿、溴二氯甲烷和氯二溴甲烷等一系列有害的"消毒副产物"。为了控制消毒副产物，各国都制定了严格的标准。美国规定氯仿在饮用水中的污染极限是 $10\mu g/L$，德国 $25\mu g/L$，我国 $60\mu g/L$。由于长期使用液氯消毒，微生物可能产生不同程度的抗药性，液氯消毒投加剂量会因此逐渐增大，对人和生态系统的危害性也会增大。近年来，一些新的消毒剂和消毒方法，如二氧化氯、臭氧和紫外线等正在逐渐取代液氯消毒。已有研究表明：氯对鱼的损害主要是次氯酸。氯气在水中可生成次氯酸，它有强烈的刺激作用，使鱼的次级鳃丝上皮肿胀，柱状细胞完全分解。鳃的损伤使鱼获氧能力下降，严重时会窒息死亡。另外，氯可以使鱼血液中酶的重要活性物质——巯基（SH）氧化，形成很强的不可逆的共价键，因此，因氯中毒失去平衡而垂死的鱼即使放在清洁的水中也不能再存活。

4.8.2.2 次氯酸钠消毒

次氯酸钠属于强碱弱酸盐，是一种能完全溶于水的液体。纯品的次氯酸钠为白色或灰绿色结晶，工业品为淡黄色或乳状剂，有较强的漂白作用，对金属器械有腐蚀作用。含氯消毒剂在水中形成次氯酸，作用于菌体蛋白质。次氯酸不仅可与细胞壁发生作用，且因分子小，不带电荷，故可侵入细胞内与蛋白质发生氧化作用或破坏其磷酸脱氢酶，使糖代谢失调而致细胞死亡。同时，次氯酸产生出的氯离子还能显著改变细菌和病毒体的渗透压，使其细胞丧失活性而死亡。次氯酸钠的浓度越高，杀菌作用越强。

次氯酸钠 NaClO，消毒原理与氯相同。次氯酸钠水解生成次氯酸，次氯酸再进一步分解生成新生态氧 [O]，新生态氧具有极强氧化性。次氯酸钠水解生成的次氯酸不仅可以与细胞壁发生作用且因分子小，不带电荷故易侵入细胞内与蛋白质发生氧化作用或破坏其磷酸脱氢酶，使糖代谢失调而导致细菌死亡。次氯酸分解生成的新生态氧将菌体蛋白质氧化。

次氯酸钠不像氯气等消毒剂在水中产生游离分子氯发生氯代化合反应生成不利于人体健康的有毒有害物质；也不会像氯气同水反应最后形成盐酸那样，对金属管道构成严重腐蚀。不过它同氨可以发生反应，在水中生成微量的带有气味的氯氨化合物，但这种化合物也是一种安全的药剂。次氯酸钠也不存在液氯等的安全隐患，且其消毒效果被公认为与氯气相当。次氯酸钠易于储存，不存在跑气泄漏，可在任意环境状况下投加。

因次氯酸钠易分解，不宜储运，故通常采用次氯酸钠发生器（电解食盐水）现场制备。次氯酸钠制备是由低浓度食盐水通过通电电极发生电化学反应以后生成次氯酸钠溶液。

工业制备的次氯酸钠含有效氯 10%～12%，次氯酸钠发生器电解食盐产生的次氯酸钠有效氯为 0.12%～1.5% 左右。次氯酸钠会产生具致癌、致畸作用的有机氯化物（THMs）；使水的 pH 值升高。就运行成本而言，采用次氯酸钠消毒运行成本费用是很低的，稍比氯气高一些。

4.8.2.3 二氧化氯消毒

二氧化氯是一种广谱性消毒剂，通过渗入细菌细胞内，将核酸（RNA 或 DNA）氧化后，从而阻止细胞的合成代谢，并使细菌死亡。由于 ClO_2 在水中 100% 以分子形态存在，所以易穿透细胞膜。二氧化氯在水中极易挥发，因此不能储存，必须在现场边生产边使用，现场制备二氧化氯的方法主要为化学法和电解法。化学法制备二氧化氯消毒工艺是以氯酸钠、亚氯酸钠、次氯酸钠和盐酸等为原料，经反应器发生化学反应产生二氧化氯气体，再经水射器混合形成二氧化氯水溶液，然后投加到被消毒的污水中进入消毒接触池消毒。电解法制备二氧化氯消毒工艺是以饱和食盐水为原料通过电解产生二氧化氯、氯气、过氧化氢、臭氧的混合气体，用于消毒。混合气体的协同作用，具有广谱的杀菌能力，其消毒效果远强于任何单一的消毒剂。二氧化氯对经水传播的病原微生物，包括病菌、芽孢以及水中异养菌、硫酸盐菌及真菌等具有很好的杀灭作用，有效 pH 值范围为 3～9。

二氧化氯一般只起氧化作用，不起氯化作用，因此它与水中杂质形成的三氯甲烷等要比氯消毒少得多。二氧化氯在碱性条件下仍具有很好的杀菌能力，也不与氨起作用，因此在高 pH 值的含氨系统中可发挥极好的杀菌作用。二氧化氯的消毒作用与氯相近，但对含酚和污染严重的原水特别有效。二氧化氯氧化破坏染料的发色基团和助色基团达到脱色效果，但其脱色具有很大的选择性，对易氧化的亲水性染料有良好的脱色效果，而对疏水性染料脱色效果就差些。而且，二氧化氯可快速有效地氧化破坏来自硫醇、硫醚和其他无机硫化物以及仲胺和叔胺类物质产生的霉臭物质，迅速消除水体及空气中的臭味。在污水处理中加入适量的二氧化氯，可产生絮状物，提高絮凝剂的絮凝作用。经常存在于原水中的氨并不消耗二氧化氯。与液氯不同，在有氨存在时，ClO_2可以做杀病毒剂。这可能就是在氨的浓度变化的水体中，ClO_2作为消毒剂被一些水处理厂用于充分氧化水的历史原因之一。

二氧化氯也是一种强氧化剂，ClO_2的有效氯是Cl_2的2.6倍。消毒能力仅次于臭氧，高于液氯。ClO_2以中性单分子形态存在并进入细胞内部，其效果不受细胞表面负电性的影响，ClO_2透过细胞膜的方式为单纯扩散，不需要载体蛋白（渗透酶）的参与。另外ClO_2能破坏微生物的葡萄糖氧化酶，使其不能参加氧化还原活动并导致细胞的代谢机能发生障碍。ClO_2还可以与细菌中的部分氨基酸发生氧化还原反应，使氨基酸分解破坏，进而控制蛋白质的合成，最终导致细菌的死亡。

但是，随着ClO_2的广泛应用，ClO_2及其消毒副产物对人体健康的影响日益被人们关注。二氧化氯的有机副产物很少，但容易产生对人体有害的亚氯酸盐、氯酸盐等无机副产物。ClO_2消毒的有机副产物的种类和数量与水体的水质情况、pH值条件以及ClO_2的投加量密切相关。有研究表明，ClO_2及其副产物会对动物产生一定的生物学负效应，亚氯酸盐ClO_2^-可导致高铁血红蛋白和溶血性贫血，国际癌症研究所已将亚氯酸盐列为致癌物。美国卫生效应研究实验室测定了某小镇饮用含$5mg/L ClO_2$的水数月后受试者的平均细胞容积、血细胞比容、网状细胞计数、白细胞计数、血中尿素氮、肌酸和胆红素等，结果未发现ClO_2对这些指标有何影响。因此，低剂量ClO_2对人体不会产生有害影响。由于二氧化氯必须在现场边生产边使用，它的制备和运行成本很高，是次氯酸钠运行成本的5倍以上。

4.8.2.4 其他药剂消毒

漂白粉 $Ca(OCl)_2$ 为白色粉末，有氯的气味，含有效氯20%～25%。漂粉精$Ca(OCl_2)$含有效氯60%～70%，两者的消毒作用和氯相同，适用于小水量的消毒。

加氯到含氨氮的水中，或氯与氨（液氨、硫酸铵等）以一定重量比投加时，都可生成氯胺而起消毒作用。氨胺消毒的特点是，可减小氯仿生成量，避免加氯时生成的嗅味。其杀菌作用虽比氯差，但杀菌持续时间较长，因此可控制管网中的细菌再繁殖。适用于原水中有机物较多、管网延伸较长时。氯胺的杀菌效果差，不宜单独作为饮用水的消毒剂使用。但若将其与氯结合使用，既可以保证消毒效果，又可以减少三卤甲烷的产生，且可在延长配水管网中的作用时间。

4.8.2.5 臭氧消毒

臭氧是一种高活性的气体，通过对氧气的放电而形成，其分子式是O_3，是氧的同素异形体。臭氧具有强烈的气味，在常温常压下，臭氧是淡蓝色的具有强烈刺激性气味的气体。臭氧一经溶解在水里，会出现下列两种反应：一种是直接氧化，它是较缓慢的且有明显选择性的反应；另一种则是在水中羟基、过氧化氢、有机物、腐殖质和高浓度的氢氧根诱发下自行分解成羟基自由基，间接地氧化有机物、微生物或氨等。后一种反应相当快，且没有选择性，另外还能将重碳酸根氧化成重碳酸和碳酸。这两种反应中后一种反应更强烈，氧化能力更强。由于氢氧根和有机物等能诱发臭氧自行分解成羟基自由基，所以低pH条件下有利于臭氧直接氧化反应，而高pH值和有机物含量高的条件下则有利于羟基自由基的间接氧化反应。臭氧可杀菌消毒的作用主要与它的高氧化电位和容易通过微生物细胞膜扩散有关。臭氧能氧化微生物细胞的有机物或破坏有机体链状结构而导致细胞死亡。

臭氧是一种强氧化剂，既有消毒作用也有氧化作用，杀菌和除病毒效果好，接触时间短，能除臭、去色、除酚，可氧化有机物、铁、锰、氰化物、硫化物、亚硝酸盐等。臭氧加入水中后，不会生成有机氯化物，无二次污染。臭氧消毒的优点是有强氧化能力，接触时间短；不产生有机氯化物；不受pH影响；能增加水中溶解氧；杀菌效果和杀灭病毒的效果均很好；占地小。

臭氧的半衰期很短，仅为20min，因臭氧不易溶于水中，且不稳定，故其无持续消毒功能，应设置氯消毒与其配合使用。臭氧运行、管理有一定的危险性，臭氧可引发中毒；操作复杂；制取臭氧的产率低；臭氧消毒法设备费用高，耗电大。这些都是限制或影响臭氧消毒广泛推广使用的主要原因。

4.8.2.6　紫外消毒

紫外线应用于再生水消毒主要采用的是C波段紫外线［C波段（UV—C），又称为灭菌紫外线，波长范围为275～200nm］，即C波段紫外线会使细菌、病毒、芽孢以及其他病原菌的DNA丧失活性，从而破坏它们的复制和传播疾病的能力。改变了DNA的生物学活性，使微生物自身不能复制，这就是微生物最重要的紫外线损伤，也是致死性损伤。

紫外线消毒法是一种物理消毒方法，与化学法相比具有不产生有毒有害副产物、消毒速度快、设备操作简单、消毒成本低等优点。化学消毒方法固然在目前的水处理领域占有重要的地位，但是随着人们对水质标准要求的提高和消毒副产物研究的不断深入，以及紫外线消毒机理的深入揭示、紫外线技术的不断发展以及消毒装置在设计上的日益完善，紫外线消毒法有望成为代替传统的化学消毒法的主要物理消毒方法之一。一些对人类危害极大的，而氯气以至臭氧无法或不能有效杀灭的寄生虫类如隐性包囊虫和贾第鞭毛虫等，紫外线都能有效杀灭，且没有消毒副产物，也不增加损害管网水生物稳定性的副产物。因此紫外线消毒技术在发达国家得到了广泛的应用。紫外线消毒没有臭味，占地面积小且易实现自动化；运行管理和维修费用也较低。

由于紫外光须照透污水层才能起消毒作用，污水中的悬浮物、浊度等会干扰紫外光的传播，影响消毒效果。UV消毒系统在使用一段时间之后，反应器与水的接触面会生长生物膜，并且灯管的石英套管表面会结垢，紫外灯管与石英套管需定期更换。水中自由悬浮的细菌容易受到紫外线的照射而失去活性，而另一小部分细菌（约为1%）是附着在颗粒上或是隐藏在颗粒中的，由于颗粒的屏蔽作用，使紫外线不能或只有小部分到达细菌表面，因而很难被杀灭，即使大幅度提高紫外线的照射剂量，收效也很微弱。再生水采用紫外线单独进行消毒处理时，很难达到《城市污水再生利用城市杂用水水质》GB/T 18920—2002的要求。

4.8.3　消毒方式的联合应用

次氯酸钠、二氧化氯等药剂消毒剂及臭氧在使用过程中都会产生一定的消毒副产物，减少其投加量可减少无机副产物的产生。紫外线消毒虽然没有消毒副产物的生成，但其运行成本高且在没有持续消毒能力、没有余氯的情况下，清水池和输送管网中的一些没有致死的细菌会恢复活性，不能保证再生水的安全利用，在再生水用作城市杂用水时，出厂之前还必须采取一些附加措施，如投加适量的氯、氯胺或二氧化氯来提高处理效果和保证管网中水的生物稳定性，防止因滋生细菌而引起二次污染。从目前的水厂运行来看，单独采取某一种消毒手段往往很难达到理想的效果。为了保证及减少消毒副产物的形成，一般采用几种消毒方法的联合应用的方式。两种或两种以上的消毒剂恰当使用，常可提高杀灭微生物的效果，减少抗药性产生，降低消毒剂浓度，缩短作用时间。如何优化多种消毒方式的运行，实现高效经济的消毒系统是再生水厂面临的一个重要问题。采用正交试验可以确定组合消毒工艺的最佳参数，为水厂运行提供技术支撑。

北方某再生水厂处理工艺为超滤膜工艺，规模 8 万 m^3/d。工艺流程及测定设置见图4-156。取样点有：二级进水、超滤膜处理系统出水、臭氧消毒出水、二氧化氯和次氯酸钠消毒出水。

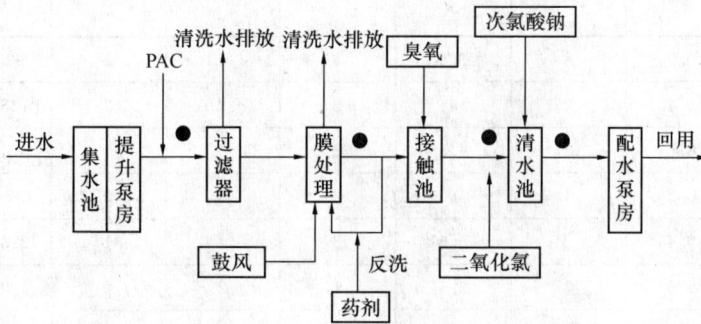

图 4-156 再生水厂工艺流程及测点设置图

在超滤膜对菌群初步去除的基础上，该再生水厂的消毒工艺采用二氧化氯＋次氯酸钠＋臭氧的联合消毒方式。其中，臭氧的主要作用是去除色度，但根据试验数据显示，它对微生物指标也有一定的去除效果。二氧化氯通过现场制备，加氯间主要由氯酸钠储药间、盐酸储药间和二氧化氯制备间组成，二氧化氯制备间内安装 3 台二氧化氯发生器。二氧化氯由二氧化氯发生器制备后，再由加压水泵加压后通过水力喷射器送往清水池系统，加注点在接触池出水至清水池之间的管线上。

针对该再生水厂的水质及工艺情况，开展了三因素三水平的正交试验，在二氧化氯投加量分别为 0、1、2mg/L，次氯酸钠投加量分别为 2、4、6mg/L（以 10％商品计），臭氧的投加量为 3.5、4、4.5mg/L，用有交互作用的多指标正交试验的方法设计了九组试验，用方差分析和极差分析方法对数据进行了统计学分析。具体试验情况见表 4-73。

1. 极差分析

同一目标条件下，R 值越大说明该因素的不同水平所对应的指标间的差异越大，对实验结果的影响就越大，则该因素成为主要因素。膜后与出水总大肠菌群数量差越大表明消毒效果越好。由表 4-73 中 R1 可知，影响膜后与出水总大肠菌群数量差的因素的主次顺序依次为：B 和 C 的交互作用、C、A 和 C 的交互作用、A、B、A 和 B 的交互作用。次氯酸钠和臭氧的交互作用对总大肠菌群的去除具有较大影响，从而说明臭氧的投加不仅能够降低色度，还能同时起到一定的消毒作用。对于膜后与出水总大肠菌群数量差这一指标，各因素水平值的均值越大就证明三者去除菌群数之和越多。由表 4-73 可知，不考虑交互作用时，最佳的水平条件为：A1B2C3，即二氧化氯投加 0mg/L、次氯酸钠投加 0.4mg/L、臭氧投加 4.5mg/L 时总大肠菌群数去除得最多。

针对联合消毒方式的正交试验   表 4-73

	二氧化氯（mg/L）	次氯酸钠（mg/L）	二氧化氯和次氯酸钠的交互作用	臭氧（mg/L）	二氧化氯和臭氧的交互作用	次氯酸钠和臭氧的交互作用	空列	膜后与出水总大肠菌群数量差（个/L）1	余氯 2	成本（元）3
	A	B	A×B	C	A×C	B×C				
1	0	0.2	1	3.5	1	1	1	9050	0.06	0.063
2	0	0.4	2	4	2	2	2	81238.5	0.07	0.071
3	0	0.6	3	4.5	3	3	3	57400	0.08	0.0752
4	1	0.2	1	4	2	3	3	407245	0.12	0.0699
5	1	0.4	2	4.5	3	1	1	22500	0.116	0.0782
6	1	0.6	3	3.5	1	2	2	42900	0.136	0.0643
7	2	0.2	2	3.5	3	2	3	21600	0.133	0.0636
8	2	0.4	3	4	1	3	1	34500	0.197	0.0779
9	2	0.6	1	4.5	2	1	2	15100	0.144	0.086
R1	1.34E+05	1.07E+05	1.02E+05	1.50E+05	1.39E+05	1.51E+05	1.40E+05			
R2	8.80E-02	2.33E-02	3.13E-02	1.93E-02	2.13E-02	2.57E-02	1.33E-02			
R3	6.10E-03	1.02E-02	2.03E-03	1.62E-02	7.23E-03	9.43E-03	4.20E-03			

同理，对于余氯这一指标来说，对其影响的主次顺序为：A、A×B、B×C、B、C、A×C。因此在实际生产运行中，二氧化氯的投加量对余氯影响还是相对明显的，本实验中第 7 次次氯酸钠影响水平次序低于二氧化氯是否和投加量变化幅度太小有关，还有待进一步实验研究分析。由于本实验阶段余氯值偏低，最高值为 0.197mg/L，最低值为 0.06mg/L，故担心管网末端达不到 0.05mg/L，最优结果按余氯越大越好来比较，最优水平为：A1B2C2。

对于成本这一指标，以越小越好进行衡量，对其影响的主次顺序为：C、B、B×C、A×C、A、A×B。最优水平为：A1B1C1。即为最经济的投加方式。

通过以上极差分析，综合三方面的指标进行分析，二氧化氯不投加、次氯酸钠投加 0.4mg/L、臭氧投加 4.5mg/L 时出水效果最好，二氧化氯不投加、次氯酸钠投加 0.4mg/L、臭氧投加 3.5mg/L 时成本最少，下一步试验中可以针对这两种工况各自运行一阶段，从出水指标和经济两方面综合考虑，确定最佳运行方式。如果出水指标仍然差别不大，就可以按照二氧化氯不投加、次氯酸钠投加 0.4mg/L、臭氧投加 3.5mg/L 运行。

2. 方差分析

针对总大肠菌群的去除效果、余氯、成本三个目标又进行了相应的方差分析，表4-74即为膜后与出水总大肠菌群数量差的方差分析表。

对指标膜后与出水总大肠菌群数量差的方差分析表　　　　　　表 4-74

	二氧化氯 (mg/L)	次氯酸钠 (mg/L)	二氧化氯和次氯酸钠的交互作用	臭氧 (mg/L)	二氧化氯和臭氧的交互作用	次氯酸钠和臭氧的交互作用	空 列
	A	B	A×B	C	A×C	B×C	
R	1.34E+05	1.07E+05	1.02E+05	1.50E+05	1.39E+05	1.51E+05	1.40E+05
	8.34E+10	7.47E+10	7.33E+10	9.60E+10	9.05E+10	9.09E+10	8.67E+10
S	3.03E+10	2.16E+10	2.02E+10	4.28E+10	3.73E+10	3.77E+10	3.36E+10
F				1.62	1.41	1.43	

由于 A、B、A×B 三个因素的 S 值小于空列的 S 值，故并入 se 值，查表有 $F_{1-0.05}$ (1，4) =7.71，可知 C、A×C、B×C 三个因素对结果的影响均不显著 [其 F 值均小于 $F_{1-0.05}$ (1，4)]。因此，可知本次试验针对总大肠菌群数的差值这一指标的水平没有拉开，各因素的三个水平的差异对结果没有显著影响。另外，从余氯值可知，本次试验中次氯酸钠投加量整体偏低，如果在此基础之上再进行进一步的正交试验，就应该把三者的投加量的水平距离拉大，先做最低点再做最高点，确定此范围是否合适。表 4-75 是对指标余氯进行的方差分析。

对指标余氯的方差分析表　　　　　　表 4-75

	二氧化氯 (mg/L)	次氯酸钠 (mg/L)	二氧化氯和次氯酸钠的交互作用	臭氧 (mg/L)	二氧化氯和臭氧的交互作用	次氯酸钠和臭氧的交互作用	空 列
	A	B	A×B	C	A×C	B×C	
R	8.80E−02	2.33E−02	3.13E−02	1.93E−02	2.13E−02	2.57E−02	1.33E−02
	1.36E−01	1.25E−01	1.26E−01	1.25E−01	1.25E−01	1.25E−01	1.24E−01
S	1.18E−02	8.49E−04	1.86E−03	6.33E−04	8.45E−04	1.07E−03	2.69E−04
F	44	3.16	6.94	2.35	3.14	3.99	

$F_{1-0.1}$ (1，1) =39.9，$F_{1-0.05}$ (1，1) =161，可知二氧化氯对余氯影响显著，其他因素对结果影响均不显著。因此更加说明，本次试验二氧化氯的投加量梯度符合基本要求，投加 0、1、2mg/L 对结果影响是显著的，而次氯酸钠和臭氧的水平没有拉开。试验发现二氧化氯投量对余氯量有明显影响。由于二氧化氯本身不产生余氯，分析后认为可能是二氧化氯消耗水中还原性物质，减少了次氯酸钠与这些物质的反应，从而导致余氯升高。

在对指标成本的方差分析表 4-76 中，$F_{1-0.1}(1, 2)=8.35$，$F_{1-0.05}(1, 2)=18.5$，臭氧对成本的影响显著，其他因素对结果影响均不显著。

对指标成本的方差分析表 表 4-76

	二氧化氯 (mg/L)	次氯酸钠 (mg/L)	二氧化氯和次氯酸钠的交互作用	臭氧 (mg/L)	二氧化氯和臭氧的交互作用	次氯酸钠和臭氧的交互作用	空 列
	A	B	A×B	C	A×C	B×C	
R	6.10E-03	1.02E-02	2.03E-03	1.62E-02	7.23E-03	9.43E-03	4.20E-03
	4.69E-02	4.70E-02	4.68E-02	4.72E-02	4.69E-02	4.70E-02	4.68E-02
s	6.32E-05	1.97E-04	6.27E-06	3.95E-04	7.82E-05	1.55E-04	2.97E-05
F	1.76	5.48	0.17	10.96	2.17	4.31	

方差分析和极差分析对成本这一指标的结果相同，就是臭氧对成本影响的显著性，因此，在实际运行生产中，在保证出水色度达标的前提下，臭氧投加量应越少越经济，但臭氧对消毒效果的作用不可低估，臭氧在降低色度的同时，从极差分析中可见臭氧和次氯酸钠的交互作用对菌群去除还是有一定影响的。

如果作进一步的联合消毒优化研究，可以考虑考查三种消毒方式单独作用结果，如臭氧后增加取样点等，这样有助于实验设计的优化。

第 5 章　再生水处理新技术

5.1　磁　分　离　技　术

5.1.1　发展历程

磁分离技术是一门比较古老、较成熟的技术，最早应用于选矿和瓷土工业。磁分离技术作为有磁性差异的两种及多种物质的选别手段，在矿石的精选、煤的脱硫、玻璃及水泥等原料的除铁、生物工程中的细胞分离、石化行业的催化剂回收等领域得到了广泛的应用。

磁分离技术用于水处理工程，又可以称得上是一门新兴技术。从 20 世纪 60 年代开始，前苏联用磁凝聚法处理钢厂除尘废水，60 年代末，美国 MIT 教授科姆发明高梯度磁过滤器，70 年代美国应用磁絮凝法和高梯度磁分离法处理钢铁、食品、化工等废水。1974 年瑞典开始用磁盘法处理轧钢废水，随后的 1975 年日本开发盘式"两秒分离机"。我国从 20 世纪 70 年代中期到 80 年代初，将磁分离法用于炼钢、轧钢废水的处理。近年来，随着对水环境质量要求的提高，对深度处理技术的要求也随之提高。磁分离技术作为一种可以高效去除磷的技术在再生水处理领域得到很好的应用。进入 21 世纪，英国剑桥水技术公司将磁分离技术应用于二级出水的深度处理，并取得了很好的效果。

混凝沉淀过滤工艺是目前再生水水处理的常规工艺，主要包含混合、絮凝、沉淀三个工艺流程。该工艺以其技术成熟、处理效果稳定、运行管理经验丰富而在再生水处理中得到了大量的应用，但是，其不足之处为反应时间长，占地面积大，抗冲击负荷能力低。磁分离水处理技术是在传统的混凝、沉淀、过滤处理工艺基础上发展起来的，不同之处是在投加混凝剂之后投加磁种，混凝过程中磁种被絮体包裹起来，在沉淀池中絮体包裹着磁种一起沉淀下来，磁种起到加速沉降的作用。与传统混凝、沉淀、过滤工艺相比可以缩短沉淀、过滤时间，节约占地面积。

根据工艺过程的不同，磁分离技术分为以下三类：

（1）磁凝聚法（CoMag）

CoMag 技术（Co：concrete 混凝，Mag：magnetism 磁分离）是传统深度处理工艺（混凝、沉淀、过滤）与高梯度磁分离技术（HGMS）的融合，其工艺流程如图 5-1 所示。

在反应池中投加混凝剂和磁种，混凝过程中磁种被絮体包裹起来，在沉淀池中絮体包裹着磁种一起沉淀下来，磁

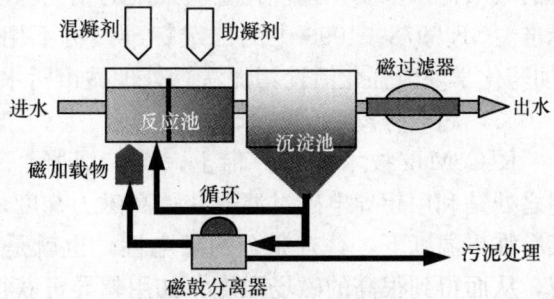

图 5-1　CoMag 技术工艺流程图

种起到加速沉降的作用。沉淀污泥一部分回流到反应池，以增大反应池中的污泥浓度，提高混凝效果；另一部分通过磁鼓将磁种从污泥中分离出来，磁种回到反应池循环利用，污泥进行无害化处理。沉淀池出水采用磁过滤器进一步处理，取代传统的砂滤工艺。

与传统老三段再生水处理工艺相比，该技术优点如下：①添加磁种强化混凝、加速沉淀，从而降低了反应池和沉淀池的容积，进而节省了占地面积；②沉淀池出水经磁过滤器而不是传统的滤池进一步处理，磁过滤对水中弱磁性甚至非磁性微细颗粒的去除效果比较好；③工艺简捷，易于操作管理，受原水水质影响小，抗冲击负荷能力强，不受气候和地理位置的限制，应用范围广；④磁鼓分离器将磁种从污泥中高效分离出来，使磁种得以循环利用。

（2）BioMag 技术

将 CoMag 工艺与活性污泥法结合，形成 BioMag 技术可以达到脱氮除磷的效果。该工艺的实质为生物处理加上加药化学除磷。除磷主要靠化学沉析及混凝磁分离来实现。工艺流程如图 5-2 所示。

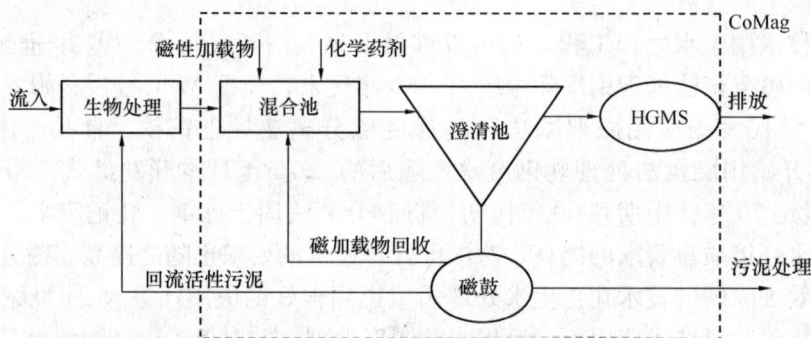

图 5-2　BioMag 技术工艺流程图

我国 2003 年 7 月 1 日开始实施的《城镇污水处理厂污染物排放标准》GB 18918—2002 中，对总氮、氨氮及总磷的指标均作了更严格的控制。同时，随着公众对环境质量要求的提高，国内污水处理厂正在进行提标改造。因此，绝大多数污水处理厂须改进或增加除磷脱氮的处理工艺。

目前国内各设计单位在对城市污水处理选择处理方案时一般选择生物除磷脱氮工艺，对化学除磷一般不予考虑。因为较普遍的看法是："生物法"工艺简单、运行成本低，污泥量少且易于处理；而"化学法"则工艺复杂、运行成本高、污泥量多且难于处理。就一般的城市污水水质，按现在普遍采用的生物除磷脱氮工艺，实际很难达到《污水综合排放标准》GB 8978—1996 中的二级标准，更不用说一级标准了。所以，采用 BioMag 工艺（加药化学除磷强化活性污泥法）处理城市污水有一定的价值。

（3）超磁分离法（ReCoMag）

ReCoMag 技术（Re：稀土，Co：混凝，Mag：磁分离）与 CoMag 技术类似，其不同之处是利用超导电磁过滤器获得高磁力梯度，从而提高处理效率和处理效果。超导体在某一临界温度下，具有完全的导电性，也就是电阻为零，没有热损耗，因而可以用大电流，从而得到很高的磁场强度。如用超导可获得磁场强度为 2T 的电磁体。此外，超导体还可获得很高的磁力梯度。

超导电磁过滤器的特点是：可以获得很高的磁场强度和磁力梯度，电磁体不发热，电耗较少，运行费较低，能制成可以连续工作的磁过滤器。

5.1.2　技术原理

磁分离技术是借助磁场力的作用，对磁性不同的物质进行分离的一种技术。一切宏观的物体，在某种程度上都具有磁性，但按其在外磁场作用下的特性，可分为三类：铁磁性物质、顺磁性物质和反磁性物质。其中铁磁性物质是我们通常可利用的磁种。各种物质磁性差异正是磁分离技术的基础。磁分离法按装置原理可分为磁凝聚分离、磁盘分离和高梯度磁分离法三种，其中磁盘分离法中按使用磁铁类型的不同，又可以分为铁氧体磁盘法和稀土磁盘法。按产生磁场的方法可分为永磁分离和电磁分离（包括超导电磁分离）。按工作方式可分为连续式磁分离和间断式磁分离。按颗粒物去除方式可分为磁凝聚沉降分离和磁力吸着分离。其具体技术原理如下：

（1）感生磁力

磁力公式：

$$F_{磁} = \mu_0 x H \mathrm{grad} H \quad (\mathrm{N/kg} = \mathrm{m/s^2}) \tag{5-1}$$

式中　μ_0——真空的磁导率，$\mu_0 = 4\pi \times 10^{-7} \mathrm{Wb/(m \cdot A)}$；

　　　x——悬浮物的比磁化率（或物体质量磁化系数），$\mathrm{m^3/kg}$；

　　　H——外磁场强度，$\mathrm{A/m}$；

$H\mathrm{grad}H$——磁场力，$\mathrm{A^2/m^3}$。

被分离物质要求是导磁性物质，非导磁性物质通过微磁凝聚技术改性为导磁性絮团，该絮团的比磁化率是感生磁力大小的决定因素之一，外磁场强度和磁场梯度的大小也是感生磁力大小的决定因素。

（2）磁分离原理

利用感生磁力（电磁场或永磁场）将废水中的磁性絮团分离出来，达到水质净化和悬浮物回收的目的。要达到该目的，作用在磁性絮团悬浮物上的磁力 $F_{磁}$ 必须大于与磁力方向相反的所有机械力的合力 $\sum F_{机}$，该合力包括在水介质中的重力分量、微粒沿磁力方向运动时所受到的水介质粘斥阻力和颗粒定向运动的加速阻力。

在大流量、低浓度的水体中，磁性絮团随流体流动，在磁场中受到磁力和机械力的作用，只有满足 $F_{磁} \geqslant \sum F_{机}$ 时，磁性絮团才有可能在磁场作用下被吸附分离。磁性絮团被吸引的磁力要求足够大，大于其他反力，才能将其从水体中分离出来。

5.1.3　磁分离设备

磁分离设备关系到磁种的回收利用程度，因此，应根据现场实际条件，选择合适的磁分离设备，在保证效果的情况下降低成本。目前磁分离设备有高梯度磁分离器、磁盘分离器、磁絮凝器和超导磁分离装置，其中，具有代表性的磁分离设备是高梯度磁分离器和磁盘分离器。

5.1.3.1　高梯度磁分离设备（HGMS）

高梯度磁分离（High Gradient Magnetic Separation，HGMS）是 20 世纪 70 年代初在美国发展起来的一种新的磁分离技术。它的应用已超越了磁选的传统对象（处理磁性矿物）而进入给水处理、废水处理等环境保护领域。HGMS 与其他普通磁分离技术相比，它能大规模、快速地分离磁性微粒，并可解决普通磁分离技术难以解决的许多问题，如：微细颗粒（粒度小到 $1\mu m$）、弱磁性颗粒（磁化率低到 $10\sim6$）的分离等。高梯度磁分离器（磁滤器）是一种过滤操作单元，在设备中使用励磁线圈和磁回路形成高强磁场，利用不锈钢毛作为过滤基质来提高磁场梯度，对颗粒杂质有很强的磁力作用。

高梯度磁分离器是通过增大磁场梯度来实现增大磁场力的。磁场梯度是指单位距离上磁场强度的变化，梯度的产生是靠磁场内的填料来实现的。由于填料选用磁化率很高的材料，磁力线基本上集中从其内通过，在填料表面附近磁力线衰减程度高，从而形成一个高的磁场梯度。当废水流过高梯度磁分离器时，填料对污染物的磁力大于其他力的合力时，污染物被吸附在其上，流过的污水得到净化；切断磁场后，磁力消失，用水或者压缩空气将填料捕集到的污染物反洗下来。HGMS 由于存在反洗过程，采用间歇式工作方式。通过电气控制，采用多腔或多台联合切换使用，可以实现所谓的"连续"处理作业。通过上述过程，达到从废水中去除污染物的目的。

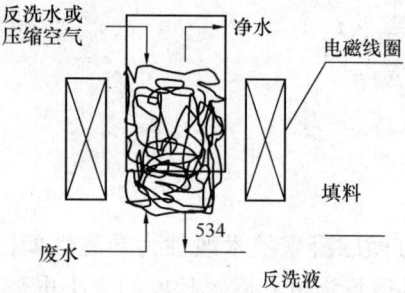

图 5-3　HGMS 结构示意图

1. 高梯度磁分离器及其填料

高梯度磁分离器包括两部分：内部填充导磁填料的容器和磁场。其结构如图 5-3 所示。

高梯度磁分离器分为电磁式高梯度磁分离器和永磁式高梯度磁分离器。图 5-3 即为电磁式高梯度磁分离器示意图。与电磁式高梯度磁分离器相比，永磁式高梯度磁分离器可节省电源，但是，当切断磁场时，必须采用一些运动机构来实现，运行控制复杂。所以一般情况下，电磁式高梯度磁分离器占主导地位。

高梯度磁分离的磁场强度一般为 $0.1\sim1.5T$。通常使用的填料有钢球、多孔板、纤维状或棒状铁磁性非晶质合金、不锈钢毛、海绵状金属等。使用最多的是不锈钢毛。

高梯度磁分离器对介质有如下要求：

（1）可产生高的磁力梯度

钢毛附近产生的梯度与钢毛直径成反比，因此不锈钢毛要细。捕捉粒径 $10\mu m$ 以下的颗粒，不锈钢毛的直径以 $3\sim30\mu m$ 为宜。

（2）可提供大量的捕捉点

钢毛越细，捕获表面积越大，同时捕集点也就越多。

（3）孔隙率大，阻力小，以便于水流通过，钢毛的孔隙率可达 95%。

（4）矫顽力小，剩磁强度低，退磁快，使外磁场去除后易于将吸附在介质上的颗粒反洗下来。

（5）具有一定的机械强度与耐腐蚀性，经长期过滤和反洗后不应折断。

所以，填料的磁性越强，磁分离器的分离效果越好。对同一填料而言，填料越细，产生的梯度也越高，填充的程度高，磁分离效果也越好。

2. 技术特点

高梯度磁分离技术比传统的废水处理技术有许多独特的优点，在废水处理中的应用范围非常广泛，几乎涉及所有水处理领域。在再生水和饮用水处理方面，与传统工艺相比，有机物去除率高，且能去除藻类，出水水质优于砂滤池的出水；对细菌、有机物及重金属的去除也有明显效果。其技术特点如下：

（1）处理废水速度快、能力大、效率高；

（2）设备简易，操作容易，操作及维护费用低；

（3）磁处理可减少或避免使用化学药品，消除二次污染；

（4）处理效果基本不受水温及气候变化影响。

5.1.3.2　磁盘分离器

磁盘分离器与 HGMS 相比的一个较大的区别是，可按连续方式进行作业。大多数磁盘分离设备采用永久磁铁来构造磁场。根据永磁体材料的不同分为稀土磁盘分离器和铁磁盘分离器。

1974 年 8 月，第一台圆盘式磁分离器在瑞典的一个轧钢厂投产，用于处理热轧废水，处理能力为 $45m^3/h$，该设备由瑞典 WTSAB 公司研制。随后，国内外各公司展开了对磁盘分离器的研究。国内，上钢二厂与上海冶金设计院合作，在 1976～1978 年研制过锶铁氧体圆盘式磁分离器，对样机作过鉴定。1991～1993 年，四川冶金环能工程公司利用国内生产的稀土 NdFeB 磁钢，与成钢合作，研制了稀土磁盘分离净化废水设备，处理水量 $500m^3/h$，处理对象为线材热轧废水。设备的磁场强度大于 4000Gs（盘面）。

1. 磁盘分离器原理

通用磁盘分离器原理示意图如图 5-4 所示：

永磁铁按一定方式布置在盘上，多个盘由一根主轴连在一起，然后固定在机架及水槽上，由电机、减速机带动旋转，流体从盘间流过。

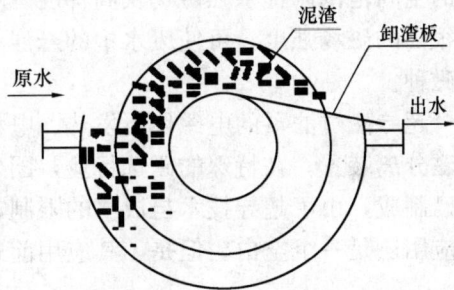

图 5-4　圆盘式磁分离器原理示意图

永磁圆盘式磁分离器是借助磁盘的磁力，将污水中的悬浮颗粒吸着在缓慢转动的磁盘表面，随着磁盘的转动，将泥渣带出水面，经卸渣板将盘面上的污染杂质去除，卸渣后磁盘又进入水中，干净的盘面重新吸着水中的颗粒，如此周而复始运行，达到磁分离净化水中颗粒的作用。

2. 技术特点

目前国内外市场上，各种永磁材料的磁性能最高的当属稀土永磁体。利用稀土永磁材料制成的永磁磁盘称之为稀土磁盘。目前北京市某污水处理厂采用磁盘分离技术处理生活废水，处理能力为 10 万 m^3/d。磁盘分离技术的技术特点如下：

（1）净化效率高，处理时间短。废水在磁盘工作区只需停留几秒即可。

（2）处理量大，可连续工作。

（3）无需反洗，辅助设施少。

（4）占地面积极小。只有普通沉淀池的 1%～5% 左右。

（5）通常采用永磁式，电耗极低。

（6）处理后的污泥含水率低，易脱水。

（7）磁盘设备结构简单，运行可靠，维护方便，无复杂控制系统。

5.1.3.3　磁絮凝器

根据斯托克斯定律，当介质的特性一定时，污水中悬浮颗粒的沉降速度与颗粒直径的平方成正比。因此增大颗粒直径可以提高沉淀效率。

磁絮凝器是利用铁磁性颗粒和顺磁性颗粒物经过磁场时产生"剩磁"（通常保持的剩磁小于 $8Gs/g$）的现象，增大颗粒体积的。当工艺中后接沉淀池时，它利用重力来沉降，在这里重力在分离中起正作用。我们可以把它称为是一种磁场强化重力沉降的技术。当工艺中后接磁吸着设备时，通过增大体积，达到提高磁力的目的，起到和絮凝类似的作用。

磁凝集装置（磁絮凝器）通常由磁体和磁路构成。磁体可以是永久磁铁和电磁线圈。最大的特征就是构成的磁场为均匀磁场或较均匀磁场。颗粒在磁絮凝装置中的停留时间（即磁化时间）应大于 $0.2s$，另外磁场强度应达到 $600Gs$ 以上，对于磁性较弱的颗粒，可以采用高场强的装置。另外，磁场的方向不影响预磁（磁絮凝）的效果，磁场可以平行于水流方向，也可以垂直于流动方向。

5.1.3.4　超导磁分离装置

通常，提高磁场强度即可提高流速，在不影响高梯度磁分离器性能的情况下可以提高废水处理量。但是，随着处理量的增加，分离器的成本与耗电量也显著增高，而且，若超过一定流速，高梯度磁分离器的分离能力就要下降。超导磁分离器可克服上述缺陷，其磁场强度可达 $14T$，由于超导体在临界温度以下无电阻，因此，运行时耗电极低。它能在较大的空间范围内提供强磁场及高梯度磁场，因而可提高处理量。由于超导磁分离器能够产生很高的磁场强度，可使废水中的悬浮状弱磁性颗粒充分磁化，从而可直接去除而不需投加磁种。

超导磁过滤器的电磁体不发热、电耗较少，运行费用低，分离效果远远好于其他类型的磁分离装置。在特殊的磁选行业，国外已有工业超导磁选机应用。供水处理研究用的设备已制成，由于超导技术与成本的限制，目前，超导电磁过滤器在再生水处理工程中的实际应用还是一个空白。但是，其应用前景广阔。

5.1.4　磁分离技术在再生水处理中的应用

进入 21 世纪，针对二级出水的深度处理技术得到飞速发展，磁分离技术作为一种新型深度处理技术得到广泛关注。该技术能够高效去除二级出水中的营养元素磷，使出水磷降低到 $0.05mg/L$ 以下，能够在无氯消毒的情况下去除细菌、病毒和其他病原体，同时，它对 SS、COD 和 BOD 等其他污染物也有一定的去除效果。这项技术处理成本低，工艺简捷，易于操作管理，受原水水质影响小，抗冲击负荷能力强，不受气候和地理位置的限制，应用范围广泛。美国 Woodard & Curran 有限公司研究证明，磁分离水处理技术对降低水中的磷有非常好的效果，城市污水处理厂二级出水经过该技术处理后，总磷可以降低到 $0.05mg/L$ 以下。该将磁分离技术与其他四种新型深度处理技术进行了技术、经济对比。研究成果表明，磁分离工艺灵活、可靠，施工建设以及运行操作都比较简单，是一项非常有发展前景的技术。表 5-1 即为不同深度处理技术的性能对比表，表中从技术的安全性、运行的稳定性、升级改造的便捷性等方面综合评价了目前各种再生水处理新技术的性能效果。从表 5-1 可以看出，与其他类型的深度处理技术相比，磁分离技术的综合效果最好。从表 5-2、表 5-3 也可以看出，在成本方面，磁分离技术的投资成本和运行维护成本最低。因此，磁分离技术作为一种相对高效低成本的再生水处理新技术，得到了国内外广泛关注和应用。

不同深度处理技术性能比较表（TP 降低到 0.05mg/L 以下）   表 5-1

标　准	权　重	Actiflo® +砂滤	DensaDeg™ +砂滤	Dynasand D₂® 过滤	膜处理	CoMag
安全性	4		相　　　　　　　同			
稳定性因素						
工艺灵活性	4	3	3	2	4	5
工艺稳定性	4	3	3	2	5	5
设备稳定性	3	3	3	3	4	4
商业技术成熟度	3	4	4	4	4	3
可行性因素						
工艺组合可行性	4		相　　　　　　　同			
改造可行性	3		相　　　　　　　同			
占地面积	3	2	2	1	4	4
建设的便宜性	2		相　　　　　　　同			
分期改造可行性	2	5	5	2	2	5
运　行　因　素						
人员需求	3	3	3	3	4	5
社会影响	2		相　　　　　　　同			
总权重		70	70	50	88	98

不同深度处理技术投资成本（规模：1.0×10^6 gal/d，单位：10^5 元）   表 5-2

分　　类	Actiflo® 技术+砂滤	DensaDeg™ 技术+砂滤	Dynasand D₂® 过滤	膜过滤	CoMag
总投资	8.00	8.10	7.50	9.20	5.80
工艺设备（不含安装）	2.35	2.36	2.14	2.85	1.67
辅助设备	0.91	0.92	0.84	1.10	0.66
安装和启动	1.20	1.10	1.00	1.40	0.80
厂房建设	0.41	0.54	0.60	0.20	0.27
网络建设	0.29	0.30	0.30	0.29	0.29
应急建设	1.46	1.48	1.38	1.67	1.06
承包费	1.43	1.42	1.30	1.67	1.03

年运行和维护费（规模：1.0×10^6 gal/d，单位：美元）   表 5-3

分　　类	Actiflo® 技术+砂滤	DensaDeg™ 技术+砂滤	Dynasand D₂® 过滤	膜过滤	CoMag
年运行维护费	199	201	200	225	186
人工费	27	27	29	21	21
水电费	19	21	19	29	16
药剂费	82	82	81	83	84
污泥处理费	48	48	48	48	48
维护和大修费	24	24	22	45	17

5.1.4.1　磁分离技术在国内外再生水处理中的应用

磁分离技术以其良好的综合效果在再生水处理领域开始得到应用，但是相对来说，工程规模不是很大，对该技术的工程应用的相关研究工作仍在进行中。近年来，美国剑桥水技术公司在马萨诸塞州 Concord 城进行了三年工程运行，对磁分离技术应用于二级出水深度处理的升级改造加以研究。Concord 地区污水处理厂的处理能力为 4540m³/d（1.2×10^6 gal/d），根据 2007 年 9 月份的运行数据发现，采用磁分离技术后，出水总磷能够降低到 0.1mg/L 到 0.05mg/L，除磷效果很好。美国 Woodard & Curran 有限公司近几年也致力于磁分离技术应用于再生水处理方面的工程实践和研究工作。哈佛大学的研究人员发现某些细菌和病毒常常吸附在磁性粒子表面，采用磁分离的方法去除噬菌体能取得较好的效果。美国麻省理工学院的研究者对城市污水投加磁种和硫酸铝，然后进行磁分离处理，获得了良好的效果。

国内目前还没有磁分离技术应用于再生水处理的工程实例，但是已经有不少水务工作者开始致力于该方面技术的研究，并进行了中试研究。原哈尔滨建筑大学曾与哈尔滨供水厂合作，对磁分离技术在饮用水处理中的应用进行了研究，提出了比较实用的净水工艺。国内某研究机构采用剑桥水技术公司提供的车载试验装置对磁分离技术应用于再生水处理的处理效果进行了研究，研究处理规模为 4～5m³/h，试验取得了很好的除磷和消毒效果。

5.1.4.2　磁分离技术应用于再生水处理的处理效果

国内某研究机构对磁分离技术应用于再生水处理的处理效果进行了深入研究，该研究机构利用剑桥水技术公司提供的车载试验装置进行了中试试验，该中试研究的处理规模为 4～5m³/h，试验过程中混凝剂采用 PAC，助凝剂采用 PAM，投加的磁种主要成分为铁；试验装置反应池容积约 0.3m³，沉淀池容积约 0.09m³，磁过滤器容积约 0.05m³，当进水量为 5m³/h 时，总水力停留时间 5.3min。其中：反应池水力停留时间 3.6min，沉淀池水力停留时间 1.1min，磁过滤器水力停留时间 0.6min。

1. 磁分离技术具有良好的除磷、消毒效果

工程实践表明，只要运行得当，磁分离技术完全可以将二沉出水中的磷降低到 0.05mg/L，除磷效果良好；同时，可以将附着在磁性粒子表面的细菌和病毒去除，除菌效果也很好。中试研究结果见图 5-5，由图 5-5 可以看出，磁分离技术对 TP 的处理效果很好，而且随着混凝剂 PAC 投加量的增大去除率也随之提高。PAC 投加量为 29ppm 时，TP 去除率即可达到 90%，出水总磷小于 0.5mg/L；PAC 投加量为 35ppm 时，TP 去除率可以达到 98%，出水总磷小于 0.1mg/L。磁分离技术具有很强的消毒作用，大肠菌群的去除率 80% 以上，试验出水比进水降低了 1 或 2 个数量级。这与国外对磁分离技术的研究结果基本一致。

2. 对 COD_{Cr}、SS、浊度、色度具有明显的去除效果

在高效除磷、杀菌的同时，磁分离技术还能够明显去除 COD_{Cr}、SS、浊度、色度，而且，其去除效果与 PAC 投加量有关，其去除效果见图 5-6。由图 5-6 可以看出，当 PAC 投加量为 35ppm 时，浊度去除率约 70%，SS 去除率 50%，色度、COD_{Cr} 去除率 40% 左右；当 PAC 投加量再增大时，相关指标的去除效果改变不明显。

3. 对 TDS、NH_4^+-N、TN 去除效果不明显

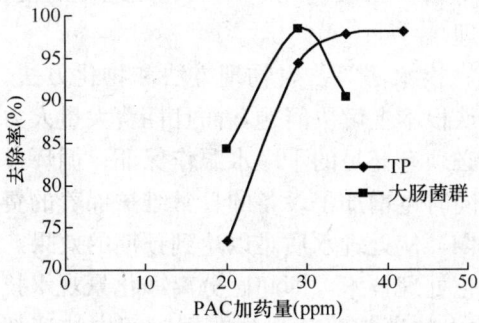

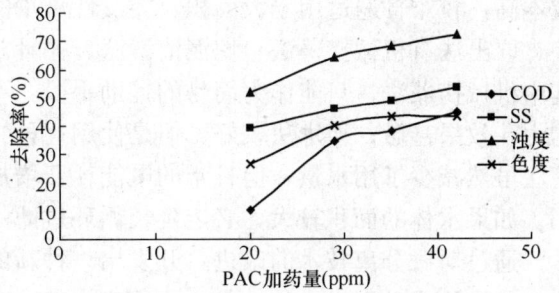

图 5-5 磁分离对二沉出水中 TP、
大肠菌群的去除率

图 5-6 磁分离对二沉出水中 COD$_{Cr}$、SS、
浊度、色度的去除率

从图 5-7 可以看出，磁分离技术对 TDS、NH$_4^+$-N、TN 的处理效果不明显，去除率均在 10% 以下，而且去除率与 PAC 加药量之间也没有相关关系。

磁分离技术应用于再生水处理可以获得很好的处理效果，尤其是磷的处理效果最佳，去除率可以达到 90% 以上；其次是有机物，去除率可以达到 40%；氮去除效果不明显，NH$_4^+$-N、TN 去除率均在 10% 以下。目前，国内大部分污水处理厂脱氮效果较好，而除磷效果有待提高。因此，在再生水处理中，如何高效除磷成为再生水处理的实施重点，该技术除磷效果好，其在再生水处理中的应用优势明显，应用前景大。

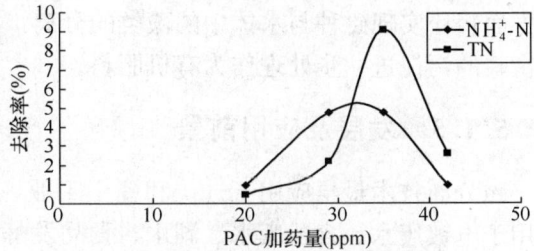

图 5-7 磁分离对二沉出水中
NH$_4^+$-N、TN 的去除率

常规混凝、沉淀、过滤处理工艺的水力停留时间一般不少于 20min。以高碑店污水处理厂内中水处理设施为例，处理规模 1 万 m³/d，反应池停留时间 5min；沉淀池表面负荷 8m³/（m²·h），水力停留时间 8min；滤池设计滤速 8m³/（m²·h），滤层厚度 1150mm，承托层厚度 50mm，水力停留时间约 9min。

因此，与常规混凝、沉淀、过滤处理工艺相比，加载混凝、磁分离水处理技术的一个重要特点是工程应用中可以采用较大的水力负荷，降低水力停留时间，从而减小处理装置的容积、节省占地面积。此特点具有很大的工程应用潜力。

5.1.4.3 磁分离技术应用于再生水维护

磁分离技术还可应用于对景观回用再生水的处理维护。再生水回用于景观水体，由于水体中富集氮、磷等营养物质，使藻类异常增殖，产生"水华"或"湖靛"。景观水体的处理，主要是控制水体中的 COD、BOD$_5$、TN、TP 等污染物的含量及藻类的生长，使其不过度繁殖。从目前的防治污染技术来看，SS 和有机污染物的去除比较成熟，而 N、P、藻类的彻底处理相对较困难。目前除藻的方法可分为两种，一种为消化法，在水中循环消化藻华的方法；另一种为取出法，直接从水中取出藻华的方法。

消化法有紫外杀藻、超声波杀藻等物理法；化学杀藻法、絮凝沉淀法等化学法；生物修复等生物法。消化法处理后，氮、磷和藻华腐殖等营养物质仍在水体中，处理见效慢、成本高，较难普遍适用于大面积、突发性藻华的治理。

取出法有机械捞藻法、挖泥清淤法、循环过滤、换水法等，属物理方法和物化方法。其中机械捞藻法，只能作为简易的辅助手段，不能从根本上解决问题，而且耗费大量人力物力，效果甚微；换水法较好，但是使用这种方法必须有充足的干净水源作保证；循环过滤法虽然减少了用水量，但日常的电能耗费增加，同时也增加了设备的日常维护保养的费用。如果水体的面积较大，必定延长循环过滤的周期，使处理水质难以达到预期的效果。

通过对磁分离技术的改进，开发出一种新的物化处理技术，即超磁分离净化景观水技术。首先将磁种引入水体，加入混凝剂使其与水体中的藻类等悬浮物在短时间内快速架桥，为水中非磁性的藻类悬浮物赋磁，在助凝剂作用下形成紧实的微磁藻华絮团，当水体流经超磁分离设备时，在强的磁力作用下，实现 10s 内将水体与微磁藻华絮团分离，从而实现快速、大流量处理水体中污染物。这个过程中藻类的去除率大于 95%。微磁藻华絮团从水体中去除，使得藻类中含氮、磷的物质尽可能多地移出水体，使水体富营养化的可能性降到最低，从而快速有效地解决除藻之后打捞难的问题，与此同时专业的磁回收技术一方面轻松实现磁种与水体中的藻类的分离，将磁性物质回收再利用，另一方面剩余的富氮富磷的污泥进一步处理作为有机肥料。

5.1.5　发展及应用前景

磁分离技术最早应用于选矿和瓷土工业，20 世纪七八十年代，国内外对磁分离技术应用于电镀废水、含酚废水、湖水、食品发酵废水、含油废水、钢铁废水和厨房污水处理等方面进行了深入研究并取得一定成果，有的已应用于实际废水处理。随着全球水资源的短缺和水质标准的提高，国内外加大了对再生水处理技术的研究力度，而磁分离技术以其处理效果好、成本低等优势成为研究热点之一。磁分离技术有良好的除磷效果，因此，可应用于以脱氮除磷为目的的污水厂升级改造和二级出水深度处理，保证出水磷的达标，同时磁分离技术对有机物、悬浮物、病原微生物、细菌、藻类等也具有很好的处理效果；另外，与传统混凝、沉淀、过滤再生水处理工艺相比，磁分离技术抗冲击负荷能力强，沉淀、过滤时间短，磁场的引入使混凝工艺的分离速度较常用的斜管沉降法提高 10~50 倍，可极大地提高水处理速度和减少占地，易于实现自动化控制及小型集成化设备。磁分离技术的上述优点，使其在再生水处理和再生水景观维护方面前景广阔。经过 20 多年磁分离技术应用于水处理行业的发展，磁分离技术已从处理磁性污染物废水扩大到处理非磁性污染物废水，形成了较完整的工艺技术及磁过滤理论体系。尽管如此，大型磁场系统的研制、工程规模的形成及面向各种水质的普适性方面仍存在诸多困难，如接磁种的方法、磁种的选择及磁种回收工艺需要研究改进，其理论亦有待发展和完善。因此，基于实现强化磁场的磁性材料的选择与研制、可变磁场的控制及磁絮凝反应动力学行为等方面的基础理论研究是本领域未来的主攻方向，吸收相关学科的知识，积累大量的科学研究数据，有可能在水处理领域里实现机电磁一体化的高效设备。相信随着该技术的不断成熟，磁分离技术处理再生水具有良好的应用前景。

近几年来，磁分离技术在水处理中单独应用研究不是很多。磁分离技术与其他水处理技术之间的结合是比较热门的领域。但磁场的生物效应以及磁化水能脱垢等这些问题的作用机理仍然没有研究清楚，影响着磁分离技术的广泛应用。因此，有效地利用磁场的能量，注重磁场的生物效应和磁场强化絮凝机理的研究，不断与其他技术相互渗透、共同作用来达到再生水处理的基本要求，开展这方面的研究工作无疑具有重要的意义。

5.2 磁树脂交换技术

5.2.1 离子交换技术

离子交换法是利用离子交换树脂上的可交换离子或基团与水中其他同性离子进行离子交换反应的一种水处理方法。在废水处理中用于去除金属离子和一些非金属离子。例如，去除废水中的钙、镁、钾、钠离子以及氯离子、硫酸根离子等。离子交换过程是可逆的。当离子交换树脂工作一段时间后，树脂被废水中的离子所饱和，不能继续交换时，可利用树脂交换过程可逆的性质，对树脂进行再生以恢复交换能力。

可与水中离子发生离子交换反应的物质叫做离子交换剂。在水处理中应用较多的是离子交换树脂。离子交换树脂是一类具有离子交换特性的有机高分子聚合电解质，是一种疏松的具有多孔结构的固体球形颗粒，其颜色有乳白、淡黄或棕褐色，树脂粒径一般为0.3～1.2mm。离子交换树脂含有大量可以离解的活性基团，在水中这些活性基团离解后可与水中的其他离子进行等当量的交换。离子交换树脂根据活性基团的性质可分为阳离子交换树脂和阴离子交换树脂两大类。

阳离子交换树脂的活性基团一般是酸性的，用于交换废水中的阳离子，如果以 R 来表示离子交换树脂的母体，H^+ 表示树脂上可置换的离子，M^+ 表示废水中的阳离子，阳离子的交换过程可表示为：

$$RH + M^+ \longrightarrow RM + H^+$$

阴离子交换树脂的活性基团是碱性的，用于阴离子交换，这类树脂的母体若用 R 来表示，OH^- 表示树脂上可置换的离子，如废水中的阴离子为 N^-，其交换过程可表示为：

$$R(OH) + N^- \longrightarrow RN + OH^-$$

当离子交换树脂达到饱和时，可向树脂中通入某种电解质，将被吸附的离子交换下来，使树脂得到再生。一般用强酸性（或电解质）溶液对阳离子交换树脂进行再生，用强碱溶液对阴离子交换树脂进行再生。例如，用 HCl 和 NaOH 分别对阴阳树脂进行再生，其过程可表示为：

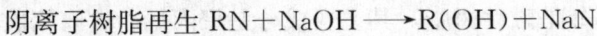

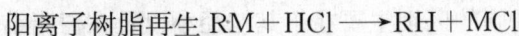

阴离子树脂再生 $RN + NaOH \longrightarrow R(OH) + NaN$

阳离子树脂再生 $RM + HCl \longrightarrow RH + MCl$

离子交换树脂对于水中各种离子吸附的能力并不相同，其中一些离子很容易被吸附而另一些离子却很难被吸附；被树脂吸附的离子再生时，有的离子很容易被置换下来，而有的却很难被置换。离子交换树脂所具有的这种性能称为选择性。离子交换树脂对水中某种离子能优先交换的性能称为离子交换树脂的选择性。它和水中离子的种类、树脂交换基团的性能有很大关系，同时也受水中离子的浓度和温度影响。在常温和低浓度时，各种树脂对离子的选择性顺序如下：

（1）强酸阳离子树脂：

$$Fe^{3+}>Cr^{3+}>Al^{3+}>Ca^{2+}>Mg^{2+}>K^+=NH_4^+>Na^+>H^+>Li^+$$

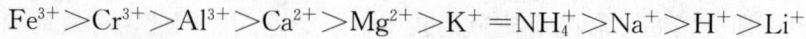

（2）弱酸阳离子树脂：

$$H^+>Fe^{3+}>Cr^{3+}>Al^{3+}>Ca^{2+}>Mg^{2+}>K^+=NH_4^+>Na^+>Li^+$$

（3）强碱阴离子树脂：

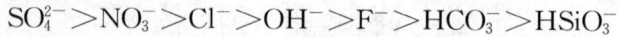

$$SO_4^{2-}>NO_3^->Cl^->OH^->F^->HCO_3^->HSiO_3^-$$

（4）弱碱阴离子树脂：

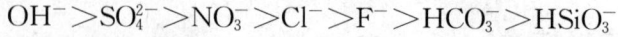

$$OH^->SO_4^{2-}>NO_3^->Cl^->F^->HCO_3^->HSiO_3^-$$

5.2.2 磁性树脂技术简介

磁性树脂交换技术是一种新型的离子交换技术，采用磁性树脂作为离子交换树脂，磁性树脂粒径比常规离子交换树脂小，具有大的比表面积，吸附速率和再生速率都较高。磁性树脂主要特点是在树脂结构中结合了磁性氧化铁成分，使得树脂颗粒快速絮凝成大颗粒，快速沉降，通过重力沉降快速从悬浮液中分离。在饮用水处理中用于去除色度、嗅味、有机物、硫、砷等污染物。在市政污水的再生水回用中用于进一步去除二级出水中的污染物，如有机物、硝酸盐、磷等。在印染、造纸等工业废水的处理中用于去除色度、有机物和各种无机污染物。

5.2.2.1 磁性树脂技术的发展沿革

磁性树脂的发展要追溯到 20 世纪 80 年代中期，该技术由澳大利亚 Orica 公司和澳大利亚的两个主要研究机构（联邦科学工业研究组织和南澳自来水公司）合作开发，利用独特的离子交换过程去除饮用水源中的溶解性有机碳。随着技术的不断进步，不仅用于饮用水处理、市政污水与再生水处理，而且可用于工业污水的处理。Orica 公司的磁性树脂工艺称为 MIEX® 工艺，MIEX® 名字取自于"磁性离子交换"的英文首字母。

最初进入市场的是用于去除水中溶解性有机碳（DOC）树脂，将高容量的离子交换树脂与磁化组分结合。独特的连续离子交换过程可有效去除水中的 DOC，达到新的水质标准。首批磁性树脂于 2000 年 8 月在澳大利亚墨尔本郊外的树脂制造工厂生产，2001 年 7 月，在南澳大利亚州的芒特普林森建立了首个应用树脂的水处理厂，该厂位于距阿德莱德市一个小时车程的阿德莱德山。2001 年，第二个磁性树脂水处理厂在西澳大利亚开始运行。这个水厂位于旺内鲁（珀斯的北部郊区），处理能力为 $112000m^3/d$，由西澳大利亚州自来水公司经营。

5.2.2.2 磁性树脂技术原理

磁性树脂交换技术的重要组成部分是磁性树脂，其主要成分是聚丙烯，含有聚胺盐功能的大孔结构，磁性树脂与一般离子交换树脂的区别主要在于其粒径小以及在树脂结构中结合了磁性。主要有如下特点：①与其他的阴离子离子交换树脂不同，磁性树脂粒径比常规离子交换树脂小 2～5 倍，粒径约 $150～180\mu m$，中等孔径的多孔结构，小颗粒具有大的比表面积，比表面积是传统树脂的 4～5 倍；由于树脂具有大的比表面积和更多活性交换部位的特性，吸附速率和再生速率都较高。②MIEX® 磁性树脂主要特点是在聚丙烯结构中结合了磁性氧化铁成分，使得树脂颗粒快速絮凝成大颗粒，快速沉降，通过重力沉降快速从悬浮液中分离，溢流速率高达 10m/h，可以在很高的水力载荷下流动。由于磁性树脂减少了对颗粒内部扩散的影响，而颗粒内部扩散与树脂内部活性部位相关、速度较慢；

所以，磁性树脂能够快速吸附 DOC、消毒副产物等污染物，低浓度的树脂即可达到较高的污染物去除率。

磁性树脂是一种离子交换树脂，活性基团与水中其他同性离子进行离子交换反应。磁性树脂去除 DOC 的过程如图 5-8 所示。当树脂与水进行接触，树脂表面活性部位的氯离子与带有负电荷的有机酸（如 DOC）进行置换反应，从而有机酸从水中去除，反应过程会提高处理水的氯离子浓度（2～4mg/L）。再生过程中，载有 DOC 的树脂发生逆向的置换反应，氯离子替换 DOC，DOC 脱出进入高浓度盐溶液。

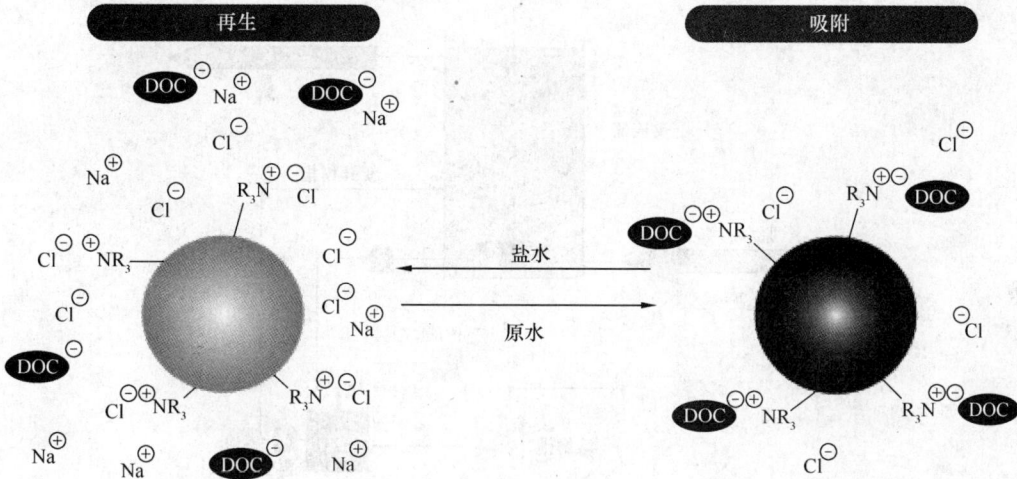

图 5-8　磁性树脂交换与再生

资料来源：www.miexresin.com

磁性树脂对水中不同的污染物有不同的交换选择性，树脂对各种离子的选择性顺序如下：

溶解性有机碳＞硫酸盐＞硝酸盐＞溴化物＞砷＞铬＞亚硝酸盐＞氰化物＞溴酸盐

磁性树脂一般采用连续流方式运行，在反应池中树脂与原水充分接触，反应池的接触时间为 10～30min，反应池的树脂浓度根据树脂的沉降体积决定，一般为 2.0%～4.0%。传统的离子交换技术在遇到水质波动时，处理效果变化较大，而磁性树脂系统在运行时，可连续从反应器中抽取树脂进行再生，然后将再生后的树脂返回到系统中，保证离子交换能力，磁性树脂出水的水质一般比较稳定，波动相对较小。

磁性树脂再生一般选用氯化钠作为再生剂，也可选用氯化钾、氯化镁、碳酸氢钠等。磁性树脂容易再生，即使多次再生后，也能保持对有机物几乎相同的去除效率；磁性树脂再生频率低，运行 2000BV 以上而不需要再生，减少了再生的频率和再生剂的用量。对于不同污染物引起的树脂饱和失效，可采用酸性再生和碱性再生，酸性再生可去除容易引起矿物质污染的金属盐沉淀物，碱性再生可增加大分子有机物的溶解性，提高其去除效果。

5.2.2.3　磁性树脂技术构造

磁性树脂采用特殊连续的离子交换过程，可选用完全混合反应器或流化床反应器，由于树脂具有高的比表面积，一般采用的树脂浓度较低、停留时间较短。树脂的磁性特性使得它们可以聚合成团，在高水力负荷下树脂快速沉降，设备的占地面积较小。磁性树脂可采用两种反应器系统：高速配置系统和两段配置系统。

1. 高速配置系统

原水从高速配置系统（图 5-9）底部进入反应器，与磁性树脂混合，在流化床中实现离子交换过程，磁性颗粒通过相互吸附形成稳定的悬浮树脂，水力负荷可达 $29.3m^3/(m^2 \cdot h)$，低速搅拌使树脂与水混合均匀。小部分的树脂从反应器中抽出，用 12% 的氯化钠溶液再生，再生后的树脂返回反应器。在反应器的顶部安装了斜板和斜管沉淀池用以分离树脂，处理后的出水通过出水收集槽进入后续的处理工艺。

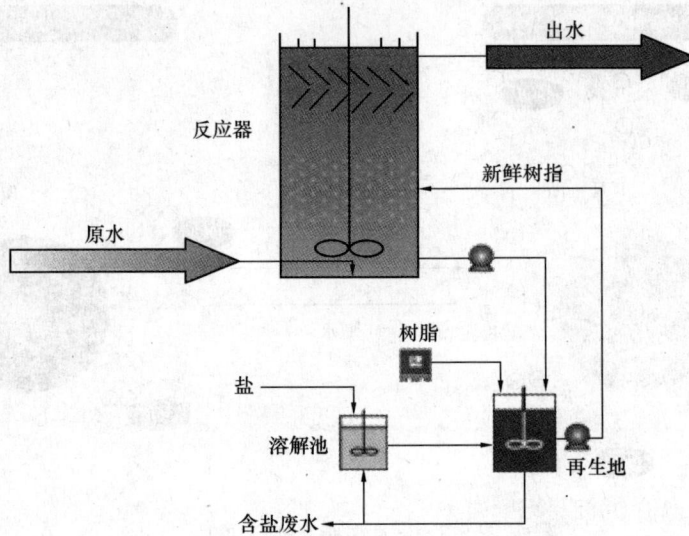

图 5-9　高速配置系统
资料来源：www.miexresin.com

2. 两段配置系统

两段配置系统（图 5-10）与高速配置系统的区别主要在于将树脂反应与树脂分离在不同的反应器中实现，而高速配置系统将其集成在一个反应器中，反应器下部实现离子交

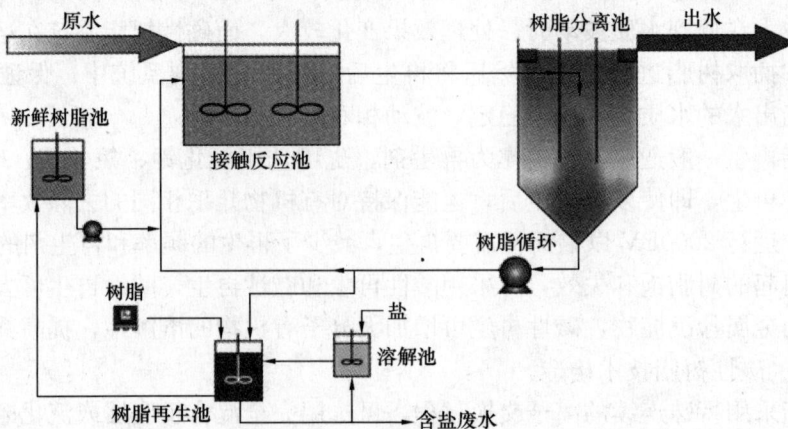

图 5-10　两段配置系统
资料来源：www.miexresin.com

416

换,上部实现树脂分离。在两段配置系统中,磁性树脂在接触反应池中与水充分接触实现离子交换。反应后的磁性树脂进入树脂分离器,树脂分离器的水力负荷为 14.7m³/(m²·h),凝聚后的树脂颗粒在重力作用下快速沉降。沉降后的树脂大部分回流至接触反应池,剩余的使用 12%氧化钠溶液再生,再生后的树脂重新进入反应池,保持接触池的离子交换能力。

5.2.3 磁性树脂技术去除效果

5.2.3.1 磁性树脂技术对 DOC 的去除作用

水中溶解性有机碳(DOC)的去除对于饮用水安全性和再生水应用具有重要意义,DOC 对饮用水及再生水处理的影响体现在以下几方面:①饮用水或再生水在进入管网系统输送给用户前需要进行消毒,一般使用加氯消毒,水中的 DOC 与消毒剂反应产生有害的消毒副产物,增加消毒剂的使用量。美国环保总局消毒剂与消毒副产物第一阶段法案中包括使用强化絮凝去除 TOC,根据水源的 TOC 与碱度规定了 TOC 的削减量,地表水处理厂必须在消毒前达到一定的 TOC 的去除率;消毒过程中消毒剂与 NOM 会产生 THMs 等消毒副产物,英国、美国 TTHMs(totalTHMs)限值分别为 100μg/L 和 80μg/L,TTHMs 标准的不断严格增加了水厂化学药剂的消耗和污泥的产生量。②腐殖酸、腐殖质等溶解性有机物是水中的主要致色物质,会影响出水的色度。③输水管网中的微生物利用溶解性有机物为底物在管道系统中进行生长,影响最终用户的水质。④若水厂工艺流程中含有活性炭单元,DOC 可与其他污染物竞争活性部位,影响活性炭的吸附效果及增加活性炭的用量。⑤在混凝沉淀单元,DOC 与混凝剂反应,延长沉降时间、降低絮凝效果、增加絮凝剂用量。⑥DOC 影响膜处理工艺,易造成膜的不可恢复污染。

传统 DOC 去除方法工艺复杂,投资及运行费用较高。而磁性树脂可经济有效地去除原水或污水中的 DOC。磁性树脂工艺对 DOC 去除能力优于一般的絮凝工艺,且对絮凝工艺不能去除的小分子 DOC 有一定的效果。磁性树脂工艺作为絮凝、沉淀/过滤的预处理与单独使用絮凝、沉淀/过滤相比,处理后出水中的 DOC 含量更低,潜在的消毒副产物形成更少,而且絮凝剂的使用量也减少。使用磁性树脂处理 DOC 浓度为 5.6~6.7mg/L 地表水的批次试验发现,当磁性树脂投加量为 8mg/L,接触时间仅为 5min 时,剩余的 DOC 浓度为 2mg/L,低于欧洲水质标准(2mg/LDOC),而使用混凝、絮凝的方法剩余 DOC 含量为 2.3~2.5mg/L;磁性树脂接触时间 15~30min 后,对不同的原水水质 DOC 的去除率在 40%~75%之间。

北京高碑店污水处理厂的磁性树脂中试对 TOC 的去除效果见图 5-11,进水采用污水厂二级出水,进水 TOC 为 5.81~8.33mg/L,出水 TOC 为 2.87~5.48mg/L,TOC 去除率在 20%~52%之间波动,TOC 的去除效果受各种因素的影响,去除效果不稳定。

磁性树脂的投加量与接触反应时间是影响 DOC 去除效果的主要因素,由于进水水质、温度等因素的影响,不同学者的研究结果存在差异。

1. 接触时间的影响　最佳树脂剂量为 10mL 沉淀树脂/L

Hugues Humbert 等考察了磁性树脂对对地表水 DOC 的去除效果,8mg/L 磁性树脂反应 3min 可将原水 DOC 从 6.6mg/L 降低至 2.72mg/L,DOC 的去除率达 59%,反应 15min 后,出水 DOC 为 1.39mg/L,去除率达到 79%,接触反应时间可影响 DOC 的去除

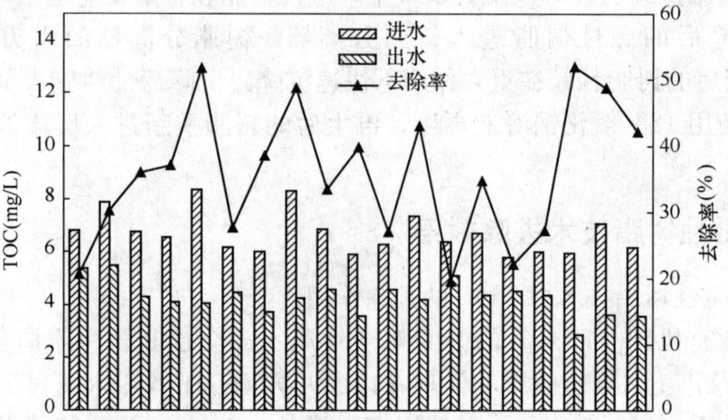

图 5-11 磁性树脂系统对 TOC 的去除效果

效果，磁性树脂投加量为 2～8mg/L 的情况下，最佳的接触反应时间为 10～20min；10mL/L 沉淀的磁性树脂、接触时间 5～10min，可去除 75%～85% 的 UV$_{254}$，5～10mL 沉淀树脂/L、接触时间 10～20min，出水的 DOC 低于 1.5mg/L，去除 DOC 最佳接触时间是 10min。控制合适的树脂投加量及操作环境，磁性树脂的接触时间在 20min 以内，一般 10min 即可达到较好的去除效果，对于不同的水质及运行条件，最佳的接触时间存在差异，对于城市污水处理厂二级出水需要的接触时间较长，一般需控制在 60min 左右。

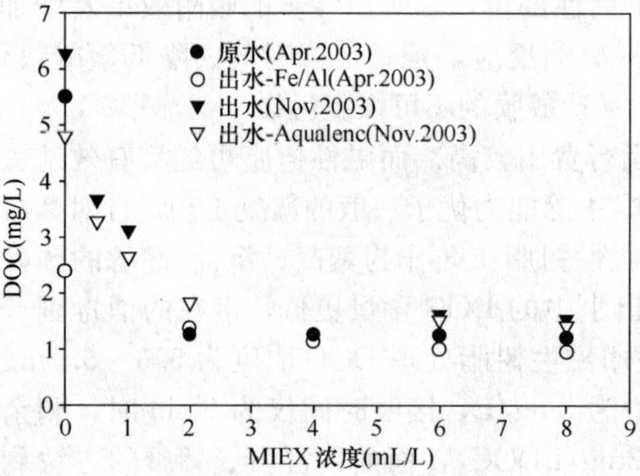

图 5-12 树脂投加量对 DOC 去除的影响

图片来源：Hugues Humbert, H.G.,
Hervé Suty, Jean-Philippe Croué, 2005

2. 投加量的影响

磁性树脂投加量是 DOC 去除效果的重要影响因素，图 5-12 给出了不同树脂剂量在反应时间为 20～30min 的伪平衡条件下出水的 DOC。磁性树脂剂量从 0.5 增加到 2mL/L，去除效果明显提高；树脂剂量从 2mL/L 增大到 8mL/L 对 DOC 的去除没有影响。磁性树脂剂量及接触时间优化试验发现，磁性树脂最大剂量（30mL/L）和接触时间（60min），DOC 的去除率超过 70%，20mL/L 磁性树脂和相对短的接触时间（5min），DOC 的去除率超过 50%，而 2mL/L 的 MIEX® 投加量，DOC 的去除率仅为 10%～20%。Mehmet Kitis 认为最佳树脂剂量为 10mL 沉淀树脂/L。MIEX® 树脂不仅可去除地表水、饮用水中的 DOC，而且能去除污水处理厂二级出水中大部分的亲水化合物和疏水化合物，图 5-13 给出了不同磁性树脂投加量的条件下对人工合成污水中 DOC 的去除率，DOC 去除率随树脂浓度的增加而增加，但考虑到经济因素，确定以 10mL/L 作为 MIEX® 处理二级出水的最佳投加量。

3. 有机物性质的影响

磁性树脂对有机物的去除效果受有机物分子量、有机物特性的影响，不同分子量有机

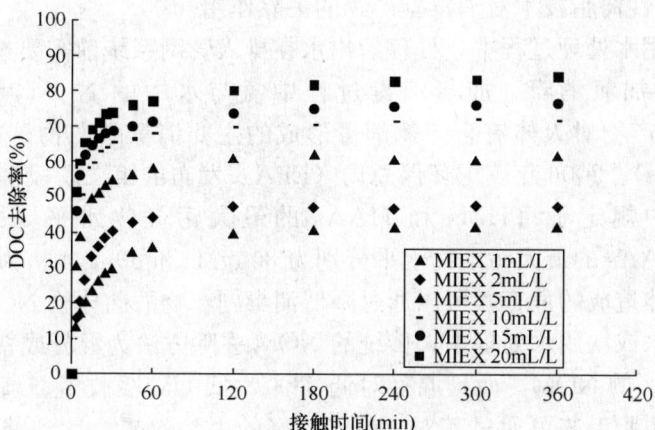

图 5-13　不同 MIEX® 树脂浓度下 TOC 的去除效果

图片来源：Rong Zhang 2006

物的去除效果不同。图 5-14 给出了二级出水经磁性树脂技术处理前后的分子量分布，图中峰上的数值代表分子量，单位为道尔顿，磁性树脂技术可去除分子量 680～1421Da 的全部有机物和分子量 320～576Da 的大部分有机物；Hugues Humbert 的研究结果与 Rong Zhang 基本一致，磁性树脂优先去除中等分子量（分子量 500～1500Da）有机物。Rolando Fabris 的研究发现磁性树脂对紫外吸收的物质有很好的去除效果，特别是中高分子量（1000～10000Da）的有机物，但对高分子量的胶体类有机物去除效果不佳。水中亲水性与疏水性物质是影响磁性树脂去除率的因素，典型自然水体中的疏水物质占 TOC 含量的 40%～60%，磁性树脂技术对 TOC 的去除率高达 46%～87%，所以，磁性树脂对亲水性与疏水性有机物均有一定的去除效果。而磁性树脂技术对高 SUVA 水的 TOC 的高去除率说明磁性树脂对疏水性物质的去除强于亲水性物质。

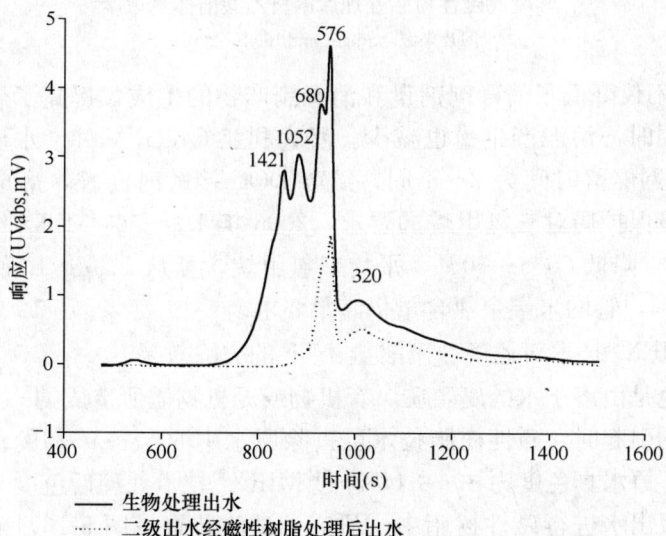

图 5-14　二级出水磁性树脂处理前后的分子量分布

图片来源：Rong Zhang 2006

5.2.3.2 磁性树脂技术对消毒副产物的去除作用

再生水或饮用水处理过程中，处理后出水在排入管网系统前需要进行消毒处理，最常用的消毒工艺为加氯消毒，加氯消毒过程中氯与水中的 NOM 可形成消毒副产物（DBPs）。消毒副产物对人体有害，氯消毒形成的主要消毒副产物是三氯甲烷（THMs）和卤乙酸（HAAs）。2006 年美国环保总局（EPA）发布的第二阶段消毒剂与消毒副产物（D/DBP）法案中规定了 THMs 和 HAAs 的最大污染物水平（MCLs），总 THMs（TTHMs）和 HAAs 的最大污染物水平分别为 $80\mu g/L$ 和 $60\mu g/L$。为了减少消毒副产物的大量产生对人体造成的危害，可以通过降低消毒副产物的前体物 NOM 而控制消毒副产物的产生。再生水或饮用水处理中，传统的 NOM 去除方法为混凝或絮凝。而混凝仅能去除水中 40%～70%的 NOM，而且混凝对低 TOC、低 UV 吸收值、高碱度的水一般不是非常有效。磁性树脂工艺可通过其对 NOM 较好的去除效果，达到减少消毒副产物的目的。通过强化混凝与磁性树脂工艺可降低 60%～90%的 THMs 形成，磁性树脂比铝絮凝更有效去除 HAA（图 5-15）。

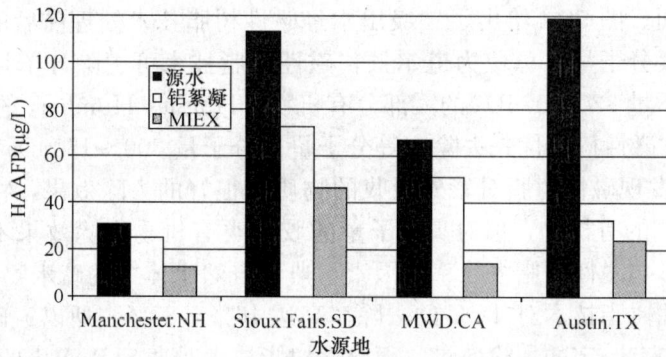

图 5-15　卤乙酸前体物不同水体经铝盐
絮凝或磁性树脂处理后的卤乙酸前体物浓度

图片来源：Singer and Bilyk, 2002

DOC 的减少不仅降低了消毒剂剂量和消毒副产物的生成，提高了管网系统中剩余消毒剂的稳定性，同时，污泥产生量也减少。澳大利亚 Green Valley 水厂供水管网主管道长 14km，水在管网停留时间为 2～4 周，氯与 DOC 接触时间长，形成三氯甲烷的浓度高，不能达到环境保护局对三氯甲烷的要求，2006 年 1 月安装 MIEX® 技术作为预处理，处理后出水的 TOC 降低 60%～70%，平均三氯甲烷含量从 $119\mu g/L$ 降低到 $38\mu g/L$，消毒氯用量降低 40%，管网末端余氯含量仍满足要求。

5.2.3.3 MIEX® 技术对色度、硝酸盐、TP 的去除效果

天然水的颜色是由溶于水的腐殖质、有机物或无机物质所造成的。当水中的色度主要是由于天然有机物引起时，磁性树脂技术可去除原水中 60%～95%的色度。佛罗里达州 Palm Springs 水厂原水真色度为 30～34，经过 MIEX® 技术处理后色度为 0～2；北京高碑店污水处理厂二级出水进行磁性树脂中试研究，试验装置见图 5-16，磁性树脂工艺处理前后的色度平均值分别为 34.57 与 11.73，出水色度在 2～25 之间波动，去除率为 35%～90%，平均去除率为 66%（图 5-17）。

图 5-16　磁性树脂试验装置图

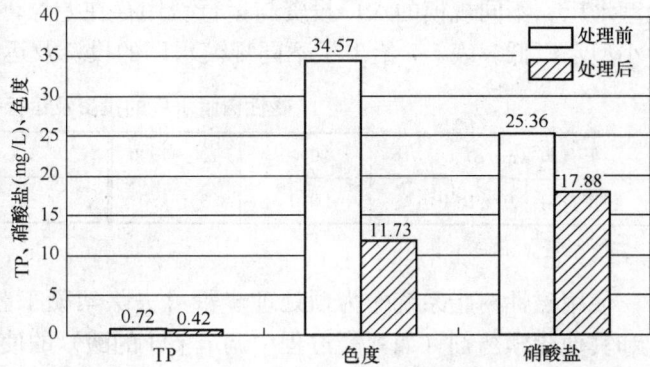

图 5-17　磁性树脂系统对 TP、色度及硝酸盐的去除效果

　　硝酸盐氮或硝酸盐是水质污染的一项重要指标，水中的硝酸盐可能来自生活污水、化学肥料或某些工业废水的污染。磁性树脂技术可有效去除水中硝酸盐，与传统的硝酸盐去除工艺（如离子交换工艺或反渗透工艺）相比，磁性树脂技术产生的废水量较少，大约为产水量的 0.1‰～0.2‰（表 5-4）；北京高碑店污水处理厂的磁性树脂中试研究发现，磁性树脂对硝酸盐的平均去除率为 30%，硝酸盐平均值从 25.36mg/L 降低至 17.88mg/L（图 5-17）。在进水比较稳定的情况下，出水的硝酸盐浓度波动较大（图 5-18），原因可能与树脂再生效果有关。磁性树脂技术对 TP 也有一定的去除效果，处理前后 TP 平均值分别为 0.72mg/L 与 0.42mg/L（图 5-17）。

各种再生水工艺废水量比较

表 5-4

处理方法	废 水 量	
	加仑/百万加仑 （gal/10^6 gal）	产水量 （%）
磁性树脂技术	1000～2000	0～0.2
填充层离子交换	10000～20000	1～2
反渗透	100000～200000	10～20

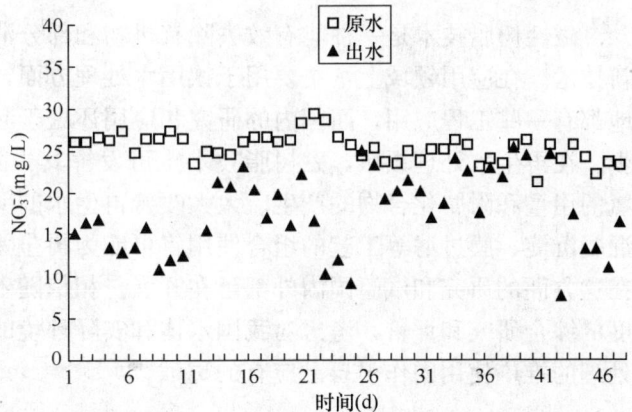

图 5-18　磁性树脂对硝酸盐的去除效果

　　磁性树脂还可去除水中的硫酸盐、硫化物、砷和溴化物等无机物质，溴化物的去除可减少溴化 DBPs 的形成，臭氧氧化前使用磁性树脂技术预处理还可大幅降低臭氧的投加量和消毒过程中溴化物的形成（Mehmet Kitis, et al., 2007）。

5.2.4 磁性树脂技术经济分析及前景

磁性树脂工艺既可用于规模小于 $100m^3/d$ 的小型水厂，也可用于超过 100 万 m^3/d 的大型水厂。不同规模的水厂投资与运行费用存在差异，大型水厂的投资及运行费用一般较中小型水厂低。表 5-5 给出了不同规模水厂的投资及运行费用对比。

磁性树脂水厂的投资及运行费用　　　　表 5-5

规模（m^3/d）	20000	100~1300	运行费用（元/m^3）	0.2	0.25
投资费用（万元 RMB）	800	35~150			

资料来源：Orica 公司。

使用磁性树脂系统作为预处理步骤可去除絮凝工艺中大部分的 DOC，从而减少絮凝剂和其他化学药剂（如絮凝过程中调节 pH 的酸）的使用量，絮凝前使用磁性树脂比单独的絮凝能有效去除 NOM，可节省絮凝剂 80％以上。在 Mehmet Kitis 的研究中，磁性树脂预处理出水 DOC 为 1.5~1.8mg/L，可减少 10~20mg/L 的絮凝剂。根据 Orica 公司的估算，对于 $100m^3/d$ 水厂的升级，使用磁性树脂系统作为絮凝、过滤预处理与絮凝、过滤、臭氧/BAC 工艺对比，磁性树脂组合系统的投资与运行费用相对较低（表 5-6）。

O_3/BAC 与磁性树脂工艺运行费用对比　　　　表 5-6

工　艺	絮凝，过滤，O_3/BAC		MIEX®，絮凝，过滤	
	絮凝，过滤	O_3/BAC	MIEX®	絮凝，过滤
运行费用（元/m^3）	0.2	0.2	0.2	0.15
总运行费用（元/m^3）	0.4		0.35	

资料来源：Orica 公司。

磁性树脂技术是一种能有效去除有机物和部分消毒副产物前体物及控制消毒副产物的新技术。在应用领域上，主要用于饮用水处理方面，在国外包括澳大利亚、美国和欧洲等地都有一些工程应用，而国内的研究和应用还处于起步阶段，对其机理和应用性研究还很少。在再生水处理领域，磁树脂技术也可发挥其去除水中的 DOC、显著降低消毒过程中氯的用量和附属化合物的产生、大大改善再生水的颜色和气味以及可重复使用等特点，与混凝沉淀、膜过滤等工艺的组合使用将可能为再生水的广泛可靠应用提供一种保障技术，在这方面的研究和试验国内外都已在开展。相信随着对磁树脂技术从效能和经济效益等角度的综合研究和评价，考虑到我国水体和实际环境的适用性，磁树脂技术将在再生水深度处理的推广使用中作出自己应有的贡献。

5.3　GFH(Granulated ferric hydroxide)技术

5.3.1　GFH 技术介绍

GFH（Granulated ferric hydroxide）技术是柏林工业大学水质控制所于 20 世纪 90 年代初期开发的，最初用于从天然水体中去除砷。2002 年前在欧洲有 20 多套商业运行的

GFH 除砷设备。GFH 在除氟、除 NOM、除磷等方面均有研究报道。

氟潜在威胁人类的健康，与氟相关的许多健康威胁被认为是一个重要的环境问题，工业可造成不同程度的氟污染，排放高氟污水的工业包括：玻璃和陶瓷生产、半导体加工、电镀行业、火力发电厂、铍提炼工厂、砖和铁的生产、炼铝厂等。GFH 通过吸附可从水体中去除氟，以达到工业废水的循环再利用。在 25℃ 时，GFH 对氟的吸附容量为 7.0mg/g，吸附等温线符合朗格缪尔吸附模型，吸附起始阶段氟吸附速率较快，95％的吸附过程在 10min 内完成，60min 内吸附过程达到平衡。

NOM 本身无毒，但在净化与输送过程中会对环境产生直接或间接的危害，NOM 与消毒剂反应产生有害的消毒副产物，增加消毒剂的使用量；NOM 中的腐殖酸、腐殖质等溶解性有机物是水中的主要致色物质，会影响出水的色度；输水管网中的微生物利用溶解性有机物为底物在管道系统中生长，影响最终用户的水质；传统或高级的 NOM 去除工艺（絮凝、活性炭吸附、氧化和膜处理）存在去除效率低、药剂及能源消耗高等问题，GFH 可去除水中的 NOM，吸附平衡负荷为 $10 \sim 30$ mgDOC/gGFH，不可吸附的 DOC 为 1.5mg/L，大分子和 UV 消光度 NOM（主要是腐殖酸）的吸附效果好，而小分子 NOM 的吸附效果差，甚至不能吸附。不同浓度的其他离子（硫酸盐、碳酸盐、氯化物）的吸附主要依靠静电引力，对 GFH 的吸附平衡与吸附动力学的吸附竞争影响较小。在纯水中 GFH 的零电点为 $7.5 \sim 8.0$，由于 NOM 和硫酸盐等阴离子的吸附，零电点的 pH 有所降低。GFH 对有机物有中等的吸附能力，由于天然有机物结构的差异性，天然有机物的酸性羟基族与金属氧化剂表面的水合羟基族发生配体交换反应，大量吸附在结合部位。当 pH 低于 5.0 时，随 pH 的降低 NOM 吸附增加。

GFH 在再生水回用中的应用主要对磷的去除。GFH 的磷吸附能力比较强，能达到很好的除磷效果。在景观水体的回用、补水中，可很好地控制水体藻类生长等富营养化问题。GFH 可有效降低 MBR 出水中的磷，MBR 后的固定床 GFH 出水 TP<0.03mg/L，吸附容量接近 20mg/g，相应的吸附平衡浓度为 1mg/L；Aren 等人研究了 GFH 深度除磷技术作为 MBR 出水后处理工艺的可行性，GFH 与 AA（活性氧化铝）均可用于固定床除磷的吸附剂，无机组分与 DOC 对吸附的竞争几乎可以忽略，但 GFH 除磷的吸附容量比 AA 大，出水的磷均小于 $50\mu g/L$（8000 床的 GFH 吸附与 4000 床的 AA 吸附），长期运行，微生物的生长会导致吸附剂的堵塞，再生过程会取代常规的反冲与消毒。尽管 GFH 吸附剂的价格高于 AA，但由于 AA 吸附剂的吸附容量低，需要 3.5 倍于 GFH 的吸附面积，所以，总的投资费用较高，对于中试规模的处理厂，GFH 的总投资费用为 $8 \sim 30$ 欧分/m³，AA 的总投资费用为 $11 \sim 24$ 欧分/m³。

5.3.2 GFH 特性及吸附原理

GFH 生产商有 GEH Wasserchemie, GmbH&Co, KG, Osnabrück, Germany 和 USFilter。GFH 是结晶程度低的 β-FeOOH，主要成分是正方针铁矿，比表面积为 $250 \sim 300$m²/g 的多孔吸附剂，GFH 各部分的孔径分布相似，97％以上的孔小于 4.5nm，详细的 GFH 参数见表 5-7。

GFH 是多孔材料的吸附剂，在吸附过程中，GFH 的孔完全被水填充，可利用的吸附部位密度非常高，因此具有高的吸附容量。红外光谱分析证明，金属氧化物磷吸附的热力学模型可解释吸附剂表面和形成络合物的结构。普遍认为，在氧化铁的表面磷形成内层络合物。在低 pH 时，形成二齿络合物，也有研究者认为形成了单齿络合物，但针铁矿的质子化程度不同。

GFH 主要参数表 表 5-7

	GFH	来　源
组分	正方针铁矿（β-FeOOH）	Genzetal.（2008）
比表面积	280m²/g 240～300m²/g	Arne Genz and Anja kornm Üller（2004）； Amy et a. l.（2004）
粒　径	0.32～2.0	M. Ernst，A. Sperlich et al（2007）； Eva Kumar，Amit Bhatnagar et al.（2009）Arne Arne Genz and Anja kornm Ülle（2004）； Amy et al.（2004）
密　度	1190kg/m³ 1250kg/m³	Amy et al.（2004） Arne Genz and Anja kornm Üller（2004）
孔隙率	72%～77% 70%～80%	Amy et al.（2004） Mohammad Badruzzaman et al.（2004）
零电点	7.5～8.0	Teermann and JEKEL（1999）； Steiner et L.（2006）
零净电荷点	5.7	Saha et al.（2005）
等电点	7.5	Saha et al.（2005）
含水率	43% 43%～48% 50%	Arne Genz and Anja kornm Üller（2004）； Amy et al.（2004） M. Ernst，A. Sperlich et al.（2007）

吸附过程中同步的离子交互作用直接与 GFH 竞争吸附剂的活性部位，阴离子的吸附影响吸附剂的表面电荷，导致协同的吸附作用（如 Ca^{2+} 和 PO_4^{3-}）或竞争作用（SO_4^{2-} 和 PO_4^{3-}），硫酸盐、重碳酸盐和有机物质等阴离子与 Ca^{2+} 等阳离子都会影响磷的吸附。尽管硫酸盐能形成内层络合物，但磷在与硫酸盐的竞争吸附中占优，重碳酸盐吸附也能形成内层络合物，钙通过共同吸附作用严重影响氧化铁对磷的吸附，硫酸盐与碳酸盐的吸附竞争对 GFH 的吸磷平衡没有影响。阴离子的吸附主要依靠静电引力和限制 pH 低于零电点，磷与有机物会导致零电点的快速下降。

5.3.3 GFH 除磷研究

5.3.3.1 GFH 除磷试验条件

2008 年奥运会提出"绿色奥运"的概念，为了实现废水处理与回用，在北京北小河污水处理厂进行废水的深度处理研究，研究采用北京北小河污水处理厂 MBR 中试出水及配水进行。GFH 比表面积为 280m²/g，含水率为 50%（以重量计）。根据生产商（GEH Wasserchemie，Osnabrück）的资料，该材料粒径范围为 0.32～2.0mm。等温线试验中将

GFH 材料研磨为＜63μm，柱子试验中，通过筛分选取粒径范围为 0.1～1.0mm。

针对具有不同磷的初始浓度的四种不同的水质建立了平衡吸附等温线：①北小河污水厂 MBR 中试装置出水；②北小河污水厂 AO 工艺出水微滤后出水；③小规模 MBR 系统的出水以及一个用超纯水配置 P 浓度为 100mg/L 的原水；④人工配水，模拟溶液是通过向去离子水中添加磷酸氢钠（Na_2HPO_4，Merck）配制而成的。通过添加 NaCl 使溶液的离子强度为 15mmol/L，通过添加 2mmol/L 非吸附性的生物缓冲剂［N，N-Bis（2-hydroxyethyl）-2-aminoethanesulfonic acid，BES］，维持稳定的 pH。向等体积溶液中加入了不同质量的研磨 GFH 粉末（＜63μm）后振荡 96h，平均温度为 20℃，pH 为 7.0～7.2。为了使出水中磷的浓度低于 30μg/L，运行了两级固定床吸附柱（图 5-19）。表 5-8 给出了运行条件和参数。

图 5-19　两级 GFH 吸附装置

北小河污水厂两级 GFH 固定床的运行参数　　　　表 5-8

参　　数	数　据	参　　数	数　据
流量（m³/d）	9	柱直径（m）	2×0.25
空床接触时间（min）	2×6	床深（m）	2×0.76
空床体积（m³）	2×0.038	空床过滤速率（m/h）	7.6

5.3.3.2　GFH 除磷吸附等温线

图 5-20 为 GFH 低浓度范围的等温线。磷的固相浓度（负荷）根据质量平衡进行计算，并以单位干物质 GFH 的吸附量表示。尽管初始浓度范围较大，从 0.25～4mgP/L，

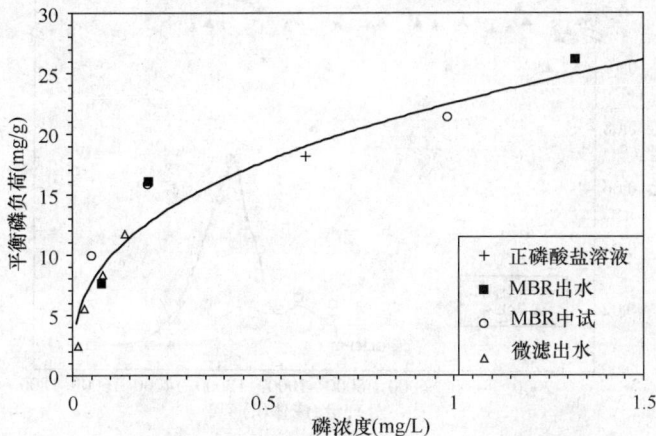

图 5-20　膜出水与模拟溶液 pH7～8 的吸附等温线

仍然获得了相似的平衡负荷。不同的 MBR 出水以及配制的磷的纯溶液，其吸附行为相似，这表明水质对磷的吸附机理的影响并不显著。这意味着废水中其他组分（如 DOC）的竞争吸附，由于 GFH 对磷的高度结合能力而可以忽略。平衡浓度为 1～1.5mg/L，pH 为 7～7.2 时，累积的负荷为 20～25mg 干物质/g。MBR 出水的吸附等温线符合弗兰得里希方程。

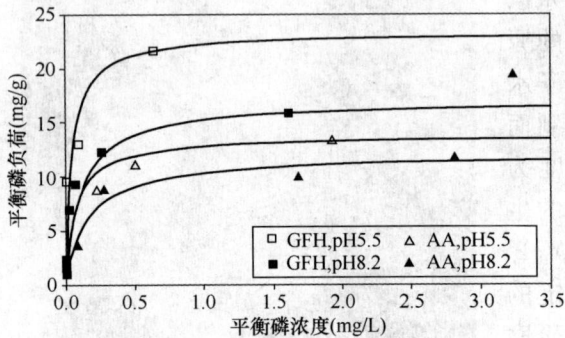

图 5-21　pH 为 5.5 与 7.8 的 GFH 与
活性氧化铝的吸磷吸附等温线

资料来源：Arne Genzl，2004

Arne Genz et al. 研究了 pH 为 5.5 与 7.8 的 GFH 与活性氧化铝的吸磷吸附等温线，发现 GFH 的吸磷吸附等温线符合朗格缪尔吸附方程（图 5-21），pH 为 8.2 时，GFH 的最大吸附容量是氧化铝的 1.4 倍；pH 为 5.5 时，GFH 的最大吸附容量是氧化铝的 1.7 倍，pH 从 8.2 降低至 5.5 吸附容量的增加可能是由于在低 pH 的酸性环境下，GFH 吸附剂表面的正电荷更多。

5.3.3.3　GFH 吸附除磷穿透曲线

北小河污水处理厂 GFH 示范工程在整个运行周期内，GFH 吸附柱的运行并不是恒定的。其上游 MBR 单元的启动和关闭阶段都造成了进水浓度很大的波动。但测定的出水水质表明，GFH 的吸附可以可靠甚至完全地去除磷。尽管进水 P 浓度有波动很大（0.008～1.62mg/L），但出水 P 平均浓度为 0.023mg/L，而且一直低于 0.07mg/L。经过大约 12000BV，发生了吸附剂的穿透（图 5-22）。随后，将两根并联吸附柱的第一根用 1M 氢氧化钠溶液进行再生，运行时间延长为 16000BV（96 天）。再生过程消耗了 400L，相当于 10 床体积的 1M 氢氧化钠溶液。再生过程先用 100L 再生剂以 20L/h 的速率再生，再生过程暂停了 12h。剩余的 300L 再生剂以 45L/h 的速率运行。

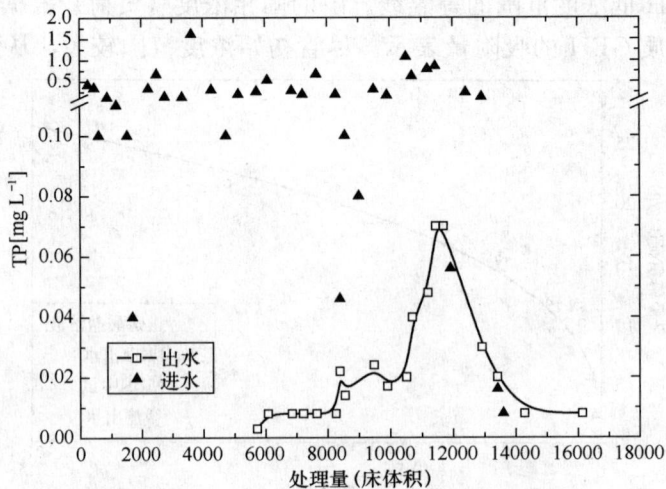

图 5-22　北小河污水厂 GFH 柱的穿透曲线

图 5-23 表明再生过程中，经过 4 床体积的再生，GFH 所结合的磷酸盐的大部分已经实现解吸。总共可以解吸的磷为 10.5gP/kg 干物质 GFH。相关的实验室试验表明平均再生效率为 86%。

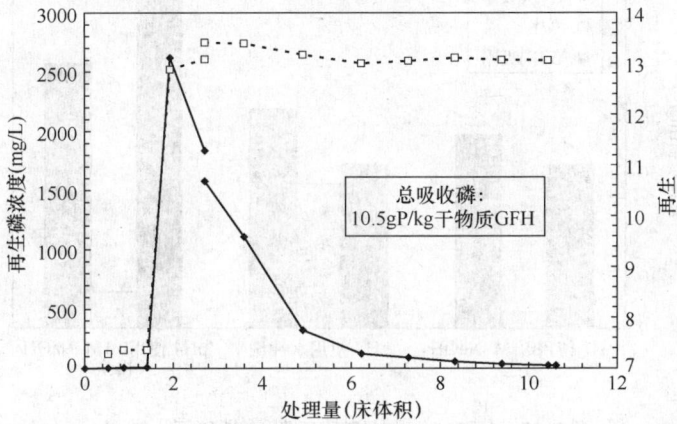

图 5-23 使用 1M NaOH 作为再生剂对北小河污水厂固定床 GFH 柱进行磷的解吸

5.3.4 GFH 的再生

吸附剂再生效果的优劣不能通过解析、提取吸附物质的效率来加以判断，而应该通过再生后吸附容量的恢复情况判断。NaOH 适合大多数金属/氢氧化物吸附剂的再生，也可使用过氧化氢作为 GFH 的再生剂。

图 5-24 给出了 GFH 新鲜吸附剂首次吸附与经过三次再生后吸附容量的变化图，未再生的 GFH 吸附剂在后续重复吸附过程中仍保持一定的除磷能力，主要原因是液相与 GFH 固相存在一定的浓度梯度，NaOH 与过氧化氢再生效果对比说明 0.6M 的 NaOH 再生效果优于过氧化氢的再生效果。

pH 影响 GFH 的除磷效果与再生效果，图 5-25 给出了 GFH 除磷的累积吸附负荷和再生效果，在 pH 为 7 和 4 时，GFH 除磷吸附量分别为 32 和 65mgP/gGFH，吸附饱和后

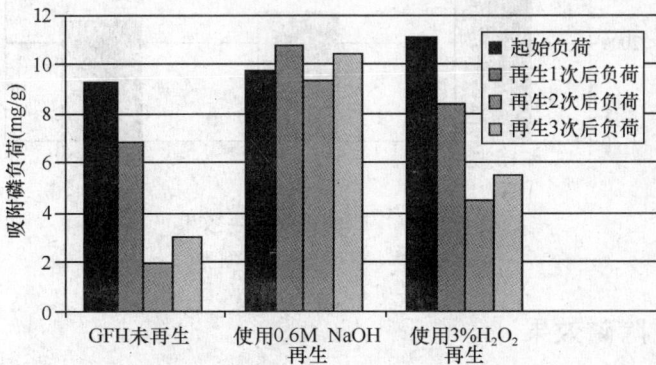

图 5-24 GFH 首次吸附与经过三次再生后吸附容量的变化

资料来源：Arne Genz et al.，2004

使用 0.1M NaOH 能解析大部分吸附的磷，pH 为 7 和 4 时的再生效率分别为 89％与 91％，单独水冲吸附的磷基本没有变化。

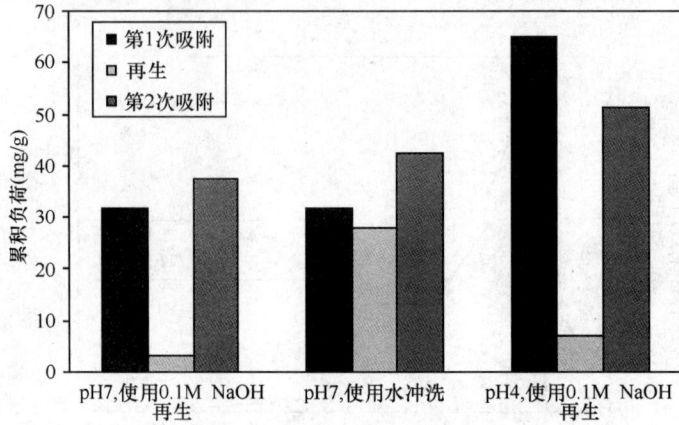

图 5-25　GFH 除磷的累积吸附负荷和再生效果

资料来源：M. Ernst et al. 2007

不同的水质条件影响 GFH 吸附除磷后的再生效率，MBR 出水（GFH 进水）pH 在 6.8～8.2 之间，磷浓度为 2.5～4mg/L，人工配水的 pH 为 7.0～7.2，图 5-26 给出了 GFH 的重复再生效果，吸附穿透试验条件接近实际应用，吸附饱和的 GFH 重复再生，再生可恢复 GFH 固定床的部分吸附能力，但不能恢复全部的吸附容量，未经使用的 GFH 吸附 7200 床后发生穿透，再生后吸附 2600 床后穿透，第三次吸附 2455 床后发生穿透，平均再生效率与接近 50％，而使用配水试验的吸附再生效率为 90％。

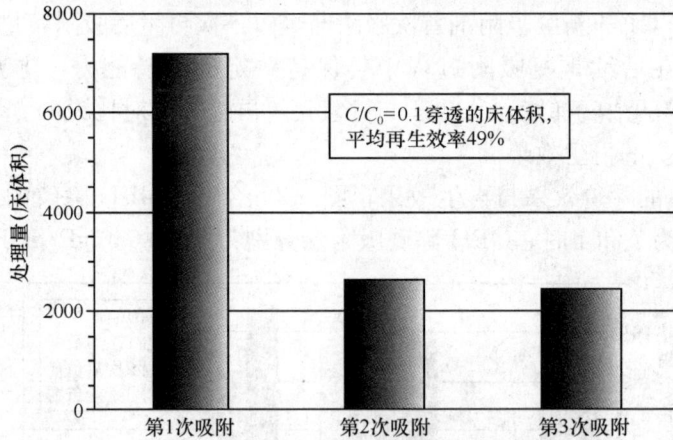

图 5-26　GFH 的重复再生效果

资料来源：M. Ernst et al. 2007

5.3.5　GFH 除磷效果

图 5-27 给出了高碑店污水处理厂 GFH 中试运行情况，进水为该污水处理厂二级出水，空床滤速维持在 1.4m/h 左右，经过 800 床体积的运行，GFH 未发生穿透现场。尽

管进水水质波动较大，TP 的变化范围为 0.059～0.461mg/L，但出水 TP 基本稳定维持在 0.029mg/L 以下。

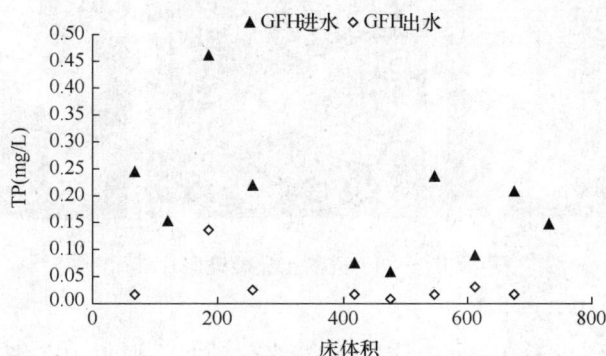

图 5-27　GFH 除磷效果

5.4　硅藻土技术

5.4.1　硅藻土简介

硅藻土是由硅藻生物遗骸经过上万年沉积形成的天然无定形二氧化硅，具有蛋白石-A型结构，即由含水二氧化硅小球最紧密堆积而成。小球间隙构成纳米级微孔，同时壳体本身具有大孔结构，从而形成丰富的孔结构。由于具有这种独特的多孔结构以及强吸附性、耐热性等优异的物化性能，硅藻土被广泛用作化工、石油、建材等诸多领域的工业原料，用于制备助滤剂、催化载体、吸附剂、绝热材料等产品，是一种应用范围广泛的天然矿物。

硅藻是一种单细胞藻类，硅藻的生物遗骸非常小，在高倍显微镜下能清楚地看出它们具有许多不同的形状，如圆盘状、针状、直链状、羽状等，硅藻单体形状不同的硅藻土在性能上略有差异。硅藻土的颜色通常呈现出白色或灰色，优质者色白，SiO_2 含量常超过70%。单体硅藻无色透明，硅藻土的颜色取决于黏土矿物及有机质等，不同矿源硅藻上的成分不同。当杂质含量增加时则呈现出灰色、灰褐色或棕褐色等。硅藻土具有很强的吸附力和很大的吸附容量，因为硅藻壳体具有大量的、有序排列的微孔，从而使硅藻土具有很大的比表面积，其比表面积为 3.1～60m²/g，孔数量 2～2.5 亿个/g，形体体积 0.6～0.8cm³/g，形体内含一千多个纳米微孔，孔径 7～125nm，是天然的纳米材料，能吸收自身质量 3～4 倍的杂质。硅藻土对声、热、电的传导性能都极差，所以具有强吸附、隔声、隔热、漂白及高熔点（1600～1750℃）等特性。其化学稳定性高，除溶于氢氟酸外，不溶于任何强酸，易溶于碱。

显微镜下可观察到天然硅藻土的特殊多孔性构造，这种微孔结构是硅藻土具有特殊理化性质的原因。图 5-28 是硅藻土的显微镜照片：

应用在水处理领域的硅藻土通常需要采用特殊的选矿提纯方法把硅藻含量富集到92%以上，一般称之为硅藻精土。硅藻精土具有体轻、质软、多孔、隔声、耐酸、比表面积大、化学性质稳定、热稳定和吸附能力强等特点。图 5-29 和图 5-30 是硅藻土单体与硅

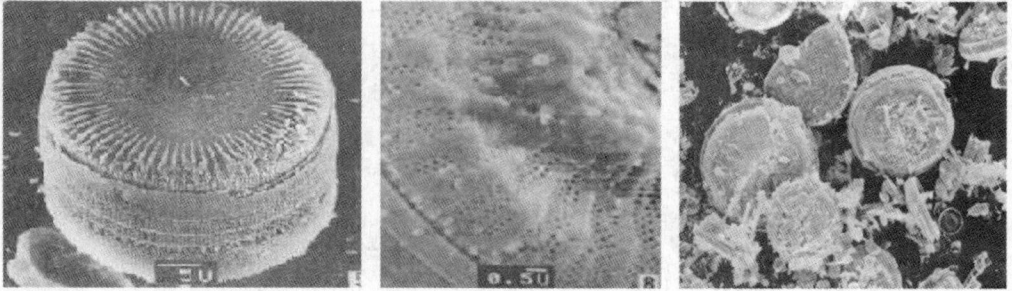

图 5-28　硅藻土显微镜照片

藻精土单体的对比照片。

　　我国硅藻土储量 3.2 亿 t，远景储量达 20 多亿吨，主要集中在华东及东北地区，其中规模较大、工作做得较多的有吉林、浙江、云南、山东、四川等省，分布虽广，但优质土仅集中于吉林省长白地区，其他矿床大多数为 3～4 级土，由于杂质含量高，因而不能直接被深加工利用。

图 5-29　硅藻土单体

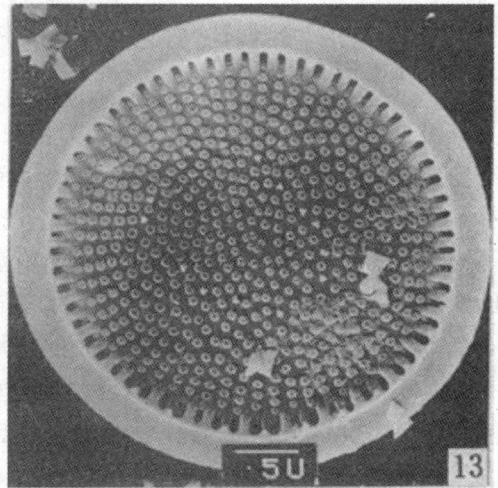

图 5-30　硅藻精土单体

　　硅藻土是生物成因的硅质沉积岩矿物，原矿中往往拌生有大量的有机质和黏土类矿物，而存在于硅藻土孔隙内的杂质很难用常规选矿方法除去。虽然酸浸法能提高硅藻土的品质，但由于硅藻土吸附能力强，使得酸溶液中的某些杂质又会进入硅藻土，加之酸洗成本较高，又易造成严重的环境污染，所以通常硅藻土选矿加工流程为：原矿——段磨矿及干燥—二段磨矿及干燥—预分选—旋流器分离—粉状产品。若需要进一步加工则送回转窑煅烧（加熔剂或不加熔剂）—磨矿冷却—分选分级—相应等级的产品。

　　由于矿石品位不同及对硅藻土产品的要求不同，分别采用干法或湿法选矿，其原理和应用范围列于表 5-9。

　　水处理领域利用的是硅藻土硅壳结构的多孔性，在加工时，必须注意保护硅藻骨骸的结构及独特形状，认真选择适宜的破碎磨矿设备及工艺条件，最大可能地保护硅藻结构完整，避免次生破碎。常用的磨矿设备是气流粉碎机。

硅藻土选矿方

表 5-9

选矿方法	选 矿 原 理	应用对象	主要设备
干法	1. 利用硅藻土与脉石密度（相对密度）的差异进行分选 2. 在一定的温度下加热干燥，除去其中的有机物及易挥发物，以及大量的水分等，使硅藻土得以富集	高品位矿石	空气分离器 旋转式干燥机
湿 法	根据硅藻土与脉石密度（相对密度）的差异进行分选	低品位矿石	水力旋流器

在污水处理领域中，硅藻精土需要根据水质的要求进行进一步的改性，表面改性是指在硅藻精土中加入适量的一种或几种混凝剂复合而成，改性后的硅藻精土一般称之为硅藻精土水处理剂。在污水处理中根据污水的不同类别，改性配制成处理各种水质的系列硅藻精土水处理剂，这种水处理剂充分发挥了硅藻精土所具有的纳米微孔特性。

5.4.2 硅藻土的生产与应用现状分析

硅藻土的主要化学成分是无定形的 SiO_2，并含有少量的 Al_2O_3、Fe_2O_3、CaO 和有机质等，其由硅藻的壁壳组成，壁壳上有多级、大量、有序排列的微孔。这种独特的微孔结构，赋予它许多优良的性能：空隙率高、比表面积大、相对密度小、吸附性强、耐磨、耐酸、热导性低、隔热阻燃、保温隔声等，因此被广泛地应用于饮食、建材、化工、橡胶、石化、医药、冶金、涂料、机械、能源、油漆、水处理等行业中，常用来作为保温材料、过滤材料、填料、研磨材料、水玻璃原料、脱色剂及催化剂载体等。具体应用情况见表5-10。

硅藻土主要用途

表 5-10

应用领域	主 要 用 途	备 注
工业过滤	生产助滤剂用于酒类、炼油、油脂、涂料、肥料、酸碱、药品、水等液体的过滤	要求 SiO_2（不包括石英）的含量大于80%，有适当的粒级和形态特征，有害微量元素含量不应超过规定标准
填 料	颜料、油漆、纸张、沥青、塑料、橡胶等的填料	加入硅藻土可提高产品性能
保温隔热	锅炉、蒸馏器、热处理炉、干燥器的保温材料以及轻质保温板、保温砖、保温管等	一般要求 SiO_2 含量（不包括石英的含量）55%以上，其他化合物（包括某些有害元素）不起决定性作用
建材工业	普通水泥添加剂、混凝土的混合材等	
其 他	氢化作用过程中镍催化剂、制造硫酸中钒催化剂、石油磷酸催化剂的理想载体，肥料、杀虫剂载体、炸药密度调节剂、研磨材料等	硅藻土原矿的比表面积和孔隙度越大越好；SiO_2含量在65%左右，某些有害元素的含量略低于生产助滤剂的要求

美国是硅藻土的最大生产国，年产量近 70 万 t，其产量的 64%用于过滤；丹麦是欧洲硅藻土的主要生产国，其主要产品是黏土质硅藻土，含 30%的柔性黏土，煅烧后用于生产轻质保温板。我国由于优质土很少，仅吉林长白山一处，用作助滤剂的产品所占比例较低，但近年来硅藻土助滤剂工业发展很快，由 20 世纪 70 年代末两条简易生产线（生产能力 1000t 左右）发展到 70 多条，生产能力 10 万 t 左右；其中除云南、浙江嵊州市采取物理—化学法将三级土提纯为一级土，内蒙化德县助滤剂厂用本地硅藻土做原料外，几乎都用长白硅藻土做原料，包括上海、宁波、成都等地厂家。

我国硅藻土资源丰富。截至 20 世纪 90 年代初，我国已在 14 个省（自治区）内发现了 70 余个硅藻土矿区，探明储量达 3.2 亿 t，位居世界前列。然而，与这种资源优势极为不相称的，是我国在硅藻土应用、深加工技术和相应的基础研究方面明显落后于美国、日本及一些欧洲国家。

由于矿藏品质、提纯工艺、加工成本等因素的限制，我国的硅藻土深加工水平还相对落后，硅藻土的应用范围不广，主要用作对于纯度要求不高的保温材料，但随着提纯工艺水平的提高和生产成本的降低，我国的硅藻土应用将越来越偏重于高纯度领域方面的应用，尤其在水处理领域的应用比例将越来越高。国内外应用情况对比见表 5-11。

国内外硅藻土产品结构用途对比　　　　　　　　　　表 5-11

用　途	比　例（%）		用　途	比　例（%）	
	国　内	国　外		国　内	国　外
过滤材料	2～4	64～66	轻质保温材料	58～60	5～6
功能填料	9～11	21～23	其　他	18～20	3～4
载　体	6～8	5～6			

5.4.3　硅藻土技术用于污水处理的原理

硅藻土具有很强的吸附力和很大的吸附容量，能吸附等于自身质量 1.5～4 倍的水和 1.1～1.5 倍的油分。因为形成硅藻土的硅藻壳体具有大量的、有序排列的微孔，从而使硅藻土具有很大的比表面积（$3.1～60m^2/g$）；而且硅藻土的表面及孔内表面分布有大量的硅羟基，这些硅羟基在水溶液中离解出 H^+ 离子，使其颗粒表现出一定的表面负电性。提纯后的硅藻精土不同于硅藻原土，它具有整体一致均匀的微粒和比较干净的表面，从而使得其比表面充分展露出来，使其表面特性达到最大的展现。所谓一致均匀是指具有一致均匀的大小、外形尺度、表面理化性能等，这是目前人造微粒所难以实现的。

硅藻土表面带有负电性，所以对于带正电荷的胶体态污染物来说，它可实现电中和而使胶体脱稳。但城市生活污水或综合废水中的胶体颗粒大多是带负电的，所以如用普通的硅藻土作为污水处理剂，只能起到压缩双电层的作用，而无法使胶体颗粒脱稳，处理效果不佳。所以需要对硅藻土进行各种方式的改性，使其对带负电的胶体颗粒也能脱稳，如采用铝、铁等带正电荷的离子对其进行表面改性，或加入其他的絮凝剂复合制成改性硅藻精土污水处理剂。由于硅藻精土具有巨大的比表面积和强大的表面吸附性能，脱稳胶体极易被吸附到硅藻土上，且附着了污染物质的硅藻土颗粒间也有很大的相互吸附能力，所以将改性硅藻土作为混凝剂加入到污水中后，能快速形成粒度和密度都较大的絮体，且该絮体的稳定性好，甚至当絮体被打碎后，还可发生再絮凝，这是其他的铝盐、铁盐等常用污水处理剂所无法达到的。另外，硅藻土颗粒可作为形成絮体的骨架，改善矾花的结构，即有助凝的作用，使形成的絮体密实而有较好的沉降性，从而改善了一般的化学絮凝剂（特别是铝系絮凝剂）产生的矾花松散、不易下沉的状况。

在专用的硅藻土处理池中，絮体能形成一个稳定的、致密的悬浮污泥滤层，污水经过系统内自我形成的致密的悬浮泥层过滤之后能得到进一步净化。

硅藻土的巨大比表面、强大吸附性以及表面电性，使得其在污水处理过程中，不但能去除颗粒态和胶体态的污染物质，还能有效地去除色度和以溶解态存在的磷（导致富营养化的主要污染物之一）以及金属离子等。特别是对于含有较高工业废水比例的城市污水，其可能有较大的色度和较高浓度的金属离子，且对于改性硅藻土处理系统来说，由于其表面带负电，能有效地吸附去除一部分带正电荷的金属离子。

硅藻精土内部孔隙多，孔隙间串联相通，拥有巨大的比表面和合适的表面负电性，同时它又是单细胞低等植物硅藻的遗骸，具有优良的生物相容性，可以作为一种优良的多孔生物载体。硅藻精土生物载体能够增大生化系统的泥龄、富集硝化细菌，延长微生物和污染物的接触时间，同时硅藻土表面的生物膜存在着同步硝化反硝化过程，从而能够有效地降低废水中的氨氮和总氮浓度。

总之，改性硅藻土处理污水时的作用机理是非常复杂的，脱稳絮凝、物理吸附、沉淀、过滤、生物强化等多个过程同时进行，污水净化的过程是这些过程协同作用的结果。

5.4.4 硅藻土技术用于城市污水领域的发展历程

硅藻土技术在国内城市污水处理中应用的时间只有十年左右，但大致已经历了三个阶段：单一硅藻土一级强化处理阶段；硅藻土一级强化处理后加生物处理阶段；生物处理后加硅藻土深度处理阶段。

1. 单一硅藻土一级强化处理阶段

硅藻土技术在城市污水处理的应用始于 2000 年左右，那时对于污水处理厂出水水质的要求还不高，加之城市发展水平和城市污水管网的完善程度还不高，造成污水处理厂的进水水质也比较低，采用单一的硅藻土强化处理工艺完全就可以达到排放标准。这个阶段的污水处理厂建设更多考虑的是处理成本问题，污水处理所产生的污泥也大多采用简单的填埋处理，所以硅藻土技术因其投资及运行成本较低，在小规模污水处理工程中得到了一定的应用，具有代表性的是 2002 年实施的广东清远 20000t/d 污水处理厂和 2003 年实施的江苏海门 10000t/d 污水处理厂。但这种单一的技术处理能力有限，只限应用于低进水水质和低排放标准的污水处理厂中。

2. 硅藻土一级强化处理后加生物处理阶段

随着城市的发展水平、人们生活水平的不断提高和城市污水管网的不断完善，许多城市的污水污染物浓度不断提高，同时随着我们国家对于水环境的重视程度不断提高和污水处理厂污染物排放标准的提高，单一的硅藻土一级强化技术难以保障污水处理厂的出水稳定达标排放，特别是氨氮指标往往不能稳定达标排放。为此，在随后的工程中采用了硅藻土一级强化后加生物处理技术，具有代表性的是张家港金港镇 5000t/d 污水处理厂采用的硅藻精土处理＋接触氧化处理工艺和温州市 20000t/d 污水处理厂采用的硅藻精土处理＋

曝气生物滤池处理工艺。该工艺基本能够达到《城镇污水处理厂污染物排放标准》GB 18918—2002 的一级 B 排放标准，但由于该工艺将硅藻土处理置于生物处理之前，从而去除了大量生物脱氮所需要的碳源，所以会影响整个工艺的脱氮效果。并且该工艺产泥量较传统的生物处理工艺大许多，随着城市污水处理厂污泥处置要求的不断严格，这种技术的总运行成本优势将越来越不明显。

3. 生物处理后加硅藻土深度处理阶段

为了解决上述问题，现在硅藻土技术在污水处理中的应用主要采用生物处理后加硅藻土深度处理工艺。这种工艺组合充分发挥了生物处理和硅藻土处理各自的优势，生物处理只需考虑除碳和脱氮的问题，硅藻土处理作为深度处理环节重点保障磷、色度、重金属离子等指标的达标排放，同时硅藻土处理还可进一步去除水中的微小悬浮物，出水水质可以达到回用的程度，该工艺也同时克服了产泥量大的问题，进一步保障了硅藻土技术在处理成本上的优势。该工艺的组合形式非常灵活，可以根据实际情况选取不同的生物处理技术进行组合。具有代表性的是张家港乐余镇 3000t/d 污水处理厂采用的 A/O 接触氧化＋硅藻精土强化处理工艺和河南省永城市 10000t/d 污水处理厂采用的生物浮动床（MBBR 工艺）＋硅藻精土强化处理工艺。该工艺中的硅藻土技术已经由一种污水处理技术过渡为污水深度处理技术或回用水处理技术，它不但能够保障磷、色度、重金属离子等指标的达标排放，同时由于硅藻土的所具有的微孔特性和生物相容性使得其能够提高生物处理的污泥浓度、污泥龄从而起到强化生物处理、提高脱氮效率的作用，是污水处理厂提标改造可以选用的一种污水深度处理技术。

综上可以看出，硅藻土技术这十年来的发展变化是相当大的，并且硅藻土的许多优势还没有完全发挥出来。今后，随着硅藻土作用机理的研究不断深入、处理工艺的不断完善，硅藻土技术将在回用水处理领域发挥越来越重要的作用。

5.4.5 硅藻土技术的典型工艺分析

硅藻土技术应用于污水处理中还处于起步阶段，工艺种类较多，还没有形成明确的主流工艺，现阶段应用较多、处理效果较好的工艺是 A/O＋硅藻生物固定化工艺。该工艺用硅藻土处理池取代了传统工艺中的二沉池，首先，提高了固液分离效率，降低了占地和投资；其次，不仅发挥了硅藻土物化处理的作用，还充分发挥了微生物载体的作用，提高生化处理效率。与传统的 A/O 工艺相比，具有处理效果好、投资费用低、占地面积省等优点。其典型的工艺流程见图 5-31。

虽然 A/O 工艺在去除有机物的时候能一定程度上去除氮、磷，但很难同时取得好的除磷脱氮效果，而且反应池容积较大，投资费用较高。而当 A/O 工艺与硅藻精土结合成一个组合工艺，就弥补了双方的不足。

本工艺中 A/O 段厌氧池的水力停留时间为 2.3h 左右，好氧池的水力停留时间为 5.0h 左右。好氧池一般采用接触氧化工艺或生物浮动床工艺。

A/O＋硅藻生物固定化工艺主要工艺参数如下：

(1) 厌氧池

水力停留时间：2.3h 左右

(2) 好氧池

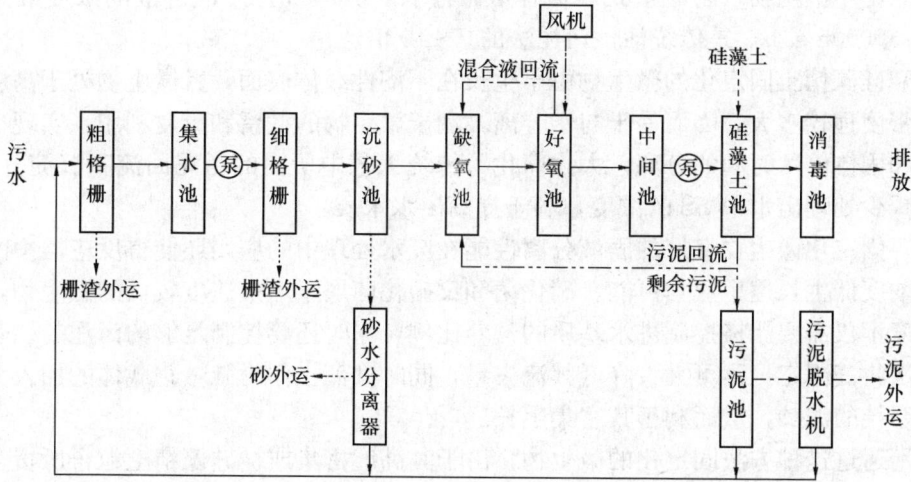

图 5-31　典型的 A/O＋硅藻精土强化新工艺流程框图

污泥浓度：8000mg/L（包括悬浮污泥和填料附着的微生物）

水力停留时间：5.0h 左右

最低设计温度：13℃

内回流比 R＝200％

（3）硅藻土处理池

水力负荷：1.33m³/（m² · h）

水力停留时间：2.33～2.50h

硅藻土投加量：50mg/L

污泥回流比：30％～40％

硅藻土专用澄清池是该技术的核心，通常水力澄清池只用于给水处理领域，而对于一般城市污水处理，由于污水中含有大量的有机物和微生物，会在形成的污泥悬浮层发生厌氧反应而产生气体，从而会破坏悬浮层的稳定性。在澄清池中增设必要的设施或方法，使悬浮污泥层保持缺氧状态，可有效抑制气体的产生，保证池内形成一个稳定的悬浮污泥层。此工艺相对于竖流式、平流式或辐流式沉淀池而言，可大大减少用药量和提高系统缓冲能力。主要是因为污泥悬浮层有筛滤作用，可截留絮体颗粒；悬浮层中没达到其饱和状态的硅藻土，还可进一步吸附絮凝未絮凝的胶体和水中的溶解态污染物，使药剂的潜能得到最大限度的发挥，从而节省药剂的用量。当投药量不足或进水水质、水量有冲击时，反应器内的悬浮层可以帮助吸附、截留水中的污染物，起到一定的缓冲作用，从而提高系统的稳定性。

该组合工艺技术还有以下特征：

（1）根据污水生物处理的基本原理，反应器中微生物浓度越高，所需的反应器容积越小，从而利于降低处理设施的工程投资和造价。传统的活性污泥法处理工艺中，其曝气池中混合液的浓度（以 MLSS 表示）一般在 3000～4000mg/L，且处于完全混合的悬浮生长状态，因而当负荷提高或浓度过高后将造成生物量的流失问题或泥水分离困难而严重影响处理出水水质。而当采用 A/O＋硅藻精土强化处理技术后，反应器中的微生物浓度将大大提高。由于微生物以附着形式在载体表面生长，其曝气池中混合液的浓度最高可达到20000～30000mg/L，是传统活性污泥法的7～10倍。

（2）硅藻精土固定化的微生物由于生长在不溶性载体表面，且微生物处于高度密集状态，其密度远较水大，因而易于与水分离，利于微生物的截留和重复利用，实现了水力停留时间和固体停留时间的分离，大大简化了传统工艺中所需的污泥回流和沉淀分离设备，并大大减少处理出水中SS的浓度，利于提高出水水质。

（3）固定化微生物良好的固液分离性能在废水处理中的应用还使得反应器中的微生物保持高浓度低生长速率成为可能。硝化菌和反硝化菌属于增殖速度较低的微生物，达到较高的浓度不仅需要严格控制进水基质的营养比例，同时还要控制足够的污泥龄。若采用固定化方法将其固定，则可大大降低其流失量，同时硅藻土作为微生物载体的加入大大提高了生化系统的泥龄，从而利于其富集生长。

（4）通过这种方法固定化的微生物，由于其高度密集或被硅藻精土粒子所覆盖，因而当含有毒有害物的污水与之接触时，由于高度密集的强抵抗能力或覆盖物的阻挡作用，削弱了有毒有害物对微生物的冲击作用，使反应器工艺运行的安全性得到大大提高。

5.4.6 硅藻土技术在国内的成功案例

1. 张家港市乐余镇污水处理厂

张家港市乐余镇污水处理厂是采用A/O＋硅藻生物固定化技术建设的小型城镇污水处理厂，处理规模为3000t/d，好氧采用接触氧化工艺。其工艺流程框图如图5-32所示：

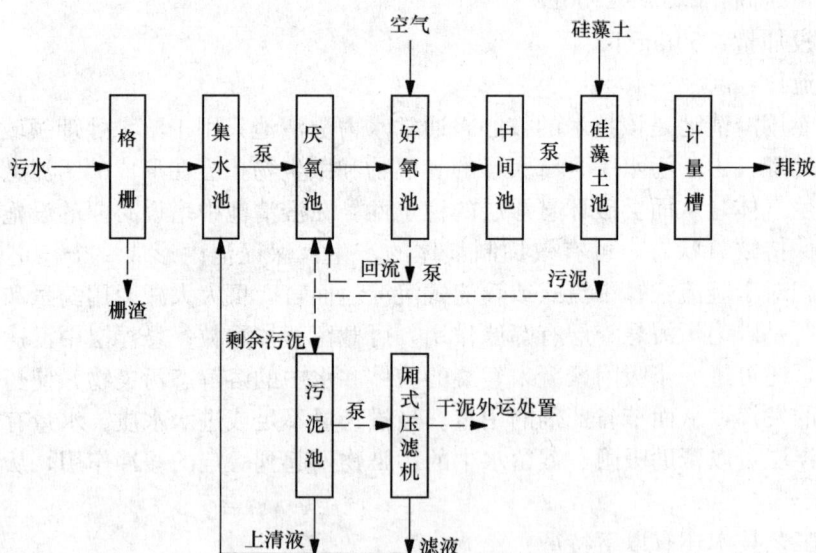

图 5-32 乐余镇污水处理厂工艺流程框图

乐余镇污水处理厂于2004年底建成投运，经过一年多时间的运行，处理效果良好，能稳定达到《城镇污水处理厂污染物排放标准》GB 18918—2002的一级B标准，表5-12为张家港市监测站于2005年12月14、15日采样监测结果。

乐余镇污水处理厂出水水质表

表 5-12

日 期	pH	COD_{Cr}	NH_4^+-N	TP
12月14日	7.48	45.2	0.63	0.31
	7.51	40.5	0.41	0.23
	7.53	36.6	0.45	0.18
	7.51	40.8	0.50	0.24
12月15日	7.60	32.7	0.87	0.80
	7.69	29.6	0.74	0.22
	7.76	31.9	0.71	0.20
	7.68	31.4	0.77	0.41

2. 河南省永城市污水处理中心第一污水处理厂

永城市地处河南省最东部，处于豫、鲁、苏、皖四省的交界地带，淮海经济技术协作区的中心位置。根据《城市污水处理及污染防治技术政策》的有关规定，2010 年全国设市城市的污水处理率不低于 60%，且永城市排放的污废水是洪泽湖水系上游的一个重要污染源。永城市加强污水治理工程及污水处理厂的建设对保护洪泽湖水系有着重要的意义。由于永城市对该污水处理厂的社会、经济效益要求较高，为此该工程采用生物浮动床（MBBR 工艺）＋硅藻精土强化工艺。其工艺流程框图如图 5-33 所示。

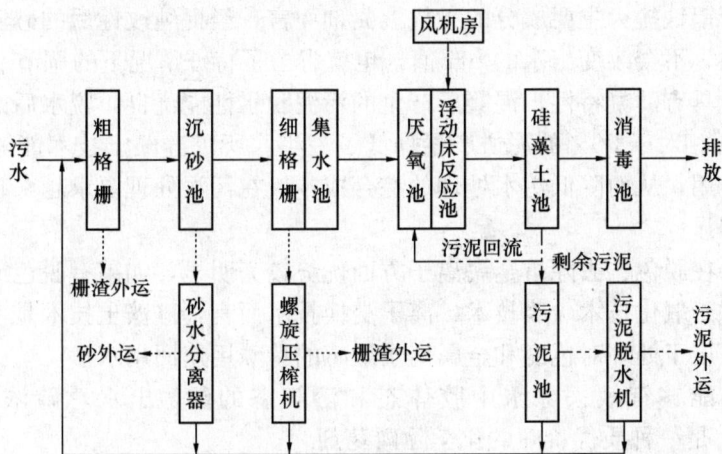

图 5-33　河南省永城市污水处理中心第一污水处理厂工艺流程图

该工程设计处理规模 10000t/d。工程于 2006 年 1 月动工建设，2006 年 10 月已建成运行，2007 年逐步进水调试，现有实际处理水量 7000t/d 以上。出水水质监测数据见表 5-13。

河南省永城市污水处理中心第一污水处理厂出水水质（7 月下旬）

表 5-13

日 期	pH	COD_{Cr}（mg/L）	NH_4^+-N（mg/L）	TP（mg/L）
19 日	7.68	20	0.29	0.88
20 日	7.60	13	0.10	0.51
21 日	7.55	12	0.25	0.61
22 日	7.64	15	0.12	0.58

日　　期	pH	COD$_{Cr}$（mg/L）	NH$_4^+$-N（mg/L）	TP（mg/L）
23 日	7.61	14	0.20	0.98
24 日	7.57	10	0.20	0.92
25 日	7.63	15	0.10	0.82
平均	7.61	14	0.18	0.76

5.4.7　硅藻土技术的应用前景及需要解决的问题

利用硅藻土处理工业废水或生产饮用水的技术已有将近 20 年的研究历史，且据查，早在 1915 年就有人把硅藻土用于小型水处理装置生产饮用水。在国外，已有将硅藻土污水处理剂作为助滤剂的一个品种来生产和应用，包括饮用水、游泳池水、浴室用水、温泉、工业用水、锅炉循环水、工业废水的过滤和处理等。在国内，将硅藻土用于城市污水处理是近几年才发展起来的，但发展相当迅速，特别是对一些含有较高比例工业废水的城市综合废水的处理，硅藻土技术以其独特的优势而受到业内人士的重视，具有广阔的发展前景。

硅藻土技术作为一种再生水处理新技术主要应用的是其优越的混凝和吸附作用，相对于其他混凝剂而言，硅藻土具有无法比拟的优势：

（1）相对于铝铁盐为主要成分的无机混凝剂而言，经提纯改性后的硅藻土化学性能稳定，基本呈中性，不会改变出水的 pH 值，也就省去了特殊情况下的调节 pH 值的工作。

（2）硅藻土具有助凝特性，混凝后产生的污泥脱水性能优良，脱水后的泥饼含水率可降至 60% 以下，相对于 80% 的泥饼产量降低了一半。所以硅藻土技术能够节省大量的污泥运输和处理费用，从而降低污水处理的综合成本，在污泥处理要求越来越严格的今天此优势将越来越明显。

（3）硅藻土在脱色、去除重金属离子方面优势较为明显，如果有脱色或去除重金属离子的要求，相对于氧化技术、膜技术、离子交换技术而言，硅藻土技术是一种有效且廉价的技术。特别适用于处理对色度和金属离子敏感的特殊用途回用水。

（4）硅藻土能够有效去除水中胶体态和溶解态的磷，出水总磷浓度可以稳定在 0.5mg/L 以下，是一种质优价廉的化学除磷药剂。

（5）由于硅藻土的多孔结构，硅藻土还是很好的生物载体，可以起到提高污泥浓度、延长泥龄，从而强化生物处理的作用。

总之硅藻土技术不只是简单的混凝过滤技术，其处理机理十分复杂，处理效果也是多方面的，选择好合适的改性硅藻土药剂和合适的工艺设计可以达到一举多得的效果。

作为一种较新的污水处理技术，硅藻精土水处理技术在国内的应用刚刚开始，其在吸附、混凝及生物相容性方面的优异性能，为我国拥有自创的污水处理技术提供了很好的平台。与目前普遍应用的生化工艺相比，该技术具有处理效果好、适应性强、投资省、处理成本低、占地面积小、操作方便、运行可靠等优势，但在实际运行中由于缺乏深入研究还存在一些亟待解决的问题。

硅藻土用于城市污水的处理还处于初级阶段，在工程实践上可以借鉴的工程实例还较少，所积累的经验也不多，从而使其在推广应用上受到一定的限制。在理论上，硅藻土处理污水的完整的机理、规律和影响因素还不清楚，目前的研究主要还是处于黑箱模式阶段，从而影响了其处理效果的进一步提高和操作运行条件的改善。特别是在硅藻精土的改性上，其研究的成果还远不能满足根据不同的污水水质特征采用不同的改性硅藻精土的要求。

硅藻土技术作为一种回用水处理新技术，应从以下几个方面进行研究：

（1）目前在水处理中所使用的硅藻土助凝剂生产成本较高。这是因为生产硅藻土助凝剂的工艺复杂，所使用的生产原料为价格较高的优质硅藻土，相应增加水处理的成本。原有的以酸处理为主的提纯技术越来越难以满足环保的要求，应尽快研究新的提纯技术，减少或降低生产硅藻精土的成本，从而降低利用硅藻土技术对污水进行深度处理的综合成本。

（2）对硅藻土处理污水的机理、规律和影响因素等的研究不足。用于污水处理的改性硅藻土作为一种污水处理药剂还没有产品标准，产品更没有形成适合不同水质要求的产品系列。应进一步探索硅藻土在污水处理中的应用、机理、规律及影响因素，增强其处理污水的能力及去除效果，针对不同的原水水质和出水要求能够选用不同的产品，从而满足不同类型污水处理需要。

（3）硅藻土技术在国内的工程案例还不多，但所采取的处理工艺却是多种多样的，还没有形成成熟的工艺技术路线。同时由于硅藻土技术所采用的水力循环澄清池受到单池规模的限制，硅藻土技术难以应用在大、中型污水处理厂中。所以应加大硅藻土技术的工艺设计研究，科学地分析已有工艺的优缺点和适用范围，并不断进行改进，形成几种成熟的处理工艺加以大力发展，并逐步向大、中型污水处理厂扩展。

第6章 再生水的安全性分析与风险评价

随着可用淡水资源的日益短缺，而城市污水具有相对稳定的水质和水量可作为城市可靠的第二水源，因此城市污水的再生利用日益得到重视。一些发达国家的城市污水循环利用率达到80%以上。以色列几乎所有的污水都经处理后回用，污水回用率将近100%。虽然城市污水再生利用具有很大的潜力，但是回用过程中还存在很多问题，如再生水的安全性、再生水对人体的健康和环境的影响风险以及回用工程的管理问题等等。上述问题阻碍了污水再生利用的顺利进行。1992年美国环保局会同有关部门制定了《污水回用指南》（Guidelines For Water Reuse），对污水回用系统、技术、用途、水质标准等作了具体的规定。1998年，美国环保局进一步制定了《节水计划指南》（Water Conservation Plan Guidelines），强调用水管理、节水措施和污水回用等多个环节的规范化管理和技术指导。2009年澳大利亚自然资源管理委员会、环境保护与遗产委员会及国家健康暨医药研究委员会共同制定了《水再生回用指南》。

随着再生水处理技术的进步，再生水的用途也越来越广泛，从灌溉到直接饮用。在再生水回用的过程中，一直备受大家关注的是再生水中病原微生物指标。最近几年，干扰素、药学和治疗用的产品也进入了污水处理系统。美国和加拿大已经对这些化学品的产生、环境影响和危险性、对健康的长期影响和采取各种控制措施后危险的转移开展了研究。

研究人员对影响再生水回用的因素进行了随机抽样调查，结果表明居民对再生水存在较大的顾虑。各种因素的影响程度排列如下：再生水安全性＞可能有异味或导致感观上不舒服＞对污水再生的情况不了解＞再生水成本可能很高＞心理上难以接受。从调查结果可以看出，影响居民使用再生水的障碍主要集中于再生水的健康风险和水质两个方面。调查还发现受教育的程度越高，对再生水的安全性关注程度越高。因此，再生水的安全性分析及健康风险评价是再生水应用推广过程迫切需要解决的问题。安全性分析为风险评价提供可靠的数据；通过风险评价对污水再生利用管理和决策服务具有重要的指导作用。

6.1 再生水特征及水回用的公共卫生与环境问题

再生水回用于不同用途时对健康和环境都会产生影响，考虑到再生水的不同用途和污染物可能的影响途径，为了保证再生水水质安全，应考虑的因素有：

（1）保护公众健康。这是制定水质安全指标的首要目标。

（2）环境安全。使用再生水的区域以及周围地区的动植物、受纳水体等都是保护对象。

（3）感观要求。对于较高要求的再生水，如冲洗厕所、绿地灌溉、娱乐用水等，在美学方面应和饮用水有相似的要求。

6.1.1 再生水中的组分

表 6-1 所示的是城市污水中的组分,城市废水中进行处理的组分可分为常规组分、非常规组分和新出现的组分。常规组分的含义是用于定义那些以 mg/L 计量的组分,是大多数传统废水处理厂设计的基础。非常规组分则是指使用前可以通过高级处理过程去除或消减的组分。而新出现组分是指浓度范围以 μg/L 或 ng/L 计量,可能造成长期的健康问题和环境问题的化合物。在某些情况下这些化合物用高级处理过程也不能被有效地去除。

再生水中的组分分类　　　　　　　　　　表 6-1

分　　类	组　　　　　分	分　　类	组　　　　　分
常规组分	总悬浮固体 胶质固体 生化需氧量 化学需氧量 总有机碳 氨 硝酸盐 亚硝酸盐 总氮 磷 细菌 原生动物孢囊、卵囊虫 病毒	非常规组分	难降解有机物 挥发性有机化合物 表面活性剂 金属 总溶解固体
		新出现组分	处方药和非处方药 家庭护理用品 兽用和人用抗菌素 工业和家庭用品 性和甾族激素 其他内分泌干扰物

6.1.2 水回用的公共卫生与环境问题

再生水回用之初,再生水的安全性仅仅局限于病原微生物的安全。随着分析技术的发展,在再生水中鉴别出来的化合物,对健康有很严重的、慢性的影响,影响程度与它们的浓度和暴露的途径有关。同时,由于再生水的用途分为很多种,其中河湖景观用水必须考虑到富营养化的风险。因此再生水回用过程主要存在有机化学物质、病原微生物及富营养化三方面的风险。

6.1.2.1 化学物质风险

由于城市污水来源的广泛性和复杂性,污水处理厂出水中既存在没有完全被去除的有机和无机污染物,又有处理过程中产生的降解中间体,污染物种类及其毒性特征十分复杂,常规水质指标不能真实反映水质污染情况。表 6-2 列出了污水中部分毒害有机污染物及其潜在的危害。

污水中有机化合物类别及其危害　　　　　　　　　　表 6-2

名　　称	发生地/来源	问　　题
挥发性有机污染物	可见于地下水和地表水	对人体有致畸变性或致癌性
1,2-二溴乙烷 （EDB）和 1,2-二溴-3 氯丙烷（DBCP）	可见于地下水水源,特别是将这些化合物用作熏蒸剂的地方	对人类健康有不利影响

名　　称	发生地/来源	问　　题
三卤甲烷（THMs）	可见于大多数加氯消毒的给水中	消毒的副产物对人类可能有致癌性
加氯的有机溶剂	可见于有工业污染物的原水水源	对人类可能有致癌性
卤代乙酸（HAAs）	天然有机物质（腐殖酸和富里酸），经氯化后形成	消毒的副产物，对人类有致癌作用
三氯苯酚	天然有机物质（腐殖酸和富里酸），经氯化后形成	消毒副产物，二氯乙酸和三氯乙酸对动物由致癌性
醛　　类	含有机物质的水臭氧氧化形成	消毒副产物
可萃取的碱（中性）盐和酸	许多多环芳香烃类、邻苯二甲酸酯类、酚类、有机氯农药和多氯联苯	所列化合物中，许多是有毒的或致癌的
酚　　类	通常来源于工业排放	低含量时，水有气味。高含量可能对人体健康有不利影响
多氯联苯（PCB）	可见于变压器油污染的水体	这类化合物有毒性，在生物体中积累，在水中非常稳定
多环芳香烃（PHAs）	石油加工或燃烧副产物	这类化合物中，有许多在较低含量时就具有高致癌性
氨基甲酸酯类农药	可见于被农药污染的水源	
有机氯类农药	可见于被农药污染的水源	许多这类化合物可在生物体内积累，它相对稳定，并具毒性和致癌性
酸性除草剂类化合物	用于控制杂草、这类化合物可在水系统中发现	对水生成物造成不利影响
甘磷酸酯除草剂	广谱非选择的芽后除草剂，通过径流或喷洒的漂移可使水受到污染	对水生成物造成不利影响

近几十年来，随着多种新型分析检测技术的开发，二级处理出水中数以千计的、浓度极低的有机化合物被相继检测出来，不同的处理工艺对上述化合物的去除效果各异。大多数新型污染物对环境和人体健康影响的资料极少，甚至没有。令人遗憾的是研究表明一些在污水中已经鉴别出来的化合物对健康有严重的慢性危害，这与其存在的浓度和暴露途径有关。作为再生水水源的二级出水中的污染物主要有以下几类：

（1）优先控制污染物

大量的研究表明，一些难降解有机物质具有生物累积性和三致（致癌、致畸、致突变）作用或慢性毒性。有的物质通过迁移、转化、富集，在生物体内的浓度水平可提高数倍甚至上百倍，对环境和人体健康是一种潜在威胁，因而日益受到人们的关注。但是由于有毒物质品种繁多，不可能对每一种污染物都制定控制标准，因而根据污染物的致癌、致畸、致突变性或者剧毒性，在众多污染物中筛选出潜在危险大的作为优先研究和控制对象、优先控制污染物。有毒化学物质的污染问题越来越受到世界各国的重视和关注。美国是最早开展优先监测的国家,美国环保局 1979 年公布了废水中 65 类,129 种优先控制污染物,其中有 114 种是有毒有机污染物。前苏联 1975 年公布了 496 种有机污染物在综合用水中的极限容许浓度,十年后公布修改了的 561 种有机污染物在水中的极限容许浓度。欧洲经济共同体在"关于水质项目的排放标准的技术报告"中,也列出了化学物质的"黑名单"和"灰名单"。我国环保局根据国内污染物特征,提出了符合我国国情的水中优先控制污染物黑名单,其中包括 14 类 68 种有毒化学污染物,为毒害污染物的排放监测和控制提供了依据。

(2) 挥发性有机化合物(VOCs)

沸点小于或等于 100℃,25℃蒸气压大于 1mmHg 的有机化合物一般被称为挥发性有机化合物(VOCs)。污水中的挥发性有机化合物一旦呈蒸气状态,其流动性大大增强,增加了释放于环境中的可能性,这类化合物在空气中可能给公众卫生造成更大的风险,增加空气中的活化烃浓度,对公众健康造成潜在危害。

(3) 消毒副产物

为了保证再生水的安全性,在出厂之前会对再生水中的病原微生物进行消毒。目前常用的消毒方式主要为氯类消毒剂。当含氯消毒剂加入到含有机物的水中,会形成各种含氯的有机化合物,这类化合物被统称为消毒副产物。尽管这类物质的浓度一般都很低,但由于其中许多物质已被确定或者怀疑对人类具有致癌的效应而成为人们关注的问题。这类化合物中具有代表性的物质为三卤甲烷,卤乙酸、三氯苯酚和醛酮类物质。最近有污水处理厂中发现了 N-亚硝基二甲胺(NDMA),亚硝胺类化合物被认为是最强的致癌物质之一,此类物质在很低的浓度下就对各种鱼类有强致癌性。二甲胺是废水和地表水中常见的化合物,可在尿、粪便、藻类及植物组织中发现,二甲胺在污水消毒过程中能够通过多种途径产生 NDMA,水中的亚硝酸盐可以同次氯酸反应形成亚硝酸,亚硝酸进而与二甲基胺反应生成 NDMA,此外研究表明二甲胺还可以同氯胺反应生成 NDMA。基于对氯消毒副产物致癌风险的担忧,国外对紫外消毒替代氯消毒给予了极大的关注。

(4) 农药及农用化学药剂

农药除草剂和其他一些农用化学药剂也是污染地表水的主要污染物之一,主要通过农田,城市绿地的地表径流引起。此类污染物对许多有机体产生毒性,虽然此类物质不是城市二级出水中的常见组分,但越来越多的农药类化合物在污水中及污水受纳水体中检出。

(5) 医药品和个人护理用品(PPCPs)新型有机化合物

未被人体完全利用的药品和个人护理用品(PPCPs)会通过排泄或洗浴进入城市污水。最近几年 PPCP 类污染物在污水、地表水和地下水中都能检出,其浓度在每升纳克至微克水平范围内,而现有污水处理工艺对相当一部分该类物质没有明显的去除效果,PPCPs 通过污水厂的出水排放、径流及垃圾渗滤液的渗透等途径进入水体环境,其中污水厂的出水排放被认为是一条重要的途径。PPCPs 一般是合成的有机化合物,其中的类固醇类雌激素已被证实可引起水体中雄性鱼的卵黄蛋白原增加,并出现明显的雌性化。虽然目前没有确切证据表明其对人类环境健康造成危害,但其引起的环境安全风险受到人们越来越多的关注。

水环境中的 PPCPs 正逐渐成为受人们关注的环境问题之一。表 6-3 列出了部分地表水中发现的新型有机污染物，这类污染物大部分来自兽用和人用抗生素、处方和非处方药品、工业和家庭废水的产物、性激素和甾醇类激素。过去的 30 多年中，有关有毒污染物的研究主要集中在工业化学物质和农药上，近几年来，国外已经开始重视并开展对 PPCPs 的环境风险评价和控制措施。我国是 PPCPs 的生产和消费大国，但关于国内城市污水及环境水体中 PPCPs 的研究报道非常少，国内已有研究者着手开展国内的城市污水中典型 PPCPs 的分布调查和迁移转化规律研究。

在地表水中发现的新出现有机污染物 表 6-3

兽用和人用抗生素		
卡巴多司	诺氟沙星	磺胺二甲吡啶
金霉素	土霉素	Sulfamethiazole
环丙沙星	罗沙肿	磺胺甲噁唑
强力霉素	罗红霉素	磺胺噻唑
恩氟沙星	沙拉沙星	四环素
红霉素	大观霉素	甲氧苄啶
红霉素-H$_2$O	磺胺氯达嗪	泰洛星
伊维霉素	磺胺二甲氧基吡啶	维吉霉素
林可霉素	磺胺甲吡啶	甲氧苄啶（抗生素）
人用处方和非处方药		
扑热息痛（退烧药）	吉非贝齐（降血脂药）	异羟洋地黄毒苷元（地高辛代谢物）
阿莫西林（抗生素）	布洛芬（消炎药）	地尔硫卓（抗高血压药）
咖啡因（兴奋剂）	甲福明（降血糖药）	依那普利拉（抗高血压药）
西咪替丁（解酸药）	氟曲汀（抗抑郁药）	1，7-二甲黄嘌呤（咖啡因代谢物）
可替宁（烟碱代谢物）	帕罗西汀（paxil 代谢物）	沙丁胺醇（镇咳药）
雷尼替丁（解酸药）	去氢硝苯地平（抗心绞痛药）	磺胺甲噁唑（抗生素）
工业和家庭废水产物		
乙酰苯（芳香）	胆固醇（粪便指示物）	丁基羟基茴香醚（BHA）
蒽（PAH）	顺式氯丹（农药）	正二十三烷（抗菌消毒剂）
苯并芘（PAH）	carbary1（农药）	2，6-二-特-对-苯醌（抗氧化剂）
菲（PAH）	可待因（止痛药）	N，N-二乙基甲苯酰胺（杀虫剂）
OPEO1	OPEO2	狄氏剂（杀虫剂）
双酚 A（用于聚合物）	可替宁（尼古丁代谢物）	三（二氯乙基）磷酸盐（阻火剂）
芘（PAH）	对-甲酚（木质防腐剂）	对壬基酚-总（洗涤剂代谢物）
荧蒽（PAH）	二嗪农（农药）	3b粪甾烷酮（食肉动物粪便指示物）
六氯化苯（农药）	1，4-二氯苯（熏蒸剂）	5-甲基1H 苯并三唑（抗氧化剂）
甲基对硫磷（农药）	四氯乙烯（溶剂）	乙醇，2-丁氧基，磷酸盐（增塑剂）
萘（PAH）	磷酸三苯酯（增塑剂）	2，6-二-特-丁基苯酚（抗氧化剂）

工业和家庭废水产物		
NPEO1-总（洗涤剂代谢物）	苯酚（消毒剂）	丁基羟基甲苯（BHT）（抗氧化剂）
NPEO2-总（洗涤剂代谢物）	酞酐（用于塑料）	双（2-乙基己基）钛酸酯（增塑剂）
咖啡碱（兴奋剂）	钛酸二乙酯（增塑剂）	三（二氯异丙基）磷酸盐（阻火剂）
毒死蜱（农药）	豆甾烷醇（植物甾醇）	

性和甾族激素		
顺雄甾酮	17a-雄二醇	炔雌醇甲醚
3b-粪甾烷醇	17b-雄二醇	19-炔诺酮
胆固醇	雌三醇	黄体酮
马萘雌酮	雌酮	睾丸激素
马烯雌酮	17a-乙炔基雌二醇	

6.1.2.2 微生物风险

经历了欧美"军团病"、"贾第虫病"、"隐孢子虫病"和我国"非典"、"禽流感"等大规模病毒传染事件后，人们对污水再生利用中的微生物风险的安全性给予了特别关注。与化学污染物相比，污水中病原体具有以下特征：

（1）病原体在水中的分布是离散的，而不是均质的；

（2）病原体常成群结团，或吸附于水中的固体物质上，其水中的平均浓度不能用于预测感染剂量；

（3）病原体的致病能力取决于其侵袭性和活力，以及人的免疫力；

（4）一旦造成感染，病原体可在人体中繁殖，从而增加传播的可能；

（5）病原体的剂量—反应关系不呈累积性。

废水中的病原微生物可能来自患病的人、动物或者特定传染病患者的排泄物。废水中的病原微生物可以分为四大类：细菌、原生动物、蠕虫和病毒。

1. 细菌

污水中的致病菌是造成危害的一个主要部分，沙门氏菌属（*salinonella* spp.）是最常见的细菌病原体之一，它包含各种各样可以引起人类和动物疾病的细菌，与其有关的最常见的疾病是食物中毒、沙门氏菌病。此外污水中分离出的志贺氏菌（*Shigena* spp.）、霍乱弧菌（*Vibriocholerae*）等细菌对暴露人群会引起水传播疾病的爆发。

2. 原生动物

小隐孢子虫（*Cryptosporidium parvμm*）、环孢子虫（*Cyclospora cayatanensis*）和贾第虫（*Giardia lamblia*）是非常重要的致病原生类动物，因为它们损害免疫系统而对人产生重要影响。传染病是由于摄入被卵囊虫和孢囊污染的水引起的，感染后临床上主要表现为急性腹泻，对于环孢子虫和隐孢子虫病尚无特效药物，绝大多数抗生素、抗寄生虫药对该病无效。免疫功能低下者，特别是艾滋病病人感染孢子虫病后病情加重，常因长期腹泻而致营养不良和脱水而死亡。环境中为数众多的非源于人类的小隐孢子虫和贾第虫也可导致人类感染。

3. 病毒

已经为人所知 100 种以上的致病肠道内病毒主要来自人类的排泄物。就健康而言，人类肠道内的病毒主要是肠道病毒（*Enterovirus*），诺瓦克病毒（*Norwalkagent*）、轮状病毒（*Rotaviruses*）、腺病毒（*Adenoviruses*）和甲肝病毒（Hapatitis Avirus），其中肠道病毒还包括脊髓灰质炎病毒（*Polioviruses*）、埃可病毒（*Echoviruses*）和柯萨奇病毒（*Coxsakieviruses*）。这些病毒最经常的传染方式是经由人与人之间的粪—口途径。现已证实在引起腹泻的病毒中诺瓦克病毒和腺病毒主要是介水传播。

4. 蠕虫

蠕虫中的蛔虫、牛肉绦虫、猪肉绦虫和血吸虫等都能引起人类疾病。蠕虫对人类感染的时期各有不同，有些是成虫或幼虫期，有些是虫卵期。存在于污水中的主要是虫卵，体积在 $10\sim100\mu m$ 以上范围的虫卵可以在常规的处理过程中去除，但有些虫卵对环境压力有很强的抗性，可在消毒过程后仍然存活，最近发现蛔虫虫卵在稳定塘沉积物中存活长达 10 年。

表 6-4 列出了城市污水中可能出现常见的病原体种类及其对人体健康产生的危害。当再生回用水中含有上述病原微生物时，都会对人体健康造成潜在危害。

污水中可能存在的传染性病原体

表 6-4

微　生　物	诱发疾病	症　　状
细　菌		
空肠弧菌	肠胃炎	腹泻
大肠菌（肠道致病菌）	肠胃炎	腹泻
嗜肺军团菌	军团士兵疾病	不适肌肉痛发热头痛呼吸道疾病
钩端螺旋体属	钩端螺旋体病	黄疸发热（外氏病）
沙门氏菌属	沙门氏菌病	食物中毒
伤寒沙门氏	伤寒热	高热腹泻小肠溃疡
志贺氏菌属	志贺氏菌病	杆菌性痢疾
小弧菌霍乱	霍乱	极严重的腹泻脱水
结肠耶氏菌	以一瑞士细菌学家命名的一种病	腹泻
原　生　动　物		
小袋虫大肠菌	小袋虫病	腹泻痢疾
隐孢子虫	隐孢子虫病	腹泻
环孢子虫	环孢子虫病	严重腹泻胃痉挛恶心持续连续呕吐
痢疾阿米巴	阿米巴痢疾	长时间带血呕吐，肝和小肠脓肿
贾第虫	贾第虫病	严重腹泻呕吐消化不良
蠕　虫		
人蛔虫	蛔虫病	感染蛔虫
蛲虫	蛲虫病	感染蛲虫
肝片吸虫	片吸虫病	感染羊肝吸虫
膜壳绦虫	膜壳绦虫病	感染短小膜壳绦虫
牛绦虫	绦虫病	感染牛肉绦虫
T. solium	绦虫病	感染猪肉绦虫
毛首鞭形线虫	鞭虫病	感染鞭虫

微 生 物	诱发疾病	症 状
病 毒		
腺病毒（31）	呼吸道疾病	
肠道病毒（100 种以上，例如骨髓灰质炎、埃克病毒和苛萨奇病毒）	肠胃炎心脏异常脑膜炎	
肝炎 A 病毒	传染性甲肝	黄疸发热
诺沃克病原体	肠胃炎	呕吐
细小病毒（2 种）	肠胃炎	
轮病毒	肠胃炎	

6.1.2.3 水体富营养化风险

再生水主要用途之一是作为城镇区域绿化用水、景观水体和河湖生态系统补充用水等。水体富营养化是再生水作为景观水体和河湖生态系统补充用水的最大障碍之一。其中的氨氮、磷等营养性污染物可能导致水体的富营养化，藻类的暴发导致水质恶化，影响景区美观，而微量的毒害有机污染物对水生生物造成潜在的危害，并通过食物网逐级在生物体内聚集；此外再生水作为生态补水补给河湖水体后，通过下渗作用有污染地下水的风险。

水体富营养化是指大量溶解性营养盐类进入水体，引起藻类和其他浮游生物迅速繁殖，大量消耗水体中的溶解氧，水质变差，鱼类及其他生物大量死亡的现象，严重时会发生水华。此外许多富营养化优势藻属如蓝藻中的微囊藻属（*Microcystis*）、鱼腥藻属（*Anabaena*）、束丝藻属（*Aphanizomenon*）等都能产生藻毒素，它们都是由蓝藻产生的二次代谢产物，藻毒素主要分为肝毒素、神经毒素、脂多糖毒素三大类。藻毒素一般都是细胞内毒素，在细胞内合成，细胞破裂后释放出来并表现出毒性，不仅危害水生动物，而且对人体健康也有潜在的危害作用。富营养化发生所需的必要条件有三个方面：充足的 TN、TP 等营养盐；缓慢的水流流态；适宜的温度条件。一般认为，水体形成富营养化的指标是：①水体中含氮量大于 $0.2 \sim 0.3 \mathrm{mg/L}$，含磷量大于 $0.01 \mathrm{mg/L}$；②生化需氧量大于 $10 \mathrm{mg/L}$；③在淡水中细菌总量达到 104 个/mL；④标志藻类生长的叶绿素 a 浓度大于 $10 \mu\mathrm{g/L}$。

再生水用于生态补水容易导致受纳水体富营养化主要原因有以下几个方面：①再生水一般是由城市污水经过传统二级生物处理后进行进一步深度处理得到，现行的《城镇污水处理厂污染物排放标准》GB 18918—2002 中对二级出水中氨氮和磷的要求相对较低，其中即使以再生回用为目标所执行的一级 A 标准中对氨氮和磷的要求分别为 $5 \mathrm{mg/L}$ 和 $1 \mathrm{mg/L}$。该浓度仍然远远高于《地表水环境质量标准》GB 3838—2002 中的景观娱乐用水的标准。因此再生水中的营养性污染物本底值相对较高，是发生富营养化的根本原因。②城市景观水体的稀释自净能力较天然景观水体差。缓慢的水流是富营养化发生的必要条件，富营养化多发生在缓流水体中，景观水体如公园以及住宅区内的水景，属于非连续流动水体，流速缓慢，有的甚至是静止水体，为藻类的生长提供了稳定的水环境。因此，容易发生富营养化。③人工景观水体属于浅水水体，水深一般在 $1 \sim 2 \mathrm{m}$，就湖泊而言，有浅水和深水湖泊之分，所谓深水与浅水之分，并无明确的界限，长江中下游平原的浅水湖泊水深小于 10m，平均水深仅 2m 左右。国际上对于浅水湖泊的研究经验表明，浅水湖泊比深水湖泊更易发生富营养化问题。景观水体与浅水湖泊类似，也具有水浅这一特点，因此和浅水湖泊一样易发生富营养化。

综合以上几点原因，再生水回用的景观水体比天然河流、湖泊更易发生富营养化问题。《城市污水再生利用　景观环境用水水质》GB/T 18921—2002 中氮、磷指标要求高于天然水体富营养化水平的临界指标，因此，富营养化问题是再生水回用于景观水体首先要考虑的主要问题，必须采取措施预防和控制景观水体富营养化的发生。

目前再生水回用于人工景观水体在我国的应用刚刚开始，相关的一些水质标准还需进一步健全，只有制定更加严格的水质标准，才能保证再生水回用于景观水体的娱乐价值和安全性。当再生水回用的景观水体投入使用时，一定要注意对景观水体的维护，以保证景观水体的美学价值以及防止景观水体中微生物对人体的危害。其中富营养化是再生水作为娱乐性、观赏性人工水体的最大障碍。富营养化问题的治理要针对再生水的特点以及景观水体的特点进行考虑，虽然目前对水体富营养化的治理已经取得了一些进展，这方面的相关报道也很多，但是仍然存在一些问题需要做进一步的研究工作。

6.1.3　再生水风险因素影响途径

由于再生水的使用途径不同，从而导致再生水中风险因素的影响途径不同。例如，使用再生水作为道路清扫水时，再生水中的如细菌、微生物、孢子、病毒等对人体健康可以造成极大危害的物质，可能散布在空气中以飞沫或气溶胶的形式存在，也可能随再生水滴附着或残留在街道的路面上，还可能由于雨水的冲刷径流进入街道两侧的排水管，这些有害物质一旦与人体接触后将会对人体的健康造成极大的危害，开辟了传染病传播的新途径，进而可能引发某一社区、城市甚至全国的疫情爆发。表 6-5 表明了再生水不同用途的可能影响途径。

再生水不同用途的可能影响途径　　　　　　　　　　　　　　　表 6-5

类　别	应用范围界定	再生水使用方式	可能的影响途径
城镇杂用水	园林绿化（公园、绿地、墓地、隔离带、绿化带）运动场（操场、高尔夫球场）	高压喷灌低压滴灌低压微灌	呼吸道（气溶胶、蒸发）、消化道（接触）、毒害灌溉植物、污染土壤、污染地表水及地下水
	冲洗厕所、车辆清洗	高压冲洗	呼吸道（挥发）、消化道（接触）
	街道清扫（降尘、降温）	高压喷洒	呼吸道（气溶胶、蒸发）
	消防	高压喷洒	呼吸道、消化道、皮肤接触
	建筑施工（降尘、混凝）	低压喷洒	呼吸道、皮肤接触
回补地下水	水源补给	堤坝、地表渗滤系统、土壤含水层处理系统、直接注入系统	污染地下水
防止海水入侵、地面沉降			

448

类　别	应用范围界定	再生水使用方式	可能的影响途径
工业用水	单程冷却		
	循环冷却	冷却塔（污染物可能浓缩）	呼吸道（蒸发）
		冷却池（污染物可能浓缩）	呼吸道（蒸发）、生物生长
	锅炉用水	密封、高温、高压体系	呼吸道、影响锅炉性能
景观娱乐用水	娱乐性水体、水景	娱乐水体（钓鱼、游泳、划船等）水景（喷泉、瀑布、水塘）	呼吸道（蒸发）、消化道、皮肤接触、水体富营养化、毒害水生生物、污染地下水
	湖泊、观赏性水体	补注	呼吸道（蒸发）、水体富营养化、毒害水生生物、污染地下水

6.2　再生水安全性指标体系

由于城市污水来源的广泛性和复杂性，回用水中既有城市工业废水和生活污水中存在但在水处理过程中没有完全消除的有机和无机污染物，又有过程降解产生的中间体。同时还存在未完全去除的病原微生物。因此再生水中污染物种类及其毒性特征十分复杂，常规水质指标不能真实反映水质污染情况。因此，在评价再生水安全过程中需要一个完善的指标体系。

6.2.1　再生水安全指标体系的制定原则

再生水水质安全指标体系需要不仅包括常规水质指标、致病菌种类和数量、有机和无机污染物种类与数量，还应考虑生态毒性和健康安全。考虑到再生水的不同用途及其含有的污染物潜在的影响途径，在制定再生水水质安全标准时遵循以下原则：

（1）保护公众健康是制定水质安全指标的首要目标。

（2）对水质有特殊要求的工业或其他用水，应根据具体要求制定水质标准。

（3）灌溉可能引起很多相关问题，如污染土壤、地下水、地表水以及对暴露人群的健康效应。

（4）使用再生水的区域以及周围地区的动植物、受纳水体等都是保护对象。

（5）对于要求较高的再生水，如冲洗厕所、绿地灌溉、娱乐用水等，在感观方面应和饮用水有相似的要求。

（6）标准必须符合当前地区的政策、技术、经济状况。

6.2.2　再生水安全指标体系的确立

在遵循再生水安全指标体系制定原则的同时，根据不同用途在保证清洗效果，不会造成二次污染，不会对人体健康造成危害，同时在保证经济性上可行的前提下，分项从水质理化指标、卫生安全指标、环境生态安全指标等方面进行再生水水质指标的选择论证，最终确定出与园林绿化、冲厕、街道清洗、车辆清洗、建筑施工、消防等用途相关的再生水水质标志性指标。

再生水安全体系指标主要包括以下几个部分：

（1）常规指标

再生水安全性常规指标主要指在使用过程中有可能危害到环境或人体健康的常规水质指标。从再生水水质对人的感官系统影响方面考虑，再生水水质的感官指标如嗅味、浊度、色度等应首先被加以关注。再生水使用过程中对贮存设备及管路系统的影响方面考虑TSS、pH和DO。从再生水环境中应用的角度来看化学需氧量（COD_{Cr}）、五日生化需氧量（BOD_5）；氨氮、亚硝酸盐氮、pH值、氯化物、LAS、余氯等常规指标也应该纳入到再生水安全性指标体系。

（2）生物综合指标

生物安全综合指标主要是用来评价和控制再生水中的病原微生物，预防流行性传染病的大范围爆发。研究发现，正常人、畜的粪便中没有病原微生物，而在感染者的粪便中大量存在，若从病原微生物的分类出发，分别从细菌、病毒、寄生虫中筛选出有代表性的指标生物，则对于评价水质的生物学安全性具有重要意义。大肠菌群作为水质指示细菌已有很长历史，这是因为它们主要存在于温血动物的粪便中，具有浓度高、易检测的特点，且与粪便的污染程度成正相关。但对再生水而言，目前尚无统一观点，大多仍沿袭传统习惯选择大肠菌群或粪大肠菌群作为生物学指标，其中粪大肠菌群在表示水体受粪便污染状况时更具代表性。与粪大肠菌群相比，病毒、寄生虫对消毒处理的抵抗力更强，在环境中也能存活很长时间。有人曾试图将病毒和寄生虫作为水质安全指标，但美国环保局认为，在污水再生处理工艺中过滤和消毒处理可完全去除寄生虫，必要时可在过滤前添加化学试剂以彻底杀灭寄生虫。另外寄生虫的检测相对复杂，周期长且准确度也低。同样，选择病毒作为水质安全指标时也存在相似问题。根据上述分析并结合我国的国情，目前我国再生水标准中选择了大肠菌群/粪大肠菌群作为评价再生水水质安全的生物学指标。另外，再生水中余氯的含量对于控制病原微生物的再生繁殖非常重要。虽然余氯不属于生物学范畴，但为了便于应用，也将余氯作为控制指标之一。

目前再生水消毒方法主要包括氯消毒、二氧化氯消毒、臭氧消毒、紫外线消毒等。这些方法虽能杀灭常见病原微生物，但无法对部分具有抗性的病原微生物进行有效消毒。如氯消毒技术对军团菌、隐孢子虫和贾第鞭毛虫的灭活效果较差，紫外线消毒对腺病毒的灭活效果较差。现有饮用水消毒工艺研究表明，部分组合消毒工艺如紫外线/氯消毒工艺等对腺病毒等抗性病原微生物的灭活效果明显高于单一技术。目前，再生水消毒组合工艺对病原微生物的灭活研究还很少，有待进一步开展。值得注意的是，再生水在消毒过程中常产生有害消毒副产物，造成一定的健康风险。如何解决病原微生物灭活与消毒副产物生成的矛盾，是再生水消毒实践中面临的重要问题之一。

（3）综合生物毒性指标

目前，生物测试（bioassay test）技术研究和应用，尤其是生物标志物研究和应用的发展，为生态毒理学和环境风险的进一步评价研究提供了一项重要手段。它不仅可以核定未知化学物质的影响，也可以反映化学物质间的相互作用和化学物质的生物可利用性，可用于寻求某种化学物质或工业废水对水生生物的安全浓度，为制定合理的水质标准和废水排放标准提供科学依据，也可用于测试水体的污染程度，检查废水处理的有效程度，比较不同化学物质的毒性高低。

生物毒性检测技术在水质安全评价中的应用包括两方面，一是对化学物质的生物毒性进行评价，二是对废水进行评价与控制。通过前者的测定可以得到单一化学物质对不同生物的毒性大小；通过后者可以得到废水综合毒性（Whole Effluent Toxicity，WET），再通过分析方法对化学物质进行分级（Fraction）和毒性识别评价（Toxicity Identification Evaluation，TIE），从废水中众多的污染物中筛选出需要优先控制的有毒化学物质。由于废水的来源不同，废水中所含有毒有害化学物质的种类亦千差万别，以废水中某种主要化学物质的毒性来控制整个废水毒性的排放是不够的，而应对废水综合毒性（WET）进行检测。该指标主要是用来评价和控制再生水中的化学污染物，防止污染物直接或间接威胁人体健康，危害生态系统。该研究已逐步成为环境领域研究的一个亮点，美国、加拿大等国家已把生物毒性列为废水水质控制指标之一。

近年来，以废水综合毒性（WET）控制废水排放的研究在国内外已有很多报道。再生水综合毒性指标应用在工业污水排放控制、排污许可证管理以及污水处理厂水质控制中更具优越性。对此，国外已开展了大量相关研究和应用。20世纪80年代末，美国环保局制定了应用毒性测试法评价水体综合毒性的计划，通过直接测试水体总毒性以减少和取代对单个污染物的鉴别和分析，并在随后颁发的污染物排放消除系统许可证中应用。德国政府规定水、废水、淤泥必须通过利用发光细菌、鱼等作为测试生物的毒性测试。但是目前的毒性测试生物主要选择细菌、藻类、蚤类、鱼类等，指示终点主要是急性（慢性）致死（抑制）效应。

然而，化学污染物除了急性致死效应外，部分污染物所引起的三致效应、生物累积效应、内分泌干扰活性等也不容忽视。这些效应的实验室测试目前已有部分标准方法，但用于评价环境水质特别是再生水的安全性还存在一定困难，比如目前大多数水质毒性评价主要集中在急性致死（抑制）效应，就内分泌干扰效应、遗传毒性效应而言，虽然其测试方法本身还有待进一步完善，但近年已有零星应用方面的报道。有学者从某再生水厂出水中检出了浓度较高的芴、菲、萘、蒽等具有强遗传毒性的污染物，通过传统的Ames实验发现再生水具有遗传毒性效应。运用小鼠骨髓嗜多染红细胞微核试验、小鼠外周血淋巴细胞彗星试验方法，发现某养殖污水具有明显的遗传毒性效应。用重组酵母离体细胞检测技术，对某养殖场污水处理厂水样中的雌激素活性进行了分析，发现原水雌激素活性较高，出水雌激素活性则低于检出限。我国的生物毒性研究工作在目前已有一定基础，具备了对污水进行毒性控制的手段，且取得了可喜成果。此外，污染物的遗传毒性不容忽视。在目前合成和使用的化学品中，已有很多被确定或怀疑有三致效应。这类化学品对人类以至整个生物圈构成了巨大的威胁，而它们的实验室测试相对比较困难，缺乏合适的方法。Ames试验是最早开发的检测致突变性的方法，但程序复杂，每个样品约3d才能得到结果。近年来很多研究者致力于开发致突变性快速检测方法，如UMU遗传毒性检测法大约需要4h，彗星试验只需要2h。蚕豆根尖微核试验在近年也有较多应用，其具有测试费用低、易掌握、操作方便等特点。

（4）特异性指标

特异性指标主要是用来评价除毒性效应外的其他生物效应，如对生物酶的抑制效应、生物累积效应、化学物质的内分泌干扰活性等。其中内分泌干扰活性的测试有助于了解内分泌干扰物对人和野生生物的影响，常用的测试方法有：ER-CALUX® 检测法、MVLN 检测法、YES 检测法、酵母双杂交（Yeast hybrid）等。Witters 人等人通过对不同水体的生物检测后发现，内分泌干扰活性从高到低的顺序是：受污染的江湖水体，污水处理厂出水，地表饮用水源。有关再生水内分泌干扰活性的特异、高效测试方法的研究在目前尚处于起步阶段。

（5）可吸附有机卤化物

有机卤化物是国内外环境科学领域重点研究的三类有机污染物之一，1979 年 USEPA 提出的 129 种优先控制污染物中，卤化有机物约占 60%。由于有机卤化物来源广泛，分子质量分布范围宽（$>2500\mu$），不可能用某一种方法同时检测，因此有必要建立一种类似于 COD、BOD 等的综合指标以评价其污染水平。20 世纪 70 年代，可吸附有机卤化物（AOX）就被列入德国和荷兰等国的饮用水研究领域，部分欧洲国家已制定了 AOX 的饮用水标准和污水排放标准，以 AOX 表征的有机卤化物已成为一项国际性水质指标。我国对 AOX 的研究刚刚起步，《城镇污水处理厂污染物排放标准》GB 18918—2002 中推荐将 AOX 作为水污染选择控制指标。

（6）挥发性有机化合物

水体中挥发性有机物，特别是低分子卤代烃和苯系物均被列入环境优先监测污染物，随着污水再生回用范围不断扩大，再生水中的 VOCs 挥发后可能通过各种途径对人体健康造成威胁，譬如景观娱乐用水、环境景观灌溉、街道洒扫、地下水渗滤回补等过程。目前有关再生水中 VOCs 的研究还不多，也有个别研究表明再生水中 VOCs 对人体危害较小。即使在饮用水水质标准中，也只对部分常见 VOCs 物质的含量作了限制。但是，如果目前还只是通过制定单一物质的标准来控制水质安全性，显然难以达到真正的保护目的，希望在今后的研究中，能构建一个或几个较好反映 VOCs 物质总体污染效应的指标。综上所述，再生水安全指标体系如图 6-1 所示。

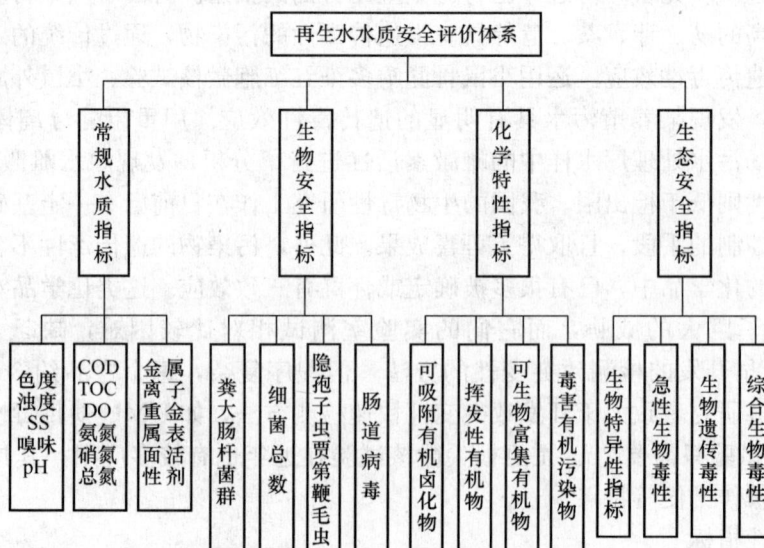

图 6-1 再生水安全指标体系

6.2.3 再生水不同用途安全性指标体系

根据《城镇污水处理厂污染物排放标准》GB 18919—2002 将再生水的用途分为如表6-6 所示的用途。针对不同用途再生水的安全性指标关注重点有所不同。

城市污水再生利用类别 表6-6

分 类	范 围	示 例
农、林、牧、渔业用水	农田灌溉	种籽与育种、粮食与饲料作物、经济作物
	造林育苗	种籽、苗木、苗圃、观察植物
	畜牧养殖	畜牧、家畜、家禽
	水产养殖	淡水养殖
城市杂用水	城市绿化	公共绿地、住宅小区绿化
	冲厕	厕所便器冲洗
	道路清扫	城市道路的冲洗及喷洒
	车辆冲洗	各种车辆冲洗
	建筑施工	施工场地清扫、浇洒、灰尘抑制、混凝土制备与养护，施工中的混凝土构件和建筑物冲洗
	消防	消火栓、消防水炮
工业用水	冷却用水	直流式、循环式
	洗涤用水	冲渣、冲灰、消烟除尘、清洗
	锅炉用水	中压、低压锅炉
	工艺用水	溶料、水浴、蒸煮、漂洗、水力开采、水力输送、增湿、稀释、搅拌、选矿、油田回注
	产品用水	浆料、化工制剂、涂料
环境用水	娱乐性景观环境用水	娱乐性景观河道、景观湖泊及水景
	观赏性景观环境用水	观赏性景观河道、景观湖泊及水景
	湿地环境用水	恢复自然湿地、营造人工湿地
补充水源水	补充地表水	河流、湖泊
	补充地下水	水源补给、防止海水入浸、防止地面沉降

1. 再生水作为园林绿化用途水质指标

（1）从再生水作为园林绿化用水对于植物的生存和生长方面影响的考虑，pH 值、氯化物、氨氮、LAS、余氯这几项水质指标应被加以关注。

（2）从再生水作为园林绿化用水对于浇灌方面影响的考虑，TSS 这项水质指标应被加以关注。如浇灌方式采用喷灌，则还应考虑再生水的水质指标有嗅味、细菌总数、总大肠菌群、粪大肠菌群。

（3）从使用再生水浇灌的绿化植物是否与人体接触方面考虑，嗅味、色度、细菌总数、总大肠菌群、粪大肠菌群、余氯这几项水质指标应被加以重视。

2. 再生水作为居民冲厕用途水质指标

（1）从再生水水质对人的感官系统影响方面考虑，再生水水质的感官指标如嗅味、浊度、色度等应首先被加以关注。

（2）从使用再生水进行冲厕过程中对贮存设备及管路系统的影响方面考虑，TSS、

pH 和 DO 这三项水质指标应被纳入监测范围。

（3）从使用再生水进行冲厕行为对卫生洁具美观方面的影响考虑，LAS、铁、锰、DO 这四项水质指标应被加以重视。

（4）从使用再生水作为居民冲厕用水的对人体健康（安全性）方面的影响考虑，物化指标氨氮、生化指标 BOD$_5$ 和 COD$_{Cr}$、卫生学指标如余氯、细菌总数、总大肠菌群和粪大肠菌群等再生水水质指标均应被纳入主要的监测指标，其中尤其以卫生学指标应重点加以关注。

3. 再生水作为道路清扫用途水质指标

（1）从使用再生水作为道路清扫用途对于清扫效果的影响方面考虑，浊度、溶解性总固体 TDS 和阴离子表面活性剂 LAS 这三项指标必须被加以关注。

（2）从使用再生水作为道路清扫用途对于人的感官影响方面考虑，氨氮、嗅味和色度这三项指标也应被加以关注。

（3）从再生水作为道路清扫用途对于人体健康影响方面考虑，生化指标五日需氧量 BOD$_5$ 和化学需氧量 COD$_{Cr}$，卫生学指标细菌总数、总大肠菌群数、粪大肠菌群数、余氯这几项指标应作为重点指标加以关注。

4. 再生水作为车辆清洗用水水质指标

（1）从再生水作为车辆清洗用水对人的感官系统方面的影响考虑，嗅味和色度这两项水质指标应被加以关注。

（2）从再生水作为车辆清洗用水对车辆清洁效果方面的影响考虑，浊度、总固体悬浮物 TSS、总硬度这三项水质指标应被加以关注。

（3）从再生水作为车辆清洗用水对人体健康方面的影响考虑，生化指标如五日生化需氧量 BOD$_5$ 和化学需氧量 COD$_{Cr}$，卫生学指标如余氯、细菌总数、总大肠杆菌群数和粪大肠杆菌群数等水质指标应被列为重点监测对象。

5. 再生水作为建筑施工用水水质指标

（1）从再生水作为建筑施工用水对人体感官系统方面的影响考虑，嗅味和氨氮这两项水质指标应被加以关注。

（2）从使用再生水作为建筑施工用水对建材化学性质和使用性能的影响方面考虑，pH、硫酸盐、总固体悬浮物 TSS、阴离子表面活性剂 LAS 和化学需氧量 COD$_{Cr}$ 这几项水质指标应被列入监测控制范围。

（3）从使用再生水作为建筑施工用水对人体健康的影响方面考虑，卫生学指标如余氯、细菌总数、总大肠菌群数和粪大肠菌群数这几项水质指标应被作为重点监测控制对象。

6. 再生水作为消防用水水质指标

（1）从再生水用作消防用水对人感官的影响方面考虑，阴离子表面活性剂 LAS、氨氮和再生水水质的感官指标如嗅味、浊度、色度等应首先被加以关注。

（2）从使用再生水作为消防用水对灭火环境美观方面的影响考虑，pH、铁、锰、溶解性总固体 TDS、溶解氧 DO 这五项水质指标应被加以重视。

（3）从使用再生水作为消防用水的对人体健康（安全性）方面考虑，生化指标五日生化需氧量 BOD$_5$ 和化学需氧量 COD$_{Cr}$，卫生学指标如余氯，细菌总数，总大肠菌群和粪大肠菌群数等再生水水质指标均应被纳入主要的监测指标，其中尤其卫生学指标要重点加以关注。

7. 再生水用于地下水回灌水质指标

再生水补充地下水，主要是通过地面入渗和地下灌注的方式，将再生水人工回灌到地下含水层，使再生水参与地下水循环，再生水的水质将直接影响地下水体和含水层，其不良影响往往具有滞后性和长期性。再生水水质不仅应满足回灌工艺对水质的要求，保证回灌过程稳定运行，同时还应保证回灌后，水源水质类型不发生变化和不受到污染。对于回灌地下水，重点考虑的因素有：水中的有机物、有毒物对水体的污染；回灌过程中不造成堵塞。因此，回灌地下水水质的控制项目主要包括：①常规指标：色度、浊度、嗅和 pH 值；②有机污染指标：溶解氧、化学需氧量（COD_{Cr}）、五日生化需氧量（BOD_5）；③无机污染物指标：总硬度、氨氮、亚硝酸盐氮、溶解性总固体、汞、镉、砷、铬、铅、铁、锰、氟化物和氰化物；④生物学指标：粪大肠菌群。

8. 再生水回用于工业用水的水质指标

再生水用于工业用水，重点考虑的因素有：水垢、腐蚀、生物生长、堵塞、泡沫以及工人的健康。因此，再生水用于工业用水水质的控制项目主要包括：①防止设备堵塞的水质指标：浊度和悬浮物（SS）；②防止设备腐蚀的水质指标：色度、pH 值、总硬度、五日生化需氧量（BOD_5）、化学需氧量（COD_{Cr}）、溶解性总固体、氨氮、总磷、铁和锰；③生物学指标：粪大肠菌群。

9. 地下水用于农田灌溉的水质标准和标准值

再生水利用于农业灌溉重点考虑的因素有：对土壤性状的影响、对作物生长的影响和对灌溉系统的影响。因此，利用于农业灌溉用水水质的指标主要包括：①影响土壤和植物生长的指标：色度、pH 值、总硬度、化学需氧量（COD_{Cr}）、五日生化需氧量（BOD_5）、溶解性总固体、汞、镉、砷、铬、铅和氰化物；②防止灌溉系统堵塞的指标：浊度和悬浮物（SS）；③影响环境卫生的生物学指标：粪大肠菌群。

10. 再生水回用于景观水体的水质标准

再生水利用于景观用水，重点考虑的因素有：人体感官和水生生物的生长要求。因此，利用景观用水水质的控制项目主要包括：①影响人体感官的指标：色度、浊度、嗅、悬浮物（SS）、阴离子表面活性剂（LAS）和石油类；②影响水生生物生长的指标：pH 值、溶解氧、五日生化需氧量（BOD_5）、化学需氧量（COD_{Cr}）、氨氮、总磷；③影响环境卫生的生物学指标：粪大肠菌群。

6.3 再生水安全性分析方法

6.3.1 再生水中化学物质分析方法

水中化学物质的分析方法可以分为三类：各种组分分别测定，综合指标（COD/BOD/TOC），生物法间接反映某些有毒有害物的污染程度。

对于化学物质风险的评价最直接的办法就是通过各种分析手段对再生水中的各种有毒化学物质进行分析，然后按照不同物质可允许的浓度水平进行评价研究。例如：

在饮用水中 NDMA 质量浓度为 0.7ng/L 的条件下，可达到 10^{-6} 的致癌风险，美国 EPA 将其在饮用水中出现的浓度规定为 10^{-7}。关于再生水中化学物质分析方法参见第 1 章相关内容。

由于回用水在水处理过程中存在没有完全消除的有机和无机污染物，又有过程降解产生的中间体，污染物种类及其毒性特征十分复杂，因此仅通过有限种类的化学分析是不够的，还需要通过分类毒性测试方法判别是否存在毒性物质，通过生态风险研究方法判断长期回用潜在的生态风险。

1. 生物毒性测试方法

城市二级出水中含有种类繁多的污染物，对其逐一进行化学分析，将耗费大量的人力物力而且难以实现，此外并非所有的污染物都能产生健康风险和生态风险，因此采用生物毒性检测方法对城市污水中残留污染物的环境危害进行评估非常必要。

2. 体外（离体）检测（In Vitro assay）

体外毒性检测技术是通过体外培养微生物或动物细胞来检测和评价环境样品或者化学物质毒性的方法。目前环境毒性评价体外检测技术大体分为两类：一类是利用重组微生物，即利用转基因微生物建立的暴露培养方法，目前常用的有构建由人类激素受体的酵母双杂交系统和单杂交系统等，如筛选雌激素活性的酵母法（Yeast Estrogen Screen，YES），这类方法操作简单方便，但只能对通过受体途径发挥作用的外源干扰物质起作用。另一类是利用人类或者动物细胞进行暴露培养的方法，根据来源可分为原代培养和传代培养两种。常用的原代培养细胞是鱼类等卵生动物肝细胞，此方法除了可以检测环境激素外，还可用于评价不同物种对内分泌干扰物质的敏感性反应，常用的传代培养细胞包括乳癌细胞 MCF-7、肾上腺皮质细胞 H295R 等。体外实验检测技术具有操作简单、成本低、周期短等优点，但最终只代表一种理想条件下的反应，由于生物体各种新陈代谢和酶促反应，有些化学物质在生物体内的毒性效应可能发生质的变化，因此往往不能准确地表征化学物质对生物体的真实毒性。

3. 遗传毒性

在遗传毒性检测方面试验中，Ames 实验技术是一种经典的测试方法，曾占有非常重要的位置。但该实验技术测试步骤复杂，试验周期较长。1982 年由 Oda 等人根据 DNA 损伤时诱导 SOS 反应而表达 umuC 基因这一基本原理建立并发展起来一种检测环境诱变物的短期筛选试验 SOS/umu 试验。Reifferscheid 分析了 149 种致癌物与 25 种非致癌物的 umu 试验检测的结果，发现其阳性预测值高达 93%。SOS/umu 测试方法作为一种快速、简便、灵敏的检测环境中诱变污染物的短期筛选试验，较传统的 Ames 实验有明显的优势，在环境检测和毒性分析中得到广泛应用。

4. 视黄酸受体结合活性

具有维生素 A 结构或与其功能相似的自然或人工合成的化合物称为视黄酸（Retinoic acid，RA）。脊椎动物整个生命周期中的细胞分化、增生和凋亡都受到 RA 的控制。RA 在临床上用于对皮肤病、白血病、糖尿病及肿瘤的治疗。研究发现 RA 可引起包括人在内的多种动物胚胎发育畸形，其生物活性是由一系列视黄酸受体（Retinoic acid receptor RAR）和视黄素受体 RXR（Retinoid X Receptor，RXR）及其配体介导的，其中 RAR 起主要作用。研究证明，能够同 RAR 结合的外源合成配体为强致畸物，北美洲多处发现的青蛙发育畸形同其栖息的水环境中外源 RA 含量过高有关。将人类视磺酸受体质粒和共激活子转入到 *Saccharomyces cervisiae* Y190 酵母菌株体内，并同时引入 *β-galactosidase* 报告基因，通过构建人类视磺酸受体酵母双杂交系统可对环境样品及化学物质的视磺酸受体活性进行筛选。

5. 活体检测（In Vivo assay）

活体检测是基于完整生命体进行试验检测，是毒理研究和活性评价的重要形式，它能全面地评价环境水体或化学物质对生物体的致毒程度，对代谢产物致毒、联合致毒等复杂致毒过程的研究和准确评价具有不可替代的作用。很多发达国家已将污水的综合毒性列入其控制的指标体系内。

Daphnia Magna 急性和慢性毒性实验广泛用于对水体毒性检测的研究。根据欧共体第 79/831/EEC 号指令，在欧洲上市的新型工业化学品必须通过对鱼体和 Daphinia 的急性毒性检测。美国材料与试验协会（ASTM），经济合作发展组织（OECD）和欧共体（EEC）等组织都将 Daphnia Magna 作为水体毒性试验的标准测试生物。此外斑马鱼（Zebra fish，*Danio retio*）、青鳉鱼（Medaka，*Oryzias latipes*）由于生长周期短，易于饲养等优点广泛用于活体暴露实验。

6. 成组生物毒性测试

由于水体中污染物种类复杂，诸多毒害污染物的毒性表现形式也多种多样，它可以是组织生理水平的、也可以是分子水平的指标，甚至是行为学的指标。因此近年来，很多研究者采用成组生物毒性测试手段综合评价饮用水和污水的水质安全性。如 Petala 等研究者采用费歇尔狐海洋发光菌（*Vibrio fischeri*）发光细菌实验和 Ames 实验考察了不同混凝条件对城市污水毒性削减的影响。Soupilas 等人采用单细胞原生动物嗜热四膜虫（*Tet-rahymena thermophilla*），甲壳类大型溞（*Daphnia magna*）以及费歇尔狐海洋发光细菌（*Vibrio fischeri*）等指示生物对不同行业生产废水的毒性进行评价研究。Dizer 等人利用 *Photobacterieum phosphoreum* 生物荧光实验、SOS/umu 实验以及虹鳟鱼活体（Rainbow trout，*Onchorynchus mykiss*）活体暴露实验对地表水和城市污水的综合毒性进行评估。

6.3.2 再生水中病原微生物分析方法

再生水中的病原微生物的分析通常是对选定的指示病原微生物采用直接分析法。若从病原微生物的分类出发，分别从细菌、病毒、寄生虫中筛选出有代表性的指标生物，则对于评价水质的生物学安全性具有重要意义。大肠菌群作为水质指示细菌已有很长历史，这是因为它们主要存在于温血动物的粪便中，具有浓度高、易检测的特点，且与粪便的污染程度成正相关。但对再生水而言，目前尚无统一观点，大多仍沿袭传统习惯选择大肠菌群或粪大肠菌群作为生物学指标，其中粪大肠菌群在表示水体受粪便污染状况时更具代表性。与粪大肠菌群相比，病毒、寄生虫对消毒处理的抵抗力更强，在环境中也能存活很长时间。目前已经开始展开有关病毒、"两虫"在再生水中的检测研究。

6.3.3 再生水中富营养化风险分析方法

湖泊富营养化是湖泊生物生产力在必需的营养条件和适宜的环境条件相互作用下发生发展的生态过程。从资料综述中不难看出，有关富营养化发生、发展过程以及影响因子的研究已得到大家的公认，发生富营养化所需的必要条件基本上是一样的，最主要影响因素可以归纳为以下三个方面：

（1）磷、氮等营养盐相对比较充足且比例恰当；

（2）缓慢的水流流态；适宜的光照、温度条件；

（3）简单的水生生态系统。

只有在以上三方面条件都比较适宜的情况下，才会出现某种优势藻类"疯"长的现象，爆发水体富营养化。在富营养化机理方面，早期研究的侧重点是影响富营养化的营养物、光照、水质等各个因素及其相关作用的机理和规律，浮游植物的生长规律及其特性，富营养化的限制性营养因子的确定等。以再生水为主要补水水源的湖泊和景观水体富营养化风险的评价可以首先从富营养化限制性营养因子的确定检测开始，结合环境条件（日照、温度等）以数学模型为基础进行风险评价。

6.4 再生水风险评价

风险评价技术作为一种新兴学科于 20 世纪 80 年代初逐渐形成并被广泛应用于环保、航空、石油、食品、药品等众多领域，国外对该技术的研究比较充分。目前，国外环境风险评价研究主要包括人体健康风险评价和生态风险评价两方面，并制定了一系列的评价规范和准则，风险评价的科学体系已基本形成，而风险评价技术在我国正处于萌芽阶段。风险是指"遭受损害、损失的可能性"，或者定义为"不良结果或不期望事件发生的几率"，用数学式子可表示为式（6-1）：

$$R = S \times P \tag{6-1}$$

式中 R——某种影响或危害的风险；

S——影响或危害的严重程度；

P——为影响或危害发生的几率。

对环境或健康发生危害影响的可能分别被称为环境风险或健康风险。风险评价是对不良结果或不期望事件发生的几率进行描述及定量的过程，就污水再生利用而言，它可定义为对通过各种暴露途径暴露于回用水中化学物质和病原微生物的人群和环境造成的不良影响发生的几率、程度、时间或性质进行定量描述的系统过程。

早期的风险评价主要是针对人体健康而言的，而随着 20 世纪 90 年代初，美国科学家 Joshua Lipton 等人提出了环境风险的最终受体不仅为人体，还包括生命系统的各个组建水平（种群、群落、生态系统流域景观等）后，生态风险评价成为新兴的研究领域。生态风险评价是对产生不利的生态效应的可能性进行评价的过程，重点评价污染物排放、自然灾害及环境变迁等环境事件对动植物和生态系统产生不利作用的大小和概率。生态风险评价经历了 20 多年的发展，评价范围扩展到景观和区域尺度，对于大尺度评价的数学方法已经建立起来。但是对生态系统中由于各种自然原因和人为活动（污染物排放、自然灾害、大型开发活动等）引发的持久的、相对缓慢的自然生态系统的变化缺乏警惕，生态风险评价的研究和应用尚处于初级阶段。

目前，环境风险评价主要包括人体健康风险评价和生态风险评价两方面。相对来说，人体健康风险评价的方法基本定型，而生态风险评价正处在总结、完善阶段。风险评价具体方法很多，在众多环境健康风险评价程序中使用最普遍的是如图 6-2 所示的 1983 年美国科学院（NAS）公布的四步法，即危害鉴别——鉴定风险源的性质及强度；暴露评价——对人群或生态系统暴露于风险因子的方式、强度、频率及时间的评估及描述；剂量反应分析——暴露与暴露所导致的健康或生态系统影响的因果关系；风险评定——对有害事物发生的几率及所得几率的可靠程度给以估算和分析。

对于再生水安全性的人体健康风险评价主要有化学物质健康风险评价和病原微生物的健康风险评价两类。化学物质对人体健康风险评价可分为致癌性和非致癌性的健康影响风险评价。

图 6-2　环境健康风险评价程序

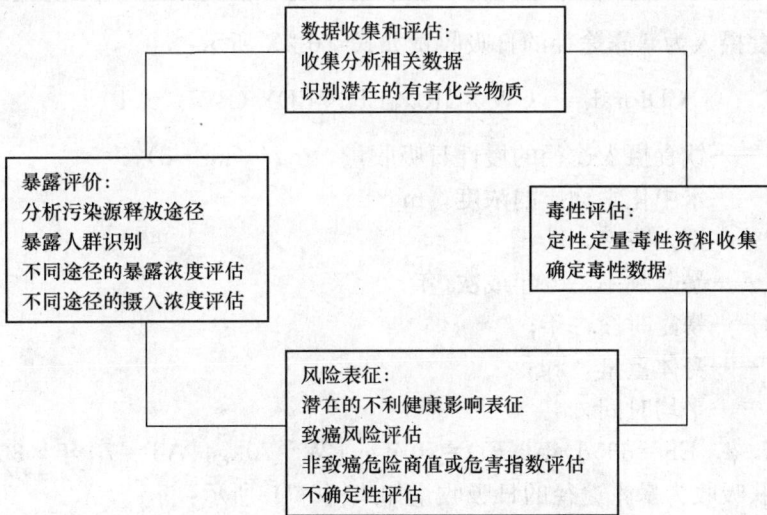

采用 Monte-Carlo 方法，使用计算软件对各种致癌物的终生致癌风险和年致癌风险进行计算，根据化学物质浓度的检验参数，随机产生服从对数正态分布的各种致癌物浓度，然后对每一个浓度对应的致癌风险进行计算，对所有风险值的概率分布进行分析，得到致癌风险的概率分布及其风险值的范围等统计信息。

健康风险评价需要使用大量的数据资料、计算公式和数学模型，图 6-3 所示的为健康风险评价的技术框架图，在健康风险评价中最常用的模式主要包括三大类：一类是暴露评价常用的模式，主要是用于计算受体对化学物质吸收、摄取、吸人剂量，据以分析受体的暴露水平；一类是风险表征计算模式，用于表征环境污染物的人体健康风险；另一类是不确定性分析的模式。

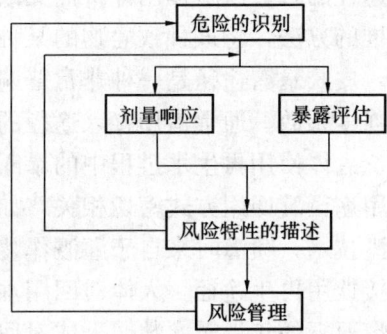

图 6-3　健康风险评价的技术框架图

6.4.1　暴露评价的有关模式

每一种致癌物的每一种暴露途径均有其特定的致癌强度系数。这是因为化学物质的致癌性可因其暴露途径不同而不同。在一些特定情况下（如需要对某种化学致癌物的一种暴露途径的致癌风险作出评价而又缺少该种暴露途径的致癌强度系数时），也可采用跨途径外推的方法，将该种致癌物的某种已知的暴露途径的致癌强度系数用于所需评价的暴露途径。皮肤暴露途径是一种非常普遍的暴露途径，但是 USEPA 尚未给出这一暴露途径的致癌强度系数，通常借用食入途径的致癌强度系数来评价皮肤暴露。

人体使用再生水过程中的暴露途径主要有食物、饮水、呼吸及皮肤吸收等，暴露量与回用途径及回用方式密切相关，如再生水回用与农业灌溉对人类的危险性取决于所使用的灌溉技术，喷灌时来自于灌溉作物的健康危害较大；漫灌对田间工人的危害较大。对于非直接饮用再生途径，人体对回用水的暴露量与回用用途有关。计算年风险时，还要考虑不同情况下的年暴露次数。人体对回用水的摄入量与回用用途有关，回用途径不同，人体对病毒的摄入量及暴露频率也不一样。摄入途径主要有食物、饮水、呼吸及皮肤吸收等，根据国内外资料，综合考虑各种常见的回用情况，比较普遍的三种回用途径的摄入量及暴露次数列于表 6-7 中。

不同途径回用水的人体摄入量及暴露次数　　　　　　　　　　表 6-7

回用项目	暴露途径	暴露次数	摄入量（mL）	病毒去除情况
城市绿化（如公园、道路、体育场）	呼吸喷雾皮肤接触	每周两次	1	游人进入前 1 天停止浇灌，病毒病没有减少
农田灌溉（包括蔬菜等）	食用蔬菜粮食	每天一次	10	收获前两周停止灌溉，病毒由于日照、干燥等原因死亡
景观娱乐用水（游泳等全身接触）	皮肤接触口服	40 次每年（只考虑夏季）	100	病毒没有减少

（1）以饮食摄入为暴露途径的日吸收量如式（6-2）所示：

$$CDIoral = (CW \times IR \times EF \times ED)/(BW \times AT) \qquad (6-2)$$

式中　$CDIoral$——饮食摄入途径的慢性日吸收量，mg/（kg·d）；

CW——水中化学物质的浓度，mg/L；

IR——摄入速率，L/d；

EF——暴露频率，d/年或次/年；

ED——暴露时段，年；

BW——身体重量，kg；

AT——平均时间，d。

$IR=4.48L/d$，$EF=365d/年$，$ED=70$ 年，$BW=70kg$，$AT=70$ 年$\times365d/年$。

（2）以皮肤吸收为暴露途径的日吸收量如式（6-3）所示：

$$AD = (CW \times SA \times PC \times ET \times EF \times ED)/(BW \times AT) \qquad (6-3)$$

式中　CW——水中化学物质的浓度，mg/L；

SA——可接触的皮肤表面积，cm^2；

PC——皮肤表面特定化学污染物的渗透常数，cm/h；

ET——暴露时间，h/d 或 h/次；

EF——暴露频率，d/年或次/年；

ED——暴露时段，年；

BW——身体重量，kg；

AT——平均时间，d。

PC＝0.0020m/h，ET＝0.2h/次，EF＝1次/d，ED＝365d/年×70年，BW＝70kg，SA＝1.94m²（男），SA＝1.69m²（女）

（3）以蒸汽吸入为暴露途径的日吸收量如式（6-4）所示：

$$CDinhalation = (CA \times IR \times ET \times EF \times ED)/(BW \times AT) \qquad (6-4)$$

式中　CA——空气中污染物浓度，mg/m³；

IR——吸入速率，m³/h；

ET——暴露时间，h/d或h/次；

EF——暴露频率，d/年或次/年；

ED——暴露时段，年；

BW——身体重量，kg；

AT——平均时间，d。

IR＝20m³/d÷24h/d＝0.83333m，ET＝0.2h/次，EF＝365d/年，ED＝70年，BW＝70kg，AT＝70年×365d/年。

在对致癌风险作以上评估时，平均身体重量，空气呼入量、饮水摄入速率等都作了一定的假设。USEAP规定了一系列标准数值，例如平均身体体重、成年人每天呼入空气量。以成年人为标准，假定其每天吸入空气量为20m³，平均体重男性为70kg，女性为60kg，所有受体组群的完整生命期为70年。居民的耗水量USEAP假定的成人2L/d，台湾大学推荐的4.48L/d，由于地域和生活习惯的差异，可调查考虑中国的实际情况来确定这些标准数值。

6.4.2　风险表征的计算模式

1. 化学物质的人体健康风险表征计算

对于化学物质的人体健康风险评价简单来说就是先测出再生水中各种污染物质的浓度，由于这个浓度是随时间不断变化的，故采用对数正态分布来描述城市污水中各种污染物质的变化概率，即所检测的物质浓度先采用 *Q-Q* 图检验法（直线检验法）对所测的各种污染物的浓度进行正态或对数正态检验（城市污水中各种污染物质的浓度是不断变化的，为了描述各种污染物指标的变化规律，必须在大量数据检测基础上，对各种指标服从的分布进行检验）。

根据检测到的化学污染物的种类和浓度，依据 USEPA 风险信息综合系统（IRIS）中制定的化学物质的毒性参数，采用蒙特卡罗（Monte-Carlo）方法，对污水再生利用不同回用途径暴露量的人体健康风险进行评价分析。采用蒙特卡罗（Monte-Carlo）方法时，用 Crystal ball 计算软件输入我们所有的数值可以对每一个浓度对应的致癌风险进行计算，对所有风险值的概率分布进行分析，得到致癌风险的概率分布及其风险值的范围等统计信息。图 6-4 所示为再生水中化学物质对人体健康风险评价和非致癌化学污染物的人体健康风险评价。

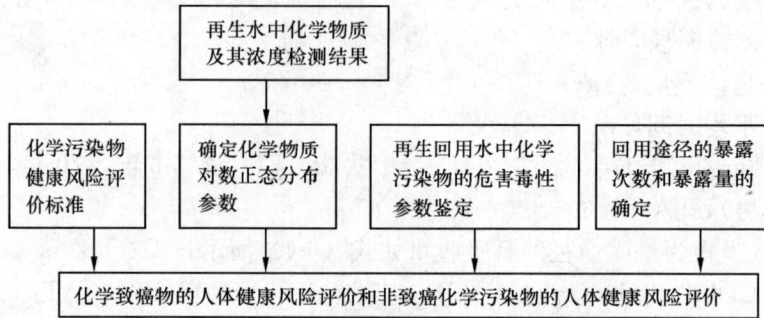

图 6-4　再生水中化学物质对人体的健康风险模型

USEPA 根据每种化学物质的毒理学、医学和流行病学的资料，建立了综合风险信息系统（integrated risk information system，IRIS），该系统中包含了上千种化学物质对人体健康的危害信息，包括污染物的致癌强度系数、口服参考剂量、吸入参考剂量等基本信息，并根据新资料不断更新。因此对其参考剂量、致癌强度系数的确定首先采用 USEPA 综合风险信息系统 IRIS 资料。通常情况下 IRIS 代表了官方机构对当前化学物质毒性资料的最新科学观点。对于 IRIS 系统中没有包含的化学物质，可以参考 USEPA 的临时毒性参数同等调查评估。在目前的风险评价中，一般把 Cd、As、Pb、Cr 列为化学致癌物，而 Cu、Zn、Ni 为非致癌物。对化学致癌物质 As、Cd、Pb、Cr 等的致癌强度系数可以从里面查到。参考剂量 RfD 与致癌因子 q 都被存入了一个称作综合性危险信息系统 IRIS 的数据库内。

（1）致癌性健康风险评价的估算如式（6-5）所示：

$$P = qD \tag{6-5}$$

式中　P——患癌风险增量；

　　　D——化学致癌物的单位体重日均暴露剂量，mg/（kg·d）；

　　　q——致癌强度系数（carcinogenic potency factor），$[mg/（kg·d）]^{-1}$。

这个关系式代表了线性低剂量致癌风险性模型，而且只有在低风险水平时才是有效的（估算风险值在 0.01 以下）。对那些化学物质吸收高的地方（潜在风险高于 0.01），应使用一次冲击模型。高致癌性风险水平的模型用如下关系式：

个体发生癌症的概率或群体中癌症患者的比例可由式（6-6）计算，

$$P = 1 - \exp(-qD) \tag{6-6}$$

若考虑多种化学致癌物的多种暴露途径时，则如式（6-7）所示：

$$P_{ij} = 1 - \exp(-q_{ij}D_{ij}) \tag{6-7}$$

式中　P_{ij}——化学致癌物 i 经暴露途径 j 所致的患癌风险，无量纲；

　　　D_{ij}——化学致癌物 i 经暴露途径 j 的单位体重日均暴露剂量，mg/（kg·d）；

　　　q_{ij}——化学致癌物 i 经暴露途径的致癌强度系数，$[mg/（kg·d）]^{-1}$。

当环境有多种有毒物质共同作用于人体时，假定这时人体健康危害的总风险等于各单个污染物所诱发风险的总和，即各有毒物质的风险是等权的且可以算术相加的，而不考虑其毒性终点和不同有毒物质的协同和拮抗作用。总风险 P 可表示为式（6-8）：

$$P = \sum_i \sum_j p_{ij} \tag{6-8}$$

为便于评价，风险评价过程中假设：

1）除了城市绿化回用途径外，再生水进入人体的途径全部按口入途径；

2）人体的平均体重按 70kg 计算；

3）人类的平均寿命为 70 年；

4）暴露剂量换算为单位体重的日均暴露剂量，

暴露剂量 ＝（再生水暴露量×污染物浓度×年暴露次数）/（365d×70kg）

若要详细按照暴露途径进行计算，则可按照上述暴露评价的模式中的有关关系式来计算暴露剂量。

（2）非致癌性健康风险评价估算

评价非致癌污染物健康风险的数学模型可表示为式（6-9）：

$$P = \frac{d}{RfD} \times 10^{-6} \qquad (6\text{-}9)$$

式中　　　　　　　　P——发生特定健康危害的终生风险，无量纲；

d——非致癌污染物的单位体重日均暴露剂量，mg/（kg·d）；

RfD（Reference Dose）——该种化学物质的参考剂量，[mg/（kg·d）]$^{-1}$。

若考虑多种躯体毒害化学污染物的多种暴露途径，则如式（6-10）所示：

$$P_{ij} = \frac{d_{ij}}{RfD_{ij}} \times 10^{-6} \qquad (6\text{-}10)$$

式中　P_{ij}——污染物 i 经暴露途径 j 引起健康危害的终生风险；

d_{ij}——污染物 i 经暴露途径 j 的单位体重日均暴露剂量，mg/（kg·d）；

RfD$_{ij}$——污染物 i 经暴露途径 j 的参考剂量，[mg/（kg·d）]$^{-1}$。

总风险 P 可表示为式（6-11）：

$$P = \sum_i \sum_j p_{ij} \qquad (6\text{-}11)$$

为了便于评价，对于不同回用途径，假设人体对回用水的暴露途径都为口入并且换算为单位体重日均暴露剂量 d_i（人均体重按 70kg 计算）。

为便于评价，风险评价过程中假设：

1）对于不同回用途径，再生水进入人体的途径全部为口入途径；

2）对于既有致癌性又有长期躯体暴露毒性的化学污染物，从健康安全的角度出发，对其分别进行评价；

3）人体的平均体重按 70kg 计算；

4）人类的平均寿命为 70 年；

5）暴露剂量换算为单位体重的日均暴露剂量，

暴露剂量 ＝（再生水暴露量×污染物浓度×年暴露次数）/（365d×70kg）

6）金属的检测结果为金属的总量，评价过程中假设以毒性最大的形态存在；

7）不同污染物所致健康效应不同，评价过程中认为各污染物导致的健康风险具有可加性，不考虑其健康危害的差别。

2. 病原微生物的健康风险评估计算

城市污水中病原体种类繁多，危害严重，特别是肠道病毒对人体的感染剂量低、在水体中存活时间长、检测困难、传统污水处理工艺对其去除效率不高而引起人们的高度重视。

病原微生物健康风险评价方法与化学物质风险评价类似，也可分为危害鉴别，暴露评价，剂量反应分析和风险评定几个步骤。可采用概率统计数值计算方法或者 Monte-Carlo 模拟计算方法，对污水再生利用的病原体健康风险进行评价分析，建立了污水再生利用病原体健康风险评价的方法（图 6-5）。

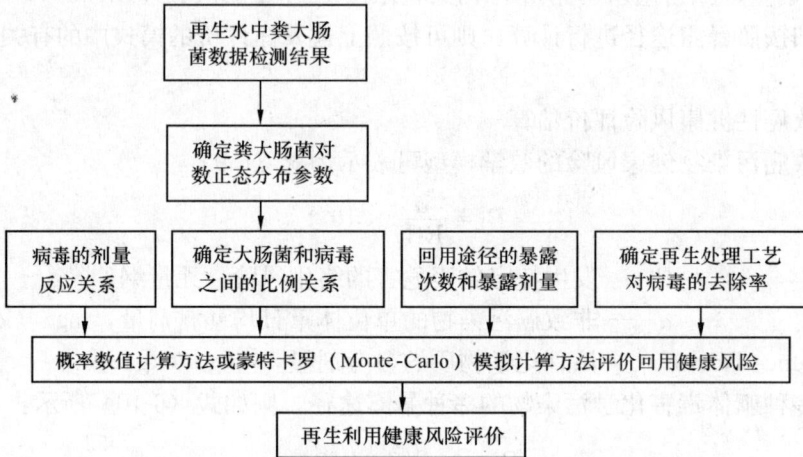

图 6-5　以粪大肠菌为基础再生水中病原体的健康风险模型

常用的数学模型有两种，一种是指数模型，一种是 Beta-Poisson 模型。

指数模型如式（6-12）所示：

$$P_i = 1 - e^{-rd} \tag{6-12}$$

式中　r——假设随机的单个病原体的感染概率为常数；

　　　d——摄入人体的剂量；

　　　P_i——感染概率。

对许多病原体来说，其一定剂量下的感染发病率要小于式（6-12）计算得到的概率，反映了不同病原体和寄主之间的相互作用存在差异性，假设单个病原体的感染概率服从 Beta 分布，则可由上式导出 Beta-Poisson 模型如式（6-13）所示：

$$P_i = 1 - \left[1 + \frac{d}{N_{50}} (2^{\frac{1}{\alpha}} - 1) \right]^{-\partial} \tag{6-13}$$

式中　P_i——接触感染概率；

　　　d——摄入人体内病毒的个数；

　　　N_{50}——感染 50% 暴露人群的病毒个数；

　　　∂——斜率参数，N_{50} 与 P_i 的比值。

许多研究表明，城市污水中粪大肠菌和病毒数量之间存在一定的比例关系，其比值约为 $10^5 : 1$。

健康风险计算过程中的假设条件如下：

（1）粪大肠菌浓度采用处理水中检测到的结果。

（2）病毒与粪大肠菌的比值为 $1 : 10^5$，由于出水中粪大肠菌呈对数正态分布，因此病毒浓度也为对数正态分布。

464

（3）所有的病毒作为一种病毒对待，可分别计算当作柯萨奇病毒、轮状病毒和甲肝病毒的健康风险。

6.4.3 风险评价中不确定性分析的评价模式

在风险评价中，不确定性的来源、类型和性质不同，分析方法也不同。有的根据数学、实验等方法可以避免；有的能够进行定量或定性分析，减少不确定性；有一些不确定因素是不可避免的，需要决策者综合各种因素，权衡不确定性的后果影响。风险评价不确定性分析的评价模式主要有：蒙特卡罗法、泰勒简化法、概率树法、专家判断法等方法。

6.4.3.1 蒙特卡罗方法（Monte Carlo Analysis）

蒙特卡罗方法提供运用概率方法传播参数的不确定性，更好地表征风险和暴露评价。其分析步骤包括：①定义输入参数的统计分布；②从这些分布中随机取样；③使用随机选取的参数系列重复模型模拟；④分析输出值，得到比较合理的结果。目前大多数风险评价是基于最大合理暴露量（Reasonable Maximum Exposure）情况下的风险评价，该分析方法（Baseline Risk Analysis）相对保守，存在很大的不确定性，保守的程度难以度量，提供给决策者信息有限。在运用 BRA 方法得到风险值为 5~10 的情况下，运用 MCA 方法可以得到合理的概率分布区间，提供给决策者更多的信息。但是，MCA 的不足之处是：①评价过程变得复杂；②难以确定 MCA 本身的优劣程度。在实际应用中，EPA 趋向于应用 MCA 的概率技术，研究不同概率情况下的事故发生后果，给环境风险管理者提供更为广泛的参考。

6.4.3.2 泰勒简化方法（Method of Moment）

由于风险模型中输入值和输出值之间的函数关系过于复杂，不能从输入值的概率分布得到输出值的概率分布。运用泰勒扩展序列对输入的风险模型进行简化、近似，以偏差的形式表达输入值和输出值之间的关系。利用这种简化能够表达评价模型的均值、偏差以及其他用输入值表示输出值的关系。

6.4.3.3 概率树方法（Probability Trees）

概率树方法来源于风险评价中的事故树分析。概率树可以表示 3 种或更多种不确定结果，其发生的概率可以用离散的概率分布定量表达。如果不确定性是连续的，在连续分布可以被离散的分布所近似的情况下，概率树方法仍然可以应用。

6.4.3.4 专家判断法（Expert Judgement Method）

专家判断法基于 Bayesian 理论，认为任何未知数据都可以看作一个随机变量，分析者可以把这个未知数据表达成概率分布的形式，把未知参数设定为特定的概率分布。从概率分布可以得到置信区间。依靠专家给出的概率进行主观的风险评估。Bayesian 理论认为个人具备丰富的专业知识并经过研究后熟悉情况，具备风险评价的信息。信息不仅来源于传统的统计模型，而且包括一些经验资料。因此，专家所提供的资料符合逻辑，主观判断具有科学性和技术性。应用该方法的第一步是组织专业领域的专家开展讨论会。

6.4.3.5 其他方法

灵敏度分析、置信区间法等。

6.4.4 生态环境风险评价研究

对于再生水对生态环境的安全性风险评价程序可分为五个部分：源分析、受体评价、暴露评价、危害评价和风险表征。

6.4.4.1 源分析

源分析是为了了解建设项目中产生的污染物进入水体的方式及其毒性。内容有废水浓度、毒性指标、总量等。水环境生态风险评价的基础是生态毒性，因此，源分析除收集污染物的理、化特征外，还应有不同工艺流程中废水的毒性数据。对总排放口及各分支的废水，应区别对待以确定各类废水的毒性贡献。

目前收集废水毒性数据有两种技术：一是采用实验室单种系列试验来确定敏感生物的毒性数据；另一种采用标准化的快速毒性检测程序进行筛选。实践表明，后者有足够的灵敏度，不仅能对毒物有响应，对"刺激"也有监测作用。与前者相比，优点是快速、简便、费用低，但敏感程度略为逊色。实质上快速毒性检测程序是对废水毒性的粗筛过程，而不是风险确认阶段，需要的技术特征为快速和标准化，可以使用 Microtox（水质毒性监测仪）进行快速检测。

应该注意的是，源分析中污染物是否可能从其他途径（排放口以外）进入受体，如，含氮化合物可从大气进入水体。

源分析应对下列问题作出明确阐述：废水组成及总量；排放方式及排放口位置；废水综合毒性及毒性负荷；废水一般理、化特征。

6.4.4.2 受体评价

受体评价的目的，是为了准确了解纳污水体的水生态系统，包括生物与非生物的特征（结构与功能）。非生物特征可采用现行环评中的方法，而纳污水体的群落结构与功能的调查，则关键是确定其敏感的生物学过程和关键种。有关水生生物调查，国内已有一些技术标准可参照〔注：环境监测技术规范（生物监测部分）-国家环保总局；湖泊富营养化调查规范-全国富营养化调查组〕。

1. 生物群落结构分析（物种数目及丰度、关键种）

纳污前的群落或生态系统结构是风险评价的基础。已有许多方法可描述不同的群落结构，目前研究的方向已从传统的群落结构数值分析转向群落动态模式识别。群落内物种及丰度的分布取决于环境条件是否满足种类的特殊需要，这些环境条件的区间即"生态位"，是物理、化学和生物学多维尺度的综合，它与 Shelford 耐受性定律结合，能解释控制物种生存与丰度的生态学现象。

现代生态学理论改变了传统水生态调查的目的（物数及丰度），发展了"群落指示性"和"关键种"等新概念。随着对生物群落内相互作用的了解，特别是食物链种间关系的确定，促进了指示种和关键种概念的应用。

2. 生物群落功能分析（生物多样指数变化、种类均匀度的变化、种类的丰富度变化）

功能与结构的关系是相互依存的，但又不是简单对应关系。受污染干扰的群落结构并非总发生变化，有时功能变化先于结构变化。因此，将功能研究作为受体评价的一部分是可取的，主要应该考虑种群、群落甚至生态系统。

系统功能参数有分类和非分类两种。前者如，物种的集群速率，种的数量变化及恢复率等；后者有种、种群或群落的生理、生化作用（包括生物参与的变化过程），如初级生产力和呼吸。当前，已有多种方法可研究污染引起的功能变化，较为先进的方法有 Microcosms 的人工基质方法，可控条件下的代谢速率分析等。

功能分析最大的意义，在于提出了一个充满挑战性的问题：受体评价中传统的以结构指标为主的压力预测是否总是有效？功能改变是一种能独立存在的压力响应。受体评价应对下列问题有充分认识：纳污系统正常的结构与功能；系统或群落中的关键种；系统中敏感、脆弱的生物学过程；关键种及生物学过程与水环境质量的关系。

6.4.4.3　暴露评价

暴露评价是研究污染物进入水体后的迁移、转化等过程，方法一般用数学或物理学模型。暴露模型从单项污染物逐步发展到含有多项污染物的综合模型，包括的水质参数可由十几项到数十项，如 USEPA 的 WASP 模型（万能水质模型）。

暴露评价中的模型输出，应考虑"危害评价"和"风险表征"的要求，这需要各学科之间的充分合作，使生物效应模型与水动力和水质模型结合起来，组成一个生态模型。暴露评价应对一些问题有定量的说明：污染物在水生态系统各相（水相/沉积相/生物相）中的浓度场；模型的灵敏度分析及验证程序等。

应用 WASP6 模型进行水质模拟的基本步骤：

（1）数据预处理

数据预处理过程主要是帮助研究者生成一个可以被模型直接利用的数据库，其主要过程包括输入文件的建立、水体分段、参数输入、数据的有效性检查等，其中水体分段和参数输入是本步骤的关键。

1）输入文件的建立。选择 WASP6 系统主菜单 File 中的 New 选项就可建立一个新的输入文件，输入文件建立以后可以通过主菜单 Pre-processor 的下拉菜单实现对数据的输入与编辑。

2）水体分段。段是一系列能代表水体物理结构扩展的控制体，即将水体在横向、垂向和纵向上分格。段的体积与模拟时间步长直接相关；段的尺度主要由所考虑的问题性质决定；要考虑水质变化的频率分配、水体和输入负荷的时变性、重要变量的非线性、水体的空间特征变化、对水质浓度空间变化的期望等。段体积大致相等有助于获得较精确的模拟，并可允许较大的时间步长，确定段体积应根据实际情况，在上、下游变化较大的地方，段体积也要相应变化。

3）参数输入。要输入的参数可归为 4 类：环境参数、传输参数、边界参数、转化参数。环境参数包括模拟类型（EUTRO 或 TOXI）、段数目、要进行模拟的项目、各种标识、时间步长及开始时间、结束时间、打印信息、段初始体积等；传输参数包括传输域的数目、流量、交换域的数目、离散系数 [CV（Coefficient of Variance）：标准差与均值的比率。用公式表示为：$CV = \sigma/\mu$]、断面面积、特征混合长度等；边界参数包括边界浓度、污染负荷（$L = KCQ$）、初始浓度、溶解比例、密度等；转化参数包括随空间变化的参数、常数、动力时间函数等。除了这些参数外，还包括两种外部输入文件即由水力模型产生的 HYD 文件和由非点源负荷模型产生的 NPS 文件，均为 ASCⅡ 码文件。

4）数据的有效性检查。用户可以通过菜单 Pre-processor \ Validate Input 来实现数据的有效性检查，主要检查在给定的模型下输入数据的正确性，如果检查错误，系统会及时提示，用户可根据提示核实输入的数据，指导检查通过为止。

（2）模型的执行

模型执行的第一步是从预处理程序中获取输入文件的数据，一旦获取了完整的数据，模型就开始模拟，窗口将显示各个河段、各个变量在各个时点的模拟结果。模拟过程需要时间的长短与模拟河段的网络结构及变量的多少有关。

（3）图形化后处理过程

图形化后处理过程可以生成两种格式的图形即二维空间网格图和 x/y 坐标折线图。二维空间网格图以不同的颜色代表不同的污染物浓度；x/y 坐标折线图可以用折线的方式显示观测值与模拟值的变化趋势。

6.4.4.4 危害评价

危害评价是水环境生态风险评价的核心，目的是确定污水对系统的损害程度。这需要在浓度与生物效应之间建立关联。受体评价的结果可用于决定纳污系统中什么类型或层次的生物学过程作为危害评价的目标，暴露评价的浓度分布有助于确定毒性效应试验的浓度范围。通过毒性试验，最终可以确定风险表征的环境指标值，即控制浓度。

急性毒性试验：急性毒性是指机体（人或实验动物）一次（或24h内多次）接触外来化合物之后所引起的中毒效应，甚至引起死亡。静态 96h—LC$_{50}$ 是广泛采用的方法，操作较简便。对某些生物降解率很高的毒物，直流式 96h—LC$_{50}$ 是最合适的选择。一般直流式的 LC$_{50}$ 值较低，其毒性试验在灵敏度、真实性方面的优点是显著的，但缺点是运转费用较高、设备复杂，适用于训练有素的技术人员和设备精良的实验室。由急性毒性试验可以得到半数致死量（median lethaldose，LD50），它表示在规定时间内，通过指定感染途径，使一定体重或年龄的某种动物半数死亡所需最小细菌数或毒素量。

根据测试时所使用的生物的种类，水生生物检测方法可分为水生植物测试法、水生动物测试法、原生（低等后生动物）测试法、软体动物测试法、鱼类测试法和微生物测试法等。水生动植物毒性试验尽管具有直观性，但试验时间长，不能满足快速检测的需要。发展快速、简便、灵敏和低廉的微生物检测技术，确定优先检测的重点无疑具有重要的意义。与动植物毒性试验相比较，微生物毒性试验具有以下特点：①微生物在自然界的物质循环中起着非常重要的作用。从微生物毒性的大小可望预测化学物质对生态系统的物质循环功能的影响。②微生物结构简单，生长速度快，对化学物质反映灵敏，其毒性试验费用较低廉，能满足对大量化学物质进行简便快速筛选的需要。③化学物质污染多属慢性生物效应，其毒理作用十分复杂，对人体的危害短期内不易观察到，往往被忽视。而微生物毒性试验能快速检测出化学物质的综合遗传毒性。④有毒化学物质接触微生物后，可造成微生物细胞蛋白质变性、遗传物质破坏或者细胞破裂甚至导致胞内物质泄漏，从而对微生物造成危害。用适当的指标把这些危害效应反映出来，就可以对化学物质的毒性程度和浓度大小作出评价。目前常用的方法是发光细菌检测方法。发光细菌检测方法是基于毒性细菌对细菌发光度的抑制作用而设计的，定时定量地加入需测污染物，通过测发光细菌发光度的变化，来评价水样中由重金属和其他有机污染物所造成的急性生物毒性。

慢性毒性试验：污染物的效应可能发生在96h以外，长期低浓度暴露会产生致死或亚致死效应，使急性毒性试验的结果可靠性有所限制。慢性试验周期为8d至16周甚至包括整个受试生物生活史。试验类型为更新式或直流式，试验结果表达为无效应浓度（NOEC）或最低效应浓度（LOEC）。这些数据对确定污染的危害极有帮助，常用的终点有生长率、孵化率、产卵率和行为异常等。亚致死终点在急性期内也可使用，慢性试验的结果与 96h—LC$_{50}$ 一般相差 1～2 个数量级。

此外还有全废水监测、群落及系统毒性试验等方法。

危害评价提供的信息包括：废水进入水体后的毒性变化；废水完全混合前后的生物效应浓度；安全稀释因子；生物效应的不确定性分析。

6.4.4.5 风险表征

风险表征是水环境风险评价的综合阶段，采用定性描述、定量比较、专业判断、计算等方法确定废水排放的风险程度与范围。

商值法是使用最多的风险表征法。通常先确定一个环境指标值（控制浓度），以保护受体系统中的特定目标，其控制标准可由 LC_{50} 乘以应用因子 AF 求得。将环境中的污染物浓度与控制标准比较，如前者超过后者，则认为有潜在风险。商值法关键在于确定控制标准。通常在 LC_{50} 基础上引入一个修正系数，该系数可据剂量—反应曲线推出，也可根据毒性数据的不确定性确定。商值法的实验简单、费用低，能简要地解释风险。在规模较小的项目风险评价中较为适用。

目前所进行的生态风险评价都需要进行毒理学实验，但是由于进行毒理学实验所需要的条件苛刻，非常难于实行，所以考虑用其他的分析方法和数学模型相结合进行风险评价和表征。

1. 方法一：暴露-反应关系分析法

（1）就水污染对生态群落的效应终点的作用来看，可分为急性和慢性作用两种。水污染对生态影响的急性作用，一般多采用时间序列（time-series）研究，时间序列方法对同一研究种群反复观察暴露条件改变后的效应。水污染的慢性效应研究一般采用横断面研究和队列研究的方法。横断面研究（cross-sectional study）本质上是一种生态学的研究方法，它通过比较不同污染浓度地区生物群落的状况来获得其对生态影响的资料。生态学研究常可利用常规资料或现成资料进行，因而节省时间、人力和物力，可以很快得到结果。

（2）收集文献资料：选择文献的发表年代不宜过于久远，尽量采用我国的研究资料、文献的研究结果是以定量的暴露-反应关系（如斜率、相对危险度等）表达，而不是仅仅进行定性描述。

（3）meta 分析过程：大体分三步：文献收集评价、数据定量合并和结果评价解释。将相应文献暴露—反应关系输入计算机，建立数据库，并进行数据核校及齐性检验，最后进行统计合并。首先估计各个研究结果是否具有一致性，即进行一致性检验。若接受齐性假设，则按固定效应模型，以研究内方差的倒数作为权重进行统计量合并。若拒绝齐性假设，则认为各项研究结果不一致，需使用随机效应模型（Dersimonian-Laird 法）进行结果合并。随机效应模型将各独立研究看成研究总体的一个样本，允许各研究间存在差异，且变异是随机的结果，考虑研究间的变异，以研究内和研究间方差的倒数作为权重进行结果合并。分析的最终结果，可以水污染物浓度每升高一定单位对生物群体产生的不良效应的相对危险度表示（浓度值利用暴露评价中测得的数值）。

2. 方法二：生态风险的模糊评价模型

（1）潜在生态危害指数的数学表达式为式（6-14）：

$$RI = \sum_{i=1}^{n} E_r^i = \sum_{i=1}^{n} T_r^i \cdot C_f^i = \sum_{i=1}^{n} T_r^i \cdot \frac{C^i}{C_n^i} \tag{6-14}$$

式中 E_r^i——某一污染物潜在生态危害指数；

T_r^i——污染物毒性响应参数；

C_f^i——某一污染物的污染指数，又称富集系数；

C^i——沉积物中某一污染物的实测浓度；

C_n^i——水环境中相应污染物的背景值。

可考虑将环境背景值和污染物浓度定义为三角模糊数，分别表示为式（6-15）：

$$\widetilde{C}_n^i = (c_{1n}^i, c_{2n}^i, c_{3n}^i), \widetilde{C}^i = (c_1^i, c_2^i, c_3^i) \tag{6-15}$$

（2）若将平均值看作最可能值，即相应可信度（或隶属度）最高，等于 1；以数据列最大值作为上限、最小值作为下限，并取对应的可信度为零，则参照下式可以定义上述两个参数的模糊隶属度函数，即式（6-16）。

$$\mu_A(x) = \begin{cases} 0 & x < a \\ (x-a)/(b-a) & a \leqslant x \leqslant b \\ (c-x)/(c-b) & b \leqslant x \leqslant c \\ 0 & x > c \end{cases} \tag{6-16}$$

将三角模糊参数代入潜在生态危害指数的数学表达式，可以得到带有模糊参数的某种污染物污染的潜在生态风险的模糊评价模型即式（6-17）：

$$\widetilde{RI} = \sum_{i=1}^n \widetilde{E}_r^i = \sum_{i=1}^n T_r^i \otimes \widetilde{C}_f^i = \sum_{i=1}^n T_r^i \otimes [\widetilde{C}^i \Delta \widetilde{C}_n^i] = \sum_{i=1}^n \widetilde{T}_r^i \otimes [(c_1^i, c_2^i, c_3^i) \Delta (c_{1n}^i, c_{2n}^i, c_{3n}^i)] \tag{6-17}$$

根据上式可计算出各个站位生态风险指数的三角模糊数 $\widetilde{RI}$，并求出一定可信水平下的截集，得到单个污染物的污染指数区间值和各个站位生态风险指数区间值。然后按表6-8 的评价标准进行污染程度和风险程度的评价。

C_f^i 和 RI 值的评价标准

表 6-8

指数类型	范围	污染程度	指数类型	范围	风险程度
C_f	<1	低污染	RI	<100	低风险
	≥1，<3	中污染		≥100，<200	中风险
	≥3，<6	较高污染		≥200，<400	高风险
	≥6	很高污染		≥400	很高风险

再根据不同的评价结果对工艺采取不同的改进措施。

3. 方法三：基于模糊权物元理论的评价模型构建

在物元分析的基础上，结合模糊权重理论与层次分析方法，构建用于评价再生水风险程度的模糊权物元分析模型。

物元的含义：给定事物的名称 M，它关于特征 c 的量值为 v，以有序三元组作为描述事物的基本元，简称为物元，可表示为 $R=(M, c, v)$。如果事物 M 以 n 个特征 $c_1, c_2 \cdots c_n$ 和相应的量值 $v_1, v_2 \cdots v_n$ 描述，则可表示为式（6-18）：

$$R = \begin{pmatrix} M & c_1 & v_1 \\ & c_2 & v_2 \\ & M & M \\ & c_n & v_n \end{pmatrix} = \begin{pmatrix} R_1 \\ R_2 \\ M \\ R_n \end{pmatrix} \tag{6-18}$$

称 R 为 n 维物元，简记为 $R=(M, c, v)$。对每一维物元称为分物元。

模糊权重的确定：在综合评价中，考虑到各指标因素对评价单元的贡献不同，应根据其作用大小分别给予不同的权重，采用模糊数学法确定各指标权重。其中，相对权重，可按层次分析法（AHP）和专家调查标度法相结合来确定。

6.5　风险评估在再生水回用中应用的局限

虽然风险评估在各个领域被广泛应用，很多将评估结果作为结论的依据。但是将风险评估应用于水再生回用过程还存在很多严重的限制性因素。风险评估应用到水再生回用中最主要的问题有：①风险评估的结果是通过相对其他事物的人体健康来表达的，而非绝对的数值。②在微生物风险评估过程中缺乏对二级感染的评价。③最重要的是缺乏足够的暴露数据和有效的剂量——效应数据，可用性有很大局限。

由于确定绝对风险是不可能的，鉴于现有的经验状况，为了评估水回用实践的安全性和所选择的方式，如上所述，必须利用相对于绝对风险的相应健康风险。在目前已经完成的研究中，涉及水排放的三种不同选择，相应的人类和生态风险是根据所获得的资料和专家意见，用 Bayesian 的分析法检验的。砷、细微隐性孢子虫、轮病毒、N-亚硝基二甲胺都是用作人类健康风险的指示物。所评价的三种不同选择的排放为：①注入饮用水蓄水层以下的地下深层蓄水层中；②排入地表的沟渠中使处理的出水可以渗入并与存在的天然地下水相混合；③排入可能有游泳和海滩活动等人体接触的海洋。尽管对此还没有尝试过，但是在该研究中使用的 Bayesian 法可以应用于回用工程。不论采用何种方法，风险评估尚未被公众所了解，因此，如果工程评价的风险受风险评估左右，则必须使过程尽可能透明。

在化学的风险评估中，分析是以个体为基础的，虽然可以将同样的方法用于微生物的风险评估，但需要更严格的量化方法，因为病原体可以在人与人之间传播，因而二次传染就必须在微生物的风险评估时给予考虑，尤其是面临大量人群时（如有再生水的游泳池）。疾病传播的机制因涉及人与人之间的接触而复杂化，因而在为水回用的应用进行常规的微生物风险评估前，必须进行补充研究。

总之，水回用风险评估最主要的不足是水回用涉及的大多数组分剂量—效应数据，其有效性受到局限。当前的局面可以说是模型多、数据少。由于大多数数学模型是以剂量—效应数据为基础的，所以在使用根据模拟所获得的结果时须审慎。

第7章 国内再生水处理工程实例

7.1 上海曲阳污水处理厂

7.1.1 再生水厂介绍

上海曲阳污水处理厂建于 20 世纪 80 年代，位于上海市虹口区东体育会路 430 号，服务范围东起走马塘、四平路、沙泾港，西至中山北一路，南起俞泾浦，北至邯郸路，服务面积约 650hm²。设计能力为 6 万 t/d，目前处理能力为 6 万 t/d，常年平均 5.6 万 t/d。曲阳污水处理厂原处理工艺采用活性污泥法的传统工艺可去除 COD_{Cr}、BOD_5、SS 和部分 $NH_3\text{-}N$，缺乏脱氮除磷功能。1984 年建成二级处理工艺，采用 A^2/O 生物脱氮除磷工艺，出水采用《城镇污水处理厂污染物排放标准》的二级排放标准，实际运行出水符合一级 B 标准。随着污水处理量的增加及《城镇污水处理厂污染物排放标准》GB 18918—2002 的颁布，深度处理工艺在原有二级处理工艺的基础上进行改造，采用曝气生物滤池工艺。

7.1.2 再生水厂工艺

A^2/O 工艺二沉池出水部分提升进入曝气生物滤池，曝气生物滤池工艺是由上海市政工程设计研究院研发的 BIOSMEDI 工艺，采用脉冲反冲洗、气水同向流的运行方式。

为了降低出水中的总氮，生物滤池出水回流至 A^2/O 工艺的缺氧段，利用反硝化作用去除生物滤池硝化作用产生的硝酸盐。曝气生物滤池进一步去除二级出水中的氨氮和有机物，同时可降低出水中的浊度和悬浮物，减少了后续消毒剂的投加量。生物滤池分为 10 格，每格面积为 80m²。滤池采用上向流的运行方式，处理能力为 3.0 万 m³/d，上升流速为 1.56m/h，水力停留时间为 1.6h，生物滤池的设计参数见表 7-1。

曝气生物滤池参数 表 7-1

参数名称	参数数值	单 位	参数名称	参数数值	单 位
设计流量	1250	m³/h	平均供气量	80	m³/min
单池平面净尺寸	8.9×9	m	生物滤池最大供氧量	120	m³/min
滤池深度	5.8	m	风压	4.5	mH₂O
滤料厚度	2.5	m	滤料粒径	3~5	mm
上升流速	1.93	m/h	滤料负荷	0.35	kg/(m³滤料·d)
气水比	2~4∶1				

图 7-1 为滤池外观图，滤池由配水、出水收集系统，滤板，滤料层，反冲洗系统等构

成，原水通过进水分配槽进入滤池下部，通过进水溢流堰均匀配水后，滤池出水采用出水收集槽收集。滤板采用高强度、高开孔率、耐腐蚀玻璃钢板，滤板开孔率为 7%～10%，滤料为轻质滤料，由聚丙烯醇制作成球状，密度为 20kg/m³，曝气布气管安装在滤料层下部。

图 7-1　曝气生物滤池

生物滤池为周期运行，从开始过滤到反冲洗结束为一个周期。正常运行时，原水通过进水分配槽进入滤池下部，在滤料阻力的作用下使滤池进水均匀；穿孔布气管安装在滤层下部，空气通过其进行布气。原水经过滤层后，滤层表面附着的大量微生物和填料中的微生物利用进水中的溶解氧去除一部分有机物及氨氮，同时悬浮物质经过滤层过滤后明显减少，不会造成滤头堵塞，出水由上部清水区排出。

随着过滤的进行，滤层中的生物膜增厚，过滤水头增大，此时需要对滤层进行反冲洗。由于滤料密度小，采用常规的水反冲、气水反冲等方法均难以奏效，所以使用脉冲冲洗，反冲洗利用滤池出水进行反冲洗，反冲洗出水排入污泥池，再通过水泵提升进入曝气生物滤池，反冲洗过程为：当某格滤池需要反冲洗时，首先关闭进水阀及曝气管，打开滤池反冲洗风机，反冲洗空气进入气囊，排除气室内的水以形成空气垫层，当空气垫层达到一定容积后，打开气囊放气阀，这时滤池中的水迅速补充至气室中，此时滤层中从上到下的冲洗水流量瞬时加大，导致滤料层突然向下膨胀，可以对滤层进行有效的脉冲反冲洗，把附着在滤料上的悬浮物质洗脱。滤料上冲洗下老化的生物膜脱落沉积于滤池下部，最后排出滤池。由于反冲洗后滤池初期出水 SS 较高，影响处理效果，设置了反冲洗后初滤旁通阀，反冲洗最初 20min 滤池出水不进入出水收集槽，直接排入反冲洗出水集水池，再通过水泵提升进入曝气生物滤池。滤池每 2 天反冲洗一次，采用脉冲反冲洗方式，反冲洗共需 65min。

7.1.3　运行效果

曲阳污水处理厂原工艺缺乏脱氮除磷功能，仅能去除 COD、BOD₅、SS 和部分 NH_4^+-N，TN、TP 的出水水质很不稳定，NH_4^+-N 不能达标排放。改造后出水水质有了明显改善。2000～2002 年实测污水进出水水质平均值见表 7-2，改造后再生水处理工艺（BAF）进出水水质见表 7-3。

<table>
<tr><th colspan="3">2000～2002 年进出水水质　　表 7-2</th></tr>
<tr><th></th><th>进　水</th><th>出　水</th></tr>
<tr><td>BOD（mg/L）</td><td>161</td><td>13.5</td></tr>
<tr><td>SS（mg/L）</td><td>168</td><td>19.1</td></tr>
<tr><td>NH_4^+-N（mg/L）</td><td>31.5</td><td>15.7</td></tr>
</table>

<table>
<tr><th colspan="3">改造后曝气生物滤池进出水水质　表 7-3</th></tr>
<tr><th></th><th>进　水</th><th>出　水</th></tr>
<tr><td>COD（mg/L）</td><td>35～45</td><td>35</td></tr>
<tr><td>SS（mg/L）</td><td>—</td><td>10</td></tr>
<tr><td>NH_4^+-N（mg/L）</td><td>10～15</td><td>2～5</td></tr>
</table>

滤池的运行实现了全自动化控制，允许操作简单，减少了工人运行操作的劳动强度，但电磁阀容易发生故障，对维护检修的要求较高。在运行中发现，由于滤池露天，夏天蚊子较多，滤池上易结蜘蛛网，易长藻，卫生条件差。

7.2 北小河污水处理厂（MBR＋RO）

7.2.1 再生水厂介绍

北小河污水处理厂于 1988 年 9 月开工建设，1990 年 8 月正式投产运行，位于北京市区北部的北小河北岸，东临黄草湾村，西靠辛店村，北接辛店村路，占地面积 91 亩。流域范围北以北小河以北约 400m 为界，南到土城北路以北，东起来广路，西到昌平路，总流域面积 109.3km^2。已建成的北小河污水处理厂规模为 4 万 m^3/d。

北小河再生水厂是在原北小河污水处理厂基础上改扩建而成的，改造工程总规模为 10 万 m^3/d，分为两部分：将原 4 万 m^3/d 缺氧-好氧（A/O）工艺改为厌氧-缺氧-好氧（A^2/O）工艺，出水达到城镇污水处理厂一级 B 标准排入北小河；新建 6 万 m^3/d 膜生物反应器（MBR）处理设施，出水（5 万 m^3/d）经紫外线消毒后进入清水池，向北小河流域的亚运村、大屯开发区以及奥林匹克公园地区提供城市绿化、住宅区冲厕用水等用途的市政杂用水，向太阳宫热电厂提供工业冷却水，向该区域内的奥运湖、南湖渠公园、太阳宫公园、鸿华绿苑运动休闲园等河湖水系定期补、换水，另外 1 万 m^3/d 出水再经过反渗透（RO）深度处理后的高品质再生水输送至奥运公园中心区。

7.2.2 再生水厂工艺

污水经间隙 8mm 格栅后由提升泵提升至出水井进入曝气沉砂池，然后分为两个系统：一个是原有二级处理系统的改造，规模为 4 万 m^3/d，另一个是新建的再生水处理工艺，规模为 6 万 m^3/d。

6 万 m^3/d 的污水经 1mm 细格栅后，通过电磁流量计计量水量，然后进入 MBR 膜生物反应池，去除 COD、BOD$_5$、N、P 等污染物，其中 5 万 m^3/d 的出水经 UV 消毒后，流入 MBR 清水池，在进入清水池前投加二氧化氯，以保证管网内的余氯要求。最后通过配水泵房提升送至厂外再生水利用管网向用户供水。另外 1 万 m^3/d 的 MBR 膜生物反应池出水经 UV 消毒后，进入 RO 反渗透进行深度处理，然后进入 RO 清水池，最后通过配水泵房送至厂外高品质水管道向奥运公园供水。再生水处理工艺实现自动化控制，通过计算机可实现手动与自动控制，图 7-2 为再生水处理人机操作界面。

7.2.3 MBR 单元

7.2.3.1 MBR 膜生物反应池单元

MBR 膜单元采用超滤膜，单个膜元件过滤面积 37.6m^2（图 7-3），超滤膜池设有 608 件膜元件，单个膜池产水能力为 7500m^3/d。

表 7-4 给出了 MBR 的主要参数。膜生物反应池主要由厌氧段、缺氧段、好氧段以及膜池和膜设备间组成。生物池部分为 4 座矩形钢筋混凝土池，每座池子均可独立运行。每

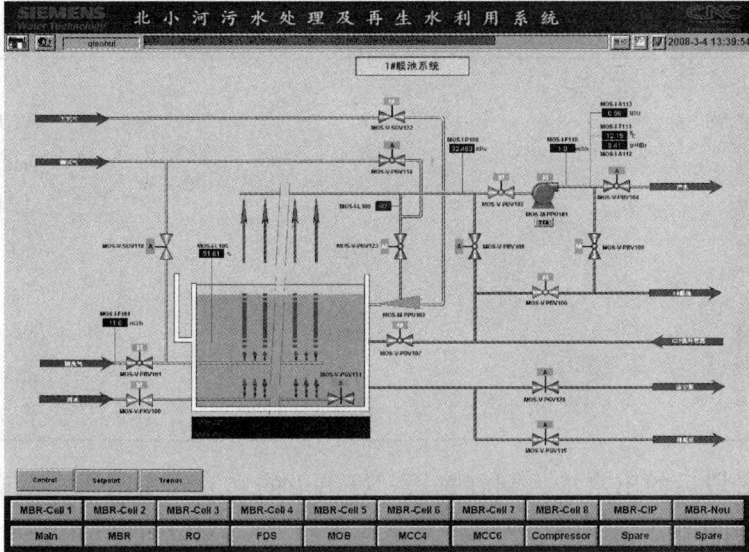

图 7-2　再生水处理人机操作界面

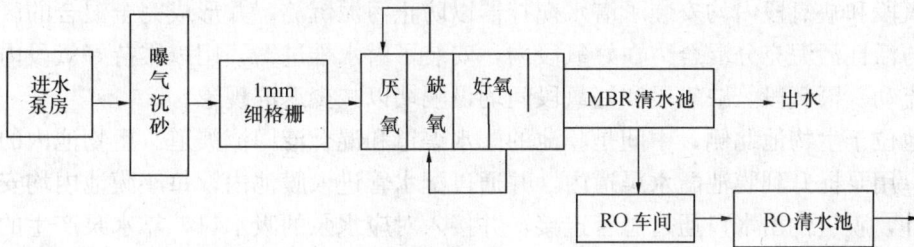

图 7-3　再生水处理工艺流程图

座池有 3 个廊道，廊道宽 6.5m，池长 75m，池中水深 5.5m。膜池共 8 座，膜池长 16m，宽 8m，水深 3.5m，每座又分为相互连通的 2 格。

沉砂池和细格栅出水首先进入到 MBR 膜生物反应池的厌氧段，缺氧段末端的混合液（约 100％）用潜水泵输送到厌氧段的前端，厌氧段水力停留时间为 1.0h，活性污泥利用进水中易降解 BOD 作为碳源去除部分有机物并释放磷。厌氧段的出水进入缺氧段，好氧段的混合液采用内回流泵也回流到缺氧段反硝化去除硝酸盐，缺氧区停留时间为 2.9h，内回流比为 300％，MBR 主要的参数见表 7-4。

MBR 主要参数列表　　　　　　　　　　　表 7-4

参　　　数	数　　值	单　　位
MBR 生物池数量	4	个
MBR 生物池厌氧段停留时间	1	h
MBR 生物池缺氧段停留时间	2.9	h
MBR 生物池好氧段停留时间	8	h
MBR 生物池污泥负荷	0.098	$kgBOD_5/(kgMLSS \cdot d)$
单个 MBR 生物池尺寸	$75 \times 6.5 \times 5.5$	m

475

参　数	数　值	单　位
SRT	17	d
平均混合液体浓度 MLSS	8,000	mg/L
剩余污泥量	15	t/d
剩余污泥浓度	8000	mg/L
生化总实际需氧量	31000	kgO_2/d
标准氧传输效率	25	%
生化总空气需求量	37600	Nm^3/h
膜冲洗需气量	47600	m^3/h
名义膜通量	18.7	$L/(m^2 \cdot h)$

经厌、缺氧段后的出水进入到好氧段，好氧段的水力停留时间为 8h。好氧段完成 BOD 的去除和硝化作用以及磷的吸收。好氧段采用类似氧化沟的方式，混合液在渠道内不断循环流动，好氧段的曝气装置采用微孔曝气器，为活性污泥提供足够的溶解氧，用于硝化以及为聚磷菌的磷吸收过程创造最佳的环境条件。

厌氧段和缺氧段内均安装了潜水搅拌器以防止污泥沉淀，并形成完全混合的区域，保证进水与活性污泥充分混合。在好氧段内，安装了潜水推进器，用以维持好氧段内混合液的循环流动。厌氧段、缺氧段和好氧段间均设隔墙以减少返混现象。

膜池位于生物池北侧，中间是膜池的配水渠道和混合液回流渠道。生物池内的混合液（400%）用泵提升到膜池配水渠道内，并通过配水管进入膜池内，每座膜池内均安装有大量膜组件，膜组件出水口通过总管连接，并接入对应水泵的吸水口，靠水泵产生的真空抽吸力将膜池中的水经过滤膜壁吸入每根中空纤维膜的中心，汇集后排入滤后水干管，进入后续处理单元。

通过在膜箱的底部采用大气泡曝气产生紊流，冲刷中空纤维的表面，减少污染物在膜表面的聚集，同时减少了化学清洗的次数。

7.2.3.2　MBR 膜的清洗

在运行过程中，膜将混合液中的悬浮固体截流在反应器中，截留的物质在膜表面形成了可压缩的滤饼。滤饼也有一定的过滤作用，增加了单元的过滤性能，但与此同时增加了压头损失和沿着膜的压降，即跨膜压（TMP）。随着反应的进行，需要通过控制滤饼以维持一个合理的压降或者过滤过程中的跨膜压差。主要通过膜松弛、膜维护性清洗、膜化学清洗等措施控制运行过程中的膜污染。

1. 膜松弛

膜松弛是通过膜停止过滤，将跨膜压差降低到零，污染物在浓度梯度作用下反向离开膜表面，对于 HF 体系，可采用反冲洗，反冲洗通量一般为运行通量的 2～3 倍，反冲洗通常用于辅助而非取代膜松弛。反冲洗表面上看可能会增加膜污染在膜表面或膜孔内缓慢累积的风险，但事实上可使生物膜尽量停留在膜表面上，起到保护膜的作用。

Memcor MemJet 的标准操作体制只采用膜松弛。大量的操作运行经验表明，相对于只采用膜松弛步骤而言，执行反冲洗不会导致膜性能的明显改善。所以，Memcor Mem-Jet系统不要求反冲洗成为标准操作制度中的一部分。但是，反冲洗操作具有灵活性，膜操作系统中如有需要可以采用反冲洗。北小河MBR膜池采用每运行24h进行一次反冲洗（FBW）。

2. 膜维护性清洗

为了去除"不可逆"污染，需要在物理清洗后辅以化学清洗，包括维持性清洁（MC）和就地清洁（CIP），一般每1~2个星期进行一次维护清洁（也被称为化学反冲洗）。采用次氯酸进行反冲洗，用来抑制生物生长和膜表面与下游过滤管道的污垢。整个周期持续大约30min，采用500mg/L次氯酸。在维护性清洗时，开启膜曝气，关闭膜混合液入流。在膜维护性清洗中，膜保持全浸没于混合液中。不需要中和过程，因为MC中使用的氯被混合液所消耗了。

膜维护性清洗后透水率及跨膜压差均发生变化，图7-4给出了膜池清洗前后透水率与阻力的变化。次氯酸清洗前，透水率为164LMH/bar，过滤介质阻力为2.6；清洗后，透水率为201LMH/bar，过滤介质阻力为1.9；清洗后透水率恢复到200LMH/bar以上，透水率恢复22.5%，清洗效果较好。

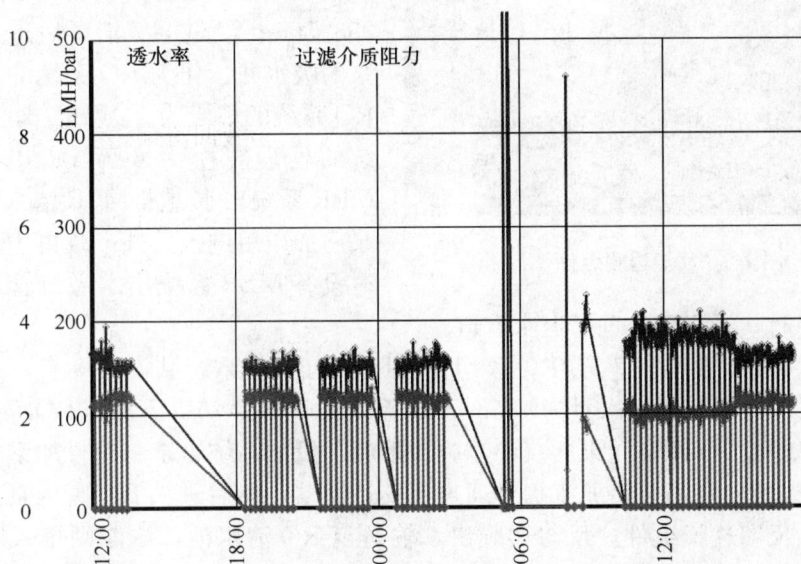

图7-4　维护性清洗前后透水率及阻力的变化图

3. 就地清洗（CIP）

每运行3个月进行一次CIP氯洗，采用1.5g/L次氯酸清洗；膜系统运行每3到6个月，进行一次CIP清洗。用稀释的化学清洗药品注满膜单元。可以使用酸性或者氯溶液。通常是每3个月执行一次氯CIP，每6个月执行一次双药洗（即酸洗之后再氯洗的CIP清洗）。酸性CIP时使用柠檬酸。CIP通过TMP或时间的设置点进行启动。一个膜单元进行清洗，其他的膜单元继续运行。CIP清洗通常持续2~3h。

中和系统用于处理中和池中的CIP清洗废液及漂洗水，氯CIP溶液被亚硫酸氢钠中和。酸性CIP或CEBW溶液利用氢氧化钠中和，调节pH值在6.0~9.0之间。系统整批的中和难于控制，超过 pH 的设置点是一个很普遍的问题。最简便最有效的 pH 值控制系统是利用一个酸性加药步骤之后组成再循环步骤的控制环。中和过程开始于 CIP 溶液经泵吸到中和池之后。混合和传输泵开始从池中抽水并返回到池中完成池内良好的混合状态。当池内液体被中心循环和混合时测量 pH 值。再循环继续进行，所需中和药品被加入到泵的排水中。这个步骤完毕之后，中和过的废水将被返回到 MBR 工艺的入口处。中和过程需要执行至少 120min。

7.2.4　RO（反渗透）处理单元

反渗透膜工艺是利用半透膜两侧的压力差脱除水中的盐类和低分子物质，截流物包括无机盐、糖类、氨基酸、BOD、COD 等。反渗透膜的孔径介于 $0.005\sim0.0005\mu m$。目前反渗透技术已应用到城市大型海水淡化水厂、纯净水制取、污水再利用以及改善工业供水水等多方面领域。

图 7-5　反渗透膜组件

北小河再生水厂 MBR 膜生物反应池的出水进入 UV 消毒渠道，紫外消毒系统共设 8 个消毒模块，采用 144 支 320W 低压高强紫外灯管，消毒紫外线波长为 253.7nm。经过 UV 消毒后进入 RO 加压泵的吸水井，作为 RO 系统的原水。由于 RO 系统的规模为 1 万 m^3/d，而 MBR 系统的处理规模为 6 万 m^3/d，故余下的 MBR 系统出水进入 MBR 清水池，经配水泵房加压后进入厂外市政再生水管网。同时设有 MBR 系统出水溢流管，在市政再生水用量减小时，溢流至处理厂退水管道。

RO 单元主要参数见表 7-5，RO 膜组件见图 7-5。RO 系统共设有 3 套，每套的产水能力为 138m³/h，每套的进水量为 185m³/h，系统回收率为 75%。每套 RO 系统由 RO 加压泵、保安过滤器、RO 高压泵、反渗透膜、阻垢剂投加系统、杀菌剂投加系统以及化学清洗系统组成。RO 加压泵将原水提升通过保安过滤器，然后进入 RO 高压泵，经过高压泵加压后进入反渗透膜组件。反渗透膜出水输送至 RO 清水池，浓液则排入厂区污水系统，回到污水处理系统再进行处理。反渗透系统采用一级二段式，每套系统的膜压力容器排列方式为 24:12，共 36 只压力容器，每只压力容器内装 6 支反渗透膜，每套系统共有 216 支反渗透膜。

膜在分离过程中，可溶解性无机盐被浓缩，当超出溶解度时，被截留在膜表面形成硬垢，所以在进水中添加阻垢剂；同时为避免微生物在膜表面滋生，在进水中同时投加杀菌剂。正常情况下，反渗透膜柱应 3～6 月进行一次化学清洗，根据结垢性质不同加入不同的药剂，浸泡、循环 1～2h。

加氯间主要由氯酸钠储药间、盐酸储药间和二氧化氯制备间组成，二氧化氯制备间内安装 4 台二氧化氯发生器。加氯量为 2mg/L，二氧化氯投加点在 MBR 清水和 RO 清水池前，以满足供水管网内的消毒要求和管网末梢的余氯要求。

反 渗 透 系 统	数 值	单 位
抗污染反渗透膜	648	支
允许系统通量	17~24	L/ (m² · h)
单支膜最大回收率	14%	
单支膜最大产水量	22	m³/d
其中:		
一段膜数量	432	支
设计系统通量	19.4	L/ (m² · h)
单支膜设计回收率	12%	
单支膜设计产水量	15.8	m³/d
二段膜数量	216	支
设计系统通量	18.1	L/ (m² · h)
单支膜设计回收率	12%	
单支膜设计产水量	14.7	m³/d
反渗透膜壳	108	支
反渗透膜架	3	个
RO 加压泵 (Q=185m³/h, H=25m)	3	台
RO 高压泵 (Q=185m³/h, H=140m)	3	台

7.2.5 MBR 处理效果

北小河污水处理厂 MBR 于 2008 年 4 月启动，启动初期属于微生物培养、驯化阶段，出水水质不稳定。随着温度的不断升高，污泥性状逐渐变好。表 7-6 给出了 2008 年全年

2008 年主要污染物去除情况 表 7-6

项目	COD (mg/L)	BOD (mg/L)	SS (mg/L)	TN (mg/L)	NH_4^+-N (mg/L)	TP (mg/L)	色 度
进水	444.8	206.5	289	54.7	17.4	6.2	125.1
出水	29.2	3.9	6.8	11.6	0.5	0.30	27
去除率（%）	93.2	98.1	97.6	78.8	97	95.2	78.3

进出水水质的平均值，MBR 对 COD、BOD、SS、NH_4^+-N、TP 的去除率达到 90% 以上，出水 BOD_5、NH_4^+-N、色度、浊度、SS、TP、TN 等均满足《城市污水再生利用景观环境用水水质标准》（GB/T 18921—2002）。

图 7-6 给出 COD 出水月变化曲线，运行初期（4~7 月），出水 COD 月平均值在 30.6~38.9mg/L 之间，8 月后出水 COD 月均值低于 30mg/L。

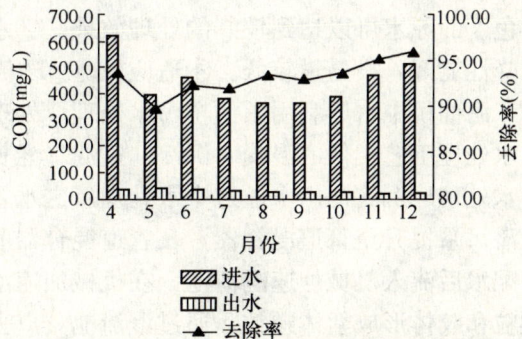

图 7-6 COD 出水月变化曲线

出水 SS 月平均值低于 10mg/L，基本维持在 5mg/L 左右，进水 SS 即使高达 498mg/L，出水的 SS 仍低于 10mg/L，显示了 MBR 对 SS 稳定的去除效果。

7.3 酒仙桥再生水厂（混凝过滤）

7.3.1 再生水厂介绍

酒仙桥中水厂是北京市第一座中型深度处理水厂，占地面积 1.8hm²，配套管线 9.46km，是北京排水集团京城中水有限公司为解决北京水资源紧缺，开辟新型水源而投资建设并运营的一座现代化再生水处理厂。其处理总规模 6 万 t/d，一期规模 2 万 t/d，2003 年建成，11 月投入试运行。二期规模 4 万 t/d，2005 年初进入试运行阶段，目前酒仙桥中水厂已基本能达到 6 万 t/d 的处理规模。二期设计水量除满足二期中水处理水量 4 万 m³/d 的要求外，还应保证二期中水处理构筑物的自用水量，自用水量按 15% 考虑（机械加速澄清池最大排泥耗水量 10%，滤池反冲洗耗水量 5%），二期工程设计进水量为 4.6 万 m³/d。

酒仙桥再生水厂供水范围主要位于北京市东北部，目前供水北到望京地区，南到通惠河，东到朝阳区界，西到东大桥。河道景观主要用于坝河还清，用水量为 13000t/d，未来还将为亮马河供水；园林景观主要用于朝阳公园、东山墅湖面景观，用水量为 1000t/d；绿化用水主要用于朝阳园林局所管辖绿地和主要道路两侧的绿地，包括东四环百米绿带、青年路、朝阳路、朝阳北路、针织路、西大望路等主要路段的绿化用水达 350t/d；住宅、共建冲厕主要用于阳光上东、东山墅、珠江罗马家园、欧洲广场、兴隆家园等，用水量达 280t/d；环卫喷洒压尘主要供北清集团、朝阳环卫、公联公司等用于道路冲洗，压尘，冬季融雪作业等，用水量为 220t/d；洗车主要通过水车输送、管线供应向社会洗车站送再生水，日供水约为 50t/d。

7.3.2 再生水厂工艺

7.3.2.1 工艺流程

工艺流程图见图 7-7，以聚合氯化铝作为混凝剂进行沉降反应并与砂滤法相结合是一种常规的再生水处理工艺，俗称"老三段"。其主要有以下特点：①对污染严重或高浊度、高色度的原水可以达到较好的处理效果。②水温低时，可以保持较好的混凝效果。③矾花沉降性能好，投药量较低。④适应较宽 pH 值范围的原水。⑤药液对设备的腐蚀作用小。

酒仙桥中水厂利用酒仙桥污水处理厂处理后的部分二级出水进行深度处理，采用与自来水处理工艺类似的混凝、沉淀、过滤（老三段）处理工艺，其具体工艺流程为：酒仙桥污水处理厂沉淀池出水通过中水处理厂进水管自流入格栅池，去除漂浮物后进入集水池，由潜污泵提升至管道混合器，在管道混合器前投加凝聚剂，充分混合后进入配水井，经均匀配水后流入机械加速澄清池，在机械加速澄清池入口处投加絮凝剂，二级出水中的悬浮颗粒和胶体形成絮体颗粒，通过澄清池分离去除，澄清池出水进入快滤池，通过快滤池的滤料层进一步截流细小絮体，滤池出水进入清水池，加氯消毒后由配水泵房水泵提升至管网向用户供水。

二级出水 → 格栅池 → 集水池及提升泵 → 管道混合器 ←凝聚剂

→ 配水井 →(助凝剂)(预加氯)→ 机械加速澄清池 → 滤池 →(消毒剂)

→ 清水池 →(补氯)→ 配水泵房 → 配水管网 → 中水用户

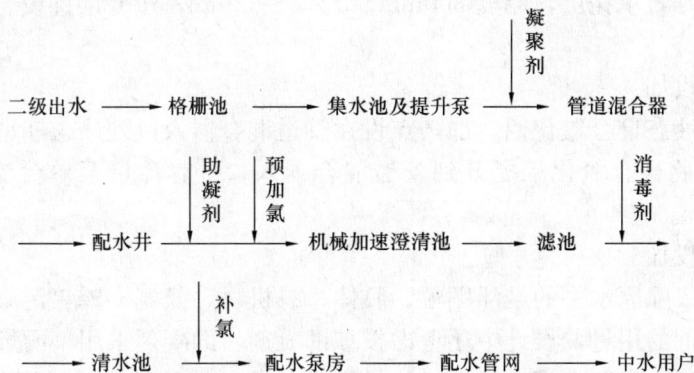

图 7-7 酒仙桥再生水厂工艺流程图

7.3.2.2 再生水厂主要构筑物设计参数

1. 格栅间及进水泵房

全厂设格栅间及进水泵房一座，二期进水泵房安装 3 台潜污泵，2 用 1 备，流量 $Q=960m^3/h$，扬程 $H=13m$，电机功率 $P=55kW$，型号为 300WQ1000-13-55。其中 2 台为变频泵，以适应水量变化的要求。

2. 管道混合器

凝聚剂要求能迅速均匀地扩散到整个水体。二期工程安装 $DN800$ 静态管道混合器 1 台，水头损失约 $0.5\sim0.6m$。

3. 配水井

在机械加速澄清池前设置配水井 1 座。配水井为同心圆套筒式，1 根 $DN800$ 进水管接入内筒；外筒为配水区，4 根 $DN500$ 出水管分别与 4 座机械加速澄清池相接。

外筒外径 6.20m，内筒外径 2.10m；外筒高度为 3.70m，内筒高度均 3.30m。

4. 机械加速澄清池

按处理水量 $46000m^3/d$ 设计，数量 4 座，每座设计处理水量 $11500m^3/d$（含 15% 的自用水量）。机械加速澄清池直径 14.70m，池深 6.00m，总容积 $677m^3$，总停留时间 1.5h，上升流速 1.0mm/s。池中间设置 1 台机械搅拌机，叶轮直径 2.5m，搅拌浆数 $6\sim8$ 片，搅拌机功率 5.5kW。池底设置 1 台刮泥机，采用中心传动三级减速，电动机功率 0.8kW。刮泥机与搅拌机传动部分组装成一体。

5. 滤池

按处理水量 $42000m^3/d$（含 5% 自用水量）设计，数量 1 座，分为 8 格。滤池设计滤速 7.3m/h，强制滤速 9.72m/h，滤层采用石英砂均质滤料，有效粒径 1.0mm，$d_{10}=1.0mm$，$d_{60}=1.35mm$，$K_{60}=1.35$，滤料层厚度 1200mm。单格滤池面积 $30m^2$，共 8 格，双排布置。单格滤池净尺寸：$6.00m\times5.00m\times4.80m$。

滤池采用气水联合反冲洗，单格总冲洗时间 13min。气冲：强度 15L/$(m^2\cdot s)$，4min；气水联合冲洗：气冲强度 15L/$(m^2\cdot s)$，水冲强度 4L/$(m^2\cdot s)$，4min；水冲：强度 8L/$(m^2\cdot s)$，5min。

滤池采用长柄滤头小阻力配水系统，每平方米布置 49 个滤头，每格滤池安装 1469 个，共计 11752 个。

滤板上铺设砾石承托层，厚度 300mm，$d=2\sim32$mm，按 6 层铺设。

6. 加药系统

（1）凝聚剂投加

凝聚剂采用液态聚合氯化铝，加药点设在管道混合器入口处。二期增设 2 台加药计量泵（1用1备），将聚合氯化铝提升到管道混合器入口处。计量泵单台流量 $Q=600$L/h，扬程 $H=0.2$MPa。

（2）助凝剂投加

为了进一步去除原水中的悬浮颗粒、胶体、有机物、氨氮、磷等污染物，提高絮凝效果以及减少凝聚剂的用量，设计中还考虑投加助凝剂。助凝剂采用聚丙烯酰胺，加药点设在机械加速澄清池进水管末端。最大投加量 0.2mg/L（以纯品计），投药浓度为 2‰。

7. 加氯系统

一期共设加氯点 2 处，总加氯量 18mg/L。预加氯点设在机械加速澄清池进水口处，加氯量为 10mg/L；消毒加氯设在清水池进水管上，加氯量为 8mg/L。

二期除在机械加速澄清池进水口处预加氯外，为保证出水余氯达到要求，还在配水泵房吸水池进水管处补氯，加氯量为 0～2mg/L。补氯加氯量按余氯控制投加，在配水泵房总出水管上取样分析余氯含量。

7.3.3 运行情况

7.3.3.1 混凝单元

混凝、沉淀是污水深度处理的一种常用技术。混凝、沉淀处理的对象是二级处理水中以胶体和微小悬浮状态存在的有机和无机污染物，以及去除一些溶解性物质，如砷、汞等。常用的混凝药剂为铝盐或铁盐，对于不同的水厂，由于水质的不同一般需通过试验确定絮凝剂种类、最佳的投加量及混合反应时间等参数。三氯化铁具有一定的腐蚀性，而且影响出水的色度；而聚合氯化铝处理后的再生水色度值明显好于三氯化铁，另外，聚合氯化铝对 pH 变化适应性较强，对设备腐蚀性也较小，所以酒仙桥再生水厂采用了聚合氯化铝作为混凝剂。试验确定混凝剂的最佳投加量为 50mg/L，助凝剂的最佳投加量为 1mg/L。

2004 年初试运行，需要在机械加速澄清池中培养泥层，依据试运行的方案，需要小水量的进水，大剂量的加药，所以也导致了聚合氯化铝（PAC）在年初时投加量较高。经过一段时间的研究，大致确定处理水量 14400m³/d，聚合氯化铝（PAC）投加量为 720L/d 的稳定运行状态。

进入冬季后，由于温度的下降，机械加速澄清池中混凝效果不是很好，采用加大聚合氯化铝投加量的方法来解决该问题，同时由于机械加速澄清池的停留时间不能满足加大药量后的混凝反应时间，所以必须相应地减小处理水量，从而使其反应更充分。

7.3.3.2 过滤及消毒单元

过滤是使污水通过颗粒滤料或其他多孔介质，利用机械筛滤、沉淀和接触粘附作用截留水中的悬浮杂质，从而改善水质的方法。通过过滤，可以去除未能完全沉淀的悬浮颗粒，并对浊度、COD、BOD、细菌、病菌等其他污染物质也有一定的去除作用。反冲洗的各项数据是保证滤料具有良好过滤效果的前提，通过试运行期间对滤池反冲洗的观察，并根据设计值，最终选定反冲洗的参数：气冲洗时间为 3min，气水混合冲洗时间为 3min，水冲洗时间为 3min。

2004 年初，采用次氯酸钠消毒，发现它的消毒效果不如氯强，且出水后无法持续消毒，数据表明用其消毒的再生水中的大肠菌群数无法达到出水标准，所以也就无法保证管网末梢的水质。酒仙桥再生水厂于 4 月开始进行加氯，大肠菌群的指标明显有所好转，而且余氯的数值也达到出水的标准。

7.3.4 处理效果

酒仙桥中水厂处理后的再生水水质标准遵循《城市污水再生利用　城市杂用水水质》GB/T 18920—2002 和《城市污水再生利用　景观环境用水水质》GB/T 18921—2002 两项国家标准。酒仙桥中水厂自 2003 年 9 月建成至 2004 年 6 月将近 9 个月的试运行，从 2004 年 7 月开始，酒仙桥中水厂进入了稳定运行阶段。试运行阶段与稳定运行阶段出水水质平均值见表 7-7。

试运行、稳定运行阶段出水水质与标准对比　　　　　表 7-7

指　　标	试运行出水质	稳定运行出水	景观环境用水水质标准	城市杂水质标准用水
BOD$_5$（mg/L）	8.41	6.18	≤10	≤10
SS（mg/L）	8.75	10.14	≤10	≤10
pH	7.68	7.51	6～9	6～9
浊度（NTU）	2.35	1.48	≤5	≤5
色度（度）	21.83	16.47	≤30	≤30
TN（mg/L）	13.68	13.43	≤15	—
NH$_4^+$-N（mg/L）	4.15	1.67	≤5	≤10
TP（mg/L）	1.78	1.60	≤1	—
溶解性固体（mg/L）	521	570	—	≤1000
LAS（mg/L）	0.066	0.062	≤0.5	≤0.5
总大肠菌群（个/L）	56	29	—	≤3
粪大肠菌群（个/L）	未检出	未检出	≤500	—
总余氯（mg/L）	接触 30min 后 4.56	接触 30min 后 1.13	接触 30min 后≥0.05	接触 30min 后≥1.0 管网末端≥0.2
DO（mg/L）	9.36	9.85	≥1.5	≥1.0

在试运行阶段，由于系统调试阶段运行不稳定和混凝、沉淀、过滤（老三段）工艺除磷的局限性，再生水出水大肠菌群和总磷未能达标，其他各项指标基本达到了国家标准。在稳定运行阶段，除 SS 外其他各项出水指标均能达标排放。

在运行过程中个别时段内来水水质、水量变化频次增多，加氯系统投加量产生相应变化，由于投加量调节滞后，消毒效果不理想；出水总大肠菌群偏高。SS 值的超标主要是由于混凝剂的混凝效果在不同水温下产生变化而造成的。在实际运行中，发现聚合氯化铝（PAC）对温度变化的适应性较差，若温度较低时，以常温情况的投加量，会导致混凝后形成的矾花较小，絮体的沉降性差。使部分细小絮体进入滤池，从而进入清水池，导致出水 SS 超标。

7.4 方庄再生水厂（石灰法）

7.4.1 再生水厂介绍

北京排水集团方庄污水处理厂位于北京南城左安门外，东南三环以南，成寿寺路以东，在方庄小区的东南部，主要处理来自方庄住宅区的全部生活污水，占地 4.92hm²，服务面积 147.6hm²，服务人口 10 万人。方庄污水处理厂设计规模为日处理 4 万 m³，其处理工艺原为 A/O 二级处理工艺，由于新的污水排水排放标准的颁布，为了满足脱氮除磷功能的需要，于 2004 年 6 月对工艺进行了改造，改造后的工艺为 A²/O＋生物填料的 CNR（cilium nutrient removal）工艺。方庄污水处理厂主要负责处理方庄小区的居民生活污水，小区除少量的商业网点外，无其他工矿企业单位，上游来水水质是相对稳定的生活污水。

方庄再生水厂近期设计处理能力 2000m³/d，最大处理能力 5 万 m³/d，远期处理能力 2 万 m³/d。方庄污水处理厂的二级出水经过混凝、沉淀和消毒等工艺，生产的再生水用于道路喷洒、绿地浇灌、河湖景观补给等用途。

7.4.2 再生水厂工艺

7.4.2.1 再生水厂工艺

方庄污水深度处理厂采用石灰法深度处理工艺（图 7-9），在原再生水工艺（图 7-8）基础上改造而成。在混合区内二级出水与石灰乳剂充分混合反应，对二级出水进行除磷和初步消毒，同时加入絮凝剂，在石灰反应池形成较大的可沉絮体，进行泥水分离，石灰反应沉淀池出水加入硫酸调节出水 pH 值后进入快滤池，上清液在滤池中通过石英砂滤料的过滤进一步去除水中的悬浮物，滤池出水加入二氧化氯进行二次消毒后进入清水池，由输水泵提升到中水管网向用户供水。

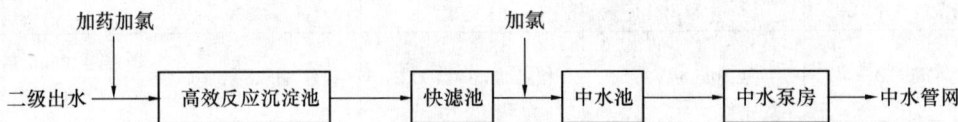

图 7-8 原设计中水工程工艺

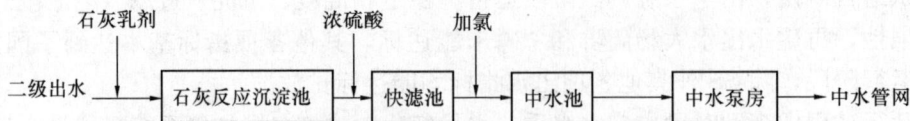

图 7-9 石灰法改造工艺

7.4.2.2 再生水厂主要构筑物设计参数

1. 加药系统改造

将原有加氯间改造为石灰乳剂配制间。增设石灰粉剂储罐两个，将石灰粉剂 100mg/L 加入溶药罐内加水溶解（石灰粉剂有效成分为 Ca(OH)₂，其理论密度为 2.24×10³kg/

m³，实际运行采购的石灰粉剂密度为 $0.6 \times 10^3 kg/m^3$，纯度为 90％，故应按此密度来计算相应配药加药设备，石灰乳剂浓度按 5％ 配制），并加入浓度为 30％～40％ 的 NaOH 溶液 100mg/L。将配制好的石灰乳剂用计量泵投加入原设计加药井与二级出水混合，加药井内设搅拌器防止药液沉淀。

同时在原有加药间内设置一套 PAC 储药设备，将 PAC 用计量泵投加到反应池入水口，投加量 10mg/L。药剂投加计量泵采用耐腐蚀计量泵。

（1）石灰粉剂储罐

按远期最大水量 20000m³/d，石灰剂投加量 500mg/L 来设置石灰粉剂储罐，设置两套，近期一用一备，远期用两套，并预留远期增加设备用地。远期石灰粉剂储存周期按 1d 储量计算，石灰粉剂储罐的有效容积为 10m³。罐体设上柱下锥形钢板结构罐体，罐体直径 2.9m，圆柱部分高度 1.2m，锥体部分高度 2.5m，锥体部分倾角 65°。

（2）石灰乳剂溶药罐及储药罐

石灰乳剂溶药罐及储药罐设两套，上面分别设置搅拌机。石灰乳剂溶药罐直径为 1200mm，高 1500mm。搅拌机电动机功率 1.5kW，减速机转速 119 转/min。石灰乳剂储药罐尺寸为 1400mm，高位 500mm。搅拌机电动机功率 1.5kW，减速机转速 73 转/min。石灰乳剂加药泵选用螺杆泵：$Q=0～10m^3/h$，$H=10m$。选用两台，近期一用一备，远期用两台。

（3）NaOH 溶液储罐

NaOH 溶液储罐设一个，按远期水量 20000m³/d 计算，NaOH 溶液储存周期按 1d 计，经计算 NaOH 溶液储罐有效容积应为 15.4m³（NaOH 溶液密度为 $1.3 \times 10^3 kg/m^3$，纯度为 30％）。采用长方体 PVC 板结构罐体，选一大一小两台，大泵 $Q=40L/h$，$H=10m$，小泵 $Q=20L/h$，$H=10m$。

（4）PAC 溶液储罐

PAC 溶液储罐设一个，按远期水量 20000m³/d 计算，PAC 溶液储存周期按 7 天计，经计算 PAC 溶液储罐有效容积应为 4m³。PAC 投加量按 10mg/L 设计，其近期处理水量 2000m³/d 时，经计算 PAC 投加量约为 3L/h，远期处理水量为 20000m³/d 时，其投加量约为 30L/h。选用两台耐酸计量泵：$Q=0～10L/h$，$H=10m$，近期一用一备，远期用两台或换大泵。

（5）浓硫酸溶液储罐

浓硫酸溶液储罐设一个，按近期水量 20000m³/d 计算，浓硫酸溶液储存周期按 2 天计，经计算浓硫酸溶液储罐有效容积应为 4m³。选两台耐酸计量泵，$Q=20L/h$，$H=10m$，近期一用一备，远期用两台或换大泵。浓硫酸的投加量由在清水池安装的 pH 监测仪的反馈信号实现自动控制，pH 值调节范围为 7～8.5。

2. 高效反应沉淀池改造

将原有高效反应沉淀池改造为石灰反应沉淀池。近期处理水量为 2000m³/d 时，采用原有一组高效反应沉淀池。远期处理水量为 2 万 m³/d 时，采用两组。原有每组反应池尺寸为长×宽×高=3.12m×5.86m×5.368m，沉淀池尺寸为长×宽×高=14.3m×5.86m×5.36m。

近期处理水量为 2000m³/d 时，水在反应池及沉淀池中的停留时间分别为 40min 和 3.2h；远期处理水量 2 万 m³/d 时水在反应池及沉淀池中的停留时间分别为 8min 和

42min。原设计沉淀池内设置斜板，改造后采用平流式沉淀池，并增设水下刮泥机。

3. 滤池改造

将原有 6 格滤池的前 4 格仍作为普通石英砂快滤池，近期用 1 格，远期用 3 格，一格备用。从高效反应沉淀池出来的水在进入滤池前，在滤池的配水管内用耐腐蚀泵加入 98% 的浓硫酸进行酸化中和，将 pH 值由 10.5 调至 7.5，浓硫酸用量为 0.18kg H_2SO_4/m^3。

7.4.3　处理效果

表 7-8 给出了 2008 年 6 月方庄再生水厂的主要进出水水质，石灰法的杀菌作用较好，出水的粪大肠菌群低于 3 个/L，对色度、浊度、TP 及 SS 均有很好的去除效果，而对 NH_4^+-N 和 TN 的去除作用不明显。

2008 年主要污染物去除情况　　　　　表 7-8

项目	色度（度）	浊度（NTU）	TP（mg/L）	NH_4^+-N（mg/L）	TN（mg/L）	总大肠菌群（个/L）	粪大肠菌群（个/L）	SS（mg/L）	COD（mg/L）	BOD（mg/L）
进水	39.2	2.268	1.3	5.47	16.3	$3.68×10^6$	$8.22×10^5$	9.6	44.36	4.328
出水	14.2	0.938	0.78	4.59	15.3	$2.18×10^3$	<3	<5	36.38	<2

7.5　清河再生水处理厂——超滤+臭氧技术

7.5.1　再生水厂介绍

清河污水处理厂位于北京市海淀区东升乡，在清河北岸，清河镇以东，规划流域面积 159.42km²，服务人口 81.4 万人。厂区总占地面积 30.1hm²，其中一期工程占地 10.8hm²，二期工程占地 7.41hm²。清河污水处理厂是一座二级污水处理厂，一期工程采用活性污泥法倒置 A^2/O 工艺，二期工程采用 A^2/O 工艺，设计处理能力均为 20 万 m³/d，共计 40 万 m³/d，一期、二期工艺均具有脱氮除磷功能。

北京市清河污水处理厂再生水回用工程是北京市污水处理和资源化的重要工程项目，是奥运工程的配套项目。该工程建设规模为 8 万 m³/d，它以清河污水处理厂二级处理出水为水源，经过深度处理使水质达到回用要求，向海淀区及朝阳部分区域提供城市绿化、住宅区冲厕用水等用途的市政杂用水，以及河湖水系定期补、换水，尤其是作为奥运公园水面的景观水体的补充水，对实现绿色奥运及北京市景观水体建设和污水资源化利用具有重要意义。

清河再生水厂是在二级处理的基础上经过深度处理达到回用水的水质要求，其处理规模为 8 万 m³/d，其中 6 万 m³/d 将主要作为奥运公园水面的景观水体的补充水（图 7-10），20000m³/d 将向海淀及朝阳部分区域提供市政杂用水。回用

图 7-10　奥运公园景观水体

486

水工程总投资 1 亿人民币左右，占地 $28600m^2$。

7.5.2 工艺流程与技术参数

清河污水处理厂二沉池出水通过 $DN1200$ 进水管线接入提升泵房的集水池，经泵提升后进入预处理车间内的自动清洗过滤器进行过滤，以保证后续膜处理设备的正常使用，经过过滤的出水进入膜处理系统；膜处理后出水经活性炭滤池进一步去除色度后进入清水池；出水在进入清水池前采用二氧化氯消毒，以保证管网内的余氯要求。最后通过配水泵房提升至厂外再生水利用管网向用户供水（图 7-11）。

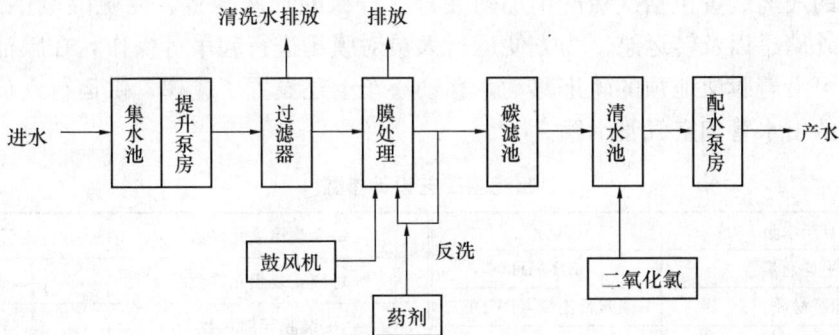

图 7-11 清河再生水处理工艺流程图

提升泵房及预处理车间的主要作用是对来自污水厂的二级出水进行提升，同时进行预处理。来自污水厂的二级出水进入紧邻泵房的集水池，由提升泵将来水加压通过自清洗过滤器，对来水进行过滤，去除水中的固体颗粒，防止损害后续膜处理设备。

为保证后续超滤系统的安全运行，在预处理系统中共设置 6 台自清洗过滤器，过滤器过滤精度为 $300\mu m$，单台过滤器处理水量为 $1000m^3/h$；6 台过滤器同时运行，交替反洗。过滤器采用吸吮式清洗方式，自配 2 台吸吮泵（1 用 1 备）以提高清洗效果。自清洗过滤器回收率≥99％，6 台过滤器反冲洗排水汇集至排水沟，并由 $DN200$ 排水管输送至室外污水管网中。为了保证系统磷出水指标，并结合超滤系统的微絮凝工艺，向原水投加PAC，投加量约为 $0.3 \sim 0.5mg/L$（以 Al 计）。将固体 PAC 在电动搅拌溶药箱中溶解均匀，并输送到计量箱内，计量箱内药液通过计量泵投加到自清洗过滤器进水管线上，通过过滤器混合后，进入后续超滤膜过滤系统。PAC 投加浓度为 10％。

膜系统采用 ZENON 公司的 ZW-1000 型超滤膜，该系列超滤膜采用"由外至内"流动方式，经由孔径为 $0.02\mu m$ 的中空纤维膜进行过滤。这种微小的孔径几乎可以去除水中所有悬浮或胶状颗粒物，包括贾第鞭毛虫和隐性孢子虫。ZeeWeed 超滤膜甚至可去除相当一部分的自由悬浮和附着在颗粒物上的病毒。ZeeWeed1000 系列超滤膜对贾第鞭毛虫和隐性孢子虫有大于 99.99％ 的去除率，对病毒也有近 99.95％ 的去除率。北京清河再生水厂采用的超滤系统通过透过液泵在中空纤维膜内部形成真空，使处理水通过超滤膜进入到中空纤维内部的主通道，然后通过透过液泵进入炭滤池（或者是给水管网）。在反冲洗时，空气被引进到了超滤膜箱的底部，通过与液体部分的混合在超滤膜的表面形成涡流。上升中的气泡擦洗并清洁超滤膜丝的外表面，清洁膜表面的坏堵，提高超滤膜的生产效率。

清河厂膜系统的设计净产水量为 8 万 m³/d，系统的设计回收率为 91.5％，系统的设计进水流量为 87471m³/d，其工艺设计参数见表 7-9。根据进水水质特性，可以调整回收率（通过调节进水流量）以优化膜系统的操作运行。膜系统设计为 6 个膜列，每列净产水量为 13333m³/d，见图 7-12。每列膜池设计安装 9 只 ZW-1000 膜箱，其中 7 个膜箱内装 57 个膜元件，2 个膜箱内装 60 个膜元件，而且每列膜池对应 1 台透过液泵，整个系统共 6 台透过液泵。整个膜系统安装 2 台反冲洗水泵，1 用 1 备。安装 2 台化学清洗水泵，1 用 1 备。安装 2 台鼓风机，1 用 1 备。安装 2 台空压机，配套干燥器及相应的过滤器和储罐。安装 3 台真空泵，2 用 1 备。

膜系统的加药装置包括次氯酸钠加药装置、柠檬酸加药装置、亚硫酸氢钠加药装置、次氯酸钠室外储罐以及转运泵。为方便运行人员对膜箱进行起吊等操作，在膜池上设置了移动小车，可沿着膜池池顶的轨道移动。移动小车上还设置了爬梯，供运行人员下到膜池内拆卸膜箱的出水管和空气管卡箍。

超滤膜工艺设计参数 表 7-9

平均日产水量	80000m³/d	每个膜箱膜元件数	57/60
设计平均通量	23LMH	每列安装膜元件数	519
超滤膜材质	聚四氟乙烯（PVDF）	安装膜元件总数	3114
标称孔径	0.02μm	每个膜元件膜表面积	46.5m²
膜池数量	6	使用寿命	5～8 年
每列膜池膜箱数	9		

在膜处理系统后设置活性炭滤池，当膜系统出水的色度不满足要求，需要进一步降低出水色度时开启炭滤池，其设计参数见表 7-10。在不需要采用活性炭过滤时，可通过关闭炭滤池进水阀门，打开跨越阀门，跨越过活性炭滤池。来自膜系统的产品水进入活性炭滤池进水干管，进水干管直径为 DN1000，从进水母管上接出 2 根 DN800 输水管线分别进入炭滤池进水渠，通过总进水渠内板闸，进入每座炭滤池分水槽，由分水槽向 V 形配水堰配水，并由 V 形配水堰溢流进入滤池上部。进水由上而下重力通过滤层，被过滤水在滤层底部通过滤帽和滤板进入产品水室，由产品水室汇集到底部集水渠，由集水渠端部产品水管进入清水渠，4 座炭滤池产品水全部汇集到清水渠中，最终接入 DN1200 钢管。

炭滤池工艺设计参数 表 7-10

总处理水量	3334m³/h	冲洗时间间隔	72～144h
总过滤面积	252m²	滤层冲洗膨胀率	30％～50％
设计滤速	13.2m/h	活性炭总体积	468m³
规格尺寸	9.0m×7.0m×5.8m（4 格）	活性炭滤料	圆柱形，$D=\phi1.5mm$，$L=2～3mm$
接触时间	30min	活性炭使用寿命	8 个月
反洗时间	4～10min	活性炭再生费用	1000 元/m³

由于膜系统所采用的超滤膜出水水质好，浊度非常低，因此活性炭滤池采用膜出水进行反冲洗。单座活性炭过滤系统进行反冲洗，反冲洗过程首先关闭单座池体进水闸板阀，关闭滤池出水至清水渠手动蝶阀，打开单座滤池反冲洗进水手动蝶阀，通过反洗管线流量在线检测仪表和反冲洗流量调节控制阀调节反冲洗强度，确认反冲洗效果，完成反冲洗过

程；反洗过程中的废水通过废水收集渠收集，并通过 2 条 DN500 反冲洗排水管排至反冲排水池。

图 7-12　超滤膜池

图 7-13　炭滤池

加氯系统设计加氯量为 2mg/L，二氧化氯发生器安装在制备间内，二氧化氯通过水射器与加压水混合后，投加到清水池前的加氯井内。二氧化氯制备采用盐酸法，二氧化氯发生器由原料供给系统、计量系统、反应系统、控制系统、投加系统和安全系统组成，采用负压工艺。制取原料为盐酸及氯酸钠，原料储存在储药间的盐酸储罐及氯酸钠储罐内。通过计量泵分别从储罐中抽吸计量药剂，在二氧化氯发生器中，两种原料经过反应生成二氧化氯及氯的混合溶液。水射器将生成的溶液与经水泵加压的再生水混合，将其投加到加氯井。

7.5.3　运行效果

清河再生水厂自投产以来，系统运行稳定。目前，进水量未达到设计值，平均透膜压差在 7kPa 的情况下，膜通量平均值为 16L/（m^2·h），产水率 91.4%，出水水质达到设计要求，见表 7-11。工艺对水中有机物质、悬浮物及胶体物质去除率较高，出水 BOD_5、COD_{Cr}、SS 及浊度能够达到设计值。设计出水对 TN 没有要求，但为避免再生水进入水体后爆发水华，应进一步去除 TN、TP。从清河再生水工艺特点分析，无论是超滤还是活性炭吸附对 TN 去除效果均有限，考虑增加前置工艺，如反硝化滤池去除 TN。

清河再生水厂运行效果　　　　　　　表 7-11

	设计进水参数	实际进水参数	设计出水参数	实际出水参数
BOD_5	20mg/L	12mg/L	6mg/L	2mg/L
COD_{Cr}	60mg/L	40mg/L	30mg/L	20.5mg/L
SS	20mg/L	12mg/L	2mg/L	<5mg/L
浊度			<0.5NTU	<0.2NTU
色度	35 度	30 度	<15 度	13 度
溶解氧	—	—	3mg/L	2mg/L
NH_4^+-N	1.5mg/L	1.5mg/L	1.5mg/L	1.5mg/L
TP	1mg/L	0.3mg/L	0.3mg/L	0.15mg/L
总大肠菌群	104 个/L	104 个/L	3 个/L	3 个/L

清河再生水厂采用的超滤膜—活性炭工艺，设计自动化程度较高，可实现连续运转，各运行单元无人值守，中心控制室集中监控。高度自动化往往会给人们一种误解，觉得对运行人员的素质要求较低。但实际上，工艺自动化程度越高，对管理及运行人员的要求越严格。整个再生水生产过程是一个联动的运行系统，任何一个环节的参数调控都会引起全厂的连锁变化，因此要求运行人员熟悉整个系统的各种逻辑关系及调控方式。

运行维护过程中，超滤膜的膜箱不宜长期暴露空气中，保证提供超过 1h 空气中暴露的应急水源。考虑到反洗过程进行的特殊性，需定期检查反洗水池的使用情况，密切注意反洗水源，以免因为反洗水源的污染而导致膜的损坏。对各种直接加入膜系统的药品严格控制，保证其在要求的纯度、保质期内使用。

再生水厂的运行巡视不同于污水处理厂，尤其需要注意对超滤膜系统的运行、膜的反冲洗、化学清洗等过程进行的巡视。考虑膜的使用寿命，对各种清洗药品的品质、浓度要求也十分严格。上游来水变化，尤其是 SS、氮、磷的波动对超滤膜的反冲洗、药洗频率与效果及产水水质有很大影响，而这些指标很大程度依赖于污水厂的工艺，因此再生水厂与污水处理厂建立联动运行机制也是十分必要的。再生水厂特有的气动设备，即所有膜池控制阀门的气动阀门，必须做好气源的稳定、恒压，同时不受污染。因为很小的自控故障也会导致系统停产，进而影响外管网供水，因此对弱电、控制、仪表的应急维修要求很高。

7.6 天津纪庄子再生水处理厂——混凝 沉淀＋微滤＋臭氧技术

7.6.1 再生水厂介绍

天津纪庄子再生水处理厂为天津 400 万 m² 集中居住区提供再生水服务，比较了两个设计方案：①居住区内的原位处理回用；②污水集中进入纪庄子污水厂，经过深度处理后供给小区。经过多次论证，考虑到经济、技术的有效性，特别是点源管理和水质可靠性，最终选用方案②，并成立了相应的再生水公司负责建设和运行。该项目后来受到国家发改委的国债支持，不足部分由创业环保自筹资金，最终规模也由原来的 1.2 万 m³/d 提升到 5 万 m³/d。2002 年 12 月正式开始向社会供应再生水，出水标准达到国家再生水工业利用、城市杂用和景观利用的要求（表 7-12）。考虑到用户对再生水使用的担心，在销售策略上采用了先试用后付费的策略，即在 2003 年 2 月之前用户免费使用再生水，在 2003 年 3 月开始正式根据水量计费。优质的出水水质和成功的销售策略使再生水受到了大家的广泛认可，再生水的需求量逐渐增大，特别是一些临时用水的用水量增加很快，如洗车、建筑用水、浇洒马路等。集中式的再生水处理与利用在天津得到推广，还得益于以下方面：

规划先行：在 2004 年的再生水利用规划批复中，明确了以公共补水为主、分散处理为辅的基本原则。即在规划的六个城市污水厂的周边建立相应的 6 个再生水厂，在城市管网辐射不到的区域建立分散式小型再生水设施。

政策配套：市建委负责自来水管和再生水管的双管建设，开发商必须具备再生水配套验收证明才能够取得销售证。

管网建设由政府和开发商共同负担：再生水管网的投资占整个处理与利用系统的比例最大，依靠再生水厂的销售收入难以支持这些资金投入。因此采取相似于自来水和燃气的市政大配套方法，即政府负责主干管的建设，开发商出配套费，红线以内由开发商自己建设。工业用水由用户自行负担管线建设。

再生水水质标准   表 7-12

项 目	居住区	工业区	项 目	居住区	工业区
浊度（NTU）	≤5	≤20	Cl^-（mg/L）	≤300	≤300
SS（mg/L）	≤5	≤10	Fe（mg/L）	≤0.2	≤0.3
色度（倍）	≤15	≤30	Mn（mg/L）	≤0.1	≤0.1
pH	6.5～9.0	6.5～9.0	阴离子合成洗涤剂（mg/L）	≤0.5	—
嗅味	无异味	无不愉快感觉	游离余氯（mg/L）	0.2	≥0.2(管网末端)
BOD_5（mg/L）	≤10	≤10	挥发酚（mg/L）	≤0.1	—
COD（mg/L）	≤50	≤50	石油类（mg/L）	≤1.0	≤5
NH_4^+-N（mg/L）	≤10	≤10	细菌总数（mg/L）	≤100	—
TP（mg/L）	≤1.0	≤1.0	总大肠菌群（mg/L）	≤3	≤3
TDS（mg/L）	≤1000	5000～1000	污染指数 SDI	<3	—
总硬度（$CaCO_3$ 计）（mg/L）	≤300	≤300	—	—	—

7.6.2 工艺方案

为保证再生水厂的出水水质，采用居住区与工业区分质供水方案。该工程的总供水能力为 5 万 m^3/d，其中居住区为 2 万 m^3/d，采用"老三段"工艺＋微滤＋臭氧＋消毒工艺；工业区为 3 万 m^3/d，采用"老三段"工艺＋臭氧＋消毒流程（图 7-14）。

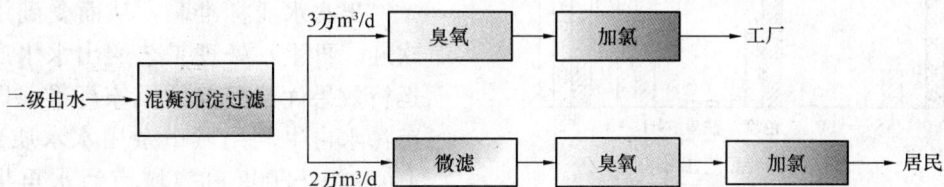

图 7-14 天津纪庄子再生水厂工艺流程图

主要构筑物及设备有：

（1）连续微滤技术

该工程在国内首次大规模地将连续微滤技术（Continuous Microfiltration，CMF）应用于污水回用领域。CMF 系统由微滤膜组件、反冲洗系统、膜完整性检测系统和自控系统组成。CMF 膜是一种外径为 $550\mu m$、内径为 $300\mu m$ 的中空纤维（由多孔材料制成，孔径为 $0.2\mu m$，孔隙面积占纤维壁的 70%）。当含有杂质的水由外向内透过中空纤维膜时，直径大于 $0.2\mu m$ 的颗粒被 100% 地拦截在膜的外表面上，直径小于 $0.2\mu m$ 的颗粒也部分地被拦截。为及时清除被拦截的杂质，系统每隔 18～40min 自动进行气、水反冲洗，保证其正常工作压力在 40～100kPa。当工作压力超过 100kPa 时需要对膜表面进行化学清洗，以去除膜表面的有机物、铁、钙等污垢。CMF 的主要设计参数见表 7-13。

CMF 的主要设计参数 表 7-13

项 目	设计参数	项 目	设计参数
10℃时的过滤通量 [L/ (h·m²)]	970	反冲洗历时（min）	2.5～3
反冲洗周期（min）	18～40	化学清洗周期（d）	7～60

（2）臭氧发生器

臭氧发生器的设计总发生量为 5kg/h。臭氧具有很好的脱色除味作用，选用臭氧工艺可以达到供居住区再生水的水质标准尤其是色度指标，臭氧投资费用近年来逐渐降低，1kg/h 的臭氧发生器约 40 万人民币（进口设备），产品性能有了很大的提高，电耗低于 10 $(kW·h) /kgO_3$，使得臭氧的应用在经济上成为可能。以臭氧投加量为 5mg/L 计算（进行脱色时实际投加量不足 3mg/L），折合成吨水的设备投资约 83 元/t 水，实际运行费用约 0.13kW·h/t 水，计 0.072 元/t 水。需要指出的是，这是考虑前面已经有混凝沉淀过滤和微滤膜工艺的情况下的臭氧投加量，如果直接对二沉出水投加，投加量将会成倍增加，因此建议在臭氧之前，需要相应的过滤工艺，以减少投资和运行成本。臭氧消毒后，细菌会在管道中重新生长，因此对于送入居民的用水需要加氯消毒，保持余氯。

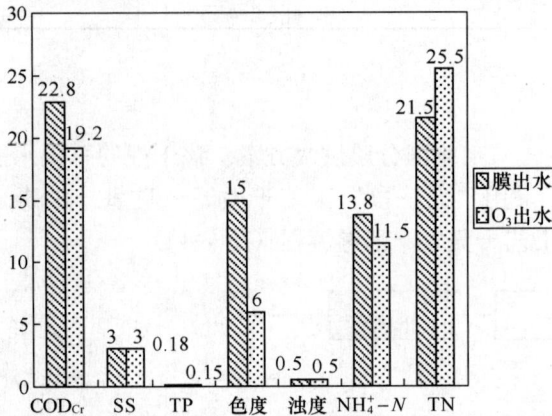
图 7-15 工艺出水水质

7.6.3 运行效果

该工艺操作方便，臭氧投加剂量可以根据水质要求进行调整，脱色除臭的效果很好。混凝沉淀出水略微呈现土黄色，带土腥味，经过臭氧后的出水无色无味，效果明显。

出水水质标准高，从而受到用户的欢迎。再生水处理工艺的出水水质实际运行效果优于目前的国家标准，即《城市污水再生利用城市杂用水水质》GB/T 18920—2002 和《城市污水再生利用景观环境用水水质》GB/T 18921—2002 和有关工业使用的要求，见图 7-15。

7.7 无锡再生水处理厂——滤布滤池技术

7.7.1 再生水厂介绍

无锡新城污水处理厂隶属于无锡高新水务有限公司，分两期建设，一期工程占地面积 3 万 m²，处理能力 5 万 t/d，厂区绿化面积达 45%，二期工程 4 万 t/d。新城污水处理厂服务面积 67.4km²，主要收集北至太湖大道，南至硕放机场和华友工业园，西至京杭运河，东至沪宁高速公路的生活污水和工业废水。接管单位 350 多家。

该厂改造前采用 MSBR 工艺系统，该系统为改良型连续流序批反应器。它是在传统的 A^2/O 工艺的基础上结合 SBR 工艺特点和接触絮凝过滤理论发展成功的一种污水处理新工艺，为各种优势微生物的生长繁殖创造了最佳的环境条件和水力条件，使有机物的降解、氨氮的硝化、反硝化以及磷的释放、吸收等生化过程保持了高效反应状态，并有效提高了生化反应速率。其特点是采用组合成一体化结构，占地面积小，运行费用低，剩余污泥量少，容易实现自控化管理。

为加快太湖的治理，于 2008 年通过了市环保局对升级改造工程审批，出水水质要求达到一级 A 标准。为了保证出水达到一级 A 的标准，需要在二级处理后增加过滤系统。

7.7.2 工艺方案

由于升级改造普遍存在占地面积不足的问题，经过大量的工艺比较以及对于无锡市区水质水量的分析研究，滤布滤池以其占地面积小、运行维护简单、运行费用低、处理效果好等优点成为首选。升级后的处理工艺流程如图 7-16 所示：

粗格栅 → 提升泵房 → 细格栅 → 沉砂池 → MSBR反应池 → 滤布滤池 → 紫外线消毒池

图 7-16　工艺流程图

滤布滤池的雏形是由瑞士生产制造的一种滤池，该滤池技术自 1978 年以来成功地应用于各种领域。滤布滤池被设计用来对活性污泥处理系统和 SBR 系统的出水进行处理，以及用以去除池塘系统出水中的 TSS。该设备也可以配合加药系统以去除磷，色度和其他悬浮物。通过美国 California 大学 Davis 分校全面的试验，证实了滤布滤池的性能符合加州健康服务部（California Department of Health Services）设立的 Title22 标准，该标准是全美最严格的废水回用标准之一。AquaDisk 滤布滤池按以下参数进行设计：

（1）过滤孔径：名义 $10\mu m$

（2）单碟有效过滤面积：$5m^2$

（3）平均滤速：8.0m/h

（4）最大滤速：16.0m/h

（5）平均水力通量：9160Lmh　9.16m³/（m² 滤布·h）

（6）最大水力通量：15840Lmh　15.84m³/（m² 滤布·h）

（7）污泥负荷：15.8kg/（m²·d）（平均）

（8）平均容积负荷＝336m³/（m³ 滤池·d）

（9）最大容积负荷＝448m³/（m³ 滤池·d）

（10）反冲洗水量＝1％～2％处理水量

滤布滤池出水 TSS≤5.0mg/L，浊度≤2.0NTU，在加药的条件下磷≤0.15mg/L。该工艺之所以能够达到很好的过滤效果，有三个关键点：

1. 滤布的独特设计

AquaDisk 滤布滤池的滤布从研发到投产使用大概要经过 10 年的时间，经过大量的试验和织布方法的研究，不断提高滤布的强度，达到长使用寿命。滤布在过滤系统上的使用，保留并提升了砂滤池的特点：足够的过滤深度（3～5mm）；延长反冲洗的周期，减少运行费用相当的污泥负荷：污泥负荷的提高，一方面截留在滤布表面的污泥可以作为过滤介质进一步达到过滤的作用，另一方面污泥负荷的提高，使得滤布的抗冲击负荷提高，同时也是占地面积小的一个原因。

2. 反冲洗系统的设计

AquaDisk 滤布滤池颠覆了以往反冲洗系统设计的理念，摒弃了将冲洗的概念，开发了一种新的反冲洗方式即抽吸式，此反冲洗方式与滤布独特的设计相结合，使得滤布的反冲洗效率大幅度提升的同时也节省了冲洗时的耗水量。

3. 滤布滤池的"斗型"池底的设计

滤布滤池设有"斗形"池底，有利于池底污泥的收集。污泥池底沉积减少了滤布上的污泥量，可延长过滤时间，减少反冲洗水量。

7.7.3 运行效果

运行效果表明，滤布滤池出水 SS 稳定在 5mg/L 以下，对 TP 也有一定的去除效果，并且在二级处理工艺的出水满足一级 B 标准的前提下，滤布滤池的出水可以满足且优于一级 A 的排水标准，见图 7-17。

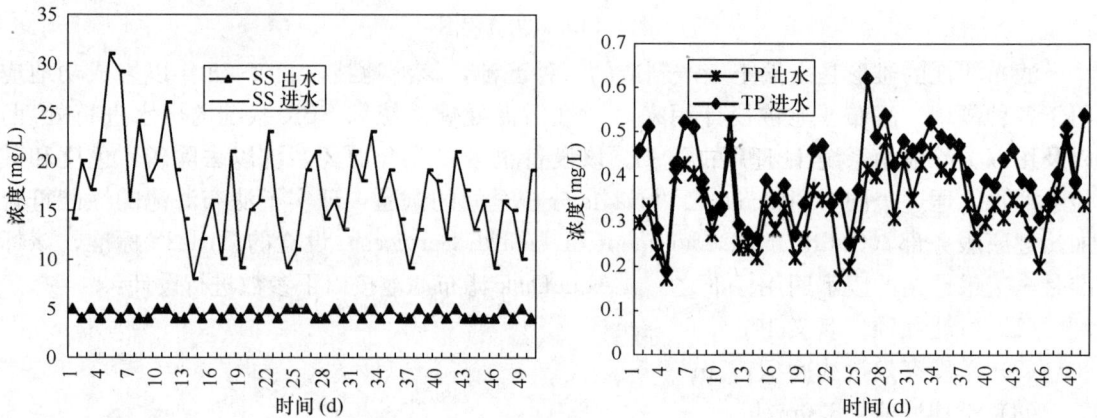

图 7-17　滤布滤池出水 SS 和 TP

7.8　天津泰达——双膜法（CMF＋RO）＋水体生态修复

7.8.1　再生水厂介绍

天津经济技术开发区（以下简称天津开发区）于 1984 年 12 月 6 日经国务院批准建立，是中国首批国家级开发区之一。天津开发区占地面积 33km²，区内共有中外企业3000 余家，2000 年实现工业产值 732 亿元。工业产值占天津市的 1/3，外贸出口占 47%，是天津市的新经济增长点。根据"十五"计划，在未来的 5～10 年，天津开发区经济将以每年 20% 的速度增长。

1999 年建成了天津经济技术开发区（TEDA）污水处理厂，随后天津开发区委托天津泰达新水源科技开发有限公司启动了水资源回用项目。新水源公司通过创新性技术集成与工程性完善，在开发区内已基本形成了一套规模较大的水资源再生利用系统，见图7-18。图7-18中还简要绘出了自来水供水系统和海水淡化工程，以表示出该系统与自来水、海水淡化水之间的衔接和互补关系。

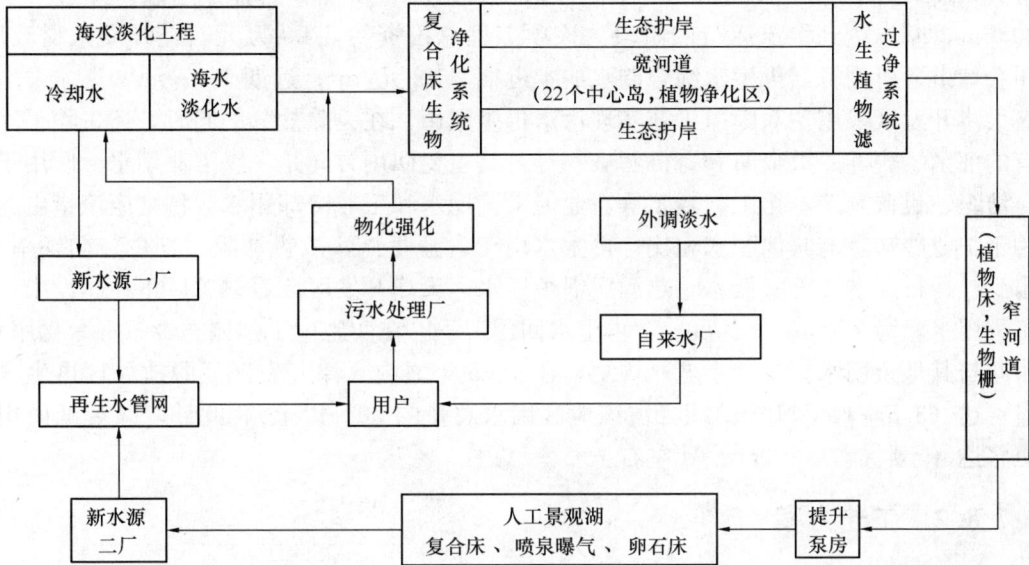

图 7-18　开发区水资源再生循环利用系统

在图 7-18 中，污水处理厂二级出水经物化处理后，一部分用作海水淡化工艺中使用的冷却水，再通过调节池进新水源一厂，经"双膜法"处理成为再生水，由管网向用户供水；另一部分首先作生态景观水体进入人工景观河道净化后，用作景观人工湖的补充水，然后进新水源二厂，经过膜法处理产生高品质再生水，与新水源一厂出水互为补充供用户使用。

天津开发区污水处理厂位于南海路与第十二大街交口处，占地 6171hm²，总投资 115亿元人民币，设计规模为 10 万 m³/d，其中工业废水占 60%～80%。污水处理系统采用SBR 工艺的连续进水、间歇出水、双池串联的 DAT-IAT 工艺。为实现污水再生利用，新建了新水源一厂（以污水处理厂二级出水为原水）。

天津开发区位于渤海之滨，是在原来盐碱滩上开发建设而成的，地下水含盐量高且水位高，排水管网不可避免地渗入了地下苦咸水。在实施了排水管网的"切、堵、截"等工程措施后，开发区污水氯离子含量和含盐量在旱季分别为 1220mg/L 和 2290mg/L；在雨季分别为 2250mg/L 和 5075mg/L。这种情况下，污水处理厂二级出水采用常规的方法进行深度处理很难达到回用的要求。只有对出水采用深度脱盐处理，才能使处理后的水质满足未来回用水用户的要求。因此，开发区污水回用的核心工艺是脱盐工艺。脱盐工艺在技术上的可行性、经济上的合理性，将直接决定和制约开发区污水回用工程的实施。

经过可行性研究阶段的反复论证，基本确定开发区污水回用项目由以下三个部分组成：①休闲娱乐区景观湖用水。②分散回用。分散回用指的是以工业企业、大型公建以及生活小区排水为回用水源，经过必要的深度处理后通过管道或其他输水设备就近回用于绿化、杂用的回用方式。分散回用规模小、不便于统一管理，但其输水距离短，不需脱盐处理，因而运行成本相对较低。③集中回用。集中回用在天津开发区污水回用项目中工作量最大，工艺路线最复杂。

天津开发区新水源一厂工程规模：一期为连续流微滤（CMF）2.7万～2.9万 m^3/d，反渗透（RO）1万 m^3/d，于2001年9月动工兴建，2002年9月建成通水。经过一个多月的调试，基本达到稳定运行的阶段。该项工程总投资约6000万元，经开发区财政局、五州会计事务所测算，再生水综合制水成本近期2.49元/m^3；远期1.77元/m^3。

天津开发区采用"双膜"工艺实现污水再生回用，在去除盐分的同时，还去除了水中所有的细菌、病毒、重金属和有机污染物等。其主要回用方向是：①工业用水。回用于电子、纺织、机械制造、化工、轻工等行业的工艺用水和工业冷却用水。特别应该指出，尽管用于工业冷却，与其他源水相比，再生水由于含盐量低，故投加阻垢剂少、循环率高、补水少，运行成本显著降低。②热源厂锅炉用水。天津开发区5号热源厂正在建设中，一期工程用水量为7200m^3/d。目前，再生水回用工程已在实施中。③园林、景观绿化用水。④市政与其他杂用水。按"十五"规划，在4～5年之内天津开发区经脱盐处理再生水回用量可达（3.5～4）$\times 10^4 m^3/d$（占该地区用水总量的30％以上），此外，景观湖面用水量也将达（不脱盐）15000m^3/d左右。

7.8.2 工艺方案

新水源一厂是我国第一个"双膜法"再生水环保工程，在国内首次使用"双膜法"工艺进行污水大规模深度处理与回用。该工艺以连续微滤膜（CMF）分离为预处理，利用反渗透（RO）膜装置进行深度处理。工艺路线见图7-19。CMF工艺采用6台美国US filter 90M10C处理设备，出水 $3 \times 10^4 m^3/d$；RO工艺选用2台美国DOW化学公司BW30-365FR处理设备，日产水量为 $1 \times 10^4 m^3/d$。目前一厂产水被广泛应用，使TEDA水资源重复利用率提高30％。

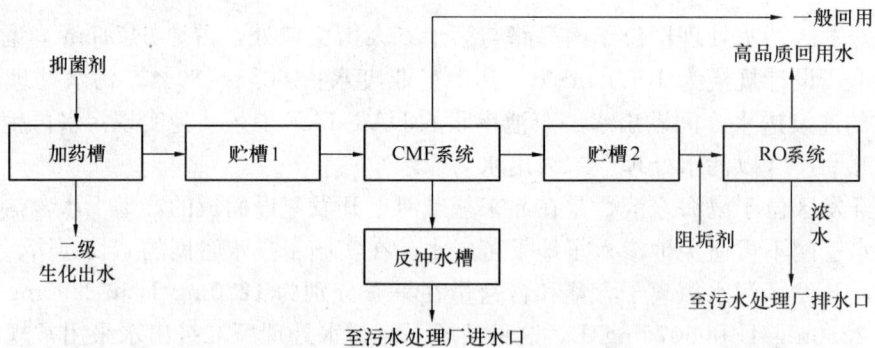

图7-19 天津开发区污水深度处理工艺流程图

连续式微过滤系统由微滤膜柱、压缩空气系统、反冲洗系统以及PLC自控系统等组成。微滤膜柱的直径为120mm，高度为1500mm，内装的中空纤维膜外径为550μm，内径为300μm，膜孔径为0.2μm，膜表面积为33m^2，20℃时单根微滤膜柱水通量为1.26m^3/h。CMF系统的操作由PLC自动控制，中空纤维膜的正常工作压力很低，工作范围为30～100kPa，最高达到200kPa。

一般每 30~40min 用压缩空气反冲一次，反冲时压缩空气由中空纤维膜内吹向膜外，反冲压力为 600kPa，时间为 1~2min。当膜压差超过设定压差时系统会自动强制冲洗以保护膜的使用寿命。反冲洗水量（反冲洗水采用原水）为进水量的 8%~10%。CMF 系统工作 14~30d 后需化学清洗一次。

CMF 系统是模块式设计，易于增容，膜柱中的子模块和附属子模块可以进行更换、隔离、修补，且不影响整个系统的正常运行，膜的工作状况可进行完整性测试。该膜系统具有一些独特的优点：①采用直流式过滤，处理效果不受进水水质的影响；②灵活的结构设计有利于膜组件的更换和增容；③利用空气对滤膜进行反冲洗，提高了膜分离效果和膜组件的使用寿命；④膜在线完整性测试，在任何时间均能保证出水水质；⑤内含故障诊断，保证系统的全自动运行；⑥系统占地少，可以在现有的建筑物内安装，且安装费用低。

反渗透膜选用美国 DOW 化学公司耐污染反渗透膜，该膜具有较好的脱盐效果和较强的耐污染特性。反渗透设备为两套，每套产量为 5000m³/d，由 PLC 系统控制，能在线查询关键数据的历史记录和实时曲线，并具故障报警等功能。为提高设备的产水率并同时保持每个膜组件处于相同的流态，每个系列采用一级两段（段内并联，段间串联），使产水率达到 75%。第一段设 32 组压力管件，每组压力管件内串联 6 根 BW30-365FR 反渗透膜。第一段加压泵功率为 250kW，出口额定压力为 2.2MPa，出水能力为 277m³/h。第二段设 18 组压力管件（共 108 根膜），加压泵功率为 75kW，出口额定压力为 0.6MPa，出水能力为 214m³/h。第一段加压泵的变频器与产水流量计连锁，实现 PID 调节以保持出水的恒流量，第一年将泵的转数设定为额定转数的 80%，之后每年上调 10%。第二段加压泵的变频器与第一段加压泵出口的压力形成比例调节，具体的控制由 PLC 来完成，PLC 首先读入第一段加压泵泵后的压力数据，在此数据的基础上加上 0.3MPa 作为第二段泵变频器的比例调节参数。反渗透前各有一进水储罐，以保证进水的稳定性和连续性。反渗透后有一清水池，作为稳定供水的调蓄水池。

7.8.3 运行效果

表 7-14 和表 7-15 分别列出了正在运行的各个处理单元的水质情况。其中因各行工业用户不能简而划一，所以暂将 RO 出水单独与我国、世界卫生组织（WHO）、美国环保局（EPA）所规定的饮用水进行对比。天津开发区水资源再生循环利用系统中，各个再生水处理单元的出水基本上达到了预期目标，可以分级分质供应多种途径。这说明该系统的构建，以及工程实施是比较成功的。

天津开发区再生水的回用水质分析　　　　　　　　　　　　　　　　表 7-14

项　目	二级出水	CMF出水	物化强化池出水	景观河道出水	景观湖水质	二级污水处理厂	城市杂用水		观赏性环境用水	
							道路清扫	城市绿化	河道类	水井类
BOD₅（mg/L）	<20	<10	<5	8.0	2.5	30	15	20	10	6
COD（mg/L）	50~100	—	—	—	—	—	120	—	—	—
SS（mg/L）	20~30	10~20	<10	8	7	30	—	—	20	10

项　目	二级出水	CMF出水	物化强化池出水	景观河道出水	景观湖水质	二级污水处理厂	城市杂用水		观赏性环境用水	
							道路清扫	城市绿化	河道类	水井类
浊度（NTU）	—	<6	—	—	—	—	10	10	—	—
TP（mg/L）	—	<1	<0.5	0.57	0.07	—	—	—	1.0	0.5
TN（mg/L）	—	<10	—	3.08	2.13	—	—	—	15	15
NH_4^+-N（mg/L）	<10	<3	—	未检出	未检出	25	10	20	5	5
pH	6～9	—	6～9	6～9	6～9	6～9	6～9	6～9	6～9	6～9
大肠菌群（个/L）	—	<3	—	<2000	<2000	—	3	3	10000	2000
备注			设计值			CB 8978—1996 污水综合排放标准	CB/T 18920—2002 城市污水再生利用城市杂用水水质		CB/T 18921—2002 城市污水再生利用景观环境用水水质	

天津开发区 RO 再生水水质　　　　　　　　表 7-15

项　目	饮用水			RO 出水
	GB5749—85 生活饮用水卫生标准	WHO1993	USEPA1998	
BOD_5（mg/L）	—	—	—	未检出
COD（mg/L）	—	—	—	未检出
色度/倍	15	15	15	未检出
浊度（NTU）	3	5	5	<0.5
TP（mg/L）	—	—	—	<0.01
TN（mg/L）	—	—	—	<0.05
NH_4^+-N（mg/L）	—	—	—	<0.025
氯化物（mg/L）	250	250	250	23～63
溶解性固体（mg/L）	1000	1000	500	68～149
大肠菌群（个/L）	3	0	—	未检出
细菌总数（个/mL）	100	—	—	<10

　　天津开发区采用高新技术，先系统规划，再稳步实施，以污水处理厂为基础，新建新水源一厂、二厂为载体，城市水生态系统重建和修复为纽带，构建水资源再生循环利用科学系统，形成了再生水的规模化、多元化生产与应用，使污水再生回用成为本地区水资源的重要支撑，为我国沿海城市和苦咸水地区在水资源持续利用方面提出了一个切实可行的新型模式。

7.9　淄博再生水厂

7.9.1　水厂介绍

　　淄博高新区污水处理厂位于淄博市高新区北部，猪龙河东岸。该厂为光大水务（淄博）有限公司，以 BOT 形式建设的污水处理厂。该厂重点处理高新区北部工业区、东部化工区、付山工业园等 100 余平方公里区域内的生活和工业污水。工业水量占总水量的 70%～80%。进出水水质如表 7-16 所示。

水厂进水水质情况 表 7-16

项目	COD_{Cr}（mg/L）	BOD（mg/L）	NH_4^+-N（mg/L）	t（℃）
最小/最大值	400～500	100～150	50～60	15～30

7.9.2 工艺流程与技术参数

该厂二级处理共有两个系列，分别采用 AB 法（1993 年建成）和 A/O 法，处理能力分别为 14 万 t/d 和 6 万 t/d。污水经过二级处理后，采用 BAF+DNBF+紫外进行深度处理，工艺流程图如图 7-20 所示。AB 法对 TN 基本没有去除，A 段可吸附去除 100～200mg/L 的 COD，B 段主要去除 COD 和硝化。高效沉淀池主要用于除磷。AB 法处理出水经高效沉淀池后通过重力流进入 BAF、DNBF。深度处理工艺共设有 8 个反硝化滤池（DNBF），滤层高度 2.5m，投加甲醇作为外碳源。由于对出水中 TN 没有要求，且投药量较大和运行费用等问题，DNBF 未运行，共设有 12 个硝化滤池（BAF），BAF 单池：12m×10m，滤层高度 3.5m。

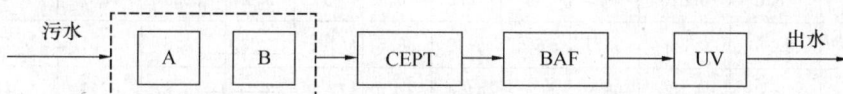

图 7-20 污水处理厂整体工艺流程

7.9.3 运行效果

BAF 于 2008 年 2 月开始调试运行，启动时间约 1 个月。采用接种挂膜的方式，12 个 BAF 共投加活性污泥 300m³。BAF 采用 3 台鼓风机曝气，通过调节阀门控制各池曝气量。考察过程中发现，BAF 的曝气效果存在差异（图 7-21）。

图 7-21 曝气效果

在曝气生物滤池运行前期，为了满足曝气生物滤池碳源和氮源的需要，使其形成稳定的生物膜，其进水各项指标均较高，其具体进出水水质情况见表 7-17 所示。

日　期	进口氨氮(mg/L)	出口氨氮(mg/L)	去除率(%)	进口COD	出口COD	去除率(%)	进口SS	出口SS	去除率(%)	进口TP	出口TP	去除率(%)
4月21日	38.6	4.2	89.1	55.6	41.4	25.5	19	3.4	82.1	2.6	0.39	85.0
4月22日	40.2	4.2	89.6	61.9	45.4	26.7	13.5	3.6	73.3	2.62	0.33	87.4
4月23日	44.7	4.13	90.8	64	49.6	22.5	9.5	6.6	30.5	2.66	0.47	82.3
4月24日	50.2	4.1	91.8	66.2	44.2	33.2	6.5	4	38.5	3.21	0.26	91.9
4月25日	56.8	4.4	92.3	72	47.9	33.5	6.3	5.1	19.0	3.12	0.43	86.2
4月26日	54.5	4.6	91.6	72	47.9	33.5	5.1	3.8	25.5	4.32	0.42	90.3
4月27日	46.8	4.5	90.4	67.6	45.6	32.5	7.71	2.7	65.0	5.23	0.44	91.6
4月28日	41.1	4.48	89.1	63.8	43.5	31.8	6	5.4	10	4.09	0.2	95.1
4月29日	37.8	4.35	88.5	65.3	43.2	33.8	5.5	3.53	35.8	6.07	0.4	93.4
4月30日	33.4	2.96	91.1	69.4	44.4	36.0	12.5	3	76.0	6.19	0.5	91.9
5月1日	26.2	2.43	90.7	67.8	43.7	35.5	8.83	6	32.0	6.47	0.5	92.3
5月2日	24.8	0.808	96.7	60.7	38.4	36.7	10.2	5.6	45.1	6.8	0.43	93.7
5月3日	18.6	0.616	96.7	66	42.2	36.1	8	3.8	52.5	7.81	0.4	94.9
5月4日	8.29	0.326	96.1	66	41.9	36.5	14	3.53	74.8	7.51	0.45	94.0
5月5日	10.2	0.32	96.9	60.8	44.4	27.0	12.8	3.1	75.8	7.71	0.49	93.6
平均值	35.5	3.09	92.1	65.3	44.2	32.1	9.7	4.2	49.1	5.1	0.4	90.9

曝气生物滤池运行后期，为了使出水稳定达标，运行上进行了工艺调整，提高 AB 工艺的生物脱氮效果，进曝气生物滤池的各项指标均有大幅度下降，其具体进出水水质情况见表 7-18 所示：

日　期	进口NH_4^+-N	出口NH_4^+-N	去除率(%)	进口COD	出口COD	去除率(%)	进口SS	出口SS	去除率(%)	进口TP	出口TP	去除率
8月20日	2.53	0.249	90.2	37.6	33	12.2	7.75	4.6	40.6	2.8	0.31	88.9
8月21日	3.18	0.178	94.4	40	35.9	10.3	6.62	2.6	60.7	3.74	0.24	93.6
8月22日	2.56	0.228	91.1	33.4	30.5	8.7	6.5	2.7	58.5	1.74	0.48	72.4
8月23日	2.88	0.09	96.9	33.1	30.2	8.8	6.75	2.32	65.6	1.82	0.3	83.5
8月24日	4.14	0.132	96.8	37	35	5.4	9	4	55.6	1.8	0.49	72.8
8月25日	2.66	0.228	91.4	31	26.9	13.2	8.29	2.9	65.0	2.2	0.41	81.4
8月26日	2.62	0.248	90.5	37	32.9	11.1	8.67	3.2	63.1	2.29	0.46	79.9
8月27日	8.56	4.48	47.7	39.3	31	21.1	8.88	5.4	39.2	2.43	0.41	83.1
8月28日	4.72	0.837	82.3	43.5	39.3	9.7	7.2	3.12	56.7	2.85	0.44	84.6

日 期	进口 NH$_4^+$-N	出口 NH$_4^+$-N	去除率（%）	进口 COD	出口 COD	去除率（%）	进口 SS	出口 SS	去除率（%）	进口 TP	出口 TP	去除率
8月29日	5.88	0.198	96.6	28.9	22.7	21.5	5.2	3.4	34.6	3.64	0.5	86.3
8月30日	7.16	1.4	80.4	39.3	32	18.6	14.5	4.75	67.2	4.61	0.42	90.9
8月31日	12.8	4.8	62.5	29.6	24.7	16.6	16	5	68.8	4.77	0.31	93.5
9月1日	8.06	4.72	41.4	32.8	29.1	11.3	12.5	3.25	74.0	4.45	0.45	89.9
9月6日	6.96	2.98	57.2	54.2	43.8	19.2	10.4	3.1	70.2	2.9	0.46	84.1
9月7日	13.7	4.95	63.9	47.6	43.1	9.5	9.67	4	58.6	2.48	0.36	85.5
9月8日	6.28	2.34	62.7	43.1	38	11.8	11.4	3.4	70.2	2.36	0.43	81.8
9月9日	8.29	4.06	51.0	48.2	43.1	10.6	9.67	3.47	64.1	2.03	0.5	75.4
9月10日	5.65	2.54	55.0	44.1	38.7	12.2	11.2	6.4	42.9	1.89	0.4	78.8
9月11日	3.93	0.422	89.3	33.8	30.8	8.9	12	5.6	53.3	1.78	0.48	73.0
9月12日	8.65	2.15	75.1	49.7	37.6	24.3	9	3.6	60.0	1.72	0.5	70.9
9月13日	10.6	2.78	73.8	48.2	34.3	28.8	9.33	3.8	59.3	1.98	0.48	75.8
9月14日	10.6	1.87	82.4	50.4	38.7	23.2	10.8	5.8	46.3	1.58	0.47	70.3
9月15日	6.88	0.469	93.2	49	43.1	12.0	14.4	6.4	55.6	1.62	0.47	71.0
9月16日	9.98	2.6	73.9	52	44.6	14.2	13.2	5.6	57.6	1.96	0.48	75.5
9月17日	8.57	1.6	81.3	46	41.6	9.6	11	5.2	52.7	2.04	0.26	87.3
9月18日	9.54	1.25	86.9	56.6	48.2	14.8	13.2	6.6	50.0	1.99	0.27	86.4
9月19日	9.12	1.22	86.6	49.7	46.7	6.0	11.8	5.9	50.0	1.99	0.3	84.9
9月20日	9.2	4.65	49.5	48.6	44.1	9.3	9.67	4.58	52.6	1.49	0.45	69.8
9月21日	6.44	0.783	87.8	48.6	39.6	18.5	12.8	5.6	56.3	1.68	0.46	72.6
9月22日	6.85	0.74	89.2	53.4	44.6	16.5	9.62	3.2	66.7	1.64	0.35	78.7
9月23日	8.6	2.4	72.1	49.7	43.1	13.3	9	4.07	54.8	1.64	0.35	78.7
9月24日	7.15	1.7	76.2	54.8	49	10.6	15.6	5.6	64.1	1.81	0.42	76.8
9月25日	9.54	2.64	72.3	44.6	40.2	9.9	16.4	3.4	79.3	1.92	0.37	80.7
平均值	7.10	1.88	77.0	43.5	37.5	13.7	10.5	4.3	58.0	2.35	0.41	80.6

第8章 国外再生水处理工程实例

8.1 美国 West Basin 再生水处理厂——微滤＋反渗透＋紫外技术/混凝＋沉淀＋过滤＋加氯技术

8.1.1 再生水厂概况

West Basin 城市水务局成立于 1947 年，负责 17 个城市的水务工作，服务人口 85 万人，由 85 万人普选出 5 名代表组成董事会，进行决策（如审核水价等）。共有 28 名职工，包括 7 名专业工程师，1 名助理工程师，2 名会计，9 名具有硕士学位，1 名具有输水系统运行执照，2 名具有处理厂运行执照。50 名外包雇员，负责运行处理设施。整个服务层次包括：南加州大都会水务局——西区（West Basin）城市水务局——零售商——消费者。西区城市水务局的水源 1/3 来自北区，2/3 来自加利福尼亚引水渠、洛杉矶引水渠、科罗拉多河引水渠。随着人口的增加，在未来 20 年内水的供应不能满足水的需求。因此西区水务局大力开展水资源循环、保护和教育、地下水处理和存储、海水淡化等工作。

1995 年 West Basin 建立了一期 6 万 t/d 的废水回用处理设施，以满足南加利福尼亚不断增长的用水需求，保障持续、可靠的水源供应，并降低饮用水的使用量，保护日益稀缺的饮用水水源。出水满足加利福尼亚州 T22 条的要求进行农灌，其中 1 万 t 进行地下水回灌以防止海水入侵（石灰＋RO）。它成为美国第一批运用膜技术进行废水回收的水务单位之一。在 1997 年，第一个使用 Memcor 低压膜的 6 万 t/d 再生水厂二期投产，出水满足 T22 条要求进行农灌，其中 2 万 t/d 进行回灌防止海水入侵（MF＋RO）。由于回灌水被用来注入沿海的水力屏障中以控制海水侵入到地下水中，因此需要具有超过饮用水标准的高质量以保证不降低地下水水质。从 1998 年到 2002 年的五年间，该市 2 万 t/d 的三期再生水厂又安装了三套 Memcor 系统，为附近的埃克森美孚石油公司和英国石油公司炼油厂提供再生水。此系统作为预处理，提供锅炉和冷却所需的供水的反渗透程序。2006 年 4 万 t/d 的四期再生水投产，其出水满足 T22 条要求进行农灌，其中 2 万 t/d 进行回灌防止海水入侵。四期扩建农灌用水项目包括：预处理（高速澄清池）、把原有回灌用滤池改造成农灌用滤池、把原有石灰澄清池改造成絮凝池、500 万 gal 的贮水池；地下水回灌项目包括：微滤池的升级和扩建、反渗透池扩建、增加紫外消毒、增加双氧水投加设施等，共投资 5200 万美元。West Basin 再生水厂的进水盐度约为 700mg/L，MF＋RO 后减少到 100mg/L，MF＋RO＋RO 后减少到 2mg/L。

到 2006 年 West Basin 再生水处理厂实际共生产输水 3330 万 m³/年（9 万 t/d），超过 23km 的输送管道。到目前共投资 4.6 亿美元，其中，7300 万（16％）来自国家拨款，3650 万（8％）来自地方拨款，其余 3.5 个亿（76％）来依靠发行债券募集资金。农灌用户和地下水抽取用户需付费使用，差价由政府补贴。再生水厂属于非盈利性单位，所有利润用来再次投资。此外随着海水淡化的处理成本逐年降低，到 2006 年其处理成本约为 0.63 美元/m^3，而从外区域引水成本为 0.41 美元/m^3，因此 West Basin 正在开展海水淡化的相关规划和试验。

8.1.2 工艺介绍

以前，West Basin 使用传统的处理程序，包括石灰软化、再碳酸化和多媒质过滤。这样的处理过程会产生大量的污泥，不能有效地去除会污染反渗透膜的物质，而且运作起来既困难又昂贵。经过多次扩建，并且由于出水要求不同，因而形成了多元化的处理工艺，目前的工艺如下：

1. 三级（混凝、沉淀、过滤）+消毒（加氯）

该工艺主要用于农灌，及运动场草皮浇灌，水质要求达到加州规定的 T22 标准，每天处理能力 15 万 m^3/d。

2. 三级（混凝、沉淀、过滤）+硝化+消毒（加氯）

该工艺主要用于炼油厂和汽车工业冷却水，即在水质要求达到加州规定的 T22 标准上再进行硝化处理，每天处理能力 2 万 m^3/d。

3. 石灰澄清+RO

该工艺出水和地表水进行 1：1.5 的比例混合后进行地下水回灌，每天处理能力 2.5 万 m^3/d。

4. MF+RO+H_2O_2+UV

该工艺出水可以单独进行地下水回灌，每天处理能力 2.5 万 m^3/d，同时将逐步取代石灰+RO 的处理系统，该工艺也为低压锅炉提供补水。

5. MF+RO

该工艺主要用于高压锅炉补水，每天处理能力 2 万 m^3/d。

Memcor 的低压膜可以将反渗透膜进水的淤泥浓度指数平稳一致地保持着低于 3，而传统预处理技术所生产的水其淤泥浓度指数是 5。淤泥浓度指数的降低可减少反渗透膜污染和延长膜清洗时间的间隔，这也就意味着运营成本的降低和反渗透膜寿命的延长。虽然 West Basin 使用 Memcor 传统的 CMF 加压膜系统已经有 8 年多了，但经过成功的试验测试后，它选择新型的浸没式膜系统。West Basin 浸没式膜技术具有的许多优点，包括较小的占地面积，较低的运营成本，产生较少的废物，更好的操作弹性，以及可以目视检测薄膜模块的能力。

在传统的 CMF 压力系统中，个别的模块被包含在容器中，然后组装在薄膜套装系统上，每个套装系统包含 90 个日产 50 万 gal 水的模块。在浸没式膜系统中，4 个模块成组地安放在一个膜组件里，然后把 10 个膜组件放到淹没在开放式沉淀池水中的架子上。相比较，90 个压力模块需要占地大约 70ft^2，而 90 个浸没式模块只需要 27ft^2，其占地面积所降低的幅度非常明显。

2004 年 1 月，West Basin 购买了 Memcor CS 浸没式膜系统—它的第五个 Memcor 系统。2006 年 9 月开始使用的这个系统有 6 个薄膜槽，每个膜槽包含 384 个模块。每个膜槽每天大约生产 240 万 gal 水，并且能够在有一个膜槽脱机的情况下满足产量的需要。安装这个额外的膜槽是为了给操作者提供灵活性，例如在另一个膜槽进行大约每月一次、长

图 8-1　太阳能发电

达 4h 的例行化学清洗时也能提供稳定的流量。除此之外，每个膜槽可以再扩展 32 个模块，使每个膜槽的模块总数达到 416 个。

该厂为了宣传节能意识，在厂内清水池的空地上放置了大量的太阳能板用来发电（图 8-1），实际发电量小于 5%。

目前 West Basin 是美国同类水务事业中规模最大的回用水处理厂。水厂根据用户的需求设计生产 5 种级别的水以用于各种工业和城市用途，包括公园和高尔夫球场的灌溉水，海水屏障的地下水层回灌水，炼油厂的补给水，冷却塔冷却水，高质量锅炉给水。

8.2　美国 21 世纪再生水处理厂
——微滤＋反渗透＋紫外技术

8.2.1　再生水厂概况

21 世纪水厂始建于 1975 年，由于首次将再生水注入地下以阻止海水入侵而著称于世。21 世纪水厂位于 Orange County，供水服务人口 230 万人，供水需求量在 2005 年为 170 万 t/d，在 2020 年达到 200 万 t/d，其中一半的源水来自 Coronado 和北加州，地下水补充系统（GWRS）提供 30 万 t/d 的源水。从 19 世纪初开始南加州海岸就面临着海水入侵的威胁，从而限制了该区域的地下水抽取量，为了防止海水入侵，要求进行很多的注射井来回灌大量的高品质水，其中大部分来自河水，一部分来自再生水。每年回灌量需大于 0.37 亿 m^3 水才能阻止海水入侵。

8.2.2　工艺介绍

21 世纪水厂原先采用石灰澄清＋RO＋UV 工艺，处理能力 6 万 t/d。2004 年在原工艺所在位置扩建，处理能力达 26 万 t/d，远期达到 50 万 t/d。扩建时，在原有的 RO 基础上，又加入 MF 和 UV，最终实现了 CMF—RO—UV（投加 H_2O_2）的三重净化程序，成为全球首例用三步骤成套膜技术净化二级出水的水厂。将这种水注入地下水补给系统能确保供水更可靠稳定，减少对外来供水的依赖；水质更佳；而且能保护地下水层，避免水位太低而让海水涌入地下水层。

扩建工程微滤采用 Memcor 的 CMF-S 系统，设计能力为 32 万 t/d，回收率 90%，0.2μm 的孔径，清洗周期为 3 周，采用聚丙烯纤维制作。反渗透膜系统设计处理能力 26 万 t/d，回收率为 85%，反渗透系统从 1977 年开始在 21 世纪水厂就有应用，浓缩水排海，排海管线长 14.5km。紫外系统采用 Trojan 紫外设备，采用低压高强紫外系统，并配合投加双氧水产生羟基自由基，形成高级氧化工艺。

出水泵送到 22km 之外的回灌井，扩建工程投资见表 8-1，处理设施单位投资 1100 美元/（t/d），运行和维护费用见表 8-2。

投资费用表 表 8-1

项　目	投资（百万美元）	项　目	投资（百万美元）
处理设施	298.7	屏障设施	17.1
配套设施	0.8	集成信息系统、井、讨论会和保险	15.2
临时办公室	0.8		
MF 和现场的临时用电	19.8	备用金	65.2
地下水补充管线	63.2	共计	480.9

运行和维护费用 表 8-2

项　目	费用（百万美元/年）	所占比例（%）	项　目	费用（百万美元/年）	所占比例（%）
电费	14.5	49.0	监测费	1.5	5
外包维护费	0.4	1.3	人工费	3.6	12
化学药剂费	5.3	17.9	各项总计	29.6	100
厂内刷新费	1.2	4	大都会水务补贴	3.8	12.8
膜片更换费	2.8	9.4	应计	25.8	87.2
紫外灯更换费	0.3	1			

8.2.3 运行效果

经过长期运行测试，没有任何病毒、细菌、原生生物或显著污染物可透过净化过程，该系统安装了监测仪器，检查净化水里是否含有 200 种常见污染物，一旦发现任何异常，整个净化系统就会停止操作，防止污染其他净化水。21 世纪水厂的处理工艺对重金属有很高的去除率，甚至可降低到饮用水的标准以下。对三氯甲烷的去除也有效，出水总浓度低于美国环保局规定的 $100\mu g/L$。对微量有机物的去除也显示了很强的能力。尽管进水浓度有时很低，但经过水厂各工序后，出水中微量有机物可以达到或低于检测极限。表 8-3 为 21 世纪水厂的水质指标。

21 世纪水厂水质分析数据 表 8-3

项　目	二级处理出水	RO 产水	项　目	二级处理出水	RO 产水
总氮	18.3	2.6	Co	$<1.0\times10^{-3}$	$<1.0\times10^{-3}$
B	0.57	0.31	Cu	13.6×10^{-3}	4.8×10^{-3}
Cl	237.6	18.4	Fe	165.7×10^{-3}	8.6×10^{-3}
F	1.0	0.21	Pb	1.2×10^{-3}	0.2×10^{-3}
电导率/（μS/cm）	1721	182	Mn	43.9×10^{-3}	2.0×10^{-3}
pH 值	7.4	6.7	Hg	$<0.5\times10^{-3}$	$<0.5\times10^{-3}$
SO_4^{2-}	217.5	13.8	Se	4.8×10^{-3}	$<5.0\times10^{-3}$
CN^-	14.7×10^{-3}	8.1×10^{-3}	Ag	0.6×10^{-3}	1.0×10^{-3}
色度（度）	27	4.0	COD_{Cr}	39.0	3
浊度（NTU）	2.25	0.05	TOC	9.25	0.72
Ba	51.2×10^{-3}	1.2×10^{-3}	THMS	—	—
Cd	3.0×10^{-3}	$<1.0\times10^{-3}$	大肠菌群（CFU/100mL）	1536981	<1.0
Cr	1.6×10^{-3}	$<1.0\times10^{-3}$			

8.3 美国 Howard F. Curren 再生水处理厂
——反硝化滤池技术

8.3.1 再生水厂概况

20 世纪 70 年代由于大量污染物的排放，造成了佛罗里达州的 Tampa 海湾水体富营养化情况十分严重。70 年代初 Tampa 市政府开始计划建立 Howard F. Curren 深度处理厂，由于 Tampa 海湾地区为富磷地区，因此不可能通过控制水体中的含磷量来消除水体富营养化，从而只能通过对含氮量的控制来实现。因此该厂的目标是去除 90% 的 BOD、SS 和 TN，处理能力 38 万 m^3/d。经过近十年的治理，Tampa 海湾的水体富营养化得到了有效控制，而该深度处理厂也因为其良好稳定的处理效果成为该市对外宣传的一张名片。

8.3.2 工艺介绍

Howard F. Curren 污水和再生水处理厂的工艺流程见图 8-2。初步处理包括污水的预曝气，从污水中吹脱硫化氢，并用氢氧化钠喷洒塔去除掉硫化氢，然后污水再经过格栅和沉砂池。初沉池大约去除 50% 的固体物质和 30% 的 BOD。

二级处理采用活性污泥法，主要去除 BOD_5。污水以推流模式进入除碳反应池，并结合回流污泥，形成混合液体。机械通风设备提供高纯度氧气，并转移到混合液体中。纯氧生产厂具有两个系列每天 80t 的空气分离能力。在除碳沉淀池，活性污泥通过重力沉淀从混合液体中去除。总的来说，BOD_5 和悬浮固体的去除效果大约可达到 90%。而 20%～25% 的 TKN 通过排放剩余污泥去除。

在除碳工艺之后是硝化工艺，微孔曝气扩散曝气池与沉淀池结合。除碳阶段的出水以推流形式进入硝化反应池。由于在除碳工艺段中 BOD_5 和悬浮物的去除率较高，部分初沉池出水可以超越除碳工艺直接进到硝化工艺段，以补充食物维持硝化细菌生长。在硝化工艺的沉淀池，活性污泥通过重力沉淀从混合液体中去除。经过硝化工艺段 $CBOD_5$ 和悬浮固体的整体去除率约为 95%，大约 95% 的进水氨氮被转化为硝酸氮。

反硝化工艺采用 Seventrent 深床滤池，单层滤料，并外加甲醇为反硝化提供碳源。32 个反硝化滤池分为 10 个一组（共两组）和 6 个一组（共两组）。表 8-4 是其运行参数，图 8-4 是反硝化滤池。

反硝化滤池运行参数 表 8-4

项 目	单 位	设计值	典型值
空床停留时间	min	20.6	21～25
水力负荷	$m^3/(m^2 \cdot h)$	1.98	1.5～2.0
进水 NO_3-N	mg/L	19	9～15
甲醇投加比例	kg甲醇/kgNO_3-N	3.0	2.9～3.2
脱氮气反冲时间	次/d	4～9	12～16
反冲洗频率	次/周	2	6～7

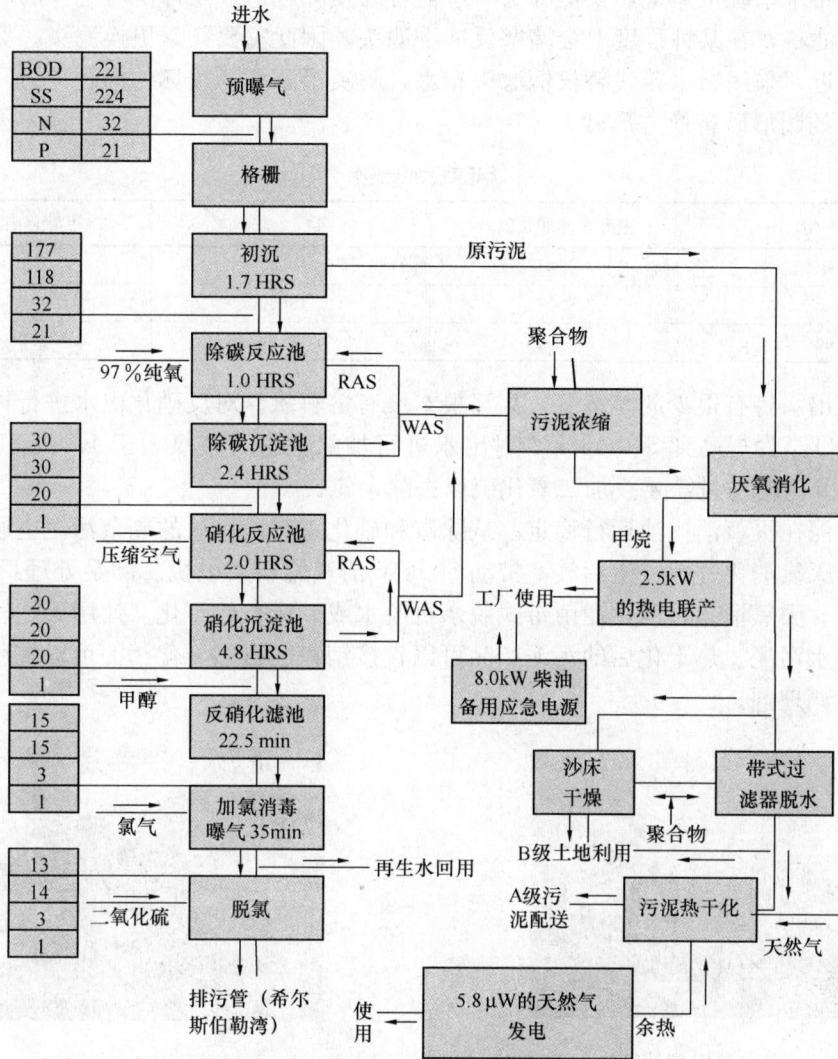

图 8-2 工艺流程图

每个过滤周期包括如下三个阶段：正常过滤、氮气释放、全反冲洗。在正常过滤阶段，硝化出水和外加碳源一起进入反硝化滤池进行反硝化。反硝化滤池内的氮气形成小气泡。砂层和向下流动的流态防止大部分的氮气气泡上升到表面释放到大气中。氮气释放周期是指采用很短的冲洗周期来释放被过滤介质截留的氮气。氮气释放周期需要 2～4h 的时间间隔，如果不在氮气释放周期内进行必要的反冲洗，氮气将继续积累，通过滤池的水头损失将增加。通过滤池的流量将会减少。自动控制为每个滤池提供了一个可调节的反冲洗时间。反硝化滤池的对硝酸氮的去除率大于 90%。

甲醇直接投加到进水渠中，甲醇的投加量与进入反硝化滤池的亚硝酸盐和亚硝酸盐负荷有关，在生产中根据进水量变化进行自动控制，表 8-5 是长期运行的投加比，图 8-3 是甲醇储罐。当反硝化滤池启动时需要防止甲醇投加过量。当出水硝酸盐浓度较低时（0.2～0.5mg/L），可以检测到少量的 H_2S。

滤料和布水系统很关键，长柄滤头布水器容易损坏，造成反冲洗时空气的短流，承托层逐渐积累滤料，在某种程度上会堵塞反冲洗滤头，因此需要频繁更换滤头，保证较高的完好率。最近，采用布水砖代替长柄滤头布水，解决了滤头易损坏的问题。另一方面，采用 3～4mm 的圆形砂替换方形砂。

	甲醇投加比例			表 8-5
年　份	甲醇：硝酸盐氮	年　份	甲醇：硝酸盐氮
1980～1981	3.1：1	1984	3.1：1
1982	2.9：1	1985	3.2：1
1983	3.0：1	平均	3.06：1

反硝化出水将有很少的溶解氧，甚至根本没有溶解氧。对反硝化出水进行再曝气，可以使出水 DO 至少提高到 5.0mg/L。对出水进行加氯消毒，余氯大于 1.0mg/L。当排入 Hillsborough 湾时通过需要投加二氧化硫以去除余氯。

初沉污泥在厌氧消化池运行稳定。从除碳和硝化工艺段排放的剩余污泥也通过厌氧消化来稳定。厌氧消化过程产生沼气，带动 500kW 沼气燃料发电机。满足处理厂大约 20% 的电力需求。厌氧消化后的污泥由带式脱水机脱水或砂床自然干化。使用天然气加热的回转炉干化脱水污泥。热干化后的污泥产品可以直接销售。自然干化污泥可以施用于农业土地作为土壤调理剂。

图 8-3　甲醇储罐

图 8-4　反硝化滤池

8.3.3　运行效果

硝化和反硝化工艺作为再生水生产的主要部分，自从 1978 年开始正式运行以来已经正常运行超过 30 年，其脱氮系统产生的处理效果比预期的更好，2006 年处理总处理量为 176300 万 gal，每日处理量为 5800 万 gal，进出水水质见表 8-6。

	2006 年运行数据			表 8-6
项　目	单　位	进　水	出　水	允许排放值
BOD	mg/L	184	2.4	5.0
SS	mg/L	146	1.1	5.0
TN	mg/L		2.6	3.0
TKN	mg/L		1.3	
$NO_2 + NO_3$	mg/L		1.2	
进水 PO_4	mg/L	3.5	3.2	
进水 TP	mg/L	4.6	3.6	

8.4 美国 West Warwick 再生水处理厂
——硝化滤池＋反硝化滤池技术

8.4.1 再生水厂概况

罗德岛州 West Warwick 厂出水排入纳拉干海湾，其出水总氮排放受新英格兰条例限制。因此 West Warwick 处理厂 2004 年秋天开始了升级改造，增加了硝化和反硝化的工艺。该厂处理的大部分污水来自周边社区的家庭污水，但也接纳部分工业废水。

8.4.2 工艺介绍

再生水处理系统日平均设计流量为 10.5×10^6 gal/d，日峰值流量为 25gal/d，采用法国得利满 Biofor 工艺，见图 8-5。该工艺由硝化和反硝化滤池两阶段组成，通过去除氨和硝酸盐来减少出水总氮，设计最低温度为 12℃，其设计进出水水质见表 8-7。

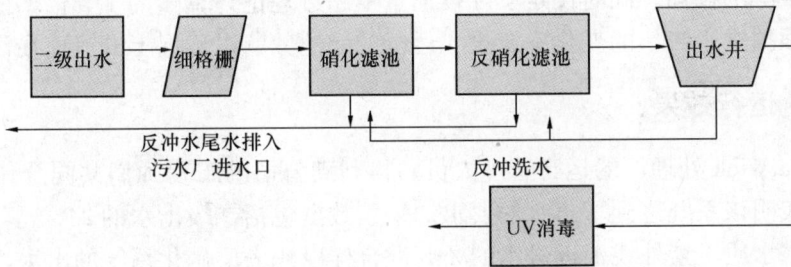

图 8-5 工艺流程

硝化/反硝化滤池系统设计参数 表 8-7

项　目	单　位	进　水	出　水
CBOD	mg/L	<30	<10
TSS	mg/L	<30	<20
TN	mg/L	<32	<8 (1月1日至10月31日)
NH_4^+-N	mg/L	<30	<2 (1月1日至10月31日)
碱度（$CaCO_3$）	mg/L	>（$7.14 \times NH_4^+$-N 去除量）+30	
TP	mg/L	<1.05	<1

注：24h 混合样的月平均值

该系统包括四个硝化滤池（图 8-6），每池 1080ft²。四个反硝化滤池，每池 448ft²，并利用外加甲醇作为碳源将硝酸盐转化为氮气。反硝化滤池反冲频率为每 24h 一次，硝化滤池反冲频率为每 72h 一次。根据流量启动运行的滤池数量（表 8-8，表 8-9）。硝化滤池典型的滤速为 1.9～2.5gal/（min·ft²），反硝化滤池典型的滤速为 3.1～6.2gal/（min·ft²），在雨季时适当减少反冲频率。滤池滤料采用专门的火山岩加工处理，滤

图 8-6 硝化滤池

料一般分为上下两层，滤料尺寸 3～6mm。

硝化滤池投运池数与流量的关系 表 8-8

运行的滤池数	最小流量（gal/min）	最大流量（gal/min）	滤速范围 [gal/（min·ft²）]
1	0	2708	0.8～2.5
2	2709	5416	1.3～2.5
3	5417	8124	1.7～2.5
4	8125	17600	1.9～4.1

反硝化滤池投运池数与流量的关系 表 8-9

运行的滤池数	最小流量（gal/min）	最大流量（gal/min）	滤速范围 [gal/（min·ft²）]
2	0	2708	2.0～3.0
3	2709	17600	2.0～12.9

为了节约甲醇的投加量，反硝化滤池的出水硝酸盐控制在 5～5.5mg/L，而没有进行更低出水硝酸盐的控制。甲醇投加主要是根据进水流量和硝酸盐浓度，同时采用反馈回路以精细调整甲醇的投加。同时设定实际投加量不超过理论计算量的 1.5 倍，以防止过量投加。此外，根据进水流量的变化确定投入运行的滤池数，以确保上升流速在设定范围内。

8.4.3 运行效果

West Warwick 处理厂的运行管理人员、得利满公司的工程师们共同合作进行了调试运行，结果表明该系统达到了出水的要求。采集数据包括二级出水的 24h 混合样以代表硝化系统的进水水质，紫外线消毒进水的 24h 混合样以代表反硝化系统的出水，并通过每日的在线数据来监测 Biofor 工艺的性能。

表 8-10 为 2008 年 9 月的运行数据，平均流量为 6.0×10^6 gal/d，最小流量为 3.4×10^6 gal/d，最大流量为 14.4×10^6 gal/d，均低于设计值。由表可见，CBOD、TSS、TN、NH_4-N、TP 等指标平均值远低于设计值，并且其最大值也未超出设计平均值，可见该系统能够充分保证出水水质达标。

2008 年 9 月的处理效果（单位：mg/L） 表 8-10

项　　目		平均值	最大值
CBOD	进　水	130.4	200.0
	出　水	2.2	3.2
TSS	进　水	139.3	280.0
	出　水	3.2	8.0
DO	出　水	7.8	8.1
TKN	出　水	1.1	1.7
NO_3-N	出　水	3.84	4.40
NO_2-N	出　水	0.14	0.48
NH_4-N	出　水	0.2	0.5
TN	出　水	5	5.9
PO_4^{3-}-P	出　水	0.61	0.86

8.5 美国锡拉丘兹 Metropolitan 再生水处理厂——硝化技术

8.5.1 再生水厂概况

Metropolitan 污水处理厂位于美国纽约州锡拉丘兹（Syracuse）市，该市位于北纬 43 度，与沈阳纬度相似，年平均气温较低。该厂服务人口 27 万人，日均处理量 $84 \times 10^6 \text{gal/d}$，雨季最大处理水量 $126 \times 10^6 \text{gal/d}$（图 8-7）。包括生活污水和工业废水，出水排入 Onondaga 湖。Onondaga 湖面积 12km^2，水量 1.3 亿 m^3，onondaga 湖是饮用水水源。

Onondaga 县委托威立雅公司对该厂在少占地的前提下进行升级改造，包括氨氮和磷的去除，全厂的监测和自动控制系统、监视和数据采集系统的升级整合。全部 $84 \times 10^6 \text{gal/d}$ 的水量都采用威立雅公司的 BIOSTYR 硝化滤池和 Actiflo 高速絮凝沉淀工艺，因此是美国规模最大的硝化滤池工艺。

图 8-7 Metropolitan 污水和深度处理厂全景

8.5.2 工艺介绍

根据当地规定，该厂的出水水质要求分阶段达到相应的标准（表 8-11），最终到 2012 年实现冬季出水氨氮小于 2.4mg/L，夏季出水氨氮小于 1.2mg/L，出水磷浓度小于 0.02mg/L。为了实现第二阶段的目标，以及便于实现第三阶段目标，该厂采用了如图 8-8 的处理工艺，其中曝气生物滤池（BAF）主要用于氨氮的去除，设计参数见表 8-12，高速絮凝沉淀工艺（HRFS）主要用于磷的去除。

锡拉丘兹市分阶段出水目标　　　　　　　　　　　　表 8-11

参数	第 1 阶段（磅/天）	要求完成日期	第 2 阶段（mg/L）	要求完成日期	第 3 阶段（mg/L）	要求完成日期
氨氮[①] 7 月～9 月	8,700	1998 年 1 月	2.0	2004 年 5 月	1.2	2005 年 5 月
10 月—6 月	13,100		4.0		2.4	
磷[②]	400	1998 年 1 月	0.12	2006 年 4 月	0.02	2012 年 12 月

①30 天平均值；②12 个月移动平均值

BIOSTYR 工艺出水水质设计值　　　　　　　　　　　　表 8-12

参　　数	单　　位	30 日平均值
$CBOD_5$	mg/L	30
TSS	mg/L	30
$NH_4^+\text{-}N$（夏/冬）	mg/L	1.0/2.0

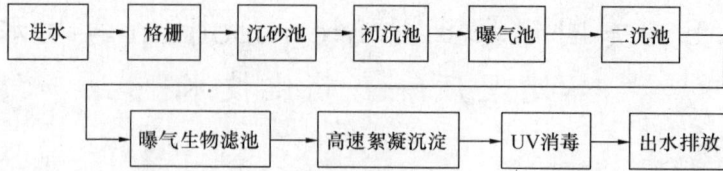

图 8-8 Metropolitan 深度处理厂工艺流程图

污水经二级处理后，进入 BAF 工艺段，进一步去除有机污染物和氨氮。当地对氨氮出水水质要求很高，而该污水处理厂在 2004 年前出水氨氮浓度都在 2mg/L 以上，1996 年出水氨氮平均浓度高达 15.8mg/L，2003 年接近 5mg/L，所以深度去除氨氮成为该厂的重点工作之一。

该厂在 2004 年 1 月开始运行威立雅公司的 BIOSTYR 工艺，出水氨氮浓度显著下降，2005 年小于 1mg/L，2006 年平均浓度为 1.44mg/L，基本符合出水水质标准。该工艺有 8 台离心风机和 18 个独立单元，装有聚苯乙烯轻质小球，直径为 0.14in，约合 0.36cm，比表面积大，适于硝化细菌生长。该厂的 BIOSTYR 工艺主要参数见表 8-13。

BIOSTYR 三级硝化工艺参数　　　　　　　　　表 8-13

项　　目	三级硝化参数	项　　目	三级硝化参数
池子数量	18	滤料总体积	337080ft³ 约合 9545m³
单池尺寸	1587ft² 约合 147m²	曝气形式	集中
滤料尺寸	3.6mm	鼓风形式	多级离心（6+2）
滤料深度	11.8ft 约合 3.6m	曝气控制	出水 DO

在 BAF 工艺之后，为满足除磷需要，设置了高速絮凝沉淀（HRFS）工艺，即 AC-TIFLO 工艺。BAF 出水中加入絮凝剂，在反应池中与磷结合并形成大的絮体后流入加有微砂的第二个反应池，絮体混合并继续增大。微砂具有良好的沉降效果，分层明显且速度较快。然后在沉淀池中絮体沉降，微砂与富磷污泥分离并循环使用，含磷污泥进入污泥处理单元。该厂 2006 年出水磷平均浓度为 0.15mg/L，基本满足出水水质标准。

HRFS 出水进行紫外消毒。污泥进行浓缩、消化、脱水，产生含水率 67%～70% 的泥饼，大部分脱水后污泥采用 N-ViroTMSoil 工艺进行碱性稳定化并转化为农业肥料。整个 Onondaga 县每天产生 130t 干污泥，在过去 5 年中平均 95% 的干污泥被回用。

8.5.3　运行效果

该污水处理厂的水质分析实验室每年分析约 7900 个样品。2008 年 10 月，平均进水流量 53.3×10^6 gal/d，平均水温 18.1℃，出水 SS 小于 6mg/L，出水平均 $CBOD_5$ 小于 2mg/L，出水 TP 均值为 0.096mg/L，出水氨氮均值为 0.9mg/L，出水 NO_3-N 均值为 15.4mg/L，能够稳定的达到设计要求。

8.6　澳大利亚堪培拉 Molonglo 再生水处理厂——砂滤＋消毒技术

8.6.1　再生水厂概况

Molonglo 水质净化厂（LMWQCC）在确保堪培拉市舒适、健康的环境保持方面起着重要作用。通过有效的处理处置污水，LMWQCC 管理着堪培拉市基本的水资源系统。如果没有经过处理，来自内陆城市（如堪培拉）的废水将会引起严重的环境问题，这一问题能够影响下游的河系，并且明显影响该河流的服务人口数量。

处理出水排入 Molonglo 河流后流入马兰比季河，该河位于澳大利亚东南部，是墨累河的重要支流，然后进入 Burrinjuck 水库。在旱季，来自 LMWQCC 的出水具有重要意义，并且处理过程是否有效非常关键，因为高质量的出水水质能支持水生生物的活动，并且限制有毒水藻的增长。

LMWQCC 在 1974 和 1978 年投资约 5 千万澳元建成，集中体现了当时最好的可利用技术，LMWQCC 设计具有当时最好的出水水质。目前处理容量 10 万 m^3/d。LMWQCC 是堪培拉市最主要的水质净化厂（图 8-9），该厂也是目前唯一一家三级处理的污水厂，其出水排入水体后被下游使用者再次利用。两个主要排污管道：Ginninderra 河口污水管道和 Molonglo 流域截流污水管道把污水输送到 LMWQCC 系统。一些从 Fyshwick 地区和临近郊区工业地区的废水在 Fyshwick 污水处理厂经初步处理后输送到 LMWQCC 作进一步的处理。该厂处理水量 10 万 t/d，处理费用约 3 澳元/t（给水处理费用约 1 澳元/t），联邦政府需进行补贴。

图 8-9　Molonglo 水质净化厂全景

8.6.2　工艺介绍

LMWQCC 是一个先进的水质净化厂，在排入 molonglo 河之前，需经过的处理过程包括物理、化学和生物处理（图 8-10）。该厂进水 BOD220mg/L，SS260mg/L，TP9.7mg/L，出水 BOD1.2mg/L，SS1.5mg/L，TP0.12mg/L。由于磷对河流和水库有毒藻类的生长很重要，因此磷的去除是整个工艺中关注的焦点。

当污水进入 LMWQCC 时，投加石灰和氯化铁进行化学预处理，并在絮凝沉砂池内得到进一步的混合，然后在初沉池内溶解在污水中的磷和重金属在化学作用下沉淀到污泥中。由于在河流系统中氨的浓度达到一定水平时对鱼类有毒，因此化学处理之后进入生物反应池，继续进行硝化。二沉池内固液分离后，一部分污泥返回到生物反应器促进硝化，过量的污泥返回到初沉池，和初沉污泥一起从初沉池排出作进一步处理。在二沉池出水中投加三氯化铁进入砂滤池，滤料包括煤和砂的介质。过滤去除大部分的悬浮固体和磷，从而产生更清洁的出水。由于在河流中余氯对水生生物有害，出水需要加氯消毒后脱去过量的氯。在处理过程中产生的所有固体被送入多炉膛焚烧炉。在进入焚烧之前，高速离心分离机使污泥脱水。在焚烧过程中（自热焚烧）污泥作为燃料，因此减少了为了燃烧需要使用的燃料。产生的泥灰在市场上以 AgriAsh 名字出售，作为土壤改良剂卖给农民。

513

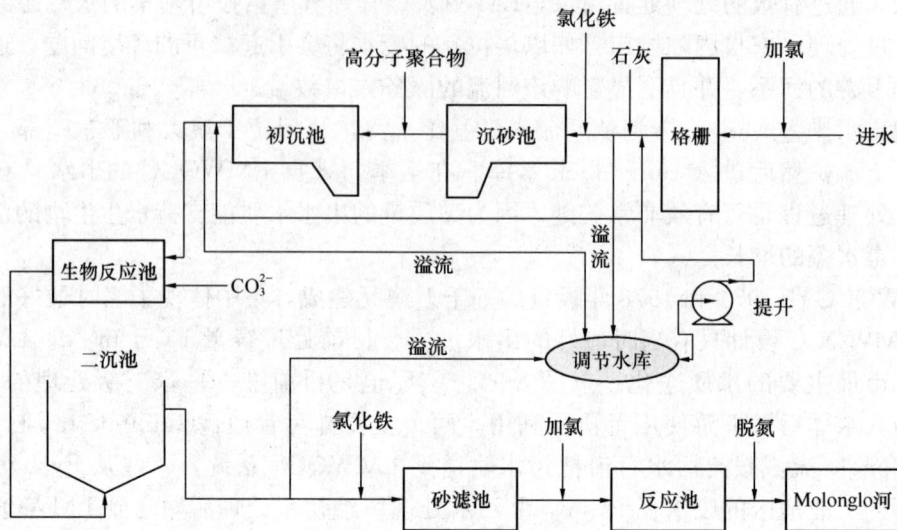

图 8-10　Molonglo 污水厂处理流程

8.7　加拿大卡尔加里 PineCreek 再生水处理厂
——滤布滤池＋消毒技术

8.7.1　再生水厂概况

Pine Creek 深度处理厂一期于 2008 年 10 月正式投入运行，设计规模为 10 万 m^3/d。二期设计规模为 30 万 m^3/d，远期目标将建成 70 万 m^3/d 的污水处理厂。该厂来水包括居民、学校、医院、商业和工业排放，雨水独立排放。出水排入弓河（BOW river），弓河是休闲娱乐、饮用水、野生动物、农业、工业供水的水源。

8.7.2　工艺介绍

Pine Creek 深度处理厂主要工艺采用二级出水＋滤布滤池＋紫外消毒，其设计出水水质见表 8-14。目前进水量在 5 万 m^3/d 左右。二级生物处理部分采用预缺氧—厌氧—缺氧—好氧的改良 A^2/O 工艺，可实现多点进水，且采用初沉污泥发酵工艺，富含 VFA 的上清液可从不同进水点进入生物反应池。

Pine Creek 污水处理厂出水限值　　　　　　　　表 8-14

项　　目	单　　位	出水限值	取值方法（每月）
CBOD$_5$	mg/L	15	算术平均
TSS	mg/L	15	算术平均
氨氮（7 月～9 月）	mg/L	5	算术平均
氨氮（10 月～次年 6 月）	mg/L	10	算术平均
TP	mg/L	0.5	算术平均
TN	mg/L	15	算术平均
粪大肠菌（FC）	CFU/100mL	200	几何平均

Pine Creek 深度处理厂共有 2 座旋流沉砂池，4 座初沉池，2 组 BNR 生物反应池，4 座二沉池，16 座厌氧消化池，12 组 AquaDisk 滤池。该厂还采用了初沉污泥发酵，全厂气味控制系统，紫外消毒等工艺措施，二级出水经滤布滤池过滤后排放。浓缩后的初沉污泥与剩余污泥混合，进入中温厌氧消化池。图 8-11 为 Pine Creek 深度处理厂流程图。

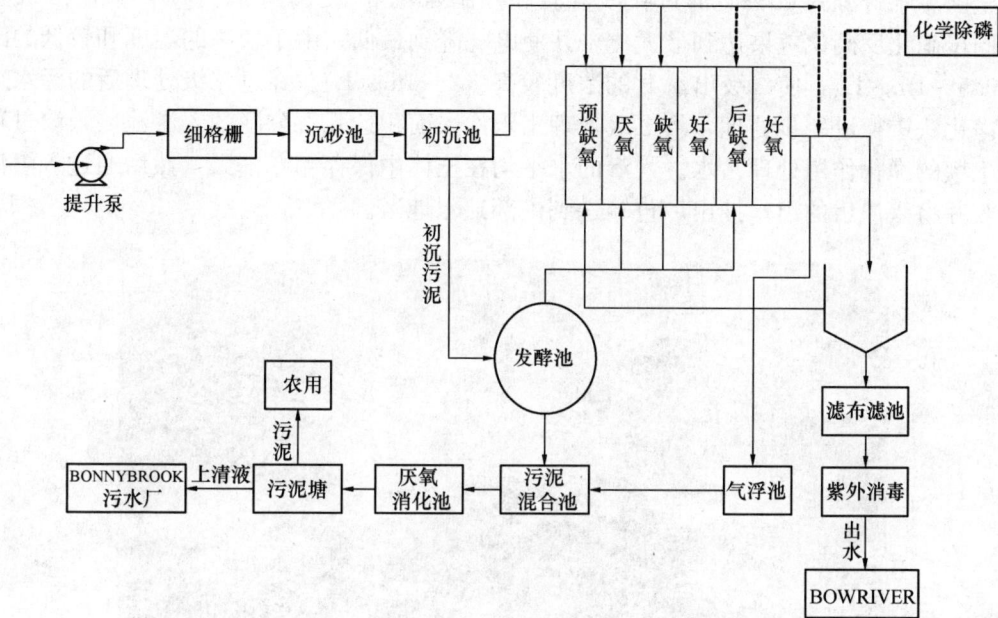

图 8-11　Pine Creek 深度处理厂工艺流程图

8.7.3　运行效果

由于采用了滤布滤池和初沉污泥发酵新工艺，全新的 Pine Creek 深度处理厂的出水水质较好（表 8-15）。CBOD$_5$、TSS、氨氮指标远远低于设计，特别是该厂在不外加碳源和化学除磷的情况下，出水 TN 均值为 10.7mg/L 和 TP0.37mg/L，均能达到设计要求，且远低于我国的一级 A 排放标准。

Pine Creek 深度处理厂 2008 年 11 月出水水质对比　　　　　　表 8-15

项　　目	单　　位	Pine Creek 出水	项　　目	单　　位	Pine Creek 出水
CBOD$_5$	mg/L	2	TP	mg/L	0.37
TSS	mg/L	1	TN	mg/L	10.7
氨氮	mg/L	0.12	粪大肠菌	CFU/100mL	3

8.8　以色列特拉维夫的 Shafdan 再生水处理厂
——地下水回灌技术

8.8.1　再生水厂概况

特拉维夫的 Shafdan 深度处理厂是以色列最大的污水深度处理项目之一，主要处理对象为特拉维夫市及其相邻地区的污水。该厂处理能力为 35 万 m³/d，服务人口 200 万人，服务面积 220km²，共有 4 组 6 万 m³ 的曝气池，12 座直径为 52m 的二沉池，带厌氧池的氧化沟工艺（图 8-12），泥龄较短为 3d，具有脱氮除磷能力。所有二级出水都通过地下水回灌后，通过 3 号线输水管输送到百公里外的南部沙漠地区用于农业灌溉，该部分水资源约占全国总水资源的 10%。通过在线监测和控制氨氮浓度（6~9mg/L），控制二级生物处理同步硝化反硝化效果达到最大化，并使电耗降到最低。由于较高的温度和较低的溶解氧（0.5~1mg/L），使二级出水 P 的浓度较高（2~4mg/L）。经过二级处理后的污水采用土地净化法进行进一步处理，将二级处理出水注入面积达几百公顷的入渗池，入渗过程中利用土壤的净化作用处理污水。入渗的水平均在土体中保存 400 多天，然后通过入渗池后的回收井将入渗后的出水抽出，再输送到南部缺水地区。

图 8-12　Shafdan 厂污水处理厂全景

8.8.2　工艺介绍

以色列的污水回用率达到 75%，为世界第一，远高于第二位西班牙的 12% 回用率。大部分再生水厂与污水处理厂建在同一地点。污水主要回用于农业灌溉，每年 5~10 月的旱季为需水高峰，需水量约为 2500 万 m³/月，而再生水处理量较为稳定，约为 1200 万 m³/月，因此需要调节池，满足旱季的需水量。

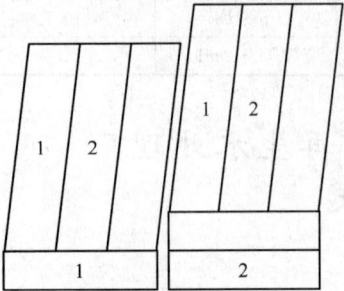

图 8-13　Shafdan 厂地下
水回灌场示意图

二级出水的再生处理采用地下土壤含水层处理（SAT），该项技术是以色列进行污水再生利用的关键技术。在 30 年前已经开始采用，主要采用干湿交替的地表渗滤技术，在 3 块场地上，每块场地灌水 1d，停灌 2d，使其具有厌氧好氧交替工作的功能，以生物反应作用为主，土壤物理过滤为辅（见图 8-13）。

地下水回灌的工艺如图 8-14 所示，二级出水进入六个回灌场，并采用调节水库调节流量。每个回灌场外围为抽水井，内部为监测井，中间是地表渗流区。共有 150 座抽升井，6 座日常调节水库（51 万 m³），3 座季节性调节水库（1150 万 m³），井的设置如表 8-16 所示。

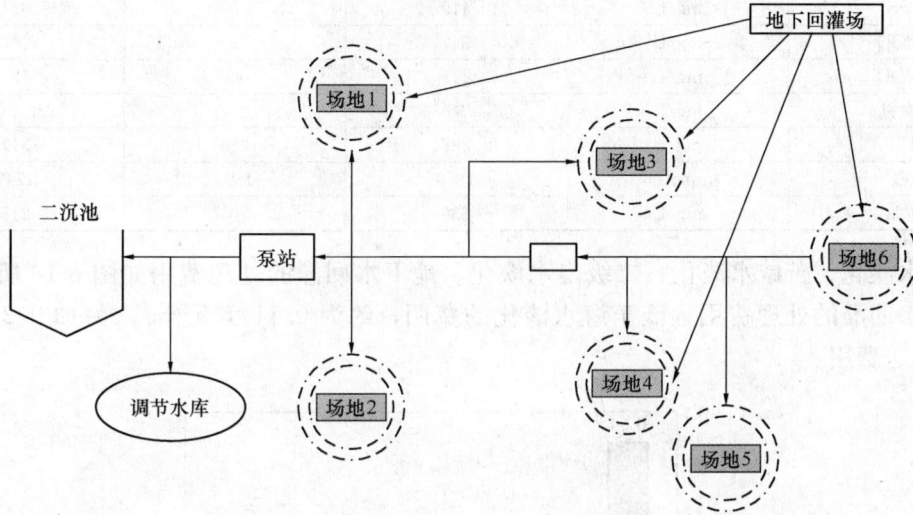

图 8-14　Shafdan 厂地下水回灌工艺示意图

观察井和抽升回用井的位置　　　　　　　　　　　　表 8-16

	观　察　井	抽升回用井
离回灌区距离（m）	30～1000	320～1700
井深（m）	35～190	80～170

回灌量为 1.4 亿 m³/年，回灌速度为 100m/年，抽升量为 1.6 亿 m³/年，抽升量大于回灌量，因此在地下形成以抽升井为中心的漏斗区（图 8-15），防止回灌的地下水向四周扩散。回灌场对水文地质条件有一定的要求，包括包气带厚度、土壤渗透性等。抽升回用的主要水质，达到饮用水标准，可以人体接触，痕量污染物的指标基本达到美国 EPA 的相关标准。

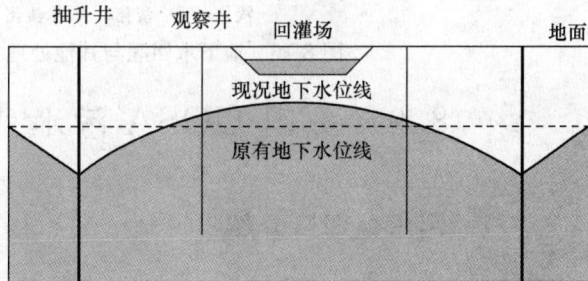

图 8-15　地下水回灌工程中的地下含水层示意图

8.8.3　运行效果

该深度处理厂运行 30 年以来，处理后的回用水 BOD 小于 0.5mg/L，达到正常灌溉水标准，可以适应各种作物的灌溉，并且大部分指标优于我国的地表水标准（表 8-17），能够作为饮用水水源。

参 数	单 位	原 污 水	二级出水	再 生 水
总细菌	个/mL	$1.8×10^7$	$1.2×10^6$	35
大肠杆菌	个/100mL	$1.1×10^8$	$5.6×10^5$	0
粪大肠杆菌	个/100mL	$6.8×10^6$	$4.8×10^4$	0
SS	mg/L	419	6	<1
BOD	mg/L	347	8	<0.5
COD	mg/L	815	43	5
氨氮	mg/L	39	2.7	<0.02
Cl^-	mg/L	286	286	317
EC	μmho/cm	1853	1603	1747
Na	mg/L	230	205	215

海水淡化、苦咸水淡化、二级出水淡化、地下水回灌的处理费用如图 8-16 所示，其中地下水回灌的处理费用远低于海水淡化的费用，约为 0.11 美元/m^3，另加 0.22 美元/m^3 的输送费用。

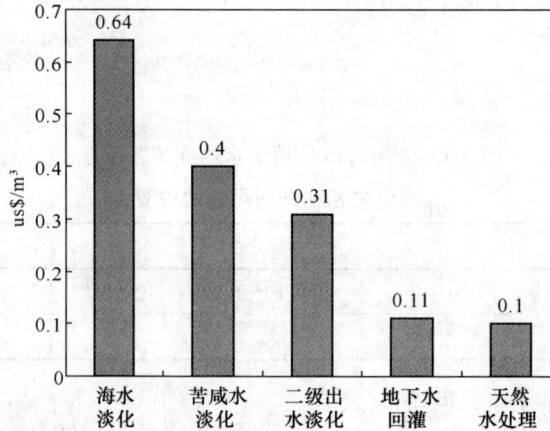

图 8-16 地下水回灌与其他处理方式的处理费用比较

8.9 美国 UOSA 污水处理厂——石灰法

8.9.1 污水处理厂介绍

UOSA 污水处理厂（Upper Occoquan Sewage Authority）于 1978 年开始运行，该厂为 Occoquan 水库提供安全稳定的补充水，对水源保护起到了很大作用。容积为 $41.6×10^6 m^3$ 的 Occoquan 水库是北弗吉尼亚和华盛顿地区 100 万人口的主要饮用水源。旱季时从 UOSA 污水处理厂排放的再生水占水库补水量的 90%以上。

经多次扩建，UOSA 污水处理厂的处理规模已从最初的 $10×10^6$ gal/d（约 4 万 m^3/d）扩大为 32 万 m^3/d。

8.9.2 工艺方案

UOSA 水厂采用石灰法进行再生水深度处理主要基于以下几点考虑：有充裕的土地

进行污泥填埋；在设备及人员方面有一定的使用经验；石灰对重金属、微量有机物控制效果明显，出水适于进入饮用水系统。

该厂的深度处理工艺较为复杂，如图 8-17 所示。其中采用石灰法进行深度处理的工艺特点是采用两级酸化，第一级由 pH＝11.1～11.3 中和至 pH＝10 左右，第二级由 pH＝10 调至 pH＝7。石灰投加量为 150～200mg/L 左右，用于碳酸化的二氧化碳投加量为 150mg/L 左右，来源为沼气锅炉的尾气，其中二氧化碳含量为 30%。锅炉尾气约 90℃，冷却至 10℃ 左右进行酸化。碳酸化池深度 5m，停留时间 15min，采用不锈钢穿孔管布气，二氧化碳吸收率为 95%。碳酸化池出水经砂滤池、活性炭滤池再加氯。砂滤池加 0.6～0.7mg/L 铝盐，每一天反冲洗一次。活性炭在厂内再生，再生炉使用天然气，每年补充颗粒炭 8%～10%。加氯单元控制余氯量 1.5mg/L，2h 后余氯 0.6mg/L，采用 SO_2 将余氯降至 0。

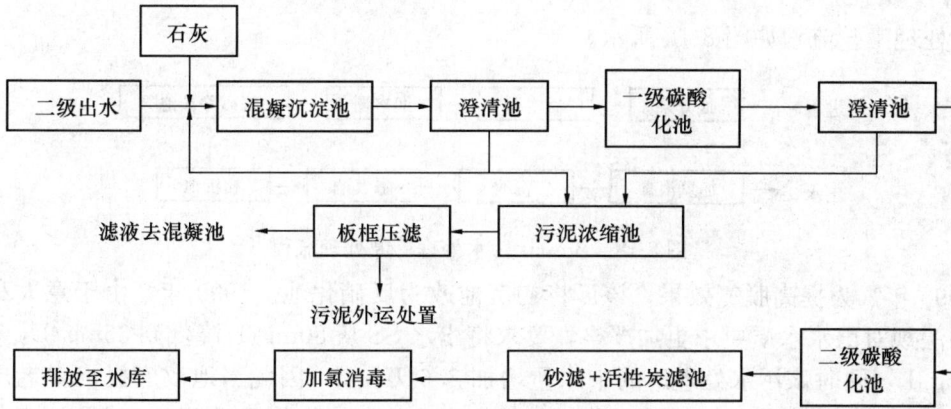

图 8-17　UOSA 污水处理厂石灰法处理工艺

冬季浓缩池排泥 5%，夏季浓缩池排泥 10%～12%。通过板框压滤可将泥饼含水率降至 50%，污泥量每周 300t。

控制结垢是石灰处理系统的最大问题，UOSA 水厂专门购买了一辆 20 万美元的高压水车以及 2 万美元的高压水枪（水压为 70 个大气压）；沉淀池 3 用 1 备，一年清洗清理 2～3 次。控制石灰系统堵塞、结垢另有一些措施，如：使用纯度 50%～60% 的生石灰（CaO）；料仓每 15min 开启一次；加石灰同时加入 0.4mg/LPAM 以使石灰垢变疏松等。

8.9.3　运行效果

该厂出水标准见表 8-18。从实际运行效果看，采用石灰法对再生水进行深度处理可满足出水水质的要求。

UOSA 水厂出水标准　　　　　　　　　　表 8-18

项　　目	指　标	项　　目	指　　标
COD_{Cr}	10mg/L	TP	0.1mg/L
SS	1.0mg/L	浊　度	0.5NTU
凯氏氮	1.0mg/L	细菌总数	2 个/100mL

8.10 意大利 Brescia 污水处理厂——MBR 工艺

8.10.1 污水处理厂介绍

意大利 Brescia 污水处理厂始建于 1980 年，原处理工艺为 A/O 工艺，共三个系列，A 系列和 C 系列各 10 万人口当量，处理水量各 2.4 万 t/d；B 系列原来 5 万人口当量，处理水量 1.2 万 t/d。改造前总处理水量为 6 万 t/d。2001 年将 B 系列改造为 MBR 工艺，2002 年 10 月投入运行，处理水量为 4.2 万 t/d，出水与 A、C 系列出水混合达标排放。改造后总人口当量 36 万人，三个系列总处理水量为 9 万 t/d。

8.10.2 工艺方案

原处理工艺流程如图 8-18 所示。

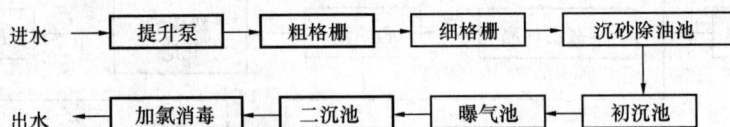

图 8-18 Brescia 污水处理厂原处理流程

1995 年，为提高脱氮效果，该厂将初沉池改为反硝化池。1999 年，由于意大利和欧盟新的法规对出水水质要求更加严格，要求将出水 SS 从 80mg/L 降低到 35mg/L，TN 小于 15mg/L，同时该污水处理厂的来水量增加 2.6 万 t/d，因此当地政府提出对老厂进行改造，而污水处理厂的用地不能增加。经过方案比选，决定将 B 系列改为 MBR 工艺。实际设计时处理规模增加了 3 万 t/d，即 B 系列处理规模从原来的 1.2 万 t/d 增加到现在的 4.2 万 t/d。

改造后的 B 系列工艺流程如图 8-19 所示。

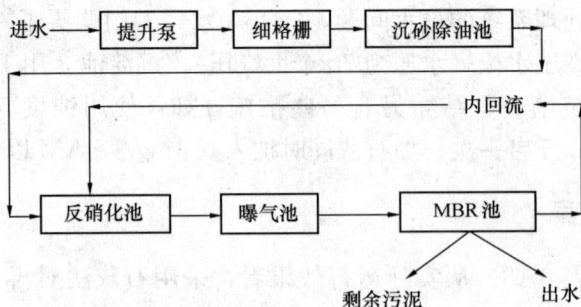

图 8-19 改造后的 B 系列工艺流程

膜材料及关键运行参数选取如下：

采用 Zenon 公司 ZeeWeed® 500C 膜组件；中空纤维膜，膜材料为 PVDF；膜孔径为 0.04μm；真空泵最大工作压力为 0.5bar；膜池污泥浓度 8~10g/L。

膜池和曝气池分开布置。膜池分 4 个系列，每个系列独立运行；每个系列又分两组，每组对应一台出水泵，可以保证系统灵活运行。每台真空泵最大出水量为 $395m^3/h$，并设有变频装置。在一组池子因检修停止出水时，其他各组的出水泵可提高出水量以保证整个系统的出水量不会下降。由于该工程属于改造工程，按照甲方要求利用原有鼓风机，故曝气池和膜池共用一套鼓风机，从而使运行电耗较高。

Brescia 污水处理厂改造后的进、出水水质指标设计值见表 8-19。

Brescia 污水处理厂进、出水水质指标设计值　　　　　　　表 8-19

水质指标	进水浓度（mg/L）	要求出水浓度（mg/L）	设计出水浓度（mg/L）
BOD	255	25	10
COD	505	125	30
TSS	290	35	2
TKN	50	未要求	—
NH_4^+-N	—	未要求	2
NO_3^--N	—	未要求	7
TN	>50	10	10
TP	8	未要求	5

8.10.3　运行效果

改造后，主要水质指标得到了较好的满足，与改造前相比，污染物去除率有了很大提升。改造后运行效果见表 8-20。

实际进出水水质（2003 年平均值，mg/L）　　　　　　　表 8-20

水质指标	进水浓度	MBR 系列出水	A、C 系列出水	要求出水
BOD	103	4	19	25
COD	237	27	66	125
TSS	94	<2	25	35
TN	35.0	9.2	15.9	10（富营养化敏感区）
TP	3.8	2.4	3.4	1（富营养化敏感区）
表面活性剂	5.8	0.5	0.9	2
动植物油	11.1	<1	<1	20

8.11　德国 Nordkanal 污水处理厂——MBR 工艺

8.11.1　污水处理厂介绍

该污水处理厂于 2003 年 12 月建成通水，于 2004 年 7 月 8 日宣布正式运行，采用 MBR 工艺（图 8-20）。污水处理厂服务人口当量为 8 万人口当量，服务流域面积为 1235hm²，负责着北莱茵威斯特法伦州 Kaarst、Korschenbroich 和 Neuss 三个地区的污水处理工作，日处理能力为 4.5 万 t。旱季最大流量 $Q_{max}=1024m^3/h$，时变化系数 $K=1.5$，平均日处理污水量为 1.6 万 t；雨季最大流量 $Q_{max}=1881m^3/h$，时变化系数 $K=2.8$。

图 8-20　Nordkanal 污水处理厂全貌

在该污水处理厂建成以前，在距该厂 2.5km 处原有一座采用传统活性污泥法的污水处理厂。20 世纪 90 年代初，随着北莱茵威斯特法伦州经济和社会的发展及州政府和公民环保意识的增强，要求排放到受纳水体 Nordkanal 河中的水必须满足并超出欧盟制定的污水排放标准。因此，负责这三个地区的原污水处理厂纳污能力和处理标准已无法满足实际需要。于是，州政府决定建立一个自动化程度高、纳污能力强、处理污水标准高、采用 MBR 工艺的污水处理厂，既满足环境需求，又满足当地经济和社会可持续发展需求，将污水输送到新的污水厂进行处理，出水达到欧盟标准排入 Nordkanal 河。污水厂总投资 2150 万欧元。

8.11.2　工艺方案

处理工艺流程如图 8-21 所示。

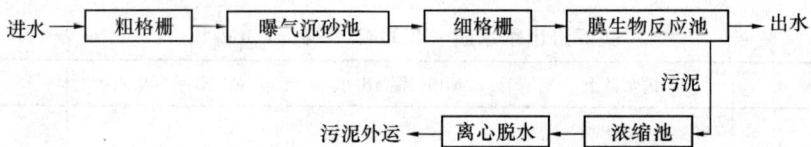

进水 → 粗格栅 → 曝气沉砂池 → 细格栅 → 膜生物反应池 → 出水
　　　　　　　　　　　　　　　　　　　　　　↓ 污泥
污泥外运 ← 离心脱水 ← 浓缩池

图 8-21　Nordkanal 污水处理厂 MBR 工艺流程图

8.11.2.1　生物池膜组件布置方式

生物池分为四个系列，总容积 $9200m^3$，每个系列 $2300m^3$。其中缺氧段总容积 $2578m^3$（包括缺氧/好氧可调段容积 $918m^3$），好氧段总容积 $6632m^3$。4 个系列共 192 个膜单元，每系列 48 个，分两侧布置，每侧 24 个，中间设挡墙隔开分三组，每组 8 个膜单元。

8.11.2.2　膜材料及关键运行参数

该污水处理厂采用 Zenon 公司 ZeeWeed® 500c 膜组件，膜组件为中空纤维膜，膜材料为 PVDF，绝对孔径为 $0.1\mu m$，标称孔径为 $0.04\mu m$。真空泵最大工作压力为 0.5bar。膜面积总计 $84480m^2$。

平均日流量时的膜通量为 7.9L/（m^2·h），旱季最高时流量时的膜通量为 12.1L/（m^2·h），雨季最高时流量时的膜通量为 22.3L/（m^2·h）。

8.11.2.3　曝气方式

分设两套鼓风机房和曝气系统，采用板式曝气器。每个系列内的中间部分采用微孔曝气；两侧布置膜箱的部分采用粗孔曝气，并设有搅拌器。

8.11.2.4　膜清洗方式

有四种清洗方式：

（1）滤后水反冲：每 400s 一次，每次 30～40s。

（2）脉冲式反冲：每周一次，用出水泵将 500ppm 的 NaOCl 打入膜内，每次 15min，洗 5min，停 5min。

（3）放空清洗：每月一次，将膜池液位降至膜组件以下，用 1000ppm 的 NaOCl 和 pH=2.5 的柠檬酸浸泡 1～2h。用此法可将取出清洗延长至每两年一次。

（4）取出清洗：每年一次，用 1000ppm 的 NaOCl 和柠檬酸清洗。

8.11.3　运行效果

该污水处理厂进水污染物浓度如表 8-21 所示。

Nordkanal 污水处理厂进水污染物负荷及浓度　　　　表 8-21

参　　数	单　　位	平均值	最大值	最小值
BOD_5	mg/L	170.5	378.0	71.0
COD	mg/L	489.2	1112.0	32.0
NH_4^+-N	mg/L	38.9	72.7	1.7
TP	mg/L	8.7	24.3	0.7

要求出水水质：COD<90mg/L，BOD_5<20mg/L，NH_4^+-N<10mg/L，TN<18mg/L（水温 12℃以上时），TP<2mg/L。

污染物去除效率如表 8-22 所示。

Nordkanal 污水处理厂去除率（%）　　　　表 8-22

参　　数	去除率（平均值）	去除率（最大值）	去除率（最小值）	备　　注
COD	97.6	98.4	96.3	月平均
TP	95.4	98.1	89.5	月平均
TN	82.8	89.9	64.6	月平均

从处理效果上看，Nordkanal 污水处理厂 MBR 工艺对于污染物的去除是非常有效和稳定的。

8.12　希腊 Thessaloniki 再生水厂——砂滤＋活性炭吸附＋臭氧消毒组合工艺

8.12.1　再生水厂介绍

Thessaloniki 污水处理厂位于希腊北部，服务人口 12000 人，每天接受 1000m³ 的化粪池污水和 1500m³ 的原污水。污水处理部分采用活性污泥法。部分二级出水进入再生水厂，处理能力为800～1000m³/d。二级出水依次经过连续上向流移动床砂滤单元，活性炭吸附单元和臭氧消毒单元，达到深度处理目的。

8.12.2　工艺方案

Thessaloniki再生水厂工艺流程图如图8-22所示。

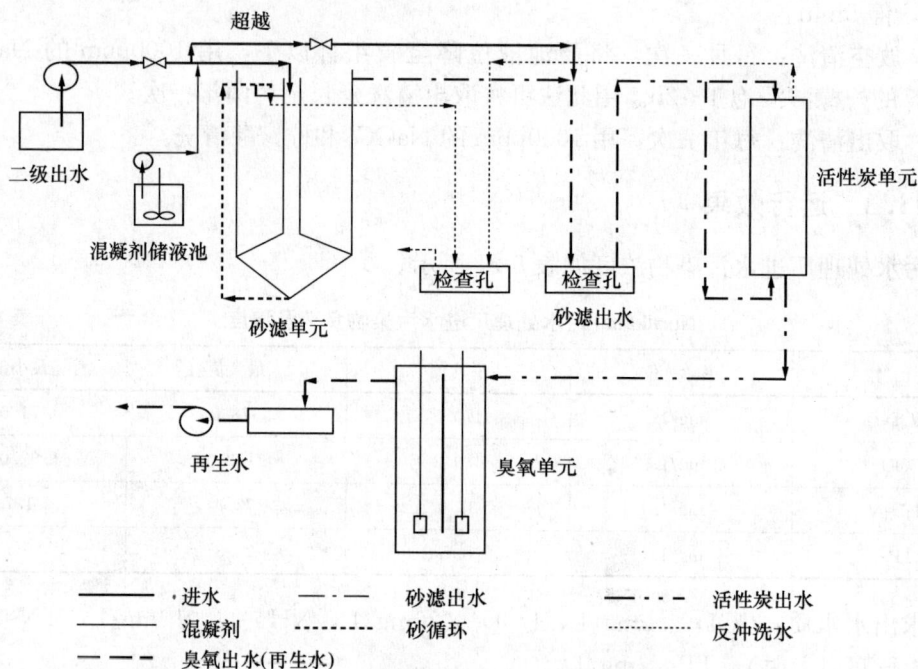

图8-22　Thessaloniki再生水厂处理工艺流程图

8.12.2.1　砂滤单元

二级出水进入深度处理单元的流量约为45m³/h。二级出水加入混凝剂混合后通过离心泵进入连续流移动床砂滤单元（Hydrasand®），砂滤池的水力负荷为10m³/（m²·h）。混凝单元包括一个容量为500L的储液罐以及相关的搅拌装置。混凝剂为商用的聚合氯化铝（Flopac 41，Nalco），投加量为15g/m³。

砂滤单元直径为2.54m，总高度6.33m，滤层厚度为2.00m。滤料的尺寸在0.6～1.2mm之间，不均匀系数（D_{60}/D_{10}）等于1.45。

8.12.2.2　活性炭吸附单元

污水从砂滤单元通过离心泵进入活性炭吸附柱，吸附床直径为2.1m，床高4.9m。砂滤单元出水由活性炭吸附柱顶端均匀分配至活性炭床，并向下流动，通过吸附作用强化去除残留的有机物。活性炭柱的反冲洗通过手动控制。

8.12.2.3　臭氧消毒单元

活性炭吸附柱出水进入臭氧消毒单元。臭氧消毒单元由以下设备组成：

（1）两个臭氧发生器（OZAT CFS-6A，Ozonia），臭氧产量为450g/h，利用纯氧为气源；

（2）一座由两个高度为5.5m的独立隔间组成的封闭混凝土池，容积为15m³。在第

524

一室中，污水与臭氧接触，在第二室中，污染物发生氧化反应。在第一室的底部装有微孔曝气头，用于臭氧的布气；

（3）一个臭氧尾气热分解系统，安装在接触池的出口；

（4）一座液态氧储存池，容量为 2500m³ 液态氧，可以供应 10d 的氧量。

8.12.3 运行效果

二级出水的特征参数为：浊度 23.8NTU，UV_{254} 为 $0.44cm^{-1}$，TOC 为 40mg/L，NH_4^+-N 为 17mg/L，$PO_4^{3-}-P$ 为 2.8mg/L。

经砂滤和活性炭吸附后，各指标去除率如图 8-23 所示。

臭氧消毒单元在不同的臭氧投加量条件下对各指标的去除率如图 8-24 所示。可见，一味增大臭氧投加量并不会明显增加污染物的去除率，要根据试验确定最佳的臭氧投加量。

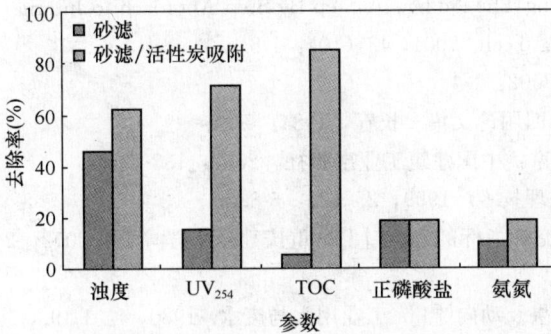

图 8-23　二级出水经砂滤和活性炭吸附后相关指标的去除率

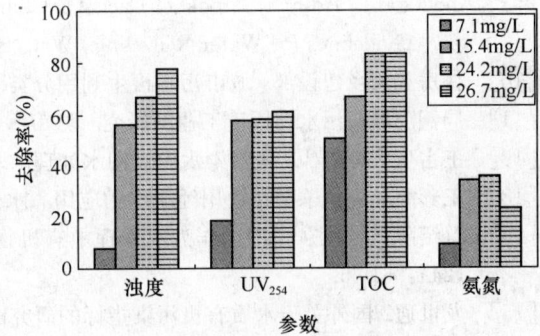

图 8-24　不同臭氧污染物去除率

经核算，采用此工艺的再生水生产成本为 0.24 欧元/m³。成本包括工程费、折旧费、运行维护费和出水水质检测费。动力消耗、耗材和人工成本占再生水生产成本的大部分。

参 考 文 献

[1] 黄国勤. 我国水资源所面临的问题与对策. 中国生态农业学报. 2001, 9 (4)：123-125.

[2] 金兆丰, 王健. 我国污水回用现状及发展趋势. 污水回用. 2001, 11：39-41.

[3] 王秀艳, 朱坦, 王启山, 彭海. 城市水循环途径及影响分析. 2003, 16 (4)：54-57.

[4] http：//www. xtjsj. gov. cn/show. aspx? id=796&cid=78. 2009.

[5] 徐国勋. 高效絮凝、沉淀、过滤技术的研究. 城市污水资源化的研究论文集. 1991：68-70.

[6] 董永生, 洪永哲. 美国污水深度处理技术. 给水排水. 1980, 7 (3)：26-30.

[7] 李左芬, 朱虹. 日本的污水再利用倾向. 给水排水技术动态. 2000, (2)：29-31.

[8] 张敬东, 张冢华. 污水处理技术的新发展. 环境技术. 1997, (6)：28-30.

[9] Anderson J, Adin A, Crook J, Dacis C. Climbing The Adder：A Step By Step Approach to International Guidelines for Water Recycling. Wat. Sci. Tech. 2001, 43 (10)：1-8.

[10] 住房和城乡建设部. 城市污水再生利用分类. 2002：1-4.

[11] 周桐. 城市污水回用于工业的研究. 城市污水回用论文集. 长春, 1984：7-11.

[12] 王占生, 刘文君. 微污染水源饮用水处理. 北京：中国建筑工业出版社, 2001：133-135.

[13] 王彩霞. 臭氧杀菌在饮用纯净水的应用. 水处理技术. 1999, 25 (2)：5-8.

[14] 蒋绍阶, 刘宗源. UV_{254} 作为水处理中有机物控制指标的意义 [J]. 重庆建筑大学学报. 2002, 2 (24)：61-65.

[15] 龙世通. 国外关于水质有机污染指标的研究成果及动向 [J]. 工业用水与废水. 1980, 4：1-19.

[16] 张瑞京. 广州及珠海污水处理厂典型抗生素污染特征研究：[学位论文]. 暨南大学, 2007.

[17] 史新斌. 城市污水中环境内分泌干扰物分布特性及处理特性：[学位论文]. 西安建筑科技大学, 2007.

[18] 赵利霞, 林金明. 环境内分泌干扰物分析方法的研究与进展 [J]. 分析试验室, 2006, 2 (25)：110-122.

[19] 谢宇, 尚晓娴, 杨莉. 水体中环境内分泌干扰物的检测及控制对策 [J]. 环境污染与防治, 2007, 5：1-8.

[20] 马春香, 边喜龙. 水质分析方法与技术 [M]. 哈尔滨：哈尔滨工业大学出版社, 2007.

[21] 张静, 寇登民. 农药残留的现代仪器分析方法 [J]. 现代仪器. 2005, 1, 8-10.

[22] Halley BA, Jacob TA, Lu AY. The environmental impact of the use of ivemectine environmental effects and fate [J], ChemosPere, 1989, 18：1543-1563.

[23] Holten Lützhft H. C, Halling. Srensen B, Jrgensen SE. Algal toxicity of antibacterial agents applied in Danish fish farming [J], Areh Environ Contami Toxieol, 1999, 36：1-6.

[24] Hirseh R, Temes T, Haberer K, et al. Determination of antibiotie in different water compartments via liquid chromatography-electrosPray tandem mass speetrometry [J], J. Chromatogr. A., 1998, 815：213-223.

[25] Saeher F, Lange FT, BrauehH-J, et al., Pharmaceuticals in ground waters analytieal methods and results of a monitoring program in Baden-Wurttemberg [J], Germany J. Chromatogr. A., 2001, 938：199-210.

[26] Sandra R, Francese B, Evap et al., Determination of antibiotic compounds in water by solid-phase

extraction-high-Performance liquid chromatography- （electrosp ray） mass spectrometry ［J］, J. Chromatogr A. , 2003, 1010: 225-232.

[27] Dirk L, Thomas A. T. , Determination of acidic pharmaeeutieals, antibiotics and ivermectin in river sediment using liquid chromatography-tandem mass spectrometry ［J］, J. Chromatogr A. , 2003, 1021: 133-144.

[28] Hilton M. J. , Thomas K. V. , Determination of seleeted human pharmaceutical compounds in effluent and surface water samples by high-performance liquid chromatography electrospray tandem mass spectrometry ［J］, J. Chromatogr. A. , 2003, 1015: 129-141.

[29] Esther T, Guy B, Adela RR, Trace enrichment of （fluoro） quinolone antibiotics in surface waters by solid-phase extraetion and their determination by liquid chromatography-ultraviolct deteetinn ［J］, J Chromatogr A, 2003, 1008: 145-155.

[30] Xiu SM, Chrls DM, Determination of pharmaceuticals in aqueous samples using positive and negative voltage switching microbore liquid chromatography /elcctrospray ionization tandem mass spectromctry ［J］, J. Mass Spectrom, 2003, 38: 27-341.

[31] Zhu J, Snow DD, Cassada DA, et al. , Analysis of oxytetracycline, tetracycline, and chlortetracycline water using solid-phase extraction and liquid chromatog-raphy tandem mass spectrometry ［J］, J. Chromatogr. A. , 2001, 928: 177-186.

[32] Undsey ME, Meyer M, Thurman EM. , analysis of trace levels of sulfonamide and tetracycline antimicrobials in ground water and surface water using solid-phase extraction and liquid chromatography/mass speetrometry ［J］. Anal. Chem. , 2001, 73: 4640-4646.

[33] Esther T, Guy B, Adela RR, Trace enrichment of （fluoro） quinolone antibiotics in surface waters by solid-phase extraetion and their determination by liquid chrornatography-ultraviolet detection ［J］, J. Chromatogr A. , 2003, 1008: 145-156.

[34] 胡冠九，王冰，孙成. 高效液相色谱法测定环境水样中 5 种四环素类抗生素残留 ［J］. 环境化学，2007, 26（1）: 106-107.

[35] 刘虹，张国平，刘丛强. 固相萃取-色谱测定水、沉积物及土壤中氯霉素和 3 种四环素类抗生素 ［J］. 分析化学, 2007. 35（3）: 315-319.

[36] EvaMG, Alfredo CA, Andreas H, et al. , Trace determination of fluoroquinolone antibacterial agents in urban waste water by solid-phase extraction and liquid chromatography with fluorescence deteetion ［J］, Anal. Chem. , 2001, 73: 3632-3638.

[37] Eva MG, Adrian S, Alfiedo CA, et al. , Determination of fluoroquinolone antibacterial agents in sewage sludge and sludge-treated soil using accelerated solvent extraction followed by solid-phase extraction ［J］. , Anal Chem. , 2002, 74: 5455-5462.

[38] 刘玉春. 水中典型抗生素测定及其在珠江广州河段的污染现状研究: ［学位论文］. 中山大学, 2006.

[39] Suliman F E O, Al Kindi S S, Al Kindy S M Z, Al Lawati H A J. J. Analysis of phenols in water by high-performance liquid chromatography using coumarin-6-sulfonyl chloride as a fluorogenic precolumn label ［J］. Chromatogr. A, 2006, 1101（1/2）: 179-184.

[40] Wu J, Tragas C, Lord H, et al. Analysis of polar pesticides in water and wine samples by automated intube solid phase microextraction coupled with high performance liquid chromatography mass spectrometry ［J］. J Chromatogr A, 2002, 976: 357.

[41] Liu JF, Liang X, Chi YG, et al. High performance liquid chromatography determination of chlorophenols in water samples after preconcentration by continuous flow liquid membrane extraction on-

line coupled with a precolumn [J]. Anal Chim Acta, 2003, 487: 129-135.

[42] Nogueira J M F, Sandra T, Sandra P. Multiresidue screening of neutral pesticides in water samples by high performance liquid chromatography-electrospray mass spectrometry [J]. Analytical Chimica Atca, 2004, 505: 209-215.

[43] 庄惠生, 叶桦珍, 王建. 反向流动注射化学发光法测定二邻苯二甲酰亚胺甲基二磺酸基酞菁锌 [J]. 分析实验室, 2002. 21: 13-15.

[44] 胡玉玲, 钟伟健, 李攻科. 固相微萃取-高效液相色谱联用分析环境水样中的氨基甲酸酯农药 [J]. 中山大学学报（自然科学版）, 2004. 43: 124-127.

[45] 谢文明, 范志先, 张玲金, 陈明. 固相萃取-高效液相色谱法快速测定土壤及水中莠去津 [J]. 岩矿测试, 2003, 2: 93-98.

[46] 奚稼轩. 固相萃取-高效液相色谱法测定饮用水中酚类化合物 [J]. 环境化学, 2004, 2: 235-236.

[47] 马军, 文刚, 邵晓玲. 城市污水处理厂各工艺阶段内分泌干扰物活性变化规律研究 [J]. 环境科学学报, 2009, 1 (29): 63-69.

[48] 林兴桃, 王小逸, 陈明, 任仁. 固相萃取高效液相色谱法测定水中邻苯二甲酸酯类环境激素 [J]. 环境科学研究, 2004, 17: 71-74.

[49] 赵进英, 辛暨华, 郭英娜, 崔秀君, 张敏, 李金昶. 固相萃取富集-高效液相色谱法分离检测水中3种苯脲除草剂 [J]. 分析化学, 2004, 32: 939-942.

[50] 陈剑刚, 赵倩铃, 连宗衍, 王月娜, 范晓军, 谭爱军. 高效液相色谱-质谱法分析测定水中氨基甲酸酯 [J]. 分析化学, 2005. 33: 1167-1170.

[51] 韩灏, 邵兵, 马亚鲁, 吴国华, 薛颖. 高效液相色谱法测定饮料类食品中的类雌激素 [J]. 色谱, 2005, 23: 176-180.

[52] Bagheri H et al. On-line trace enrichment of phenolic compounds from water using a pyrrole-based polymer as the solid-phase extraction sorbent coupled with highperformance liquid chromatography [J]. Anal Chim Acta, 2004, 513: 445-449.

[53] 汪莉, 刘红河, 李丽莎. 高效液相色谱法测定环境雌激素 [J]. 实用预防医学, 2004, 11: 360-361.

[54] 杜兵, 张彭义, 张祖麟, 余刚. 北京市某典型污水处理厂中内分泌干扰物的初步调查 [J]. 环境科学, 2004, 25 (1): 114-116.

[55] 陈明, 任仁, 王子健, 柳丽丽, 林兴桃, 张淑芬. 城市污水处理厂水样中有机氯农药残留分析 [J]. 环境科学与技术, 2006, 8 (增刊): 37-39.

[56] 林兴桃, 陈明, 王小逸, 张淑芬, 武少华, 陈莎, 王桂华, 任仁. 污水处理厂中邻苯二甲酸酯类环境激素分析 [J]. 环境科学与技术, 2004, 6, 79-81.

[57] 国家发展和改革委员会环境和资源综合利用司编撰. 工业用水与节水概论 [M]. 第一版. 北京: 中国水利水电出版社, 2004.

[58] 国家发展和改革委员会环境和资源综合利用司编撰. 重点行业用水与节水. 北京: 中国水利水电出版社, 2004.

[59] Brian J, Boman, P. ChresWilson. Understanding Water Quality Parameters for Citrus Irrigation and Drainage Systems, Institute of Food and Agricultural Sci. University of Florida.

[60] 王沙生, 高荣孚, 吴贯明 植物生理学 [M], 北京: 中国林业出版社, 1990.

[61] The Utilizations of Treated Effluent by Irrigation. EPANSW, 1995.

[62] Ayers and Westcot, Laboratory Determinations Needed to Evaluate Common Irrigation Water Quality Problems [J], 1986.

[63] Jan Kotuby Amacher, Rich Koenig, Boyd Kitchen, Salinity and Plant Tolerance. Inerstate Pub-

lishers [J]，1997.

[64] Water Reclaimed Problem Of Golf Course [M]. USGA，1997.

[65] 夏立江，王宏康. 土壤污染及其防治 [M]，南京：华东理工大学出版社，2001.

[66] 李森照，罗全发，孟维奇等. 中国污水灌溉与环境质量控制 [M]. 北京：气象出版社，1995.

[67] 杨景辉. 土壤污染与防治 [M]. 北京：科学出版社，1995.

[68] The Environment Department of BOI，Enforcent of Provisions Under The national Environmental Act [M]. Board of Investment of Sri Lank，2001.

[69] Recommended maximum concentration of selected trace elements in irrigation water，Canadian council of Ministers of the Environment [J]. 1987.

[70] Butterwick，L，N. DeOudeand K. Raymond，Safety Assessment of Boronin Aquaticand Terrestrial Environments. Ecotoxicology and Environmental Safety [J]. 1989.

[71] Mike Schnelle，Cody J. White. Nutritional Managementin Nurseries，Water Quality Handbook for Nurseries，Oklahoma Cooperative Extension Service，1997.

[72] H. G. Peterson，Field Irrigation and Water Quality [M]. Agriculture and Agri Food Canada Prairie Farm Rehabilitation Administration，1999.

[73] Crook，J，Water Reclamation and Reuse Criteria T. Asano（ed.），Waste water Reclamation and Reuse（Volume 10 of the Water Quality Management Library），Technomic Publishing Co. Inc，1998.

[74] Health Guideline of Waste water Reused in agriculture and aquaculture WHO，1989.

[75] 胡国臣，王忠. 城市污水处理厂二级出水用于城市绿化的研究 [J]. 农业环境与发展，1999，61 （3）：29-32.

[76] 王瑛，赵霞，范宗良等. 城市绿化带污水微灌技术应用研究 [J]. 甘肃环境研究与监测，2002，15 （2）：122-124.

[77] 王玉岱，杨素梅，梅君美. 用城市污水回用水灌溉园林植物的试验 [J]. 山东林业科技，1995，98 （3）：41-44.

[78] 杨建国，黄冠华，黄权中等. 污水灌溉条件下草坪草耗水规律与灌溉制度初步研究 [J]，草地学报，2003，11 （4）：329-333.

[79] 孙吉雄，韩烈保，陈学平. 用二级城市污水灌溉草坪 [J]. 草原与草坪，2001，92 （1）：36-40.

[80] 白瑛，张祖锡. 灌溉水污染及其效应 [M]. 北京：北京农业大学出版社，1988.

[81] 王琳，王宝贞. 饮用水深度处理技术 [M]. 北京：化学工业出版社，2002.

[82] 张林生. 水的深度处理与回用技术 [M]. 北京：化学工业出版社，2004，01.

[83] Tchobanoglous G，Burton F L，Stensel H D. Wastewater Engineering Treatment and Reuse [M]，北京：化学工业出版社，2004.

[84] Radcliffe J C. water recycling in Australia [R]. Victoria：Australian Academy of Technological Sciences and Engineering，2004.

[85] Lazarova，V.，Levine，B.，Sack，J.，Cirelli，G.，Jeffrey，P.，Muntau，H.，Salgot，M. and Brissaud，F. Role of water reuse for enhancing water management in Europe and Mediterranean countries. Water Science and Technology. 2001，43（10）：25-33.

[86] Earth Trends：The Environmental Information Portal，2001. "Water Resources and Freshwater Ecosystems，1999-2000." World Resources Institute，http：// earthtrends. wri. org/datatables.

[87] Barbagallo，S.，Cirelli，G. L.，and Indelicato，S. Wastewater Reuse in Italy [J]. Water，Science & Technology. 2001，43，10，43-50.

[88] 我国造纸业的"白纸黑水"何时休. 中国造纸网，2004-12-27.

[89] 徐美娟，胡惠仁等. 我国造纸工业用水现状和节水排水措施 [J]. 浙江造纸，2004，28 (1).

[90] 乔维川，李忠正. 国外制浆造纸节水及排水技术现状和进展 [J]. 国际造纸，2003，22 (4).

[91] 徐守福，迟玉祥，王绍华. 华泰集团的可持续发展之路 [J]. 纸和造纸，2003 (4).

[92] 安洪光. 火电厂节水因素分析 [J]. 中国电力企业管理，2002 (3).

[93] 陈竹君，周建斌. 污水灌溉在以色列农业中的应用 [J]. 农业环境保护，2001，20 (6)：462-464.

[94] 程先军，高占义，N. S. Jayawardane，与作物灌溉相结合的高效持续性污水处理与再利用新技术，中国水利学会 2001 年学术年会论文集，425-428.

[95] 康旺儒，农业领域的污水回用 [J]. 甘肃科技纵横，2004，33 (1)：79-86.

[96] 李芳柏，古国榜，肖锦，万洪富. 城市污水处理与农业回用辨析 [J]. 农业环境保护，1998，17 (5)：237-239.

[97] 李贵宝，杜霞. 污水资源化及其农业利用（污灌）的对策 [J]. 中国农村水利水电，2001 (11)：9-12.

[98] 李丽华，王钊. 国外废水灌溉概述 [J]. 节水灌溉，2003，5：30-32.

[99] 买永彬. 全国主要污水灌区农业环境质量普查评价 [J]. 农业环境保护，1984，(5)：1-4.

[100] 孙振杰，张乃明. 污水灌溉作物受害事故分析 [J]. 农业环境保护，1994，13 (2)：132-134.

[101] 王德荣. 污水灌溉与农用水质控制标准 [J]. 陕西环境，1996，3 (1)：17-19.

[102] 王玉庆. 中国环境污染状况和对策 [J]. 中国环境科学，1993，13 (4)：241-245.

[103] 邢丽贞，孔进. 城市污水回用于农业的技术经济分析——以以色列农业灌溉为例 [J]，环境科学与技术，2003，26 (5)：23-25.

[104] 徐方军，李培蕾. 论实施可持续污水回用战略 [J]. 水利发展研究，2002，2 (2)：6-8.

[105] 杨飞，蒋丽娟. 浅议污水灌溉带来的问题及对策 [J]. 节水灌溉，2000，第 2 期：23-25.

[106] 杨继富. 污水灌溉农业问题与对策 [J]. 水资源保护，2000，第 2 期（总第 60 期）：4-8.

[107] 曾德付，朱维斌. 我国污水灌溉存在问题和对策探讨 [J]. 干旱地区农业研究，2004，22 (4)：221-224.

[108] 曾令芳，吴小亮. 国外污水灌溉新技术 [J]. 节水灌溉，2002 年，第 3 期：34-35.

[109] 张超品，刘洪禄，吴文勇，齐志明，师彦武，再生（污）水灌溉利用研究 [J]，北京水利，2004 年第 4 期：17-19.

[110] 买文彬，顾方乔，陶战. 农业环境学 [M]. 北京：中国农业出版社，1994.

[111] 严健汉，詹重慈. 环境土壤学 [M]. 武汉：华中师范大学出版社，1985.

[112] 何增耀，叶兆杰，吴方正等. 农业环境科学概论 [M]. 上海：上海科学技术出版社，1991.

[113] 周维博，李佩成. 我国农田灌溉德水环境问题 [J]. 水科学进展，2001，12 (3)：413-417.

[114] A. N. ANGELAKIS1 M, M. H. F. MARECOS DO MONTE, A. N. Angelakisa, etc. Wastewater reclamation and reuse in Eureau countries [J]. Water Policy. 2001 (3)：47-59.

[115] ALLAN D L, JARREL W M. Proton and copper absorption to maize and soybean root cellwalls [J]. plphysiol, 1989, 89：823-832.

[116] B. Sheikh, R. C. Cooper and K. E. Israel Hygienic Evaluation of Reclaimed Water Used to Irrigate Food Crops—A Case Study [J]. Water Science and Technology, 1999, (40) 261-267.

[117] Batten G D, Wardlaw I F. Senescence and grain development in wheat plants grown with contrasting phosphorus regimes1 Austr [J]. J Plant Physiol, 1987, 14：253-265.

[118] Cotrufo M F, Ineson P, Scott A. Elevated CO_2 reduces the nitrogen concentration of p lant tissues [J]. Global Change Biol, 1998, 4：43-54.

[119] CRISTIAN B, DENN ISHB, FERNANDO C. The cellular locat ion of Cu in lichens and its effects

on mernbrane integrity and chlorophyll fluo rescence [J]. Environ &· Exper Botany, 1997, 38: 165-179.

[120] Delucia E H, Hamilton J G, Naidu SL, et al. Net primary production of a forest ecosystem with experimental CO_2 enrichment [J]. Science, 1999, 284: 1177-1179.

[121] Eeizi M. Effect of treatedw astew ater on accumulat ion of heavy metals in p lants and soil [A]. Ragab R, Pearce G, Kim J C, eta. P roceeding of Internat ional Work shop on Wastewater Reuse Management [C]. Seoul, Ko rea, 2001: 137-146.

[122] Eran Friedler Water reuse – an integral part of water resources management: Israel as a case study water policy [J], 2001 (3): 29-39.

[123] Farquhar GD, Von Caemmerer S, Berry JA. A biochemical model of photosynthetic carbon dioxide assimilation in leaves of 3-carbon pathway species [J]. Planta, 1980, 149 (1) : 78-90.

[124] G. A. Al-Nakshabandi, M. M. Saqqar, M. R. Shatanawi, etc. Some environmental problems associated with the use of treated wastewater for irrigation in Jordan [J]. Agricultural Water Management, 1997, (34) : 81-94.

[125] Genthon C, Barnola J M, Raynaud D, et al Vostok ice core: climate response to CO_2 and orbital forcing changes over the last climatic cycle [J] Nature, 1987, 329: 414-418.

[126] Gideon Oron, Claudia Campos, Leonid Gillerman, etc. Wastewater treatment, renovation and reuse for agricultural irrigation in small communities Agricultural Water Management [J]. 1999, (38) 223-234.

[127] Gummuluru S, Hobbss L A, Jana S. Physiological responses of drought tolerant and drought susceptible durum wheat genotypes1 Photosynthetica, 1989, 23: 479-485.

[128] J. D. Gregorya, R. Luggb, B. Sanders Revision of the national reclaimed water guidelines [J]. Desalination, 1996, (106) : 263-268.

[129] Kimball B A. Carbon dioxide and agricultural yield: An assemblage and analysis of 430 prior observations [J]. Agron. 1983, 75: 779-788.

[130] Morison J IL. Sensitivity of stomata and water use efficiency to high CO_2 [J]. Plant Cell Environ, 1985, 8: 467-474.

[131] O. Al-Lahham, N. M. El Assi, M. Fayyad Impact of treated wastewater irrigation on quality attributes and contamination of tomato fruit Agricultural Water Management [J]. 2003, (61): 51-62.

[132] Peet M M, Huber S C, Patterson D T. Acclimation to high CO_2 in monoecious cucumber. IICarbon exchange rates. Enzyme activities and starch and nutrient concentration [J]. Phant Physiol, 1986, 80: 63-67.

[133] Polley H W, Johnson H B, Marino B D. Increase in C3 plantwater use efficiency and biomass over glacial to p resent CO_2 concentrations [J]. Nature, 1993, 361: 60-64.

[134] R. K. X. Bastos, D. D. Mara, The bacterial quality of salad crops drip and furrow irrigated with waste stabilization pond effluent: an evaluation of the WHO guidelines [J]. Wat. Sci. Tech, 1995, 31 (12), 425-430.

[135] Rodríguez D, Andrade H F, Goudriaan J. Effect of phosphorus nutrition on tiller emergence in wheat1 [J]. Plant and Soil, 1999, 202: 283-295.

[136] Rodríguez D, Keltjens W G, Goudriaan J. Plant leaf area and assimilate production in wheat (Triticum aestivum L.) growing under low phosphorus conditions [J]. Plant and Soil, 1998, 200: 227-240.

[137] Shahalam A, A bu Zahra BM, Jaradat A. Wastewater irrigation effect on soil, crop and environment: A pilot scale study at Irbid, Jordan [J]. Water Air Soil Poll. 1998, 106 (3~4): 425-445.

[138] Smith C L, Hopmans P, Cook F J. A ccumulation of Cr, Pb, Cu, Ni, Zn and Cd in Soil Following Irrigation with Treated Urban Effluent in Australia [J]. Environmental Pollution, 1996, 94: 317-323.

[139] Vinten A J A, Mingelgrin U, Yaron B. The effect of suspended solids in wastewater on soil hydraulic conductivity: Vertical distribution of suspended solids [J]. SoilSci. Soc. Am J, 1983, 47: 408-412.

[140] 陈同斌, 郑袁明, 陈煌等. 北京市土壤重金属含量背景值的系统研究 [J]. 环境科学, 2004, 25 (1): 117-122.

[141] 丁应祥, 朱琰. 有机污染物在土壤—水体系中的分配理论 [J]. 农村生态环境, 1997, 13 (3): 42-45.

[142] 段学军, 盛清涛, 闵航. Cd 胁迫对淹水稻田土壤微生物种群数量的影响 [J]. 农业环境科学学报, 2005, 24 (3): 432-437.

[143] 冯绍元, 齐志明, 黄冠华等. 清、污水灌溉对冬小麦生长发育影响的田间试验研究 [J]. 灌溉排水学报, 2003, 22 (03): 11-14.

[144] 冯绍元, 邵洪波, 黄冠华. 重金属在小麦作物体中残留特征的田间试验研究 [J]. 农业工程学报, 2002, 18 (4): 113-115.

[145] 郭晓伟, 赵春江等. 水分对冬小麦形态, 生理特性及产量的影响 [J]. 华北农学报, 2000, 15 (4): 40-44.

[146] 韩晋仙, 马建华. 污灌区土壤-小麦系统重金属污染、迁移和积累 [J]. 生态环境, 2004, 13 (4): 578-580, 591.

[147] 黄冠华, 杨建国, 黄权中, 污水灌溉对草坪土壤与植株氮含量影响的试验研究 [J]. 农业工程学报, 2002, 18 (3): 22-25.

[148] 黄俊友, 胡晓东, 俞青荣. 污水灌溉条件下作物对土壤重金属吸收特征比较 [J]. 节水灌溉, 2005, (5): 5-7.

[149] 姜慧芳, 任小平. 干旱胁迫对花生叶片 SOD 活性和蛋白质的影响 [J]. 作物学报, 2004, 30 (2): 169-174.

[150] 李波, 林玉锁, 张孝飞等. 沪宁高速公路两侧土壤和小麦重金属污染状况 [J]. 农村生态环境, 2005, 21 (3): 50-53.

[151] 李朝霞, 赵世杰, 孟庆伟等. 不同粒叶比小麦品种非叶片光合器官光合特性的研究 [J]. 作物学报, 2004, 30 (5): 419-426.

[152] 李海华, 刘建武, 李树人等. 土壤—植物系统中重金属污染及作物富集研究进展 [J]. 河南农业大学学报, 2000, 34 (1): 30-34.

[153] 李卫民, 周凌云. 水肥对小麦生理生态的影响 [J]. 土壤通报, 2004, 35 (2): 136-141.

[154] 刘丽. 小凌河污水灌溉对水稻作物影响的分析 [J]. 辽宁城乡环境科技, 1999, 19 (1): 43-46.

[155] 刘润堂, 许建中. 我国污水灌溉现状、问题及其对策 [J]. 中国水利, 2002, (10): 125-127.

[156] 刘书运. 我国污水灌溉发展现状及存在问题研究 [J]. 沿海企业与科技, 2005, (07): 112-113.

[157] 马吉珍. 污水灌溉、污泥施用对耕地及农作物的影响 [J]. 山西水利科技, 1996, 114: 96-98.

[158] 马文丽, 韩棋. 镉胁迫对黑小麦 POD 及 SOD 同工酶的影响 [J]. 山西大学学报 (自然科学版), 2004, 27 (4): 414-417.

[159] 孟春香, 郭建华, 韩宝文. 污水灌溉对作物产量及土壤质量的影响 [J]. 河南农业科学, 1999, 3 (2): 15-17.

532

[160] 齐秀东，孙海军，郭守华. SOD-POD活性在小麦抗旱生理研究中的指向作用 [J]. 中国农学通报，2005，21（6）：230-233.

[161] 齐学斌，钱炬炬，樊向阳等. 污水灌溉国内外研究现状与进展 [J]. 中国农村水利水电，2006：13-15.

[162] 齐志明，冯绍元，黄冠华等. 清、污水灌溉对夏玉米生长影响的田间试验研究 [J]. 灌溉排水学报，2003，22（2）：36-39.

[163] 钱茜，王玉秋. 我国中水回用现状及对策 [J]. 再生资源研究，2003：27-30.

[164] 山仑，许萌. 节水农业及其生理生态基础 [J]. 应用生态学报，1991，2（1）：70-76.

[165] 邵云，姜丽娜，李向力等. 五种重金属在小麦植株不同器官中的分布特征 [J]. 生态环境，2005，14（2）：204-207.

[166] 孙正风，王金保，马京军. 宁夏污水灌溉对土壤和农产品质量的影响 [J]. 宁夏农林科技，1999，（4）：7-11.

[167] 王保莉，杨春，曲东. 环境因素对小麦苗期SOD、MDA及可溶性蛋白的影响 [J]. 西北农业大学学报，2000，28（6）：72-77.

[168] 王贵玲，蔺文静. 污水灌溉对土壤的污染及其整治 [J]. 农业环境科学学报，2003，22（2）：163-166.

[169] 王丽凤，白俊贵. 沈阳市蔬菜污染调查及防治途径研究 [J]. 农业环境保护，1994，13（2）：84-88.

[170] 王新，吴燕玉. 不同作物对重金属复合污染物吸收特性的研究 [J]. 农业环境保护，1998，17（5）：193-196.

[171] 王月福，于振文等. 水分处理与耐旱性不同的小麦光合特性及产量物质运转 [J]. 麦类作物学报，1998，18（3）：44-48.

[172] 巫常林，黄冠华，刘洪禄等. 再生水短期灌溉对土壤-作物中重金属分布影响的试验研究 [J]. 农业工程学报，2006，22（7）：91-96.

[173] 吴海卿，段爱旺等. 冬小麦对不同土壤水分的生理和形态响应 [J]. 华北农学报，1994，20（3）：92-96.

[174] 夏伟立，罗安程，周焱等. 污水处理后灌溉对蔬菜产量、品质和养分吸收的影响 [J]. 科技通报，2005，21（1）：79-83.

[175] 肖昕，冯启言，刘忠伟等. 重金属Cu、Pb、Zn、Cd在小麦中的富集特征 [J]. 能源环境保护，2004，18（3）：28-31.

[176] 谢思琴，顾宗濂，吴留松. 砷、镉、铅对土壤酶活性的影响 [J]. 环境科学，1987，8（1）：19-21.

[177] 徐红宁，许嘉琳. 土壤环境中重金属污染对小麦的影响 [J]. 中国环境科学，1993，13（5）：367-432.

[178] 许桂兰，王秀敏. 我国城市污水再生利用的现状及对策 [J]. 科技情报开发与经济，2006，16（2）：92-93.

[179] 许振柱，李长荣，陈平等. 土壤干旱对冬小麦生理特性和干物质积累的影响 [J]. 干旱地区农业研究，2000，18（1）：113-123.

[180] 闫冬春. 污水灌溉对农田土壤动物群落结构的影响 [J]. 烟台大学学报，2000，13（4）：282-285.

[181] 杨林林，杨培岭，任树梅，王成志. 再生水灌溉对土壤理化性质影响的试验研究 [J]. 水土保持学报，2006，20（2）：82-85.

[182] 袁伟，郭宗楼，袁华. 污水灌溉的研究现状及利用前景分析 [J]. 中国农村水利水电，2005，

(06)：19-21.

[183] 袁耀武，张伟，李英军等. 污水灌溉对土壤中不同微生物类群数量的影响 [J]. 节水灌溉，2003，(06)：15-17.

[184] 曾德付，朱维斌. 我国污水灌溉存在问题和对策探讨 [J]. 干旱地区农业研究，2004，22 (04)：221-224.

[185] 张钡，我国再生水农业利用的前景展望 [J]. 河北农业大学学报，2003，5 (4)：54-56.

[186] 张超品，刘洪禄，吴文勇等. 再生 (污) 水灌溉利用研究 [J]. 北京水利，2004，(4)：17-19.

[187] 张利红，李培军，李雪梅等. 镉胁迫对小麦幼苗生长及生理特性的影响 [J]. 生态学杂志，2005，24 (4)：458-460.

[188] 张永强，姜杰. 水分胁迫对冬小麦叶片水分生理生态过程的影响 [J]. 干旱地区农业研究，2001，18 (1)：57-61.

[189] 郑国生，王燾. 田间冬小麦叶片光合午休过程中的非气孔限制 [J]. 应用生态学报，2001，12 (5)：799-800.

[190] 周纪侃，席玉英，宋良汉等. 污水灌溉对蔬菜中 N，Fe，Zn，Mn 含量的影响 [J]. 山西农业科学，1997，25 (4)：55-58.

[191] 李谭笑，王仁强，曹阳华. 水景住宅的设计理念与实践 [J]. 低温建筑技术，2002，(2)：11-12.

[192] 刘猛. 城市景观水体的综合指标评价方法的研究. 学位论文，东华大学，2005.

[193] 王波，王艳飞. 城市景园水资源的可持续利用 [J]. 工业建筑，2004，34 (1)：26-28.

[194] European Environment Agency. Sustainable water reuse in Europe. Environment Issue Report, No. 9, 2001.

[195] 雷乐成，杨岳平等. 污水回用新技术及工程设计，北京：化学工业出版社，2002.

[196] 李春丽，周律. 再生水回用于景观水体的水质控制系统研究 [J]. 现代城市研究，2005 (4)：32-35.

[197] Gupta V K, Shrivastava A K, Neerat Jain. Biosorption of Chromium (Ⅵ) From Aqueous Solution by Green Algae [J]. Wat. Res., 2001, 35 (17)：4079-4085.

[198] Kairesalo T, Laine S, Luokkanen E, et al. Direct and Indirect Mechanisms behind Successful Biomanipulation [J]. Hydrobiologia, 1999, 99-106.

[199] Van Liere L, Parma S and Gulati R D. Working Group Water Quality Research Loosdreht Lakes：Its History, Structure, Research Programme, and SomeResults [J]. Hydrobiologia, 1992, 233：1-9.

[200] 周栋，王瑟澜，杨云. 景观水体 "水华" 防治措施 [J]. 净水技术，2004，23 (5)：28-31.

[201] 周霖，黄文氢，陈劲，王鸿良等. 用杀藻剂抑制湖泊蓝藻水华的尝试 [J]. 环境工程，1999，17 (4)：75-77.

[202] 沈士德. 富营养化水体景观的微生物修复研究 [J]. 江苏环境科技，2004，12 (17)：14-18.

[203] Elisabeth M G, Daniela E and Eniko I. Allelopathic activity of Ceratophyllum demersum L. and Najas marina ssp. intermedia (Wolfgang) Casper [J]. Hydrobiologia. 2003, 506-509 (1-3)：583-589.

[204] 郭迎庆. 城市景观水体的污染控制和修复技术 [J]. 环境科学与技术，2005，6 (28)：148-150.

[205] Keskinkan O, Goksu M Z, Basibuyuk M, Forster C F. Heavy Metal Adsorption Properties of a Submerged Aquatic Plant (Ceratophyllum demersum) [J]. Bioresour. Technol. 2004, 92 (2)：197-200.

[206] M. Petalaa, V. Tsiridisa, P. Samarasb, A. Zouboulisc, G. P. Sakellaropoulos. Wastewater reclamation by advanced treatment of secondary effluents [J]. Desalination, 2006, 195：9-118.

[207] 邱昌恩，况琪军，刘国祥，胡征宇. 不同氮浓度对绿球藻生长及生理特性的影响 [J]. 中国环境科学，2005，25（4）：408-411.

[208] Gupta V K, Shrivastava A K, Neerat Jain. Biosorption of Chromium（Ⅵ）From Aqueous Solution by Green Algae [J]. Wat. Res., 2001, 35（17）: 4079-4085.

[209] 刘春光，金相灿，孙凌，钟远，戴树桂，庄源益. pH 值对淡水藻类生长和种类变化的影响 [J]. 农业环境科学学报，2005，24（2）：294-298.

[210] F. Jüttner. Efficacy of bank filtration for the removal of fragrance compounds and aromatic hydrocarbons [J]. Wat. Sci. Tech. 1999, 40（6）: 123-128.

[211] 赵建伟，黄廷林，何文杰，韩宏大，周玉军. 水源水中藻类及藻毒素控制试验研究 [J]. 给水排水，2006，32（8）：24-29.

[212] 孙凌，金相灿，钟远，张冬梅，朱琳，戴树桂，庄源益. 藻型富营养化水体的治理方法 [J]. 中国给水排水，2006，17（7）：1218-1223.

[213] 包先明，陈开宁，范成新. 浮叶植物重建对富营养化湖泊氮磷营养水平的影响制 [J]. 生态环境，2005，14（6）：807-811.

[214] 李琳，刘娜娜，达良俊. 鸢尾和菖蒲不同器官对富营养化水体中 [J]. 污染与防治，2006，28（12）：901-903.

[215] Ernesto Coro and Shonali Laha. Color Removal in Groundwater through the Enhanced Softening Process [J]. Wat. Res., 2001, 35（7）: 1851-1854.

[216] Colasris E, et al. The Identification of Odorous Metabolites Produced from Algae monoculture [J]. Wat. Sci. Tech., 1995, 31（11）: 251-258.

[217] Eric M, Vrijenhonk et al. Removing particle and THM precur-sors by enhanced coagulation [J]. JAWWA, 1997, 89（5）: 64-77.

[218] M. Petala, P. Samaras, A. Kungolos, A. Zouboulis, A. Papadopoulos, G. P. Sakellaropoulos. The effect of coagulation on the toxicity and mutagenicity of reclaimed municipal effluents [J]. Chemosphere, 2006, 65: 1007-1010.

[219] Zhang M, Shi X L, Jiang L J, et al. Effects of Two Exogenous Phosphorus and Shake on the Growth of Microcystis aeruginosa [J]. Chinese Journal of Applied & Environmental biology, 2002, 8: 507-510.

[220] Hidehiro Kaneko, Akiko Shimada, Kimiaki Hirayama. Short-term algal toxicity test based on phosphate uptake [J]. Wat. Res., 2004, 38: 2173-2177.

[221] Pedersen, G. Kraemer, C. Yarish. The effects of temperature and nutrient concentrations on nitrate and phosphate uptake in different species of Porphyra from Long Island sound（USA）[J]. Journal of Experimental Marine Biology and Ecology, 2004, 12: 50-52.

[222] 王志红，崔福义等. pH 与水库水富营养化进程的相关性研究 [J]. 给水排水，2004，30（5）：38-41.

[223] 刘晓基，曹仲宏，杜琦. 臭氧在再生水处理中的应用 [J]. 环境保护，2004，4：48-50. 李海燕，吴雨川，张跃武，曾庆福. 城市景观水污染控制. 科技进展，26（3）：132-134.

[224] Shapiro J, Lamarra V, Lynch M. Biomanipulation: An Ecosystem Approach to Lake Restoration [J]. Water Quality Management through Biological Ways. Gainesville: University Press of Florida, 1975: 85-96.

[225] 云桂春，成徐州. 人工地下水回灌 [M]. 北京：中国建筑工业出版社，2004.

[226] Asano, T., Cotruvo, J. A., Groundwater recharge with reclaimed municipal wastewater: health and regulatory considerations [J]. Water Research, 2004, 38: 1941-1951.

[227] Dillon, P., Pavelic, P., Toze, S., Rinck-Pfeiffer, S., Martin, R., Knapton, A., Pidsley, D., 2006. Role of aquifer storage in water reuse [J]. Desalination, 188: 123-134.

[228] Dillon, P., Future management of aquifer recharge [J]. Hydrogeology Journal, 2005, 13 (1): 313-316.

[229] 魏娜, 程晓如, 刘宇鹏. 浅谈国内外城市污水回用的主要途径 [J]. 节水灌溉, 2006, 1: 31-36.

[230] Li, Q., Harris, B., Aydogan, C., Ang, M., Tade, M.. Feasibility of recharging reclaimed wastewater to the coastal aquifers of Perth, western Australia [J]. Process Safety and Environmental Protection, 2006, 84 (B4): 237-246.

[231] Pyne, D. G.. Fundamentals of reclaimed water ASR [A], FWEA/FDEP Reuse. Seminar, January 19, 2001.

[232] 孙国升. 加快北京应急水源开发利用支撑首都可持续发展 [J]. 北京水利, 2004, 2: 5-6.

[233] 黄金屏, 吴路阳主编. 城市污水再生利用系列标准实施指南 [S]. 北京: 中国标准出版社, 2008.

[234] 刘家祥, 蔡巧生, 吕晓俭等. 北京西郊地下水人工回灌试验研究 [J]. 水文地质工程地质, 1988, (3): 1-6.

[235] Dillon, P., 2008. Introduction to managed aquifer recharge. China-Australia managed aquifer recharge training workshop [A]. Jinan, China, October 27th-31st.

[236] Gary Amy, L Gray Wilson, Aimee Conroy. Fate of Chlorination byproducts and nitrogen species during effluent recharge and soil aquifer treatment [J], Water Environment Research, 65 (6): 726.

[237] 汪民, 吴永锋等, 污水快速渗滤土地处理 [M], 北京: 地质出版社, 1993.

[238] 城市地下水动态观测规程. CJJ/T76-98 [S], 北京: 中国建筑工业出版社, 1999.

[239] R. David G. Pyne. Artificial Recharge Developments in the United States. Proceedings of the International Conference on Groundwater, Drought [J], Pollution, and Management. 1994. 1-3.

[240] 王洪涛. 多孔介质污染物迁移动力学 [M]. 北京: 高等教育出版社, 2008.

[241] 高拯民, 李宪法. 城市污水土地处理利用设计手册 [S]. 北京: 中国标准出版社, 1991, 25-419.

[242] Marie Light. 地下回灌工程 [A]. 城市污水资源化及地下回灌技术国际研讨会文集. 中国, 北京, 2000: 20-75.

[243] 杜少敏, 姜英俊, 王国春 [J]. 抽水试验中的参数计算问题. 黑龙江水专学报. 1994, 4: 9-15.

[244] H. Bouwer. Predicting infiltration and mounding, and managing problem soils, Artificial recharge of groundwater water [R]. Peters et al., (eds) 1998, Balkema, Rotterdam, ISBN 90 5809 0175, 149-154.

[245] Wu, F. C., Cai, Y. R., Evans, D., Dillon, P., 2004. Complexation between Hg (II) and dissolved organic matter in stream waters: An application of fluorescence spectroscopy [J]. Biogeochemistry, 71 (3): 339-351.

[246] Swietlik, J., Dabrowska, A., Raczyk-Stanislawiak, U., Nawrocki, J., 2004. Reactivity of natural organic matter fractions with chlorine dioxide and ozone [J]. Water Research, 38 (3): 547-558.

[247] 赵振业, 肖贤明, 李丽等. 2002. 水体中不同相对分子质量有机质对饮用水消毒的影响 [J]. 环境科学, 23 (6): 140-144.

[248] 薛爽, 赵庆良, 魏亮亮等. 2007. 土壤含水层处理对溶解性有机物及三卤甲烷前体物的去除 [J]. 科学通报, 52 (14): 1635-1643.

[249] 陈茂福, 吴静, 律严励等. 2008. 城市污水的三维荧光指纹特征 [J]. 光学学报, 28, (3): 578-582.

[250] Wu, J., Pons, M. N., Potier, O., 2006. Wastewater fingerprinting by UV-visible and synchronous fluorescence spectroscopy [J]. Water Science and Technology, 53 (4/5): 449-456.

[251] Coble, P. G., Green, S. A., Blough, N. V., Gagosian, R. B., 1990. Characterization of dissolved organic matter in the Black sea by fluorescence spectroscopy [J]. Nature, 348 (6300): 432-435.

[252] 赵南京, 刘文清, 刘建国等. 2005. 不同水体中溶解有机物的荧光光谱特性研究 [J]. 光谱学与光谱分析, 25 (7): 1077-1079.

[253] Vanderzalm, J. L., Le Gal La Salle, C., Dillon, P. J., 2006. Fate of organic matter during aquifer storage and recovery (ASR) of reclaimed water in a carbonate aquifer [J]. Applied Geochemistry, 21: 1204-1215.

[254] Lindroos, A. J., Kitunen, V., Derome, J., Helmisaari, H. S., 2002. Changes in dissolved organic carbon during artificial recharge of groundwater in a forested esker in Southern Finland [J]. Water Research, 36: 4951-4958.

[255] Li, C. W., Korshin, G. V., Benjamin, M. M., 1998. Monitoring DBP formation with different UV spectroscopy [J]. Journal of American Water Works Association, 90 (8): 88-100.

[256] Zhao, Y., 2004. Modeling of membrane solute mass transfer in NF/RO membrane systems [D]. Orlando: University of Central Florida: 33-34.

[257] Chen, W., Westerhoff, P., Leenheer, J. A., Booksh, K., 2003. Fluorescence excitation-emission matrix regional integration to quantify spectra for dissolved organic matter [J]. Environmental Science and technology, 2003, 37: 5701-5710.

[258] 王丽莎, 胡洪营, 藤江幸一. 2008. 污水氯和二氧化氯消毒过程中溶解性有机物变化的三维荧光光谱解析 [J]. 环境科学, 28 (7): 1524-1528.

[259] Wolfe AP, Kaushal SS, Fulton J R, Mcknight, D. M., 2002. Spectrofluorescence of sediment humic substances and historical changes of lacustrine organic matter provenance in response to atmospheric nutrient enrichment [J]. Environmental Science and Technology, 2002, 36 (15): 3217-3223.

[260] 傅平青, 吴丰昌, 刘丛强. 洱海沉积物间隙水中溶解有机质的地球化学特性 [J]. 水科学进展, 2005, 16 (3): 338-344.

[261] McKnight, D. M., Boyer, E. W., Westerhoff, P. K., Doran, P. T., Kulbe, T., Andersen, D. T., 2001. Spectrofluorometric characterization of dissolved organic matter for indication of precursor organic materials and aromaticity [J]. Limnology and Oceanography, 46 (1): 38-48.

[262] Kedziorek, M. A. M., Geoferiau, S., Bourg, A. C. M., 2008. Organic matter and modeling redox reactions during river bank filtration in an Alluvial aquifer of the lot river, France [J]. Environmental Science and Technology, 42: 2793-2798.

[263] Wassenaar, L. I., Aravena, R., Fritz, P., Barker, J. F., 1991. Controls on the transport and carbon isotopic composition of dissolved organic carbon in a shallow groundwater system, Central Ontario. Canada. Chemical geology, 87: 39-57.

[264] Li, Q., Harris, B., Aydogan, C., Ang, M., Tade, M., 2006. feasibility of recharging reclaimed wastewater to the coastal aquifers of Perth, western Australia. Process Safety and Environmental Protection, 84 (B4): 237-246.

[265] Marcelo Juanico, Eran Friedler. Wastewater reuse for river recovery in semi-arid Israel [J]. Wat. Sci. Tech, 1999, 40 (4-5): 43-50.

[266] 城市污水再生利用系列标准实施指南. 北京: 中国标准出版社, 2008.

[267]　Texas Natural Resource Conservation Commission，Chapter 210-Use of Reclaimed Water，1997，2.

[268]　Guidelines for urban and residential use of reclaimed water. Recycled Water Coordination Committee [M]，New South Wales，Australia，2003.

[269]　胡洪营. 污水再生利用指南. 北京：化学工业出版社，2008.

[270]　鲁燕宁、刘慧娟. 再生水在电厂中的应用与系统设计 [J]. 电力勘测设计. 2008，2：73-76.

[271]　《工业用水及其水质管理》（修订版），日本，1972.

[272]　张杰、张富国、王国瑛. 提高城市污水再生水水质的研究 [J]. 给水排水. 1997，3（13）：19-21.

[273]　武东文、刘政修. 城市再生水在燃煤热电厂在循环冷却水系统中的应用 [J]. 华北电力技术. 2009，4：31-34.

[274]　黄金屏，吴路阳等.《城市污水再生利用系列标准实施指南》 [M]. 北京：中国标准出版社，2008.

[275]　刘政修、陈振华. 城市再生水在循环冷却水系统中的应用 [J]. 全面腐蚀控制. 2008，2（22）：34-38.

[276]　赵尔军、刘琳、唐福生、王秀朵、周霭、王舜和、王瑞. 关于现行再生水水质标准和规范执行情况的讨论 [J]. 给水排水. 2007，12（33）：120-125.

[277]　金建华，孙书洪，王仰仁. 再生水灌溉研究进展 [J]. 节水灌溉. 2009，5：30-34，38.

[278]　田文龙，刘瑶环. 我国污水处理事业的现状和发展趋势，水利工程网.

[279]　马敏，黄占斌. 再生水农业灌溉的现状及发展趋势 [J]. 节水灌溉，2006，5：43-46.

[280]　马福生，刘洪禄，吴文勇，郝仲勇，许翠平，马志军. 再生水灌溉对冬小麦根冠发育及产量的影响 [J]. 农业工程学报. 2008，2（24）：57-63.

[281]　徐应明，周其文，孙国红，魏益华，孙扬，秦旭. 再生水灌溉对甘蓝品质和重金属累积特性影响研究 [J]. 灌溉排水学报. 2009，2（28）：13-16.

[282]　杨林林，杨培岭，任树梅，王成志. 再生水灌溉对土壤理化性质影响的试验研究 [J]. 水土保持学报. 2006，2（20）：82-85.

[283]　侯贤贵，杨培岭，任树梅. 再生水灌溉对土壤盐碱性影响的大田试验研究 [J]. 灌溉排水学报. 2009，2（28）：17-20.

[284]　刘洪禄，吴文勇，郝仲勇，师彦武，许翠平，刘超. 再生水灌溉水质安全性分析与评价研究 [J]. 灌溉排水学报. 2008，6（27）：9-12.

[285]　王丽影，杨金忠，伍靖伟，周发超. 再生水灌溉条件下氮磷迁移转化实验与数值模拟 [J]. 地球科学—中国地质大学学报. 2008，2（33）：266-272.

[286]　乔丽. 再生水农田灌溉生态效应研究 [学位论文]. 首都师范大学，2006.

[287]　黄冠华. 再生水农业灌溉安全的有关问题研究 [J]. 中国农业科技导报. 2007，9（1）：26-35.

[288]　乔丽，宫辉力，赵文吉，宫兆宁. 再生水农业灌溉的研究 [J]. 北京水利. 2005，4：13-15.

[289]　潘力军，王俊起，王友斌，廖岩. 再生水农业灌溉卫生安全性问题 [J]. 中国卫生工程学. 2007，3（6）：160-161，164.

[290]　徐立群. 微动力学混凝沉淀工艺理论与技术 [J] 中国科协 2005 年学术年会论文集. 2005，32～37.

[291]　严煦世，范瑾初，许保玖等. 给水工程（第 4 版）. 北京：中国建筑工业出版社，1999.

[292]　张自杰. 排水工程（下册，第 4 版）. 北京：中国建筑工业出版社，2000.

[293]　陆正禹，马世豪，李军，周律，周军，甘一萍，马金等. 水污染防治工程基础与实践. 北京：化学工业出版社，2009.

[294] 王洪臣，杨向平，周军，应启锋，曾德勇等. 城市污水再生利用于工业冷却的工艺技术及示范工程论文集. 北京：2007.

[295] 北京市政设计院. 给水排水设计手册第 5 册. 城市排水（第二版）. 北京：中国建筑工业出版社，2004.

[296] Design of Municipal wastewater Treatment Plants. Water Environment Federation, Alexandria, VA. and American Society of Civil Engineers, Reston, VA. 1998. 16-61-16-94.

[297] 周彤. 污水回用决策与技术. 北京：化学工业出版社，2001. 125-142.

[298] Buzell J. C. , Sawyer C. N. Removal falgal nutrients from wastewater with lime. Water Pollution Control Federation, 1967, 39 (10)：R16-R24.

[299] Malhotra Sudershan Kumar. Nutrient removal from secondary effluent by flocculation and lime pre-cipitation. [PHD thesis]. The University of Wisconsin-Madison, 1963.

[300] Malhotra S. K. , Lee G. Fred, Rohlich G. A.. Nutrient removal from alum flocculation and lime precipitation. Oxford：Pregamon Press. 1964.

[301] Berg Edward Louis. Single-stage lime clarification of secondary effluent. [M. S. thesis]. The University of Cincinnati, 1971.

[302] ENVIROTECH CORP. Treatment of sewage waste water with lime to remove phosphates. U. S. Patent 3947350-A, 1976.

[303] AMERICAN COLLOID CO. Removing dissolved phosphates from waste-water. U. S. Patent 3575852-A, C. A. Patent 901912-A, C. H. Patent 508558-A 1971.

[304] BSP CORP. Lime reclamation from sewage. Z. A. Patent 7000793-A, C. A. Patent 935971-A, 1970.

[305] [苏] E·Д·巴宾科夫著，郭连起译. 论水的混凝. 北京：中国建筑工业出版社，1982，258-260.

[306] 汪大翚，徐新华，宋爽. 工业废水中专项污染物处理手册. 北京：化学工业出版社，2000，238-246.

[307] 唐建国，林洁梅. 化学除磷的设计计算. 给水排水，2000，26 (9)：17-21.

[308] 羊寿生. 物化除磷工程方案比较. 给水排水，2001，27 (3)：8-11.

[309] James V. Bothe Jr, Paul W. Brown. Arsenic immobilization by calcium arsenate formation. Environ. Sci. Technol. , 1999, 33 (21)：3806-3811.

[310] Tofflemire T. J. , Hetling L. J.. Chemical-Physical wastewater treatment Phase I, The low lime process. J. Wat. Pollut. Control Fed. , 1973, 45 (2)：210-220.

[311] Tofflemire T. J. , Hetling LEO J.. Chemical-physical wastewater treatment-phase I, The low lime process. Preprint, Presented at the water pollution control federation conference, 44th session 22. 1971, (4)：57.

[312] Tofflemire T. J. , Hetling L. J.. Treatment of a combined wastewater by the low-lime process. J. Wat. Pollut. Control Fed. , 1973, 45 (2)：210-220.

[313] Marani D. , Di Pinto, A. C. , Ramadori R. , Tomei M. C.. Phosphate removal from municipal wastewater with low lime dosage. Environmental Technology, 1997, 18 (2)：225-230.

[314] Shanableh A.. Wastewater treatment using lime and sea salt brine. Arab Gulf Journal of Scientific Research, 1998, 16 (1)：15-29.

[315] Rybicki S. M. , Kurbiel J.. Development of design criteria for the chemical precipitation process applied in Cracow wastewater reclamation system. Water Sci. & Technol. , 1991, 24 (7)：175-183.

[316] Goel P. K. , Chaudhuri, M.. Manganese-aided lime clarification of municipal wastewater. Water

Research, 1996, 30 (6): 1548-1550.

[317] Lolos G., Skordilis A., Parissakis, G. J.. Polluting characteristics and lime precipitation of olive mill. ENVIRON. SCI. HEALTH, PART A: ENVIRON. SCI. ENG., 1994, A29 (7): 1349-1356.

[318] Caceres L.. Municipal wastewater treatment by lime/ferrous sulfate and dissolved air. Water Science and Technology, 1993, 27 (11): 261-264.

[319] Gambrill M. P., Mara D. D., Oragui J. I., Silva S. A.. Wastewater Treatment for Effluent Reuse: Lime-Induced Removal of Excreted Pathogens. Water Science and Technology, 1989, 21 (3): 79-84.

[320] Halverson N. V.. Capital Costs of Lime Treatment at the Augusta Wastewater Treatment Plant. Springfield VA 22161, as DE89-001418. Report No. DPST-88-747. 1988.

[321] Sisk L., Benefield L., Reed B.. Orthophosphate Removal from a Synthetic Wastewater Using Lime, Alum, and Ferric Chloride. Separation Science and Technology, 1987, 22 (5): 1471-1501.

[322] DuPont A.. Lime Disinfection of Wastewater Sludges. Municipal Sewage Treatment Plant Sludge Management. Proceedings of the National Conference held 1989, Boston, Massachusetts. Sludge Management Series No. 17. Hazardous Materials Control Research Inst., Silver Spring, Maryland. 1987. 114-121.

[323] Caceres L.. Comparsion of lime and alum treatment of municipal wastewater. Water Sci. & Technol., 1993, 27 (11): 261-264.

[324] Tara Hun. Successful water reclamation project spurs county to propose additional system. Water Environ. & Technol., 1998, 10 (6): 22-28.

[325] [美] R・L・卡尔普, G・M・魏斯纳, G. L. 卡尔普. 张中和译. 城市污水高级处理手册. 北京: 中国建筑工业出版社, 1986, 33-34.

[326] Mueller Paul, Danzer Joe, Wable Milind V., et al. Advanced chemical phosphorous removal by direct filtration without tertiary clarifiers. Water Environment Federation: Alexandria, Va. 1999 WEFTEC' 99, Annu. Conf. Expo., 72nd: 2175-2187.

[327] Misbahuddin Mohammed, El-Rehaili Abdullah. Phosphorous removal from trickling filter effluents by fly ash. Eng. Sci., 1995, 7 (2): 185-198.

[328] Buhr Heinrich O., Lee Mary C, Leveque Eric. G, et al. Reinventing activated sludge treatment for biological phosphorous removal. Water Environment Federation: Alexandria, Va. 1999 WEFTEC' 99, Annu. Conf. Expo., 72nd: 1310-1317.

[329] Mogens Henze, Poul Harremos, Jes la Cour Jansen, Erik Arvin. Wastewater Treatment Biological and Chemical Process. 污水生物与化学处理技术 (第二版). 国家城市给水排水工程技术中心译. 北京: 中国建筑工业出版社, 1999, 216-243.

[330] 郑兴灿, 李亚新. 污水除磷脱氮技术. 北京: 中国建筑工业出版社, 1998, 284-329.

[331] Jrgen Bever, Andreas Stein, Hanns Teichmann. Weitgehende Abwasserreinigung. 现代德国除磷脱氮技术. 袁国文编译. 青岛: 中德城市污水处理培训中心, 2000, 76-78.

[332] 国家环境保护总局科技标准司编著. 城市污水处理及污染防治技术指南. 北京: 中国环境科学出版社, 2001, 258-260.

[333] Buzell J. C., Sawyer C. N.. Removal of algal nutrients from wastewater with lime. J. Wat. Pollut. Control Fed., 1967, 39 (10): R16-R24.

[334] Hill A. G.. Feasibility of Treating Municipal Wastewater by Lime Clarification and Pressure Ozonation (Phase One and Phase Two). Springfield Virginia 22161, as PB87-187373/AS. 1983.

[335] Anthony A. S.. Lime in Wastewater Treatment. Effluent and Water Treatment Journal, 1982, 22 (6): 244.

[336] Aratani T., Yahikozawa K., Matoba H., Yasuhara S., Yano T.. Conditions for the Precipitation of Heavy Metals from Wastewater by the Lime Sulfurated Solution (Calcium Polysulfide) Process. Bulletin of the Chemical Society of Japan, 1978, 51 (6): 1755-1760.

[337] Parker D. S., L. A. Fuente, EDE Britt L. O.. Lime use in wastewater treatment: Design and cost data. Springfield, VA 22161, AS PB-248 181, Environmental protection agency, REPORT EPA-600/2-75-038, OCTOBER 1975, p298.

[338] Johnson W. E.. Use of lime-soda ash softening sludge for the treatment of municipal wastewater. Available from the national technical information service, Springfield, VA 22161 AS PB-243 913, 1971, p47.

[339] 郑俊, 吴浩汀. 曝气生物滤池工艺的理论与工程应用 [M]. 北京: 化学工业出版社, 2004, 10.

[340] 马军, 邱立平. 曝气生物滤池及其研究进展. 环境工程, 2002, 20 (3): 7-11.

[341] 赵益杰. 曝气生物滤池在城市处理工程中的应用, 四川大学硕士毕业论文. 2007, 10-16.

[342] 张忠波, 陈吕军, 胡纪萃. 新型曝气生物滤池-Biostyr, 给水排水, 2002, 26 (10): 15-18.

[343] 同济大学出版社. 废水生化处理. 1999, 52-64.

[344] Dennis Mcnevin, John Barford. Inter-relationship between Adsorption and pH in Peat Biofilters in the Context of a Cation-Exchange Mechanism. Wat. Res. 2001, 35 (3): 736-744.

[345] S. Villaverde, P. A. García-Encina, F. Fdz-Polanco. Influence of pH over Nitrifying Biofilm Activity in Submerged Biofilters. Wat. Res.. 1997, 31 (5): 1180-1186M. Rodger. Organic Caobon Removal Using a New Biofilm Reactor. Wat. Sci. Tech.. 1999, 33 (6): 1495-1499.

[346] G. R. Dillon, V. K. Thomas. A Pilot-scale Evaluation of the 'Biocarbone Process' for the Treatment of Settled sewage and for Tertiary Nitrification of Secondary Nitrification of Secondary Effluent. Wat. Sci. Tech.. 1990, 22 (1/2): 305-316.

[347] S. Villaverde, F. Fdz-Polanco, P. A. Garci. Nitrifying Biofilm Acclimation to Free Ammonia in Submerged Biofilters Start-Up Influence. Wat. Res.. 2000, 34 (2): 602-610.

[348] C. S. Huang, N. E. Hopson. Metal Inhibition of Nitrification. In Proc. 37th. Ind. Waste Conf.. Purdue University, Indiana. 1982, 85-98.

[349] D. L. Ford. Comprehensive Analysis of Nitrification of Chemical Processing Wastewaters. J. W. P. C. F.. 1980, 52 (11): 2726-2746.

[350] A. C. Anthonisen. R. C. Loehr, T. B. S. Prakasam, E. G.. Srinath. Inhibition of Nitrification by Ammonia and Nitrous Acid. J. W. P. C. F. 1976, 48 (5): 835-852.

[351] U. Abeling, C. F. Seyfried, Anaerobic – Aerobic Treatment of High-Strength Ammonium Wastewater Nitrogen Removal via Nitrite. Wat. Sci. Tech.. 1992, 26 (5-6): 1007-1015.

[352] 方士, 李筱焕. 高氨氮味精废水的亚硝化/反亚硝化脱氮研究. 环境科学学报. 2001, 21 (1): 79-82.

[353] 刘雨, 赵庆良, 郑兴灿. 生物膜法污水处理技术. 北京: 中国建筑工业出版社, 2000, 128-143.

[354] Lars J. Hem, BjØrn Rusten, Hallvard Ødegaard. Nitrification in A Moving Bed Biofilm Reactor. Wat. Res.. 1994, 28 (6): 1425-1433.

[355] Bo FrØlund, Rikke Palmgren, Kristian Keiding, Per Halkj? r Nielsen. Extraction of Extracellular Polymers from Activated Sludge Using A Cation Exchange Resign. Wat. Res.. 1996, 30 (8): 1749-1758.

[356] C. Isvanathan, T. T. H. Nhien. Study on Aerated Biofilter Process under High Temperature

Conditions. Environ. Technol. 2001, 16: 301-304.

[357] Y. Le. Bihan, P. Lessard. Microbiological Study of A Trickling Biofiltration Process: Representativeness of Washwaters and Vertical Distribution of Heterotrophic Aerobic Bacteria. Environ. Technol.. 1998, 555-566.

[358] Yann Le Bihan, P. Lessard. Monitoring Biofilter Clogging: Biochemical Characteristics of the Biomss. Wat. Res.. 2000, 34 (17): 4284-4294.

[359] H. Carlson Kenneth, L. Amy. Gary. Bom Removal during Biofiltration. AWWA, 1998, 11: 42-51.

[360] 污水深度处理中的生物强化过滤技术研究. 曹相生. 哈尔滨工业大学工学博士论文. 2003, 65-78.

[361] P Chudoba and R Pujel. A Three-Stage Biofiltration Process: Performances of a Pilot Plant. Wat Sci Tech. 1998, 38 (8~9): 257-265.

[362] F Sequret and Y Reacautt. Hydrodynamic Behavior of a Full-Scall Submerged Biofilter and its Possible Influence on Performances. Wat Sci Tech. 1998, 38 (8~9): 249-256.

[363] Slim Zaghal, et al. Process Control for Nutrient Removal Using Lemella Sedim entation and Floating Midia Filtration. Wat Sci Tech. 1998, 38 (3): 227-23.

[364] Timmermans P, Van Haute A. Denitrification with methanol [J]. Water Res. , 1983, 17: 1249-1255.

[365] MaeDonad D V, Denitrification by an expanded bed biofilm reaetor [J]. Res. J. Water Poll. Control Fed. 1990, 2: 796-802.

[366] Miehel Hamon, Elaine Fustec. Labolotory and field study of an in situ ground water denitrication reaetor [J]. Res. J water Poll. Control. Fed. , 1991, 63: 942-949.

[367] Keisuke Hanaki, Chongehin Polprasert. Contribution of methanogenesis to denitrification with an up flow filter [J]. J. water Poll. Control Fed. 1989, 61: 1604-1611.

[368] Chongrak Polprasert, Park H S. Effluent denitrifieation with anaerobic filters [J]. Water Res. 1986, 20: 1015-1021.

[369] AKUNNK J C, et al. Nitrate and Nitrite Reductions with Anaerobic Sludge Using Various Carbon Sources Glucose, Glycerol, Acetic acid, Lactic acid and methanol [J]. Wat Res, 1993, 27 (8): 1303-1312.

[370] 金雪标等. 饮用水中 NO_3^- 去除 [J]. 上海环境科学, 1997, 16 (11): 28-31.

[371] 王占生等. 微污染水源饮用水处理 [M]. 北京: 中国建筑工业出版社, 1999.

[372] 徐亚同. 不同碳源对生物反硝化的影响 [J]. 环境科学, 1994, 15 (2): 29-32.

[373] Hermann W. Bange. New Directions: The importance of oceanic nitrous oxide emissions [J]. Atmospheric Environment. 2006, 40: 198-199.

[374] Stephen Punshon, Robert M. Moore. Nitrous oxide production and consumption in a eutrophic coastal embayment [J]. Marine Chemistry. 2004, 91: 37-51.

[375] Tim Rasmussen, Ben C, Joann Sanders-Loehr, et al. , 2000. The Catalytic Center in Nitrous Oxide Reductase, Cuz, Is a Copper-Sulfide Cluster [J]. Biochemistry, 39: 12573-12576.

[376] Brown, K. , Fesefeldt, A. , Gliesche, C. G. , et al. , 2000. A novel type of catalytic copper cluster in nitrous oxide reducatase [J]. Nature Structural Biology, 7 (3): 191-195.

[377] 徐亚同. 生物反硝化除氮研究 [J]. 环境科学学报, 1994, 14 (04): 445-453.

[378] 阎宁, 金雪标, 张俊清. 甲醇与葡萄糖为碳源在反硝化过程中的比较 [J]. 上海师范大学学报, 2002, 31 (3): 41-44.

[379] Keller J, Subramaniam K, Gosswein J, Greenfield PF. Nutrient removal from industrial wastewater using single tank sequencing batch reactors [J]. Wat Sci Tech. 1997, 35: 137-144.

[380] Helmer C, Kunst S. Simultaneous nitrification/denitrification in an aerobic biofilm system [J], Wat Sci Tech. 1998, 37: 183-187.

[381] Klangduen Pochana, Jurg Keller, Paul Lant. Model development for simultaneous nitrification and denitrification [J]. Wat Sci Tech. 1999, 39 (1): 235-243.

[382] Zhang DJ, Lu PL, Long TR, Verstraete Willy. The integration of methanogensis with simultaneous nitrification and denitrification in a membrane bioreactor [J]. Process Biochemistry. 2005, 40: 541-547.

[383] Robertson LA, Kuenen JG. Aerobic denitrification: a controversy revived [J]. Arch. Microbiol. 1984, 139: 347-354.

[384] Baumann B, Snozzi M, Zehnder AJB and van der Meer JR. Dynamics of denitrification activity of Paracoccus denitrificans in continuous culture during aerobic-anaerobic changes [J]. J. Bacteriol. 1996, 178: 4367-4374.

[385] Hibiya K, Terada A, Tsuneda S, Hirata A Simultaneous nitrification and denitrification by controlling vertical and horizontal microenvironment in a membrane-aerated biofilm reactor [J], J. Biotechnol. 2003, 100: 23-32.

[386] Patureau D, Godon JJ, Dabert P, Bouchez T, Bernet N, Delgenes JP, and Moletta R. Microvirgula aerodenitrificans gen. nov., sp. nov., a new gram-negative bacterium exhibiting co-respiration of oxygen and nitrogen oxides up to oxygen saturated conditions [J]. Int J Sys Bacteriol. 1998, 48: 775-782.

[387] Hu TL, Kung KT. Study of heterotrophic nitrifying bacteria from wastewater treatment systems treating acrylonitrile, butadiene and styrene resin wastewater [J], Wat. Sci. Tech. 2000, 42: 3-4, 315-322.

[388] D. Castignetti, H. C. Thomas. Heterotrophic Nitrification among Denitrifiers [J]. Apllied Environmental Microbiology. 1984, 47 (4), 620-623.

[389] L. A. Robertson, N. E. W. J. Van, R. A. M. Torremans and J. G. Kuenen. Simultaneous Nitrification and Denitrification in Aerobic Chemostat of Thiosphaera Pantotrpha [J]. Apllied Environmental Microbiology. 1988, 54 (11): 2812-2818.

[390] Gupta AB. Thiosphaera pantotropha: a sulphur bacterium capable of simultaneous heterotrophic nitrification and aerobic denitrification [J]. Enzyme and microbial technology. 1997, 21: 589-595.

[391] Priyali Sen and Steven K. Dentel. Simultaneous Nitrification-Denitrification in a Fluidized Bed Reactor [J]. Wat. Sci. Tech. 1998, 38 (1): 247-254.

[392] N. Puznava, M. Payraudeau and D. Thornberg. Simultaneous Nitrification and Denitrification in Biofilters with Real time Aeration Control [J]. Wat. Sci. Tech. 2001, 43 (1): 269-276.

[393] Kazuaki Hibiya, Akihiko Terada, Satoshi Tsuneda and Akira Hirata. Simultaneous Nitrification and Denitrification by Controlling Vertical and Horizontal Microenvironment in a Membrane-Aerated Biofilm Reactor [J]. Journal of Biotechnology. 2003, 100 (1): 23-32.

[394] Klangduen Pochana and Jürg Keller. Study of Factors Affecting Simultaneous Nitrification and Denitrification (SND) [J]. Wat. Sci. Tech. 1999, 39 (6): 61-68.

[395] C. Collivignarelli and G. Bertanza. Simultaneous Nitrification-Denitrification Processes in Activated Sludge Plants: Performance and Applicability [J]. Wat. Sci. Tech. 1999, 40 (4-5): 187-194.

[396] Muller EB, Stouthamer AH, van Verseveld HW. (1995) Simultaneous NH_3 oxidation and N_2 pro-

duction at reduced O_2 tensions by sewage sludge subcultured with chemolithotrophic medium [J]. Biodegradation. 6: 339-349.

[397] Strous M, Kuenen JG, Jetten MSM. Key physiology of anaerobic ammonium oxidation [J]. Appl Environ Microbiol. 1999, 65: 3248-3250.

[398] Fux C, Boehler M, Huber P, Brunner I, Siegrist H. Biological treatment of ammonium-rich wastewater by partial nitritation and subsequent anaerobic ammonium oxidation (Anammox) in a pilot plant [J]. J. Biotechnol. 2002, 99: 295-306.

[399] Sliekers AO, Third KA, Abma W, Kuenen JG, Jetten MSM. CANON and Anammox in a gas-lift reactor [J]. FEMS Microbiology Letters. 2003, 218: 339-344.

[400] Dapena-Mora A, Campos JL, Mosquera-Corral A, Jetten MSM, Méndez R. Stability of the ANAMMOX process in a gas-lift reactor and a SBR [J]. Journal of Biotechnology. 2004, 110: 159 - 170.

[401] 张树德, 刘欣, 郑志军, 张杰. 低基质质量浓度条件下 ANAMMOX 生物滤池脱氮效果研究 [J]. 北京工业大学学报. 2009, 35 (4): 504-508.

[402] 张树德, 李捷, 杨宏, 张杰. 缺氧生物膜滤池的自养脱氮性能研究 [J]. 中国给水排水. 2005, 21 (10): 58-60.

[403] 田智勇, 李冬, 杨宏, 张立成, 张树德, 张杰. 上向流厌氧氨氧化生物滤池的启动与脱氮性能 [J]. 北京工业大学学报. 2009, 35 (4): 509-515.

[404] 张树德. 生物滤池硝化及自养脱氮特性研究: 博士学位论文. 北京工业大学, 2006.

[405] Alon Singer, Shmuel Parnes, Amit Gross, Amir Sagi, Asher Brenner. A novel, approach to denitrification processes in a zero-discharge recirculating system for small-scale urban aquaculture [J]. Aquacultural Engineering. 39 (2008) 72-77.

[406] Kramer J P, Wouters J W, Anink D M E, et al. Biologische denitrifi catie: proefresultaten met continue zandfiltratie [J]. H twee O, 1997, 13 (1): 419-421.

[407] 张自杰等. 排水工程 [M]. 第四版. 北京: 中国建筑工业出版社, 2000.

[408] 梅特卡夫和埃迪公司. 废水工程处理及回用 [M]. 北京: 化学工业出版社, 2004.

[409] 严煦世, 范瑾初. 给水工程 [M]. 第四版. 北京: 中国建筑工业出版社, 1999.

[410] Ives K J. Filtration Studied With Endoscopes [J]. Wat Res, 1989, 23 (7): 861-868.

[411] Amirtharajah A. Some Theoretical and Conceptual Views of Filtration [J]. JAWWA, 1988, 80 (12): 36-44.

[412] O'melia C R. Particles Pretreatment and Performance in Direct Filtration [J]. JEED, ASCE, 1985, 114 (6): 874-890.

[413] Moran M C, et al. Particle Behavior in Deeper-Bed Filtration: Part2-Particle Detachment [J]. JAWWA, 1993, 85 (12): 82-93.

[414] 许保玖. 给水处理理论 [M]. 北京: 中国建筑工业出版社, 2000.

[415] 许保玖, 安鼎年. 给水处理理论与设计 [M]. 北京: 中国建筑工业出版社, 1992.

[416] 许保玖, 范瑾初. 给水工程 [M]. 北京: 中国建筑工业出版社, 1999.

[417] Sembi S, Ives K J. Optimisation of size-graded water filters [J]. Filtr. & Separ., 1983, 5: 396-402.

[418] 阮如新. 滤料粒度对过滤的影响 [J]. 给水排水, 1997, 23 (11): 15-17.

[419] S. Kawamura. Design and Operation of High-Rate Filter [J]. JAWWA, 1999, 91 (12): 77-90.

[420] Greeley, Hansen. Pilot Fiter Test Report for Sourth Water Purification Plant (draft) [M]. Chicago, 1995.

[421] 张宇. 均质滤料过滤技术研究—滤料粗径和滤层厚度对过滤特性的影响关系研究：[学位论文]. 西安建筑科技大学，2004.

[422] 范瑾初. 滤池反冲洗理论和实际反冲洗强度的控制 [J]. 水处理技术，1985，11（2）：25-28.

[423] 李圭白. 深层滤床的高效反冲洗问题. 中国给水排水 [J]. 1985，1（2）：3-8.

[424] 张俊贞，邓彩玲，安鼎年. 滤池气水反冲洗的数学模型 [J]. 中国给水排水，1997，13（3）：10-13.

[425] 邹伟国，朱月海. 滤池气水反冲洗应用技术研究 [J]. 中国给水排水，1996，12（1）：10-13.

[426] Iwasaki T. Some notes on sand filtration [J]. J Am Water Works Assoc. 1937，29：1591-1602.

[427] E. A. Stephan, G. G. Chase. A preliminary examination of Zeta potential and deep bed filtration activity [J]. Separation and purification Technology. 2001，21：219-226.

[428] Todd A C, Somerville J E, Scott G. The application of depth of formation damage measurements in predicting water injecting decline. SPE12498，1984.

[429] Houi D, Lenormand R. Particle accumulation at the surface of a filter [J]. Filtr. & Separ.，1986，238：238-241.

[430] Imdakm A O, Sahimi M. Transport of large particles inflow through porous media [J]. Phys. Rev.，1987，A36：5304-5309.

[431] Burganos V N, Paraskeva C A, Payatakes A C. Three-dimensional trajectory analysis and network simulation of deep bed filtration [J]. J. Coll. Int. Sci.，1992，148（1）：167-181.

[432] Burganos V N, Paraskeva C A, Payatakes A. C. Monte carlo network simulation of horizontal up-flow and down-flow depth filtration [J]. AIChE J.，1995，41（2）：272-285.

[433] Amirtharajah A. Some theoretical and conceptual views of filtration [J]. J AWWA, 1988，80（12）：36-46.

[434] 栾兆坤，李科，雷鹏举. 微絮凝—深床过滤理论与应用的研究 [J]. 环境化学，1997，16（6）：590-599.

[435] Yao K, Habibian M T. and O' Melia C. R. Waste water filtration：concepts and application [J]. Environ. Sci. and Tech.，1971，5：1105-1112.

[436] Habibian M J, O'Melia. Particles, Polymers and Performance in filtration [J]. J. of Environ. Engr. Div.，Proceedings of American Society of Civil Engineers，1975，101：567-583.

[437] 李三中. 微絮凝—直接过滤处理水库水的探讨 [J]. 中国给水排水，1997，13（5）：17.

[438] 周北海，王占生. 砂滤床直接过滤机理的研究 [J]. 中国给水排水，1994，10（2）：15-17.

[439] 李科，栾兆坤. 微絮凝—直接过滤采用聚合铝处理低浊低温水研究 [J]. 中国给水排水，1998，14（6）：1-4.

[440] 栾兆坤. 微絮凝—深床直接过滤及工艺参数研究 [J]. 中国给水排水，2002，18（4）：14-18.

[441] 王志石. 微观的化学过滤理论的发展. 水体颗粒物和难降解有机物的特性及国外污染技术原理（第一集）[M]. 1994：112.

[442] 李桂平，栾兆坤. 微絮凝—直接过滤工艺在城市污水深度处理中的应用研究 [J]. 环境污染治理技术与设备，2002，3（4）：65-68.

[443] 陈宇畅，唐三连，邵林广等. 普通快滤池与 V 型滤池的性能比较 [J]. 供水技术，2007，1（5）：1-3.

[444] 王健，欧阳剑，曹伟新等. 法国均质滤料滤池的设计特点 [J]. 中国给水排水，2006，22（20）：45-48.

[445] 张锐锋. V 型滤池中国化的设计与实践 [J]. 化工设计，1997（4）：28-31.

[446] 中国市政工程东北设计研究院. 给水排水设计手册（第 3 册）城镇给水 [M]. 第二版. 北京：中

国建筑工业出版社，2004.

[447] 王争元，徐强，胡宝娣. V 型滤池反冲洗排水系统的设计探讨 [J]. 中国给水排水，2001，17 (2)：50-52.

[448] 康守卫. 水厂 V 型滤池的自动化控制设计 [J]. 地下水，2008，30 (5)：114-115.

[449] 王东，马景辉，张红丽等. DynaSand 活性砂过滤器在市政中水回用中的应用. 工业水处理，2006，26 (9)：59-61.

[450] 孟玉. 连续砂过滤工艺及其在水处理中的应用 [J]. 中国资源综合利用，2006，24 (10)：21-23.

[451] Kramer J P, Wouters J P. Dynasand filtration for drinking water production [J]. J Water SRT-Aqua, 1993, (2)：97-104.

[452] 刘希佳，杨林. 上流式移动床过滤器工作参数对过滤效果的影响 [J]. 大连轻工业学院学报，2005，24 (1)：60-63.

[453] 陈志强，吕炳南，温沁雪等. 内循环连续式砂滤器的微絮凝过滤试验 [J]. 中国给水排水，2002，18 (1)：45-49.

[454] 陈志强，荣宏伟，吕岩松等. 滤池工作参数对连续式砂滤器处理效果的影响 [J]. 哈尔滨工业大学学报，2001，33 (6)：777-784.

[455] 刘立刚，王可慰，张益壮. 全自动盘片式过滤器在水处理技术中的应用 [J]. 化工设备与防腐蚀，2002，5 (6)：414-415

[456] 林和坤，周珩. 盘片式过滤器的原理及使用方法 [J]. 工业用水与废水，2002，33 (3)：44-47.

[457] 张勇. 水过滤新技术-盘片式水过滤器的原理与应用 [J]. 节能，2003，252：43-44.

[458] 时钧，袁权，高从堦. 膜技术手册 [M]. 北京：化学工业出版社，2001.

[459] 于丁一，宋澄章，李航宇. 膜分离工程及典型设计实例 [M]. 北京：化学工业出版社，2004.

[460] 周正立. 反渗透水处理应用技术及膜水处理剂 [M]. 北京：化学工业出版社，2005.

[461] （荷兰）Marcel Mulder. 膜技术基本原理 [M]. 第二版. 李琳译. 北京：清华大学出版社，1999.

[462] 王湛，周翀. 膜分离技术基础 [M]. 第二版. 北京：化学工业出版社，2006.

[463] 王雪松. 膜分离技术及其应用 [M]. 北京：科学出版社，1994.

[464] 王晓琳，丁宁. 反渗透和纳滤技术与应用 [M]. 北京：化学工业出版社，2005.

[465] 冯逸仙，杨世纯. 反渗透水处理工程 [M]. 北京：中国电力出版社，2000.

[466] 张葆宗. 反渗透水处理应用技术 [M]. 北京：中国电力出版社，2004.

[467] 郑领英，王学松. 膜技术 [M]. 北京：化学工业出版社，2000.

[468] 张玉忠，郑领英，高从堦. 液体分离膜技术及应用 [M]. 北京：化学工业出版社，工业装备与信息工程出版中心，2004.

[469] Richard W. Baker. Membrane Technology and Applications [M]. Second Edition. West Sussex：John Wiley & Sons, Ltd, 2004.

[470] 环国兰，张宇峰，杜启云. 膜污染分析及防治 [EB/OL]. 天津工业大学材料化工学院，2001 [2009-6-10]. www.chinacitywater.org.

[471] Rautenbach R. 膜工艺——组件和装置设计基础（王乐夫译） [M]. 北京：化学工业出版社，1998.

[472] Amy G, Cho J. Interactions between natural organic matter (NOM) and membranes：rejection and fouling [J]. Water science and technology, 1999, 40 (9)：131-139.

[473] Mänttäri M, Nuortila-Jokinen J, Nyström M. Influence of filtration conditions on the performance of NF membranes in the filtration of paper mill total effluent [J]. Journal of Membrane Science, 1997, 137 (1-2)：187-199.

[474] Van der Bruggen B, Vandecasteele C. Removal of pollutants from surface water and groundwater

by nanofiltration: overview of possible applications in the drinking water industry [J]. Environmental Pollution, 2003, 122 (3): 435-445.

[475] 吴舜泽，王宝贞. 荷电纳滤膜对有机物的分离 [J]. 水处理技术，2000，26 (5): 249-252.

[476] 吴舜泽，王宝贞. 荷电纳滤膜对无机物的分离 [J]. 水处理技术，2000，26 (5): 253-257.

[477] 陈翠仙，韩宾兵，尚天刚等. 渗透物小分子在致密高聚物膜内传递行为的研究（I）扩散行为的分类和描述 [J]. 膜科学与技术，2000，20 (2): 1-4.

[478] 周金盛，陈观文. 纳滤膜技术的研究进展 [J]. 膜科学与技术，1999，19 (4): 1-10.

[479] Marcel M. 膜技术基本原理（第二版）（李琳译）[M]. 北京：清华大学出版社，1999.

[480] 王晓琳，张澄洪，赵杰. 纳滤膜的分离机理及其在食品和医药行业中的应用 [J]. 膜科学与技术，2000，20 (1): 29-36.

[481] Wijmans J G, Baker R W. The solution-diffusion model: a review [J]. Journal of Membrane Science, 1995, 107 (1-2): 1-21.

[482] Smit J A M. Reverse osmosis in charged membranes. Analytical predictions from the space-charge model [J]. Journal of Colloids and Interfacial Science, 1989, 132 (2): 413-424.

[483] 王晓琳，中尾真一. 纳滤膜的电解质截留率及其带电特性 [J]. 南京化工大学学报，1999，21 (2): 11-14.

[484] Pappenheimer J R. Passage of molecules through capillary walls [J]. Physiological Reviews, 1953, 33 (3): 387-423.

[485] Renkin E M. Filtration, diffusion and molecular sieving through porous cellulose membranes [J]. Journal of General Physiology, 1954, 38 (2): 225-232.

[486] Wang X L, Tsuru T, Tocoh M, et al. Evaluation of Pore Structure and Electrical Properties of Nanofiltration Membranes [J]. Journal of Chemical Engineering of Japan, 1995, 28 (2): 186-192.

[487] Wang X L, Tsuru T, Nakao S, et al. The electrostatic and steric-hindrance model for the transport of charged solutes through nanofiltration membranes [J]. Journal of Membrane Science, 1997, 135 (1): 19-32.

[488] Bowen W R, Mukhtar H. Characterisation and prediction of separation performance of nanofitration membranes [J]. Journal of Membrane Science, 1996, 112 (2): 263-274.

[489] Bowen W R, Mohammad A W, Hilal N. Characterisation of nanofiltration membranes for predictive purposes-use of salts, uncharged solutes and atomic force microscopy [J]. Journal of Membrane Science, 1997, 126 (1): 91-105.

[490] Labbez C, Fievet P, Szymczyk A, et al. Theoretical study of the electrokinetic and electrochemical behaviors of two-layer composite membranes [J]. Journal of Membrane Science, 2001, 184 (1): 79-95.

[491] Soltanieh M, Mousavi M. Application of charged membranes in water softening: modeling and experiments in the presence of polyelectrolytes [J]. Journal of Membrane Science, 1999, 154 (1): 53-60.

[492] 王晓琳，丁宁. 反渗透和纳滤技术与应用 [M]. 北京：化学工业出版社，2005.

[493] 王蓉. 纳滤在城市污水处理中的应用 [J]. 给水排水，2002，28 (12): 5-9.

[494] Smith C W, et al. The use of ultrafiltration membrane for activated sludge separation. In: Proceeding of the 24th Annual Purdue Industrial Waste Conference. Purdue University, West Lafayette, Indiana, USA, 1969, 1300-1310.

[495] Stephenson T, Judd S, Jefferson B, et al. Membrane bioreactors for wastewater treatment. London, IWA Publishing, 2000.

[496] 黄霞. 膜-生物反应器污水处理与回用技术的研究与应用 [C]. 全国城市污水再生利用经验交流和技术研讨会. 2003.

[497] 岑运华. 日本水综合再生利用系统 90 计划的进展概要 [J]. 环境科学研究, 1990, 3 (2): 50.

[498] 顾国维, 何义亮. 膜生物反应器-在污水处理中的研究和应用 [M]. 北京: 化学工业出版社, 2002.

[499] Yamamoto K, Hiasa M, Mahamood T, et al. Direct solid-liquid separation using hollow fiber membrane in an activated sludge aeration tank. Wat. Sci. Tech., 1989, 21: 43-54.

[500] S. Chaize. Membrane Bioreactor on Domestic Wastewater Treatment Sludge Production and Modeling Approach [J]. Wat. Sci. Tech, 1991, 23 (7-9): 1591-1600.

[501] Chiemchaisri C. Yamamoto K. Vigneswaran S Household Membrane Biorector in Domestic Wastewater Treatiment 1993 (1).

[502] Harada H, Momonoi K, et al. Application of anaerobic UF membrane reactor for treatment of a wastewater containing high strength particulate organics [J]. Wat. Sci. Tech., 1994, 30 (12): 307-319.

[503] Zhang Boran. Seasonal change of microbial population and activities in a building wastewater reuse system using a membrane separation activated sludge process [J]. Wat Sci Tech, 1991, 34 (5-6): 295-302.

[504] 岑运华. 膜生物反应器在污水处理中的应用 [J]. 水处理技术, 1991, 17 (5): 319-323.

[505] 郑祥, 魏源送, 樊耀波等. 膜生物反应器在我国的研究进展 [J]. 给水排水, 2002, 28 (2): 105-110.

[506] 郑祥, 魏源送, 樊耀波等. 膜生物反应器在我国的研究及应用 [C]. 2001 年全国工业用水与废水处理技术交流会, 2001.

[507] 樊耀波, 王菊思, 姜兆春. 膜-生物反应器净化石油化工污水的研究 [J]. 环境科学学报, 1997, 17 (1): 68-74.

[508] 顾平, 姜立群, 杨造燕. 中空膜生物床处理生活污水中的中试研究 [J]. 中国给水排水, 2000, 16 (3): 3-8.

[509] 李红兵, 顾国维, 谢维民. 中空纤维膜生物反应器处理生活污水的特性 [J]. 环境科学, 1999, 20 (2): 53-56.

[510] 王锦, 王晓昌, 石诚. 膜的污染及其控制方法 [J]. 给水排水, 2000, 26 (9): 78-80.

[511] 郑祥, 樊耀波. 影响 MBR 处理效果及膜通量的因素研究 [J]. 2002, 18 (1): 19-22.

[512] 桂萍, 黄霞. 膜生物反应器运行条件对膜过滤特性的影响 [J]. 环境科学, 1999, 21 (2): 38-41.

[513] 刘锐, 黄霞, 王志强等. 一体式膜-生物反应器的水动力学特性 [J]. 环境科学, 2000, 21 (5): 47-50.

[514] 刘锐, 黄霞, 钱易等. 一体式膜-生物反应器处理生活污水的中试研究 [J]. 给水排水, 1999, 25 (1): 1-4.

[515] 刘锐, 黄霞, 陈吕军等. 一体式膜-生物反应器处理洗浴污水 [J]. 给水排水, 2001, 17 (1): 5-8.

[516] 李静, 杜启云, 戴海平. 污水处理中膜生物反应器的研究进展 [J]. 天津工业大学学报, 2003, 22 (6): 18-21.

[517] 于振生, 魏艳平, 顾平等. 膜分离技术在污水处理中的研究与应用 [J]. 河北煤炭建筑工程学院学报, 1997, 1: 29-32.

[518] 陈福泰, 范正虹, 黄霞. 膜生物反应器在全球的市场现状与工程应用 [J]. 中国给水排水,

2008，24（8）：14-18.

[519]　蔡亮，杨建州，白志辉. 全球膜生物反应器污水处理系统工程应用现状与展望［J］. 中国建设信息. 水工业市场，2007，12：31-36.

[520]　Frost and Sullivan MBR：A Buoyant Reaction in Europe［R］. US：Frost and Sullivan，2003.

[521]　Frost and Sullivan Europe Report：Introduction and Executive Summary［R］. US：Frost and Sullivan，2005.

[522]　魏源送，郑祥，刘俊新. 国外膜生物反应器在污水处理中的研究进展［J］. 工业水处理，2003，23（1）：1-7.

[523]　杨建州，黄千调. 中国膜生物反应器技术市场发展. 中国水网，2008.

[524]　黄霞，桂萍，范晓军等. 膜生物反应器废水处理工艺的研究进展［J］. 环境科学研究，1998，11（1）：40-44.

[525]　Ghyoot W，Vandaele S，Verstraete W. Nitrogen removal from sludge reject water with a membrane-assisted bioreactor［J］. Wat. Res.，1999，33（1）：23-32.

[526]　徐又一，徐志康等. 高分子膜材料［M］. 北京：化学工业出版社，2005.

[527]　时钧，袁权，高从堦. 膜技术手册［M］. 北京：化学工业出版社，2001.

[528]　王从厚. 膜技术术语辞典［M］. 北京：化学工业出版社，2008.

[529]　Simon Judd，Claire Judd. 膜生物反应器-水和污水处理的原理与应用［M］. 陈福泰，黄霞译. 北京：科学出版社，2009.

[530]　李亚新. 活性污泥法理论与技术［M］. 北京：中国建筑工业出版社，2007.

[531]　彭永臻，张自杰. 活性污泥法处理系统中温度对动力学常数的影响［J］. 环境科学学报，1990，10（2）：226-232.

[532]　郑兴灿，李亚新. 污水脱氮除磷技术［M］. 北京：中国建筑工业出版社，1998.

[533]　Henze Christensen M and Harremoës P. Biological Denitrification of Sewage. A literature review［J］. Progress in Water Technology，1977，8（4/5）：509-555.

[534]　姜体胜，杨琦，尚海涛等. 温度和 pH 值对活性污泥法脱氮除磷的影响［J］. 环境工程学报，2007，1（9）：10-14.

[535]　Buisson H，Cote P，Praderie M，Paillard H. The Use of Immersed Membranes for Upgrading Wastewater Treatment Plants［J］. Water Sci. Technol，1998，37（9），89-95.

[536]　杨宗政，顾平，张晓霞. MBR 的 DO 分布及其对污染物去除的影响［J］. 中国给水排水，2004，20（8）：54-57.

[537]　封莉，张立秋，吕炳南. 污泥浓度对膜生物反应器运行特性的影响研究［J］. 哈尔滨工业大学学报，2003，35（3）：307-310.

[538]　陈卫文，顾平，刘锦霞. MBR 对不同分子质量有机物的去除规律［J］. 中国给水排水，2003，19（2）：43-45.

[539]　封莉，张立秋，马放等. 膜堵塞机理研究与膜阻力测定［J］. 环境工程，2002，20（3）：75-77.

[540]　赵建伟，丁蕴铮，苏丽敏等. 膜生物反应器及膜污染的研究进展［J］. 中国给水排水，19（5）：31-34.

[541]　罗敏，王占生，侯立安. 纳滤膜污染的分析与机理研究［J］. 水处理技术，1998，24（6）：318-322.

[542]　杨宗政，顾平. 膜生物反应器运行中的膜污染及其控制［J］. 膜科学与技术，2005，25（2）：80-84.

[543]　Thomas H，Judd S，Murrer J. Fouling characteristics of membrane filtration in membrane bioreactor［J］. J. Mem. Sci.，2000，2000（122）：10-13.

[544] 陈俊平，杨昌柱，葛守飞等. 膜生物反应器在污水处理过程中的膜污染控制 [J]. 净水技术，2005，24 (3)：38-44.

[545] 桂萍，莫罹，黄霞. 一体式膜-生物反应器中膜污染过程的动态分析 [J]. 环境污染治理技术与设备，2004，5 (2)：24-28.

[546] 张树国，顾国维，吴志超. 膜生物反应器中污泥特性对膜污染的影响研究 [J]. 工业水处理，2003，23 (12)：8-12.

[547] Defrance L, Jaffrin M Y, et al. Contribution of various constituents of activated sludge to membrane bioreactor fouling [J]. Bioresource Tech, 2000, 73 (2): 105-112.

[548] Bouhabila E H, et al. Fouling characterisation in membrane bioreactors [J]. Sep Purif Tech, 2001, 22 (23): 123-132.

[549] 殷峻，陈英旭. 膜生物反应器中的膜污染问题 [J]. 环境污染治理技术与装备，2001，2 (3)：62-68.

[550] 王志良，吴志超，李国平等. 膜生物反应器中膜污染的研究 [J]. 污染防治技术，2003，16 (4)：4-6.

[551] 王琳，李世峰，孙磊. MBR 中微生物对膜污染的影响研究 [J]. 广西轻工业，2007，4：10-11.

[552] Huang X, Liu R, Qian Y. Behaviour of soluble microbial pruducts in membrane bioreactor [J]. Process Biochem, 2001, 36 (5): 401-406.

[553] Chang I S, Lee C H. Membrane filtration characteristics in membrane coupled activated sludge system-the effect of physiological states of activated sludge on membrane fouling [J]. Desalination, 1998, 120 (3): 221-233.

[554] 刘锐，黄霞，范彬等. 膜-生物反应器中溶解性微生物产物的研究进展 [J]. 环境污染治理技术与设备，2002，3 (1)：1-7.

[555] Wisniewski C, Grasmick A. Floc size distribution in a membrane bioreactor and consequences for membrane fouling [J]. Colloids and Surfaces, 1998, 138: 403-411.

[556] 王勇，孙寓姣，黄霞. 丝状菌对膜-生物反应器中膜污染过程的影响 [J]. 中国环境科学，2004，24 (2)：247-251.

[557] Hideke Harada, et al. Application of anaerobic-UF membrane reactor for treatment of a wastewater containing high strength particulate organics [J]. Water Sci. Technol, 1996, 30 (12): 307-319.

[558] Visvanathan C, Yang B S, Muttamara S, et al. Application of air backflushing technique in membrane bioreactor [J]. Water Sci. Technol, 1997, 36 (12): 259-266.

[559] 黄圣散，吴志超. 膜生物反应器次临界通量运行的膜污染特性研究 [J]. 环境污染与防治，2005，27 (7)：512-514.

[560] 邹联沛，王宝贞等. 膜生物反应器中膜的堵塞与清洗机理研究 [J]. 给水排水，2000，26 (9)：73-75.

[561] 张颖，吴亿宁，任南琪. 运行方式对缓解 SMBR 膜污染的影响研究 [J]. 东北农业大学学报，2003，34 (3)：258-261.

[562] 赵奎霞，张传义. MBR 中膜污染的全过程控制方法 [J]. 河北工程技术高等专科学校学报，2003，1：12-15.

[563] 秦恒，张甲耀. 一体式膜生物反应器的膜污染及对策 [J]. 环境科学与技术，2003，26 (6)：46-48.

[564] 刘锐，汪诚文，钱易. 影响一体式好氧膜生物反应器膜清洗周期的几个因素 [J]. 环境科学，1998，19 (4)：27-29.

［565］ 张颖，顾平，邓晓钦. 膜生物反应器在污水处理中的应用进展［J］. 中国给水排水，2002，18（4）：90-92.

［566］ 曾一鸣. 膜生物反应器技术［M］. 北京：国防工业出版社，2007.

［567］ 黄霞，莫罹. MBR 在净水工艺中的膜污染特征及清洗［J］. 中国给水排水，2003，19（5）：8-12.

［568］ Boyd, G. R. , Reemtsma, H. , Grimm, D. A. , Mitra, S. . Pharmaceuticals and personal.

［569］ Care products (PPCPs) in surface and treated waters of Louisiana, USA and Ontario, Canada. Sci. Total Environ. , 2003, 311: 135-149.

［570］ Daughton, C. . Non-regulated water contaminants: emerging research. Environ. Impact Assessment Review, 2004, 24: 711-732.

［571］ Pedersen, J. A. , Yeager, M. A. , Suffet, I. H. . Xenobiotic organic compounds in runoff from fields irrigated with treated wastewater. Agric. Food Chem. , 2003, 51 (5): 1360-1372.

［572］ Boyd, G. R. , Palmeri, J. M. , Zhang, S. , Grimm, D. A. . Pharmaceuticals and personal care products (PPCPs) and endocrine disrup ting chemicals (EDCs) in stormwater canals and Bayou St. John in New Orleans, Louisiana, USA. Sci. Total Environ. , 2004, 333 (1-3): 137-148.

［573］ 陈炳衡，朱惠刚，屈卫东. 世界卫生组织饮用水质量基准简介环境与健康杂志，2000，17（4）：247-252.

［574］ Asano, T. Wastewater reclamation and reuse, Water Pollution Control Federation, Washington, 1988.

［575］ Freachem, R. G, Bradley, D. J, Garelick, H. , Mara D. D. . Sanitation and disease: Health Aspects of excreta and wastewater management, published for the world Bank by John Wiley and Sons, New York, 1983.

［576］ Madigan, M. T. , Martinko, J. M. , Parker, J.. Brock biology of microorganisms, 9th Ed. Prentice-Hall, Upper Saddle River NJ, 2000.

［577］ Rutishauser, B. V. , Pesonen, M. , Escher, B. I. , Ackermann, G. E. , Aerni, H. R. , Suter, M. J. F. , Eggen, R. I. L. . Comparative analysis of estrogenic activity in sewage treatment plant effluents involving three in vitro assays and chemical analysis of steroids. Environ. Toxi. Chem. , 2004, 23 (4): 857-864.

［578］ Rankouhi, T. R. , Sanderson. J. T. , van Holsteijn, I. , van Leeuwen, C. , Vethaak, A. D. , van den Berg, M. . Effects of Natural and Synthetic Estrogens and Various Environmental Contaminants on Vitellogenesis in Fish Primary Hepatocytes: Comparison of Bream (Abramis brama) and Carp (Cyprinus carpio) Toxi. Sci. 2004, 81 (1): 90-102.

［579］ Sanderson, J. T. , Letcher, R. J. , Heneweer, M. , Giesy, J. P. , van den Berg M. . Effects of chloro-s-triazine herbicides and metabolites on aromatase activity in various human cell lines and on vitellogenin production in male carp hepatocytes. Environmental Health Perspective. 2001, 109 (10): 1027-1031.

［580］ Gray, L. E. , Xenoendocrine disrupters: Laboratory studies on male reproductive effects. Toxicology letters, 1998, 103: 331-335.

［581］ Oda, Y. , Nakamura, S. , Oki, I. , Kato T. , Shinagawa H. . Evaluation or the new system (umu-test) fot the detection of environmental mutagens and cacinogens. Mutation Res. 1985, 147: 219-229.

［582］ Georg Reifferscheid, Jürgen Heil. . Validation of the SOS/umu test using test results of 486 chemicals and comparison with the Ames test and carcinogenicity data. Mutation Research/Genetic Toxicology, 1996, 369 (3-4): 129-145.

[583] 王尔松. 视黄酸受体及其信号转导机制. 国外医学. 生理. 病理科学与临床分册，1999，19 (6)：472-475.

[584] Michael D., Collins, Gloria, E. Mao.. Teratology of retinoids. Annual Reviews in Pharmacology and Toxicology, 1999, 39：399-430.

[585] 魏东斌，胡洪营. 污水再生回用的水质安全指标体系. 中国给水排水，2004，20 (1)：36-39.

[586] 何星海，马世豪. 再生水的卫生安全问题探讨. 给水排水，2004，30 (3)：3-4.

[587] 国家环境保护总局. 水和废水监测分析方法（第四版） [M]. 北京：中国环境科学出版社，2002.

[588] 周本省. 工业冷却水系统中金属的腐蚀和防护，第一版. 北京：化学工业出版社，1993，10.

[589] Griese MH, Hanser K, Berkemeier M, et al. Using reducing agents to eliminate chlorite dioxide and chlorite ion residuals in drinking water (J). AWWA, 1991, 83：56- 61.

[590] 杨志泉，周少奇. ClO_2 饮水消毒过程中副产物的形成与控制（J). 环境与健康. 2003，20 (6)：372-374.

[591] 中国环境科学出版社. 水和废水分析监测方法，第四版.

[592] 陈金秋，薛玉榕，林立旺. 多因子联合消毒应用研究进展（J). 海峡预防医学杂志，1997，(3) 卷第 3 期：65-66.

[593] 梅滨，王晓兰. 磁分离技术在我国废水处理中的研究进展 [J]. 四川环境，2003，22 (3)：4-7.

[594] 赵明慧，周集体，邵冬梅. 磁化学技术在水处理中的应用 [J]. 环境污染治理技术与设备，2003，4 (4)：80.

[595] 吴克宏，都的箭，唐志坚. 磁分离技术在水处理中的物理作用分析 [J]. 给水排水，2001，27 (9).

[596] 张洪林. 车屑螺旋状填充质 HGMS 处理 FCC 废催化剂 [J]. 石油化工，1999，28 (4)：243-246.

[597] 杨昌柱，王敏，濮文虹. 磁技术在废水处理中的应用 [J]. 化工环保，2004，24 (6)：412-415.

[598] 张朝升. [J]. 利用大梯度磁滤器处理水中有害物质及藻类的研究. 广州大学学报，2001，15 (2)：82-85.

[599] Tozer, Hugh G., First Full-scale CoMag System Meets 0. 05 mg/l Phosphorus Treatment Goal, Proceedings of the Water Environment Federation, WEFTEC 2008：Session 41 through Session 50，3631-3638 (8).

[600] Tozer, Hugh G., Study of five Phosphorus Removal Processes Select CoMag™ to Meet Concord, Massachusetts' Stringent New Limits, Proceedings of the Water Environment Federation, Nutrient Removal 2007, 1492-1509 (18).

[601] 孙巍，李真，吴松海，贾绍义，磁分离技术在污水处理中的应用，磁性材料及器件，2006，6-10.

[602] Orica Ltd. Watercare, www. miexresin. com .

[603] Cook, D., Chow, C., Drikas, M., 2001. Laboratory study of conventional alum treatment versus MIEX® treatment for removal of natural organic matter. Proceedings, Canberra, Australia：19th Federal AWA Convention, April 1-4.

[604] Hamm, E., Bourke, M., 2001. Application of magnetized anion exchange resin for removal of DOC at Coldiron Watkins Memorial water treatment plant in Danville, KY. Proceedings, Nashville, USA：AWWA Water Quality Technology Conference, 11-15 November.

[605] Singer, P. C., Bilyk, K., 2002. Enhanced coagulation using a magnetic ion exchange resin [J]. Water Res. 36, 4009-4022.

[606] Hugues Humbert, H. G., Hervé Suty, Jean-Philippe Croué (2005) Performance of selected anion exchange resins for the treatment of a high DOC content surface water [J]. Water Research 39, 1699-1708.

[607] Rong Zhang, S. V., Huu Hao Ngo, H. Nguyen (2006) Magnetic ion exchange (MIEX®) resin as a pre-treatment to a submerged membrane system in the treatment of biologically treated wastewater [J]. Desalination 192, 296-302.

[608] Mehmet Kitis, B. L. H., Nevzat O. Yigit, Mehmet Beyhan, Hung Nguyen, Beryn Adams (2007) The removal of natural organic matter from selected Turkish source waters using magnetic ion exchange resin (MIEX) [J]. Reactive & Functional Polymers 67, 1495-1504.

[609] Philip C. Singer, K. B. (2002) Enhanced coagulation using a magnetic ion exchange resin [J]. Water Research 36, 4009-4022.

[610] David A. Fearing, J. B., Soizic Guyetand, Carmen Monfort Eroles, Bruce Jefferson, Derek Wilson, Peter Hillis, Andrew T. Campbell, Simon A. Parsons (2004) Combination of ferric and MIEX® for the treatment of a humic rich water [J]. Water Research 38, 2551-2558.

[611] Rolando Fabris, E. K. L., Christopher W. K. Chow, Vicki Chen, Mary Drikas (2007) Pre-treatments to reduce fouling of low pressure micro-filtration (MF) membranes [J]. Journal of Membrane Science 289 231-240.

[612] Crouè, J. -P., Martin, B., Deguin, A., Legube, B., 1993. Isolation and characterization of dissolved hydrophobic and hydrophilic organic substances of a reservoir water. In: Natural Organic Matter in Drinking Water, Origin, Characterization and Removal, Chamonix, France: AWWARF NOMWorkshop Proceedings, September19-22.

[613] Eikebrokk, B., 1999. Coagulation-direct filtration of soft, low alkalinity humic waters [J]. Water Sci. Technol. 40 (9), 55-62.

[614] Arne Genz, B. B., Mandy Goernitz, Martin Jekel 2008 NOM removal by adsorption onto granular ferric hydroxide: Equilibrium, kinetics, filter and regeneration studies [J]. Water Research 42, 238-248.

[615] Arne Genz, B. B., Mandy Goernitz, Martin Jekel 2008 NOM removal by adsorption onto granular ferric hydroxide: Equilibrium, kinetics, filter and regeneration studies [J]. Water Research 42, 238-248.

[616] Arne Genz, A. K., Martin Jekel 2004 Advanced phosphorus removal from membrane filtrates by adsorption on activated aluminium oxide and granulated ferric hydroxide [J]. Water Research 38, 3523-3530.

[617] Badruzzaman, M., Westerhoff, P., Knappe, D. R. U., 2004. Intraparticle diffusion and adsorption of arsenate onto granular ferric hydroxide (GFH)[J]. Water Res. 38 (18), 4002-4012.

[618] Amy, G. L., Chen, H. W., Drizo, A., Von Gunten, U., Brandhuner, P., Hund, R., Chowdhury, Z., Kommeni, S., Sinha, S., Jekel, M., Banerjee, K., 2004. Adsorbent treatment technologies for arsenic removal, AWWARF Project Report # 2731, November 2004.

[619] Das, D. P., Das, J., Parida, K., 2003. Physicochemical characterization and adsorption behavior of calcined Zn/Al hydrotalcite-like compound (HTlc) towards removal of fluoride from aqueous solution [J]. Colloid Interface Sci. 261, 213-220.

[620] Eva Kumar, A. B., Minkyu Ji, Woosik Jung, Sang-Hun Lee, Sun-Joon Kim, Giehyeon Lee, Hocheol Song, Jae-Young Choi, Jung-Seok Yang, Byong-Hun Jeon, 2009, Defluoridation from aqueous solutions by granular ferric hydroxide (GFH) [J]. Water Research, 43, 490-498.

[621] Genz, A., Baumgarten, B., Goernitz, M., Jekel, M., 2008. NOM removal by adsorption onto granular ferric hydroxide: Equilibrium, kinetics, filter and regeneration studies [J]. Water Res. 42 (1-2), 238-248.

[622] Jekel, M., Seith, R., 2000. The removal of arsenic: comparison of conventional and new techniques for the removal of arsenic in a full-scale water treatment plant [J]. Water Supply 18 (1), 628-631.

[623] Mohammad Badruzzaman, P. W., Detlef R. U. Knappe (2004) Intraparticle diffusion and adsorption of arsenate onto granular ferric hydroxide (GFH) [J]. Water Research 38, 4002-4012.

[624] Persson, P., et al., 1996. Structure and bonding of orthophosphate ions at the iron oxide-aqueous interface [J]. Colloid Interface Sci. 177, 263-275.

[625] Rietra, R. P., Hiemstra, T., Van Riemsdijk, W. H., 1999. Sulfate adsorption on goethite [J]. Colloid Interface Sci. 218, 511-521.

[626] Rietra, R. P., Hiemstra, T., Van Riemsdijk, W. H., 2001. Interaction between calcium and phosphate adsorption on goethite [J]. Environ. Sci. Technol. 35, 3369-3374.

[627] Saha, B., Bains, R., Greenwood, F., 2005. Physicochemical characterization of granular ferric hydroxide (GFH) for arsenic (V) sorption from water [J]. Sep. Sci. Technol. 40 (14), 2909-2932.

[628] Steiner, M., Pronk, W., Boller, M. A., 2006. Modeling of copper sorption onto GFH and design of full-scale GFH adsorbers [J]. Environ. Sci. Technol. 40, 1629-1635.

[629] Teermann, I., Jekel, M., 1999. Adsorption of humic substances onto β-FeOOH and its chemical regeneration [J]. Water Sci. Technol. 40 (9), 199-206.

[630] 罗志文, 陈琳, 莫小平. 硅藻土的吸附机理和研究现状 [J]. 内江科技, 2008, 9: 110-123.

[631] 蒋小红, 喻文熙, 曹达文等. 改性硅藻土处理城市污水技术的可行性研究 [J]. 环境科学与技术, 2007, 3: 76-78.

[632] 刘辉, 吴晓翔, 施汉昌. 硅藻精土技术在中小城镇污水处理中的应用 [J]. 中国给水排水, 2008, 4: 9-12.

[633] 蒋小红, 曹达文, 周恭明等. 硅藻土处理城市污水技术. [J]. 重庆环境科学, 2003, 11 (25): 73-75.

[634] 郭智倩, 韩相奎, 姜延亮等. 硅藻土在污水处理方面的应用现状 [J]. 吉林建筑工程学院学报, 2009, 26, 1: 21-24.

[635] Nishijima, M., Fahmi, Mukaidani, T., Okada, M.. DOC removal by multi-stage ozonation-biological treatment. Water Res., 2003, 37 (1): 150-154.

[636] Rittmann, B. E., Stilwella, D., Garsidea, J. C., Amyb, G. L., Spangenbergc, C., Kalinskyc, A., Akiyoshi, E., Treatment of a colored groundwater by ozone-biofiltration: pilot studies and modeling interpretation. Water Res., 2002, 36 (13): 3387-3397.

[637] Snyder, C. H., The extraordinary chemistry of ordinary things 2nd Ed. New York: John Wiley, 1995.

[638] Hill, M. J., Nitrosomines. Toxicology and microbiology. Chichester, England: Ellis Horwood Ltd., 1988.

[639] Pehlivanoglu-Mantasa, E., Hawleyb, E. L., Deebb, R. A., Sedlaka, D. L.. Formation of nitrosodimethylamine (NDMA) during chlorine disinfection of wastewater effluents prior to use in irrigation systems. Water Res., 2006, 40 (2): 341-347.

[640] William, A. M., Jonathan O. S., Rhodes Trussell, R., Richard, L. V., Lisa Alvarez-Cohen,

David, L. S.. N-Nitrosodimethylamine (NDMA) as a drinking water contaminant: a review. Environ. Eng. Sci. , 2003, 20 (5): 389-404.

[641] Kima, J. , Clevenger, T. E.. Prediction of N-nitrosodimethylamine (NDMA) formation as a disinfection by-product. J. Hazardous Materials, 2007, 145 (1-2): 270-276.

[642] Charrois, J. W. A. , Hrudey, S. E.. Breakpoint chlorination and free-chlorine contact time: Implications for drinking water N-nitrosodimethylamine concentrations. Water Res. , 2007, 41 (3): 674-682.

[643] Fatta, D. , Canna-Michaelidou, St. , Michael, C. , Demetriou Georgiou, E. , Christodoulidou, M. , Achilleos, A. , Vasqueza, M.. Organochlorine and organophosphoric insecticides, herbicides and heavy metals residue in industrial wastewaters in Cyprus, J. Hazardous Materials, 2007, 145 (1-2): 169-179.

[644] Li, X. M. , Gan, Y. P. , Yang, X. P. , Zhou, J. , Dai, J. Y. , Xu, M. Q.. Human health risk of organochlorine pesticides (OCPs) and polychlorinated biphenyls (PCBs) in edible fish from Huairou Reservoir and Gaobeidian Lake in Beijing, China. Food Chemistry, 2008, 109 (2): 348-354.

[645] Heberer, T. , Occurrence, Fate and removal of pharmaceutical residues in the aquatic environment: a review of recent research data. Toxicology Letters, 2002, 131: 5-17.

[646] Seino, A. , Furnsho, S. , Masunaga, S.. Occurrence of pharmaceuticals used in human and veterinary medicine in aquatic environments in Japan. Journal of Japan Society on Water Environment, 2004, 27 (11): 685-691.

[647] Carballa, M. , Omil, F. , Juan, M.. Behavior of pharmaceuticals, cosmetics and hormones in a sewage treatment plant. Water Res. , 2004, 38: 2918-2926.

[648] Kang, X. , Bhandari, A. , Das, K. , Pillar, G.. Occurrence and fate of pharmaceuticals and personal care products (PPCPs) in biosolids. J. Environ. Quality, 2005, 34 (1): 91-104.

[649] Lindström, A. , Buerge, I. J. , Poiger, T. , Bergqvist, P. , Müller, M. D. , Buser, H. R.. Occurrence and environmental behavior of the bactericide triclosan and its methyl derivative in surface waters and wastewater. Environ. Sci. Tech. , 2002, 36: 2322-2329.

[650] Boyd, G. R. , Reemtsma, H. , Grimm, D. A. , Mitra, S.. Pharmaceuticals and personal care products (PPCPs) in surface and treated waters of Louisiana, USA and Ontario, Canada. Sci. Total Environ. , 2003, 311: 135-149.

[651] Daughton, C.. Non-regulated water contaminants: emerging research. Environ. Impact Assessment Review, 2004, 24: 711-732.

[652] Pedersen, J. A. , Yeager, M. A. , Suffet, I. H.. Xenobiotic organic compounds in runoff from fields irrigated with treated wastewater. Agric. Food Chem. , 2003, 51 (5): 1360-1372.

[653] Boyd, G. R. , Palmeri, J. M. , Zhang, S. , Grimm, D. A.. Pharmaceuticals and personal care products (PPCPs) and endocrine disrup ting chemicals (EDCs) in stormwater canals and Bayou St. John in New Orleans, Louisiana, USA. Sci. Total Environ. , 2004, 333 (1-3): 137-148.

[654] 陈炳衡，朱惠刚，屈卫东. 世界卫生组织饮用水质量基准简介环境与健康杂志, 2000, 17 (4): 247-252.

[655] Asano, T. Wastewater reclamation and reuse, Water Pollution Control Federation, Washington, 1988.

[656] Freachem, R. G, Bradley, D. J. , Garelick, H. , Mara D. D.. Sanitation and disease: Health Aspects of excreta and wastewater management, published for the world Bank by John Wiley and Sons, New York, 1983.

[657] Madigan, M. T., Martinko, J. M., Parker, J.. Brock biology of microorganisms, 9th Ed. Prentice-Hall, Upper Saddle River NJ, 2000.

[658] Rutishauser, B. V., Pesonen, M., Escher, B. I., Ackermann, G. E., Aerni, H. R., Suter, M. J. F., Eggen, R. I. L.. Comparative analysis of estrogenic activity in sewage treatment plant effluents involving three in vitro assays and chemical analysis of steroids. Environ. Toxi. Chem., 2004, 23 (4): 857-864.

[659] Rankouhi, T. R., Sanderson. J. T., van Holsteijn, I., van Leeuwen, C., Vethaak, A. D., van den Berg, M.. Effects of Natural and Synthetic Estrogens and Various Environmental Contaminants on Vitellogenesis in Fish Primary Hepatocytes: Comparison of Bream (Abramis brama) and Carp (Cyprinus carpio) Toxi. Sci. 2004, 81 (1): 90-102.

[660] Sanderson, J. T., Letcher, R. J., Heneweer, M., Giesy, J. P., van den Berg M.. Effects of chloro-s-triazine herbicides and metabolites on aromatase activity in various human cell lines and on vitellogenin production in male carp hepatocytes. Environmental Health Perspective. 2001, 109 (10): 1027-1031.

[661] Gray, L. E., Xenoendocrine disrupters: Laboratory studies on male reproductive effects. Toxicology letters, 1998, 103: 331-335.

[662] Oda, Y., Nakamura, S., Oki, I., Kato T., Shinagawa H.. Evaluation or the new system (umu-test) fot the detection of environmental mutagens and cacinogens. Mutation Res. 1985, 147: 219-229.

[663] Georg Reifferscheid, Jürgen Heil.. Validation of the SOS/umu test using test results of 486 chemicals and comparison with the Ames test and carcinogenicity data. Mutation Research/Genetic Toxicology, 1996, 369 (3-4): 129-145.

[664] 王尔松. 视黄酸受体及其信号转导机制. 国外医学. 生理. 病理科学与临床分册, 1999, 19 (6): 472-475.

[665] 李增刚, 孙开来. 视黄类受体与视黄酸致畸作用关系. 遗传, 2004, 26 (5): 735-738.

[666] Michael D., Collins, Gloria, E. Mao.. Teratology of retinoids. Annual Reviews in Pharmacology and Toxicology, 1999, 39: 399-430.

[667] Gardiner, D., Ndayibagira, A., Felix Grün, Blumberg, B.. Deformed frogs and environmental retinoids. Pure and applied chemi. 2003, 75: 2263-2273.

[668] 张照斌. 环境内分泌干扰物质的鱼类分子毒理学研究. 北京大学博士研究生学位论文, 2005.

[669] ASTM, Standard guide forconducting renewal life-cycle toxicity tests with D. magna. Annual book of ASTM standards, Philadelphia: ASTM, 1987.

[670] OECD, OECD guidelines for testing of chemicals. Section 2. Guideline 202. Daphnia sp. acute immobilisation test and reproduction test. OECD, Paris, France, 1992.

[671] EEC, EEC Directive 92/69/EEC, Official Journal of the EEC L 383 A: Methods for the determination of Ecotoxicity. C. 2. Acute toxicity for Daphnia, 1992.

[672] Roex, E. W. M.; Giovannangelo, M.; van Gestel, C. A. M., Reproductive Impairment in the Zebrafish, D. rerio, upon chronic exposure to 1, 2, 3-Trichlorobenzene. Ecotoxicol Environ. Saf., 2001, 48: 196-201.

[673] Jukosky, J. A., Watzin, M. C., Leitera, J. C.. The effects of environmentally relevant mixtures of estrogens on Japanese medaka (Oryzias latipes) reproduction. Aqua. Toxicol., 2008, 86 (2): 323-331.

[674] Petala, M. P., Samaras, A., Kungolos, A., Zouboulis, A., Papadopoulos, G. P.. The

effect of coagulation on the toxicity and mutagenicity of reclaimed municipal effluents. Chemosphere, 2006, 65: 1007-1018.

[675] Soupilas, A., Papadimitriou, C. A., Samaras, P., Gudulas, K., Petridis, D.. Monitoring of industrial effluent ecotoxicity in the greater Thessaloniki area, Desalination, 2008, 224 (1-3): 261-270.

[676] 中国国家环境保护总局等编. 水和废水监测分析方法（第四版）[M]. 北京：中国环境科学出版社，2002.

[677] 李燕城. 水处理实验技术. 北京：中国建筑工业出版社，1989.

[678] 中国标准出版社编. 水质分析方法国家标准汇编. 北京：中国标准出版社，1996.

[679] Little, J. W., Mount, D. W.. The SOS regulator system in E. coli.. Cell, 1982, 29: 11-22.

[680] Rajagopalan, M., Lu, C., Woodgate, R., O'donnell, M., Goodman, M. F., Echols, H.. Activity of the purified mutagenesis proteins UmuC, UmuD' and RecA in replicative bypass of an abasic DNA lesion by DNA polymerase III. Proc. Natl. Acad. Sci., USA, 1992, 89: 10777-10781.

[681] ISO International standard: water quality—determination of genotoxicity of water and waste water using the umu-test. ISO13829, 2000.

[682] Hu, J., Wang, W., Zhu, Z., Chang, H., Pan, F., Lin, B.. Quantitative structure-activity relationship model for prediction of genotoxic potential for quinolone antibacterials. Environ. Sci. & Tech., 2007, 41 (130): 4806-4812.

[683] Fields, S, Song, O.. A novel genetic system to detect protein-protein interactions. Nature, 1989, 340 (6230): 245-246.

[684] Brent, R., Ptashne. A eukaryotic transcriptional activator bearing the DNA specificity of a prokaryotic repressor. Cell, 1985, 43: 729-736.

[685] Ma, J., Ptashne, M.. Converting a eukaryotic transcriptional inhibitor into an activator. Cell, 1988, 55: 443.

[686] Nishikawa, J., Saito, K., Goto, J., Dakeyama, F., Matsuo, M., Nishihara, T.. New screening methods for chemicals with hormonal activities using interaction of nuclear hormone receptor with coactivator. Toxicology and Applied Pharmacology. 1999, 154 (1): 76-83.

[687] 中华人民共和国国家标准. 《城镇污水处理厂污染物排放标准》（GB18918-2002）. 国家环境保护总局、国家质量监督检验检疫总局联合发布，2003 年.

[688] Dizer, H., wittekindt, E., Fishcer, B., Hansen, P. D.. The cytotoxic and genotoxic potential of surface water and wastewater effluents as determined by bioluminescence, umu-assays and selected biomarkers. Chemosphere, 2002, 46: 223-233.

[689] Ryo Kamata, Fujio Shiraishia, Jun-ichi Nishikawab, Junzo Yonemotoa, Hiroaki Shiraishia. Screening and detection of the in vitro agonistic activity of xenobiotics on the retinoic acid receptor. Toxicology in Vitro, 2008, 22 (4): 1050-1061.

[690] 金士威，徐盈，惠阳，廖涛. 污水中 8 种雌激素化合物的定量测定. 中国给水排水，2005, 21 (12): 94-97.

[691] 任仁，陈明. 城市污水处理厂水中中烷基酚＼双酚 A 残留分析. 第三届全国化学学术大会论文集.

[692] 陈明，任仁，王子健，柳丽丽，林兴桃，张淑芬. 城市污水处理厂水样中有机氯农药残留分析. 环境科学与技术，2006, 29: 37-39.

[693] 郑晓英，周玉文，王俊安. 城市污水处理厂中邻苯二甲酸酯的研究. 给水排水，2006, 32 (3):

19-22.

[694] 柳丽丽，王子健，任仁，付强，刘励超. 城市污水处理厂不同工艺段中有机氯农药残留. 环境污染治理技术与设备，2003，4（10）：32-35.

[695] Elmazar, M. M., Reichert, U., Shroot B., Nau, H.. Pattern of retinoid-induced teratogenic effects：possible relationship with relative selectivity for nuclear retinoid receptors RAR alpha, RAR beta, and RAR gamma. Teratology, 1996, 53（3）：158-167.

[696] Elmazar, M. M., Ruhl R., Nau, H.. Synergistic teratogenic effects induced by retinoids in mice by coadministration of a RARα-or RARγ-selective agonist with a RXR-selective agonist. Toxicology and Applied Pharmacology, 2001, 170（1）：2-9.

[697] Ryo Kamata, Shinji Takahashi, Akira Shimizu, Masatoshi Morita1, Fujio Shiraishi. In ovo exposure quail assay for risk assessment of endocrine disrupting chemicals. Archives of Toxicology, 2006, 80（12）：857-867.

[698] Fry, D. M.. Reproductive effects in birds exposed to pesticides and industrial chemicals. Environmental Health Perspectives, 1995, 103（Suppl 7）：165-171.

[699] Lammer, E. J., Chen, D. T., Hoar, R. M., Agnish, N. D., Benke, P. J., Braun, J. T., Curry, C. J., Fernhoff, P. M., Grix Jr. A. W., Lott, I. T.. Retinoic acid embryopathy. New England Journal of Medicine, 1985, 313（14）：837-841.

[700] Sumpter, J. P.. Xenoendorine disrupters-environmental impacts. Toxicology Letters, 1998, 102-103：337-342.

[701] ISO, Water quality Determination of the inhibition of the mobility of Daphnia magna Straus（Cladocera, Crustacea）-- Acute toxicity test. 1996, ISO 6341. Geneva, Switzerland.

[702] Kirchen, R. V., West, W. R.. The Japanese Medaka：Its Care and Development. Carolina Biological Supply Company, 1976.

[703] Sigmund, J. Degitz1., Patricia, A. Kosian., Elizabeth A. Makynen., Kathleen, M. Jensen., Gerald, T. Ankley. Stage and Species-Specific Developmental Toxicity of All-Trans Retinoic Acid in Four Native North American Ranids and Xenopus laevis. Toxicological Sciences, 2000, 57, 264-274.

[704] Plewa, Michael. J., Wagner, Elizabeth. D., Richardson, Susan. D., Thruston Jr., Alfred D., Woo, Yin-Tak, McKague, A. Bruce. Chemical and biological characterization of newly discovered lodoacid drinking water disinfection byproducts Fuente. Environ. Sci. & Tech., 2004, 38（18）：4713-4722.

[705] Choi, J., Valentine, R. L.. Formation of N-nitrosodimethylamine（NDMA）from reaction of monochloramine：a new disinfection by-product. Water Res., 2002, 36（4）：817-824.

[706] Genoni, G. P.. Influence of the energy relationships of organic compounds on toxicity to the Cladoceran Daphnia magna and the fish Pimephales promelas. Ecotoxicology and Environmental Safety, 1997, 36：27-37.

[707] Guilhermino, L., Diamantino, T., Silva, M. C., Soares, A.. Acute toxicity test with Daphnia magna：an alternative to mammals in the prescreening of chemical toxicity. Ecotoxicology and Environmental Safety, 2000, 46（3）, 57-62.

[708] Janssen, C. R., Persoone, G.. Rapid toxicity screening tests for aquatic biota. 1. Methodology and experiments with D. magna. Environ. Toxicol. Chem., 1993, 12（7）：7-11.

[709] KjØrsvik, E., Mangor Jensen, A., Holmefjord, T.. Egg quality in fishes. Advances in Marine Biology. Academic press, London, 1990, 71-113.

[710] Detlaf, T. A., Shmal'gauzen, O. I., Ginzburg, A. S.. Sturgeon Fishes: Developmental Biology and Aquaculture, Springer-Verlag, 1993.

[711] Grotmol, S., Totland, G. K.. Surface disinfection of Atlantic halibut Hippoglossus hippoglossus eggs with ozonated sea-water inactivates nodavirus and increases survival of the larvae. Dis. Aquat. Organ., 2000, 39 (2): 89-96.

[712] Coleman, W. E., Munch, J. W., Ringhand, H. P., Kaylor, W. H., Mitchell, D. E.. Ozonation/post-chlorination of humic acid: A model for predicting drinking water disinfection by-products. Ozone Sci. & Eng. 1992, 14 (1): 51-69.

[713] Killops, S. D.. Volatile ozonization products of aqueous humic material. Water Res., 1986, 20 (2): 153-165.

[714] Gracia, R., Aragties, J. L.. Ovelleiro, J. L.. Mn (II) — Catalysed ozonationof raw Ebro river water and its ozonation by—products. Water Res., 1998, 32 (1): 57-62.

[715] Zehra, S. C., Mirat, G.. Formaldehyde Formation During Ozonation of Drinking Water. Ozone Sci. &Eng., 2003, 25: 41-51.

[716] Conaway, C. C., Whysner, J., Verna, L. K., et al.. Formaldehyde Mechanistic Data and Risk Assessment, Endogenous Protection from DNA Adduct Formation. Pharmacol Ther., 1996, 71 (1-2): 29-55.

[717] Morris, J. B.. Dosimetry, Toxicity and Carcinogenicity of Inspired Acetaldehyde in the Rat. Mut Res., 1997, 380: 113-124.

[718] Lee, B. P., Morton, R. F., Lee, L. Y.. Acute effects of acrolein on breathing role of vagal bronchopulmonary afferents. American Physiological Society 1992, 1050-1055.

[719] Zimmerman, B. T., Crawford, G. D., Dahl, R., et al.. Mechanisms of Acetaldehyde Mediated Growth Inhibition: Delayed Cell Cycle Progression and Induction of Apoptosis. Alcohol-Clin-Exp-Res. 1995, 19 (2): 434-440.

[720] Ristow, H., Seyfarth, A., Lochmann, E. R.. Chromosomal damages by ethanol and acetaldehyde in saccharomyces gel electrophoresis. Mut Res., 1995, 326: 165-170.

[721] Nicholls, R., Jersey, J. D., Worrall, S.. Modification of proteins and other biological molecules by acetaldehyde: adduct structure and functional significance. Int. J. Biochemistry, 1998, 24 (12): 1899-1906.

[722] Castro, G. D., Delgado-de LAM, Castro, J. A.. Liver muclear ethanol metabolizing system (NEWS) producing acetaldehyde and 1-hydroxyethyl free radicals. Toxicology, 1998, 129 (2-3): 137-144.

[723] Jia, L. F., Vaca, C. E.. Development of a 32P-postalabeling method of the analysis of adducts arising through the reaction of acetaldehyde with 2-2 deoxyguanosine-3-monophosphate and DNA. Carcinogenesis, 1997, 18 (4): 627-633.

[724] 张辰. 污水处理厂改扩建设计 [M]. 北京: 中国建筑工业出版社, 2008.

[725] 北京市北小河污水处理厂改扩建及再生水利用工程初步设计说明书, 北京市政工程设计研究总院, 2006.

[726] 北京市北小河污水处理厂改扩建及再生水利用工程初步设计说明书, 北京市政工程设计研究总院, 2006.

[727] 酒仙桥污水处理厂中水回用工程可行性研究报告, 北京市政工程设计研究总院, 2002.

[728] 张文超等, 超滤膜—活性炭工艺在大型再生水工程中的应用. [J] 给水排水, 2008, Vol. 34, No12: 33-36.

[729] 徐强等，天津纪庄子污水再生回用试验与工程设计 [J]. 中国给水排水. 2003，Vol. 19，No. 7：97-99.

[730] 洪俊明，滤布滤池系统在城市污水深度处理的中试研究 [J]，环境工程学报，2008，10，Vol. 10 (2)：1361-1364.

[731] 邵青，水处理及循环再利用技术 [M]，北京：化学工业出版社：环境科学与工程出版中心，2004.

[732] 韩剑宏. 中水回用技术及工程实例 [M]. 北京：化学工业出版社，2004，271-280.

[733] Sven Lyko, Thomas Wintgens, Djamila Al-Halbouni, et al.. Long-term monitoring of a full-scale municipal membrane bioreactor—Characterisation of foulants and operational performance [J]. Journal of Membrane Science, 2008, 317 (1-2)：78-87.

[734] M. Petala, V. Tsiridis, P. Samaras, et al.. Wastewater reclamation by advanced treatment of secondary effluents [J]. Desalination, 2006, 195 (1-3)：109-118.